I0882611

GRUNDZÜGE
DER
PALÄONTOLOGIE
(PALÄOZOOLOGIE)

VON

KARL A. VON ZITTEL

NEUBEARBEITET VON

F. BROILI UND M. SCHLOSSER

II. ABTEILUNG:
VERTEBRATA

VIERTE VERMEHRTE UND VERBESSERTE AUFLAGE
MIT 800 TEXTABBILDUNGEN

MÜNCHEN UND BERLIN 1923
DRUCK UND VERLAG VON R. OLDENBOURG

Alle Rechte, einschließlich des Übersetzungsrechtes, vorbehalten
Copyright 1922 by R. Oldenbourg, München

Vorwort zur vierten Auflage.

Bei der vorliegenden 4. Auflage*) der Grundzüge, II. Abteilung, waren wir bemüht, den Fortschritten unserer Wissenschaft durch die Verwertung der im Laufe der letzten Jahre erschienenen Literatur gerecht zu werden, bei deren Beschaffung uns unter anderen besonders die nordamerikanischen Fachgenossen in hochherzigster Weise unterstützten.

Um Anfängern den Gebrauch des Buches zu erleichtern, wurden wie bei der letzten Auflage der 1921 erschienenen I. Abteilung die wichtigsten Gattungen mit einem * versehen. Wie in den vorausgehenden Auflagen, wurde eine stattliche Anzahl neuer Figuren eingefügt, dafür verschiedene, die veraltet erschienen, ausgeschaltet, so daß ihre Gesamtzahl jetzt von 769 auf 800 angewachsen ist.

Unsere Kollegen, die Herren Prof. Dr. L. Döderlein in München, W. Dietrich, Janensch, Pompeckj in Berlin sowie D. W. Watson in London machten uns auf eine Reihe von Versehen aufmerksam oder standen uns mit ihrem wertvollen Rat zur Seite. Herr Dr. Stieler in Berlin war so freundlich, eine Originalzeichnung von Dorygnathus zur Verfügung zu stellen, Herr Dr. J. Schroeder hier war uns beim Lesen der Korrekturen behilflich.

Allen diesen Herren, insbesondere auch dem Verlag, der uns durch Herrn Wilhelm Oldenbourg in jeder Weise unterstützte, sei an dieser Stelle unser herzlichster Dank ausgesprochen.

München, 30. September 1922.

F. Broili. M. Schlosser.

---

*) Die erste von K. v. Zittel herausgegebene Auflage erschien 1895; die zweite von Broili, Koken und Schlosser besorgte 1911, die dritte wurde im Frühjahr 1919 ausgegeben.

Inhalt.

VIII. Stamm.

Vertebrata. Wirbeltiere[1].

Bilateral symmetrische Tiere mit einem meist metamer gegliederten, aus gleichwertigen Abschnitten zusammengesetzten Achsenskelett, welches dorsal das zentrale Nervensystem trägt. Die Anhänge des Achsenskeletts umschließen als obere Bogen das Rückenmark, als untere die Aorta. Nie mehr als zwei Paar Gliedmaßen vorhanden.

Ausscheidung von phosphorsaurem Kalk führt zur Verkalkung oder Verknöcherung des knorpligen Skeletts und zur Bildung von Skeletteilen in der Haut. Knochen und Dentin sind dem Wirbeltierstamm eigene Gewebeformen.

Die wichtigsten Grundlagen des Achsenskeletts sind die stabförmige Chorda dorsalis, ein zelliges Gebilde von gallertartiger Beschaffenheit, und das perichordale Bindegewebe, welches mit seinen Fortsätzen das Rückenmark und ventral die Aorta und die Coelomwand umgreift (öfter als skeletogenes Gewebe bezeichnet).

Die Chorda scheidet sehr bald nach ihrer Anlage eine dünne cuticulare Hülle, die Elastica externa, ab; unter dieser bildet sich eine dickere, zellenfreie Faserscheide, die Chordascheide. Sie kann sich nach innen durch eine Elastica interna abgrenzen.

Die Stützgebilde des perichordalen Bindegewebes entstehen hauptsächlich dort, wo die Myosepten sich mit diesem Bindegewebe vereinigen; sie sind wohl durch den Reiz des Muskelzugs hervorgerufen und dienen zunächst dazu, diesen Zug auf die elastische Chorda zu übertragen. Bei stärkerer Entwicklung und besonders nach ihrer Verkalkung oder Verknöcherung tritt die Bedeutung für den Schutz des Rückenmarks, für die Festigung des Coeloms und als Insertionsstützen der mächtiger und komplizierter sich entwickelnden Muskulatur in den Vordergrund. Die Entstehung dieser Bogen geht der Segmen-

---

[1]) *Abel O.*, Grundzüge der Paläobiologie der Wirbeltiere. Stuttgart 1912. Die Stämme der Wirbeltiere. Berlin-Leipzig 1919. — *Gegenbaur*, Vergleichende Anatomie der Wirbeltiere. I. II. — Grundriß der vergleichenden Anatomie. 2. Aufl. 1878. — *Bütschli C.*, Vorlesungen über die vergleichende Anatomie. I. Leipzig 1910. — *Goodrich E. S.*, A Treatise on Zoology. Part IX. Vertebrata Craniata. London 1909. — *Gregory W. K.*, Present Status of the Problem of the Origin of the Vertebrata with Reference to the Skull and Paired Limbs. Ann. of the New York Acad. of Science 1915. — *Jaekel O.*, Die Wirbeltiere. Eine Übersicht über die fossilen und lebenden Formen. Berlin 1911. — *Stromer v. Reichenbach E.*, Lehrbuch der Paläozoologie. II. Teil. Wirbeltiere. Leipzig 1912.

tierung der Chordascheide voran und übt meist einen bestimmenden Einfluß auf die Abschnitte, die sich in dieser bilden, aus.

Die Segmente können durch Aufnahme von phosphorsaurem Kalk verkalken oder verknöchern, indem (seltener) das Knorpelgewebe in knöchernes umgewandelt oder (häufiger) zerstört und durch knöchernes ersetzt wird. Von außen (vom bindegeweblichen Perichondrium) dringen blutgefäßführende Kanäle in den Knorpel, auf denen Zellen (die Osteoblasten) einwandern, von denen die Abscheidung des Knochens ausgeht. Die Osteoblasten werden zum Teil von dem abgeschiedenen Knochen umhüllt (Knochenkörperchen, Lacunen), bleiben aber durch sehr feine Röhrchen (Primitivröhrchen) mit den Kanälen (Haversschen Kanälen) in Verbindung. Bei manchen Teleostiern fehlen die Lacunen, weil die Osteoblasten nicht in den von ihnen gebildeten Knochen hineingeraten. Nur ihre Fortsätze lassen sich in diesen hinein verfolgen, die demnach von den Haversschen Kanälen direkt auszugehen scheinen. Derartiger Knochen ist nicht prinzipiell von Dentin (s. unten) verschieden.

Am vorderen Ende der Wirbelsäule befindet sich bei Cranioten die das Gehirn umschließende Schädelkapsel nebst dem Visceralskelett. Das Skelett der Extremitäten besteht aus mehreren, gelenkig verbundenen Abschnitten, die je nach der Funktion der Gliedmaßen außerordentlich verschiedene Ausbildung erlangen. Es ist knorplig in der Anlage und wandelt sich bei den höheren Wirbeltieren meist vollständig in Knochen um.

Das Nervensystem besteht aus einem in Gehirn und Rückenmark gegliederten Zentralorgan, von welchem zahlreiche Nervenäste entspringen und in sämtliche Körperteile verlaufen. Das Blut wird von dem mit ein oder zwei Vorkammern versehenen Herzen zuerst nach den Respirationsorganen (Kiemen oder Lungen) getrieben, durchzieht nach vollzogenem Gasaustausch den Körper und kehrt als venöses Blut wieder zum Herzen zurück. Speiseröhre, Magen, Darm, Leber, Nieren, Milz und Generationsorgane liegen im ventralen Teil des Körpers.

Die Haut ist häufig mit Haaren, Stacheln, Schuppen, Federn oder Knochenplatten versehen.

Man unterscheidet gewöhnlich bei den Wirbeltieren 5 Klassen: *Pisces*, *Amphibia*, *Reptilia*, *Aves* und *Mammalia*.

Die früher allgemein zu den Fischen gerechneten Amphioxiden werden jetzt als *Acrania* oder *Leptocardii*, die weder ein Cranium noch ein muskulöses Herz besitzen, in eine besondere Klasse und allen übrigen, den *Craniota* oder *Pachycardiern* mit Cranium und mit muskulösem Herz gegenübergestellt.

Unter den *Craniota* nehmen aber wiederum die *Cyclostomen* eine ganz besondere Stellung ein, die in verschiedener Weise systematisch zum Ausdruck gebracht ist. Wegen des unvollkommen ausgebildeten und sehr eigenartigen Primordialcraniums und des Kiemenskeletts, das mit den Kiemenbogen der übrigen Vertebraten nur wenig Ähnlichkeit hat, werden sie besser nicht als Unterklasse der Fische, sondern als eine besondere Klasse geführt, die sich selbständig zwischen die Acrania und die übrigen Wirbeltiere einschiebt. Dann gruppieren sich die Vertebraten in folgender Weise:

I. *Acrania* oder *Leptocardii.* Nur mit Chorda, ohne Schädelanlage. Kein muskulöses Herz.

II. *Craniota* oder *Pachycardii.* Mit knorpligem oder ossifiziertem Schädel. Mit muskulösem Herzen.

A. *Cyclostomi.* Schädelanlage unvollkommen und nicht über den Nervus vagus zurückgreifend. Klasse: *Marsipobranchii.*

B. *Eucrania.* Schädel vollständig, auch die Region des Nervus vagus umschließend.

Anamnia	Klasse: *Pisces.*
	» *Amphibia.*
Amniota	» *Reptilia,*
	» *Aves,*
	» *Mammalia.*

Eine Chorda dorsalis, das für die Definition der Wirbeltiere wichtigste Organ, kommt auch den Tunicaten zu, allerdings meist nur den Jugendformen. Indessen besitzen die Appendicularien auch als erwachsene Tiere eine Chorda. Hieraus leitet man die Berechtigung ab, die Tunicaten mit den Wirbeltieren als *Chordata* zusammenzufassen. Über die Entstehung der Wirbeltiere gewährt die Paläontologie keine Auskunft, auch nicht über ihr Verhältnis zu den Tunicaten. Eastman hält die zu diesen gehörigen *Enteropneusta* für die Stammeltern der Wirbeltiere. Sedgewick sucht ihren Ursprung in Coelenteraten, auch Gregory ist der Ansicht, daß die Vorläufer der Chordaten nicht bilateral, sondern radiär gebaut und etwa frühen Larvenstadien von *Balanoglossus* ähnlich waren.

I. Überklasse. **Acrania.** Leptocardii.

Ohne Schädel. Chorda bis zum Vorderende des Körpers reichend, Gehirn undeutlich ausgebildet. Kontraktile Strecken der Gefäßwände ersetzen das fehlende muskulöse Herz. Fossil nicht bekannt.

Amphioxus Yarell.

II. Überklasse. **Craniota.** Pachycardii.

Schädel mehr oder weniger entwickelt. Chorda nur bis zur Hypophysenregion reichend. Herz muskulös, mit mindestens einer Kammer und einer Vorkammer. Gehirn deutlich ausgebildet.

1. Klasse. **Cyclostomi.** Marsipobranchii.

Schädel unvollkommen. Ohne Unterkiefer, ohne Schulter- und Beckengürtel und ohne paarige Extremitäten. Kiemen beutelförmig.

Von den übrigen Wirbeltieren unterscheiden sich die Cyclostomen oder Marsipobranchier wesentlich durch die undeutliche Ausbildung des knorpligen Schädels und durch die beutelförmigen Kiemen. Das Fehlen des Unterkiefers und der paarigen Extremitäten haben sie mit einigen palaeozoischen Fischen sowie mit dem frühesten Larven-Stadium der Amphibien gemein.

Sichere Marsipobranchier sind bisher noch nicht fossil nachgewiesen, jedoch lassen sich die beiden folgenden Gattungen hier noch am besten unterbringen.

Palaeospondylus Traquair (Fig. 1)[1]. Innenskelett verknöchert. Schädel ziemlich groß, ohne geschlossenes Dach, mit geräumiger Hirnkapsel und weiten Orbiten. Vor letzteren Riechkolben und hinter

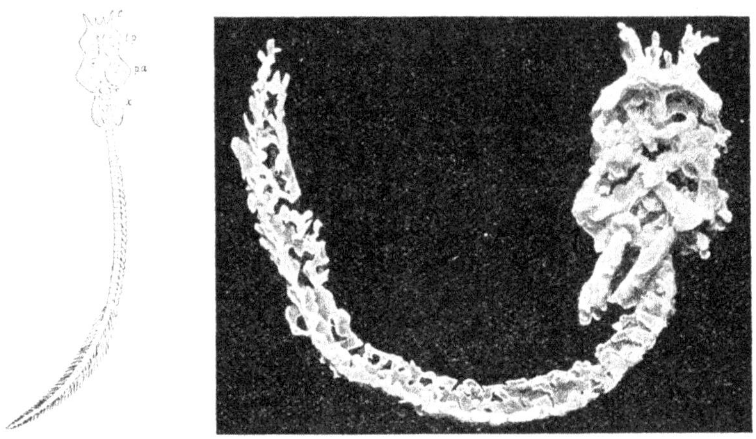

1 1a

Fig. 1.
Palaeospondylus Gunni Traquair. Unteres Old Red. Caithness, Schottland.
1. Rekonstruktion nach Traquair. $^{3}/_{1}$ nat. Gr. *c* hinterer Eindruck, *pa* Parachordal-, *tp* Traberulopalatinteil des Schädels, *x* Anhänge.
1a. Wachsmodell nach Sollas. $^{10}/_{1}$ nat. Gr.

ihnen Gehörblasen. Mund von fingerförmigen Fortsätzen umgeben. Vier Kiemenbogen und davor Andeutungen von Kiefern. Hinter dem letzten Kiemenbogen ein nach hinten gerichtetes Plattenpaar — Andeutung von Brustflossen —. Wirbelsäule aus ringförmigen Zentren und oberen Bogen bestehend. Schwanz diphyzerk. Schwanzflosse mit oberen und unteren Trägern. Die bisher bekannten Überreste bestehen aus einer Art Kohle, der Erhaltungszustand ist aber so mangelhaft, daß die einzelnen Organe die verschiedenste Deutung erfahren haben. Devon Old Red Sandstein. *P. Gunni* Traquair.

Fig. 2.
Hypsospondylus bohemicus Jaekel. Perm Nürschan, Böhmen. Nat. Gr.

Hypsospondylus Jaekel (Fig. 2). Skelett prismatisch inkrustiert. Mundrand mit Lippenfortsätzen. Die vorderste der drei Schädel-

[1]) *Dean Bashford*, The Devonian Lamprey. Mem. New York Acad. of Science. Vol. II. Part I. 1899. — *Goodrich E. S.*, Cyclostomes and Fishes. London 1909. — *Jaekel O.*, Wirbeltiere. Berlin 1911. — *Sollas W. J.* und *Sollas J. B.*, An account of the Devonian Fish Palaeospondylus. Philos. Trans. Roy. Soc. London. Ser. B. Vol. 196. 1903. — *Traquair R. H.*, On the fossil Fish at Achanarras. Caithness. Ann. and Mag. Nat. Hist. 1890. A further description of P. Gunni. Proc. Roy. Soc. Phys. Edinburgh. Vol. XII. 1893. A still further contrib. to our knowledge of P. Gunni. Proc. Zool. Soc. London 1897.

regionen zeigt Mundbögen, die hinterste vier Kiemenbogen. Wirbelkörper mit verkalkten paarigen Hypocentren. Obere Bogen aus paarigen Stücken gebildet. Flossensaum durch Träger gestützt. Perm. Böhmen, *H. bohemicus* Jaekel. Nach Watson vielleicht nur *Pleuracanthus*.

2. Klasse. **Pisces**[1]). Fische.

Bearbeitet von M. Schlosser.

Kaltblütige, meist nur durch Kiemen atmende Wasserbewohner. Schädelkapsel vollkommen geschlossen. Extremitäten als paarige Flossen ausgebildet. Haut mit Schuppen, Hautzähnchen oder Knochenplatten, selten

[1]) *Agassiz L.*, Recherches sur les poissons fossiles. 5 Bde. mit Atlas. Neuchâtel 1833—1843. Monographie des poissons fossiles du vieux grès rouge. Neuchâtel 1844. — *Baudelet*, Recherches sur la structure des écailles des poissons. Arch. zoolog. éxperimentale 1873. — *Chapman F.*, Description and Revision of the Cretaceous and Tertiary Fish Remains of New Zealand. N. Zeal. Geol. Survey. Paleont. Bull. 1918. — *Cope E. D.*, Classification of Fishes. Transact. Amer. Philos. Soc. 1870. Proceed. Amer. Assoc. Advancement of Science 1871. Report of the U. S. geolog. Surv. of the Territories Vol. II. The Vertebrates of the Cretaceous formations of the West. Washington 1875. Ibidem Vol. III. Tertiary Vertebrata 1884. — *Cuvier* und *Valenciennes*, Histoire naturelle des poissons. Paris 1828—1849. 22 Bde. — *Davis J. W.*, Fossil fishes of the chalk of Mount Lebanon. Transact. Roy. Soc. Dublin 1887. On the fossil fishes of the Cretaceous formation of Scandinavia. Ibid. 1890. — *Eastman Ch. R.*, Carboniferous Fishes from the Central Western States. Bull. Compar. Zoology. Harvard. Vol. 30. Cambridge Mass. 1903. Devonian Fishes of the New York formations. Mem. New York State Museum. Vol. 10. Albany. Devonian Fishes of Jowa. Jowa Geolog. Survey. Vol. 18. 1908. Catalogue of the Fossil Fishes in the Carnegie Museum. Part I. Fishes of the Upper Eocene of the Monte Bolca. Mem. Carnegie Museum. Vol. II. 1911. Fossil Fishes in the Collection of the U. S. Nation. Museum. Proc. of the U. S. N. Mus. Vol. 52. 1917. —*Fowler H. W.*, A description of the fossil Fishes of the Cretaceous, Eocene and Miocene of New Jersey. New Jersey Geol. Surv. Bull. IV. 1911. — *Gegenbaur*, Grundzüge der vergleichenden Anatomie 1870. — *Goodrich M. A.*, The scales of Fishes living and extinct and their importance in classification. Proc. Zool. Soc. London 1907, 1908. — Vertebrata Craniata. I. Fasc. Cyclostomes and Fishes. A Treatise on Zoology. Part IX. London 1909. — *Günther A.*, An Introduction to the Study of Fishes. Edinburgh 1880. — *Hay O. P.*, Upper Cretaceous Fishes from Mount Lebanon, Syria. Bull. Amer. Museum Nat. Hist. New York 1903. Bibliography and Catalogue of the Fossil Vertebrata of North America. Bull. U. S. Geolog. Surv. Nr. 179. 1902. — *Heckel J. J.*, Beiträge zur Kenntnis der fossilen Fische Österreichs. I. 1849. II. 1856. Denkschr. Wien. Akad. Bd. XI. — *Heckel* und *Kner*, Neue Beiträge usw. Ibidem Bd. 19. 1861. — *Hertwig O.*, Bau und Entwicklung der Placoidschuppen und der Zähne der Selachier. Jenaer Zeitschr. f. Naturwiss. 1874. Über das Hautskelett der Fische. Morphol. Jahrb. Bd. II, V, VII. — *Hofer Br.*, Über den Bau und die Entwicklung der Cycloid- und Ctenoidschuppen. Ges. für Morphol. u. Physiol. München 1889. — *Hussakof L.*, Catalogue of Type and Figured Specimens of Fossil Vertebrates in the Amer. Mus. Nat. Hist. Part I Fishes. Bull. Amer. Mus. Nat. Hist. New York 1908. Revision of the Amphibia and Fishes of the Permian of North America. The Permian Fishes. Washington. Carnegie Institution 1911. Notes on the Devonian Fishes from Scaumenac Bay. Bull. New York State Mus. Albany 1912. — *Huxley Th.*, Preliminary essay upon the arrangement of the Fishes of the Devonian epoch. Mem. geol. Surv. Unit. Kingdom 1861. — *Klaatsch H.*, Zur Morphologie der Fischschuppen. Morph. Jahrb. XVI, 1891. — *Kölliker*, Über verschiedene Typen in der mikrosk. Struktur des Skeletts der Knochenfische. Verh. phys.-med. Ges. Würzburg 1858. — *Leriche M.*, Les poissons paléocènes de la Belgique. Mém. Mus. royal d'hist. nat. de la Belgique. T. II. 1902. Les poissons éocènes de la Belgique. Ibid. T. III. 1905. Les poissons oligocènes. Ibid. T. V. 1910. — *Marck W. v. d.*, Fossile Fische aus der jüngsten Kreide in Westfalen. Palaeontograph. XI. XV. XXII. XXXI. XLI. 1863—1894.

nackt. Wirbelsäule meist in einer vertikalen Schwanzflosse endigend. Herz mit einfacher Kammer und Vorkammer. Entwickelung ohne Amnion und Allantois.

a b

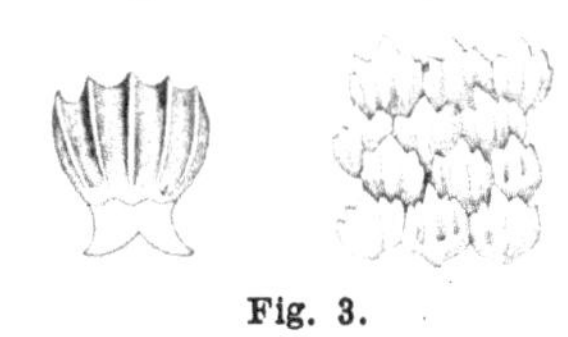

Fig. 3.
a Schuppe von *Scyllium canicula.* Rezent. $^{10}/_{1}$.
b Schuppen von *Carcharias* (*Prionodon*) *gangeticus.* Rezent. Vergr.

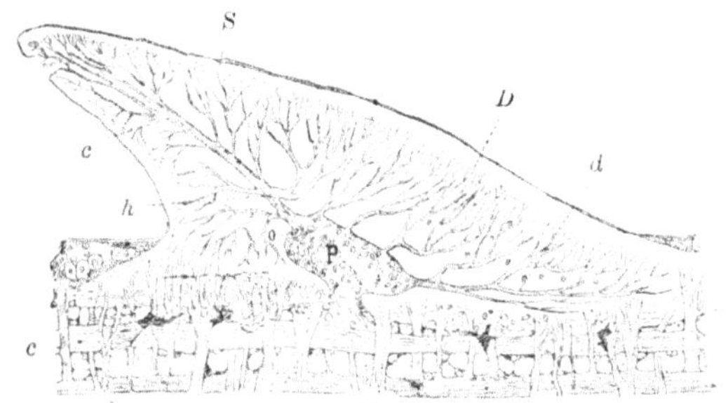

Fig. 5.
Sagittalschnitt durch eine Schuppe von *Scymnus Lichia* in 60facher Vergr. (Nach O. Hertwig.) *S* Schmelz, *D* Dentin, *B* Basalplatte, *p* Pulpa, *c* Lederhaut, *h* starker, nach oben verlaufender Hauptzahnkanal, *d* horizontale Dentinkanäle, *o* Odontoblasten, *f* Bindegewebfasern.

Fig. 4.
Raja antiqua. Große Placoidschuppe mit Stachel. Nat. Gr.

Zu den Hautgebilden gehören die Schuppen, Hautknochen, Stacheln, Flossenstrahlen und Zähne.

— *Müller Joh.*, Über den Bau und die Grenzen der Ganoiden und das nat. System d. Fische. Abhandl. Berliner Akad. 1844 (1846). — *Newberry J. S.*, Description of fossil Fishes. Geol. Surv. of Ohio. Palaeontology. Vol. I. II. Columbus 1873. Palaeozoic Fishes of North America. Washington 1889. — *Newberry J. S.*, *Worthen* and *St. John*, Geol. Surv. of Illinois. Vol. II. 1866. Vol. IV. 1870. Vol. VII. 1873. — *Pander Ch. H.*, Monograph. der fossilen Fische des silurisch. Systems der russisch-baltisch. Gouvernem. St. Petersburg 1856. — *Pictet E. J.*, Description de quelques poissons fossil. du Mont Liban. Genève 1850. — *Pictet E. J.* und *Humbert A.*, Nouvelles recherches sur les poissons fossil. du Mont Liban. 1866. — *Priem F.*, Zahlreiche Abhandl. über fossile Fische aus Mesozoikum und Tertiär von Frankreich, Tunis etc. Bull. soc. géolog. de France 1896—1901. 1903—1910. 1912. Étude des poissons fossiles du bassin parisien. Annal. de Paléontologie. Vol. I. 1908. Vol. VI. 1911. Poissons fossiles de Perse. Annal. d. hist. nat. de Paris 1908. — *Quenstedt F. A.*, Der Jura. Tübingen 1853. — *Sauvage H. E.*, Mémoires sur la faune ichthyologique de la periode tertiaire. Ann. scienc. géol. IV u. IX. — *Stensiö E.*, Triassic Fishes from Spitzbergen. Vienna 1921. — *Stromer E. v.*, Die Fischreste des oberen und mittleren Eocän von Ägypten. Beitr. z. Paläont. Österreich-Ungarns u. des Orientes Bd. XVIII. 1905. — *Thiollière V.*, Description des poissons fossiles provenant des gisements du Jura dans le Bugey. Lyon. I. II. 1854. 1873. — *Volta S.*, Ittiologia Veronese. Verona 1796. — *Wagner A.*, Beitr. z. Kenntnis der in den lithograph. Schiefern abgelagerten urweltlichen Fische. Abhandl. bayer. Akad. Bd. VI, 1851. IX, 1861—1863. — *Whiteaves*, Illustrations of fossil Fishes of the Devonian of Canada III. Proceed. and Transact. Roy. Soc. Canada. Ser. III. Vol. I. Ottawa 1907. — *Williamson*, On the microscop. structure of the scales and dermal teeth of some Ganoid and Placoid fishes. Philos. Transact. 1849. — *Woodward A. Smith*, Catalogue of the fossil fishes in the British Museum. Part I—IV. 1889—1901. The fossil fishes of the English Chalk. Palaeontogr. Soc. London 1902, 1903, 1907, 1909, 1911, 1912. Notes on some Cretaceous fish remains from Pernambuco, Brazil. Geolog. Magaz. 1907. The Wealden and Purbeck Fishes. Palaeontogr. Soc. 1915—17. The Use of Fossil Fishes in Stratigraphical Geology. Quart. Journ. Geol. Soc. London. Address 1915. Fish Remains from the Old Red Sandstone of Granité Harbor, Antarctica. British Antarctic Expedition. 1910. London 1921. Presidential Address. Proc. of the Linnean Soc. of London 1920. — *Zigno, Arch. di*, Catalogo ragionato dei pesci fossili di Monte Bolca. R. Istituto Veneto di Scienze 1874.

1. Schuppen. L. Agassiz unterschied 4 Arten von Schuppen, denen in seinem System ebensoviele Ordnungen von Fischen entsprechen.

a) Die Placoidschuppen der Selachier und Holocephalen. Es sind meist kleine rhombische Plättchen, stern-, blatt-, pfeilspitzen-, schaufelförmige oder auch konische Gebilde, die dicht nebeneinander liegen und ein rauhes Mosaikpflaster (Chagrin) bilden. Häufig haben sie auf verschiedenen Körperteilen verschiedene Form und zuweilen zeichnen sich (so bei Rochen) einzelne durch beträchtliche Größe aus und erscheinen als dicke, außen rauhe oder mit Stacheln bewehrte Platten. Die Placoidschuppen (Fig. 3—5) entstehen aus Papillen des Corium, über welche sich die basale Schicht der Epidermis hinwegzieht. Die letztere lagert Schmelz ab, während die Zellen im Innern der Papille Zahnbein (Dentin) entstehen lassen. Dazu tritt die in der Lederhaut selbst gebildete Basalplatte. Die Placoidschuppen haben demnach die Struktur der Zähne. Die in die Haut eingesenkte Basalplatte besteht aus dichtem phosphorsauren Kalk, der von senkrechten Bündeln von Bindegewebsfasern durchzogen ist; der sich frei erhebende Oberteil ist aus Dentin zusammengesetzt und von gröberen und feineren Kanälen durchzogen. Die dünne glänzende Rinde, welche den Dentinkern überzieht, entspricht histologisch und chemisch dem Schmelz. Sie ist sehr hart und strukturlos.

Die Kanäle des Dentins entspringen aus einer mit Bindegewebe (des Coriums) und Zahnzellen (Odontoblasten) erfüllten Höhle (Pulpa *p*) und vergabeln sich nach außen in immer feinere Äste. Die einfache Pulpa kann auch durch ein Bündel größerer Kanäle ersetzt werden. Die Substanz des Dentins ist phosphorsaurer Kalk mit kleinen Mengen von Fluorcalcium und kohlensaurem Kalk.

Die Placoidschuppen fallen öfters aus und werden wie die Zähne durch Ersatzplättchen verdrängt.

b) Ganoidschuppen (Fig. 6, 6 a) haben durchschnittlich ansehnlichere Größe als die Placoidschuppen und bedecken meist den ganzen Rumpf. Wo sie gedrängt vorkommen, stehen sie in diagonalen Reihen, welche den sich kreuzenden Faserrichtungen des Corium entsprechen. Rhombische Ganoidschuppen sind meist durch vorspringende Zapfen am Vorderrand, welche in eine Rinne auf der Innenseite der benachbarten Schuppe eingreifen, beweglich verbunden; rundliche Schuppen liegen dachziegelartig übereinander. Die knöcherne, von zahlreichen Kanälen durchzogene Basalplatte ist meist dick mit einer glänzenden, schmelzartigen Schicht (Ganoin) überzogen, welche verschiedenartig verziert sein kann.

Fig. 6. Schuppen von *Polypterus Bichir* Bonap. Rezent. (Nat. Gr.)

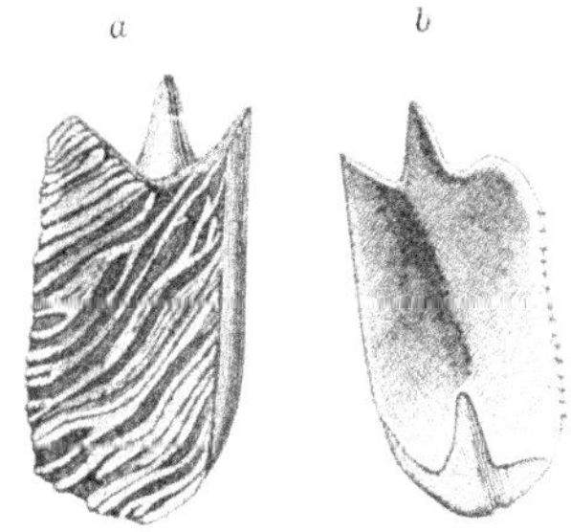

Fig. 6 a. Schuppe von *Cosmoptychius striatus* Ag. sp. Steinkohlenformation. *a* von außen, *b* von innen. $^3/_1$.

Nach Gegenbaur und Klaatsch ist der Ganoinbelag nicht eigentlicher Schmelz, sondern entstanden durch Konkreszenz von kleinen Hautzähnchen über der vorher angelegten Basalplatte. Er entspricht also auch dem Dentin der Placoidschüppchen. Indessen grenzt sich der Schmelzbelag häufig deutlich und charakteristisch ab (Scupin, l. c.) und kann auch wiederum ganz fehlen (*Pycnodonten*).

Die Basalplatte zeigt namentlich bei paläozoischen Gattungen große Mannigfaltigkeit (Fig. 7, 8). Die tieferen Lagen enthalten zahlreiche Knochenkörperchen und Haversische Kanäle, die oberen sind häufig nur von feinen Dentinröhrchen durchzogen (Ostein, Osteinkanäle Scupins).

c) Die Cycloid- und Ctenoidschuppen (Fig. 9, 10) stimmen in ihrer Zusammensetzung miteinander überein. Beide sind dünn, elastisch, von rundlicher, elliptischer, vier-, fünf- oder sechsseitiger Gestalt. Sie bestehen aus einer homogenen glasigen Deckschicht von phosphorsaurem Kalk und aus einer in Alkalien löslichen, lamellar ge-

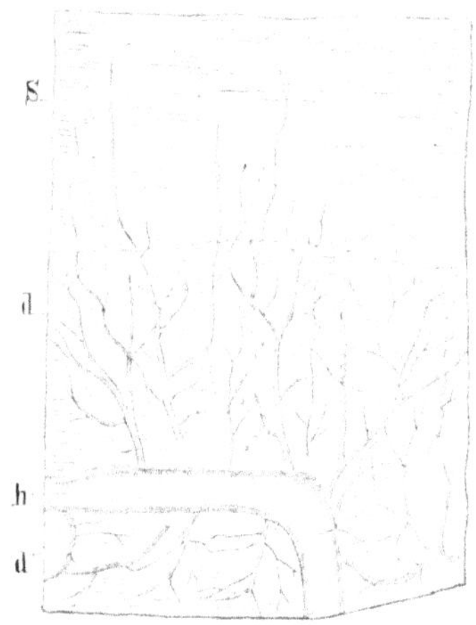

Fig. 7.
Vertikalschnitt durch die Schuppe von *Lepidosteus*. $^{300}/_{1}$. (Nach O. Hertwig.) S Schmelz, *h* Haversischer Kanal, *d* Dentinröhrchen.

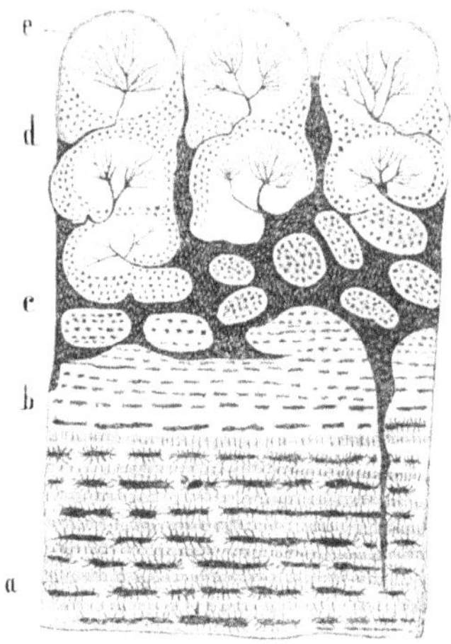

Fig. 8.
Vertikalschnitt durch eine Schuppe von *Glyptolepis*, stark vergr. (Nach Pander.) *a*, *b* Isopedinschicht mit spindelförmigen Knochenzellen, *c* Knochenschicht mit Haversischen Kanälen, *d* Schicht mit fein verästelten Dentinröhrchen (Kosmin), *e* Schmelz.

schichteten Basis von Bindegewebesubstanz. Die Deckschicht (Hyalodentin Hofers) ist ein modifiziertes Dentin.

Die Schuppen entwickeln sich in besonderen Taschen des Corium und greifen meist dachziegelartig übereinander. Die Cycloidschuppen haben rundliche Form und einfachen Hinterrand. Bei den Ctenoidschuppen ragen am Hinterrand kleine Zacken und Zähnchen hervor, welche zuweilen in mehreren Reihen hintereinanderstehen und einen ansehnlichen Teil des hinteren Feldes bedecken können. Sie haben die Zusammensetzung der Oberflächenschicht. Von dem sog. Primitivfeld strahlen meist nach vorn und nach hinten divergierende, zuweilen auch anastomosierende Linien aus, die nichts anderes als rißartige Unterbrechungen der Deckschicht sind. Durch Verstärkung und Zerteilung des Leistenreliefs der Schuppen können kleine und größere Stacheln entstehen. Zuweilen ist nur ein einziger Stachel auf kleiner Basalplatte vorhanden, so daß die Form des Placoidzahns resultiert, indessen sind diese anderer Entstehung und nicht direkt homolog.

Zwischen den oberen Lamellen der Basis sind oft Knochenkörperchen nachweisbar; die tieferen sind von fibrillärer Beschaffenheit (sklerosiertes Bindegewebe) und enthalten Knochenkörperchen nur selten und nur in den untersten Lagen. Derartige Schuppen unterscheiden sich nicht wesentlich von dünnen Ganoidschuppen.

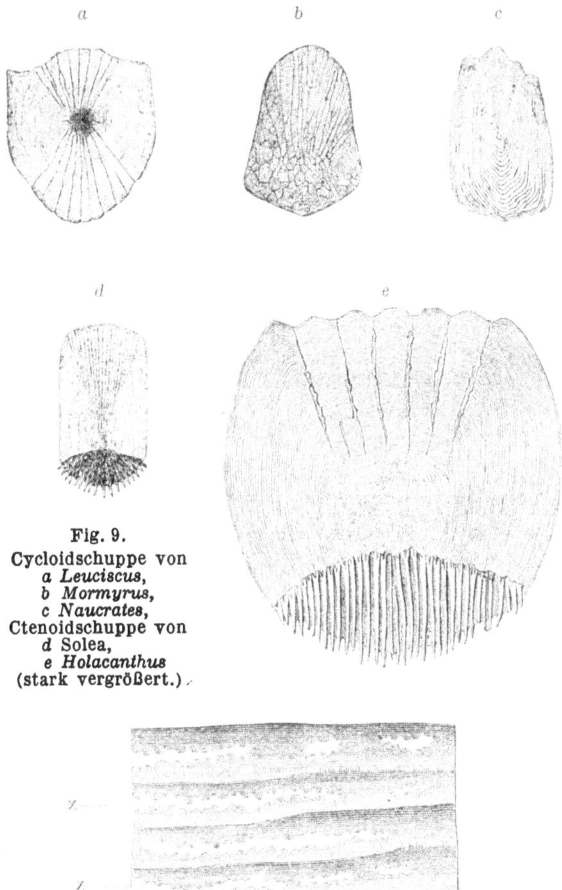

Fig. 9.
Cycloidschuppe von
a Leuciscus,
b Mormyrus,
c Naucrates,
Ctenoidschuppe von
d Solea,
e Holacanthus
(stark vergrößert.)

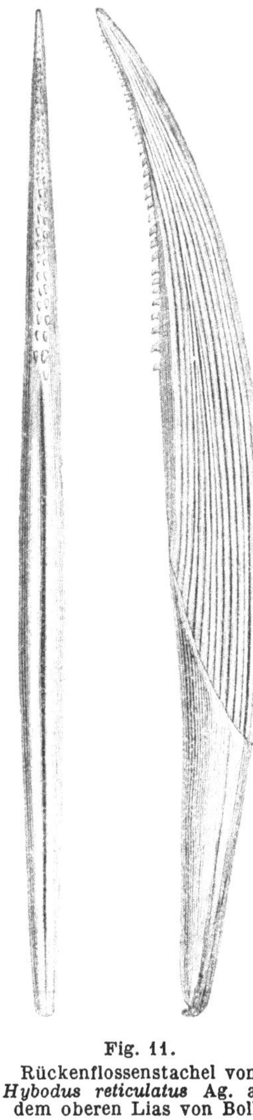

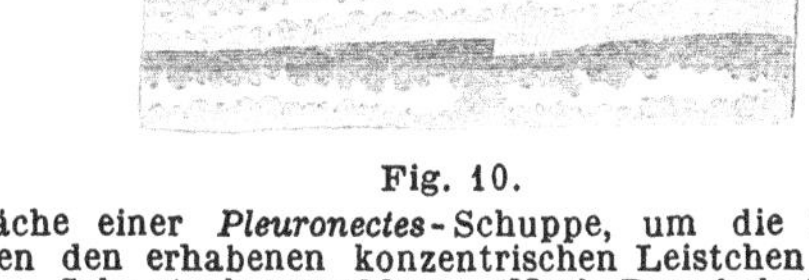

Fig. 10.
Oberfläche einer *Pleuronectes*-Schuppe, um die Lücken (*x*) zwischen den erhabenen konzentrischen Leistchen zu zeigen. Sehr stark vergrößert. (Nach Baudelot.)

Fig. 11.
Rückenflossenstachel von *Hybodus reticulatus* Ag. aus dem oberen Lias von Boll.

Große Knochenplatten bei gewissen Knochenfischen beruhen wahrscheinlich auf Konkreszenz schuppenartiger Anlagen.

Die Schuppen der Seitenlinie sind bei Ganoiden und Teleostiern durchbohrt und oft von etwas abweichender Form.

Die größeren Platten, Schilder, Stacheln etc., welche teils den Rumpf, teils den Kopf vieler Fische (*Placodermi*, *Siluridae*, *Acipenseridae)* bedecken, bestehen entweder aus gleichmäßiger Knochensubstanz oder aus Lagen von Ostein, Dentin und Schmelz. Bei den Acipenseriden lassen sie sich von normalen Ganoidschuppen ableiten, in die sie am Schwanz oft direkt übergehen. Bei den Panzerwelsen sind Zähnchen, welche den Placoidschüppchen vergleichbar sind, mit einer solchen Knochenplatte verbunden, aber nicht verwachsen.

Größere Stacheln (Ichthyodorylithen) (Fig. 11) kommen am Vorderrande der Flossen oder am Kopf bei Fischen mit knorpligem Innenskelett vor (Selachier, Holocephalen). Sie stecken meist mit einer verlängerten Basis im Fleisch und treten gern mit einer knorpligen Platte oder Unterlage in Verbindung. Sie bestehen, wie die Zahngebilde der Placoidfische, aus Dentin mit Pulpa oder aus Vasodentin und zeichnen sich oft durch reiche Verzierung (Längsrippen, Höcker, Randzähnchen etc.) aus.

Hautgebilde mesodermalen Ursprungs sind auch die äußeren Teile der Flossen (Hornfäden, Strahlen). Die Hornfäden (Ceratotrichia) sind bei den Haien elastische Fasern, bei den Dipnoern zellenhaltig. Bei den Ganoiden und Teleostiern werden die embryonalen Hornfäden später von knöchernen Flossenstrahlen verdrängt, die sich von Knochenschuppen ableiten. Sie sind aus zwei dicht aneinanderliegenden Hälften zusammengesetzt, die bei den Weichflossen durch Querteilung in zahlreiche Stückchen gegliedert werden und nach außen oft fächerförmig zerteilt sind. Kommen harte und weiche Strahlen in einer Flosse vor, so stehen die ungegliederten voran.

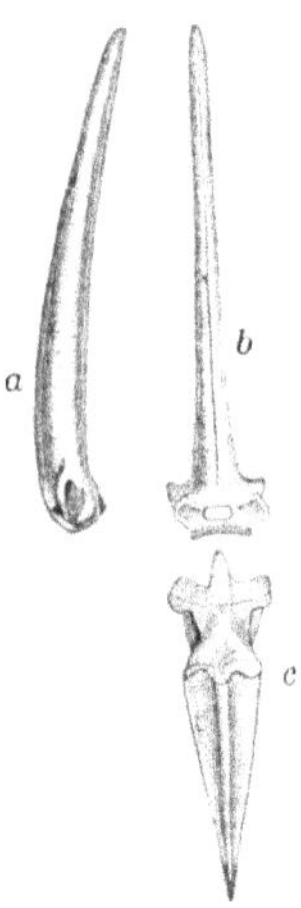

Fig. 12. a, b Flossenstrahlen aus der Rückenflosse eines Hartflossers, c Flossenträger.

Die Flossenstrahlen der unpaaren Flossen werden in der Regel von flachen, knorpligen oder knöchernen Trägern gestützt, mit denen sie gelenkig verbunden sind. Die Träger (Axonoste) (Fig. 12) gehören dem Innenskelett an. Sie schieben sich zwischen die Dornfortsätze der Wirbel und werden je nach ihrer Lage (dorsal oder ventral) als Interneuralia oder Interhämalia bezeichnet.

Bei manchen Selachiern (*Pristiophorus*, *Raja*) findet zwischen den Placoidschuppen der äußeren Haut und den Zähnen ein allmählicher Übergang statt, und da beide im wesentlichen dieselbe histologische Zusammensetzung aufweisen und die Zähne nur bei den höheren Fischen in feste Verbindung mit den Kopfknochen treten, so müssen die Zähne ebenfalls den Hautgebilden zugezählt werden.

Bei den Fischen können sämtliche Knorpel oder Deckknochen, welche an der Mund- und Kiemenhöhle teilnehmen, Zähne tragen. Sie gehen aus der Verkalkung von Hautpapillen hervor und bestehen aus einer frei vorragenden Krone und einer von Bindegewebe umgebenen oder mit dem Kopfskelett verbundenen Wurzel. Form und Größe sind je nach ihrer Funktion außerordentlich verschieden. Von den winzigen »Sammtzähnchen« des Barsches zu den langen Bürstenzähnen des Wallers, zu den kräftigen Hechelzähnen des Hechtes und den gewaltigen Kegel- oder Dolchzähnen von *Dendrodus* oder *Portheus* existieren alle Übergänge. Bei den Haien kommen Zähne von der Form einer einseitig abgeplatteten Dolchklinge mit oder ohne Nebenzacken häufig vor. Zum Zermalmen der Nahrung dienen teils stumpfkonische, teils bohnenförmige, kugelige oder pflastersteinartige Zähne, und bei gewissen Selachiern fügen sich die Zähne zu einem geschlossenen Mosaik aneinander. Eigentümliche schneidende Zahnplatten von ansehnlicher Größe finden sich bei *Diodon* und *Chimaera*.

Ebenso mannigfaltig wie die Form ist auch die Zahl der Zähne bei den Fischen. Während die Dipnoer, Chimaeriden und Gymnodonten im ganzen nur 4 bis 6 Zähne besitzen, zählen dieselben bei vielen Haien und Knochenfischen nach Hunderten.

Die Befestigung auf der knorpeligen oder knöchernen Unterlage wird in der Jugend bei fast allen Fischen durch faseriges Bindegewebe bewerkstelligt, und bei Haien und vielen Knochenfischen bleibt diese

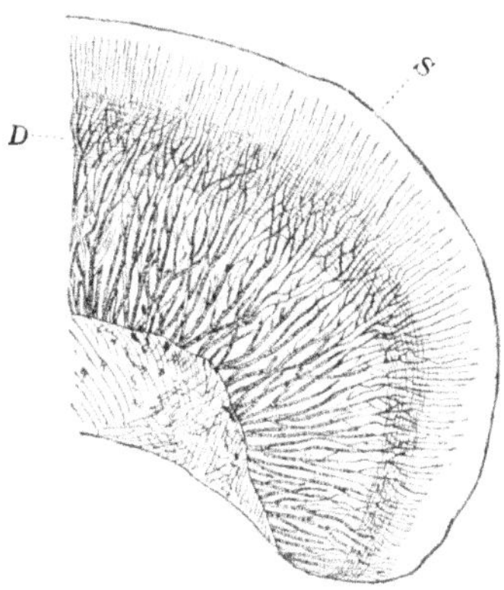

Fig. 13.
Vertikalschnitt durch den Zahn von *Lepidotus* (*Sphaerodus*) *gigas* Ag. aus Dentin u. Schmelz bestehend (stark vergrößert).

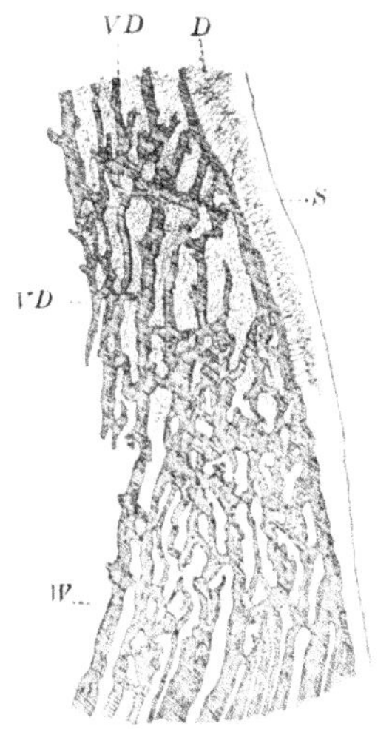

Fig. 14.
Vertikalschnitt durch einen Teil eines Hechtzahnes. (Nach Sternberg.) Stark vergr. *S* Schmelz, *D* Dentin, *VD* Vasodentin, *W* Zahnwurzel.

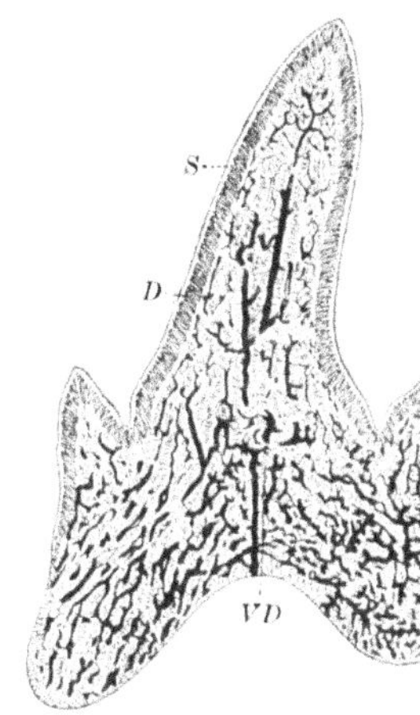

Fig. 15.
Vertikalschnitt durch einen *Otodus*-Zahn. Vergr. *VD* Vasodentin, *D* Dentin, *S* Schmelz.

Art der Befestigung zeitlebens, so daß die Zähne nach längerem Kochen leicht von der Basis abgestreift werden können. Bei Knochenfischen und vielen Ganoiden tritt eine Verwachsung der Zahnwurzel mit dem Knochen ein, wobei auf letzterem meist eine sockelartige Erhöhung dem Zahne entgegenwächst. Ausnahmsweise findet man auch in Höhlungen (Alveolen) eingefügte Zähne. In der Regel entwickeln sich die Ersatzzähne neben den fungierenden Zähnen und schieben dieselben nach und nach aus.

Mit wenigen Ausnahmen besteht die Zahnkrone aus Dentin, Vasodentin und Schmelz, die Wurzel aus Vasodentin oder Osteodentin. Der Schmelz (Placoinschmelz) bildet eine sehr dünne, glasharte, glänzende, homogene Deckschicht, welche unter polarisiertem Licht Doppelbrechung erkennen läßt. Die Schmelzschicht schließt zuweilen noch die äußersten Ausläufer der Dentinröhrchen ein. Sie ist aus phosphorsaurem Kalk mit etwas Fluorcalcium, wenig kohlensaurem Kalk, phosphorsaurer Magnesia und sehr geringen Mengen organischer Substanz zusammengesetzt. Das Dentin (Elfenbeinsubstanz) enthält kein

Fluorcalcium, viel mehr organische Beimengung als der Schmelz, ist weniger hart und löst sich in Säure langsamer auf. Das eigentliche Dentin (Fig. 13) wird lediglich von sehr feinen, nach außen verästelten Röhrchen durchzogen, die von der Pulpa oder deren Verzweigungen ausgehen und fadenförmige Verlängerungen der Zahnzellen (Odontoblasten) enthalten. Sehr häufig wird die Dentinsubstanz auch von groben, anastomosierenden Kanälen (Haversische Kanäle) durchzogen, in welchen Blutgefäße verlaufen und deren Wände mit Odontoblasten ausgekleidet sind. Von diesen groben Kanälen gehen alsdann in peripherischer Richtung feine Dentinröhrchen aus. Diese gefäßreiche Modifikation der Zahnsubstanz heißt Vasodentin (Fig. 14, 15).

Die Wurzel der Fischzähne unterscheidet sich von der Krone durch Mangel eines Schmelzüberzuges. Sie besteht entweder gänzlich aus Vasodentin, oder es kommen noch Knochenzellen mit ausstrahlenden Primitivröhrchen hinzu (Osteodentin).

Das innere Skelett der Fische (Fig. 16) zeigt, daß in den verschiedenen Ordnungen dieser Klasse fast alle Entwickelungsstadien, welche bei den höheren Wirbeltieren nur vorübergehend durchlaufen werden, als dauernde Einrichtungen im ausgewachsenen Zustand fortbestehen. Der ganze Prozeß der allmählichen Gliederung, Verknorpelung und Verknöcherung der Wirbelsäule und des übrigen Skeletts ist in den verschiedenen Abteilungen der Fische veranschaulicht, und namentlich die fossilen Formen aus paläozoischen und mesozoischen Ablagerungen gewähren in dieser Hinsicht die bemerkenswertesten Aufschlüsse.

Wirbelsäule.

Die erste Anlage des inneren Skeletts beschränkt sich auf die stabförmige, den Körper durchziehende Chorda dorsalis. Schon bei *Amphioxus* tritt hierzu ein membranöses Skelettsystem, in dem sich die in der Längsrichtung noch zusammenhängenden oberen und unteren Bogen und die myocommatischen Querlamellen unterscheiden lassen, bzw. die an den Bogenlamellen durch ihren Ansatz hervorgerufenen Gewebsverstärkungen.

Bei den Cyclostomen entwickeln sich dorsal im Anschluß an die austretenden Spinalnerven kleine Knorpelstücke (je zwei jederseits in jedem Metamer), die im Schwanz zu einer Längsleiste verschmelzen. Entsprechende ventrale Bildungen sind nur im Schwanz beobachtet.

Diese schon bei den Cyclostomen nachweisbaren oberen und unteren Bogen lassen bei den typischen Fischen die metamere Gliederung der Wirbelsäule entstehen, wobei die Chorda selbst noch häufig ungegliedert verharrt. Die Chordascheide ist verstärkt, die ursprüngliche Elastica nach außen gedrängt. Von den Knorpelstücken der Bogen geht eine Zerstörung der Elastica aus und Knorpelzellen wandern in die Scheide ein. Damit ist die metamere Sonderung auch der Wirbelkörper angebahnt, deren Ausarbeitung im einzelnen sehr verschiedene Wege geht.

Ein vollständiger Wirbel besteht aus einem Wirbelkörper (Zentrum), zwei oberen, den Rückenmarkkanal umgebenden Bogenhälften (obere Bogen, Neurapophysen) und zwei unteren Bogenstücken (Hämapophysen). Die oberen Bogen vereinigen sich zu einem dorsalen Dornfortsatz (processus spinosus oder spina dorsalis), die

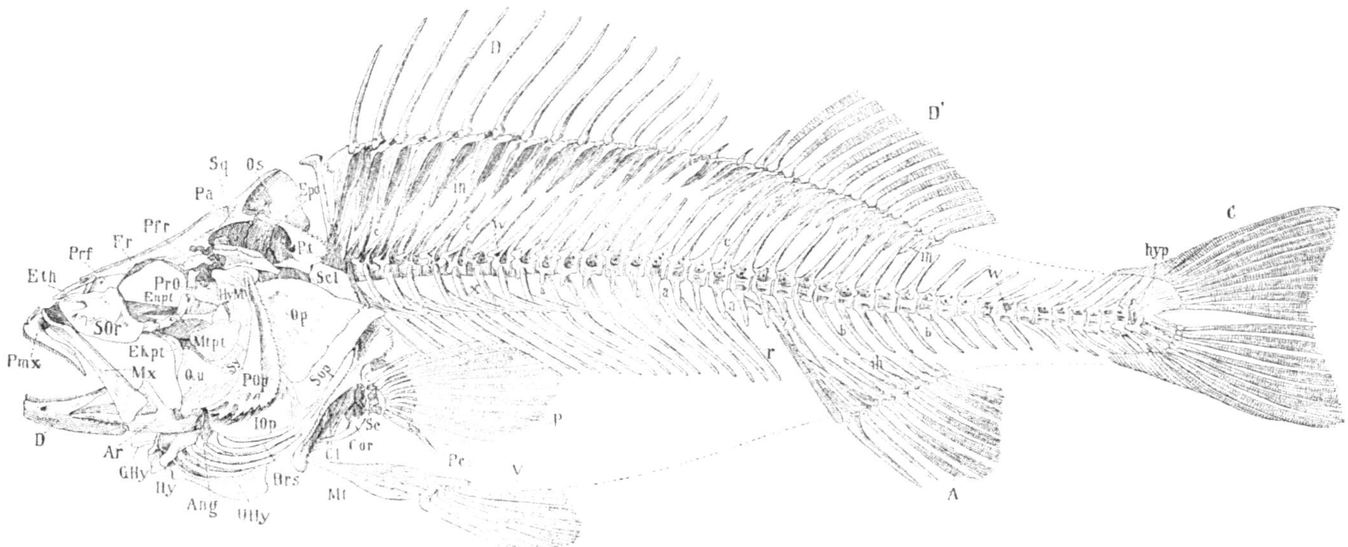

Fig. 16.

Skelett vom Barsch (*Perca fluviatilis*).

I. Kopf: *Fr* Frontale (Stirnbein), *Eth* Æthmoideum, *Prf* Praefrontale, *Pfr* Postfrontale, *Pa* Parietale, *Sq* Squamosum, *OS* Occipitale superius, *EpO* Epioticum, *PrO* Prooticum, *SOr* Suborbitalia, *HyM* Hyomandibulare, *Sy* Symplecticum, *Qu* Quadratum, *Mtpt* Metapterygoid, *Enpt* Entopterygoid (Mesopterygoid), *Ekpt* Ektopterygoid, *Mx* Maxilla, *Pmx* Praemaxilla, *Ar* Articulare, *Ang* Angulare, *D* Dentale, *POp* Praeoperculum, *Op* Operculum, *Sop* Suboperculum, *IOp* Interoperculum, *Hy* Hyoideum (Ceratohyale), *GHy* Glossohyale (Zungenbein), *UHy* Urohyale, *Brs* Kiemenhautstrahlen.

II. Extremitäten: *Pt* Posttemporale, *Scl* Supraclavicula, *Cl* Clavicula, *Cor* Coracoid, *Sc* Scapula, *Pcl* Postclavicula, *P* Brustflosse (Pectoralis), *Mt* Metapterygium, *V* Bauchflosse (Ventralis), *D* u. *D'* erste und zweite Rückenflosse (Dorsalis), *C* Schwanzflosse (Caudalis), *A* Afterflosse (Analis), *in* Interneuralia, *ih* Interhämalia, *hyp* Hypurale.

III. Wirbelsäule: w Wirbelkörper, *a* Parapophysen, *b* Hämapophysen, *c* Neurapophysen, *r* Rippen, *x* Gräten.

unteren können — in der Schwanzregion — durch Vereinigung einen ventralen Dornfortsatz (spina ventralis) bilden (Fig. 19) oder sie bleiben als untere Querfortsätze (Parapophysen) getrennt.

Bei vielen mit knorpeliger Wirbelsäule versehenen Fischen (Selachier, Acipenseriden) schieben sich zwischen die oberen und unteren Bogen knorpelige Schaltstücke (Intercalaria) ein, welche die Bogen zuweilen an Größe übertreffen (Fig. 17, 18). Es entspricht dies vielleicht dem Auftreten doppelter oberer und unterer Bogen in jedem Segment bei Petromyzon.

Die Wirbelcentra oder Wirbelkörper enthalten bei den Knorpelfischen meist noch einen Teil der Chorda, welche als weicher zentraler Strang die ganze Wirbelsäule durchsetzt und die Zwischenräume zwischen den einzelnen Wirbeln teilweise ausfüllt. Die knorpeligen, verkalkten oder verknöcherten Vorder- und Hinterwände der Wirbelkörper sind wie Doppelkegel tief ausgehöhlt (amphicöl) und verleihen dem Wirbelzentrum dadurch sanduhrähnliche Gestalt. Bei den Selachiern tritt meist eine teilweise Verkalkung, bei den Ganoiden und Knochenfischen eine Verknöcherung des ursprünglichen Knorpelzentrums ein. Während aber die Knochenfische meist eine vollständige Umwandlung des ganzen Wirbels mit all seinen Fortsätzen in kompakte, dentinartige Knochensubstanz aufweisen, lassen die Ganoiden, namentlich der paläozoischen und mesozoischen Ablagerungen, die verschiedensten Stadien des Verknöcherungsprozesses erkennen. Bei vollkommen verknöcherten Wirbeln legen sich die vorderen und hinteren Ränder der amphicölen Wirbelzentren dicht aneinander und sind überdies durch Ligamente verbunden, die Chorda füllt nur noch die intervertebralen Zwischenräume aus und bildet keinen kontinuierlichen Strang. Die Bogen verwachsen fest mit dem Zentrum, und am Vorderrand der oberen Bogen ragt häufig ein kurzer Fortsatz (Zygapophyse) vor, welcher sich jederseits über einen ähnlichen hinteren Fortsatz des Zentrums legt und so die Verbindung benachbarter Wirbel verstärkt (Fig. 19). In der hinteren oder Schwanzregion vereinigen sich die unteren Bogen zu einem ventralen

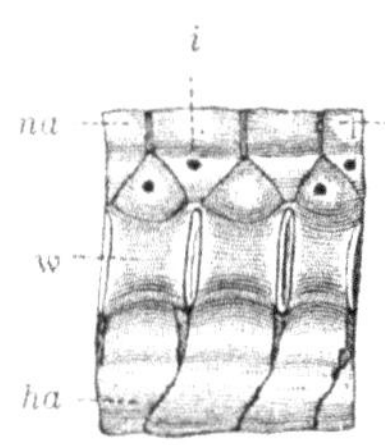

Fig. 17.
Drei Schwanzwirbel von *Centrophorus* von d. Seite. (Nach Hasse.) *w* Wirbelkörper, *na* oberer Bogen, *i* Intercalarstück, *ha* unterer Bogen.

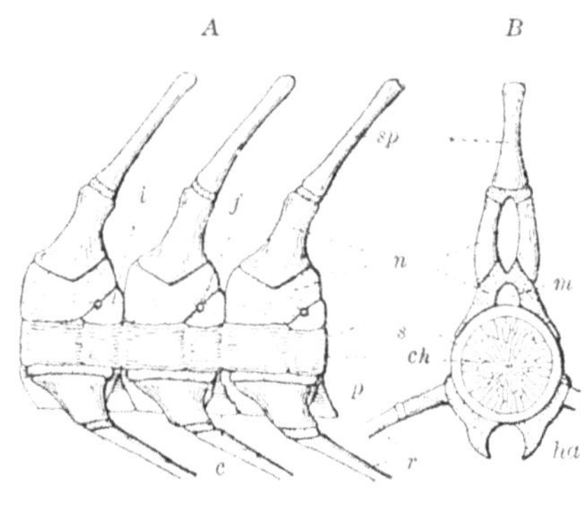

Fig. 18.
Wirbel aus der Rumpfregion des Stör. *A* von der Seite, *B* in vertikalem Querschnitt. *sp* oberer Dornfortsatz, *n* oberer Bogen (Neurapophyse), *p* Parapophyse, *ha* unterer Bogen (Hämapophyse), *m* Rückenmarks-(Medullar-)Kanal, *ch* Chorda dorsalis, *s* Chordascheide, *i* Intercalaria, *r* Rippen, *f* Durchtrittsöffnungen der Nerven. (Der Knorpel ist punktiert, der Knochen weiß.) (Nach R. Hertwig.)

Dornfortsatz (Fig. 19), in der vorderen Rumpfregion ragen die unteren Bogen als kurze Parapophysen vor und dienen beweglichen Rippen als Träger. Eigentliche Querfortsätze (Diapophysen, processus trans-

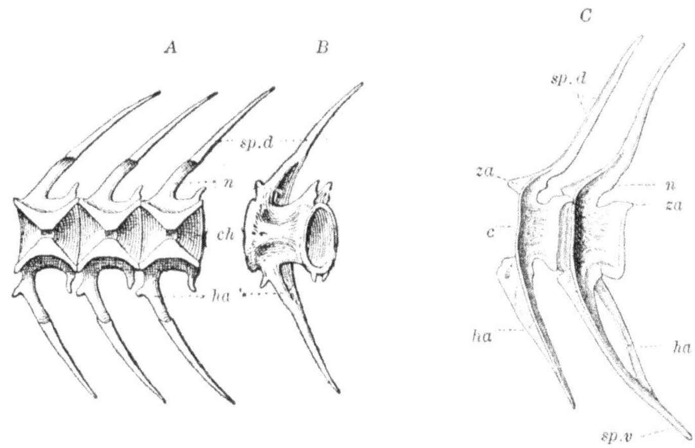

Fig. 19.
Schwanzwirbel vom Karpfen. *A* der Länge nach in sagittaler Richtung durchschnitten, *B* ein einzelner Wirbel in halb seitlicher Ansicht, *C* letzter Rumpf- und erster Schwanzwirbel. *sp. d* oberer Dornfortsatz, *n* oberer Bogen, *ch* Chorda dorsalis, *c* Zentrum, *za* Zygapophysen, Parapophyse, *ha* Hämapophyse, *sp* Spinaxventralis. (Nach R. Hertwig.)

versi), an welche sich bei den höheren Wirbeltieren die Rippen anlegen, und welche von den oberen Bogen ausgehen, kommen nur ganz ausnahmsweise (*Polypterus*, *Pleuronectes*) neben den Parapophysen vor. Bei den Cyclostomen und Chimären fehlen Rippen vollständig, bei den Sela-

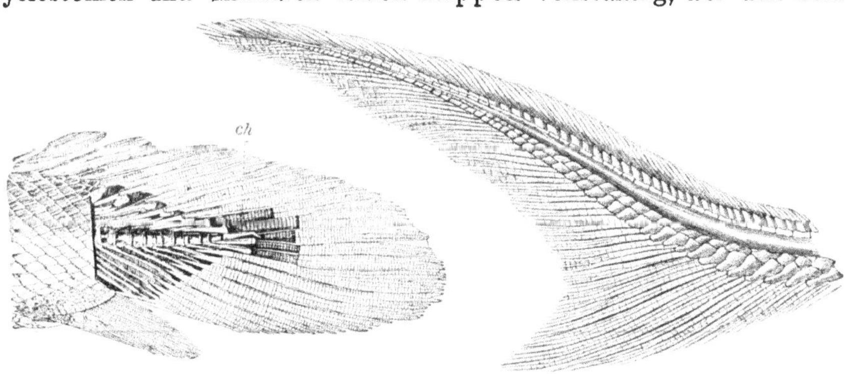

Fig. 20.
Diphycerke — „gephyrocerke" — Schwanzflosse von *Polypterus Bichir*. (Nach Kölliker.) *ch* hinteres Ende der Wirbelsäule.

Fig. 21.
Äußerlich und innerlich heterocerke Schwanzflosse vom Stör.

chiern und Knorpelganoiden sind sie meist schwach entwickelt oder rudimentär. In keinem Fall vereinigen sich die Rippen auf der Ventralseite miteinander, weder direkt, noch durch das Zwischentreten eines Sternums. Nicht zu verwechseln mit Rippen sind die aus verknöcherten Sehnen entstehenden Gräten; dünne, an einem Ende häufig vergabelte Knochenfäden, welche zwischen den Muskeln liegen und sich an die Wirbelzentren, Bogen oder Rippen anheften.

Die Zahl der Fischwirbel schwankt je nach den verschiedenen Gruppen ganz außerordentlich. Bei gewissen Knochenfischen (*Ostracion*) zählt man nur 15, bei anderen 70 bis 80, beim Aal etwa 200, bei manchen Haien 350 bis 400.

Das hintere Ende der Wirbelsäule ist bei allen Fischen im Embryonalzustand diphycerk oder heterocerk. Im ersteren Fall verlängert sich die Wirbelsäule geradlinig bis zum Körperende und ist oben und unten symmetrisch von der Schwanzflosse umgeben. In diesem embryonalen Stadium verharren zeitlebens die Cyclostomen, Dipnoer und viele Crossopterygier (Fig. 20). Bei den heterocerken Fischen (Haien, Rochen, vielen Ganoiden) krümmt sich die Wirbelsäule hinten aufwärts und tritt vollständig in den oberen Lappen der Schwanzflosse ein, welcher sich meist verlängert und den unteren an Größe übertrifft (Fig. 21). Zwischen diphycerker und heterocerker Schwanzbildung gibt es vielfache Übergänge. So verlängert sich beim hetero-diphycerken Schwanz die Wirbelsäule mit schwacher Aufbiegung bis zum Körperende und ist oben und unten von Strahlen umgeben; aber die Strahlen des oberen Lappen bleiben erheblich an Stärke hinter denen des unteren zurück. Zuweilen ist auch die äußere Schwanzflosse aus zwei gleichen Lappen zusammengesetzt, während sich die Wirbelsäule aufwärts biegt und eine Strecke weit in den oberen Lappen eindringt (Fig. 22). Derartige Flossen sind äußerlich homocerk, innerlich heterocerk. Beim hemiheterocerken Schwanz ist

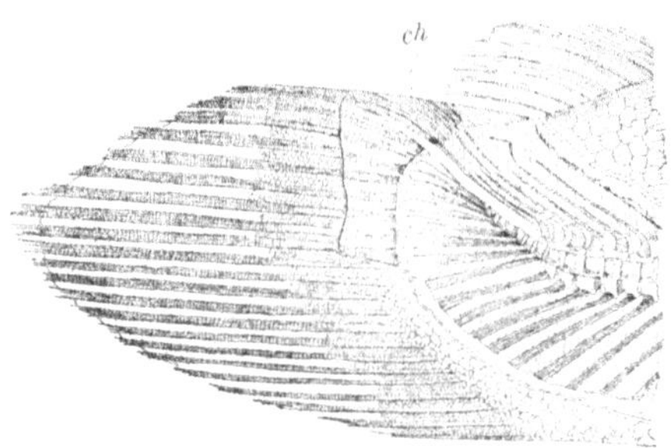

Fig. 22.
Innerlich heterocerke Schwanzflosse von *Amia*. (Nach Kölliker.) *ch* verknorpeltes Hinterende der Wirbelsäule mit dem Chordastrang.

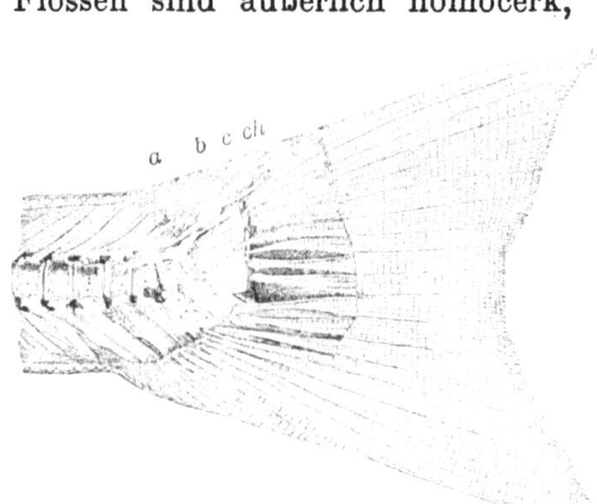

Fig. 23.
Äußerlich homocerke (stegure) Schwanzflosse vom Lachs (*Salmo Salar*). (Nach Kölliker.) *ch* Ende der Chorda (Schwanzfaden), *a, b, c* obere Deckknochen des Schwanzfadens.

der obere Lappen der äußerlich gleichlappigen Schwanzflosse noch eine Strecke weit oder auch bis zur Spitze beschuppt.

Bei sämtlichen Cycloid- und Ctenoidfischen ist die Schwanzflosse äußerlich homocerk (Fig. 23). Die Wirbelsäule endigt meist vor der Flosse mit einem Wirbel, an welchen sich eine breite, vertikale, fächerförmige Schlußplatte (Hypurale) anschließt, die aus der Verschmelzung mehrerer Flossenträger und Hämapophysen entsteht. Über dieser Schlußplatte liegt meist ein kurzer, knorpeliger, aufwärts gerichteter Fortsatz der Chorda oder ein schräg aufwärts gerichtetes, griffelartiges Knochenstück (Urostyl). Den homocerken Schwanzflossen liegt somit eine innerliche Heterocerkie zugrunde.

Sämtliche paläozoischen Fische haben diphycerke oder heterocerke Schwänze, hemiheterocerke Formen beginnen im Mesozoikum. Die cretaceischen, tertiären und lebenden Knochenfische haben im ausgewachsenen Zustand homocerke Schwanzflossen, durchlaufen aber in der Jugend ein diphycerkes oder heterocerkes Stadium.

Schädel.

Das embryonale Primordialcranium der Fische ist knorpelig und entwickelt sich aus der Chorda dorsalis, die eine Strecke weit in die Schädelbasis eindringt.

Bei den Selachiern (Fig. 24) besteht das Kopfskelett dauernd aus einheitlichem Knorpel, der oberflächlich mit Plättchen aus phosphorsaurem Kalk inkrustiert, seltener eine auch in die Tiefe greifende Verkalkung aufweist. Die Schädelkapsel enthält das Zentralnervensystem und zwar hinten die Hemisphären des großen und kleinen Gehirns, in der Mitte die Sehhügel (lobi optici), im vorderen Teil die Riechnerven; mit der Schädelkapsel vereinigen sich sehr früh die in der Anlage selbständigen Gehörorgane, Augen und Nasengruben. Das Visceralskelett besteht aus einer Anzahl verschiedenartig ausgebildeter knorpeliger Bogen, von denen der vorderste, der sog. Mandibularbogen, die Mundhöhle umrandet und sich durch Größe und Bezahnung auszeichnet. Der obere Teil, das Palatoquadratum, ist mit dem unteren, dem Unterkiefer, gelenkig verbunden; bei

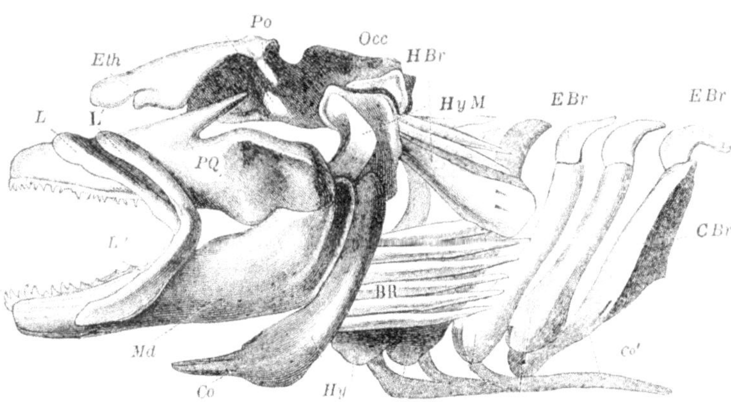

Fig. 24.

Schädel und Kiemenkorb von *Squatina vulgaris*. (Nach Gegenbaur.) *Eth* Ethmoidalregion (Rostrum), *Po* Postorbitalfortsatz, *Occ* Occipitalregion, *PQ* Palatoquadratum, *L* vorderer, *L'* hinterer, *L''* unterer Labialknorpel, *Md* Unterkiefer (*Mandibula*), *HyM* Hyomandibulare, *Hy* Hyoideum, *Co* Copula des Zungenbeinbogens, *III—VII* Kiemenbogen (*Branchialia*), *EBr* Epibranchiale, *CBr* Ceratobranchiale, *HBr* Hypobranchiale, *Co'* hinterste Copula der Kiemenbogen, *BR* Kiemenstrahlen des Hyoideum.

den meisten Haifischen ist er durch Bänder, die von seinem niedrigen, vorderen Fortsatze ausgehen, an den Schädel geheftet. Bei den primitiven Haien (Notidanus, Hybodus) erhebt sich das Palatoquadratum hinten zu einem viel breiteren Fortsatz, der mit dem postorbitalen Vorsprung des Schädels in gelenkartiger Fläche zusammenstößt. Der zweite Visceralbogen oder Hyoidbogen berührt ebenfalls mit seinem oberen Abschnitt, Hyomandibulare, die Gehörregion des Schädels, während sein unterer als Zungenbein, Hyoid, ausgebildet ist. Das Hyomandibulare ist bei Notidanus, Hybodus etc. ein langer, schmaler Knorpel, der sich ganz dem Hinterrand des Palatoquadratum anschmiegt; bei den meisten Haien ist es aber verkürzt und verbreitert und weiter nach hinten geschoben.

Die sog. Lippenknorpel (Fig. 24) werden häufig als präorale Kiemenbögen bezeichnet, oder als die knorpeligen Äquivalente des Maxillare bzw. Praemaxillare (unter Bezug auf Beobachtungen bei Polyodon) oder auch als neue Erwerbungen bzw. Abgliedernngen. Ihr Auftreten bei älteren fossilen Formen läßt sich zu Beweisen einstweilen nicht verwerten, es ist immerhin beachtenswert, daß sie zuweilen selbst alten Formen fehlen oder sehr klein sind. Ontogenetisch treten sie später auf als die eigentlichen Visceralbogen.

Hinter den Zungenbeinbogen folgen noch fünf (selten sechs oder sieben) Visceralbogen, welche als Stützen der Respirationsorgane dienen, aus mehreren Stücken zusammengesetzt sind und ventral durch mediane Zwischenknorpel (Copulae) verbunden werden. Sowohl die Kiemenbogen als auch das Hyoideum, bei alten Formen auch das Hyomandibulare, tragen knorpelige Kiemenstrahlen. Bei den Holocephalen verschmelzen Palatoquadratum und Hyomandibulare miteinander und mit der Schädelkapsel. Der Unterkiefer wird dadurch autostyl, d. h. direkt an den Schädel eingelenkt.

Bei den Fischen mit verknöchertem Schädel und allen anderen höheren Wirbeltieren bilden sich auf dem primären Dermalcranium Knochenelemente, deren Gestalt von dem Zug der Muskulatur der Augen, Kiefer, Kiemenbogen und Brustflossen sowie von der Lage und Größe der Riech-, Seh- und Gehörkapseln abhängig sind. Die Knochengrenzen — Suturen — und Gelenke sind dabei die Stellen relativer Beweglichkeit, Ossifikationszentren dagegen die von größerer Stabilität. Verschieden starkes Wachstum einer oder mehrerer Schädelregionen veranlaßt daher eine Neuordnung der Suturen und somit der Knochenelemente.

Bei den Knorpelganoiden (*Acipenser*, *Spatularia*) nehmen bereits knöcherne Elemente an der Zusammensetzung des Kopfes teil. Die Schädelkapsel bleibt zwar der Hauptsache nach knorpelig, aber außen entstehen eine Anzahl Knochenplatten, welche das Cranium oben und auf den Seiten bedecken, und ebenso entwickelt sich an der Schädelbasis ein langer schmaler Hautknochen (Parasphenoid), welcher vorne bis zur Ethmoidalregion, hinten bis zum Hinterhaupt reicht. Auch am Palatoquadratum, Hyomandibulare und Unterkiefer stellen sich Knochenbelege ein, und ebenso ossifiert eine die Kiemenspalten deckende Hautfalte zu einem einfachen Kiemendeckel (Operculum). Palatoquadratum und Hyomandibulare bilden den frei beweglichen (hyostylen) Träger des Unterkiefers.

Ähnlich wie die Knorpelganoiden verhalten sich auch die Dipnoer, bei denen jedoch Palatoquadratum und Hyomandibulare mit dem Cranium verschmolzen sind (Autostylie).

Bei den Schuppenganoiden und Knochenfischen findet eine mehr oder weniger vollständige Ossifikation der Schädelkapsel und des Visceralskelettes statt. Die Verknöcherung beginnt, wie bei den Knorpelganoiden, zuerst mit Hautknochen, welche anfänglich (durch eine Bindegewebsschicht) vom Knorpelcranium getrennt bleiben. Die Bildung der Ersatzknochen erfolgt phylogenetisch später und geht vom Perichondrium des Primordialschädels aus. Der Knorpel wird durch Knochen ersetzt (Ersatzknochen, zu diesen gehören z. B. immer die unteren und seitlichen Hinterhauptsbeine.) Eine klare Scheidung beider Knochenarten ist aber dadurch erschwert, daß die Bildung von Hautknochen oft in größerer Tiefe vor sich geht und selbst den untenliegenden Knorpel ergreifen kann. Es kann auch ein Knochen gemischter Entstehung sein, indem ein Deckknochen mit der gleichfalls verknöchernden Knorpelunterlage verschmilzt. Das gilt z. B. öfters für das Supraoccipitale, auch für das Opisthoticum.

Am eigentlichen Cranium (Fig. 25) unterscheidet man drei Regionen (Occipital- und Gehör-Abschnitt und Orbital- und Ethmoidal-Region). Die Hinterhaupts- oder Occipital-Region besteht aus vier Knorpelknochen: dem unteren Hinterhauptsbein (Occipitale basilare, Basioccipitale), welches meist noch Reste der Chorda dorsalis enthält und mit seinem tief ausgehöhlten Hinterende die Verbindung mit der Wirbelsäule herstellt, einem rechten und linken seitlichen Hinterhauptsbein (Occipitalia lateralia, Exoccipitalia), welche den größeren Teil des Hinterhauptsloches umgrenzen, oft oben mit dem Supraoccipitale sich vereinigen, und einem oberen Hinterhauptsbein (Occipitale superius, Supraoccipitale), das zum Schädeldach gehört, sich zwischen die davorliegenden Scheitelbeine einschiebt und häufig mit einer vertikalen Medianleiste oder einem hohen Kamm versehen ist.

Die Gehörkapseln werden seitlich von mehreren, unter den Gesichtsknochen vollkommen versteckten Knochenpaaren umschlossen. Man unterscheidet hier das unmittelbar vor den Occipitalia lateralia gelegene Opisthoticum (*OpO*)[1], das im hinteren oberen Teil an das Opisthoticum angrenzende Epioticum *EpO*, und das Prooticum *PrO*, welches gewöhnlich die Öffnung des Nervus trigeminus umschließt. Mit diesen die eigentliche Gehörkapsel bildenden Knochen verbindet sich jederseits eine über und vor dem Opisthoticum gelegene, teils aus Hautknochen, teils aus Knorpel hervorgegangene Knochenplatte, das Squamosum *Sq* (Pteroticum Park., Schläfenbein), unter der sich der Kieferstiel (Hyomandibulare) einlenkt.

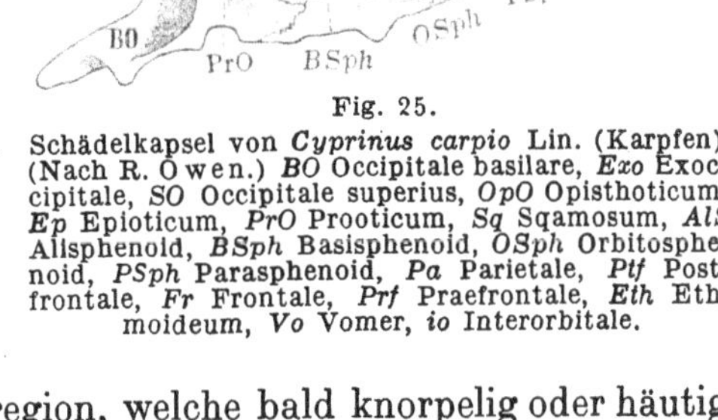

Fig. 25.
Schädelkapsel von *Cyprinus carpio* Lin. (Karpfen). (Nach R. Owen.) *BO* Occipitale basilare, *Exo* Exoccipitale, *SO* Occipitale superius, *OpO* Opisthoticum, *Ep* Epioticum, *PrO* Prooticum, *Sq* Sqamosum, *AlS* Alisphenoid, *BSph* Basisphenoid, *OSph* Orbitosphenoid, *PSph* Parasphenoid, *Pa* Parietale, *Ptf* Postfrontale, *Fr* Frontale, *Prf* Praefrontale, *Eth* Ethmoideum, *Vo* Vomer, *io* Interorbitale.

Die seitliche Umgebung der mittleren orbitalen Schädelregion, welche bald knorpelig oder häutig bleibt, bald mehr oder weniger vollständig verknöchert, ist äußerlich

[1]) Das Opisthoticum, auch Intercalare, ist bei Fischen meist ein Deckknochen.

2*

vollkommen von den Gesichtsknochen bedeckt. Man unterscheidet hier zwei Knochenpaare: das hintere unmittelbar vor dem Prooticum gelegene Alisphenoid und das vordere Orbitosphenoid; in der Mitte wachsen beide Knochenpaare, namentlich aber die beiden Orbitosphenoide, häufig zusammen und verschmelzen vollständig miteinander. Die Orbitosphenoide können auch ganz in einem häutigen Interorbitalseptum aufgehen. Die Grundfläche des Schädels wird durch einen Hautknochen, das lange, spanförmige Parasphenoid gebildet, welches hinten an das Basioccipitale, vorne an den Vomer anstößt.

Das Dach der beiden hinteren Schädelabschnitte wird wesentlich von Deckknochen gebildet. So schalten sich zwischen das obere Hinterhauptsbein und die beiden Squamosa zwei Parietalia (Scheitelbeine) ein, auf welche nach vorn die zwei Frontalia (Stirnbeine) folgen, die öfters zu einem einfachen großen Hauptstirnbein verschmelzen. Seitlich davon liegt vor dem Squamosum das Postfrontale (Hinterstirnbein, Sphenoticum Parker), das bei den Ganoiden zu den Haut-, bei den Knochenfischen zu den Knorpelknochen gehört. Über den Augenhöhlen kommt zuweilen ein kleines Supraorbitale vor.

Die vordere Ethmoidalregion besitzt als Basis das Pflugscharbein *Vo* (Vomer), das gleichzeitig die vordere Decke des harten Gaumens bildet. Vom Vomer steigt schräg nach hinten und oben jederseits ein z. T. knorpelig präformiertes, oben dermal angelegtes Vorderstirnbein (Praefrontale, Ethmoidale laterale Parker) auf, das sich mit dem Stirnbein und mit dem die Nasenkapsel oben, vorn und teilweise seitlich umschließenden Ethmoidale *Eth* verbindet. Eine oder mehrere kleine Deckknochen über jedem Nasenloch, welche sich zuweilen außen an das Ethmoidale anheften, werden Nasenbeine *Na* (Nasalia) genannt; das Ethmoid ist ein Ersatzknochen.

Zum Visceralskelett gehören der Kieferapparat, die Gesichtsknochen und das Kiemengerüst. Das Hyomandibulare tritt in enge Verbindung mit dem hinteren Teil des Palatoquadratum, d. h. dem Quadratum. Daraus geht der sog. Kieferstiel (Hyomandibulare und Symplecticum und Quadratum) hervor, welcher als Träger des Unterkiefers am Schädel durch Bänder beweglich befestigt ist. Diese Organisation wird als Hyostylie bezeichnet. Ist dagegen das Hyomandibulare verkümmert und fest mit dem Schädel verwachsen, so spricht man von Autostylie. Das Quadratum artikuliert unten mit dem Unterkiefer und ist nach oben innig mit dem aus dem unteren Ende des Hyomandibulare hervorgegangenen Symplecticum verbunden. An das Quadratbein fügen sich nach vorn das winklig gebogene Ectopterygoid (ein Deckknochen), nach oben das Metapterygoid, nach vorne das Mesopterygoid an, dessen vorderes Ende sich mit dem Palatinum (Gaumenbein) verbindet. Letzteres ist mit seinem Vorderrand durch Knorpelbänder dem Vomer und der Ethmoidalregion angeheftet, es ist ein Mischknochen, in dem ein Deckknochen und ein Ersatzknochen vereinigt sind.

Vor dem Gaumenbein liegen jederseits zwei ziemlich große, meist mit Zähnen besetzte Deckknochenpaare; das vordere derselben, die Praemaxilla (Zwischenkiefer), stößt vor der Ethmoidalregion durch eine Symphyse mit dem korrespondierenden Knochen der anderen Seite zusammen; das hintere, die Maxilla (Oberkiefer), tritt zuweilen durch ein schmales, eingeschaltetes Jugale (Jochbein) mit dem Quadratum in Verbindung.

Der Unterkiefer (Mandibula) besteht aus dem Gelenkstück (Articulare, einem Ersatzknochen), einem hinteren unteren Eckstück Angulare, das öfters knorpelig bleibt, und dem großen, mit Zähnen besetzten Hauptstück Dentale, welches als Deckknochen den Meckelschen Knochen umhüllt. Auf der Innenseite kommt hierzu noch ein Belegeknochen, das Operculare oder Spleniale, das nicht selten Zähne trägt und zuweilen (namentlich bei den Crossopterygiern) durch zwei oder mehr Knochenstücke ersetzt ist.

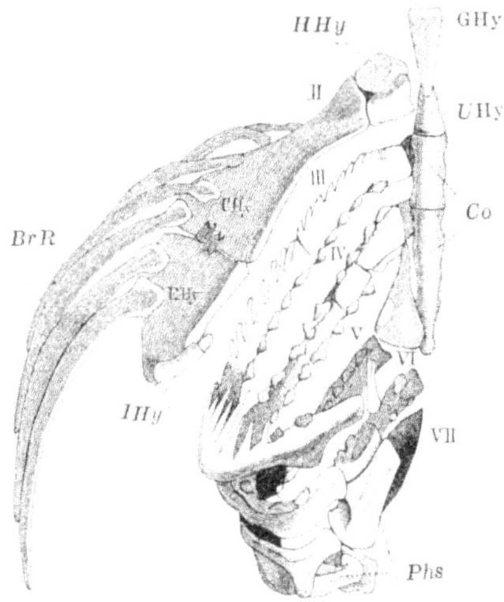

Fig. 26.
Rechte Hälfte des Zungenbeins und der Kiemenbögen vom Barsch. (*Perca fluviatilis.*) (Nach Cuvier.) *II* Zungenbeinbogen *III—VI* Kiemenbögen, *IHy* Interhyale, *EHy* Epihyale, *CHy* Ceratohyale, *HHy* Hypohyale, *GHy* Glossohyale (Zungenbein), *UHy* Urohyale, *Co* Copulae der Kiemenbögen, *Phs* obere Schlundknochen, *BrR* Kiemenhautstrahlen.

Eine ungewöhnlich starke Entwicklung erlangen sowohl bei Ganoiden als auch bei Knochenfischen mehrere aus einer Hautfalte hervorgehende Opercularknochen. Der vorderste, das Praeoperculum, ist meist eine ziemlich lange, schmale, etwas gebogene Knochenplatte, welche sich oben an das Hyomandibulare, unten an das Quadratum anheftet; dahinter liegt oben ein Operculum von meist ansehnlicher Größe, ferner ein Suboperculum und als unterstes Stück ein öfters mit dem Unterkiefer zusammenhängendes Interoperculum.

Eine wechselnde Anzahl kleiner Hautknochen begrenzen als Suborbitalia bogenförmig den hinteren und unteren Rand der Augenhöhle. Das über derselben gelegene Supraorbitale (*SOr*), sowie das Lacrimale *L* (Tränenbein) sind kleine Hautknochen, welche in enger Verbindung mit dem Cranium stehen, aber nur selten entwickelt sind. Das schon erwähnte Präfrontale ist ein Mischknochen.

Das Kiemengerüst (Fig. 26) der Ganoiden und Knochenfische unterscheidet sich nicht unerheblich von jenem der Selachier. Abgesehen davon, daß die bei letzteren dem Hyomandibulare anhaftenden Kiemenhautstrahlen hier zu Opercularplatten umgewandelt sind, und daß hinter dem Hyoideum nie mehr als fünf (selten vier) knöcherne Bogen auftreten, sind die Kiemenhautstrahlen des Zungenbogens als kräftige Knochenstücke oder Blätter ausgebildet. Das Hyoideum zerfällt in ein oberes Epihyale, ein mittleres Ceratohyale und ein kleines aus zwei Stücken bestehendes Hypohyale (Basihyale); das mediane Verbindungsstück (Copula) verlängert sich mehr oder weniger weit nach vorn als Glossohyale (Zungenbein) in die Zunge und ist bald mit Zähnen bedeckt, bald zahnlos; ein zweites nach hinten gerichtetes, zur Copula gehöriges Knochenstück heißt Urohyale. Die Kiemenbogen (Branchialia) sind gleichfalls aus je drei Stücken (Epi-,

Cerato- und Hypo-Branchiale) zusammengesetzt, durch Copulae in der Mitte verbunden und ihrer ganzen Länge nach mit feinen knorpeligen Strahlen, auf der Innenseite zuweilen mit zahnähnlichen Höckern oder Stacheln besetzt. An die Epibranchialia schließen sich noch kurze, häufig Zähne tragende obere Schlundknochen an. Von dem Epibranchiale des 1. Bogens aus bildet sich bei den Labyrinthfischen die knöcherne Unterlage des akzessorischen Respirationsorgans. Der letzte (5.) Kiemenbogen ist meist mehr oder weniger modifiziert und bildet die unteren Schlundknochen.

Die paarigen Flossen entsprechen den Extremitäten der höheren Wirbeltiere und zwar die Brustflossen den vorderen, die Bauchflossen den hinteren.

Sowohl die Brust- als auch die Bauchflossen heften sich an ursprünglich knorpelige Bogen (Schulter- und Beckengürtel) an, die durch Ossifikation in eine verschiedene Anzahl einzelner Knochenstücke zerfallen können. Mit Ausnahme der Selachier befestigt sich der Schultergürtel am oberen Hinterhauptsbein oder am Squamosum. Er bildet bei den Selachiern (Fig. 28, 29 A) einen ventral geschlossenen einfachen, selten, bei paläozoischen Formen, mehrteiligen, hinter den Kiemen gelegenen Knorpelbogen, dessen dorsale Enden entweder frei endigen oder sich an die Wirbelsäule anheften (Rochen); an der Insertionsstelle der Flosse ist er aufgetrieben und von Nervenlöchern durchbohrt. Bei manchen Ganoiden (*Chondrostei*, *Crossopterygii*, *Heterocerci*) lagern sich dem primären knorpeligen, aus zwei auch ventral gesonderten Hälften bestehenden Schultergürtel jederseits drei Deckknochen an, wovon der mittlere, größte von Gegenbaur als Cleithrum, der untere als Claviculare, der obere als Supraclavicula bezeichnet wird. Letztere zerfällt zuweilen in zwei Stücke, wovon das obere Posttemporale genannt wird. Bei den übrigen Ganoiden und den Knochenfischen wird der primäre Schultergürtel sehr verkleinert. Zwei, durch Zackennähte an der inneren und hinteren Seite der sehr großen Clavicula befestigte Knochen, wovon der hintere der Scapula (Schulterblatt), der vordere mehr nach innen gelagerte dem Coracoid entspricht, bilden hier den Brustgürtel. Bei mehreren Familien (Physostomen) kommt hierzu noch ein drittes, schmales, brückenförmig gegen die Clavicula sich wölbendes Spangenstück.

Der Hauptknochen des Schultergürtels der Teleostier ist immer die Clavicula, deren Größe und Form außerordentlich variiert.

Er ist nach Bütschli aus der Vereinigung von Clavicula und Cleithrum hervorgegangen, nach Gegenbaur entspricht er nur dem Cleithrum, während die Clavicula zurückgebildet ist.

Nach oben schließen sich als Belegknochen eine Supraclavicula und ein Posttemporale (*Pt*) an, hinten lagert sich ein meist schmaler akzessorischer Hautknochen, die Postclavicula an.

Die Brustflossen selbst lassen sich im einzelnen schwer mit dem Bau der vorderen Extremitäten der höheren Vertebraten vergleichen. Nach Gegenbaur wäre die biseriale Flosse des *Ceratodus* (Fig. 27) die der Urflosse (Archipterygium) am nächsten stehende Grundform. Auf den größtenteils knorpeligen Brustgürtel folgen hier zwei größere Knorpelstücke, an welche sich eine lange Kette kleinerer zylindrischer oder quadratischer Glieder anreiht, von denen nach beiden

Seiten Knorpelstrahlen ausgehen. Das Archipterygium findet sich bei den Crossopterygiern und bei den Dipnoern. Es kann jedoch nicht die ursprüngliche Form der Flossen sein, denn es ist bei dem lebenden Ceratodus viel kräftiger ausgebildet als bei den geologisch älteren Dipnoern. Eine zentrale Achse der Brustflosse besaß auch die erloschene Elasmobranchier-Gattung *Pleuracanthus*, dagegen sind die Knorpelstrahlen bei allen Selachiern vorwiegend einreihig angeordnet. Hier verbinden sich drei größere, nebeneinander gelegene Knorpel, das Pro-, Meso- und Metapterygium mit dem Brustgürtel und an jedes derselben fügen sich mehrere aus Knorpelstücken zusammengesetzte Radien an (Fig. 28). Am stärksten ist immer das Metapterygium ausgebildet, die beiden anderen sind häufig stark reduziert oder können sogar vollständig fehlen. Die häutige Flosse selbst ist von zahlreichen, stets paarig auftretenden Hornfäden durchzogen.

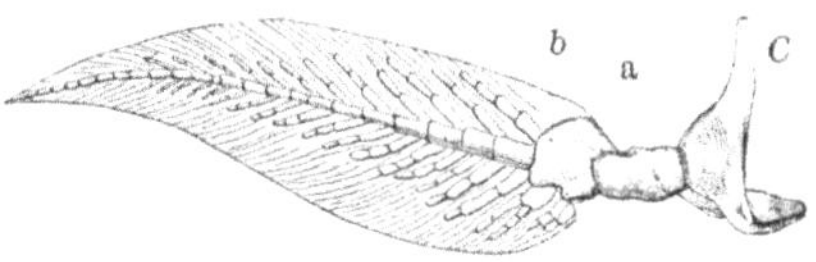

Fig. 27.
Brustflosse von *Ceratodus Forsteri*. Queensland.

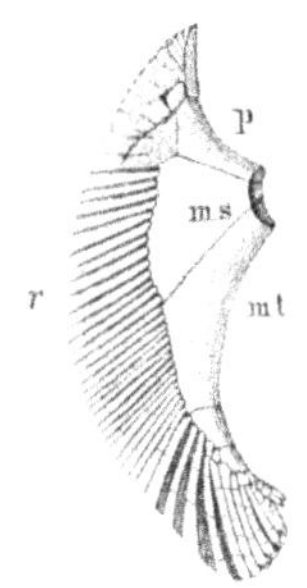

Fig. 28.
Brustflosse von *Squatina* (ohne die äußeren Hornfäden). *p* Propterygium, *ms* Mesopterygium, *mt* Metapterygium, *r* Radien.

Bei den Teleostiern finden wir eine stark abweichende Organisation der paarigen Flossen. *Polypterus* besitzt noch drei Basalstücke (Fig. 29 B), bei den meisten Ganoiden dagegen bildet das Metapterygium fast allein die Stütze für die Flosse; Meso- und Propterygium sind verkümmert. Dafür treten aber zwei bis drei Radien in gleiche Reihe mit den Basalstücken und verbinden sich mit dem Brustgürtel.

Bei den Actinopterygiern besteht die Basis der Brustflosse (Fig. 29 C) stets aus vier bis fünf gleichartigen, abgeplatteten Knochenstücken, denen eine wechselnde Anzahl kurzer Knorpelstückchen angefügt ist (Ichthyopterygium), welches schon bei *Cheirolepis* fertig gebildet war. Die Basalelemente der paarigen Flossen sind stets kurz, nie verlängert. Ihre Basalia und Radialia zeigen nur mäßige Entwicklung, weil hauptsächlich die Schwanzflosse als Lokomotionsorgan dient.

Die Verhältnisse bei sehr alten Crossopterygiern — *Sauripterus* (Fig. 30) und *Eusthenopteron* (Fig. 30 a) machen es nach der Schilderung

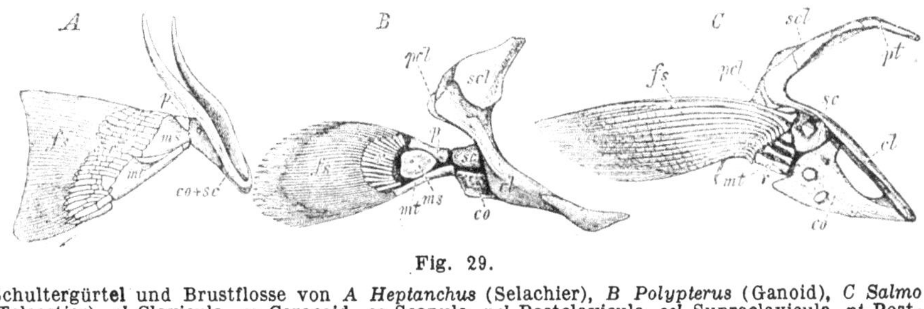

Fig. 29.
Schultergürtel und Brustflosse von *A Heptanchus* (Selachier), *B Polypterus* (Ganoid), *C Salmo* (Teleostier), *cl* Clavicula, *co* Coracoid, *sc* Scapula, *pcl* Postclavicula, *scl* Supraclavicula, *pt* Posttemporale, *p* Propterygium, *ms* Mesopterygium, *mt* Metapterygium, *r* Radien der Flossenstrahlen, *fs* äußere Flossenstrahlen.

Brooms[1]) ziemlich wahrscheinlich, daß bei diesen Flossen jedes distale Glied dichotom war, woraus sich, wie er meint, unschwer das »Cheiropterygium« und somit auch die Extremitäten der Tetrapoden ableiten lassen.

Wesentlich einfacher als der Brustgürtel ist der sog. Beckengürtel der hinteren Extremitäten zusammengesetzt. Er erscheint bei den Selachiern als eine paarige oder unpaare, von Nervenlöchern durchbohrte Spange, die entweder quer zur Längsachse des Körpers liegt oder einen nach vorn konvexen oder konkaven Bogen bildet. An diesem Gürtel lenken sich die zwei Basalstücke (Pro- und Metapterygium) der Bauchflosse ein, die ihrerseits wieder eine Reihe uniserialer knorpeliger Radien aussenden. Unter den Ganoiden haben sich nur noch bei *Polypterus* zwei kleine Knorpelstücke als Überreste eines Beckengürtels erhalten; bei allen übrigen, sowie bei den Teleostiern fehlt der Beckengürtel vollständig, dagegen erlangt das Metapterygium jederseits eine ansehnliche Größe und bildet bald als einfacher, länglicher Knochen, bald als eine in zwei Stücke vergabelte Platte den ganzen Flossenträger. Bei den Ganoiden sind die zum Flossenskelett gehörigen Radien zuweilen knöchern, bei den Teleostiern dagegen meist knorpelig, stark verkümmert, zuweilen sogar gänzlich geschwunden. Die Hautflosse selbst enthält zahlreiche gegliederte Knochenstrahlen. Eine eigentümliche Entwicklung zeigt der Beckengürtel bei den Dipnoern. Er stellt eine unpaare, vierseitige, vorn in einen langen Fortsatz auslaufende Knorpelplatte dar, an welche sich die knorpelige Achse der Flosse anheftet.

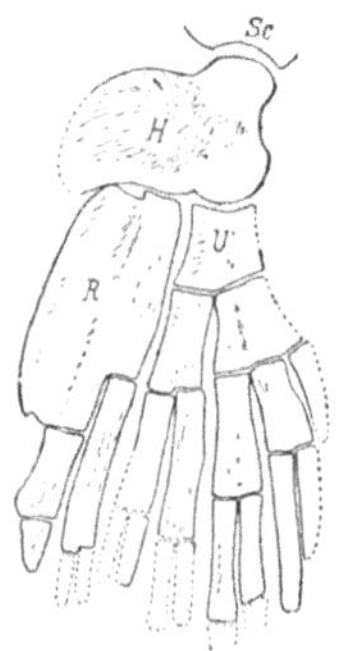

Fig. 30. *Sauripterus.*

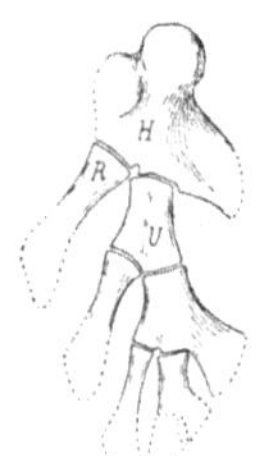

Fig. 30a. *Eusthenopteron.*

Brustflosse.

Während die Bauchflossen bei Selachiern, Ganoiden und Dipnoern stets am Bauchende stehen, rücken sie bei den Teleostiern häufig weit nach vorn und treten sogar mit dem Schultergürtel in Verbindung. Durch diese Vorwärtswanderung der Bauchflossen ergeben sich auffällige Modifikationen in der Gesamterscheinung der Knochenfische.

Sowohl die unpaarigen als auch die paarigen Flossen sollen aus Hautfalten entstanden sein, welche dann durch die Bildung knorpeliger Stützen verstärkt und dadurch für die Bewegung und Balanzierung des Fisches geeigneter geworden wären. Rücken- und Afterflosse hätten sich aus einem den Körper oben und unten umgebenden Hautsaume entwickelt, während die Brust- und Bauchflossen aus den seitlichen Hautfalten hervorgegangen wären, wobei der zwischen diesen beiden Flossen befindliche Teil der seitlichen Hautfalte vollständig verloren ging. Diese an sich sehr bestechende Theorie kann jedoch lediglich für die Entstehung der unpaaren Flossen in Betracht kommen, denn nur bei diesen findet sie eine Bestätigung durch die ontogenetischen Verhältnisse. Die fossilen Fische hingegen zeigen schon frühzeitig in weitaus den meisten

---

[1]) *Broom R.*, On the Origin of the Cheiropterygium. Bull. Amer. Mus. Nat. Hist. New York 1913.

Fällen kurze Rücken- und Afterflosse. Lange After- und Rückenflossen, die in die Schwanzflosse übergehen und sich auf diese Weise sogar miteinander verbinden können, sind in der heutigen Fischfauna viel häufiger als in der Vergangenheit, aber offenbar auch nur eine neue Differenzierung und nicht etwa ein altes Erbstück.

Für die Entstehung der paarigen Flossen aus Hautfalten spräche lediglich die Organisation der Acanthodier, welche statt der vielen knorpeligen Stützen am Vorderrand der häutigen Flosse einen massiven, knochenartigen, beweglichen Stachel tragen. Da nun bei den ältesten Acanthodiern zwischen Brust- und Bauchflosse mehrere Paare solcher flossenartiger Gebilde vorhanden sind, könnte man hierin allenfalls einen Beweis für die Entstehung der Flossen aus Lateralfalten erblicken. Allein das ist auch der einzige Fall, welcher sich zugunsten dieser Theorie anführen ließe. Es ist jedoch viel wahrscheinlicher, daß, wie Gregory meint, sowohl die paarigen als auch die medianen Flossen nichts anderes sind als lokale Ausstülpungen der Haut oder der Körperwand, und zwar an solchen Stellen, welche besondere mechanische Vorteile boten und dem Körper im Wasser einen Halt gaben.

Neben den festen Hautgebilden und Skelettresten finden sich in gewissen Ablagerungen oft reichlich fossile Otolithen[2]) (Gehörsteine) (Fig. 31); es sind Ausscheidungen von kohlensaurem Kalk innerhalb des Labyrinths, die bei höheren Fischen, besonders im sog. Sacculus, im Utriculus und in der Lagena des Labyrinths fest umschriebene, charakteristische Gestalt annehmen. Der Otolith des Sacculus heißt Sagitta, der in der Lagena Asteriscus, nach der Form, die sie bei Cypriniden haben. Bei diesen ist die Lagena auffallend verlängert und nebst dem Sacculus in die Schädelbasis eingesenkt; bei Panzerwelsen enthält der Utriculus den weitaus größten Otolithen, der besonders bei Arius massig ist und sich häufig findet. Bei allen anderen Teleostiern sind diese Otolithen klein, und der umfangreiche Sacculus enthält den größten Otolithen. Die der Labyrinthwand zugekehrte, dieser anliegende Seite weist einen sehr verschieden geformten Eindruck auf, den Sulcus acusticus; er ist nach den Umrissen der Macula acustica geformt, jener Stelle der Labyrinthwand, in der die letzten Ausstrahlungen des Gehörnervenastes sich vollziehen und das wichtigste und beständigste Merkmal am Otolithen. Durch die Arbeiten von Koken, Schubert, Priem u. a. ist aus dem Studium der Otolithen besonders für die Statistik der Teleostier wertvolles Material gewonnen. Die weite Verbreitung und das hohe Alter der fossilen Gadiden, Sciaeniden u. a. ließ sich erst aus der Bestimmung der tertiären Otolithen erweisen. Auch

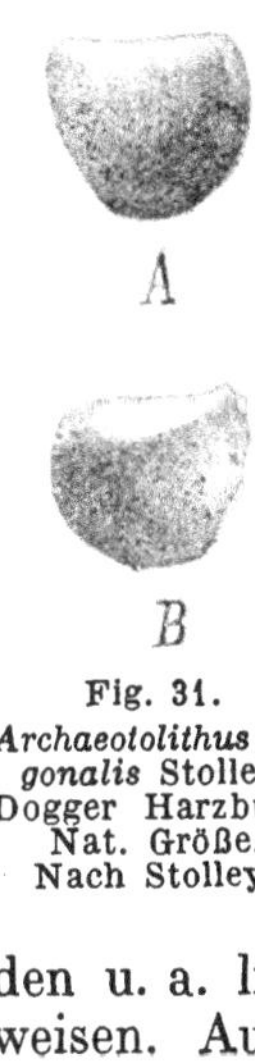

Fig. 31. *Archaeotolithus trigonalis* Stolley. Dogger Harzburg. Nat. Größe. Nach Stolley.

[2]) *Bassoli G. G.*, Otoliti fossili terziarii dell' Emilia. Riv. Italiana di Palaeontologia, 1906. — *Koken E.*, Über Fisch-Otolithen etc. (Zeitschr. d. geol. Ges. 1884.) — Neue Untersuchungen an tertiären Fischotolithen (ebenda 1889, 1891). — *Priem F.*, Sur les otolithes des poissons éocènes du bassin Parisien (Bull. soc. géol. France, 1906). — *Schubert R. J.*, Die Fischotolithen des österr.-ungar. Tertiärs. (Jahrb. geol. Reichsanst. 1903, 1905, 1906.) Die Fischfauna der Schliermergel von Bingia fargeri (Sardinien). Verh. geol. Reichsanstalt 1912. — *Stolley E.*, Über mesozoische Fischotolithen aus Norddeutschland. Jahresber. d. niedersächs. geol. Ver. 1910.

über die Fische großer Meerestiefen (Macruriden etc.), von denen sich die Otolithen oft allein erhalten, sind Anhaltspunkte gewonnen. Die ältesten Otolithen hat Hennig bei *Palaeoniscus* gefunden. Malling und Grönwall beschrieben Otolithen aus dem Lias von Bornholm und Stolley aus dem Dogger von Harzburg. Während diese Otolithen auf Ganoiden bezogen werden müssen, gehören die in der Kreide beobachteten schon sämtlich Teleostiern an.

Die Systematik der Fische hat sich seit Aristóteles vorzüglich auf Merkmale des inneren und äußeren Skelettes, auf die Beschaffenheit und Stellung der Flossen und auf die Respirationsorgane gestützt. Schon Artedi, Bonaparte, Lacépède, Cuvier und Valenciennes stellten die Knorpelfische den mit knöchernem Skelett versehenen Formen gegenüber und zerlegten beide Abteilungen wieder in verschiedener Weise in mehrere Gruppen. Auf die fossilen Fische wurde hierbei keine Rücksicht genommen, obwohl namentlich Haifischzähne, Zähne von verschiedenen Knochenfischen (Bufoniten, Cheloniten, Krötensteine, Schlangenaugen), sowie ganze Skelette aus verschiedenen Lokalitäten (Kupferschiefer von Eisleben, Solnhofen, Öningen, Monte Bolca, Glarus) schon im 18. Jahrhundert bekannt und mehrfach beschrieben waren. Das epochemachende Werk von L. Agassiz lieferte (1833—1834) eine vollständige Übersicht aller bis dahin bekannten fossilen Fische und suchte zugleich eine neue auf das Hautskelett begründete Einteilung der Fische in vier Hauptgruppen: *Placoidei*, *Ganoidei*, *Cycloidei* und *Ctenoidei* einzuführen. Joh. Müller vereinigte die zwei letzten Gruppen unter der Bezeichnung *Teleostei* (Knochenfische), begrenzte die Ganoiden schärfer und zerlegte die Knorpelfische in 4 Unterklassen: *Leptocardii*, *Cyclostomi*, *Selachii* und *Dipnoi*. Die neueren, wichtigeren Veränderungen in der Systematik knüpfen besonders an die Arbeiten von Cope, Jordan, Gill, Traquair, A. Smith Woodward und Goodrich an.

Die Fische werden jetzt von den meisten Autoren in folgende sechs Unterklassen zerlegt:

I. Placodermi	IV. Holocephali
II. Arthrodira	V. Dipnoi
III. Elasmobranchii	VI. Teleostomi.

I. Unterklasse: **Placodermi.**

Haut mit kleinen Schuppen versehen, welche sich oft mit großen basalen, blättrig gebauten Schuppen zu umfangreichen Hartgebilden vereinigen. Ohne paarige Extremitäten, ohne Unterkiefer. Ohne verknöcherte Wirbelsäule. Schwanz heterocerk.

Alle Placodermen waren mit Ausnahme der spindelförmigen Birkeniiden träge Bodenbewohner, ihre Nahrung bestand wahrscheinlich in winzigen Organismen, welche sie mit dem Wasser in den weiten Schlund einschlürften. Die ersten Kiemenbogen waren noch nicht in Kiefer umgewandelt.

Die Placodermen wurden von Agassiz in die Nähe der Ganoiden als besondere Gruppe gestellt. Durch die Abtrennung der *Coccosteus* ähnlichen Formen als *Arthrodira* wurde diese Abteilung etwas verringert, dafür bekam sie jedoch einen Zuwachs durch die besonders von Traquair untersuchten *Anaspida* und *Coelolepidae* sowie durch die *Pterolepidae* Kiaers. Es soll nicht verschwiegen werden, daß in dieser Unterklasse sehr heterogene Formen vereinigt sind, denn in den *Anaspiden* und *Pterolepiden* haben wir möglicherweise die Ahnen der Ganoiden und in den *Coelolepiden* und *Gemündeniden* Vorläufer von Elasmobranchiern vor uns. Wenn die Unterklasse der Placodermi hier trotzdem beibehalten wurde, so geschah es nur deshalb, weil ein so eingebürgerter Name nicht durch einen neuen Namen ersetzt werden sollte, soferne dadurch nicht eine wesentliche Verbesserung erreicht wird. Die von Jaekel[1]) vorgeschlagene Bezeichnung Malakostomata bezieht sich zwar auf ein allen hier vereinigten Formen gemeinsames Merkmal, allein es dürfte sich eher empfehlen, bei genauerer Kenntnis einmal eine gründliche Scheidung vorzunehmen, als sich vorübergehend mit einem neuen Namen zu behelfen. Später wird dann wohl für alle mit großen Hautgebilden versehenen Formen — die eigentlichen Panzerfische — der Name Ostracodermi zur Geltung kommen müssen, der von Cope und A. Smith Woodward gebraucht wurde, nachdem die Coccosteiden von den Placodermen getrennt worden waren.

Pattens Ansicht, daß die von ihm als *Peltocephalata* bezeichneten Formen mit den Arthropoden und nicht mit den Fischen verwandt seien, ist entschieden irrig. Wir haben es vielmehr zum Teil mit zweifellosen Fischen zu tun und zum Teil mit Formen von fischähnlicher Organisation, und unter diesen letzteren stehen die Antiarchi nach Jaekel den Coccosteiden nicht allzu ferne.

Die Placodermen umfassen die fremdartigsten und zugleich ältesten Formen unter den Fischen. Sie treten schon im Silur auf. Das Fehlen paariger Flossen ist noch wichtiger als das Fehlen wirklicher Kiefer, denn solche könnten trotzdem als Knorpel vorhanden gewesen sein. Wahrscheinlicher ist es jedoch, daß die Placodermen, wie Jaekel vermutet, einen Saugmund besaßen, ähnlich den Kaulquappen. Bei der Deutung gewisser Placodermen — der *Osteostraci* und *Antiarchi* — als persistierende Larven der Vorfahren der Amphibien wird auch das Fehlen paariger Flossen leicht erklärlich. Soferne die *Anaspida* und *Heterostraci* phylogenetische Bedeutung haben, wäre man allerdings genötigt, die Entstehung der paarigen Flossen als eine spätere Neuerwerbung aufzufassen, wenn man nicht gar wie Jaekel die Fische überhaupt von Tetrapoden ableiten will, was jedoch mit den ontogenetischen Verhältnissen bei den Amphibien unvereinbar ist.

---

[1]) *Jaekel O.*, Über Tremataspis und Pattens Ableitung der Wirbeltiere. (Zeitschr. geol. Ges. 1903. Protok. S. 84 ff.) — Über die Organisation und systematische Stellung der Asterolepiden. (Protok. Zeitschr. geol. Ges. 1903.) — Neue Wirbeltierfunde a. d. Devon von Wildungen. Sitz.-Ber. Ges. naturf. Freunde, Berlin 1906. Die Mundbildung der Placodermen. Ebenda 1919. — *Kiaer*, A new downtonian fauna in the sandstone series of the Christiania area. Vidensk. skrifter Math.-naturv. Kl. Kristiania 1911. — *Patten William*, On the structure and classification of the Tremataspidae. Mém. Acad. Impér. d. Sc. St.-Pétersbourg. XIII. Bd., Nr. 5. 1901. — *Stromer E.*, Bemerkung über die ältesten bekannten Wirbeltierreste. Sitz.-Ber. bayer. Akad. d. Wiss. 1920.

Ordnung: **Anaspida** Traquair[1]).

Spindelförmige Fische ohne Kiefer, Zähne, Extremitäten und Extremitätengürtel. Innenskelett ohne Ossifikationen. Schuppen der Haut homogen oder etwas faserig (ohne Dentin oder Knochenzellen), jedoch läßt der Erhaltungszustand keine sichere Entscheidung zu.

Familie: **Birkeniidae** Traquair.

Klein, spindelförmig, mit tief ausgeschnittenem, heterocerkem, hypobatischem Schwanz. Dorsalis weit hinten. Ohne Augen.

Jaeckel vermutet wohl mit Recht, daß Traquair bei diesen Formen Ober- und Unterseite verwechselt hat, wodurch auch der heterocerke Schwanz hypobatisch — der stärkere Lappen unten — wird.

**Birkenia* Traqu. (Fig. 32). Schuppen des Rumpfes schmal und hoch, in mehreren Längsreihen und so angeordnet, daß die Vertikalreihen schräg von

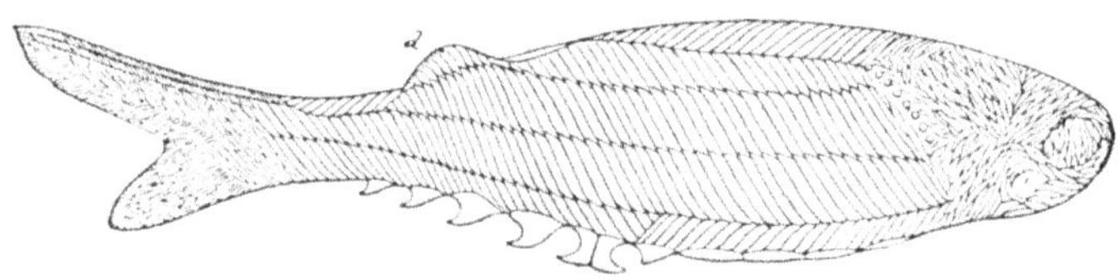

Fig. 32.
Birkenia elegans Traqu. Nat. Gr. Rekonstruktion von Traquair.

oben nach unten vorn ziehen. Der vorn breitgerundete Kopf mit kleineren Schuppen, die sich in mehrere Komplexe ordnen. Am Hinterrande des Kopfes 8 kleine, runde Löcher (? Kiemenlöcher). Bauch mit größeren Stachelschuppen. *B. elegans* Traqu. Obersilur (Ludlow, häufig im Downtonian von Lanarkshire). New Brunswick und Norwegen.

**Lasanius* Traqu. (Fig. 33). Lang spindelförmig. Bauch mit einer medianen Reihe großer Stachelschuppen besetzt, sonst keine Schuppen.

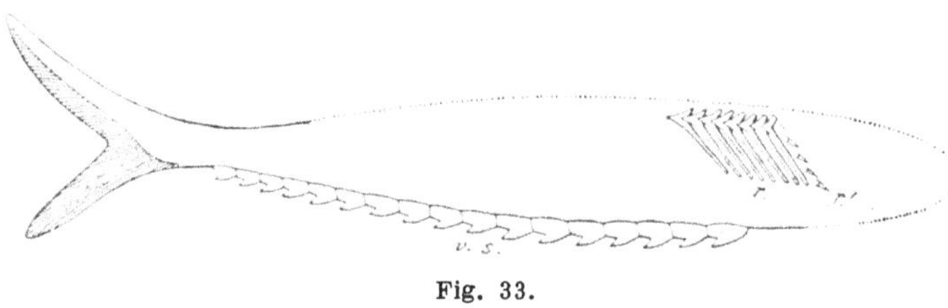

Fig. 33.
Lasanius problematicus Traquair. Rekonstruierter Umriß nach Traquair. Eingetragen sind auch die hinter dem Kopf liegenden Knochenstäbe.

Hinter dem Kopf 8 längliche, nach vorn und unten gerichtete Knochenstäbe, die oben scharf geknickt sind (? Kiemenkorb). *L. armatus* Traqu. Obersilur (Downtonian) von Lanarkshire.

Euphanerops S. Woodward, Oberdevon Quebec, wird als Vertreter einer besonderen Familie angesehen.

[1]) *Traquair R. H.*, Report on fossil Fishes collected by the Geol. Survey of Scotland in the Silurian Rocks of the South of Scotland (Trans. Roy. Soc. Edinburgh. XXXIX. Part III. Nr. 32. 1899) und: Supplementary Report. Ibid. Nr. 33. 1900.

Familie: **Pterolepidae** Kiaer.

Schuppen oberhalb der Mittellinie des Körpers vorwärts, unterhalb derselben rückwärts gerichtet. Silur Kristiania.

Pterolepis Kiaer. Kopf mit kleinen Schuppen bedeckt. Rückenflosse mit kräftigem, einer Platte aufsitzenden Flossenstachel, ähnlich wie bei Acanthodiern und Elasmobranchiern. Bauchschuppen sehr zahlreich.

Pharyngolepis Kiaer. Langgestreckt, aalähnlich. Oben und an Seite des Kopfes kleine Schuppen, an Unterseite größere Platten. Bauchschuppen zahlreich, Rückenflosse ohne Stachel.

Rhyncholepis Kiaer. Kopf allseitig mit verhältnismäßig großen Platten bedeckt, ähnlich wie bei den Crossopterygiern. Vor der langen Rückenflosse zwei große Platten.

Ordnung: Heterostraci.

Fische mit breitem, depnmiertem Vorderkörper und schlankem, verschmälertem Schwanz, der in eine heterocerke, öfter tief ausgeschnittene Flosse ausläuft. Augen weit voneinander getrennt an den Seiten des Kopfes. Mundspalte meist auf der Unterseite. Kiemenöffnungen unbekannt. Haut mit harten, dentinösen Schüppchen oder mit größeren Schuppen und Platten, die aus der Vereinigung der kleinen Hautschüppchen auf basalen Platten entstehen. Keine Knochenkörperchen in den Platten.

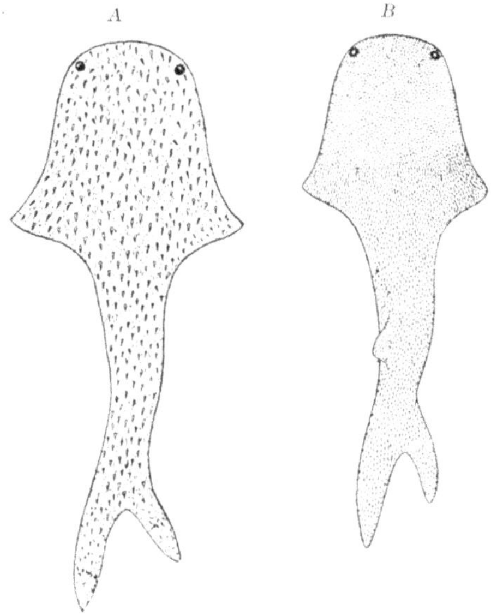

Fig. 34.
A Lanarkia spinosa Traquair. *B Thelodus scoticus* Traquair. Beide rekonstruiert von Traquair.

Die schärfer umschriebene, auf die Pteraspiden allein gegründete Diagnose der *Heterostraci* mußte nach der Entdeckung von *Thelodus* und *Drepanaspis* beträchtlich erweitert werden. Es ist aber ersichtlich, daß die drei Familien: *Coelolepidae*, *Drepanaspidae* und *Gemündenidae* in engerem Zusammenhange stehen. Obersilur, Devon.

Familie: **Coelolepidae** Pander[1]).

Gestalt rochenartig, mit breitem, rundem Vorderteil und schmalem Körper. Der vordere Teil von flossenartigen Lappen begleitet, die nach hinten weiter heraustreten. Schwanz tief ausgeschnitten, heterocerk. Augen (?) klein, weit voneinander getrennt. Haut mit zahlreichen kleinen Chagrinschuppen aus Dentin mit Ganoinbelag.

**Thelodus* Ag. (*Turinia* Traquair, *Coelolepis*, *Thelolepis*, *Pachylepis*, *Nostolepis* Pander). (Fig. 34B, 35.) Schuppen mit Basis und einer durch eine Einschnürung abgetrennten Krone, rund, oval oder vierseitig, zuweilen

---

1) *Traquair R. H.*, On Thelodus Pagei Powrie sp. from the Old Red Sandstone of Forfarshire. (Trans. Roy. Soc. Edinburgh. Vol. XXXIX. Part III. Nr. 21. 1899.)

nach hinten spitzig. Unterseite meist mit einer Höhlung, die in die Pulpa führt. Kleine Dorsalis. Bei *Thelodus Pagei* zeichnen sich auf der dorsalen Fläche des Stückes jederseits einer medianen Einsenkung 8flache, rippenartige Schwellen ab, welche dem Kiemengerüst entsprechen werden. *Thelodus scoticus* und *planus* Traqu., Obersilur, Schottland. *Th. Pagei* Powrie sp. Unteres Oldred. Die Schuppen häufig im obersilurischen Beyrichienkalk und der oberen Oeselschen Stufe und im älteren Devon von Nordamerika.

**Lanarkia* Traqu. (Fig. 34A). Die Schuppen bestehen aus hohlen Kegeln ohne Basis. Keine Dorsalflosse. *L. horrida* Traqu., *spinosa* Traqu., *spinulosa* Traqu., Obersilur, Schottland.

Fig. 35.
A Thelodus Pagei Powrie. c. 1 : 5.
B Schuppen des Vorderrandes.
C Schuppen (*Coelolepis*-Typus) aus dem Ludlow. (Nach Traquair.)

Familie: **Gemündenidae.**

Form rochenartig, mit schmalem Schwanz und breiter vorderer Scheibe. Haut mit zahlreichen Höckerchen (? Chagrin). Ein inneres Skelett der Kopfregion undeutlich unter der Haut erkennbar; segmentierte Achse.

Die Stellung dieser Familie ist unsicher; wenn das Vorhandensein eines inneren segmentierten Skeletts sich bestätigt, dürfte es sich um einen Elasmobranchier handeln.

**Gemündenia* Traqu. Unterdevon.

Familie: **Drepanaspidae** Traquair[1]).

Kopf äußerlich nicht vom Rumpf geschieden, beide in einen Panzer geschlossen, dessen Oberfläche zierliche Tuberkel trägt. Mund terminal, ohne Zähne, ohne erkennbare Kiefer. Schwanz beschuppt, dorsal und ventral mit gekielten, imbrizierenden Fulcren. Schwanzflosse heterocerk, mit kleinen Schuppen bedeckt, ohne sichtbare Strahlen. Keine Dorsalis. Seitenlinien nicht beobachtet. Körper mit mehreren größeren und vielen kleinen Platten bedeckt. Augenlöcher klein. Anus am Ende der großen Ventralplatte.

---

1) *Traquair, R. H.*, The lower devonian fishes of Gemünden. Trans. Roy. Soc. Edinb. XL. 1903. Supplement. ibidem. XLI. 1905. — *Preobraschenski J. A.*, Über einige Vertreter der Psammosteiden. Sitz.-Ber. naturf. Ges. Dorpat 1910, 1912, russisch.

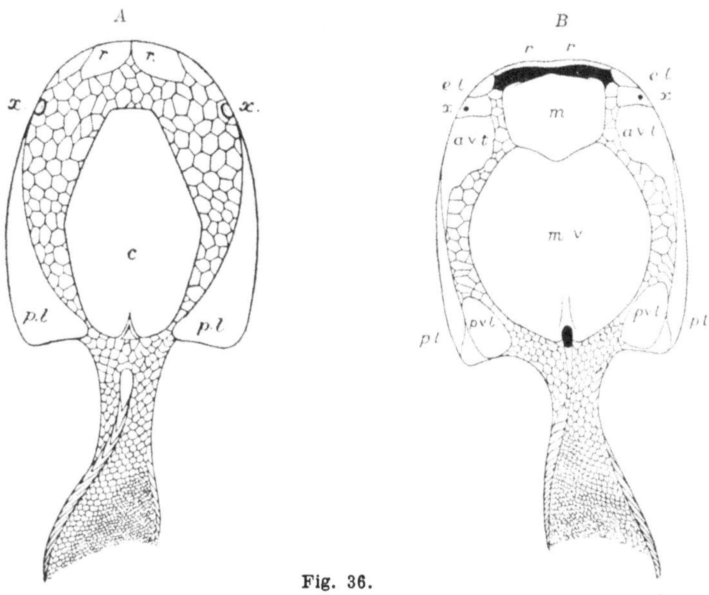

Fig. 36.

Drepanaspis gemündenensis Schlüter. Rekonstruktion von Traquair. Etwa 1 : 3. Die Ornamente der Platten sind fortgelassen; der Schwanz ist etwas gedreht, um die Schwanzflosse im Profil zu zeigen. *A. r* Rostralplatten, *c* mittlere Dorsalplatte, *p.l* hintere Lateralplatten, *x* wahrscheinlich Augenöffnungen. *B. m*, *m v* die großen mittleren Platten. *avl*, *pvl* vordere und hintere Ventrolateralplatten, *pl* Seitenplatten (Cornua), *r* Rostralplatten, *el* äußere Labialplatten, *x* Stelle der Augen.

Dorsal und ventral ist je eine große Platte vorhanden, zwischen der letzteren und der Mundspalte noch eine kleinere. An jeder Seite befindet sich eine lange, schmale, nach vorne zugespitzte Platte, und vor und hinter ihr schalten sich einige größere ein. Eine Menge kleiner Plättchen füllen die Räume zwischen den erwähnten Platten.

Die breite flache Form wird sich etwas ändern, wenn man die Entstellung durch Zusammenpressung korrigiert. Dann rücken auch die »Augen« auf die Seiten selbst. Nach Dean, Kiaer und Smith Woodward hätte Traquair Dorsal- und Ventralseite verwechselt.

**Drepanaspis* Schlüter. (Fig. 36). Unterdevon, Hunsrück. *Dr. gemündenensis* Schlüter.

Psammosteus Ag. Devon, Livland, Schottland, Spitzbergen.

Pycnosteus, *Dyptychosteus* Preobraschenski. Devon, Livland, Nowgorod.

**Phyllolepis* Ag. (Fig. 37). Dünne Platten mit feinen konzentrischen Runzeln. Smith Woodward fand ein Habitusexemplar mit zwei großen Dorsalplatten, die vordere vorne und seitlich von einer Reihe kleiner Platten begrenzt. Zwischen den beiden Hauptplatten beiderseits eine rhombische, die als Cornua gedeutet werden. Schwanz ohne Schuppen. Ober. Oldred, Schottland. Devon, Belgien.

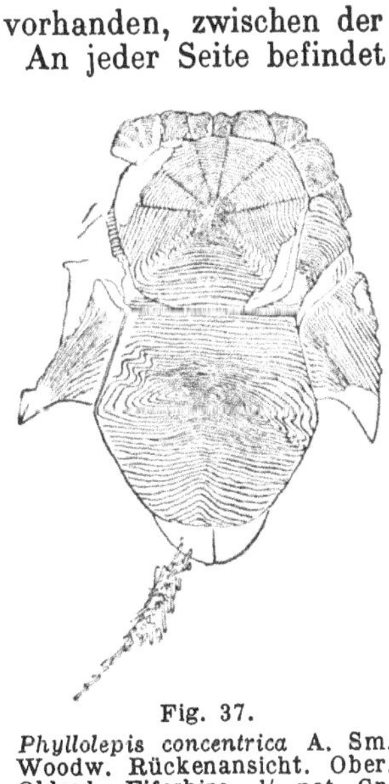

Fig. 37.

Phyllolepis concentrica A. Sm. Woodw. Rückenansicht. Ober. Oldred. Fifeshire. $^1/_2$ nat. Gr. (Nach Smith Woodward.)

Holonema, *Sphenophorus* Newberry. Oberdevon, Nordamerika.

Familie: **Astraspidae** Eastman.

Unvollständig bekannt. Große Dorsal- und Ventralplatten mit mehreren parallelen Furchen und starker Körnelung. Die Form der Platten erinnert an *Thyestes* und *Tremataspis*, die Ornamentierung an *Coccosteus* und *Asterolepis*. — *Astraspis* Walcott. Nur isolierte Platten bekannt. Unt. Silur. Hastings Sandstein. Cañon City.

Familie: **Pteraspidae**[1]).

Hautschüppchen zu größeren Platten und Schuppen zusammengezogen. Kopf und vorderer Teil des Rumpfes mit einem aus mehreren Stücken zusammengesetzten, selten einfachen Rückenschild und einer einfachen Ventralplatte bedeckt. Jede Platte aus 3 Schichten ohne Knochenzellen bestehend. Die Mittelschicht mit maschigen Hohlräumen und Kanälen, die außen in einer Doppelreihe von Poren münden. Platten mit zarten, emaillierten Leisten verziert, die parallel zu den Rändern verlaufen. Augen klein, am Außenrand des Rückenschildes. Hinterer Teil des Rumpfes mit rhombischen Schuppen bedeckt. Schwanz unbekannt. Oberes Silur, Devon.

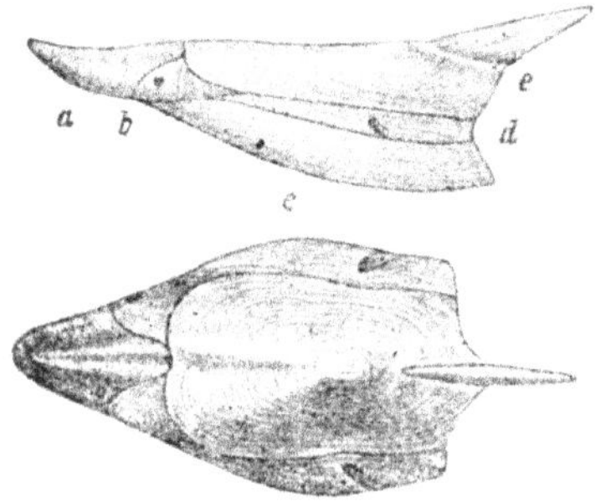

Fig. 38.
Pteraspis rostratus Ag. Unterdevon. (Cornestone). Herefordshire. Panzer des vorderen Körperteils. von der Seite, und von oben. *a* Rostrum, *b* vordere Seitenplatte mit Augenöffnung, *c* Ventralplatte, *d* hintere Seitenplatte, *e* Dorsalplatte mit Stachel. ½ nat. Gr. (Nach Stromer.)

Von diesen sonderbaren Formen finden sich meist nur isolierte Kopfplatten, die sich außer bei *Pteraspis dunensis* durch den Mangel an Knochenzellen von den übrigen Placodermen unterscheiden. Die äußere Schalenlage besteht aus Dentin, die innere aus parallelen Lagen phosphorsauren Kalkes.

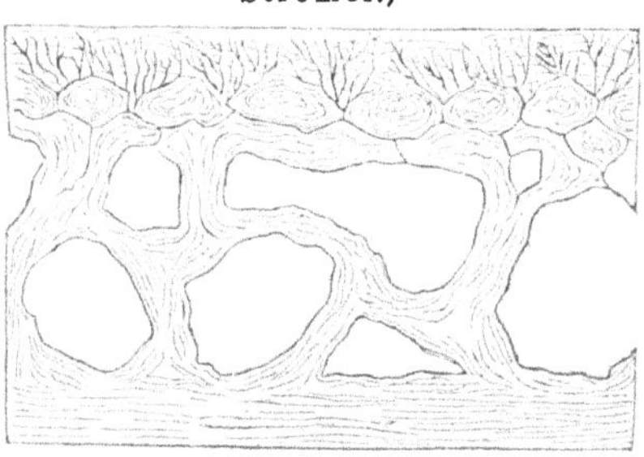

Fig. 38 a.
Pteraspis rostratus Ag. Vertikalschnitt durch das Kopfschild parallel einer Längsleiste. Stark vergr. (Nach Ray Lankaster.)

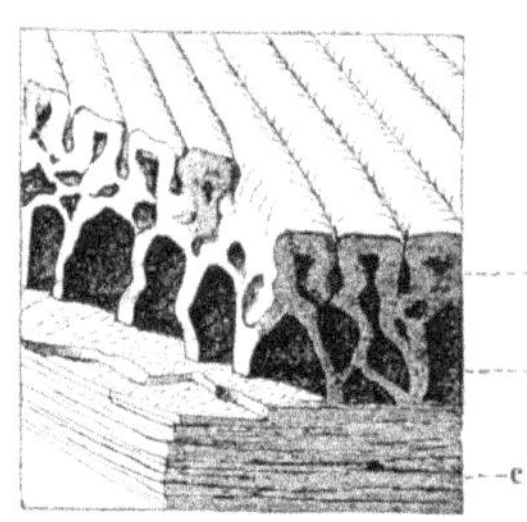

Fig. 39.
Pteraspis Lloydii Ag. sp. Ein Stück der Schale, stark vergr. *a* obere, *b* mittlere, *c* untere Schicht. (Nach Ray Lankaster.)

[1]) *Alth Al. v.*, Über Pteraspis, Cyathaspis und Scaphaspis. Beiträge zur Paläontologie Österreich-Ungarns von Mojsisovics und Neumayr. II. 1886. — *Claypole E. W.*, Pteraspidian fishes in the upper Silurian Rocks of North America. Quart. journ. geol. Soc. 1885. vol. XIII p. 48. — *Dollo L.*, Le Pteraspis dans l'Ardenne. (Comptes Rendus 1903.) — *Drevermann F.*, Über Pteraspis dunensis F. Roe. sp. (Zeitschr. d. geol. Ges. 56. Bd. 1904.) — *Huxley Th.*, Über Cephalaspis und Pteraspis. Quart. journ. geol. Soc. 1856 vol. XII p. 100, 1858 vol. XIV p. 267, 1861 vol. XVII p. 163. — *Kner R.*, Über Cephalaspis Lloydii und Lewisii. Haidinger, Naturw. Abhandl. 1847. Bd. I. — *Kunth A.*, Über Pteraspis. Zeitschr. d. deutsch. geol. Gesellsch. 1872, Bd. XXIV, S. 1. — *Lankaster, Ray* and *Powrie J.*, A Monograph of the fishes of the old red Sandstone. I. Cephalaspidae. Palaeont. Soc. 1868. — *Lériche M.*, Le Pteraspis de Liévin (Pas de Calais), Pt. Crouchi Lank. (Ann. Soc. géol. du Nord XXXII. 1903.) — *Lindström G.*, On remains of a Cyathaspis from the Silurian strata of Gotland. (Svensk. Vet. Akad. Handl. Bihang. 21. 1895.) — *Roemer Ferd.*, Über Palaeoteuthis Dunensis. Palaeontographica 1856 Bd. IV. — *Woodward Smith A.*, Catalogue of the fossil fishes II. 1891.

**Pteraspis* Kner (*Palaeoteuthis*, *Archaeoteuthis* Roemer, *Scaphaspis* R. Lank.). (Fig. 38, 39.) Rückenschild vorn in eine schmale Schnauze verlängert, hinten mit einem (gelenkig befestigten) Medianstachel, aus 7 fest verbundenen Stücken bestehend. Bauchschild einfach (*Scaphaspis*). Die Zusammensetzung des Rückenschildes ist: ein großes Mittelschild, mit einem dreiseitigen Rostralschild vorn und dem Dorsalstachel hinten; zwei Orbitalschilder, welche die Augen ganz einschließen und sich zum Teil zwischen Mittelschild und Rostralschild einschieben, zwei sog. Cornua, welche die hinteren Seitenecken bilden und von einem großen Loch (? Kiemenloch) durchbohrt sind. Die kleinen Augen sind von einem Augenring umgeben. Auf der Unterseite des Dorsalschildes liegt zwischen den Augen eine Grube, welche auf die Epiphyse bezogen wird. Die durch Poren nach außen mündenden maschigen Kanäle der Mittelschicht sollen dermale Sinnesorgane (den Seitenlinien entsprechend) enthalten haben. Schuppige Plättchen des Hinterleibs klein, quadratisch. Obersilur; England, Podolien, Galizien, Schweden, Petschoraland, Spitzbergen, Nordamerika. Unteres Oldred bzw. Gédinnien von Schottland, England, Nordfrankreich, Belgien, Galizien, Eifel.

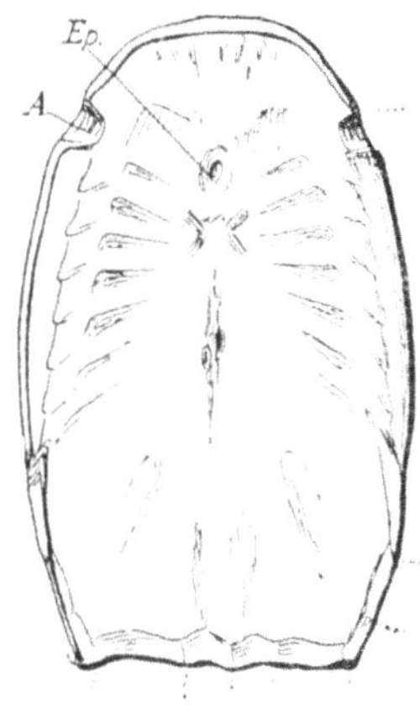

Fig. 40.
Cyathaspis integer Kunth. ½ nat. Gr. Nach Jaekel. Die Innenfläche des Rückenpanzers eines *Cyathaspis integer* Kunth (Orig. Mus. Berlin) aus obersilurischem Wenlockkalk (sog. Graptolithengestein) von Erkner bei Berlin. Vorn seitlich die Ausschnitte der Augen, median die Grube für die Epiphyse, dahinter seitlich die paarigen Eindrücke von Kiemenbögen und medianen Narben, die der rautenförm. Grube von Cephalaspiden und *Tremataspis* entsprechen könnten.

Palaeaspis Claypole (*Holaspis* R. Lank.). Rückenschild einfach, ohne Dorsalstachel. Orbita nicht ganz von der Orbitalplatte umschlossen. Silur; Schweden, Pennsylvanien. Unteres Oldred, Schottland. Silur, New York.

Tolyaspis Rohon. Rückenschild stärker skulpturiert. Silur, Oesel.

**Cyathaspis* Lank. (*Diplaspis* Matthew). (Fig. 40.) Rückenschild vierteilig, aus einem großen Mittelstück, zwei schmalen Seitenstücken und einem unpaaren, vorn abgerundeten Rostralstück bestehend. Ob. Silur; England, Gotland, Kanada. Unteres Oldred, Schottland.

Ordnung: **Osteostraci**[1]) Ray Lankaster (Aspidocephali Brandt).

Kopf durch ein großes, am Rande umgeschlagenes Knochenschild und meist auch durch ventrale Knochenbildungen oder Platten geschützt. Augen einander sehr genähert. Eine Dorsalflosse, Schwanz hererocerk. Rumpf mit Schuppen, von denen die auf den Flanken stehenden meist sehr hoch, die des Rückens häufig gekielt, die der Bauchseite V-förmig geknickt (oder durch ebenso verlaufende Reihen kleiner Schuppen ersetzt) sind.

---

1) *Huxley Th.*, Über Cephalaspis und Pteraspis. Quart. Journ. Geol. Soc. 1856, 1858, 1861. — *Lankaster R.* u. *Powrie J.*, Palaeontograph. Soc. 1868. A monograph of the fishes of the old red sandstone. — *Rohon V.*, Die obersilurischen Fische von Oesel. Mem. Acad. Imp. Pétersbourg. 1892, Bd. 38, Nr. 13; 1893, Bd. 40, Nr. 5. Zur Kenntnis der Tremataspiden. Mélanges géol. et paléónt. Pétersbourg. (5. Ser.) Bd. IV. 1896. — *Rohon V.*, Die Segmentierung am Primordialcranium der obersilurischen Thyestiden. Verh. russ. mineral. Ges. Petersburg 1895. — *Schmidt Fr.*, Über Thyestes verrucosus und Cephalaspis Schrencki. Verh. russ. mineralog. Ges. Petersburg 1886.

Die Kopfplatten bestehen aus einer dünnen Schmelzschicht, einer darunterliegenden Osteodentinschicht (mit Knochenkörperchen oder mit Dentinröhrchen), einer mit groben Kanälen und maschigen Hohlräumen erfüllten mittleren Lage, und der basalen, an langgestreckten, spindelförmigen Knochenkörperchen reichen Isopedinschicht. Obersilur bis Oberdevon.

Familie: **Cephalaspidae** Ag.

Kopfschild vorn gerundet oder leicht verschmälert, hinten abgestutzt, an den Ecken in lange Stacheln (Hörner, Cornua) ausgezogen, mit sternförmigen Höckern oder Körnchen. Die knöcherne Brücke zwischen den Augen fest mit dem Kopfschild verschmolzen. Die dorsolateralen Schuppen sehr hoch, in drei Reihen. Obersilur bis Devon.

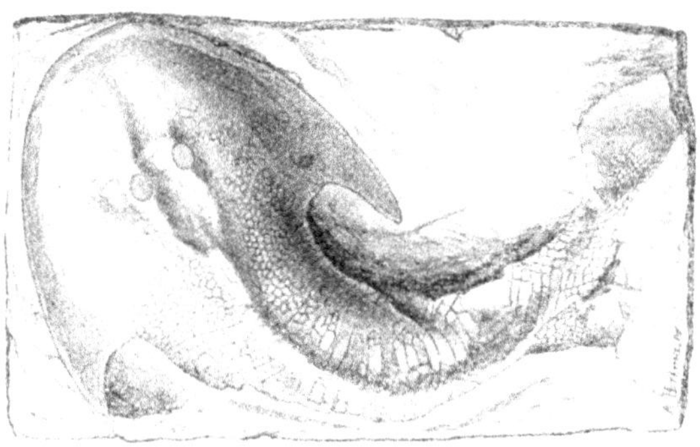

Fig. 41.
Cephalaspis Murchisoni Egerton. Unterdevon. Schottland. 1/1 nat. Gr. Münchener Sammlung.

**Cephalaspis* Ag. (*Eucephalaspis*, *Hemicyclaspis*, *Zenaspis* R. Lank). (Fig. 41 bis 43.) Hinterecken des Kopfschildes mit mäßig langen Hörnern. Im Ausschnitt des Kopfrandes über ihnen tritt ein lappenartiges Gebilde auf. Es hängt mit der Mittellage des Kopfschildes zusammen und ist von gleicher zelliger Struktur, aber lockerer gebaut, daher wohl biegsam. Die äußeren Lagen (Osteodentin, Isopedin) fehlen ihm. Smith Woodward hält dieses lappenartige Gebilde für eine Art Kiemendeckel, dagegen deutet es Jaekel als Flosse. Die Dorsalflosse besitzt keine

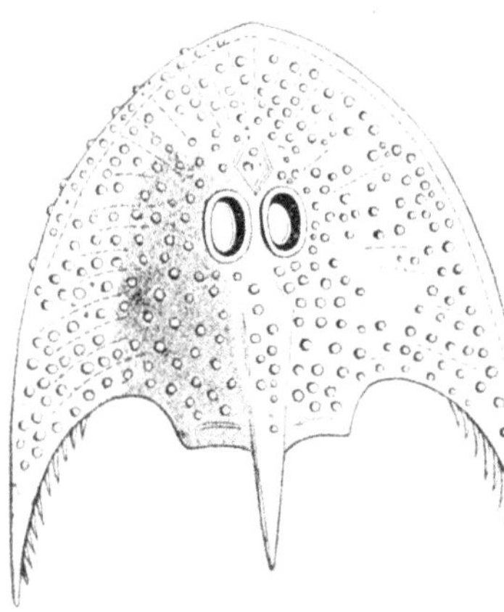

Fig. 42.
Kopfschild von *Cephalaspis Agassizi* Lank. Devon. Herefordshire. (Nach Lankaster.)

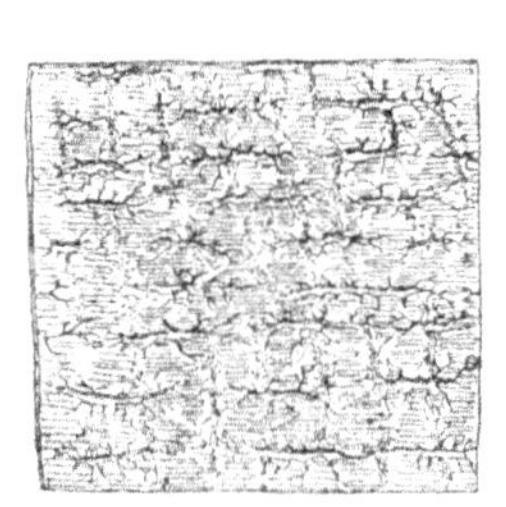

Fig. 43.
Horizontalschnitt durch die innere Schalenschicht des Kopfschildes von *Cephalaspis Lyelli* mit Knochenkörperchen. (Nach Huxley.)

eigentlichen Strahlen, sondern zahlreiche aneinandergefügte, in Reihen stehende Plättchen. Devon. Unteres und mittleres Oldred, Schottland und England. *C. Lyelli* Ag. 2 Arten im Unterdevon von Kanada.

**Ateleaspis* Traquair. (Fig. 44.) Mit flachem runden Kopf, der mit sehr vielen kleinen polygonalen Plättchen bedeckt ist. Die hinteren gerundeten

Ecken des Kopfes erinnern an Thelodus, die Augenhöhlen aber liegen wie bei Cephalaspiden. Seiten mit hohen rhombischen Schuppen. *A. tesselata* Traqu. Downtonian, Schottland.

Fig. 44.
Ateleaspis tessellata Traquair.
Umriß nach R. H. Traquair.
Ca. 1/4 der nat. Gr.

Eukeraspis Lankaster. Hörner des Kopfschildes länger als dieses, am Außenrand gezähnt. Zwischen den beiden Lagen des Seitenrandes befinden sich jederseits sechs längliche Höhlungen (? zum Kiemenapparat gehörig). Obersilur.

Thyestes Eichw. (*Auchenaspis* Egerton). Hörner des Kopfschildes kurz. Hinter dem Kopfschild sind 3—4 Reihen dorsolateraler Schuppen fest verschmolzen zu einer dem vorderen Schild angelagerten oder mit ihm vereinigten Platte. Orbitae sehr genähert; vor ihnen liegt eine kleine frontale, hinter ihnen eine größere, flach eingesenkte Parietalgrube mit spongiösem Boden. Die Randregion des Kopfschilds ist ähnlich gegliedert wie bei *Eukeraspis*; die Hohlräume waren gegen die Mittellinie offen, wie von Rohon beschriebene Steinkerne zeigen. *Th. verrucosus* Eichw. Obersilur, Oesel, *Th. Egertoni* Lank. sp. Tiefstes Oldred bzw. Passagebeds, England. Auch in Australien von Chapman gefunden.

Didymaspis Egerton. Hörner des Kopfschilds sehr schwach, die hintere Platte ebenso groß wie das Kopfschild, mit diesem zu einem ovalen Schild vereinigt. Unteres Oldred.

Familie: **Trematаspidae**[1]).

Vorderer Teil des Körpers mit großem Dorsalschild und etwas kürzerem, mit ihm verwachsenem Ventralschild. Vor dem letzteren bis zur Mundspalte ein Mosaik kleiner Oralplatten. Zwischen diesen und dem Ventralschild eine Anzahl Löcher — Kiemenöffnungen? —. Zwischen den dicht beisammenstehenden Augen ein kleines loses Mittelstück. Auf dem Dorsalschild hinter dem Augenpaar eine unpaarige und nahe dem Rande zwei paarige Öffnungen.

Die Deutung dieser letzteren Öffnungen ist strittig. Weil hinter dem Kiemenapparat stehend, können es wohl kaum Tentakeldurchbrüche sein, wie Jaekel meint, sondern eher Hautsinnesorgane. Patten hat Trematapsis sehr gut rekonstruiert. Die Kiemenöffnungen der Ventralseite sind von ihm als Ansatzstellen von Beinen gedeutet, die denen des Molukkenkrebses, *Limulus*, entsprechen sollen[1]). Das Gehirn ist amphibienähnlich. Alle Abschnitte liegen in einer Ebene.

* *Trematаspis* Schmidt (Fig. 45). Obersilur, Rotziküll auf der Insel Oesel. *Tr. Schrencki* Pander sp.

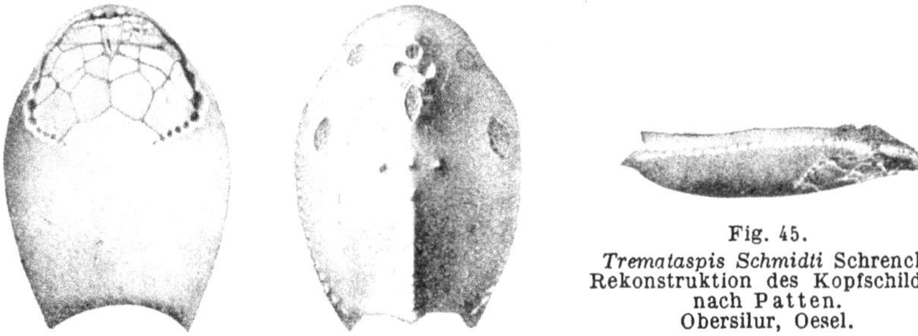

Fig. 45.
Trematаspis Schmidti Schrenck.
Rekonstruktion des Kopfschildes nach Patten.
Obersilur, Oesel.

1) *Jaekel O.*, Über Trematаspis und Pattens Ableitung der Wirbeltiere. (Zeitschrift deutsch. geol. Ges. 1903.) — *Wiman*, Über Gehirn- und Sinnesorgane bei Trematаspis. Bull. geol. Instit. Upsala 1918.

Ordnung: **Antiarchi**[1]).

Kopf und Rumpf durch einen geschlossenen Panzer von symmetrisch angeordneten, mit schrägen Rändern übereinandergreifenden und sternförmig oder höckerig verzierten Knochenplatten bedeckt. Kopfabschnitt als Ganzes am Rumpf beweglich. Augenhöhlen auf der Oberseite sehr genähert. Kopf- und Seitenplatten des Rumpfes mit Sinneskanälen. Hohle, mit Knochenplatten gepanzerte und mit dem vorderen Teil des Bauchpanzers durch ein Sperrgelenk verbundene Anhänge anstatt der Brustflossen vorhanden. Bauchflossen fehlen. Der hinter dem Panzer liegende Teil des Körpers beschuppt oder nackt. Dorsalflosse kurz, vorne mit Fulcren. Schwanz heterocerk.

Die Knochenplatten bestehen aus drei mit Knochenzellen erfüllten Schichten, von denen die mittlere von groben Kanälen und Hohlräumen durchzogen ist, während die innere und äußere dichtere Struktur besitzen.

Zwei kleine, am Vorderrand des Ventralschildes gelegenen Plättchen (Mentalia) werden als dermale Bedeckung des Unterkiefers gedeutet.

Die systematische Stellung der Antiarchi, deren wichtigste Gattungen, Pterichthys und Bothriolepis, gut bekannt sind, wird sehr verschieden aufgefaßt. Cope verglich sie mit Tunicaten wie Chelyosoma. Für ihre Stellung bei den Fischen ist maßgebend die histologische Struktur der Knochenplatten und Schuppen. Die »flügelartigen« Anhänge werden nur von wenigen mit echten Extremitäten verglichen, die sie nach der morphologischen Anlage auch gar nicht sein können. Jaekel, der eine nähere Verwandtschaft der Antiarchi mit Coccosteus annimmt, vergleicht sie mit den »Ruderorganen« bei diesem, und läßt sie aus den Hinterecken bzw. Stacheln des Kopfschildes von Cephalaspiden hervorgehen.

Die Bildung der Anhänge und die Art des Gelenkes machen sie als Ruderorgane untauglich. Am wahrscheinlichsten ist es, daß sie dem Tiere als Stützen dienten, wenn es sich vom Boden erheben wollte. Als Schreckwaffen, wofür sie Hoffmann hält, sind sie viel zu massiv.

Familie: **Asterolepidae**[2]).

**Pterichthys* Ag. (*Physichthys* Meyer.) (Fig. 46, 47.) Der vorn gerundete Kopfpanzer ist vom Rumpfpanzer durch zusammenhängende Fugen getrennt und gegen letzteren beweglich. In der Mitte des Kopfes eine brillenförmige Öffnung für die Augen, welche durch eine kleine, aber dicke, isolierte Platte (*os dubium* Panders) getrennt werden. Auf der Unterseite dieser Platte wird eine tiefe Grube beobachtet, in welcher die Epiphyse lagerte. Die Platten des Kopfes können nicht genau mit denen anderer Fische homologisiert werden. Man unterscheidet eine mittlere Reihe mit der mittleren

[1]) *Egerton Ph. Gr.*, On Pterichthys. Quart. Journ. geol. Soc. 1848, 1862. — *Miller H.*, Ann. Mag. Nat. Hist. 1849, S. 63. — *Pander Chr. R.*, Die Placodermen des devonischen Systems. Petersburg 1857. — *Traquair R. H.*, Ann. Mag. Nat. Hist. 1888. — *Woodward A. Sm.*, Catalogue etc. II. 1891.

[2]) *Hoffmann G.*, Die Ruderorgane der Asterolepiden. (Palaeontographica 1911.) (Ausführliche Literatur über Placodermen.) Gerdalepis rhenanus. Centralblatt f. Min., Geol. u. Paläont. 1916. — *Traquair R. H.*, The Fishes of the Old red sandstone of Britain II. The Asterolepidae. Palaeont. Soc. London 1904, 1906.

Occipitalplatte und der postmedianen Platte hinter, und der prämedianen Platte vor den Augen. Letztere Platte begrenzt dorsal die Mundspalte. Seitlich liegen die Lateral- und Occipitolateralplatten und, den äußeren Winkel zwischen beiden füllend, die kleine Angularplatte. Die Seitenwand wird aber hauptsächlich gebildet von der Extralateralplatte, die A. Sm. Woodward als Operculum deutet.

Der Rumpfpanzer besteht aus viel größeren Platten. Dorsal können ein vorderes und ein hinteres Rückenschild unterschieden werden, denen sich

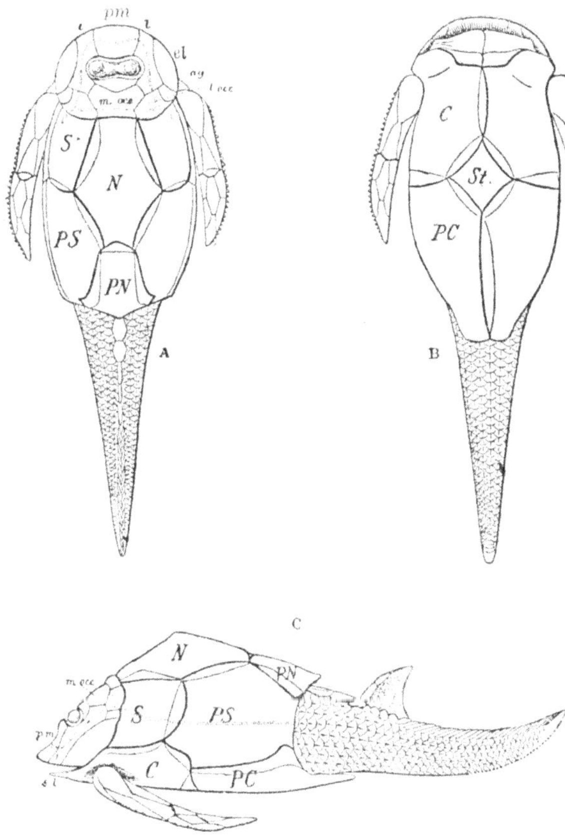

Fig. 46.
Pterichthys Milleri, Mittleres Oldred. Schottland, etwa 1:2. Nach Traquair. *A* von oben, *B* von unten, *C* von der Seite, *m. occ* mittl. Occipitalplatte, *pm* prämediane Platte, *el* Extralateralplatte, *l.occ* seitl. Hinterhauptsplatte, *l* Lateralplatte, *ag* Angularplatte, *sl* Semilunarplatte. Seitenlinien punktiert. *N* Nuchale, *PN* Postnuchale, *S* Scapula, *PS* Postscapula, *C* Claviculacoracoid, *PC* Postclaviculacoracoid, *St* Sterium. Die Bezeichnung der Panzerplatten nach Hoffmann.

seitlich je eine vordere und hintere Seitenplatte anschließen. Ventral decken vier Platten, die sich um eine kleine mittlere symmetrisch gruppieren, den Körper. Vor den großen vorderen Ventralschildern liegen, einen breiten Ausschnitt füllend, die kleinen Semilunarplatten und vor diesen die nur locker verbundenen kleinen Mentalplatten.

An den vorderen Ventralplatten articulieren die Ruderorgane in einer ausgeprägten Gelenkgrube, welche sich in der Mitte zapfenförmig erhebt und durchbohrt ist. Der Schwanz ist mit rundlichen, breiten, einen Dorn tragenden

Plättchen bedeckt; vor der kurzen, steilen Rückenflosse decken einige größere gekielte Schuppen den Rücken. Hinter dieser liegen die Schuppen der Rückenlinie wie dicht gepackte Fulcra aufeinander. Eine deutliche Seitenlinie läuft als offener Kanal über die Mitte der beiden Seitenplatten, die sich in dieser Linie öfters teilen (Jaekel), tritt in die seitliche Hinterhauptspalte ein, gabelt sich hier und umkreist die Augenhöhle.

Hinter dem Kopf liegende Platten des Rumpfes werden mit den Deckknochen des Schultergürtels in Verbindung gebracht. So bezeichnet

Fig. 47.
Pterichthys quadratus Egert. Old red Sandstone (Devon), Gamrie. Schottland. *a* Exemplar in 1/2 nat. Gr., *b* eine Schuppe vergr. (Nach Egerton.)

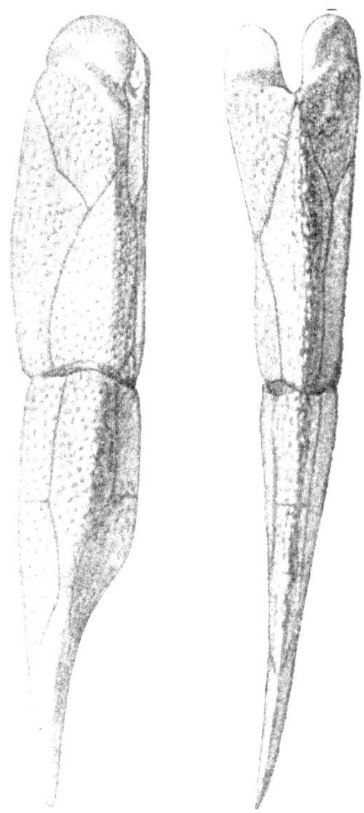

Fig. 48.
Ruderorgan von *Asterolepis*. Nach Hoffmann. 1/2.

Jaekel die vordere Ventralplatte, an der die Anhänge gelenken, als Clavicula, die hintere als Postclavicula, die hintere Seitenplatte (nach ihm zweiteilig) als Cleithrum und Supracleithrum. Demnach wäre auch erst hinter diesen letzteren die Brustflosse zu suchen, wenn sie überhaupt entwickelt war. Die von Hoffmann gewählten Bezeichnungen sind aus den Abbildungen ersichtlich.

Die vorderen Seitenplatten, zwischen Nackenschild und Clavicula gelegen, hält Jaekel für Operculum und Suboperculum. Von einer Kiemenspalte, die sie decken sollten, ist allerdings nichts zu sehen. Man wird diese wohl unter dem Kopfschild an der Fuge zu suchen haben, die den eigentlichen Kopf vom Rumpfpanzer scheidet. Mittleres Oldred. *Pt. Milleri* Ag. Mitteldevon der Eifel, *Pt. rhenanus* Beyr.

Gerdalepsis Hoffmann. Kopf hoch und schmal. Mitteldevon Eifel.

**Asterolepis* Eichw. (*Chelonichthys* Ag., *Odontacanthus* Ag.) (Fig. 48, 49). Größer als Pterichthys. Die vordere mediane Rückenplatte bedeckt mit ihren schrägen Rändern die seitlichen Platten, während sie bei Pterichthys von den dorsolateralen Platten bedeckt wird. *A. ornata* Eichw. Devon, Rußland. *A. maxima* Ag. Ob. Oldred Schottland. Devon Maine. *A. Clarkei.*

**Bothriolepis* Eichw. Die Anhänge sind länger als der Panzer oder mindestens ebenso lang, und der distale, durch das Quergelenk abgegrenzte

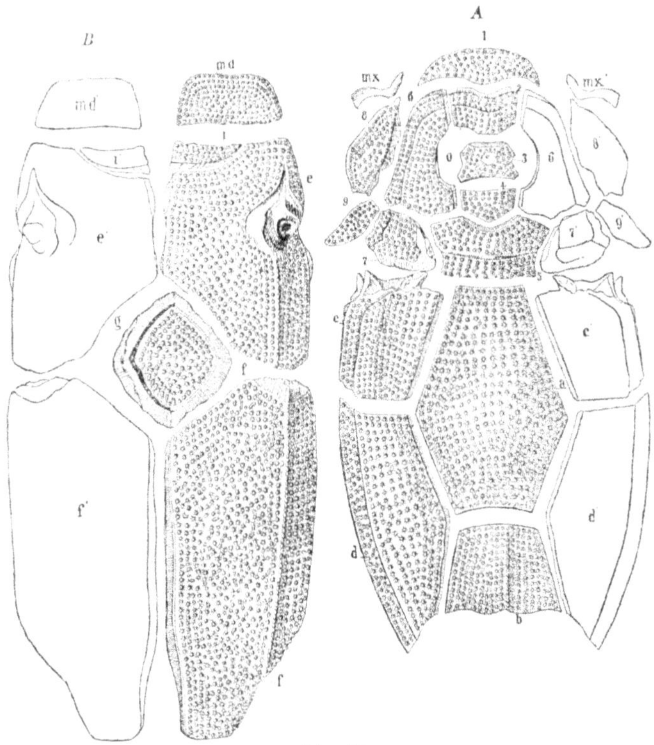

Fig. 49.

Asterolepis ornata Eichw. aus dem alten roten Sandstein von Livland. *A* von der Rückenseite. *B* von der Bauchseite. 1 os terminale. 2 os medium anticum. 3 os dubium. 4 os medium posterius. 5 os occipitale medium. 6 os posterius laterale. 7 os occipitale laterale. 8 os operculare. 9 os angulare. *mx* Oberkiefer. *a* vordere, *b* hintere Rückenplatte, *c* vordere, *d* hintere Seitenplatte. *md* Unterkiefer. *i* Thoracalplatte (os semilunare). *e* vordere, *f* hintere, g mittlere Bauchplatte. ½ nat. Gr. (Nach Pander.)

Teil viel kürzer als der proximale. Zwei Rückenflossen vorhanden. Schwanz wahrscheinlich ohne Schuppen. Devon, Rußland. Oberes Oldred, Schottland. Oberdevon, Kanada *B. canadensis* Whiteaves, in ausgezeichneter Erhaltung. Pennsylvanien, Iowa, Colorado. *B. antarctica* A. Sm. Woodw. Granite Harbour, Antarctis.

Microbrachium Traquair. Mittleres Oldred, Schottland.

Unterklasse: **Arthrodira**[1]).

Kopf und Rumpf mit symmetrisch angeordneten Platten bedeckt, der Kopf mit dem Rumpfpanzer gelenkig verbunden. Hinter dem Kopfschild eine größere

[1]) *Dean B.*, On two new Arthrodires from the Cleveland shale in Ohio. On the characteres of Mylostoma. Further notes on the relationships of the Arthro-

Lücke des Panzers, die eine verschiedene Stellung des Kopfes erlaubt. Augenhöhlen seitlich. Große Zähne am Unterkiefer und an zwei Belegknochen des Pterygopalatinum und des Vomer. Maxilla und Praemaxilla zahnlos. Zähne mit den knöchernen Unterlagen meist verschmolzen und Zacken an diesen bildend, bei spezialisierten Formen in Kauplatten umgewandelt. Offene dermale Kanäle in den Panzerknochen. Chorda persistent, Bogenteile verknöchert und wohl entwickelt. Brustflosse nicht bekannt. Beckenflosse klein, mit schlankem, spatelförmigem Basipterygium und einigen Flossenstrahlen. Schwanz diphycerk.

Nach Jaekel besteht jeder Unterkiefer nur aus dem vorne verdickten und mit Zacken versehenem Spleniale und dem Artikulare. Die oberen Mundteile sind Quadratojugale, Quadratum, Vomerale, Suborbitale — Jugale —. Pterygiale — Maxillare —, Ectopterygoid — Transversum — und Palatinale — Praemaxillare. Das Schädelgelenk wird gebildet durch eine Grube am Paroccipitale, in welche ein Vorsprung der Collaren eingreift und Vertikalbewegung des Schädels ermöglicht.

Zum Schultergürtel rechnet A. Sm. Woodward die bei Coccosteus vor den ventralen Panzerplatten gelegenen und in der Mitte zusammenstoßenden schmalen Interlateralplatten (Traquairs); Jaekel nennt sie Jugularia und deutet den ganzen Ventralpanzer (d. h. die paarigen vorderen und hinteren Ventralplatten und die beiden in der Mediane liegenden Platten) als Schultergürtel. Die vorderen Platten nennt er Claviculae oder Deckknochen der Procoracoide, die hinteren Postclaviculae (Deckknochen der Coracoide), die mittlere Zentralplatte Interclavicula, die davor auftretende (unpaare) Praeclavicula.

Die bei einigen Formen nachgewiesenen »Ruderorgane« sind stabförmige oder verlängertdreieckige Hautknochen zwischen Jaekels Clavicula und Cleithrum. Zwischen diesem und der großen Nackenplatte schiebt sich das Collare ein, auf welchem die Seitenlinie verläuft. Es entspricht also der Supraclavicula der Teleostomen.

Die Stellung der Arthrodira im System ist eine recht selbständige, die weder durch die Einreihung bei den Dipnoern noch bei den Placodermen zum Ausdruck gebracht wird. Die Beziehungen zu den Acipenseroiden sind neuerdings wieder von Jaekel hervorgehoben. Das Gebiß der lebenden Störe ist jedoch rückgebildet und schwerlich aus den mächtigen Zahnplatten der Arthrodiren entstanden. Dagegen lassen sich Beziehungen der Arthrodiren zu den Dipnoern kaum in Abrede stellen. Für die Verwandtschaft beider Formenkreise spricht die Anordnung der Schädelknochen, die Art der Bezahnung und die Anwesenheit eines Artikulare am Unterkiefer. Die Bepanzerung der Rumpfunterseite ist allerdings ein den Arthrodiren eigentümliches Merkmal. Das Ruderorgan von Coccosteus vergleicht Jaekel mit

---

gnathi. Mem. New York Acad. Vol. II. 1901. — *Dollo L.*, Les Ptyctodontes sont des Arthrodères. Bull. Soc. belge de Géol. 1907. — *Eastman C. R.*, Observations on the dorsal shields in the Dinichthydes. Amer. Geologist 1896. Structure and relations of Mylostoma. Bull. Mus. comparat. Zoology. Cambridge Mass. I. 1906. Dipnoan affinities of Arthrodires. Amer. Journ. Science. Vol. XXI. 1906. — *Hussakof L.*, The systematic relationship of certain American Arthrodires. Bull. Amer. Mus. Nat. Hist. XXVI. 1909. Studies on Arthrodira. Ebenda. Vol. IX. 1906. — *Jaekel O.*, Über Coccosteus. Sitz.-Ber. Ges. naturf. Freunde, Berlin 1902, 1907. Neue Wirbeltierfunde aus dem Devon von Wildungen. Ebenda. 1906. — *v. Koenen*, Beitr. z. Kenntnis der Placodermen-Fische. Abhandl. Ges. d. Wiss. Göttingen 1883. — *Rohon V.*, Beitrag zur Kenntnis der Gattung Ptyctodus. Verh. russ. miner. Ges. Petersburg. XXXIII. 1895. — *Traquair R. H.*, On the structure of Coccosteus decipiens. Ann. Mag. nat. hist. 1890. — *Woodward A. S.*, Catalogue II. S. 277.

jenem der Asterolepiden und den Cornua, der hinteren seitlichen Verlängerung des Kopfschildes von Cephalaspis.

Sehr ähnlich wie bei den Placodermen ist die Anordnung der Platten im Ventralpanzer. Die Anlage des Kopfpanzers ist jedoch fundamental verschieden, weil den Kieferteilen bei Coccosteus etc. eine erhöhte Bedeutung zuerteilt ist. Das Ruderorgan, ein einheitlicher Knochenstab, hat mit dem kompliziert gebauten Anhang der Asterolepiden keine Ähnlichkeit. Letztere unterscheiden sich auch dadurch sehr wesentlich, daß bei ihnen überhaupt keine paarigen Flossen vorhanden sind, während die Coccosteiden wenigstens eine kleine Beckenflosse besitzen und hierdurch an ein frühes Entwicklungsstadium der Batrachierlarven — Kaulquappen — erinnern. Jaekels Annahme, daß zwischen den Arthrodiren und gewissen Placodermen — Pterichthys — verwandtschaftliche Beziehungen bestehen, dürfte wohl berechtigt sein. Sie wären etwa als ein weiter vorgeschrittenes Larvenstadium der Vorfahren der Stegocephalen aufzufassen, das sich unabhängig von den Asterolepiden aus noch unbekannten Vorläufern parallel zu jenen entwickelt hat, ohne jedoch Nachkommen zu hinterlassen.

Die Ordnung der Arthrodira umfaßt die Familien der Coccosteidae, der Ptyctodontidae und der Mylostomatidae, welchen sich vielleicht die ungenügend bekannten Asterosteidae anreihen.

Familie: **Coccosteidae.**

Kopfschild zusammengesetzt aus großen Deckplatten. Die mittlere Region bestehend aus der unpaaren Occipitalplatte, den großen paarigen Parietalien, einem kleinen Frontale (mit Epiphysengrube), einem größeren unpaaren Nasale bzw. Ethmoid, zuweilen durch die großen, paarigen Präfrontalien abgedrängt. Neben dem oberen Hinterhauptsbein liegen die sog. Epiotica, vor diesen je ein Supratemporale, Postfrontale und Jugale (auch Suborbitale und Maxillare genannt). Nasenlöcher klein, weit vorne, zuweilen von Septomaxillaria oder Prämaxillen seitlich begrenzt. Rumpf mit einer großen, hinten zugespitzten, dicken, innerlich mit Mediankiel versehenen Dorsalplatte, daneben zwei Paar Lateralplatten, wovon die vorderen mit Gelenkzapfen. Bauchpanzer aus zwei Paar Seitenplatten und ein bis zwei unpaaren Medianplatten zusammengesetzt. Orbitae entweder knöchern umgrenzt oder in der vorderen Seitenwand des Kopfschildes „eingeschnitten".

Fig. 50.
Coccosteus decipiens Ag. Devon. Oldred Sandstone. Schottland. 1/4 nat. Gr. nach v. Stromer.

**Coccosteus* Ag. (Fig. 50—52). Kopf und Rumpf breit, die Panzerplatten mit runden Höckerchen bedeckt. Kopfplatten übergreifend. Orbita »eingeschnitten«, mit knöchernem Scleroticalring. Ventralschild mit einer rhombischen Medianplatte und einer keilförmigen, medianen Vorderplatte. Vor dem Bauchpanzer zwei schmale Platten, die A. Sm. Woodward zum Schultergürtel rechnet. Dorsalflosse kurz. *C. decipiens* Ag., die typische Art, aus dem unteren Oldred. Coccosteusarten sind sehr verbreitet im Oldred von Schottland und Irland, seltener im Devon von Böhmen, der Eifel, von Nassau, Rußland und Nordamerika. Auch bei Granite Harbour, Antarctis.

Pachyosteus Jaekel. (Fig. 52.) Praefrontalia sehr groß, nicht miteinander in Kontakt; die Orbitae vollkommen umgrenzt, seitlich festgestellt. Oberdevon, Wildungen.

Oxyosteus Jaek. Mit langem spitzen Rostrum. Ebenda.

Brachydirus v. Koenen. Kopfschild seitlich und unten mit einem schlanken Stachel (sog. Ruderorgan). Oberdevon, Nassau.

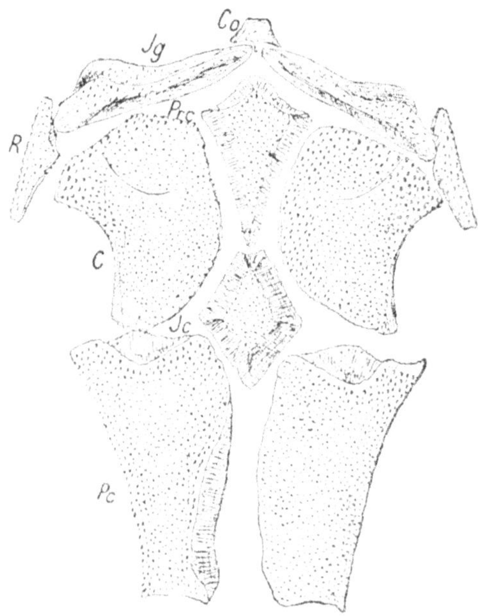

Fig. 51.
Brustpanzer von *Coccosteus decipiens* Ag. Mitteldevon, Schottland. *C* Clavicula, *Pc* Postclavicula, *Ic* Interclavicula, *Prc* Praeclavicula, *Jg* Jugularia, *Co* Copula, *R* Ruderorgan. ca. ½ nat. Gr. (Nach Jaekel.)

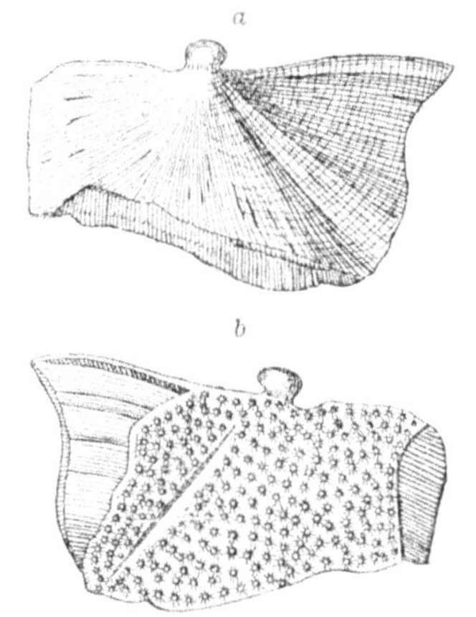

Fig. 52.
Coccosteus decipiens Ag.
Devon, Livland.
a Vordere Seitenplatte des Rückenschildes von innen, *b* von außen.

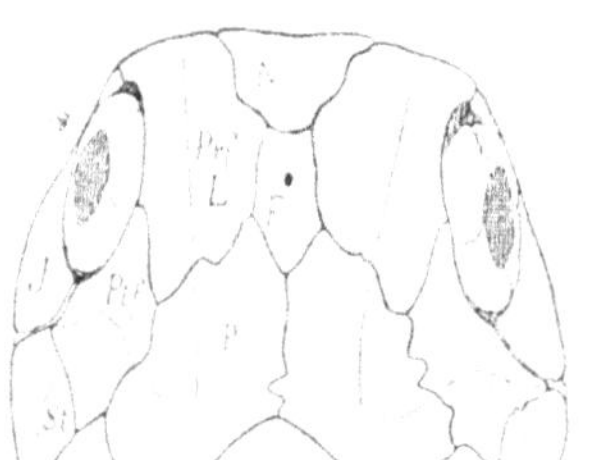

Fig. 53.
Pachyosteus bulla Jaekel. Kopf von oben. (Nach Jaekel.) *N* Nasale, *F* Frontale, *P* Parietale, *os* Supraocciptiale, *E* Epioticum, *St* Supratemporale, *J* Jugale, *Ptf* Postfrontale, *PrfL* Praefrontale u. Lacrimale. Oberdevon, Wildungen.

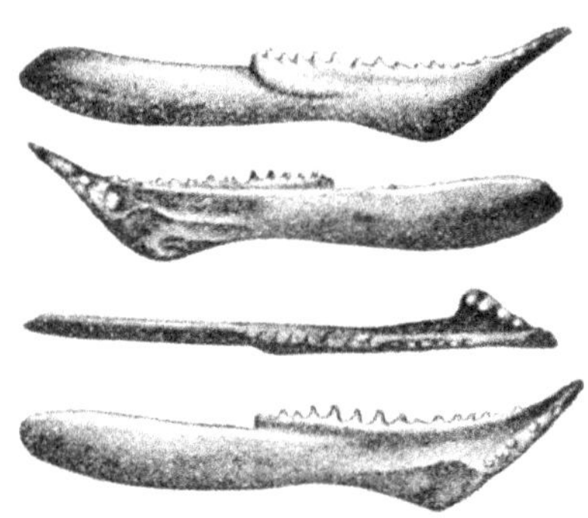

Fig. 54.
Diplognathus mirabilis Newberry.
$^1/_6$ nat. Gr.
Unterkieferäste in verschiedener Stellung.
(Nach Newberry.)

Phlyctaenaspis Traquair, Nordamerika (Oberdevon, Delaware, Ohio).

Chelyphorus Ag. Unterdevon, England, Nordamerika. Klein.

**Dinichthys* Newberry (Fig 55,56). Riesige Fische, deren Kopf bis 1 m lang wird. Die mittlere Hinterhauptsplatte dreiseitig, mit hinten hervorragendem medianen Fortsatz, die Squamosa oder Epiotica mit tiefen Gruben zur Aufnahme des Gelenkkopfes der vorderen Seitenschilder (Collare) des Rückenpanzers. Platten glatt oder fast glatt, die des Schädels im Alter verwachsen. Schwanzregion ohne Schuppen. Frontale sehr klein (Ethmoid) mit Durchbohrung. Orbitae außen nicht knöchern begrenzt. Maxillare (Suborbitale) zahnlos, aber mit den Platten auf Vomer und Palatopterygoid verwachsen. Unterkieferäste in der Symphyse durch Naht vereinigt, vorn in einen scharfen, schnabelartigen Fortsatz auslaufend, mit einer Reihe dem Knochen fest aufgewachsener Zähne. Mittlere Platte des Rückenschildes massig, mit Mediankiel auf der Innenseite. Die Platten des Ventralpanzers wie bei Coccosteus angeordnet, aber die medianen Platten zu einem einzigen langen Stück verschmolzen. Kurze, derbe Pectoralstachel. Oberdevon, Nordamerika (Cleveland shales, Ohio u. a.). Unsichere Reste im Mitteldevon der Eifel.

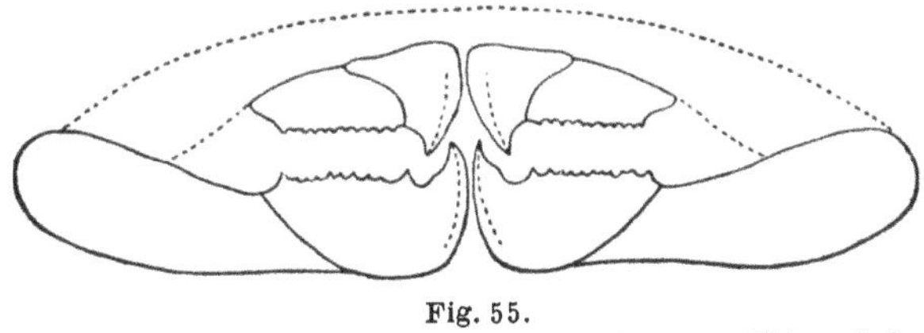

Fig. 55.
Dinichthys Hertzeri Newberry. Devon. Delaware. Ohio. Rekonstruktion von Ober-, Zwischen- und Unterkiefer. 1/9 nat. Gr. (Nach Newberry.)

Brachygnathus Hussakof. Oberdevon, Ohio.

Titanichthys Newberry. Noch größer als *Dinichthys.* Unterkieferäste ohne Zahnzacken, vorn grubig. Oberdevon, Cleveland shales, Ohio.

Macropetalichthys Norwood u. Owen. Platten des Kopfes im Alter verschmolzen. Die Parachordalia sollen ossifiziert sein. Dermale Kanäle sehr entwickelt, mit schlauchförmigen Einsenkungen in die Knochen. Devon. Nordamerika, Eifel.

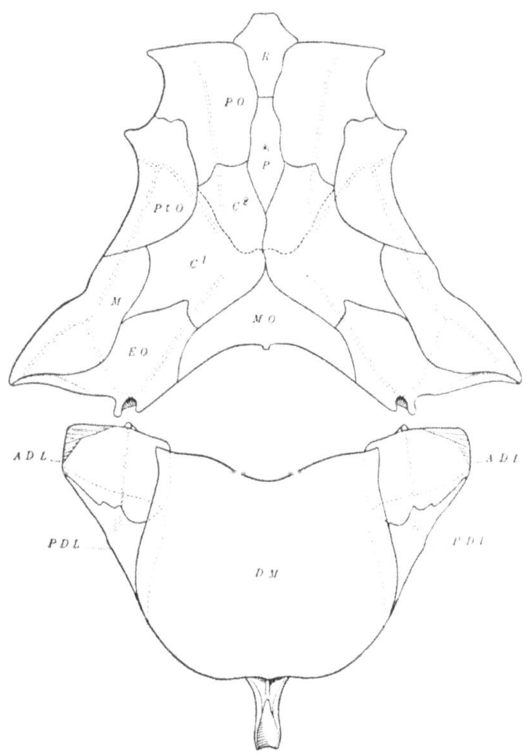

Fig. 56.
Dinichthys intermedius Newb. Clevelandshale, Ohio. 1 : 6. *D M* Mittlere Dorsalplatte, *ADL* vordere, *PDL* hintere Dorsolateralplatte, *Mo* Supraoccipitale, *Eo* Epioticum, *P* frontale Platte, (Pineale), *R* Nasale (Rostrale), C^1 Parietalia, C^2 Postfrontalia, *PO* Praefrontalia, *PtO* Postorbitalia (Jugale Jaekel), *M* Supratemporale (Marginale). (Nach Eastman.)

**Diplognathus* Newberry (Fig. 54). Die Unterkieferäste gehen nach kurzer Symphyse wieder gabelförmig auseinander und sind hier auf der Innenseite mit scharfen, gekrümmten Zähnen besetzt. Ähnliche Zähne besetzen den Rand des Unterkiefers bis zur Hälfte seiner Länge. Oberdevon, Ohio.

Homosteus Asmuss. Große Fische mit flachem Schädel. Orbita von Knochen umschlossen. Die Hinterhauptsplatte sehr lang, die mittlere Rückenplatte breiter als lang, hinten nicht zugespitzt. Devon, Livland. Unteres Oldred, Schottland.

Heterosteus Asmuss. Isolierte Panzerteile von riesiger Größe aus dem Devon von Dorpat. Die Gelenkfortsätze des Collare mehr als zweimal so lang als der Rest des Knochens.

Aspidichthys Newberry, *Glyptaspis*. *Liognathus* Newberry. *Anomalichthys* v. Koenen. *Solenosteus*, *Stenosteus* Dean. Devon.

Familie: **Ptyctodontidae** A. Sm. Woodward.

Fast nur große, seitlich zusammengedrückte Zahnplatten bekannt, von denen je zwei, oben und unten und in der Symphyse schnabelartig zusammenstoßen. Devon, Eifel, Rußland, Nordamerika.

Die Ptyctodontiden wurden früher zu den Holocephalen gestellt, zu denen sie Goodrich und Eastman noch jetzt rechnen. Nach Eastman gehören hieher die als *Phlyctaenacanthus*, *Acanthaspis* und *Heteracanthus* beschriebenen Flossenstacheln.

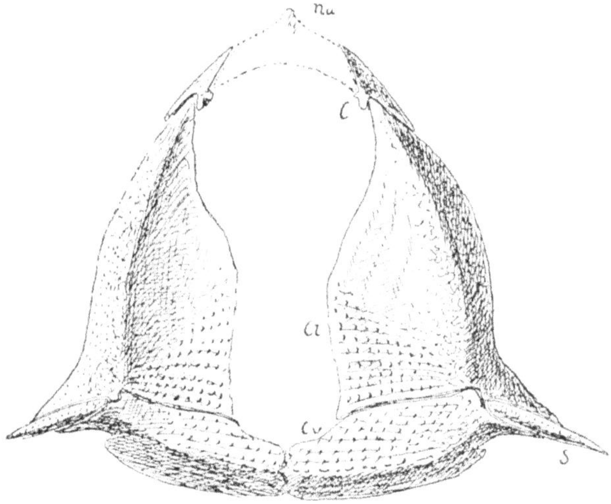

Fig. 57.
Rhynchodus major Eastman. Schulterapparat von vorn. In ⅔ nat. Gr. *C* Collare, *Ct* Cleithrum, *Cv* Clavicula, *S* Spinale. (Nach Jaekel.)

Ptyctodus Newb. (*Aulacosteus* Eichw.) Symphysenfläche schmal. Die Reibinseln (Tritoren) sind aus schrägen Lamellen zusammengesetzt und sehr hart. Devon, Nordamerika, Rußland.

Palaeomylus A. Sm. Woodward. Symphysenfläche sehr breit. Eine unbestimmt umgrenzte Tritorenfläche, die nicht lamelliert, sondern punktiert ist. Mitteldevon, Nordamerika.

**Rhynchodus* Newb. (*Rhamphodus* Jaekel) (Fig. 57). Tritoren nicht differenziert. Belegknochen des Schultergürtels nach Jaekel aus Cleithrum, Clavicula, Collare und einem stachelartigen Spinale zusammengesetzt. Diese Knochen sind nach Eastman jedoch nur Hautverknöcherungen vor dem eigentlichen knorpeligen Brustgürtel. Oberdevon, Nordamerika. Wildungen. *Rhynchodus major* Eastman.

Familie: **Mylostomatidae** Eastman.

Kopfplatten und Panzer wie bei den Coccosteiden, aber ohne Körnelung. Zähne als große, dicke, paarige, zum Quetschen dienende Platten, auf Unterkiefer, Palatopterygoid und meist auch auf Vomer entwickelt, aus knochenartigem Gewebe gebildet, das gegen die punktierte Oberfläche dicht und emailartig wird. Oberdevon, Nordamerika.

Die Verwandtschaft mit den Dipnoern — Neoceratodus — hat Eastman überzeugend nachgewiesen.

**Mylostoma* Newberry (Fig. 58) und *Dinomylostoma* Eastman. Oberdevon, Nordamerika.

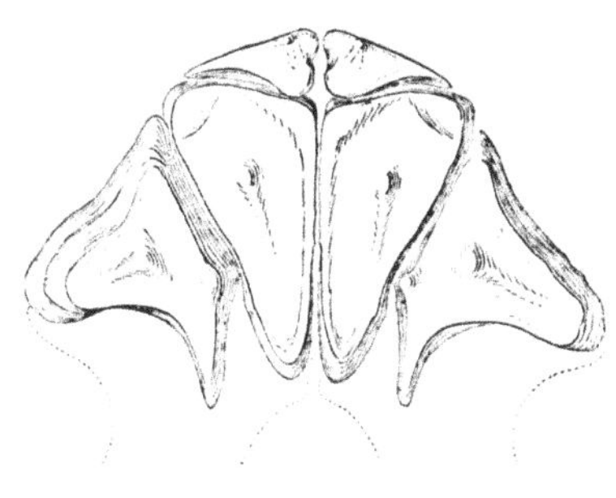

Fig. 58. *Mylostoma variabile* Eastman. Devon, Ohio. Zahnplatten. 1/4 nat. Gr. (Nach Eastman.)

In die Nähe der Coccosteiden werden provisorisch gestellt:

Asterosteidae. Platten des Kopfschildes verschmolzen. Die paarigen Nasenlöcher zwischen den Orbiten. Klein. *Asterosteus stenocephalus* Newberry. Oberdevon, Ohio. *Callognathus* Newberry. Nur Mandibel bekannt. Ebenda.

Unterklasse: **Elasmobranchii**[1]).

Fische mit knorpeligem Innenskelett, Schädel ohne dermale Belegplatten. Haut mit Placoidschuppen. Oberkieferbogen (Pterygopalatinum) nicht mit dem Schädel verschmolzen, Hyomandibulare frei. Kiementaschen frei nach außen mündend, ohne Kiemendeckel. Zähne in mehreren Reihen hintereinander auf den Kieferrändern. Sehnervenfasern nicht gekreuzt, der Conus arteriosus des Herzens mit drei Reihen Klappen.

---

[1]) *Agassiz*, Poissons fossiles. Vol. III. 1843. — *Bonaparte C. L.*, Selachorum tabula analytica. Mém. Soc. Sc. nat. Neuchâtel 1839. — *Davis I. W.*, On the fossil fishes of the carboniferous limestone of Great Britain. Transact. Roy. Soc. Dublin. Soc. 1883. — *Dean B.*, Studies of fossil fishes. Sharks, Chimaeroidea. Mem. Amer. Mus. Nat. Hist. New York. Vol. IX. 1909. — *Eastman C. R.*, Beitr. z. Kenntn. d. Gattung Oxyrhina. Palaeontogr. 41. 1894. Some Carboniferous Cestraciont and Acanthodian Sharks. Bull. Mus. Compar. Zool. Harvard. Vol. 19. 1902. — *Fritsch A.*, Reptilien und Fische der böhm. Kreideform. Prag 1878. Die Fauna der Gaskohle. II. Bd. 1889. — *Hasse*, Das natürliche System der Elasmobranchier auf Grundlage des Baues und der Entwicklung der Wirbelsäule. Jena 1879. Ergänz.-Heft. 1885. — *Hay O.*, The chronological distribution of the Elasmobranchs. Transact. Amer. Philos. Soc. Vol. XX. Philadelphia 1901. — *Jaekel O.*, Die eocänen Selachier von Monte Bolca. Berlin 1894. — *Jordan D. S.* und *Beal C. H.*, Supplementary notes on fossil sharks. Univ. California Public. Dep. Geology. Bull. Vol. VII. 1913. — *Leriche*, Literatur. Siehe S. 5. — *Müller Joh.* und *Henle J.*, Systematische Beschreibung der Plagiostomen. 4°. Berlin 1841. — *Noetling Fr.*, Die Fauna des samländischen Tertiärs. Abh. geol. Karte v. Preußen. Berlin 1885. — *Priem E.*, Literatur. Siehe S. 6. — *Priem F.*, Poissons fossiles de la République Argentine. Bull. Soc. géol. de France. XI. 1912. Sur les Poissons fossiles des phosphates de Tunésie et de l'Algérie. Ibidem 1903. — *Probst*, Beitr. z. Kenntn. d. fossilen Fische aus der Molasse. Jahrheft Ver. f. Naturkunde Württemberg 1874, 1877, 1878. — *Regan*, A Classification of the Selachian fishes. Proceed. Zool. Soc. London 1901. — *Ridewood W. G.*, On the calcification of the vertebral centra in Sharks and Rays. Philos. Transact. Vol. 210. 1918. — *Smith Woodward*, Catalogue of the fossil fishes. British Mus. I. 1889. II. 1891. — *Williston S. W.*, Selachians and Pycnodonta. The University Geol. Survey of Kansas. Vol. IV. Part II. 1900.

Darm mit Spiralfalte, Ovarien mit nur wenigen großen Eiern. Männchen meistens mit Pterygopodien.

Das knorpelige Skelett der Haifische zeigt häufig eine corticale, seltener in größere Tiefe dringende Verkalkung, indem die colloide

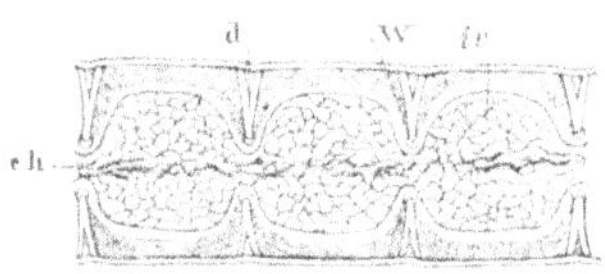

Fig. 59.
Längsschnitt durch den vorderen Teil der Wirbelsäule von *Heptanchus*. *w* Einschnürung der Chordascheide, *d* Anlage eines verkalkten Doppelkegels, *iv* Intervertebraler mit Chorda erfüllter Raum, *ch* Chorda. (Nach Kölliker.)

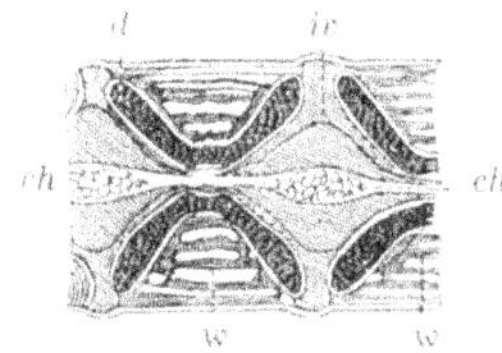

Fig. 60.
Längsschnitt durch die tectispondyle Wirbelsäule von *Squatina*. *w* Wirbelkörper mit konzentrischen Verkalkungsringen, *d* verkalkter Doppelkegel, *iv* Intervertebralraum, *ch* Chorda. (Nach Hasse.)

Intercellularsubstanz Kalk aufnimmt und sich Kalkplatten bilden, deren jede ein strahliges Gefüge zeigt. Die Wirbel verkalken in sehr mannigfaltiger Weise und gewähren nach Hasse gute Anhaltspunkte für die Systematik. Ihre Zahl ist bei Haien sehr hoch (bis 365).

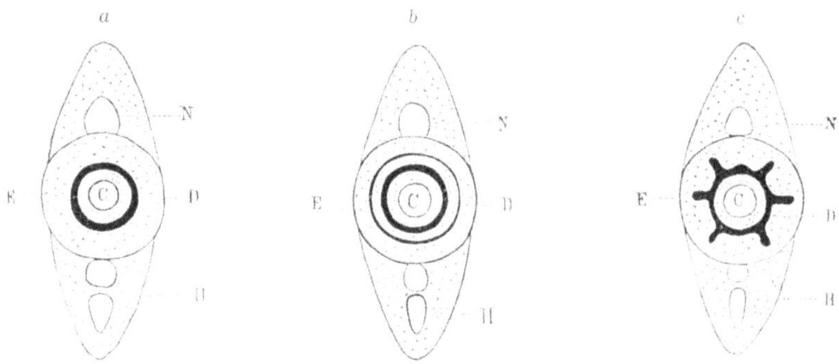

Fig. 61.
Schematischer Querschnitt durch die Mitte eines *a cyclospondylen*, *b tectispondylen* und *c asterospondylen* Wirbels. *C* Chordahöhle, *D* zentrale Kalkringe, *E* Elastica externa, *N* Neurapophyse, *H* Hämapophyse. (Nach Hasse.)

Unter den lebenden Haien haben die Notidaniden die primitivste Wirbelsäule. In regelmäßigen Abständen dringen Verdikkungen der Chordascheide gegen das Zellgewebe der Chorda vor und bilden in der Mitte durchbohrte Scheidewände (*Diplospondylie*).

Die Chorda ist in den Wirbeln eingeschnürt, zwischen den Wirbeln erweitert. Durch das Auftreten von Bogenteilen und ihr Eingreifen in die Chordascheide (s. o.) wurde an diesen Stellen ein weiteres Dickenwachstum der Chorda verhindert. Indem die Wirbel sich auch in longitudinalem Sinn ausdehnen, greift auch die Hemmung des Chordawachstums weiter aus. Auf diese Weise müssen amphicöle Wirbelanlagen und intervertebrale Chordaverdickungen entstehen.

Als Cyclospondyli bezeichnete Hasse diejenigen Wirbel, bei denen rings um die Chorda im Zentrum des Wirbelkörpers, in einer faserigen Zone innerhalb des Knorpels ein verkalkter Ring entsteht, der sich mit der verkalkten konkaven Vorder- und Hinterwand des Wirbels verbindet.

Entwickeln sich innerhalb des Wirbels noch weitere Kalkhülsen, die sich konzentrisch um die ersteren legen, so entstehen tectispondylische Wirbel. Gehen von dem inneren Ringe radiale Kalkblätter oder keilförmige Verkalkungen gegen die Peripherie, so heißen die Wirbel asterospondylisch.

Neben den Wirbeln kommen am häufigsten die Hautgebilde (Placoidschuppen), Flossenstachel und Zähne vor. Haifischzähne gehören zu den am längsten bekannten Versteinerungen und sind als *Glossopetrae*, Vogelzungen, Schlangenzungen etc. in der älteren Literatur vielfach erwähnt.

Bei den Männchen verlängern sich oft die Achsen der Brustflossen nach hinten in Fortsätze — Pterygopodien — die aus der Haut hervorragen und als Klammern bei der Begattung dienen.

Die Form der Zähne ist sehr verschieden, häufig scharf zugespitzt mit schneidenden Seitenrändern, ein- oder mehrspitzig, öfters aber auch pflasterartig mit ebener, stumpfkonischer Krone. Sie bestehen im wesentlichen aus Vasodentin oder Dentin und Schmelz (Placoidschmelz) (s. Fig. 15) und sind stets nur durch Ligament befestigt, niemals festgewachsen.

Die Elasmobranchier zerfallen in drei Ordnungen: *Acanthodi*, *Ichthyotomi* und *Selachii*. Die *Holocephali* stehen ihnen unter allen Fischen am nächsten, sind aber doch so scharf geschieden, daß wir sie nicht als eine den Genannten gleichwertige Ordnung einreihen können.

Ordnung: **Acanthodi** Ag.[1])

Körper spindelförmig, Chorda persistent; die Skelettknorpel des Kopfes auch innerlich stark verkalkt, zuweilen mit körneliger Oberfläche. Augen mit einem einfachen Ring dünner dentinöser Sklerotikalplatten. Zähne fast stets fehlend. Brust- und Bauchflossen mit sehr schwachen, selten verkalkten äußeren Strahlen. Vor sämtlichen Flossen mit Ausnahme der heterocerken Schwanzflosse stehen kräftige Dentinstacheln. 5 Kiemenbogen. Körper und ein Teil der Flossen mit einem mosaikartigen Pflaster kleiner, dicker, quadratischer Ganoinschuppen bedeckt; die deutliche Seitenlinie zwischen 2 Schuppenreihen auf der Mitte der Flanken. Schädel-

---

[1]) *Agassiz L.*, Poiss. fossiles. II. 1833—35. — *Dean Bashford*, Notes on Acanthodian sharks. Amer. Journ. Anatomy. VII. Baltimore 1907. — *Fritsch A.*, Fauna der Gaskohle in Böhmen. Bd. II. 1889. — *Huxley Th.*, Geol. Survey of the United Kingdom. Dec. X. 1861. — *Kner R.*, Sitz.-Ber. Akad. Wien, math.-phys. Klasse. LVII. 1868. — *Powrie J.*, On the earliest known vestiges of vertebrate life. Edinburgh Trans. geol. Soc. 1869. I. 284—301. — *Reis O. M.*, Zur Kenntnis des Skeletts der Acanthodinen. Geognost. Jahreshefte. München 1890, 1891. — Illustrationen z. Kenntnis des Skeletts von Acanthodes Bronni Ag. Abh. Senckenberg. Ges. Frankfurt a. M. 1895. — Über Acanthodes Bronni Ag. (Morphol. Arbeiten. Herausg. v. Schwalbe. VI. Bd. 1896. 143—218.) — *Roemer F.*, Über Acanthodes gracilis. Zeitschr. d. deutsch-geol. Ges. 1857, S. 65. — *Woodward A. Sm.*, Catalogue of fossil fishes. II. S. 1—36.

dach mit unregelmäßigen Hautplättchen. Beckenflosse ohne sexuale Klammerorgane (Pterygopodien).

Die *Acanthodi* wurden von Agassiz zu den Ganoiden gestellt, Huxley betrachtet sie als Mittelformen zwischen Ganoiden und Elasmobranchii, Lütken und Fritsch reihten sie bei den Elasmobranchii ein. Die Untersuchungen von Traquair, A. Smith Woodward, Reis und Jaekel haben die Richtigkeit dieser Stellung bestätigt, aber in manchen Einzelheiten sind wir leider noch immer nicht genügend unterrichtet.

Nach A. Smith Woodward kann man die Ordnung in 3 Familien (*Acanthodidae*, *Ischnacanthidae*, *Diplacanthidae*) zerlegen.

Die aus dem Obersilur und Devon als *Onchus* (Fig. 62) beschriebenen Stacheln stimmen so sehr mit Climatiusstacheln, daß man sie auf Acanthodier zurückführen darf. Dasselbe gilt für andere paläozoische Gattungen, die auf fossile Flossenstacheln errichtet wurden, wie *Haplacanthus*, *Byssacanthus*, *Homacanthus*, *Machairacanthus*, *Gyracanthus*, *Ptychacanthus*.

Familie: **Acanthodidae.**

Nur eine weit nach hinten gerückte Dorsalflosse. Brustflosse mit mächtigem Stachel.

**Acanthodes* Ag. (*Acanthoessus* Ag., *Holacanthodes* Beyr., *Traquairia* Fritsch., *Mesacanthus* Traquair). (Fig. 63, 64.) Körper spindelförmig, Kopf kurz, Maul groß, terminal. Augenring mit 4 bis 5 dünnen, außen rauhen Platten. Das

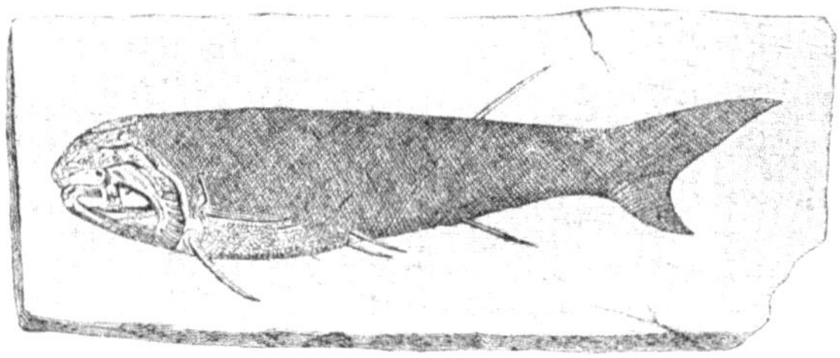

Fig. 63.
Acanthodes Mitchelli Egerton. Old red Sandstone. Farnell, Schottland. Nat. Gr. (Nach Egerton.)

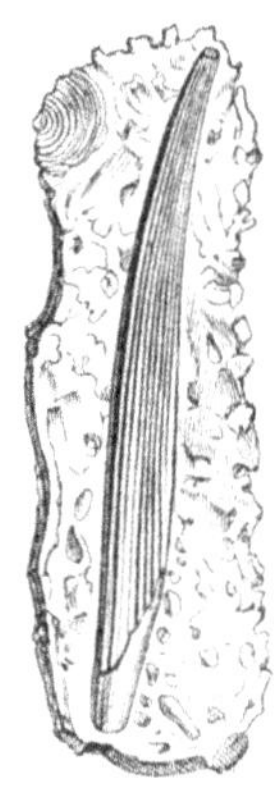

Fig. 62.
Flossenstachel von *Onchus tenuistriatus* Ag. Aus dem obersten Silur von Ludlow, England.

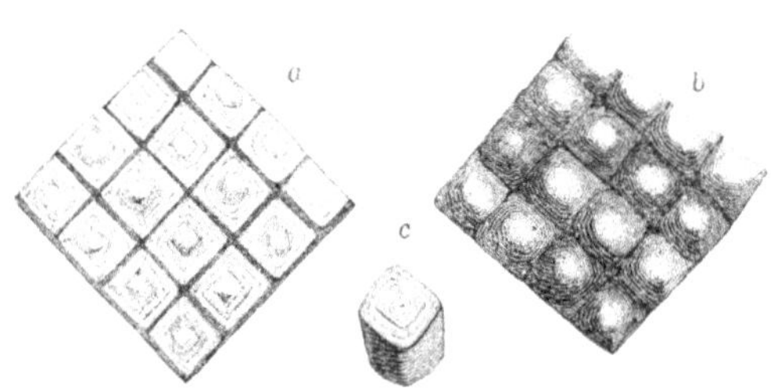

Fig. 64.
Schuppen von *Acanthodes gracilis* Beyr. *a* von außen, *b* von innen, *c* eine isolierte Schuppe vergr.

Palatoquadratum besteht aus drei Teilen; der Unterkiefer ist in eine Mandibula und einen prämandibularen Teil zerlegt, an die sich auf der Unterseite ein schmaler dermaler Knochen (Spleniale nach Jaekel, bei Reis als extramandibularer Stachel bezeichnet, Ceratohyale nach A. Sm. Woodward) anlegt. Seine Struktur ist dentinartig; eine Anzahl Kiemenstrahlen reihen sich ihm an. Die Hyoide (jederseits ein Hyoid und ein Praehyoid, durch eine Copula vorn verbunden) sind frei von Kiemenstrahlen, dagegen trägt das Hyomandibulare solche. Die Basis der Brustflosse besteht aus einigen (3) kurzen Knorpeln, die auch verschmelzen können (Reis). Am Schultergürtel fällt ein großes, rechtwinklig gegen den säbelförmigen Stachel gerichtetes Stück auf, das Reis wegen seiner dichten, dentinartigen Struktur als Claviculoid bezeichnet. Nach Jaekel ist es ein Hautknochen, dem Cleithrum vergleichbar, der die knorpelige Scapula einhüllt. Außerdem nimmt er noch eine Suprascapula, ein Coracoid und ein Praecoracoid an. Rückenflosse gegenüber der Afterflosse. Bauchflossen bei den devonischen Arten — *Mesacanthus*, mit einem Stachelpaar zwischen diesen Flossenpaaren — fast so groß wie die Brustflossen, später verkleinert und nach vorne gerückt. Im Devon (Old red) von Schottland, Kanada und Rußland, im Karbon von Schottland und Böhmen, im Rotliegenden des Saargebiets (Lebach), von Schlesien, Sachsen, Böhmen (Braunau). Typus: *Ac. Bronni* Ag. (*gracilis* Beyr.).

Cheiracanthus Ag. Die Rückenflosse steht vor der Analflosse. *Ch. Murchisoni* Ag. Oldred, Schottland, Kanada. Granit Harbour, Antarctis.

Acanthodopsis Hancock u. Atthey. Mit 6 bis 8 kräftigen Zähnen im Ober- und Unterkiefer. *A. Wardi* Hanc. u. Att. Steinkohlenformation, Northumberland.

Familie: **Ischnacanthidae.**

Zwei Rückenflossen. Die Brustflosse mit großem äußeren, aber ohne medianen Stachel.

Ischnacanthus Powrie (Traquair) (*Ictinocephalus* Page). Stacheln längsgerippt. Symphyse mit einer Spirale von mit einander verschmolzenen Zähnen. *I. gracilis* Egerton. Unteres Old red.

Familie: **Diplacanthidae.**

Zwei Rückenflossen. Brustflosse mit großem äußeren und kürzerem medianen Stachel. Zwischen Brust- und Bauchflosse überzählige Stachelpaare.

Diplacanthus Ag. (*Rhadinacanthus* Traqu.) Bauchflossen kaum halb so lang wie die Brustflossen. Nur ein Paar überzähliger, kurzer Stacheln. *D. striatus* Ag. Mittleres Oldred, Schottland; Devon, Kanada.

Climatius Ag. (*Brachyacanthus* Egerton, *Euthacanthus* Egerton). (Fig. 65.) Mehrere Paare kurzer, überzähliger Stacheln. Die Stacheln der Rückenflossen gleich lang, alle sehr kräftig, längsgerippt. *Cl. reticulatus* Ag. Unt. Oldred.

Parexus Ag. Mehrere überzählige Stachelpaare. Stachel der vorderen Rückenflosse weit höher als der zweite; Stacheln längsgerippt, hinten gezähnelt. *P. incurvus* Ag. Unt. Oldred, Schottland.

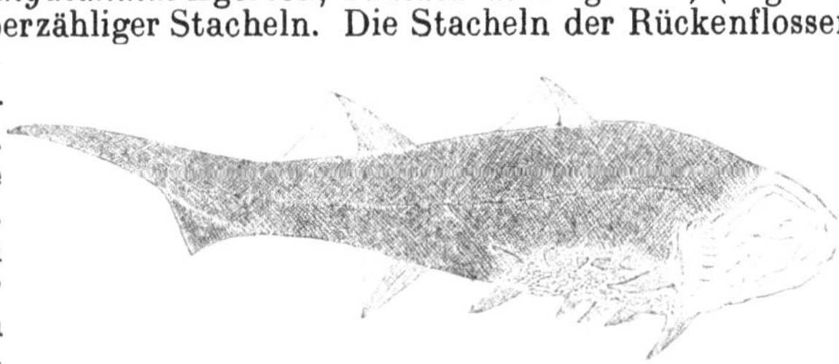

Fig. 65.
Climatius scutiger Egerton. Old red Sandstone. Forfarshire, Schottland. Nat. Gr. (Nach Powrie.)

Ordnung: Ichthyotomi Cope (*Proselachii* Döderlein, Koken).

Mundspalte terminal, Schädel symmetrisch. Paarige Flossen mit langer, segmentierter Achse. Wirbelsäule ungegliedert oder nur schwache Teilung der Chordascheide. Bogenteile wohl entwickelt, lang, nicht massiv. Keine Intercalarstücke. Außer der prismatischen äußeren auch noch in die Tiefe des Innenskelettes dringende Verkalkungen. Zähne mehrspitzig. Fünf Kiemenbogen.

In dem hier gegebenen Umfang umfaßt die Ordnung zwei Familien: die *Pleuracanthiden* und die *Cladodontiden*. Eastman stellt die letzteren als Ordnung der Pleuropterygii den Ichthyotomi gegenüber, die Unterschiede berechtigen jedoch kaum zu einer so scharfen Trennung. Manche Züge näherer Verwandtschaft scheinen die *Cladodontiden* auch mit den *Hybodontiden* zu verbinden, aber die *Cladodontiden* sind stark spezialisiert, wenn auch weniger als die *Pleuracanthiden*, deren anscheinend primitive Eigenschaften (archipterygiale paarige Flossen, diphycerke Schwanzflosse) sich auch als sekundäre Anpassungen deuten lassen.

Familie: **Pleuracanthidae**[1]).

Körper langgestreckt, Schädel flach, niedrig, mit endständiger Mundspalte, hinten meist mit einem kräftigen, beiderseits mit Dornen besetztem Nackenstachel. Zähne mit plattenartiger Wurzel und zwei divergierenden Spitzen, öfters auch mit einer Zwischenspitze. Haut nackt. Chorda persistent, Skelettknorpel und obere und untere Bogen verkalkt. Brustflosse und Bauchflosse lang und kom-

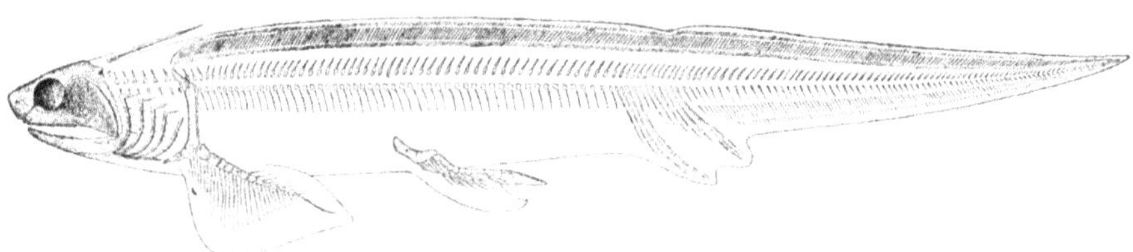

Fig. 66.
Pleuracanthus sessilis Jordan sp. Abgeänderte Rekonstruktion von Jaekel. Rotliegendes, Lebach. Etwa 1/6 nat. Gr.

pliziert gebaut. Rückenflosse fast bis zum Kopf reichend, von der spitzen diphycerken Schwanzflosse nur undeutlich abgesetzt und durch zahlreiche knorpelige Träger gestützt. Vor der Schwanzflosse zwei mit langen Knorpelstüten versehene Analflossen. Fünf ungleich lange Kiemenbogen unter einem Kiemendeckel.

Pleuracanthus Ag. (*Triodus* Jord., *Xenacanthus* Beyr., *Triacranodus* Garm.). (Fig. 66—69.) Das Palatoquadratum ist zwischen den Postorbitalfortsätzen und den epiotischen Vorsprüngen eingefügt, aber isoliert, das

[1]) *Agassiz L.*, Poiss. foss. Vol. III. 1843. — *Beyrich E.*, Über Xenacanthus. Monatsber. Akad. Berlin 1848. — *Broili F.*, Über Diacranodus texensis Cope. N. Jahrb. f. Min., Geol. u. Paläont. Beilageband XIX. 1904. — *Brongniart Ch.*, Études s. l. terr. houiller de Commentry. Faune ichthyol. I. 1888. — Bull. soc. géol. France. 1888. S. 546. — *Cope E.*, Amer. Philos. Soc. Philadelphia 1884. — *Davis J.*, On the fossil fish remains of the Coal Measures. I. Pleuracanthidae. Trans. Roy. Soc. Dublin. 1892. Vol. IV. — *Döderlein L.*, Zool. Anzeiger 1889. XII. S. 123. — Ders. in Steinmann, Elemente der Paläontologie. — *Fritsch A.*, Die Fauna d. Gaskohle. II. 1888/89. III. 1890. — *Goldfuß*, Neues Jahrb. 1847, S. 404. — Beitr. zur vorweltl. Fauna d. Steinkohlengeb. — *Jaekel O.*, Über die Organisation der Pleuracanthiden. Sitz.-Ber. Ges. naturf. Freunde. Berlin 1895. — Neue Rekonstruktion von Pl. sessilis Jord. sp. und Polyacrodus (Hybodus) Hauffianus E. Fraas, ibid. 1906. — *Jordan*, N. Jahrb. 1849. — *Koken E.*, Über Pleuracanthus Ag. und Xenacanthus Beyr. Sitz.-Ber. Ges. naturf. Freunde Berlin, 1889. S. 77 ff. — *Reis O. M.*, Das Skelett der Pleuracanthiden und ihre systemat. Bedeutung. Abh. Senckenb. Ges. Frankfurt a. M. 1897. — Über permische Pleuracanthidenreste. Geogn. Jahreshefte. München 1913. — *Woodward A. Sm.*, Catalogue of the fossil fishes. I. 1889. S. XVff. S. 1ff. Hier noch spezielle Literaturangaben.

Hyomandibulare artikuliert am Processus pteroticus und trägt lange Kiemenstrahlen.

Die Brustflosse besteht aus einer langen gegliederten Achse mit zahlreichen knorpeligen Strahlen, die in der unteren Hälfte der Flosse auf die mediale Seite übertreten — biseriales Archipterygium, während die obersten

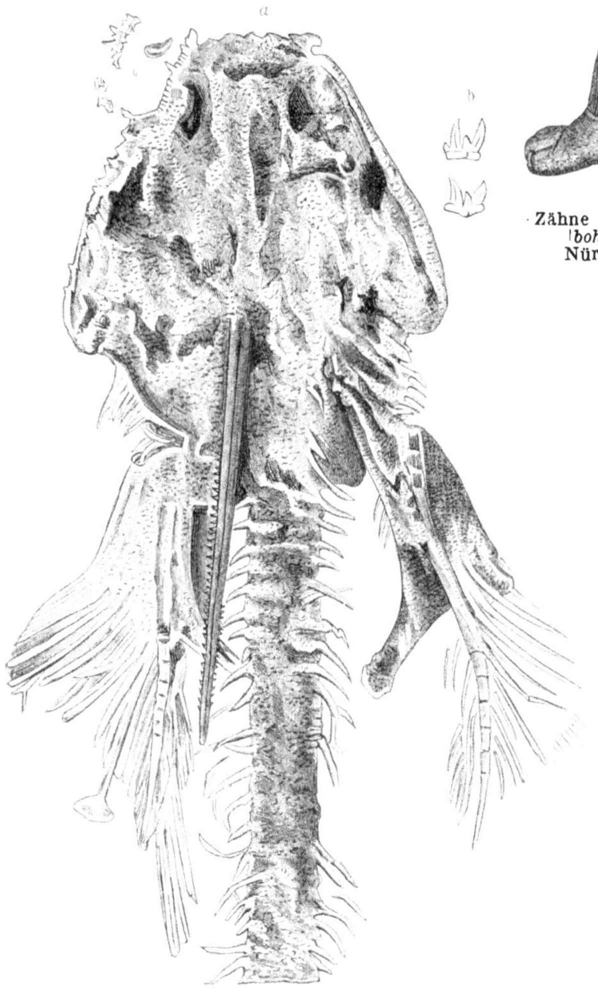

Fig. 67.
Pleuracanthus (*Xenacanthus*) *Decheni* Goldf. Rotliegendes Braunau, Böhmen. *a* Vorderer Teil des Körpers, ½ nat. Gr. *b* Einzelne Zähnchen vergr. (Nach F. Roemer.)

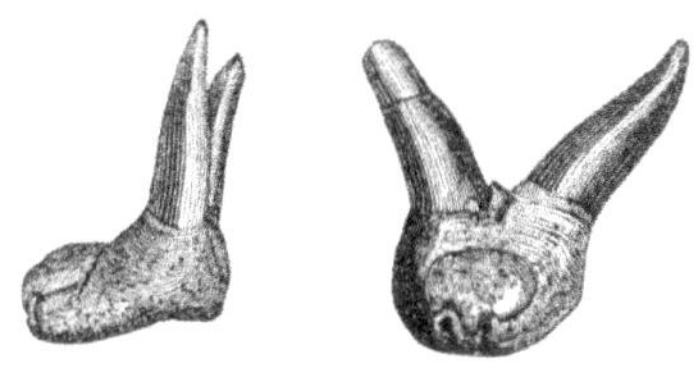

Fig. 68.
Zähne von *Pleuracanthus* (*Diplodus*) *bohemicus* Quenst. Gaskohle. Nürschan bei Pilsen, Böhmen.

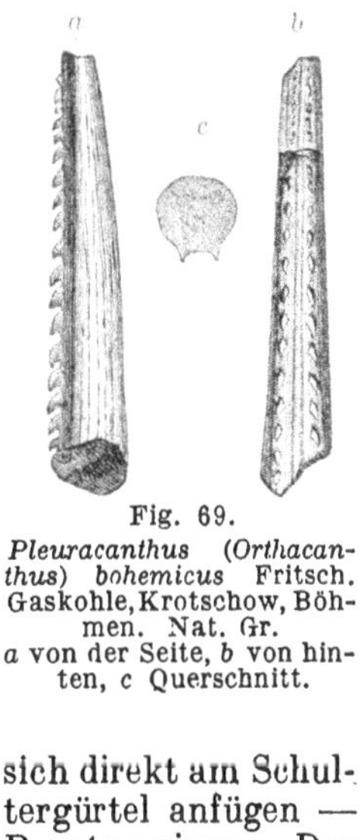

Fig. 69.
Pleuracanthus (*Orthacanthus*) *bohemicus* Fritsch. Gaskohle, Krotschow, Böhmen. Nat. Gr.
a von der Seite, *b* von hinten, *c* Querschnitt.

sich direkt am Schultergürtel anfügen — Propterygium. Der Schultergürtel ist aus zwei getrennten Spangen gebildet, von welchen sich ein Infrascapulare und ein weniger ausgeprägtes Suprascapulare absondert. An die beiden weit voneinander abstehenden dreiseitigen Beckenknorpel schließt sich eine lange gegliederte Achse — Metapterygium — an, die aber nur auf einer Seite mit knorpeligen Strahlen besetzt ist und bei den Männchen in die Pterygopodien übergeht. Skelette im Rotliegenden von Lebach bei Saarbrücken, Braunau in Böhmen, Ruppersdorf in Schlesien. *Pl. sessilis* Jordan sp. *Decheni* Goldf. Gaskohle von Nürschan (Böhmen), Ob. Karbon Commentry (Frankreich). Northumberland. Perm von Ilinois.

Diacranodus Garman (*Didymodus* Cope). Schädel haiähnlich mit kleiner Rostralfontanelle und wohlentwickeltem Postorbitalfortsatz, mit Nasen-

und Gehörkapseln und einem Paar Trabekeln an der Unterseite. Zähne wie bei Pleuracanthus. Nur Schädel, Zähne und Flossenstachel bekannt. Perm Texas, Illinois.

Diplodus Ag. Provisorisch beibehaltene Bezeichnung für isolierte Zähne. Ziemlich große Zähne mit reduzierter Mittelspitze. Devon, Iowa. Karbon, Gaskohle, Böhmen. *D. bohemicus* Qu.

Anodontacanthus Davis. Nackenstachel ohne gezähnelte Ränder. Karbon, England. Perm, Texas.

Die Namen *Dittodus*, *Ochlodus*, *Aganodus*, *Pternodus* R. Owen, *Thrinacodus* St. John beziehen sich auf isolierte Zähne, *Compsacanthus* Newberry, *Orthacanthus* Ag., *Lophacanthus* Stock auf Stacheln.

Chondrenchelys Traqu. Kein Dorsalstachel. Flossenträger unter der Dosalis in nur einer Reihe. Paarige Flossen nicht bekannt (? fehlend; Scapula vorhanden). Unterkarbon (Calciferous sandstone), Schottland.

Radamas Münster. Ein unvollkommen erhaltenes Fragment aus dem Kupferschiefer von Riechelsdorf, das am ehesten an *Squatina* und *Squaloraja* erinnert, wird von Reis wohl irrigerweise in diese Familie gestellt.

Familie: **Cladodontidae.**

Haut mit Placoidschüppchen, Innenskelett reich an Verkalkungen, Gliederung der Wirbelsäule nicht nachweisbar. Schwanzflosse heterocerk. Paarige Flossen mit langer, gegliederter Achse (Metapterygium), vor der mehrere kräftige Strahlen direkt dem Schultergürtel (bzw., dem Beckengürtel) inseriert sind. Vom ersten großen Segment der Achse an verjüngen sich die Strahlen sehr rasch. Zähne in zahlreichen dichten

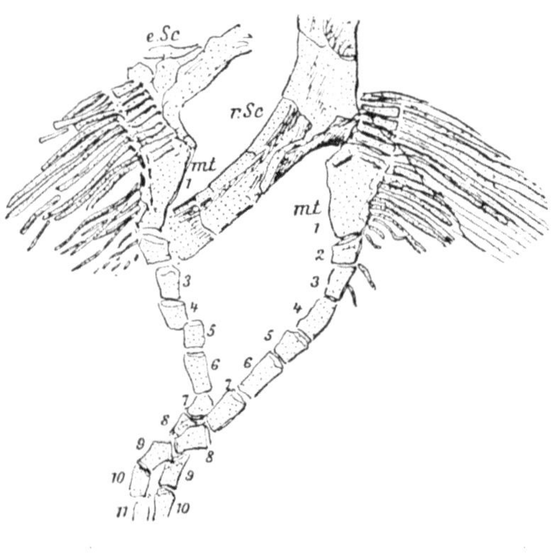

Fig. 70.
Cladodus Neilsoni Traquair. Unterkarbon. Brustflossen nach Traquair. *e.Sc* linke, *r.Sc* rechte Scapula, *mt* Metapterygium, 1—10 dessen knorpelige Segmente.

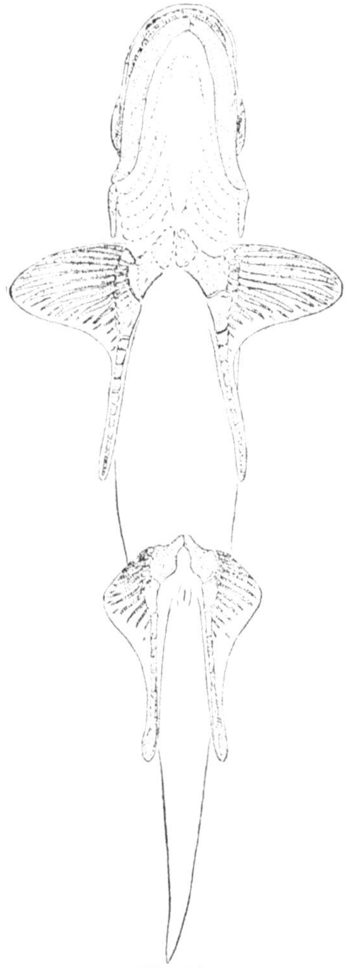

Fig. 71.
Cladoselache Fyleri Newb. Rekonstruktion von O. Jaekel.

Reihen mit schlanker Hauptspitze, oft mit Nebenspitzen, längsgestreift oder gerippt, an der Basis abgestutzt. Fünf bis sieben Kiemenspalten. Augen mit einem oder mehreren Kreisen dünner, unregelmäßig vierseitiger Plättchen.

Die Cladodontiden oder »Pleuropterygii« sind nach B. Dean die primitivsten Elasmobranchier. Ihre Wirbelsäule ist noch ungegliedert, die Schwanzflosse heterocerk. Die nur in der Schwanzregion beobachteten Neuralbogen setzen bis zum Ende der aufwärtsgebogenen Achse fort und tragen den dicken Knorpel des oberen Schwanzlappens, der untere wird nur durch knorpelige Strahlen gestützt. Die beiden Rückenflossen sind mit einem Stachel versehen, Analflossen fehlen. Die paarigen Flossen besitzen eine lange gegliederte Achse — Metapterygium —, die aber nur im oberen Teil und nur auf einer Seite Strahlen trägt. Schon am 2. und 3. Segment werden die Strahlen sehr schwach, vom 4. an fehlen sie überhaupt, dagegen heften sich direkt an den Schulter- bzw. Beckengürtel mehrere kräftige Strahlen an. Ihre basalen Teile sind zwar abgegliedert, aber nicht seitlich verschmolzen. Das erste große Segment der Achse läßt noch in der Brustflosse die Verwachsung von Strahlenteilen erkennen. Die beiden Kiefer sind fast gleich groß, der untere ist hyostylisch mit dem Schädel verbunden. Das Cranium ist nicht genau bekannt, es besitzt jedoch große endständige Riechkapseln. Die Anwesenheit von Pterygopodien ist sehr zweifelhaft.

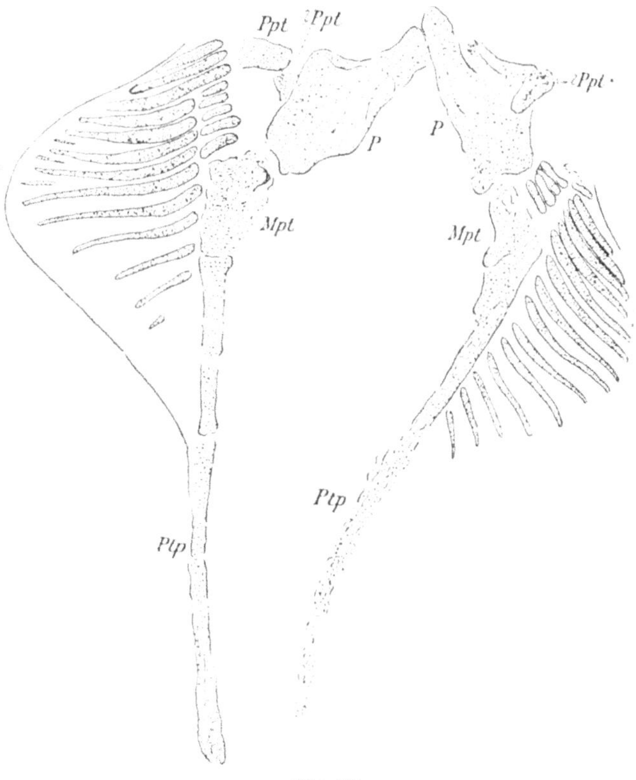

Fig. 72.
Cladoselache Fyleri. Cleveland shales. Ohio. Beckenflossen nach Jaekel. *Ppt* Propterygium, *Mpt* Metapterygium, *Ptp* angebliche Pterygopodien, *P* Becken.

Devon bis Perm, wahrscheinlich Süß- und Brackwasserbewohner, aber auch in echt marinen Schichten. Sie schließen sich näher an die Pleuracanthiden an, als nach den verbreiteten Rekonstruktionsbildern angenommen werden konnte[1]).

[1]) *Braus H.*, Über neue Funde versteinerter Gliedmaßenknorpel und -muskeln von Selachiern. (Phys. Med. Ges. Würzburg 1901. XXXIV. 177.) — *Dean Bashford*, Contributions to the Morphology of Cladoselache. Journ. of Morphol. 1894. Vol. IX. — A new Cladodont from the Ohio Waverly. Trans. N. Y. Ac. Sc. 1894. XIII. — *Jaekel O.*, Über die Beurteilung der paarigen Extremitäten. (Sitz.-Ber. Akad. Berlin 1909. XXVI.) — *Newberry St.*, Palaeoz. fishes of N. America. U. S.

Cladodus Ag. (*Cladoselache* Dean wohl doch hiervon generisch verschieden). (Fig. 70—72.) Spindelförmig, mit fast terminaler Mundspalte. Zwei Rückenflossen. Brustflossen groß, dreiseitig, nur die Radien außerhalb des Körpers, die lange, gegliederte Achse im Körper gelegen. Die vorderen Strahlen sehr kräftig. Vollständige Skelette von *Cladoselache* im Oberdevon von Ohio, Teile von solchen im Portage bed von New York. Zähne von *Cladodus* im Oberdevon St. Petersburg, Wildungen und Hof; häufig im Kohlenkalk und produktiven Karbon. England, Irland, Belgien, Rußland, Nordamerika, Antarctis. — Die Gattungen *Dicentrodus* Traquair, *Phoebodus*, *Lambdodus*, *Hybocladodus* St. John & Worthen, *Dicrenodus* Romanowsky (*Carchariopsis* Ag., *Pristicladodus* McCoy) aus dem Kohlenkalk sind auf isolierte Zähne dieser Gruppe errichtet.

Ordnung: **Selachii.**

Brust- und Bauchflossen mit kurzen Basalknorpeln (nicht archipterygial). Wirbelsäule meist deutlich gegliedert, die oberen Bogen mit Intercalarien wechselnd, kurz und gedrungen (exkl. Hybodontidae).

Die Selachier wurden von Hasse nach der Beschaffenheit ihrer Wirbel in vier Unterordnungen (*Diplospondyli*, *Cyclospondyli*, *Asterospondyli*, *Tectispondyli*) eingeteilt. Diese Gruppierung trägt den natürlichen Verwandtschaftsverhältnissen nicht immer genügend Rechnung und ist hier aufgegeben. Bei älteren fossilen Formen ist auch die Beschaffenheit der Wirbel schwer zu prüfen. Es ist aber immerhin für die Systematik und die Beurteilung der Verwandtschaften von Bedeutung, daß alle Rochen tectispondylische, die großen Familien der *Lamniden*, *Carchariiden* und *Scylliiden* asterospondylische Wirbel haben. Die *Cestracioniden* weichen von diesem Bau schon beträchtlich ab.

Familie: **Notidanidae.**

Wirbelsäule unvollkommen gegliedert, Chorda größtenteils persistent. Gelegentlich treten im Schwanz schwach asterospondylische Wirbel auf. Sechs bis sieben ungedeckte Kiemenspalten. Zähne mit mehreren schiefgestellten, parallelen Spitzen. Nur eine Rückenflosse und Analfosse, keine Flossenstacheln. Seit dem Jura.

Notidanus Cuv. (*Hexanchus*, *Heptanchus* Müller und Henle). (Fig. 73, 74.) Maul auf der Unterseite. Bezahnung oben und unten ver-

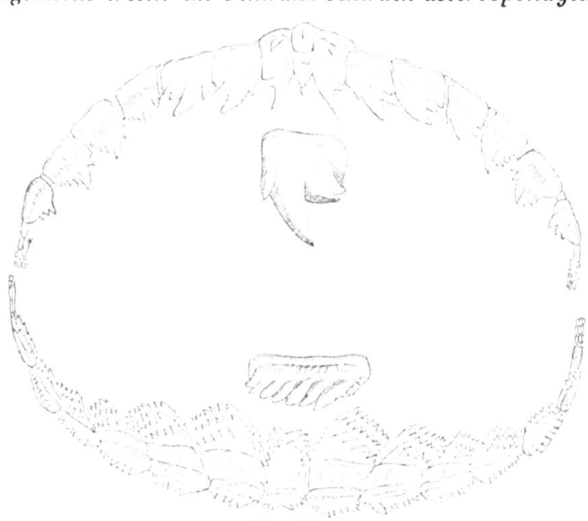

Fig. 73.
Rachen vom indischen Grauhai *Notidanus* (*Heptanchus*) *indicus*. Rezent.

Fig. 74.
Notidanus primigenius Ag. Oligocän. Weinheim b. Alzey.

Geol. Surv. Monogr. XVI. 1891. — *Traquair R. H.*, Geol. Mag. 1888, S. 83. — On Cladodus Neilsoni (Traqu.) from the Carboniferous limestone of East Kilbride. Trans. Geol. Soc. Glasgow. XI. 1897.

schieden. Oberkieferzähne schmäler als die des Unterkiefers, in der Nähe der Symphyse hakenförmig, Symphysenzahn einspitzig. Seitliche Zähne des Unterkiefers kammförmig gezackt, mit mehreren von vorne nach hinten an Höhe abnehmenden Spitzen. In der Symphyse symmetrisch gebildete Zähne, mit mehreren Spitzen jederseits. Im lithographischen Schiefer von Solnhofen ein vollständiges Skelett von *Notidanus Münsteri* Ag. Kreide selten. Häufig im Tertiär. Die ältesten Reste im oberen Dogger.

Xenodolamia Leidy. Zähne einspitzig. Eocän. Carolina, Belgien.

Familie: **Chlamydoselachidae.**

Wirbelsäule unvollkommen gegliedert, Chorda größtenteils persistent. Im Schwanz sind einige Wirbelkörper abgegliedert, mit schwach cyclospondylischer Anlage. Zähne von cladodontem Typus. Sechs Kiemenspalten, von einem vorderen Hautlappen zum Teil gedeckt. Mund terminal. Eine Rückenflosse ohne Stachel.

Chlamydoselache Garm. Zähne mit breitem Sockel, an dessen Vordergrund sich drei schlanke, zurückgebogene Spitzen erheben, zwischen denen schwache Zwischenspitzchen stehen. Unterkiefer nur mit symphysialen Zähnen. Lebend. Pliocän, Toscana.

Familie: **Spinacidae.** Dornhaie.

Körper spindelförmig bis dreikantig, etwas niedergedrückt. Schnauze stumpf. Die zwei Rückenflossen häufig mit Stacheln. Kiemenspalten 5, klein, seitlich in gleicher Höhe mit der Brustflosse gelegen. Wirbel cyclospondylisch (bzw. tectospondylisch). Brustflosse ohne Ausschnitt an der Basis.

Centrophorus M. u. H. (Fig. 75). Dorsalstacheln vorhanden. Obere Zähne aufrecht, dreieckig oder lanzettförmig, einspitzig; unten zusammengedrückt, mit seitwärts gerichteter Spitze. Obere Kreide, Libanon (*Spinax primaevus* Pictet). Tertiär. Rezent.

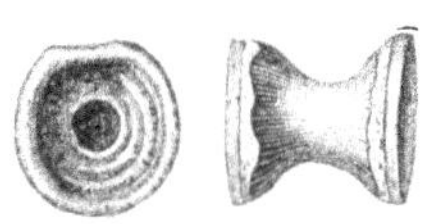

Fig. 75. Wirbel (zentraler Doppelkegel) von *Centrophorus*. Ob. Kreide Maestricht. (Nach Hasse.)

Fig. 76. *Acanthias radicans* Probst. Miocän. Molasse. Baltringen. 1/1. (Nach Probst.)

Fig. 77. *Scymnus triangulus* Probst. Miocän. Molasse. Baltringen. 1/1. (Nach Probst.)

Acanthias Bonap. (*Centrophoroides* Davis.) (Fig. 76.) Wie voriger, aber Zähne oben und unten gleich, mit seitwärts gewendeter Spitze. Obere Kreide, Libanon. Tertiär. Rezent.

Centrina Cuv. (*Oxynotus* Rafin.) Sehr starke Dorsalstacheln. Neogen. Rezent.

Spinax Cuv. (*Acanthidium* Lowe). Mit Dorsalstacheln. Pliocän. Rezent.

Scymnus Cuv. (Fig. 77). Ohne Dorsalstacheln. Ob. Zähne klein, zugespitzt; unten groß, breit, dreieckig, komprimiert, aufrecht oder nur schwach seitwärts geneigt. Neogen, lebend. — *Echinorhinus* Blv. (*Goniodus* Ag.) Pliocän, lebend. — *Isistius* Gill. Eocän, Belgien. Kreide, Aegypten.

Familie: **Pristiophoridae**[1]).

Körper spindelförmig, die Brustflossen nicht bis zur Schnauze ausgedehnt. Rostrum stark verlängert, abgeplattet, jederseits mit starken Zähnen (Hautzähnen) besetzt. Die zwei Rückenflossen ohne Stachel. Kiemenspalten seitlich. Wirbel cyclospondylisch.

---

[1]) *Jaekel O.*, Zeitschr. geol. Ges. 1890, S. 86.

Pristiophorus Müller u. Henle. Kleine Haie im Meer von Australien und Japan. Rostrum ziemlich breit, mit vielen ungleich großen, einem Wechsel unterworfenen Zähnen. Miocän. Württemberg.

Pliotrema Regan. Seitliche Rostralzähne gekerbt. Indischer Ozean. Tertiär. Neuseeland.

Familie: **Scyllidae.**

Zwei Rückenflossen ohne Stacheln, die vordere über oder hinter den Bauchflossen. Wirbel asterospondylisch, mit acht starken Radialstrahlen. Zähne klein, zahlreich, zugespitzt, meist mit Mittelspitze und einem Paar Nebenspitzen. Jura bis jetzt, aber fossil wenig verbreitet.

Palaeoscyllium Wagn. Erste Dorsalis über der Bauchflosse, zweite vor der Afterflosse. Brustflosse sehr breit. Zähne unbekannt, aber wohl sehr klein. Wirbel verkalkt. aber ohne Längsleisten. *P. minus* A. Sm. Woodw. Ob. weißer Jura, Solnhofen.

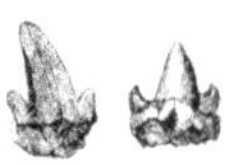

Fig. 78. *Scyllium distans* Probst. Miocäne Molasse. Baltringen. $^{2}/_{1}$. (Nach Probst.)

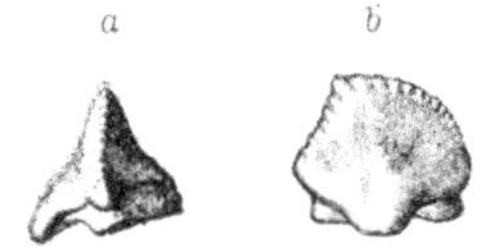

Fig. 79. *Ginglymostoma Blanckenhorni* v. Stromer. Eocän. Kairo. *a* von der Seite, *b* von außen, nat. Gr.

Scyllium Cuv. (*Thyellina*, *Scylliodus* Ag.) (Fig. 78.) Erste Dorsalis etwas hinter der Bauchflosse. Zähne klein, mit hoher Mittelspitze und zwei kleinen Nebenspitzen. Kreide, Tertiär, lebend.

Pristiurus Bonap. Wie *Scyllium*, aber Schwanzflosse jederseits am Oberrand mit einer Reihe kleiner Stacheln. Zähne klein, dreispitzig. *Pr. Hassei* A. Sm. Woodw. Oberer weißer Jura, Solnhofen.

Mesiteia Kramberger. Schwanz außerordentlich verlängert, Schwanzflosse ohne dermale Stacheln. Obere Kreide, Libanon. Eocän, Monte Bolca.

Chiloscyllium M. u. H., *Ginglymostoma* M. u. H. (Fig. 79) (*Plicodus* Winkl., *Acrodobatis* Leidy). Ob. Kreide, Tertiär und lebend.

Cantioscyllium A. Sm. Woodw. (*Scylliodus* Ag. z. T.) Obere Kreide.

Familie: **Carchariidae.**

Zwei Rückenflossen, ohne Stacheln, die vordere vor der Bauchflosse. Zähne hohl, dreieckig, zugespitzt, Seitenränder scharf oder gezähnelt. Wirbel asterospondylisch mit vier nach außen verbreiterten, verkalkten Radialkeilen. Kreide bis jetzt.

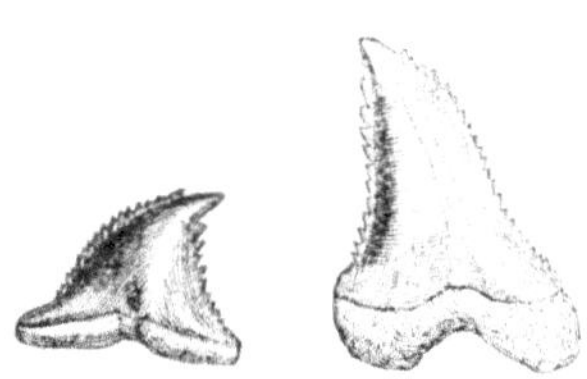

Fig. 80. *Hemipristis serra* Ag. Miocän. Neudörfl, Ungarn.

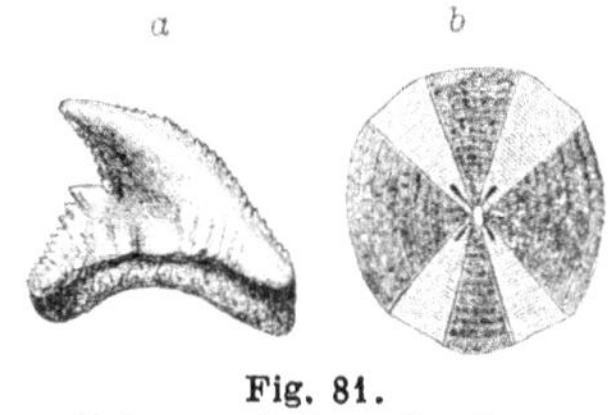

Fig. 81. *a* Zahn von *Galeocerdo aduncus* Ag. Miocäne Molasse. Pfullendorf. *b* Wirbel von *Galeocerdo*. Miocäne Molasse. Baltringen. (Nach Hasse.)

Fig. 82. *Galeus affinis* Probst. Miocän. Baltringen. Württemberg. (Nach Probst.)

Hemipristis Ag. (*Dirhizodon* Klunzinger). (Fig. 80.) Zähne dreieckig, mit grobgezackten Seitenrändern. Tertiär, lebend.

Galeocerdo M. u. H. (Fig. 81). Vorderrand der Zähne fein gezackt, Hinterrand ausgebuchtet und unten gezähnelt. Eocän bis jetzt.

Alopiopsis Lioy, *Pseudogaleus* Jaekel. Eocän, Monte Bolca. Erstere Gattung auch im Eocän Aegyptens und im Oligocän von Belgien.

Galeus Ag. (*Protogaleus* Molin). (Fig. 82.) Zähne klein, schief dreieckig, die Ränder nur über der Basis gezackt. Eocän bis jetzt.

Carcharias Cuv. (Fig. 83.) Zähne meist schief dreieckig, ohne Nebenspitzen, oben und unten verschieden. Seitenränder bis zur Spitze (*Prionodon* M. u. H.), oder nur über der Basis gezackt (*Hypoprion* M. u. H.), oder scharfrandig (*Scoliodon*, *Physodon* M. u. H.), zuweilen auch aufrecht und scharfrandig (*Aprionodon* Günther). Tertiär, lebend. *C.* (*Scoliodon*) *Cuvieri* Ag. sp. Skelett Eocän, Monte Bolca.

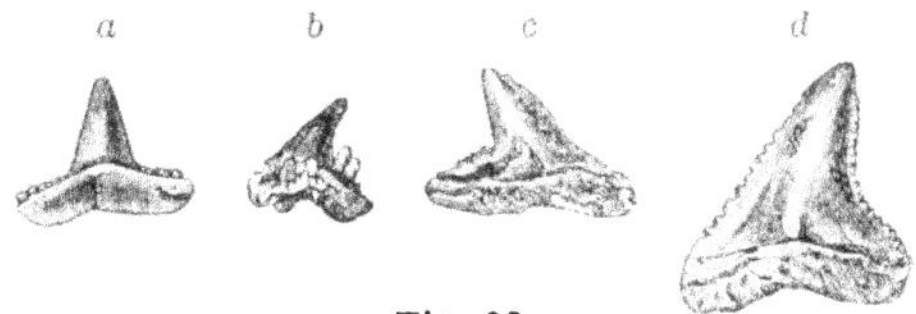

Fig. 83.
a Aprionodon frequens Dames. Eocän. Birket-el-Qurun, Ägypten. (Nach Dames.) *b Hypoprion singularis* Probst. *c Scoliodon Kraussi* Probst. *d Prionodon similis* Probst. *b—d* aus der miocänen Molasse von Baltringen, Württemberg. (Nach Probst.)

Sphyrna Rafin. (*Zygaena* Cuv.). Tertiär, lebend.

Mustelus Cuv. Pliocän, lebend. Wirbel nach Hasse im Danien von Ciply. *Triaenodon*, *Triacis* M. u. H. Rezent.

Familie: **Lamnidae**[1]).

Zwei Rückenflossen ohne Stacheln, die vordere vor der Beckenflosse. Zähne groß, zugespitzt, mit oder ohne Nebenzacken, mit Vasodentin fest ausgefüllt. Wirbel asterospondylisch, mit nach außen gegabelten Radialstrahlen bzw. 4 Gruppen von Strahlen.

Orthacodus A. Sm. Woodw. (*Sphenodus* Ag.) (Fig. 84.) Sehr schlanke, aufrechte Zähne ohne Nebenspitzen. Wurzel abgestutzt, einfach. Jura, untere Kreide. Relativ häufig im Lias, Dogger und Tithon der Alpen.

Odontaspis Ag. (*Triglochis* M. u. H., *Rhinognathus* Davis). Zähne mit schlanker, seitlich zugeschärfter, vorne abgeplatteter, hinten gewölbter Hauptspitze und 1—2 kleinen Nebenspitzen. Wurzel groß, zweilappig. Kreide bis jetzt. Eocän, Monte Bolca, *O. Hopei* Ag.

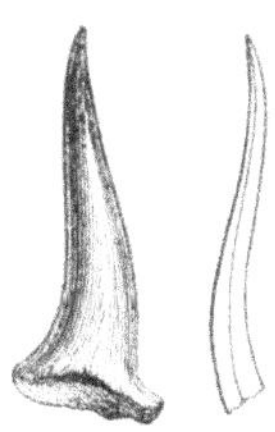

Fig. 84. *Orthacodus longidens* Ag. Weißer Jura γ. Böllert. Württemberg.

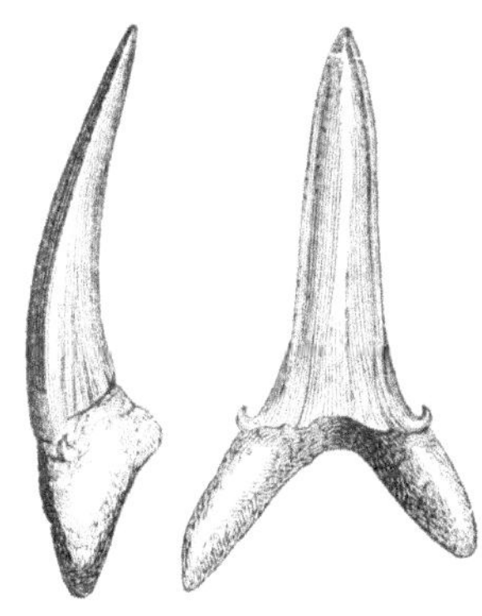

Fig. 85. *Lamna cuspidata* Ag. Oligocän. Weinheim bei Alzey.

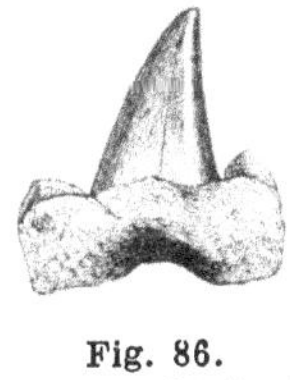

Fig. 86. *Lamna (Otodus) appendiculata* Ag. Pläner. Quedlinburg.

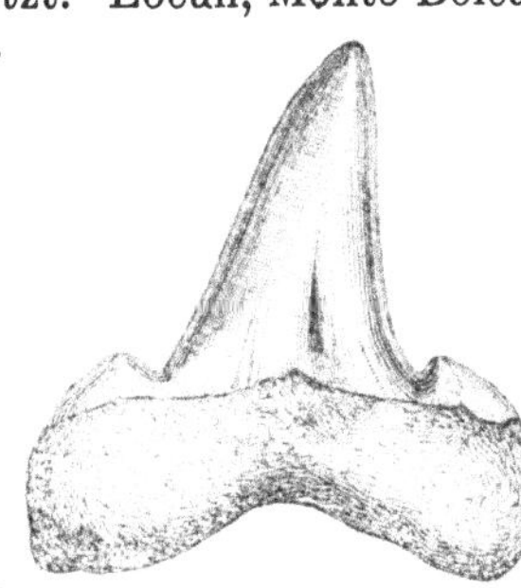

Fig. 87. *Lamna (Otodus) obliqua* Ag. (Außenseite) Eocän. Sheppy.

Scapanorhynchus A. Sm. Woodw. (*Mitsukurina* Jordan). Zähne gestreift. Rostrum sehr verlängert. Kiefer mehr oder weniger vorstreckbar, unter dem Rostrum. Untere und obere Kreide, Frankreich. Obere Kreide, England, Libanon, Ostafrika. Lebend (japan. Meer).

Lamna Ag. (*Otodus* Ag.) (Fig. 85—88.) Zweite Dorsalis und Analis sehr klein. Schwanz seitlich mit Kiel, Zähne wie bei *Odontaspis*, aber Mittelspitze meist etwas breiter und Nebenspitzen größer. Mittlere und obere Kreide, Tertiär, lebend, sehr verbreitet.

---

1) *Ishiwara Yoshio*, Fossil Stark Teeth form the Neogen of Japan. Science Reports of the Tokoku University. London 1921.

Oxyrhina Ag. (Fig. 89.) Zähne wie *Lamna*, aber ohne Nebenzacken. Mittlere Kreide bis jetzt. Kreide *O. Mantelli* Ag.

Alopecias M. H. Tertiär, lebend.

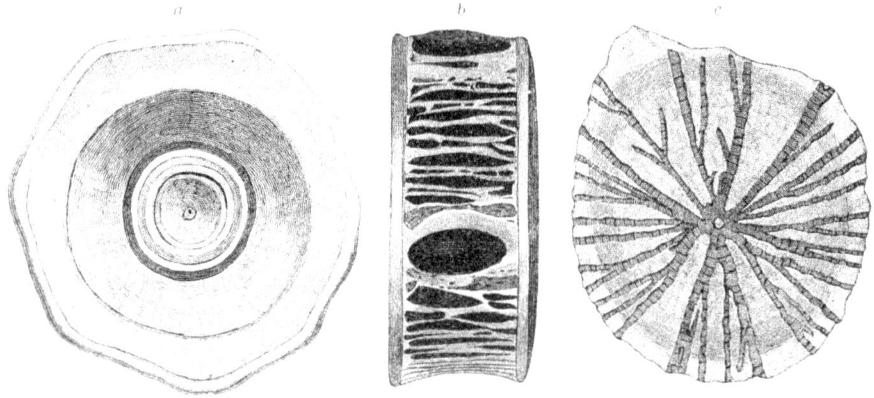

Fig. 88.
a—b Lamna-Wirbel aus dem Oligocän von Flonheim, von vorne und von der Seite, *c* vertikaler Medianschnitt aus dem Londonthon von Sheppey. Nat. Gr. (Nach Hasse.)

Corax Ag. (Fig. 90.) Nur kurz dreieckige, an den scharfen Seitenrändern gezackte Zähne mit großer Wurzel bekannt. Mittlere und obere Kreide häufig. Ein etwas spitzerer Zahn im Dogger von Bayeux *C. antiquus* Deslongch.

Carcharodon M. H. (Fig. 91.) Zweite Dorsalis und Analis sehr klein, Schwanz ohne seitlichen Kiel. Zähne sehr groß, dreieckig, vorne flach, hinten gewölbt, die Seitenränder gezähnelt. *C. Rondeleti* M. H.

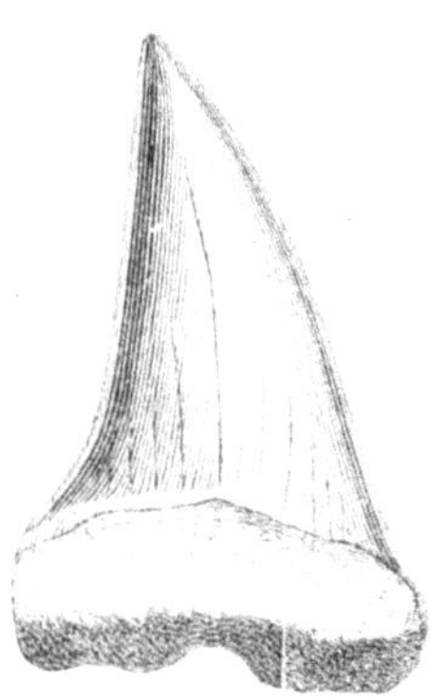

Fig. 89.
Oxyrhina plicatilis Ag. Miocän. Neudörfl, Ungarn.

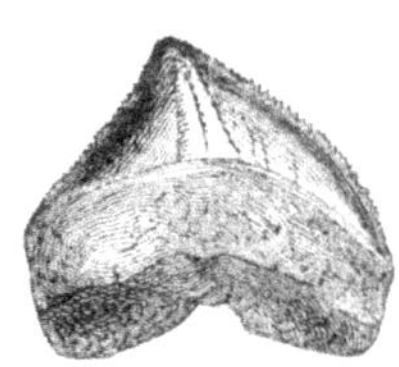

Fig. 90.
Corax pristodontus Ag. Obere Kreide. Oase Dachel. Libysche Wüste.

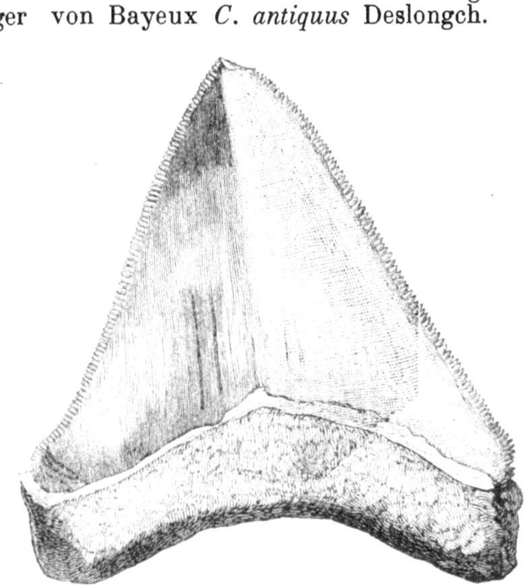

Fig. 91. *Carcharodon megalodon* Ag. Pliocän. Malta.

Lebend (auch Neogen). Andere Arten von der oberen Kreide an. *C. megalodon* Ag. Eocän bis Pliocän. Zähne bis 15 cm hoch.

Cetorhinus Blv. (*Selache* Cuv.) Zähne sehr klein, konisch, ohne Seitenzacken. Pliocän, lebend.

Familie: **Hybodontidae.**

Chordascheide ohne Verkalkung etwa vorhandener Knorpelbildungen. Neuralbogen lang, nicht massiv, im Schwanz reduziert. Thoracalregion mit langen Rippen, von der ersten Dorsalflosse an viel kürzere, den Rippen homologe Hämalspangen. Schwanzflosse ausgesprochen heterocerk, mit starken, breiten Hämapophysen und reduzierten oberen Bogen. Analflosse niedrig, nahe der Schwanzflosse, mit Knorpelplatten. Zwei Dorsalflossen, jede mit starkem, von einer Knorpelplatte gestütztem und mit Längsrippen und Randdornen versehenem Stachel, Brustflosse mit kleinem Propterygium und stark entwickeltem Mesopterygium. Beckenflosse mit dreiseitigem Basalstück.

Das Skelett der Gattung *Hybodus* ist am besten bekannt. Das nach aufwärts gestreckte und nach unten verschmälerte massive Hyomandibulare legt sich in eine Gelenkgrube des Processus postorbitalis. In die davor gelegene Grube greift der aufsteigende Teil des Palatoquadratum, das sich auch bis an jenen Fortsatz erstreckt. Lippenknorpel sind vorhanden. Die Zahl der Kiemenbogen ist fünf. Die Männchen besitzen Pterygopodien und hakenförmige Kopfstacheln — *Sphenonchus* —.

Fig. 92.
Orodus ramosus Ag. Kohlenkalk. Armagh, Irland. (Nach Davis.)

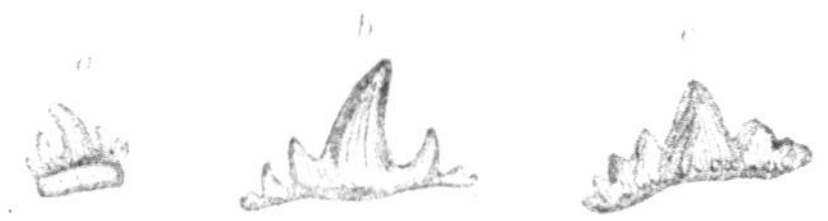

Fig. 93.
Zähne von *a Hybodus plicatilis* Ag. Muschelkalk. Laineck bei Bayreuth. *b Hybodus reticulatus* Ag. Unt. Lias. Lyme Regis, England. *c Hybodus polyprion* Ag. Dogger. Stonesfield, England.

Protodus Newton. Kopf mit vielen kleinen polygonalen Platten bedeckt wie bei den Acanthodiern. Stets mehrere der spitz-konischen Zähne miteinander an der Basis verschmolzen. Oldred Forfar. Schottland.

Orodus Ag. (Fig. 92). Nur quer verlängerte, gekielte Zähne bekannt; der Kiel bildet eine stumpfe niedrige Mittelspitze und mehrere Nebenspitzen, von denen derbe Runzeln nach der Basis laufen. Wurzel sehr stark. *O. cinctus* Ag. (Typus). *O. ramosus* Ag. Kohlenkalk.

Ctenacanthus Ag. (*Sphenacanthus* Ag., *Acondylacanthus* Newb. u. Worth.) (Fig. 94.) Zwei Dorsalflossen, jede mit starkem Stachel, dessen Längsrippen Knötchen tragen. Schnauze stumpf, Schwanz heterocerk. Bauchflossen der zweiten Dorsalis gegenüber. Neuralbogen lang, im unteren Schwanzlappen lange Hämalia als Stützen. Zähne mit schlanker mittlerer Spitze und einigen Nebenspitzen. Placoidschüppchen mit strahligen Rippen. *Ct. costellatus* Traquair. Unterkarbon, Schottland (ganzer Fisch). Stacheln Devon, Karbon und Perm, Nordamerika.

Hybodus Ag.[1] (*Meristodon* Ag., *Orthybodus* Jaek., *Polyacrodus* Jaek. pr. p., *Parhybodus* Jaek.) (Fig. 93 u. 96). Zähne quer verlängert, mit hervortretender Mittelspitze und mehreren Nebenspitzen, der Schmelz mit vertikalen Fältchen. Zähne der Symphysengegend verhältnismäßig groß. Vasodentin bildet den Hauptbestandteil des Zahns und zieht sich hoch in die Mittelspitze hinauf. Placoidschüppchen konisch, mit radialen Rippen. Kopfstachel des Männchens (*Sphenonchus*) hakenförmig, jederseits hinter den Augenhöhlen. Rückenflossenstachel am ganzen Hinterrand mit Marginaldornen. Untere Trias bis Kreide, zahlreiche Arten, besonders in Muschelkalk, Keuper, oberen Karrooschichten, Lias, Jura, Wealden und Kreide. *H. reticulatus* Ag. Typus der Gattung. Unterer Lias. *H. Hauffianus* E. Fraas, oberer Lias, Schwaben, in mehreren Skeletten bekannt. *H. Fraasi* Brown, oberer weißer Jura, Solnhofen. *H. basanus* A. Sm. Woodw. Schädel, Wealden. Im Dogger und unterem weißen Jura nur Zähne.

Tristychius Ag. (*Ptychacanthus* Ag.) (Fig. 95.) Stacheln distal mit drei Rippen, davon eine am Vorderrand; hinten zwei Reihen Marginalzähnchen. Karbon.

[1]) Literatur vgl. *Koken E.*, Über Hybodus. Pal. Abhandl. V. (N. F.) 1907.

Acrodus Ag. (*Thectodus* Plieninger, *Leiacanthus* Ag.) (Fig. 97). Zähne sehr niedrig, in der Symphysenregion mit Mittel- und Nebenhöckern, sonst nur einfach gekielt. Schmelz fein gefältelt; Zahnkörper wesentlich aus Vasodentin bestehend. Dorsalstacheln und Kopfstacheln wie bei *Hybodus*. Trias, Jura, Kreide. Muschelkalk. *Acr. lateralis* Ag. Unterer Lias. *A. Anningiae* Ag. (Fig. 97).

Polyacrodus Jaek. Zähne, welche eine bedeutend stärkere Dentinbildung zeigen als *Acrodus* und *Hybodus*, lassen sich mit diesem Gattungsnamen zusammenfassen. Untere und mittlere Trias. *P. polycyphus* Ag.

Asteracanthus Ag. (*Strophodus* Ag., *Curtodus* Sauvage). (Fig. 98 bis 100.) Zähne sehr verlängert, vierseitig bis quadratisch, mit leicht gewölbter, fein netzförmig gerunzelter Krone und starker

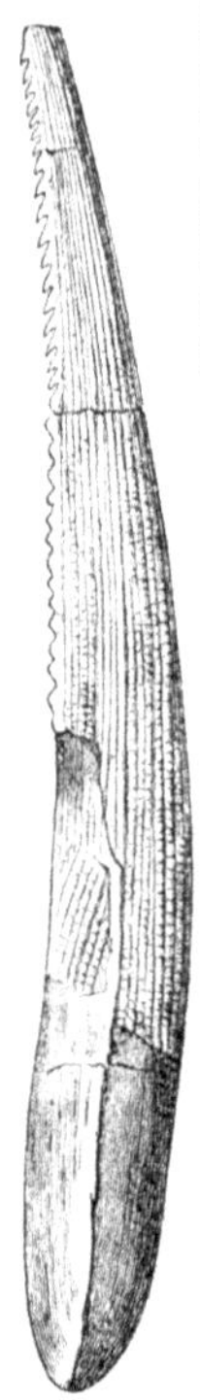

Fig. 94. *Ctenacanthus denticulatus* M'Coy. Kohlenkalk. Monaduff, Irland. 1/2 nat. Größe.

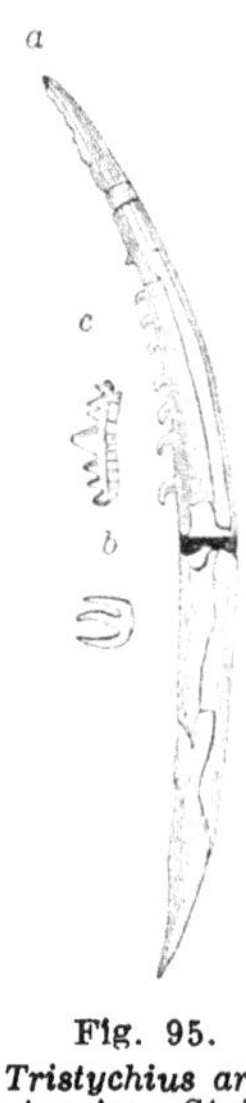

Fig. 95. *Tristychius arcuatus* Ag. Steinkohlenformation. Gilmerton b. Edinburgh. *a* Flossenstachel, *b* Chagrinschuppen, *c* Zahn. (Nach Stock.)

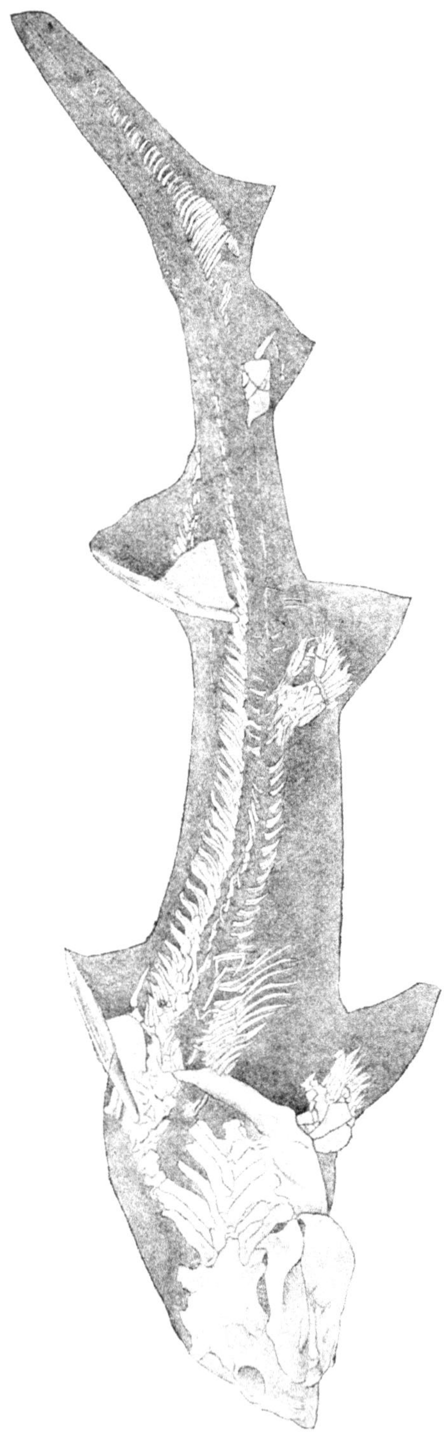

Fig. 96. *Hybodus Hauffianus* E. Fraas. Ganzes, mit Haut erhaltenes Tier. Ob. Lias, Holzmaden. Geolog. Museum, Tübingen. (Nach E. Koken.) Etwa 1/10 nat. Gr.

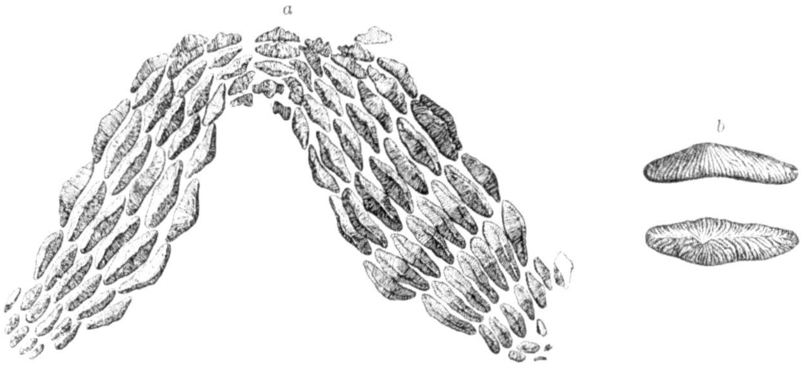

Fig. 97. *Acrodus Anningiae* Ag. Unt. Lias. Lyme Regis, England. *a* Unterkiefer ⅓ nat. Gr. *b* ein einzelner Zahn nat. Gr. von der Seite und von oben.

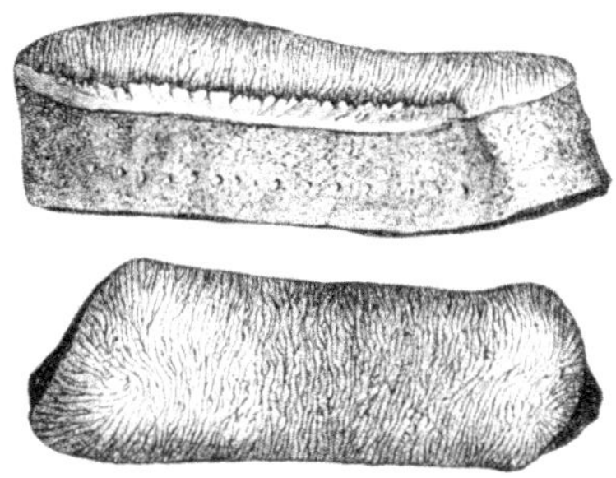

Fig. 98.
Strophodus reticulatus Ag. Coralrag. Tonnerre. Yonne.

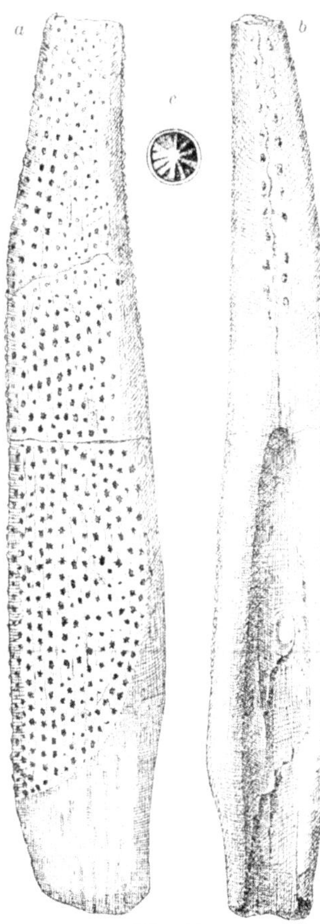

Fig. 99.
Asteracanthus ornatissimus Ag. Portlandkalk. Solothurn. *a* von der Seite, *b* von hinten, *c* ein Oberflächenkorn vergr.

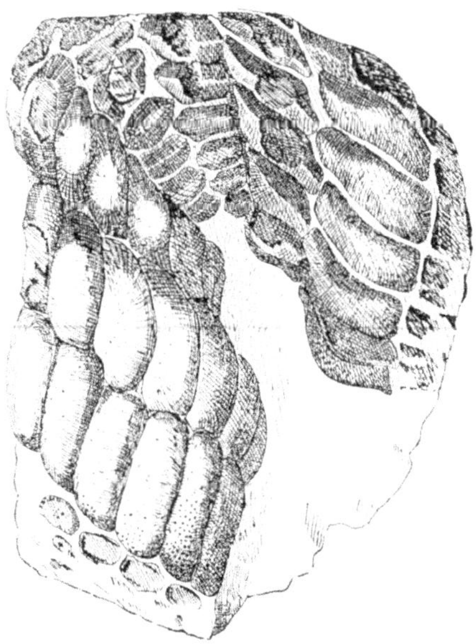

Fig. 100.
Strophodus medius Owen. Unterkiefer. Großoolith. Caen-Calvados. ½ nat. Gr. (Nach Owen.)

Basis. Symphysenzähne wenig kleiner als die seitlichen Zähne, stark gewölbt, gekielt, aber ohne Nebenspitzen oder seitliche Höcker. Flossenstacheln mit relativ großen sternförmigen Höckern von ungleicher Größe, am Hinterrand mit medianer Leiste und mit zwei seitlichen Zähnchenreihen. Männchen mit großen, hakenförmigen Kopfstacheln (*Sphenonchus*). Mittlerer und oberer Jura. Wealden. *Ast. ornatissimus* Ag. Neokom. Ähnliche Zähne schon in der obersten Trias von Californien — *Strophodus shastensis* Bryant. Flossenstacheln von dort —. *Cosmacanthus* Evans.

Wodnika Mstr. Große, leicht gerundete Pflasterzähne in mehreren Reihen. Nur wenige Symphysialzähne. Rückenstachel mit breiten Längsleisten. *W. Althausi* Mstr. Kupferschiefer. Marl slate England.

Familie: **Cestracionidae.**

Wirbelkörper verkalkt (meist deutlich asterospondylisch), Neuralbogen niedrig, gedrängt. Flossenstachel kürzer als die dorsalen Flossen, mit freien Spitzen, glatt oder mit Höckern. Schwanzflosse mäßig heterocerk. Männchen ohne Kopfstacheln.

Cestracion Cuv. (*Heterodontus* Bl., *Drepanephorus* Egerton). Symphysenzähne zahlreich, klein, mit Nebenspitzen. Seitliche Zähne länger, schwach gekielt, fein gerunzelt. Flossenstachel glatt, ohne Zähnchen am Hinterrand. Kreide. Lebend, westl. Pazifik.

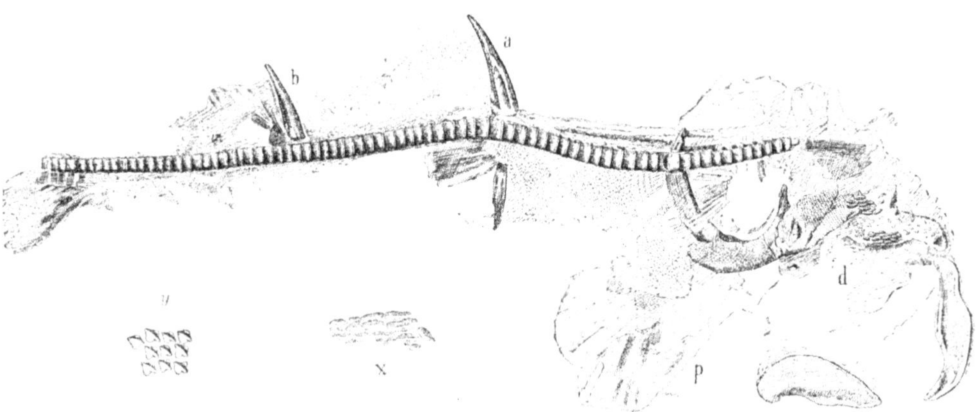

Fig. 101.
Paracestracion falcifer A. Wagner sp. Lithograph. Schiefer. Solnhofen, Bayern. Ganzes Skelett ⅓ nat. Gr. *a* vorderer, *b* hinterer Flossenstachel, *p* Brustflosse, *d* Zähne, *y* Schuppen, *x* Zähne nat. Gr.

Paracestracion Koken (Fig. 101). Flossenstachel auf den Seiten fein gekörnt. Zähne mit Mittelkante, auch in der Symphyse ohne Nebenspitzen. Oberer weißer Jura, Solnhofen, Nusplingen.

Palaeospinax Egerton. Vordere Zähne höher als die hinteren, mit mehreren, Symphysenzähne mit jederseits einem Nebenhöcker. Keine Kopfstacheln. Pterygopodien mit großen hakenförmigen oder gegabelten Stacheln. Flossenstachel glatt, mit dickem Ganoin, über der Insertionsmarke zuweilen mit kleinen Höckerchen, kürzer als die Dorsalflosse, oben frei. *P. priscus* Egerton. Unterer Lias. *P. Egertoni* A. Sm. Woodw. Oberer Lias, Württemberg. Hierher nach Priem auch der von Terquem als *Aulaxicanthus* beschriebene Flossenstachel.

Synechodus A. Sm. Woodw. Ähnlich *Palaeospinax*; Zähne wie bei *Hybodus* mit sehr hoher Hauptspitze und mehreren Nebenspitzen, fein gestreift. Wirbel asterospondylisch. Untere und obere Kreide. *S. dubrisiensis* Mak. sp. Eocän Reims und Belgien.

Bdellodus Quenst. Zähne vierseitig, leicht gebogen, flach, die vorderen aufgetrieben, aber nicht gekielt, die der vierten (hinteren) Querreihe sehr lang und groß. *Bd. bollensis* Qu. Lias ε., Württemberg.

Palaeobates H. v. Meyer. Zähne flach, gerundet, nicht gekielt; Krone fast ausschließlich aus Dentin gebildet; Wurzel mit Vasodentin, Placoinschmelz dünn. *P. angustissimus* Ag. sp. Muschelkalk. Unterkiefer mit fünf Zahnreihen. *P. polaris* Stensiö. Trias Spitzbergen.

Campodus Kon.[1]) (Fig. 102). Zähne schmal, mit gleichmäßig gegen die Mitte ansteigenden Höckern, die durch tiefe Einschnitte getrennt sind. Diese Zähne stehen in zahlreichen Binden auf dem Kiefer. In der Symphysenregion eine spiral entwickelte Reihe winklig gebogener Zähne mit höherer Mittelspitze. Karbon. Nordamerika, Belgien.

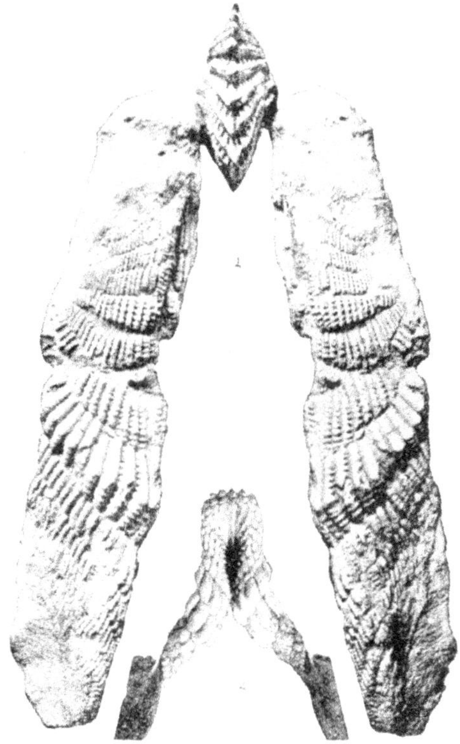

Fig. 102.
1. *Campodus variabilis* Newb. u. Worth. Oberkarbon, Nebraska. Symphysialzähne zwischen die Äste des Unterkiefers eingefügt. 1 : 2.
2. *Cestracion Francisci Girard.* Zum Vergleich mit Campodus. (Nach Eastman.)

Familie: **Edestidae**[2]).

Bekannt sind nur die zahn- und stachelartigen Gebilde — Kiefer —, die durch partielle oder totale Verschmelzung einzelner Segmente zustandekommen. Jedes Segment ist zahnartig, mit schmelzbedeckter Krone und einer langen Wurzel, aus Vasodentin aufgebaut. Die scharfen Seitenkanten der etwas an Carcharias erinnernden Zähne sind nach vorn und hinten, nicht seitlich gerichtet.

Edestus Leidy (Fig. 103). Verwachsene bzw. ineinandergefalzte Zähne, deren Grenzen bei einem von Hay beschriebenen Exemplar durch tiefe Furchen auf der Seite des plattenartigen Kiefers markiert sind. S. Woodward fand kleine campodusartige Zähne an einem Kiefer von Edestus. Karbon. Nordamerika, England.

Toxoprion Hay (*Campyloprion* Eastm.). Gekrümmte, aber nicht spiralgewundene Organe. *T. Lecontei* Dean. Oberkarbon, Nordamerika.

Helicoprion Karpinsky (Fig. 104). Das sonderbare Organ bildet eine enggezogene Spirale, die aus einzelnen Segmenten zusammengewachsen ist. Die Zahnkronen scharf crenuliert. Der Schaft ist, wie andere Selachierknorpel, mit Kalkplättchen überzogen. Die Spirale ist nach Karpinsky als verwachsene Symphysenzähne des Oberkiefers zu deuten, nach Eastman als solche des Unterkiefers. Hay hält jetzt diese sonderbaren Gebilde für

[1]) *St. John* u. *Worthen*, Palaeont. Illinois. VI. p. 318. — *De Koninck*, Descr. Anim. foss. terr. carbon. Belg. 1844. 617. — *Lohest*, Recherches s. l. terrains paléozoiques de Belgique. Ann. Soc. géol. Belg. XI. 1883. S. 314.

[2]) *Hay Oliv. P.*, On an important specimen of Edestus. Proceed. Unit. St. National Museum. Vol. 42, 1912, p. 31. — *A. Smith Woodward*, A new spezies of Edestus. Quart. Journ. Geol. Soc. London 1916.

Kiefer, früher deutete er sie als eine verschmolzene Stachelreihe, welche sich vor einer Rückenflosse befand oder eine solche Flosse ersetzte. Perm Ural, Japan, Nordamerika und Westaustralien.

Fig. 103.
Edestus crenulatus Hay. Oberkarbon, Illinois. 2 : 5. (Nach Hay.)

Lissoprion Hay. Gekrümmt wie *Helicoprion.* Zähne am Rande glatt oder nur schwach crenuliert, die Wurzeln ohne Trennungsmarke verwachsen. Karbon. Nordamerika.

Fig. 104.
Helicoprion Bessonowi Karpinsky. Unteres Perm (Artinskische Stufe). »Spiralorgan«, 1 : 2. (Nach Karpinsky.)

Familie: **Cochliodontidae.**

Paläozoische Fische mit wenigen gewölbten, an der Basis ausgehöhlten, mehr oder weniger gebogenen Zähnen, die nicht gewechselt werden. Die Kronen sind feinpunktiert und häufig mit stumpfen, schrägen Querfalten oder Furchen versehen. Jederseits (oben und unten) ein großer Hauptzahn, und vor diesem meist zwei oder mehr kleinere Vorderzähne.

Die Kenntnis dieser eigentümlichen, auf Karbon und Perm beschränkten Familie ist noch sehr ungenügend; meist liegen nur Zähne oder Flossenstacheln vor. A. Smith Woodward (und früher schon R. Owen) vergleicht die *Cochliodonten* mit den *Cestracioniden* und faßt die gekrümmten Zahnplatten als Verschmelzungsprodukte von Einzelzähnen einer Querbinde auf. Jaekel stellt sie als *Trachyacanthidae* (unter Bezugnahme auf den Befund bei Menaspis) zu den Holocephalen und rechnet hieher unsymmetrische, wurzellose, rauh skulptierte Stacheln, die als *Oracanthus*, *Pnigeacanthus*, *Cladacanthus*, *Platyacanthus*, *Gampsacanthus*, *Physonemus*, *Stichacanthus* etc. beschrieben wurden..

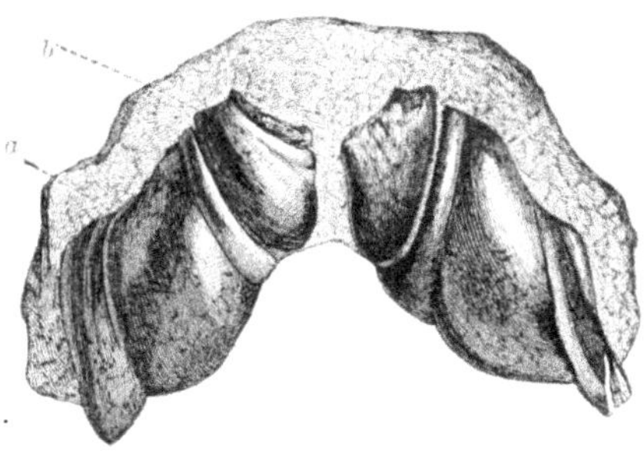

Fig. 105. *Cochliodus contortus* Ag. Kohlenkalk. Armagh, Irland. ¾ nat. Gr. *a* großer Hinterzahn, *b* Mittelzahn. (Die Vorderzähne fehlen.)

**Cochliodus* Ag. (Fig. 105). Auf jedem Unterkieferast drei stark gebogene (eingerollte), gewölbte Zähne; der hintere sehr groß, mit breitem, vorn und hinten durch eine schiefe Querfurche begrenztem Mittelfeld; der zweite von rhomboidischer, der vordere von dreieckiger Gestalt. Wahrscheinlich mit kleinen Symphysenzähnen. *C. contortus* Ag. u. a. Kohlenkalk. — *Streblodus* Ag. Wie *Cochliodus*, aber Hauptzahn mit 2—3 breiten, schrägen Querfalten. Kohlenkalk.

Tomodus Davis. Unterkarbon. *Diplacodus* Davis. Oberkarbon.

Xystrodus Ag. *Cyrtonodus* Davis. Oberkarbon.

Fig. 106. *Psephodus magnus* Ag. *A* Drei zusammenhängende Zähne in nat. Gr. aus dem Kohlenkalk von Armagh, Irland. (Nach Davis.)
B Psephodus magnus Ag. Zusammenhängende obere Zähne aus einem Schädelfragment von Kilbridge, Lankashire. *b* Großer Zahn etwas gebrochen, *c* kleiner Zahn, identisch mit *Helodus rudis* M'Coy, *d* schmale Zähne, identisch mit *Helodus planus* Ag., *e* Helodontenzähne, *f*, *g* Zähne, identisch mit *Lophodus didymus* und *laevissimus*. (Nach Traquair.)

Sandalodus Newb. u. W. (*Trigonodus*, *Vaticinodus* Newb. W., *Orthopleurodus* St. John u. W.). Obere Zähne dick, dreieckig, schwach eingerollt. Im Unterkiefer 2 Zähne, davon der hintere subtriangulär oder keulenförmig, vorne zugespitzt, etwas eingerollt, mit 1—2 Diagonalwülsten; der vordere kurz, vorn abgestutzt, stark eingerollt. Kohlenkalk, Europa, Nordamerika. *S. Morrisi* Dav. Unterkarbon.

Deltoptychius Ag., *Chitinodus* St. John u. W., *Poecilodus* Ag., *Deltodus* Ag., Kohlenkalk. An einem Kopfstachel des *Oracanthus armigerus* von Ayrshire fand Traquair zwei Zahnplatten von *Deltoptychius* Ag. angewachsen.

**Psephodus* Ag. (Fig. 106). Große rhombische oder rhomboidische, schwach gebogene, konvexe Zähne mit gekerbten Rändern. Mit diesen großen

Zähnen sind zuweilen eine größere Anzahl kleiner, quer verlängerter Zähne verbunden, die isoliert als *Helodus*, *Lophodus*, *Aspidodus* und *Taeniodus* beschrieben wurden. Kohlenkalk, Europa, Nordamerika. *Ps. magnus* Ag.

Pleuroplax A. Sm. Woodw. (*Pleurodus* Hanc. Atthey). Kieferäste in spitzem Winkel vereinigt. Zahnplatten gekielt, mit Furchen und seitlichen Kerben, welche die Zahl der Komponenten andeuten. Dorsaler Flossenstachel komprimiert, breit, glatt oder feingestreift. Körper flach. Karbon, England.

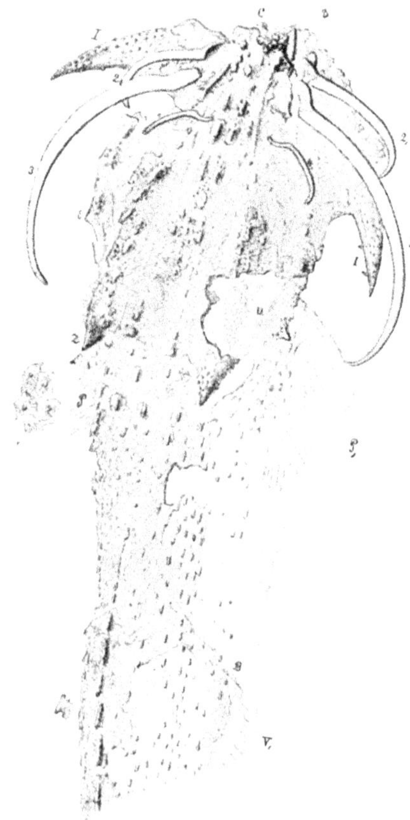

Fig. 107. *Menaspis armata* Ewald. 2 : 3. Kupferschiefer. 2—4 und *I* Kopfstacheln, *E*, *Z* zapfenartige Stachelschuppen, *P* Brustflossenteile. *V* Beckenflossenteile. (Nach Jaekel.)

**Menaspis* Ewald[1]). (Fig. 107.) (*Dichelodus* Gieb., *Chalcodus* Zitt.) Kopf und Rücken mit Längsreihen von knochigen oder dornigen, teilweise gekielten Placoidschuppen und kleinen Chagrinkörnchen bedeckt. Zwei Längsreihen der größeren Schuppen enden nach hinten mit zwei scharf zugespitzten Zapfen. Am vorderen Teil des Kopfes jederseits ein dreieckiger, mit breiter hohler Basis versehener, gekörnelter Stachel, hinter ihm jederseits drei glatte, dünne, gebogene Stacheln, die mit einem vorspringenden Basalfortsatz auf der Kopfhaut befestigt sind. Das mittlere Paar dieser, nach Jaekel, aus Vasodentin bestehenden Stacheln ist mehr als doppelt so lang als die beiden anderen. Gebiß cochliodont, an *Deltoptychius* erinnernd. *M. armata* Ewald. Kupferschiefer.

Familie: **Psammodontidae** De Koninck.

Zähne in 1, 2 oder mehr Längsreihen, pflasterartig angeordnet, groß, eben oder schwach gebogen, aus Vasodentin, mit punktierter oder feinrunzliger Oberfläche. Umriß quadratisch oder oblong. Kohlenkalk Europa, Nordamerika.

Copodus Davis (*Mesogomphus*, *Rhymodus*, *Characodus*, *Pinacodus* Ag.). Zähne vorn verschmälert, durch eine Quernaht in zwei ungleiche Teile zerlegt.

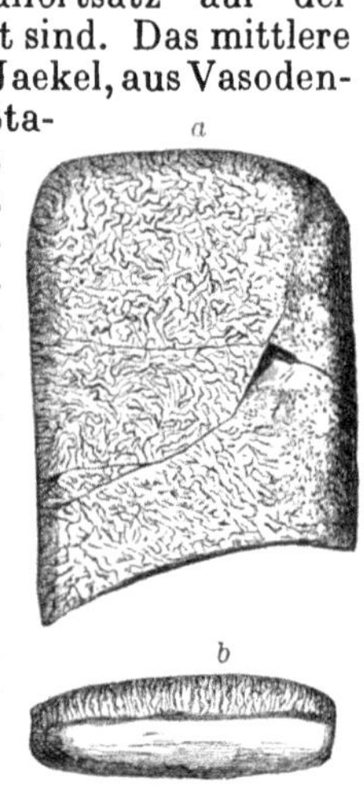

Fig. 108. *Psammodus rugosus* Ag. Kohlenkalk. Armagh. Irland. Nat. Gr.

**Psammodus* Ag. (*Homalodus*, *Astrabodus* Davis). (Fig. 108.) Zähne groß, flach, viereckig, mit dicker platter Wurzel.

Lagarodus Jaekel. Zähne schmal rectangulär, scharf geknickt. Kohlenkalk. *L. (Psammodus) angustus* Tr.

Archaeobatis Newb. Kohlenkalk, Nordamerika.

---

[1]) *Jaekel O.*, Über Menaspis armata. Sitz.-Ber. naturf. Freunde. Berlin 1891. — *Reis O.*, Über die Kopfstacheln von M. armata. Geogn. Jahreshefte. München 1891.

Familie: **Petalodontidae** Newberry und Worthen[1]).

Zähne zusammengedrückt, quer verlängert, pflasterartig in Längs- und Querreihen geordnet. Krone aus Vasodentin, mit Schmelz bedeckt, häufig durch eine Querschneide in eine vordere konvexe und eine hintere konkave Hälfte geteilt, und meist mehr oder weniger stark rückwärts gebogen. Wurzel durch Schmelzfalten oder durch eine Kante von der Krone scharf abgesetzt, vertikal verlängert. Zähne persistent, beim Wachstum schuppenartig aufeinandergeschoben. Karbon. Perm.

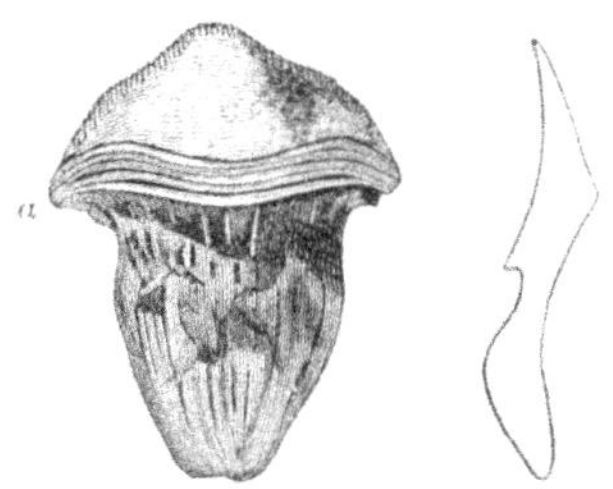

Fig. 109.
Petalodus destructor Newberry und Worthen. Steinkohlenformation. Springfield, Illinois. *a* Zahn von vorn, ½ nat. Gr., *b* Querschnitt. (Nach Newberry.)

Der Körper, nur von *Janassa* (zum Teil bekannt), ist rochenartig; die großen Brustflossen sind am Kopf angewachsen, von den Bauchflossen aber durch einen Zwischenraum getrennt. Der hintere Abschnitt mit zwei Dorsalflossen, der Schwanz schmal. Glatte rundliche Chagrinkörperchen.

**Petalodus* Owen (*Sicarius* Leidy, *Antliodus* Newb., *Chomatodus* Ag., *Lisgodus* St. John u. W.). (Fig. 109.) Zähne stark zusammengedrückt, quer verlängert; Krone blattförmig, mit Querschneide und scharfem Basalrand, vorn konvex, hinten konkav. Wurzel lang, dünn, stumpf abgestutzt. Kohlenkalk. Europa, Nordamerika.

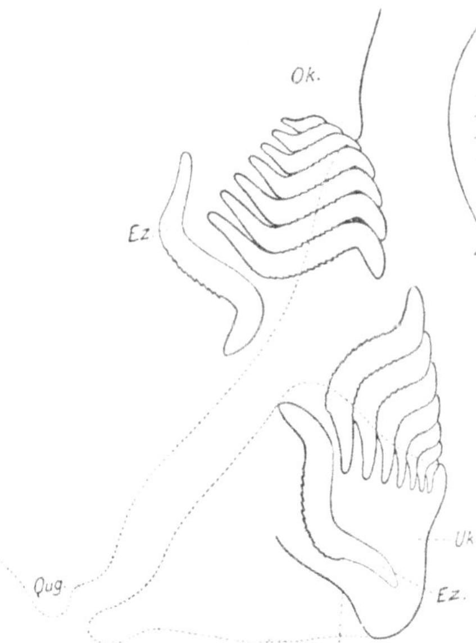

Fig. 110.
Querschnitt durch das Gebiß von *Janassa bituminosa* Schl. *Ok* Oberkiefer, *Uk* Unterkiefer, *Ez* Ersatzzähne der durchschnittenen Symphysenreihe, *Ukg* Unterkiefergelenk, *Qug* Quadratgelenk, *iUk* Innenrand des Unterkiefers in der Symphysenebene. (Nach Jaekel.)

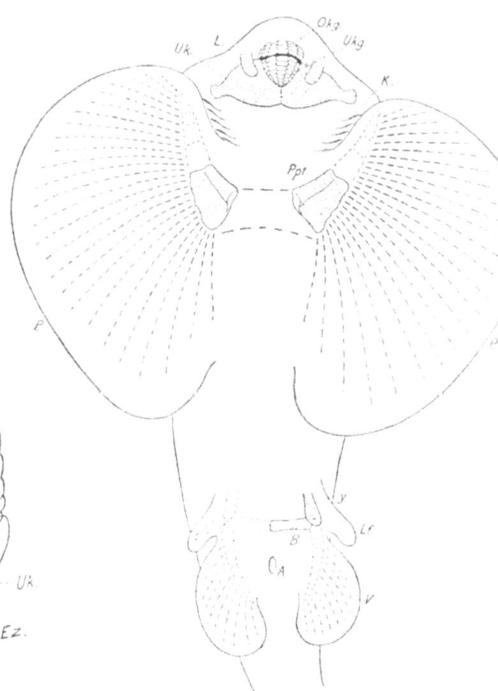

Fig. 110 a.
Janassa bituminosa Schloth. 1 : 2. *L* Lippenknorpel, *Uk* Unterkiefer, *Okg* Oberkiefergebiß, *Ukg* Unterkiefergebiß, *K* Kiemenspalten, *Ppt* Propterygien, *P* Brustflosse, *V* Beckenflosse, *Lf* Lauffinger, *A* After, *B* Basalknorpel der Bauchflosse, *y* Ilearprozeß (?). (Rekonstruktion nach Jaekel.)

[1]) *Jaekel O.*, Über die Organisation der Petalodonten. Zeitschr. geol. Ges. 1899. — *A. Sm. Woodward*, On the dentition of the Petalodont Shark Climadoxus. Quart. Journ. Geol. Soc. 1919.

Petalorhynchus Newb. u. W. Gebiß aus sechs Querreihen von je drei zugeschärften schneidenden Zähnen mit ungeteilter Wurzel bestehend. Nach Jaekel wäre *Petalorhynchus* auf obere Symphysenzähne von *Petalodus* gegründet, während Eastman an der Selbständigkeit der Gattung festhält.

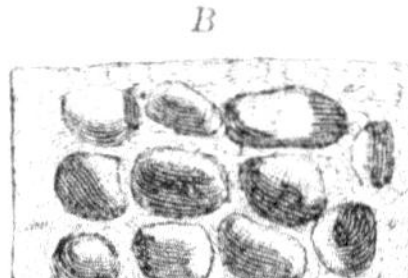

Fig. 111.
Janassa bituminosa Schloth.
A Orig. Univ.-Sammlung in Halle.
Ukg Unterkiefergebiß, *Mz* mittlere Querreihe des Oberkiefergebisses, *Uk* Unterkiefer, *L* Lippenknorpel, *Ppt* Propterygien der Brustflosse. ⅔ nat. Gr. (Nach Jaekel.)
B Hautschuppen (vergr.).

**Janassa* Mstr. (*Dictaea*, *Byzenos* Mstr., *Peltodus* Newb., *Tanaodus* St. John u. W.) (Fig. 110, 111.) Brustflossen groß, halbkreisförmig, Bauchflossen klein, halbkreisförmig, vorn mit einem abgegliederten Fortsatz (»Lauffinger« Jaekel). Wahrscheinlich zwei dorsale Flossen. Ein Paar Lippenknorpel dem Kieferbogen aufliegend. Gebiß gewölbt, vorn verschmälert, aus querverlängerten Zähnen mit punktierter ebener Krone zusammengesetzt, die in 5—7 Längsreihen und ca. 10 Querreihen angeordnet sind; die langen, unten verschmälerten Wurzeln sind von vorn nach hinten stark zusammengedrückt, etwas gebogen, auf der konvexen Vorderseite quergerunzelt, auf der konkaven Hinterseite glatt. Die neu in Funktion tretenden Zähne legen sich über die älteren, die (Fig. 110) nicht abgestoßen werden. Die fast ebene Kaufläche wird von der Vorderseite der Krone gebildet, welche sich zurückbiegt, horizontal liegt und einen Teil des dahinterstehenden Zahnes bedeckt. Chagrinkörner oval bis vierseitig, glatt. Karbon, Europa, Nordamerika. Perm (Kupferschiefer) von Hessen und Thüringen. Im Marle slate von England *J. bituminosa* Schlotheim. Im Perm von Illinois *J. strigillina* Cope.

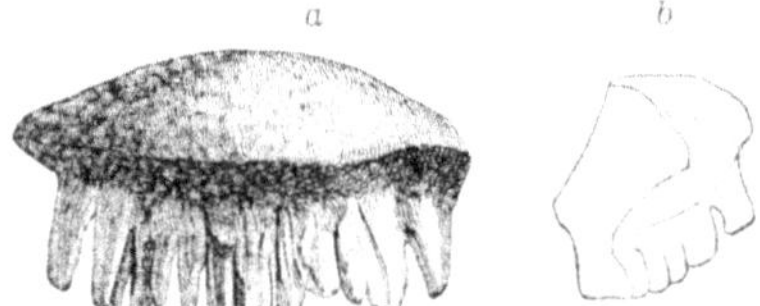

Fig. 112.
Polyrhizodus magnus M'Coy. Kohlenkalk, Armagh, Irland. ½ nat. Gr. *a* von vorn, *b* Querschnitt. (Nach M'Coy.)

Climaxodus Mc Coy. Zähne niedrig, mit rauher Kante. Die äußeren Zähne halbmondförmig gebogen. Die oberen Symphysenzähne rhombisch, die unteren rundlich oder elliptisch. Nur 5—6 Zähne nacheinander funktionierend. Karbonischer Sandstein Calderside. Schottland. *C. Wisei* Traquair.

Fissodus Newb. u. W. Kohlenkalk, Nordmerika. Zähne wie *Janassa*, aber die Schneide durch 1—2 Ausbiegungen geteilt. — **Polyrhizodus* Mc Coy (*Dactylodus* Newb., *Gyracanthus* Ag.) (Fig. 112). Zähne dick, mit gewölbter, der Quere nach schneidender Krone und lappiger, vielfach geteilter Wurzel. Mit diesen Zähnen wurden in Rußland Flossenstacheln gefunden, die sich durch ihre Krümmung nach vorn auszeichnen. (*Gyracanthus* Ag.) Vielleicht gehören *Petrodus* Mc Coy = *Ostinaspis* Trautschold als Hautdorne zu derselben Gattung. Unteres und mittleres Karbon. *Stichacanthus* Davis umfaßt gleiche Stacheln aus dem irischen Kohlenkalk.

Ctenoptychius Ag. (*Ctenopetalus*, *Harpacodus*, *Petalodopsis* Davis, *Serratodus* Kon., *Peripristis* St. John u. W.). Wird von Jaekel mit Petalodus vereinigt, während Eastman eine besondere Familie *Peripristidae* für berechtigt hält. Kleine, von vorn nach hinten stark zusammengedrückte Zähne, mit zugeschärfter gezackter Krone.

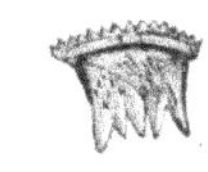

Fig. 113. *Callopristodus pectinatus* Ag. Kohlenkalk. Schottland.

Callopristodus Traquair (Fig. 113). Wie vorige, aber Wurzel geteilt. Nach Jaekel Schuppen. Karbon, Schottland.

Glossodus Mc Coy, *Mesolophodus* A. Sm. Woodw. Kohlenkalk.

Pristodus Davis. Symmetrische, ziemlich kleine Zähne mit niederer Wurzel. Krone halbkreisförmig, mit steil aufsteigender Schneide, nach hinten konkav abfallend, in eine Platte verbreitert. Wurzel durch eine Einschnürung abgetrennt. Kohlenkalk. Nach A. Smith Woodward Typus einer besonderen Familie, die vermutlich nur je einen Zahn in jedem Kiefer besaß. Nach Jaekel sind auch bei *Pristodus* zahlreiche Querreihen von Zähnen auf den Kiefern anzunehmen.

Familie: **Squatinidae** M. u. H. Meerengel.

Körper breit, platt. Brustflossen groß, aber durch eine Spalte vom Kopf getrennt, so daß die Kiemenöffnungen noch auf den Seiten ausmünden können. Keine Afterflosse. Zwei Rückenflossen, ohne Dornen. Haut mit kleinen Placoidschuppen bedeckt. Zähne spitz, kegelförmig, ohne Nebenzacken, mit breiter Wurzel, aus Pulpodentin bestehend. Tectispondylische Wirbel.

**Squatina* Aldrovandi (*Rhina* Klein, *Thaumas* Mstr., *Phorcys* Thioll., *Scaldia* Le Hon, *Trigonodus* Winkler z. T.). (Fig. 114—116.) Jura bis jetzt. Vollständige

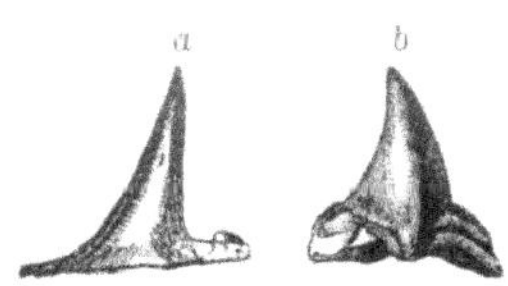

Fig. 114.
Zahn von *a Squatina alifera* Münst. sp. Lithographischer Schiefer. Solnhofen. $^{1}/_{1}$. *b Squatina Fraasi* Probst. Miocäne Molasse. Baltringen. $^{1}/_{1}$.

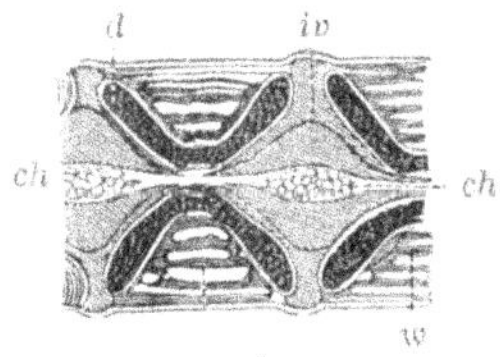

Fig. 115.
Medianer Längsschnitt durch die Wirbelsäule von *Squatina angelus* Lin. (Nach Hasse.) *ch* Chorda, *d* verkalkter Doppelkegel, *w* konzentrische Verkalkungsringe, *iv* intervertebraler, mit Chordasubstanz erfüllter Zwischenraum.

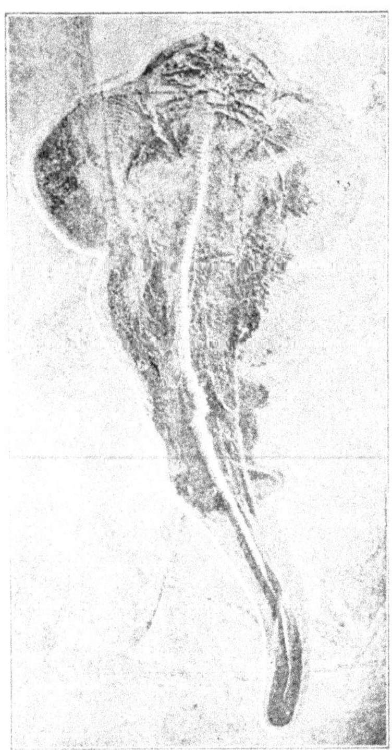

Fig. 116. *Squatina alifera* Münst. Oberer weißer Jura, Nusplingen. Orig. im Senckenberg-Museum, Frankfurt.

Skelette von *Squ. alifera* Mstr. sp. (*acanthoderma* O. Fraas) und *Squ. speciosa* Meyer im oberen weißen Jura (ζ-Platten, lithographischer Kalkstein) von Württemberg (Nusplingen) und Bayern, sowie von Cirin (Ain), ferner in der oberen Kreide des Libanon und der Baumberge (Sendenhorst) in Westfalen. Zähne und Wirbel im Eocän von Europa und Carolina und im Oligocän von Europa.

Pseudorhina Jaekel. Zähne mit höckerförmiger Krone. Keine Lippenknorpel. Schwanz länger als bei *Squatina*, sehr allmählich verdünnt, oben mit größerem, unten mit schwächerem Segel. Nur sehr kleine Dorsalflossen. ? 6 Kiemenbogen. *Squ. alifera* Mstr. (s. o.). Die Berechtigung dieser Gattung, in die wohl auch die anderen Squatinen des oberen Jura einzureihen wären, bedarf noch näherer Prüfung.

Familie: **Pristidae** Günther. Sägefische[1]).

Körper gleichmäßig gestreckt, wenig niedergedrückt. Brustflossen mäßig groß, mit dem Kopf verwachsen, aber nicht bis zu der abgeplatteten, schwertartigen Schnauze (Rostrum) verlängert, welche jederseits mit einer Reihe großer, meist in Alveolen steckender Zähne besetzt ist. Zähne der Mundspalte klein, aus Pulpodentin bestehend. Kiemenspalten auf der Unterseite. Tectispondylische Wirbel.

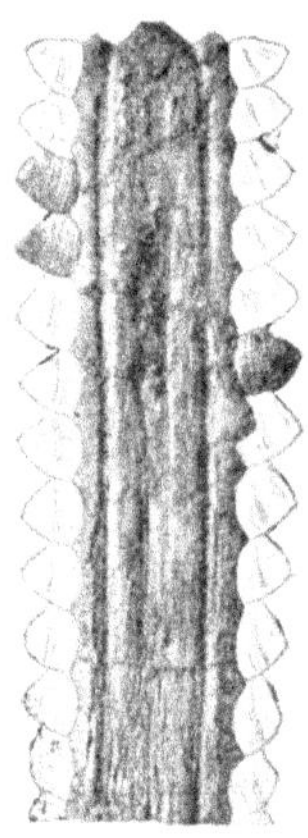

Fig. 117. *Propristis Schweinfurthi* Dames. Eocän. Ägypten. Rostrum. 1/4 nat. Gr. (Nach Fraas.)

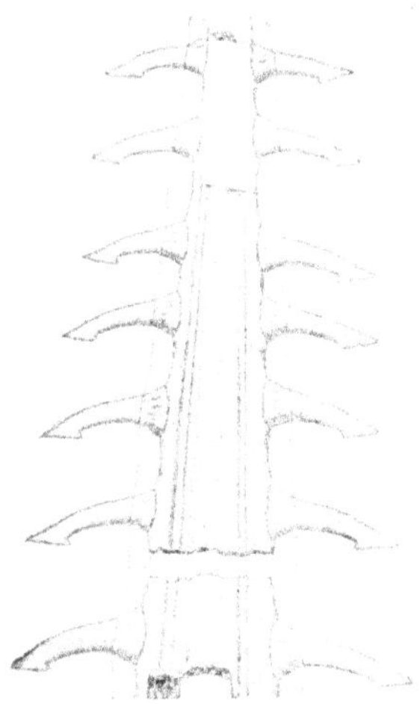

Fig. 118. *Onchopristis numidus* Haug sp. Cenoman. Ägypten. Rostrum ergänzt. 1/4 nat. Gr.

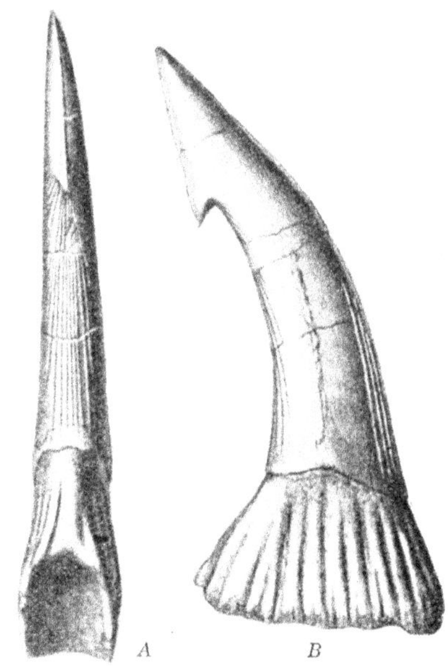

Fig. 119. Ein einzelner Zahn, *A* von hinten, *B* von der Seite. Nat. Gr. (Nach v. Stromer.)

Die Pristiden haben sich nach Jaekel von Rhinobatiden abgezweigt und sekundär eine haiartige Gestalt erlangt. Obere Kreide bis jetzt.

Pristis. Klein. Zähne gerade, in tiefen Alveolen des langen Rostrums. Tertiär vom Eocän an und lebend.

Oxypristis Hoffmann. Zahnalveolen seichter und erst weiter vorne am schlanken Rostrum beginnend. Lebend und im Tertiär.

**Propristis (Amblypristis)* Dames (Fig. 117). Rostrum lang und vorne abgestumpft, nur im vorderen Teil mit niedrigen, platten, am Hinterrand zu-

[1]) *v. Stromer E.*, Die Säge des Pristiden Onchopristis und über die Sägen der Pristiden. Abhandl. d. Kgl. B. Akad. d. Wiss., math.-phys. Kl. 28. Bd. 8. Abh. München 1917. Bau, Funktion und Entstehung der Säge der Sägehaie. Fortschritte der naturw. Forschung 1920.

geschärften, dichtstehenden Zähnen in seichten Alveolen. Eocän, Ägypten. *P. Schweinfurthi* Dames.

**Onchosaurus* Gervais (*Titanichthys*, *Gigantichthys* Dames). Zähne groß, wenig zahlreich, gerade, nur an der kurzen, gebogenen, seitlich komprimierten, pfeilspitzenähnlichen Krone mit Schmelz versehen und mit hoher, geriefter, stark verbreiterter Wurzel in seichten Gruben des Rostrums sitzend. Senon Frankreich und Aegypten. *O. Pharao* Dames. Hiemit vielleicht identisch *Ischyrhiza* Leidy. Obere Kreide, New Jersey.

**Onchopristis* v. Stromer (Fig. 118, 119). Rostrum mäßig lang, mit nur etwa zwölf narbenähnlichen Aveolen für die sehr schlanken, hinten mit Widerhaken und fast bis zur Wurzel mit Schmelz versehenen Zähne, die mit breitem gerieften Sockel dem Rostrum aufsitzen und wenigstens in der Jugend gewechselt werden. Cenoman Nordafrika. *O. numidus* Haug sp.

Sclerorhynchus A. Sm. Woodward. Rostrum vorne stumpf, mit vielen ungleich großen Zähnen, die nur an der Spitze mit Schmelz versehen sind, mit runder breiter Basis dem Rostrum lose aufsitzen und gewechselt werden. Die Brustflossen dieser nur in kleinen Formen bekannten Sägefische reichen bis dicht an die Beckenflossen. Obere Kreide Libanon. *Scl. atavus* A. Sm. Woodward, »*Squatina*« *crassidens* ebenda.

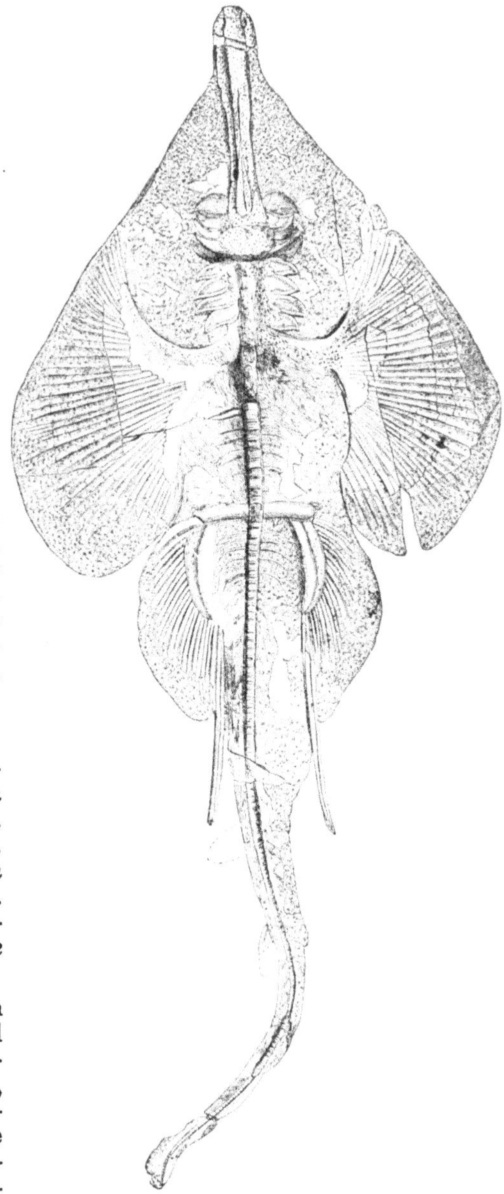

Fig. 120.
Rhinobatis mirabilis Wagn. Lithograph. Schiefer. Eichstätt, Bayern. (Nach einem 1,7 m langen Exemplar im Münchener paläontol. Museum.)

Familie: **Rhinorajidae** Jaekel.

Die großen Brustflossen sind seitlich an das Rostrum angelehnt, treffen aber nicht vor der Schnauze zusammen. Kiemenspalten auf der Unterseite. Schwanz allmählich in den vorderen Körper übergehend, mit Seitenkielen. Zähne aus Pulpodentin, mit zweiflügeliger Wurzel. Tectispondylische Wirbel.

Jaekel faßt als Rhinorajiden die *Rhinobatinae*, *Torpedininae* und *Rajinae* zusammen. Ähnlich umgrenzt ist Gills Abteilung *Pachyura*, die aber auch die *Pristiden* noch umschließt. Ihnen gegenüber stehen die *Centrobatidae* Jaekels, mit den *Trygoninae*, *Ptychodontinae*, *Myliobatinae* und *Ceratopterinae* als Unterfamilien, den *Masticura* Gills entsprechend.

Unterfamilie: **Rhinobatinae** M. u. H.

Körper flach, aber lang gestreckt. Radien der großen Brustflossen nicht bis zu dem verlängerten Schnauzenende reichend. Schwanz (hintere Hälfte des Körpers) kräftig, mit zwei Rückenflossen. Zähne klein, stumpf gekielt.

**Rhinobatis* Bloch (*Euryarthra* Ag., *Spathobatis* Thiollière). (Fig. 120.) Rückenflossen ohne Stacheln. Die vordere weit hinter den Beckenflossen. Haut mit kleinen Chagrinkörnchen. Schwanzflossen ohne unteren Lappen. Oberer Jura bis jetzt. *Rh. bugesianus* Thioll. (*mirabilis* Wagn.). Oberer weißer Jura, Cirin, Eichstätt. *Rh. Zignoi* Heckel. Eocän. Monte Bolca. *Rh. maronita* Pictet u. Humb., obere Kreide, Libanon.

Asterodermus Ag. (*Belemnobatis* Thiollière). Rückenflossen mit kleinen Stacheln. Mit deutlich abgesetztem unteren Schwanzlappen. Chagrinschuppen ziemlich groß, sternförmig gestrahlt. Oberer weißer Jura, Cirin.

Trigonorhina M. u. H. Eocän (Monte Bolca) und lebend.

Rhynchobatis M. u. H. Tertiär, lebend. Vordere Rückenflosse gegenüber den Beckenflossen. Schwanzflosse mit unterem Lappen.

Unterfamilie: **Rajinae** Müller und Henle. Rochen.

Körper flach, breit scheibenförmig oder rhombisch. Brustflossen von der Schnauze bis zu den Bauchflossen reichend. Bauchflossen vorn mit kräftigem, gegliedertem Knorpelstrahl. Schwanz schmal, aber allmählich aus dem Vorderkörper entwickelt, ohne Stacheln. Schwanzflosse meist reduziert. Haut mit kleinen spitzen und vereinzelten größeren, stacheligen Placoidschuppen. Zähne klein, zweiwurzelig, mit rhombischer Krone aus Pulpodentin, zu einem Pflaster angeordnet. Bei einigen Arten haben die Männchen spitze, die Weibchen stumpfe Zähne. Kreide bis jetzt.

Cyclobatis Egerton. Obere Kreide, Libanon.

Raja Cuv. (*Actinobatis* Ag.) *R. expansa* Davis. Obere Kreide, Libanon. Eocän, England. Pliocän. Lebend.

Platyrhina M. u. H. Eocän. Monte Bolca. Lebend.

Unterfamilie: **Torpedininae** Müller und Henle. Zitterrochen.

Körper flach, vorn gerundet, scheibenförmig. Brustflossen nicht bis zu dem breiten Vorderrande des Kopfes reichend. Schwanz breit, fleischig, mit Rückenflossen. Haut nackt. Eocän bis jetzt.

Torpedo Dum. (*Narcobatus* Blainv.) Eocän, Monte Bolca.

Astrape M. u. H. Oligocän. Nur eine Rückenflosse.

Narcine Henle. Mit zwei Rückenflossen. Eocän, lebend. *N. Molini* Jaekel, Monte Bolca.

Familie: **Masticura** Gill (*Centrobatidae* Jaekel).

Schwanz lang und schmal, scharf von der Körperscheibe abgesetzt. Tectispondylische Wirbel.

Unterfamilie: **Trygoninae** Müller und Henle. Stechrochen.

Körper flach, Brustflossen vor der Schnauze zusammenstoßend. Schwanz lang und schlank, die dorsalen Flossen oft peitschenförmig, sehr reduziert oder durch hintereinanderliegende, abgeplattete, randlich gezähnelte Stacheln (aus Vasodentin) ersetzt. Haut ohne Chagrin, aber mit großen, zuweilen gruppenweise vereinigten Hautplatten. Zähne klein, zu einem Pflaster vereinigt, mit zweiteiliger Wurzel. Tertiär bis jetzt.

**Trygon* Adanson (*Trygonobatus* Blv., *Alexandrium* Molin.). Skelette im Eocän des Monte Bolca: *Tr. muricatus* (Volta), *Tr. Zignoi* Molin. Isolierte Hautplatten wurden teils als *Raja*, teils als *Acipenser*, teils als *Dynobatis* und *Acanthobatis* beschrieben (Fig. 121, 122).

Urolophus M. u. H. *U. princeps* Heckel, Eocän, Monte Postale. *Xiphotrygon* Cope (*Heliobatis* Marsh). Skelett im Green Riverbed. Eocän, Wyoming. *Oncobatis* Leidy. Pliocän, Idaho. *Rhombodus* Dames. Kreide. *Ptychotrygon* Jaekel. Kreide. (*Anacanthus* Ehrenberg.)

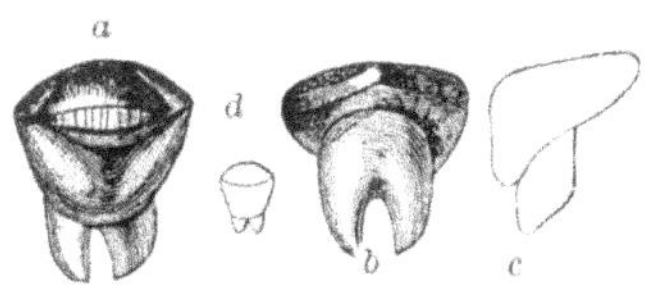

Fig. 121.
Trygon rugosus Probst. Zahn *a* von vorn, *b* von hinten und *c* von der Seite. Vergr. *d* nat. Gr. Miocäne Molasse. Baltringen, Württemberg. (Nach Probst.)

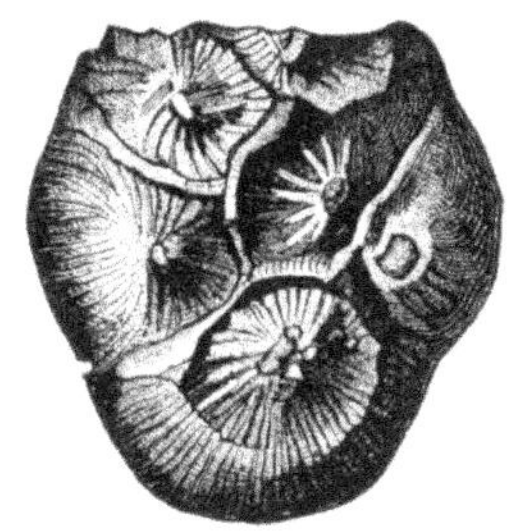

Fig. 122.
Trygon (Acanthobatis) tuberculosus Probst sp. Miocäne Molasse. Baltringen. Hautschild in nat. Gr.

Urogymnus M. u. H. Ohne Schwanzstacheln, mit scharfen, konischen Hautzähnen.

Cyclobatis Egerton. Schwanz sehr kurz. Beckengürtel mit auffallend großen Praepubis- und Ileal-Fortsätzen. *C. oligodactylus* Eg. Skelette aus der oberen Kreide, Libanon.

Unterfamilie: **Myliobatinae** Müller und Henle. Meeradler.

Vorderkörper glatt. Schwanz extrem verlängert, peitschenförmig, mit einem (oder mehr) abgeplatteten Stachel (spezialisierte Hautschuppe) hinter der Rückenflosse. Brustflossen zu beiden Seiten des Kopfes unterbrochen, aber am fleischigen Vorderende als unpaare oder paarige, durch Flossenstrahlen gestützte Verlängerung wieder auftretend. Zähne ziemlich groß, zu einem Pflaster angeordnet. Haut nackt.

Die meisten lebenden Gattungen sind auch im Tertiär nachweisbar.

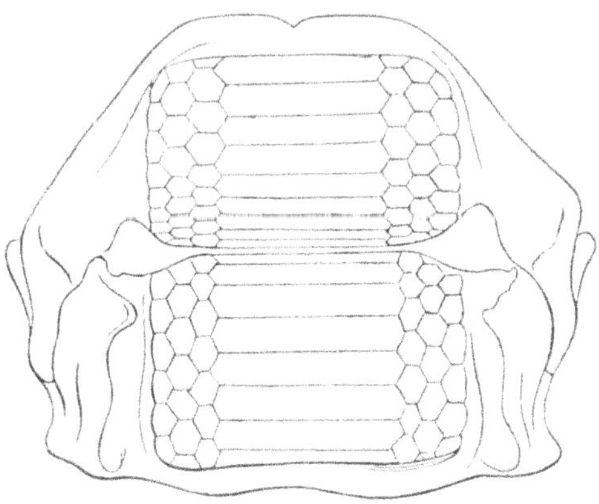

Fig. 123.
Gebiß von *Myliobatis aquila* Cuv. Rezent. Mittelmeer. (Nach Agassiz.)

Fig. 124.
Zahnpflaster von *Myliobatis toliapicus* Ag. Eocän. Braklesham Bay, England.

**Myliobatis* Cuv. (*Pastinaca* Gronov.) (Fig. 123, 124). Die Zahnpflaster sind aus mehreren Reihen sechseckiger, flacher Zähne mosaikartig zusammengesetzt. An jungen Exemplaren haben alle Zähne gleiche Form und Größe, an ausgewachsenen zeichnet sich die Mittelreihe durch fast sechsfache Breite aus. Die Wurzeln auf der Unterseite und den steilen Seitenrändern mit parallelen Furchen. Flossenstachel flach, seitlich mit Zähnchen. (Fig. 126.) Sehr zahlreiche fossile Arten vom Eocän an. Eine zweifelhafte Art in der Kreide von Ägypten und Algier. Eocän. England. *M. toliapicus* Ag. *M. Pentoni* A. Sm. Woodward. Eocän. Ägypten. *M. Fraasi* v. Stromer.

Hypolophites v. Stromer. Statt der einen Reihe großer Mittelzähne bei *Myliobatis* mit 4 Querreihen größerer sechseckiger Zähne. Seitenzähne rhombisch. Schmelz gekörnelt. Eocän. Togo.

Rhinoptera Müller (*Zygobatis* Ag., *Mylorhina* Gill). Zähne quer verlängert, hexagonal, in 5—7 Reihen, die nach außen an Breite abnehmen. Kreide, Brasilien. Eocän bis lebend.

**Aëtobatis* Müller u. Henle (*Goniobatis* le Hon). Zähne sehr breit, in einer einzigen Reihe. Tertiär, lebend. *A. giganteus* Schafh. Mitteleocän, Bayern. Eocän, England. *A. irregularis* Ag.

Promyliobatis Jaekel. Eocän, Monte Bolca. *P. Gazolae* Zigno sp.

Unterfamilie: **Ptychodontinae.**

Zähne mit gewölbten, stark gerunzelten Kronen, in zahlreichen Reihen (13—14); im vermutlichen Oberkiefer sind die Zähne der mittleren Reihe die größten, im Unterkiefer schiebt sich eine mittlere Reihe kleiner Zähne zwischen zwei Reihen großer Zähne ein. Wirbel cyclospondylisch.

Fig. 126. Stachel von *Myliobatis serratus* H. v. Meyer. Oligocän. Weinheim bei Alzey.

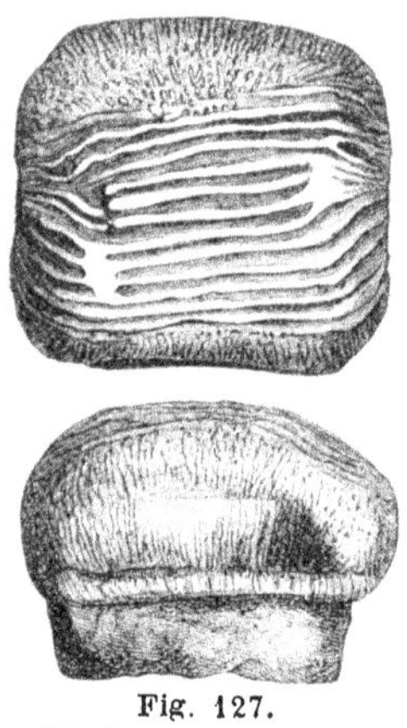

Fig. 127. *Ptychodus polygyrus* Ag. Grünsand. Regensburg. Nat. Gr.

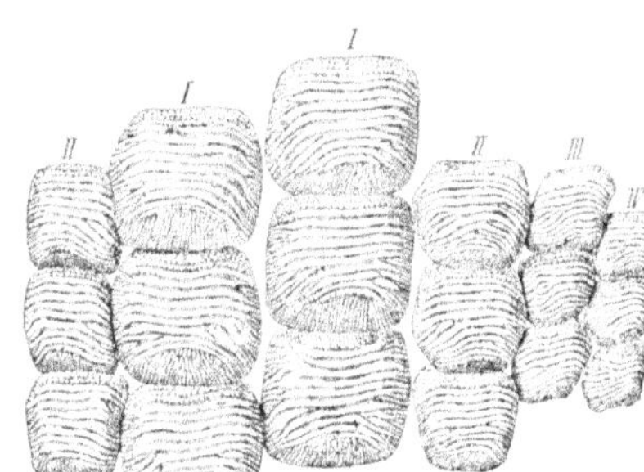

Fig. 128. *Ptychodus decurrens* Ag. Lower Chalk, Sussex. I mittlere, II bis IV seitliche obere Zahnreihen. 1/2 nat. Gr. (Nach A. Sm. Woodward.)

**Ptychodus* Ag. (*Aulodus* Dixon). (Fig. 127, 128.) Zähne quadratisch, mit gewölbter, gerunzelter Krone, die ungeteilte, sockelartige Krone durch eine Einschnürung scharf abgetrennt. Mittlere und obere Kreide.

Hylaeobatis A. Sm. W. Nur isolierte, sehr breite aber kurze Zähne bekannt. Vielleicht der Vorläufer von *Ptychodus*. Wealden, England. *H. problematicus* A. S. W. *Hemiptychodus* Jaekel. *Apocopodon* Cope. Kreide.

Unterklasse: **Holocephali.**

Wirbelsäule nicht deutlich gegliedert. Chorda von zahlreichen etwas verkalkten Knorpelringen umgeben. Palatoquadratum und Hyomandibulare unbeweglich mit dem knorpeligen Schädel verschmolzen (Autostylie). Nur eine äußere Kiemenspalte, welche durch eine Hautfalte teilweise bedeckt wird. Unterkiefer jederseits mit einem großen Zahn, dem oben je zwei Zähne (auf Vomer und Pterygopalatinum) gegenüberstehen. Haut nackt oder mit Chagrin. Starke Schleimkanäle (Haut-Sinnesorgane) verlaufen am Kopf und als Seitenlinie am Rumpf, von zahlreichen verkalkten Ringen umgeben. Vor der Rückenflosse ein kräftiger, abgeplatteter Stachel, der mit einem knorpeligen Träger gelenkig verbunden ist. Die Männchen mit Stirnstachel, kleinen dornigen Stacheln vor den Bauchflossen und mit Pterygopodien; fossile Formen auch mit paarigen Stachelplatten am Kopf.

Durch die unvollkommen gegliederte Wirbelsäule mit ihren vielen Knorpelringen, deren Zahl größer ist als die Bogenteile, durch die Verschmelzung des Palatoquadratum und Hyomandibulare mit dem Schädel und durch die Form und Struktur der Zähne nehmen die *Holocephalen* eine sehr isolierte Stellung neben den *Elasmobranchiern* ein, mit denen sie doch durch manche wichtige Merkmale verbunden sind. Die Autostylie des Unterkiefers teilen sie mit den *Dipnoern*, die auch im Gebiß und in der Bildung des Labyrinths an sie erinnern.

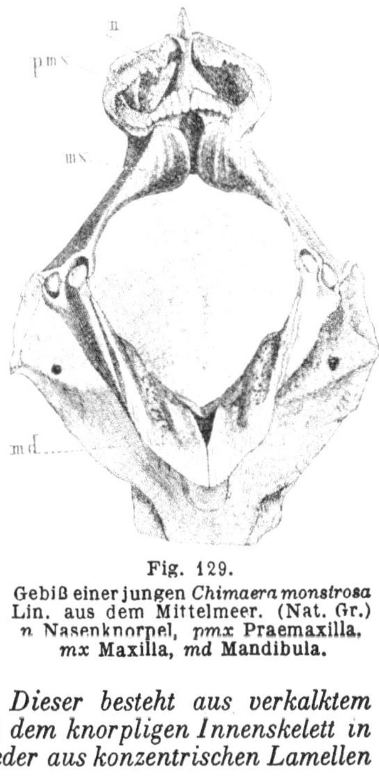

Fig. 129.
Gebiß einer jungen *Chimaera monstrosa* Lin. aus dem Mittelmeer. (Nat. Gr.) *n* Nasenknorpel, *pmx* Praemaxilla, *mx* Maxilla, *md* Mandibula.

Die *Holocephalen* werden im Devon zuerst genannt, indessen gehören die devonischen *Ptyctodontiden* wohl zu den Arthrodiren. Jaekel stellt die Cochliodontiden als *Trachyacanthi* zu den Holocephalen, was jedoch nicht mit Sicherheit zu begründen ist. Eastman deutet verschiedene Ichthyodorylithen aus Devon und Kohlenkalk als seitliche Kopfstacheln von Holocephalen. Die ältesten sicheren Holocephalen gehören dem unteren Lias an.

Familie: **Squalorajidae** A. Smith Woodward.

Körper niedergedrückt, verlängert. Kopf in ein flaches Rostrum auslaufend. Gebiß unten aus 1 Paar, oben aus 2 Paar dünnen, quer gekrümmten Zähnen ohne Reibfläche bestehend. Rückenflosse ohne Stachel. Männchen mit langem, spießförmigen hohlen Frontalstachel. Dieser besteht aus verkalktem Faserknorpel und steht mit der Cutis, nicht mit dem knorpligen Innenskelett in Verbindung. Zahlreiche verkalkte Wirbelringe, jeder aus konzentrischen Lamellen bestehend.

Squaloraja Riley (*Spinacorhinus* Ag.), im unteren Lias von England. *Squ. polyspondyla* Ag.

Familie: **Myriacanthidae** A. Sm. Woodw.

Körper verlängert. Vordere Rückenflosse über der Brustflosse stehend, mit langem, geraden Stachel. Oben 2—3 Paar, unten 1 Paar Zahnplatten, außerdem 1 starker, unpaarer Symphysenzahn. Kopf mit einigen Hautplatten. Männchen mit großem Schnauzenstachel. Lias, Jura.

Myriacanthus Agassiz, *Metopacanthus* Zitt. (*Prognathodus* Egerton, auf die Bezahnung bezogen). Der auf den Seiten mit Höckern bedeckte dorsale Flossenstachel trägt am Hinterrande jederseits scharfe Dornen, die distal in eine Reihe zusammenlaufen. Auch auf der Vorderseite stehen Dornen. Einige höckerige, seitlich in große Zähne auslaufende Hautplatten auf dem Kopfe. Die hinteren palatinalen Zähne größer als die vomerinen. Vor der Symphyse des Unterkiefers ein meißelförmiger, unpaarer Zahn. *M. paradoxus* Ag. Unt. Lias, England. *M. bollensis* E. Fraas (Stachel). Oberer Lias ε, Schwaben.

Acanthorhina E. Fraas. Rostrum in einen festen, verkalkten Stachel auslaufend. Männchen mit schmelzbedecktem, kleinen Stirnstachel. Oben 3 Paar flacher, gewellter Zahnplatten, im Unterkiefer nur 1 Paar. Flossenstachel sehr schlank, von einer großen Knorpelplatte getragen. *A. Jaekeli* E. Fraas. Ob. Lias ε, Holzmaden.

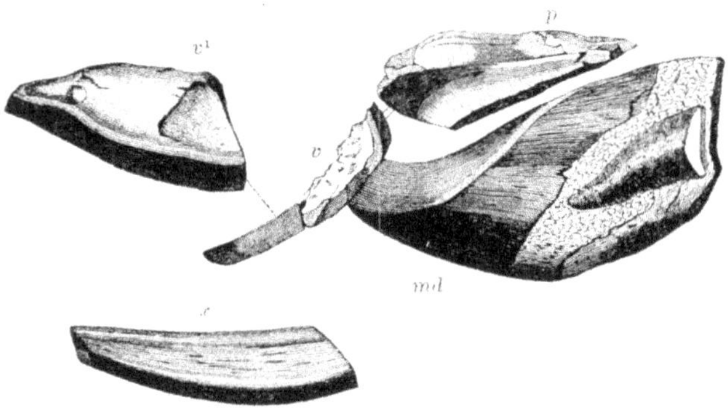

Fig. 130.
Chimaeropsis paradoxa Zitt. Lithographischer Schiefer. Eichstätt, Bayern. ½ nat. Gr. *md* Mandibularzahn, *p* hinterer Oberzahn, *v* vorderer Oberzahn von der Seite, v^1 derselbe von der Unterseite, *x* schmaler vor dem Mandibularzahn liegender Zahn.

**Chimaeropsis* Zitt. (Fig. 130). Körper mit kleinen, konischen, radial gefurchten Placoidschuppen bedeckt. Unterkieferzähne schwach gebogen, mit großer Kaufläche; der Symphysenzahn außen (unten) konvex, innen (oben) flach oder konkav. Gaumenzähne *(p)* und Vorderzähne *(v)* dreieckig. Die ersteren hinten, die letzteren vorne zugespitzt. Dorsalstachel seitlich zusammengedrückt, mit sternförmigen Höckern und 2 Zähnchenreihen am Hinterrand. Oberer weißer Jura (lithogr. Schiefer), Bayern.

Familie: **Chimaeridae**[1]).

Körper verlängert; Brustflossen sehr groß, mit einfachen Hornstrahlen. Vordere Rückenflosse mit kräftigem, auf knorpeliger Basis eingelenkten Stachel, hintere Rückenflosse niedrig, sehr lang. Oben jederseits ein kleiner Vorderzahn und ein großer Hinterzahn, unten je ein sehr großer, Innenseite und Oberrand des Kiefers bedeckender Mandibularzahn, welche in der Symphyse zusammenstoßen. Meist mehrere Tritoren oder Reibhügel auf den Zähnen. Jura bis jetzt.

**Ischyodus* Egerton (Fig. 131). (*Leptacanthus* Ag., *Aulaxacanthus* Sauvage, *Chimaeracanthus* Qu.). Unterkieferzähne rhomboidisch, dick, mit schmalem Symphysenrande, Oberrand zugeschärft. Aus einer dichten Dentindeckschicht erheben sich 4 rauhe, punktierte Reibhügel. Gaumenzähne dreieckig, vorn zugespitzt, hinten nicht ausgeschnitten, mit 4 Reibhügeln (2 innen, 1 median, 1 außen). Vomerzähne vierseitig. Rückenstachel am Hinterrand mit zwei Reihen Zähnen. Kopfstachel des Männchens aus intensiv verkalktem Faserknorpel gebildet, am Ende mit Zähnchen besetzt, kurz und gebogen.

---

1) *Ammon L. v.*, Neue Stücke von Ischyodus. Ber. naturw. Ver. Regensburg 1896. — *Dean B.*, Chimaeroid fishes and their development. Carnegie Institut Nr. 52. Washington 1906. — *Hussakof L.*, The Cretaceous Chimaeroids of North America. Bull. Amer. Mus. Nat. Hist. New York 1912. — *Newton E. T.*, The Chimaeroid fishes of the British cretaceous rocks. Mem. Geolog. Survey. Monogr. IV. 1878. Quart. Journ. geol. Soc. 1876, p. 326.

Brauner Jura. *I. aalensis* Quenstedt, Weißer Jura. *I. avita* Mey. Kreide. Europa selten. Eocän, Belgien.

Ganodus Ag. Gaumenzähne hinten tief ausgeschnitten, mit zahlreichen, in zwei Reihen stehenden Tritoren. Mittlerer brauner Jura, Stonesfield. Die als *Ganodus* bezeichneten Mandibularzähne scheinen besser zu *Ischyodus* zu passen.

Aletodus Jaekel. Mandibularzähne mit 3 länglichen Tritoren, von denen der äußere, schmale hart am Seitenrand liegt. Brauner Jura *β* Württemberg. *A. ferrugineus* Qu. sp. Hierher gehören wohl auch die aus dem gleichen Lager bekannten Eikapseln.

**Edaphodon* Buckland (Fig. 132) (*Passalodon* Buckl., *Eumylodus*, *Mylognathus* Leidy, *Dipristis* Marsh, *Psittacodon* Ag., *Diphryssa*, *Bryactinus* Cope). Mandibularzähne mit breitem Symphysenrand, Gaumenzähne mit 3 Tritoren (2 innen, 1 außen), hinten abgestutzt. Kreide, Eocän, Oligocän, Miocän.

Pachymylus A. Sm. Woodw. Mandibularzähne massig, mit sehr breiter Symphysenfacette. Eine mittlere bucklige Reibfläche. Die hintere, äußere Reibfläche ist auf kleine Höckerchen reduziert, die übrigen Tritoren fehlen. Oxfordclay. *Brachymylus* A. Sm. Woodward. Oberer Jura, England. *Leptomylus* Cope, nur Mandibularzähne mit einem Tritor bekannt. Obere Kreide, New Jersey. *Isotaenia* Cope. Palatalplatte mit zwei Tritoren. Ebenda.

Elasmodectes Newton (*Elasmognathus* Newton). Kimmeridge. Kreide. *Elasmodus* Egerton. Eocän,

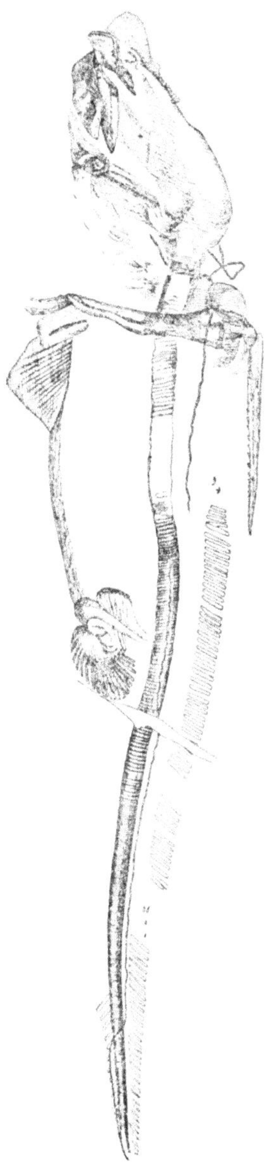

Fig. 131.
Ischyodus avita H.v.Meyer. Fast vollständiges Skelett ½ nat. Gr. Oberer Jura. Eichstätt, Bayern. (Nach H. v. Meyer.)

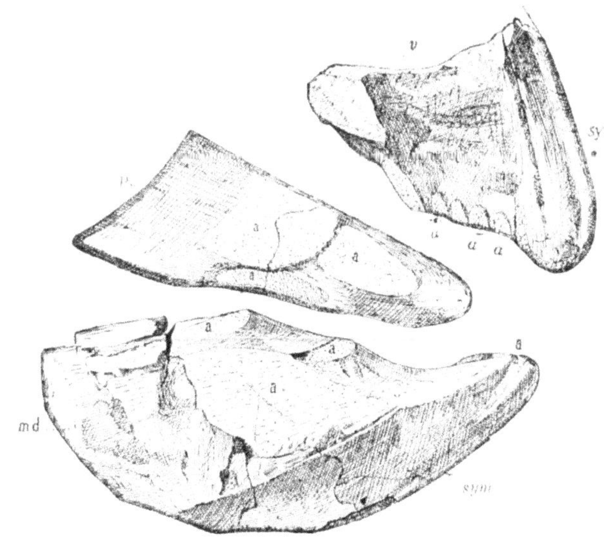

Fig. 132.
Edaphodon Sedgewickii Ag. sp. *v* vorderer Oberzahn von der Innenseite aus dem Grünsand von Cambridge, *p* hinterer Oberzahn, *md* Unterkieferzahn (beide von innen). Ob. Kreide von Lewes. *a* Reibhügel und Kauflächen. *sym* Symphysenrand. Sämtliche Figuren in ½ nat. Gr. (Nach Newton.)

England, Frankreich. Unteroligocän (Samland). Von den lebenden Gattungen *Callorhynchus* Gronow und *Chimaera* L. (Fig. 129) sind fossile Zähne aus dem jüngeren Tertiär von Neuseeland, Europa und Java bekannt.

Ichthyodorylithen[1]).

Flossenstacheln finden sich häufig isoliert und lassen sich nur teilweise auf bekannte Genera beziehen. Sie werden dann mit besonderen Gattungsnamen geführt. Symmetrisch ausgebildete Stacheln gehören der Medianebene des Körpers, meist dem Rücken oder dem Hinterende des Kopfes an. Unsymmetrisch gebildete treten nur als paarige Stacheln auf, entweder vor den paarigen Flossen (*Acanthodier*) oder auf den Seiten des Kopfes (*Cochliodontidae, Hybodontidae*). Bei den einseitigen Stacheln ist die Basis in der Regel abgestutzt, bei den symmetrischen Rückenstacheln dagegen meist verlängert und am proximalen Ende verschmälert.

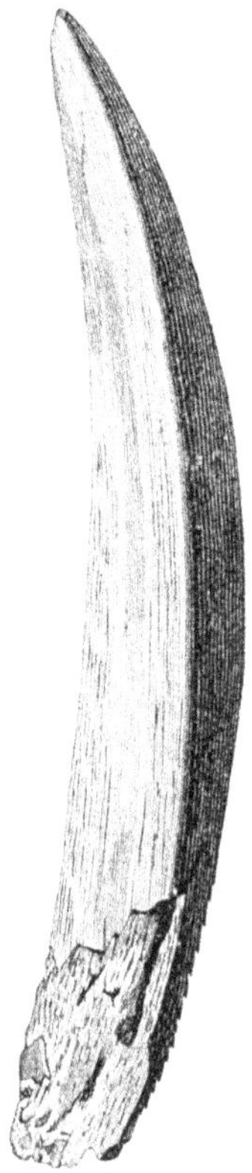

Fig. 133. *Machaeracanthus major* Newberry. Devon. Sandusky, Ohio. 1/2 nat. Gr. (Nach Newberry.)

Unter den nicht mit Sicherheit bei bestimmten Gattungen oder Familien unterzubringenden Stacheln mögen folgende erwähnt werden:

a) Schlanke, bilateral symmetrische Stacheln mit glatter und deutlich vom übrigen Teil unterschiedener Basis. Zum Teil wohl zu *Acanthodiern* und *Cestracioniden* gehörig:

Onchus Ag. (vgl. S. 47). Silur, Devon, *Homacanthus* Devon, Karbon, *Compsacanthus* Ag., *Lispacanthus* Davis, Karbon, *Nemacanthus* Ag., Trias, Jura, wohl zu *Hybodus* gehörig. *Pristacanthus* Ag., brauner Jura.

b) Schlanke, symmetrische, hinten abgestutzte Stacheln, die innere Höhlung nur am unteren Ende offen: *Gnathacanthus* Davis, Karbon; *Pristacanthus* Ag., brauner Jura.

c) Paarige, asymmetrische Flossenstacheln. *Machaeracanthus* Newb. (Fig. 133), *Heteracanthus* Newb., diese beiden nach Eastman zu den *Ptyctodonten* gehörig. *Haplacanthus* Ag., Devon.

d) Asymmetrische Stacheln mit breiter, abgestutzter Basis und großer, innerer Höhlung, außen mit Körnern verziert. Seitliche Kopfstacheln, nach Eastman von *Chimaeroiden*, sind: *Physonemus* Mc Coy, *Xystracanthus* Leidy, *Drepanacanthus, Stethacanthus* Newb., *Erismacanthus, Dipriacanthus* Mc Coy, *Gampsacanthus* (Fig. 134) und *Lecracanthus* Newb.

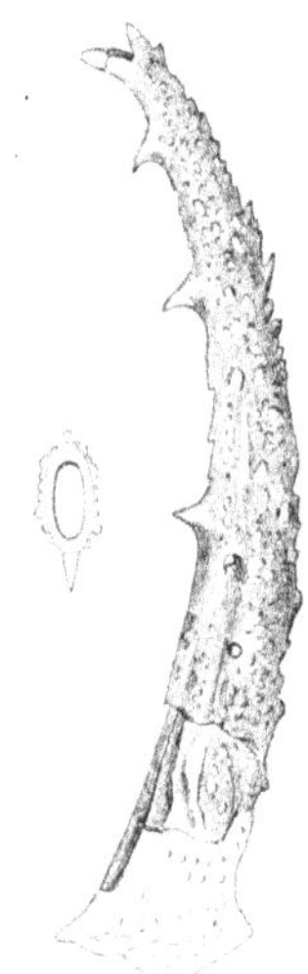

Fig. 134. *Gampsacanthus typus* St. John und Worth. Kohlenkalk. St. Louis, Missouri.

Unterklasse: **Dipnoi.** Dipneusti[2]).

Wirbelsäule mit persistenter Chorda, Cranium überwiegend knorpelig, mit Hautplatten bedeckt. Palatoquadratum mit dem Schädel verwachsen (Autostylie des Unterkiefers). Gaumen (Pterygoide) und Unterkiefer mit wenigen großen, durch Verschmelzung von Einzelzähnen gebildeten Zahn-

[1]) *Jaekel O.*, Üb. fossile Ichthyodorylithen. Ber. Ges. naturf. Freunde. Berlin 1890.

[2]) *Dollo L.*, Sur la phylogénie des Dipneustes. Bull. soc. Belge de Géol. IX. 1895. — *Günther Alb.*, Description of Ceratodus, a genus of Ganoid fish in rivers of

platten. Zähne mit erhabenen Kämmen. Ohne Ober- und Zwischenkiefer. Paarige Flossen mit langer, gegliederter Achse (Archipterygium). Kiemenhautstrahlen fehlend. Schuppen cycloid, bei den älteren Formen mit dickem Schmelz. Schwanz diphycerk oder heterocerk, mit Epi- und Hypochordallappen. Schwimmblase zu einem lungenartigen Organ umgebildet.

Das innere Skelett ist überwiegend knorpelig, doch zeigen die Wirbelbogen, Rippen und Flossenträger Neigung zur Verknöcherung.

Durch die Umbildung der Schwimmblase in einen verlängerten, einfachen oder doppelten Sack mit zahlreichen, zelligen Räumen, der als Lunge dient und mittels eines kurzen Ganges mit der vorderen Wand des Schlundes in Verbindung steht, unterscheiden sich die lebenden Dipnoer so sehr von anderen Fischen, daß sie anfänglich als fischähnliche Amphibien oder Schuppenlurche betrachtet wurden. Auch Einrichtungen im Herzbau (so die Anordnung der einen Längsreihe von Klappen zu einer Spiralfalte, durch welche der Conus arteriosus in 2 Bahnen geteilt wird) und das Auftreten innerer Nasenlöcher sind singuläre Merkmale.

Die Entdeckung des »Barramundy« (*Ceratodus Forsteri*) in den Flüssen von Queensland bestätigte die schon von Huxley betonte Verwandtschaft mit den alten Crossopterygiern. Immerhin unterscheiden sie sich auch von diesen durch die autostyle Einlenkung des Unterkiefers und die Bezahnung. In beiden Eigenschaften nähern sie sich etwas den Holocephalen, interessanterweise auch in der Gestaltung des Gehörorgans. Auch die Coccosteiden (Arthrodira) werden bald mit ihnen, bald mit den Holocephalen in Verbindung gebracht. Wir teilen die Dipnoer in 4 Familien.

Familie: **Dipteridae.**

Schädeldach ossifiziert, mit zahlreichen, kleinen, glänzenden Hautschildern, Rumpf mit runden, dachziegelartig angeordneten, aus Kosmin bestehenden Schuppen. Maxilla und Praemaxilla nicht differenziert, keine randlichen Zähne. Paarige Flossen quastenförmig, mit langer beschuppter Achse. Schwanzflosse diphy-heterocerk. Zwei weit nach hinten liegende Rückenflossen. Paarige und unpaarige Jugular — Kehl — platten vorhanden.

**Dipterus* Sedgew. u. Murch. (Fig. 135, 136) (*Catopterus* Ag., *Polyphractus* Ag.). Die Schuppen auf dem freien Feld gekörnelt. Vordere Rückenflosse viel kleiner als die hintere, gegenüber der Beckenflosse, die hintere Rückenflosse der Analis gegenüber. Schwanz mit Epi- und Hypochordallappen. Die Kopfplatten dick, glatt und porös. An das breite rhombische Parasphenoid *(PSph)* legt sich jederseits ein Pterygopalatinum *(P)*, das vorne in eine dreieckige Platte verläuft, welche einem ebenfalls dreieckigen, mit gekerbten Radial-

---

Queensland, Australia. Philosoph. Transact. Vol. CLXI. 1871—72. — *Huxley Th.*, On Ceratodus and the Classification of fishes. Proceed. Zool. Soc. 1876. — *Miall L. C.*, Monograph of the Sirenoid and Crossopterygian Ganoids. Palaeont. Soc. Part. I. 1878. — *Pander C. H.*, Über die Ctenodipterinen des devonischen Systems. St. Petersburg 1858. 4° mit Atlas. — *v. Stromer E.*, Über das Gebiß der Lepidosireniden und die Verbreitung tertiärer und mesozoischer Lungenfische. Hertwig, Festschrift II. 1910. Mitteil. über Wirbeltierreste aus dem Pliocän des Natrontales. Fische. Zeitschr. d. deutsch. geol. Ges. 66. 1914. — *Teller Fr.*, Über Ceratodus Sturi. Abhandl. geol. Reichsanst. Wien 1891. Bd. XV. — *Traquair*, On the genera Dipterus, Palaedaphus, Holodus, Cheirodus. Ann. Mag. Nat. Hist. 1878. 4 ser. Vol. XVII und 5 ser. Vol. II. — *Williston S. W.*, A new species of Sagenodus from the Kansas coal measures. Kansas Univ. Quart. 1899. Nr. 4. — *Zittel K. A.*, Über Ceratodus. Sitz.-Ber. bayer. Akad. d. Wiss., math.-phys. Kl. 1886.

Kämmen versehenen Zahne als Basis dient. Die zwei Gaumenbeine stoßen in der Mitte gradlinig zusammen. Die undeutlichen Zwischenkiefer und das Dentale tragen winzige Zähnchen. Unterkiefer solid verknöchert, aus Articulare, Angulare, Spleniale, Dentale und Praearticulare bestehend. Jederseits mit einem großen Zahn, dessen erhabene Kämme vom Innenrand fächerförmig ausstrahlen. Vollständige Exemplare von Dipterus nicht

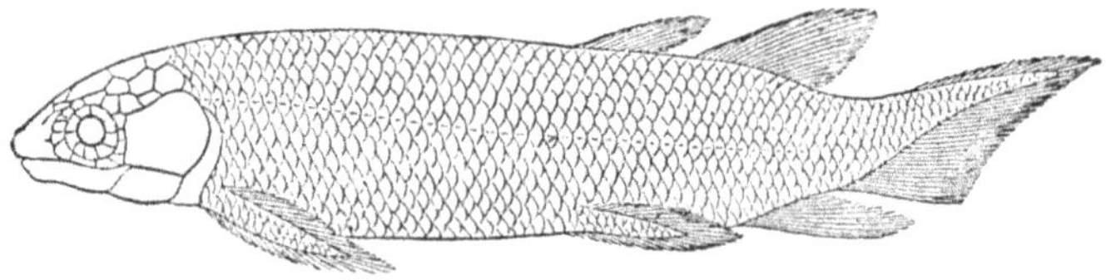

Fig. 135.
Dipterus Valenciennesi Sedgew. et Murch. Unteres Oldred. Schottland. 1/4 nat. Gr.
(Nach Traquair und v. Stromer.)

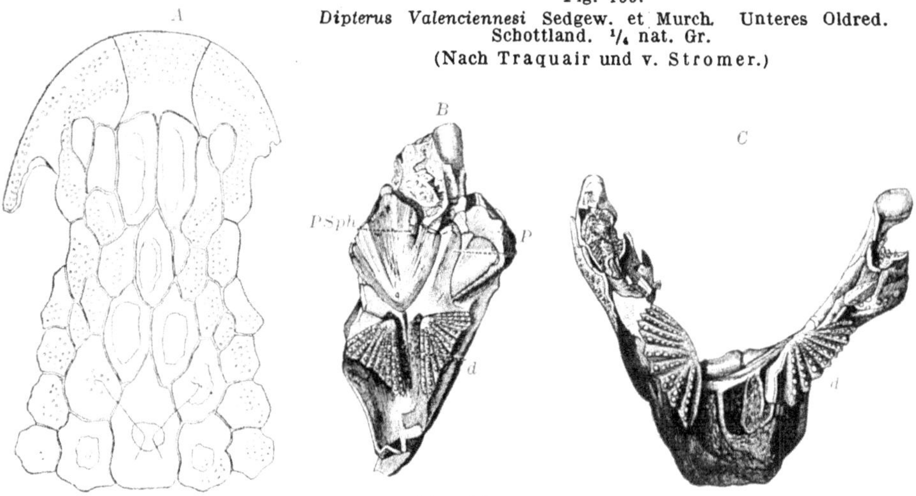

Fig. 136.
Dipterus platycephalus Ag. Old red Sandstone. Banniskirk, Schottland. *A* Schädeldach, *B* Unterseite des Schädels (*PSph* Parasphenoid, *P* Pterygo-Palatinum, durch eine zufällige Bruchlinie hinten in zwei Stücke geteilt, *d* Gaumenzahn). *C* Unterkiefer (*d* Zahn). (Nach Pander.)

selten im schottischen Oldred (besonders im unteren Teile). Generisch unsicher sind die aus russischem Devon angegebenen Reste. Zähne im Devon von Pennsylvanien, Montana und Iowa und im mitteldevonischen Lenneschiefer (Crinoidenkalk - Einlagerung).

Palaedaphus Beneden (Fig. 137) (*Heliodus* Newberry). Nur die Zähne bekannt. Die bis 17 cm großen Unterkieferzähne haben 4 stumpfe Kämme. *Palaedaphus insignis* Beneden. Ober-Devon, Belgien. Nordamerika (Chemung).

Conchodus Mc Coy (*Cheirodus* Pander, non Mc Coy). Dünne, kleine, dreiseitige, glatte Zähne mit wenigen Radialkämmen. Devon, Rußland und Oldred.

Synthetodus Eastm. Große, glatte, gerundete oder vier- bis fünfeckige Zähne mit gegabelter Medianfurche oder mit Randfurchen. Devon, Iowa.

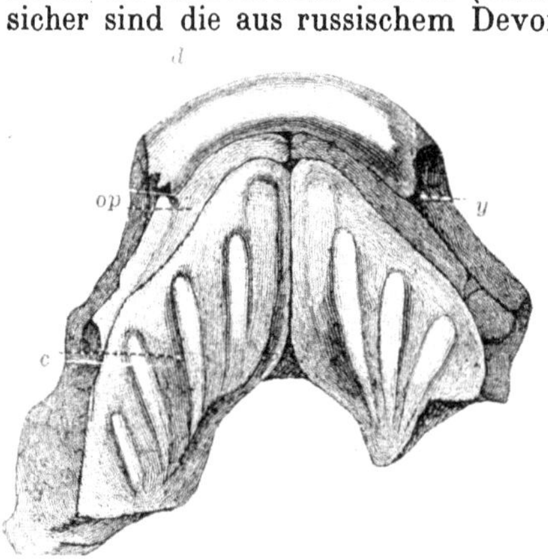

Fig. 137.
Palaedaphus insignis van Beneden u. de Kon. Devon. Lüttich. Unterkiefer ¼ nat. Gr. (Nach Traquair.) *d* Dentale, *op* Operculare, *c* Zahn, *y* seitliche Grube.

Holodus Pander. Devon, Orel.
Ganorhynchus Traquair. Devon, Pennsylvanien, Victoria, Australien.

Familie: **Phaneropleuridae.**

Mundrand mit konischen Zähnen. Jugularplatten vorhanden. Schädel mit zahlreichen Deckplatten.

**Phaneropleuron* Huxley. Gaumenzähne dreieckig, mit geraden, gekerbten Radialfalten. Die lange Dorsalis gleichmäßig in die Caudalis über-

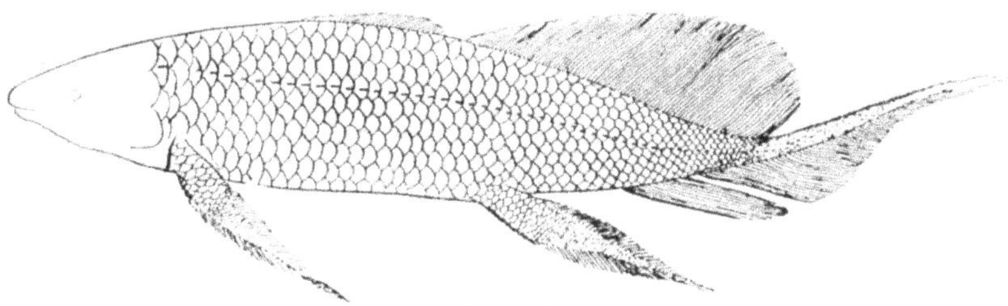

Fig. 138.
Scaumenacia curta Whiteaves. Oberdevon, Scaumenac Bay, Quebec. ⅔ nat. Gr. (Rekonstruktion nach Hussakof.)

gehend. Analis schmal, dicht vor der Caudalis. Oberes Oldred, Schottland. Oberdevon, Kanada.

**Scaumenacia* Whiteaves (Fig. 138). Zwei Rückenflossen, die vordere niedrig. Schwanzflosse heterocerk. Oberdevon, Kanada.

Uronemus Agassiz. Keine Analis. Dorsalis mit der Caudalis verbunden. Ohne Zahnplatten. Konische Zähnchen auf Praearticulare und Pterygoid. Unterkarbon, Schottland.

Gosfordia A. Sm. Woodw. Kopf klein, Rumpf lang, seitlich komprimiert. Mittelflosse ungeteilt. Bauchflosse gelappt. Obere Trias, Neu-Süd-Wales.

Conchopoma Kner. Rotliegendes, Lebach. Ein großes, muschelförmiges Operculum. Auf Parasphenoid und Pterygoid viele Zähnchen. Generische Stellung ganz unsicher.

Familie: **Ctenodontidae.**

Schädeldach aus vielen Platten gebildet. Maxillae und Praemaxillae nicht deutlich differenziert. Ohne Rand- oder Gaumenzähne. Gebiß oben und unten aus je einem Paar dreieckiger, mit radialen, gezackten Kämmen versehener Platten bestehend. Ohne Jugularplatten. Schwanz heterocerk oder diphycerk. Analflosse stets frei, die übrigen Medianflossen wahrscheinlich vereinigt. Dünne Cycloidschuppen.

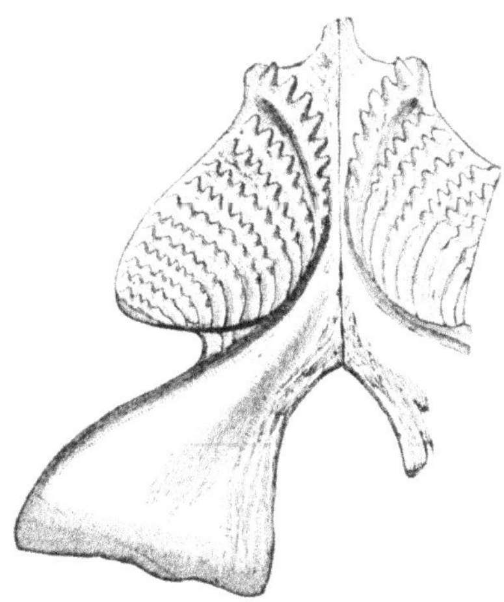

Fig. 139.
Ctenodus tuberculatus Atthey. Steinkohlenformation. Newsham, Northumberland. Pterygo-Palatinum mit Gaumenzähnen. ¹/₁ nat. Gr. (Nach Atthey u. Hancock.)

Ctenodus Ag. (Fig. 139). Größer als *Dipterus*. Hinterhaupt mit einer Occipitalplatte. Obere Zahnplatten mit 12—20 gekerbten oder höckrigen Radialkämmen. Oberdevon, Nordamerika. Karbon, Perm von Europa, Nordamerika. Oberkarbon, England. *Ct. cristatus* Ag.

Sagenodus Owen (*Megapleuron* Gaudry, *Ptyonodus* Egerton, *Hemictenodus* Jaekel p. p., *Petalodopsis* Barke, Fig. 140). Hinterhaupt mit zwei medianen Deckplatten. Zähne mit 3—10 einfachen oder gezähnten Falten. Verknöcherung stärker als bei *Ceratodus*, aber die Schuppen dünn, ohne Ganoin. Karbon, Perm, Europa, Nordamerika.

Familie: **Ceratodontidae.**

Schädeldach mit nur wenigen großen Hautknochen. Obere und untere Bogen regelmäßig entwickelt. Chordascheide zum Teil knorpelig, ungegliedert. Chorda persistent. Keine Intercalaria. Schuppen cycloid, dünn. Maxilla und Praemaxilla nicht differenziert, keine randlichen Kieferzähne. Keine Jugularplatten. Rückenflosse und Analis sehr lang und in die diphycerke Schwanzflosse übergehend; Strahlen sehr fein und zahlreicher als die in der Zahl mit den Dornfortsätzen korrespondierenden Flossenträger.

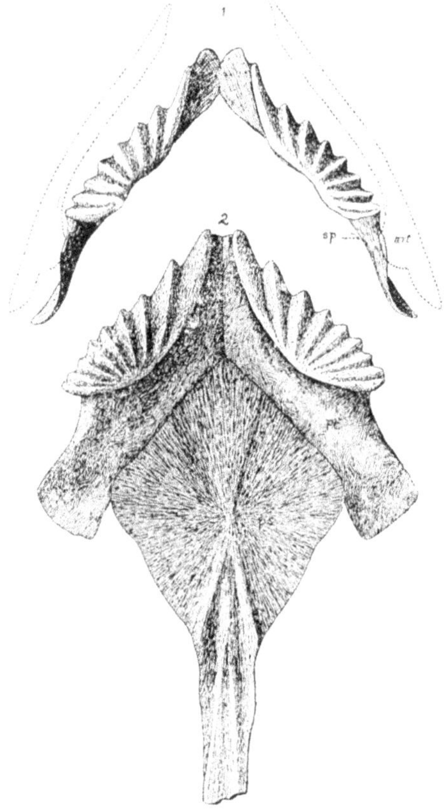

Fig. 140.
Sagenodus Copei Will. 1. Unterkiefer. *sp* Spleniale, *art* Articulare. 2. Oberkiefer. *Pt* Pterygopalatinum, *ps* Parasphenoid. (Nach Williston.)

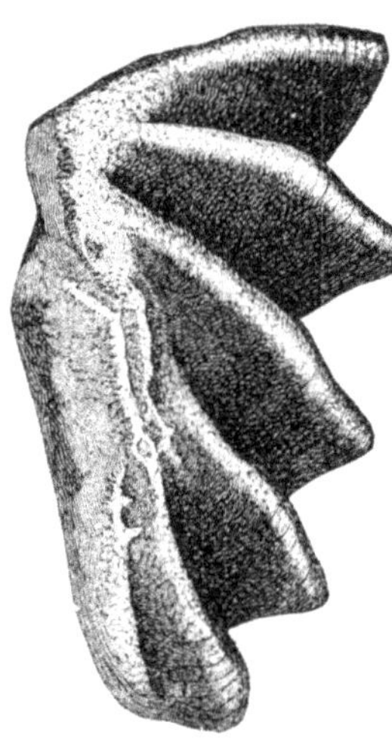

Fig. 141.
Ceratodus runcinatus Plien. Obere Lettenkohle, Hoheneck bei Ludwigsburg. Oberer Zahn. (Nat. Größe.)

Die untere Schicht der wie bei den Teleostiern in Taschen steckenden Schuppen ist fibrös, aber ungleichmäßig sklerotisiert. Die Faserlagen kreuzen sich in drei Richtungen. Die obere Schuppenschicht enthält keine Knochenzellen. Die Zähne entstehen durch Verwachsung von konischen Einzelzähnen, die an der Basis durch Knochengewebe verbunden sind.

**Ceratodus* wird gewöhnlich mit *Lepidosiren* (Sümpfe des Amazonasgebiets) und *Protopterus* (tropisches Afrika) zu einer Abteilung zusammengefaßt (*Sirenoidea*). Es muß betont werden, daß es sich hier um drei durchaus geschiedene Familien handelt, von denen nur die der *Ceratodontiden*[1])

[1]) *v. Stromer E.* und *Peyer B.*, Über rezente und triassische Gebisse von Ceratodontidae. Zeitschr. d. deutsch. geol. Ges. 1917.

fossil genauer bekannt ist. Diese hängt mit den *Ctenodontiden* genetisch unmittelbar zusammen und dürfte durch diese von den *Dipteriden* abstammen.

**Ceratodus* Ag. (Fig. 141, 142). (*Hemictenodus* Jaekel p. p.) Das flache Schädeldach wird nur durch zwei große Medianplatten und 2 Paar Seitenplatten gebildet. An das lange, vorn verbreiterte Parasphenoid legen sich seitlich die Pterygopalatina an, die vorn geradlinig zusammentreffen. Sie tragen jederseits einen großen, mit Radialfalten versehenen Zahn. Auch der Unterkiefer trägt jederseits auf seinem, dem Spleniale (Operculare) entsprechenden inneren Teil einen Zahn mit hohen Radialkämmen. Verknöchert sind Operculum und Suboperculum, der Zungenbeinbogen, die Kiemenbogen, der Brustgürtel, die Rippen, die oberen und unteren Bogen samt Dornfortsätzen und die Flossenträger, zum Teil in Form von knöchernen Hülsen. Das Quadratum bleibt knorpelig.

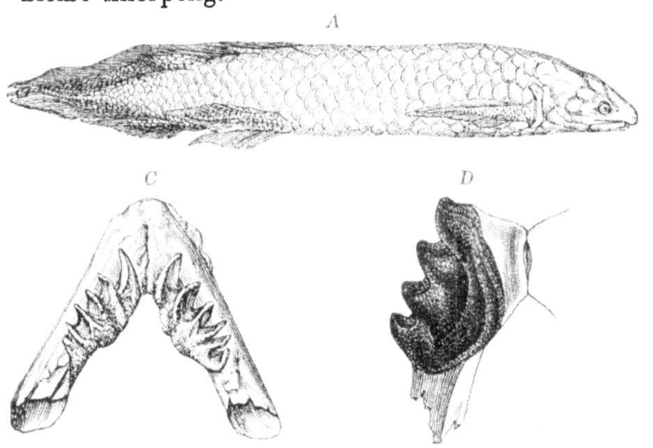

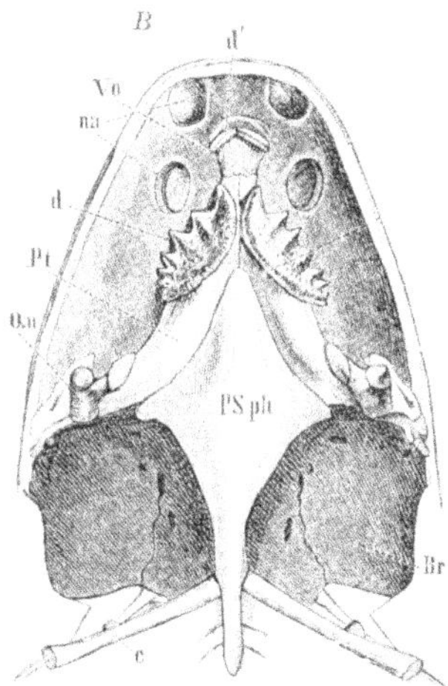

Fig. 142.
Neoceratodus Forsteri Krefft (Barramundi) aus Queensland. *A* Seitenansicht des Fisches, verkleinert *B* Unterseite des Schädels. *C* Unterkiefer. (Nach Günther).
Qu Quadratum, *PSph* Parasphenoid, *Pt* Pterygo-Palatinum, *Vo* Vomer, *d* und *d'* Zähne, *na* Nasenlöcher, *Br* Kiemenhöhle, *c* vorderste Rippe.
D Ceratodus Kaupi Ag. Lettenkohlensandstein. Hoheneck bei Ludwigsburg. Unterkieferzahn auf knöcherner Basis. ⅓ nat. Gr.

Für die lebende Art wird jetzt der Name *Neoceratodus* (Fig. 142) gebraucht. Sie scheint sich von den fossilen unter anderem dadurch zu unterscheiden, daß sie auf dem knorpeligen Vomer zwei meißelförmige Zähne besitzt. Solche Zähne sind bis jetzt noch nicht fossil beobachtet worden.

Der Name *Ceratodus* ist ursprünglich den fossilen Zähnen beigelegt, die sich aber nur unwesentlich (bedeutende Größe, geringere Zahl der Kämme) von der lebenden Gattung unterscheiden. Sie besitzen Schmelz und in der Jugend Körnchen wie die von *Ctenodus*. Die Zähne der lebenden Form haben 6 Kämme, bei den fossilen besitzen die Oberkieferzähne meist 5, die Unterkieferzähne 4 Kämme. An einem Schädel aus den Raibler-Schichten (unt. Keuper) von Lunz in Niederösterreich beobachtete Fr. Teller, daß die Seitenlinie in tief eingesenkten Kanälen der Knochen verläuft, daß die Verknöcherung massiger ist, und daß die paarigen Lateralia des Schädeldaches hintereinander liegen (*C. Sturi* Teller). Er möchte hiernach den fossilen *Ceratodus* von dem lebenden *Epiceratodus* abgrenzen.

Häufig in der Trias. Buntsandstein (*C. arenaceus* Qu.), Muschelkalk, Lettenkohle (Hohenecker Kalk), Keuper, Rhät.; in den oberen Karrooschichten Südafrikas (*C. capensis* A. Sm. Woodw.), in der Kota-Maleri-Gruppe (unterer Keuper) Indiens. In der oberen Trias von Neu-Südwales *C.* (*Sagenodus*) *laticeps* A. Sm. Woodw. Ferner im braunen Jura (Stonesfield Slates), im oberen Jura von Colorado und Australien, in der mittleren Kreide der Sahara (Insalah) und Ägypten (Beharieh), in der oberen Kreide (Laramie und Fort Union), von Montana und im älteren Tertiär von Patagonien.

Gnathorhiza Cope. Kleine Platten mit nur 3—4 Kämmen. Perm, Texas.

Protopterus-ähnliche Kiefer und ein *Lepidosiren*-artiges Palatinum im Oligocän von Ägypten, die erstere Gattung hier auch im Pliocän.

Unterklasse: **Teleostomi**[1]).

Mundspalte von Kieferdeckknochen umrandet. Kiefer nicht autostylisch, sondern durch einen Kieferstiel, hyostylisch, mit dem Schädel verbunden. Operculum knöchern. Innen- und Außenskelett mehr oder weniger verknöchert. Die Deckknochen des Schultergürtels mit denen des Hinterkopfes verbunden.

Diese Unterklasse umfaßt als Ordnungen die *Crossopterygier*, die *Ganoiden* und die *Teleostier* und somit weitaus die meisten aller bekannten Fische. Man kann die beiden letztgenannten, deren Flossen sich durch die verkürzte Achse und durch kräftige Strahlen auszeichnen, als »*Actinopterygii*« den Crossopterygiern gegenüberstellen.

Ordnung: **Crossopterygii**[2]).

Paarige Flossen quastenförmig, mit beschuppter Achse. Zwei große Jugularplatten zwischen den Unterkiefern, daneben bei paläozoischen Formen oft noch kleinere Seitenplatten oder eine mediane Vorderplatte. Schwanz diphycerk oder hetero-diphycerk. Devon bis jetzt (*Polypterus*).

Die palaeozoischen Crossopterygier haben wie *Dipterus* an der Schwanzflosse sowohl einen Epi- als auch einen Hypochordallappen.

Smith Woodward[3]) spricht sich für die Verwandtschaft der Crossopterygii mit den Labyrinthodonten aus wegen der gleichartigen Gruppierung der Schädelknochen und der überaus ähnlichen Zahnstruktur, wegen der Anwesenheit von Gaumenzähnen, eines Pinealforamen und von Sclerotikalplatten, eine Übereinstimmung, welche kaum als bloße Analogie gedeutet werden kann.

Die Crossopterygier werden eingeteilt in drei Unterordnungen: *Haplistia*, *Rhipidistia* und *Actinistia* nach der Beschaffenheit und Zahl der Axonostien und Basiostien der unpaaren Flossen. Diese Unterordnungen können jedoch hier vernachlässigt werden, weil die erste und letzte nur je eine Familie umfaßt — *Tarrasiidae* resp. *Coelacanthidae* und die Familie der *Tarrasiiden* nur auf wenigen, unvollständig bekannten Fischen — *Tarrasius* Traquair aus dem Karbon von Schottland — begründet ist. Nach Gregory leitet dieser mit zusammenhängender Rücken- und Schwanzflosse und abgestutzten Brustflossen versehene, vorne nackte Fisch zu den Tetrapoden hinüber.

Familie: **Holoptychiidae** Traquair.

Körper mit runden, übergreifenden Ganoidschuppen bedeckt. Chorda persistent. Brustflossen mit langer, beschuppter Achse, die in der Art eines

1) *Abel O.*, Fossile Flugfische. Jahrb. k. k. geol. Reichsanst. Wien. Bd. 56. 1906. — *Eastman C. R.*, A brief general account of fossil fishes and the triassic fishes of New Jersey. Ann. Rep. State Geolog. New Jersey 1904, Trenton 1905. — *Gregory W.*, The orders of Teleostomous Fishes. Ann. New York. Acad. scienc. Vol. 17. 1907. — *Heinecke*, Die Ganoiden und Teleostier des lithograph. Schiefers von Nusplingen. Geolog.-paläont. Abhandl. N. F. Jena. Bd. 8. 1907. — *Loomis*, Die Anatomie und Verwandtschaft der Ganoid- und Knochenfische aus der Kreideformation von Kansas. Palaeontograph. Bd. 46. 1900.

2) *Huxley T. H.*, Illustrations of the structure of the Crossopterygian Ganoids. Mem. Geol. Survey. Dec. XII. 1866. — *Woodward A. Sm.*, Catalogue etc. II. 316 ff.

3) The Relations of Palaeontology to Biology. Ann. Mag. Nat. Hist. 1906.

Archipterygiums gegliedert ist. Schwanzflosse heterocerk, mit kleinem oberen Lappen. Die zwei Dorsalflossen und die Analflosse durch je einen einfachen, distal verbreiterten Träger (Axonost) gestützt, auf welchen 1 bis 2 Reihen kurzer Basalstücke (Basioste) folgen, welche die feinen äußeren Flossenstrahlen tragen. Seitliche Jugularplatten. Infraclavicula vorhanden. Kopf und Kiemenregion mit glänzenden Hautknochen bedeckt. Marginale Zähne klein, zahlreich, konisch, außerdem einzelne große, zweischneidige Fangzähne in einer inneren Reihe des Unterkiefers und (ein Paar) im Oberkiefer. Dentin labyrinthisch gefaltet.

**Holoptychius* Ag. (*Glyptolepis*, *Platygnathus* Ag.) (Fig. 143, 144.) Devon; besonders im Oldred sandstone von Schottland, Irland, der russischen Ostseeprovinzen, von Kanada, aber auch in marinen Schichten von

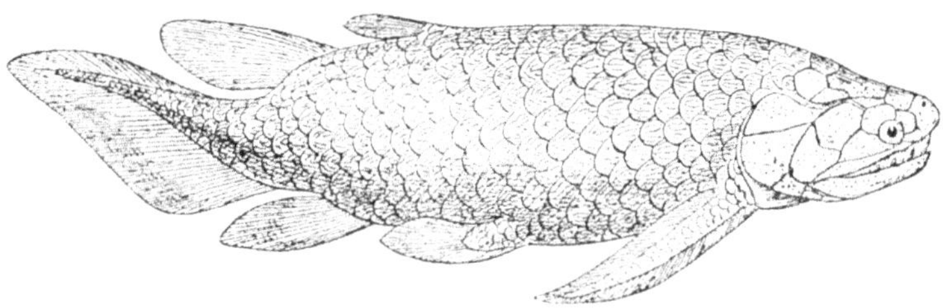

Fig. 143.
Holoptychius Flemingi Ag. Devon. Oldred, Schottland. (Nach. Traquair und v. Stromer.) $^1/_8$ nat. Gr.

Nordamerika, Belgien, Böhmen, der Eifel und von Granit Harbour, Antarktis. Einzelne Arten erreichen bedeutende Größe.

Isolierte Zähne sind als *Dendrodrus* Owen (Fig. 145), *Lamnodus* Ag. und *Apedodus* Leidy beschrieben.

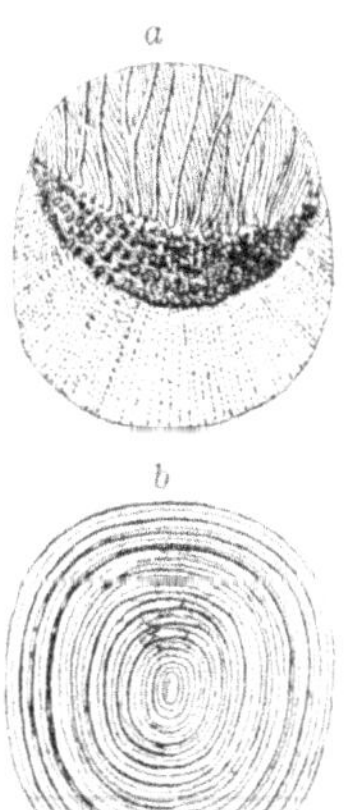

Fig. 144.
Schuppe von *Holoptychius* (*Glyptolepis*). Alter roter Sandstein. Wik, Rußland. (Nach Pander.) *a* von außen, *b* von innen.

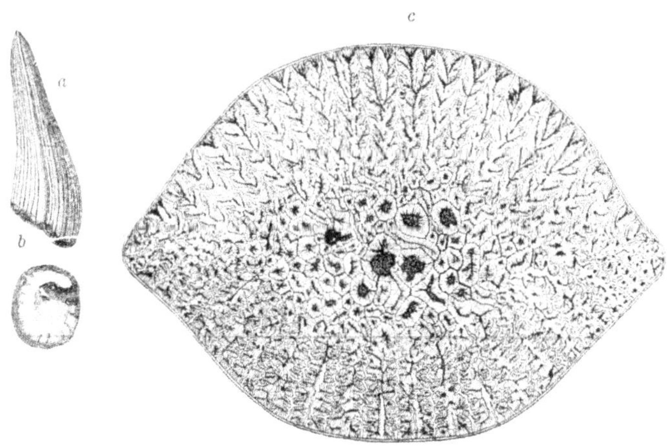

Fig 145.
Dendrodus biporcatus Ag. Devon. Fluß Aa, Livland. *a* von der Seite, *b* von unten. Nat. Gr. *c* Querschnitt, stark vergr. (Nach Pander.)

Familie: **Rhizodontidae.**

Von den Holoptychiden durch die kurze Achse der Brustflossen unterschieden. Dentin der meist wenig zahlreichen Zähne nur im unteren Teil der Krone radial gefaltet. Devon, Karbon.

**Rhizodus* Owen (*Megalichthys* Ag. pr. p.) (Fig. 146). Sehr große Fische mit runzligen cycloiden Ganoidschuppen. Infraclavicula mit einem langen Fortsatz nach oben. Zähne glatt, zweischneidig. Steinkohlenformation. Schottland, England, Nordamerika.

Strepsodus Young (*Dendroptychius* Young, *Archichthys* Hancock). Große und mittelgroße Fische. Zähne schlank, etwas gebogen, seitlich nicht zugeschärft. Steinkohlenformation. England, Kanada.

**Rhizodopsis* Young (*Dittodus*, *Ganolodus*, *Characodus*, *Gastrodus* Owen, *Orthognathus* Barkas) (Fig. 147). Schuppen oval, mit dünnem Ganoidüberzug, auf der Innenseite mit einem Höcker in der Mitte. Zähne im Querschnitt rund, glatt. Wirbelsäule mit Hohlwirbeln. Steinkohlenformation. England, Schlesien, Neu-Schottland.

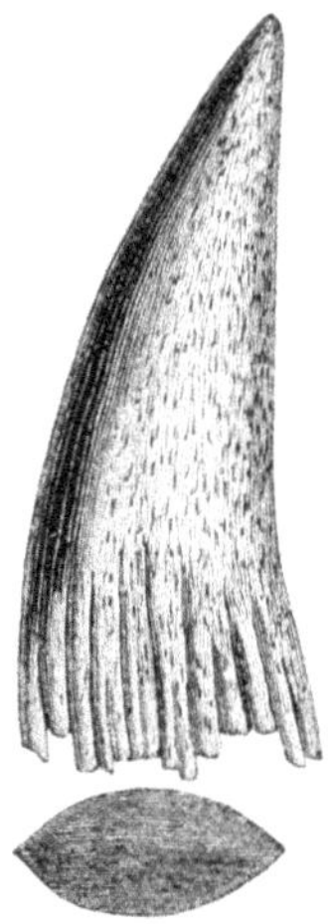

Fig. 146.
Zahn von *Rhizodus Hilberti* Ag. Steinkohlenformation. Edinburgh. ½ nat. Gr.

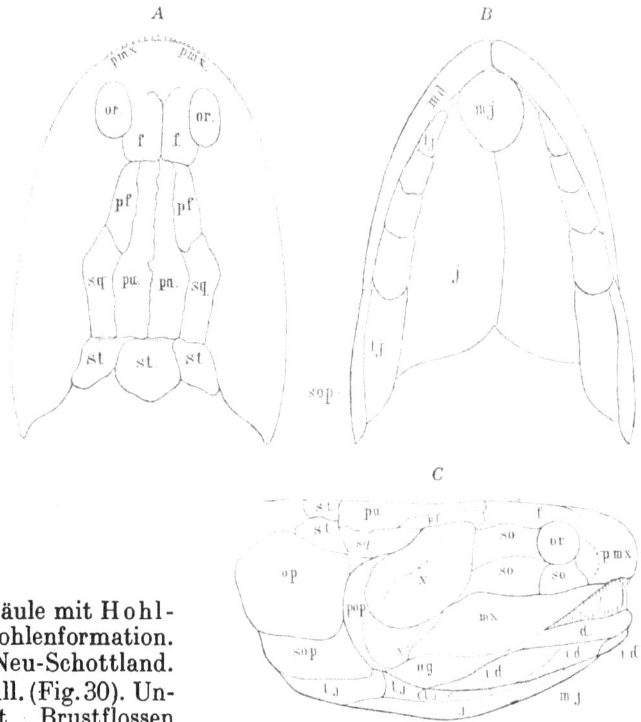

Fig. 147.
Rhizodopsis sauroides Williamson sp. Steinkohlenformation. Manchester. Kopf restauriert. *A* von oben. *B* von unten. *C* von der Seite. (Nach Traquair.) *pa* Parietale, *f* Frontale, *pf* Postfrontale, *sq* Squamosum, *st* Supratemporalia. *pmx* Praemaxilla, *or* Orbita, *so* Suborbitalia, *mx* Maxilla, *x* und *x'* Wangenknochen, *pop* Praeoperculum, *op* Operculum, *sop* Suboperculum, *md* Unterkiefer, *ag* Angulare mandibulae, *d* Dentale, *id* Infradentalia, *j* Hauptkehlplatte, *lj* seitliche Kehlplatten, *mj* mittlere Kehlplatte.

Sauripterus Hall. (Fig. 30). Unvollständig bekannt, Brustflossen gut erhalten. Devon, Pennsylvanien.

Gyroptychius Mc Coy, sehr nahe mit *Rhizodopsis* verwandt. Schuppen auf der Innenseite mit einer Leiste. Mittl. Oldred, Schottland.

Tristichopterus Egerton. Im Abdomen mit Hohlwirbeln. Heterocerk. Mittl. Oldred, Schottland und wohl identisch mit:

**Eusthenopteron* Whiteaves (Fig. 30 a). Hohlwirbel bis zum Vorderrand der Rückenflosse, dahinter nur obere und untere Bogen. Schwanzflosse diphycerk, sehr groß, ausgeschnitten, in der Richtung der Körperachse mit verlängerten Strahlen. Viele größere Zähne auf den Kiefern, Palatopterygoid und Praevomer, kleine auf Parasphenoid und Entopterygoid. Oberdevon, Kanada.

Cricodus Ag. (*Polyplocodus* Pander), Devon, Rußland, Schottland, Belgien.

Familie: **Osteolepidae**[1]).

Schlank, mit rhombischen Kosminschuppen. Ringwirbel in der Schwanzregion. Interopercula und seitliche Jugularplatten fehlen. Brustflossen mit kurzer Achse. Paarige Flossen den medianen sehr ähnlich. Zähne nur an der Basis außen gefaltet, in der inneren Reihe einige große Fangzähne. Devon.

**Osteolepis* Ag. (*Tripterus*, *Triplopterus* McCoy). (Fig. 148.) Die vor den Parietalien liegenden Knochen des Schädeldaches verschmolzen. Frontal-

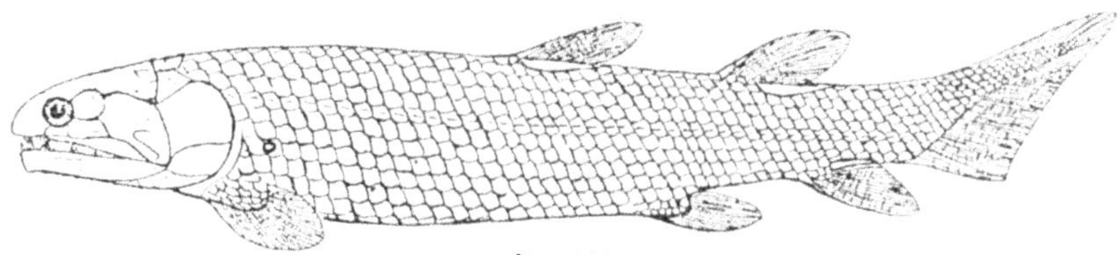

Fig. 148.
Osteolepis macrolepidotus Ag. Mittl. Oldred. Schottland. 1/2 nat. Gr. (Nach Traquair u. Jaekel.)

loch vorhanden. Zähne im Querschnitt rund. Schuppen mit Kosmin, glatt oder punktiert. Schwanz ausgeprägt heterocerk. Erste Dorsalis vor den Bauchflossen. Mittl. Oldred, Schottland. Granit Harbour, Antarktis.

Thursius Traquair. Wie vorige, aber erste Dorsalis gegenüber den Bauchflossen. Mittl. Oldred, Schottland.

Diplopterus Ag. Ebenda.

Glyptopomus Ag. (*Glyptolaemus* Huxley). (Fig. 149.) Knochen des Schädeldaches nicht verschmolzen und wie die Schuppen mit Runzeln und Körnern. Schwanz diphycerk. Mittl. Oldred, Schottland.

Fig. 149.
Schuppe von *Glyptopomus Kinnairdi* Huxley. Vergr. (Nach Huxley.)

Megalichthys Ag. (*Centrodus* McCoy, *Rhomboptychius* Young, *Ectostereorhachis* Cope, *Parabatrachus* Owen). Steinkohlenformation. Perm, Texas.

Familie: **Onychodontidae**[2]).

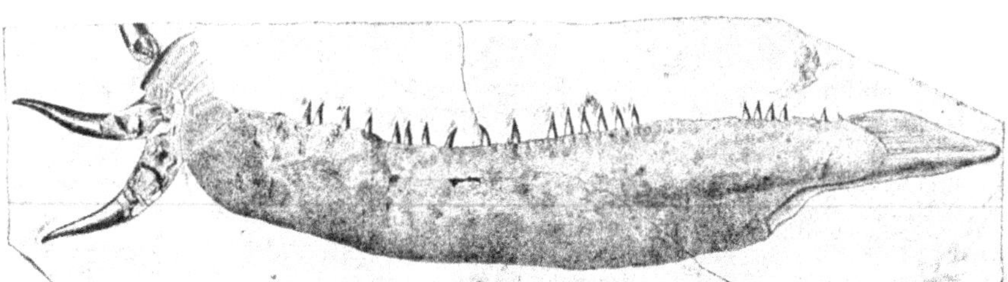

Fig. 150.
Onychodus sigmoides Newb. In 1/3 nat. Gr. Mit den symphysealen Zähnen in situ. (Nach Newberry.)

[1]) Außer *Agassiz*, Poiss. foss. II. vgl. *Pander*, Saurodipt., Dendrodont. usw. des devonischen Systems. 1860. — *Traquair R. H.*, Geol. Mag. 1888. Ann. Mag. Nat. Hist. 1890. — *Woodward A. Sm.*, Catalogue II.

[2]) *Newberry J. S.*, Bulletin National Institute. 1857. Rep. Geolog. Survey Ohio. Vol. I. pt. 2. 1873. Palaeozoic fishes of North America. Monogr. U. S. Geolog. Survey XVI. 1889.

Schuppen cycloid. Unterkiefer mit einem Präsymphysialknochen, der mit großen Zähnen besetzt und sigmoidal gebogen oder spiral eingerollt ist.

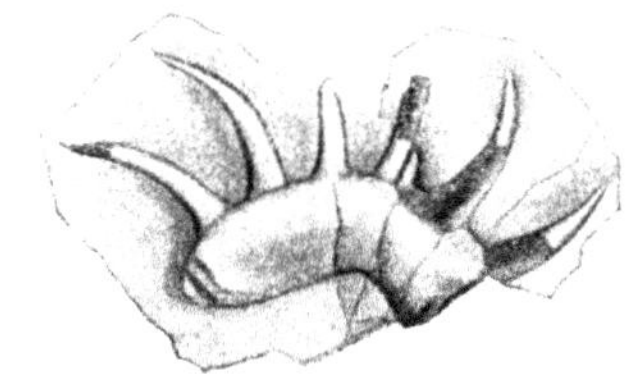

Fig. 151.
Onychodus Ortoni Newb. In ½ nat. Gr. Die intermandibulare (symphyseale) Zahnreihe. (Nach Newberry.)

Onychodus Newberry (Fig. 150, 151). Mitteldevon, Ohio. Unteres Oldred, England.

Familie: **Coelacanthidae** Huxley[1]).

Körper mit dünnen, cycloiden Ganoidschuppen bedeckt. Wirbelsäule nicht verknöchert. Bogen, Dornfortsätze und die Interspinalia der Schwanzflosse von Knochenscheiden umgeben. Chondrocranium zum Teil verknöchert. Paarige Flossen mit kurzer, stumpfer Achse. Die 2 Dorsalflossen und die Afterflosse durch eine einfache, proximal meist gegabelte Platte getragen, auf welche bei der vorderen Dorsalis unmittelbar die äußeren Strahlen folgen. Schwanzflosse diphycerk, durch zahlreiche, einfache Träger gestützt, und in einer vorspringenden, kleinen Pinselflosse endigend. Träger der Beckenflosse einfach, nicht in der Mediane verbunden. Nur ein Operculum und ein paar Jugularplatten. Mehrere Splenialia. Schwimmblase verknöchert. Devon bis Kreide.

Coelacanthus Ag. (*Hoplopygus* Ag., *Conchiopsis* Cope, *Rhabdoderma* Reis). Außenrand der Kiefer ohne Zähne, nur einige wenige der inneren Reihe vorhanden. Kopfknochen und Schuppen runzelig und körnelig; Flossenstrahlen nicht

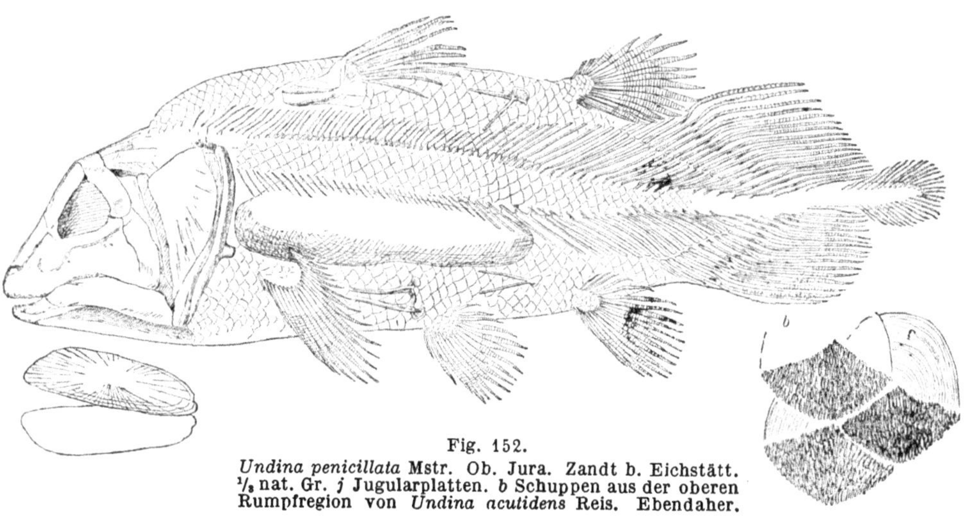

Fig. 152.
Undina penicillata Mstr. Ob. Jura. Zandt b. Eichstätt. ¹/₃ nat. Gr. *j* Jugularplatten. *b* Schuppen aus der oberen Rumpfregion von *Undina acutidens* Reis. Ebendaher.

gezähnelt. Karbon, Perm. England, Deutschland (Kupferschiefer), Nordamerika, Madagaskar, Karrooformation, Südafrika. Fraglich Trias, falls *Coel. minor* Ag. aus dem Muschelkalk und *C. lunzensis* Teller aus d. Raibler Sch. hierher gehören.

Palaeophichthys Eastman. Aalähnlich. Ohne paarige Flossen. Rückenflosse mit Afterflosse vereinigt. Karbon, Illinois.

Graphiurus Kner, Obere Trias von Raibl. *Heptanema* Belloti, Oberer Muschelkalk, Perledo. *Diplurus* Newb. Trias, Nordamerika.

[1]) *Reis O. M.*, Die Coelacanthinen mit besond. Berücksicht. d. im Weißen Jura vorkommend. Gattungen. Palaeontographica Bd. XXXV. 1888. Geognost. Jahreshefte 1892 und Coelacanthus lunzensis Teller. Jahrb. k. k. geol. Reichsanstalt Wien 1900. — *Stensiö E. A.*, Über Coelacanthiden aus dem Oberdevon von Wildungen. Palaeont. Zeitschr. 1922.

Wimania, *Sassenia*, *Axelia* Stensiö. Große Fische, fast nur Kopfknochen, zum Teil mit stumpfen Zähnen versehen, bekannt. Kiefer mit konischen Zähnen. Trias von Spitzbergen.

Mylacanthus, *Scleracanthus* Stensiö. Ebenda.

Diplocercides Koenen. Oberdevon. Wildungen. *D. Kayseri* Koen.

**Undina* Mstr. (*Holophagus* Egerton). (Fig. 152.) Sämtliche Flossenstrahlen breit, gegen außen fein gegliedert, mit feinen Zähnchen am vorderen Strahl der ersten Dorsalis und der Schwanzflosse. Kopfknochen und Schuppen runzelig und körnelig. Lias und oberer Jura. *U. gulo* Ag. Lias von England. *U. penicillata* Mstr. Oberer weißer Jura, Süddeutschland, Spanien. *Libys* Mstr., *Coccoderma* Quenst. Oberer weißer Jura. Purbeck.

Mawsonia A. Sm. Woodw. Kreide, Brasilien. Sehr groß.

**Macropoma* Ag. Maxilla, Vomer, Palatina mit konischen Zähnen. Flossenstrahlen kräftig, wenig gegliedert, distal nicht verbreitert. Strahlen der Dorsalis und Caudalis am Vorderrand gezähnelt. Pinselflosse wahrscheinlich reduziert. Obere Kreide. England, Frankreich, Sachsen, Böhmen.

Familie: **Polypteridae** Huxley.

Dicke, rhombische Ganoidschuppen. Wirbelsäule und Innenskelett verknöchert. Zwei Jugularplatten. Brustflossen mit kurzer, stumpfer Achse. Als Stütze der zahlreichen kurzen Basalstücke dienen zwei divergierende Knochenspangen, die eine mittlere Platte einschließen (als Propterygium, Mesopterygium, Metapterygium bezeichnet). Rückenflosse sehr lang, bis zur Schwanzflosse reichend, mit zahlreichen Stacheln und ebensoviel Flossenträgern. Zähne konisch, mit einfacher Pulpa, Dentin nicht gefaltet.

Die in Afrika lebenden Gattungen *Polypterus* und *Calamoichthys* stehen den eigentlichen Crossopterygiern recht selbständig gegenüber, so daß man sie auch als besondere Unterordnung oder Ordnung auffassen kann. A. Sm. Woodward bezeichnet sie als Cladistia, die hier besprochenen älteren Crossopterygier als Rhipidistia und Actinistia. Isolierte Schuppen im Eocän von Ägypten.

„Actinopterygii."

Paarige Flossen mit verkürztem Achsenskelett und kräftigen Flossenstrahlen. Meist gelenken eine Anzahl basaler Radien (knorpelig oder verknöchert) direkt am Schultergürtel. Kiemenhaut zwischen den Unterkieferästen mit knöchernen, plattigen Strahlen.

Nach Gregory entwickelten sich die medianen und paarigen Flossen der Aktinopterygier aus stabförmigen Schuppen, aus welchen durch Verschmelzung die Hautstrahlen entstanden. Die Wirbelsäule wurde durch untere und obere Bogen verstärkt und zuletzt erfolgte Verknöcherung der Wirbelzentren.

A. Smith Woodward teilt die Actinopterygier in 10 Unterordnungen, von den *Chondrostei*, den Knorpelganoiden, bis zu den *Acanthopterygii*, den in gegenwärtigen Meeren herrschenden Stachelflossern. Die Grenze zwischen Ganoiden und Teleostiern ist, wie genügend bekannt, keine scharfe, da Ganoiden wie *Pholidophorus*, *Caturus* und ähnliche den *Clupeiden* durch die fossilen *Leptolepiden* sehr nahekommen. Im ganzen wird man aber die beiden großen Gruppen der *Actinopterygier* als Ordnungen beibehalten können. Die heute noch lebenden Ganoiden weichen von den Teleostiern in wichtigen inneren Eigenschaften ab; sie stellen die Ausläufer großer Stämme dar, die keine direkten genetischen Beziehungen zu den lebenden Teleostiern haben. Auch *Amia* steht für sich. Die Linie der Abstammung führt von den jurassischen *Leptolepis* und *Thrissops* zu den jurassischen Nebenzweigen der *Amia*-ähnlichen Ganoiden, nämlich den *Pholidophoriden* und *Caturiden* hinüber; in dieser Linie muß der Schnitt willkürlich geführt werden. In anderen Fällen wird man kaum praktisch in Verlegenheit kommen.

Ordnung: **Ganoidei.** Schmelzschupper[1]).

Rumpf und Schwanz mit Ganoidschuppen bedeckt, selten nackt oder mit Knochenplatten. Wirbelsäule knorpelig oder in verschiedenem Grade verknöchert, Schwanzflosse diphycerk, heterocerk oder hemiheterocerk. Paarige Flossen wohl entwickelt. Flossenstrahlen gegliedert, häufig Fulcra vorhanden. Schädel mit Hautknochen bedeckt oder vollständig verknöchert. Kieferstiel durch Ligament am Schädel befestigt. Muskulöser Arterienstiel mit zahlreichen Klappen. Sehnerven nicht vollständig gekreuzt (Chiasma). Darm mit Spiralklappe. Schwimmblase mit Ausführungsgang.

Bei Aufstellung der »Ordnung« der Ganoiden hatte L. Agassiz ausschließlich das Hautskelett berücksichtigt und unter dieser Bezeichnung alle Fische mit Schuppen, die aus einer knöchernen Unterlage und einer Schmelzdecke zusammengesetzt sind, zusammengefaßt.

Eine auf anatomische Merkmale begründete Definition der Ganoiden suchte Joh. Müller zu schaffen. Nach Entfernung der als echte Knochenfische erkannten Plectognathen, Lophobranchier und Siluroiden und nach Versetzung des Lepidosiren zu den Dipnoern blieben als echte Ganoiden noch immer eine große Menge fossiler und rezenter Fische übrig, welche nach Joh. Müller eine eigene Unterklasse zwi-

---

[1]) *Anderson E.*, Über Triasfische von Tessin. Bull. Geol. Inst. Upsala 1916. — *Bassani F.* und *D'Erasmo G.*, La Ittiofauna del calcare cretacico di Capo d'Orlando (Napoli). Mem. Soc. Ital. delle scienze. T. 17. 1912. — *Cope Edw.*, Trans. Amer. Philos. Soc. 1871, XIV, S. 445—460 und American Naturalist XIX, XX, XXI, XXIII (1885—89). — *De Alessandri G.*, Studii sui pesci triasici della Lombardia. Mem. Soc. Ital. delle scienze nat. Vol. VII. Milano 1911. — *Eastman C. R.*, Triassic fishes of Connecticut. Connecticut State Geol. and Nat. Hist. Survey. Bull. 18. 1911. — *Hennig E.*, Über Ptycholepis bollensis. Jahresh. d. Ver. f. vaterl. Naturkunde. Württemberg 1918. — *Huxley Th.*, Preliminary essay upon the systematic arrangements of the fishes of the Devonian Epoch. Mem. geol. Survey U. Kingdom 1861. Dec. X. — *Kner Rud.*, Betrachtungen über die Ganoiden als natürliche Ordnung. Sitzungsber. d. Wiener Akad. 1866. Bd. LIV. S. 519. — *Koken E.*, Über die natürl. Systematik der Fische. Zeitschr. deutsch. geol. Ges. 1891. S. 154 ff. — *Kramberger Gorjanovic K.*, Die obertriadische Fischfauna von Hallein in Salzburg. Beitr. Paläont. Österr.-Ungarns, Wien 18. 1905. — *Lütken Chr.*, Über die Begrenzung und Einteilung der Ganoiden. Palaeontographica Bd. XXII (übersetzt aus Videnskabel. Meddelelser fra den naturhistoriske forening; Kjöbenhavn 1868). — *Müller Joh.*, Über den Bau und die Grenzen der Ganoiden. Abhandl. d. Berl. Akad. d. Wissensch. 1834 (1836). — *Sauvage M. H. E.*, Sobre los peces de la caliza litográfica de Lérida. Cataluña. Mem. R. Acad. d'Cienc. y Artes. Barcelona 1903. — *Stolley E.*, Ganoiden des deutschen Muschelkalks. Palaeontograph. 63. Bd. 1920. — *Traquair R. H.*, The Ganoid fishes of the British Carboniferous formations. Palaeontogr. Soc. 1877, 1912 und Les poissons wealdeniens de Bernissart. Mem. Mus. Hist. nat. de la Belgique 1910. — *Vogt C.*, Quelques observations qui servent à la classification des Ganoides. Ann. des scienc. nat. Zoologie 3 sér. IV. p. 53—68. — *Woodward A. Sm.*, The fossil fishes of the Hawkesbury series at St. Peter's. New Geol. Survey N. S. Wales Nr. 10. Melbourne 1908.

schen den Elasmobranchiern und den Knochenfischen bilden. Während die Beschaffenheit des muskulösen Arterienstieles, die unvollständige Kreuzung der Sehnerven, der mit Spiralklappe versehene Darm mit den ersteren übereinstimmen, weist die Anordnung der Kopfknochen, der Bau der Flossen und häufig auch die Verknöcherung des Skelettes auf die Knochenfische hin. Ja, nachdem C. Vogt in *Amia* einen im anatomischen Bau echten Ganoiden mit dünnen, elastischen Cycloidschuppen und vollkommen verknöchertem Skelett erkannt hatte, schien die Grenze nach den *Teleostei* gänzlich verwischt. Lütken entfernte die Placodermen, Acanthodier, Dipnoer und *Chondrostei* aus der Unterklasse der Ganoiden und betonte die nahe Verwandtschaft der letzteren mit den Knochenfischen. Noch entschiedener gingen Kner, Thiollière, Owen und später Cope und Sm. Woodward vor, indem sie die Ganoiden überhaupt als eine selbständige Gruppe unterdrücken und deren Angehörige, soweit sie nicht zu den Crossopterygiern gestellt werden, mit den *Teleostei* unter der gemeinsamen Bezeichnung *Actinopterygii* vereinigen.

Das auffallendste, wenn auch nicht ausschließliche Merkmal der Ganoiden beruht in den Schuppen, welche aus einer dicken knöchernen Unterlage und

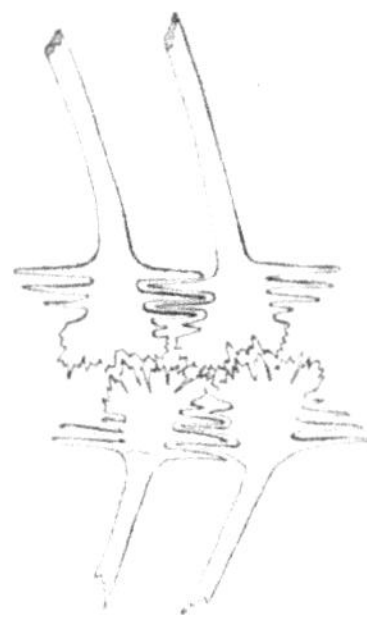

Fig. 153.
Zwei Schwanzwirbel von *Pycnodus platessus* Ag. (Nach Heckel.)

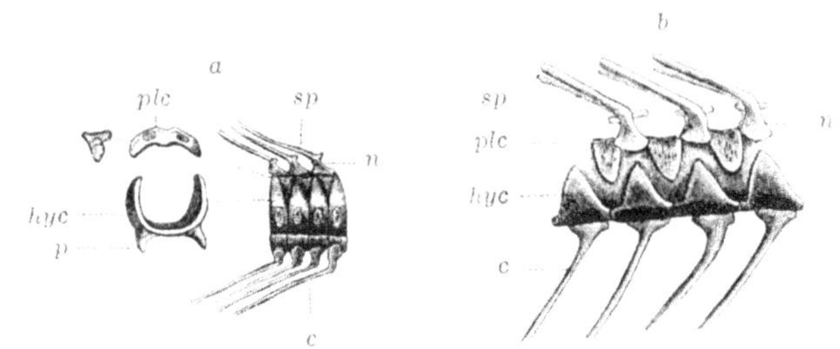

Fig. 154.
a Wirbel von *Euthynotus*. *b* Wirbel von *Caturus furcatus*. *n* obere Bogen, *sp* der gespaltene obere Dornfortsatz, *hyc* Hypocentrum, *plc* Pleurocentrum, *p* Parapophyse, *c* Rippe.

einer äußeren Schmelzschicht bestehen. Eine gelenkartige Verbindung der Schuppen ist wenigstens für die Rhombenschuppen unter den Ganoiden charakteristisch. Freilich gibt es auch Ganoidschuppen von rundlicher Form, welche sich genau wie die Cycloid- und Ctenoidschuppen dachziegelartig decken, und welche zuweilen nicht wesentlich dicker sind als die letzteren, allein auch diese Kreisschuppen (*Caturus*, *Megalurus*, *Macrorhipis*, *Amia*) zeigen unter der Schmelzdecke eine mit Knochenkörperchen ausgestattete Unterlage von zuweilen freilich nur minimaler Stärke. Durch starke Rückbildung der Schuppen, die sich nur im Schwanz erhalten, zeichnen sich die Spatulariden aus; bei den Stören ist der Rumpf teilweise mit großen Knochenplatten bedeckt.

Von besonderem Interesse ist die Ausbildung des inneren Skeletts und namentlich der Wirbelsäule bei den Ganoiden. Vollkommen knorpelig bleibt die Wirbelsäule nebst ihren Bogen und Anhängen bei einigen *Chondrostei* (*Acipenser*); aber schon bei *Spatularia*, bei fast allen Heterocerken und Pycnodonten und einem Teil der *Lepidostei* findet eine von außen nach innen vorschreitende teilweise oder vollständige Verknöcherung der Bogen, Dornfortsätze und gleichzeitig auch der unpaaren Flossenstützen statt, wobei jedoch häufig noch ein knorpeliger Kern von den hohlen Hülsen umgeben ist. Diesen »Nacktwirbeln« (Fig. 153) stehen die sog. »Halbwirbel« und »Hohlwirbel« gegenüber. Bei den ersteren (Fig. 154) tritt an der Basis der Chorda eine hufeisenförmige Knochenplatte (Hypocentrum, Intercentrum) auf, an welche sich in der Schwanzregion die unteren Bogen anlegen; die nach oben gerichteten Schenkel dieser Hypocentra sind meist verschmälert und zugespitzt. Das eigentliche Wirbelzentrum wird durch zwei seitliche, meist nach unten zugespitzte Knochenplatten (Pleurocentra) repräsentiert, welche häufig dorsal verwachsen und ebenfalls einen hufeisenförmigen Halbring bilden. Je nach ihrer Größe umschließen die Hypocentra und Pleurocentra die weiche ungegliederte Chorda mehr oder weniger vollständig, zuweilen bilden sie auch, indem sich ihre oberen und unteren Hörner nicht zuspitzen, sondern in gleicher Breite dorsal und ventral zusammenstoßen, zwei Halbringe, welche die Chorda vollständig umhüllen (Fig. 155a). Bei

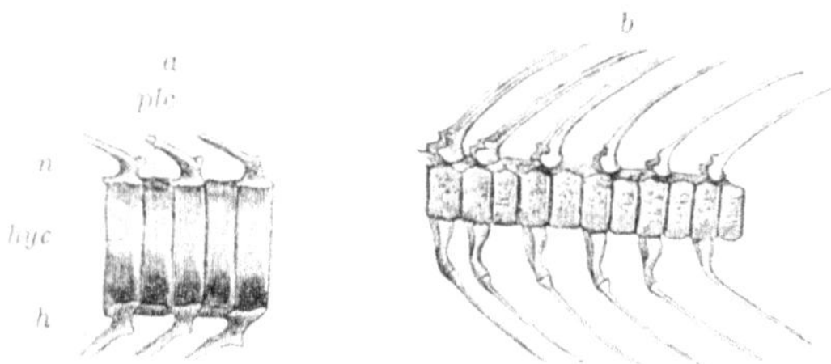

Fig. 155.
a Schwanzwirbel von *Eurycormus speciosus*. *b* Ein Stück der Wirbelsäule von *Amia calva* aus dem vorderen Abschnitt der Caudalregion, *h* untere Bogen, sonst wie Fig. 154.

Fig. 156.
Aspidorhynchus.
Ein Stück der Wirbelsäule aus der Schwanzregion mit aufsitzenden Bogen und Dornfortsätzen.

manchen Gattungen (*Eurycormus*) besteht die vordere Rumpfregion aus Halbwirbeln, die Schwanzregion aus Hohlwirbeln, die aus zwei Hälften zusammengesetzt sind. Durch vollständige Verwachsung der beiden Halbringe entstehen einfache, hülsenartige Hohlwirbel (Fig. 156). Bei den Amiaden sind die Wirbelcentren in der Rumpfregion verknöchert, amphicöl, in der Schwanzregion aber noch in zwei Hälften geteilt, welche den Hypo- und Pleurocentren entsprechen (Fig. 155b).

Eine gänzliche Verknöcherung der Wirbelsäule beobachtet man nur bei den jüngsten Vertretern der Ganoiden. Bei den Lepidosteiden sind die Wirbelcentren hinten ausgehöhlt, vorne konvex (opisthocöl).

Das hintere Ende der Wirbelsäule verlängert sich stets in die Schwanzflosse. Sehr häufig findet sich rein heterocerke, hemiheterocerke oder innerlich heterocerke, nur äußerlich homocerke Schwanzbildung. Bei den heterocerken Schwanzflossen wird der bei den älteren Formen sehr lange obere Lappen immer kürzer.

Bei vielen Ganoiden sind die unpaaren und zuweilen auch die paarigen Flossen am Vorderrand mit sog. Fulcra, schuppenförmigen, mit Schmelz bedeckten Stacheln oder Platten besetzt, welche in einer Reihe aufeinanderfolgen und sich teilweise bedecken. Sämtliche Flossenstrahlen bestehen aus zwei Hälften, sind quer gegliedert und distal gespalten.

Wie die Wirbelsäule, so bietet auch der Schädel sehr verschiedene Stadien der Verknöcherung dar. Bei den Knorpelganoiden beschränkt sich dieselbe auf eine Anzahl Belegknochen auf dem Schädeldach und der Schädelbasis. Pterygoid und Gaumenbeine sind noch verschmolzen, der Unterkiefer und ein Teil des Zungenbeinbogens verknöchert, der Opercularapparat schwach entwickelt. Bei den *Heterocerci*, *Lepidostei* und *Pycnodonti* steht die Verknöcherung jener der Teleostier ziemlich gleich und auch die Zahl und Anordnung der einzelnen Knochen stimmt im wesentlichen mit den letzteren überein. Otolithen von Ganoiden — *Archaeotolithus* Stolley (Fig. 31) — unterscheiden sich von jenen der Teleostier dadurch, daß das Wachstum anstatt im Zentrum des Kalkkörpers in einer Ecke beginnt.

Im Bau des Brustgürtels und namentlich der vorderen Extremitäten zeigen die verschiedenen Ordnungen der Ganoiden große Abweichungen. Bei den *Chondrostei* und *Heterocerci* besteht die Clavicula noch aus drei gesonderten Belegknochen, während bei den *Orthoganoidei*, *Amioidei* und *Pycnodonti* der untere Abschnitt (Infraclavicula) vollständig mit der Clavicula verschmilzt. Die hinter der Clavicula folgenden, der Scapula, dem Coracoideum und Praecoracoideum entsprechenden kleinen Gebilde bleiben bei den *Chondrostei* knorpelig, sind dagegen bei den übrigen Ganoiden genau wie bei den Teleostiern verknöchert. Auch bezüglich der Lage und Zahl der Basalstücke in den Brustflossen stimmen die meisten Ganoiden mit den Knochenfischen überein.

Neben der Hautbedeckung und dem inneren Skelett gibt es noch einige anatomische Merkmale, wodurch sich die Ganoiden als eine selbständige Abteilung erweisen. So ist der muskulöse, etwas verlängerte Stiel der Hauptarterie (conus arteriosus) im Innern ähnlich wie bei den Selachiern mit mehreren Reihen von Klappen versehen, welche den Rücktritt des Bluts aus der Arterie in die vordere Herzkammer verhindern. Die Kiemen dagegen liegen stets, wie bei den Teleostiern, frei unter einem meist aus mehreren Knochenplatten bestehenden Deckel. Auch durch den Besitz einer Spiralklappe im Darme sowie in der Ausbildung des Urogenitalsystems nähern sich die Ganoiden mehr den Selachiern als den Teleostiern; dagegen besitzen alle eine Schwimmblase mit Luftgang und zahlreiche kleine Eier. Durch vollständige Kreuzung der Sehnerven unterscheiden sich die Knochenfische von den Ganoiden, bei denen die in Äste zerteilten Sehnerven ein sog. Chiasma bilden. Die aufgeführten Eigenschaften teilen die Ganoiden aber mit den Crossopterygiern, soweit man diese nach dem lebenden Polypterus beurteilen kann.

Die Ganoiden haben ihre Hauptverbreitung in paläozoischen, triassischen und jurassischen Ablagerungen und werden mit Beginn des Kreidesystems mehr und mehr durch die Knochenfische verdrängt. Die wenigen noch jetzt existierenden Ganoiden leben entweder ausschließlich oder doch zeitweilig in süßem Wasser, während die fossilen vorwiegend in rein marinen Ablagerungen vorkommen. Nur die tertiären Ganoiden stammen aus Süßwasserbildungen.

Die Ganoiden sind hier eingeteilt in 7 Unterordnungen: *1. Chondrostei, 2. Belonorhynchi, 3. Heterocerci, 4. Pycnodonti, 5. Orthoganoidei, 6. Lepidostei, 7. Amioidei.* Die *Orthoganoidei* bilden gleichsam den Kern der ganzen Abteilung der geologisch jüngeren Ganoiden und decken sich fast mit der Abteilung *Protospondyli* bei A. Sm. Woodward. Die *Belonorhynchiden* sind eine kleine, aber sehr isolierte Gruppe, deren Aufführung bei den *Chondrostei* auf große Bedenken stößt; ihre morphologischen Eigentümlichkeiten rechtfertigen es, sie trotz des geringen Umfangs als Unterordnung gleichwertig neben die *Chondrostei* zu stellen. Die *Aspidorhynchiden* werden besser zu den *Orthoganoiden* gestellt als zu den *Lepidosteiden*, mit denen zusammen sie bei A. Sm. Woodward die Gruppe der *Aetheospondyli* ausmachen. Es ist kaum mehr als eine habituelle Ähnlichkeit vorhanden. Den größten Teil der *Amioidei* findet man bei Woodward unter den *Protospondyli*, wo die *Amiidae*, *Eugnathidae* und *Pachycormidae* als gleichwertige Familien erscheinen. Die *Pholidophoriden* und *Oligopleuriden* eröffnen im System Woodwards die Abteilung der *Isospondyli*, zu der er auch die *Clupeiden* und sich anschließende *Physostomen* rechnet. Die *Clupeiden* und ihre Verwandten unterscheiden sich jedoch trotz mancher mit Ganoidfischen gemeinsamer Züge (es kommen sogar Reste einer Spiralklappe im Darm vor) weit von den lebenden Ganoiden, und dies gilt auch für ihre direkten Vorfahren im Jura. Hiernach ist hier die Grenze zwischen *Ganoidei* und *Teleostei* gezogen. Daß dabei genetische Linien geschnitten werden, ist zweifellos, wird aber in keiner Systematik sich vermeiden lassen, die nicht allein auf dem Prinzip nachweisbarer Deszendenz beruht. Unter den lebenden Ganoiden ist *Amia* diejenige Gattung, welche zu den *Clupeiden* die nächsten Beziehungen hat; unter den fossilen sind es die *Caturiden*, *Pachycormiden* und *Oligopleuriden*.

1. Unterordnung: **Chondrostei**[1].

Inneres Skelett und Schädel knorpelig, Kopf mit knöchernen Hautschildern bedeckt. Rumpf nackt oder mit Reihen von knöchernen Platten. Echte Ganoidschuppen im oberen Teil des Schwanzes. Kiemendeckel reduziert, Kiemenhautstrahlen häufig fehlend. Zähne klein oder fehlend. Schwanzflosse echt heterocerk. Der obere Lappen mit Fulcren. Bauchflossen mit einer Reihe knorpeliger Basilarstücke. Eine Rücken-, eine Afterflosse.

Familie: **Chondrosteidae** A. Sm. Woodw.

Kopf mit verlängerter Schnauze, oberer Kiefer klein, zahnlos. Prämaxillen fehlen. Parietalia und Frontalia paarig; neben den Parietalien ein großes Squamosum. Kiemenhautstrahlen kräftig. Operculum klein, Suboperculum groß. Körper nackt, nur das in den oberen Lappen der Schwanzflosse verlängerte Ende mit derben Ganoidschuppen. Rückenflosse über der Bauchflosse.

Chondrosteus Egerton (Fig. 157). Kopfdeckknochen teilweise mit Ganoin. Unterkiefer-Suspensorium sehr schief. Flossenstrahlen mit sehr dünnem Beleg von Ganoin, sehr fein gegliedert (mit Ausnahme der vordersten in der Brustflosse). Hyomandibulare zum Teil ossifiziert, ebenso das Ceratohyale. Fulcra des oberen Schwanzlappens von besonderen Knorpelstücken gestützt. Keine Rippen. Obere Bogen- und Dornfortsätze etwas verkalkt. Im unteren

[1]) *Browne M.*, On a fossil fish (Chondrosteus) from Barrow-on-Sear. (Trans. Leicester Literary a. Phil. Soc. 1889.) — *Woodward A. Sm.*, Catalogue etc. II, III.

Schwanzlappen kräftige untere Bogen. Unterer Lias von England. *Ch. acipenseroides* Eg. Oberer Lias von Württemberg.

Gyrosteus A. Sm. Woodw. Oberer Lias, Whitby. Sehr groß. Deckknochen ohne Ganoin. Hyomandibulare und Ceratohyale völlig verknöchert. Kleine, verknöcherte Rippen. *G. mirabilis* Ag. Ob. Lias, England.

Fig. 157.
Chondrosteus acipenseroides Egerton. Unt. Lias, Lyme Regis. Dorsetshire. 1/11 nat. Gr. (Nach A. Sm. Woodward.)

Familie: **Acipenseridae.** Störe.

Große langgestreckte Fische mit verlängerter Schnauze; zahnlos. Parietalia und Frontalia unpaar, gekörnelt. Rumpf mit (5) Längsreihen von gekielten Schildern. Opercula unvollkommen entwickelt, die Kiemenöffnung nicht vollständig bedeckend; Kiemenhautstrahlen fehlen. Rücken- und Afterflosse mit 2 Reihen von Flossenträgern (Axonoste, Basioste). Rückenflosse über der Analis. Chordascheide fibrillär, ungegliedert; Bogenteile mit Intercalarien, knorpelig. Ossifikationen in den Dornfortsätzen, seltener in den Bogenstücken.

Nach Jaekel sind die Störe mit den Coccosteiden verwandt.

Von den zwei lebenden Gattungen *Acipenser* und *Scaphirhynchus* leben die Störe in den Meeren der nördlichen Halbkugel, von wo sie in die Flüsse Europas, Asiens und Nordamerikas aufsteigen. Fossil nur in vereinzelten Resten vom Eocän an.

Acipenser toliapicus Ag. Eocän, Londonton. *A. parisiensis* Priem. Oligocän Romainville.

Familie: **Polyodontidae.** Löffelstöre.

Schnauze sehr lang, spatelförmig. Haut nackt, nur der obere Schwanzlappen beschuppt. Kiefer mit kleinen Zähnen. Parietalia und Frontalia unpaar. Kiemenhautstrahlen fehlen.

Von den zwei lebenden Gattungen findet sich *Polyodon (Spatularia)* im Mississippi, *Psephurus* in chinesischen Flüssen.

Crossopholis Cope. Schnauze kürzer als bei Polyodon, Operculum größer. Kleine, dünne, hinten gezackte Schuppen, in Schrägreihen, aber nicht in Kontakt. Eocän Wyoming. *Cr. magnicaudatus* Cope.

Pholidurus A. Sm. Woodw. Obere Kreide, England. Unvollständig bekannt.

2. Unterordnung: **Belonorhynchi.**

Familie: **Belonorhynchidae** A. Sm. Woodw.[1])

Schädel mit verlängerter, zugespitzter Schnauze, in die ein langes Ethmoid eintritt. Die Deckknochen des Kopfes sind im Alter mehr oder weniger ver-

[1]) *Frech*, Lethaea mesoz. Deutsche Trias, S. 11. — *Hennig E.*, Saurichthys-Funde von Rüdersdorf. (Centralbl. f. Mineral. 1909.) — *Reis O. M.*, Zur Osteologie und Systematik der Belonorhynchiden und Tetragonolepiden. Geogn. Jahresh. München 1891. — *Woodward A. Sm.*, Catalogue etc. III.

schmolzen. Opercula reduziert, keine Branchiostegalia. Unterkiefer hinten sehr hoch. Bezahnung ungleich, zwischen großen Hechelzähnen stehen mehrere kleine. Beschuppung beschränkt auf eine dorsale, eine ventrale und je eine laterale Längsreihe, welche die Seitenlinie begleitet. Dorsalis und Analis kurz aber hoch, opponiert, weit hinten. Caudalis symmetrisch durch die Wirbelsäule geteilt. Paarige Flossen ziemlich klein. Chorda persistent, nur im Alter mit knöcherner Scheide.

**Saurichthys* Ag. (Fig. 158). Schädel ganz von Deckknochen umgeben, mit langer zugespitzter Schnauze (Rostrum) und entsprechend langem Unterkiefer. Das Rostrum wird von den Prämaxillen, zwischen die sich noch die Nasalia und das Ethmoid einschieben, gebildet, doch ist die Begrenzung der Knochen schwer zu verfolgen. Im eigentlichen Schädeldach erkennt man ein kleines Supraoccipitale, große paarige Parietalia, große, bucklige Frontalia, ein nach vorn lang zugespitztes Ethmoid und große Maxillaria. Auf der Unterseite zeichnet sich das große Parasphenoid aus, dem vorn ein ebenfalls langer Vomer angeschlossen ist. Der Unterkiefer besteht wesentlich aus dem einheitlichen langen Dentale, einem kleinen Spleniale und dem Angulare (mit dem das Articulare verschmolzen ist). Zähne auf gefaltetem Sockel, in der unteren Hälfte gerieft. Muschelkalk, Keuper, Rhät. Aus der Trias von Spitzbergen beschreibt Stensiö viele Reste dieser Gattung.

**Belonorhynchus* Bronn. (*Ichthyorhynchus* Bellotti, *Giffonus* Costa, *Stylorhynchus* Martin). Typus: *B. striolatus* Bronn, Raibler Sch. Schädelknochen im Alter verschmolzen, daher im einzelnen nicht sicher bekannt. Der steile Hinterrand des Unterkiefers liegt in der Verlängerung des Hyomandibulare, das ovale Operculum dicht dahinter. Das Supraoccipitale springt weit nach hinten vor. Die Orbitae im hinteren Drittel des Schädels, etwas vor ihnen jederseits ein Nasenloch. Unterkiefer ähnlich entwickelt wie bei *Saurichthys*. Kein präsymphysialer Knochen. Chorda persistent, Bogen wohl entwickelt. Paarige Flossen klein, mit kurzem Stiel. Die Träger der unpaaren Flossen derb, weniger zahlreich als die Strahlen; keine Fulcra. Schuppen auf dem Rücken, dem Bauch und in der Seitenlinie in imbrizierenden Reihen. Hawkesbury-Sch., Neu-Südwales. Oberer Muschelkalk von Perledo. Raibler Sch., Seefelder Sch.

Fig. 158.
Saurichthys Krambergeri Schlosser. Obere Trias. Adnet bei Salzburg. 1/6 nat. Gr.

Saurorhynchus Reis. Zähne ohne Vertikalriefen. Unterkiefer hinten sehr hoch. Nur Schädel mit Kiefern vorhanden, Körper nicht näher bekannt. Lias, England, Württemberg. *S. acutus* Ag. sp.

Stenoprotome Hay. Schädel lang, mit schlanker Schnauze. Ohne knöcherne Wirbel. Große, mit Höckern versehene Schuppen. Systematische Stellung unsicher. Obere Kreide, Libanon.

3. Unterordnung: **Heterocerci**[1]).

Mit dicht gestellten rhombischen oder rhomboidischen, selten cycloidischen Schuppen. Chorda persistent, Bogen, Dornfortsätze, Flossenträger und Rippen verknöchert. Schwanzflosse heterocerk. Kiemendeckel groß, Kiemenhautstrahlen

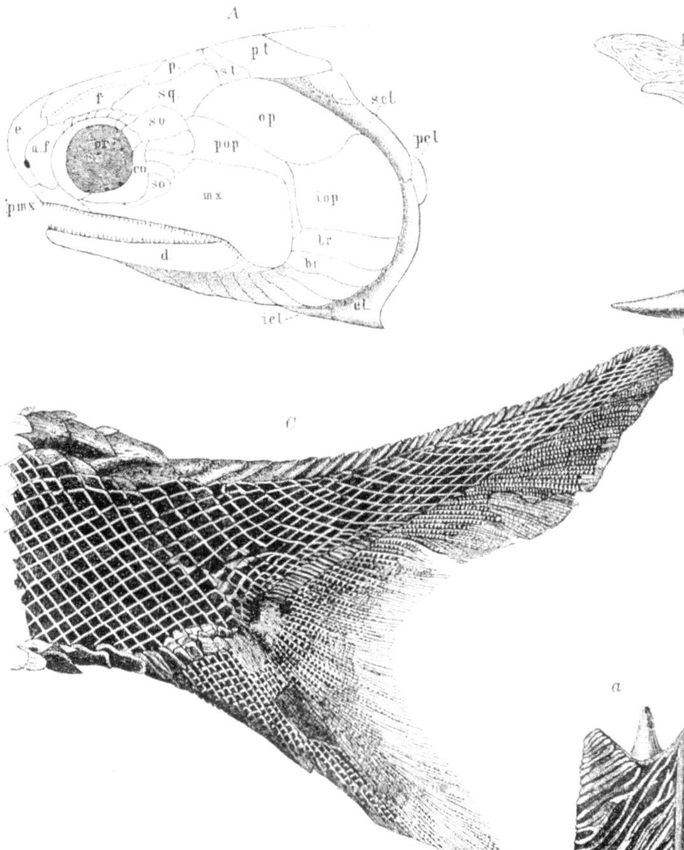
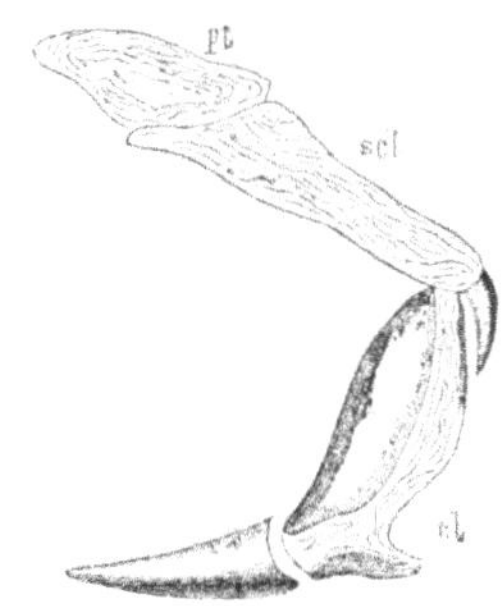

Fig. 159.
Palaeoniscus Freieslebeni Blv. Aus dem Kupferschiefer von Riechelsdorf. *A* Kopf restauriert. *e* Ethmoid, *f* Frontale, *af* Praefrontale, *p* Parietale, *sq* Squamosum, *st* Supratemporale, *or* Orbita, *so* Suborbitalia, *co* Orbitalring, *op* Operculum, *pop* Praeoperculum, *iop* Infraoperculum, *pmx* Praemaxilla, *mx* Maxilla, *d* Dentale, *br* Kiemenhautstrahlen. *B* Schultergürtel restauriert (nach Traquair). *pt* Posttemporale, *scl* Supraclavicula, *pcl* Postclavicula, *cl* Clavicula, *icl* Infraclavicula. *C* Schwanzflosse (nat. Gr.).

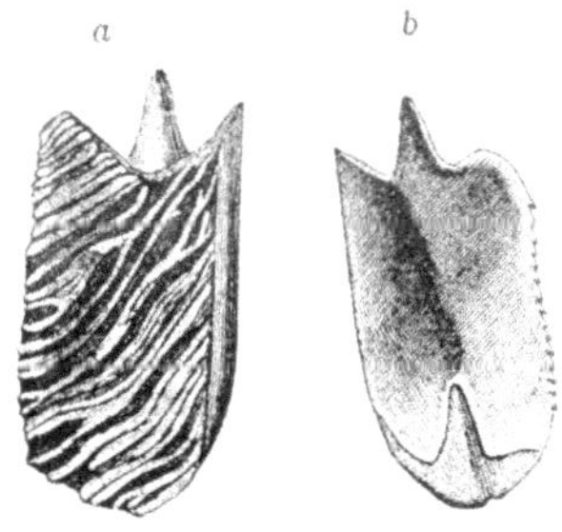

Fig. 160.
Elonichthys (*Cosmoptychius*) *striatus* Ag. sp. Schuppe. (Nach Traquair.) *a* von außen, *b* von innen. $^{3}/_{1}$.

zahlreich. Infraclavicula vorhanden. Unpaare, häufig auch paarige Flossen mit Fulcren besetzt. Flossenstrahlen der Dorsalis und Analis gegliedert, zahlreicher als ihre Träger. Devon bis Jura.

[1]) *Lambe L. L.*, Palaeoniscid fishes from the Albert Shales of New Brunswick (Contrib. Canadian Palaeont. III. Part V. 1910). — *Traquair R. H.*, The Ganoid fishes of the British carboniferous formations. Monogr. Palaeont. Soc. 1877. Vol. I. Quart. Journ. Geol. Soc. 1877. Report on the fossil fishes collected in Eksdale. Trans. Roy. Soc. Edinburgh 1881. XXX. — *Woodward A. Sm.*, Catalogue II, III.

Die *Heterocerci* wurden von Traquair mit den *Chondrostei* zu einer Ordnung *Acipenseroidei* vereinigt, und es ist auch wahrscheinlich, daß die Störe und *Chondrosteiden* von den *Palaeonisciden* oder ihnen nahestehenden Formen abstammen. Aber auch mit den *Lepidosteiden* bestehen Ähnlichkeiten, besonders mit den *Stylodonten*, so daß die Abtrennungen immer etwas Gezwungenes haben. A. Sm. Woodward zieht den Rahmen seiner Unterordnung *Chondrostei* so, daß in ihr *Palaeoniscidae*, *Platysomidae*, *Catopteridae*, *Belonorhynchidae*, *Acipenseridae* und *Polyodontidae* zu stehen kommen, während die *Semionotiden* neben den *Macrosemiiden*, *Pycnodontiden*, *Eugnathiden*, *Amiiden* und *Pachycormiden* unter den *Protospondyli* stehen. Im wesentlichen ist der Grad der Verknöcherung der Wirbelsäule hierfür maßgebend, der aber bei Formen verschiedener genetischer Verwandtschaft ein gleicher sein kann.

Familie: **Palaeoniscidae.**

Körper schlank, nackt oder mit eckigen oder rundlichen Schuppen. Schwanz mit rhombischen Schuppen. Hautknochen des Kopfes mit Schmelz überzogen. Kräftige Fulcra. Zähne klein, konisch und griffelartig. Devon bis oberer Jura. Von Eastman zu den Chondrostei gestellt.

**Cheirolepis* Ag. Schuppen winzig, rhombisch. Rückenflosse hinter der Afterflosse. Kiefersuspensorium schief. Flossenstrahlen dichotom. Kiefer mit einer äußeren Reihe winziger und einer inneren Reihe stärkerer Zähne. Mitteldevon (mittleres Oldred); Schottland. Rußland. Oberes Devon; Kanada.

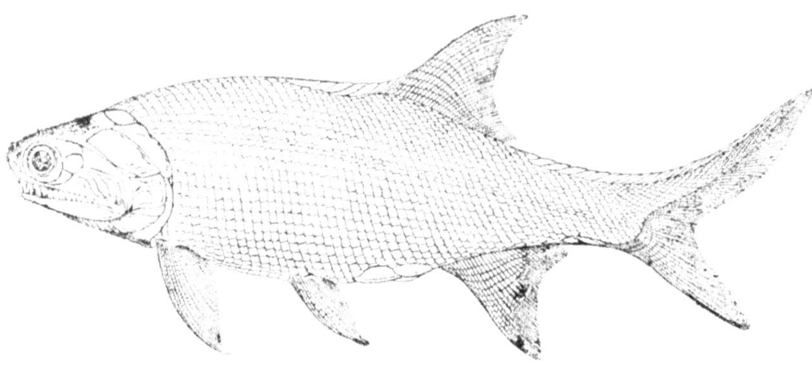

Fig. 161.
Elonichthys Robisoni Hibbert sp. var. intermedia Traquair. Unterkarbon, Wardie. 2 : 3. (Nach Traquair.)

Nematoptychius, *Rhadinichthys* Traquair. Oberdevon von Nordamerika. Karbon, Europa, Argentinien. *Cycloptychius* Young. Karbon.

**Palaeoniscus* Blainv. emend. Traquair (Fig. 159). Flossen klein, die Strahlen dichotom gespalten und gegliedert. Dorsalis vor der Analis, Caudalis tief ausgeschnitten. Unterkiefersuspensorium sehr schief. Zähne klein, ungleich. Schuppen rhombisch, mit unregelmäßigen schiefen Querfurchen, am Hinterrand gewöhnlich gezähnelt. Sehr häufig im Kupferschiefer von Thüringen und Hessen, sowie im oberen Perm von England, Frankreich, Rußland. Karrooschichten, Südafrika.

Pygopterus Ag. Analflosse sehr groß. Schuppen klein, glatt oder schwach verziert. Kupferschiefer. Perm Deutschland, Rußland. Marl Slate England. Trias Spitzbergen.

Elonichthys Giebel (*Rhabdolepis* Troschel, *Cosmoptychius* Traqu.) (Fig. 160, 161). Kieferzähne in zwei Reihen, die inneren groß, kegelförmig.

Schuppen groß, schräg skulptiert, der überschobene Vorderrand sehr schmal. Flossen groß, mit Fulcren. Kein Suboperculum. Karbon, Rotliegendes. Europa, Nordamerika. Karrooschichten, Südafrika.

Acrolepis Ag. Mit dicken, weit übereinander fassenden, schräg skulptierten Schuppen. Karbon, England. Kupferschiefer, Deutschland.

Birgeria Stensiö (*Saurichthys* p. p.). Große Fische mit niedrigem breiten Kopf. Zähne kräftig, konisch, vertikal gestreift, eine Reihe kleiner Zähne außen auf Maxilla und Dentale sowie auf Pterygoid. Flossen vielstrahlig, Schuppen nur an der Oberseite der Schwanzflosse. Trias von Spitzbergen. Muschelkalk. *B. Mougeoti* Ag. sp.

Boreosomus Stensiö. Klein, spindelförmig, Kopfknochen und Schuppen mit Streifenskulptur. Flossen schwach. Trias Spitzbergen.

Acrorhabdus Stensiö. Ebenda.

Canobius, *Cyrtiolepis*, *Holurus*, *Phanerosteus*, *Gonatodus* Traqu. Unt. Karbon, Schottland.

Fig. 162. *Eurylepis tuberculatus* Newb. Karbon. Linton, Ohio.

**Amblypterus* Ag. Unterkiefersuspensorium vertikal. Fulcren schwach. Schuppen glatt. Flossenstrahlen geteilt. Rotliegendes Saargebiet, Böhmen, Frankreich etc. *A. latus* Ag., *A. Duvernoyi* Ag.

Fig. 163. Schuppen von *Gyrolepis ornatus* Gieb. Muschelkalk. Esperstädt, Braunschweig. (Vergr. nach Dames.)

Eurylepis Newb. (Fig. 162). Unterkiefersuspensorium vertikal. Flossenstrahlen einfach, Caudalis schief abgestutzt. Schuppen verziert, am Hinterrande gezackt, in der vorderen Hälfte des Körpers auf den Seiten sehr hoch. Karbon, Ohio.

Hoplolepis Newb. ebenda.

**Gyrolepis* Ag. (Fig. 163). Strahlen der Brustflosse ungegliedert, mit Ausnahme der distalen Enden. Operculum ungeteilt, schmal und hoch. Schuppen dick, weit übereinander fassend, mit schiefen, welligen Runzeln. Analis sehr groß. Buntsandstein. Muschelkalk, Keuper.

Glaucolepis Stensiö. Klein. Paarige Flossen schwach, Schuppen rhombisch. Trias Spitzbergen.

Myriolepis Egerton. Karbon, Irland. Trias, Australien.

Atherstonia A. Sm. Woodw. *Hydropesium* Broom. *Helichthys* Broom. Obere Karrooschichten, Südafrika.

Urolepis Belloti. Flossen, namentlich Schwanzflosse sehr kräftig. Trias, Lombardei.

Oxygnathus Egerton (*Thrissonotus* Ag., *Cosmolepis* Egert.). Flossen groß, mit sehr kleinen Fulcren. Dorsalis vor der Analis. Strahlen der Pectoralis nur distal gegliedert. Schuppen klein, dick, schief skulpiert, wenig übergreifend. Karrooschichten, Südafrika. Unterer Lias, England.

Platysiagum Egerton. Unterer Lias, England. *Centrolepis* Egert. Unterer Lias, England.

**Coccolepis* Ag. Kleine Fische mit großen dünnen, cycloiden Schuppen, die sehr weit übereinander greifen und außen gekörnt sind. Flossen groß,

Fulcra schwach oder fehlend. Dorsalis vor der Analis. Unterer Lias (England), oberer weißer Jura (Süddeutschland), Purbeck (England). Wealden, Belgien. Obere Hawkesburyschichten, Neu-Süd-Wales.

Sphaerolepis (*Thrissolepis*) Fritsch. Fulcra nur am oberen, stark verlängerten Schwanzlappen. Schuppen hinter dem Kopf gezähnelt, in der Schwanzregion rhombisch, sonst rundlich. Perm, Böhmen, Texas.

Pyritocephalus Fritsch. Perm, Böhmen, Texas.

Spermatodus Cope. Nur unvollständiger Schädel bekannt, von Cope zu den Crossopterygiern gestellt. Perm, Texas.

Familie: **Platysomidae.**

Körper seitlich zusammengedrückt, hoch, oval oder rhombisch. Schuppen höher als breit, rhomboidisch, auf der Innenseite mit einem dem Vorderrand parallelen Kiel und einem Stachel am Oberrand. Rücken- und Afterflossen sehr lang. Mundöffnung klein, Unterkiefersuspensorium fast vertikal. Zähne ziemlich niedrig, stumpfkonisch. Karbon, Perm.

Die *Platysomiden* sind den *Palaeonisciden* nahe verwandt, von denen sie sich wesentlich nur durch die Körperform und die niedrigeren, stumpferen Zähne unterscheiden.

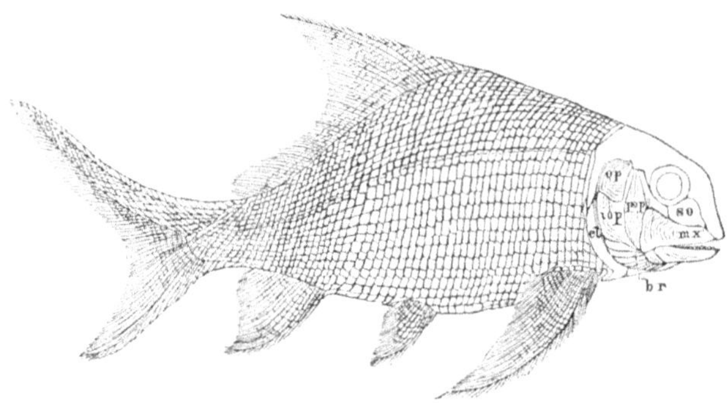

Fig. 164.
Eurynotus crenatus Ag. Steinkohlenformation. Edinburgh. Restauriert. (Nach Traquair.)

Eurynotus Ag. (*Plectrolepis* Ag.) (Fig. 164.) Körper hoch, spindelförmig. Brustflossen groß, Beckenflossen normal entwickelt. Dorsalis sehr hoch, über der Beckenflosse beginnend, dann rasch niederer werdend, bis zur Schwanzflosse ausgedehnt. Stumpfkonische bis kugelige Zähne. Unterkarbon, Schottland, Irland, Belgien. *E. crenatus* Ag.

Mesolepis Young (*Pododus* Ag.). Zähne derb, griffelförmig, einreihig auf dem Unterkiefer. Unter- und Oberkarbon, Schottland.

Globulodus Mstr. Zähne niedriger; eine innere Reihe kleinerer Reibzähne. Kupferschiefer und Marl slate.

Wardichthys Traquair. Unterkarbon.

Cheirodus Mc Coy (*Amphicentrum* Young, *Hemicladodus* Davis). (Fig. 165.) Körper hoch, rhombisch. Brustflossen sehr klein, Bauchflossen fehlend? (unbekannt). Rücken- und Afterflosse sehr lang, symmetrisch gestellt. Kieferränder zahnlos, innere Fläche von Maxilla und Pterygoid mit Häufchen kleiner Zähne. Orale Seite des Pterygoids und Spleniale mit gezackter Leiste. Oberkarbon, England. Illinois.

Caruichthys Broom. Trias. Südafrika.

Cheirodopsis Traquair. Ziemlich lang, mit Beckenflossen. Unterkarbon, Schottland.

Ecrinosemus A. S. W. Permokarbon, Madagaskar.

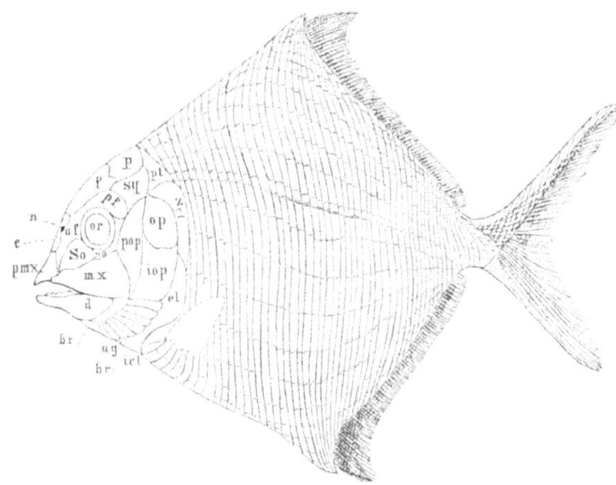

Fig. 165.
Cheirodus granulosus Young sp. Steinkohlenformation. North-Staffordshire. Restauriert. (Nach Traquair.)
pmx Praemaxilla, *mx* Maxilla, *e* Ethmoideum, *n* Nasenöffnung, *or* Augenhöhle, *So* Suborbitalia, *af* Praefrontale, *pf* Postfrontale, *f* Stirnbein, *p* Scheitelbein, *sq* Squamosum, *pt* Posttemporale, *op* Operculum, *pop* Praeoperculum, *iop* Interoperculum, *d* Dentale, *ag* Angulare, *br* Branchiostegalia, *scl* Supraclavicula, *cl* Clavicula, *icl* Infraclavicula.

**Platysomus* Ag. (Fig. 166). Körper hoch, rhombisch oder gerundet. Kieferränder mit kleinen griffelförmigen Zähnen, nach innen noch kleine Höckerzähne. Paarige Flossen klein. Kupferschiefer, Deutschland. Karbon und Perm, England. Perm, Texas. Trias Spitzbergen.

Dorypterus[1]) Germ. (Fig. 167.) Beschuppung auf wenige Bauchschuppen beschränkt, die sich nach oben fadenförmig ausziehen. Obere und untere Bogen kräftig, Chorda persistent. Flossenträger in zwei Reihen geordnet, von denen die basiostalen (proximalen) breite Platten sind. Analis fast so groß wie die Dorsalis, nur niedriger. Schwanz tief ausgeschnitten. Beckenflossen weit vorn, sehr klein. Kupferschiefer, Deutschland und Marl slate, England.

Familie: **Catopteridae.**

Schwanzflosse mit großem unteren Lappen, daher äußerlich fast homocerk. Kopfknochen gut entwickelt, mit Ganoin, keine mittlere Reihe im Schädeldach. Zähne schlank, kegelförmig. Kiefersuspensorium

a *b*

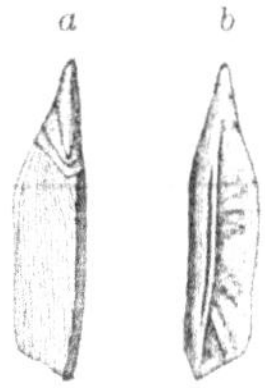

Fig. 166.
Schuppe von *Platysomus parvulus* Ag. $^1/_1$.
a von außen,
b von innen.

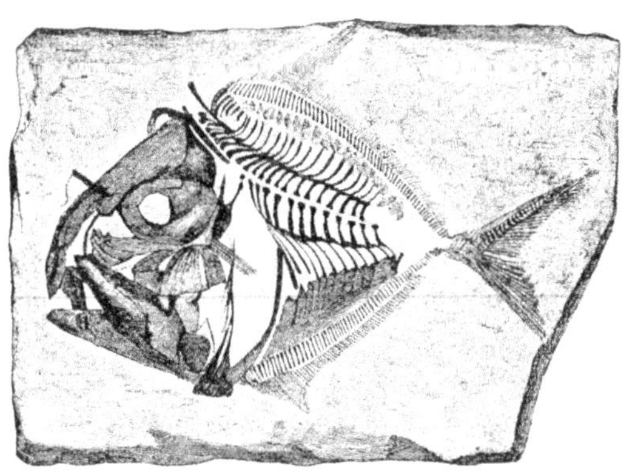

Fig. 167.
Dorypterus Althausi Münst. sp. Kupferschiefer. Riechelsdorf. ⅔ nat. Gr.

schief; Kiemenhautstrahlen vorhanden. Dorsalis kurz, weit zurückliegend. Rhombische Schmelzschuppen.

---

1) *Reis*, Geogn. Jahreshefte 1892.

**Catopterus* Redfield. Die Dorsalis beginnt erst hinter der Analis. Trias, Connecticut.

Dictyopyge Egerton. Die Dorsalis beginnt vor oder über der Analis. Trias, Connecticut, Virginia. Buntsandstein, Basel. Keuper, Franken. Oberes Karroo, Südafrika. Hawkesburyschichten, Neu-Süd-Wales.

Perleidus De Alessandrini (*Colobodus partim*). Zähne teils spitz, teils stumpf, Schuppen am Rande gezähnelt. Dorsalis vor oder hinter der Analis. Muschelkalk, Perledo. *P. altolepis* Deeke. Trias, Spitzbergen.

4. Unterordnung: **Pycnodonti** Lütken[1]).

Körper seitlich zusammengepreßt, sehr hoch, oval. Schmelzschuppen rhomboidisch, höher als lang, zuweilen auf den vorderen Teil des Körpers beschränkt. Vorderrand innen leistenartig verdickt. Die Leisten ordnen sich zu rippenartigen Zügen. Chordascheide ohne Verknöcherungen, Bogenteile, Dornfortsätze und Rippen verknöchert. Schwanzflosse tief ausgerandet, äußerlich homocerk, innerlich schwach heterocerk. Bauchflossen klein, unter die Brustflossen gerückt. Rücken- und Afterflosse hinter der Mitte, hoch und spitz beginnend, als schmaler Saum bis zur Caudalis verlängert. Keine Fulcra. Träger der unpaaren Flossen von gleicher Zahl wie die gegliederten Strahlen, die Bogenteile mit blattförmigen Fortsätzen. Operculum schmal und hoch, Praeoperculum sehr groß, Suboperculum und Interoperculum fehlen. Kiemenbogen oft mit dichtgedrängten Knochenfäden besetzt. Gularplatte fehlt. Oberkiefer dünn, hinten ausgebreitet, zahnlos; Vomer mit 5 Reihen rundlicher oder ovaler Mahlzähne. Zwischenkiefer mit meißelförmigen Schneidezähnen. Unterkiefer massiv mit einem hohen Kronfortsatz und mehreren Reihen von runden Mahlzähnen. Die kurzen, in einer Rinne des Unterkiefers gelagerten Dentalia (? Praedentalia) bilden die Schnauze und tragen vorn die meißelförmigen Schneidezähne. Clavicula vertikal gestellt, oben spitz, unten verbreitert. Infraclavicula fehlt. Coracoid und Scapula unbekannt.

Die Pycnodonten sind vielleicht Abkömmlinge der Platysomiden, von denen sie sich durch die Bezahnung, die Beschaffenheit der Kiefer und den unvollständigen Opercularapparat unterscheiden. Trias bis Eocän.

**Gyrodus* Ag. (Fig. 168—171.) Körper oval, gleichmäßig beschuppt. Schnauzenteil abfallend. Caudalis tief gegabelt. Gaumen mit 5 Reihen bohnenförmiger Zähne, deren gewölbte Krone einen runzligen Rand und eine vertiefte Mitte besitzen. Die Mittelreihe ist viel stärker als die Nebenreihen. Operculare mit 4 Reihen von Mahlzähnen. Dentale (Praedentale) mit 3 meißelförmigen Schneidezähnen. Häufig im Jura, vom Bathonien an, besonders im Oxford, Kimmeridge, Portland und lithographischen Kalkschiefer. Ferner im Tithon (Sizilien), Wealden, Neocom und in der oberen Kreide. Die älteste Art ist *G. Fabrei* Sauvage im Lias von Nancy. Eine Art aus dem lithographischen Schiefer (*G. titanius* Wagn.) erreicht eine Länge von 2 m und eine Höhe von 1 m.

**Microdon* Ag. (Fig. 172, 173, 175.) Schuppen in der hinteren Körperhälfte sehr dünn, oft fehlend. Schwanzflosse gegabelt. Gaumen mit 5 Reihen vierseitiger, flacher, glatter Zähne. Zwischen die großen Zähne der Mittelreihe schieben sich alternierend die kleineren Zähne der beiden Seitenreihen

---

[1]) *Gidley J. W.*, Some New American Pycnodont Fishes. Proceed. U. S. Nat. Museum. Washington 1913. — *Hennig E.*, Gyrodus und die Organisation der Pycnodonten. (Palaeontographica. LIII. Bd. 1906.)

ein. Operculare mit einer Reihe großer, vierseitiger, quer verlängerter, glatter Zähne, welche nach innen von einer, nach außen von zwei Reihen kleinerer Zähnchen begrenzt ist. Weißer Jura, vom Oxford bis zum Purbeck, Europa.

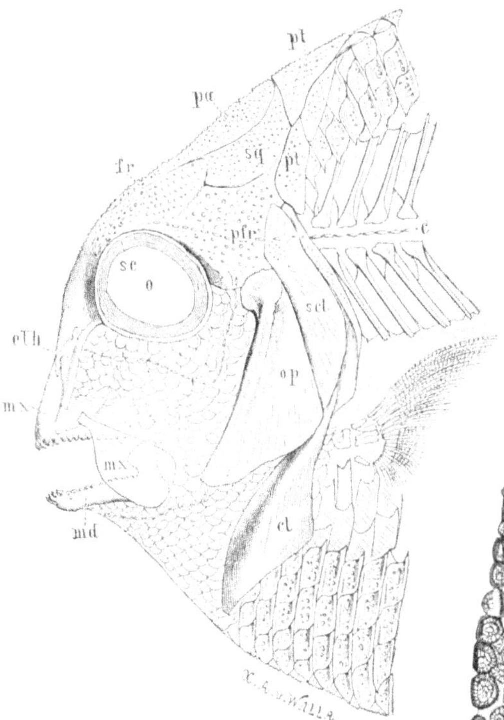

Fig. 168.
Kopf von *Gyrodus macrophthalmus* Ag. aus dem lithographischen Schiefer von Kelheim, Bayern. *fr* Stirnbein, *eth* Ethmoideum, *pfr* Hinterstirnbein, *sq* Squamosum, *pa* Scheitelbein, *pt* Posttemporalia. *mx* Oberkiefer, *pmx* Zwischenkiefer, *O* Augenhöhle, *sc* Scleroticaring, *md* Unterkiefer, *op* Operculum, *scl* Supraclavicula, *cl* Clavicula, *c* Schleimkanäle.

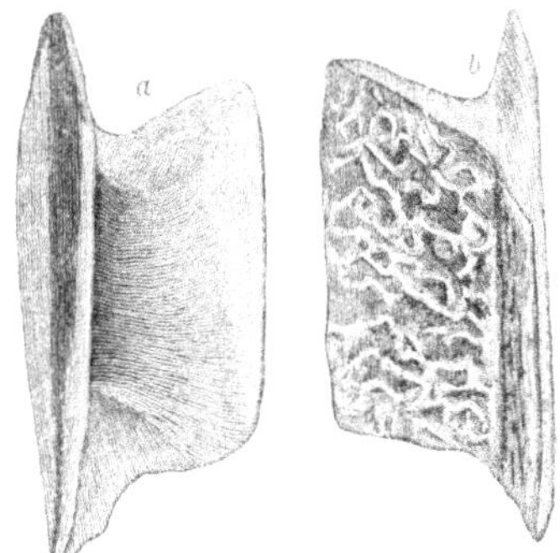

Fig. 169.
Gyrodus titanius Wagn. Ob. Jura, Kelheim. Eine Schuppe *a* von innen, *b* von außen. (Nat. Gr.)

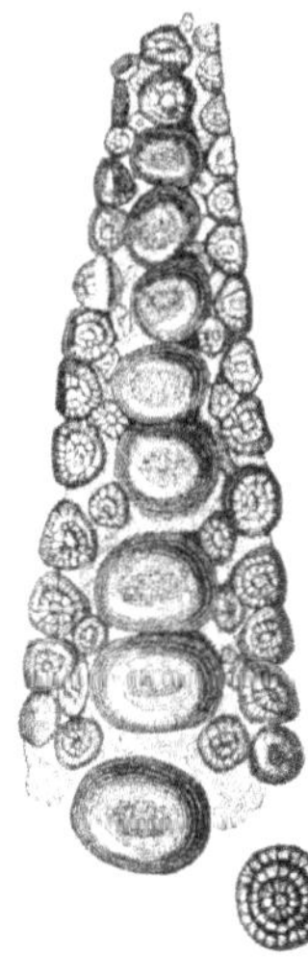

Fig. 170.
Gyrodus titanius Wagn. Ob. Jura. Kelheim. Gaumenplatte mit Zähnen. (Nat. Gr.)

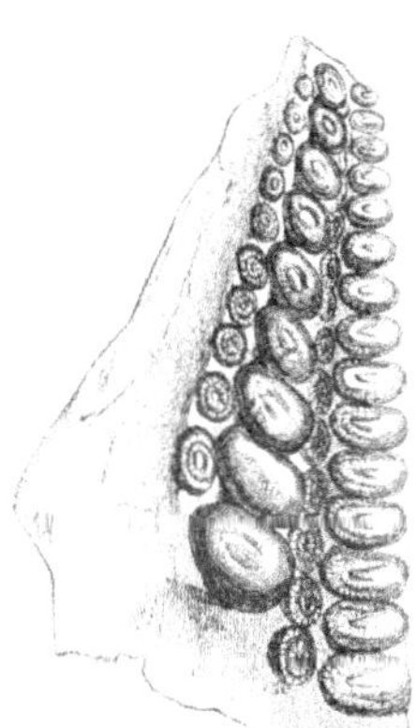

Fig. 171.
Gyrodus titanius Wagn. Rechter Unterkieferast (Spleniale) mit vier Zahnreihen. Ob. Jura. Kelheim. (Nat. Gr.)

Untere Kreide, Texas. *M. texanus* Gidley.

**Mesodon* Wagner (Fig. 174). Schwanzflosse gerundet. Zähne des Gaumens in 5 geschiedenen Reihen. Die große Zahnreihe des Unterkiefers von 3 bis 4 irregulären Reihen kleiner Zähnchen außen und 1 bis 2 Reihen innen begrenzt. Dogger. Malm. Kelheim. *M. macropterus* Wagn. Purbeck. Untere Kreide.

Eomesodon A. Sm. Woodw. Abdomen tief, fast ganz beschuppt. Ob. Trias. *Eom. Hoeferi* Kramb. Lias. *Eom. liasicus* Egert. Purbeck. *Eom. Barnesi* A. S. W.

Athrodon Sauvage. Mit tiefer Symphysialfacette; Zähne des Unterkiefers unregelmäßiger gestellt, sonst ähnlich *Mesodon*. Oberster weißer Jura, Purbeck. Cenoman. Senon.

**Mesturus* Wagn. Die über den ganzen Körper verteilten Schuppen sind innerhalb der Vertikalreihen durch zackige Nähte verbunden. Vomer mit 3 Reihen größerer Zähne, die durch unregelmäßig gestellte, kleinere

Fig. 172.
Microdon Wagneri Thiollière. Oberer Jura. Cerin, Ain-Dep. ⅓ nat. Gr. (Nach Thiollière.)

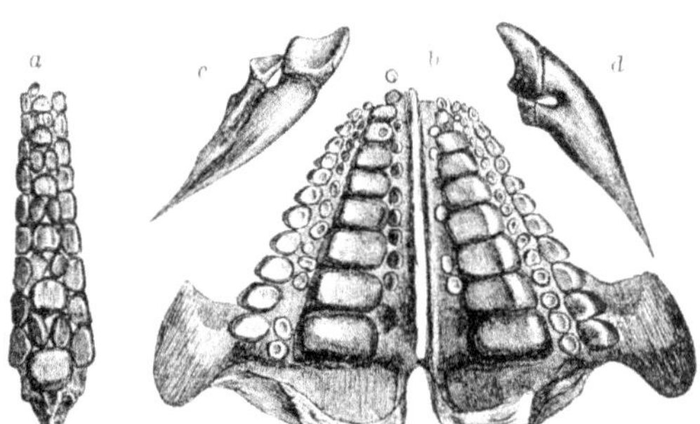

Fig. 173.
Gaumen und Unterkiefer von *Microdon elegans* Ag. Ob. Jura. Kelheim, Bayern. Nat. Gr. *a* Vomer-Palatinum, *b* Hauptzahnplatten d. Unterkiefers (splenialia), *c* Vorderzähne des Unterkiefers von innen, *d* dieselben von außen.

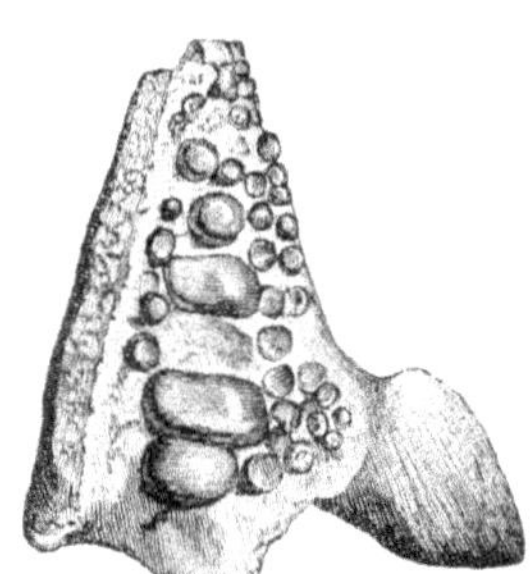

Fig. 174.
Unterkiefer von *Mesodon macropterus* Ag. Oberer Jura. Kelheim. Nat. Gr.

getrennt werden. Unterkiefer mit 2 Reihen größerer Zähne; kleinere Zähne zwischen und neben diesen Reihen. *M. Leedsi* A. Sm. Woodw. Oxfordton. *M. verrucosus* Wagn. Oberer weißer Jura. Solnhofer Schiefer.

Stemmatodus Heckel. Kleiner Gaumen mit 5, Unterkiefer mit 3 Reihen rundlicher, fast gleicher Zähne. Untere Kreide, Castellamare und Neapel.

***Coelodus* Heckel (Fig. 176). Schwanzflosse seicht ausgerandet oder schwach konvex und jederseits der Mitte mit schwacher Ausbuchtung. Gaumen mit einer Mittelreihe großer, quer elliptischer Zähne und jederseits 2 Reihen kleiner Zähnchen. Unterkiefer mit 1 Reihe großer, quer verlängerter Zähne und Nebenreihen. Purbeck. Wealden. Untere Kreide (Istrien, Dalmatien, Süditalien, England), obere Kreide Europa, Persien und Nordamerika.

Anomoeodus Forir. Mittlere Kreide, Frankreich; obere Kreide, England, Texas.

Phacodus Dixon. *Acrotemnus* Ag. Obere Kreide, England.

Coccodus Pictet. *Xenopholis* Davis. Am Schädel und Brustgürtel lange Stacheln. Obere Kreide, Libanon.

Palaeobalistum Blv. Obere Kreide, Frankreich, Libanon, Brasilien. Eocän, Monte Bolca.

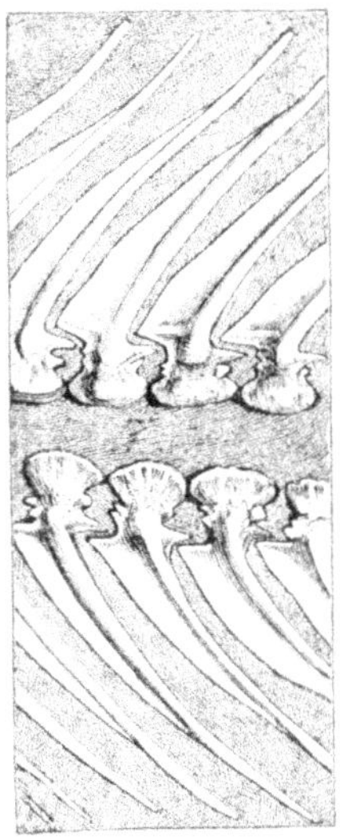

Fig. 175.
Ein Teil d. Wirbelsäule von *Microdon Itieri* Thioll. unt. d. Rückenflosse. Cerin. Ain. Nat. Gr. (N. Thiollière.)

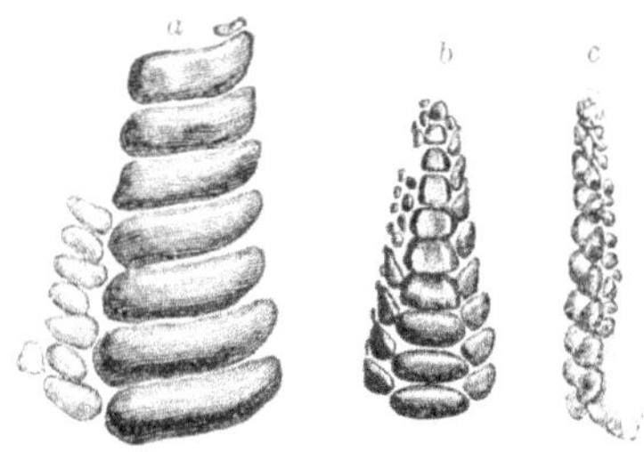

Fig. 176.
Coelodus Münsteri Ag.
Grünsand. Kelheim.
a Unterkieferzähne, *b* Vomerplatte, von unten, *c* von der Seite.

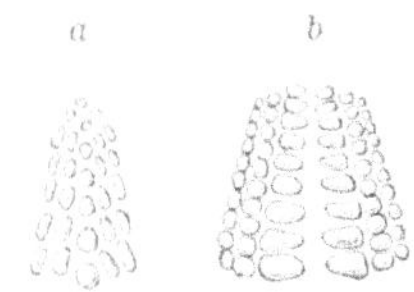

Fig. 177.
Pycnodus.
a Gaumenzähne, *b* Unterkieferzähne.
(Nach Heckel.)

Pycnodus Ag. (*Periodus* Ag.) (Fig. 177). Körper länglich, mäßig hoch. Rückenflosse viel länger als die Afterflosse. Schwanzflosse mit doppelter, seichter Ausbuchtung. Schuppen nur im vorderen Teil des Körpers, dünn. Gaumen mit 3 Zahnreihen, von denen die Außenreihen etwas größere, elliptische Zähne enthalten. Unterkiefer mit 3 Reihen Zähnen, von denen die inneren größer und querelliptisch sind. Die oberen und unteren Bogen umschließen mit ihren verbreiterten Basalteilen die Chorda. Zähne und Kiefer in mittlerer und oberer Kreide und im Eocän. Im Eocän von Monte Bolca Skelette. *P. platessa* Blv. sp.

5. Unterordnung: **Orthoganoidei.**

Mit rhombischen oder rhomboidischen, in schiefen Reihen geordneten Schmelzschuppen. Unpaare, zuweilen auch paarige Flossen mit Fulcren. Schwanzflosse hemiheterocerk. Chordascheide mit angelegten Pleurocentren und Hypocentrum, mit Halb- und Hohlwirbeln, oder ganz verknöchert (amphicöl).

Familie: **Stylodontidae** Wagner.

Chorda persistent, die Chordascheide mit Halbwirbeln oder Ringen. Rhombische Schmelzschuppen, mit Stachelfortsatz ineinandergreifend. Schwanz innerlich stets heterocerk, äußerlich durch Vergrößerung des unteren Lappens oft fast homocerk. Alle Flossen mit Fulcren. Randbezahnung der Kiefer griffelförmig (Krone zuweilen gezackt), auf den inneren Knochen oft Mahlzähne (mit vertikalem Ersatz).

**Semionotus* Ag.[1]) (*Ischypterus* Egerton). (Fig. 178.) Körper länglich, mäßig hoch. Schuppen rhombisch, der Rücken mit großen, glatten Schuppen. Rückenflosse hoch, ziemlich lang, vor der Analis stehend; die übrigen Flossen klein. Alle Zähne griffelförmig. Häufig im Keuper von Franken (Semionotussandstein) und Thüringen. Raibler Schichten, Seefelder Schichten. Obere Trias von Nordamerika. Obere Karrooschichten von Südafrika. Hawkesburyschichten, Neu-Süd-Wales. Fraglich, ob im Buntsandstein der Vogesen und im Muschelkalk von Perledo.

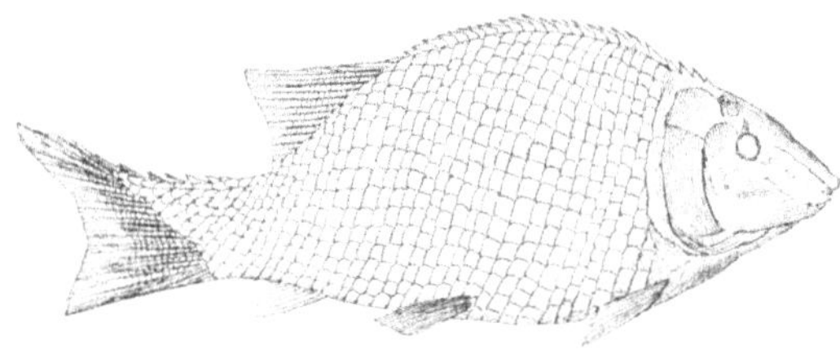

Fig. 178.
Semionotus Kapffi Fraas. Keuper (Stubensandstein). Stuttgart. ⅔ nat. Gr. (Nach Fraas.)

Eosemionotus Stolley. Kopf kurz, abgestumpft. Flossen klein, Rückenflosse in Mitte des Körpers, Afterflossen weit hinten. Muschelkalk. *E. Vogelii* Fritsch sp. Unbeschriebene Semionotiden schon im Karbon von England.

Acentrophorus Traquair. Perm, England. Trias, Massachusetts.

**Dapedius* de la Bêche. (*Amblyurus* Ag., *Aechmodus* Egerton. *Tetragonolepis* Ag. non Bronn. *Omalopleurus* Costa.) (Fig. 179, 180.) Hohe, seitlich zusammengedrückte Fische, rhombisch bis oval. Schuppen auf den Flanken höher

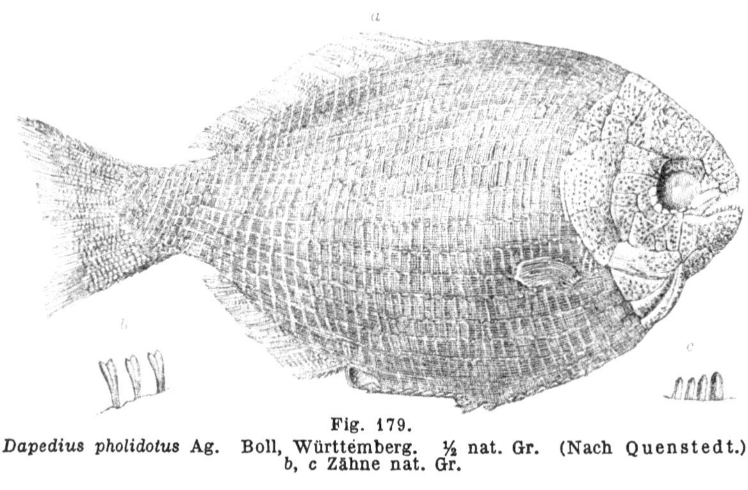

Fig. 179.
Dapedius pholidotus Ag. Boll, Württemberg. ½ nat. Gr. (Nach Quenstedt.) *b*, *c* Zähne nat. Gr.

als breit, dorsale und ventrale Kielschuppen unauffällig. Fulcra uniserial, d. h. gegen die Spitze zu fest verwachsen. Dorsalflosse lang, in der Mitte des Rückens beginnend, Analis etwas kürzer, der hinteren Hälfte der Rückenflosse gegenüber. Schwanzflosse kaum ausgeschnitten. Paarige Flossen sehr klein, die Brustflossen hoch auf der Seite inseriert. Opercula vollständig bogenförmig angeordnet, aber Praeoperculum fast oder ganz bedeckt von den Suborbitalien (Postorbitalien). Augen mit geschlossenem Ring von kleinen Circumorbitalplatten. Alle Deckknochen des Kopfes mit Ganoin und höckerig verziert. Auch die Supratemporalia und Posttemporalia sind in größerer Zahl vorhanden. Chordacranium verknöchert. Blattförmige

[1]) *Browne M.*, Revision of a genus of fossil fishes. Dapedius. (Trans. Leicester Literary and Phil. Soc. 1890.) — *Schellwien E.*, Über Semionotus Ag. Schrift. d. physik.-ökon. Ges. Königsberg 1901.

Branchiostegalia (ca. 6), zwischen ihnen eine Jugularplatte. Die Ossifikation der Wirbelsäule beschränkt sich auf die Bogenteile. Kieferknochen außen mit keulenförmigen, innen mit kleinen, fast bürstenförmigen Zähnen besetzt. Verbreitet im unteren und oberen Lias von Mitteleuropa. *D. pholidotus* Ag., *caelatus* Qu., Lias ε. In der alpinen Trias (St. Cassian, Seefeld, Adneth) und in den Gondwana-Schichten Indiens (Kota-Maleri).

Aphuelepis A. Sm. Woodw. *Pristisomus* A. Sm. Woodw. Obere Trias (obere Hawkesbury-Sch.), Neu-Süd-Wales.

Serrolepis Qu. Lettenkohle, Württemberg.

Cleithrolepis Egerton. Körper hoch, Umriß rhombisch, die dicken Schuppen höher als breit. Dorsale und ventrale Kielschuppen ausgeprägt. Ob. Trias, Stormberg beds, Südafrika. Hawkesbury-Schichten, Neu-Süd-Wales.

Aetheolepis A. Sm. Woodw. Kopf klein, Körper hoch, hinten mit rundlichen Schuppen. Talbragorbeds, unterer Jura, Neu-Süd-Wales.

Spaniolepis Kramb. Gorjan. Kopf groß, Rumpf flach, elliptisch. Ob. Trias, Adneth.

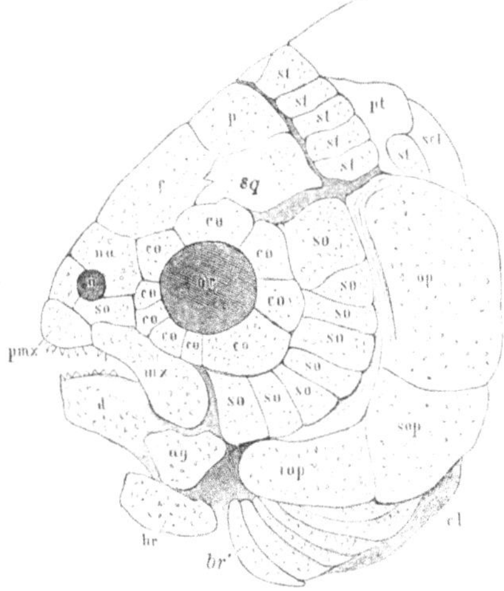

Fig. 180.
Kopf von *Dapedius*. (Nach Traquair.) *f* Stirnbein, *p* Scheitelbein, *na* Nasenbein, *n* Nasenloch, *sq* Schuppenbein, *st* vordere Nackenplatten (Supratemporalia), *pt* hintere Nackenplatte (Posttemporale), *pmx* Zwischenkiefer, *mx* Oberkiefer, *or* Orbita, *co* innerer Augenring (Circumorbitalia) *so* äußerer Augenring (Wangenplatten, Postorbitalia), *op* Operculum, *sop* Suboperculum, *iop* Interoperculum, *d* Zahnbein, *aq* Eckbein, *br* mittlere Kehlplatte, *br'* Kiemenhautstrahlen, *cl* Clavicula, *scl* Supraclavicula.

**Tetragonolepis* Bronn (*Pleurolepis* Qu., *Homoeolepis* Wagn.). Kleine, ovale oder fast kreisrunde Fische mit kleinen Brust- und Bauchflossen. Brustflosse hoch auf der Seite. Rücken- und Afterflossen sehr lang, die Strahlen durch Träger gestützt, von denen je 2 zwischen 2 Dornfortsätzen eingeschaltet sind. Schuppen auf den Seiten sehr hoch, am Vorderrand verdickt und Hautrippen bildend. Chordascheide mit Pleurocentren und Hypocentren. Kopfknochen zum Teil mit Schmelzhöckern. Ob. Lias, Württemberg, Franken, England. *T. semicinctus* Br. Kota-Maleri-Schichten, Indien.

Familie: **Sphaerodontidae** Wagner[1]).

Dicke, rhombische Schuppen. Alle Flossen mit Fulcra versehen. Oberkiefer, Gaumenbein, Vomer und Unterkiefer mit mehreren Reihen halbkugeliger Zähne, Zwischenkiefer mit stumpf konischen oder meißelförmigen Schneidezähnen. Oberkiefer und Dentale oft mit schwächeren konischen Randzähnen. Chorda persistent.

Stolley errichtet für die nächst folgenden Gattungen die Familie der *Colobodontidae*, für die übrigen die der *Lepidotidae*. Die Abweichungen berechtigen jedoch nur zur Aufstellung von Unterfamilien.

Unterfamilie **Colobodontinae.**

Auf Maxilla und Dentale stiftförmige Randzähne. Pflasterzähne am Vomer. Schuppen fest ineinander verzahnt. Trias.

---

1) *Priem F.*, Étude sur le genre Lepidotus. Annal. de Paléontologie III, 1908.

Colobodus Ag. (*Asterodon* Mstr., *Tholodus* Meyer, *Dactylolepis* Kunisch, *Eupleurodus* Gürich, *Omphalodus* Meyer, *Semionotus latus* Ag.) (Fig. 181, 182.) Körper oval oder langgestreckt, Kopf viereckig, breit, stark skulpturiert. Pflasterzähne halbkugelförmig, in der Mitte der Krone zitzenartig vorspringend, gerieft. Schuppen durch Stachelfortsatz innig verzahnt. Dorsalis weit zurückstehend, mäßig entwickelt. Pectoralis und Analis fächer-

Fig. 181. Zähne von *Colobodus varius* Gieb. Muschelkalk. Bayreuth.

Fig. 182. Schuppen von *Colobodus* (*Gyrolepis Alberti* p. p. Ag.) Muschelkalk. Bayreuth. Nat. Gr.)

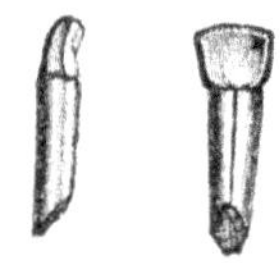

Fig. 183. *Sargodon tomicus* Plien. Rhätisches Bonebed. Württemberg.

förmig. Muschelkalk. *C. maximus* Quenst. Lettenkohle; Cassianer Schichten, Seefelder Schichten.

Hemilopas Meyer, *Cenchrodus* Meyer. Auf einzelne Zähne aus dem Muschelkalk angewendet.

Crenilepis Dames (*Colobodus* Bassani, Alessandrini). Schuppen am Rand gezackt. Muschelkalk. *C. Bassanii* Anderson.

Nephrotus Meyer. Unt. Muschelkalk.

Dollopterus Abel (*Dolichopterus* Compter). (Fig. 184). Körper gedrungen, spindelförmig. Kopf oval, etwas komprimiert. Mahlzähne niedrig.

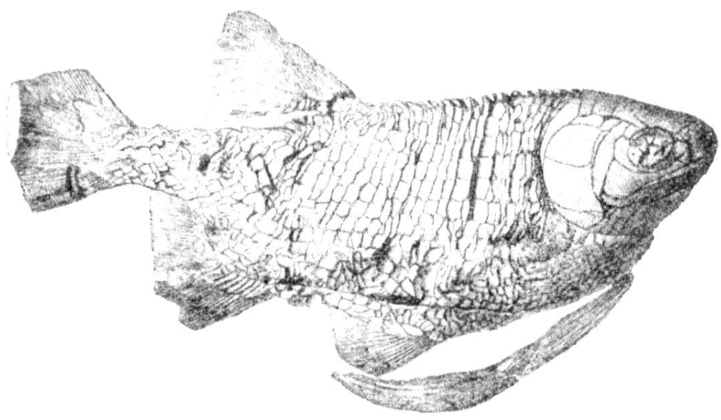

Fig. 184.
Dollopterus brunsvicensis Stolley. Muschelkalk. Elm. Nach Stolley. $^{1}/_{2}$ nat. Gr.

Pectoralis lang, fast bis zur Analis reichend. Flugfisch. Außeralpiner Muschelkalk.

**Sargodon* Plien. (Fig. 183.) Schneidezähne. Die dazu gehörigen Pflasterzähne sind als *Psammodus orbicularis* Plien. und *Sphaerodus minimus* Ag. beschrieben. Rhät.

Unterfamilie **Lepidotinae.**

Ohne stiftförmige Randzähne. Pflasterzähne glatt. Schuppen ohne Stachelfortsatz.

Paralepidotus Stolley (*Colobodus* Gorjanovic Kramberger). Körper flach, hochrückig. Kopf dreieckig, klein. Dorsalis lang und hoch, fast bis zum Schwanz reichend, Pectoralis klein, Analis schmal und hoch. Hauptdolomit von Adnet. *P. ornatus* G. Krmbg. Muschelkalk Perledo. *P. latus* Bassani.

Plesiolepidotus n. g. (*Heterolepidotus* auct. p. p.). Körper gedrungen. Caudalis breit, Dorsalis sehr lang. Schuppen glatt. Muschelkalk, Perledo. Obere alpine Trias, Seefeld, Adnet. *P. dorsalis* Kner.

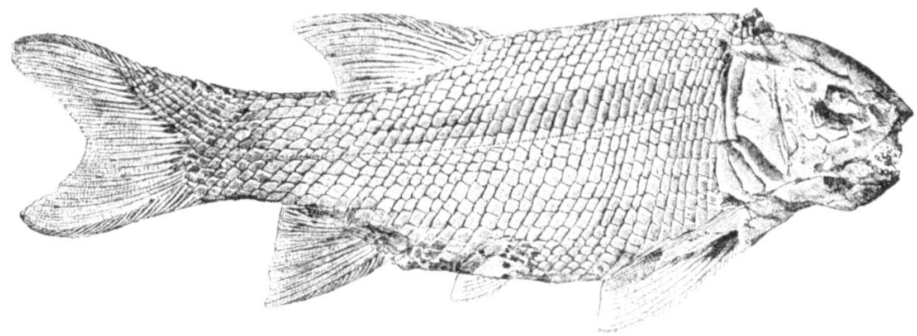

Fig. 185.
Lepidotus notopterus Ag. Lithographischer Schiefer. Solnhofen. 1/8 nat. Gr.

Allolepidotus Deecke. Körper noch gedrungener. Dorsalis und Analis kräftig. Muschelkalk, Perledo. Oberer Keuper, Seefeld.

Prolepidotus Michael. Rhät. Schlesien.

**Lepidotus* Ag. (*Sphaerodus* Ag. p. p., *Plesiodus* Wagner, *Scrobodus* Mstr., *Lepidosaurus* Meyer). (Fig. 185—187.) Körper länglich, gedrungen, mit dicken, glatten oder nur schwach verzierten Schuppen. Die übereinandergreifenden Schuppenränder sind nach vorn verlängert. Rückenflosse vor der Analis, beide groß. Brustflossen groß, tief inseriert. Beckenflossen sehr klein. Schwanzflosse mehr oder weniger ausgeschnitten. Alle Kopfknochen mit Schmelz überzogen, glatt oder gekörnelt. Häufig in Trias, Jura und unterer Kreide in Europa, Asien, Brasilien. Vereinzelte Reste auch in den Dinosaurier-Schichten von Ostafrika und in der Kreide von Ägypten. Ob. Lias. *L. elvensis* Blv. Oxford. *Leedsi* A. Sm. Woodw. Ob. weißer Jura. *L. maximus* Ag. Purbeck. *L. minor* Ag. Wealden. *L. Mantelli* Ag. Mittl. Kreide, England. *L. pustulatus* A. Sm. Woodw. Neapel. *L. minor* Ag. Obere Kreide, Bahia. L. *Mawsoni* A. Sm. Woodw.

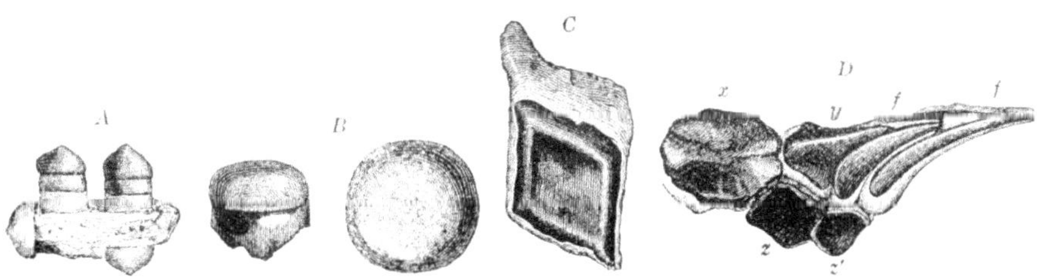

Fig. 186.
Lepidotus. *A* Kieferfragment mit Ersatzzähnen. *B* ein Zahn von der Seite und von oben. *C* Schuppe (nat. Gr.). *D* Fulcrenbesatz der Rückenflosse: *x* unpaare Rückenschuppe, *y* erste Basalschuppe der Rückenflosse, *ff* Fulcrenstücke, *z* und *z'* Seitenschuppen.

Familie: **Macrosemiidae.**

Chorda persistent, Chordascheide mit Pleurocentren und Hypocentren oder entsprechenden Ringen. Bezahnung kräftig, auf Kiefern, Pterygopalatinum, Vomer, Dentale und Spleniale. Wenige Kiemenhautstrahlen. Schwanzflosse mit ziemlich gleichen Lappen, aber innerlich heterocerk. Dorsalis lang und hoch, alle Flossen mit gegliederten und geteilten Strahlen. Schuppen rhombisch.

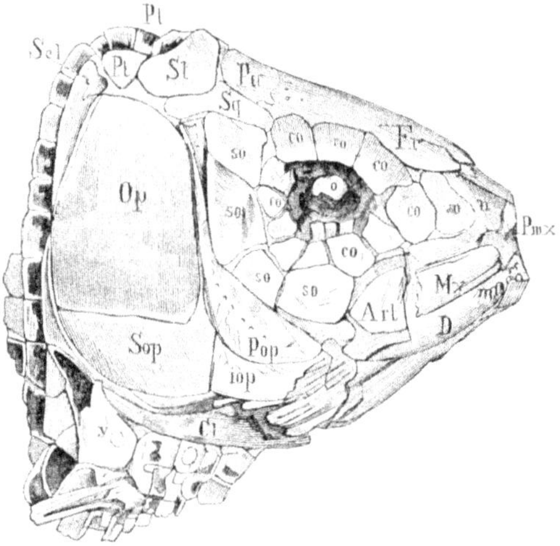

Fig. 187.
Kopf von *Lepidotus Elvensis* Blv. aus dem oberen Lias von Boll. ⅓ n. Gr. (Nach Quenstedt.)

**Macrosemius* Ag. (*Distichelepis* Thioll.) (Fig. 188.) Rückenflosse vom Nacken bis zum Schwanz reichend. Nur die gerundete Caudalis mit Fulcren. Schwanz ventral mit großen Kielschuppen; die übrigen Schuppen dünn, dorsal und ventral reduziert. ? Brauner Jura, Stonesfield. Lithographischer Schiefer von Bayern, Cerin.

Enchelolepis A. S. Woodw. (*Macrosemius* Sauvage part.). Schuppen sehr dünn, Wirbelbogen kurz und massiv. Purbeck, Portland. *E. Andrewsi* A. Sm. Woodw.

Histionotus Egerton. (Fig. 189.) Erster Strahl der langen Rückenflosse verlängert, mit Fulcren besetzt. Caudalis tief gegabelt. Fulcra an allen Flossen. Beschuppung vollständig. Ob. weißer Jura, Bayern, Cerin. Purbeck.

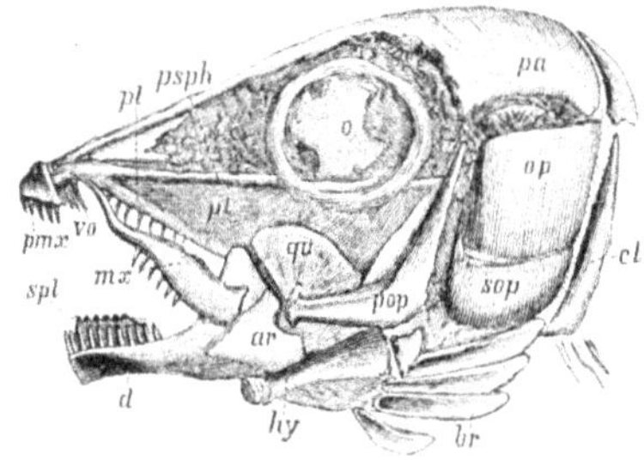

Fig. 188.
Kopf von *Macrosemius latiusculus* Wagn. Ob. Jura. Kelheim. (Nat. Gr.) *pa* Scheitelbein, *psph* Parasphenoid, *vo* Vomer, *pmx* Praemaxilla, *mx* Oberkiefer, *pl* Gaumenbein, *qu* Quadratbein, *o* Orbita, *op* Operculum, *sop* Suboperculum, *pop* Praeoperculum, *ar* Articulare, *d* Dentale, *spl* Spleniale d. Unterkiefers, *hy* Zungenbeinbogen, *br* Kiemenhautstrahlen, *cl* Clavicula.

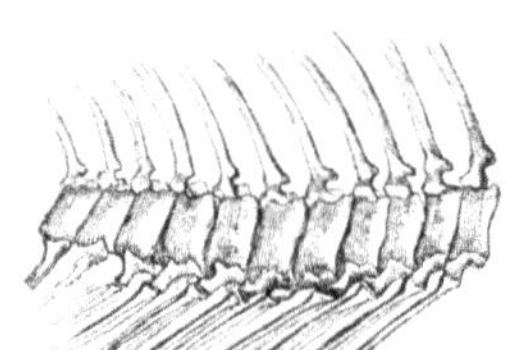

Fig. 189.
Wirbelsäule von *Histionotus Oberndorferi* Wagn. Ob. Jura. Kelheim. Bayern. (Nat. Gr.)

Ophiopsis Ag. Sehr schlank. Dorsalis hoch und lang, etwa die Hälfte der Rückenlänge einnehmend. Caudalis gegabelt, der obere Lappen teilweise beschuppt. Fulcra an allen unpaaren Flossen. Beschuppung vollständig. Dünne Ringwirbel. Vom oberen Muschelkalk (Perledo) an bis zum Purbeck. Besonders ob. weißer Jura von Bayern, Cerin. *O. tenuiserrata* Ag. sp.

Eusemius Vetter. Flossenstrahlen nicht geteilt, sonst wie *Ophiopsis*. Oberer weißer Jura. Solnhofen.

Legnonotus Egerton. Rhät.

Petalopteryx Pictet (*Aphanepygus* Bassani). Beschuppung kräftig, aber unregelmäßig, die vertikalen Reihen nach oben und unten zuweilen dichotom. Analis angeblich fehlend. Obere Kreide, Libanon, Dalmatien.

**Propterus* Ag. (*Rhynchoncodes* Costa.) Die große und hohe Dorsalis zweiteilig, der vordere Teil höher. Caudalis tief gegabelt. Paarige Flossen ohne Fulcra. Beschuppung vollständig, regelmäßig. Verknöcherung der Chordascheide sehr zart, meist Ringwirbel. Oberer weißer Jura. Solnhofen. Lérida, Spanien. Kreide, Neapel.

**Notagogus* Ag. (*Blenniomoeus*, *Calignathus* Costa). Vordere Strahlen der geteilten Dorsalis nicht verlängert, Caudalis nicht gegabelt. Ringwirbel kräftiger. Oberer weißer Jura, Solnhofen, Cerin. Wealden, Belgien. Untere Kreide, Neapel.

Familie: **Pholidophoridae.**

Schlanke Fische mit rhombischen Ganoidschuppen. Kiefer kurz, Zähne klein, spitzig. Flossen mit kleinen Fulcren. Dorsalis und Analis klein. Mundspalte oben von Praemaxilla und Maxilla begrenzt. Chorda persistent; Pleurocentra und Hypocentra zuweilen zu Ringwirbeln verschmolzen.

**Pholidophorus* Ag. (*Brachyichthys* Winkler). (Fig. 190 bis 192.) Schuppen dünn und glänzend, auf den Flanken etwas höher als lang, fest verzahnt. Rückenflosse etwas vor der Analis. Paarige Flossen klein. Schwanzflosse tief ausgeschnitten, äußerlich homocerk, vor ihr öfter eine große unpaare Dorsalschuppe. Muschelkalk, Gandersheim, Perledo. Raibler Sch. *Ph. Bronni* Kner. Seefeld, Hauptdolomit Adneth. Rhät. Pyrenäen. Unt. Lias, Lyme Regis (*Ph. Bechei* Ag.). Ob. Lias (ε) von Württemberg, Franken, Calvados (*Ph. germanicus* Quenst.). Oberer weißer Jura; Süddeutschld. Cerin. Purbeck. Wealden, Belgien.

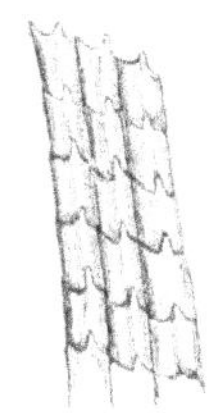

Fig. 190. *Pholidophorus micronyx* Ag. Schuppen von der Innenseite.

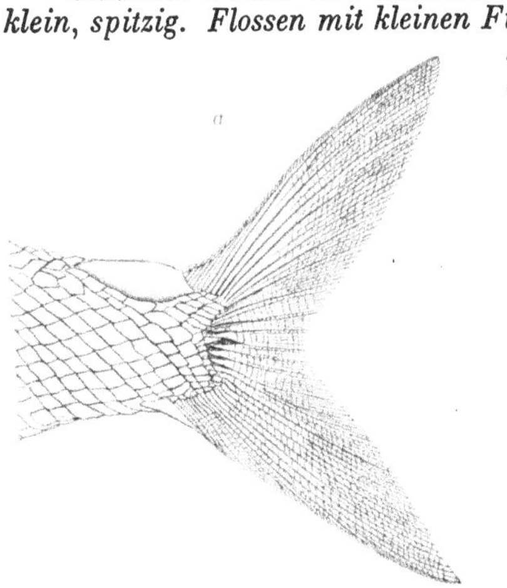

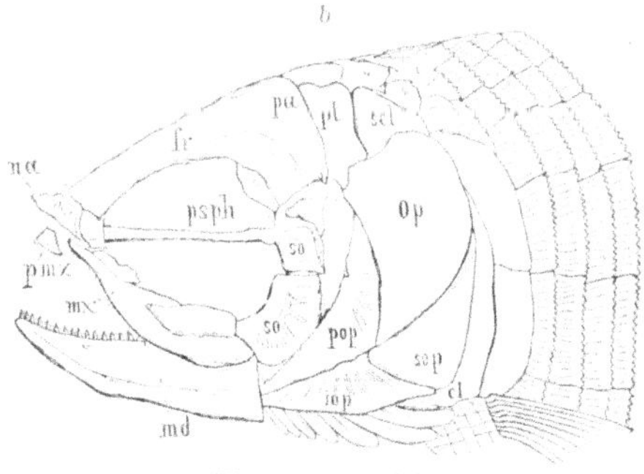

Fig. 191 a und b. *Pholidophorus striolaris* Ag. Ob. Jura Eichstätt. *a* Schwanzflosse. *b* Kopf. *na* Nasale, *psph* Parasphenoid, *pop* Praeoperculum, *sop* Suboperculum, *iop* Infraoperculum, *md* Mandibula. Vgl. Fig. 159.

Fig. 192. *Pholidophorus pusillus* Ag. Obere Trias. Seefeld, Tirol. (Nat. Gr.)

Ceramurus Egerton. Ohne seitliche Schuppen. Purbeck.

Prohalecites Deecke. Muschelkalk, Perledo.

**Isopholis* Zitt. Schlank mit gleichartigen rhombischen Schuppen und großer Brust- und Afterflosse. Lithograph. Schiefer von Bayern und Cerin (Ain).

Thoracopterus Bronn (*Pterygopterus* Kner). Mit sehr großen Brustflossen, die $^2/_3$ der Körperlänge erreichen. Raibler Sch. *Gigantopterus* Abel. Lunzer Sch. Beide Gattungen Flugfische.

**Pholidopleurus* Brown. (Fig. 193.) Klein, schlank. Schuppen dick, glatt, mit dünnem Ganoin, auf den Flanken sehr hoch und kurz. Seitenlinie deutlich. Dorsalis und Analis lang, weit nach hinten gerückt. Beckenflossen fehlen. Schwanzflosse äußerlich homocerk. Wirbel ringförmig. Raibler Sch.

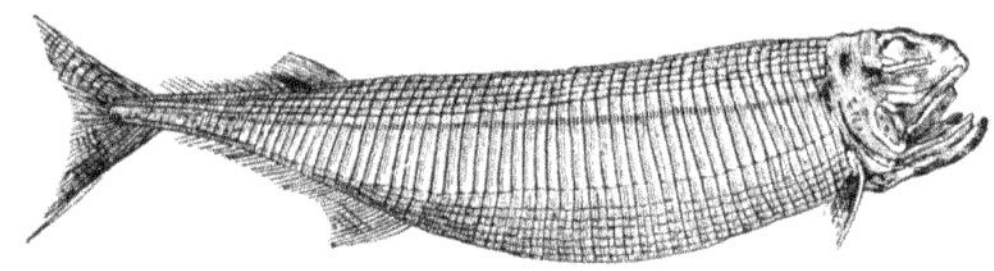

Fig. 193.
Pholidopleurus typus Bronn. Karnische Stufe. Raibl, Kärnten. ⅔ nat. Gr. (Nach Kner.)

Peltopleurus Kner. Dorsalis und Analis kurz. Mit Beckenflossen. Raibler Sch. Seefelder Sch.

**Pleuropholis* Egerton. Dorsalis und Analis lang, opponiert. Sehr hohe, kurze Schuppen auf den Flanken. Kleine Beckenflossen. Wirbel ringförmig. Ob. weißer Jura, Bayern, Cerin; *Pl. Egertoni* Wagn. Purbeck. *Pl. longicasida* Egerton.

Archaeomene A. Sm. Woodw. Cycloidschuppen. Talbragorbeds, unt. Jura, Neuseeland.

Familie: **Aspidorhynchidae.**

Sehr schlanke, langgestreckte Fische, mit rhomboidischen Schmelzschuppen, deren Schmelzbeleg bei einigen reduziert ist. Schnauze schnabelartig zugespitzt.

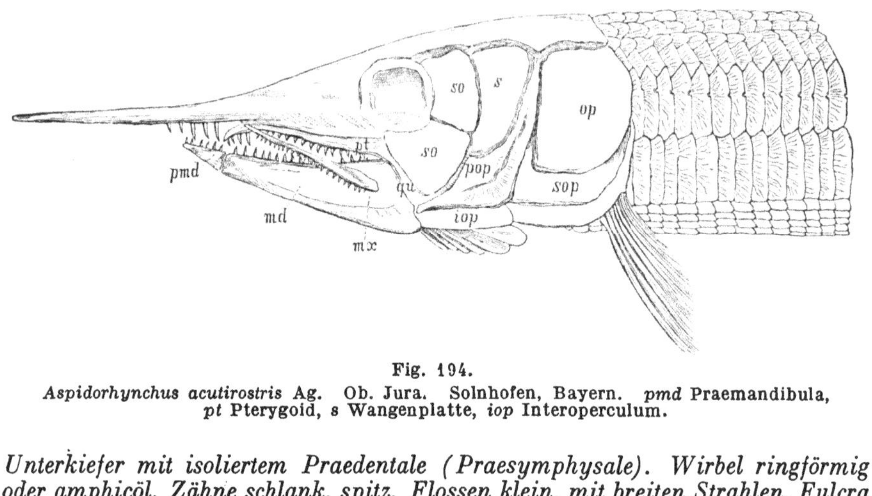

Fig. 194.
Aspidorhynchus acutirostris Ag. Ob. Jura. Solnhofen, Bayern. *pmd* Praemandibula, *pt* Pterygoid, *s* Wangenplatte, *iop* Interoperculum.

Unterkiefer mit isoliertem Praedentale (Praesymphysale). Wirbel ringförmig oder amphicöl. Zähne schlank, spitz. Flossen klein, mit breiten Strahlen, Fulcra reduziert oder fehlend. Schwanzflosse äußerlich homocerk. Zahlreiche Branchiostegalia.

**Aspidorhynchus* Ag. (Fig. 194, 195.) Schlanke, dünne, bis 1 m lange Fische, mit mäßig dicken, auf den Flanken hohen, glänzenden, aber nicht mit eigentlichem Schmelz bedeckten Schuppen. Das lange, den Unterkiefer bedeutend überragende Rostrum ist besonders von Prämaxillen, Vomer und Ethmoiden gebildet. Die Maxilla ist isoliert, schlank. Zähne am größten auf Praemaxilla,

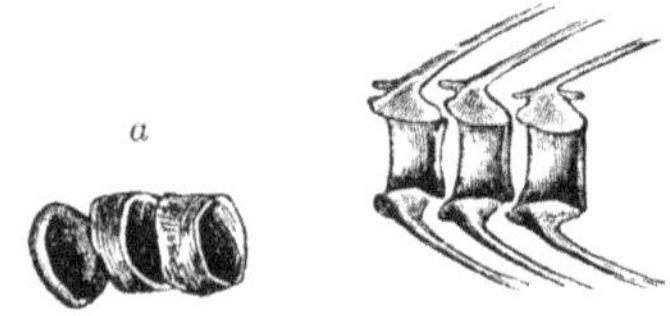

Fig. 195.
Aspidorhynchus. *a* Hohlwirbel von vorn. *b* ein Stück der Wirbelsäule aus der Schwanzregion mit aufsitzenden Bogen und Dornfortsätzen.

Palatinen und Praesymphysale. Zwischen den Suborbitalien und Praeoperculum ein Schaltknochen. Wirbelkörper ringförmig, zart. Bauchflosse hinter der halben Körperlänge, Afterflosse und Rückenflosse opponiert. Caudalis tief ausgeschnitten. Von braunem Jura an (Stonesfield slates). Besonders häufig im oberen weißen Jura von Solnhofen, Cerin. Lérida. Purbeck. Untere Kreide, Istrien, Karpathen.

*Belonostomus Ag. Unterkiefer fast ebenso lang als die Schnauze. Schuppen mit Schmelz; die der Seitenlinie höher als die übrigen. Suborbitalia nicht durch eine Zwischenplatte vom Praeoperculare getrennt. Wirbel amphicöl, aber durchbohrt. Oberer weißer Jura von Süddeutschland und Cerin. *B. tenuirostris* Ag. Wealden. *B. Hooleyi* A. S. Woodw. Untere Kreide (Italien, Istrien, Karpathen, Mexiko) und obere Kreide (England, Brasilien, Queensland).

6. Unterordnung: **Lepidostei.**

Wirbel verknöchert, opisthocöl. Intercalaria zwischen den oberen Bogen. Kopf mit zahlreichen dicken, schmelzbedeckten Belegknochen, insbesondere um die Orbita und zwischen Squamosum und Operculare. Maxilla aus mehreren Teilstücken bestehend. Unterkiefer mit großem Dentale, Spleniale, einem gesonderten Angulare und Complementare (Coronoideum); kein Praedentale oder Praesymphysale. Derbe Schmelzschuppen, festgefügt. Auf den Kieferrändern eine Anzahl großer spitzer Zähne, dazwischen bedeutend kleinere. Kleine Zähne auch auf dem Pterygopalatinum und auf der Innenseite des Dentale (Spleniale). Wenige Branchiostegalia, keine Gularplatten. Alle Flossen mit biserialen Fulcren, klein; Schwanzflosse gerundet, innerlich heterocerk.

Familie: **Lepidosteidae.**

Diese Familie (mit der lebenden Gattung *Lepidosteus*) steht sehr isoliert. Sie stellt wohl einen hochspezialisierten Überrest von Semionotus-ähnlichen Fischen dar. Lepidostierreste nach v. Stromer schon in der Kreide von Ägypten.

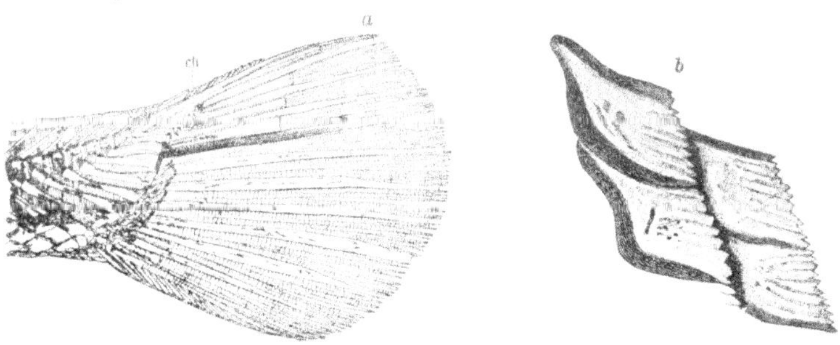

Fig. 196.
Lepidosteus osseus Lin. *a* Schwanzflosse, *b* Schuppen. Rezent. Nordamerika.

*Lepidosteus Lacépède (Fig. 196). Vom Eocän an meist in Süßwasserschichten. Eocän. Kressenberg. In Messel bei Darmstadt ganze Skelette. Untermiocän, Böhmen. Nordamerika vom Eocän bis jetzt. In Indien im Eocän.

Clastes Cope. Eocän. Wyoming, Utah.

7. Unterordnung: **Amioidei.**

Schuppen sehr dünn, dachziegelartig übereinandergreifend, cycloid oder rhombisch. Schwanzflosse äußerlich homocerk oder gerundet, innerlich heterocerk. Wirbelsäule mit Nacktwirbeln, Halbwirbeln oder vollständig verknöchert.

Kiemenhautstrahlen blattförmig. Eine mediane Jugularplatte vorhanden. Zähne zugespitzt, konisch. Lebend *Amia* in Flüssen der südlichen Vereinigten Staaten und Zentralamerikas. Fossil vom Lias an.

Familie: **Pachycormidae** Döderlein.

(*Microlepidoti* und *Cyclolepidoti* Zittel.)

Ossifikationen der Chordascheide beschränkt; Nacktwirbel oder Halbwirbel. Schwanzflosse tief ausgeschnitten, kräftig, nur innerlich heterocerk. Vor der Rückenflosse meist einige blinde Flossenträger. Fulcra klein oder fehlend. Ethmoid und Vomer zu einem Rostrum verlängert. Kiemenhautstrahlen sehr zahlreich (30—40). Lias bis untere Kreide.

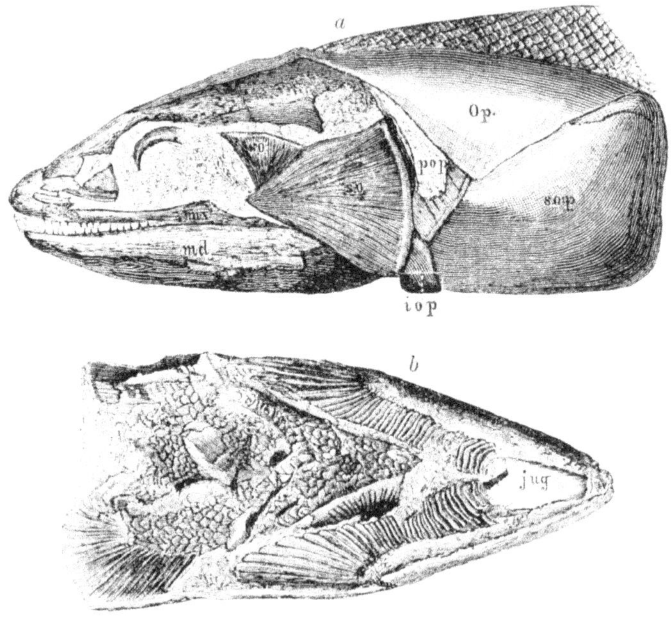

Fig. 197.
Pachycormus macropterus Ag. Ob. Lias. Ilminster, England. *a* von der Seite, *b* von unten.

**Pachycormus* Ag. (*Saurostomus* Ag., *Cephenoplosus* Sauv.) (Fig. 197). Große Fische, vorn mit Nacktwirbeln, hinten mit Halbwirbeln. Schuppen klein, rhombisch. Beide Lappen der tief ausgeschnittenen Schwanzflosse mit stabförmigen Fulcren. Bauchflossen sehr klein; Rückenflosse vor der Afterflosse beginnend. Flossenstrahlen sparsam gegliedert. Operculum, Suboperculum und Suborbitalia sehr groß. Lias und Jura. *P. bollensis* Qu. Oberer Lias.

**Sauropsis* Ag. (*Diplolepis* Vetter). Schuppen klein, die ventralen breiter als hoch. Chordascheide ohne Verknöcherungen. Fulcra fehlen. Oberer Lias. *S. latus* Ag. Oberer weißer Jura. *S. longimanus* Ag.

Prosauropsis Sauvage. Oberer Lias.

**Euthynotus* Wagn. (*Heterothrissops*, *Pseudothrissops* Sauvage). (Fig. 198.) Hypocentra und Pleurocentra als Halbwirbel entwickelt. Schuppen rhombisch, an den Ecken gerundet. Bauchflossen weit nach vorn gerückt. *E. speciosus* Wagn. Oberer Lias.

**Hypsocormus* Wagn. (Fig. 199.) Große Fische mit winzig kleinen rhombischen Schuppen. Wirbelsäule nackt, nur Bogen und Dornfortsätze verknöchert. Schwanzflosse mächtig groß, tief ausgeschnitten, die vorderen Strahlen ungegliedert, durch stabförmige Fulcren getrennt. Oxfordton. *H. Leedsi* A. Sm. Woodw. Oberer weißer Jura (lithogr. Schiefer) Bayerns. *H. insignis* und *macrodon* Wagn.

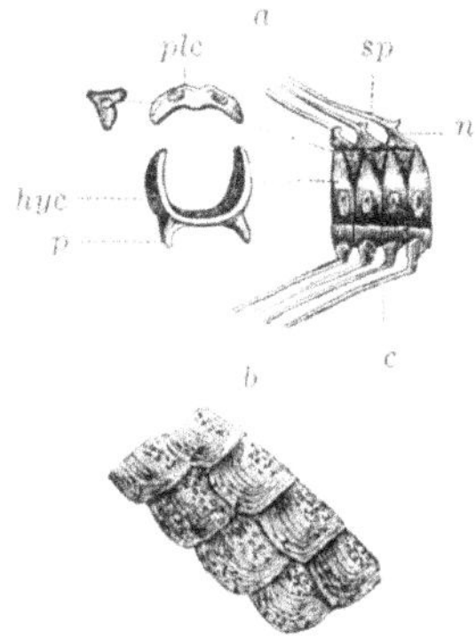

Fig. 198.
a Wirbel; *plc* Pleurocentrum, *hyc* Hypocentrum. *sp* Dornfortsatz, *n* Rückenmarkskanal, *c* Haemapophyse. *b* Schuppen von *Euthynotus* Ag. sp. aus dem oberen Lias von Boll.

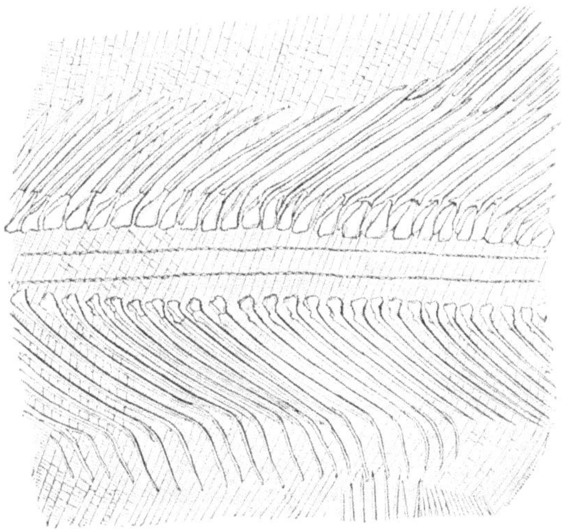

Fig. 199.
Hypsocormus insignis Wagn. Lithographischer Schiefer von Eichstätt. Stück der Wirbelsäule.

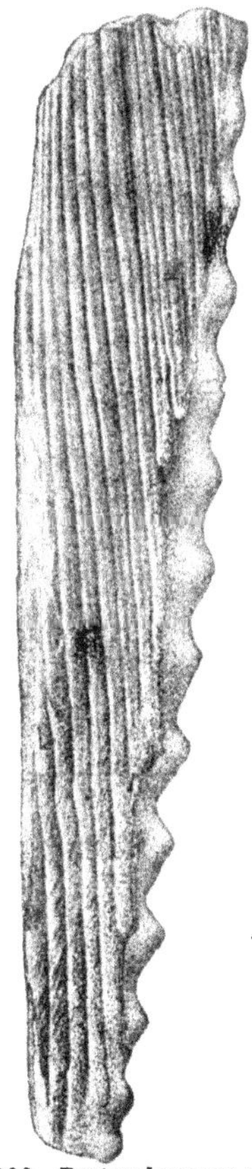

Fig. 200. *Protosphyraena* sp. Obere Kreide. England. Brustflosse. ½ nat. Gr. nach A. Sm. Woodward.

Fig. 201. *Protosphyraena nitida* Cope. Rostrum, Vomer. Praemaxillare u. Maxillare von unten. Obere Kreide. Kansas. ¼ nat. Gr.

Asthenocormus A. Sm. Woodw. (*Agassizia* Vetter). Ossifikationen der Chordascheide fehlend oder rudimentär. Kleine Fulcra. Keine Beckenflosse. Sehr groß. *A. titanius* Wagn. sp. Oberer weißer Jura, Solnhofen.

Familie: **Protosphyraenidae.**

Schädel mit langer, solider, zylindrisch-konischer Schnauze, welche von den verschmolzenen Ethmoiden und dem Vomer gebildet wird und weit über die dreieckigen, vorn zugespitzten Zwischenkiefer vorragt. Vomer mit zwei langen, in Alveolen stehenden Fangzähnen. Oberkiefer und Unterkiefer schlank, mit einer inneren Reihe großer, in Alveolen stehender Zähne und zahlreichen äußeren, aufgewachsenen Zähnchen. Dentale vorn verdickt mit zwei großen Fangzähnen. Suborbitalia vorhanden. Brustflossen sehr groß. Wirbel nicht bekannt.

Die Protosphyraeniden sind die Nachkommen der jurassischen Pachycormiden, die zum Teil — *Hypsocormus tenuirostris* — selbst schon ein sehr langes Rostrum besitzen. Da trotz der Häufigkeit von Schädeln niemals dazu gehörige Wirbel gefunden werden, dürfen wir mit Recht folgern, daß letztere nur sehr unvollständig verknöchert waren.

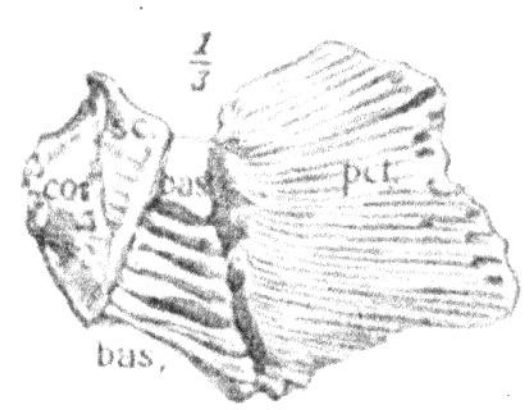

Fig. 202. *Protosphyraena* sp. Obere Kreide. Kansas. Einlenkung der Flosse am Schultergürtel. *sc* Scapula, *cor* Coracoid, *bas* Basioste, *pct* Strahlen der Brustflosse. ⅓ nat. Gr. (nach Hay).

**Protosphyraena* Leidy (*Erisichthe* Cope). (Fig. 200—202.) Die Brustflossen von Agassiz als *Pelecopterus* beschrieben. Zähne in tiefen Gruben. Scapula und Coracoid knöchern. Brustflosse sehr lang, aus über 40 distal meist zerteilten, proximal flach komprimierten Strahlen zusammengesetzt, die miteinander verschmelzen. Vorderrand der Flosse mit zahnartigen Hervorragungen. Von diesen Randhöckern laufen leistenartige Wülste quer über die Flossenbreite. Die Pectoralis gelenkt an Coracoid und Scapula mit acht Basalgliedern (Basiosten), von denen die beiden oberen sich übereinandergelagert haben. Obere Kreide, Kansas. *P. ferox* Leidy, *nitida* Cope. England. Isolierte Zähne Kreide von Mastricht, Ägypten, Patagonien, die ältesten im Aptien von Frankreich.

Familie: **Caturidae.**

Verknöcherung der Wirbel unvollkommen. Flossenstrahlen stark gegliedert, oben geteilt. Unpaare Flossen mit Fulcren. Schuppen bei den älteren Formen dick, rhombisch, bei den späteren sehr dünn, fast oder ganz cycloid. Zähne kräftig. Schwanzflosse groß, ausgerandet, mit zwei fast gleichen Lappen, innerlich heterocerk. Dorsalis kurz, hoch.

**Caturus* Ag. (*Uraeus* Ag.) (Fig. 203, 204.) Lachsartige Raubfische. Schuppen weit übereinandergreifend, abgerundet, rhombisch, fast cycloid. Kleine Hypocentra und Pleurocentra oder ohne Ossifikationen der Chordascheide. Kieferrand mit großen Zähnen, Zähne des Spleniale viel kleiner, in einer Reihe. Fulcra an allen Flossen, biserial. Unterer Lias *C. heterurus* Ag. — Oberer weißer Jura *C. furcatus* Ag., Bayern, Württemberg, Cerin. *C. tarraconensis* Sauvage Lérida. Purbeck. Wealden. *C. insignis* Kner (*Eugnathus*), obere Trias von Seefeld, ist generisch unsicher, ebenso »*Lepidotus*« *macropterus* Schafh. aus dem Hauptdolomit von Wallgau bei Mittenwald, dessen Schuppen wie bei Ptycholepis skulpturiert sind. Hierher auch *Strobilodus* Wagn., *Conodus* Ag., *Eudactis* Egert., *Thalattodus* Owen, *Ditaxiodus* Owen, von denen einige sich vielleicht als Untergattungen halten ließen.

Liodesmus Wagner (*Lophiurus* Vetter). Chordascheide nicht verknöchert. Rückenflosse kurz. Schwanzflosse hinten nur wenig ausgeschnitten. Alle Flossen ohne Fulcra. Schuppen sehr klein. Oberer weißer Jura, Solnhofen.

**Callopterus* Thiollière. (Fig. 205.) Große Fische. Wirbel ähnlich wie bei Caturus, mit sehr langen Dornfortsätzen. Flossen kräftig. Schwanzflosse breit, nur wenig ausgerandet. Schuppen klein aber dicht, nur hinter Rücken- und Afterflosse vorhanden. Lithograph. Schiefer, Bayern, Cerin. Wealden, Belgien.

Osteorhachis Egerton. Hypocentra und Pleurocentra, aber keine Ringwirbel. Schuppen höckerig, dünn, mit Gelenkfortsätzen ineinandergreifend. Unterer Lias, England.

**Eurycormus* Ag. (Fig. 206.) Hypocentra und Pleurocentra im Schwanz zu ringförmigen Halbwirbeln entwickelt. Zähne des Oberkiefers und Spleniale klein, des Dentale groß. Schuppen dünn, ohne Gelenkfortsätze. Oberer weißer Jura, Bayern, Württemberg, England.

**Eugnathus* Ag. Schlanke Fische mit dicken, rhombischen Schmelzschuppen. Bauchschuppen viel schmäler als die übrigen, alle Schuppen mit

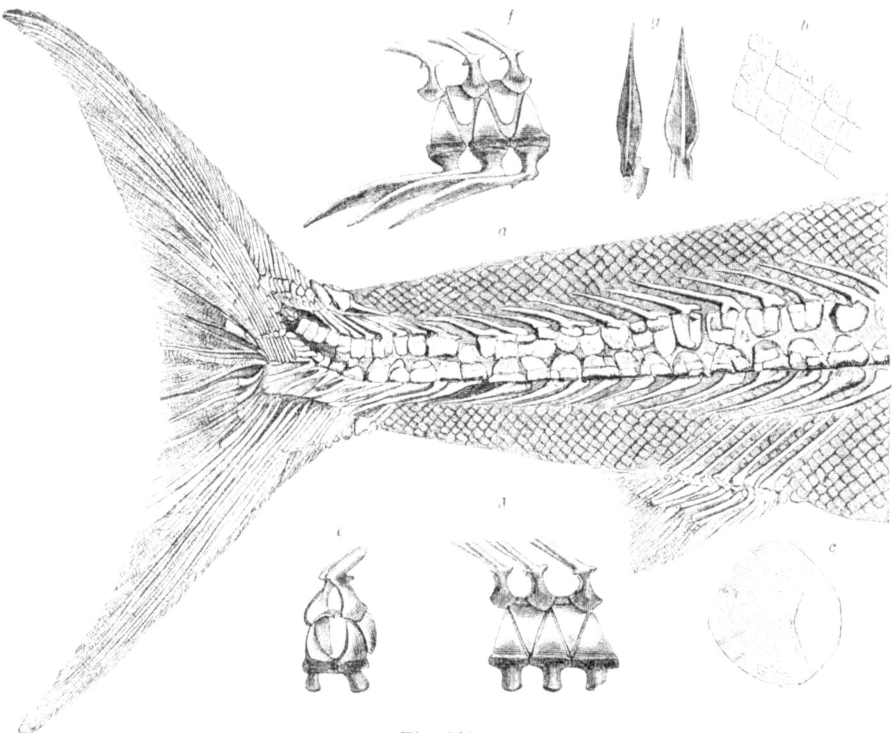

Fig. 203.
a Caturus maximus Ag. Schwanz. *b—g Caturus furcatus* Ag. aus dem oberen Jura von Kelheim und Solnhofen, *b* Schuppen in nat. Gr., *c* Schuppe vergr., *d* Wirbel aus der Rumpfregion von der Seite. *e* ein Rumpfwirbel von vorne. *f* Schwanzwirbel. *g* Dornfortsätze der Hämapophysen.

feinen Längsstreifen. Chordascheide meist ohne Ossifikationen. Kieferränder mit großen Zähnen, auf der Innenseite sehr kleine Zähne in Häufchen.

Fig. 204.
Caturus elongatus Ag. Ob. Jura. Cerin, Ain. ½ nat. Gr.

Die Kopfknochen stimmen im wesentlichen mit Caturus überein. Muschelkalk, Perledo. Unterer Lias, England. (*E. orthostomus* Ag.) Oberer weißer Jura, Bayern, Württemberg.

**Heterolepidotus* Egerton. Gedrungene Körperform, breite Schwanzflosse, kleine, glatte, rhombische, am Rand gezähnelte Schuppen. Chordascheide höchstens schwach verknöchert. Lias, England. Oberer weißer Jura, Kelheim.

Ptycholepis Ag. Schlank. Deckknochen stark skulptiert, Schuppen dick, mit Querfurchen und gezähneltem Hinterrand. Randliche Zähne klein. *Pt. bollensis* Ag. Oberer Lias etc., Württemberg. Außerdem Arten im unteren Lias, England und Tianschan und in der oberen Trias Connecticut, Nordamerika, Raibl in Kärnten und Basano, Lombardei.

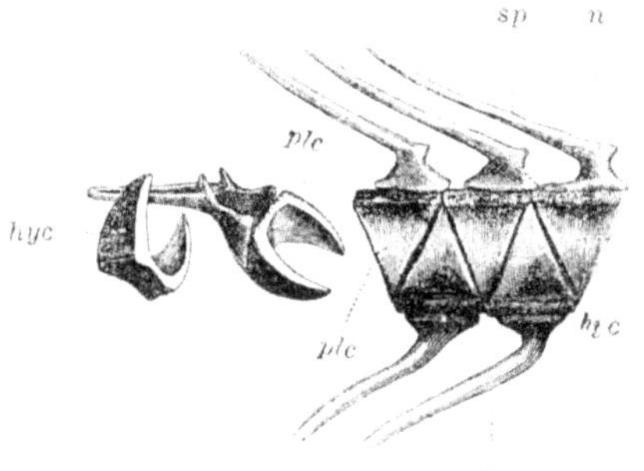

Fig. 205.
Wirbel von *Calloptерus Agassizi* Thiollière. Ob. Jura. Kelheim. (Etwas verkleinert.)

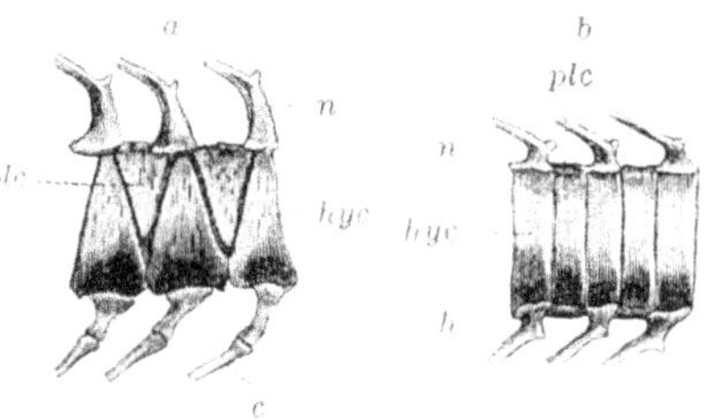

Fig. 206.
Eurycormus speciosus Wagn. *a* Rumpfwirbel, *b* Schwanzwirbel.

Lophiostomus Egerton und *Neorhombolepis* A. Sm. Woodw. Wirbel vollkommen verknöchert. Flossen ohne Fulcra. Sind Verwandte von Eugnathus. Obere Kreide, England, die letztere Gattung auch schon im Wealden von England und im Neocom der Schweiz und von Mexiko (*Otomitla* Felix).

Familie: **Oligopleuridae.**

Wirbelsäule vollständig verknöchert, in den oberen Schwanzlappen verlängert. Dorsalis kurz. Schwanzflosse groß, ausgeschnitten, äußerlich homocerk. Fulcra vorhanden. Schuppen dünn, cycloid.

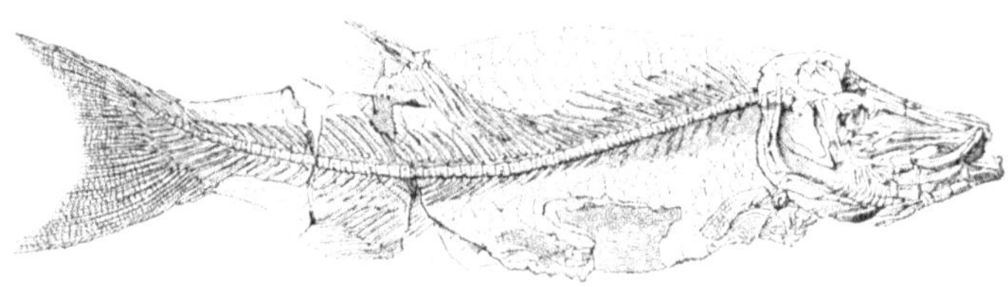

Fig. 208.
Oligopleurus esocinus Thiollière. Ob. Jura. Cerin, Ain. ¼ nat. Gr. (Nach Thiollière.)

**Oligopleurus* Thiollière. (Fig. 208.) Schuppen groß, dünn, weit übereinandergreifend, cycloid. Caudalis mäßig ausgeschnitten. Ob. weißer Jura, Cerin.

Oenoscopus Costa (*Attakeopsis* Thiollière, *Macrorhipis* Wagn.). Rückenflosse länger, zum Teil vor der Analis. Schwanzflosse tief ausgeschnitten. Ob. weißer Jura, Süddeutschland, Cerin. Untere Kreide, Italien (Pietraroja).

Spathiurus Davis (*Amphilaphurus* Davis). Rückenflosse über den größten Teil des Rückens ausgedehnt. Caudalis mäßig ausgeschnitten. *Sp. dorsalis* Davis. Obere Kreide, Libanon.

Opsigonus Kramb. Ähnlich, aus der unteren Kreide von Istrien.

Familie: **Megaluridae** Zittel. (*Halecomorphi* Cope, *Amiidae* A. Sm. Woodw.)

Schuppen dünn, cycloid. Wirbelsäule verknöchert, hinten in den oberen Teil der abgerundeten Schwanzflosse verlängert. Die Caudalregion aus vertikal geteilten Halbwirbeln bestehend (diplospondylisch), wovon die hinteren Scheiben

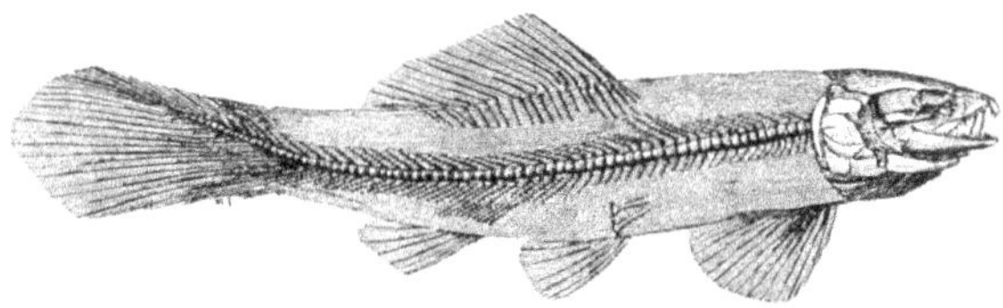

Fig. 209. *Megalurus elegantissimus* Wagn. Ob. Jura. Solnhofen. ⅔ nat. Gr.

die oberen und unteren Bogen tragen. Fulcren meist ganz fehlend. Kiemenhautstrahlen breit, zahlreich. Jugularplatte groß. Zähne konisch, kräftig. Jura bis jetzt.

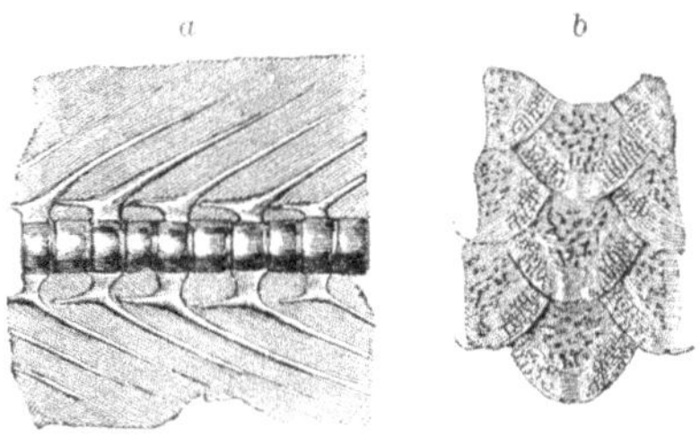

Fig. 210.
Megalurus polyspondylus Mstr. Ob. Jura. Kelheim. *a* ein Stück der Wirbelsäule (nat. Gr.), *b* Schuppen vergr.

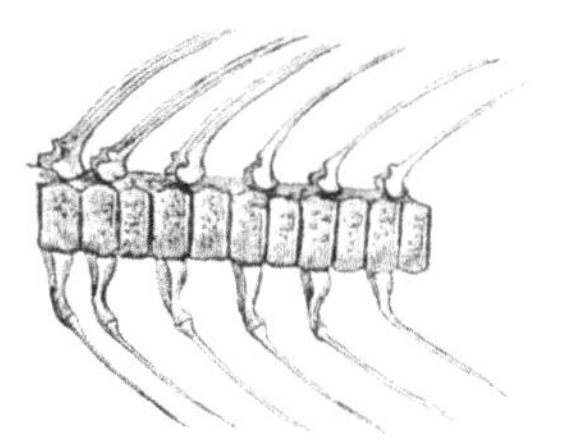

Fig. 211.
Ein Stück der Wirbelsäule von *Amia calva*.

**Megalurus* Ag. (Fig. 209, 210). Rückenflosse lang, über den Bauchflossen beginnend und bis zum hinteren Ende der Afterflosse reichend. Schwanzflosse hinten konvex, sehr kräftig. Wirbelsäule weit in den oberen Teil verlängert. Flossen ohne Fulcren. Caudalregion mit langgestreckten, aus zwei gleichen Hälften bestehenden Wirbeln. Oberer weißer Jura (lithograph. Schiefer) von Süddeutschland, Cerin, Lérida. Purbeck. England.

Amiopsis Kner. Rückenflosse nicht viel länger als die Afterflosse. Purbeck, England. Wealden, Belgien. Untere Kreide, Istrien.

**Amia*[1]) L. (*Cyclurus*, *Notaeus* Ag.) (Fig. 211, 212.) Rückenflosse vor der Bauchflosse beginnend, bis zur Schwanzflosse reichend. Ohne Fulcren. Lebend in Nordamerika, fossil im Eocän von Europa. *A.* (Notaeus) *longicauda* Ag. Montmartre. *A. Kehreri* Andreae Messel bei Darmstadt. Oligocän *A.* (Cyclurus) *Valenciennesi* Ag. Armissan. Miocän, Böhmen *A. macrocephala* Reuß sp.

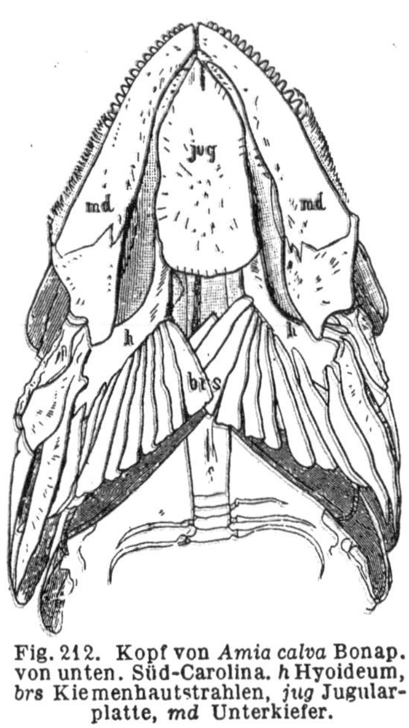

Fig. 212. Kopf von *Amia calva* Bonap. von unten. Süd-Carolina. *h* Hyoideum, *brs* Kiemenhautstrahlen, *jug* Jugularplatte, *md* Unterkiefer.

[1]) *Leriche M.*, Sur la présence du genre Amia dans les Hamstead Beds (Olig. inf.) de l'île de Wight (Bull. Soc. belge de Géol. XXII. 1908).

Pappichthys Cope. Eocän, Reims, Nordamerika, meist nur die großen flachen Wirbel oder die plumpen Kiefer vorhanden.

Protamia, *Hypamia* Leidy. Nordamerika.

Ordnung: **Teleostei**[1]).

Haut mit dünnen Cycloid- oder Ctenoidschuppen, seltener mit knöchernen Platten. Wirbelsäule verknöchert, Schwanzflosse homocerk. Fulcren fehlen. Kiemendeckel wohl entwickelt. Gräten mehr oder weniger reichlich. Arterienstiel mit nur zwei Klappen. Sehnerven gekreuzt, ohne Chiasma. Darm ohne Spiralklappe.

Der Unterschied zwischen Teleostiern und Ganoiden beruht teils im Hautskelett, teils in anatomischen Merkmalen. Beide Unterklassen sind auf das engste miteinander verknüpft und die Grenzlinie zwischen Amioidea und physostomen Teleostiern häufig nahezu verwischt. Dies gilt insbesondere von den Schuppen, welche bei den ersteren bereits dünn und elastisch geworden sind und sich in nichts von denen einiger Physostomen unterscheiden, bei denen unter der äußeren glänzenden Schicht eine fibrillär gebaute mit Knochenzellen zur Entwicklung gelangt.

Bei den Teleostiern ist das innere Skelett sehr dicht und arm an Knochenzellen. Nach Kölliker entbehren fast alle Acanthopterygier (exl. Thynnus), Pharyngognathen, Anacanthinen, Plectognathen und Lophobranchier, auch mehrere Gruppen der Physostomen der Knochenzellen im Innenskelett.

Die Bildung der Wirbelkörper beginnt mit der Verkalkung eines Ringes der Chordascheide; intervertebral kann sich die Chorda noch verdicken. Die Bogen werden knorplig angelegt und durch das Wachstum des knöchernen Wirbelkörpers z. T. in diesen eingeschlossen (Knorpelkreuz auf Querschnitten).

Die Schwanzflosse ist stets äußerlich homocerk, während innerlich meist eine starke Aufbiegung des Endes der Wirbelsäule beobachtet wird. Sie wird ausgeglichen durch die starke Entwicklung der ventralen Flossenträger (unteren Bogen). Im Bereich der letzten Wirbel und der unteren Bogen kommen Verwachsungen vor, bis zur Bildung einer einheitlichen Hypuralplatte.

Die Bauchflossen rücken bei den differenzierteren Formen zuweilen weit nach vorn. Die Strahlen der Rückenflosse sind bald gegliedert, bald ungegliedert.

---

[1]) *Bassani Fr.*, Descrizione dei pesci fossili di Lesina ... alcune altri ittiofaune cretacee. Denkschr. Akad. Wien 1882. Bd. 45, 46. — *De Stefano*, Osservazione sulla ittiofauna pliocenica di Orciano e San Quirico in Toscana. Boll. soc. geolog. Italiana. Vol. 28. 1909. — Appunti sulla ittiofauna fossile dell' Emilia conservata nel Museo geologico dell' Università di Parma. Boll. della Soc. geol. ital. 1912. — *Hay O. P.*, On certain genera and spezies of North American Cretaceous Actinopterous Fishes. Bull. Amer. Mus. Nat. Hist. New York 1903. Art. I. — *Jordan D. St.*, Descript. of a collection of fossil Fishes from Riacho Doce, State of Alagóas, Brazil. Annals of the Carnegie Mus. Pittsburgh 1910. Art II. — *Kner Rud.*, Über einige Fische aus Kreide- und Tertiärschichten von Comen und Podsuded. Sitz.-Ber. Wien. Akad. Bd. XLVIII u. LVI. — *Kner* und *Steindachner*, Neue Beiträge zur Kenntnis der fossilen Fische Österreichs. Denkschr. Wien. Akad. 1863. Bd. XXI. — *Kramberger Gorjanovic K.*, Die eocänen Fische der Baschker Schichten. Palaeontograph. XXIV, 1880. Die jungtertiäre Fischfauna Kroatiens. I., II. Beitr. Palaeontol. Österr.-Ung. Bd. I, II. 1882, 1883. De piscibus fossilibus Comeni, Mrzleci, Lesinae et M. Libanonis. Acad. scient. et art. slav. merid. Agram 1895. — *Laube G.*, Synopsis der Wirbeltierfauna d. böhm. Braunkohlenformation. Prag 1901. — *Meyer H. v.*, Palaeontograph. Bd. I, II. — *Reis M. O.*, Paläohistol. Beitr. z. Stammesgesch. der Teleostier. Neues Jahrb. 1895. I. — *Sauvage E. H.*, Ann. sciences géolog. Vol. IV, VII, XI. Bull. soc. géol. de France. 3 sér. II. III. VI. XI. — *Steindachner F.*, Beiträge zur Kenntnis der fossil. Fischfauna Österreichs. I—IV. Sitz.-Ber. Wien. Akad. math.-phys. Klasse 1859. Bd. X 37, 38; 1860, Bd. 40; 1863, Bd. 47. — *Stewart A.*, Teleost. Cretaceous Fishes. The Univ. Geolog. Survey of Kansas. Vol. VI. Palaeontology Part II. Topeca 1900. — *Weiler W.*, Die Septarientonfische des Mainzer Beckens. Jahrb. d. nassauisch. Ver. f. Naturkunde 1919. — *Wettstein Al.*, Über die Fischfauna des tertiären Glarnerschiefers. Abh. Schweiz. paläont. Gesellschaft 1886. — *Woodward A. Sm.*, Catalogue of fossil fishes. P. III, IV.

Die Teleostier wurden bisher meist in die zwei Unterordnungen der Physostomi und Physoclysti zerlegt, je nachdem die Schwimmblase mit dem Ösophagus durch einen Gang in Verbindung steht oder nicht. Physostom sind auch die lebenden Ganoiden. In die Schwimmblase kann aus den Kapillaren der umgebenden Gewebe Sauerstoff abgesondert werden, der bei manchen im Schwimmblasengang wieder zur Atmung verwendet wird (Aale); der Schwimmblasengang dient also nicht dazu, Luft aus der Atmosphäre aufzunehmen. Die Diffusion von Gasen in die Schwimmblase kommt auch bei Physoclysten vor und ohne daß eine Beziehung zur Atmung nachweisbar wäre; sie kann dann aber als statisches Organ wirksam sein.

Die Physoclysten gliedern sich in die Gruppen der Acanthopterygii, Pharyngognathi — teils Cypriniformes, Scombresociden, teils Tribus der Acanthopterygii —, der Lophobranchii, Plectognathi und der Anacanthini.

Diese Einteilung der Teleostei wurde jedoch von den meisten Autoren aufgegeben und durch eine mehr auf osteologische Verhältnisse gegründete Systematik ersetzt, die sich zwar vielfach mit der früheren deckt, aber schon wegen der Benutzung allgemein bekannter Typen zur Benennung der Unterordnungen entschieden den Vorzug verdient.

Diese Unterordnungen sind folgende:

1. Leptolepiformes	Physostomi	7. Gasterosteiformes (Lophobranchii),
2. Cypriniformes		8. Nothacanthiformes,
3. Clupeiformes		9. Mugiliformes,
4. Esociformes		10. Acanthopterygii,
5. Muraeniformes		11. Gadiformes (Anacanthini).
6. Symbranchiformes,		

Nach Goodrich ist der Zusammenhang zwischen diesen Unterordnungen, die er wieder in zwei Abteilungen zusammenfaßt, von denen die zweite in zwei Gruppen zerlegt wird, folgender:

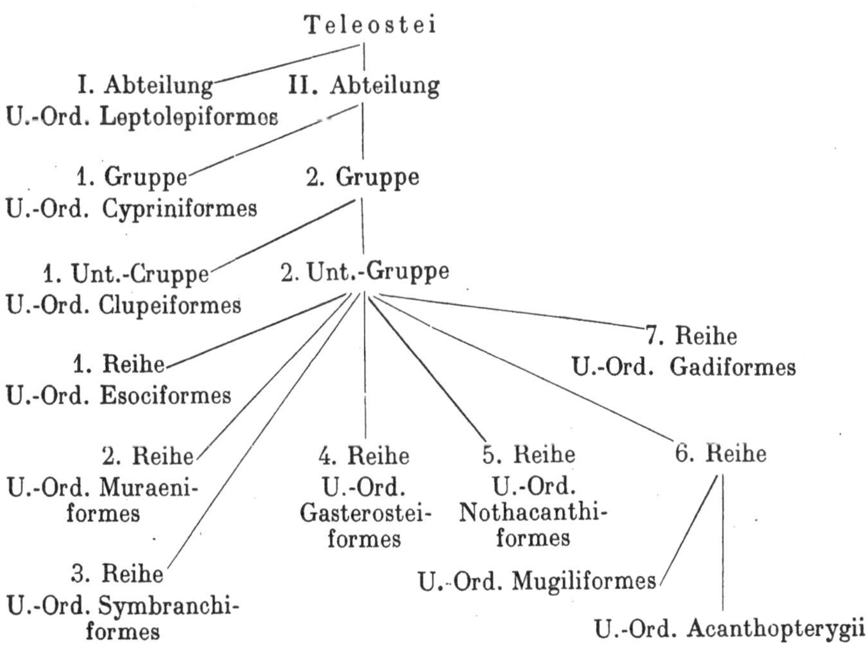

Physostomi.

1. Unterordnung: **Leptolepiformes.**

Cycloidschuppen mit dünnem Ganoinbelag, Wirbelkörper ungeteilt. Hintere Wirbel noch nicht in ein Hypurale umgewandelt.

Familie: **Leptolepidae.**

Wirbelkörper durchbohrt. Schwanzflosse ohne verschmolzene oder verbreiterte ventrale Flossenstützen. Keine Fulcra. Gräten vorhanden. Schuppen cycloid, imbrizierend, mit dünnem Schmelz. Parietalia in Berührung. Oberrand der Mundspalte von Oberkiefer und Zwischenkiefer gebildet.

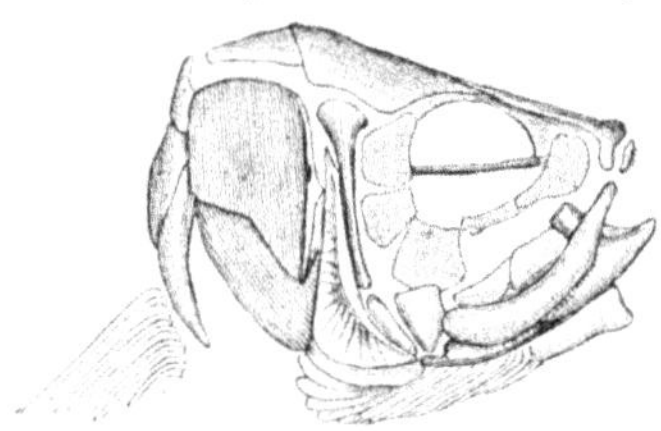

Fig. 213.
Kopf von *Leptolepis Knorri* Ag. Ob. Jura. Kelheim.

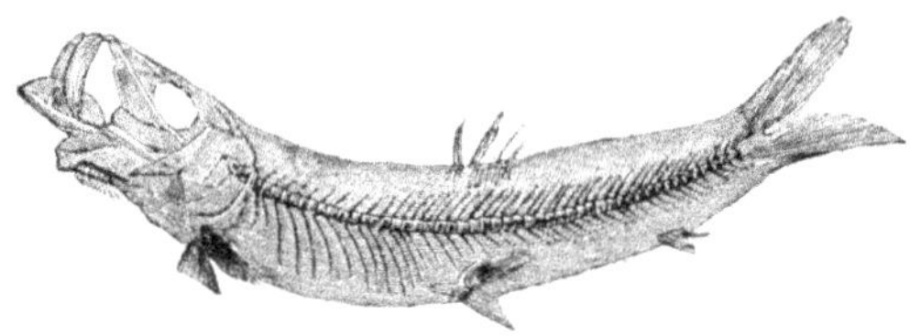

Fig. 214.
Leptolepis sprattiformis Ag. Lithographischer Schiefer. Eichstätt, Franken. (Nat. Gr.)

**Leptolepis* Ag. (*Tharsis* Gieb., *Sarginites* Costa, *Megastoma* Costa). (Fig. 213, 214.) Rückenflosse gegenüber der Bauchflosse. Afterflosse klein. Kopfknochen glatt; Zähne winzig. Dentale vorn mit steilem Fortsatz. Meist kleine, häringartige Fische. Lias bis untere Kreide. *A. sprattiformis* Ag., *Knorri* Ag. Oberer weißer Jura, Solnhofen, Lérida etc. Purbeck. *L. Brodiei* Ag. Kreide, Neapel.

**Thrissops* Ag. (Fig. 215, 216.) Ziemlich groß, Zähne kräftig. Dentale ohne Fortsatz. Rückenflosse gegenüber der großen Afterflosse. Schwanzflosse sehr kräftig. Oberer Jura, untere Kreide. Oberer weißer Jura, Solnhofen. *Th. formosus* Ag. Purbeck. *Th. molossus* A. Sm. Woodw.

Fig. 215.
Die beiden Unterkiefer von *Thrissops formosus* Ag. Oberer Jura. Kelheim. (Nat. Gr.)

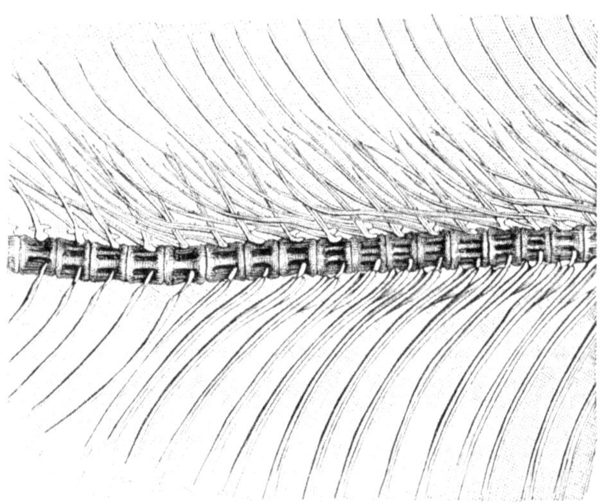

Fig. 216.
Ein Stück der Wirbelsäule von *Thrissops formosus* Ag. Ob. Jura. Kelheim, Bayern.

Pachythrissops (*Oligopleurus*) A. Sm. Woodw. Purbeck. Wealden. *P. laevis* A. Sm. Woodw.

Aethalion Münster. Kopf hoch, gerundet. Unterkiefer vorragend, Wirbel kleiner und Flossen größer als bei *Leptolepis*. Oberer weißer Jura, Solnhofen. *Ae. Blainvillei* Wagner. Wealden, Bernissart. Untere Kreide, Neapel.

Vidalia Sauvage. Unsichere Stellung. Ob. Jura, Lérida.

Lycoptera J. Müll. Die Wirbelkörper breit durchbohrte Zylinder. Sonst ähnlich *Thrissops*. Jura von Transbaikalien und China.

Tharrias Jordan und Branner. Operculum sehr viel größer als Suboperculum. Mehr Wirbel als *Leptolepis*. Kreide von Brasilien.

2. Unterordnung: **Cypriniformes** (Ostariophysi).

Ohne Interorbitalseptum. Hautknochen des Schädels nahe an der Oberfläche gelegen und die Seitenlinienkanäle enthaltend. Meist eine Fontanelle zwischen den Parietalia vorhanden; Mesocoracoidbogen nie fehlend. Schwimmblase mit dem Ohrapparat verbunden. Fettflosse nur bei den Cypriniden fehlend.

Diese Unterordnung enthält die Tribus der *Characinoidei* und der *Siluroidei*.

1. Tribus: Characinoidei.

Zu diesen wenig spezialisierten Fischen gehören die Familien der *Cyprinidae*, der *Characinidae* und der fossil nicht bekannten *Gymnotidae*.

1. Familie: **Cyprinidae.** Weißfische, Karpfen.

Schuppen cycloid. Oberrand der Mundspalte vom Zwischenkiefer gebildet. Kiefer, Gaumen- und Zungenbein zahnlos. Untere Schlundknochen mit 1 bis 3 Reihen griffelartiger, hohler Zähne besetzt. Meist nur 3 Kiemenhautstrahlen. Bartfäden meist vorhanden. Gehörorgan ausgezeichnet durch Größe und Lage des Asteriscus, wie bei Siluriden.

Die Cypriniden bewohnen die süßen Gewässer der alten Welt und Nordamerikas. Fossil häufig im Tertiär, meist die noch existierenden Gattungen wie *Leuciscus* Klein (Fig. 217), *Tinca*, *Gobio*, *Barbus* Cuv., *Rhodeus*,

Fig. 217. Schuppen von *Leuciscus Oeningensis* Ag. Ob. Miocän. Öningen, Baden. (Vergr. nach Winkler.)

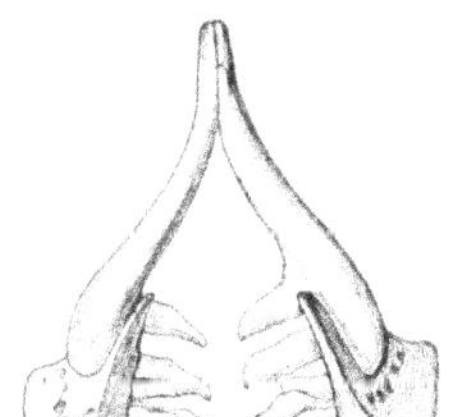

Fig. 218. Schlundknochen und Schlundzähne von *Aspius rapax* Ag. Rezent. (Nach Heckel und Kner.)

Aspius Ag. (Fig. 218), *Cyprinus*, *Thynnichthys* Günth., *Nemachilus* Cuv., *Cobitis* Linn., an die sich einige nahestehende erloschene Genera wie *Amyzon*, *Diastichas*, *Oligobelus* Cope u. a. anschließen. Hierher auch *Capitodus* Mstr. z. T. und *Soricidens* Mstr. (Schlundzähne). Mittelmiocän, Österreich. *Mylocyprinus* Leidy. Pleistocän Idaho.

2. Familie: **Characinidae.**

Oberrand der Mundspalte teilweise auch vom Oberkiefer gebildet. Kiefer bezahnt. Untere Schlundknochen nicht sichelförmig. Keine Bartfäden; meist eine Fettflosse vorhanden.

Die *Characiniden* vertreten die *Cypriniden* im tropischen Amerika und Afrika. Fossil im Tertiär von S. Paulo, Brasilien (*Tetragonopterus* Cuv.)

2. Tribus: Siluroidei.

Ohne ächte Schuppen. Hautskelett auf Schädel und Schulterregion kräftiger entwickelt.

Von den hierher gehörigen Familien der *Siluridae*, *Callichthyidae*, *Loricariidae* und *Aspredinidae* hat nur die erste fossile Vertreter.

Familie: **Siluridae.** Welse. (*Nematognathi* Cuvier.)

Nackte oder mit Knochenschildern bepanzerte, schuppenlose Fische. Kiefer stark bezahnt. Die Zwischenkiefer bilden meist allein den Oberrand der Mundspalte, die zahnlosen rudimentären Maxillen tragen Bartfäden. Subopercula (zuweilen auch Opercula) fehlen. Brustflosse vorn meist mit starkem Knochenstachel (verwachsene Strahlen). Webersche Knöchelchen vorhanden. Das Labyrinth stimmt in der Lage und Größe des Asteriscus, der Bogengänge etc. mit den Cypriniden überein.

Die Panzerwelse besitzen Hautzähnchen (mit Dentin und Schmelz), welche selbständig oft zu mehreren auf einer knöchernen Unterlage stehen und beweglich durch Bindegewebe verbunden sind. Bei *Hypostoma* sind kleine, in schrägen Reihen angeordnete Schüppchen zwischen den vorderen Flossen beobachtet (Kner).

Fossile Reste dieser formenreichen, über die gemäßigten und tropischen Gebiete verbreiteten Familie von Süßwasserfischen sind im allgemeinen außer im Eocän von Ägypten selten. Im Eocän von England, Frankreich und Belgien *Bucklandium*, **Arius*, Ägypten *Fajumia*, *Socnopaea* v. Stromer

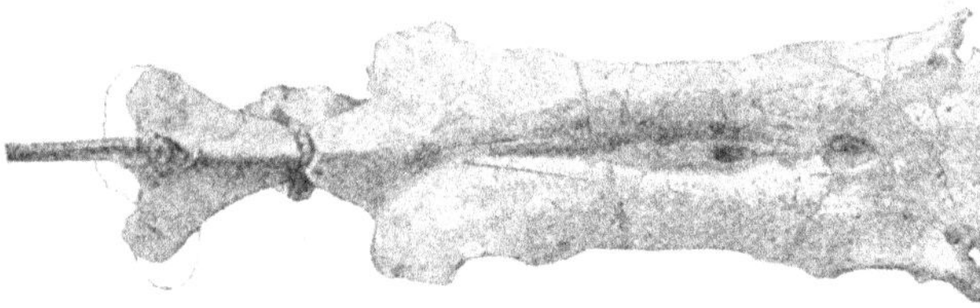

Fig. 219. *Socnopaea*. Eocän Fajum Ägypten. Schädel und Nackenplatte mit Stachel (stark verkleinert).

Fig. 220. *Arius germanicus* Koken. Otolith. Unteroligocän. Lattdorf. 2 : 1.

(Fig. 219). Nordamerika *Rhineastes*, *Astephus* Cope und *Ameiurus* Rafin. — Green River Eocän — Oligocän Deutschland *Arius* (Fig. 220); Miocän Ungarn, Belgien *Pimelodus*. Miocän Argentinien *Hypostoma*, Miocän und Pliocän der Siwalik (Indien) *Arius*, *Heterobranchus*, Miocän Sumatra *Bagarius*. Pliocän Ägypten *Clarias*. *Clarias* auch im Pliocän von Indien und im Pleistocän von Trinil (Java). Die leicht kenntlichen Otolithen von *Arius* nicht selten im marinen europäischen Eocän und Oligocän.

Clarias besitzt ein Atmungsorgan für atmosphärische Luft und kann daher einige Zeit außerhalb des Wassers leben. Bei *Saccobranchus* besteht dieses Organ aus einem häutigen, in die Muskulatur eingebetteten Sack (Day).

3. Unterordnung: **Clupeiformes.**

Hypuralsegmente vorhanden, jedoch nicht immer verschmolzen. Mit Mesocoracoidbogen. Schuppen cycloid.

In dieser Gruppe sind sehr mannigfaltige Typen vereinigt, die nur den Besitz vieler primitiver Merkmale miteinander gemein haben. Sie umfaßt die Familien der *Clupeidae*, *Ctenothrissidae*, *Salmonidae*, *Gonorhynchidae*, *Osteoglossidae*, *Albulidae*, *Chirocentridae*, *Ichthyodectidae*, *Saurodontidae*, *Plethodidae*, *Elopidae* und *Tomognathidae* nebst den bisher noch nicht fossil bekannten *Mormyridae*, *Hyodontidae*, *Notopteridae*, *Phractolaemidae*, *Alepocephalidae*, *Stomiatidae*, *Cromeriidae* und *Pantodontidae*.

Familie: **Clupeidae.**

Schlanke Fische mit cycloiden Schuppen. Wirbelkörper nicht durchbohrt, die abdominalen mit kurzen Querfortsätzen. Rückenflosse kurz, in der Mitte des Rückens, keine Fettflosse. Parietalia getrennt. Oberrand der Mundspalte vom Oberkiefer und Zwischenkiefer gebildet. Zähne spitzig, klein, seltener fehlend. Kiemendeckel vollständig.

Die *Clupeiden* leben in Schwärmen in der Nähe der Küste, steigen aber zur Laichzeit auch in den Flüssen herauf. Von den *Salmoniden* durch den Mangel einer Fettflosse unterschieden. Sie leiten sich von *Leptolepiden* ab und treten von der unteren Kreide an auf.

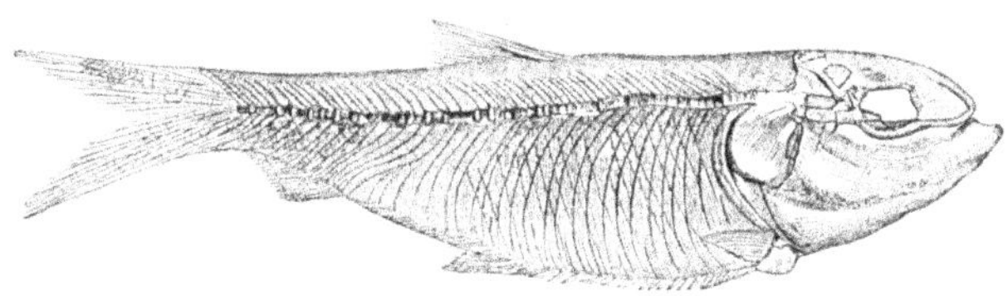

Fig. 221.
Clupea ventricosa H. v. Meyer. Unt. Miocän. Unterkirchberg bei Ulm.

**Clupea* Cuvier (inkl. *Alosa* Cuv.). Häring. (Fig. 221.) Auf der Ventralseite bilden gekielte Schuppen eine sägeartige Bauchkante. Auf Kiefer und Gaumen kleine, auf Vomer und Zungenbein stärkere Zähne. Neocom bis jetzt. Eocän des Monte Bolca, Oligocän Vicentin, Miocän von Schwaben (Kirchberger Schichten), Österreich, Kroatien, Toskana, Sizilien, Pliocän Südfrankreich. Otolithen schon vom Neocom an bekannt.

Chatoessus Cuv. Obermiocän, Österreich.

Scombroclupea Kner. Hinter der Analflosse einige vereinzelte Flossenstrahlen. Untere Kreide, Comen, Istrien. Obere Kreide, Libanon.

**Copëichthys* Dollo (*Diplomystus* Cope). Außer dem Bauchkiel eine Reihe von Rückenschildern vom Kopf bis zur Rückenflosse. Skelette im Eocän von Wyoming — *Knightia alta* Leidy, Green Riverbed und von

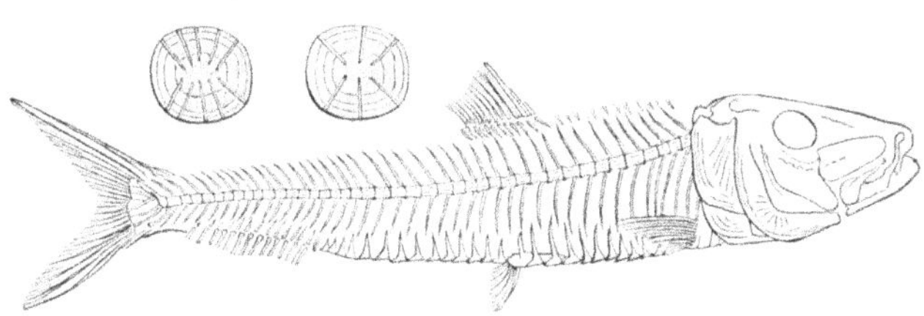

Fig. 222.
Meletta sardinites Heckel. Unt. Oligocän. Radoboj, Kroatien. (Nach Heckel.)

Guinea und Kamerun. Kreide vom Libanon, Persien, Brasilien, Istrien, Italien. Oligocän Insel Wight.

Ellipes, *Dastilbe* Jordan. Eocän, Alagoa, Brasilien.

**Meletta* Val. (Fig. 222). Kleine Fischchen mit dicken Schuppen, deren jede mit 3—6 Paar radialen Rippen verziert ist. Zahnlos. Bauchschuppen kräftig. Tertiär und lebend. Sehr häufig in den unteroligocänen Melettaschiefern der Karpathen, in Rumänien, Kroatien, im Unteroligocän von Elsaß und Oberbayern und im Flysch (Fischschiefer) von Glarus.

Engraulis Cuv. Oberkiefer länger als der Unterkiefer. Lebend und tertiär vom Eocän an.

Ohne die charakteristischen Bauchschuppen sind:

Pseudoberyx Pictet. Obere Kreide, Libanon. *P. (Clupea) Bottae* Pict. *Histiothrissa* A. Sm. Woodw. Obere Kreide. *Halecopsis* A. Sm. Woodw. Eocän.

Apsopelix, *Pelecoraspis* Cope. Obere Kreide, Kansas.

Familie: **Ctenothrissidae.**

Bauchflossen kräftig, weit nach vorne gerückt. Maxillen lose verbunden wie bei den Clupeiden. Die dornartige Ausbildung der Dorsalstrahlen erinnert etwas an die Acanthopterygier.

Ctenothrissa A. Sm. Woodw. mit Ctenoidschuppen. Obere Kreide, England, Libanon.

Aulolepis Ag. mit Cycloidschuppen. Obere Kreide, England.

Familie: **Salmonidae.** Lachse.

Wie die Clupeiden, aber mit einer Fettflosse hinter der Rückenflosse. Da diese sich fossil nicht erhält, ist die Unterscheidung der fossilen Funde von den *Clupeiden* eine unsichere.

Salmo L. Untermiocän, Böhmen. Obermiocän, Kroatien.

Thaumaturus Reuß und *Protothymallus* Laube. Miocän von Böhmen.

Vom lebenden *Mallotus villosus* Cuv. finden sich Skelette häufig in Konkretionen an der Küste Grönlands und in Glacialablagerungen Kanadas.

Familie: **Gonorhynchidae.**

Langgestreckte Fische mit am Rand gezähnelten kräftigen Schuppen. Zähne höchstens auf Palatinum. Rückenflosse auf Mitte des Rückens. Kreide, Eocän. Lebend.

Gonorhynchus im indischen und pazifischen Ozean. Ohne Schwimmblase. Kopf und Rumpf beschuppt.

**Notogoneus* Cope. (*Sphenolepis* Ag.) Zahnlos. Eocän. Oligocän, Europa, Pariser Gips, Aix. *N. Cuvieri* Ag. Nordamerika. Oberoligocän Mombach N. *longiceps* v. Meyer.

Charitosomus v. d. Marck. Bezahnt. Obere Kreide, Westfalen, Libanon.

Familie: **Osteoglossidae.**

Große Süßwasserfische von Südamerika, Indien und Afrika.

Dapedoglossus Cope, *Phareodus* Cope, *Anaedopogon* Cope. Eocän von Wyoming und Mexiko. *Brychaetus* A. Sm. Woodw. Eocän, England.

Familie: **Albulidae.**

Schlanke, häringartige Fische. Bauch gerundet, ohne Kielschuppen. Oberkiefer vorspringend. *Keine Gularplatten. Opercularia vollzählig. Bezahnung schwach oder fehlend. Wenige Branchiostegalia.*

**Albula* Bloch u. Schneider. Parasphenoid, Entopterygoid und Zunge mit rundlichen Zähnen; kleine, borstenförmige Zähne auf Praemaxilla, Vomer, Palatinen und Dentale. Maxillen unbezahnt. Tertiär und lebend. *A. Oweni* Ag. sp. (*Pisodus* Owen, die Bezahnung des Parasphenoids). Eocän, England.

**Istieus* Ag. (Fig. 223). Dorsalflosse über den größten Teil des Rückens ausgedehnt. Kleine Zähnchen am Kieferrand, größere im Munde. Gegen 100 Wirbel. *I. grandis* Ag. Obere Kreide.

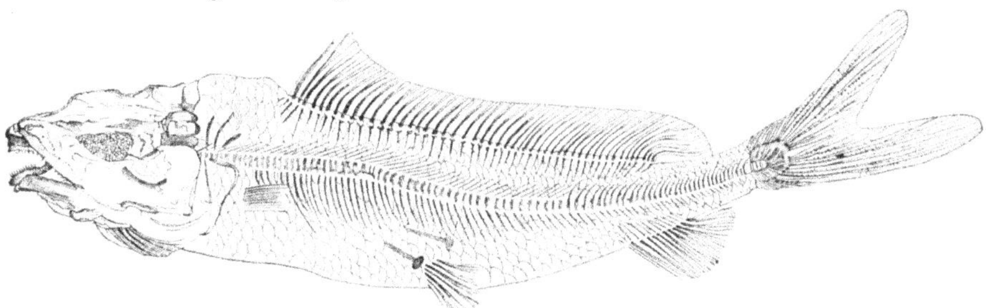

Fig. 223.
Istieus mesospondylus v. d. Marck. Ob. Kreide. Sendenhorst, Westfalen. (Nach v. d. Marck.)

Chanoides A. Sm. Woodw., Eocän, Oligocän. *Chanos* Lacépède. Tertiär und lebend. *Prochanos* Bass. *Hypsospondylus* Kramberg. Untere Kreide. *Ancylostylus* Kramb., obere Kreide. Die ersten drei Gattungen werden auch öfters zu den Clupeiden gestellt.

Familie: **Chirocentridae.**

Sehr schlanke, komprimierte Fische. Dorsalflosse weit hinten, gegenüber der Analflosse. Bauch kantig, aber ohne sägezähnige Kielschuppen. Oberer Mundrand von Maxilla und Praemaxilla gebildet. Große Zähne auf den Kiefern, sehr kleine auf Palatinen, Pterygoiden und Zunge. Parietalia durch Supraoccipitale getrennt. Squamosum verkümmert, Pterotica vorstehend. Opercularia vollzählig, nur wenige Branchiostegalia (8). Keine Gularplatten. Abdominalwirbel mit Querfortsätzen.

Einzige lebende Gattung *Chirocentrus* Cuv., mit horizontal gestellten großen Zwischenkieferzähnen. Im Roten Meer, indischen Ozean und malayischen Gewässern. Fossil in Ligniten von Sumatra. Eocän Alagóas, Brasilien.

Platinx Ag., *Coelogaster* Ag., *Monopterus* Volta. Eocän, Monte Bolca.

Chiromystus Cope. Obere Kreide? Bahia, Alagóa, Brasilien.

Chirocentrites Heckel. Untere Kreide, Istrien.

Spathodactylus Pictet. Neocom.

Cladocyclus Ag. Obere Kreide, England, Brasilien.

Familie: **Ichthyodectidae** Crook.

Große ausgestorbene Raubfische mit kräftigem Gebiß. Zähne der Kiefer in Alveolen. Vomer und Parasphenoid zahnlos. Mundrand oben aus der langen Maxilla und der kurzen dicken Praemaxilla gebildet. Unterkiefer massig, hoch, vorn steil abgestutzt. Brust- und Bauchflossen aus derben, ungegliederten, paarigen Knochenstrahlen zusammengesetzt, die innen und außen ungleich ausgebildet sind und sich distal in parallele Stäbe zerteilen. Rückenflosse und die tief ausgeschnittene, mächtige Schwanzflosse mit ungegliederten, geraden, nur distal gespaltenen Strahlen. Parietalia vor dem Supraoccipitale median vereinigt. Innenskelett mit Knochenzellen.

Diese Familie ist mit der vorigen jedenfalls sehr nahe verwandt.

Proportheus Jaekel. Körpergröße mäßig. Untere Kreide? Kamerun.

**Portheus* Cope (*Hypsodon* Ag.). (Fig. 224.) Sehr große Fische, bis 2 m. Zähne verschieden groß, vorn einige als Fangzähne ausgebildet, von ovalem Durchschnitt mit zylindrischer Spitze. Ethmoideum und Postfrontale gelenkig verbunden. Palatinum mit hammerartiger Verdickung. Auge mit Sceroticalring und drei großen Suborbitalien. Kiemendeckel wohl entwickelt, groß. *P. molossus* Cope. Obere Kreide, Kansas. *P. Mantelli* Newton. Ob. Kreide, Europa.

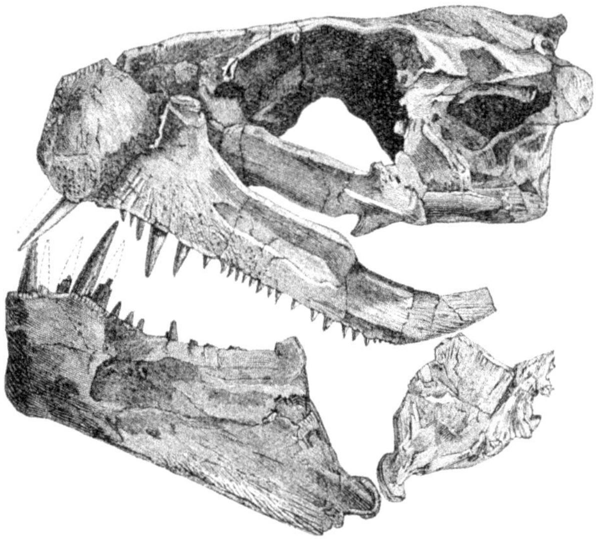

Fig. 224. *Portheus molossus* Cope. Schädel. Ob. Kreide. Kansas. ¼ nat. Gr. (Nach Cope.)

**Ichthyodectes* Cope. Kleiner als vorige Gattung. Zähne ziemlich klein, gleichlang, hohl, nicht komprimiert. Obere Kreide, Kansas, Libanon, England.

Gillicus Hay. Maxilla sichelförmig. Bezahnung reduziert. Schädelknochen dünn. Obere Kreide, Kansas.

Eubiodectes Hay. Obere Kreide, Libanon (*Chirocentrites libanicus* Pict. et Humb.).

Familie: Saurodontidae.

Schädel seitlich komprimiert. Kiefer kräftig, mit nur einer Reihe gleichgroßer, dünner, messerartiger, am Alveolarrand mit Foramen oder Kerbe versehener Zähne. Präsymphysenbein zahnlos. Kreide.

Saurocephalus Harlan. Zähne niedrig, mit Foramen an der Innenseite. Kreide von Kansas. Isolierte Zähne in der unteren Kreide der Schweiz. Die aus Eocän von Ägypten und aus Miocän von Österreich beschriebenen Zähne gehören anderen Gattungen an.

Saurodon Harlan (*Daptinus* Cope). Innenrand jeder Zahnalveole tief eingekerbt. Kreide von Kansas, England.

Familie Plethodidae Hay.

Auf Parasphenoid und korrespondierend auf Glossohyale bzw. den Branchiostegalien unpaare

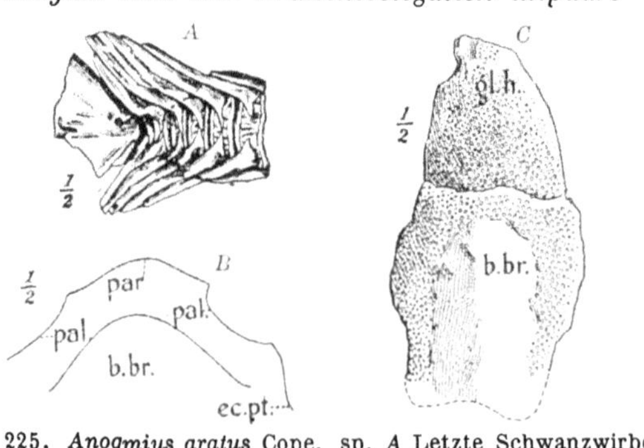

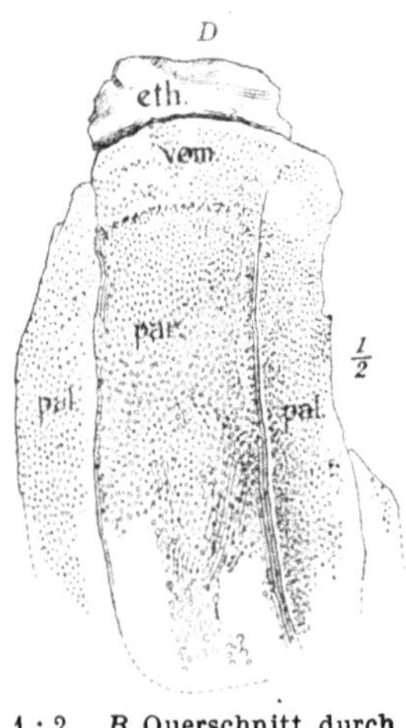

Fig. 225. *Anogmius aratus* Cope. sp. *A* Letzte Schwanzwirbel. 1 : 2. *B* Querschnitt durch die Mundhöhle, *pal* Palatinum, *par* Parietale, *ecpt* Ectopterygoid, *b.br* Basibranchiale. *C* 1 : 2. Basibranchiale und Glossohyale. *D* 1 : 2 Gaumendach. *eth* Ethmoid, *pal* Palatinum, *par* Parasphenoid, *vom* Vomer. (Nach O. P. Hay.)

knöcherne Kauplatten, die gegeneinander reiben und mit kleinen Gruben bedeckt sind. Schwanzflosse tief ausgeschnitten, die Flossenstrahlen ungegliedert. Wirbel am Ende der Wirbelsäule verkürzt und zusammengedrängt, Hypurale vorhanden. Dorsalflosse lang.

Anogmius Cope. (Fig. 225.) Obere Kreide, Kansas.

Syntegmodus, *Thryptodus* und *Pseudothryptodus* Loomis sind mit *Anogmius* nahe verwandt. Ebenda.

Plethodus Cope. Prämaxillen und Ethmoide koossifiziert. Nur eine Kauplatte (die untere). Obere Kreide, Kansas, Ägypten. Mittlere obere Kreide, England.

Familie: **Elopidae.**

Drei starke Suborbitalplatten, hinter und unter der Orbita. Squamosa mit den Parietalien durch Naht verbunden. Opercularapparat mit 20—30 Kiemenhautstrahlen und einer Gularplatte zwischen den Mandibeln. Rückenflosse kurz, fast in der Mitte; keine Fettflosse. Dünne, imbrizierende Cycloidschuppen.

Lebend *Elops*, *Megalops*, tropische Gewässer, vielleicht schon im Eocän von England.

Hierher werden zahlreiche ausgestorbene Gattungen, besonders aus der Kreide, gerechnet.

Protelops Laube. Kreide, Europa.

Elopopsis Heckel. Parietalia in Berührung. Zähne groß. Untere und obere Kreide. Europa. Wird auch zu den Enchodontiden gestellt.

**Osmeroides* Ag. z. T. (A. Sm. Woodw.). Parietalia in der Mittellinie verbunden. Etwa 20 Branchiostegalia. Zähne klein. Obere Kreide von Europa, Kleinasien (Libanon) — *Holcolepis attenuatus* Davis —, Turkestan — *O. lewisiensis* Mant. —, häufig in Turon und Senon. Europa.

Dinelops A. Sm. Woodw. Mundspalte weiter als bei voriger Gattung. Obere Kreide, England.

Esocelops A. Sm. Woodw. Eocän, England.

Rhacolepis Ag. Parietalia durch das Supraoccipitale getrennt. Zähne klein. Schuppen hinten an den Ecken gezähnelt. Obere Kreide, Brasilien.

Fig. 226.
Pachyrhizodus caninus Cope. Obere Kreide. Kansas. Unterkiefer. *den.* Dentale. *art.* Articulare. *ang.* Angulare. 1/3 nat. Gr. (Nach Hay.)

**Pachyrhizodus* (Ag.) Dixon. (Fig. 226.) Parietalia getrennt. Zähne derb, mit dem Knochen verschmolzen, pleurodont. Wirbelkörper kurz. Obere Kreide, Europa, Nordamerika. Hay hält die von Cope aufgestellte Familie der *Pachyrhizodontidae* vorläufig noch aufrecht.

Oricardinus Cope. Unvollständig bekannt. Kreide von Nordamerika.

Spaniodon Pictet. Parietalia getrennt. Unterkiefersymphyse mit zwei großen Zähnen. Obere Kreide, Libanon, Kansas. Wird öfters auch zu den *Clupeiden* gestellt.

Thrissopteroides v. d. Marck. Dorsalis nach hinten verschoben. Obere Kreide, Westfalen, Libanon. Persien.

Thrissopater Günther. Kreide, England.

Enneles Jordan u. Branner. Zähne weiter gestellt als bei *Pachyrhizodus* und etwas ungleich. Kreide, Brasilien. *Calamopleurus* A. Sm. Woodw., *Notelops* A. Sm. Woodw. Kreide, Brasilien.

Familie: **Tomognathidae.**

Unvollständig bekannt. *Kopf kurz, zusammengedrückt. Augen groß, weit vorne gelegen. Zähne hohl. Große Fangzähne auf Prämaxillen und Dentale. Wirbelverknöcherung unvollständig. Körper gestreckt.* Vielleicht verwandt mit den Stomiatiden der Tiefsee.

Tomognathus A. S. Woodw. Obere Kreide, England. *T. mordax* Dixon sp.

4. Unterordnung: **Esociformes.**

Wenig spezialisiert. Ohne echte Spinae, meist physostom, auch sonst den Clupeiformes ähnlich. Parietalia getrennt. Orbitosphenoid fehlend. Bauchflosse abdominal. Rückenflosse einfach.

Hierher die Familien der *Galaxini*, der *Haplochitonidae*, *Enchodontidae*, *Esocidae*, *Dalliidae*, *Scopelidae*, *Alepidosauridae*, *Cetomimidae*, *Kneridae*, *Chirotrichidae*, *Cyprinodontidae* und *Scombresocidae*.

1. Familie: **Enchodontidae.**

Schuppen cycloid, klein oder fehlend; einige Gattungen mit Längsreihen großer Knochenschilder. Zähne sehr kräftig, oben auf allen Mundknochen, auf sockelförmigen Erhöhungen oder pleurodont. Maxilla etwas an der Bildung des oberen Mundrandes beteiligt. Parietalia getrennt, Squamosum reduziert, Pterotica vorstehend. Flossenstrahlen gegliedert.

Ausgestorbene Raubfische, mit den abyssisch lebenden *Odontostomiden* und *Alepidosauriden* vielleicht verwandt. Kreide.

**Enchodus* Ag. (*Tetheodus* Cope; *Solenodon* Kramb.) (Fig. 227.) Unterkiefer auf der Innenseite mit großen, glatten, aufgewachsenen Zähnen, marginal mit sehr kleinen Zähnen. Maxilla mit sehr kleinen Zähnen oder zahnlos,

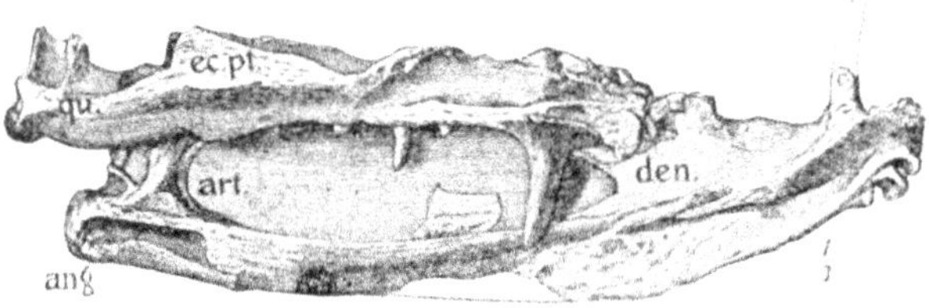

Fig. 227.
Enchodus saevus Hay. Obere Kreide. Kansas. Unterkiefer und Ectopterygoid — ec.pt. —. *qu.* Quadratum. *art.* Articulare. *ang.* Angulare. *den.* Dentale. 1/1 nat. Gr. (Nach Hay.)

Palatinum mit einem großen Fangzahn, Ectopterygoid mit einer Reihe hoher Zähne. Hautschilder zwischen Hinterhaupt und Dorsalis und längs der Seitenlinie. Kreide, England, Frankreich, Kansas, Brasilien.

Holcodon Kramberger. Ähnlich, aber klein. Zähne mit Furche. Untere Kreide, Istrien.

**Eurypholis* Pictet (*Saurorhamphus* Heckel). (Fig. 228.) Hechtartig, Schnauze verlängert, Zwischenkiefer mit Fangzähnen. Die kleinen Bauchflossen weit vor der Rückenflosse. Rücken, Flanken, wahrscheinlich auch Bauch mit je einer Reihe großer Schuppen. Untere Kreide, Comen. Obere Kreide, Libanon.

Pomognathus Dixon, *Phylactocephalus* Davis. Mit kleinen Schuppen, ohne Schilder. Palatina mit einer Reihe Zähne. Untere und obere Kreide.

Pantopholis Davis. Kreide, Libanon.

Halec Ag. Kreide, Europa, Libanon. *Palaeolycus* v. d. Marck. Obere Kreide, Westfalen.

Cimolichthys Leidy (?*Empo* Cope). Ähnlich *Enchodus*; Palatina mit zwei Längsreihen von großen Zähnen. Dentale mit wenigen großen und vielen kleinen Zähnen. Große Schilder auf dem Rücken bis zur Dorsalis; kleinere begleiten die Seitenlinie. Obere Kreide, Frankreich, England, Kansas, Ägypten.

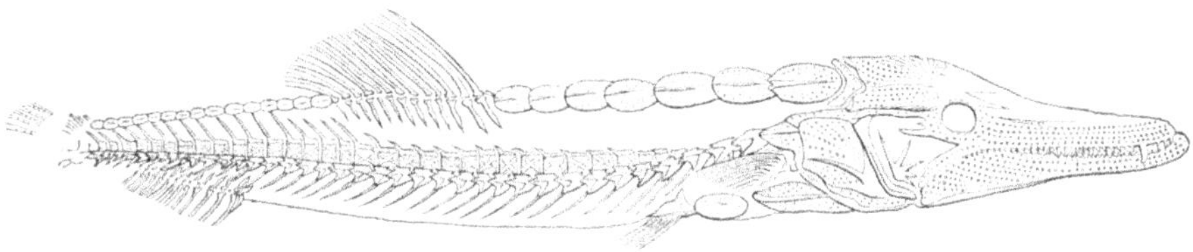

Fig. 228.
Eurypholis (Saurorhamphus) Freyeri Heckel. Neocom. Comen im Küstenland. (Restauriert nach Heckel.)

Prionolepis Egerton. Obere Kreide; England, Persien, Kansas. *Leptecodon* Williston. Kreide, Kansas.

2. Familie: **Esocidae.**

Körper gestreckt, mit großen Cycloidschuppen. Oberrand der Mundspalte von Zwischenkiefer und Oberkiefer gebildet. Maxilla zahnlos; Zwischenkiefer, Vomer, Gaumenbein, Unterkiefer mit starken Hechelzähnen. Rückenflosse weit zurück.

Esox L. vom Oberoligocän an nachweisbar, zwei Arten im Miocän von Böhmen.

3. Familie: **Scopelidae.**

Fische mit sehr weiter Kiemenöffnung. Oberrand der Mundspalte nur von den Zwischenkiefern gebildet. Schuppen meist vorhanden, Schilder fehlend. Zähne in der Regel klein, nur auf Prämaxillen zuweilen groß. Mit Fettflosse.

Fossile Vertreter dieser pelagischen und abyssischen Meeresfische beginnen in der unteren Kreide von Istrien (*Hemisaurida* Kner). Otolithen im Eocän, Biarritz, häufiger im Miocän.

**Sardinius* v. d. Marck. Schuppen ctenoid, Pectoralis mit etwa 18 Strahlen, Analis mit zirka 20 Strahlen; zirka 45 Wirbel. Obere Kreide, Westfalen. Süddakota.

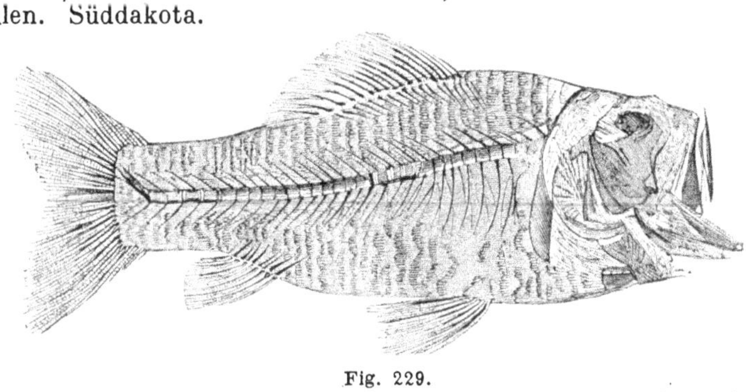

Fig. 229.
Sardinioides Monasterii v. d. Marck. Ob. Kreide. Sendenhorst, Westfalen. ½ nat. Gr.

**Sardinioides* v. d. Marck (Fig. 229). Praemaxilla zart. Maxilla hinten breit. Analis sehr klein, ganz hinter der Dorsalis. Brustflossen klein. Schuppen ctenoid. *S. Monasterii* v. d. Marck. Obere Kreide, Westfalen, England.

**Rhinellus* Ag. (*Ichthyotringa* Cope). (Fig. 230.) Kleine Fische. Prämaxillen und Unterkiefer zu einem derben, langen Rostrum verlängert. Große

Zähne. Schuppen nicht gezackt. Rückenflosse hoch, Brustflosse sehr groß. *Rh. furcatus* Ag. Ob. Kreide, Westfalen, Libanon, Persien, Kansas, Süddakota.

Fig. 230.
Rhinellus furcatus Ag. Ob. Kreide. Sendenhorst, Westfalen. (Nach v. d. Marck.)

Leptosomus v. d. Marck. Pectoralis schmal, Analis kurz, gegen 30 Wirbel. Schuppen cycloid (Unterschied von Sardinius). Obere Kreide, Westfalen, Libanon, Kansas.

Dactylopogon v. d. Marck, *Osmeroides* v. d. Marck, *Microcoelia* v. d. Marck, *Acrognathus* Ag., *Nematonotus* A. Sm. Woodw., *Opisthopteryx* Pict. und Humb. Obere Kreide.

Apateodus A. S. Woodw. Zwischenkiefer und vorderer Teil des Dentale mit vielen kleinen Zähnen. Die übrigen Zähne groß, aber wenig zahlreich. Mittlere und obere Kreide, England.

Holosteus Ag. Eocän, Monte Bolca.

Scopeloides Wettst. Unteroligocän, Glarus. Sehr verbreitet im österreichischen Mittelmiocän (Otolithen).

Parascopelus, *Anapterus* Sauvage, Miocän, Licata, Sizilien.

4. Familie: **Chirotrichidae.**

Ausgestorbene, pelagische, zum Teil fliegende Fische. Oberer Mundrand von der stabförmigen Praemaxilla gebildet. Bezahnung schwach. Paarige Flossen sehr groß, Bauchflossen weit vorn. Keine Gularplatten. Wirbel in der Abdominalregion mit derben Querfortsätzen. Kreide.

Chirotrix Pict. Mit riesigen, dicht hinter den kleineren Brustflossen stehenden Bauchflossen. Fünfter Brustflossenstrahl fadenförmig verlängert. Obere Kreide, Libanon, Persien, Westfalen.

Telepholis v. d. Marck. Ob. Kreide, Westfalen. *Exocoetoides* Davis. Obere Kreide, Libanon.

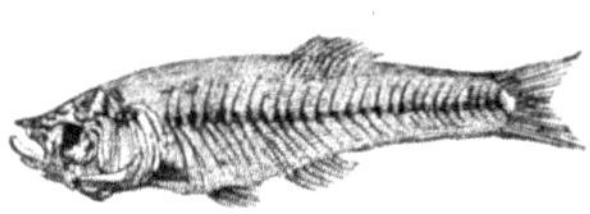

Fig. 231.
Lebias Meyeri Ag. Litorinellenton. Frankfurt a. M. (Nat. Gr.)

5. Familie: **Cyprinodontidae.** Zahnkarpfen.

Kleine Fische mit Cycloidschuppen. Oberer Rand der Mundspalte nur vom bezahnten Zwischenkiefer gebildet. Unterkiefer und Schlundknochen mit spitzen Zähnen. Ohne Fettflossen und Bartfäden. Meist Süßwasserfische, einige auch in Brackwasser und an den Küsten.

**Prolebias* Sauvage (*Lebias* Cuv. z. T.). (Fig 231.) Sehr häufig im Oligocän und Miocän.

Pachylebias A. Sm. Woodw. Miocän, Sizilien. — *Brachylebias* Priem. Miocän, Persien. — *Gephyrura* Cope. Oligocän, Süddakota. — *Parafundulus* Eastman. Gephyrocerk. Miocän, Nevada.

Poecilia Blainv. Eocän, Pariser Gips.

6. Familie: **Scombresocidae.**

Körper mit Cycloidschuppen, außerdem jederseits am Bauch eine Reihe gekielter Schuppen. Oberrand der Mundspalte von Zwischenkiefer und Oberkiefer gebildet. Untere Schlundknochen zu einem Stück verwachsen. Rückenflosse weit hinten, der Afterflosse gegenüber. Bauchflossen abdominal. Flossenstrahlen gegliedert, weich.

Scombresox Cuv., *Belone* Cuv. Miocän, lebend, die erstere Gattung Algier, die letztere Kroatien, Sizilien.

Als zweifelhaft führt Goodrich die Familie der *Ammodytidae* an, langgestreckte Fische mit kurzer Schwanz- und langer Rücken- und Afterflosse, welche in der Gegenwart sandige Küsten bewohnen. Zu dieser Familie rechnet A. S. Woodward auch *Cobitopsis* Pomel aus oligocänen Süßwasserschichten von Puy de Dôme und St. Saturnin.

5. Unterordnung: **Muraeniformes** (Anguilliformes, Apoda).

Körper sehr stark verlängert, meist ohne paarige Flossen. Rückenflosse oft in die Schwanzflosse übergehend. Hypurale oft fehlend. Wirbel sehr zahlreich, Chorda mehr oder weniger persistent. Zwischenkiefer fehlend oder mit Vomer und Ethmoid verschmolzen. Oberkiefer und Palatopterygoid oft reduziert. Unterkiefer nur aus Articulare und Dentale gebildet. Brustgürtel nicht mit dem Schädel verbunden. Haut nackt oder m kleinen Cycloidschuppen bedeckt.

1, Familie: **Urenchelidae.**

Kiefer bezahnt. Palatopterygoid normal entwickelt. Schwanzflosse mit Hypurale. Paarige Flossen vorhanden. Obere Kreide.

Anguillavus Hay. Mit Brust- und Bauchflossen. Obere Kreide, Libanon.

Urenchelys A. Sm. Woodw. Mit Brustflosse, Bauchflosse fehlend. Obere Kreide, England, Libanon.

2. Familie: **Muraenidae.**

Ohne paarige Flossen. Schädel und Kieferknochen stark spezialisiert. Die Muraeniden leben teils im Meer, teils im Süßwasser. Sie wandern zur Fortpflanzungszeit in das Meer und werden dort geschlechtsreif. Die junge Brut lebt anfangs abyssisch im Meer und wandert dann in die Flüsse. Otolithen dieser Familie schon vom Eocän an bekannt.

Anguilla Shaw. Zweifelhafte Arten in der oberen Kreide von Libanon, sicher im Eocän von Monte Bolca, im Oligocän von Aix und im Obermiocän von Öningen.

Ophisaurus Lacép., *Enchelops* Ag., *Nettastoma* Raf. Eocän, Monte Bolca.

Eomyrus Storms, *Sphagebranchus* Ag. wenig verschieden von *Myrus*. Ebenda und Eocän, Belgien. *Mylomyrus* A. Sm. Woodw. Eocän, Ägypten. *Rhynchorhinus* A. Sm. Woodw.

Praeanguilla Blecker. Eocän.

Enchelion Hay. Wirbelkörper diplospondyl. Obere Kreide.

Physoclysti.

6. Unterordnung: **Symbranchiformes.**

Aalähnlich. Ohne Schwimmblase. Fossil nicht bekannt.

7. Unterordnung: **Gasterosteiformes** (Lophobranchii partim).

Schnauze verlängert, Mund endständig. Schädelknochen an der Oberfläche gelegen. Supra- und Postclavicula meist fehlend. Paarige Flossen, namentlich die Bauchflossen, oft reduziert. Schuppen in der Regel durch Reihen von Schildern oder durch Schilderpaare, besonders in der Nähe der Extremitätengürtel, ersetzt. Alle hiehergehörigen Formen meist stark spezialisiert.

Diese Unterordnung umfaßt die *Gasterosteidae*, *Aulorhynchidae*, *Protosyngnathidae*, *Aulostomidae*, *Fistulariidae*, *Centriscidae*, *Amphisylidae*, *Solenostomidae*, *Syngnathidae*, *Hippocampidae* und *Pegasidae*, die vier letzten Familien bilden den Tribus der *Lophobranchii*.

Familie: **Protosyngnathidae** und **Aulorhynchidae**.

Die letztere Familie ist fossil vertreten durch *Protaulopsis* A. Sm. Woodw. im Eocän von Monte Bolca und durch *Aulorhynchus* Gill. im Tertiär von Sumatra, die erstere durch *Protosyngnathus* Gill. ebenfalls im Tertiär von Sumatra.

Familie: **Aulostomidae** und **Fistulariidae**.

Langgestreckte Fische mit röhrenförmiger Schnauze. Dorsalis weit nach hinten gerückt. Stacheln wenig entwickelt. Zähne klein. Schuppen fehlend oder klein. Hinterhaupt mit der Wirbelsäule gelenkig verbunden. In tropischen und subtropischen Meeren.

Solenognathus Pict. et Humb. Obere Kreide, Libanon.

Fistularia L., *Aulostoma* Lacép., *Urosphen* Ag. Eocän, Monte Bolca; die erste Gattung auch in den oligocänen Schiefern von Glarus, die zweite auch im Septarienton.

Familie: **Centriscidae** und **Amphisylidae**.

Schnauze röhrenförmig. Zahnlos. Schuppen fehlend oder klein. Rücken mit Panzer oder einzelnen Hautschildern. Zwei weit hinten stehende Rückenflossen, die vordere mit Stacheln. Bauchflossen verkümmert.

**Amphisyle* Klein (Cuv.) (Fig. 232). Lang, seitlich zusammengedrückt. Rückenpanzer hinten in einen Stachel ausgezogen. Indischer und pazifischer Ozean. Oligocän, Melettaschichten im Elsaß und Mainzer Becken, Menelitschiefer der Karpathen.

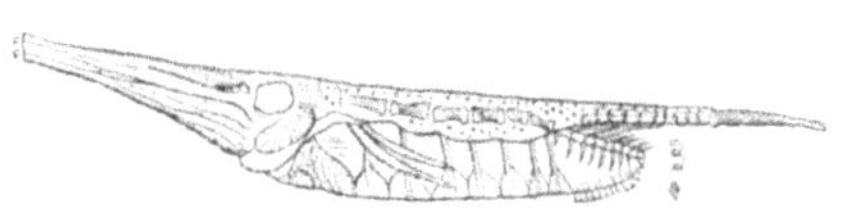

Fig. 232.
Amphisyle Heinrichi Heckel. Oligocän. Krakowiza, Karpathen. Nat. Gr. (Nach Heckel.)

Rhamphosus Ag. Eocän, Monte Bolca.

Tribus: **Lophobranchii**

mit den Familien der *Solenostomidae*, *Syngnathidae*, *Hippocampidae* und *Pegasidae*.

Kiemen in Büscheln an den Kiemenbogen, durch einen einzigen Deckel geschützt (Opercularia zu einer Platte verschmolzen). Schnauze röhrenförmig verlängert, Mund klein, terminal, Kiefer zahnlos. Haut mit dünnen Knochenplatten. Brustflossen, häufig auch Schwanz- und Afterflossen verkümmert. Die Fische schwimmen in aufrechter Haltung mittels der Rückenflossen.

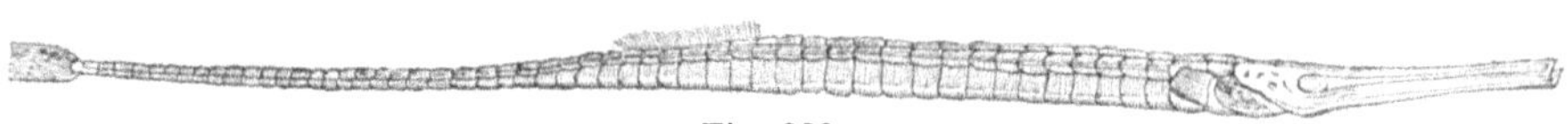

Fig. 233.
Siphonostoma Albyi Sauvage. Ob. Miocän. Licata, Sizilien. (Nach Sauvage.)

Die langgestreckten *Solenostomiden* haben in *Solenorhynchus* Heckel einen eocänen Vorläufer (M. Postale); *Siphonostoma* (Fig. 233) (lebend im Mittelmeer) im Obermiocän von Licata (Sizilien) und Gabbro (Toskana).

Auch die *Syngnathiden* treten schon im Eocän auf. *Syngnathus* im Eocän, Monte Bolca, Oligocän, Rumänien, und Obermiocän, Österreich. *Pseudosyngnathus* und *Calamostoma* Ag. Eocän, Monte Bolca. Einige Arten der *Syngnathiden* (so von *Dorcichthys*) gehen in die Flüsse.

Die *Hippocampiden* (Seepferdchen), die sich mit ihrem Wickelschwanz an treibende Gegenstände klammern, sehr selten im Tertiär.

8. Unterordnung: **Nothacanthiformes.**

Stark spezialisiert, meist Tiefseebewohner. Schwanzregion oft lang, zugespitzt, Bauchflossen abdominal. Unpaare Flossen öfters dornig. Schwimmblase geschlossen. Schuppen manchmal fehlend.

1. Tribus: Dorsal-, Anal- und Caudalflossen getrennt. Familie *Dercetidae.*

2. Tribus: Schwanz zugespitzt, ohne Caudalflosse. Familien der *Halosauridae*, *Lipogenidae*, *Nothacanthidae* und *Fierasferidae.*

Familie: **Dercetidae.** (*Hoplopleuridae* Pictet z. T.)

Schlanke Raubfische mit großen Zähnen. Oberrand der Mundplatte ganz von den Prämaxillen gebildet. Parietalia vereinigt, Squamosa gut entwickelt. Kieferränder bezahnt. Mehrere Reihen großer, gekielter Schuppen. Unpaare Flossen voneinander getrennt.

**Dercetis* Ag. Eine Reihe Hautschilder längs der Seitenlinie, ventral und dorsal je 2 Reihen. Kleine Schuppen fehlen. Dorsalis fast über den ganzen Rücken ausgedehnt. Obere Kreide, Europa.

Leptotrachelus v. d. Marck. Dorsalis kürzer. Analis weiter nach hinten. Obere Kreide, Europa, Libanon, Kansas.

Pelargorhynchus v. d. Marck. Mit kleinen Schuppen zwischen den Schildern; zwei Reihen großer Schilder auf den Seiten. Obere Kreide, Westfalen.

Stratodus Cope. Obere Kreide, Kansas. *Triaenaspis* Cope. Obere Kreide, Kansas.

Familie: **Halosauridae.**

Langgestreckte Fische mit weitausgedehnter, zugespitzter Schwanzregion. Schuppen klein, cycloid. Zu diesen heutzutage die Tiefsee bewohnenden Formen gehören wohl:

**Echidnocephalus* und *Enchelurus* v. d. Marck aus der oberen Kreide von Westfalen, England und vom Libanon. Die erstere Gattung hat eine sehr lange Anal-, aber keine eigentliche Caudalflosse, bei der letzteren sind diese beiden Flossen vereinigt.

Familie: **Nothacanthidae.**

Wie die vorigen Tiefseebewohner, aber von ihnen durch die kräftige Entwicklung der paarigen Flossen verschieden.

Pronothacanthus A. Sm. Woodw. Obere Kreide, Libanon.

Familie: **Fierasferidae.**

Fierasfer Cuv. Otolithen vom Eocän an. Der Fisch lebt in Holothurien.

9. Unterordnung: **Mugiliformes** (Percesoces).

Eine Gruppe mit wenig gemeinsamen Merkmalen, zum Teil den Acanthopterygiern ähnlich. Stets ein Stachel und fünf Dermotrichien in den Bauchflossen. Schädel beschuppt.

1. Tribus: Zwei getrennte Dorsalflossen, die vordere mit Stacheln. Familien der *Sphyraenidae*, *Atherinidae*, *Mugilidae*, *Crossognathidae* und *Polynemidae*.

2. Tribus: Nur eine Dorsalflosse, diese oftmals dornig. Hierher die Familien der *Tetragonuridae*, *Stromataeidae*, *Icosteidae*, *Ophiocephalidae*, *Anabantidae* und *Osphromenidae*; die beiden letzten auch *Labyrinthici* genannt.

Familie: **Crossognathidae.** A. Sm. Woodw.

Gestreckter Körper mit zahlreichen Wirbeln und langer Rückenflosse. Nur in der Kreide.

Crossognathus Pictet. Ohne Afterflosse. Untere Kreide, Schweiz und Hannover. Früher zu den Chirocentriden gestellt.

Syllaemus Cope. Mit Afterflosse. Obere Kreide, Colorado, Neumexiko, Kansas. Mittlere und obere Kreide, England. Früher zu den Clupeiden gestellt.

Familie: **Sphyraenidae.**

Schlanke Fische mit langen, wenig zahlreichen Wirbeln, mit langer Schnauze und großen isolierten Zähnen.

**Sphyraena* Artedi. Eocän, Monte Bolca. Oligocän, Vicentin, Krain. Miocän, Kroatien und Südfrankreich. Zähne im Eocän von Nordamerika.

Familie: **Atherinidae.**

Wirbel kurz und zahlreich. Schnauze stumpf, Zähne schwach.

Atherina L. Eocän, Monte Bolca, St. Hippolyt de Caton (Gard). Miocän, Kroatien.

Rhamphognathus Ag. Eocän, Monte Bolca.

Familie: **Mugilidae.**

Ähnlich der vorigen Familie, jedoch ohne Zähne.

**Mugil* L. Oligocän, Aix, Provence. Miocän, Kroatien. *Mugil princeps* Ag.

Otolithen dieser drei Familien besonders im Miocän.

Familie: **Stromataeidae.**

Vor der langen Rücken- sowie vor der Afterflosse einige kurze Stacheln. Körper hoch. Bezahnung schwach.

Zu dieser lebenden Familie werden einige Gattungen aus der oberen Kreide gestellt: *Omosoma* Costa, Libanon, **Platycormus* v. d. Marck, Westfalen, und *Berycopsis* Dixon, England.

Familie: **Ophiocephalidae.**

Körper gestreckt, vorne rundlich. Dorsalflosse lang, ohne Stacheln, Bauchflossen öfters fehlend. Neben der Kiemenhöhle akzessorische Hohlräume. In Flüssen und Sümpfen Südasiens, gehen zuweilen ans Land.

Ophiocephalus Blainv. Lebend. Pliocän der indischen Siwalik und Pleistocän von Trinil, Java.

Familie: **Labyrinthici.**

Anal- und Dorsalflossen mit Stacheln. Körper ziemlich kurz. Unteres Suprabranchialorgan der Luftatmung angepaßt. In Flüssen, Sümpfen und im Brackwasser von Asien und Südafrika. Leben oft längere Zeit am Lande.

Anabas, *Polyacanthus* Cuv., *Osphromenus* Lacép., *Trichogaster* Blainv. Selten im Tertiär.

10. Unterordnung: **Acanthopterygii.**

Schädelknochen tief gelegen, oft mit Schuppen bedeckt. Parietalia durch das Supraoccipitale getrennt. Oberkiefer zahnlos, vom Munde ausgeschlossen. Schuppen ctenoid. Bauchflossen meist nach vorne gerückt. Flossenstrahlen, namentlich der unpaaren Flossen und der Beckenflossen, zum Teil ungegliedert, stachelig.

Die Acanthopterygii, die formenreichste Unterordnung der Teleostier, werden von Goodrich in vier Abteilungen zerlegt, von denen die zweite, zugleich die umfangreichste, aus 9 Tribus besteht.

I. Abteilung: *Salmoperci*, nicht fossil.
II. Abteilung: 1. Tribus: *Beryciformes*,
2. » *Perciformes*,
3. » *Gobiiformes*,
4. » *Echidneiformes*, nicht fossil,
5. » *Scorpaeniformes*,
6. » *Blenniiformes*,
7. » *Scombriformes*,
8. » *Kurtiformes*, nicht fossil,
9. » *Zeorhombiformes*.
III. Abteilung: *Lampridiformes*, nicht fossil.
IV. Abteilung: *Mastacembeliformes*, nicht fossil.

1. Tribus: Beryciformes.

Bauchflosse bruständig, mit Stachel, Rücken- und Afterflosse stachelig. Zähne klein.

Dieser Tribus enthält die Familien der *Berycidae*, *Aphredoderidae*, *Monocentridae* und der fossil nicht bekannten *Pempheriidae*.

Familie: **Berycidae.**

Körper kurz, gedrungen, ziemlich hoch, mit Ctenoidschuppen, selten nackt; Seitenlinie deutlich. Orbitae groß, Mundspalte schief, Praemaxilla vorstreckbar. Kiefer, meist auch Gaumenbeine mit hechelförmigen Zähnen. Kiemendeckel gezackt oder gekerbt.

Die lebenden Beryciden sind Meerfische und meist Bewohner größerer Tiefe. Fossil von der Kreide an. Otolithen schon im Senon von Siegsdorf und im Eocän, Barton.

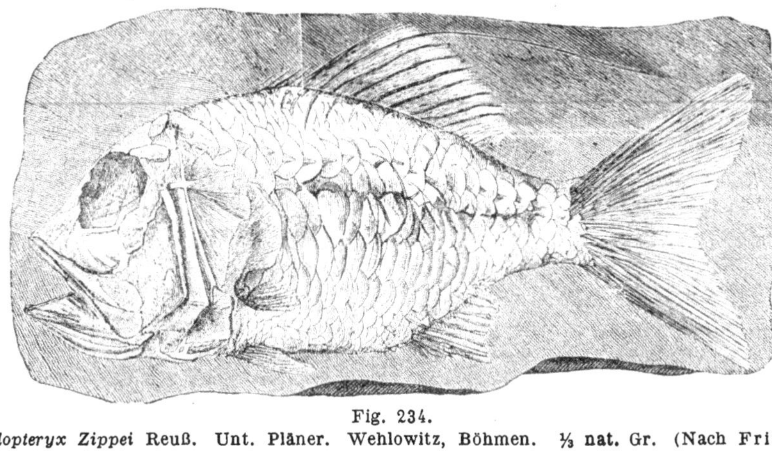

Fig. 234.
Hoplopteryx Zippei Reuß. Unt. Pläner. Wehlowitz, Böhmen. ⅓ nat. Gr. (Nach Fritsch.)

**Beryx* Cuvier. Lebend. Die hierher gestellten fossilen Arten sind zweifelhaft.

**Hoplopteryx* Ag. (Fig. 234). Kopf kurz; Rückenflosse hoch, mit mehreren Stacheln, Bauchflossen mit sieben oder mehr weichen Strahlen. Afterflosse mit vier Stacheln. Häufig in der oberen Kreide. *H. lewesiensis* Mont. sp.

**Pycnosterinx* Heckel, *Acrogaster* Ag., *Dinopteryx* A. Sm. Woodward, *Homonotus* Dixon, *Sphenocephalus* Ag., *Macrolepis* v. d. Marck. Obere Kreide.

Lobopterus Kramberger. Untere Kreide, Istrien.

Trachichthyoides A. Sm. Woodw. Nur Schädel bekannt. Obere Kreide, England.

Pristigenys Ag. Eocän. Monte Bolca.

Hoplostethus Cuvier. (Fig. 235.) Große Otolithen, vom Paleocän an, besonders häufig im Oligocän und Pliocän (Orciano).

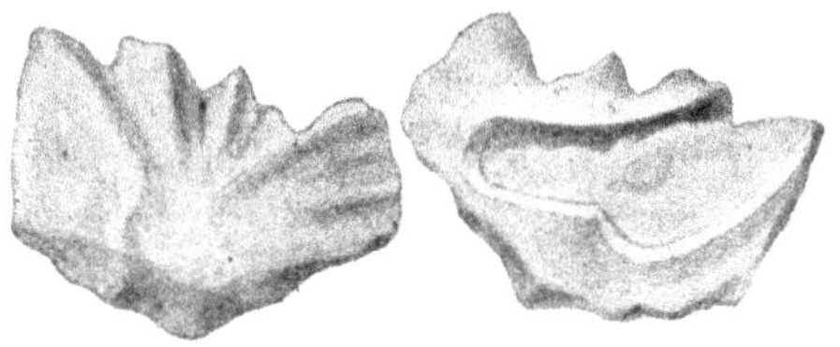

Fig. 235.
Hoplostethus Lawleyi Koken. Pliocän. Orciano b. Pisa. 4 : 3.

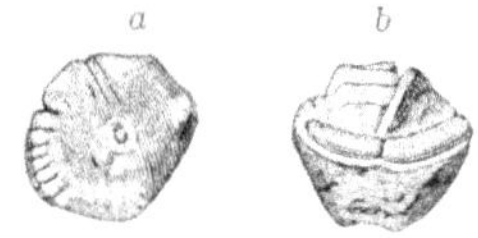

Fig. 236.
Monocentris subrotundus Kok. Oligocän. Lattdorf. Nat. Gr.
a von außen, *b* von innen.

Die noch lebenden Gattungen *Holocentrum* Gron. und **Myripristis* Cuv., bei denen der stacheltragende Teil der Dorsalis sich von dem weicheren getrennt hat, im Eocän des Monte Bolca, *Myripristis* auch im Miocän von Malta.

Familie: **Monocentridae.**

Nur die hinteren unpaaren Flossen mit weichen Strahlen, die vorderen durch einen oder mehrere Stacheln vertreten. Schuppen durch Platten ersetzt.

Monocentris Sch. (Fig. 236.) Otolithen vom Eocän an nachgewiesen.

Familie: **Aphredoderidae.**

Ausgestorbene, den Beryciden ähnliche Süßwasserfische ohne deutliche Seitenlinie.

Amphiplaga Cope, *Erismatopterus* Cope, *Asineops* Cope. Eocän, Wyoming.

Trichophanes Cope. Oligocän, Colorado.

2. Tribus: Perciformes.

Beckenflosse mit einem Stachel und höchstens fünf weichen Strahlen. Radialien der Brustflossen abgeflacht. Wahrscheinlich Nachkommen von Beryciformes.

Die *Perciformes* umfassen unter Zugrundelegung der von Goodrich gegebenen, aber hier gekürzten Systematik folgende Gruppen:

I. Untertribus: *Sparidae*, *Serranidae*, *Sciaenidae* und die fossil nicht bekannten *Scorpididae*, *Mullidae* und *Caproidae*.

II. Untertribus: *Chaetodontiformes*.

- A. *Squamipennes: Chaetodontidae*, *Drepanidae*.
- B. *Plectognathi: Teuthiidae*, *Siganidae* und *Acanthuridae*.
- C. *Sclerodermi: Triacanthidae*, *Balistidae*, *Monacanthidae*.
- D. *Ostracodermi: Ostracionidae*, *Triodontidae* und *Gymnodontidae*.

III. Untertribus: *Acropomatidae: Percidae, Gerridae, Pristipomatidae* und eine Anzahl nicht fossil bekannter Familien.
IV. Untertribus: *Pharyngognathi: Pomacentridae, Labridae, Embiotocidae, Cichlidae* und *Scaridae.*

Familie: **Sparidae.** Meerbrassen.

Körper hoch, mit ununterbrochener Rückenflosse. Afterflosse mit drei Stacheln. Bauchflossen brustständig, mit einem Stachel und fünf Strahlen. Gaumen meist zahnlos. Vordere Zähne schneidend, hintere halbkugelförmig. Schuppen feingezackt. Verbreitet besonders in tropischen Meeren an muschelreichen Küsten und Riffen. Die Nahrung besteht in Muscheln und Krebsen, daher die conchivore Bezahnung.

Pagrus Cuv. und *Pagellus* Cuv. Lebend und Tertiär. *Pagellus leptosteus* Ag. Obere Kreide, Libanon. *P. microdon* Ag. Eocän. Monte Bolca. Im Tertiär Otolithen.

**Sparnodus* Ag. Eocän, Monte Bolca.

**Chrysophrys* Cuv. (Fig. 237). Eocän, Kressenberg. Oligocän, Vicentin. Miocän, Ulm und Wiener Becken. Lebend.

**Sargus* Cuv. *Box* Cuv. Tertiär Otolithen und lebend. *Sargus oranensis* A. S. Woodw. Miocän, Algier.

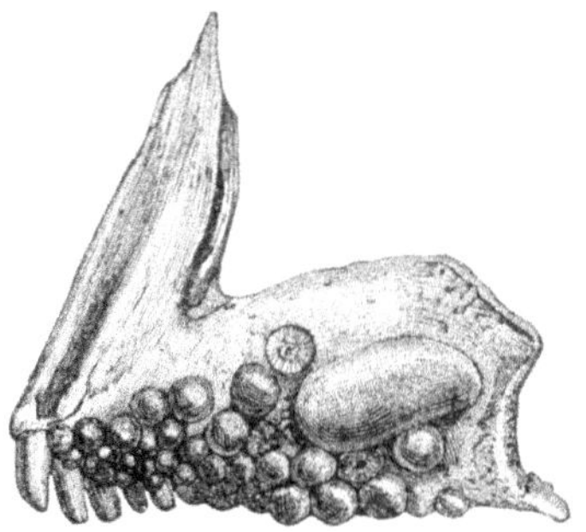

Fig. 237.
Oberkiefer von *Chrysophrys aurata* Linn. Rezent. Mittelmeer.

Fig. 238.
Trigonodon serratus Gervais. Eocän, Chaumont (Oise). *a* von außen, *b* von innen. Nat. Gr. (Nach Priem.)

**Dentex* Cuv. Eocän, Monte Bolca, Belgien. Pliocän, Frankreich. Otolithen häufig im Miocän.

Ctenodentex Storms und *Burtinia* van Beneden. Eocän, Belgien.

Trigonodon Sismonda. (Fig. 238.) Große Schneidezähne mit eingekerbtem Rand. Eocän, Frankreich, Ägypten.

Stephanodus Zittel. Zähne mit wenigen, aber tieferen Kerben. Obere Kreide, Ägypten. Zweifelhaft, ob zu dieser Familie gehörig.

Familie: **Serranidae.**

Ähnlich den vorigen. Meist mit bezahntem Gaumen.

**Serranus* Cuv. Eocän, Monte Bolca, Belgien. Oligocän, Chiavon. Miocän, Kroatien. Lebend. — *Eoserranus* A. Sm. Woodw. Eocän, Indien.

Apogon Lacép. Eocän, Monte Bolca. Oligocän, Karpathen, Vicentin. Lebend. Otolithen im Eocän von Belgien.

Familie: **Sciaenidae.** Adlerfische. Umberfische.

Lange schlanke Fische. Häufig im Tertiär, jedoch fast nur durch Otolithen vertreten. Eocän, Nordamerika, Frankreich. Oligocän, Deutschland. Miocän, Österreich, Deutschland.

Pogonias Cope. Miocän, Virginien.

Umbrina Lawley. Lebend. Pliocän, Italien.

Sciaena Cuv. (Fig. 239.)

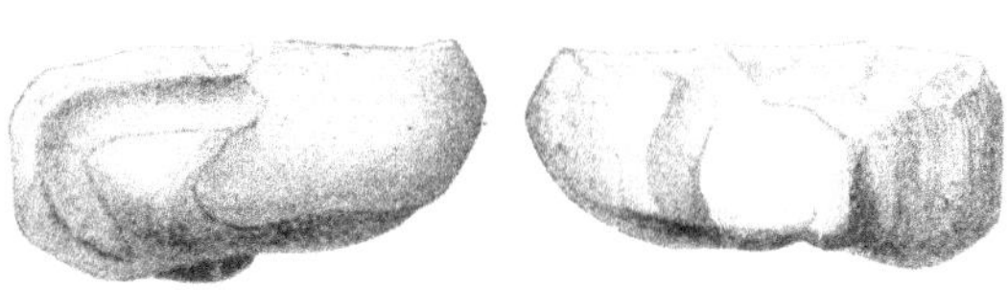

Fig. 239. *Sciaena holsatica* Koken. Otolith. Miocän von Langenfelde. Etwa um ⅓ vergrößert.

Untertribus: Chaetodontiformes.

Kiefer kurz, Mund klein, Gaumen zahnlos, Bauchflosse an die Kehle gerückt, Schuppen oft in Platten oder in Stacheln umgewandelt. Meist stark spezialisierte Fische.

A. Squamipennes.

Mäßig differenziert. Schuppen ctenoid. Alle Flossen mit Stacheln versehen.

Familie: **Chaetodontidae.**

Körper hoch und schmal. Kiefer mit Borstenzähnchen, Mund vorgestreckt. Schuppen ctenoid oder cycloid, in die unpaaren Flossen hineinreichend. Meist sehr kleine Fische. Bewohner der tropischen Meere.

Von den lebenden Gattungen *Ephippus* Cuv. und *Scatophaga* Cuv. Arten schon im Eocän, Monte Bolca. Ebenda auch *Pygaeus* Ag. und *Pomacanthus* Ag.

Chaetodon Ag. Lebend. Oligocän, Steiermark. *Holacanthus* Lacép. Eocän und lebend.

Toxotes Ag. Vomer und Palatinum bezahnt. Eocän, Monte Bolca. *T. antiquus* Ag.

B. Plectognathi.

Maxillare dicht am Praemaxillare oder mit ihm verwachsen. Kiefer kurz. Posttemporale mit Supratemporale verschmolzen. Beckenknochen verlängert.

Familie: **Teuthiidae.**

Körper zusammengedrückt. Schwanz mit beweglichen Stacheln. Unpaare Flossen mit vielen Stacheln. Kiefer klein. Nur eine Reihe schneidend.

Teuthis L. Lebend.

Archaeoteuthis (Archaeoides) Wettstein. Oligocän, Glarus.

Zebrasoma Swainson. Lebend. *Z. Deani* Hussakof. Eocän, Westindien.

Fig. 240. *Aulorhamphus canossae* Heckel sp. Eocän. Monte Bolca. Nat. Gr.

Familie: **Acanthuridae** (Acronuridae).

Körper hoch und schmal, mit sehr kleinen Ctenoidschuppen. Schwanz seitlich mit Stacheln oder Hautschildern versehen. Afterflosse mit Stacheln. Zähne schneidend. Tropische Meere, meist an Riffen.

Apostasis Kramb. Oligocän. Miocän. *Aulorhamphus* de Zigno (*Calamostoma* Steindachner) (Fig. 240). Eocän, Monte Bolca.

Die lebenden Gattungen *Acanthurus* Lacép. und *Naseus* Cuv., letztere mit einem Horn über dem Auge, auch schon im Eocän, Monte Bolca und Miocän, Wiener Becken.

Zanclus Cuv. lebend. Eocän, Monte Bolca, Pariser Grobkalk.

C. Sclerodermi.

Dentale mit Articulare verwachsen. Zähne kräftig, schneidezahnähnlich. Haut rauh oder beschuppt. Rückenstachel oft vorhanden. Tertiär und lebend.

Die Familie der *Triacanthidae* hat einen Vertreter in *Acanthopleurus* Ag. im Oligocän von Glarus.

Zu der Familie der *Balistidae* gehört die Gattung *Acanthoderma* Ag. im Oligocän von Glarus und *Protobalistum* Massal. im Eocän von Monte Bolca.

**Ancistrodon* Römer. (Fig. 241.) Komprimierte, sichelförmige Zähne. Obere Kreide, Eocän und Oligocän.

Familie der *Monacanthidae* bis jetzt nicht fossil bekannt.

D. Ostracodermi.

Ohne Dorne an der Rückenflosse. Körper mit Stacheln besetzt oder mit einem aus Platten gebildeten Panzer. Wirbelzahl gering. Maxillare mit Praemaxillare verschmolzen.

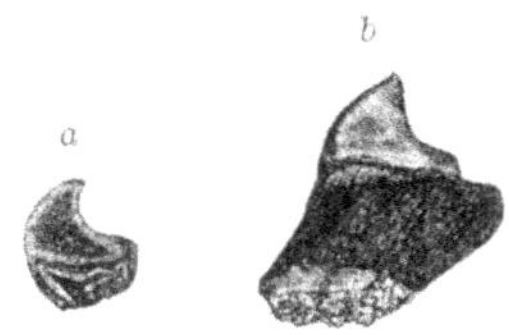

Fig. 241.
Zähne von *Ancistrodon*. *a A. libycus* Zitt. Ob. Kreide. Ägypten. *b A. armatus* Gerv. Eocän. Mokkatam bei Kairo.

Familie: **Ostracionidae.** Kofferfische.

Zähne lang. Körper mit sechseckigen Platten bepanzert.

Ostracion L. lebend. Eocän, Monte Bolca, Belgien.

Familie: **Triodontidae.**

Äußerlich den Balistiden ähnliche Fische.

Triodon Cuv. Lebend. Eocän, Belgien.

Familie: **Gymnodontidae.**

Ohne echte Schuppen. Körper mit Stacheln bedeckt, die von einer breiten gegabelten Basis ausstrahlen. Zähne fehlend oder als Platten entwickelt, die von unten her durch neue ersetzt werden.

**Diodon* L. Zähne schnabelartig, ohne Sutur. Lebend. Eocän, Monte Bolca, Ägypten. Oligocän, Belgien. Miocän, Italien, Java, Nordamerika.

Progymnodus Dames (Fig. 242). Eocän, Ägypten.

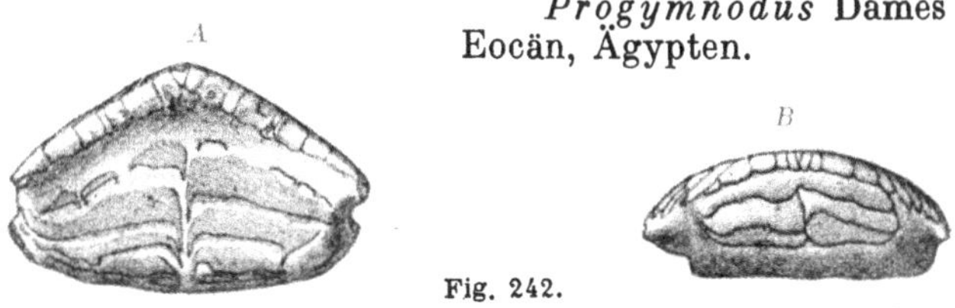

Fig. 242.
Progymnodus Hilgendorffi Dames. Eocän, Ägypten. *A* obere, *B* untere Kauplatte. Nat. Gr.

Tetrodon Linn. Zähne mit Sutur. Lebend. Eocän. Pliocän, Italien.

Orthagoriscus Linn. Lebend. Pliocän, Belgien.

Untertribus: Acropomatidae.

Ohne Subocularschild. Die im Habitus zwischen Serraniden und Perciden stehende Familie der *Acropomatidae* ist fossil nicht bekannt.

Familie: **Percidae.** Barsche.

Längliche Fische mit Ctenoidschuppen. Zwischenkiefer, Unterkiefer, Vomer und Gaumenbein mit Hechelzähnen. 6—7 Kiemenhautstrahlen. 1 oder 2 große, mit langen Stacheln versehene Rückenflossen. Bauchflossen brustständig, mit einem Stachel und fünf Strahlen. Raubfische im Süßwasser und in fast allen Meeren. Fossil von der oberen Kreide an. Otolithen häufig im Tertiär.

Prolates Priem. Obere Kreide, Mont Aimé.

Platylates Storms. Oligocän, Belgien, Mainzer Becken.

Cyclopoma Ag. *Enoplosus* Ag. Eocän, Monte Bolca.

Cristigerina Leriche. Eocän. Belgien.

Krambergeria Simionescu. Oligocän, Rumänien.

Mioplosus Cope. Eocän, Green River, Wyoming.
Plioplarchus Cope. Eocän, Miocän, Nordamerika.
Percichthys Gir. Lebend. Tertiär, Lignite, San Paolo, Brasilien.

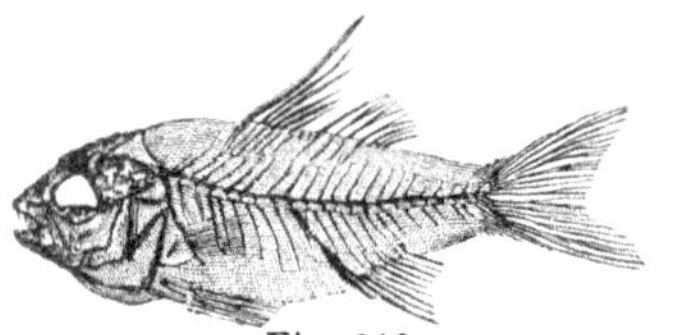

Fig. 243.
Smerdis minutus Ag. Oligocän. Aix Provence. Nat. Gr.

Acanus Ag. Oligocän, Glarus.
Pelates, **Dules*, *Labrax*, **Lates* Cuv. Eocän, Monte Bolca. Oligocän.
Properca Sauvage. Oligocän. Miocän, Frankreich.
Perca Art. Tertiär und lebend.
**Smerdis* Ag. (Fig. 243) in brackischen und Süßwasserablagerungen vom Eocän an nicht selten.

Familien: **Gerridae** und **Pristipomatidae.**

Mund weit vorstreckbar. Tropische Meere.
Gerres Cuv. Lebend. Oligocän, Chiavon, Vincentin.
Pristipoma Cuv. Lebend. Eocän, Monte Bolca.

Untertribus: Pharyngognathi.

Schlund kräftig bezahnt. Gaumen zahnlos, Rückenflosse in der Regel ungeteilt.

Familie: **Pomacentridae.** *(Glyphidodontidae.)*

Körper ziemlich kurz, komprimiert. Bezahnung der Kiefer schwach. Gaumenbein zahnlos. Rückenflosse lang, mit zahlreichen Stacheln, Afterflosse mit 2 bis 3 Stacheln. Bauchflossen brustständig, mit einem Stachel und 5 weichen Strahlen. Untere Schlundknochen verwachsen. In tropischen Meeren, wenige Arten in gemäßigten Breiten.
Odonteus Ag. Eocän, Monte Bolca.
Priscacara Cope. Eocän (Green River Shales), Wyoming.

Familie: **Labridae.** Lippfische.

Länglich, mit Cycloidschuppen und wulstigen, fleischigen Lippen. Rückenflosse lang, mit meist ebensoviel harten als weichen Strahlen. Bauchflossen wie bei vorigen. Kiefer kräftig bezahnt. Untere Schlundknochen verwachsen, stark verdickt, mit derben Mahlzähnen besetzt. Auch die oberen Schlundknochen tragen ähnliche Zähne und stoßen in der Mittelebene zusammen. Vorwiegend in tropischen Meeren, besonders an Riffen.

**Phyllodus* Ag. (Fig. 244). Schlundknochen mit glatten, ebenen Pflasterzähnen. Kaufläche der oberen Platte leicht konkav, die der unteren konvex. Zähne in Reihen, die der Mittelreihe sehr groß. Meist liegen mehrere Schichten Ersatzzähne unter

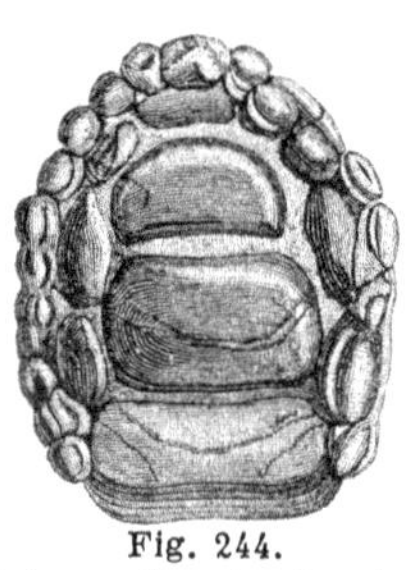

Fig. 244.
Phyllodus medius Ag. Londonton. Sheppey. Nat. Gr. (Nach Cocchi.)

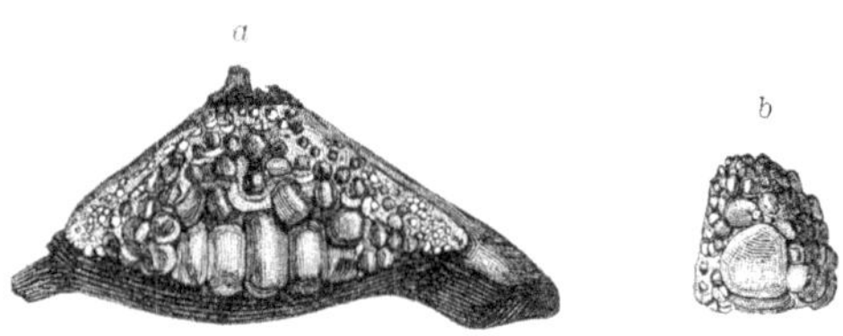

Fig. 245.
Nummopalatus multidens Münst. sp. Miocän. Neudörfl a. d. March. *a* Untere Schlundknochen mit Zahnpflaster, *b* ein oberer Schlundknochen. Nat. Gr.

den funktionierenden. Eocän. *Ph. toliapicus* Ag. Londonton. *Ph. cretaceus* Reuß, obere Kreide, ist generisch nicht bestimmbar.

**Labrodon* Gervais (*Nummopalatus* Renault, *Pharyngodopilus* Cocchi). (Fig. 245.) Untere Schlundknochen dreieckig, mit einem Pflaster kleiner, rundlicher oder oblonger Mahlzähne bedeckt, von denen stets mehrere übereinander liegen (bei *Labrus* ist immer nur ein Ersatzzahn vorhanden). Oberer Schlundknochen kleiner, dreieckig, mit Mahlzähnen. Eocän, Miocän, Pliocän. *L. multidens* Mstr. sp.

Die lebenden Gattungen *Labrus* Ag., *Julis*, *Crenilabrus* Cuv. auch im Tertiär. Otolithen von *Crenilabrus* (*Symphodus* Raf.) im Miocän Österreichs. *Labrus Valenciennesi* Ag. Eocän, Monte Bolca.

Egertonia Cocchi, Eocän. *Platylaemus* Dixon, Eocän. *Pseudosphaerodon* Noetling, Unteroligocän, Samland. *Taurinichthys* Cocchi, Miocän. *Cromyodus* Cope, *Protautoga* Leidy, Miocän. *Stylodus* Sauvage, Miocän.

Familie: **Scaridae.**

Obere Zähne mehr oder weniger fest zu einem Schnabel verwachsen.

Scarus Forsk. Lebend. Eocän, Monte Bolca. Miocän, Baltringen.

3. Tribus: Gobiiformes.

Schädel meist etwas niedergedrückt, mit stumpfer Schnauze. Radialia plattig. Bauchflossen dicht beisammen, einen Ring bildend.

Familie: **Gobiidae.**

Rückenflosse vorne mit biegsamen Stacheln. Schuppen fehlend oder ctenoid. Weit verbreitet in limnischen und brackischen Schichten, besonders vom Oligocän an, aber fast nur durch die leicht kenntlichen Otolithen (Fig. 246) nachweisbar.

Nach Priem kommen Gobiiden schon in der Kreide von Persien vor. *Gobiopsis* Priem.

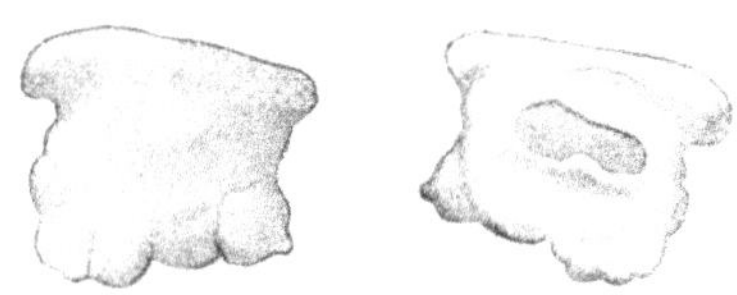

Fig. 246.
Gobius francofurtanus Koken. Otolith Untermiocän. Frankfurt a. M. 10 : 1.

4. Tribus: Scorpaeniformes.

Mit großem hinteren Suborbitale. Strahlen der Brustflossen meist flach. Flossen und Schuppen oft dornig. Schädel bepanzert. Wirbel zahlreich.

Familie: **Scorpaenidae.**

Kopfknochen zum Teil mit Stacheln. Brustflosse mit breiter Basis. Bauchflosse brustständig, mit mehreren Stacheln, aber höchstens mit fünf Strahlen. Rückenflosse vorne mit mehreren Stacheln. Auch Afterflosse mit Stacheln versehen.

Ampheristus König. (*Goniognathus* Ag.) Eocän, England.

Scorpaenoides Priem. Eocän.

Scorpaenopterus Steindachner. *Ctenopoma* Heckel. Miocän.

Scorpaena Art. Miocän. Lebend.

Familie: **Triglidae.**

Kopf vollständig bepanzert. Posttemporale mit dem Schädel verwachsen und an die Supraclavicula stoßend.

**Trigla* Linn. (Fig. 247.) Miocän, Italien. Otolithen vom Eocän an.

Trigloides Van Beneden. Miocän, Pliocän.

Podopteryx Sauvage. Miocän.

Die Familien der *Dactylopteridae* — Fliegende Fische —, *Agonidae*, *Hexagrammidae*, *Comephoridae* und *Rhamphocottidae* sind fossil nicht bekannt.

Familie: **Cottidae.**

Schuppen und Dorne der Flossen und des Kopfes mäßig entwickelt. Kopf breit, flach. Posttemporale frei.

Cottiden finden sich nach Priem schon in der Kreide von Persien.

Eocottus A. S. Woodw. Eocän, Monte Bolca.

Cottopsis Priem. Ob. Kreide, Persien.

Fig. 247. *Trigla elliptica* Koken. Otolith. Mitteloligocän, Söllingen. 7:1.

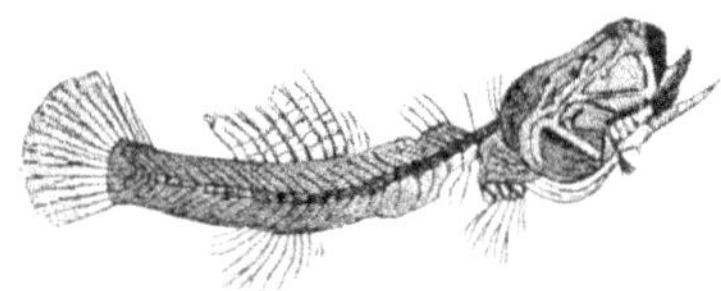

Fig. 248. *Lepidocottus brevis* Ag. sp. Miocän. Öningen, Baden. Nat. Gr. (Nach Agassiz.)

**Lepidocottus* Sauvage. (Fig. 248.) Oligocän, Miocän.

Cottus Linn. Oligocän bis Gegenwart. Pleistocän, Oregon.

5. Tribus: Blenniiformes.

Bauchflossen vor den Brustflossen, jugular. Basis der Brustflossen oft gestielt. Stacheln und Schuppen reduziert. Zum Teil sehr sonderbar gestaltete Fische.

Von den vielen hierher gehörigen Familien sind nur die *Trachinidae*, *Blenniidae*, *Ophidiidae*, *Antennariidae* und *Lophiidae* auch fossil nachgewiesen und die *Blochiidae* überhaupt nur fossil bekannt.

Familie: **Trachinidae.**

Callipteryx Ag. Eocän, Monte Bolca.

Trachinus. Nur Otolithen bekannt, schon im Eocän von Kopenhagen — *T. seelandicus* Koken. Pariser Becken und im Oligocän und Miocän nachgewiesen.

Familie: **Blenniidae.**

Nach Priem kommen Blenniiden schon in der Kreide von Persien vor.

Pterygocephalus Ag. Eocän, Monte Bolca.

Problennius Priem. Ob. Kreide, Persien.

Blennius Art. Lebend und Miocän.

Cristiceps Cuv. *Spinacanthus* Ag. Eocän, Monte Bolca.

Familie: **Lophiidae.** Froschfische.

Körper vorne stark verbreitert. Brustflossen langgestielt. Zähne lang und spitz.

Lophius Art. Lebend. Eocän, Monte Bolca. *L. brachysomus* Ag. Otolithen im Eocän und Oligocän von Belgien und im Miocän von Italien.

Familie: **Antennariidae.**

Histionotophorus Eastman. *Histiocephalus* de Zigno. Eocän, Monte Bolca.

Familie: **Ophidiidae.** Schlangenfische.

Körper spindelförmig. Schwanzflosse ersetzt durch die Vereinigung von Rücken- und Afterflosse. Bauchflosse kurz, fadenförmig.

Ophidium Linn. Lebend. Otolithen vom Eocän an.

Familie: **Blochiidae.**

Langgestreckte Fische mit sehr langer schnabelartiger Schnauze, welche von den gleichmäßig verlängerten, mit Bürstenzähnen besetzten Kiefern gebildet wird. Körper mit herzförmigen oder rhombischen, meist gekielten Knochenschuppen bedeckt. Rückenflosse im Nacken beginnend und fast bis zum Schwanz reichend,

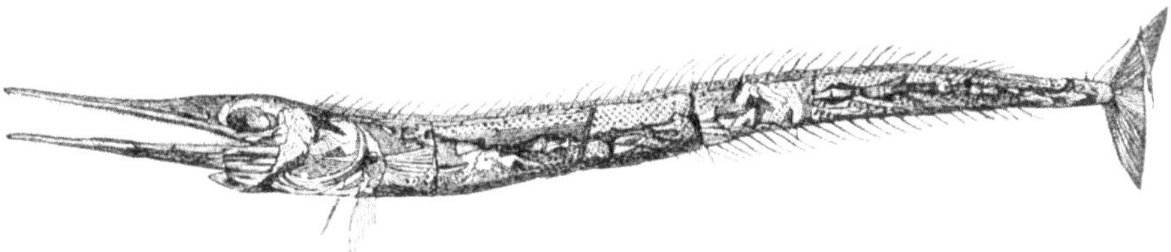

Fig. 249.
Blochius longirostris Volta. Eocän. Monte Bolca bei Verona. $^1/_4$ nat. Gr. (Nach Agassiz.)

aus entferntstehenden langen Stacheln zusammengesetzt; Afterflosse ähnlich, in der Mitte des Rumpfes beginnend. Bauchflossen klein, unter den Brustflossen. Schwanzflosse groß.

Blochius Volta. (Fig. 249.) Eocän, Monte Bolca.

6. Tribus: Scombriformes.

Bezahnung ähnlich der der Perciformes. Rücken- und Afterflosse mit wenigen schwachen Stacheln. Bauchflossen mit fünf Strahlen und einem Stachel. Schwanzflosse stark gegabelt. Hypurale meist klein und symmetrisch. Schuppen, wenn vorhanden, cycloid.

Von den hierher gehörigen Familien sind die *Bramiden, Rhachicentriden, Coryphaeniden* und *Luvariiden* nicht fossil bekannt.

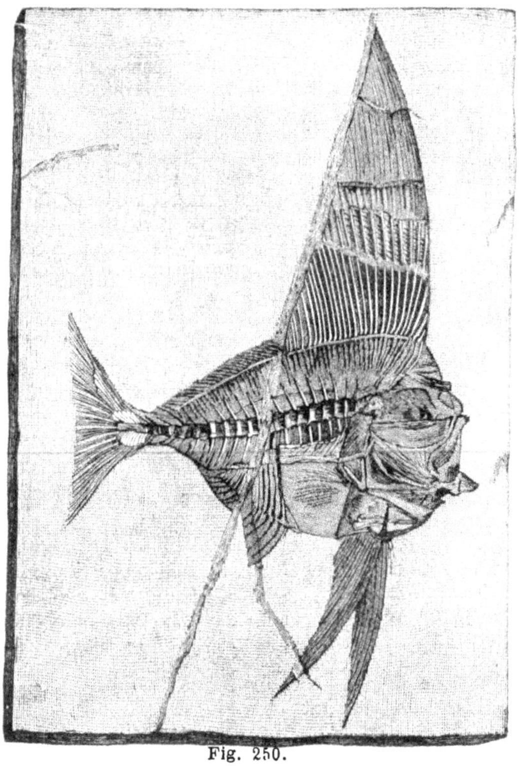

Fig. 250.
Semiophorus velifer Ag. Eocän. Monte Bolca. ½ nat. Gr. (Nach Agassiz.)

Familie: **Carangidae.** Bastard-Makrelen.

Körper zusammengedrückt, meist hoch, nackt oder mit nur kleinen Schuppen. Mundspalte klein, Bauchflossen brustständig, zuweilen rudimentär oder fehlend. Stacheliger Teil der Rückenflosse kürzer als der weiche. Im Lauf der Seitenlinie meist größere Schuppen oder Schilder. Raubfische in tropischen und gemäßigten Breiten. Fossil von der Kreide an.

**Platax* Cuv. Körper sehr hoch und komprimiert, mit großer Rücken- und Afterflosse. Keine Schilder in der Seitenlinie. Kleine Ctenoidschuppen. Zähne bürstenförmig, an der Spitze dreiteilig. Fraglich obere

Kreide, Libanon. Eocän, Monte Bolca. Crag von Norfolk und lebend. Wird von Goodrich zu den Chaetodontiden gestellt.

**Mene* Lacép. (*Gasteronemus* Ag.) Körper gerundet, rhombisch. Bauchflossen mit sehr langem Stachel. Strahlen der Rücken- und Afterflosse sehr kurz und schwach. Eocän, Monte Bolca. Lebend.

Vomeropsis Heckel. Kopf sehr groß. Bauchflosse ohne lange Stacheln. Ebenda.

**Semiophorus* Ag. (Fig. 250.) Rücken- und Brustflossen sehr lang. Eocän, Monte Bolca. *S. velifer* Ag.

Proantigonia Kramberger Gorjanovič. Oligocän, Rumänien. Miocän, Kroatien.

Vomer Cuv. **Caranx* Cuv. Eocän, Monte Bolca. Oligocän, Belgien. Miocän, Österreich. Lebend. Letzterer auch im Oligocän von Chiavon und im Septarienton des Mainzer Beckens.

Carangopsis Ag. **Lichia* Cuv. **Ductor* Ag. Eocän, Monte Bolca. Alle drei wenig spezialisiert. *Lichia* auch im Oligocän vom Vicentin.

Trachynotus Lacép. — *Seriola*, *Equula* Cuv. Eocän, Monte Bolca, die erstere Gattung auch Oligocän.

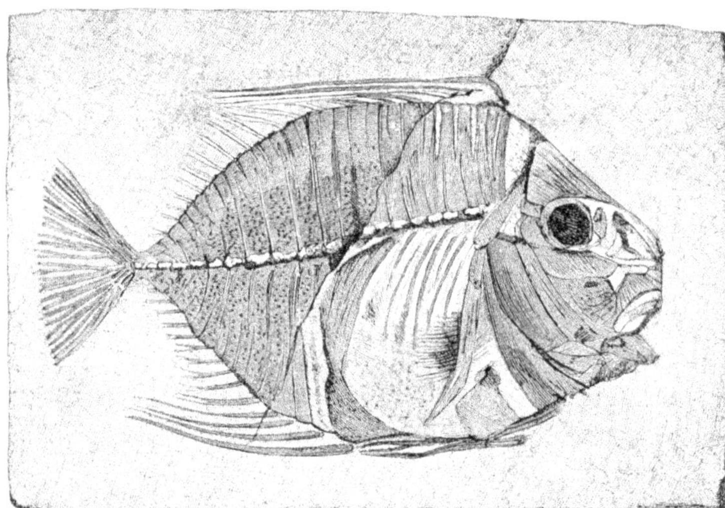

Fig. 251.
Acanthonemus filamentosus Ag. Eocän. Monte Bolca. ⅔ nat. Gr. (Nach Agassiz.)

Acanthonemus Ag. (Fig. 251.) Rücken- und Afterflosse vorne mit sehr langen Stacheln. Eocän, Monte Bolca.

Archaeoides v. Rath. Oligocän, Glarus.

Bathysoma Davis, ähnlich Mene. Obere Kreide, Schweden.

Aipichthys Steindachn. Untere Kreide, Istrien, obere Kreide, Libanon; von Goodrich zu den sonst fossil unbekannten Scorpididen gestellt.

Familie: **Scombridae.** Makrelen.

Körper gestreckt, nackt oder kleinschuppig. Zähne etwas komprimiert. Zwei Rückenflossen, die hintere meist aus getrennten Büscheln bestehend. Bauchflossen brustständig. Vom Eocän an.

**Thynnus* Cuv. (*Orcynus* Cuv.), Thunfisch. Meist große, zylindrische Fische. Vordere Dorsalis mit 12—14 nicht sonderlich langen Stacheln. Auf die sehr genäherte zweite Dorsalis folgen 6—9 getrennte Flossenbüschelchen.

Zähne klein. Mehrere Arten im Eocän des Monte Bolca. Oligocän, Miocän, Pliocän (Crag).

Eothynnus A. S. Woodw. Eocän, England.

**Cybium* Cuv. (*Scomberodon* Van Beneden.) (Fig. 252). Zähne komprimiert. Eocän, England. Die großen Wirbel häufig im Oligocän von Frankreich und Belgien. Lebend.

Neocybium Leriche und *Scombraphodon* A. S. Woodw. Zähne konisch, bei letzterem dick und in zwei Reihen auf dem Dentale. Eocän, England. Oligocän, Belgien.

**Pelamys* Cuv. (Fig. 253.) Eocän, Belgien. Oligocän, Belgien, Mainzer Becken.

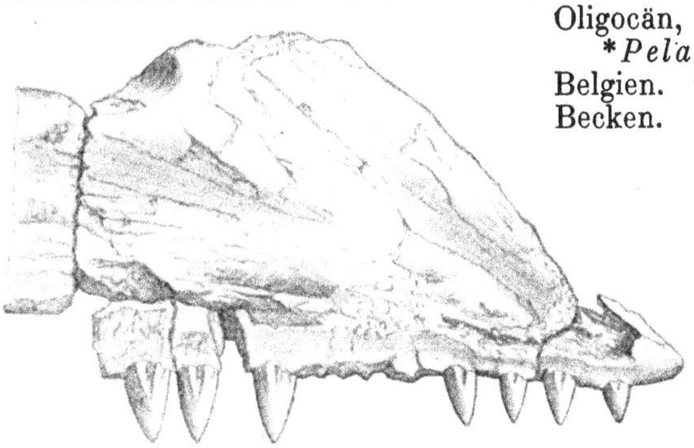

Fig. 252.
Cybium Dumonti Van Beneden sp. Praemaxillare. Oligocän. Steendorp. ½ nat. Gr. (Nach Leriche.)

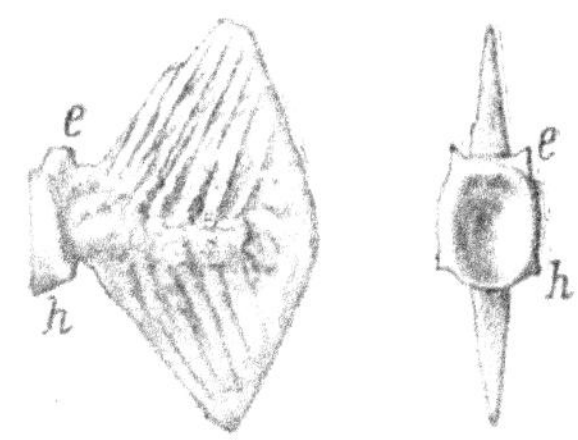

Fig. 253.
Pelamys sp. Hypurale. *e* obere, *h* untere Apophysen. Oligocän. Waldböckelheim. Nat. Gr.

Megalolepis Kramberger. Oligocän, Karpathen. *Palimphyes* Ag. Oligocän, Glarus.

Eocoelopoma, *Scombrinus* A. S. Woodw. Eocän, England.

Pelamycybium Toula. Miocän, Wien.

Sphyraenodus Ag. (*Dictyodus* Owen.) Eocän und Oligocän, Europa. Miocän, New Jersey.

Scomber Art., *Auxis* Cuv. Oligocän, Steiermark. Miocän, Kroatien. Lebend.

Acropoma, *Eocynodon* Owen. *Xiphopterus* Ag. Eocän, Monte Bolca.

Isurichthys A. S. Woodw. Miocän, Persien.

Familie: Trichiuridae.

Fast bandförmige, zusammengedrückte Raubfische mit weiter Mundspalte. Kiefer und Gaumenbeine mit kräftigen, konischen Zähnen. Rückenflosse und

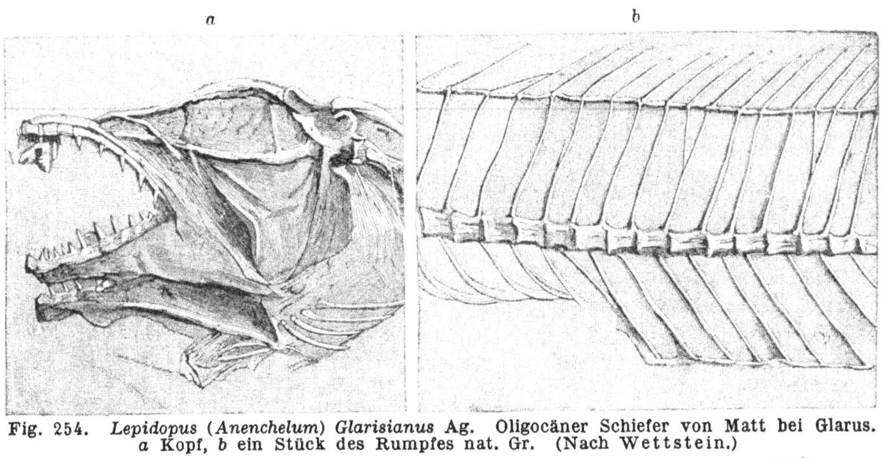

Fig. 254. *Lepidopus* (*Anenchelum*) *Glarisianus* Ag. Oligocäner Schiefer von Matt bei Glarus. *a* Kopf, *b* ein Stück des Rumpfes nat. Gr. (Nach Wettstein.)

Afterflosse sehr lang, mit ungegliederten Strahlen. Bauchflossen brustständig, zuweilen verkümmert, Schwanzflosse oft fehlend. In tropischen und subtropischen Meeren, in der Nähe der Küsten, aber auch abyssisch.

**Lepidopus* Gouan. (Fig. 254.) (*Anenchelum* Blv., *Lepidopides* Heckel), aus den unteroligocänen Schiefern von Glarus, den Melinitschiefern der Karpathen (*L. carpathicus* Kramb.). Obermiocän, Sizilien, Toskana.

Thyrsitocephalus vom Rath. Oligocän, Glarus.

Trichiurichthys, *Hemithyrsites* Sauvage. Miocän, Licata, Sizilien.

**Trichiurides* Winkl. Isoliert stehende, lange, spitze etwas gekrümmte Zähne. Eocän, Oligocän, Belgien. Miocän, Bordeaux, Wiener Becken. Zähne z. T. als *Saurocephalus* beschrieben.

Familie: **Palaeorhynchidae.**

Langgestreckte, seitlich zusammengedrückte Fische. Schnauze in einen langen Schnabel ausgezogen. Kiefer zahnlos oder mit winzigen Zähnchen. Rückenflosse vom Nacken bis zum Schwanz, Afterflosse vom After bis zur gespaltenen Schwanzflosse reichend. Bauchflossen brustständig, mit mehreren Strahlen. Wirbel lang, Fortsätze und Rippen dünn.

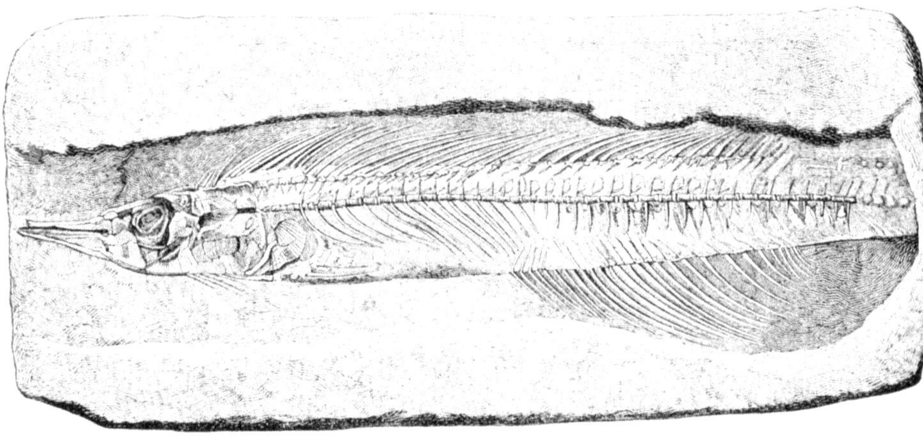

Fig. 255.
Palaeorhynchus Zitteli Kramb. sp. Ob. Eocän. Rajcza, Galizien. ⅓ nat. Gr.

**Palaeorhynchus* Blv. (*Hemirhynchus* Ag.) (Fig. 255.) *P. Deshayesi* Ag. Lutétien von Paris. Buchsweiler im Elsaß. *P. Zitteli* Kramb., Obereocän von Galizien. *P. glarisianus* Blv., Unteroligocän, Glarus, Chiavon, Vincentin. Trifail. *P. Riedli* Kramb.

Familien der **Xiphiidae** und der **Histiophoridae.**

Unterkiefer verlängert, mit Praedentale versehen. Rücken- und Afterflosse mehr oder weniger geteilt. Bauchflossen reduziert oder fehlend. Zwischenkiefer in ein langes Rostrum — Schwert — ausgezogen. Zähne klein, oft im Alter fehlend. Wirbel lang, wenig zahlreich. Bewohner der tropischen und subtropischen Meere.

Xiphias Art. Schwertfisch. Rostrum abgeflacht, im Alter zahnlos. Lebend. Sehr große, lange Wirbel im Oligocän von Belgien. *Xiphias rupeliensis* Leriche.

Histiophorus Lacép. Mit kleinen Zähnen. Lebend und Tertiär.

Xiphiorhynchus Van Beneden. Rostrum dick und zugespitzt. *Brachyrhynchus* Van Beneden. Rostrum stumpf. Beide Oligocän, Belgien.

Glyptorhynchus Leriche und *Cylindracanthus* Leidy.

**Coelorhynchus* Ag. (Fig. 256.) Rostrum schlank, mit Längsfurchen. Eocän, Europa, Ägypten.

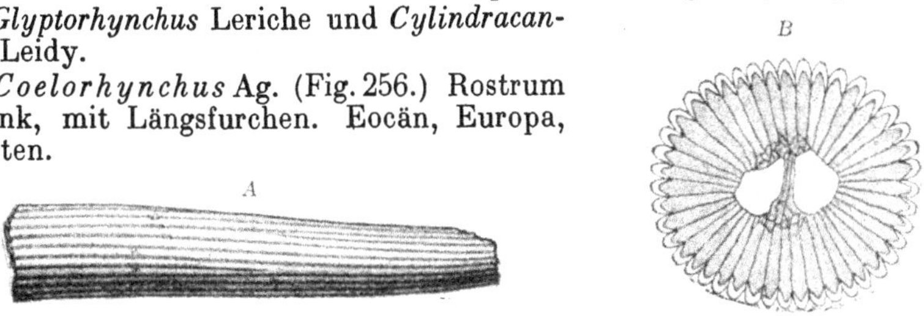

Fig. 256.
Coelorhynchus sp. Eocän. Kressenberg. *A* Rostrum von der Seite. **Nat. Gr.** *B* Querschnitt, vergr.

Untertribus: Zeorhombiformes.

Meist unsymmetrische Plattfische. Rücken- und Afterflosse fast den ganzen Körper umsäumend. Schwanzflosse normal.

Familien: **Zeidae. Cyttidae.**

Symmetrische Plattfische, äußerlich den Beryciden ähnlich. Rücken- und Afterflosse mit Stacheln.

Cyttus Günther. Lebend. *Cyttoides* Wettstein. Oligocän, Glarus.
Zeus Art. Lebend. Oligocän, Steiermark. Pliocän, Orciano.

Familie: **Amphistiidae.**

Symmetrisch. Stacheln stark reduziert. Schuppen vorhanden.
Amphistium Ag. Eocän, Monte Bolca.

Familie: **Pleuronectidae.** Schollen.

Unsymmetrisch, ohne Stacheln an Rücken- und Bauchflosse. Letztere klein, vor der Brustflosse stehend. Schuppen fehlend oder ctenoid. Oberseite dunkler als die Unterseite. Beide Augen rücken auf die Oberseite, wodurch die Lage der Kopfknochen, Zähne und Flossen verschoben wird. An sandigen Küsten und in Flußmündungen. Otolithen namentlich im Miocän ziemlich häufig.

Rhombus Cuv. Eocän, Monte Bolca. Miocän und lebend.

Pleuronectes Cuv. Oligocän und lebend.

**Solea* Cuv. (Fig. 257.) Miocän und lebend.

Citharus Cuv. Vom Eocän an.

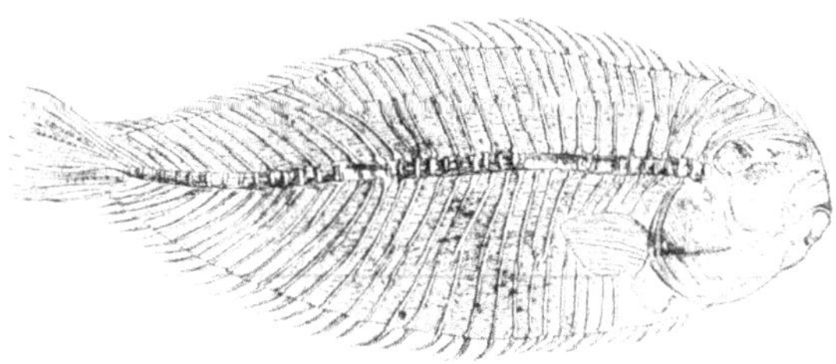

Fig. 257.
Solea Kirchbergeana v. Meyer. Miocän. Unterkirchberg bei Ulm. Nat. Gr.

11. Unterordnung: Gadiformes. Anacanthini.

Schädelknochen meist tief unter der Oberfläche gelegen. Supraoccipitale kräftig, mit Mediancrista. Frontalia oft verwachsen. Opisthoticum sehr groß. Infraorbitalseptum häutig und auf die Cranialhöhlung beschränkt. Riechkolben lang. Flossenstrahlen meist gegliedert und weich. Bauchflosse vor der Brustflosse und nur lose am Schultergürtel befestigt. Cycloidschuppen mindestens am Schädel vorhanden.

Die Riechnerven gehen nicht durch die Augenhöhle, wie das bei den höheren Teleostiern der Fall ist. Von den drei hierher gehörigen Familien ist die der Muraenolepiden bis jetzt noch nicht fossil bekannt. Die früher auch hierher gestellten Pleuronectiden stellt Goodrich zu den Acanthopterygiern.

Familie: **Gadidae.** Schellfische.

Langgestreckt, mit kleinen, glatten, cycloiden Schuppen. Rückenflosse fast den ganzen Rücken einnehmend oder in 2—3 Teile zerlegt. Afterflosse ebenfalls lang oder zerlegt. Bauchflossen an der Kehle. Kopf breit, Oberrand der Mundspalte fast ganz von den kräftig bezahnten Zwischenkiefern gebildet. Wirbelsäule weit in die homocerke Schwanzflosse reichend. Hypurale klein.

Fig. 258.
Merluccius emarginatus Koken. Otolith. Oberoligocän. Sternberger Gestein. 4 : 1.

Sehr verbreitet schon im älteren Tertiär, aber meist nur durch Otolithen bekannt. Paleocän von Kopenhagen, Eocän von Frankreich, England, Nordamerika. Oligocän von Deutschland und Belgien. Miocän von Österreich, Kroatien, Bordeaux, Sizilien usw.

Gadus (Art.) Günth., *Brosmius* Cuv., *Merluccius* (Cuv.) Günth. (Fig. 258), (*Strinsia?*), *Raniceps* Cuv., *Phycis* Cuv. (*O. elegans* Koken). Andere Reste seltener: *Nematopteryx Troscheli* v. Rath, Unteroligocän, Glarus.

Fig. 259.
Macrurus-Otolith. Pliocän. Orciano bei Pisa. 2 : 1.

Familie: **Macruridae.**

Tiefseeformen der *Gadiden. Rücken- und Afterflosse bis zur Schwanzspitze reichend. Vordere Rückenflosse mit Dornen.*

Otolithen (Fig. 259) zahlreich im norddeutschen und belgischen Septarienton, im miocänen Tegel von Baden bei Wien, im Pliocän von Orciano und ähnlichen Sedimenten tiefen Wassers, die ältesten im Obersenon von Siegsdorf, Oberbayern.

Zeitliche und räumliche Verbreitung der Fische.[1]

Die Fische sind zwar an sich als Wasserbewohner für die Überlieferung in fossilem Zustand überaus geeignet, aber gleichwohl weist ihre Geschichte doch manche Lücken auf, wenn auch lange nicht mehr so viele wie zu jener Zeit, als das berühmte grundlegende Agassizsche Werk erschien. Heutzutage würde höchstwahrscheinlich selbst dieser Forscher ernstliche Bedenken tragen, die geologische Verbreitung der Fische als Beweis für die Richtigkeit der Kataklysmentheorie anzuführen, denn inzwischen wurden nicht wenige neue Fundstellen von fossilen Fischen entdeckt, wodurch das Bild von der Verbreitung und dem Erscheinen der verschiedenen Fischtypen beträchtliche Veränderungen erfuhr.

[1] *Smith Woodward A.*, The Use of Fossil Fishes in Stratigraphical Geology. Quart. Journ. Geol. Soc. London 1915. LXII—LXXV.

Namentlich ergab sich ein viel innigerer Zusammenhang zwischen den Formen der Trias, des Jura und der unteren Kreide sowie zwischen jenen der oberen Kreide und des Tertiärs, als den zu Agassiz' Zeit bekannten Fischtypen zu entnehmen war.

Was den Erhaltungszustand der fossilen Fische anlangt, so finden sich vollständige Skelette oft in großer Menge in tonigen, mergeligen und kalkigen Schiefergesteinen, die als feiner Schlamm in marinen, brackischen oder limnischen Gewässern zum Absatz gelangten. Auch manche feinkörnige Sandsteine schließen viele und wohlerhaltene Fischreste ein, deren Knochen sich noch im natürlichen Zustand befinden. Dagegen treffen wir in Gesteinen von gröberem Korn sowie in solchen, welche in bewegterem Wasser oder in der Tiefsee abgelagert wurden, nur einzelne Zähne, Schuppen, Hautschilder, Wirbel, Schädel- und Flossenteile und Otolithen. In vielen Schichten fehlen Fischreste fast vollständig, so daß die an fossilen Fischen reichen Ablagerungen oft durch mehr oder weniger sterile voneinander getrennt sind, was sich jedoch meistens aus der verschiedenen Art der Entstehung dieser Sedimente erklären läßt, denn nur bei direkter Aufeinanderfolge von feinkörnigen, der Überlieferung günstigen Schichten können wir auch eine lückenlose Folge der auseinander hervorgegangenen Fischfaunen erwarten, wenigstens soweit es sich um Skelette handelt.

Die ältesten Fische sind im **Kambrium** der Rocky Mountains von Walcott gefunden worden. Sie scheinen jedoch keine fossil erhaltungsfähigen Körperteile besessen zu haben, denn es sind uns von ihnen nur Abdrücke überliefert worden. Die ersten **körperlichen** Fischreste kennt man aus einem **untersilurischen** Kalkstein von Cañon City in Colorado, — papillenartige Schuppen und aus solchen durch Verschmelzung entstandene Hautplatten —, die zwar keine nähere Bestimmung erlauben, aber gleichwohl mit ziemlicher Berechtigung auf **Placodermen** bezogen werden dürfen. In Europa erscheinen die ältesten Fische in Schottland im **obersilurischen** Bonebed und im Sandstein von Lanarkshire und Christiania, ferner im dolomitischen Kalk der Insel Ösel und in sandigen Schiefern von Galizien und Podolien. In Nord amerika finden sich Fische im Onondagasandstein von Pennsylvanien. Wenigstens zum Teil dürften die ältesten Fische Süßwasserbewohner gewesen sein. Die bestimmbaren Formen verteilen sich auf *Anaspida* — *Birkeniiden* und *Pterolepiden* —, *Heterostraci* — *Coelolepiden* und *Pteraspiden* — und *Osteostraci* — *Cephalaspiden* und *Tremataspiden*. Eigentliche Kiefer scheinen diesen Formen noch zu fehlen, die vorderen Kiemenbogen hatten noch keine Umgestaltung erfahren, welche sie zum Ergreifen der Nahrung geeignet machte. Auch waren noch keine paarigen Flossen vorhanden außer bei den *Acanthodiern*, welche hier in *Onchus* einen sicheren Vertreter haben.

Im **Devon** entfalten die Fische schon einen ziemlichen Formenreichtum, auch sind sie häufig sehr gut erhalten, namentlich im Oldred Sandstein von Großbritannien und in weichen Gesteinen der russischen Ostseeprovinzen sowie in manchen Ablagerungen von Nordamerika. Auch in Böhmen, Belgien, Westfalen, Nassau und in der Eifel und im Granite Harbour — Antarctis — kommen vereinzelte Fischreste vor, eine größere Ausbeute namentlich von *Arthrodira* lieferte die Lokalität Wildungen bei Kassel. Noch reicher an solchen und noch dazu teilweise riesigen Formen, *Dinichthys*, *Megalichthys*, *Diplognathus*, ist das Mittel- und Oberdevon von Ohio, Iowa, Wisconsin und New York.

Die Fischfauna des Devon besteht aus *Heterostraci* — *Gemündeniden*, *Pteraspiden*, *Drepanaspiden* —, *Osteostraci* — *Cephalaspiden* —, *Antiarchi* — *Asterolepiden* —, *Arthrodiren* — *Coccosteiden*, *Mylostomatiden*, *Ptyctodontiden* —, *Dipnoern* — *Dipteriden* und *Phaneropleuriden* — und *Crossopterygiern* — *Holoptychiiden*, *Rhizodontiden*, *Osteolepiden* und ein *Coelacanthide*. Dazu kommt noch ein bereits sehr hoch entwickelter Typus, nämlich die zu den *Palaeonisciden* gehörige Gattung *Cheirolepis*. Die später so formenreichen *Elasmobranchier* sind nur durch *Acanthodier* vertreten. Es darf hier nicht unerwähnt bleiben, daß die schon im Silur existierenden Familien nicht über das Unterdevon hinaufreichen.

Die Fische des **Karbon** stammen teils aus dem marinen Kohlenkalk, teils aus Schiefern und Sandsteinen der produktiven Steinkohlenformation. Von der devonischen Fischfauna unterscheidet sich die karbonische vor allem einerseits durch das Verschwinden der *Heterostraci*, der *Osteostraci*, der *Antiarchi* und der *Arthrodiren*, anderseits durch den Reichtum an *Elasmobranchiern*, von denen freilich fast nur Zähne bzw. Kauplatten und Flossenstacheln vorhanden sind. Die hieher gehörigen *Cochliodontiden*, *Psammodontiden* und *Petalodontiden* sind fast ganz auf das Karbon und zwar auf den marinen Kohlenkalk beschränkt. Das gleiche gilt auch von den *Edestiden*. Neben ihnen treten auch schon *Cestracioniden* — *Campodus* — und *Hybodontiden* — *Orodus* und *Ctenacanthus* — auf. Die *Acanthodier* dauern noch fort. Die *Pleuracanthiden* und *Cladodontiden* beginnen. Neben den *Elasmobranchiern* spielen die *Crossopterygier* — *Rhizodontiden* eine nicht ganz unwichtige Rolle, auch treten schon *Coelacanthiden* auf. Die etwas rätselhaften *Ctenodontiden* haben ebenfalls Repräsentanten aufzuweisen und die heterocerken *Teleostomen*, *Palaeonisciden* und *Platysomiden* sind schon durch eine nicht ganz unbeträchtliche Anzahl von Gattungen vertreten, und zwar stammen sie wohl ausschließlich aus Ablagerungen der produktiven Kohlenformation, was übrigens auch für die *Crossopterygier* gilt. Auch **Semionotiden** wurden jetzt im Karbon von England gefunden.

Die Fische des **Perm** schließen sich eng an jene des Karbon an. Sie finden sich im Rotliegenden des Saarbeckens, in Böhmen, Sachsen, Schlesien und Frankreich sowie im Magnesian Limestone von England. Reich an Individuen ist auch der Kupferschiefer von Hessen und Thüringen. Auch das Perm von Texas und Neumexiko hat eine Anzahl fossiler Formen geliefert. Weitaus am zahlreichsten, namentlich an Individuen, sind die *Heterocerken* — *Palaeonisciden* und *Platysomiden* — daneben kommen auch ein Paar *Crossopterygier*, je ein *Coelacanthide* und ein *Ctenodontide* vor. Im Vergleich zur karbonischen Fischfauna ist die permische arm an *Elasmobranchiern*, denn man kennt von *Hybodontiden*, *Cochliodontiden* und *Petalodontiden* nur je eine Gattung, *Wodnika*, bez. *Menaspis* und *Janassa*. Von den rätselhaften *Edestiden* hat sich noch ein Vertreter — *Helicoprion* — erhalten. Um so häufiger sind dafür die *Pleuracanthiden* und *Acanthodiden*, die hier den Höhepunkt ihrer Entwicklung erreichen und am Ende des Perm vollständig erlöschen.

Die schroffe Unterbrechung der Entwicklung, welche sich bei den meisten Abteilungen des Tier- und Pflanzenreiches am Schluß des paläozoischen Zeitalters geltend macht und offenbar auf den gewaltigen Veränderungen beruht, welche damals sowohl in der Verteilung von Wasser und Land, als auch in den klimatischen Verhältnissen stattfanden, finden wir auch beim Vergleich der permischen Fischfauna mit jener der Trias. Die älteste Ablagerung der **Trias**, der Buntsandstein, ist als mehr oder weniger terrestrische Bildung so gut wie völlig steril an Fischen, erst mit der Bildung des marinen Muschelkalks begannen auch wieder günstigere Verhältnisse für die Überlieferung von fossilen Fischresten. Der Unterschied zwischen der paläozoischen und der triadischen Fischfauna äußert sich in erster Linie in dem Fehlen der zahlreichen stark spezialisierten *Elasmobranchier*, welche natürlich am wenigsten geeignet waren, sich neuen Verhältnissen anzupassen. Nur Vertreter der *Hybodontiden* scheinen jene tiefgreifenden Änderungen des Klimas und der Erdoberfläche überdauert zu haben. Sie spielen als *Hybodus* und *Acrodus* im Muschelkalk und Keuper eine nicht unwichtige Rolle und sind vielleicht der Ausgangspunkt aller späteren *Elasmobranchier*, was sich aber wohl nie wird entscheiden lassen, da leider in der Trias stets nur isolierte Zähne und Flossenstacheln vorkommen. Von *Dipnoern* finden wir in der Trias die Gattungen *Ceratodus*, von *Crossopterygiern* die Gattungen *Coelacanthus*, *Graphiurus* und einige neue Gattungen aus Spitzbergen.

Weitaus die Mehrzahl aller aus der Trias beschriebenen Fische gehören zu den durch ihre glänzenden, massiven Schmelzschuppen ausgezeichneten *Ganoiden*. Sie verteilen sich auf die Familien der *Pycnodontiden*, *Palaeonisciden*, *Catopteriden*, *Stylodontiden*, *Sphaerodontiden*, *Pholidophoriden* und *Caturiden*, neben welchen die langgestreckten und scheinbar schuppenlosen oder doch nur teilweise beschuppten *Belonorhynchiden* wegen der relativen Häufigkeit ihrer sehr charakteristischen Zähne — *Saurichthys* — besonderes Interesse verdienen. Der Zusammenhang mit den permischen Ganoiden ist ein ziemlich inniger, denn einige dieser Familien reichen so gut wie unverändert aus dem Paläozoikum in die Trias herauf — *Palaeonisciden*, *Catopteriden* — und die übrigen lassen sich ziemlich ungezwungen teils von diesen, teils — *Pycnodontiden* — von den ebenfalls permischen *Platysomiden* ableiten. Dagegen ist die Herkunft der *Belonorhynchiden* vorläufig noch nicht zu ermitteln. Wie im Palaeozoicum waren auch in der Trias die meisten bis jetzt bekannten Fische Bewohner der Binnengewässer. Die Hauptfundplätze von triadischen Fischen, wenigstens von Habitusexemplaren, sind der schwarze plattige Muschelkalk von Perledo am Comersee und ähnliche etwas jüngere Schiefer von Raibl in Kärnten, die Asphaltschiefer von Seefeld und anderen Orten in den bayerisch-tiroler Alpen und der obere Hauptdolomit von Adnet bei Salzburg. Auch der Keupersandstein von Schwaben, Thüringen und Franken, sandige Schiefer auf Spitzbergen, sowie die Sandsteine der Karrooformation in Südafrika, die Hawkesburyschichten von Neu Süd-Wales und die schwarzen Schiefer von Connecticut schließen wohlerhaltene Skelette von Fischen ein. Im deutschen Muschelkalk kommen öfters Mumien von Ganoiden vor.

Die Fischfauna des **Lias** oder schwarzen Juras bildet die direkte Fortsetzung und Weiterentwicklung der triadischen. Von den zahlreichen durch Agassiz und Egerton beschriebenen Arten stammt etwa die Hälfte aus dem untern Lias von Lyme Regis in Dorset. Der mittlere

Lias ist als eine Ablagerung in größerer Meerestiefe arm an Fischen, dafür lieferten die Posidonomyenschiefer und Stinkkalke des oberen Lias in Franken und vor allem in Württemberg sowie gleichaltrige Schichten von Werther bei Halle, in England und in den französischen Departementen Calvados, Yonne und Côte d'Or wieder eine stattliche Anzahl von Arten.

Die schon in der Trias sehr häufigen *Hybodontiden* sind auch im Lias nicht selten und sogar manchmal als vollständige Habitusexemplare überliefert. Zu ihnen gesellt sich jetzt ein neuer Typus der *Elasmobranchier*, der älteste *Lamnide*, von dem man freilich nur die spitzen, schlanken, früher *Sphenodus*, jetzt *Orthacodus* genannten Zähne kennt, und, was fast noch wichtiger ist, die ersten sichern Repräsentanten der *Holocephalen*. Die *Coelacanthinen* sind im Lias mindestens ebenso selten wie in der Trias und *Ceratodus* ist bisher im Lias überhaupt noch nicht beobachtet worden. *Belonorhynchiden* kennt man aus dem Lias von England und Württemberg. Bemerkenswert erscheint die Anwesenheit eines *Chondrostiers*. Die Hauptmasse der liassischen Fische gehört zu den *Stylodontiden*, *Sphaerodontiden* und *Pholidophoriden*, die *Pycnodontiden* haben einen Vertreter in der Gattung *Mesodon*, die auch schon in der oberen Trias vorkommt. Die *Amioidei* weisen in den *Pachycormiden* stattliche Vertreter auf, und die bereits in der oberen Trias auftretenden *Caturiden* entfalten jetzt einen ziemlichen Formenreichtum. Als das wichtigste Ereignis für die allmählich beginnende Modernisierung der Fischfauna erscheint jedoch das erstmalige Auftreten eine *Teleostiers* — *Leptolepis*.

Der **Dogger** oder braune Jura war wegen seiner oolithischen und daher wohl in starkbewegtem Wasser abgelagerten Gesteinsschichten der Überlieferung von fossilen Fischen wenig günstig. Unsere Kenntnis der damaligen Fischfauna gründet sich daher nur auf isolierte Zähne, Flossenstacheln, Schuppen und Knochen. Die im Dogger nachweisbaren Gattungen sind entweder solche, die wir bereits im Lias gefunden haben oder sie begegnen uns wieder im weißen Jura oder **Malm.** Hier treffen wir nun außerordentlich günstige Erhaltungsbedingungen in den plattigen Kalkschiefern von Solnhofen, Eichstätt und Kelheim in Bayern und in gleichzeitigen, sehr ähnlichen Ablagerungen von Nusplingen in Württemberg, von Cerin im Departement Ain und von Lérida in Katalonien. Eine Fülle von prachtvoll erhaltenen *Elasmobranchiern*, *Ganoiden* und einigen *Teleostiern* stammt von diesen Fundorten. Im Korallenkalk von Kelheim und Schnaitheim, im Kimmeridge und Portlandkalk von Solothurn, Neufchatel, Hannover und Boulogne sur mer und in den Purbeckschichten von England sind uns trefflich erhaltene Gebisse und Zähne, Stacheln und Schuppen überliefert worden, in den genannten Ablagerungen von Hannover und England auch einige mehr oder weniger vollständige Skelette. Was die Zusammensetzung dieser Fauna betrifft, so zeichnet sie sich vor allem durch den großen Formenreichtum an *Elasmobranchiern* aus. Von mehreren Typen der Haie und Rochen kennt man vollständige Skelette.

Zu den bisher vorhandenen *Lamniden* und *Hybodontiden* gesellen sich jetzt auch sichere Repräsentanten der *Notidaniden*, *Scylliden* und *Cestracioniden* sowie der *Squatiniden* und *Rhinorajiden*, und die *Hybo-*

dontiden selbst bereichern sich um einen neuen Typus, *Asteracanthus*, der allerdings schon im Dogger angedeutet ist, was auch für die *Notidaniden* gilt. Die *Holocephalen* sind hier viel vollständiger erhalten und auch häufiger als in jeder anderen Ablagerung, dagegen sind die primitiven heterocerken *Ganoiden*, die *Palaeonisciden*, bis auf eine einzige Gattung, *Coccolepis*, erloschen. Unter den *Crossopterygiern* erreichen die *Coelacanthinen* in bezug auf Mannigfaltigkeit den Höhepunkt ihrer Entwicklung. Die wichtigste Rolle unter den jurassischen Fischen spielen jedoch die *Pycnodontiden*, *Sphaerodontiden*, *Macrosemiiden*, *Pholidophoriden*, *Aspidorhynchiden*, *Pachycormiden*, *Caturiden* und *Leptolepiden*. Die *Oligopleuriden* und *Megaluriden* treten im oberen Jura zum erstenmal auf. Die Fischfauna des **Wealden** enthält sowohl in Belgien als auch in England und Hannover nur solche Familien und Gattungen, welche uns auch im oberen Jura begegnen und bedarf daher keiner eingehenderen Besprechung, es soll jedoch nicht unerwähnt bleiben, daß unter den *Pycnodonten* bereits ein etwas vorgeschrittener Typus — *Coelodus* — erscheint. Im ganzen ist die Fauna des Wealden arm an Formen.

In der **Kreidezeit** macht sich eine entschiedene Umgestaltung der Fischfauna insoferne geltend, als die bisher vorherrschenden *Ganoiden* immer mehr von *Teleostiern* verdrängt werden. Dieser Wechsel ist in der mittleren und oberen Kreide fast vollständig beendet, dagegen haben sich in der unteren noch einige Ganoidtypen aus der Jurazeit erhalten. Dadurch zerfällt die Fischfauna der Kreide in zwei scheinbar scharf geschiedene Abteilungen, von denen zur älteren die Fische aus den schieferigen Kalkablagerungen von Pietraroja, Castellamare und Torre d'Orlando im Neapolitanischen, von Comen in Istrien, Crespano in Venetien, von der Insel Lesina, aus den schwarzen pyritischen Kalken von Grodischt in den Karpathen, aus den Neokomschiefern von Voirons bei Genf und aus ähnlichen plattigen Kalken in Mexiko gehören. Im ganzen ist die Fischfauna der unteren Kreide nicht sehr formenreich, so daß wir wohl nicht imstande sind, uns ein vollständiges Bild von ihrer wirklichen Zusammensetzung zu machen, denn nur in Voirons, Lesina und in Comen findet sich eine größere Anzahl von Formen, die meisten Lokalitäten liefern nur einige wenige Gattungen und Arten, unter welchen *Pycnodontiden*, *Aspidorhynchiden* und *Leptolepiden* vorherrschen, während *Oligopleuriden*, *Macrosemiiden* und *Megaluriden* sowie *Lamniden* stets weit seltener sind. Das Vorkommen von *Clupeiden*, *Chirocentriden*, *Elopiden*, *Enchodontiden* und *Carangiden*, — *Aipichthys* — zeigt uns jedoch, daß die *Teleostier* damals schon ziemlich weit differenziert waren. Wir kennen Fische eigentlich fast nur aus abnormalen Ablagerungen der damaligen Zeit, die typischen Neokomschichten sind vorwiegend Absätze in tieferen oder in bewegterem Wasser und waren daher der Überlieferung von Fischen wenig günstig, was sich schon in der Seltenheit von *Elasmobranchiern* äußert, von welchen nur *Notidanus*, *Orthacodus* und *Asteracanthus* etwas häufiger auftreten.

Einen auffallenden Gegensatz hiezu bilden die Ablagerungen der **oberen Kreide**, die sich schon vom Cenoman an gerade durch die Häufigkeit von *Elasmobranchier*-Zähnen auszeichnen und hierin lediglich von einigen Tertiärablagerungen übertroffen werden. Die *Elasmobranchier* der jüngeren Kreide verteilen sich hauptsächlich auf *Ptychodontiden* und *Lamniden*. Die ersteren reichen nicht mehr in das Tertiär hinauf, dagegen sind die *Lamniden* (schon) durch eine Anzahl noch lebender Gattungen vertreten. Neben diesen beiden Familien enthalten die jüngeren Kreideschichten auch *Spinaciden* und *Scylliden*, seltener sind *Notidaniden* und *Cestracioniden*, letztere nur durch die *Hybodus*-ähnlichen Zähne von *Synechodus* repräsentiert. Von *Squatiniden* kennt man ganze Individuen vom Libanon und aus Westfalen, die erstere Lokalität hat außerdem auch *Pristiden* und *Rhinorajiden* geliefert. *Holocephalen* kommen stets nur als Seltenheiten vor. Bemerkenswert erscheint dagegen die Häufigkeit von Kauplatten eines *Dipnoërs* — *Ceratodus* — im Cenoman von Beharieh in der libyschen Wüste, mit denen auch die als *Gigantichthys* beschriebenen *Pristiden*-Zähne vergesellschaftet sind. — Die *Coelacanthiden* sind in der oberen Kreide durch die Gattung *Macropoma* vertreten, von der man außer Habitusexemplaren auch die Koprolithen kennt. Unter den *Ganoiden* herrschen die *Pycnodontiden* bei weitem vor. Zähne von *Coelodus* und *Pycnodus* fehlen wohl in keiner Ablagerung der oberen Kreide. Dagegen gehören die Schuppen eines großen *Lepidotus* zu den Seltenheiten. Die *Macrosemiiden* haben in *Petalopteryx*, die *Oligopleuriden* in *Spathiurus* und die *Aspidorhynchiden* in *Belonostomus* noch sichere Vertreter aufzuweisen. Die *Megaluriden* sind durch die noch lebende Gattung *Amia* repräsentiert. Ziemlich häufig finden sich endlich in der Kreide von England und Kansas Zähne, Schädelknochen sowie die riesigen Flossen von *Protosphyraena*, während sicher dazu gehörige Wirbel bis jetzt nicht bekannt sind. Es erscheint daher die Vermutung, daß diese Gattung von den gleichfalls praktisch wirbellosen *Pachycormiden* des Jura abstamme, sehr wohl begründet. Die überwiegende Mehrzahl der jüngeren Kreidefische gehört jedoch zu den *Teleostiern* und unter ihnen spielen wieder die *Clupeiden*, *Albuliden*, *Chirocentriden*, *Elopiden*, *Dercetiden*, *Enchodontiden*, *Saurodontiden*, *Ichthyodectiden*, *Scopeliden*, *Beryciden* und *Chirotrichiden* die wichtigste Rolle, von denen aber nur die *Albuliden*, *Ctenothrissiden*, *Elopiden*, *Dercetiden*, *Scopeliden* und *Beryciden* wirklich neue Elemente der Fauna darstellen, während die übrigen entweder schon in der älteren Kreidezeit gelebt haben oder sich doch ungezwungen von Formen der älteren Kreide ableiten lassen. Bemerkenswert erscheint die hochgradige Spezialisierung der auf die Kreide beschränkten *Dercetiden*, *Plethodiden*, *Enchodontiden* und *Ichthyodectiden* im Gegensatz zu dem konservativen Verhalten der noch jetzt lebenden *Clupeiden*. Nicht unwichtig ist auch das freilich nur seltene Auftreten von *Carangiden* — *Bathysoma* —, *Muraeniden* sowie von *Perciden*, *Cottiden* und *Gobiiden*. Die heutzutage die Tiefsee bewohnenden *Holosauriden* sind wenigstens durch *Echidnocephalus* und *Enchelurus* angedeutet. Der Vollständigkeit halber seien hier noch die auf die obere Kreide beschränkten *Tomognathiden* erwähnt, sowie das erstmalige Auftreten der durch Otolithen nachweisbaren *Macruriden* und von freilich etwas zweifelhaften *Stromateiden*, z. B. *Platycormus*.

Als die wichtigsten Fundstätten von Fischen der jüngeren Kreide kommen in Betracht die kalkigen Mergel von Kansas, die sich vor allen anderen bekannten Ablagerungen durch den Reichtum an riesigen Teleostierskeletten — *Ichthyodectiden* — auszeichnen, die Kalkschiefer vom Libanon, die mergeligen Sandsteine der Baumberge in Westfalen, die weiße Kreide von England und Schweden und das Senon der Nordalpen. Auch Brasilien und Persien haben vor kurzem unsere Kenntnisse der oberkretazischen Fischfauna durch einige Beiträge erweitert. Dagegen haben die Funde in der libyschen Wüste fast nur die größere Verbreitung einer Anzahl schon bisher bekannter Formen erwiesen.

Mit Beginn der **Tertiärzeit** tritt die Annäherung an die gegenwärtigen Verhältnisse immer deutlicher hervor.

Die älteste Fischfauna des **Eocän** ist die aus dem Londonton. Soweit es sich bei ihr um Funde aus England selbst handelt, bedarf sie freilich noch einer genaueren Zusammenstellung, um so besser kennt man jetzt dafür die Fischreste aus gleichaltrigen und etwas jüngeren Ablagerungen in Frankreich, Belgien und Ägypten. Auch in den Nummulitenschichten der Nordalpen sind solche Reste anzutreffen. Leider bestehen die Funde fast nur aus isolierten Zähnen, Kauplatten, Wirbeln, Schädelknochen und Otolithen, aber trotzdem ist es geglückt, die Anwesenheit einer stattlichen Anzahl von *Elasmobranchier*- und *Teleostier*-Gattungen festzustellen. Was die ersteren betrifft, so schließen sich die *Lamniden*, *Notidaniden*, *Scylliden* und *Cestracioniden* — *Synechodus* — aufs engste an die Arten der oberen Kreide an. Das gleiche gilt auch von den stets ziemlich seltenen *Holocephalen* — *Chimaeriden*. Die *Pristiden* werden relativ häufig, als ein neues Element der Fischfauna erscheinen die *Myliobatinen*. Nach Smith Woodward soll sich diese Abteilung der Rochen aus den *Ptychodontinen* der oberen Kreide entwickelt haben, was aber bei der gewaltigen Verschiedenheit dieser Gebisse und der hochgradigen Spezialisierung der Zähne von *Ptychodus* gänzlich ausgeschlossen erscheint. Die *Teleostier* haben jetzt viele neue Typen aufzuweisen, namentlich *Gadiden*, *Siluriden*, *Labriden*, *Trachiniden*, *Spariden*, *Scombriden*, *Xiphiiden*, *Gymnodontiden* und *Sclerodermi*. Die *Ichthyodectiden* und *Protosphyraeniden* sind vollständig verschwunden, dagegen hat sich noch ein *Pycnodontide* — *Pycnodus* — erhalten, und die Gattungen *Amia* und *Lepidosteus* sind geradezu charakteristisch für Eocänschichten, und zwar sowohl in Europa als auch in Nordamerika. In Londonton fanden sich Reste von *Acipenser*, in Ägypten solche von *Protopterus* und zahlreiche Schädel und Wirbel von riesigen *Siluriden*.

Während die bisher erwähnten Formen nur durch isolierte Zähne, Wirbel und andere Skelettreste, zum Teil auch nur durch Otolithen nachzuweisen waren, kennt man aus dem plattigen Kalk vom Monte Bolca bei Verona eine Menge guter Habitusexemplare, die unsere Kenntnis der eocänen Fischfauna in der glücklichsten Weise ergänzen. Reste von *Selachiern* gehören hier freilich zu den Seltenheiten, wenn auch *Scylliden* und *Carchariiden* nicht vollständig fehlen und die Rochen sogar verhältnismäßig formenreich sind. Die *Ganoiden* haben hier ihren letzten Vertreter in *Pycnodontiden*. Unter den *Teleostiern* herrschen die *Acanthopterygier* entschieden vor, besonders häufig sind *Beryciden*, *Spariden*, *Serraniden*, *Chaetodontiden*, *Perciden* und *Carangiden*. Diese letztgenannte Familie hat schon hochspezialisierte Formen wie *Semiophorus* und *Mene* aufzuweisen. Hochspezialisiert sind auch die hier vorkommenden *Blenniiden*, *Blochiiden*, *Sclerodermi*, *Gymnodontiden* und *Pleuronectiden*. Als sonstige Bestandteile dieser Fischfauna verdienen auch *Clupeiden*, *Muraeniden*, *Sphyraeniden* und *Lophobranchier* Erwähnung. Die Verwandten dieser Fische vom Monte Bolca leben heutzutage im indisch-pazifischen und im tropischen atlantischen Ozean, im Roten Meer, und nur zum kleineren Teil auch im Mittelmeer. Die Herkunft dieser reichen Eocänfauna ist freilich in der Hauptsache noch in Dunkel gehüllt. Eine Anzahl Formen dürfte wohl aus solchen der Kreide vom Libanon abzuleiten sein, die große Mehrzahl aber muß aus einem uns bis jetzt nicht bekannten, wahrscheinlich jedoch südlichen oder südöstlichen Gebiete eingewandert sein.

An der oberen Grenze des oberen Eocäns liefern die schwarzen Dachschiefer von Matt in Glarus, die Menilitschiefer in den Karpathen und die etwas jüngeren Amphisyle- oder Melettaschichten im Mainzer Becken, im Oberelsaß, am Nordrand der bayerischen Alpen — Siegsdorf — und in Steiermark eine nicht unbeträchtliche Anzahl von Gattungen und Arten, unter denen sich auch Tiefseeformen — *Lepidopus* — befinden. Aus Glarus, der reichsten Fundstelle dieser Zone, sind nach Wettstein 29 Arten von *Teleostiern* bekannt. Außer dem schon genannten *Lepidopus* kommen als wichtigste Bestandteile dieser Fauna *Clupeiden*, darunter die durch ungemein charakteristische Schuppen ausgezeichnete Gattung *Meletta*, ferner *Albuliden*, *Gadiden*, *Zeiden*, *Scopeliden*, *Centrisciden*, *Perciden*, *Sclerodermi*, *Scombriden*, *Trichiuriden* und *Palaeorhynchiden* in Betracht. Im Vergleich zu der vom Monte Bolca ist diese Fischfauna ziemlich arm, doch scheinen in manchen Fällen genetische Beziehungen nicht gänzlich ausgeschlossen zu sein, wenn auch einige andere Formen wie die *Trichiuriden* eher auf Verbindung mit dem französisch-belgischen Eocänmeere hinweisen. Noch enger schließt sich an die Fauna vom Monte Bolca jene aus den plattigen Kalken von Chiavon im Vicentin an, denn sie enthält auch *Sphyraeniden*, *Carangiden*, *Spariden*, *Gobiiden*, *Labriden* und *Cottiden*.

Das eigentliche, typisch ausgebildete **Oligocän**, der Rupelton von Belgien und die Meeressande des Mainzer und Pariser Beckens, enthält ziemlich viele Fischreste, allein es sind fast nur isolierte Zähne, Hautplatten und Flossenstacheln von Haien und Rochen, sowie Wirbel, Kopfknochen und namentlich Otolithen von *Teleostiern*. Nur im Septarienton des Mainzer Beckens kommen auch Habitusexemplare von Fischen vor. Sie verteilen sich fast ausnahmslos auf Gattungen, welche uns schon im Eocän von Belgien und Nordfrankreich, und zwar in ganz ähnlicher Erhaltung begegnet sind, aber es fehlen einige Gattungen wie *Ginglymostoma* und *Diodon* und die *Xiphiiden* werden entschieden seltener, wie überhaupt die oligocäne Fauna doch schon einen ziemlich ärmlichen Eindruck macht gegenüber der eocänen.

In den westlichen Staaten Nordamerikas, in den Puerco-, Wasatsch- und Bridger Schichten von Neu-Mexiko und Wyoming kommen fossile Fische ziemlich häufig vor, ja eine Ablagerung, das Green Riverbed, ist geradezu charakterisiert durch die Häufigkeit prachtvoll erhaltener Fischskelette.

Die Beziehungen zu den Fischen des europäischen Eocän sind freilich sehr gering, denn es handelt sich hier um Süßwasserbildungen, während die gleichzeitigen Ablagerungen Europas marinen Ursprungs sind. Gleichwohl kommen auch im Green River bed *Clupeiden* — *Diplomystus* —, *Pomacentriden* — *Priscacara* — und sogar ein Roche — *Xiphotrigon* — vor, was wenigstens auf eine zeitweilige Verbindung dieses Süßwassers mit dem Meere, etwa durch einen großen Fluß schließen läßt. Die außerdem dort nachgewiesenen Gattungen verteilen sich auf

Osteoglossiden, *Aphredoderiden* und *Cypriniden*. Im übrigen Süßwassereocän der westlichen Staaten Nordamerikas finden sich nur *Siluriden*, *Lepidosteiden* und *Amiiden* — *Amia* und *Papichthys*, die auch in manchen Süßwasserablagerungen des europäischen Eocän vorkommen.

Gut erhaltene Skelette von *Amia* — *Notaeus* — und *Lepidosteus* liefert der eocäne Schieferton von Messel bei Darmstadt, solche von *Amia* — *Cyclurus* — der oligocäne Süßwasserkalk von Armissan in der Provence. In Nordamerika kennt man fossile Reste von *Amia* auch aus den miocänen Süßwasserschichten von Florissant in Colorado, welche sich durch den Reichtum von wohlerhaltenen Insekten auszeichnen, von Fischen aber außer *Amia* nur *Aphredoderiden* — *Trichophanes* —, *Cypriniden* — *Amyzon* — und *Siluriden* enthalten.

Im europäischen **Miocän** sind Fischreste nur an zwei Fundorten in größerer Anzahl nachgewiesen, nämlich in den Braunkohlen von Rott bei Bonn, wo neben der auch aus den oligocänen Süßwasserschichten von Aix in der Provence bekannten Gattung *Smerdis* *Cypriniden* vorkommen, und in Nordböhmen, wo neben *Esox* und *Lebias* auch *Cypriniden*, *Salmoniden*, *Perciden*, *Cottiden* und sogar noch *Lepidosteus* und *Amia* zum Vorschein gekommen sind.

Um so häufiger sind dagegen Fischreste in der weitverbreiteten miocänen Meeremolasse, aber sie verteilen sich fast ausschließlich auf *Selachier*, namentlich *Notidaniden*, *Carchariiden*, *Lamniden* und *Rhinorajiden* — *Trigoninae* und *Myliobatinae* —, die in engster verwandtschaftlicher Beziehung zu den eocänen und oligocänen Arten und Gattungen stehen. *Teleostier* sind um so spärlicher und nur durch isolierte Wirbel, Zähne, Knochen und Otolithen vertreten. Mit wenigen Ausnahmen lassen sich diese Reste auf noch lebende Gattungen beziehen. Auch die brackischen Tone von Unterkirchberg bei Ulm, die Süßwasserkalke von Öningen und Steinheim, die sarmatischen Schichten von Radoboj u. a. O. in Kroatien, die Cerithienschichten im Wiener Becken beweisen, daß zur Zeit ihrer Entstehung die Fischfauna der süßen und brackischen Gewässer in Mitteleuropa nicht sehr erheblich von der jetzt in Südeuropa und Kleinasien lebenden abwich. Nicht uninteressant ist das Vorkommen von *Solea* und *Clupea* in Unterkirchberg bei Ulm neben *Cyprinus*, *Smerdis* und anderen Süßwasserfischen. Eine Vermischung von marinen Fischen mit Süßwasserformen zeigt auch die überaus reiche obermiocäne Fauna von Licata in Sizilien, welche sich teilweise auch bei Girgenti, in den Gipsmergeln von Sinigaglia, bei Gabbro in Toskana, Lorca in Spanien und in Oran wiederfindet. Im ganzen beschreibt Sauvage von Licata 52 Arten, darunter 44 marine Formen. Der Charakter dieser Fischfauna ist ein entschieden mediterraner, die Arten sind allerdings sämtlich ausgestorben.

Zwischen **Pliocän** und Jetztzeit besteht, soweit die Fische in Betracht kommen, kaum mehr ein nennenswerter Unterschied. Freilich kennen wir auch nur wenige Fischreste aus der jüngsten Stufe des Tertiärs.

Aus der zeitlichen Verbreitung der Fische ergeben sich mancherlei Anhaltspunkte für die Stammesgeschichte dieser Klasse. Im paläozoischen Zeitalter waren lediglich, abgesehen von den *Placodermen* und *Arthrodiren*, *Elasmobranchier*, *Dipnoer* und *Ganoiden* vorhanden und zwar treten *Elasmobranchier* und *Ganoiden* fast gleichzeitig auf, so daß, wenn sie überhaupt auf eine Urform zurückgeführt werden dürfen, diese Trennung schon sehr frühzeitig erfolgt sein müßte. Durch die Funde der *Anaspiden* und der *Coelolepiden* im Obersilur scheint diese Annahme auch gerechtfertigt zu sein, denn man ist stark versucht, in den ersteren Vorläufer der beschuppten *Dipnoer* und *Ganoiden*, in den letzteren, mit zähnchenähnlichen Hautgebilden versehenen Formen hingegen die Vorläufer von *Elasmobranchiern* zu erblicken. Die Trennung in jene drei Hauptgruppen müßte also schon im älteren Silur oder im Cambrium erfolgt sein. Die übrigen *Placodermen*, also alle mit großen, einfachen oder komplizierten Hautschildern versehenen Formen scheiden als Ahnen von später auftretenden Fischtypen ohne weiteres aus, dagegen ist es sehr wohl möglich, daß sie als Vorläufer der *Amphibien*, als persistierende, freilich mißglückte weil zu stark spezialisierte Larvenstadien derselben zu betrachten sind.

Erst die *Arthrodiren* waren an sich vielleicht weiterer Entwicklung in der Richtung gegen die Amphibien fähig, aber auch hier wären die Riesenformen, wie *Dinichthys* als wirkliche Vorläufer von Amphibien ausgeschlossen. Es ist jedoch wahrscheinlicher, daß alle uns überlieferten bepanzerten *Placodermen* sowie die *Arthrodiren* nur erloschene Seitenzweige darstellen, die wirklichen Ahnen der Amphibien haben wir uns eher als schwach bepanzerte oder völlig nackte persistierende Kaulquappen vorzustellen, welche daher auch kaum fossilisationsfähig waren.

Was die *Elasmobranchier* betrifft, so ist zwar bereits etwa vom Ende der Trias an ein ziemlich inniger Zusammenhang zwischen den damaligen *Selachiern* und den noch lebenden Haien und Rochen festzustellen und von der mittleren Kreide an lassen sich sogar für eine Anzahl Gattungen gut geschlossene Stammesreihen konstruieren, dagegen ist es überaus zweifelhaft, ob die *Ichthyotomi*, *Acanthodi* und die *Petalodontiden* stammesgeschichtliche Bedeutung haben — für die *Edestiden* und *Cochliodontiden* ist das ohnehin ausgeschlossen —, und selbst die *Hybodontiden* dürften trotz ihrer engen Beziehungen zu den *Cestracioniden*, welche sich bis in die Gegenwart erhalten haben, wohl eher nur eine erloschene Seitenlinie darstellen.

Ähnlich wie mit den *Selachiern* verhält es sich auch mit den *Holocephalen*. Sie treten zuerst im Jura auf und erhalten sich so gut wie unverändert bis in die Gegenwart. Ob sie als Nachkommen der *Ptyctodontiden* betrachtet werden dürfen, erscheint mehr als zweifelhaft.

Sehr früh begegnen uns die ersten *Dipnoer*. Haben schon die noch jetzt lebenden Formen seit langem als nahe Verwandte der Amphibien gegolten, so ergeben sich aus der Untersuchung des fossilen Materials noch weiter verwandtschaftliche Beziehungen der *Dipnoer*, denn sie stehen auch den *Arthrodiren* und den *Crossopterygiern* sehr nahe, und durch ihre Verwandtschaft mit den ersteren wird abermals ihre Verwandtschaft mit den *Amphibien* indirekt bestätigt. Alle übrigen Fische — die Actinopterygii — bilden einen gesonderten Stamm, der schon im Devon mit einem *Palaeonisciden* — *Cheirolepis* — beginnt und sich bis in die Trias ziemlich wenig verändert. Neben ihnen erscheinen aber bald plattgedrückte Formen, die *Platysomiden*, aus denen im Jura die *Pycnodontiden* hervorgehen. Die weitaus überwiegende Mehrzahl aller jurassischen Fische einschließlich der ersten *Teleostier* wurzelt in den wenig spezialisierten *Palaeonisciden* und *Catopteriden*, welche zu den stammesgeschichtlich wichtigen *Pholidophoriden* hinüberleiten. Hierbei erfolgt Verkürzung der heterocerken Schwanzflosse, die Zahl der Strahlen der Rücken- und Afterflosse gleicht sich der Zahl der Flossenträger an und das Innenskelett wird immer mehr ossifiziert, während das Außenskelett Reduktion erleidet. Auch dem ältesten *Teleostier* — *Leptolepis* — kommt eine ungemein hohe Bedeutung für die meisten der späteren *Teleostier* zu. Erst in der unteren und noch mehr in der oberen Kreide erscheinen so hochgradig differenzierte Formen, daß ihre Ableitung von *Leptolepiden* wohl unmöglich ist. Sie dürften eher, wie das S. Woodward z. B. für die *Muraeniden* vermutet, zum Teil mit *Macrosemiiden*, zum Teil vielleicht auch mit *Amioideen* in Verbindung zu bringen sein.

Wenn auch bereits in der Trias vereinzelte aberrante Typen wie die *Belonorhynchiden* und *Pycnodontiden* und später die *Aspidorhynchiden* existiert haben, so verschwinden sie doch gegenüber der Unmenge von abenteuerlichen Formen, welche jetzt die Meere bevölkern und uns namentlich durch die Tiefseeforschung bekannt geworden sind. Vor dem Tertiär, wo zum ersten Male unzweifelhafte Tiefseefische — *Lepidopus* — auftreten, kennt man keine sicheren Bewohner von größerer Meerestiefe. Es gibt zwar schon in der Kreide Vertreter der *Scopeliden*, *Elopiden* und *Halosauriden*, welche heutzutage in bedeutenderen Tiefen leben. Auch *Istieus* und *Tomognathus* bringt Smith Woodward in Beziehung zu Tiefseeformen. Sie sind jedoch stets mit entschiedenen Seichtwasserbewohnern vergesellschaftet. Auch war ihre Organisation dem Tiefseeleben noch nicht angepaßt, wie ihre massive Knochenstruktur und die starke Verkalkung der Skelette zeigt. Selbst der erwähnte *Lepidopus* findet sich noch mit Typen zusammen, welche keineswegs für besonders große Meerestiefen sprechen.

Unsere heutigen Süßwasserfische sind wohl sämtlich Nachkommen von marinen Formen. Direkt beobachten können wir dies bei den *Dipnoern* und den *Amioideen*. Ihre ältesten bekannten Überreste finden sich immer nur in Meeresablagerungen, erst spät, die *Amioideen* erst im Eocän, sind sie in das Süßwasser gewandert. Auch unter den *Elasmobranchiern* gibt es Formen — *Ichthyotomi* —, welche einen derartigen Wohnungswechsel vorgenommen haben.

Unsere Ausführungen dürften, und das war auch ihr Zweck, denn doch den Nachweis erbracht haben, daß die Stammesgeschichte, wenigstens die Überlieferung der Fische keineswegs so lückenhaft ist, wie so häufig angegeben wird, ohne daß sich jedoch die Verbreiter dieses Märchens die Mühe nähmen, den Sachverhalt auch wirklich zu prüfen. Obschon also das Material der fossilen Fische viel zahlreicher ist und sich auch zeitlich viel inniger ineinanderfügt, als man gewöhnlich annimmt, so wird es doch schwerlich — außer in einigen Ausnahmefällen — gelingen, genetische Formenreihen wie etwa bei den Säugetieren aufzustellen. Es ist das jedoch weniger begründet in dem Mangel an Bindegliedern als vielmehr in der Organisation der Fische überhaupt, namentlich der *Teleostier*. Besonders erschwerend macht sich die Unmenge von Convergenzerscheinungen bemerkbar, wie die Scheibenform des Körpers, die Reduktion der Wirbelzahl, verbunden mit Streckung der bleibenden Wirbel, oder die Ausdehnung der Rücken- und Afterflosse über einen großen, oft sogar über den größten Teil des Körperrandes, wobei auch der Leib nicht selten schlangenähnlichen Habitus erlangt. Eine öfters wiederkehrende Erscheinung ist auch die Umwandlung der ursprünglich stiftförmigen Zähne in ein Pflastergebiß. Diese Verhältnisse sowie die überraschende Formenmannigfaltigkeit der *Teleostier* im Eocän drängt uns unwillkürlich die Vermutung auf, daß die Umformung bei den Fischen zum Teil doch viel rascher verlaufen müßte als bei den Säugetieren mit ihrer so ruhigen und allmählichen Entwicklung. Im Gegensatz zu dieser Erscheinung steht aber wieder die Tatsache, daß hochgradige, schon im Eocän erfolgte Spezialisierungen, z. B. die der *Gymnodontiden*, der *Amphisyliden*, der *Trichiuriden* und *Xiphiiden* sich so gut wie unverändert bis in die Gegenwart erhalten haben. Diese Verhältnisse sowie die nicht selten doch sehr mangelhafte Erhaltung namentlich vieler *Teleostier* aus dem Tertiär, erschweren die Erkenntnis der genetischen Beziehungen in hohem Grade, so daß wir kaum hoffen dürfen, die Phylogenie der verschiedenen Teleostiergruppen in absehbarer Zeit ebenso klarlegen zu können wie die der Säugetiere. Wir wissen nur so viel, daß die spindelförmige Beschaffenheit des Körpers, freischwimmende Lebensweise und stiftförmige Bezahnung als die ursprüngliche Organisation anzusehen ist.

In vielen Fällen, und zwar in den meisten Gruppen der Fische, bestanden die Fortschritte abgesehen von der Rückbildung knöcherner Hautbedeckung und Vervollkommnung des Innenskelettes nur in Zunahme der Körpergröße. Langsame Schwimmer bekamen einen hohen, seitlich komprimierten Körper, bodenbewohnende Formen hingegen einen niedergedrückten flachen Leib. Wieder andere erfuhren Streckung, wobei durch schlängelnde Bewegung der Aaltypus zustande kam. Für diese dreierlei Modifikationen gibt es Beispiele in den meisten Gruppen der Fische.

---

2. Klasse. **Amphibia.** Amphibien. Lurche[1]).

Bearbeitet von F. Broili.

Wechselwarme, nackte, seltener mit hornigen Schuppen oder Hautverknöcherungen ausgestattete Wasser- oder Landtiere mit Lungen und vorübergehender oder persistenter Kiemenatmung. Entwicklung ohne Amnion und Allantois, in der Regel mit Metamorphose. Herz mit einer Kammer und zwei Vorkammern. Hinterhaupt ge-

[1]) *Abel O.*, Grundzüge der Paläobiologie der Wirbeltiere. Stuttgart 1912. Die Stämme der Wirbeltiere. Berlin und Leipzig 1919. — *Boas J. E. v.*, Lehrbuch der Zoologie. 7. Aufl. Jena 1913. — *Bütschli O.*, Vorlesungen über vergl. Anatomie 1. Leipzig 1910. — *Claus-Grobben*, Lehrbuch der Zoologie, 7. Aufl. Marburg 1905. — *Eastman-Zittel*, Text-Book of Palaeontology. Vol. II. Vertebrata. London u. New York 1902. — *Gegenbaur C.*, Vergleichende Anatomie der Wirbeltiere. Leipzig 1898. — *Gaupp E.*, Die Entwicklung des Kopfskeletts; *Braus H.*, Die Entwicklung der Extremitäten und des Extremitätenskeletts; *Schauinsland H.*, Die Entwicklung der Wirbelsäule in *Hertwig O.*, Handbuch der vergleichenden und experimentellen Entwicklung der Wirbeltiere, 3. Bd. 1906. — *Gadow H.*, Amphibia and Reptilia (Cambridge Nat. Hist. VIII). 1901. — *Hertwig R.*, Lehrbuch der

wöhnlich mit zwei Gelenkköpfen. Allermeist ein Sacralwirbel. Extremitäten zum Gehen, Springen oder Schwimmen geeignet, selten fehlend.

Nur die äußere Gestalt der Amphibien erinnert — einige Anuren ausgenommen — in der Regel mehr an Reptilien als an Fische. Der meist walzenförmige Körper endigt häufig in einem stark entwickelten Ruderschwanz, doch gibt es auch völlig schwanzlose Formen von gedrungenem Bau (Anura). Bei den schlangenartigen, in feuchtem Boden lebenden Blindwühlen und einzelnen fossilen Stegocephalen fehlen die Extremitäten ganz, in anderen Fällen sind dieselben verkümmert oder reduziert, in der Regel aber sind zwei Paar Extremitäten vorhanden, die bei den geschwänzten Formen als Nachschieber zur Fortbewegung des langgestreckten Rumpfes dienen, während sie bei den schwanzlosen Amphibien zum Laufen, Springen, ja selbst zum Klettern gebraucht werden.

Unter den lebenden Amphibien besitzen nur die Blindwühlen (Coecilia) zwischen den Hautringen eingesprengte Schuppen, ferner entwickeln einige Anuren (z. B. Ceratophrys) in ihrer Rückenhaut Verknöcherungen, die in einem Falle (Brachycephalus ephippium) mit den Dornfortsätzen der Wirbel in Verbindung treten; unter den ausgestorbenen Formen zeichnen die Stegocephalen sich durch den Besitz eines in Form von knöchernen Schuppen und Stäbchen oder Knochenplatten ausgebildeten Hautskeletts aus, von denen letztere verschiedentlich auch hier sich mit den Dornfortsätzen vereinigen können.

Die Wirbelsäule besteht je nach der Länge des Körpers und namentlich des Schwanzes aus einer sehr verschieden großen Anzahl von Wirbeln und differenziert sich in Hals-, Rumpf-, Becken- und Schwanzregion.

Bei den meisten paläozoischen Stegocephalen verknöchert die Wirbelsäule unvollkommen, insofern die Chorda nur teilweise von den durchwegs einen embryonalen Charakter tragenden Ossifikationen verdrängt wird. Bei den lebenden Amphibien wird aber, wenn auch die Chorda vielfach persistieren kann (Gymnophionen, Perennibranchiaten u. a.) stets ein knöcherner Wirbelkörper (Wirbelzentrum) ausgebildet. Ein amphicöler Wirbelkörper (auf der vorderen und hinteren Verbindungsfläche ausgehöhlt) entsteht, wenn zwischen zwei aufeinanderfolgenden Wirbelkörpern sich noch Chordareste erhalten; ein opisthocöler (vordere Verbindungsfläche konvex, hintere konkav) oder procöler (vordere Verbindungsfläche konkav, hintere konvex) Wirbelkörper und damit gleichzeitig eine gelenkige Intervertebralverbindung zweier aufeinanderfolgender Wirbelkörper bildet sich, wenn der sich ausdehnende Intervertebralknorpel die Chorda verdrängt.

Zoologie, 11. Aufl. Jena 1915. — *Hoffmann C. K.*, Amphibien (Bronns Klassen und Ordnungen etc. 1873 bis 1878). — *Jaekel O.*, Die Wirbeltiere. 1911. — *Pompeckj J. F.*, Amphibia im Handwörterbuch der Naturwissenschaften. 1912. — *Sedgwick A.*, A students textbook of Zoology. Bd. 2. Amphioxus and Vertebrata. Cambridge 1905. — *Döderlein L.* in *Steinmann G.*, Elemente der Paläontologie. Leipzig 1890. — *Schimkewitsch W.*, Lehrbuch d. vergl. Anat. d. Wirbelt. Stuttgart 1909. — *Stromer von Reichenbach*, Lehrbuch der Paläontologie II. Wirbeltiere. Teubner, Leipzig 1912. — *Wiedersheim R.*, Vergleichende Anatomie der Wirbeltiere. 7. Aufl. Jena 1909. — *Williston S. W.*, American Permian Vertebrates. Chicago 1911. — *Woodward A. S.*, Outlines of Vertebrate Palaeontology. Cambridge 1898. — *Zittel*, Handbuch der Paläontologie III. Hier ältere Literatur.

Der Wirbelkörper ist mit dem das Rückenmark umschließenden oberen Bogen (Neurapophyse) entweder nur durch Nähte verbunden oder vollkommen zum eigentlichen Wirbel verschmolzen. Dieser meist früher und vollständiger als der Wirbelkörper verknöchernde, ursprünglich aus zwei getrennten Anlagen hervorgegangene obere Bogen verwächst dorsal in der Regel zu einem mehr oder weniger entwickelten Dornfortsatz (spina dorsalis, processus spinosus). Der gegenseitige Zusammenschluß der oberen Bogen wird durch meist schräg gestellte vordere und hintere Gelenkfortsätze (Prä- und Postzygapophysen) derart vermittelt, daß die hinteren Fortsätze eines Wirbels die vorderen des nächsten Wirbels überlagern (Fig. 267). Neben dieser Art der Gelenkung kommt es noch in seltenen Fällen (z. B. Diplocaulus, Ptyonius) zu der bei den Reptilien häufiger auftretenden Artikulation von Zygosphen und Zygantrum, wobei ein zwischen den Präzygapophysen entwickelter keilförmiger Fortsatz (Zygosphen) in eine entsprechend geformte, zwischen den Postzygapophysen des vorausgehenden Wirbels liegende Vertiefung (Zygantrum) gelenkig eingreift (Fig. 266b). Ein ähnlicher hinterer Fortsatz wird Hypophen, die entsprechende vordere Vertiefung Hypantrum genannt. In der Regel geht von den oberen Bogen auch ein Querfortsatz aus (processus transversus: Diapophyse), welcher zur Anheftung der Rippen dient; da aber die letzteren häufig zweiköpfig sind, so entsendet in diesem Falle auch der Wirbelkörper einen meist kürzeren Querfortsatz, die Parapophyse. Untere Bogen (Hämapophysen, chevronbones, untere Rippen) sind in der Regel nur an den Schwanzwirbeln vorhanden, wo sie von den Wirbelkörpern ausgehend den Caudalkanal umschließen. Bei den Batrachiern verschmelzen sämtliche Schwanzwirbel zu einem langen dolchförmigen Knochen (Coccyx). Der Halsabschnitt wird durch den ersten Wirbel, den Atlas, repräsentiert, dessen mit zwei Gelenkfacetten versehene Vorderfläche (Fig. 271) mit den beiden verknöcherten oder verknorpelten Gelenkköpfen des Hinterhauptes einlenkt; häufig (Urodelen) ist sein Körper in einen vorderen, zwischen die Condylen hineinragenden Fortsatz ausgezogen. Am hinteren Ende des Rumpfes stützt ein einziger Sacralwirbel (nur bei einigen Anuren und Stegocephalen finden sich deren zwei, bei Palaeobatrachus sollen drei vorhanden sein) das Becken, das sich entweder direkt an eine ungewöhnlich starke Diapophyse oder an eine meist abweichend geformte Sacralrippe anheftet.

Im Gegensatz zu den bei den meisten der Stegocephalen stark gekrümmten, zur Umschließung der Leibeshöhle dienenden und vielfach differenzierten Rippen sind dieselben bei den meisten rezenten Amphibien, wo sie mit Ausnahme des ersten Wirbels an der gesamten Rumpfregion und den ersten Schwanzwirbeln entwickelt sein können, klein und unbedeutend und verbinden sich nie mit dem Sternum.

Der Schädel (Fig. 260) verknöchert nur unvollständig, indem nur einzelne Teile des knorpeligen Primordialcraniums in Ossificationen — die sog. primären Knochen oder Ersatzknochen — umgewandelt werden, während andere Teile zeitlebens ihre knorpelige Beschaffenheit beibehalten. An der Hinterhauptsregion verknöchern die Exoccipitalia (lateralia) (Pleuroccipitalia) in der Regel (mit Ausnahme eines Teiles der Stegocephalen), sie werden vom Nervus vagus durchsetzt, umschließen das Foramen occipitale (magnum) größtenteils und bilden die Condyli occipitales; ein Supraoccipitale, ein Basioccipitale und ein Basisphenoid kommt bei den lebenden Amphibien nicht zur Entwicklung, da diese Regionen knorpelig bleiben. Die Ohrgegend wird vorne von dem an seinem Vorderrand vom Nervus trigeminus durchbohrten und die Ohröffnung (Fenestra ovalis) begrenzenden Prooticum (Petrosum) bedeckt, außerdem können noch ein Opisthoticum und ein Epioticum auftreten (Supraoccipitale u. Epioticum der Stegocephalen sind Belegknochen). In der Augengegend der Urodelen kommt es

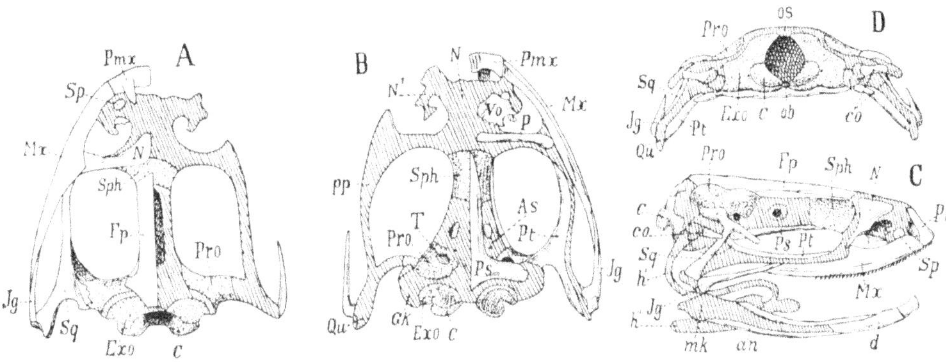

Fig. 260.

Froschschädel *A* von oben, *B* von unten, *C* von der Seite, *D* von hinten. In *A* und *B* sind von der rechten Hälfte des Schädels die Deckknochen entfernt, so daß das Primordialcranium mit seinen Ossifikationen vollständig sichtbar wird. Die primären Knochen sind punktiert, die Belegknochen weiß, der Knorpel schraffiert.

Knorpeliges Primordialcranium: *GK* Gehörkapsel, *NN*[1] (in Fig. *B*) Nasenkapsel, *pp* Palatinspange, *As* Alisphenoidknorpel, *Qu* Quadratknorpel, *ob*, *os* Knorpel, aus dem sonst Basioccipitale und Supraoccipitale hervorgehen. Primäre Knochen: *Exo* Exoccipitale (lat.) mit Condyl. occip. C., *Pro* Prooticum mit dem Trigeminusloch *T*, *Sph* Ethmoidale (Sphenethmoid), *os* en ceinture. Deckknochen: *Pmx* Praemaxillare, *Mx* Maxillare, *Jg* Jugale, *N* Nasale, *Sp* Septomaxillare, *Vo* Vomer, *P* Palatinum, *Pt* Pterygoid, *Fp* Frontoparietale, *Ps* Parasphenoid, *Sq* Squamosum. Unterkiefer: *mk* Meckelscher Knorpel, *d* Dentale, *an* Angulare. Zungenbeinbogen: *Co* Columella, *h' h''* Hyoid und Copula.

(Nach Gegenbaur, Bütschli, Parker, Wiedersheim und R. Hertwig.)

zur Bildung eines paarigen „Orbitosphenoids“, es wird mit dem Ethmoidale (Sphenethmoid) der Coecilier und Anuren verglichen, das bei den letzteren aus paariger Anlage sich in der Nasenregion durch mediane Verschmelzung zu einem ringförmigen Gürtelbein (os en ceinture) umgestalten kann. Zu diesen Verknöcherungen am Primordialcranium kommen noch als sekundäre Deck (Beleg) knochen, die Ossifikationen des Hautskeletts: Am Schädeldach die paarigen Nasalia (Nasenbeine), Frontalia (Stirnbeine) und Parietalia (Scheitelbeine) —die bei den Anuren zum Frontoparietale verschmelzen —, ferner bei den meisten Urodelen und einigen Gymnophionen ein Praefrontale und in seltenen Fällen ein Lacrimale; auf der Schädelunterseite entwickelt sich wie bei den Fischen ein großes ungeteiltes Parasphenoid. Ein kleiner Deckknochen der Nasenhöhle wird als Septomaxillare (Nariale)[1]) bezeichnet. Bei den Stegocephalen kommen außerdem noch verschiedene andere Belegknochen zur Ausbildung, so z. B. außer den obengenannten: ein Postorbitale, Postfrontale und Supra-

[1]) *Wegner R. N.*, Der Stützknochen »Os nariale« i. d. Nasenhöhle bei den Gürteltieren etc. Morphol. Jahrb. 51, 1922.

squamosum (Supratemporale). Hierzu treten als Ergänzung die Verknöcherungen des Visceralskeletts: Am hinteren, unteren Abschnitt des Palatoquadratums[1]), dem Quadratknorpel, entsteht mehr oder weniger ossifiziert als Ersatzknochen das Quadratum, während es oben durch einen Belegknochen vom Schädeldach her, das meist ausgedehnte Squamosum (Tympanicum), geschützt wird; nach vorne entwickeln sich auf der Palatinspange als Belegknochen Vomer, Palatin und Pterygoid und vor denselben Praemaxillare und Maxillare. Die Verbindung zwischen letzterem Element und dem Quadratum kann durch eine meist ansehnliche, von Jugale und ev. Quadratojugale gebildete Knochenspange hergestellt werden. Am Unterkieferknorpel, dem Mandibulare, können wie bei den Fischen neben dem primären, die Gelenkung mit dem Quadratum vermittelnden, selten verknöcherten Articulare noch 3 und mehr (Stegocephalen) Belegknochen sich bilden: das zahntragende und die Reste des Meckelschen Knorpels umschließende Dentale, das Angulare und manchmal ein Operculare (Spleniale). Hyomandibulare und die Gehörknöchelchen: Columella auris und Operculum, die bei den Gymnophionen sich zu einem einheitlichen Knochen, dem Stapes, vereinigen können, werden von vielen Autoren in genetische Beziehung gebracht.

Das übrige Visceralskelett wird aus 2 starken knöchernen, durch 1—2 unpaare Copulae verbundene Hyoidea (Zungenbeinbögen) gebildet, auf welche bei den Kiemenatmern noch bis 4 teilweise verknöchert erhaltene Kiemenbögen folgen.

Die Zähne sind spitzkonisch und stehen in der Regel auf Praemaxillare, Maxillare, Unterkiefer, Vomer und Palatinum. Ausnahmsweise können auch Parasphenoid und Pterygoid und manche andere, Zähnchen tragen. Vollkommen zahnlose Gattungen kommen nur bei den Fröschen vor.. Der Zahnsockel befestigt sich bei den Amphibien entweder direkt auf der freien Kieferoberfläche (acrodonte Bezahnung) oder seitlich an dem etwas erhöhten Außenrand des Kiefers (pleurodonte Bezahnung). Der Zahnwechsel erfolgt, wie bei den Ganoid- und Knochenfischen, nicht durch einen unter dem funktionierenden Zahn befindlichen Ersatzzahn, sondern der junge Zahn entwickelt sich neben dem vorhandenen und stellt sich, nachdem der Sockel und der Knochenfortsatz des letzteren resorbiert ist, allmählich an dessen Stelle. Die Amphibienzähne unterscheiden sich von den Fischzähnen hauptsächlich durch den Mangel an Vasodentin; ihre große Pulpa enthält zelliges Bindegewebe und ist an fossilen Zähnen entweder hohl oder durch fremde, infiltrierte Substanzen (am häufigsten Kalkspat) ausgefüllt. Die Stegocephalenzähne zeichnen sich vielfach durch eine starke, häufig labyrinthische Faltung der Dentinsubstanz aus.

Extremitäten fehlen nur wenigen Amphibien. Am knorpelig vorgebildeten Brustschultergürtel ist der dorsale Abschnitt, die Scapula, wenigstens in seinem unteren Teil, wo er mit dem ventralen Abschnitt, dem Coracoid und der Clavicula bzw. dem Procoracoid zusammenstößt und mit dem ersteren die Gelenkpfanne für den Humerus bildet, ossifiziert. Coracoid und Clavicula (letztere ein Belegknochen) können

[1]) *Boas J. E.*, Die Schläfenüberdachung und das Palatoquadratum in ihrem Verhältnis zum übrigen Schädel bei den Dipnoern und terrestren Wirbeltieren. Morphologisches Jahrbuch 49, 2. 1914.

mehr oder weniger verknöchert sein und ebenso kann die weiterhin dorsal an die Scapula angegliederte knorpelige Suprascapula unvollständig verknöchern. Außerdem läßt sich bei einer Reihe von Stegocephalen in Verbindung mit der Clavicula ein Cleithrum nachweisen. Der ventrale Zusammenschluß des Brustschultergürtels bleibt bei den meisten Amphibien noch ein sehr lockerer, da die mit dem Coracoid bzw. mit der Clavicula in Verbindung tretenden Knorpel: Sternum und Omosternum nicht oder unvollständig verknöchern. Die vorderen Extremitäten selbst bestehen aus einem stämmigen langen Humerus (Oberarm), zwei Vorderarmknochen, Radius und Ulna, einem knorpeligen oder aus zwei Reihen kleiner Knöchelchen bestehenden Carpus (Handwurzel), 3—5 Metacarpalia (Mittelhandknochen), denen sich die aus 4 (3—5 bei einigen Stegocephalen) Fingern (mit 1—3 Phalangen) zusammengesetzten Hände anschließen. Cf. Fig. 261, 287 [1]).

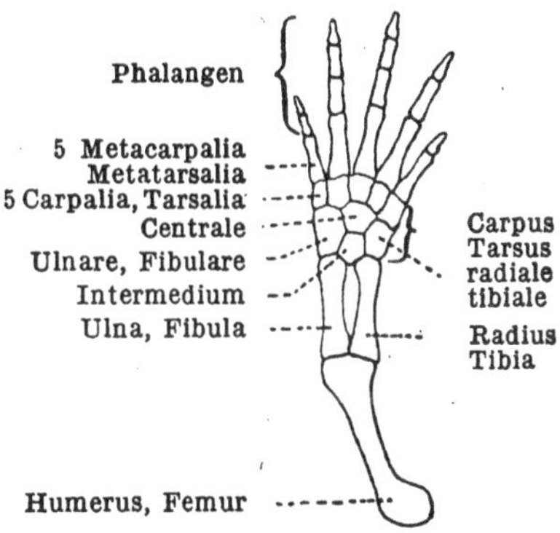

Fig. 261.
Schema der Gliederung von Hand oder Fuß. (Nach Gegenbaur.)

Am Beckengürtel heftet sich fast stets der dorsale Abschnitt, das in der Regel völlig verknöcherte Ilium, an die Rippe oder den Querfortsatz des einen Sacralwirbels an; das Ilium bildet ferner mit dem hinteren Ast des ventralen Abschnittes, dem gleichfalls ossifizierten Ischium, bei den lebenden Amphibien die Gelenkpfanne (Acetabulum) für das Femur, an deren Umgrenzung sich auch der vorderste Ast des ventralen Abschnittes, das bei den Stegocephalen öfter verknöcherte Pubis, beteiligen kann, welches bei den lebenden Amphibien gewöhnlich knorpelig bleibt. Das Femur (Oberschenkel) ist zumeist langgestreckt, der Unterschenkel besteht aus Tibia (Schienbein) und Fibula (Wadenbein), welche bei den Fröschen verschmolzen, ihre Gelenkenden: »Epiphysen« bleiben gegenüber den stets knöchern umscheideten Mittelstücken: »Diaphysen« wie diejenigen der entsprechenden Elemente der Vorderextremitäten häufig knorpelig. Der Tarsus (Fußwurzel) bleibt gleichfalls knorpelig oder ist mit einer Anzahl kleiner Knöchelchen versehen, der Hinterfuß ist dem Vorderfuß ähnlich, jedoch meist fünfzehig (Proteus nur 2).

Die Amphibien werden in vier Ordnungen eingeteilt: Stegocephali, Coecilia, Urodela und Anura.

1. Ordnung: **Stegocephali.** Panzerlurche. Schuppenlurche [2]).

Salamander- oder krokodilähnliche, geschwänzte Amphibien, mit einem aus soliden Deckknochen bestehenden, nur

[1]) *Steiner H.*, Hand und Fuß der Amphibien, ein Beitrag zur Extremitätenfrage. Anat. Anzeiger. 53. Bd. 22. 1921. Dort weitere Literatur! Nach Steiner ist bei den lebenden Amphibien der 5. Finger reduziert und als Ausgangsform der Amphibienextremität ein 7 strahliger Typus zu betrachten.

[2]) Literatur (vergleiche auch weiter unten):
Ammon v., Die permischen Amphibien der Rheinpfalz. München, Straub, 1889 ibid. Literatur! — *Atthey Th.*, On Anthracosaurus Russelli. Annals nat. Hist. 4 ser.

von Augen- und Nasenlöchern und dem Foramen parietale und in seltenen Fällen von einer Facialgrube durchbrochenen Schädeldach. Zähne spitzkonisch, meist mit großer Pulpa

18. 1876. — *Broili F.*, Permische Stegocephalen und Reptilien aus Texas. Palaeontographica, 51. Bd. 1904. Ausführliche Literatur bis 1904. Beobachtungen an Cochleosaurus bohemicus ibid. 52. 1905. Über Sclerocephalus aus der Gaskohle etc. Jahrb. d. k. k. geol. Reichsanstalt. 58. 1908. Unser Wissen über die ältesten Tetrapoden. Fortschr. d. naturwissensch. Forschung VIII. Bd. 1913. — *Broom R.*, Studies on the Permian Temnospondylous Stegocephalians of North America. Bull. Americ. Mus. Nat. Hist. Vol. 32. 1913. — *Broom R.*, Note on the Temnospondylous Stegocephalian Rhinesuchus. Transact. Geol. Soc. of S. Afric. Vol. XII. 1911. — *Burmeister H.*, Die Labyrinthodonten aus dem bunten Sandstein von Bernburg, zoologisch geschildert. Berlin 1849. Labyrinthodonten aus dem Saarbrücker Kohlengebirge. Berlin 1850. — *Case E. C.*, The Vertebrates of the Permian Bonebed of Vermilion Co. Ill. Journ. of Geology. Vol. VIII. 1900. — Revision of the Amphibia and Pisces of the Permian of North America. Carnegie Inst. of Washington. Publication Nr. 146. 1911. The environment of the Amphibian Fauna at Linton, Ohio. Journ. Sci. Vol. 44. 1917. Permo-Carboniferous Conditions versus Permo-Carboniferous Time. Journ. of Geology. 26. 1918. A great Permian delta and its Vertebrate life whith restorations. Popul. Science monthly. Dec. 1908. — *Case, Williston* und *Mehl*, Permocarbonif. Vertebrates from New Mexico. Carnegie Inst. of Washington Nr. 181. 1913. — *Cope E. D.*, Synopsis of the extinct Batrachia and Reptilia of North America. Transact. Americ. Philos. Soc XIV. 1869. Synopsis of the extinct Batrachia from the Coal Measures. Rep. of the Geol. Surv. of Ohio. Palaeontology II. 1875. Description of extinct. Batrachia and Reptilia from the Permian formation of Texas. Proc. Americ. Philos. Soc. XVII. 1878. XIX. 1880. Pal. Bulletin. 32. XX. 1882. XXII. 1884. The Batrachia of the Permian Period of North America. Americ. Naturalist 1884. — *Credner H.*, Die Stegocephalen und Saurier aus dem Rotliegenden des Plauenschen Grundes bei Dresden. I—X, Zeitschr. d. d. geol. Gesellschaft. 33.—45. Bd. 1881—1893. — *Drevermann Fr.*, Über einen Schädel von Trematosaurus Brauni. Senkenbergiana II. Frankfurt 1920. — *Douthitt H.*, The structure and relationships of Diplocaulus. Contrib. f. Walker Mus. Chicago 1917. II. 1 (nicht zugänglich bis Januar 1922). — *Embleton* and *Atthey*, On the skull and some other bones of Loxomma Allmanni. Annals Nat. Hist. 4, ser. 14. 1874. — *Fraas E.*, Die Labyrinthodonten der schwäbischen Trias. Palaeontographica. 36. 1889. Neue Labyrinthodonten aus der schwäbischen Trias. ibid. Bd. LX. 1913. — *Fritsch A.*, Fauna der Gaskohle und der Kalksteine der Permformation Böhmens. Prag. Bd. I, 1883. Bd. II, 1885. Bd. III, 1895. Bd. IV, 1901. — *Fürbringer M.*, Zur vergleichenden Anatomie des Brustschulterapparates und der Schultermuskeln. Jenaische Zeitschr. f. Naturwissenschaft. 34. 1901. — *Gaudry A.*, L'Actinodon. Paris 1887. Ferner: Les enchaînements du monde animal dans les temps géol. Foss. primaires. Paris 1883. — *Gregory W. K.* a. *Camp C. L.*, Studies in comparative myology and osteology, Bull. Americ. Mus. Nat. Hist. Vol. 38. und 42. 1920. — *Hay O. P.*, Bibliography and Catalogue of the foss. Vertebr. of North America. Bull. U. S. geol. Surv. No. 79, 1902. — *Haughton B. A.*, On a new species of Trematosaurus. On the genus Rhinesuchus etc. Ann. of the South Afric. Mus. Vol. 12. 1915. — *Huene F. v.*, Neubeschreibung des permischen Stegocephalen Dasyceps Bucklandi aus Kenilworth. Geol. u. Pal. Abhandl. XII. 1910. The skull elements of the Permian Tetrapoda in the Americ. Mus. of nat. Hist. Vol. 32. 1913. Beiträge zur Kenntnis des Schädels von Eryops. Anat. Anzeig. 49. 1912. Abschnitt Stegocephalen im Handwörterbuch der Naturwiss. 1913. Gonioglyptus, ein alttriassischer Stegocephale aus Indien. Acta zoologica. 1920. — *Hoepen E. C. N. v.*, Stegocephalia of Senekal O. F. S. Annals of the Transvaal Museum. Vol. V. 2. 1915/16. — *Hummel K.*, Über Ricnodon etc. Zeitschr. d. d. geol. Gesellsch. 65. 1913. — *Huxley Th. D.*, Description of Vertebrate Remains from the Jarrow Colliery, Kilkenny. Trans. Roy. Irish Soc. Dublin 1867. Vol. 24. Ferner Quarterly Journ. Geol. Soc. 1863. 19. Bd. Anthracosaurus! — *Jaekel O.*, Über die Klassen der Tetrapoden. Zool. Anzeiger, Bd. 34, 1909. Die Labyrinthodonten der Trias, in Frechs Lethaea. Trias. 1903. Über Ceraterpeton, Diceratosaurus und Diplocaulus. Neues Jahrb. für Mineralogie etc. 1903. Bd. I. Ferner Palaeontolog. Zeitschrift. V. 22. — *Lydekker R.*, Catalogue of the fossil Reptilia and Amphibia in the British Museum. 1888—90. ibid. weitere Literatur. The Labyrinthodonts from the

und einfacher oder radial gefalteter Dentinsubstanz. Wirbelkörper mit Chordaresten, teils hülsenförmig, teils aus getrennten Stücken bestehend, oder solid verknöchert und

---

Bijori group. Palaeontologia Indica. Ser. 4. Vol. I. 1895. — *Maggi L.*, Placche osteodermiche interparietali degli Stegocephali etc. Rendiconti R. Ist. Lombardo d. Sc. e Lett. Ser. 2. Vol. XXXI. Milano 1898. — *Meyer H. v.* u. *Plieninger Th.*, Beitr. z. Paläontologie Württembergs. Stuttgart 1844. — *Meyer H. v.*, Über d. Archegosaurus d. Steinkohlenformation. Palaeontographica I. 1848. Weitere Arbeiten ibid. VI. VII. XV. — *Miall L. C.*, Report on the Structure and classification of the Labyrinthodonts. Rept. of the 42. 43. meet. Brit. Assoc. f. th. advanc. of Science. Bradford 1873. Belfast 1874. — *Moodie R. L.*, The Lateral Line System in extinct Amphibia. Journ. of Morphol. Vol. XIX. 1908. A contribut. to a Monograph of the extinct Amphibia of North America etc. Journ. of Geol. Vol. XVII. 1909. Carboniferous air-breathing Vertebrates of the U. S. National Museum. Proc. U. S. Nat. Museum. No. 1696. 1909. Ferner ibid. No. 1828. 1911. The temnospondylous Amphibia and a new species of Eryops from the Permian of Oklahama. Kans. Univ. Sc. Bull. 5. 1910. (235 bis 253). The carboniferous quadrupeds (Kansas Acad. Sc. 1911). The skull structure of Diplocaulus etc. Journ. Morpholog. 23. 1912 (31—39). Recent contribution to a knowledge of the extinct Amphibia. Americ. Nat. 1911. The Pennsylvanic Amphibia of the Mazon Creek Illinois shales. Kansas Univ. Sci. Bull. Vol. 6. 1913. — The migration and geographic distribution of the fossil Amphibia. Americ. Journ. Sci. 39. 1915. The coal measure Amphibia of North America. Publ. Carnegie Institut. Washington Nr. 238. 1916 nicht zugänglich! — *Reis O. M.*, Über einige im Unter- und Oberrotliegenden etc. gefundene Tierreste. Geognost. Jahreshefte 1912. 25. Jahrg. — *Riabinin A.*, Débris de Stégocéphales trouvés aux mines de Kargala, Gouv. d'Orenbourg. Bull. d. Comité géol. XXX. 1911. (Sep.) — *Schönfeld G.*, Branchiosaurus tener Schönfeld etc. Abhandl. d. naturwissenschaftl. Gesellsch. Isis in Dresden 1911. — *Schroeder H.*, Ein Stegocephalenschädel von Helgoland. Jahrb. d. k. p. geol. Landesanstalt für 1912. 33. Bd. II. T. (1913). — *Seidlitz W. v.*, Trematosaurus Fuchsi etc. Palaeontographica 63. 1920. — *Stephens*, On some addit. Labyrinthodont fossils from the Hawkesbury Sandstones of New South Wales. Proc. Linn. Soc. New-South-Wales. 2 Ser. 1886. — *Thevenin A.*, Amphibiens et Reptiles du terrain houiller de France. Ann. de Paléontologie T. I. 1906. Les plus anciens Quadrupèdes de France. ibid. T. V. 1910 (ibid. Literatur). — *Versluys J.*, Die Salamander und die ursprünglichsten vierbeinigen Landwirbeltiere. Naturwissensch. Wochenschrift. N. F. VIII. Bd. 3. 1909. — *Watson D. M.*, The larger Coal Measure Amphibia. Mem. a. Proc. Manchest. Lit. a. Philos. Soc. Session 1912—13. Batrachiderpeton lineatum, a coal Measure Stegocephalian. Proc. Zool. Soc. Lond. 1913. Micropholis Stowi, a temnospondylous Amphibian from South Africa. Geol. Magaz. Dec. V. Vol. V. 1913. Stegocephalia of Senekal. ibid. Dec. VI. Vol. III. 1916. On the structure of the Brain-case in certain lower Permian Tetrapods. Bull. Americ. Mus. Natural Hist. Vol. 35. 1916. A sketch classification of the pre-jurassic Tetrapod Vertebrates. Proc. Zool. Soc. London 1917. The structure, evolution and origin of the Amphibia. The »Orders« Rhachitomi and Stereospondyli. Philos. Transact. of the R. Soc. of London. Ser. B. Vol. 209. 1919. On Eugyrinus wildi. Geol. Magaz. Vol. 58. 1921. — *Williston S. W.*, The skull and extremities of Diplocaulus. Kans. Acad. of Science. Geol. Pap. (Separat.) 1910. New or little-known Permian Vertebrates. Trematops. Journ. of Geol. Vol. XVII. 1909. The Faunal relations of the early Vertebrates. Ibid. Dissorophus Cope. ibid. Vol. XVIII. 1910. American Permian Vertebrates. Univ. Chicago Press. Chicago Ill. 1911. The primitive structure of the mandible in Amphibians and Reptiles. Journ. of Geol. Vol. XXI. 1913. Restoration of some Americ. Permocarb. Amphib. a. Rept. Journ. Geology. Vol. 22. 1914. Broiliellus, a new genus of Amphibian from the Permian of Texas. Journal of Geology. Vol. 22. 1914; ferner ibidem über Trimerorhachis. Vol. 23. 1915. — *Wintrebert P.*, Sur la Déterm. d. l. Métamorphose chez les batraciens. Comp. rend. des séanc. d. l. Soc. d. Biologie. Bd. 58 u. 59. 1910. Masson, Paris. — *Wiman C.*, Ein paar Labyrinthodontenreste aus der Trias Spitzbergens. Bull. Geol.-Instit. Ups. Vol. IX. 1910. Über das Hinterhaupt der Labyrinthodonten. ibid. Vol. XII. 1913. Über die Stegocephalen aus der Trias Spitzbergens. ibid. Vol. XIII. 1914; ferner ibid. Vol. XII u. XIV. — *Woodward A. S.*, On two new Labyrinthodont skulls of the genera Capitosaurus and Aphaneramma. Proc. Zool. Soc. London 1904. Vol. II.

amphicöl. An der Kehle drei außen skulptierte, dermale, zum Brustgürtel gehörige Platten. Häufig knöcherne Schuppen oder Stäbchen vorhanden. Oberes Devon[1]). Unterkarbon-Trias.

Im Gegensatz zu den lebenden Amphibien besitzen die Stegocephalen in der Regel ein wohlausgebildetes, aus verknöcherten Schuppen oder Stäbchen bestehendes Hautskelett (Fig. 262), das namentlich auf der Bauchseite zur Entwicklung kommt, zuweilen die Unterseite der Extremitäten bedeckt und vereinzelt auch auf der Dorsalseite des Körpers beobachtet wird. Die Bauchschuppen zeichnen sich gegenüber den meist dünneren Rückenschuppen zuweilen durch ansehnliche Stärke aus und bilden einen sehr dichten, schützenden Panzer, welcher aus schrägen, nach vorne konvergierenden und in der Mitte des Bauches winklig zusammenstoßenden Reihen gebildet wird. In der Hals- und Kehlregion, sowie unter dem Schwanz und den Extremitäten zeigen die Schuppen eine abweichende Anordnung. Die Form dieser aus Knochensubstanz bestehenden Bildungen ist oval, rhombisch, oblong, spindel-, haferkorn- oder sogar dünnstabförmig. Außer diesen kleineren Hautverknöcherungen können dorsal solide, kräftige, skulptierte Knochenplatten auftreten, die sich mit den distal verbreiterten Dornfortsätzen der Wirbel verbinden und so zur Bildung eines teil-

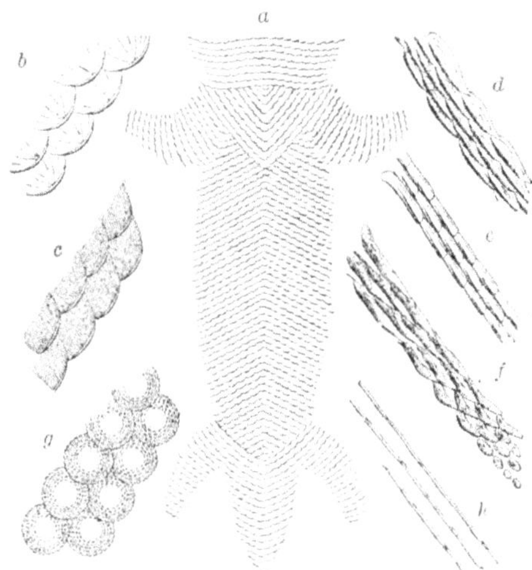

Fig. 262.
a Bauchpanzer von *Branchiosaurus*, *b* Schuppen von *Branchiosaurus*, *c* von *Hylonomus*, *d* von *Pelosaurus*, *e* von *Archegosaurus*, *f* von *Sclerocephalus*, *g* von *Discosaurus*, *h* von *Petrobates*. (Nach Credner.)

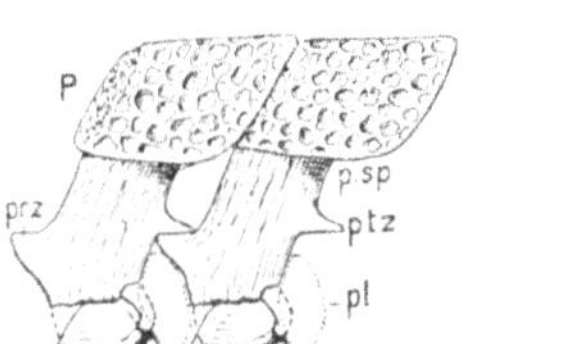

Fig. 263. Wirbel von *Aspidosaurus Chiton* Broili, z. T. rekonstruiert und vergrößert, von der Seite. *h* Hypocentrum, *pl* Pleurocentrum (ergänzt), *prz* Praezygapophyse, *ptz* Postzygapophyse, *p.sp* Processus spinosus, *P* Hautpanzer. Etwas vergröß. (Nach Broili.)

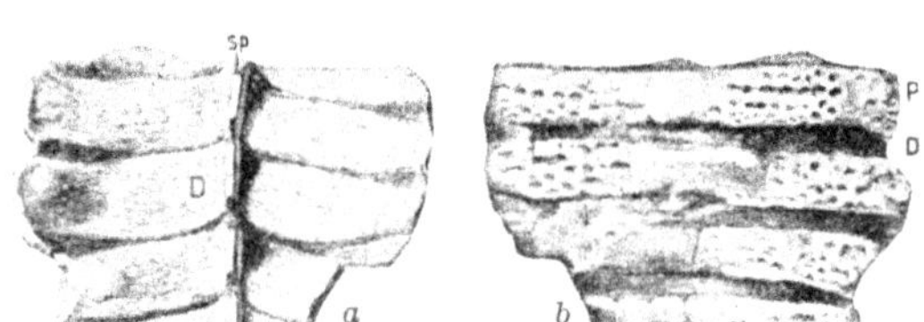

Fig. 264.
Bruchstück des Rückenpanzers von *Dissorhophus sp.* die distalen Enden von 4 Dornfortsätzen *sp* und ihre seitlichen Verbreiterungen *D*. *P* die mit ihnen verschmolzenen Hautpanzerplatten. ca. ½ nat. Gr. *a* Unterseite, *b* Oberseite. (Nach Broili.)

weise vollständig geschlossenen Rückenpanzers beitragen (z. B. Aspidosaurus, Dissorhophus, Cacops). (Fig. 263, 264.)

[1]) Fußspuren, die mit ziemlicher Sicherheit auf Stegocephalen zurückzuführen sind, finden sich nach Marsh bereits im obersten Devon (Chemung Stufe) von W. Pennsylvanien.

Als Kammplatten (clasping organs) werden kammförmige, gekrümmte Knochenstäbchen bezeichnet, die wahrscheinlich nur bei fußlosen Stegocephalen *(Ophiderpeton, Molgophis)* (oder ? Fischen) in der Kloakengegend als Hilfsorgan bei der Paarung dienten.

Die Wirbelsäule[1]) der Stegocephalen bewahrt häufig einen embryonalen Charakter und erinnert in vielem an diejenige der Ganoidfische (z. B. *Caturus* (Fig. 203), *Eurycormus* (Fig. 206), hier rhachitomer Typus in der Rumpfregion, embolomerer Typus in der Schwanzregion), nur bei den höchststehenden Formen kommt es zur Bildung amphicöler, manchmal noch von der Chorda durchbohrter Wirbel, bei allen übrigen bleiben stets mehr oder weniger umfangreiche Chordareste neben unverkalkten knorpeligen Teilen am unvollkommen verknöcherten Wirbelkörper bestehen[2]).

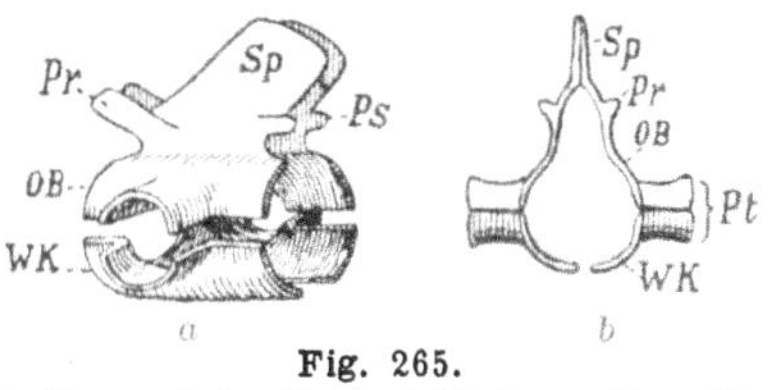

Fig. 265.
Phyllospondyler Rumpfwirbel von *Branchiosaurus*. *a* von der Seite, *b* von vorne. (In *a* sind die 4 Teile voneinander getrennt.) *WK* Wirbelkörper, *OB* Ob. Bogen, *Pr* Praezygapophyse, *Ps* Postzygapophyse, *Sp* Processus spinosus, *Pt* Processus transversus. Stark vergrößert.
(Nach Credner und Thevenin.)

---

[1]) Bezüglich der Literatur über den Wirbelbau der Stegocephalen und die Homologien derselben zu den Wirbeln der Amnioten siehe:
Abel O., Die Stämme der Wirbeltiere. 1919. — *Baur G.*, Archegosaurus. Americ. Naturalist. XXXI. 1897. The Stegocephali: a phylogenetic study. Anat. Anzeiger XI. 1896. — *Branson E. B.*, Structure and Relationships of Americ. Labyrinthodontidae. Journ. of Geol. Vol. XIII. 1905. — *Broili F.*, Ein Beitrag zur Kenntnis von Eryops megacephalus. Palaeontographica 44. Bd. 1899. Über die rhachitomen Wirbel der Stegocephalen. Zeitschrift d. d. geol. Gesellsch. Bd. 60. 1908. (Monatsberichte 8/10). — *Cope*, On the intercentrum of the Terrestrial Vertebrata. Trans. Am. Philos. Soc. Bd. XVI. — *Credner H.*, Die Urvierfüßler (Eotetrapoda) des sächsischen Rotliegenden. Allgemein-verständl. naturwissenschaftl. Abhandl. Heft 15. Berlin, Dümmlers Verlag 1891. — *Gadow H.*, Evolution of the vertebral Column of Amphibia and Amniota. Philos. Transact. of the Royal Soc. London. Vol. 187. 1897. — *Gaudry*, Les enchaînements du monde animal. I. Fossiles primaires. Paris 1883. — *Götte A.*, Über den Wirbelbau bei den Reptilien und einigen and. Wirbelt. Zeitschr. f. wissenschaftl. Zool. Vol. 62. 1897. — *Huene F. v.*, Systematische und genetische Betrachtungen über die Stegocephalen. Zeitschr. f. indukt. Abstammungs- u. Vererbungslehre. 23. 1920. — *Jaekel O.*, Die Organisation von Archegosaurus. Zeitschr. d. d. geol. Gesellsch. Vol. 48. 1896. Über die Bildung der ersten Halswirbel und die Wirbelbildung im allgemeinen. Ibid. Bd. 56. 1904. Über die Wirbeltierfunde in der ob. Trias von Halberstadt. Palaentolog. Zeitschr. Bd. 1. 1914. — *Jakovlev N. N.*, A contribution t. the study of the primary factors in the evolution of the vertebral column. Travaux d. l. Soc. d. Naturalistes de Pétrograd. Vol. I. 1. 1920. — *Osborn H. F.*, Intercentra and Hypapophysis in the cervical region of Mosasaurs, lizards and Sphenodon. Americ. Nat. 34. Nr. 397. 1900. — *Schwarz A.*, Über die Morphogenie der Wirbelsäule der Tetrapoden. Sitzungsbericht d. Gesellsch. naturforsch. Freunde. Berlin 1908. Nr. 10. Über die Wirbelsäule und die Rippen holospondyler Stegocephalen (*Lepospondyli* Zitt.), Beitr. z. Pal. u. Geol. Österreich-Ungarns u. d. Orients. Bd. XXI. 1908. Ibid. weitere Literatur. — *Williston S. W.*, Cacops, Desmospondylus, new genera of Permian Vertebrates. Bull. Geol. Soc. of Americ. Vol. 21. 1910. — Rhachitomous Vertebrae. Journ. Geol. Vol. XVIII. 1910.

[2]) Der Abelsche Versuch einer Klassifikation der Amphibien nach der Entstehung der Wirbel — er faßt *Phyllospondi* und *Lepospondyli* mit den Urodelen als pseudozentralen Typus zusammen und unterscheidet außer dem rhachitomen, stereospondylen und embolomeren Typus noch einen notozentralen und gastrozentralen Typus — beruht hauptsächlich auf ontogenetischen Befunden, die noch nicht genügend geklärt sind.

Eine sehr unvollkommene Verknöcherung kommt den *Phyllospondyli* (Blattwirblern) zu. Ein phyllospondyler Wirbel (Fig. 265) besteht aus einer von vier zarten Knochenblättern gebildeten und sowohl Rückenmark wie Chorda umschließenden Röhre. Die zwei oberen dieser Knochenblätter, welche, im Besitze vorderer und hinterer Gelenkfortsätze, dorsal

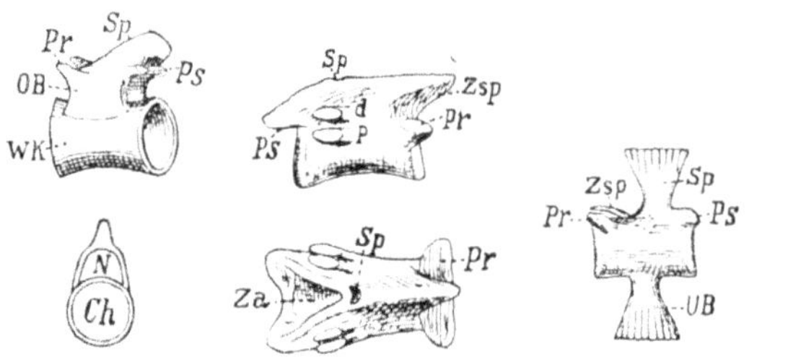

Fig. 266.
Lepospondyle Rumpfwirbel *a* von *Hylonomus* (von der Seite und im Vertikalschnitt) (nach Credner); *b* von *Diplocaulus* von der Seite und von oben. (Nach Broili.) *c* Schwanzwirbel von *Urocordylus* (nach Schwarz). *d* Diapophyse, *P* Parapophyse, *Zsp* Zygosphen, *Za* Zygantrum, *UB* unterer (Bogen) Dornfortsatz, *Ch* Chorda, *N* Neuralrohr. Sonstige Bezeichnungen wie früher. *a* u. *c* stark vergrößert, *b* ca. ½ nat. Gr.

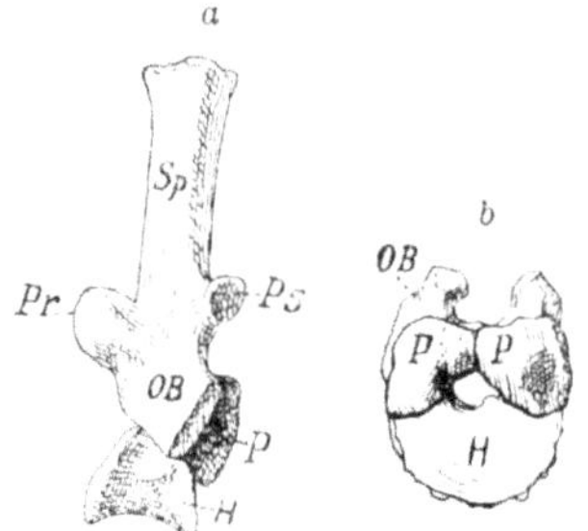

Fig. 267.
Rhachitomer Rumpfwirbel von *Eryops*. *a* von der Seite. (Teilweise ergänzt.) *H* Hypocentrum, *P* Pleurocentrum. (Sonstige Bezeichnungen wie früher.) *b* von hinten. (Der dorsale Abschnitt des ob. Bogens mit Dornfortsatz etc. nicht erhalten. Original!) Ca. ½ n. Gr. (Nach Broili.)

zu einem median noch nicht verschmolzenen Dornfortsatz verlängert sind und mit ihren Seitenschenkeln die Oberfläche des meist sehr kräftigen knorpeligen Querfortsatzes bedecken, bilden den oberen Bogen; die zwei unteren Knochenblätter, welche die ventrale Hälfte der Chorda rinnenförmig umfassen, in der ventralen Mittellinie an einandergrenzen

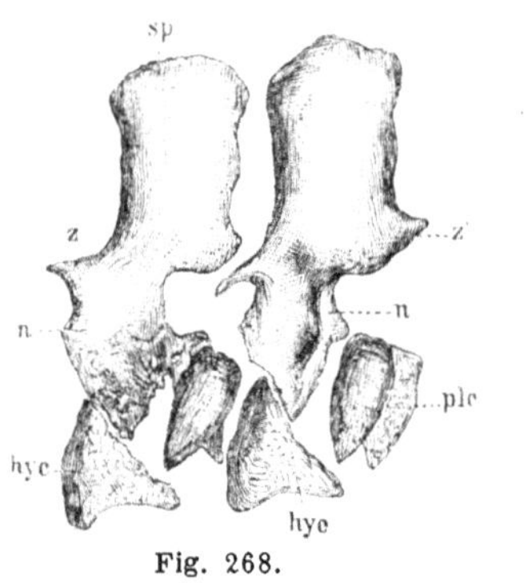

Fig. 268.
Rhachitome Rumpfwirbel von *Archegosaurus*.

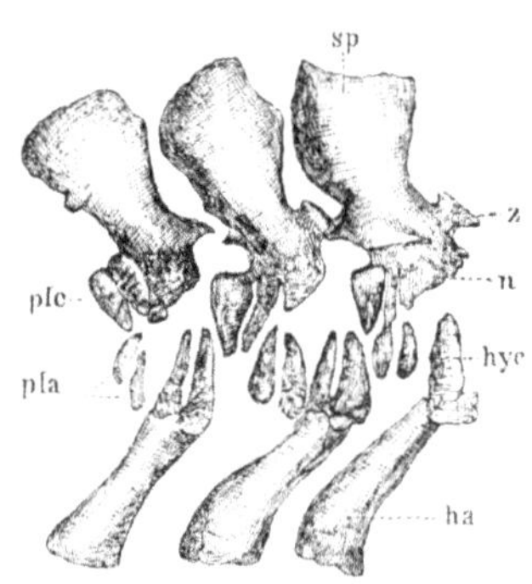

Fig. 269.
Rhachitome Schwanzwirbel v. *Archegosaurus*.

sp Dornfortsatz, *z z'* Zygapophysen, *n* oberer Bogen, *hyc* Hypocentrum, *plc* Pleurocentrum, *pla* unteres Stück desselben in der Schwanzregion, *ha* Hämapophysen.

und sich seitlich auf die Unterseite der Querfortsätze erstrecken, sind als die Verknöcherungen des Wirbelkörpers selbst anzusehen.

Bei den Hülsenwirblern *Lepospondyli (Holospondyli)* (Fig. 266) umgibt der Wirbelkörper als kontinuierliche knöcherne Hülse die meist persistierende Chorda, die intervertebral sich erweitert, intravertebral hingegen sich etwas eingeschnürt zeigt, wodurch der gewöhnlich langgestreckte Wirbelkörper eine sanduhrähnliche — tief amphicöle — Gestalt erhält.

Die gelenkige Verbindung wird außer durch die meist wohl entwickelten paarigen Prä- und Postzygapophysen des dem Wirbelkörper nur lose aufsitzenden oder mehr oder weniger mit ihm verschmolzenen oberen Bogen zuweilen durch Zygosphen und Zygantrum bezw. sehr selten durch Hyposphen und Hypantrum (Phlegethontia) (S. 164) sowie durch unpaare, über den Prä- bzw. Postzygapophysen am Porcessus spinosus entwickelte Gelenkfortsätze vermittelt. (Nach H. Schwarz sollen auch vereinzelt am Wirbelkörper selbst untere Gelenkfortsätze zur Ausbildung gelangen: Dolichosoma.) Querfortsätze können sowohl am oberen Bogen wie am Wirbelkörper angelegt sein, außerdem kommt es an den Schwanzwirbeln einiger Formen, z. B. Urocordylus, zur Bildung besonders spezialisierter Hämapophysen, sog. unterer Dornfortsätze (Fig. 266c).

Einen anderen Bau besitzen die aus mehreren getrennten Stücken zusammengesetzten Kranzwirbel (Schnittwirbel), die *Temnospondyli.* Auch hier beginnt wie in den übrigen Fällen die Ossifikation mit dem oberen Bogen und zwar bleiben die beiden seitlichen Schenkel desselben anfänglich getrennt (Discosaurus) und wachsen erst später unter Bildung eines meist kräftigen, distal zuweilen verdickten Dornfortsatzes zusammen. Die Gelenkfortsätze zeigen sich gut ausgebildet. Der Wirbelkörper selbst weist entweder embolomere oder rhachitome Beschaffenheit auf und diese soll zum stereospondylen Typus überführen. Im rhachitomen Wirbel (Fig. 263, 267—69) besteht er aus einem vorderen ventralen Knochenstück, dem Hypozentrum (Intercentrum) und zwei hinteren lateralen Ossifikationscentren: Pleurocentra. Ersteres hat bei nach oben zugespitzten Seiten im allgemeinen halbmondförmigen Umriß, ist dorsal median für die persistierende Chorda rinnenförmig vertieft und repräsentiert den ventralen Halbring des Wirbelkörpers; die Pleurocentra sind von keilförmiger Gestalt, können aber in der Schwanzregion (Archegosaurus) jederseits in ein oberes und unteres Stück zerfallen (das untere Paar soll bei Sphenosaurus (vielleicht ? Reptil) zu einem Hypocentrum pleurale verschmelzen); bei relativ höher entwickelten Formen (Eryops) vereinigen sich dieselben über der Chorda zum dorsalen Halbring des Wirbelkörpers (Fig. 267b). Untere Bögen (Hämapophysen) zeigen sich bei Archegosaurus mit den Hypocentra der Schwanzregion im Zusammenhang *(ha).* Die Rippen des rhachitomen Typus legen sich sowohl an die Diapophysen des oberen Bogens als auch, bei zweiköpfigen Rippen, an eine schwach konkave Vertiefung — parapophyse Facette — am oberen Hinterrand des Hypocentrums an. Der embolomere (z. B. Anthracosaurus, Pteroplax, Loxomma, Cricotus, Diplovertebron u. a.) Typus des Wirbelkörpers besteht darin, daß je zwei Knochenringe einem Körpersegment entsprechen (Fig. 270). Der vordere stützt den oberen Bogen, trägt die Hämapophysen in der Schwanzregion und ist Träger der Rippen. Dieser Typus wird auch als eine Modifikation des rhachitomen Wirbels gedeutet, insofern der vordere Ring durch dorsales Zusammenwachsen des Hypocentrums, der hintere Ring durch dorsale sowie ventrale Verschmelzung der Pleurocentra entstanden sein soll; im Gegensatz zu dieser Anschauung betrachtet Götte die rhachitomen Wirbel als Übergangsstadium von embolomeren zu Vollwirbeln, was durch das zeitlich frühere Auftreten der letzteren bestätigt zu werden scheint. Ein weiter vorgeschrittenes Stadium in der temnospondylen Verknöcherung zeigen die Stereospondyli (Vollwirbler). Der Wirbelkörper bildet hier eine solid verknöcherte, kurze, schwach amphicöle Scheibe, welche zuweilen im Zentrum von der Chorda durchbohrt ist und namentlich in den Schwanzwirbeln oder unter dem Medullarkanal einen ursprünglich von derselben erfüllten Ausschnitt erkennen läßt (Mastodonsaurus).

Fig. 270. Embolomere Wirbel von *Diplovertebron punctatum* Fritsch. Aus der Gaskohle von Nürschan. Nat. Gr. (Nach Fritsch.)

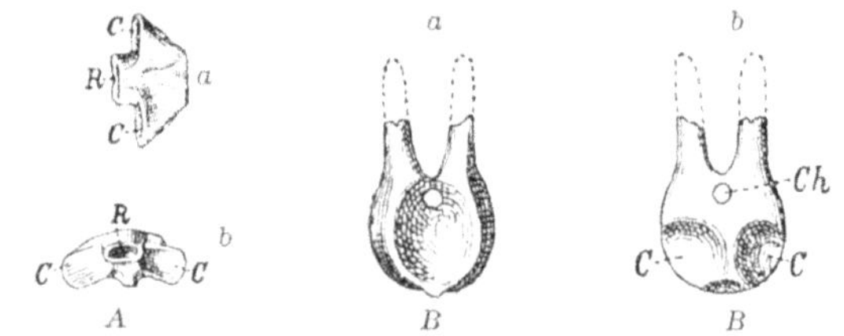

Fig 271.
A Atlas von *Diplocaulus* (nach Broili) *a* von unten, *b* von vorne. *B* Atlas von *Dissorophus* (nach Williston) a von hinten, *b* von vorne. *C* Gelenkfacetten für die Condyli, *R* rohrförmige Verlängerung des oberen Bogens für das Rückenmark, *Ch* Chorda. Ca. ½ nat. Größe.

Diese drei verschiedenen Verknöcherungsvorgänge des phyllospondylen, lepospondylen und temnospondylen Typus erstreben anscheinend unabhängig von einander dasselbe Ziel: eine möglichst vollkommene Ossification des Wirbels.

Soweit der erste Halswirbel, der Atlas (Fig. 271) der Stegocephalen erhalten ist, besitzt er bei den Lepospondylen *(Diplocaulus)* und Stereospondylen *(Mastodonsaurus)* auf seiner Vorderseite zwei konkave Gelenkfacetten für den doppelten Condylus. Bei Diplocaulus ist der obere Bogen nach vorn in ein kurzes Rohr verlängert, durch welches das Rückenmark in das Foramen magnum eintritt. Bei den Temnospondyli (Eryops, Dissorophus) finden sich zwei große Artikulationsflächen am stark verbreiterten Hypocentrum, und die beiden Hälften des oberen Bogens sind median nicht miteinander verschmolzen und legen sich eng an die Seiten des Dornfortsatzes des zweiten Wirbels an, welch letzterer wegen seiner nicht selten abweichenden Form auch Epistropheus genannt wird. Rippen fehlen dem Atlas stets, hingegen sind die Postzygapophysen immer zur Ausbildung gelangt. Hinter dem Atlas folgen bis zum Becken die in der Regel nur wenig voneinander verschiedenen Rumpfwirbel, die gewöhnlich ein-

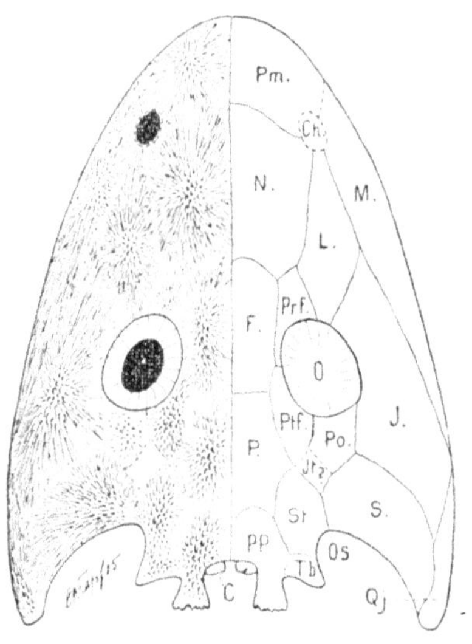

Fig. 272.
Cochleosaurus bohemicus Fritsch. Schädeldach verkleinert. (Nach Broili.) Bei unsicheren Stellen sind die Nähte und Begrenzungslinien punktiert eingezeichnet.
O Augen mit Scleroticaring, *Os* Ohrenschlitze, *Ch* Nasenlöcher, *PP* Postparietale mit den löffelförmigen Fortsätzen, *Tb* Tabulare, *P* Parietale, *F* Frontale, *N* Nasale, *Pm* Praemaxillare, *M* Maxillare, *L* Lacrimale, *Prf* Praefrontale, *Ptf* Postfrontale, *Po* Postorbitale, *J* Jugale, *It* Intertemporale, *St* Supratemporale, *S* Squamosum, *Qj* Quadratojugale, *C* Condyli occipitales.

oder zweiköpfige Rippen tragen. Beide Rippentypen finden sich selten bei einer Gattung (Cacops). Vereinzelt (Actinodon, Eryops, Aspidosaurus) zeigt sich auch an der oberen hinteren Hälfte der Rippe ein Fortsatz (Processus uncinatus). Zum Becken gehört ein einziger Sacralwirbel mit starkem Querfortsatz und kräftiger Sacralrippe. Ausnahmsweise können auch zwei Wirbel vorkommen (Cacops, die Microsaurier: Hylonomus und Petrobates).

Der Schädel (Fig. 272, 300) besitzt die für die Amphibien charakteristische flache, breit dreiseitige Gestalt, ist jedoch oben durch ein solides Knochendach geschützt (stegocrotaph), dessen Zusammensetzung sich verschiedentlich von der Schädeldecke der übrigen Amphibien unterscheidet. Die, infolge eines Überzuges einer Modifikation von Osteodentin, oft schmelzartig glänzende Oberfläche der Kopfknochen ist entweder radial gestreift oder von rauher, grubiger, an Honigwaben erinnernder Beschaffenheit und zeigt ähnlich gewissen Ganoiden (Amia und Polypterus) häufig ein Furchensystem von Schleimkanälen (Fig. 297, 300), die in der mittleren Region des Schädeldaches zwischen Augen- und Nasenöffnungen eine sog. Lyra bilden können. Moodie[1]) glaubt, die dieser als Sinnesorgan gedeuteten Lyra ähnlichen, bei Fischen und Urodelen (Necturus) entwickelten »Seitenlinien« im Abdruck der fleischigen Teile eines Branchiosauriers (Micrerpeton) entdeckt zu haben.

Außer den meist ziemlich großen Augenöffnungen und den in der Nähe des vorderen Schnauzenrandes befindlichen Nasenlöchern befindet sich eine unpaare, rundliche Öffnung innerhalb der Parietalia. Dieses auch bei lebenden Reptilien noch zur Ausbildung gelangte Foramen parietale (Fig. 273, 294, 296) stellt die Epiphysenöffnung dar, in welche unter der Haut ein unpaares dorsales Sinnesorgan (? Auge — Lichtvermittlung) eingelagert ist. Die Augenhöhlen sind häufig mit einem von den Augäpfeln ausgeschiedenen, aus einem Kranze vierseitiger Knochentäfelchen bestehenden Scleroticaring versehen. In seltenen Fällen zeigt sich auch, wie bei vielen landbewohnenden Urodelen, zwischen Praemaxillaria und Nasalia (resp. Frontalia) eine sog. »Facialgrube« (=Cavum internasale) cf. Fig. 293, 305 (Dasyceps, Trematops, Zatrachis, Acanthostoma, Microbrachis u. d. Cotylosaurier Pareiasaurus), in welcher sich zwar bei den Urodelen eine schleimabsondernde Drüse findet, die aber nach einem in ihr auftretenden Knochenkern (Micropholis) (Fig. 294) bzw. ihrer vollständigen Verknöcherung oder Verkalkung (Tertrema) bei etlichen Vertretern auf ein Ethmoidale zurückzuführen sein dürfte. Eine Eigentümlichkeit verschiedener triadischer Stegocephalen sind ferner die Foramina intermaxillaria, Durchbrüche in den Praemaxillaria, die bestimmt sind, bei geschlossenem Rachen die Fangzähne des Unterkiefers aufzunehmen. (Bezügl. der Ohrenschlitze s. w. unten!)

---

[1]) *Moodie R. L.*, The lateral line system in extinct Amphibia. Journ. of Morphology Vol. XIX. Nr. 2, 1908 und A Contribution to a Monograph of the extinct Amphibia of North America. New forms from the Carboniferous. Journ. of Geol. 17. 1909. The clasping organs of extinct and recent Amphibia. Biological Bullet. 14. 1908. The alimentary canal of a Carboniferous salamander. Amer. Naturalist Vol. 19. S. 367. 1910.

Ausnahmsweise kommt es auch zur Bildung einer (sonst nur bei gewissen Reptilien entwickelten) Präorbitalöffnung, die bei Trematops mit den Nasenlöchern und bei Loxomma anscheinend mit den Augendurchbrüchen verschmilzt. Schließlich begegnen wir weiteren Lücken an der Schädelhinterwand: der hinteren Schläfenöffnung (Fenestra posttemporalis) (Fig. 274 a), der Pteroccipitallücke oberhalb des Opisthoticums und dem Fo. Quadrati zwischen dem Quadratum und Quadratojugale (z. B. Metoposauridae).

Die in der Regel wenig dicken, plattigen Schilder des Schädeldaches sind wie bei den Ganoiden und vielen Teleostiern Verknöcherungen der Haut; nur selten sind die Suturen bei stärkerer Ossifikation und bei älteren Individuen verwischt, bei der überwiegenden Mehrzahl aber kann man die einzelnen Knochenelemente auseinanderhalten. Demnach finden sich median paarweise: über dem Hinterhaupt die Postparietalia[1]) (= Supraoccipitalia = Dermosupraoccipitalia), über dem Gehirn die breiten, das Foramen parietale umschließenden Parietalia, zwischen den Augen die langgestreckten Frontalia, denen sich nach vorne die Nasalia anschließen, die gewöhnlich mit den den Schnauzenrand bildenden Praemaxillaria die Nasenöffnungen begrenzen, zwischen diesen paarigen Stücken eingeschaltet treffen wir gelegentlich median unpaarige Elemente: so zwischen Parietalia und Postparietalia ein Centroparietale (Aphaneramma nach Wiman — das aber nicht dem wahrscheinlich aus den verschmolzenen Postparietalia hervorgegangenen Interparietale der Theriodontier homolog sein dürfte —), zwischen Nasalia und Frontalia manchmal ein unpaares Internasofrontale (ein Ersatzknochen, Ethmoidale, z. B. Eryops megacephalus, Osteophorus Roemeri, Fig. 273, Trematosaurus Sobeyi) und ebenso zwischen den Praemaxillaria in einem Fenster ein unpaares Internasale (Micropholis Stowi[2]), Fig. 294). An die Supraoccipitalia legt sich jederseits das Tabulare (= Epioticum) an. An der Umrahmung der Augen nimmt das Frontale nur selten Anteil, gewöhnlich werden dieselben innen und oben von Praefrontale (Lacrimale) und Postfrontale, außen und unten von Jugale und Postorbitale und zuweilen durch das zwischen Jugale und Praefrontale sich zurückschiebende Lacrimale (Adlacrimale Gaupp, Postnasale Jaekel) eingefaßt. Die hintere untere Ecke des Schädels wird von dem nach vorne in das zahntragende Maxillare übergehenden Quadratojugale eingenommen, auf dessen Unterseite sich öfters ein kleines aber deutlich umgrenztes verknöchertes Quadratum zeigt, welches die Gelenkung für den Unterkiefer vermittelt. Der Zwischenraum zwischen dem Quadratojugale, dem Tabulare und Parietale, sowie den die Umrahmung des Auges bildenden Elementen wird von 2—3 Belegknochen ausgefüllt, von denen der untere als Squamosum (Supratemporale aut., Prosquamosum Owen, Paraquadratum), der

[1]) Da die bisher in der Regel verwendeten Benennungen für die dermalen Elemente des Stegocephalenschädels: Supraoccipitale und Epioticum im Vergleiche mit den ebenso bezeichneten primären Ossifikationen der Amnioten vielfach zu Mißdeutungen führten, wurde hier für das Supraoccipitale die von Broom gebrauchte und bereits in die Literatur übernommene Bezeichnung Postparietale und für das Epioticum das Cope'sche Tabulare zur Verwendung gebracht.

[2]) *Broili F.*, Unpaare Elemente im Schädel von Tetrapoden. Anat. Anzeiger. 49. Bd. 1917.

obere als Supratemporale (Suprasquamosum) und das vor dem letzteren sich ev. einschaltende Element als Intertemporale (Intersquamosum) bezeichnet wird. Squamosum, Supratemporale und Tabulare (Epioticum) begrenzen sehr häufig einen buchtartigen Einschnitt am Hinterrand des Schädels, den Ohrenschlitz; ausnahmsweise kann derselbe auch völlig von den genannten Elementen zu einer »falschen« Schläfenöffnung (geschlossener Ohrenschlitz, Pseudotemporalgrube) ein-

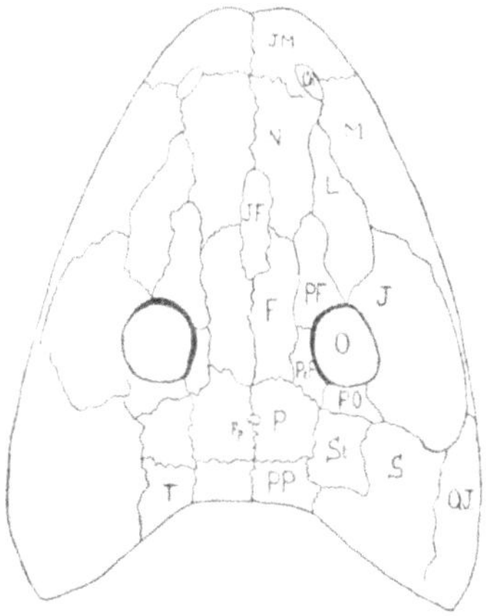

Fig. 273.
Osteophorus Roemeri H. v. Meyer. Mittl. Rotliegendes von Schlesien. *Ch* Choanen, *O* Augen, *F.p* Foramen parietale, *Im* Praemaxillare, *M* Maxillare, *N* Nasale, *L* Lacrimale, *If* Internasofrontale, *PF* Praefrontale, *F* Frontale, *Ptf* Postfrontale, *PO* Postorbitale, *P* Parietale, *PP* Postparietale, *St* Supratemporale, *S* Squamosum, *QJ* Quadratojugale, *T* Tabulare. Ca. 1/4 nat. Gr. (Nach Frech.)

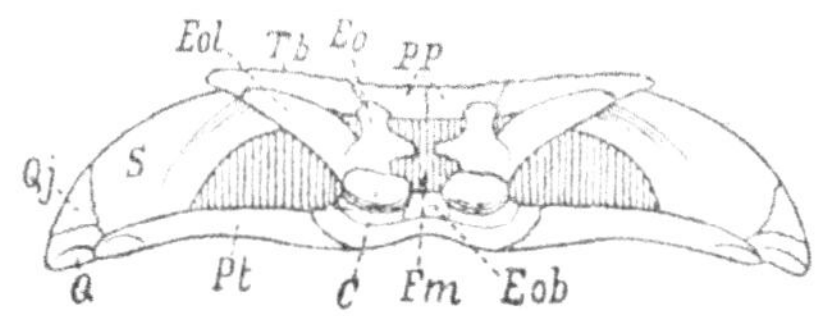

Fig. 274.
Hinterhaupt von *Mastodonsaurus giganteus* Jäger. (Nach E. Fraas u. A. S. Woodward.) *Fm* Foramen magnum, *PP* Postparietale, *Tb* Tabulare. *S* Squamosum, *Qj* Quadratojugale, *Q* Quadratum, *Pt* Pterygoid, *EO* Exoccipitale (laterale), *C* Condyli occipitales, *Eol* seitlicher Flügel des Exoccipitale + Opisthoticum, *Eob* basale Verschmelzung des Exoccipitale (laterale) (? Basioccipitale). Stark verkleinert.

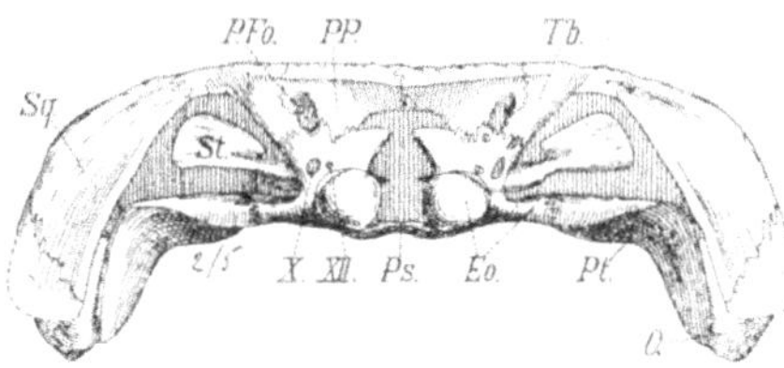

Fig. 274a.
Hinterhaupt von *Batrachosuchus* sp. Unt. Trias, Südafrika. *Sq* Squamosum. *Ps* Parasphenoid, *St* Stapes, *PFo* hintere Schläfenöffnung (Fenestra posttemporalis), *X*, *XII* Nervenaustritte. Sonstige Bezeichnungen wie früher. Stark verkl. nach Watson.

gefaßt (*Cyclotosaurus*, *Cacops*, *Trematops*, *Tertrema*) oder völlig überwuchert werden (*Diplocaulus*) (Fig. 277, 293, 308).

Das Hinterhaupt (Fig. 274, 274a, 277) mit seinem mehr oder weniger großen Hinterhauptsloch (Fo. magnum) bleibt bei vielen Stegocephalen noch knorpelig, bei einer großen Anzahl verknöchern aber die Exoccipitalia (lateralia), und ihr basaler Teil bildet die zwei Condyli occipitales. Ein Basioccipitale, das sich an der Condylenbildung beteiligen kann (dreiteiliger Condylus) und — sehr selten als weiterer Ersatzknochen auch ein echtes Supraoccipitale (Eryops) — werden gelegentlich beobachtet (Capitosaurus, Eryops, Trimerorhachis), bei Anthracosaurus und Pteroplax scheint das Basioccipitale zum größten Teil den einen, unpaaren Condylus zu bilden; außer dem manchmal nachgewiesenen Basisphenoid (Cacops, Trematops Williston) wurde auch ein Ethmoidale (Sphenethmoid = Rhinencephalic chamber) bei einzelnen Vertretern, so bei Eryops, Aspidosaurus, Cacops, Capitosaurus u. a. festgestellt[1]), Fig. 275, das aller Wahr-

[1]) cf. *Watson*, On the skull of a Pariasaurian Reptile etc. Proc. Zool. Soc. London 1914.

scheinlichkeit nach auf einen bei dem karbonischen Pteroplax noch sehr ansehnlich entwickelten Knochenkomplex zurückzuführen ist. Selten verknöchern bzw. sind erhalten Opisthotica (Paroccipitalia), Epiotica und Prootica, auch ein Stapes wird bei besonders günstiger Erhaltung (z. B. Cyclotosaurus, Trimerorhachis, Eryops, Batrachosuchus) angeführt. Bei der Deutung der gelegentlich am Hinterhaupt der Beobachtung zugänglichen Gefäßkanäle gehen die Meinungen teilweise auseinander[1]). Die Unterseite des Schädels (Fig. 276, 277, 308) zeichnet sich fast stets als die Regel durch ungemein große Gaumengruben (fenestra palatinalis) aus. In der Mitte werden sie durch den vorderen, spanförmigen Teil des meist ansehnlichen Parasphenoids getrennt, dessen hinterer, an die Pterygoidea angrenzender Teil gewöhnlich sich verbreitert zeigt. Der vordere Teil des Parasphenoids (Processus cultriformis) fügt sich in den unmittelbar davor gelegenen, paarig angelegten, zuweilen aber zu einer einheitlichen Platte verschmolzenen

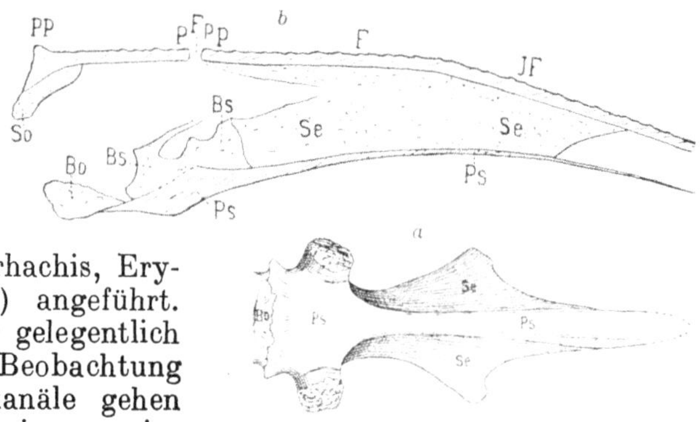

Fig. 275.
Eryops megacephalus Cope. Verkl. Schädelachse: *a* Ventralseite. *b* im Längsschnitt. *Bo* Basioccipitale, *Ps* Parasphenoid, *Bs* Basisphenoid, *Se* Ethmoidale, *So* Supraoccipitale, *PP* Postparietale, *P* Parietale, *F.p* Fo. parietale, F Frontale, *IF* Interfrontale. (Umgeändert nach Broom.) cf. die ergänzende Figur bei Watson (Fig. 11, S. 23) 1919.

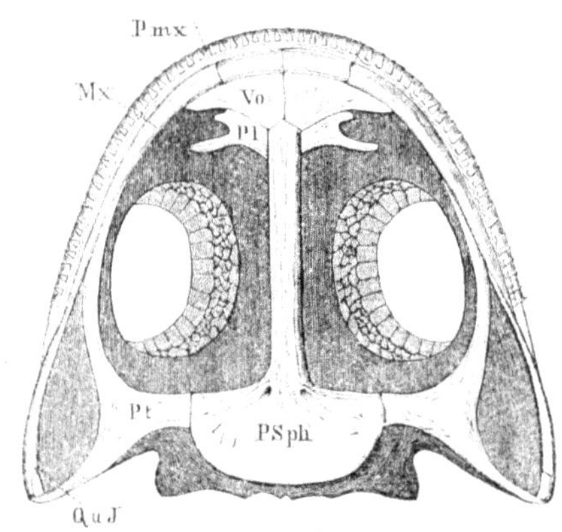

Fig. 276.
Branchiosaurus. Unterseite des Schädels. Restauriert. $^{2}/_{1}$. (Nach Credner.) *Pmx* Zwischenkiefer (Praemaxillare), *Mx* Oberkiefer (Maxillare), *QuJ* Quadratjochbein, *Pt* Flügelbein (Pterygoideum), *PSph* Parasphenoid, *Pl* Gaumenbein (Palatinum), *Vo* Pflugscharbein (Vomer).

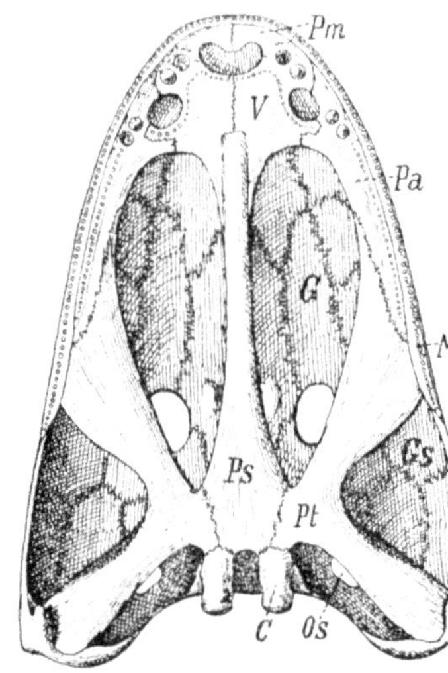

Fig. 277.
Cyclotosaurus robustus H. v. Meyer. Schädelunterseite. *C* Condylus occipitalis, *Pt* Pterygoid, *Ps* Parasphenoid, *V* Vomer, *Pa* Palatinum, *M* Maxillare, *Pm* Praemaxillare, *G* Gaumengruben, *GS* Gaumenschläfengruben, *OS* hinten geschlossene Ohrenschlitze (falsche Schläfenöffnung). Schilfsandstein des untern Keuper. Stuttgart. Stark verkleinert. (Nach E. Fraas.)

[1]) cf. die diesbezügl. Arbeiten von *Broom* 1913, *Drevermann* 1920, *v. Huene* 1913, *Watson* 1916 und 1919.

Vomer ein; letzterer wird vorn und seitlich von den Praemaxillaria und Maxillaria begrenzt. Vom hinteren Teil des Parasphenoids geht jederseits ein sich teilendes Pterygoid aus, der eine Ast desselben erstreckt sich nach rückwärts und aufwärts zum Quadratojugale, wobei ihm gleichzeitig die Aufgabe zufällt, den Schädel nach rückwärts abzuschließen. Der vordere Ast, welcher zugleich mit dem hinteren jene, die hintere Ecke des Schädels einnehmende, große Gaumenschläfengrube (Fenestra basitemporalis Abel) von innen begrenzt, bildet eine Brücke zum Maxillare bzw. auch zum Palatinum. In einigen Fällen ist auch ein zwischen Pterygoid, Palatinum und Maxillare sich einschaltendes Os Transversum (Fig. 278) und ebenso ein vom Pterygoid zum Schädeldach aufsteigendes Epipterygoid (Ersatzknochen, z. B. Eryops, Gondwanosaurus, Lyrocephalus, Trematosaurus u. a.) nachgewiesen worden. Das Palatinum, das in der Regel sich vom Vomer an ziemlich weit nach rückwärts an das Maxillare anlegt, umschließt gewöhnlich mit diesen beiden Elementen die innere Nasenöffnung, die Choane. Zuweilen gelingt es auch in der Tiefe der Nasenöffnung ein Septomaxillare (Nariale) zu beobachten (z. B. Trimerorhachis, Eryops). Nur in seltenen Fällen grenzen die stark vergrößerten Pterygoidea in der Mittellinie aneinander, dabei verschwinden die Gaumengruben fast vollständig und das Parasphenoid läuft nach vorn aus, wodurch die Schädelunterseite sehr reptilähnlich wird (Batrachiderpeton, Loxomma, Pteroplax.) (Fig. 278.). Da diese Art der Gaumenbildung gerade bei den ältesten Stegocephalen beobachtet wird, soll sie gegenüber der obengenannten die primitivere zu sein.

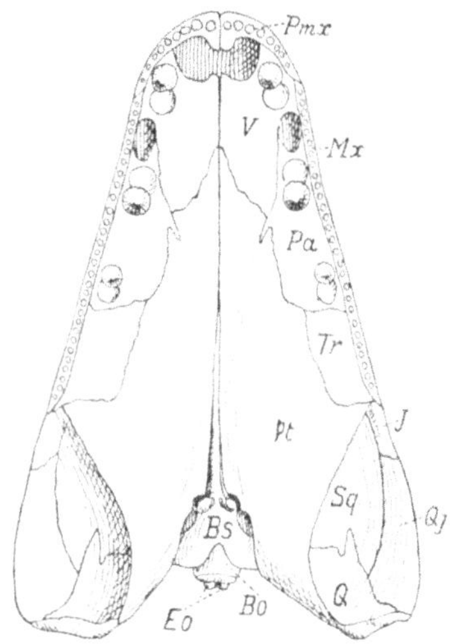

Fig. 278.
Schädel von *Loxomma* (*Loxomma Allmanni*). Unt. Karbon, England. Unterseite. *Bo* Basioccipitale, *Bs* Basisphenoid, *Eo* Exoccipitale, *J* Jugale, *Mx* Maxillare, *QJ* Quadratojugale, *Q* Quadratum, *Pa* Palatinum, *Pmx* Praemaxillare, *V* Vomer, *Pt* Pterygoid, *Sq* Squamosum, *Tr* Transversum. (Nach Watson.)

Der Unterkiefer (Fig. 279) besitzt fast bei allen Stegocephalen, einige wenige Gattungen wie Diplocaulus, Diceratosaurus ausgenommen, die Länge des ganzen Kopfes. Von den drei Hauptstücken, aus welchen jede Hälfte besteht, bilden als Belegknochen das Dentale den bezahnten Oberrand und den Vordergrund des Kiefers, das Angulare den Unterrand; die Verbindung mit dem Schädel wird durch das hinter dem Dentale und über dem Angulare liegende primäre Articulare vermittelt, das nicht selten mit einer doppelten Gelenkpfanne ausgestattet ist[1]).

[1]) *Fuchs H.*, Über d. Bau u. d. Entwicklung des Schädels der Chelone imbricata. 1. Teil. Stuttgart 1915 E. Schweizerbart. — *Gaupp E.*, Beiträge zur Kenntnis des Unterkiefers der Wirbeltiere. Anat. Anzeiger 39. 1911 und 40. 1912. — *Watson D. M. S.*, One some Reptil. lower Jaws. Ann. Magaz. Nat. Hist. Ser. 8. 10. 1912. — *Williston S. W.*, The primitive structure of the mandible in Amphibians a. Reptiles. Journ. of Geology Vol. XXI. 1913, ferner ibid. Vol. XXII. 1914. S. 410 etc.

Außer diesen können noch als Belegknochen ein Operculare (Spleniale), Supraangulare, Infradentale, Coronoid (Complementare), Procoronoid, Intercoronoid, Postspleniale, Praeangulare, Praearticulare (Goniale), entwickelt sein. Die zahlreichen spitzen Zähne des Unterkiefers stehen

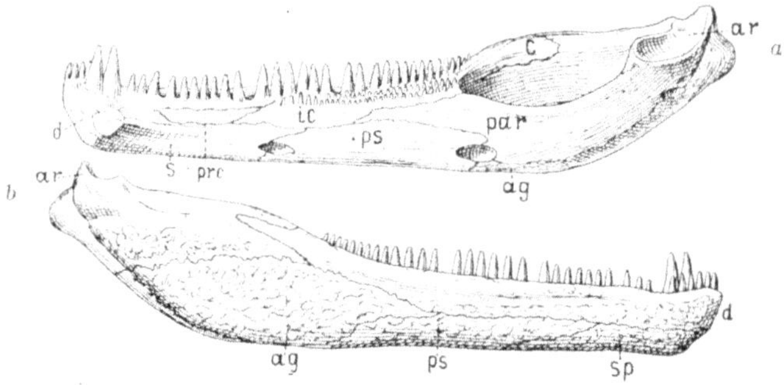

Fig. 279.
Trimerorhachis sp. Texas. Unterkiefer: *a* von innen, *b* von außen. *ar* Articulare, *par* Praearticulare, *ag* Angulare, *c* Coronoid, *ic* Intercoronoid, *prc* Procoronoid, *s* Spleniale, *ps* Postspleniale, *d* Dentale. Verkleinert. (Nach Williston.)

fast stets in einer Reihe und nehmen von vorn nach hinten an Stärke ab; nur in der Symphysenregion, wo die beiden Hälften in vielen Fällen offenbar nur durch Ligament verbunden waren, stehen zuweilen jederseits ein oder zwei große Fangzähne, denen dann auf den Praemaxillaria ebensolche entsprechen. Ähnliche Fangzähne, häufig in paarweiser Entwicklung, begegnen uns auch auf dem Vomer und auf dem Palatium in der Nähe der Choanen. Außerdem sind nicht selten auf sämtlichen Belegknochen der Schädelunterseite große Massen kleiner (Chagrin-)Zähnchen entweder in verschiedenen Gruppen oder in gleichmäßiger Verteilung als Stachelpolster zu beobachten.

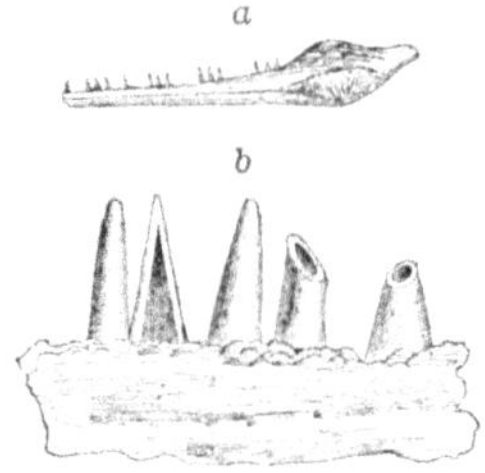

Fig. 280.
Unterkiefer von *Branchiosaurus* mit einfachen glatten Kegelzähnen. *a* nat. Gr., *b* vergr. (Nach Credner.)

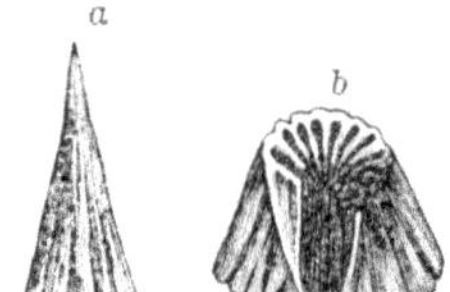

Fig. 281.
Zahn von *Archegosaurus*. Vergr. *a* von außen, *b* untere Hälfte aufgebrochen, um die Faltung der Dentinsubstanz zu zeigen.

Die Zähne[1]) der kleineren paläozoischen Stegocephalen stellen glatte, schlanke Kegel mit großer Pulpa dar (Fig. 280) und sind entweder direkt oder durch eine Zementbasis mit den zahntragenden Knochen verwachsen. Sehr häufig sind die untere Hälfte oder zwei Drittel der Außenseite der Länge nach gefurcht oder gestreift, und in diesem Falle zeigt die Dentinsubstanz bis zur gleichen Höhe eine von der Pulpa ausgehende radiale Faltung (Fig. 281, 282, 295). Von den radialen Pulpaausstülpungen, welche diese Falten bilden, strahlen dichtgedrängte Dentinröhrchen nach den Seiten und nach der Peripherie aus. Die Ausbuchtungen der Pulpa können sich bei den komplizierter gebauten Zähnen noch verzweigen und die sekundären Äste

[1]) *Credner Herm.*, Zur Histologie der Faltenzähne paläozoischer Stegocephalen. Abhandl. k. sächs. Ges. Wissensch. math.-phys. Kl. 1893. Bd. XX.

wieder laterale Ausstülpungen aussenden; gleichzeitig dringen alsdann zwischen die radialen Dentinbündel von außen dünne Streifen von Zementsubstanz, welche die Oberfläche des Zahnes bedeckt, in das Innere ein und machen dabei wellige oder mäandrische Biegungen. Dadurch entsteht jene überaus charakteristische Labyrinthstruktur, welche vorzugsweise bei den geologisch jüngeren und größeren Vertretern der Stegocephalen vorkommt (Fig. 282). Da die Ausstülpungen der Pulpa nur soweit reichen, als äußerlich die Furchung oder Streifung vorhanden ist, so wird die Struktur der Zähne nach oben immer einfacher, und die eigentliche, mit Schmelz bedeckte Krone zeigt nur noch eine enge einfache Pulpa, von welcher radiale Dentinröhrchen nach außen ausstrahlen.

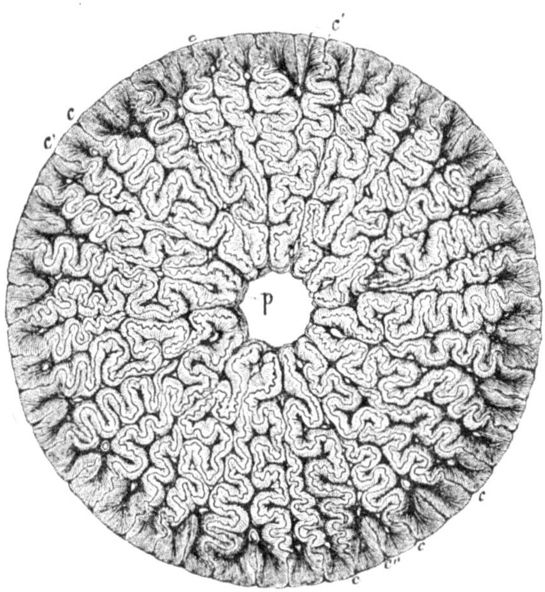

Fig. 282.
Querschnitt durch einen Zahn von *Mastodonsaurus Jaegeri.* $^{3}/_{1}$. (Nach R. Owen.) *P* Pulpa, *c* Zement.

Neben acrodonter und pleurodonter Bezahnung (s. Amphibien) finden sich auch Formen, bei denen die Zähne in seichten Alveolen (oder in Alveolarrinnen) stehen[1]), auf deren Boden sie festgewachsen sind (protothecodont). (Zahnersatz s. Amphibien!)

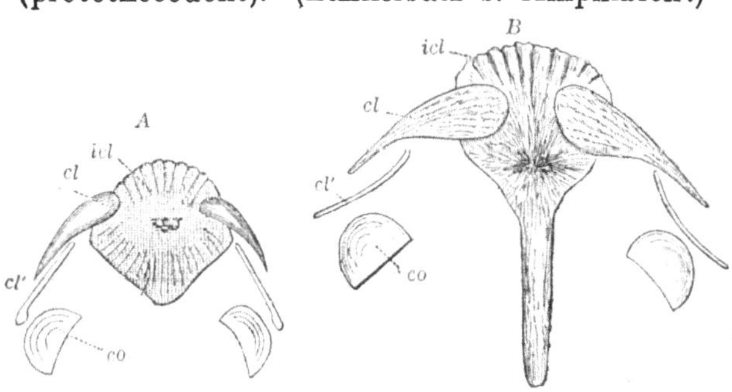

Fig. 283.
A Schultergürtel von *Branchiosaurus.* *B* Schultergürtel von *Melanerpeton.* (Vergr. nach Credner.)
icl Mittelplatte (Episternum, Interclavicula), *cl* Seitenplatte, Thoracale (Clavicula), *cl'* Cleithrum, *co* Coracoid.

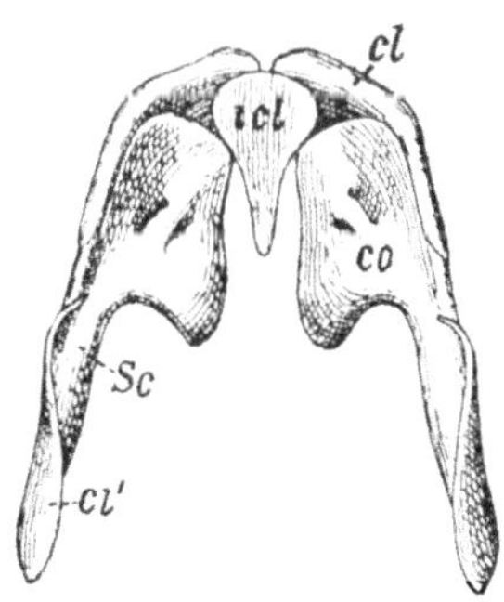

Fig. 284. Schultergürtel von *Cacops aspidephorus* (nach Williston). Dorsalansicht. *icl* Episternum, *cl* Thoracale (Clavicula), *Co* Coracoid, *Sc* Scapula, *cl'* Cleithrum. ⅓ nat. Gr.

Der Brustgürtel (Fig. 283, 284) besitzt bei den Stegocephalen einen höchst charakteristischen, von dem der übrigen Amphibien er-

[1]) *Röse C.*, Das Zahnsystem der Wirbeltiere. Ergebnisse d. Anat. u. Entwicklungsgesch. v. Merkel u. Bonnet. II. Abt. 1894.

heblich abweichenden Bau. Die auffallendsten, größten und meist auch besterhaltenen Knochen liegen auf der Bauchseite und bilden unter der Kehle einen aus drei Platten zusammengesetzten, meist noch in der Haut gelegenen, äußerlich sichtbaren und in der Regel wie die Schädelknochen mit starken Skulpturen bedeckten Kehlbrustpanzer. Die Mittelplatte, das Episternum (Interclavicula, Entosternum) unterscheidet sich bei den verschiedenen Gattungen sehr erheblich nach Größe und Form; am häufigsten ist sie von rhombischer, zuweilen auch von querovaler Gestalt oder verlängert sich hinten in einen stielförmigen Fortsatz.

Die beiden seitlichen, meist dreiseitigen Platten, die Claviculae (Thoracalia)[1]), lagern sich entweder nur den Seiten des Episternums an, oder sie legen sich teilweise auf dasselbe oder aber sie vereinigen sich gegenseitig vor seinem Vorderrand. Nach hinten und oben ist die Clavicula stielartig verlängert und tritt hier mit einem dünnen, spangen- oder löffelförmigen Knochen, dem Cleithrum, in Verbindung. Scapula und Coracoid verknöchern vielfach nicht oder bilden nur unvollständige Knochenkerne; so wird ein scheibenförmiger, an einem Ende bogenförmig abgerundeter, am anderen Ende abgestutzter oder auch ausgeschnittener Knochenkern gewöhnlich als Coracoid (Omoplate) gedeutet, in andern Fällen sind aber beide Elemente verknöchert und z. B. bei Eryops, Trematops, Cacops zu einem einheitlichen Knochen verschmolzen, der außer einem Foramen supracoracoideum und einem fensterartigen Durchbruch (Fenestra coraco-scapularis), auch eine von beiden gebildete Gelenkhöhle für den Humerus (Fossa glenoidalis) aufzuweisen hat.

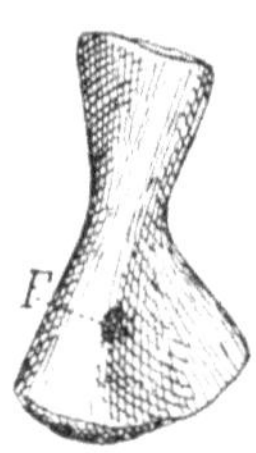

Fig. 285. Humerus v. *Diplocaulus*. (Dorsalansicht) mit Foramen entepicondyloideum n. Williston. 1/2 nat. Gr.

Extremitäten[2]) fehlen nur in seltenen Fällen (Aistopodidae), die Knochen der Vorderextremitäten stimmen vielfach (Phyllospondyli, Lepospondyli) in Form, Zahl und Anordnung mit denen der jetzt lebenden Urodelen überein. Der Humerus (Fig. 285) besitzt nur ausnahmsweise ausgebildete Gelenkköpfe. Bei den Temnospondyli dürfte bei der Mehrzahl der bekannten Formen der proximale Teil des Humerus um den distalen um 90° gedreht sein. Gelegentlich findet sich ein Foramen entepicondyloideum (Diplocaulus, Cochleosaurus). Radius und Ulna, die beiden Vorderarmknochen, sind stets getrennt und ohne Gelenkflächen. Der Carpus bleibt vielfach knorpelig, in anderen Fällen (z. B. Eryops) sind zwei Reihen von Knöchelchen nachgewiesen. Die Metacarpalia und die Phalangen der 4 oder 5 (selten, z. B. Eryops) Finger sind längliche Knöchelchen.

Der Beckengürtel (Fig. 286) ist kräftig entwickelt, jedoch selten günstig erhalten. An die eine Sacralrippe heftet sich jederseits ein stämmiges, median gewöhnlich etwas verengtes Ilium (Hüftbein) an, der hintere Ast des ventralen Abschnittes, das Ischium (Sitzbein), vereinigt sich zuweilen mit dem vorderen, häufig durch ein Foramen

[1]) *Fuchs H.*, Beiträge zur Entwicklungsgeschichte und vergl. Anatomie des Brustschulterapparates der Wirbeltiere. Zeitschr. f. Morphologie u. Anthropologie. Sonderheft 2. Stuttgart 1912.

[2]) *Rabl C.*, Bausteine zu einer Theorie der Extremitäten der Wirbeltiere. 1. Teil. Leipzig 1910.

obturatorium charakterisiertes Element, dem **Pubis** (Schambein), zu einer einzigen Platte (Eryops), die dann mit der entsprechenden Platte der Gegenseite in der Symphyse sich vereinigt. Häufig, namentlich bei kleinen Formen, bleibt das Pubis überhaupt knorpelig.

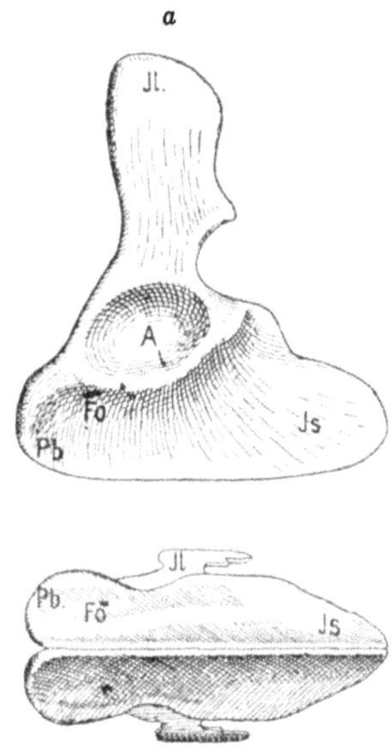

Fig. 286.
Becken von *Eryops megacephalus* Cope. Verkl. Perm von Texas. *a* linke Hälfte von außen, *b* das ganze Becken von unten. *Il* Ilium, *Is* Ischium, *Pb* Pubis, *A* Acetabulum (Gelenkfläche) für den Femur, *Fo* Foramen obturatorium. (Nach Broili.)

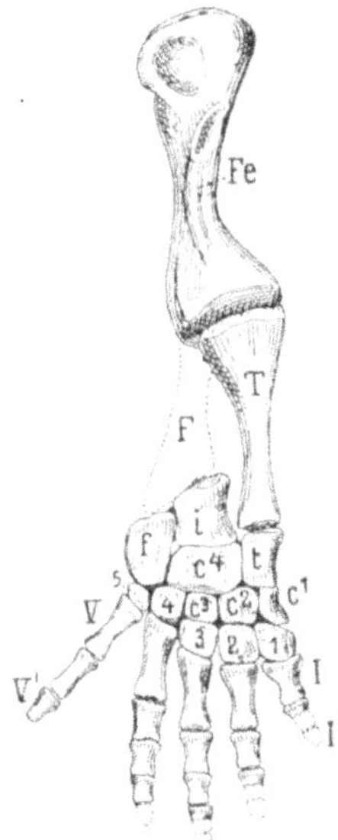

Fig. 287.
Trematops Milleri Williston. Perm, Texas. Linke Hinterextremität. Ventralseite. *Fe* Femur, *T* Tibia, *F* Fibula, *t* tibiale, *f* fibulare, *i* intermedium, c1—c4 Centralia, 1—5 Tarsalia, *I*—*V* Metatarsalia, *I'*—*V'* Phalangen. Verkleinert nach Williston.

Die Hinterfüße (Fig. 287) übertreffen die Vorderfüße fast immer etwas an Länge. Der **Femur** (Oberschenkel) ist im Verhältnis zum Humerus ein kräftiger, schlanker Knochen ohne verknöcherten Gelenkkopf, aber nicht selten unterhalb der proximalen Gelenkfläche mit einer kräftigen Vorragung (Trochanter minor) ausgestattet, distal sind hingegen die Condylen gelegentlich wohl ausgebildet. **Tibia** und **Fibula** sind getrennt und gleichen den homologen Vorderarmknochen. Der Tarsus ist knorpelig oder mit zwei (bei Trematops drei) Reihen von Knöchelchen versehen. Die Metatarsalia und Phalangen sind wenig verschieden von denen des Vorderfußes; von den fünf Zehen ist die vierte am längsten, die Phalangenzahl läßt sich infolge der ungünstigen Erhaltung ähnlich wie bei der Hand fast nirgends einwandfrei feststellen.

Organisation, Verbreitung und Beziehungen der Stegocephalen. Die Stegocephalen bilden eine im oberen Devon schon durch Fußspuren nachgewiesene, im Unterkarbon bereits verbreitete, im Oberkarbon und unteren Perm ihre Hauptentfaltung zeigende und in der oberen Trias aussterbende Ordnung, welche die größten Vertreter der Amphibien enthält. Sie durchlaufen wahrscheinlich alle ein Larvenstadium mit Kiemenatmung, dessen Reste uns in den häufig erhaltenen **Kiemenbogenzähnchen** jugendlicher Individuen vorliegen; einzelne

Formen (Branchiosaurus tener, ? Trimerorhachis) scheinen übrigens persistierende Kiemen besessen zu haben und schon deshalb allein damit dauernd an aquatische Lebensweise gebunden gewesen zu sein. Als reife Tiere mögen kleinere Gattungen sich vielfach in Baumstämme eingenistet haben, denn nicht selten begegnen uns von ihnen Reste in den Stämmen von Sigillarien und Lepidodendren (Neuschottland). Sämtliche genauer bekannte Gattungen sind mehr oder weniger geschwänzt, die meisten vierbeinig, einige wenige fußlos, welch letztere ähnlich wie die Blindwühlen eine unterirdische, grabende Lebensweise geführt haben dürften. Aus ihrem Vorkommen in den petrographisch verschiedenartigsten Sedimenten der genannten Zeitdauer ergibt sich, daß diese kleinen, salamandergleichen oder mittelgroßen, überwiegend plumpen und schwerfälligen, häufig an Krokodile, seltener an Anuren (Plagiosternum) erinnernden Lurche teils die wasserreichen Waldgebiete der Steinkohlenzeit, die sumpfigen Niederungen des Perms (die stegocephalenreichen »roten Schichten« Nordamerikas entsprechen etwa unserem Rotliegenden und werden jetzt von den amerikanischen Geologen meist als »Permocarbon« bezeichnet[1])) und die ihnen ähnlichen Gebiete der kontinentalen Trias bevölkerten, teils aber wohl in sekundärer Anpassung in limnischen, brackischen Gewässern (z. B. die Diplocaulidae als »Grundformen«), schließlich selbst in marinen Flachseegebieten (Trias von Spitzbergen, Longorhynchus, Aphaneramma) gelebt haben. Namentlich die größeren Vertreter machen einen ungemein unbehilflichen Eindruck (Fig. 299); ihr langgestreckter Rumpf, den die Extremitäten als Nachschieber unterstützten, lag auf dem Boden auf und bedurfte infolgedessen eines kräftigen Schutzes in Gestalt des starken Kehlbrustpanzers und der verknöcherten Bauchschuppen, dazu kam noch bei etlichen Gattungen ein kräftiger Rückenpanzer (Dissorhophidae). Die meist nach oben gerichteten Augenöffnungen fanden in einem Scleroticaring einen Schutz gegen äußere Einwirkungen. Die größeren Stegocephalen waren meistens gefräßige Räuber, die sich von kleineren Amphibien, Reptilien, Fischen, Arthropoden und Molluscen nährten und welche die Nahrung wohl ähnlich wie Molche oder Eidechsen unzerkaut hinunterschluckten[2]). Die kleineren dürften sich mit kleineren Arthropoden, Molluscen und Würmern begnügt haben.

Sie unterscheiden sich von den übrigen Amphibien-Ordnungen, unter welchen die Gymnophionen mit ihrem solid verknöcherten Schädel und ihren verschiedentlich auftretenden Hautverknöcherungen eine gewisse äußere Ähnlichkeit mit extremitätenlosen Lepospondyli nicht verkennen lassen, und von den in ihrem äußeren Habitus sehr den phyllospondylen Branchiosauridae gleichenden Urodelen, welche dadurch wohl auch in direkte gegenseitige Beziehung gebracht wurden: durch die konstant größere Zahl der das geschlossene Schädeldach bildenden Belegknochen, ferner durch den Besitz des Foramen parietale, durch den charakteristischen Bau des Brustgürtels, die unvollständig verknöcherten Wirbel und die enorme Entwicklung eines Hautpanzers sowie vielfach

---

[1]) *Case E. C.*, Permo-Carboniferous Conditions versus Permocarbonif. Time. Journ. Geology. 26. 1918.

[2]) *Döderlein L.*, Betrachtungen über die Entwicklung der Nahrungsaufnahme bei Wirbeltieren. Zoologica. 27. Bd. Heft 71. 1921.

noch durch die labyrinthische Struktur der Zähne. Von Interesse sind die Feststellungen D. Watsons, wonach die Temnospondylen der Obertrias viel mehr den modernen Amphibien gleichen als ihren karbonischen und permischen Vorfahren, so abgesehen von anderen Merkmalen durch den Besitz von zwei getrennten Condylen, die Entwicklung großer Gaumengruben, Abwesenheit eines verknöcherten Basioccipitale und die Vereinigung des Pterygoids mit dem verbreiterten hinteren Teil des Parasphenoids. Anuren und Urodelen haben indessen von uns unbekannten Ahnen ihren Ausgang genommen und diese gleichen Eigenschaften unabhängig in gleich gerichteter Entwicklung erworben.

Das von Deckknochen gebildete Schädeldach mit seinen Schleimkanälen, die von Moodie nachgewiesenen Seitenlinien, die Entwicklung der Wirbel, Faltung und Ersatz der Zähne, der Besitz eines an zahlreichen Koprolithen konstatierten Spiraldarmes[1]) sind Merkmale, die teilweise an verschiedene Fischgruppen (Panzerfische), besonders die Crossopterygier (Megalichthys, Osteolepis) erinnern, auch das verschiedentlich beobachtete Vorhandensein einer unpaaren, innerhalb der Frontalia befindlichen und sehr wahrscheinlich dem Foramen parietale entsprechenden Öffnung bei letzteren sowie der ähnliche Bau des Brustgürtels kommt bei dieser Frage in Betracht[2]). Ein wirklich vermittelndes Glied hat sich indessen noch nicht nachweisen lassen. Weit inniger gestalten sich aber die verwandtschaftlichen Beziehungen der temnospondylen Stegocephalen zu den Cotylosauriern unter den Reptilien, die, bei gleichem Gesamthabitus, in der Anordnung der die gleichfalls geschlossene Schädeldecke bildenden Belegknochen (Seymouria) sowie im Bau des Schultergürtels und Beckengürtels sich von höher entwickelten Stegocephalen kaum unterscheiden, so daß diese beiden Gruppen wohl im innigen genetischen Zusammenhange stehen dürften. Auch der reptilähnliche Bau der Schädelunterseite verschiedener ältester Formen: Loxomma und Pteroplax aus dem untersten Karbon (ein Condylus, kleine, von dem spitz nach vorn auslaufenden Parasphenoid geteilte Gaumengruben, große, plattenförmig verbreitete Pterygoidea und Processus basipterygoidei auf dem Basisphenoid), bei denen lediglich die embolomeren Wirbel und die Labyrinthstruktur der Zähne auf ihre Stegocephalennatur hinweisen, sprechen für diese Anschauung als auch vielleicht für die Meinung, daß eine solche Art der Gaumenbildung bei Tetrapoden die ursprüngliche ist.

Durch eine so bedeutende Reihe gemeinsamer Merkmale, besonders durch den Besitz des geschlossenen Schädeldaches, zu einer großen genetischen Einheit verbunden, zeigen sich demnach diese ältesten Festlandsbewohner als den verschiedensten Existenzbedingungen anpassungsfähige Tiere. Mit der Umbildungskraft eines noch jugendlichen, sehr plastischen Stammes ausgerüstet, weisen also die Stegocephalen des Karbon und unteren Perm teils eine Reihe für die jüngeren Amphibiengruppen eigentümlicher Charaktere auf, teils bekunden sie ebenso durch viele überein-

---

[1]) *Neumayer L.*, Die Koprolithen des Perms von Texas. Palaeontographica. 51. Bd. 1904. [2]) *Gregory W. K.*, Present status of the problem of the origin of Tetrapoda. Ann. New York Acad. Sec. Vol. 26. 1915.

stimmende Züge die direkte Verwandtschaft zu den Cotylosauriern unter den Reptilien.

Stegocephalen sind aus allen Weltteilen bekannt geworden. Verschiedenen Kontinenten gemeinsame Gattungen aber sind äußerst selten und sind diesbezügliche Angaben nur mit Vorsicht aufzunehmen. So wird z. B. Ptyonius aus dem oberen Karbon von Nordamerika und Böhmen angeführt, das gleiche soll bei Hylonomus der Fall sein, während »Hylonomus« aus dem sächsischen Rotliegenden zu anderen Gattungen nähere Beziehungen aufweist; in England findet Hylonomus seine Vertretung durch Eugyrinus. Der im Rotliegenden Deutschlands häufige Archegosaurus wird aus dem Permkarbon Kashmirs genannt und anscheinend in Nordamerika durch den sehr ähnlichen Chenoprosopus (Permokarbon Neu-Mexiko) vertreten; eine entsprechende Vertretung innerhalb der Faunen scheinen die nordamerikanischen Genera Eryops (Perm) und Anaschisma (Trias) durch Actinodon aus dem französischen Perm und Metopias aus der germanischen und alpinen oberen Trias zu finden. Dagegen wird Capitosaurus und Cyclotosaurus sowohl aus der deutschen und englischen wie aus der südafrikanischen Trias beschrieben, letztere Gattung außerdem aus ? Spitzbergen und anscheinend auch aus Neu-Süd-Wales; die von den Geologen angenommene Verbindung zwischen Südafrika und Australien findet dadurch eine Bestätigung, ebenso wie in dem Umstand, daß der australische Bothriceps sich kaum von Brachyops aus der indischen Trias unterscheiden dürfte.

1. Unterordnung: **Temnospondyli** (Zitt.), Kranz- oder Schnittwirbler (= *Labyrinthodontia* Owen).

Wirbelkörper meist aus mehreren getrennten Knochenstücken bestehend: embolomer, rhachitom und stereospondyl. Chorda gewöhnlich persistierend. Schädeldach häufig mit Schleimkanälen. Hinterhaupt in der Regel verknöchert. Carpus und Tarsus häufig verknöchert. Dentin labyrinthisch gefaltet. Unt. Karbon bis Trias.

Die *Temnospondyli*, die sich je nach dem Grad der Verknöcherung der Wirbel in *Embolomeri*, *Rhachitomi* und *Stereospondyli* einteilen lassen, lassen sich im Anschluß an die zusammenfassenden Untersuchungen D. Watsons folgendermaßen anordnen:

A. Embolomeri.

Basioccipitale und Basisphenoid verknöchert, Condylus einfach oder dreiteilig, Pterygoid einen großen Teil des Gaumens bildend. Gaumengruben sehr klein. Wirbel embolomer. Unt. Karbon bis unt. Perm.

Die Embolomeri lassen sich in *Anthracosauridae* Cope, *Loxommidae* Watson, *Pholidogasteridae* Watson, *Cricotidae* Cope gliedern.

**Anthracosaurus* Huxley. Einfacher Condylus. Palatin und Vomer mit kräftigen Zähnen. Basisphenoid nach vorne zugespitzt verlaufend. Kein spezialisierter Sacralwirbel. Schuppiger Bauchpanzer. Unt. Karbon, Schottland.

**Pteroplax* Hanc. u. Atth. (*? Anthracosaurus Russelli* Atthey non Huxley, nach Watson ein neues Genus. Unt. Karbon). Die Tabularia mit dornartigen Fortsätzen. Unt.-Oberes Karbon, England.

Pholiderpeton Huxley. Ob. Carbon Yorkshire. *Erpetosuchus* Moodie. ? Karbon, Kansas.

**Loxomma* Huxley (Fig. 278, 295). Schädel mit sehr gut entwickelten Schleimkanälen. Augenhöhle nach vorne in eine ? Präorbitalöffnung übergehend, wodurch seitlich am Schädel ein langgestreckter Durchbruch entsteht. Das Basioccipitale bildet den dreiteiligen Condylus. Basisphenoid, Ethmoid, Transversum vorhanden. Quadratum verknöchert. Schädelunterseite sehr reptilähnlich. Unt. Karbon, Schottland. Hier schließt sich an »*Loxomma Allmanni*« aus dem unt. und mittl. Ob.-Karbon Englands.

Baphetes Owen. Unvollkommenes Schädelfragment. Oberes Karbon. Neuschottland. *Macrerpeton* Moodie. Oberes Karbon Linton, Ohio.

Pholidogaster Huxley? Embolomer, mit Übergang zu rhachitomem Wirbel. Unt. Karbon, Schottland.

**Cricotus* Cope. Körper langgestreckt, mit kurzen stämmigen Extremitäten. Schädel verlängert, dreieckig. Schnauze verschmälert. Augenhöhlen groß, länglich oval, etwa in der halben Länge des Schädels gelegen. Kopfknochen schwach skulptiert, Schleimkanäle vorhanden. Zähne spitz, von ungleicher Größe. Wirbel embolomer, aus zwei getrennten, in der Mitte durchbohrten Scheiben bestehend, wovon nur die vordere obere Bögen und Rippen trägt. Bauchschuppen rhomboidisch. Perm, Texas und Illinois.

Cricotillus Case. Perm, Oklahama.

Diplovertebron Fritsch (Fig. 270). Nur Fragmente vom Schädel und der Wirbelsäule bekannt. Oberes Karbon. Nürschan, Böhmen.

?*Gephyrostegus* Jaekel. Schädeldach an der Stelle der Schläfendurchbrüche verdünnt. Ob. Karbon. Nürschan.

Nummulosaurus Fr. Wirbel anscheinend wie bei *Diplovertebron.* Oberes Karbon, Tremosna (Böhmen).

Spondylerpeton Moodie. Oberes Karbon, Illinois. *Macromerion* Fr. Ob. Karbon, Böhmen.

?*Eosaurus* Marsh. Nur große amphicöle Wirbelkörper bekannt, die auf ein sehr großes Tier schließen lassen. Eher Fisch- oder Reptilreste! Oberes Karbon, Neuschottland.

B. Rhachitomi.

Basioccipitale und Basisphenoid verknöchert, Condylus doppelt oder dreiteilig. Pterygoid noch ansehnlich an der Gaumenbildung beteiligt, Gaumengruben mittelgroß bis groß. Wirbel rhachitom. Ob. Karbon bis unt. Trias.

Familie **Eryopidae** Cope.

Schädeldach flach abfallend, Augen klein, weit zurückgelegen. Das Pterygoid bis zum Vomer reichend. Condylus dreiteilig. Pubis verknöchert.

**Eryops* Cope (*Rhachitomus, Epicordylus, ? Anisodexis* Cope) (p. p. *Ophiacodon* Marsh). (Fig. 267, 275, 290, 291.) Größter (2—2½ m) bis jetzt in Nordamerika nachgewiesener Stegocephale. Schädel bis über 60 cm lang und hinten 30—46 cm breit. Nähte und Foramen parietale im Alter verwischt. Skulptur höckerig, grubig. Augen relativ klein, in der hinteren Schädelhälfte. Nasenlöcher groß. Zähne verhältnismäßig klein, auf Palatin und Vomer einige größere Zahnpaare. Quadratum und Condyli verknöchert. Parasphenoid breit, dolchförmig. 25—26 präsacrale Wirbel. Rippen stark differenziert, mit Processus uncinatus. Sacralrippe blattförmig. Becken in der Symphyse verschmolzen, alle 3 Elemente verknöchert. Vorder- und Hinterextremität mit fünf Zehen. Bauchpanzer vorhanden. Oberkarbon, Pennsylvanien. Perm, Nordamerika.

Onchiodon Geinitz. Rotliegendes Sachsen.

**Actinodon* Gaudry (*Euchirosaurus* Gaudry) (Fig. 292). Vomer und Palatin mit je einem großen Zahn und zahlreichen Körnchenzähnen. Augen groß. 22—23 präsacrale Wirbel, Rippen mit Processus uncinatus. Becken ähnlich dem von Eryops. Unteres Perm. Autun, Frankreich.

**Sclerocephalus* Goldf. (*Weissia* Branco). Für den auffallend breiten, stark skulptierten Schädel sind die kleinen, runden, im hinteren Drittel gelegenen Augen bezeichnend. Nasenlöcher weit vorn. Palatina mit kräftigen Fangzähnen. Bauchschuppen haferkornförmig. Die Gattung kann bedeutende Größe, bis zu 1 m, erreichen. Oberes Karbon. Nürschan. Rotliegendes der Pfalz und Niederhäßlich, Sachsen.

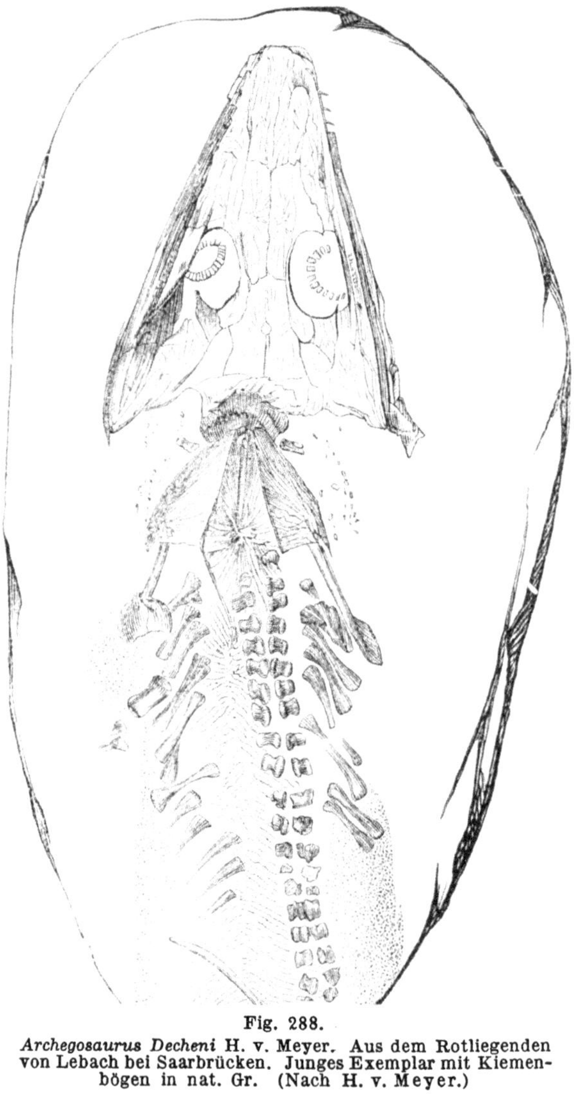

Fig. 288.
Archegosaurus Decheni H. v. Meyer. Aus dem Rotliegenden von Lebach bei Saarbrücken. Junges Exemplar mit Kiemenbögen in nat. Gr. (Nach H. v. Meyer.)

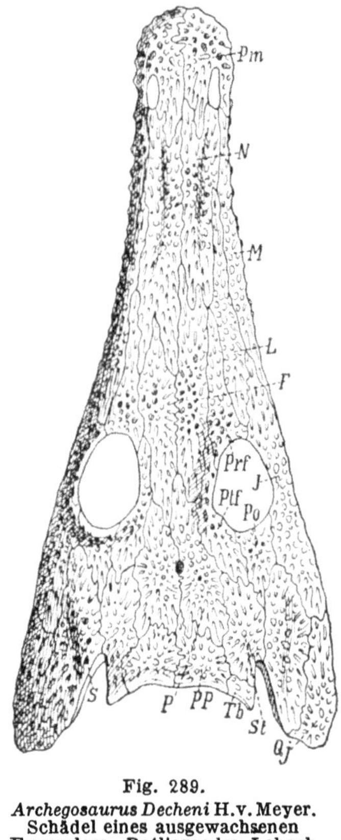

Fig. 289.
Archegosaurus Decheni H. v. Meyer. Schädel eines ausgewachsenen Exemplars. Rotliegendes, Lebach bei Saarbrücken ca. ½ nat. Gr. nach Jaekel. Bezeichnungen wie früher.

Chelydosaurus Fritsch. Tabulare (Epioticum) nach hinten spitz ausgezogen. Unteres Rotliegendes. Braunau, Böhmen.

?*Osteophorus* H. v. M. (Fig. 273). Schädel mit unpaarem Internasale. Rotliegendes. Schlesien.

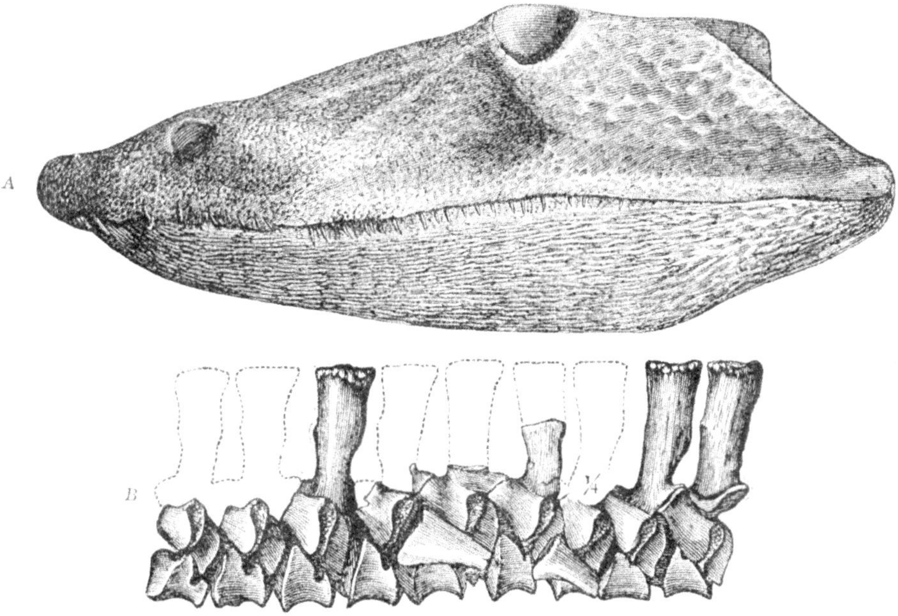

Fig. 290.
Eryops megacephalus Cope. Unt. Perm, Texas. *A* Schädel von der Seite. $^1/_5$ nat. Gr. *B* Stück der Wirbelsäule. ¼ nat. Gr. (Nach Cope.)

Actinodon etc. werden auch als Repräsentanten einer Familie betrachtet, das gleiche gilt auch für:

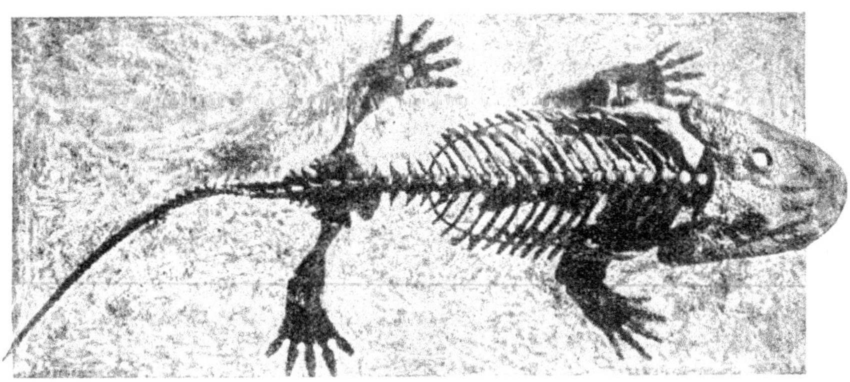

Fig. 291.
Eryops megacephalus Cope. Unt. Perm. Texas. Mont. Skelett, stark verkleinert. (Nach Matthew.)

Acheloma Cope. Schädel hoch, mit verengter Schnauze. Augen groß, in der Schädelmitte. Ohne Ohrenschlitze. Perm. Texas.

Familie **Rhinesuchidae** Watson.

Schädeldach ziemlich niedrig. Augen klein, weit zurück. Pterygoid nicht bis zum Vomer reichend. Doppelcondylus. Pubis verknöchert.

Rhinesuchus Broom (? *Eryops africanus* Lyd.) Perm, Südafrika.

**Uranocentrodon* v. Hoepen (*Myriodon* v. Hoepen). Eine sehr große, nach v. Hoepen bis 375 cm lange Form. Schädel sehr flach. Augen im hinteren Drittel, Nasenlöcher weit vorn. Palatinzähne. Gaumenknochen mit Chagrinzähnchen zwischen den Unterkiefern. ? Gularplatten. 26 Prae-

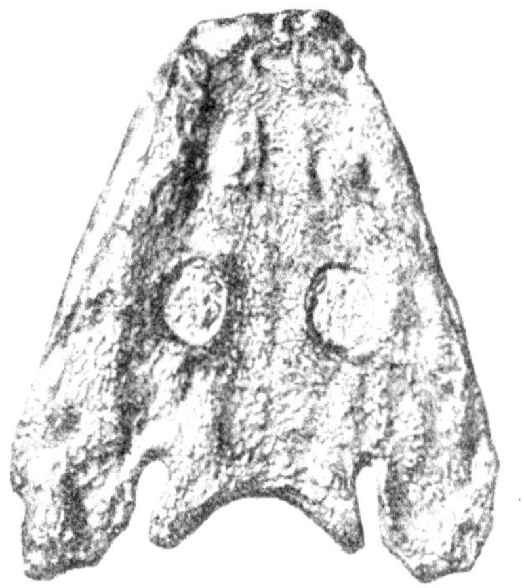

Fig. 292.
Actinodon Frossardi Gaudry. Schädel von oben. Ca. ⅓ nat. Gr. (nach Thevenin). Perm von Autun, Frankreich.

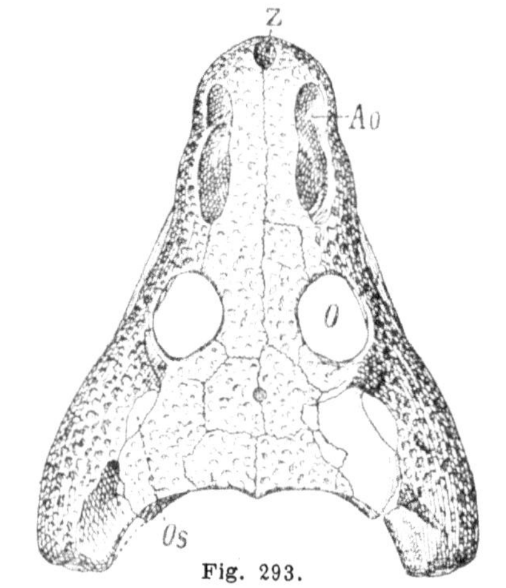

Fig. 293.
Trematops Milleri Williston. Schädeloberseite. Perm von Texas (nach Williston). *Z* Facialdurchbruch, *AO* Präorbitalöffnung und Nasenloch, *O* Augen, *OS* hintere geschlossene Ohrenschlitze (falsches Schläfenloch). (Nach Williston.) $^{1}/_{10}$ nat. Gr.

sacralwirbel beobachtet. Schwanzwirbel ? 46 mit Chevrons, Pleurocentra am Schwanz gelegentlich aus zwei Elementen bestehend. Cleithrum. Becken ähnlich dem von Eryops. Tarsus und Carpus unvollständig verknöchert. 4 Metacarpalia erhalten. 5 Zehen. Brustpanzer bis zum Becken mit Knochenstäbchen, dann Hornschuppen. ? Ob. Perm. Oranje-Freistaat.

Laccocephalus Watson. Großes Epipterygoid; Supraoccipitale nicht verknöchert. ? Ob. Perm. ? Unt. Trias. Oranje-Freistaat.

Familie **Dissorhophidae** Boulenger.

Schädel gedrungen, hoch. Große Augen in der halben Schädellänge und große Ohrenschlitze. Pubis verknöchert. Hautrückenpanzer.

**Aspidosaurus* Broili (Fig. 263). Rückenpanzer dem First eines Daches ähnlich. Die Hautverknöcherungen grenzen aneinander. Rippen mit Proc. uncinati, Permokarbon. Perm, Nordamerika.

Alegeinosaurus Case. Perm. Texas.

Broiliellus Williston. Schädeldach mit höckerigen Tuberositäten. Ohrenschlitze sehr groß. Schilder des Rückenpanzers nicht in Verbindung mit den Dornfortsätzen. Perm. Texas.

**Cacops* Williston (Fig. 284). Ca. ½ m großes Tier. Schädel rauh skulptiert. Nasenlöcher und Augen ziemlich groß, weit voneinander getrennt. Foramen parietale groß. Die großen Ohrenschlitze von rückwärts geschlossen, so daß eine »falsche« Schläfenöffnung entsteht. Quadratum und Condyli verknöchert. Parasphenoid klein, in der Mitte spachtelförmig verbreitert. Vor und hinter der Choane ein größerer Zahn. 21 präsacrale Wirbel, zwei

Sacralwirbel. Die distal verbreiterten Dornfortsätze bilden mit dazwischen sich einschiebenden Hautverknöcherungen einen Rückenpanzer. Die vorderen Rippen zweiköpfig. Am Schultergürtel Cleithrum auffallend groß. Anscheinend 5 Finger. Vollständige Skelette beschreibt Williston aus dem Perm von Texas.

**Dissorhophus* Cope. (*Otocoelus* Cope.) (Fig. 264.) Ähnlich *Cacops*, aber Cleithrum schlanker. Ohrenschlitz geschlossen. Besitzt einen ähnlich gebildeten, aber viel mächtiger entwickelten, halb tonnenförmigen Rückenpanzer. Perm. Texas.

? *Zygosaurus* Eichwald. Perm. Rußland.

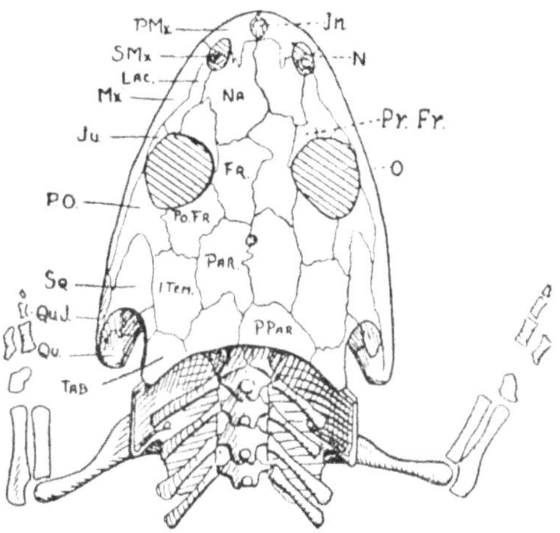

Fig. 294.
Micropholis Stowi Huxley. Trias, Kapkolonie. Dorsalansicht der vorderen Skeletthälfte. *Fr* Frontale, *JTem* Intertemporale, (das hier kleine Supratemporale zwischen: *Sq*, *Tab*, *JTem*), *Ju* Jugale, *Jn* Internasale, *Lac* Lacrimale, *Mx* Maxillare, *Na* Nasale, *O* Augenhöhle, *Pmx* Praemaxillare, *PO* Postorbitale, *PPar* Postparietale, *Par* Parietale, *PrFr* Praefrontale, *PoFr* Postfrontale, *Q* Quadratum, *QuJ* Quadratojugale, *SMx* Septomaxillare in der Nasenöffnung *N*, *Sq* Squamosum, *Tab* Tabulare. (Nach Watson.)

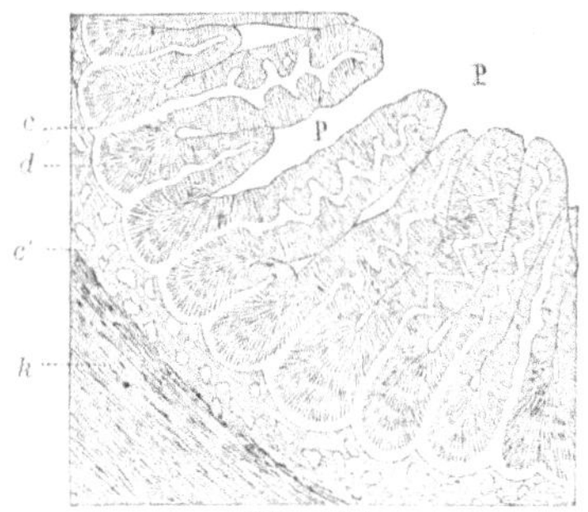

Fig. 295.
Querschnitt eines Zahnes von *Loxomma Allmanni* Huxley in der Nähe der Basis. Steinkohlenformation. Northumberland. Vergr. (Nach Embleton und Atthey.) *k* Knochensubstanz des Kiefers, *c'* Zahnsockel aus Zement, *d* Dentin, *c* Zementeinstülpungen, *P* Pulpa.

Familie **Trematopsidae** Williston.

Hohes Schädeldach. Augen in der halben Länge. Große Praeorbitallücken. Gaumengrube mittelgroß. Pubis verknöchert.

**Trematops* Williston (Fig. 293). Bis 1 m groß. Schädel mit großem Facialdurchbruch; langgestreckte Präorbitallücken, deren vorderer Teil von den Nasenlöchern eingenommen wird. Ohrenschlitze wie bei Cacops von rückwärts geschlossen. Zwei Condyli occipitales. Basisphenoid vorhanden. Parasphenoid reduziert oder fehlend. Palatinum mit zwei Paar größeren Zähnen. Ca. 23 präsacrale Wirbel. Ein Sacralwirbel. Hinterfuß mit 5 Zehen. (Zehenformel 2, 3, ? 3, 4, 3). Rippen kurz. Perm. Texas.

Familie **Zatrachidae** Williston.

Schädel niedrig. Augen klein, weit zurück. Große Facialgrube. Gaumengruben klein. ? Doppelcondylus.

Dasyceps Lloyd em. v. Huene. Mit großer Facialgrube. Perm. Kenilworth b. Warwik.

Zatrachis Cope. Ca. 1 m groß. Gaumen dicht mit Chagrin besetzt. Condyli verknöchert. Tabularia mehr oder weniger nach hinten verlängert. Perm, Texas.

Platyhystrix Williston. Schädel ähnlich *Zatrachis*. Dornfortsatz lang und skulptiert. Perm, Neumexiko.

Familie **Archegosauridae** Fritsch.

Schädel bei herangewachsenen Individuen langgestreckt. Pterygoid bis zum Vomer reichend. Augen klein, weit zurück. Gaumengruben mittelgroß. Condylus im Alter verknöchert, Pubis anscheinend unverknöchert.

**Archegosaurus* H. v. Meyer (Fig. 262*e*, 268, 269, 288, 289). Siehe Titelbild. Körper bis 1,5 m lang, mit ziemlich langem, seitlich komprimierten Schwanz. Schädel in der Jugend stumpf, dreieckig, wenig länger als breit, im Alter stark verlängert, mit schmaler, vorn abgerundeter Schnauze. Die Kopfknochen mit von Ossificationszentren ausstrahlenden Leisten und unregelmäßigen Gruben verziert. Augenhöhlen in der hinteren Hälfte, an jungen Individuen in der Mitte der Schädellänge; Scleroticaring aus 20—23 Plättchen bestehend. Nasenlöcher länglich. Hinterhaupt nur bei alten Individuen verknöchert, sonst knorpelig. Auf Palatin und Vomer einzelne größere Zähne vorhanden. Os transversum entwickelt. Kieferzähne bis zur halben Höhe mit tiefen Furchen, mit einfachen, radialen Einstülpungen der Zahnsubstanz (Fig. 281). Jugendliche Individuen besitzen Kiemenbögen mit Zähnchen. Ca. 25 Rumpfwirbel. In der Schwanzregion heften sich starke untere Bögen an die Hypocentra an und die Pleurocentra bestehen jederseits aus zwei Stücken. (Fig. 268, 269 *plc*, *pla*.)

Die rhomboidische mittlere Kehlbrustplatte (Episternum) ist halb so lang als der Schädel, und wie die dreieckigen seitlichen Claviculae radiär skulptiert. Rippen sehr verschieden geformt. Pubis bei ausgewachsenen Individuen? verknöchert. Vorderfüße vierzehig, viel schwächer als die fünfzehigen Hinterfüße. Bauchpanzer aus schmalen und langen gekielten, an einem Ende zugespitzten Schuppen gebildet, welche dachziegelartig übereinander liegen. (Fig. 262*e*).

Sehr häufig in limnischen Ablagerungen. In den Sphärosideritknollen des Rotliegenden von Lebach bei Saarbrücken. Rotliegendes von Sachsen. Als *Archegosaurus ornatus* wird von A. S. Woodward ein Schädelrest eines Stegocephalen aus dem Permokarbon von Kashmir beschrieben.

Ähnlich ist *Chenoprosopus* Mehl. Permokarbon. Neumexiko.

Familie **Trimerorhachidae** Cope.

Schädel nieder. Augen klein, weit vorne. Gaumengruben groß. Occipitalcondylus dreiteilig. Pubis unverknöchert.

**Trimerorhachis* Cope. Der rauh skulptierte Schädel mit kleinen nach oben gestellten Augen. Gaumenlücken groß. Parasphenoid schlank. Pleurocentra sehr klein, Hypocentra dünn, Dornfortsätze nieder. 31 präsacrale Wirbel. Hautverknöcherungen in Gestalt papierdünner Blätter auf der Ventralseite. Metapodien und Pubis anscheinend nur knorpelig. Ende der langen Knochen unverknöchert. Vermutlich sekundär dem Wasserleben angepaßt. Perm. Texas.

Familie **Lydekkerinidae** Watson.

Schädel nieder. Augen klein, in der halben Schädellänge. Gaumengruben groß. Doppelcondylus. Pubis unverknöchert.

Lydekkerina Broom (»*Bothriceps*« *Huxleyi* Lydekker). Stapes und Opisthoticum erhalten. Bauchpanzer anscheinend dem von *Archegosaurus* ähnlich. Schultergürtel mit Cleithrum. Die Enden von Humerus und Femur unvollkommen verknöchert. Unt. Trias. Oranje-Freistaat.

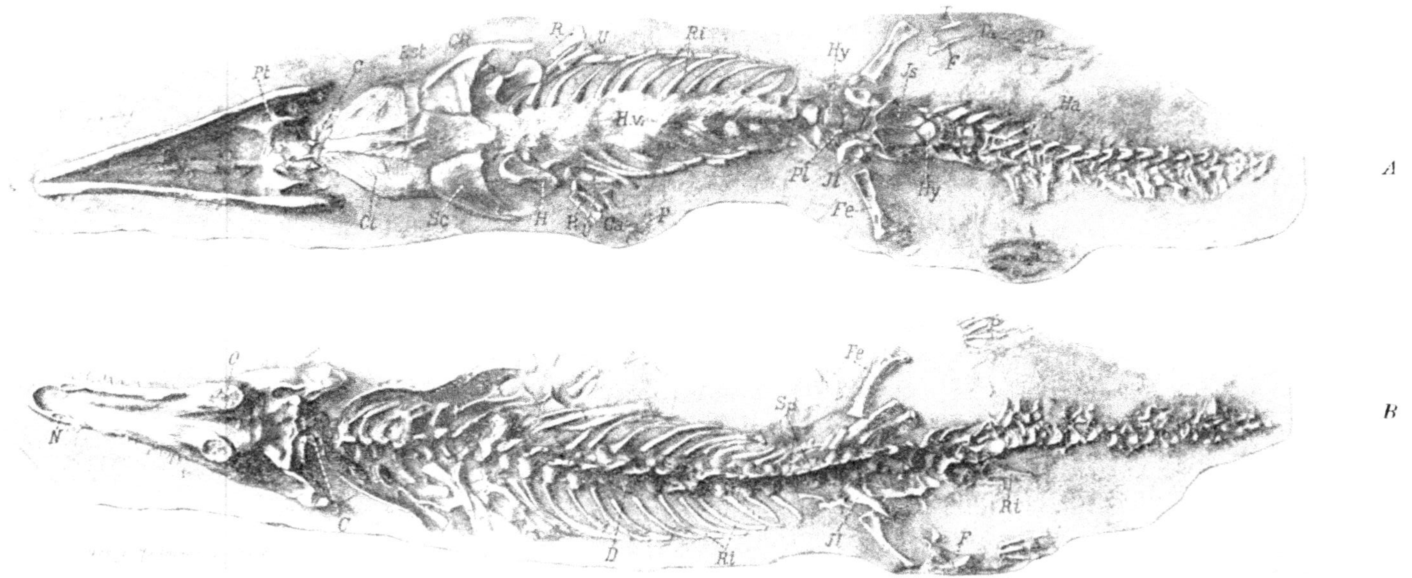

Fig. 298 a. (Zu Seite 187.)

Archegosaurus Decheni H. v. Meyer. Aus dem Rotliegenden (unt. Perm) von Lebach bei Saarbrücken. Vollständiges 1 m großes Skelett. Berlin, k. geol. Landesanstalt. Nach einer freundlichst für die »Grundzüge« von der Direktion der k. preuß. Landesanstalt zur Verfügung gestellten Zeichnung. *A* Bauchseite, *B* Rückenseite des Tieres, *O* Augen, *N* Nasenlöcher, *C* die bei ausgewachsenen Individuen verknöcherten Condyli occipitales, *Pt* Pterygoid, *Est* Episternum, *Cl* Clavicula (Thoracale), *Clt* Cleithrum, *Sc* Scapula, *H* Humerus, *R* Radius, *U* Ulna, *Ca* Lücke: entspricht dem nur knorpeligen nicht verknöcherten Carpus, *P* Phalangen, *Jl* Ilium; *Js* Ischium. Das Pubis anscheinend nicht verknöchert. *Fe* Femur. Die Gelenkenden sind ebenso wie an dem Humerus knorpelig, unverknöchert. *F* Fibula, *T* Tibia, *Ta* Lücke: entspricht dem unverknöcherten Tarsus. *Hy* Hypocentrum, *Pl* Pleurocentrum, *Sp* Dornfortsätze der oberen Bogen, *D* Querfortsätze derselben, *Ha* Hämapophysen, *Ri* Rippen, *H. v.* Hautverknöcherungen. Stark verkleinert.

Familie **Micropholidae** Watson.

Schädel niedrig. Große, seitliche Augen und Ohrenschlitze. Gaumengruben groß. Doppelcondylus.

**Micropholis* Huxley (*Petrophryne* Owen) (Fig. 294). Am flachen Schädel zwischen den Praemaxillaria ein Internasale. Septomaxillare vorhanden. Keine Schleimkanäle, dagegen im großen Lacrimale ein Kanal (ductus lacrimalis). Augenhöhlen groß, vor der Mitte; Nasenlöcher weit vorne. Cleithrum sehr schlank. Carpus verknöchert. Zwischen den Unterkiefern kleine polygonale Knochenschuppen (Gularplatten). Unt. oder mittl. Trias, Südafrika.

Familie **Cochleosauridae.**

Schädel niedrig. Augen mittelgroß, in der halben Schädellänge. Doppelcondylus im Alter verknöchert. Ohrenschlitze groß. Gaumengruben klein.

Cochleosaurus Fritsch (? *Gaudrya* Fritsch). (Fig. 272) Postparietalia (Supraoccipitalia) löffelförmig verlängert. Condyli occipitales bei erwachsenen Individuen verknöchert. Palatin mit einigen größeren Zähnen und wie die meisten übrigen Knochen der Schädelunterseite dicht mit Chagrinzähnchen besetzt. Humerus mit Foramen entepicondyloideum. Bauchpanzer aus spindelförmigen Knochenstäbchen. Oberes Karbon. Nürschan, Böhmen.

Familie **Dwinasauridae** Watson.

Schädel breit. Kleine, nach oben gerichtete Augen. Kleine Ohrenschlitze. Gaumengruben groß. Condylus ? dreiteilig.

Dwinasaurus Amalitzki. Unt. Perm. Rußland.

Im System unsicher sind:

Sparagmites Fritsch, *Discosaurus* Credner (Fig. 262*g*). Rotliegendes von Niederhäßlich und Böhmen. Letzterer auch im ob. Perm des südl. Ural. ? *Platyceps* Stephens. Wahrscheinlich Rest eines jugendlichen Individuums. Der 27 mm lange, 32 mm breite Schädel mit großen Augen. Ca. 22 rhachitome Praesacralwirbel erhalten. ? Ob. Trias. Neu-Süd-Wales. *Nyrania* Fritsch. Oberes Karbon. Nürschan, Böhmen. ? *Sphenosaurus* von Meyer. Möglicherweise ein Cotylosaurier. Perm. Böhmen. ? *Gondwanosaurus* Lydekker. Schädel mit Epipterygoid. Perm. ? Trias (Gondwana-Schichten), Ostindien. *Phrynosuchus* Broom. Augen in der vorderen Hälfte des niederen Schädels. Parasphenoid und Vomer sehr breit. Rippen gerade und kurz. Tarsus knorpelig. Bauchpanzer. ? Perm, Südafrika. *Tersomius* Case. Perm, Texas und Neumexiko. *Goniocephalus* Broili. Perm, Texas. ? *Rhinosaurus* Fischer v. Waldh. Schädelrest. ? Jura, Gouvernement Simbirsk. *Melosaurus*, *Chalcosaurus* H. v. Meyer, *Platyops* Trautsch. Perm, Rußland.

C. Stereospondyli.

Basioccipitale und Basisphenoid reduziert. Doppel-Condylus. Der Palatin-Ast des Pterygoids reduziert. Gaumengruben groß bis sehr groß. Wirbel stereospondyl (nur bei etlichen Gattungen bekannt). Trias.

Familie **Capitosauridae** Watson.

Schädel langgestreckt, mit breitgerundeter Schnauze. Augen nahe der Mitte, weit zurückgelegen.

**Capitosaurus* Münster. Kopf vorne breit, gerundet. Augen klein, in der hinteren Schädelhälfte. Nasalia ungemein groß. Kleiner Ohrenschlitz. Unt. Trias Deutschland, Südafrika. Ob. Trias Deutschland (? *C. arenaceus* Münster = *Parotosaurus* Jaekl) und mittl. Trias von Spitzbergen.

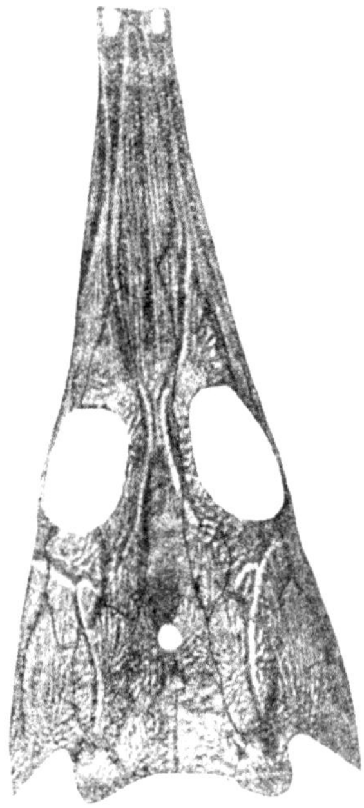

Fig. 296.
Lonchorhynchus Öbergi Wiman. Trias von Spitzbergen. $^4/_5$ nat. Gr. (Nach Wiman.)

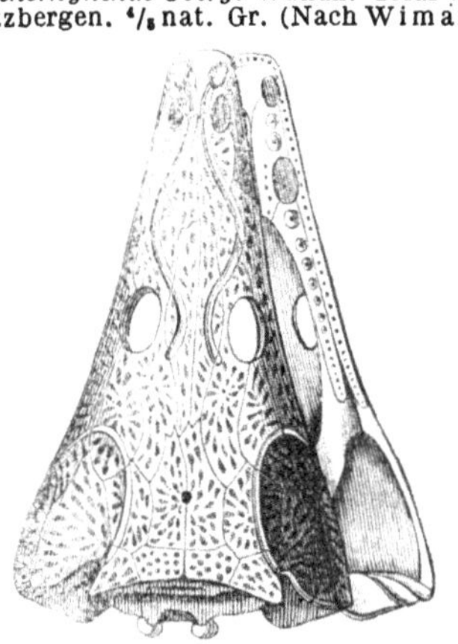

Fig. 297.
Schädel von *Trematosaurus Brauni* Burmeister, mit deutlicher Lyra. Aus dem Buntsandstein von Bernburg. ¼ nat. Gr. (Nach Burmeister.)

Fig. 298.
Metopias diagnosticus H. v. Meyer. Skelettfragment von der Unterseite. Keupersandstein von Hahnweiler b. Stuttgart. $^1/_8$ nat. Gr. (Nach Eb. Fraas.)

Cyclotosaurus E. Fraas. (Fig. 299). Von *Capitosaurus* besonders durch die geschlossenen Ohrenschlitze (»Falsche Schläfenöffnungen«) unterschieden. Ob. Trias Deutschland, England, Südafrika, ? Neu-Süd-Wales, ? Spitzbergen.

Familie **Trematosauridae** Watson.

Hoher, langschnauziger Schädel mit kleinen, seitlich gestellten Augen. Processus cultriformis des Parasphenoids sehr schmal.

*Trematosaurus Braun (Fig. 297). Schädel länglich dreieckig, mit vorn abgerundeter Schnauze. Augenhöhlen in der Mitte des Schädels. Lyra sehr deutlich. Auf dem Palatin eine zweite Zahnreihe, außerdem über den Choanen und dem Vomer einige größere Zähne. Unterkiefer mit großen Fangzähnen, denen am Schädel zwei getrennte Praemaxillardurchbrüche entsprechen. Episternum lang, gestielt. Buntsandstein. Bernburg. Die südafrikanischen bis $^1/_2$ m langen Schädel aus der unt. Trias (»*Tr. Sobeyi*« Haugthon etc.) vereinigt Watson zu einer neuen Gattung:

Trematosuchus Watson. Hieher gehört vielleicht auch *Tr. Kannemeyeri* Broom.

Gonioglyptus Huxley. Mit einem von Huxley aus der mittl. kontinentalen Trias Indiens beschriebenen Schädelfragment vereint v. Huene

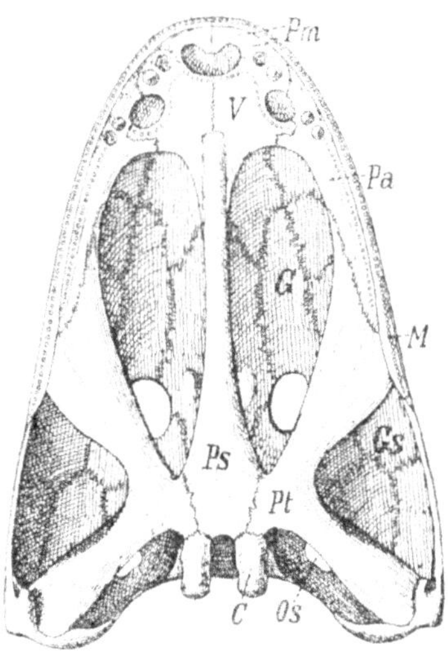

Fig. 299.
Cyclotosaurus robustus H. v. Meyer. Schilfsandstein des unt. Keuper. Bezeichnungen wie früher. (Nach E. Fraas.)

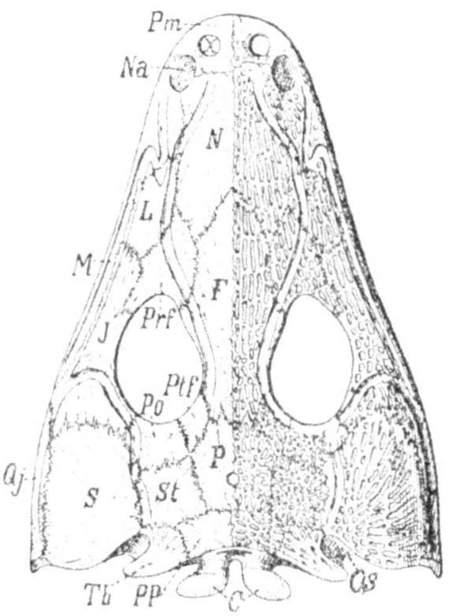

Fig. 300.
Mastodonsaurus giganteus Jaeger. Mit deutlicher Lyra. Lettenkohle. Gaildorf b. Stuttgart. × Durchbruch der Unterkiefer-Fangzähne. Übrige Bezeichnungen wie früher. Ca. $^1/_{16}$ nat. Gr. (Nach E. Fraas.)

einen langgestreckten, mit Centroparietale ausgestatteten Schädelrest von Trematosauridentypus aus der mittl. marinen Trias Indiens.

*Aphaneramma A. S. Woodward. Schädel sehr langgestreckt, mit schlanker Schnauze. Am Schädeldach ein Centroparietale entwickelt. Schleimkanäle. Wirbelkörper amphicöl. Mit dieser Form zusammen findet sich der nahestehende

**Lonchorhynchus* Wiman (Fig. 296), eine sehr spitzschnauzige Gattung, in Ablagerungen marinen Charakters in der mittl. Trias Spitzbergens. *Lyrocephalus* Wiman, mit sehr kräftigen breiten Schleimkanälen, *Tertrema* Wiman, mit geschlossenem Ohrenschlitz, *Platystega* Wiman. Alle aus der mittl. Trias Spitzbergens.

Familie **Metoposauridae** Watson.

Niederer, breit verlängerter Schädel mit kleinen, weit nach vorne gerückten Augen. Processus cultriformis sehr breit.

**Metoposaurus* Lydekker (*Metopias* H. v. M.) (Fig. 298). Schädel breit, mit stumpfer Schnauze. Augen groß, in der vorderen Schädelhälfte, weit voneinander getrennt. Episternum hinten gerundet. Bezahnung verhältnismäßig schwach. Keuper, Württemberg. Raiblerschichten, Südtirol.

**Anaschisma* Branson. Der über ½ m große Schädel fast dreieckig, skulptiert. Ohrenschlitze klein. Augen in der vorderen Schädelhälfte, klein. Die großen Nasenlöcher mit den Praemaxillardurchbrüchen der großen Vomerzähne zusammenfallend. Os transversum entwickelt. Wirbelkörper platycöl. Trias (Lander region), Wyoming. Zu dieser Gattung dürfte auch *Metoposaurus Fraasi* Lucas aus der Trias von Arizona gehören.

? *Rhytidosteus* Owen. Trias, Oranje-Republik.

Familie **Mastodonsauridae** Watson.

Dreiseitige Schädel mit großen, nahe aneinandergerückten Augen.

Mastodonsaurus Jaeger em. E. Fraas (Fig. 274, 282, 300). Schädel bis 1 m lang. Frontalia nehmen wie bei *Capitosaurus* und *Cyclotosaurus* an der Begrenzung der Augen teil. Augenhöhlen sehr groß, mit ihrem Vorderrand bis in die Mitte der Schädellänge reichend. Vor den Nasenlöchern zwei Praemaxillardurchbrüche. Palatin mit zweiter Zahnreihe. Die Fangzähne des Vomer und Pa. auf der Innenseite von einer Reihe kleiner Zähnchen begrenzt. Episternum rhombisch und wie die dreieckigen Claviculae stark skulptiert. Wirbelkörper dorsal

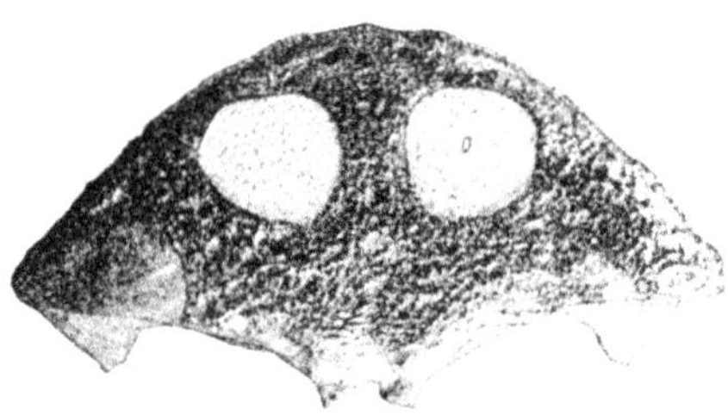

Fig. 301.
Plagiosaurus (Plagiosternum) pulcherrimus E. Fraas aus dem Keuper (Stubensandstein) von Pfaffenhofen (Württemberg). Schädel von oben. *o* Augen. (Nach E. Fraas.)

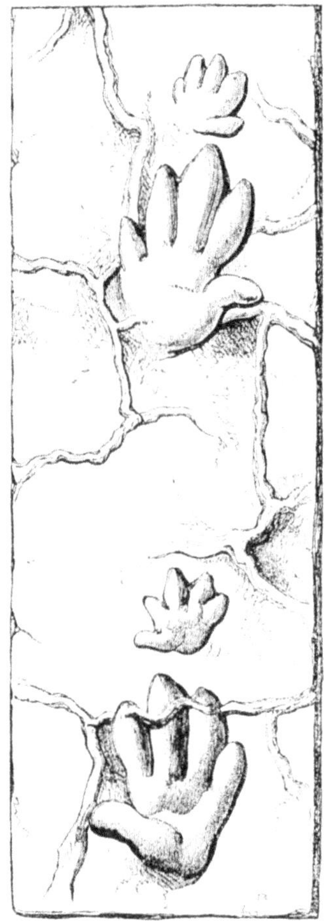

Fig. 302.
Fährten von *Chirotherium Barthi* Kaup. Grenzschichten des mittl. u. ob. Buntsandsteins v. Heßberg bei Hildburghausen. 1/4 nat. Gr. (Nach R. Owen.)

für die Chorda ausgebuchtet. Buntsandstein, Muschelkalk und Keuper. Süddeutschland. ? Buntsandstein Elsaß. ? Keuper England. ? Indien.

Brachiopidae Broom.

Kurzer, parabolischer Schädel mit mittelgroßen bis großen weit nach vorne gerückten Augen.

Bothriceps Huxley. Schädel dreieckig; Kopfknochen rauh skulptiert. Nasenlöcher weit vorn. Parietalia sehr groß. ? Trias, Australien.

Brachyops Owen a. d. unt. Trias Indiens, wohl ident. mit *Bothriceps.*

Batrachosuchus Broom (Fig. 274a). Ohrenschlitz vollkommen unterdrückt. Augen an den Schädelvorderrand gerückt. Nasenlöcher median am Vorderrand. Maxillare von Kanal durchsetzt (? ductus naso-lacrimalis). Stapes sehr massiv. ? Unt. Trias, Kap-Kolonien.

**Plagiosternum* E. Fraas. Schädel ca. 1½ mal so breit als lang, Augenhöhlen auffallend groß, den ganzen mittleren Teil des Schädels einnehmend. Nasenlöcher klein. Ohrenschlitze fehlen. Auf dem Palatinum eine zweite Zahnreihe. Mittlere Kehlbrustplatte auffallend in die Breite gezogen, von der Gestalt eines quergestellten Ovals. Bis 1 m große Individuen von wahrscheinlich froschartigem Habitus. Oberer Muschelkalk — mittlerer Keuper. Nach der Untersuchung Jaekels gehört *Pl. pulcherrimum* Fraas aus dem Keuper Schwabens und andere Reste aus dem Keuper Norddeutschlands zu der sehr nahestehenden Gattung: *Plagiosaurus* Jaekel (Fig. 301).

Vermutlich auf temnospondyle Stegocephalen sind folgende meist auf sehr mangelhafte Reste begründete oder ungenügend beschriebene Formen zurückzuführen:

Dictyocephalus Leidy. Trias, Chatham Co., North Carolina. *Eupelor*, *Pariostegus* Cope. Trias, Nordamerika. *Hercynosaurus* Jaekel. Keuper. *Labyrinthodon* Owen. Keuper England. *Ptychosphenodon* Seeley. 2 Reihen von Zähnen am Unterkiefer. Trias, Südafrika. *Pachygonia*, *Pariostegus* Huxley. Trias, Indien. *Diadetognathus* Miall. Keuper England. *Ekbainakanthus* Yakowlew. Mittl. Trias, Spitzbergen u. a.

Zumeist auf Fußspuren von Stegocephalen, teilweise wohl auch auf Reptilien zurückzuführende Fährten finden sich bereits im obersten Devon: *Thinopus antiquus* Marsh (Chemung-Stufe) von W.-Pennsylvanien[1]), ferner nicht selten im ob. Karbon Nordamerikas[2]), im Rotliegenden von Thüringen, Böhmen und Sachsen[3]), im Karoo-Sandstein von Südafrika und namentlich im Buntsandstein von Thüringen (Fig. 302) und Franken (*Chirotherium), sowie im Keupersandstein von Thüringen und England. Die vertieften Fährten befinden sich stets auf Schichtablösungsflächen; die darüberliegende Sandstein- oder Schieferschicht enthält auf der Unterseite den erhabenen Reliefabdruck der Fährten und meist auch ein Netzwerk unregelmäßig sich kreuzender, leistenförmiger Wülste, die offenbar den Ausfüllungen von Spalten entsprechen, welche sich beim Austrocknen des ursprünglich feuchten Bodens gebildet hatten. Die Tiere, von denen diese in Reihen aufeinander folgenden Fährten hinterlassen wurden, besaßen meist zwei fünfzehige, seltener vierzehige Extremitäten, wovon die vorderen (der »Daumen« von *Chirotherium* wird neuerdings als Abdruck des Ballens gedeutet) gewöhnlich kleiner als die hinteren sind.

2. Unterordnung: **Phyllospondyli** (Credner), Blattwirbler.

Wirbel tonnenförmig, von zwei ventralen und zwei dorsalen zarten Knochenblättern gebildet, die Rückenmark und die nicht eingeschnürte Chorda umschließen. Prä- und Postzygapophysen und Processus spinosus an den zwei dorsalen Blättern entwickelt. Zähne einfach, mit großer Pulpa. Ob. Karbon und Unt. Perm.

[1]) *Marsh*, Americ. Journ. Science 1896. Vol. 2. S. 374.

[2]) *Matthew G. F.*, An attempt to classify Palaeozoic Batrachian footprints Proc. and Transact. Roy. Soc. Canad. 2. Ser. Vol. IX. 1903. New Species and a new genus of Batrachian footprints of the Carb. Syst. in Canada. Ibid. Vol. X. 1904. — *Lull R. S.*, Fossil footprints from the Grand Canyon of the Colorado. Americ. Journ. Sci. 45. 1918. An upper Carb. footpr. from Attleboro. Mass. ibid. 50. 1920.

[3]) *Pabst W.*, Beiträge zur Kenntnis der Tierfährten in dem Rotliegenden Deutschlands. Zeitschr. d. deutsch. geol. Gesellsch. 52. u. 57. Bd. (ibid. weitere Literatur). Siehe auch *Zittel*, Handbuch III. — *Harduker W. H.*, On a fossil-bearing Horizon in the ‚Permian‘ rocks of Hamstead. Quarterly Journ. Geol. Soc. Vol. 68. 1912. — *Willruth R.*, Die Fährten von Chirotherium. J. D. Halle 1917.

1. Familie. **Branchiosauridae** Fritsch.

Salamanderähnliche, kurzgeschwänzte Lurche, mit breitem, stumpfem Schädel. Hinterhaupt nicht verknöchert. Carpus und Tarsus knorpelig. Hand vierfingerig, Fuß fünfzehig. Rippen kurz, dick, gerade. Keine verknöcherten Schambeine vorhanden. Bauchschuppen dünn, schmal und zugespitzt, in Reihen angeordnet.

**Branchiosaurus* Fritsch (= *Protriton* Gaudry[1]), Syn.: *Pleuronura* Gaudry) (Fig. 262a u. b, 265, 276, 280, 283A, 303). Körper 15—120 mm lang, kurz geschwänzt, Schädel fast ebenso breit als lang, vorn stumpf abgerundet, hinten gerade abgestutzt. Neben den Tabularia ein seichter Ohrausschnitt. Kopfknochen dünn, radial gestreift und mit Grübchen bedeckt. Augenhöhlen sehr groß, rundlich-oval, mit einem aus ca. 30 Plättchen zusammengesetzten Scleroticaring und einem aus kleinen Plättchen bestehenden Augenlidpflaster. Schädelbasis (Fig. 276) hauptsächlich vom langgestielten Parasphenoid gebildet, an dessen hintere große, schildförmige Platte sich jederseits ein in zwei Arme sich gabelndes Pterygoid anschließt. Vomer paarig, querdreieckig. Palatin unsicher bekannt. Praemaxillare, Maxillare und Dentale (Fig. 280) mit je einer Reihe dichtstehender, schlanker, spitzkonischer Zähne besetzt. Episternum abgerundet vierseitig, gekrümmt. Ilia kräftig; Ischia dünn, dreiseitig; Fingerformel 2, 2, 3, 3 Zehenformel 2, 2, 3, 4, 3.

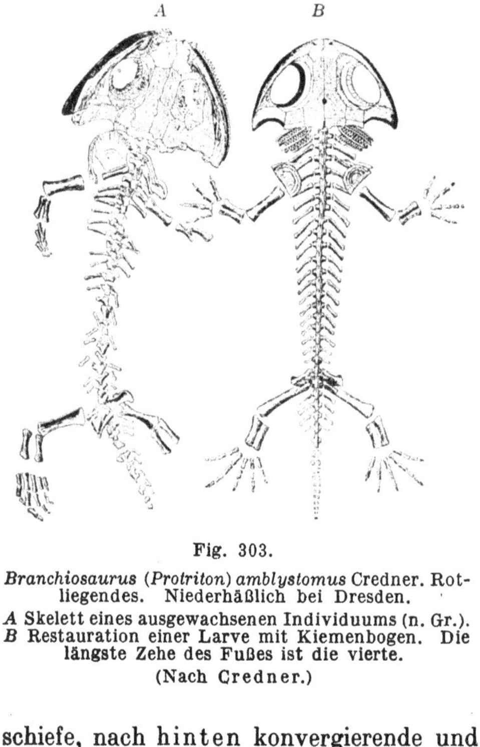

Fig. 303.

Branchiosaurus (Protriton) amblystomus Credner. Rotliegendes. Niederhäßlich bei Dresden.
A Skelett eines ausgewachsenen Individuums (n. Gr.).
B Restauration einer Larve mit Kiemenbogen. Die längste Zehe des Fußes ist die vierte.
(Nach Credner.)

Zahl der präsacralen Wirbel (je nach dem Altersstadium) 20—26. Bis 15 Schwanzwirbel beobachtet. Rumpf, Schwanz und Extremitäten ventral mit Reihen dachziegelartig sich deckender Schuppen von querovaler Gestalt bedeckt (Fig. 262a). Dieselben sind in fünf Systemen angeordnet: die auf der Kehle bilden horizontale Querreihen, die auf der Brust schiefe, nach hinten konvergierende und in der Mitte zusammenstoßende Reihen; die Bauchschuppen dagegen bestehen aus parallelen, schräg nach vorn gerichteten und in der Mitte winklig sich vereinigenden Fluren; Schwanz und Extremitäten werden von schwach gebogenen Querreihen bedeckt. *Branchiosaurus* besaß in der Jugend (*B. tener* bis zu vorgeschrittener Entwicklung) knorpelige, mit verkalkten und infolgedessen fossil häufig erhaltenen Zähnchen besetzte Kiemenbögen.

Neben *Archegosaurus* ist *Branchiosaurus* eine der häufigsten und bestbekanntesten paläozoischen Amphibiengattungen. Sie findet sich häufig im grauen, dünnplattigen Kalkstein des mittleren Rotliegenden von Niederhäßlich im Plauenschen Grund unfern Dresden. Die Knochen der

[1]) Nach *Lydekker* u. *Thevenin* gebührt »Protriton« die Priorität. Aus Zweckmäßigkeitsgründen ist hier noch der alte, allgemein gebrauchte Name vorangesetzt.

kleinen Skelette heben sich durch ihre weiße Farbe scharf von dem grauen Gesteine ab. Credner konnte seinen sorgfältigen Untersuchungen über die Anatomie und Entwicklung dieser Art mehr als 1000 Exemplare zugrunde legen.

Branchiosaurus ist außerdem noch aus gleichalterigen Schichten von Oberhof und Friedrichroda, dem Oberkarbon (Gaskohle) von Nürschan in Böhmen, aus dem unteren Rotliegenden von Braunau (Böhmen), aus den Lebacherschichten der Rheinpfalz und dem ? obersten Karbon (Stephanien) und dem unteren Perm von Autun (Frankreich) bekannt geworden.

Eugyrinus Watson. Schädel schmäler als der von *Branchiosaurus*, Augen kleiner. Belegknochen des Schädeldaches *Labyrinthodonten*-ähnlich, Lacrimale entwickelt. Ventral- und Dorsalseite beschuppt. Unt.-Ob. Karbon, England.

Micrerpeton Moodie. *Branchiosaurus* sehr nahestehend. 17 Schwanzwirbel. (Zähne und Scleroticaring nicht beobachtet.) In der Schwanzregion durch Moodie Seitenlinien nachgewiesen. Oberkarbon. (Alleghany Series) Illinois.

Eumicrerpeton, *Mazonerpeton* Moodie. Oberes Karbon. Illinois.

Pelosaurus Credner (Fig. 262*d*). 18—20 cm lang. Kopf sehr groß, vor der Augenhöhle ein Lacrimale vorhanden. Zehenformel wie bei *Branchiosaurus*. Im Rotliegenden von Niederhäßlich bei Dresden und im Oberrotliegenden der Pfalz. Im unteren Perm von Autun.

**Melanerpeton* Fritsch. 25—130 mm lang. Schädeldach ähnlich *Branchiosaurus*, jedoch der hintere Teil desselben stark hinter die flügelartig ausgeschweiften Squamosa zurückspringend. Episternum hinten in einen stielförmigen Fortsatz auslaufend (vgl. Fig. 283 *B*). Ein eigentlicher Bauchpanzer nicht bekannt, dagegen zuweilen winzige chagrinartige Kalkpünktchen in großer Menge vorhanden. Jugendliche Exemplare mit Kiemenbögen. Im Rotliegenden von Braunau (Böhmen), Niederhäßlich (Sachsen) und Lhotka in Mähren.

Dawsonia Fritsch. Sämtliche Gaumenknochen mit Zähnen besetzt. Oberes Karbon. Böhmen.

?*Acanthostoma* Credner (Fig. 305). Schädel spitz parabolisch, grubig skulptiert. Facialgrube vorhanden. Augen mäßig groß, rund, in der hinteren Schädelhälfte. Elemente der Schädelunterseite mit einzelnen größeren Zähnen und Chagrinbezahnung dicht besetzt. Os transversum entwickelt. Rotliegendes. Niederhäßlich bei Dresden.

3. Unterordnung: **Lepospondyli** (Zitt.), Hülsenwirbler (= *Microsauria* Dawson).

Wirbelkörper aus einheitlichen, sanduhrähnlichen Knochenhülsen bestehend, welche Reste der Chorda umschließen. Ob. Bogen mit denselben fest verwachsen, durch Naht verbunden oder nur lose aufsitzend. Zähne einfach, mit großer Pulpa. Karbon. Perm.

Familie **Hylonomidae** Fr.

Eidechsenähnlich, mit langen Rippen. Dornfortsätze kräftig. Schuppen den ganzen Körper deckend. Ob. Karbon und Perm.

**Hylonomus* Dawson[1]) (Fig. 262*c*, 304). Schädelknochen glatt oder leicht skulptiert. Augenhöhlen klein, nach vorne gerückt. Tarsus, Carpus und

[1]) *Baur G.* (Anat. Anz. XIV, 1897, S. 148) schließt auf die Reptiliennatur von *Hylonomus* und *Petrobates* aus den Abbildungen bei Credner, weil bei diesen zwei Sacralwirbel vorhanden wären. Abgesehen davon, daß dies den tatsächlichen Beobachtungen Credners widerspricht, wäre der Besitz von zwei Sacralwirbeln nicht ausschlaggebend, da solche sowohl bei fossilen Anuren als bei temnospondylen Stegocephalen beobachtet werden.

Pubis verknöchert. (? 20—22) präsacrale Wirbel. Ob. Bogen dem Wirbelkörper nur lose aufsitzend. Rippen zweiköpfig. Schwanz halb so lang als der Rumpf. Rücken und Bauchseite nach Fritsch mit dachziegelartig sich deckenden ovalen Schuppen gepanzert. Ob. Karbon. Neuschottland. Nürschan. Kounova. Nach Moodie ist es wahrscheinlich, daß der permische »*Hylonomus*« Sachsens nicht mit dem typischen *Hylonomus* aus dem Karbon Nordamerikas ident ist. Williston bringt die sächsische Form und *Petrobates* zu *Sauravus* und *Eosauravus* in Beziehung. Mittl. Rotliegend. von Niederhäßlich.

Hyloplesion Fr. Sehr ähnlich *Hylonomus*. 31 präsacrale Wirbel. Ob. Karbon.

? *Petrobates* Credner (Fig. 262*h*). Schädel schlanker wie der von *Hylonomus*, Ca. 19 präsacrale Wirbel. Ob. Bogen mit dem Wirbelkörper verwachsen. Schwanz fast so lang wie der Rumpf. »Bauchrippen« aus spitzspindelförmigen Elementen zusammengesetzt. Mittl. Rotl. von Sachsen.

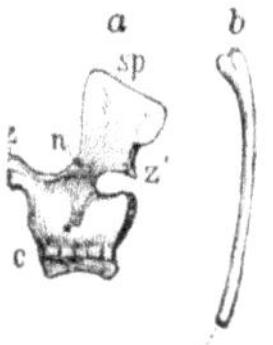

Fig. 304. *a* Wirbel und *b* Rippe von *Hylonomus Lyelli* Dawson. Karbon. Joggins, Neuschottland. *c* Wirbelkörper, *n* Oberer Bogen, *z* Prä-, *z'* Postzygapophyse, *sp* Dornfortsatz.

Seeleya Fritsch. Klein, eidechsenförmig, großköpfig, kurzschwänzig. Schädelunterseite stark bezahnt. 33 Präsacralwirbel. Rippen zweiköpfig. Ganzer Körper beschuppt. Ob. Karb. Nürschan, Böhmen. *Orthocosta* Fr. Ob. Karbon. Nürschan.

Odonterpeton Moodie. Ob. Karb. Linton, Ohio.

Ricnodon Fr. Schädel mit Grübchen und Leistchen verziert. Rippen zweiköpfig. 34 präsacrale Wirbel. Ob. Karbon. Nürschan.

Familie **Microbrachidae**.

Eidechsenähnlich, mit sehr kleinen Vorderextremitäten. Dornfortsätze schwach entwickelt. Schuppen nur auf der Bauchseite. Ob. Karbon.

Microbrachis Fr. Schädel länglich dreieckig, skulptiert. Facialgrube vorhanden. Augen mäßig groß, ca. 36 Rumpfwirbel. Vorderextremitäten bedeutend kleiner als die Hinterextremitäten. Ob. Bogen dem Wirbelkörper nur lose aufsitzend. Unt. Bogen zwischen den Schwanzwirbeln. Ob. Karbon Nürschan.

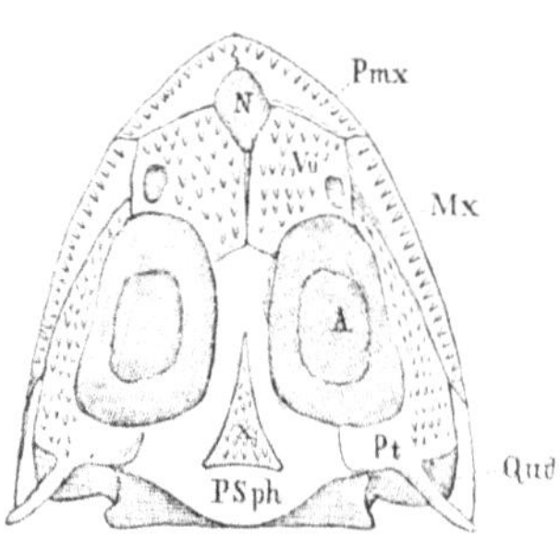

Fig. 305. Unterseite des Schädels von *Acanthostoma vorax*. Restauriert in nat. Gr. (Nach Credner.) *A* Augenhöhle, *N* Cavum internasale (Facialgrube), *Pmx* Praemaxilla, *Mx* Oberkiefer, *QuJ* Quadrato-Jugale, *PSph* Parasphenoid, *Pt* Pterygoid, *Vo* Vomero-palatina mit den Choanen. Das Transversum hier nicht eingezeichnet.

Familie **Limnerpetidae** Fr.

Salamanderähnlich. Dornfortsätze gut entwickelt. Rippen kurz. Karbon.

Limnerpeton Fr. Schädel groß, breit, mit großen, in der vorderen Schädelhälfte gelegenen Augen. 24 präsacrale Wirbel. Schwanz mäßig lang. Rippen einköpfig. Pubis verknöchert. Nur ventral zwischen Vorder- und Hinterextremitäten beschuppt. Ob. Karb. Nürschan.

Dendrerpeton Dawson. Oberkarbon Neuschottland und Böhmen.

Amphibamus Cope. Im Gesamthabitus ähnlich *Limnerpeton*, nur kürzerer Schwanz. Pubis unverknöchert. Ob. Karb. Illinois. *Pelion* Wyman. Ob. Karb. Nordamerika. Die Gattungen: *Hylerpeton* Owen, *Brachydectes* Cope, *Amblyodon*, *Eoserpeton*, *Erpetosaurus*, *Cephalerpeton* Moodie aus dem Oberkarbon von Neuschottland und Nordamerika sind ungenügend und unvollständig bekannt.

Familie **Nectridae** Miall.

Eidechsenähnlich, mit sehr langem, seitlich komprimierten Ruderschwanz. Hinterecken des Schädels verlängert. Obere und untere Dornfortsätze (letztere in der Schwanzregion) fächerartig verbreitert und gekerbt. Karbon.

**Scincosaurus* Fritsch (Fig. 307). Schädel breit, dreiseitig gerundet, Augen klein, weit vorne liegend. Ob. Bogen mit dem Wirbelkörper verwachsen. Ob. und unt. Bogen der Schwanzwirbel als seitlich gekerbte Platten ausgebildet. Carpus und Tarsus verknöchert. Bauchseite zwischen Schultergürtel und Becken von vierseitigen kräftigen Knorpelschuppen bedeckt. Ob. Karbon Nürschan.

Keraterpeton Huxley. Schädel dreiseitig, vorne abgestutzt, rückwärts in zwei supraoccipitale (postparietale) stachelartige Fortsätze verlängert. Augen groß. Präsacralwirbel 15—20. Bis zu 75 Schwanzwirbel. mit oberen und unteren Dornfortsätzen. Carpus und Tarsus unverknöchert. Füße gleich groß. Oberkarbon von Schottland und England.

Diceratosaurus Jaekel. Die hinteren seitlichen Belegknochen des grubigen Schädeldaches (Squamosum, Tabulare, Supratemporale und Intertemporale) zu einem großen, rückwärts stark verlängerten Knochen verschmolzen (Perisquamosum). Schädelunterseite mit Os transversum und verknöcherten Exoccipitalia lateralia. 12 präsacrale Wirbel. Bis zu 100 Schwanzwirbel. Rückenwirbel mit Zygosphen und Zygantrum. Dornfortsätze distal verbreitert, in Verbindung mit grubigen Hautplatten. Ob. Karb. Linton, Ohio.

Lepterpeton Huxley. Schädel länglich, dreieckig, Schnauze verschmälert. Augen in der Mitte der Schädellänge. Carpus und Tarsus nicht verknöchert. Hinterfüße etwas stärker als die vorderen, fünfzehig. Bauchschuppen länglich rhomboidisch. Ob. Karbon Kilkenny, Irland.

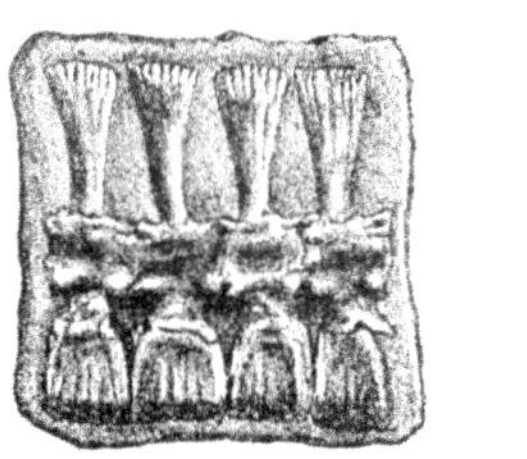

Fig. 306.
Urocordylus Wandesfordii Huxley. Steinkohlenformation. Kilkenny, Irland. Schwanzwirbel. Nat. Gr. (Nach Huxley.)

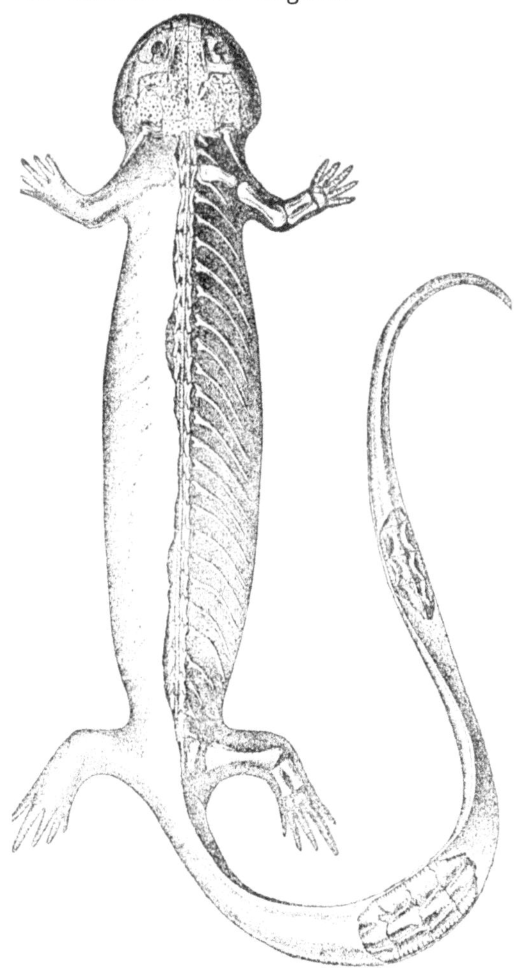

Fig. 307.
Scincosaurus crassus Fritsch. Oberkarbon. Gaskohle. Nürschan. Nat. Gr. Restauriert. (Nach Fritsch.) Die stachelartigen Fortsätze am Schädelhinterrand sind wahrscheinlich unrichtig.

Sauravus Thevenin. Schädel glatt, ca. 25 präsacrale Wirbel, mindestens 2 Sacralwirbel. Über 25 Schwanzwirbel. Bauchrippen vorhanden. Intercentra nicht beobachtet. Episternum T-förmig. Oberstes Karbon (Stephanien). Unterstes Perm. Autun, Frankreich.

Folgende Formen werden auch als **Ptyoniidae** abgetrennt:

**Urocordylus* Huxley und Wrigth (Fig. 266*c*, 306). Schädel dreieckig, hinten fast gerade abgestutzt. Kleine Augen in der vorderen Schädelhälfte. Cleithrum. Episternum T-förmig. Schwanz fast doppelt so lang als der Körper, präsacrale Wirbel 20—27. Ob. Bogen mit dem Wirbelkörper fest verwachsen. An den hinteren Rückenwirbeln am Processus spinosus unpaarer vorderer und hinterer Gelenkfortsatz. Schwanzwirbel mit oberen und unteren fächerförmig ausgebreiteten Dornfortsätzen, von denen die oberen durch Zygosphen und Zygantrum gelenken. Vordere Extremitäten kleiner als die Hinterfüße. Bauchseite mit knöchernen, spindelförmigen Stäbchen bedeckt. Ob. Karbon Kilkenny Irland, Nürschan Böhmen. Ähnlich: *Oestocephalus*, *Ptyonius* Cope. Ob. Karbon von Linton (Ohio) und Nürschan, Böhmen.

Unvollständig bekannt sind: *Tuditanus*, *Sauropleura*, *Ctenerpeton*, *Pleuroptyx*, *Cocytinus* Cope, *Stegops*, *Erierpeton* Moodie etc. aus dem Karbon von Nordamerika.

Familie Diplocaulidae Cope.

Körper langgestreckt, froschlarvenähnlich, mit ungemein verlängerten Schädelhinterecken mit unverhältnismäßig kleinen Vorder- und Hinterextremitäten. Rippen kräftig, zweiköpfig. Karbon. Unt. Perm.

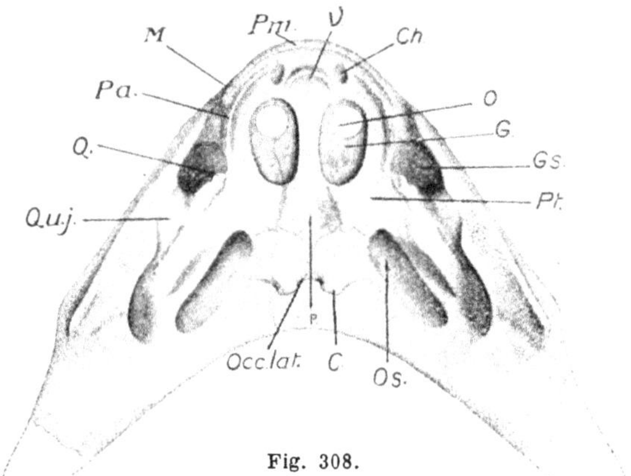

Fig. 308.
Diplocaulus magnicornis Cope.
Schädelunterseite. (Nach Broili.)
O Augenöffnungen, *Ch* Choanen, *V* Vomerregion, *Pa* Palatinregion, *M* Maxillarregion, *Pm* Praemaxillare, *Q* Quadratum, *Quj* Quadratojugale, *P* Parasphenoid, *Pt* Pterygoid, *Occ.lat.* Occipitalia lateralia, *G* Gaumengruben, *Gs* Gaumenschläfengruben, *Os* Ohrenschlitzgruben (geschlossen), *C* Condyli occipitales. Perm. Seymour, Baylor Co. Texas. Ca. $^1/_6$ nat. Gr.

**Diplocaulus* Cope (Fig. 266*b*, 285, 271 A, 308). Schädel halbmondförmig, sehr flach, grubig skulpiert. Nähte und Foramen parietale bei jugendlichen Individuen wahrnehmbar. Augen sehr weit nach vorne gerückt. Belegknochen rückwärts der Frontalia und Postfrontalia abnorm vergrößert, die Ohrenschlitze überwuchernd und seitlich flügelartig verbreitert. Frontalia miteinander verschmolzen. Quadratum in der vorderen Schädelhälfte. Maxillarzahnreihe ca. $^1/_2$—$^1/_3$ der ganzen Schädellänge einnehmend. Auf dem Palatin bzw. Vomer zweite Zahnreihe, ebenso auch in der Symphysenregion des Unterkiefers. Zähne klein, gleich groß. Wirbelkörper tief amphicöl, fest mit oberem Bogen verschmolzen. Zygosphen-Zygantrum. Dornfortsätze nicht verknöchert. Vorderextremitäten kleiner als die Hinterextremitäten. Humerus mit Foramen entepicondyloideum. Diplocaulus war vielleicht in sekundärer Anpassung ein Wasserbewohner und zwar eine froschlarvenähnliche Grundform. Perm[1]). Nordamerika. ? Ob. Karbon. Illinois.

[1]) Die permischen Vertebratenreste führenden Ablagerungen Nordamerikas sind »unteres« Perm.

Crossotelos Case. Perm. Oklahama.

Den *Diplocaulidae* sehr nahestehend, anderseits an *Urocordylus* etc. erinnernd, ist *Batrachiderpeton* Hancock u. Atthey em. Watson. Schädeloberfläche ähnlich *Diplocaulus*. Die großen hinteren, seitlichen Fortsätze des Schädels von Squamosum und Tabulare gebildet. Schädelunterseite mit zwei Condylen, im übrigen durch die sehr großen median zusammenstoßenden Pterygoidea und das sehr rückgebildete Parasphenoid sehr reptilähnlich. Cleithrum T-förmig. Karbon, England.

Familie **Aistopodidae** Miall.

Körper sehr lang, schlangenartig, ohne Extremitäten und Brustgürtel. Rippen dünn, grätenartig. Ob. Karbon.

**Dolichosoma* Huxley (Fig. 309). Schädel schmal, dreieckig, mit zugespitzter Schnauze; die Kopfknochen glatt. Scheitel-, Stirn- und Nasenbeine bei *D. longissimum* miteinander verschmolzen. Zwischenkiefer sehr klein. Wirbel sanduhrförmig, mehr als 150 Stück. Oberer Bogen breit, mit niederem Dornfortsatz. Rippen einköpfig, zart. Bauchpanzer scheint zu fehlen. Steinkohlenformation von Kilkenny, Irland und Gaskohle von Nürschan, Böhmen.

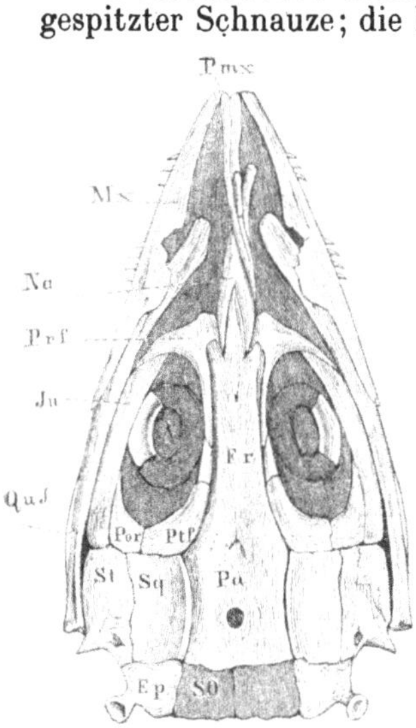

Fig. 309. Kopf von *Dolichosoma longissimum* Fritsch. Ob. Karbon. Nürschan, Böhmen. Restauriert in dreifacher Vergr. *St* Supratemporale, *Sq* Squamosum, *So* Postparietale, *Ep* Tabulare. Sonstige Bezeichnungen wie früher. (Nach Fritsch.)

Phlegethontia Cope. Zygosphen zwischen den Postzygapophysen. Rippen und Schuppen kaum entwickelt. Oberes Karbon. Nordamerika.

Ophiderpeton Huxley (Fig. 310). Schädel unvollständig bekannt, kürzer und stumpfer als bei *Dolichosoma*. Oberer Bogen fest mit dem Wirbelkörper verwachsen. Dornfortsatz nieder. Unterer Querfortsatz als breite Platte in der vorderen Hälfte des Wirbels entwickelt. Rippe zweiköpfig, aus einem ventralen Abschnitt (Capitulum und langem Fortsatz) und einem dorsalen Teil (Tuberculum und kurzem Fortsatz) bestehend. Bauchschuppen haferkornförmig, schmal, lang, vorn und hinten zugespitzt; Rückenschuppen ähnlich Chagrinkörnern. *O. Brownriggi* Huxley aus Kilkenny in Irland wird 40—60 cm lang. Fünf kleinere Arten in der Gaskohle von Nürschan, Böhmen.

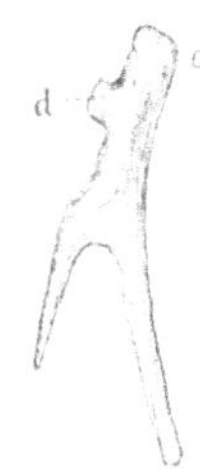

Fig. 310. *Ophiderpeton granulosum* Fritsch. Rippe in sechsfacher Vergr. Ob. Karbon. Gaskohle. Nürschan. *c* Capitulum, *d* Tuberculum. (Nach Fritsch.)

Tyrsidium Cope. Ähnlich den vorigen. Ob. Karbon. Nordamerika.

Molgophis Cope. Unterer Querfortsatz als kräftige Leiste ausgebildet. Ohne Schuppen. Oberes Karbon. Nordamerika.

Erpetobrachium Moodie. Ob. Karbon. Illinois.

2. Ordnung: **Coeciliae** *(Gymnophiona)*, Blindwühlen[1]).

Körper wurmförmig, mit in ringförmigen Hautfalten eingelagerten, kleinen Schuppen. Schädel solid verknöchert.

---

[1]) *Wiedersheim*, Die Anatomie der Gymnophionen. Jena 1879. — *Peter K.*, Die Wirbelsäule der Gymnophionen. Freiburg 1896.

Wirbel amphicöl mit Chordaresten und mit kräftigen Rippen. Kiefer, Palatinum und Vomer mit kleinen gekrümmten Zähnchen, Extremitäten sowie deren Gürtel fehlen.

Die infolge der unterirdisch grabenden Lebensweise mit kleinen unter der Haut gelegenen Augen ausgestatteten Blindwühlen bilden eine kleine, auf die Tropen der Alten und Neuen Welt beschränkte Ordnung, von welcher sichere fossile Vertreter bis jetzt nicht bekannt sind. Sie erinnern in ihrem Aussehen zwar sehr an die extremitätenlosen Aistopodidae (Lepospondyli), der wie bei diesen Stegocephalen solid verknöcherte Schädel unterscheidet sich von ihnen aber durch den Mangel eines Foramen par. sowie auch die geringe Anzahl der sich entwickelnden Belegknochen, von denen ihnen neben anderen stets die Postparietalia (Supraoccipitalia) und Supratemporalia fehlen; ferner sind im speziellen Bau der Wirbel Differenzen vorhanden.

3. Ordnung: **Urodela**, Schwanzlurche[1]).

Nackthäutige, langgestreckte, geschwänzte Lurche mit oder ohne äußere Kiemen und meist mit vier kurzen Extremitäten. Wirbelkörper gewöhnlich solid verknöchert. Foramen parietale fehlt.

Die Urodelen ähneln zwar in ihrem allgemeinen Habitus den phyllospondylen Branchiosauriern, mit denen sie auch von einigen Autoren in direkte genetische Beziehung gebracht werden, unterscheiden sich aber von ihnen und den übrigen Stegocephalen hauptsächlich durch nackte Haut, durch wohl verknöcherte (nur selten von der Chorda durchbohrte), gestreckte, amphicöle oder opisthocöle Wirbel mit schwach entwickelten Quer- und Dornfortsätzen, durch den Mangel eines Foramen parietale und durch den abweichenden Bau des Brustgürtels, sowie durch die wesentlich geringere Zahl der das Schädeldach bildenden Belegknochen.

Der flache, breite, vorne abgerundete Schädel besteht auch im ausgewachsenen Zustande noch teilweise aus Knorpel, ist aber durch Deckknochen geschützt oder aus Knorpelknochen zusammengesetzt. Am Schädel finden sich außer den Exoccipitalia lateralia, dem Prooticum und dem Sphenethmoid stets Parietalia, Frontalia und in der Regel auch Nasalia. Praefrontalia sind meist, Lacrimalia nur selten zur Ausbildung gelangt. Quadratum, Squamosum sind ebenso wie ein kleines Operculum verknöchert, während das Quadratojugale durch ein Ligament ersetzt ist. Auf der Schädelunterseite ossifiziert das Pa-

---

[1]) *Dollo L.*, Note s. l. Batracien (Hylaeobatrachus) de Bernissart. Bull. d. Mus. R. d'hist. nat. de Belg. 1884. III. — *Laube G.*, Andriasreste aus d. böhmischen Kreideformation. Abhandl. d. deutsch. naturwiss. Ver. f. Böhmen »Lotos«. Prag 1897. Amphibienreste aus dem Diatomeenschiefer von Sullowitz im böhm. Mittelgebirge. Ibid. 1898. — *Meyer H. v.*, Zur Fauna der Vorwelt. Fossile Säugetiere, Vögel und Reptilien aus dem Molassemergel von Öningen 1845. S. 18—40. — Palaeontographica Bd. II p. 70, VII p. 46—73 und X p. 292. — *Pompeckj J. F.*, Abschnitt Amphibien im Handwörterb. d. Naturwissenschaften. — *Stefano G. de*, Sui batraci urodeli delle fosforiti del Quercy. Boll. d. S. Geol. Ital. Vol. XXII. 1903. — *Wiedersheim Rob.*, Salamandrina perspicillata. Versuch einer vergleichend. Anatomie der Salamandrinen. Würzburg 1875. 8°. — Das Kopfskelett der Urodelen. Leipzig 1877.

latinum nur in seltenen Fällen selbständig, in der Regel zeigt es sich mit dem Vomer verschmolzen, Parasphenoid und Pterygoid sind gewöhnlich durch ihre ansehnliche Größe ausgezeichnet; letztere können indessen ebenso wie auch die Maxillaria in seltenen Fällen nicht zur Ausbildung gelangen, während die Praemaxillaria stets entwickelt sind. Kleine spitzkonische Zähnchen können auf sämtlichen Elementen der Schädelunterseite auftreten (Fig. 311).

Der Schultergürtel bleibt zum größten Teil knorpelig. Nur am ventralen Teil der Scapula kann eine Ossifikation eintreten, welche auch auf Coracoid (und ? Procoracoid) übergreifen kann.

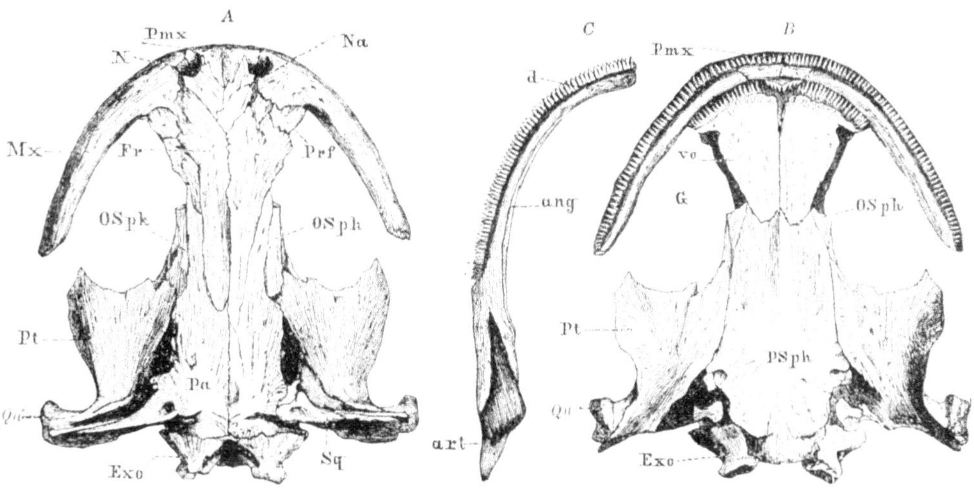

Fig. 311.
Schädel von *Cryptobranchus japonicus* v. d. Hoeven. *A* von oben, *B* von unten, *C* Unterkiefer, *Pmx* Praemaxillare, *Mx* Maxillare, *Na* Nasale, *Prf* Praefrontale, *Fr* Frontale, *Pa* Parietale, *Osph* Sphenethmoid, *Exo* Exoccipitale laterale mit Condylus occipitalis, *Qu* Quadratum, *Sq* Squamosum, *Pt* Pterygoid, *Psph* Parasphenoid, *Vo* Vomer, *G* Gaumenöffnung, *N* Nasenloch, *d* Dentale, *ang* Angulare, *art* Articulare.
Bei Fig. *B* ist zwischen *Exo* und *PSph* das kleine Operculum (Gehörknöchelchen) sichtbar (das andere Gehörknöchelchen, die Columella, ist auf der Abbildung undeutlich).

Am Beckengürtel sind nur das Ischium und der mittlere Teil des Ilium verknöchert, das Pubis bleibt ebenso wie das sich gabelnde Epipubis gewisser Salamandrinen knorpelig.

Die Extremitäten stimmen im wesentlichen mit den Stegocephalen überein. Carpus und Tarsus sind bald knorpelig, bald verknöchert.

Die Urodelen leben in süßen Gewässern oder an feuchten, schattigen Plätzen und ernähren sich von Würmern, Schnecken, kleineren Wassertieren und Fischlaich. Fossile Überreste kommen nur in Süßwasserablagerungen vor, die ältesten in der Wälderstufe, die meisten im jüngeren Tertiär.

1. Unterordnung: **Ichthyoidea**, Fischlurche, Kiemenlurche.

Wirbel amphicöl, mit Chordaresten. Drei Paar persistierende äußere Kiemen, 2—3 Kiemenspalten (Perennibranchiaten) oder ein Kiemenloch (Derotremen) vorhanden. Augen klein, ohne deutliche Lider. Wasserbewohner.

Zu dieser Gruppe gehört wahrscheinlich *Hylaeobatrachus* Dollo aus dem Wälderton von Bernissart in Belgien, wovon nur ein einziges Exemplar bekannt ist; ferner der schon von J. J. Scheuchzer als *Homo diluvii tristis testis* beschriebene Riesensalamander (*Andrias Scheuchzeri*) von Öningen in Baden (Fig. 312). Derselbe erreicht eine Länge von mehr als 1 m und unterscheidet sich von dem in Japan lebenden *Cryptobranchus* v. d. Hoeven (*Megalobatrachus* Tschudi) nur durch unerhebliche Differenzen im Skelettbau. Eine zweite kleinere Form (*Andrias Tschudii* Meyer) findet sich in der Braunkohle von Rott bei Bonn, auch aus oberoligocänen Kohlenschichten von Böhmen wird durch Laube eine Art beschrieben. Hieher gehört auch *Plicagnathus* H. J. Cook aus dem Unt. Pliocän Nebraskas. Die Stellung von *Scapherpeton* Cope aus der oberen Kreide Kanadas (cf. Lambe, Contrib. to Canad. Pal. Vol. III, 1902, S. 31) zu den *Amblystomidae* ist unsicher.

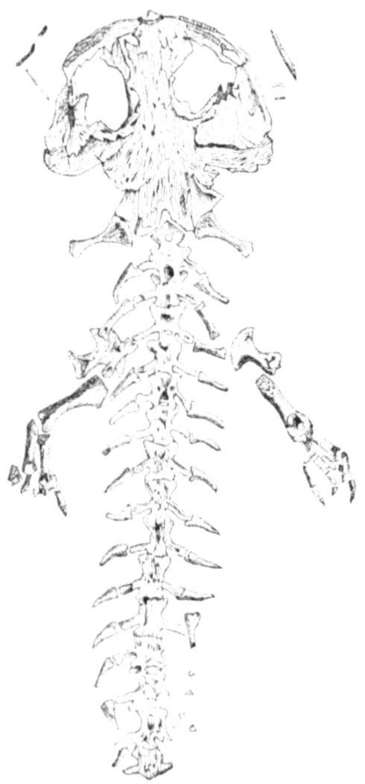

Fig. 312. *Andrias Scheuchzeri* Tschudi. Miocän. Öningen, Baden. Das Scheuchzersche Originalexemplar nach der Bearbeitung durch Cuvier. 1/4 nat. Gr.

2. Unterordnung: **Salamandrina**, Molche.

Wirbel amphicöl, selten (Desmognathinae) opisthocöl, vollständig verknöchert. Kiemen oder Kiemenlöcher fehlen. Augenlider vorhanden.

Abgesehen von zwei unvollständigen als ? Triton und Polysemia aus dem Cenoman der Provinz Benevent (d'Erasmo: Palaeontographia italica 1914) beschriebenen Resten sind verschiedene, den jetzt lebenden Salamandern nahestehende fossile Gattungen (*Polysemia*, *Heliarchon*, *Archaeotriton* H. v. Meyer, ? *Chelotriton* Pomel, dessen Dornfortsätze verbreitert und gerauht sind, *Heteroclitotriton* de Stef., *Megalotriton* Zitt. und *Salamandra* selbst) aus dem Tertiär (Quercy, Sansan; Rott und Erpel bei Bonn, Weissenau bei Mainz, in Spaltfüllungen des Jura, Böhmen etc.) bekannt, jedoch überall selten.

4. Ordnung: **Anura**, Froschlurche[1]).

Nackthäutige, schwanzlose Lurche von gedrungenem Körperbau. Wirbel meist procöl. Schwanzwirbel zu einem dolchförmigen Knochen (Coccyx) verwachsen. Foramen parietale fehlt. Entwicklung in der Regel durch Metamorphose.

Der gedrungene Körperbau der Anuren wird durch die geringe Anzahl der meist procölen (selten opisthocölen: Aglossa, Discoglossidae,

[1]) *Bolkay St. J.*, Addit. to the fossil Herpetology of Hungary from the Pannonian and praeglacial Period. Mitt. a. d. Jahrb. d. k. ung. geol. Reichsanstalt. 21. 7. 1913. — *Fejérváry G. J.*, Beitr. zur Kenntnis von Rana Méhelyi. Mitt. a. d. Jahrb. d. k. ung. geol. Reichsanstalt. 23. Bd. 1916. Anoures fossiles de couches préglaciaires de Püspökfürdö en Hongrie en consid. spec. d. dévelop. phylétique d. sacrum chez l. Anoures. Földtani Közlöny. 1917. Bd. 47. Kritische Bemerkungen zur Osteologie, Phylogonie und Systematik der Anuren. Archiv f. Naturgeschichte. 87. 1921. — *Meyer H. v.*, Zur Fauna der Vorwelt. Fossile Wirbeltiere von Öningen. 1845. N. Jahrb. f. Mineralogie 1843. S. 395, 580. 1845 S. 798. 1846 S. 351. 1847 S. 192. 1851 S. 78. 1852 S. 57, 465. 1853 S. 162. 1858 S. 202. 1863 S. 187 und Palae-

einige Pelobatidae) Wirbel veranlaßt, insofern bereits der 6. (Hymenochirus), meistens aber der 9. Wirbel als einziger Sacralwirbel mit dem Ilium sich verbindet. Bei Palaeobatrachus Tschudi sind zwei bis drei (ein bis zwei Synsacralwirbel), bei Bufavus Portis (Miocän), Platosphus de l'Isle und Pliobatrachus Féjérváry (Pliocän) zwei Sacralwirbel (ein Synsacralwirbel) beobachtet worden. Bei den lebenden Anuren kann in seltenen Fällen der Sacralwirbel mit dem Coccyx koossifizieren (Pelobates, Pipa etc.). Hinter dem Sacralwirbel folgt ein langer, dolchförmiger Knochen (Coccyx, Urostyl), welcher aus der Verschmelzung mehrerer Schwanzwirbel hervorgehen dürfte (Fig. 313). Kurze, freie Rippen kommen nur bei den Discoglossiden vor, dagegen sind die Querfortsätze (Diapophysen), mit denen die Rippen im Laufe der Entwicklung in der Regel verschmelzen, gewöhnlich als kräftige dornartige Gebilde entwickelt.

Für den Schädel (Fig. 260) sind die zu einem Knochenpaar (Frontoparietalia) vereinigten Parietalia und Frontalia bezeichnend, ebenso wie das ringförmige, teilweise von den Nasalia

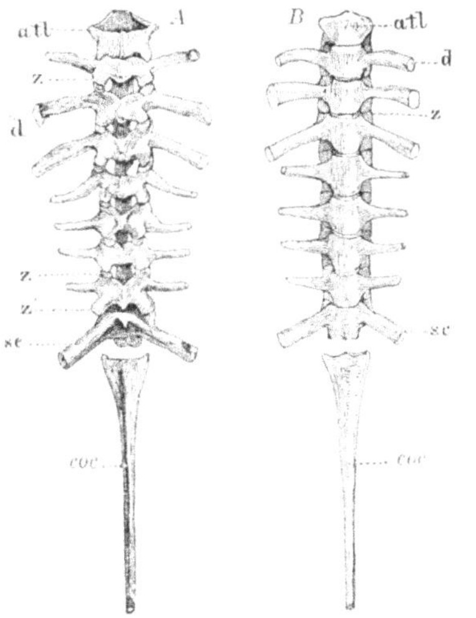

Fig. 313.
Wirbelsäule von *Rana esculenta*. *A* von oben, *B* von unten. (Nat. Gr.) *atl* Atlas, *d* Querfortsätze (Diapophysen), *z* vordere, *z'* hintere Gelenkfortsätze (Zygapophysen), *sc* Sacralwirbel, *coc* Coccyx.

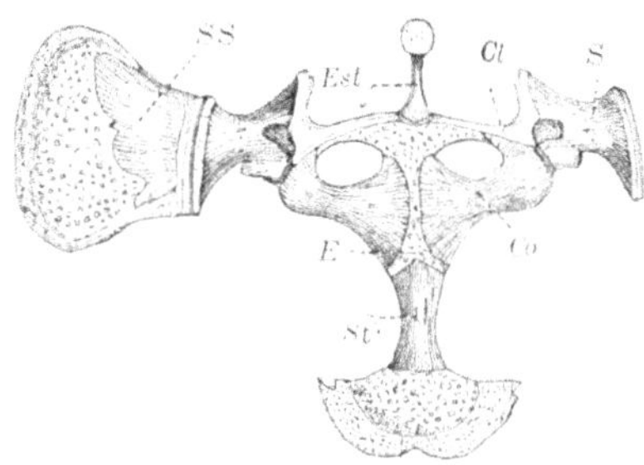

Fig. 314.
Brustschultergürtel von *Rana temporaria*. *Est* Omosternum, *St* Sternum, *S* Scapula, *SS* Suprascapula, *Cl* Clavicula, *Co* Coracoid, *E* Epicoracoid.

bedeckte Gürtelbein (Os en ceinture), das aus medianer Verschmelzung der Sphenethmoidea hervorgegangen ist. Exoccipitalia lateralia und Prooticum sind verknöchert, ebenso das T-förmige Parasphenoid, ferner Pterygoid, Palatin (kann fehlen), Squamosum und Jugale, welches den Quadratknorpel mit dem Maxillare verbindet. Kleine, bürstenförmige Zähnchen, die manchmal ganz reduziert sein können, finden sich auf diesem wie auf den Praemaxillare und Vomer (sehr selten auf Parasphenoid und Palatin).

Der Brustgürtel (Fig. 314) besteht aus einer großen, meist mit einer unvollkommen oder gar nicht ossifizierten Suprascapula beweglich

ontographica Bd. II u. VII. — *Moodie R.*, An Americ. jurassic frog. (Americ. Journ. Soc. 39. 1912. S. 286.) The Mazon Creek Illinois Shales and their Amphibian Fauna. Americ. Journ. Soc. 34. 1912. — *Vidal L. M.*, Sur la présence de l'étage kiméridgien au Montsech (etc.) et découverte d'un Batracien dans ses assises (Mém. de l. R. Acad. de Ciencas y Artes de Barcelona 4. Nr. 18. 1902). — *Wolterstorff W.*, Über fossile Frösche, insbesondere Palaeobatrachus. Jahresber. des naturw. Vereins in Magdeburg für 1885 und 1886 (mit vollständigem Literaturnachweis), I. II. 1886. 1887. — *Zittel*, Handbuch III. 1888.

verbundenen Scapula, mit welcher Clavicula und Coracoid auf die gleiche Weise in Zusammenhang treten. Das große, gewöhnlich knorpelige Brustbein enthält zwei verknöcherte Stücke, ein vorderes Omosternum und ein hinteres Sternum, welches in einer knorpeligen, halbkreisförmigen Platte endigt. In der vorderen vierfingerigen Extremität (der 5. Finger bleibt rudimentär) verwachsen Ulna und Radius, die kleinen Carpalia liegen in zwei Reihen.

Im Beckengürtel bilden das stark verlängerte Ilium mit dem kleinen Ischium die Gelenkpfanne für den Femur. Das unbedeutende Pubis verknöchert nur in Ausnahmefällen. Tibia und Fibula verwachsen, von den Tarsalia sind die zwei der proximalen Reihe (Astragalus und

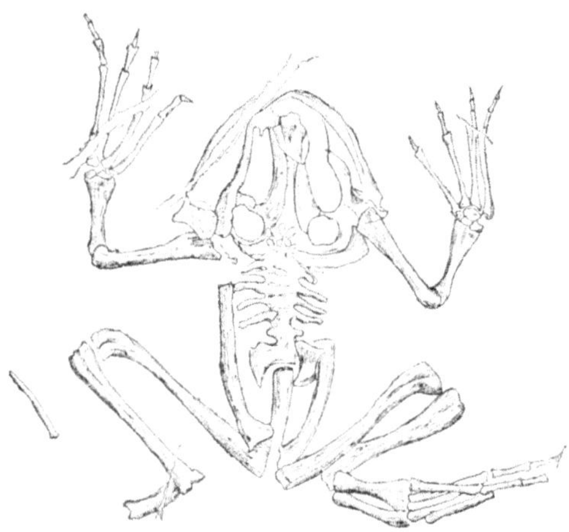

Fig. 315.
Palaeobatrachus grandipes Giebel. Braunkohle. Orsberg im Siebengebirge. ⅔ nat. Gr. (Nach Wolterstorff.)

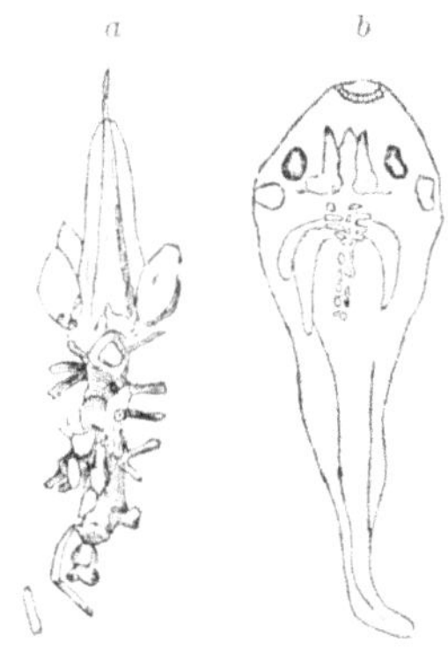

Fig. 316.
Larven von *Palaeobatrachus Fritschii* Wolterst. Ob. Miocäne Braunkohle von Kaltennordheim, Rhön. Nat. Gr. (Nach Wolterstorff u. Meyer.)

Calcaneus) stark verlängert und können gleichfalls miteinander verwachsen; die Füße sind fünfzehig.

Fossile Frösche sind selten. Die ältesten sicher bestimmbaren Reste finden sich — bereits volkommen spezialisiert — im oberen Jura (Kimmeridgien) von Montsech (Provinz Lerida, Spanien), wo ein Abdruck eines vollständigen Individuums (»*Palaeobatrachus*« = *Montsechobatrachus* Fejérváry: *M. Gaudryi* Vidal) und in den Como beds (Grenzschichten zwischen Jura und Kreide) von Wyoming, wo einzelne bufonidenähnliche Skeletteile (*Eobatrachus agilis* Marsh) entdeckt wurden; im Obereocän noch selten — Wyoming, Ostindien (*Oxyglossus pussillus* Owen) —, werden sie häufiger im Oligocän und Miocän von Südfrankreich, Oberitalien und Mitteleuropa (Mainzer Becken, Wetterau, Siebengebirge, Günzburg, Böhmen), wo namentlich die Gattungen *Bufo*, *Rana* und **Palaeobatrachus*, *Pelobates* u. a. durch zahlreiche Arten vertreten sind. In den Phosphoriten von Quercy findet man Mumien von *Rana plicata* Filhol. und *Bufo*, und in der Braunkohle des Siebengebirgs (Rott) und der Rhön (Sieblos) sind auch Larven von *Palaeobatrachus* (Fig. 315, 316) häufig. Vollständige Skelette von großen Kröten (*Latonia Seyfriedi* v. Meyer und *Pelophilus Agassizi* Tschudi) sind aus dem miocänen Südwassermergel von Öningen bekannt; auch die gleichalterigen Ablagerungen von Günzburg, Sansan und Sinigaglia enthalten Reste von Anuren. Die diluvialen namentlich aus Höhlen stammenden Frösche rühren wie die daselbst vorkommenden Urodelen überwiegend von jetzt noch lebenden Gattungen her.

Zeitliche Verbreitung der Amphibien.

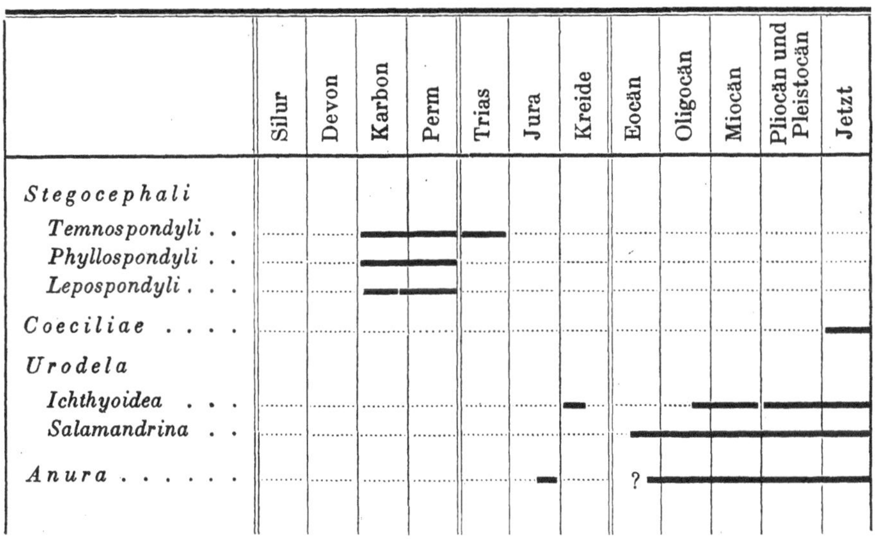

3. Klasse. **Reptilia.** Reptilien. Kriechtiere[1]).

(Bearbeitet von F. Broili.)

Wechselwarme, beschuppte, mit knöchernen Platten gepanzerte oder nackte Land- oder Wassertiere mit ausschließlicher Lungenatmung. Herz mit doppelter Vorkammer und meist unvollkommen zweigeteilter Kammer. Skelett vollständig verknöchert. Entwicklung der Em-

[1]) Siehe auch Amphibia! *Baur G.*, On the phylogenetic arrangement of the Sauropsida. Journal of Morphology. Vol. I. 1887. Boston. — *Brühl*, Reptilienkopf. Wien 1886. — *Cope Edw.*, Synopsis of the extinct. Batrachia, Reptilia and Aves of North America. Transactions Amer. Philos. Soc. 1869. Vol. XIV. — *Gadow H.*, Amphibia and Reptiles. Cambridge Nat. Hist. Vol. VIII. 1901. — *Gregory W. K.* a. *Camp C. L.*, Studies in comparative myology and osteology. Bull. Americ. Mus. Nat. Hist. 38 u. 42. 1918 u. 1920. (*Adams L. A.*, A memoir on the phylogeny of the jaw muscles in recent and fossil vertebrates. Ann. of the New York. Acad. of sci. Vol. 28. 1919.) — *Hay O. P.*, Bibliography and Catalogue of the fossil Vertebrata of North America. U. S. Geol. Surv. Bull. 179. 1902. — *Hoffmann C. K.*, Die Reptilien in *Bronns* Klassen und Ordnungen des Tierreichs. Bd. VI, 3. Abt. 1879—1889. — *Lydekker R.*, Catalogue of the fossil Reptilia and Amphibia in the British Museum. Part I—IV. London 1888—1890. — *Meyer H. v.*, Zur Fauna der Vorwelt. 1.—4. Abt. Frankfurt a. M. 1847—59. Folio. — *Owen Rich.*, Report on British fossil Reptilia. I. Rep. of the IX. meet. Brit. Assoc. for the advancement of Science for 1839, p. 43—126. II. Ibid. for 1841 p. 60—204. — *Tornier G.*, Abschnitt: Reptilien im Handwörterbuch d. Naturwissenschaften 1913. — *Williston S. W.*, Water Reptiles of the Past and Present. Chicago 1914. — *Zittel K.*, Handbuch der Paläontologie III. Dort ält. Lit., besond. für die einzelnen Abschnitte!

bryonen ohne Metamorphose, mit Amnion und Allantois. Hinterhaupt mit einem unparen Gelenkkopf. Im allgemeinen herrscht ein langgestreckter, walzenförmiger Leib vor.

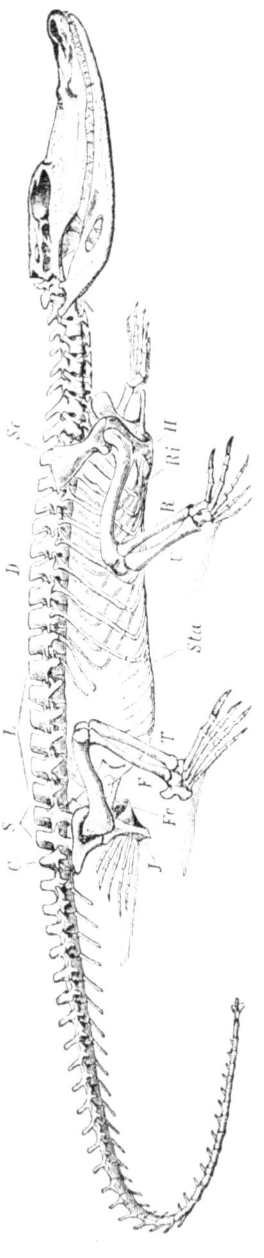

Fig. 317. Krokodilskelett. *D* Rückenabschnitt, *L* Lendenabschnitt, *S* die 2 Sacralwirbel, *C* der erste Schwanzwirbel, *Ri* Rippen, *Sc* Scapula, *H* Humerus, *R* Radius, *U* Ulna, *J* Ischium, *Fe* Femur, *T* Tibia, *F* Fibula, *Sta* Bauchrippen. (Nach Claus.)

In der äußeren Erscheinung (Fig. 317) steht die Mehrzahl der lebenden Reptilien in bezug auf den langgestreckten walzenförmigen Leib und auf ihre Fortbewegungsweise (Kriechtiere) den Amphibien am nächsten, viele, namentlich fossile Formen, zeichnen sich aber durch weit bedeutendere Dimensionen und verschiedentlich auch durch weit größere Mannigfaltigkeit aus, insoferne manche von ihnen einen äußerst gedrungenen Bau (Schildkröten), andere einen an die Vögel erinnernde Gestaltungsform (Flugsaurier) besitzen, andere hinwiederum im hohen Grade dem Leben im Wasser angepaßt sind. Außerordentlich verschieden gestaltet sind infolgedessen die Extremitäten. Bei den Pterosauriern fungieren die mit einer feingefältelten Flughaut ausgestatteten Vorderfüße als Schwingen, bei gewissen Dinosauriern erlangen die Extremitätenknochen eine Länge und Stärke, wie sie sonst nur bei den größten Landsäugetieren vorkommen, bei den Meersauriern nehmen sie paddelartige Gestalt an, bei den meisten Eidechsen, Theromorphen, Krokodilen u. a. sind es Gehfüße, und bei den Schlangen und manchen Eidechsen fehlen sie vollständig.

Die Haut der Reptilien ist von derberer Beschaffenheit als bei den Amphibien und häufig durch Verknöcherung der Lederhaut (Cutis) und Verhornung der Oberhaut (Epidermis) zu einem förmlichen Hautskelett umgestaltet. In der Regel haben die Verhornungen und Verknöcherungen die Form von Schuppen (squamae), Schildern (scuta) oder Platten; erstere legen sich dachziegelförmig übereinander, die Schilder und Platten stoßen mit ihren Rändern häufig einfach aneinander und bilden zuweilen einen förmlichen Panzer.

Die Wirbelsäule ist stets verknöchert, doch können teilweise noch Chordareste persistieren. Wo überhaupt Extremitäten vorhanden sind, unterscheidet man gewöhnlich Hals-, Rumpf-, Becken- und Schwanzregion; ja in vielen Fällen läßt sich an der Rumpfregion noch ein Brust- und ein Lendenabschnitt unterscheiden. Die vorderen und hinteren

Endflächen der Wirbelcentra sind entweder ausgehöhlt oder in verschiedener Weise gewölbt, so daß amphicöle, platycöle (vorn und hinten schwach vertiefte), procöle und opisthocöle Wirbel vorkommen. Amphicöle Wirbel, bei denen die Chorda in einem kurzen Kanal die beiden Hohlkegel verbindet, werden auch notochordal genannt. Mit den oberen Bögen sind die Wirbelkörper entweder nur durch Knorpel oder Sutur verbunden oder vollständig verwachsen. Die Dornfortsätze sind stets solid verknöchert, zuweilen ungemein verlängert, zuweilen vergabelt (z. B. Chamaeleo crist., Lophura ambon., Naosaurus, Spinosaurus, Dimetrodon) oder horizontal ausgebreitet und mit Hautplatten verschmolzen (z. B. Schildkröten). Die etwas schiefen oder fast horizontalen, nach oben gerichteten Gelenkflächen der vorderen Präzygapophysen werden von den hinteren Postzygapophysen des vorhergehenden Wirbels bedeckt. Zuweilen sind die Wirbel auch noch durch einen medianen Fortsatz an der Vorderseite oder Hinterseite der oberen Bögen (Zygosphen, Hyposphen), welcher in eine Grube an der Hinterseite oder Vorderseite des vorhergehenden Wirbelbogens (Zygantrum, Hypantrum) paßt, miteinander verbunden. Die rippentragenden Querfortsätze (Processus transversus) gehen entweder vom Wirbelkörper selbst oder vom oberen Bogen an seiner Grenze gegen den letzteren aus. Der auf den Atlas folgende Wirbel wird bei den Reptilien zum Epistropheus. Ihre von den übrigen Wirbeln abweichende Gestalt erhalten diese beiden dadurch, daß der knorpelige Wirbelkörper des Atlas mit demjenigen des Epistropheus frühzeitig verwächst und zum Zahnfortsatz — Processus odontoides — desselben wird, der seinerseits in die selbständig gebliebenen und sich mit einem ventralen Knochenstück ringförmig zusammenschließenden Bogenhälften des Atlas eingreift. Dieser Ring wird quer durch ein bindegewebiges Band abgeteilt, durch die obere Hälfte zieht das Rückenmark, in die untere greift der Zahnfortsatz ein. Auf diese Weise wird eine größere Beweglichkeit des Kopfes erreicht. Manchmal findet sich zwischen Atlas und Kopf ein unpaares Knochenstück: Proatlas (Ophiacodon).

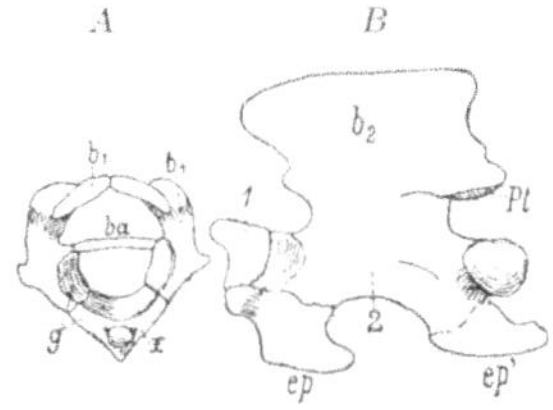

Fig. 318.
A Atlas eines Lepidosauriers (*Varanus*) von vorne, *B* Epistropheus desselben von der Seite. b_1 Atlasbogen, b_2 Epistropheusbogen, *ba* Band, unterhalb desselben ragt 1 (Processus odontoides) hinein, oberhalb desselben liegt das Rückenmark, *ep* u. *ep'* zwei unpaare Verknöcherungen (Epiphysen) an der Unterseite des Epistropheus, *g* Gelenkfläche für den Condylus, *x* Knochenstück, welches den Atlasbogen ventral schließt. 1. Körper des Atlas (Zahnfortsatz, Processus odontoides). 2. Körper des Epistropheus, *Pt* Postzygapophyse des Epistropheus. (Nach Boas.)

Wie bei den Amphibien können auch hier an den Schwanzwirbeln untere Bogen (Hämapophysen, Chevron bones) zur Entwicklung gelangen. Am Sacralabschnitt nehmen bei den lebenden Reptilien stets zwei Wirbel teil, bei den fossilen schwankt die Zahl der Sacralwirbel zwischen 1 und 10. Sind mehr als drei vorhanden, so verschmelzen sie häufig zu einem unbeweglichen Heiligenbein. Gelegentlich kommt auch ein Sacralwirbel vor (z. B. Seymouria, Mosasauria). Durch den Mangel eines differenzierten Sacralabschnittes zeichnen sich die Schlangen, verschiedene Lacertilier, *Pythonomorpha* und *Ichthyosauria* aus. Nicht selten schalten sich ventral vom Epistropheus an bis in die Schwanzregion hinein zwischen alle Wirbelkörper kleinere keilförmige Knochenscheiben, die Intercentra, ein.

Mit Ausnahme der letzten Schwanzwirbel können vom Epistropheus ab sämtliche Reptilienwirbel Rippen tragen (Fig. 319). Die Halsrippen sind in der Regel kurz, am distalen Ende meist vorn und hinten verbreitert und beilförmig gestaltet. Ist ein Brustbein vorhanden, woran sich die in der Regel nur knorpeligen distalen Abschnitte (= *Sternocostalia*) der Rippen (Sternalrippen) im Gegensatz zu den Amphibien anheften, so sind Hals und Rumpf scharf geschieden; fehlen jedoch Sternalrippen, so bleibt die Grenze zwichen Hals- und Rückenabschnitt etwas unsicher. Hinter den Sternalrippen folgt eine Anzahl freier, nicht am Brustbein befestigter Rippen; gehen dem Sacralabschnitt rippenlose Wirbel (Lumbar, Lendenwirbel) voraus, so wird der Rumpf in eine Rücken- und Lendenregion zerlegt. Die

Fig. 319.
A Vorderer, *B* hinterer, procöler Brustwirbel von *Alligator lucius*. (Nach Gegenbaur.) *WK* Wirbelkörper, *OB* Ob. Bogen, *sp* (Dornfortsatz) Processus spinosus, *Pr* vorderer Gelenkfortsatz (Präzygapophyse), *d* Ob. Querfortsatz (Processus transversus) = Diapophyse, *P* unterer Querfortsatz = Parapophyse, *t* Tuberculum, *c* Capitulum der Rippe *R*, *M* Rückenmarkskanal.

Rippen sind entweder ein- (z. B. Lepidosauria) oder zweiköpfig; im letzteren Fall unterscheidet man an den proximalen Gelenkköpfen ein unteres Capitulum und ein oberes Tuberculum, von denen allermeist das erstere durch die Parapophyse des Wirbelkörpers, das letztere durch die Diapophyse des oberen Bogens (unterer und oberer Querfortsatz) getragen wird. Die Ichthyosaurier allein haben 2 Gelenkhöcker am Wirbelkörper; bei den Rückenwirbeln der Crocodilier, Phytosaurier und Dinosaurier rückt der capitulare Fortsatz der Rippe auf den oberen Bogen zu einer Verbindung mit der Diapophyse. Vereinzelt (Rhynchocephalen) findet sich auch an der oberen hinteren Hälfte der Rippe ein nach hinten und aufwärts gerichteter Fortsatz (Processus uncinatus). Bei den Schildkröten verwachsen die Rippen gewöhnlich mit breiten Knochenplatten des Hautskelettes.

In seltenen Fällen ist bei einigen paläozoischen Reptilien (Varanosaurus, Palaeohatteria usw.) ein ventrales Hautskelett in Gestalt verknöcherter Stäbchen beobachtet worden; bei anderen Formen (Sauropterygier, Crocodilier, Dinosaurier, Rhynchocephalen usw.) kommen auf der Bauchseite dünne, rippenartige Gebilde vor, welche in der Regel aus einem Mittelstück und zwei oder mehr Seitenteilen bestehen. Diese sog. Bauchrippen (besser Gastralia) sind Ossifikationen des Bindegewebes und entsprechen jenen Knochenstäbchen und den Bauchschuppen, wie wir sie bereits bei den Stegocephalen kennengelernt haben[1]).

---

[1]) *Doederlein L.*, Das Gastralskelett etc. Abhandl. Senkenberg. Naturf. Gesellsch. Bd. 26. 1901.

Der Schädel (Fig. 320—22) stimmt in den allgemeinen Verhältnissen seines Baues mehr mit den Vögeln als mit den Amphibien überein, und namentlich die Verknöcherung des Primordialcraniums ist in der Regel viel vollständiger als bei letzteren. In der Hinterhauptregion ver-

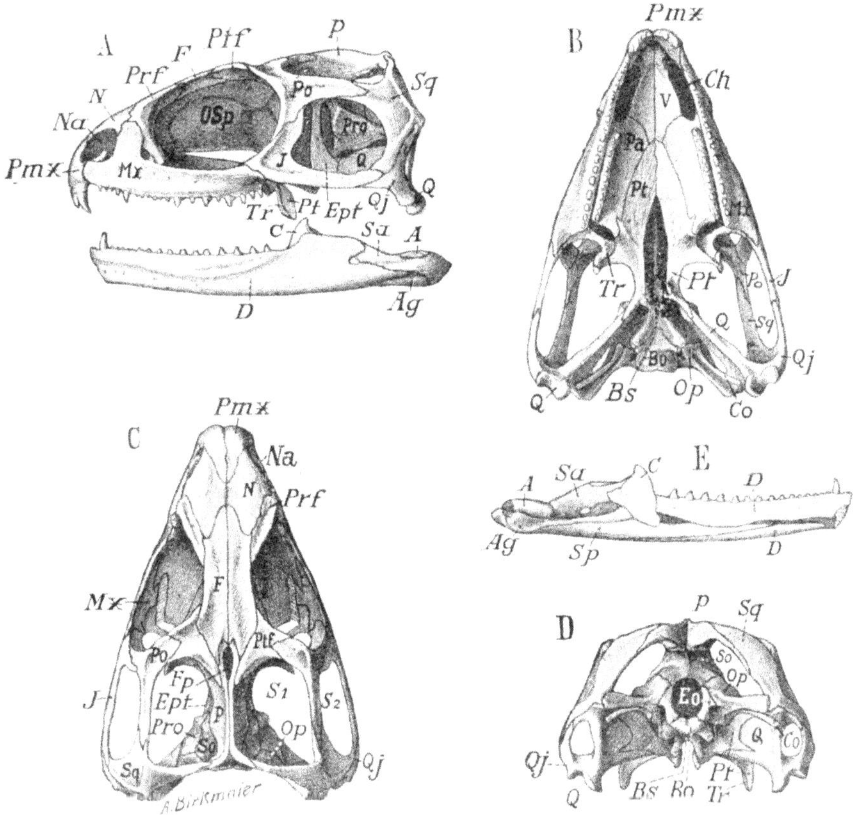

Fig. 320. *Sphenodon* (*Hatteria*) *punctatus* Gray von Neu-Seeland*).
A Schädel mit Unterkiefer von der Seite. *B* Schädel von unten. *C* Desgl. von oben, *D* Desgl. von hinten. *E* Unterkiefer von innen.
Na äußere Nasenlöcher, *OSp* Augenöffnung mit Interorbitalseptum, *Fp* Foramen parietale, S_1 S_2 obere und untere Schläfenöffnung, *Pmx* Praemaxillare, *Mx* Maxillare, *N* Nasale, *Prf* Praefontale, *F* Frontale, *Ptf* Postfrontale, *Po* Postorbitale, *P* Parietale, *So* Supraoccipitale, *Sq* Squamosum, *Eo* Exoccipitale (laterale), *Op* Opisthoticum, *Pro* Prooticum, *Ept* Epipterygoid, *Co* Columella auris, *Bo* Basioccipitale, *Bs* Basisphenoid mit dem dolchförmigen Rostrum, *Pt* Pterygoid, *Pa* Palatin, *V* Vomer, *Ch* innere Nasenlöcher (Choanen), *Tr* Transversum, *J* Jugale, *Qj* Quadratojugale, *Q* Quadratum, *A* Articulare, *Ag* Angulare, *Sp* Spleniale (Operculare), *Sa* Supraangulare, *C* Complementare mit Coronoidfortsatz, *D* Dentale. Orig. 4/5 nat. Gr.

---

[1]) *Gaupp E.*, Die Entwicklung des Kopfskeletts in *O. Hertwig*, Handbuch der Entwicklungslehre, Bd. III. 2. 1906. — *Gregory W. K.*, Critique of recent work on the morphology of the Vertebrate skull especially in relation to the origin of Mammals. Journal of Morphology 1913. Vol. 24. The origin of Mammals. Bull. Americ. Mus. Nat. Hist. 27. 1910. — *Fuchs H.*, Über den Bau und die Entwicklung des Schädels der Chelone imbricata I. (*Voeltzkow:* Reise in Ostafrika i. d. J. 1903—05). Bd. 5. Stuttgart 1915.

*) Dieser Originalzeichnung liegt das Material *F. Siebenrock* in Wien zugrunde (Sitzungs-Ber. Akad. Wissensch. Wien, Vol. 102, 1893), der mir dasselbe in liebenswürdigster Weise zur Verfügung stellte. Herrn Dr. *H. Fuchs* (Straßburg) verdanke ich wertvollen Aufschluß bezüglich des Quadratojugale. Beiden Herren sei auch hier bestens gedankt.

knöchern außer den Exoccipitalia lateralia (Pleuroccipitalia) noch das Basioccipitale und das Supraoccipitale, die sich entweder alle oder teilweise an der Umrahmung des Foramen magnum beteiligen können. Ein unpaarer, vom Basioccipitale allein, oder ein von diesem und den beiden Exoccipitalia lateralia gebildeter dreigeteilter, nierenförmiger Condylus occipitalis, welch letzterer die ursprünglichere Form darzustellen scheint, lenkt sich in die ringförmige Vertiefung des Atlas ein. An das Hinterhaupt schließen sich seitlich die Knochen der Gehörkapsel an, und zwar ist das an seinem Vorderrand von dem 3. Ast des Trigeminus durchbohrte Prooticum (Petrosum), das neben der Fenestra ovalis noch eine weitere Durchbrechung, die Fenestra rotunda, begrenzt, stets ein gesonderter Knochen,

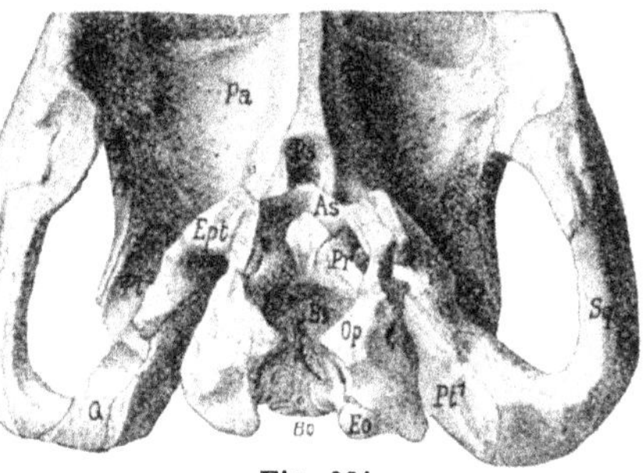

Fig. 321.
Placodus gigas Ag. Ob. Muschelkalk, Bayreuth. Hintere Hälfte des Schädels von oben. Die Belegknochen des Schädeldaches sind weggenommen, so daß die Gehirnkapsel und die angrenzenden Elemente der Schädelunterseite freigelegt sind. Man sieht in die Gehirnkapsel hinein und sieht vor dem Buchstaben *B* von *Bs* (= Basisphenoid) eine grubige Einsenkung = ? Hypophysengrube; eine die Vorderwand der Hirnkapsel überbrückende Spange = *As* ? Alisphenoid tritt deutlich hervor. *Bo* Basioccipitale, *Ps* Parasphenoid, *Pa* Palatin, zwischen ihnen, von Gestein ausgefüllt, wahrscheinlich ein knorpeliges Interorbitalseptum, *Tr* Transversum, Pt_1 Pt_2 vorderer und hinterer Flügel des Pterygoids, *Q* Quadratum, *Ept* Epipterygoid, *Pr* Prooticum, *Op* Opisthoticum, *Eo* Exoccipitale, *Sq* Squamosum, *J* Jugale. Ca. ⅓ nat. Gr. (Nach Broili.)

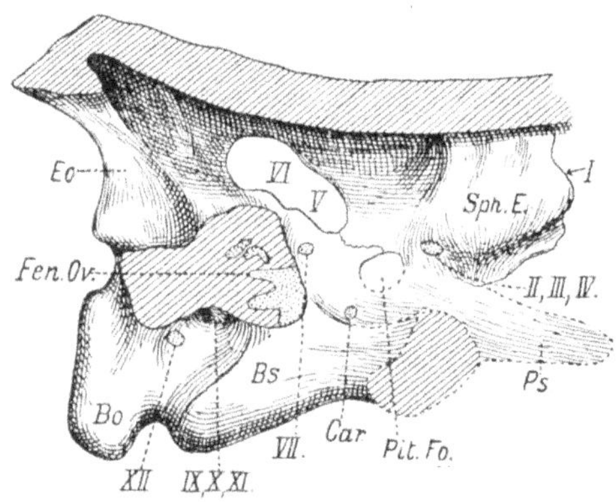

Fig. 322.
Cranium eines Pareiasauriers, von der Seite aufgeschnitten. *Eo* das mit den Gehörknochen (Opisthoticum und Prooticum) sowie dem Supraoccipitale verschmolzene Exoccipitale, *Bo* Basioccipitale, *Bs* Basisphenoid, *Ps* Parasphenoid, *Car* Kanal für die Carotis, *Pit.Fo* Hypophysengrube, *Sph. E* Sphenethmoid, *Fen.Ov* Fenestra ovalis, *I–XII* Austrittstellen der Kopfnerven. Ob.Perm. Südafrika. Ca. 1/8 nat. Gr. (Nach Watson.)

während Epioticum und Opisthoticum (Paroccipitale) häufig mit den Exoccipitalia (lateralia) verschmelzen. Wie bei den Amphibien findet sich auch hier ein besonderer Gehörknochen in die Fenestra ovalis eingefügt: Columella auris (Stapes). An der Schädelbasis folgt auf das Basioccipitale das Basisphenoid, das nach vorne in einen meist zugespitzten Fortsatz (Rostrum, Praesphenoid aut.) — das mehr oder weniger rudimentäre Parasphenoid — ausläuft. Ein selbständig ossifiziertes Parasphenoid findet sich bei den Reptilien als Seltenheit (Schildkröten: Dermochelys, ? Placodus). (Fig. 321, 322.)

Die übrigen bei den Reptilien in seltenen Fällen entwickelten Sphenoidalia werden als ? Alisphenoid und Orbitosphenoid (Crocodilia) gedeutet, an ihre Stelle tritt zuweilen (z. B. Hatteria) das häufig entwickelte, umfangreiche, knorpelige, manchmal teilweise verknöcherte Interorbitalseptum. In einigen Fällen (z. B. Dicynodon, Lystrosaurus, Diadectes, Dimetrodon gigas, Tyrannosaurus, Varanosaurus) wird ein verknöchertes »Mesethmoid« (besser »Ethmoidale«) beschrieben, das möglicherweise einem bei Pareiasaurus beobachteten Sphenethmoid homolog ist. Jedenfalls handelt es sich hier um Verknöcherungen des Ethmoidknorpels. Das Schädeldach wird vorzugsweise von Deckknochen gebildet; diese sind die paarigen, manchmal verschmolzenen Parietalia und Frontalia, ferner Praefrontalia (»Lacrimalia«) und Postfrontalia, Postorbitalia und Nasalia und nicht selten auch Lacrimalia (»Postnasalia« Jaekel, »Adlacrimalia« Gaupp)[1], manchmal auch Supraorbitalia (Prae-, Postsupraorbitalia) und Septomaxillaria (Narialia), z. B. Dimetrodon, Cynodontia. Selten, z. B. Labidosaurus, Limnoscelis, sind außer dem echten Supraoccipitale auch noch Postparietalia und Tabularia und andere Belegknochen ausgebildet; das Interparietale verschiedener Theromorphe und Euparkeria (Parasuchia) dürfte wahrscheinlich den verschmolzenen Postparietalia der Stegocephalen entsprechen, Fuchs deutet es als ein nach vorn verlagertes Supraoccipitale. Ein weiteres selteneres Element ist das unpaare, zwischen Frontalia und Parietalia eingeschaltete Praeparietale[2] (Gorgonopsia, Dicynodontia). Wie bei den Amphibien bleibt bei den Reptilien vom Visceralskelett der hintere Abschnitt des Palato-Quadratum, das hier stets verknöcherte Quadratum, bestehen, das bei nahezu sämtlichen Eidechsen, Schlangen und Pythonomorphen mehr oder weniger beweglich durch Bänder *(Streptostylica)*[3], bei den übrigen Reptilien hingegen mehr oder weniger fest (*Monimostylica* =Archosauria + Synaptosauria) meist durch das Squamosum (Paraquadratum) mit dem übrigen Schädel verbunden ist. Zwischen das letztere und das Parietale kann sich ein weiterer Belegknochen, das Supratemporale, einschieben. Die Verbindung des Quadratum mit den Belegknochen der Maxillarreihe: Maxillare und Praemaxillare, wird durch das Quadratojugale und Jugale hergestellt, innerhalb der Maxillarreihe begegnen uns wiederum die Elemente der Palatinreihe: Pterygoid, Palatinum und Vomer (Praevomer, Broom). Nicht selten erfolgt bei den Reptilien die Bildung eines (sekundären) harten Gaumens, einer knöchernen Scheidewand, welche die Nasenhöhle von der Mundhöhle trennt; an seinem Zustandekommen können Praemaxillaria, Maxillaria, Palatina, Vomer und Pterygoidea teilnehmen (z. B. Cynodontia, Schildkröten, Crocodilia, Fig. 339, 341). Bezeichnend für die meisten Reptilien ist das aus einem Fortsatz des Quadratknorpels hervorgegangene Epipterygoid (Columella aut.), das in senkrechter Richtung sich als schlanker, säulenförmiger Knochen gewöhnlich vom Parietale zum Pterygoid erstreckt. Ebenso charakteristisch für die

[1] *Gaupp E.*, Das Lacrimale des Menschen u. d. Säuger und seine morphologische Bedeutung. Anat. Anzeiger Bd. 36. 1910. — *Gregory W. K.*, Homology of the ‚Lacrimal' and of the ‚Alisphenoid' in recent and fossil reptiles. Geol. Soc. Americ. Bull. Vol. 24. 1913. A review of the evolution of the lacrymal bone of Vertebrates with special reference to that of mammals. Bull. Americ. Mus. Nat. Hist. Vol. 42. 1920.

[2] *Broili F.*, Unpaare Elemente im Schädel von Tetrapoden. Anat. Anzeiger. 49. Bd. 1917.

[3] *Versluys J.*, Das Streptostylie-Problem und die Bewegungen im Schädel der Sauropsiden. Zool. Jahrb. Suppl. XV. 2. Bd. 1912. Schädel, bei denen durch Muskeln Bewegungen des Gaumens und anderer Abschnitte möglich sind, nennt Versluys kinetisch (meso-, meta-, amphikinetisch), starre Schädel akinetisch.

Mehrzahl der Reptilien ist ein Pterygoid mit dem Maxillare verbindendes, wie das Epipterygoid bereits bei einigen Stegocephalen entwickeltes, Os transversum.

Nur bei einer Gruppe, den Cotylosauriern, haben sich konstant weitere Belegknochen im dorsalen Abschnitt des Schädels erhalten, so daß es noch zu einem vollkommen geschlossenen Schädeldach wie bei den Stegocephalen (Stegocrotapher-Schädel, »stegaler Typus«) kommt; sehr häufig aber finden sich bei den Reptilien hinter den Augen und von diesen durch Postfrontale, Postorbitale und einem Fortsatz des Jugale getrennt große Durchbrüche (Zygocrotapher-Schädel), die obere und untere Schläfengrube (-Öffnung), welche durch eine von Squamosum und Postorbitale bzw. Postfrontale gebildete Knochenspange (ob. Schläfenbogen) geschieden werden. Der untere Abschluß der auf diese Weise von der oberen abgetrennten unteren Schläfenlücke erfolgt durch die Maxillare und Quadratum verbindende Brücke (unt. Schläfenbogen) von Jugale und Quadratojugale. Die rückwärtige Begrenzung der Schläfengruben wird durch das Parietale, Squamosum und eventuell noch durch das Supratemporale erreicht. Die Mehrzahl der ältesten, d. h. oberkarbonischen und unterpermischen Reptilien haben noch ein vollkommen geschlossenes Schädeldach (Cotylosauria), indessen finden sich bereits in Grenzschichten von Karbon und Perm sowohl Gattungen mit einem unteren (»mittleren« Versluys) Durchbruch (Pelycosauria), von denen ? einzelne (wie ? Ophiacodon) außerdem eine kleine obere Schläfenöffnung zeigen sollen, als auch solche mit nur einem oberen Durchbruch, wie Araeoscelis. Beide Schläfengruben finden sich z. B. bei den typischen Rhynchocephalen und Crocodiliern wohl entwickelt; durch den Verlust bzw. die Reduktion des unteren bzw. des oberen Bogens begegnet uns dann nur eine Schläfengrube, Verhältnisse, wie wir sie im ersten Falle z. B. bei vielen Lacertiliern, im zweiten Falle z. B. bei den Vögeln antreffen[1]). Eine Reduktion beider Bögen findet bei den Schlangen und einigen Lacertiliern statt. Bei den Testudinata kommt es zu keiner eigentlichen Durchbrechung des Schläfendaches, sondern dasselbe wird vom unteren Rande her zwischen Quadratum uud Squamosum oder vom hinteren Rande her zwischen Parietale und Squamosum eingebuchtet; außerdem besitzen einige Schildkröten (bes. die Meerschildkröten) einen »stegalen« Schädel. Über die systematische Bedeutung der Schläfenöffnungen, deren Entstehung Versluys sich durch die Notwendigkeit von Gewichtsersparnis am Kopfskelett sowie die Bedürfnisse der Kaumuskeln hervorgerufen denkt, welche ihre Lage an erster Stelle bestimmten, siehe unten!

An weiteren Schädeldurchbrüchen zeigt sich zwischen der Nasenöffnung und dem Augenloch bei Dinosauriern und Pterosauriern, Parasuchiern etc., eine sehr große Praeorbitallücke, welche zuweilen mit der

---

[1]) *Osborn H. F.*, The Reptilian Subclasses Diapsida and Synapsida etc. Mem. Americ. Mus. Nat. Hist. Vol. I. 1903. — *Fuchs H.*, Betrachtungen über die Schläfengegend am Schädel der Quadrupeda. Anat. Anzeiger 35. Bd. 1909. Über die Verknöcherung des Innenskeletts am Schädel der Schildkröten nebst Bem. über das geschlossene Schädeldach. Ibid. 52. u. 53. 1920. — *Versluys J.*, Über die Phylogenie der Schläfengruben und Jochbogen bei den Reptilien. Sitzungsber. der Heidelberg. Akad. d. Wiss., math.-naturwiss. Klasse. B. 1919. 13.

Nasenöffnung verschmilzt. Für die meisten Reptilien ist in den Parietalia die Epiphysenöffnung, das große Foramen parietale (Epidyse), bezeichnend, in welche unter der Haut ein dorsales unpaares Sinnesorgan (? Auge) eingelagert ist. Gelegentlich tritt dasselbe auch zwischen Frontalia und Parietalia (Ichthyosaurus) oder zwischen letzteren und Supraoccipitalia aus (Plateosaurus). Auch eine Hypophysenöffnung (can. cranio-pharyngeus, pituitary canal) findet sich gelegentlich z. B. auf der Ventralseite des Basisphenoids bei der Gattung Mixosaurus, Ichthyosaurus, Ophthalmosaurus und einigen Sauropoden.

Wie bei den Amphibien ist der Unterkiefer aus Dentale, Angulare und Articulare, sowie in der Regel aus einem Operculare (Spleniale) zusammengesetzt, zu denen häufig noch ein Praearticulare, ein Supraangulare und innen das häufig in einen Fortsatz ausgezogene, zum Ansatz der Kaumuskeln dienende Coronoid kommt. Ein vor dem Dentale entwickeltes Praedentale bei gewissen Dinosauriern kann im Oberkiefer mit einem vor den Prämaxillaren befindlichen Rostrale korrespondieren. Auch bei den Reptilien finden sich häufig noch Reste des Meckelschen Knorpels.

Das Zungenbein kann verknöchern oder mehr oder weniger verkümmern.

Die je nach der harten oder weichen Beschaffenheit der Nahrung (Durophagie, Malacophagie) verschieden ausgebildeten Zähne[1]) fehlen nur bei Schildkröten und vereinzelten Vertretern anderer Ordnungen. In der Regel stehen sie in größerer Anzahl auf den Kiefern (Kiefergebiß), können aber auch auf Palatinum, Pterygoid, Vomer (Gaumengebiß) und anderen Elementen der Schädelunterseite vorkommen. Im wesentlichen bestehen die Zähne aus dichtem Dentin und einem Überzug von Schmelz. Zement, d. h. dichteres Knochengewebe, nimmt nur in untergeordnetem Maß an ihrer Zusammensetzung teil; Vasodentin fehlt gänzlich. Vereinzelt läßt sich ähnlich wie bei den Stegocephalen eine Faltung des Dentins feststellen, z. B. bei den Champsosauridae, Ichthyosauridae und einzelnen Varanusarten. Die Form ist in der Regel spitzkonisch oder hakenförmig, doch gibt es auch niedrige, halbkugelige oder pflasterförmige, seitlich zugeschärfte, blatt- oder schaufelförmige, zuweilen sogar mehrspitzige Zähne. Außer den schon von den Amphibien her bekannten acrodonten, pleurodonten und protothecodonten (z. B. Cotylosaurier, Pelycosaurier) Zähnen finden sich bei den Reptilien auch in Alveolen eingelassene — thecodonte Zähne, im letzteren Falle kommt es zur Bildung einer Wurzel, die sich bei Triceratops in einen inneren und äußeren Ast spaltet. Der meist mehrfache Zahnersatz erfolgt in der Regel durch an der lingualen Seite der Zahnbasen aufkeimende neue Zähne, welche durch Resorption der alten allmählich an deren Stelle rücken, so z. B. bei den Lacertiliern, den Pelycosauriern (Dimetrodon), bei den Flugsauriern (an der lingualen Seite des gekrümmten Hinterrandes); auch die bei den Crocodiliern in der Pulpahöhle ihrer sie scheidenartig umhüllenden Vorgänger sich entwickelnden Ersatzzähne zeigen ursprünglich das gleiche Verhalten. Ähnlich wie bei den Crocodiliern liegen bei den Placodontiern die Ersatzzähne unter den funktionierenden.

[1]) *Burckhardt R.*, Das Gebiß der Sauropsiden. Morpholog. Arbeiten. B. V. 1895.

Abgesehen von den Schlangen und einigen Eidechsen besitzen alle Reptilien zwei Paar Extremitäten, die der Lebensweise entsprechend sehr verschieden ausgebaut sein können[1]) (Fig. 323); die vorderen lenken sich in den Brust- oder Schultergürtel ein, welcher stets aus zwei Knochenpaaren (Coracoideum, Scapula) besteht, von denen das Coracoid häufig eine größere Ausdehnung hat und entweder allein oder mit dem nach oben und hinten gerichteten Schulterblatt (Scapula) die Gelenkpfanne für den Humerus bildet. Hiezu treten meist noch Clavicula und Episternum (Interclavicula). Während Coracoid und Scapula niemals fehlen, gehören Clavicula und Episternum zu den unbeständigeren Elementen. Ein nach vorne gerichteter, häufig knorpelig gebliebener Fortsatz, das Coracoid, wird als Procoracoid (Praecoracoid) bezeichnet. Das Schlüsselbein (Clavicula) liegt dem vorderen Scapularand an und verbindet ventral den Schultergürtel mit dem vorderen unpaaren Schlußstück Episternum, das rhombische, kreuzförmige oder T-Gestalt besitzt. Vereinzelt ist außer der Clavicula das bei den Stegocephalen noch mehr verbreitete Cleithrum nachweisbar (z. B. Pareiasaurus). Hinter dem Episternum und diesem sowie dem Coracoid als Träger dienend, folgt häufig ein flaches, rhomboidisches oder schildförmiges Brustbein, das Sternum *(s. str.)* (Prosternum), das von den vorderen Rumpfrippen getragen wird; nach hinten ist das Sternum meist in rippenförmige Fortsätze ausgezogen oder stabförmig verlängert — Xiphisternum (Metasternum). Ist das Sternum nicht entwickelt, so stoßen dann die Coracoidea in der ventralen Symphyse zusammen (z. B. Sauropterygier) oder sind durch Ligamente verbunden. Nicht selten bleibt das Sternum knorpelig; außerdem können am Schultergürtel noch weitere mehr oder weniger ausgedehnte Knorpelteile auftreten, wie Suprascapula und Epicoracoid.

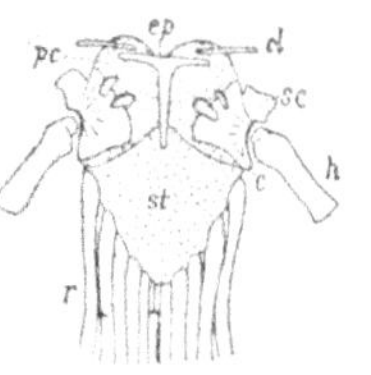

Fig. 323.
Carsosaurus Marchesetii Kornh. Neocom (marine untere Kreide) von Comen in Istrien. Brustschulterapparat von unten. ⅓ nat. Gr. *ep* Episternum, *cl* Clavicula, *sc* Scapula, *c* Coracoid (vorne mit Lücken), *h* Humerus, *r* ventrale Rippenteile (Sternalrippen), das knorpelige Procoracoid (*pc*) u. Sternum (*st*) punktiert. (Nach v. Nopcsa und v. Stromer.)

Während Scapula, Coracoid und Procoracoid (primärer Schultergürtel) und Sternum (primäres Brustbein) knorpelig präformiert sind, sind Clavicula, Cleithrum (sekundärer Schultergürtel) sowie Episternum (sekundäres Brustbein) Deckknochen und dermaler Abkunft.

Die vorderen Extremitäten (Fig. 324, 1) bestehen aus einem mehr oder weniger stämmigen Oberarm (Humerus) und zwei Vorderarmknochen (Radius und Ulna), welche in der Regel den entsprechenden Knochen bei Amphibien ähnlich sind. Der Humerus zeigt sich sowohl in seinem proximalen wie in seinem distalen Teile stark verbreitert und gewöhnlich ist der letztere um den ersteren in einem Winkel von 90° gedreht. Häufig findet sich auf seiner medialen (ulnaren) Seite ein Foramen entepicondyloideum, dem auf der lateralen (radialen) Seite ein Foramen ectepicondyloideum entsprechen kann. Nicht selten ist

[1]) *Fürbringer M.*, Zur vergleichenden Anatomie des Brustschulterapparates u. der Schultermuskeln. Ibid. Literatur. Jenaische Zeitschr. f. Naturwissenschaft. 34. 1900. Jena. — *Gregory W. K.*, siehe S. 213.

die Ulna etwas länger als der Radius und zuweilen mit einem proximalen olecranonartigen Vorsprung versehen. Der Carpus enthält stets zwei Reihen von Knöchelchen, wovon die proximale Reihe meist 3 Elemente (ulnare, intermedium, radiale), zu denen noch am ulnaren Carpusrand ein Pisiforme (? Rudiment eines 6. Fingers) kommen kann, die distale aus 3—6 Knöchelchen besteht, dazwischen treten noch 1—2 Centralia; Metacarpus und Zehen sind je nach der Lebensweise außerordentlich verschieden. Die Zahl der Zehen schwankt zwischen 2 und 5, überschreitet bei manchen Ichthyosauriern sogar die Fünfzahl. Die Zahl der Phalangen bei den primitiven Reptilien (soweit sie bekannt sind) beträgt ebensoviel wie bei den lebenden Lacertilien und Hatteria, nämlich 2 am Daumen, 3 am 2., 4 am 3., 5 am 4. und 3 am 5. Finger, die Krokodile haben am 4. einen weniger, bei den Schildkröten treten größere Schwankungen auf.

Auch das Becken und die Hinterfüße bieten große Verschiedenheiten. Mit Ausnahme der *Ichthyosauria*, *Pythonomorpha* und der Schlangen besitzen alle Reptilien einen Sacralabschnitt, welcher aus selten 1 (Seymouridae, Limnoscelidae), 2—6 oder mehr Wirbeln besteht. Das Becken ist bei der Mehrzahl der Schlangen

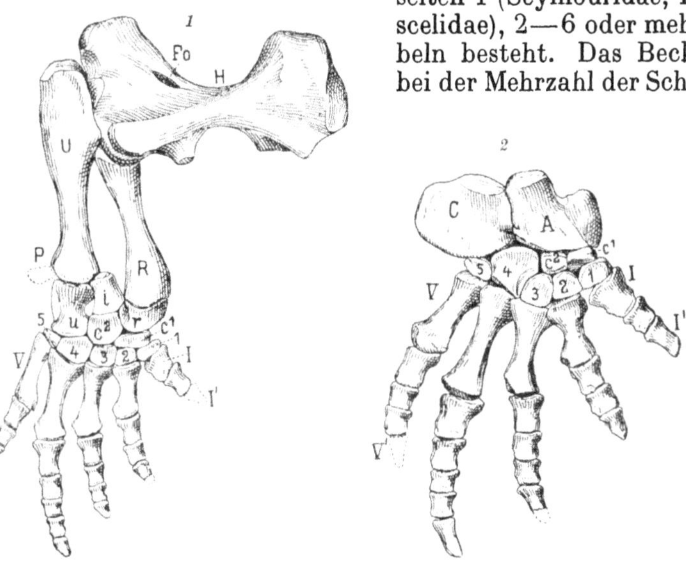

Fig. 324.
Ophiacodon mirus Marsh. Permokarbon. Neu-Mexiko. *1* rechte Vorderextremität, Dorsalseite; *2* rechter Fuß, Dorsalseite. *H* Humerus mit *Fo* Foramen entepicondyloideum, *U* Ulna, *R* Radius, *u* Ulnare, *r* Radiale, *i* Intermedium, *p* Pisiforme, *C* Calcaneus, *A* Astragalus, c_1 c_2 Centralia, *1—5* Carpalia (Tarsalia), *I—V* Metacarpalia (Metatarsalia), *I'—V'* Phalangen. Verkleinert. Ca. 1/3 bzw. 1/4 nat. Gr. (Nach Williston.)

und einigen fußlosen Lacertilien zumeist bis auf geringe Rudimente reduziert. Bei den übrigen Reptilien sind überall drei Knochenpaare (Ilium, Pubis, Ischium) vorhanden, welche meist alle (? ausgenommen die Crocodilia nur mit Ilium und Ischium) an der Bildung der in ihrem Grund (Crocodilia, Dinosauria) manchmal durchbohrten Gelenkpfanne (Acetabulum femoris) teilnehmen. Das Darm- oder Hüftbein (Ilium) ist dorsal häufig mehr oder weniger stark nach vorne und hinten verlängert; der Canalis obturatorius tritt durch das Foramen obturatum entweder im Pubis selbst aus, z. B. Cotylosaurier, Rhynchocephalen, Lacertilia, oder unterhalb der Gelenkpfanne zwichen Pubis und Ischium (z. B. Anomodontia); häufig (Crocodilia, Schildkröten, Dinosaurier) fällt seine Mündung auch mit dem, Pubis und Ischium trennenden, Foramen puboischiadicum zusammen; Pubis und Ischium sind in der Symphysenebene direkt oder durch Knorpel mit den entsprechenden Knochen der Gegenseite verbunden. Bei den Dinosauriern erhält das Becken durch das sehr stark nach hinten und unten gerichtete langgestreckte Ischium und einen diesem parallel ebenso verlängerten Fortsatz des Pubis (Postpubis) sowie durch das dorsal nach vorne verlängerte Ilium ein vogelartiges Gepräge. Die Hinterextremitäten (Fig. 324, 2) ähneln in der Regel den vorderen und bestehen aus einem verlängerten Femur (Oberschenkel), welcher proximal mit einem oder zwei vorragenden Trochantern versehen ist, zwei Vorderfußknochen (Tibia und Fibula), einem aus einer oder zwei Knöchelchenreihen bestehenden Tarsus, den Metatarsalien und Phalangen. Die proximale Reihe des Tarsus erfährt vielfach durch Verschmelzung der einzelnen Bestandteile eine Umgestaltung; so können bei verschiedenen Schildkröten und Lacertilien sich sämtliche Elemente zu einem Knochen vereinigen, bei den Crocodiliern u. a. geht aus der Konkreszenz von Tibiale, Intermedium und Centrale der Astragalus hervor, während das mit einem Fersenhöcker ausgestattete Fibulare als Calcaneus bezeichnet wird. Auch im Hinterfuß bieten die verschiedenen Ordnungen der Reptilien große Verschiedenheiten, welche im speziellen Teil näher erörtert werden sollen.

Als ausschließliche Lungenatmer sind die Reptilien vorzüglich auf terrestrische oder amphibische Lebensweise angewiesen. Die wenigen Schildkröten, Eidechsen und Krokodile, welche im Meere oder an der Meeresküste leben, kommen wenigstens zeitweilig ans Land und legen ihre Eier im Sande ab, nur einige wenige gebären lebende Junge, wie z. B. die Ichthyosaurier, einige Lacertilier (z. B. Blindschleiche, Lacerta vivipara, Chamaeleo pumilus, Trachysaurus) und unter den Schlangen die Kreuzotter. Unter den fossilen Reptilien waren vor allem die *Ichthyosauria*, *Sauropterygia* und *Pythonomorpha* Meeresbewohner, deren paddelartige Extremitäten am Ufer keine oder nur eine höchst unbeholfene Fortbewegung gestatteten. Die Mehrzahl der fossilen Reptilien gehörte zu den Landbewohnern; ja die Pterosaurier konnten sich sogar mittels wohlausgebildeter Flugorgane in die Luft erheben.

Es sind über 4000 lebende Reptilien beschrieben, welche meist wärmere und heiße Klimate bevorzugen, denen eine zwar numerisch viel geringere Menge fossiler Formen gegenübersteht, die aber in der Organisation weit größere Mannigfaltigkeit aufweisen als die rezenten, so daß ein volles Verständnis des Bauplanes der Reptilien nur durch Berücksichtigung der erloschenen Formen zu gewinnen ist. Die ersten Reptilien erscheinen im Oberkarbon (ein reptilähnlicher Femur *Papposaurus* Watson bereits im Unterkarbon Schottlands)[1]; ihre Blütezeit fällt in das mesozoische Zeitalter und namentlich in die Trias und Jurazeit.

Systematik. Die Reptilien wurden zuerst von Blainville (1816) und Merrem (1820) den Amphibien als gleichwertige Klasse

[1]) Geol. Magaz. N. S. Dec. VI. Vol. I. S. 347. 1914.

gegenübergestellt. Eine befriedigende Systematik konnte jedoch erst begründet werden, nachdem durch R. Owen, H. v. Meyer, Huxley, Marsh, Cope u. a. auch die fossilen Formen genauer untersucht worden waren. Nach dem Besitz von ein oder zwei Schläfenbogen teilt H. F. Osborn die Reptilien in zwei Unterklassen, die Synapsida und Diapsida, für die Protorosauria, Pelycosauria, Rhynchosauria, Procolophonia, Proganosauria, Choristodera und Rhynchocephalia stellt er die Gruppe der Diaptosauria auf. Dem Gedankengang Osborns folgend und ihn weiter ausbauend, unterscheidet kürzlich Williston[1]) weiter noch: *Anapsida* mit den Cotylosauria und Testudinata (Chelonia), bei denen die Schläfenregion völlig undurchbohrt und das Schädeldach meist vollständig geschlossen ist, *Parapsida* mit einer unteren Schläfenöffnung (mit den Protorosauria, Proganosauria, Ichthyosauria und Lepidosauria [Squamata]), zu den *Synapsida* mit einer oberen Schläfenöffnung stellt er Theromorpha, Therapsida, Sauropterygia und Placodontia, und zu den aus diesen (Theromorphen) sich ableitenden *Diapsida* mit 2 Schläfenöffnungen die übrigen Reptilien: Rhynchocephalia, Parasuchia, Crocodilia, Dinosauria und andere unsichere Gruppen. M. Fürbringer unterscheidet in Anlehnung an Cope u. a. je nach dem Besitze eines streptostylen oder monimostylen Quadratums und primitiven Zügen und vorgeschrittenen Merkmalen verschiedene Gruppen oder Unterklassen: 1. *Tocosauria (Streptostylia): Squamata*, *Rhynchocephalia*, *Ichthyopterygia*; 2. *Theromorpha*; 3. *Synaptosauria: Mesosauria*, *Sauropterygia*, *Chelonia*; 4. *Archosauria: Crocodilia*, *Dinosauria*, *Patagiosauria*. Eine völlige Übereinstimmung in der Abgrenzung der verschiedenen Gruppen und Ordnungen ist allerdings bis jetzt noch nicht erzielt, so werden unter den im folgenden behandelten Ordnungen von den *Parasuchia* die *Pseudosuchia*, von den *Dinosauria die Ornithischia* abgetrennt, die *Pterosauria* in zwei Ordnungen: die *Pterodactyloidea* und *Rhamphorhynchoidea* geschieden und andere hier als Ordnungen bzw. Unterordnungen eingegliederte Gruppen zu Oberordnungen bzw. Ordnungen erhoben. Aus allen neueren Einteilungsversuchen geht aber hervor, daß sich einzelne **Formenkreise** durch gemeinsame Merkmale deutlicher hervorheben, wie die **Theromorpha** mit den Ordnungen der *Cotylosauria* und *Anomodontia*, die **Tocosauria** *(Lepidosauria)* mit den *Rhynchocephalia* und *Squamata* und schließlich die **Archosauria** mit den Ordnungen der *Parasuchia*, *Crocodilia*, *Dinosauria* und *Pterosauria*. Da die *Sauropterygia*, *Ichthyosauria* und *Testudinata* sich nur mit Zwang in diese Formenkreise einreihen lassen, so werden diese Ordnungen als selbständige behandelt. Dazu kommen meist infolge ihrer Erhaltung noch unvollständig bekannte und deshalb im System unsichere »Ordnungen« wie *Protorosauria*, *Placodontia*, *Proganosauria*, *Thalattosauria* u. a. m.

[1]) *Williston S. W.*, The Phylogeny and classification of Reptiles. Journal of Geology Vol. 25, Nr. 5, July August 1917, cf. auch *Watson D. M. S.*, A sketch classification of the Prejurassic Tetrapod Vertebrata. Proc. Zool. Soz. 1917.

Theromorpha Cope (*Theromora* Cope).

Schädeldach geschlossen oder mit einem Paar (? selten zwei Paar) großer Schläfenöffnungen. Foramen parietale zumeist beobachtet. Quadratum fest mit dem Schädel verbunden. Zähne thecodont, protothecodont oder acrodont. Foramen entepicondyloideum in der Regel nachgewiesen. Episternum nach rückwärts stielartig verlängert. Scapula, Coracoid und das große Procoracoid, ferner Ilium, Ischium und Pubis in der Regel entweder vollständig miteinander verschmolzen oder durch Naht unbeweglich gegenseitig verbunden. Wirbel tief amphicöl (manchmal Chorda persistierend). Gewöhnlich zwei oder vier, selten ein oder drei Sacralwirbel. Vorder- und Hinterextremität fünfzehig, meist mit Krallen. Oberes Karbon. Perm. Trias.

Die Theromorpha, die eine große, ungemein plastische und anpassungsfähige, genetisch einheitliche, auf Oberkarbon bis Trias von Nordamerika, Südafrika, Indien und Europa beschränkte Gruppe sumpf-, küsten- und landbewohnender Reptilien bilden und die neben vielen mit den Stegocephalen gemeinsamen primitiven Merkmalen vielfach eine weitvorgeschrittene Differenzierung aufzeigen, lassen sich in zwei große Ordnungen zerlegen: die Cotylosauria und die Anomodontia mit den Pelycosauria, Therocephalia, Gorgonopsia, Theriodontia (Cynodontia), Dinocephalia, Dromasauria und Dicynodontia. Auf den ersten Blick scheinen hier, namentlich wenn man die Endpunkte Pariasauria und Dicynodontia in Vergleich stellt, ziemlich heterogene Typen vorzuliegen, allein bei näherer Beobachtung treten diese Bedenken zurück: Das vermittelnde Glied bilden die Pelycosauria, die einerseits in ihrer Organisation auf eine direkte Verbindung mit den Cotylosauriern hinweisen, anderseits aber — welche von unsrer Seite stets vertretene Ansicht durch die vergleichenden Untersuchungen Watsons bei Pareiasaurus und Varanosaurus volle Bestätigung findet — nicht zu trennen sind von den Therapsida, unter welchen die Gorgonopsia die meisten Vergleichspunkte bieten. Diese nahen Beziehungen der Pelycosaurier zu den »**Therapsida**«, mit welcher Bezeichnung Broom die Therocephalia, Deinocephalia, Anomodontia und Cynodontia (später kamen noch Gorgonopsia und Dromasauria hinzu) zusammenfaßte, gehen am besten aus der Klassifikation der Reptilien durch S. W. Williston[1]) hervor, in welcher zu den Theromorpha die Pelycosauria, Dromasauria und Deinocephalia gestellt, den Therapsida aber lediglich die Dicynodontia (Anomodontia), Therocephalia und Theriodontia belassen werden, während Watson (1917) weitergehend unter der Superordo der Anomodontia außer den neu aufgestellten Casesauria alle die genannten Gruppen vereinigt.

Case führt die Ähnlichkeit der südafrikanischen mit den nordamerikanischen Formen auf die parallele Entwicklung sehr plastischer Gruppen unter ähnlichen Existenzbedingungen zurück. Broom hält hingegen das nördliche Südamerika für das Entstehungszentrum sowohl der nordamerikanischen wie der südafrikanischen Vertreter, von dort sei zur Zeit des oberen Karbon eine Invasion nach Nord-

---

[1]) *Williston S. W.*, Water Reptiles of the Past and Present. Chicago 1914. S. 16.

amerika erfolgt, darauf sei das letztere isoliert worden, und erst während der Permperiode habe die Einwanderung nach Südafrika eingesetzt. Diese naheliegende Hypothese findet allerdings bis jetzt durch die gemachten Funde keinerlei Bestätigung, da die allein mit Sicherheit wirklich als gemeinsam festgestellten Vertreter (die permische Gruppe der Mesosauria) zwar eine Faunenverbindung — aber nicht in dem Sinne Brooms — beweisen. Dagegen scheint eine von Südafrika zusammen mit der Glossopterisflora ausgehende Einwanderung auch der Fauna über Indien nach Europa festzustehen; dafür sprechen u. a. die Funde des südafrikanischen permischen Pareiasaurus in der oberen Dyas oder unteren Trias von Nordrußland, von Lystrosaurus oder einer ähnlichen Gattung in dem Perm Indiens, des permischen bzw. triassischen Südafrikaners Dicynodon in dem Perm Hinterindiens und von der dieser Gattung sehr nahestehenden Gordonia in Grenzschichten von Perm und Trias in Schottland; unter diesen Gesichtspunkten sind möglicherweise auch die spärlichen Dicynodontier-Funde in Nordamerika (Wyoming und Arizona) zu erklären. Außerdem wird eine zeitlich frühere Faunenverbindung zwischen Nordamerika und Europa durch den Fund der spezialisierten nordamerikanischen Gattung Edaphosaurus (Naosaurus — Oberkarbon bis Perm) im obersten Karbon von Böhmen bzw. im Rotliegenden Sachsens wahrscheinlich gemacht.

1. Ordnung: **Cotylosauria** Cope[1]).

Schädeldach vollkommen von soliden, meist skulptierten Deckknochen geschlossen. Foramen parietale groß. Nasenlöcher getrennt. Zähne entweder konisch oder quer verlängert, mit Höckern, in einer oder mehr Reihen auf den Kiefern. Chagrinbezahnung häufig. Wirbel tief amphicöl, manchmal mit persistierender Chorda. In der Regel zwei Sacralwirbel. Rippen ein- und

---

[1]) *Boulenger G. A.*, On the Characters and affinities of the Triassic Reptile Telerpeton elginense. Proc. Zool. Soc. Lond. 1904. — *Branson E. B.*, Notes on the osteology of the skull of Pariotichus. Journ. Geol. Vol. 19. 1911. — *Broili F.*, Permische Stegocephalen und Reptilien von Texas. Palaeontographica. Bd. 51. 1904. ibid. weitere Literatur. Stammreptilien. Anatomischer Anzeiger 25. Bd. 1904. Ein montiertes Skelett von Labidosaurus etc. Zeitschr. der deutsch. g. Gesellsch. 60. Bd. 1908. — *Broom R.*, On an almost perfect skeleton of Pareiasaurus serridens. Annals South Afric. Mus. Vol. IV. 1903. On the classification of the Theriodonts and their allies. Rpt. South Afric. Assoc. f. the adv. of Sci. 1903. On the Pareiasaurian genus Propappus. Ann. South Afric. Mus. Vol. IV. 1908. On the origin of the mammal-like Reptiles. Proc. Zool. Soc. London 1907. II. ibid. weitere Literatur. A comparison of the Permian Reptiles of North America with those of South Africa. Bull. Americ. Mus. Nat. Hist. Vol. XXVIII. 1910. On the Cotylosaurian Genus Pantylus. On the structure and affinities of Bolosaurus. Bull. Americ. Mus. Nat. Hist. Vol. XXXII. 1913. Some points in the structure of the Diadectid skull. Bull. Americ. Mus. Nat. Hist. Vol. XXIII. 1914. — *Case E. C.*, A redescription of Pariotichus incisivus. Zool. Bull. Vol. II. Nr. 5. Boston 1899. The osteology of the Diadectidae and their relations to the Chelydosauria. Journ. of Geol. Vol. XIII. 1905. Restoration of Diadectes ibid. 1907. New or little known Reptiles and Amphibians from the Permian of Texas. Bull. Americ. Mus. Nat. Hist. Vol. 28. 1910. A Revision of the Cotylosauria of North America. Carnegie Institution of Washington Publication Nr. 145 ibid. weitere Literatur! On the structure of the inner ear in two primitive Reptiles. Biol. Bull. 27. 1914. Note on the poss. evidence of the presence of a Pareiasaurus-like reptile in the Conemaugh ser. of W. Virginia etc. — *Case*, *Williston* und *Mehl*, Permocarb. Vertebrates from New Mexico. Carnegie Institution of Washington Nr. 181. 1913. — *Cope E. D.*, Americ. Naturalist 1880. S. 304. The Reptilian order Cotylosauria.

zweiköpfig. Scapula, Coracoid und Procoracoid sowie Ilium, Ischium und Pubis bei ausgewachsenen Individuen gewöhnlich verschmolzen. Becken in der Symphyse zusammenstoßend. Pubis mit Foramen obturatorium. Humerus meist mit Foramen entepicondyloideum. Obere Bogen gedrungen, niedrig. 1—2 Sacralwirbel. Vorder- und Hinterextremität fünfzehig, gedrungen; Zehenformel: 2, 3, 4, 5, 3 (4). Oberes Karbon. Permokarbon. Perm. Trias.

Die Cotylosaurier bilden eine auf Oberkarbon mit Trias (Hauptverbreitung Perm) von Nordamerika, Europa und Südafrika beschränkte Gruppe primitiver, altertümlicher Reptilien, die mit den ihnen sehr nahe verwandten temnospondylen Stegocephalen noch eine Reihe gemeinsamer Merkmale teilen, welche sich im Bau des vollkommen geschlossenen Schädeldaches und der Extremitätengürtel sowie des verschiedentlichen Auftretens von Ohrenschlitzen (*Conodectes, Seymouria*), eines Cleithrums (*Pareiasaurus, Propappus, Stephanospondylus, Diadectes*), eines Sacralwirbels (z. B. Seymouridae), von Hautpanzerung (*Pareiasaurus, Sclerosaurus*) und von Bauchrippen (*Pariotichus, Procolophon*) dokumentieren. Ihre Bezahnung ist häufig wie bei manchen Stegocephalen eine protothecodonte, d. h. ein Übergang von acrodonter-pleurodonter zu thecodonter Bezahnung, insofern es zur Bildung von Alveolen kommt, an deren Boden aber der Zahnsockel ebenso wie an dem umwallenden Kieferknochen festgewachsen ist. Es sind kleine bis mittelgroße, vereinzelt (*Pareiasaurus*) auch sehr große Formen und zumeist plumpe, niedrig gestellte Tiere mit offenbar trägen, schwerfälligen Bewegun-

Proc. Americ. Philos. Soc. Vol. 35. 1895. Sec. Contribution to the history of the Cotylosauria ibid. Vol. 36. 1896. — *Fürbringer M.*, Zur vergl. Anat. d. Brust-Schulterapparates u. d. Schultermuskeln. Jenaische Zeitschr. f. Naturw. 34. 1900. — *Huene F. v.*, Übersicht über die Reptilien der Trias. Geol. u. Pal. Abhandl. N. F. VI. 1902. Über die Procolophoniden etc. Zentralblatt für Mineral. 1911. Nr. 3. — Die Cotylosaurier der Trias. Palaeontographica. 59. Bd. 1912. Ein Telerpeton mit gut erhaltenem Schädel. Zentralbl. f. Mineral. 1921. Sclerosaurus und seine Beziehungen zu anderen Cotylosauriern und zu den Schildkröten. Zeitschr. f. induktive Abstammungs- und Vererbungslehre. 1920. 24. Bd. — *Lydekker R.*, Catalogue of the fossil Reptilia and Amphibia in the British Museum (I—IV). 1888 bis 1890. — *Newton E. T.*, On some Reptiles from the Elgin sandstone. Philos. Trans. Roy. Soc. London 1893 u. 94. — *Osborn H. F.*, The Reptilian subclasses Diapsida and Synapsida and the early history of the Diaptosauria. Mem. Americ. Mus. Nat. Hist. Vol. I. 8. 1903. — *Owen R.*, Descriptive and illustrated Catalogue of the fossil Reptiles of South Africa in the Collections of the British Museum. — *Seeley*, On Pareiasaurus bombidens and the significance of its affinities to Amphibians, Reptiles and Mammals. Philos. Trans. Roy. Soc. Vol. 179. 1888. Further observations on Pareiasaurus ibid. Vol. 183. 1892. The armour of the extinct Reptiles of the genus Pareiasaurus Proc. Zool. Soc. Lond. 1908. On an Anomodont Reptile, Aristodesmus Rütimeyeri etc. Quart. Journ. Geol. Soc. Vol. 56. 1900. On the primitive Reptile Procolophon. Proc. Zool. Soc. Lond. 1905. — *Stappenbeck R.*, Über Stephanospondylus n. g. u. Phanerosaurus H. M. Zeitschr. d. d. geol. Ges. 1905. — *Thevenin M.*, Les plus anciens Quadrupèdes de France. Ann. d. Paléontol. T. V. 1910. — *Watson D. M.*, On the skull of a Pariasaurian Reptile and on the Relationship of that type. Proc. Zool. Soc. Lond. 1914. On the Nomenclature of the South African Pariasaurians. Annals and Magaz. Nat. Hist. 14. Bd. 1914. Procolophon trigoniceps, a Cotylos. Rept. from South Africa. Proc. Zool. Soc. London 1914. On the structure of the brain-case in certain lower Permian Tetrapods. Bull. Am. Mus. Nat. Hist. New York. 35. 1916. On Seymouria, the most primitive known reptile. Proc. Zool. London 1918. — *Williston S. W.*, The Cotylosauria. Journ. of Geology. Vol. XVI. 1909. New or little known Permian Vertebrates. Pariotichus. Biol. Bull. Vol. XVII. 1909. The skull of Labidosaurus. Americ. Journ. of Anat. Vol. 10. 1910. — American Permian Vertebrates. Univ. of Chicago Press. 1911. Chicago Ill. Primitive Reptiles, a review. Journ. Morpholog. Vol. 23. 1912. The skull of Araeoscelis and Casea, Permian Reptiles. Journ. Geol. Vol. XXI. 1913.

gen. In der Hauptsache scheinen sie Sumpfbewohner gewesen zu sein. Ihr Gebiß weist teilweise wenigstens auf Pflanzen- und Evertebratennahrung hin (*Diadectes*), die überhängenden Praemaxillarzähne anderer (*Labidosaurus* und *Pariotichus*) werden auf die Fähigkeit zurückgeführt, kleinere Tiere (wie *Lysorophus*) aus ihrem Bau zu graben, die meist in Krallen endigenden Phalangen dürften außer als Waffe auch für letzteren Zweck gedient haben.

Aus der Summe der verschiedenen, durch solche gemeinsame Merkmale verbundenen Formen heben sich einzelne Gruppen, »Unterordnungen« oder Superfamilien schärfer heraus, andere hinwiederum lassen sich teilweise auch auf Grund mangelhafter Erhaltung nicht genauer umschreiben:

Unterordnung **Pareiasauria**[1]).

Schädel vollkommen überdacht. Zähne konisch, transversal nicht verbreitert, in einer oder mehr Reihen auf den Kiefern. Oberkarbon. Perm.

Familie **Seymouridae.**

Schädel mit Ohrenschlitz, labyrinthodontenähnlich. Prooticum das Schädeldach erreichend. Inneres Ohr weit nach der Schädelhöhle geöffnet. Zähne in einer Reihe. Ein Sacralwirbel.

**Seymouria* Broili (*Desmospondylus* Williston, *Conodectes* Cope) (Fig. 325). Die mäßig großen Augen seitlich in der hinteren Hälfte des gerundet dreiseitigen, skulptierten, noch alle Belegknochen der Stegocephalen aufweisenden und mit Ohrenschlitzen ausgestatteten, ca. 12 cm langen Schädeldaches. Kehlbrustapparat wie bei den Stegocephalen aus einer mittleren rhomboidalen, nach hinten verlängerten Platte und zwei seitlichen Elementen zusammengesetzt. Kein Cleithrum. Basioccipitale mit Condylus. Basisphenoid mit kräftigen seitlichen Fortsätzen. Rostrum kurz, dolchförmig. Supraoccipitale unverknöchert. Septomaxillare vorhanden. Gaumenseite der eines embolomeren Stegocephalen ähnlich. Unterkiefer dem von Trimerorhachis gleichend. 23 präsacrale Wirbel. Ein Sacralwirbel, große freie Schwanzrippen. Carpus und Tarsus vollständig verknöchert. Intercentra sehr groß. Rumpf- und Schwanzrippen zweiköpfig. Bauchrippen fehlen.

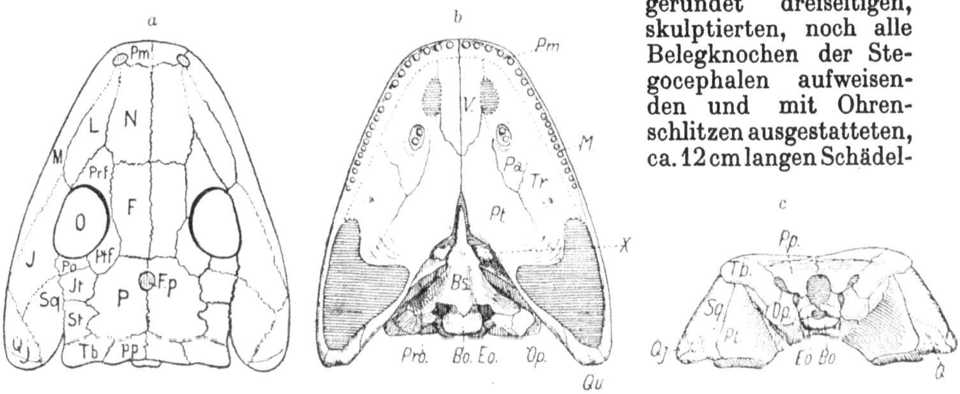

Fig. 325.

Seymouria Baylorensis Broili. *a* Schädel von oben. (Ca. ⅓ nat. Gr.) Perm. Texas. (Die punktierten Linien geben an beschädigten Stellen den vermutlichen Verlauf der Suturen an.) *Pm* Praemaxillare, *N* Nasale, *F* Frontale, *P* Parielale, *Fp* Foramen parietale, *Prf* Praefrontale, *Ptf* Postfrontale, *Po* Postorbitale, *L* Lacrimale, *J* Jugale, *M* Maxillare, *Jt* Intertemporale, *St* Supratemporale, *Sq* Squamosum, *Qj* Quadratojugale, *Q* Quadratum, *PP* Postparietale, *Tb* Tabulare. *b* desgleichen von unten, *c* von hinten. *V* Vomer, *Pa* Palatin, *Tr* Transversum, *Pt* Pterygoid, *Bo* Basioccipitale, *Bs* Basisphenoid, *Eo* Exoccipitale, *Pro* Prooticum, *Op* Opisthoticum, *x* ? selbständiger Processus basipterygoideus. (*a* nach Broili, *b* und *c* nach Watson.)

[1]) Vergl. auch die Gliederung bei Watson.

Alle Skeletteile zeigen eine ausgezeichnete Mischung von Temnospondylen- und Reptilienmerkmalen. Perm, Texas[1]).

Familie **Limnoscelidae.**

Schädel ohne Ohrenschlitz. Zähne in einer Reihe. Ein Sacralwirbel. Carpus und Tarsus unvollkommen verknöchert.

**Limnoscelis* Williston. 2 m lang. Schädeldach flach, vorne und hinten beinahe gleich hoch, kurz vor den Augen sich plötzlich verbreiternd. Augen durch die vorspringenden Deckknochen geschützt. Praemaxillare mit drei großen Zähnen. Maxillare mit ca. 20 pleurodonten konischen Zähnen. Ein kleines Cleithrum vorhanden. 26 Präsacralwirbel. 1 echter Sacralwirbel und 1 Sacrocaudalwirbel. Rippen einköpfig. Intercentra vorhanden. Schwanzwirbel mit Chevrons und freien Rippen. Carpus und Tarsus unvollständig verknöchert, Fuß flach und breit, 5zehig. Humerus mit Fo. entepicondyloideum. Phalangenformel: 2. 3. 4. 5. 3; Zehenformel: 2. 3. 4. 5. 4. Offenbar ein Sumpf- oder Wasserbewohner. Permokarbon, Neumexiko.

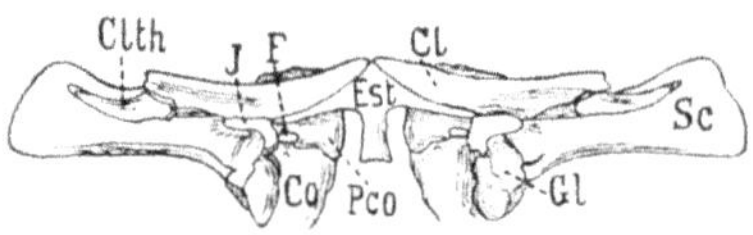

Fig. 326.
Pareiasaurus Baini Seeley (sehr verkleinert) Ob. Perm, Südafrika. Restauration d. Brustschulterapparates nach Seeley u. Fürbringer. *Cl* Clavicula, *Clth* Cleithrum, *Est* Episternum, *Gl* Fossa glenoidalis pro humero, *F* Foramen supracoracoideum, *J* Incisura (Fenestra?) coracoscapularis, *Co* Coracoid, *Pco* Procoracoid, *Sc* Scapula.

Familie **Pareiasauridae.**

Schädel mit verwachsenem Ohrenschlitz, großen, posttemporalen Öffnungen; inneres Ohr von der Schädelhöhle durch Knochen getrennt. Zähne in einer Reihe. 2 (4) Sacralwirbel. Perm. Trias.

Pareiasaurus (Pariasaurus) Owen. Schädel länglich. Panzer kräftig, aus stark skulptierten Schildern bestehend. 4 Sacralwirbel. *Cisticephalus*-Zone. Oberes Perm, Südafrika. Vollständiger bekannt ist der von Seeley als *Pareiasaurus* beschriebene:

**Bradysaurus* Watson (*Pareiasaurus* Owen) (Fig. 322, 326, 327). Skelette (Britisches Museum, Kapstadt, Petersburg) bis 3 m lang. Schädel niedergedrückt, breit und kurz, mit seitlichen, mäßig großen Augen, rauh oder mit

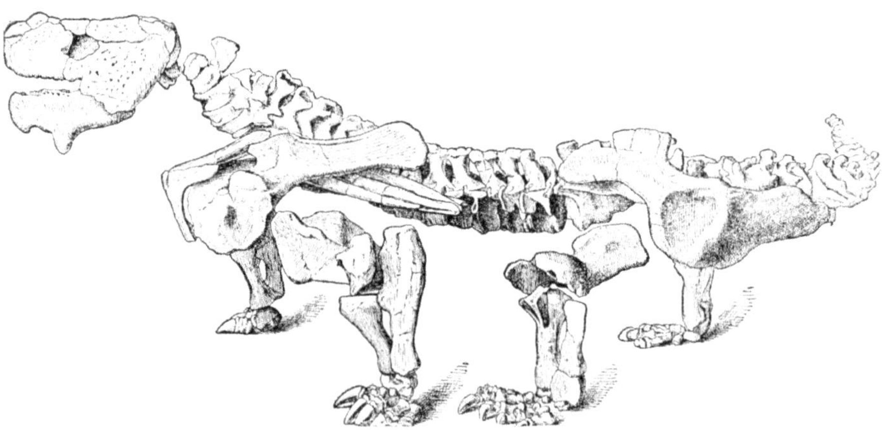

Fig. 327.
Skelett von *Pareiasaurus* (*Bradysaurus*) *Baini* Seeley. Ob. Perm. Tambor Fontein, Kapkolonie. $^1/_{20}$ nat. Gr. (Nach Seeley.)

[1]) Das vertebratenführende »Perm« Nordamerikas ist »unteres« Perm (= Artinsk).

kräftigen Höckern verziert, von denen einer, zapfenartig verlängert, für die mittlere Hälfte der Unterseite jedes Unterkieferastes charakteristisch ist. Bis 20 präsacrale Wirbel, 4 Beckenwirbel, ca. 30 Schwanzwirbel. Intercentra zwischen den Rumpfwirbeln. Schwanzwirbel mit Chevrons. Rippen, mit Ausnahme der 5—8 vorderen zweiköpfigen, einköpfig. Dem Vorderrand der Scapula ein stabförmiges Cleithrum aufliegend. Episternum T-förmig.

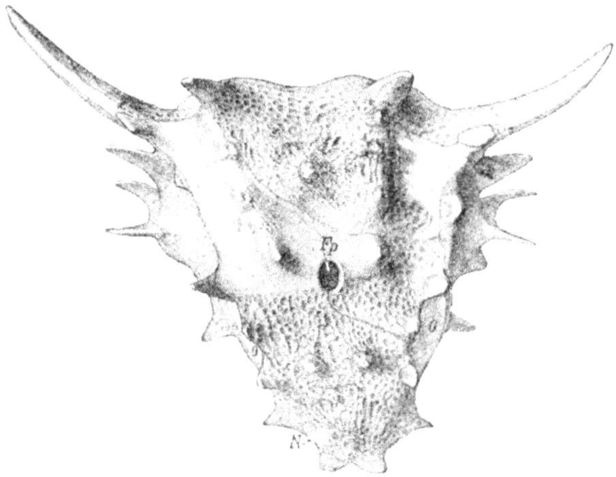

Fig. 328.
Elginia mirabilis Newton. Ob. Perm. (? Unt. Trias) Elgin, Schottland. Der mit hornartigen Knochenzapfen bedeckte Schädel von oben. Ca. ⅓ nat. Gr. (Nach Newton.) *O* Augen-; *N* Nasenlöcher. *Fp. Fo. pa.*

Der stämmige Humerus mit Foramen entepicondyloideum. Ulna mit großem Olecranon. Die 5 Phalangen der Vorder- und Hinterextremität krallenartig zugeschärft. Hautverknöcherungen schwache, glatte Schilder. Mittl. Perm von Südafrika. Idente oder nahestehende Form in N. Rußland. Suchona. ? Obere Dyas oder untere Trias.

Anthodon Owen, *Pariasuchus* Broom. Ob. Perm, Südafrika.

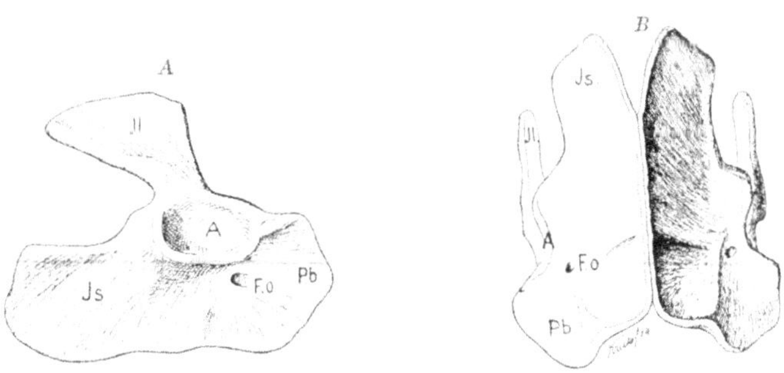

Fig. 329.
Labidosaurus hamatus Cope. Perm. Texas. Becken: *A* rechte Hälfte, *B* von unten. *Il* Ilium, *Is* Ischium, *Pb* Pubis, *A* Acetabulum femoris, *Fo* Foramen obturatorium. Ca. ½ nat. Gr. (Nach Broili.)

Propappus Seeley. Ähnlich *Pareiasaurus*, aber Rücken dicht mit mäßig großen, schwach skulptierten Knochenplatten gepanzert. Ob. Perm, Südafrika.

Embrithosaurus Watson. Nur schwache, glatte Schilder. Ulna ohne Olecranon. Oberes Perm, Südafrika.

**Elginia* Newton (Fig. 328). Schädel dreieckig, vorne verschmälert, hinten breit, mit fast terminalen Nasenlöchern. Außer der rauhen Skulptur zeigt das Schädeldach besonders an seinem Hinterrande verschiedene hornartig verlängerte, konische Knochenzapfen. Zähne mit etwas eingeschnürtem Hals, die Krone kammförmig eingeschnitten. Ob. Perm. ? Unt. Buntsandstein. Elgin, Schottland.

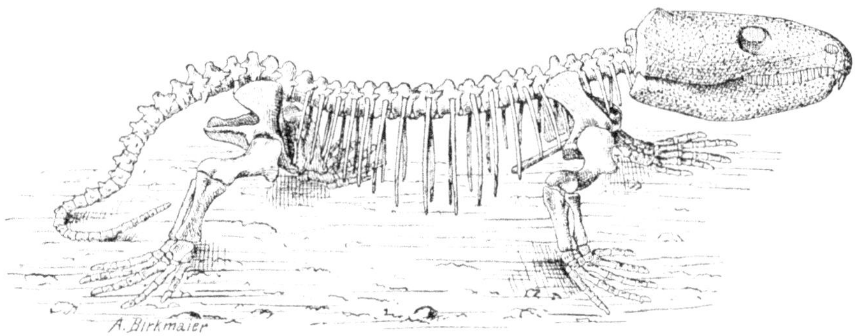

Fig. 330.
Labidosaurus hamatus Cope. (Ca. 1/8 nat. Gr.) Perm. Seymour, Baylor Co. Texas. Montiertes Skelett in der Münchner Sammlung.

Familie **Captorhinidae.**

Schädel ohne Ohrenschlitz. Stapes durchbohrt, mit seinem verbreiterten distalen Ende mit Prooticum, Opisthoticum, Basisphenoid und Basioccipitale gelenkend und bis zum Quadratum reichend. Zähne in mehr als einer Reihe. Zwei Sacralwirbel.

Captorhinus Cope (*Hypopnous* Cope). Kleine Tiere mit bis 6 cm langem unregelmäßig skulptiertem, dreiseitigem Schädel und kleinem Fo. pa. Augen groß, ungefähr in der Mitte, Praemaxillare mit einer Reihe größerer Zähne und 2 bis 4 Reihen kleiner protothecodonter Zähnchen auf den Kiefern. Episternum T-förmig. 24 präsacrale Wirbel mit Rippen. Intercentra vorhanden. Zwei Sacralwirbel. Schwanzwirbel mit Chevrons. Vorder- und Hinterextremität fünfzehig, mit Krallen. Nach Williston mit Bauchrippen. Unt. Perm, Texas.

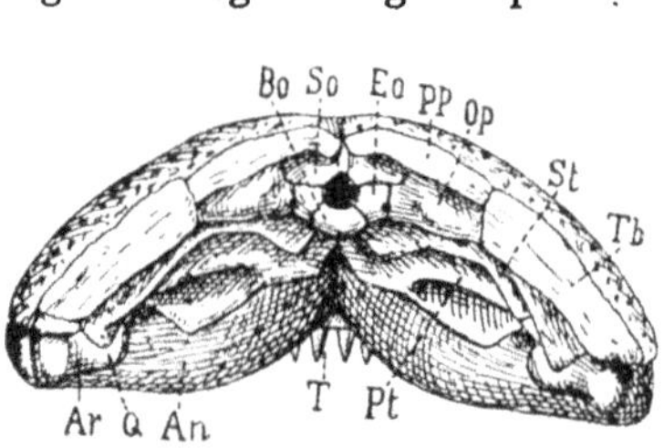

Fig. 331.
Labidosaurus hamatus Cope. Perm, Texas. Schädel von hinten, man sieht die überhängenden Zähne *T* der Praemaxillaria. *PP* Postparietale, *Tb* Tabulare, *So* Supraoccipitale, *Bo* Basioccipitale, *Eo* Exoccipitale laterale, *Op* Opisthoticum, *St* Stapes, *Pt* Pterygoid, *Qu* Quadratum, *Ar* Articulare, *An* Angulare. ½ nat. Gr. N. Williston.

**Labidosaurus* Cope (Fig. 329 bis 331). Skelett, ca. 70 cm lang, montiert in München. Schädel skulptiert, herzförmig, mit schnabelartig über die Unterkiefer übergreifenden Prämaxilllen, von denen jedes drei rechenartig hervortretende Zähne besitzt. Maxillaria mit je 17 ziemlich gleichartigen Zähnen. Eine 2. Reihe von (4—5) Zähnen auf dem Maxillare (Branson und Williston). Unterkiefer mit 16 Zähnen. Transversum vorhanden. Außer den Postparietalia noch ein unpaares Supraoccipitale. Ca. 25 Präsacralwirbel. 2 Sacralwirbel. Ca. 25 Schwanzwirbel. Intercentra vorhanden. Rippen einköpfig. Episternum T-förmig, mit den beiden seitlichen Platten verschmolzen. Cleithrum fehlt. Humerus mit Foramen entepicondyloideum. Femur gedrungen, mit kräftigem Trochanter. Extremitäten fünfzehig. Unt. Perm, Texas.

? *Phanerosaurus* H. v. Meyer. Schädel unbekannt. Wirbelkörper von oberem Bogen durch Naht getrennt, Sacralwirbel nicht miteinander verschmolzen. Mittleres Rotliegendes von Sachsen.

Die unvollständig bekannten Genera: *Pariotichus* Cope, *Ectocynodon* Cope, *Isodectes* Cope, ? *Helodectes* Cope sind unter der Familie der *Pariotichidae* vereinigt.

Pantylus Cope (*Ostodolepis* Williston). Klein, bis 1/2 m groß. Schädel herzförmig. ? Ohne Fo. pa. Zähne als stumpfe dicke Kegel in einer Reihe auf Mx und Pmx; außerdem der Gaumen dicht mit Zähnen besetzt. Rippen zweiköpfig. Extremitäten anscheinend schlank. Unterseite mit einem Mosaik dünner Knochenschuppen bedeckt. Aus dem Perm und oberen Karbon Nordamerikas; wird als Repräsentant der **Pantylosauria** angesehen.

Unterordnung **Diadectosauria.**

Schädel überdacht, mit Ohrenschlitzen. Kieferzähne mit den Kronen quer zur Kieferachse. Oberkarbon. Perm. Trias.

Familie **Diadectidae.**

Schädel lang, nieder, ohne posttemporale Öffnung. Inneres Ohr weit nach der Schädelhöhle offen. Schultergürtel mit Cleithrum. Bis 3 m groß.

**Diadectes* Cope (? *Nothodon* Marsh, Neu-Mexiko, *Empedias* Cope). Bis 1,70 m groß. Schädel ca. 20 cm lang, oberflächlich tief gefurcht. Augen klein, seitlich; Foramen parietale auffallend groß. ? Interparietale vorhanden. Schläfengegend breit, manchmal mit 2 offenbar von unvollkommener Verknöcherung herrührenden Öffnungen. Praemaxillare mit flach meißelförmigen Zähnen, auf dem Maxillare ca. 11 quer zur Kieferachse gestellte protothecodonte Zähne mit zwei ungleich hohen Spitzen. Episternum T-förmig. Cleithrum mit dem Vorderrand der Scapula verschmolzen. 21 (? 22—24) präsacrale Wirbel, 2 Sacralwirbel. Über 30 Schwanzwirbel. Vordere Schwanzwirbel mit freien Rippen. Chevrons vorhanden. Die präsacralen Wirbel mit Hyposphen-Hypantrum-Articulation. Intercentra vorhanden. Die 3. bis

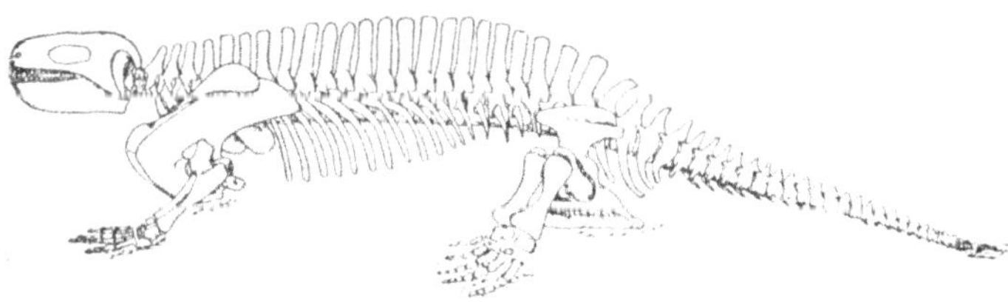

Fig. 332.
Diasparactus zenos Case u. Williston. Restauration. Permocarbon Neu-Mexico. 1/16 nat. Gr. Nach Case und Williston.

5. Rippe distal verbreitert, die 6. bis 8. Rippe von schmalen, dünnen, knöchernen Hautplatten überlagert. Vordere Rippen zweiköpfig, hintere einköpfig. Extremitäten auffallend gedrungen und kurz. Wohl Mollusken- und Arthropoden fressende Sumpfbewohner. Oberes Karbon. Unt. Perm. Nordamerika.

Diasparactus Case (Fig. 332). Sehr ähnlich Diadectes. Permokarbon, Neumexiko.

Chilonyx Cope. Unt. Perm, Texas.

Bolbodon Cope. Perm, Nordamerika.

? *Stephanospondylus* Stappenbeck. Schädel gerundet dreiseitig, skulptiert, mit großem Scheitelloch. Zähne acrodont. Praemaxillarzähne einfach kegelförmig. Maxillare mit ? 2 Reihen kegelförmiger, unterhalb der Krone eingeschnürter, quer zur Kieferachse gestellter Zähne. Wirbelkörper mit oberem Bogen fest verwachsen. Die zwei Beckenwirbel miteinander verschmolzen. Intercentra nicht beobachtet. Episternum rhomboidal und wie die plattenförmigen Claviculae rauh skulptiert. Cleithrum sehr groß. Die Elemente des Schulter- und Beckengürtels nicht miteinander verschmolzen. Rippen ein- und zweiköpfig. Humerus mit Foramen entepicondyloideum. Phalangen mit Klauen. Unsicher im System. Mittleres Rotliegendes von Sachsen.

?*Diadectoides* Case. Ähnlich *Diadectes*, aber nur ein Sacralwirbel und Extremitäten noch gedrungener. Unt. Perm, Texas.

Desmatodon Case. Perm, Pennsylvania.

Animasaurus Case und Williston. ? Perm, N. Mexico.

Familie **Procolophonidae.**

Schädel mit kurzer, hoher Gehirnhöhle. Lacrimale nicht an die Nasenöffnung herantretend. Schultergürtel ohne Cleithrum.

**Telerpeton* Mantell. Skelett ca. 24 cm lang, Schädel dreiseitig, platt. Schläfengegend schmal. Augen auffallend verlängert. Maxillarzähne verbreitert, zweihöckerig, acrodont auf Sockeln. Ca. 24 Präsacralwirbel. 2 Sacralwirbel. Schwanz lang. Intercentra nicht festzustellen. Bauchrippen beobachtet. Mittl. Trias von Elgin. Schottland.

Procolophon Owen. 20—30 cm große Tiere. Bezahnung ähnlich wie bei *Telerpeton*. Augen, Ohrenschlitz und Tabulare sehr groß. Die 26 Praesacralwirbel mit persistierender Chorda und mit Intercentra. 3 Sacralwirbel. Bauchpanzer schwach entwickelt. Episternum T-förmig. Untere Trias, Südafrika.

**Sclerosaurus* H. v. Meyer (*Aristodesmus* Seeley). Schädeldach 8 cm lang, mit Kopfstacheln, ähnlich Elginia. Zähne an den Kieferspitzen kegelförmig, die hinteren an der Basis schräg-queroval verbreitert. 24 präsacrale Wirbel. Wahrscheinlich 2—3 Sacralwirbel. Rumpf geschwänzt. Intercentra vorhanden. Episternum T-förmig. Auf dem Rücken vom Sacrum bis zum Beginn des Halses 6 Längsreihen von Hautpanzerplatten. Oberer Hauptbuntsandstein von Riehen bei Basel.

Koiloskiosaurus v. Huene. Zähne anscheinend quergestellt. Nach v. Huene Augen und Schläfenöffnung verschmolzen (Orbitotemporalgruben?); wahrscheinlich 24 präsacrale Wirbel. Ischium und Pubis nicht miteinander verschmolzen. Bauchrippen vorhanden. Oberer Buntsandstein, Koburg.

Telegnathus Broom. Mittlere Trias, Südafrika.

Incertae sedis:

Eosauravus Williston (*Isodectes punctalatus* Cope[1]). Schädel unbekannt. 2 Sacralwirbel. Oberes Karbon. Linton. Ohio. ? *Pappasaurus* Watson. Ein isol. Femur, dem von Seymouria gleichend. ? Unteres Karbon, Schottland.

Cardiocephalus Broili (*Gymnarthrus* Case). Perm, Texas. Vertreter des *Gymnarthridae*. ? *Chamasaurus* Williston. Perm (Permokarbon), Neu-Mexiko. *Puercosaurus* Williston. Perm, Neu-Mexiko. *Archeria* Case (*Bathyglyptus* Case). Perm, Texas.

2. Ordnung: **Anomodontia** Owen.

Schädel mit einer Schläfenöffnung (? selten zwei). Die Zähne auf den Kieferrändern protothecodont und thecodont. Die kurze, hohe Gehirnhöhle mit

[1]) *Williston*, Journ. of Geol. Vol. XVI. 1908. — *Moodie*, Proc. U. S. Nat. Mus. Vol. 37. 1909.

einem tief liegenden, inneren Ohr. Stapes mit dem Quadratum gelenkend. Tabularia und Postparietalia (Interparietalia) vorhanden. In der Regel Fo. pa. Wirbel amphicoel. Rippen ein- und zweiköpfig. 2—4 Sacralwirbel. Ob. Karbon bis Trias.

Die *Anomodontia* lassen sich in *Pelycosauria*, *Therocephalia*, *Gorgonopsia*, *Theriodontia*, *Deinocephalia*, *Dromasauria* und *Dicynodontia* gliedern. Sie sind wahrscheinlich mit den *Captorhinidae* unter den *Cotylosauria* auf eine gemeinsame Wurzel zurückzuführen, und nach den Untersuchungen Watsons (1921) führt von dem unterpermischen Pelycosaurier *Varanosaurus* eine Reihe von Entwicklungsstufen zu dem Cynodontier *Diademodon* aus der mittleren Trias.

1. Unterordnung: **Pelycosauria** Cope[1]).

Schädeldach mit einem Paar seitlicher Schläfenöffnungen. (Bei ?Ophiacodon und ? Dimetrodon angeblich auch ein Paar kleiner oberer Schläfenöffnungen.) Foramen parietale vorhanden. Nasenlöcher getrennt. Zähne protothecodont, häufig die vordere und hintere Kante gezähnelt. Differenzierung der Zähne bereits angedeutet. Praemaxillar- und vordere Maxillarzähne in der Regel größer. Außerdem häufig Körnchenzähne besonders auf Palatinum und Pterygoid. Wirbel tief amphicöl, Intercentra gewöhnlich vorhanden. Rippen ein- und zweiköpfig, im letzteren Fall das Capitulum meist in intervertebraler Stellung. Oberer Bogen schlank, Dornfortsätze bei den mehr spezialisierten Formen sehr hoch. Coracoid und Procoracoid mit der Scapula verschmolzen. Cleithrum selten festgestellt. Becken mehr oder weniger plattenförmig, bei den Poliosauridae und Caseidae median eine kleine Lücke. Pubis mit Foramen obturatorium. Humerus mit Foramen entepicondyloideum. Der distale Teil um den proximalen um 90° gedreht. Vorder- und Hinterextremität fünfzehig. Zehenformel 2. 3. 4. 5. 3 (4). Oberstes Karbon. Perm. Trias.

---

[1]) Siehe auch Cotylosaurier! Ferner:
Broili F., Über den Schädelbau von Varanosaurus acutirostris. Zentralblatt für Mineralogie 1914. — *Case E. C.*, Revision of the Pelycosauria of North America. Carnegie Inst. of Washington. Publication Nr. 55. 1907. Dort ausführliche Literatur bis 1907. A mounted specimen of Dimetrodon incisivus etc. Americ. Journ. Sci. Vol. 40. 1915. A mounted skeleton of Edaphosaurus cruciger. Occas. Pap. Mus. Zoology. Univers. Michig. 1918. — *Cope E. D.*, Proc. Philos. Acad. Philadelphia 1870 XI. 1877 XVI. 1878 XVII. 1880 XIX. 1886 XXIII. 1887 XXIV. etc. Trans. Americ. Philos. Soc. Philad. 1888 XVI. 1892 XVII. Americ. Naturalist. 1878. 80. 81. 82. 84. 85. 86 etc. Literatur siehe bei Case; ferner Americ. Naturalist. Vol. 48. 1914. — *Gilmore Ch.*, A mounted skeleton of Dimetrodon gigas etc. Proc. U. S. Nat. Mus. Vol. 56. 1919. — *Huene F. v.*, Neue u. verkannte Pelycosaurier-Reste aus Europa. Zentralblatt f. Mineral. etc. 1908. Nr. 14. Pelycosaurier im deutschen Muschelkalk. Neues Jahrb. f. Mineral. etc. Beilageband 20. 1905. — *Jaekel O.*, Naosaurus Credneri im Rotliegenden von Sachsen. Zeitschr. (Monatsb.) d. deutsch. geol. Gesellsch. Bd. 62. 1910. Nr. 8/10. — *Matthew W. D.*, A four horned Pelycosaurian from the Permian of Texas. Bull. Americ. Mus. Nat. Hist. Vol. XXIII. 1908. — *Osborn H. F.*, A mounted skeleton of Naosaurus etc. Bull. Americ. Mus. Nat. Hist. Vol. XXIII. 1907. — *Seeley H. G.*, Farther evidences in the skeleton of Deuterosaurus and Rhophalodon etc. Philos. Trans. Roy. Soc. 1894 B. — *Watson D. M. S.*, Notes on Varanosaurus acutirostris Broili. Annals a. Magaz. Nat. Hist. Ser. 8. Vol. 13. 1914. Reconstruction of the skulls of three Pelycosaurs in the American Museum of Nat. Hist. Bull. Americ. Mus. Nat. Hist. 35. 1916. — *Williston S. W.*, Mycterosaurus longipes. Journ. of Geol. 1915.

Die vor allem in Nordamerika, seltener in Mitteleuropa sich findenden Pelycosaurier sind teils schlanke, langgeschwänzte, in ihrem Habitus an gewisse Lacertilier (Varanus, Varanosaurus) erinnernde, wahrscheinlich ziemlich behende Tiere, teils sehr spezialisierte, infolge ihrer enorm verlängerten Dornfortsätze äußerst bizarre und plumpe Geschöpfe. Wie die Cotylosaurier dürften sie in der Hauptsache Landtiere, vielfach Küsten- oder Sumpfbewohner gewesen sein; ihre teilweise furchtbare Bezahnung (Dimetrodon) läßt auf eine Raubtiernatur schließen, während das Gebiß anderer Formen (Edaphosaurus) eher auf Mollusken- oder ? Pflanzennahrung hinzuweisen scheint.

1. Familie. **Poliosauridae** Case.

Schädel niedrig, langgestreckt und zugespitzt. Zahnreihe gerade. Lücke zwischen Praemaxillar- und Maxillarzähnen nicht oder kaum entwickelt. Dornfortsätze nieder. 2 Sacralwirbel. Langgeschwänzt. Permokarbon. Perm.

Poliosaurus Case. Schädel unvollständig erhalten. Oberer Bogen nicht mit dem Wirbelkörper verschmolzen. Intercentra anscheinend fehlend. Rippen einköpfig. Hautverknöcherungen vorhanden. Ca. 70 cm langes Tier. Unt. Perm, Texas.

Fig. 333.
Varanosaurus acutirostris Broili. Unt. Perm. Texas. Nach Originalstücken montiertes Skelett München. Stark verkleinert.

**Varanosaurus* Broili (Fig. 333). Schädel langgestreckt, leicht skulptiert, mit spitzer, überhängender Schnauze, ca. 15 cm lang. Interparietale vorhanden. Bis über 50 meist gleichartige, kleine, ungezähnelte Zähne auf Praemaxillare und Maxillare. Zwei größere vorne am Maxillare. Körnchenzähne auf dem Pterygoid. Eine große seitliche Schläfenöffnung beobachtet. Oberer Bogen mit dem Wirbelkörper verschmolzen. Intercentra vorhanden. Rippen einköpfig. 27 präsacrale Wirbel. Schwanz sehr lang. Schwanzwirbel mit Chevron bones und Intercentra. Kein Cleithrum, Hautverknöcherungen auf der Bauchseite und der Unterseite der Extremitäten. Das schaufelförmige Episternum rückwärts in einen langen Stiel verlängert. Endphalangen mit Klauen. Phalangenformel: 2. 3. 4. 5. 3 (4). Skelett 60 cm bis 1 m lang. Unt. Perm, Texas.

Varanops Williston ähnlich *Varanosaurus*. Schädel gedrungen und nur mit 30 Zähnen. Rippen zweiköpfig. Perm, Texas.

Poecilospondylus Case. Perm, Texas.

Mycterosaurus Williston. Schädel ähnlich *Varanops*, aber nur 18 (? 19) konische, abgestumpfte Zähne. Perm, Texas.

? *Arribasaurus* Williston. Permokarbon, Neu-Mexiko.

? *Scoliomus* Williston und Case. Von ebendort.

2. Familie. **Ophiacodontidae** Williston und Case.

Zahnreihe gekrümmt, mit Beginn einer Differenzierung.

Ophiacodon Marsh (Fig. 324). Schädel sehr hoch, aus zarten Knochen. Augen klein, dreiseitig, weit zurückgelegen, mit kleiner seitlicher, von Postorbitale, Squamosum und Jugale begrenzter und ? noch kleinerer oberer Schläfenöffnung (nach Watson wahrscheinlich durch postmortale Verschiebung der Knochen entstanden). Ein größerer Zahn in der vorderen Hälfte der ca. 36 Maxillarzähne. Proatlas vorhanden. Die ca. 26 präsacralen Wirbel, von denen 6—7 auf den Hals treffen, mit hohen Dornfortsätzen. Intercentra entwickelt. Rippen mit 2 Gelenkflächen. Schultergürtel ähnlich *Varanosaurus*. Bauchrippen vorhanden. Skelett bis 1,60 m lang. Sumpfbewohner. Permokarbon, Neu-Mexiko. ? Perm, Texas.

Diopaeus Cope (*Theropleura* Cope, p. p. *Ophiacodon* Marsh). Schädel unvollständig erhalten. 5 Zähne auf dem Praemaxillare, ca. 30 auf dem Maxillare, von denen der 5. und eventuell 6. stärker sind. 30 gleichartige, durch Intercentra getrennte Präsacralwirbel. Intercentra und Chevrons nicht an den Schwanzwirbeln beobachtet. Skelett n. Case 2—5 m lang. Unt. Perm, Texas.

Stereorhachis Gaudry. Ca. 1,50 m lang, mit mäßig hohen Dornfortsätzen, Hautverknöcherungen und wohlentwickelten Gelenkflächen an den Extremitäten. Intercentra sind nicht beobachtet. Unteres Perm von Autun, Frankreich.

Incertae sedis: *Archaeobelus* Cope. Perm, Illinois. *Elcabrosaurus* Case. Perm, Neu-Mexiko. *Pleuristion* Case. Perm, Oklahoma.

Oxyodon v. Huene. Perm, Kenilworth (England).

3. Familie. **Caseidae** Williston (*Caseasauria* Watson).

Schädel breit, niedrig, gedrungen. Lücke zwischen Maxillare und Praemaxillare nicht entwickelt. Dornfortsätze kurz. 3 Sacralwirbel. Langgeschwänzt. Perm.

Casea Williston. Der niedrige Schädel mit einer seitlichen Schläfenöffnung. Außer Supraoccipitale auch Postparietalia entwickelt. Fo. parietale, Augen und Nasenlöcher auffallend groß. Zähne stumpfkonisch, nur 11 auf Praemaxillare und Maxillare. Gaumen dicht mit kleinen Zähnchen besetzt. 25 präsacrale Wirbel. Die zweiköpfigen Rippen sehr groß und kräftig. Cleithrum nicht bekannt. Ilium nach vorne verlängert. Ein kleines Fo. pubo-ischiadicum vorhanden. Intercentra nur zwischen Sacral- und Schwanzwirbeln. Bauchpanzer nicht bekannt. Fünfzehig. Ca. 1 m lang. Invertebraten- und Pflanzenfresser. Unt. Perm, Texas.

Trichasaurus Williston (*Trispondylus* Williston). Ähnlich *Casea*, nur Ilium nicht nach vorn verlängert. Intercentra auch zwischen den Präsacralwirbeln. Unt. Perm, Texas.

4. Familie. **Clepsydropidae** Cope (*Sphenacodontidae* Marsh., *Edaphosauridae*).

Schädel seitlich komprimiert, mit erhöhter Gesichtsregion, Einschnitt (Diastema) zwischen Praemaxillare und Maxillare vorhanden. Dornfortsätze sehr hoch. 3 Sacralwirbel. Oberstes Karbon. Perm. Trias.

Clepsydrops Cope. Schädel unvollständig erhalten. Der Einschnitt zwischen Praemaxillare und Maxillare mit kleineren Zähnen ausgefüllt. 1—2 sehr große Zähne auf dem Maxillare (insgesamt 21 Zähne). Praemaxillare mit 4 Zähnen. Alle Zähne mit schneidenden, nicht gezähnelten Kanten. Oberer Bogen in der Jugend frei, im Alter verwachsen, Intercentra vorhanden. Gelenkenden schlecht verknöchert. Perm, Texas, Illinois.

**Dimetrodon* Cope (*Embolophorus* p. p. Cope) (Fig. 334—336). Der bis 45 cm lange, hoch gebaute Schädel mit verhältnismäßig weit zurückliegenden, mäßig großen Augen und einem Paar seitlicher ebensolcher Schläfenlöcher. Ein zweites Paar oberer kleinerer Schläfendurchbrüche, die auch fehlen können, soll nach Watson auf postmortale Skelettverschiebungen zurückzuführen sein. Praemaxillare mit einigen Fangzähnen. Hinter dem meist zahnfreien Einschnitt folgt das Maxillare mit ein bis zwei gewaltigen Fangzähnen, denen ca. 20 kleinere folgen. Quadratojugale vorhanden. Oberer Bogen sehr frühzeitig mit dem Wirbelkörper verschmolzen. Dornfortsätze sehr groß, spitz endend. Intercentra vorhanden. Ca. 27 präsacrale Wirbel. Die vorderen Rippen zweiköpfig, das Tuberculum mit der Diapophyse, das Capitulum mit dem intercentralen Zwischenraum gelenkend. Vom 10. Wirbel ab einköpfig, vom 24.

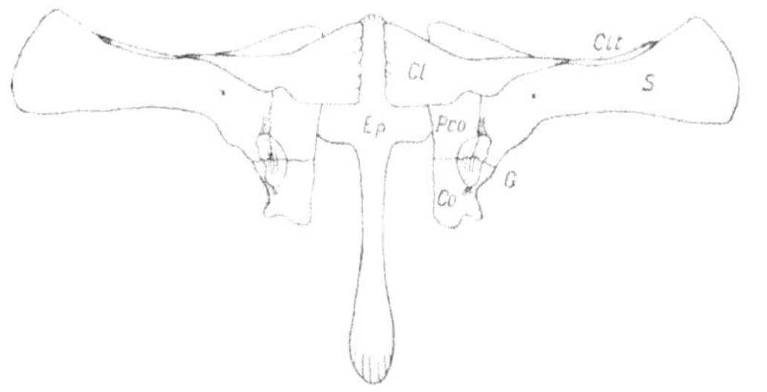

Fig. 334.
Dimetrodon Dollovianus Case. Perm. Texas. Schematische (Ventral-) Ansicht des Schultergürtels. *Ep* Episternum, *Co* Coracoid, *Pco* Procoracoid, *S* Scapula, *Clt* Cleithrum, *Cl* Clavicula, *G* Gelenkfläche. Stark verkleinert. (Nach Case.)

Fig. 335. *Dimetrodon incisivus* Cope. Perm. Texas. Schädel v. d. Seite. Hinter den Augen die große seitliche Schläfenöffnung. Der Einschnitt zwischen Praemaxillare *Pm* und Maxillare *M* tritt sehr deutlich hervor. *Na* Nasenöffnung, *O* Augen-, *S* seitl. Schläfenöffnung, *Q* Quadratum. $^1/_6$ nat. Gr. (Nach Case.)

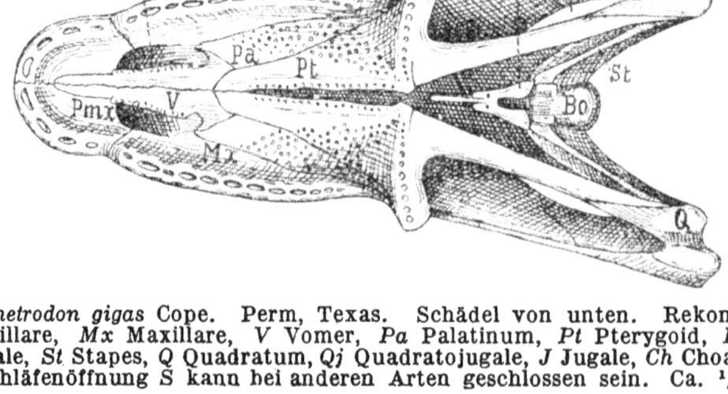

Fig. 336. *Dimetrodon gigas* Cope. Perm, Texas. Schädel von unten. Rekonstr. nach Case. *Pmx* Praemaxillare, *Mx* Maxillare, *V* Vomer, *Pa* Palatinum, *Pt* Pterygoid, *Bs* Basisphenoid, *Bo* Basioccipitale, *St* Stapes, *Q* Quadratum, *Qj* Quadratojugale, *J* Jugale, *Ch* Choanen. Die kleine obere Schläfenöffnung S kann bei anderen Arten geschlossen sein. Ca. $^1/_6$ nat. Gr.

ab verschmilzt die Rippe mit der Diapophyse. Schwanz relativ kurz, mit niederen Dornfortsätzen. Hautverknöcherungen nicht beobachtet. Endphalangen mit Krallen. Bis 3 m große Landraubtiere. Unt. Perm, Texas, Neu-Mexiko. Ind.-Territorium.

Sphenacodon Marsh. Dornfortsätze niedriger, distal verbreitert und bei den ca. 27 Präsacralwirbeln gleich groß, sonst sehr ähnlich *Dimetrodon*, nur primitiver. Permokarbon, Neu-Mexiko.

Ctenosaurus v. Huene aus dem mittleren Buntsandstein von Rheinhausen bei Göttingen dürfte vielleicht auf Grund der mit ca. 60 cm hohen Dornfortsätzen ausgestatteten Wirbel auch hierher zu stellen sein.

? *Tetraceratops* W. Matthew. Zahnfreie Lücke zwischen Maxillare und Praemaxillare sehr groß. Schädel mit 2 Paar »hornartigen« Knochenzapfen, die an den Praemaxillaria bzw. den Praefrontalia aufsitzen. Unt. Perm, Texas.

Familie **Edaphosauridae** Cope.

Ähnlich der vorigen, aber mit zwei Sacralwirbeln und mächtiger Gaumenbezahnung.

**Edaphosaurus* Cope (Fig. 337). Schädel hoch, größte Breite zwischen den Augen, nach vorn sich rasch verjüngend. Augen groß, weit zurückliegend, · von Knochen überdacht, seitlich eine große Schläfenöffnung. Interparietale vorhanden. Kieferzähne konisch. Auf dem Gaumen zahlreiche kleinere Zähne. Cleithrum ungemein groß. 26 Präsacralwirbel. 2 Sacralwirbel. Die hohen spitzen Dornfortsätze mit seitlichen Fortsätzen. Bauchrippen vorhanden. Rippen zweiköpfig (*N. Credneri*). Pflanzen- oder Muschelfresser. 2—3 m große Sumpfbewohner. Permokarbon, Neu-Mexiko. Perm, Texas, Pennsylvanien. Oberstes Karbon (Grenzschichten) von Kounova (Böhmen), Rotliegendes von Sachsen.

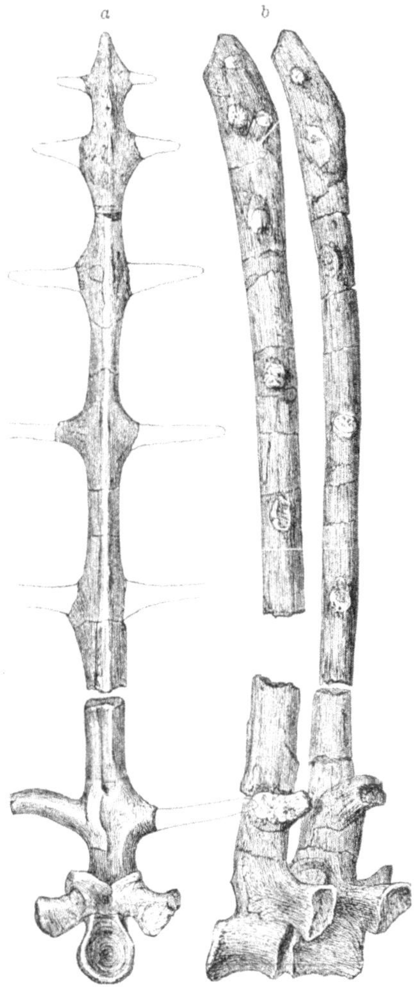

Fig. 337.
Edaphosaurus claviger Cope. Aus permischen Ablagerungen von Texas.
a Wirbel von vorn, *b* zwei Wirbel von der Seite. ¼ nat. Gr. (Nach Cope.)

Naosaurus Cope. Ähnlich *Edaphosaurus*, aber Dornfortsätze distal verbreitert. Unt. Perm, Texas.

Incertae sedis: *Bolosaurus* Cope. Eine kleine Form. Der hohe Schädel mit kurzer Praeorbital- und Temporalregion, größtenteils unskulptiert, mit großem Auge und ? tief liegender unterer Schläfenöffnung. Zähne schräg gestellt, mit Hauptspitze und kleiner Nebenspitze. Perm, Texas. *Bathygnathus* Leidy. Kieferreste aus dem Perm von Prince Edward Island, Kanada. Dürfte wahrscheinlich in die Nähe von Dimetrodon zu stellen sein.

?Glaucosaurus Willist., *Tomicosaurus* Case. Perm, Texas. *Archaeobolis* Cope. *Metamosaurus* Cope. Perm, Texas. *Embolophorus* p. p. Cope. *? Geosaurus cynodus* Gervais aus dem Perm von Moisset (Departement Jura).

2. Unterordnung: **Therocephalia** Broom[1]).

Schädel jederseits mit einer großen oberen Schläfenöffnung, die Zähne heterodont kegelförmig, in Schneidezähne, Eckzähne und Molaren differenziert. Fo. parietale groß. Quadratojugale sehr reduziert und mit dem Quadratum verschmolzen. Hinterhauptscondylus einfach, aber mit teilweiser Beteiligung

[1]) Literatur gleichzeitig für Gorgonopsia bis Dicynodontia. Siehe auch Pelycosauria und Cotylosauria! *Broom R.*, On the classification of the Theriodonts and their allies. Rpt. South Afric. Assoc. Advanc. Science 1903. On an almost perfect skull of a new primitive Theriodont. (Lycosuchus Vanderrieti.) Transact. South Afric. Philos. Soc. 1903. On the remains of Lystrosaurus etc. Rec. Alb. Mus. Vol. I. 1903. On two new Therocephalian Reptiles ibid. 1904. On the structure and affinities of the Endothiodont Reptiles ibid. 1904 (Vol. XVI). On some new primitive Theriodonts in the South Afric. Mus. Vol. IV. 2. 1903. On the Inter-relationships of the known Therocephalian genera ibid. 8. 1908. Fossil Reptiles of the Karoo Formation in: An introduction to the Geology of Cape Colony by Rogers and du Toit. London 1909. On the origin of the mammal-like Reptiles. Proc. Zool. Soc. London 1907. II. ibid. weitere Literatur über diese Frage; ferner eine Reihe von Abhandl. in den Annals South Afric. Mus. Vol. XV. 1913. A further Comparison of the South Afric. Dinocephalians with the Americ. Pelycosaurs. Bull. Americ. Mus. Nat. Hist. Vol. 33. 1914. On some new genera a. species of Dicynodont Reptiles etc. Ibid. 1913. Vol. 32. Permian, Triassic and Jurassic Reptiles of South Africa. Ibid. Vol. 25. Part. II. 1915. On the Gorgonopsia, a suborder of the mammal-like Reptiles. Proc. Zool. Soc. London 1913. S. 225. Dental Succession in Cynodont Reptiles. Bull. Americ. Mus. Nat. Hist. Vol. 32. 1913. On the structure of the skull in Cynodont Reptiles. Proc. Zool. Soc. London 1911. S. 893. Ibid. S. 1673. On the structure of the internal ear and the Relation of the Basicranial nerves in Dicynodon. ibid. 1912. S. 419. On some new fossil Reptiles from the Permian and Triassic beds of South Africa ibid. 1912. S. 859. Außerdem noch etliche Arbeiten in d. Proc. Zool. Soc., die mir bis Mai 1922 nicht zugänglich waren! — *Broili F.*, Ein Dicynodontierrest aus der Karooformation. Neues Jahrbuch für Mineralogie etc. 1908. — *Fürbringer M.*, Vgl. Anatomie des Brustschulterapparates etc. Jen. Zeitschrift f. Naturwissensch. 34. Bd. 1900. Zur Frage der Abstammung der Säugetiere. Haeckel-Festschrift. Jena, Fischer. 1904. — *Fuchs A.*, Über die Beziehungen zwischen den Theromorphen Copes bzw. den Therapsiden Brooms und den Säugetieren, erörtert auf Grund der Schädelverhältnisse. Zeitschr. für Morphologie u. Anthropol. 14. 1911. Heft 2. — *Gregory W. K.*, The origin of Mammals. Bull. Americ. Mus. Nat. Hist. Vol. 27. 1910. S. 113 etc. — *Haughton S. H.*, On a new Dinocephalian from the Gouph. Annals South Afric. Mus. 12. 1915. Dort weitere Arbeiten. — *Hoepen E. C.*, Bijdragen tot de Kennis der Reptilier van de Karooformatie. De Schedel van Lystrosaurus latirostris. Annals of the Transvaal Mus. Vol. 4. 1913. The lower jaw of Lystrosaurus ibid. 1914. The skull and other remains of Lystrosaurus Putterilli ibid. Vol. V. 1915. — *Jaekel O.*, Über den Schädelbau der Dicynodonten. Sitzungsb. d. Ges. Naturforsch. Freunde, Berlin 1904. Die Wirbeltiere, Abschn. Paratheris. 1911. — *Lydekker R.*, Catalogue of the foss. Rept. a. Amph. Brit. Mus. P. 4. 1890. — *Newton E. T.*, Some new Reptiles from the Elgin Sandstone. Philos. Transact. R. Soc. Lond. 1893. Vol. 184. — *Osborn H. F.*, The origin of the Mammalia. Americ. Naturalist 32. 1898. — *Owen R.*, On Dicynodon. Trans. geol. Soc. 1845. VII. On Dicynodont Reptiles Philos. Trans. 1862. Vol. CLII und Quart. Journ. geol. Soc. 1860. Vol. XVI, Vol. XXXVI, Vol. XXXVII. Descriptive and illustrated Catalogue of the fossil Reptiles of South Africa in the Collections of the British Mus. London 1876. — *Seeley H. G.*, Researches on the Structure, organisation a. classific. of the foss. Reptilia III u. V. Philos. Trans. Roy. Soc. Lond. Vol. 179. 1888. VI. ibid. Vol. 180. 1889. IX. ibid. Vol. 186. 1895. Ferner eine Reihe von Aufsätzen im Quarterly Journ. Geol. Soc. a. Annals and Magaz. of Nat. Hist. — *Sollas J.* und *Sollas W. J.*, A study of the skull of a Dicynodon by means of Serial sections. Philos. Trans. R. Soc. Lond. Ser. B. Vol. 204. 1913. —

des Exoccipitale. Unterkiefer mit hohem Processus coronoideus. Becken mit medianem Durchbruch. Scapula ohne Fortsatz (Acromion). Wirbel amphicöl. Perm[1]).

Die Therocephalier (»primitive Theriodontier«), von mittlerer Größe, mit Raubtiergebiß, finden sich in permischen Ablagerungen Südafrikas. Die meisten Gattungen sind auf unvollständige Reste hin aufgestellt. Vom Schädel abgesehen, sind bis jetzt nur sehr mangelhafte Skelettreste bekannt. Der Schädel soll durch eine schmale Parietalregion, kein Praefrontale, paarigen Vomer (Praevomer), keinen sekundären Gaumen, große Suborbitalöffnungen, ein vom Pterygoid durch ein großes Foramen getrenntes Transversum sowie durch lockere Symphyse der Unterkiefer ausgezeichnet sein.

Hieher rechnet Broom die Gattungen: *Cynodraco*, *Cynochampsa*, *Tigrisuchus*, ?*Cynosuchus*, *Aloposaurus* Owen, *Pristerognathus* Seeley, *Ictidosuchus*, *Lycosuchus Scylacosaurus* (Figur 338A), *Scaloposaurus*, *Alopecorhinus*,

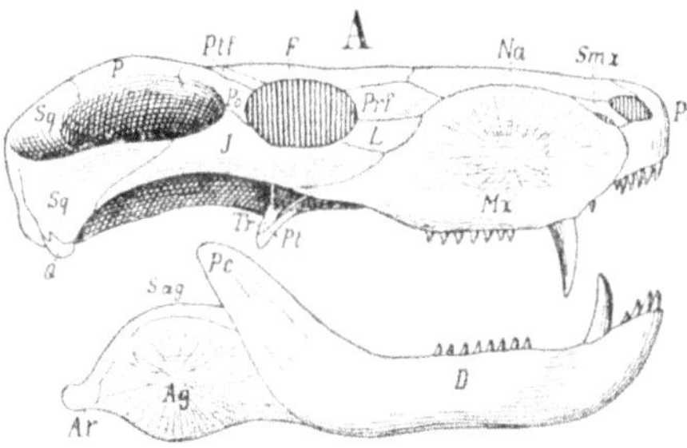

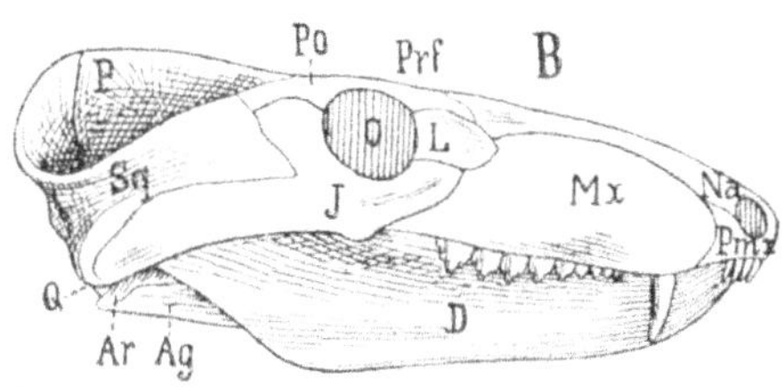

Fig. 338.

A Scylacosaurus Slateri Broom. Schädel eines Therocephalen (primitiver Therodontier) von der Seite. Perm. Südafrika. *B Cynognathus platyceps* Seeley. Schädel eines Cynodontiers (spezialisierter Theriodontier). Trias, Südafrika.
O Auge, *Pmx* Praemaxillare, *Smx* Septomaxillare, *Mx* Maxillare, *Na* Nasale, *Ptf* Postfrontale, *Prf* Praefrontale, *L* Lacrimale, *J* Jugale, *Po* Postorbitale, *Sq* Squamosum, *P* Parietale, *Qu* Quadratum, *F* Frontale, *Tr* Transversum, *Pt* Pterygoid, *Ag* Angulare, *Ar* Articulare, *D* Dentale, *Pc* Proc. coronoideus, *Sag* Supraangulare. (Nach Broom.) Ca. ¼ nat. Gr.

Ictidognathus, *Scymnosaurus*, *Alopecodon*, *Hyaenosuchus*, *Pardosuchus*, *Trochosuchus*, *Alopecognathus*, *Eriphostoma*, *Ictidosaurus*, *Scylacoides*, *Scylocorhinus* Broom, *Trochosaurus* Haughton, *Arnognathus* Broom.

Von den Therocephalia trennt neuerdings Broom als selbständige Gruppe ab:

3. Unterordnung: **Gorgonopsia** Broom.

Die **3. Unterordnung** der **Gorgonopsia** Broom besitzt neben anderen Merkmalen eine breite Parietalregion, ein Praeparietale, einen unpaaren

---

Watson D. M. S., The skull of Diademodon with notes on those of some other Cynodonts. Ann. a. Magaz. Nat. Hist. Ser. 8. 8. 1911; ferner ibid. Vol. XII. 1913. The skeleton of Lystrosaurus. Rec. Alb. Mus. Vol. II. ? Sep. On some features of the structure of the Therocephalian skull. Annals and Magaz. Nat. Hist. Ser. 8. Vol. XI. 1913. ibid. weitere Aufsätze! The limbs of Lystrosaurus. Geol. Magaz, Dec. V. Vol. 10. 1913. Some notes on the Anomodont Brain case. Anat. Anzeiger 44. Bd. 10. 1913. The Deinocephalia, an order of Mammal-like Reptiles. Proc. Zool. Soc. London. Sept. 1914. Notes on some carniv. Therapsids ibid. 1914. On the Cynodontia. Annals and Magaz. Nat. Hist. Ser. 9. Vol. VI. 1920. The bases of Classification of the Theriodontia. Proc. Zool. Soc. London 1921. — *Woodward A. S.*, Outlines of Vertebrate Paleontology etc. Cambridge 1898.

[1]) Nach freundl. Mitt. von Prof. *Watson* entsprechen die Stormberg beds dem Keuper + ? Teilen der mittl. Trias; Cynognathus — Procolophon — Lystrosaurus-Zone Teilen der mittl. Trias und dem Buntsandstein; Cisticephalus — Endothiodon — Tapinocephalus-Zone und Ecca beds dem Zechstein, Kupferschiefer und ob. Rotliegenden; die Dwyca beds der Artinskstufe (unt. Rotliegende = Clear Fork und Wichita beds von Texas).

Vomer, ein eng mit dem Pterygoid verbundenes Transversum, und ihre Unterkiefer sind durch mächtige Symphysen verbunden. Gaumen ohne suborbitale Öffnungen. Fingerformel 2, 3, 4, 5, 3.

Gorgonops, *Aelurosaurus* Owen, *Scymnognathus*, *Arctognathus* Broom. *Arctops*, *Leptotragelus* Watson. *Scylacops*, *Astenognathus*, *Scylacognathus*, *Ictidorhinus* Broom. Alle aus dem Perm Südafrikas.

Hier schließen sich wahrscheinlich an: *Lycosaurus* Broom aus dem Perm Südafrikas und *Inostranzewia* Amalitzky aus dem Perm Nordrußlands.

4. Unterordnung: **Theriodontia** Owen, 1876.

Schädel gewöhnlich unskulptiert, mit Interparietale, jederseits mit einer großen oberen Schläfenöffnung. Die Zähne in Schneidezähne, Eckzähne und einwurzelige Molaren differenziert, letztere mehrspitzig oder queroval und höckerig. Ein wenn auch kleines Fo. pa. fast stets nachgewiesen. Quadratojugale ungemein stark reduziert und mit dem Quadratum verschmolzen. Posttemporalkanal vorhanden. Hinterhaupt plattenförmig mit meist zweiteiligem Condylus (Fig. 339). *Die inneren, vom Vomer geteilten Nasenöffnungen (Choanen) hinter dem von Praemaxillaria, Maxillaria und Palatina gebildeten secundären Gaumen austretend. Unterkiefer mit hohem Processus coronoideus. Wirbel amphicöl. Intercentra beobachtet. 2—4 Sacralwirbel. Scapula meist mit ansehnlichem Fortsatz (Acromion). Becken mit medianem Durchbruch. Zehenformel: 2. 3. 3. 3. 3.* Trias (Ob. Beaufort, Burghersdorp beds der Karooformation). Südafrika.

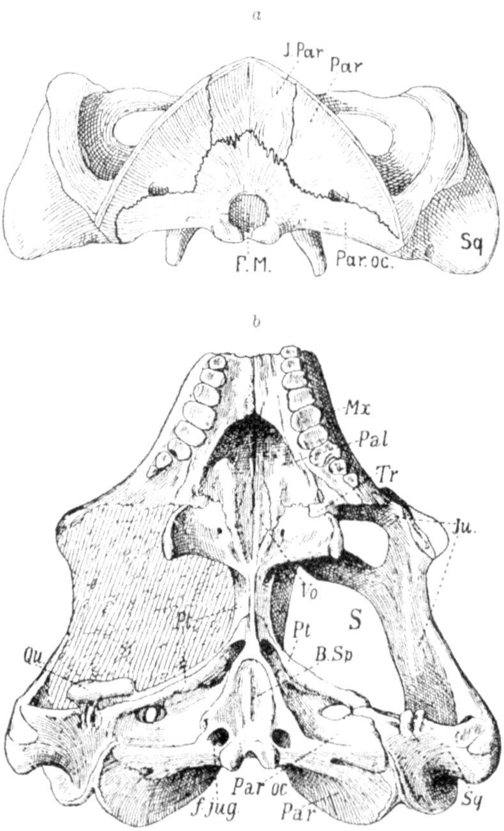

Fig. 339.
Diademodon Browni Seeley. *a* von hinten, *b* von unten. Trias Südafrikas. 4/5 nat. Gr. *Mx* Maxillare, *Pal* Palatinum, *Tr* Transversum, *Vo* Vomer, *Ju* Jugale, *Pt* Pterygoid, *B.Sp* Basisphenoid, *Par.oc* Paroccipitale (Opisthoticum), *Par* Parietale, *Q* Quadratum, *Sq* Squamosum, *f.jug* Foramen jugulare, *I Par* Interparietale, *F.M* Foramen magnum. (Nach D. M. J. Watson.)

Gegenüber den älteren primitiveren Therocephaliern erscheinen die Cynodontier (Theriodontier) als die mehr spezialisierten Formen. Broom vereinigt diese sowie die Gorgonopsia, Dromasauria, Dinocephalia und Anomodontia unter seiner Ordnung der Therapsida. Die Theriodontier sind durchschnittlich mittelgroße Reptilien, von denen indessen einzelne (Cynognathus) die Größe eines Tigers, dem sie auch in ihrem raubtierartig differenzierten Gebiß gleichen, erreichen können, andere hinwiederum scheinen Pflanzenfresser gewesen zu sein (Diademodon).

Die Differenzierung des Gebisses, an dem bei den Praemolaren ein Zahnwechsel erfolgt, die von Squamosum und Jugale begrenzte eine Schläfengrube, das kleine unbedeutende Quadratum, die Verhältnisse des äußeren Gehörganges, die Hinterhauptsregion mit ihrem Doppelcondylus, der secundäre Gaumen, das große Lacrimale, das allmählich immer größer werdende Dentale mit seinem hohen Kronfortsatz, der Bau des Becken- und Schultergürtels, die Zehenzahl (2, 3, 3, 3, 3) u. a. m. machen die Cynodontier zu den säugerähnlichsten Reptilien und diese ihre Eigenschaften haben vielfach Veranlassung zu Vergleichen mit Säugern, speziell mit den Monotremata, gegeben. Die uns bekannten Reste der Cynodontia sind bereits zu hoch differenziert und in manchen Punkten mehr den Ditremata ähnlich, als daß sie in direkten genetischen Zusammenhang mit den Monotremata gebracht werden könnten, letztere sind vielmehr als sehr spezialisierte Nachkommen alter Mammalia zu betrachten[1]). Die hervortretendsten Typen werden als Repräsentanten selbständiger »Familien« angesehen: *Bauridae, Nythosauridae (Galesauridae), Diademodontidae (Gomphognathidae).*

Watson teilt die Theriodontia in 2 Gruppen: **Bauriamorpha,** Gaumen mit großen suborbitalen Öffnungen, und die typischen **Cynodontia** mit Gaumen ohne diese; erstere werden auf die Therocephalia, letztere auf die Gorgonopsia zurückgeführt.

A. Bauriamorpha Watson.

**Bauria* Broom. Mit einfachem Condylus. Backenzähne ohne Höcker. Mit kleinem sekundären Gaumen. Die inneren Nasenlöcher durch ein Septum (? Vomer) geteilt. Die Meinung Brooms, wonach Bauria ein Bindeglied zwischen den Therocephalia und Cynodontia sei, wird von Watson bestritten, der die Gorgonopsia als nächste Verwandte derselben betrachtet und den sekundären Gaumen bei Bauria auf andere Vorfahren zurückführt.

Microgomphodon Seeley. 2 Sacralwirbel. *Triarchodon, ? Theriodesmus* Seeley. *Sesamodon, Melinodon, Lycognathus* Broom. *Glochionodon, Platycranium* v. Hoepen. Trias. Südafrika.

B. Cynodontia Owen.

**Galesaurus* Owen. Der kleine Schädel mit terminalen nahestehenden Nasenlöchern, großen Septomaxillaria (Nariale), breitem, niederen Hinterhaupt und zweiteiligem Condylus. Schnauze überhängend. Molaren oval, dreihöckerig. Zahnformel: J. $\frac{4}{3}$, C. $\frac{1}{1}$, M. $\frac{9}{12}$. Schläfenlöcher groß. Trias, Südafrika.

Thrinaxodon Seeley (»*Galesaurus planiceps*« bei Owen) ähnlich *Galesaurus.* Ohne überhängende Schnauze. Trias, Südafrika.

Galesaurus nahestehend ist *Nythosaurus* Owen. Trias, Südafrika.

**Cynognathus* Seeley (Fig. 338 B, 340). Bis 6 Fuß großes Raubtier. Schädel bis 40 cm lang, verhältnismäßig schmal und hoch, mit terminalen getrennten Nasenlöchern. Septomaxillaria nicht mehr am Gesichtsschädel beteiligt. Der bei C. crateronotus beobachtete seitliche Durchbruch dürfte sekundär sein. Hinterhauptscondylus zweigeteilt. Unterkieferäste in der Symphyse miteinander verschmolzen. Coronoidfortsatz hoch. Praemaxillaria mit 4 Paar gezähnelten Schneidezähnen, Unterkiefer mit ? 3 Paar. Auf den sehr kräftigen, teilweise gezähnelten Eckzahn folgen sowohl auf Ober- wie Unterkiefer 9 seitlich verschmälerte, konische, teilweise dreispitzige Molaren. 29 (28) amphicöle präsacrale Wirbel, die vorderen mit Intercentren. Rippen vorne zweiköpfig. 4 (?3) Sacralwirbel. Zwischen Pubis und Ischium ein großer Durchbruch. In der Symphyse ziemlich ansehnliches Foramen pubo-ischiadicum.

---

[1]) *Watson D. M. S.*, A Contribution to mammalian Morphogenesis. Philos. Transact. R. Ser. London. Ser. B. 207. 1915.

Trias. Südafrika. Nahe verwandt mit Cynognathus ist *Lycognathus* Broom aus der südafrik. Trias.

Diademodon Seeley (*Gomphognathus* Seeley, *Diastemodon*, »*Microgomphoden*« Seeley) (Fig. 339). Ähnlich Cynognathus, aber Schädel nieder und breit und Molarzähne verbreitert, am Rande mit Höckern. Vermutlich herbivor. Hinterhauptscondylus doppelt. Trias. Südafrika.

Ictidopsis Broom. Trias. Südafrika.

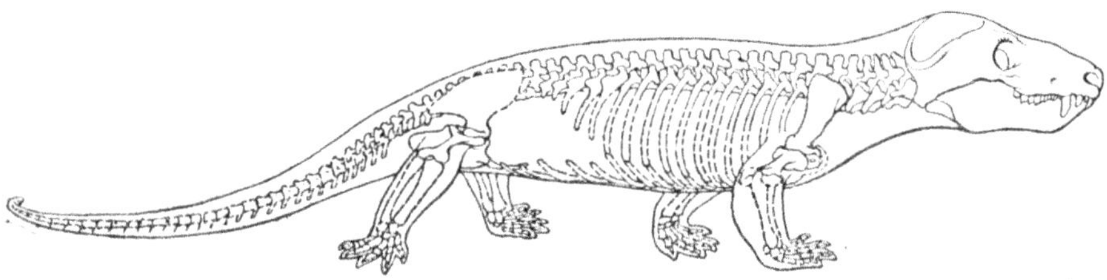

Fig. 340.
Cynognathus crateronotus Seeley. Trias, Südafrika. Rekonstruktion ca. $^1/_9$. (Nach Gregory und Camp.)

Protacmon Watson. Schädel ähnlich dem von *Diademodon*, aber das ebenso wie bei den übrigen Opnodontia entwickelte Epipterygoid nicht mehr mit dem Quadratum in Verbindung. Trias, Südafrika.

Pachygenelus Watson. Unterkiefer nur mit 2 Paar Incisiven. Stormberg beds. Südafrika.

5. Unterordnung: **Deinocephalia** Broom.

Die 5. Unterordnung *Deinocephalia* Broom umfaßt plump gebaute Reptilien. Ihr Schädel besitzt

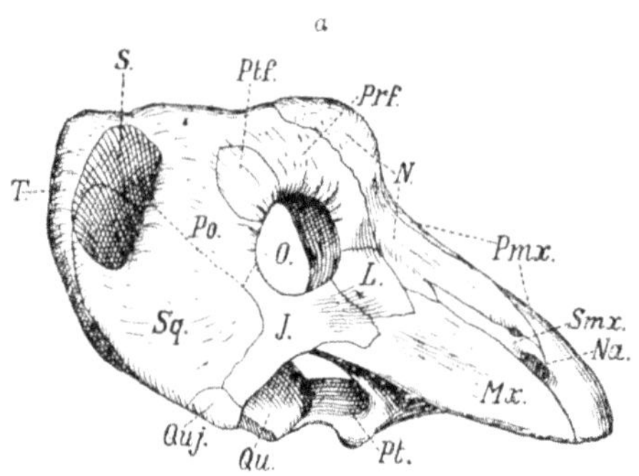

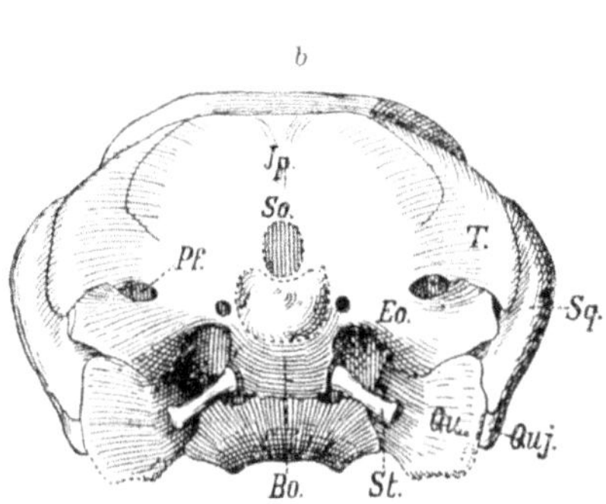

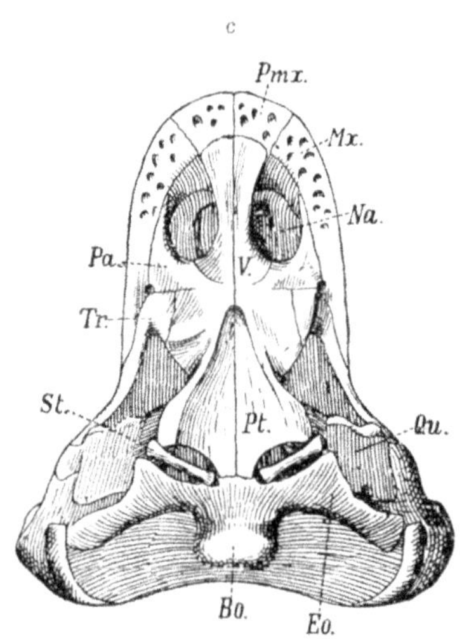

Fig. 341.
Mormosaurus Seeleyi Watson Perm Südafrika. *a* von der Seite, *b* von hinten, *c* von unten. *Na* Nasenöffnungen, *O* Auge, *S* Schläfenöffnungen, *P.F* Posttemporale Öffnungen, *Mx* Maxillare, *Pmx* Praemaxillare, *N* Nasale, *Smx* Septomaxillare, *L* Lacrimale, *Prf* Praefrontale, *Ptf* Postfrontale, *Po* Postorbitale, *T* Tabulare, *Sq* Squamosum, *Quj* Quadratojugale, *Qu* Quadratum, *J* Jugale, *Jp* Interparietale, *So* Supraoccipitale, *Eo* Exoccipitale, Opisthoticum, *Bo* Basioccipitale, *St* Stapes, *Pt* Pterygoid, *Pa* Palatin, *V* Vomer, *Tr* Transversum. Nach Watson. $^1/_3$ nat. Größe.

ein Paar von seitlichen Schläfenöffnungen. Im Gegensatz zu dem häufig durch die verdickten Knochen besonders starken kranialen Abschnitt erscheint die meist abgesetzte Gesichtspartie schwach. Das Hinterhaupt ist plattenförmig, mit 2 kleinen posttemperalen Durchbrüchen. Das Supraoccipitale wird mehr oder weniger überdeckt von dem Interparietale und den Tabularia. Kein Supratemporale. Der Stapes steht im Contact mit dem sehr ansehnlichen Quadratum. Quadratojugale und Septomaxillare entwickelt.

Am Schultergürtel ist außer Coracoid auch Procoracoid ausgebildet. Pubis und Ischium sind plattenförmig. Intercentra sind nicht vorhanden. 4 Sacralwirbel (Phocasaurus). Rippen durchaus zweiköpfig.

Hierher gehören *Tapinocephalus* Owen (*Phocasaurus* Seeley), **Mormosaurus* Watson (ident *Struthiocephalus* Haugthon) (Fig. 341). *Pnigalion*, *Lamiasaurus* Watson, *Delphinognathus*, *Moschops*, *Taurops*, *Scapanodon*, *Archaeosuchus* Broom, ? *Moschognathus* Broom, *Jonkeria* Hoepen, alle aus dem mittl. Perm Südafrikas.

Titanosuchus Owen hat im Gegensatz zu diesen, soweit von ihnen Schädel bekannt sind, keine abgesetzte Gesichtspartie.

Watson stellt in die Nähe von *Tapinocephalus* die aus dem russischen Perm unvollständig bekannte Gattung *Deuterosaurus* Eichwald; in die Nähe von *Titanosuchus*: *Rhophalodon* Fischer bzw. *Cliorhizodus* Twelvetrees von ebendort. (Ganz unsicher sind *Brithopus*, *Orthopus*, *Syodon* Kutorga und *Dinosaurus* und *Eurosaurus* Fischer aus dem russischen Perm.)

? *Eubrachiosaurus* Williston aus der Trias. Nordamerika.

6. Unterordnung: **Dromasauria** Broom.

Zu der 6. Unterordnung *Dromasauria* Broom werden kleine, langschwänzige Reptilien mit langen, schlanken Extremitäten gestellt. Ihr gedrungener Schädel ist im Besitze einer Schläfenöffnung und eines weit zurückliegenden Fo. pa. Qu. J. fehlt. Am Schultergürtel ist Coracoid und Procoracoid entwickelt. Die Scapula zeigt kein Acromion. Die Clavicula ist flach und breit. Pubis und Ischium sind plattenförmig. Zehenformel 2. 3. 3. 3. 3. Vielleicht Verwandte der *Palaeohatteria.*

Galechirus Broom. Schädel unvollständig bekannt. Scapula, Coracoid, Procoracoid und Beckenelemente miteinander verschmolzen. Bauchrippen vorhanden. Perm. Südafrika.

Galepus Broom. Augen seitlich, groß, Schläfenlöcher halb so groß. Fo. pa. ansehnlich. Squamosum wie bei den Dicynodontiern nach abwärts verlängert. Kein Quadratojugale. Zähne gleichartig. Kein Processus coronoideus. Oberes Perm. Südafrika.

Galeops Broom. Zahnlos, mit kleinem Processus coronoideus. Oberes Perm. Südafrika.

7. Unterordnung: **Dicynodontia.**

Schädel unskulptiert, mit einer weiten, oberen Schläfenöffnung, mit Interparietale und plattenförmigem, zwei kleine posttemperale Durchbrüche aufweisendem Hinterhaupt. Supraoccipitale überdeckt von Interparietale und den Tabularia (wenn solche entwickelt sind). Fo. pa. vorhanden. Qj. reduziert, mit dem Q. gewöhnlich verschmolzen (ausgenommen Endothiodon) und die Gelenkung für den Unterkiefer bildend. Squamosum sehr groß. Praemaxillaria verschmolzen, zahnlos, weit ausgedehnt und mit den Maxillaria und Palatina einen rudimentären sekundären Gaumen bildend. Vomer verschmolzen. Condylus occipitalis einfach, dreigeteilt. Unterkiefer ohne Processus coronoideus. Scapula mit Acromion. Scapula, Coracoid und Procoracoid sowie die Elemente des Beckens durch Naht unbeweglich verbunden. 4 oder ? mehr Sacralwirbel. Extremitäten fünfzehig, mit Klauen. Wirbel amphicöl. Phalangenformel 2. 3. 3. 3. 3. Perm. Trias.

Die *Anomodontia* sind herbivore, kleine bis mittelgroße, die Größe eines kleinen Flußpferdes erreichende Reptilien, dem sie auch in bezug auf ihre schwerfällige Gestalt und teilweise wenigstens (Lystrosaurus) ebenso in den Lebensgewohnheiten am meisten geähnelt haben dürften. An dem meist plumpen Kopf fehlt die Bezahnung auf den verschmolzenen, ursprünglich wohl mit Hornscheiden besetzten Praemaxillaria ebenso auch auf den Maxillaria entweder gänzlich, oder sie ist an den letzteren auf kleine zahlreiche Molarzähnchen oder auf zwei mächtige Hauzähne reduziert, welche in einer langen, durch eine Anschwellung des Kiefers auch äußerlich sichtbaren Alveole ruhen. Der Schädel ist häufig sehr solid verknöchert und die Suturen infolgedessen verwischt, die Nasenlöcher liegen wie die Augen, in welch letzteren gelegentlich ein Scleroticaring beobachtet wird, seitlich. Charakteristisch für die Anomodontier ist das Squamosum, welches ungewöhnlich vergrößert ist und nicht nur den größten Teil der Begrenzung des Schläfenlochs bildet, sondern auch abwärts in einen stielförmigen Fortsatz ausgezogen ist, dessen untere Seite von der Gelenkfläche des meist mit dem reduzierten Quadratojugale verschmolzenen Quadratum eingenommen wird. Die Hinterhauptsregion bildet eine gerade, ebene Fläche, die gewöhnlich zwei kleine Durchbrüche zeigt. Der obere, seitlich vom Exoccipitale, dient dem Austritt von Nerven, der untere, die Gehöröffnung (fenestra ovalis), liegt seitlich unterhalb vom Basioccipitale. Die zwei zahnlosen, offenbar auch mit Hornscheiden besetzt gewesenen Unterkiefer sind in der Symphyse verschmolzen und weisen seitlich häufig noch eine große Öffnung für den Meckelschen Knorpel auf. Die Zahl der Präsacralwirbel, die vorne zweiköpfige, hinten einköpfige Rippen tragen, wird auf 25—28 angegeben. Am Schultergürtel findet sich gelegentlich neben Clavicula und dem plattenförmigen Episternum ein Cleithrum. Die nur von wenigen Formen bekannte Beckengegend läßt 4 (6) Sacralwirbel erkennen. Am Ilium findet sich eine vom Acetabulum ausgehende Incisur, zwischen Ischium und Pubis das Foramen obturatorium und in der Symphyse ein Foramen pubo-ischiadicum.

**Dicynodon* Owen (*Keirognathus* Seeley. Fig. 342—344). Scheitel und Stirnregion allmählich mit mehr oder weniger starker Krümmung in Nasen- und Praemaxillarregion übergehend. Häufig ein Septo-

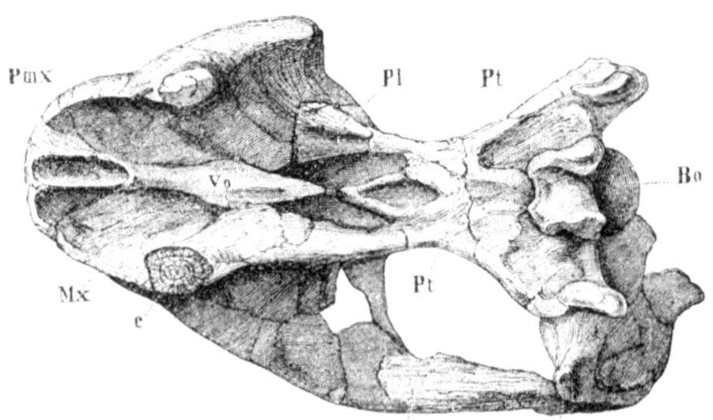

Fig. 342. *Dicynodon pardiceps* Owen. Perm (Karooformation). Fort Beaufort, Kapkolonie. Von unten. ¼ nat. Gr. (Nach R. Owen.) *Pmx* Praemaxillare, *Mx* Maxillare, *Pl* Palatin, *Vo* Vomer, *Pt* Pterygoid, *Bo* Basioccipitale, *Ju* Jugale, *Qu* Quadratum, *c* Zahn.

Fig. 343. Oberarm von *Dicynodon pardiceps* Owen. ¼ nat. Gr. Von vorn gesehen. *b* crista deltopectoralis, *c* foramen entepicondyloideum. (Nach Owen.)

maxillare und ein unpaares Praeparietale vorhanden. Augen und Schläfenlöcher gewöhnlich groß. Transversum vorhanden. Jedes Maxillare mit einem kräftigen Hauzahn. Schultergürtel mit Cleithrum. Zahlreiche Formen im Perm und in der Trias von Südafrika von der Größe einer Ratte bis zu der eines kleinen Flußpferds (Schädellänge bis 0,5 m). Ein Dicynodontier wird durch Mansuy aus dem Perm von Laos (Hinterindien) angeführt.

Oudenodon Owen. (*Platypodosaurus* Owen.) Sehr ähnlich Dicynodon, aber zahnlos, oder nur Rudimente von Zähnen. Wahrscheinlich die Weibchen von Dicynodon. Perm. Trias. Südafrika. ? *Emydops* Broom.

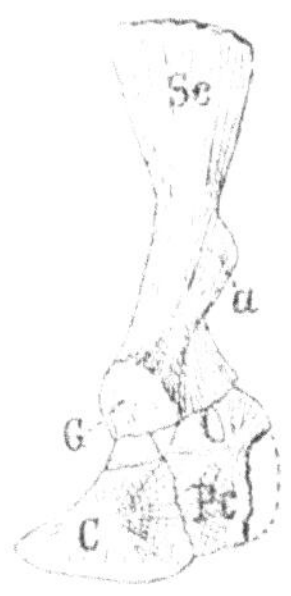

Fig. 344.
Schultergürtel (rechte Seite) eines *Dicynodontiers*. Perm, Südafrika. *Sc* Scapula mit Acromion *a*, *C* Coracoid, *Pc* Procoracoid, *G* Gelenkfläche für den Humerus. (Nach Lydekker). Ca. ¼ nat. Gr.

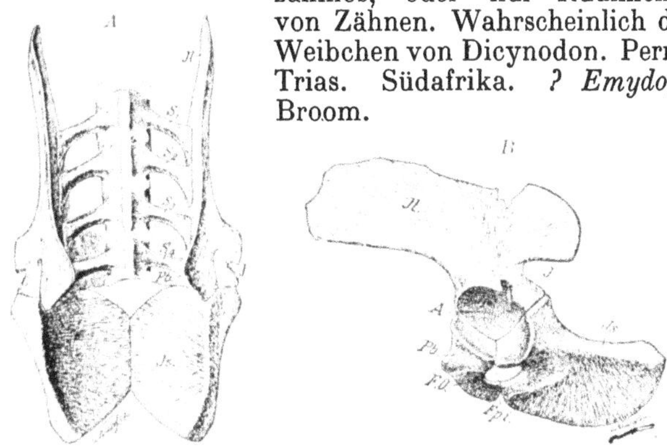

Fig. 345.
Die 4 Sacralwirbel und Becken eines *Dicynodontiers: Lystrosaurus Seeleyi* Broili. ? Perm, Südafrika. *A* von oben und *B* von der Seite. *Il* Ilium, *Is* Ischium, *Pb* Pubis, *J* Incisur am Ilium, *A* Acetabulum femoris, *FO* Foramen obturatorium, *Fpi* Foramen pubo-ischiadicum, S_1—S_4 die 4 Sacralwirbel. Ca. ⅓ nat. Gr. (Nach Broili.)

Eocyclops Broom. Ähnlich Dicynodon aber ohne Praeparietale. Fo. pa. sehr groß. Hauzähne fehlen. Ob. Perm, Südafrika.

Diictodon Broom. Ob. Perm, Südafrika.

**Lystrosaurus* Cope em. Watson (Fig. 345, 347, 348). (*Ptychognathus* Owen, *Ptychosiagum* Lydekker.) Praemaxillar — Nasalgegend gegen die Frontal-

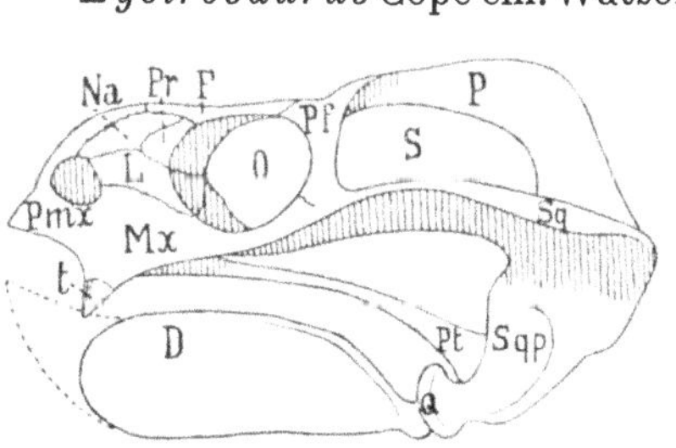

Fig. 346.
Gordonia Traquairi Newton. Ob. Perm von Elgin, Schottland. Schädel von der Seite. *Pmx* das zahnlose Praemaxillare und der ebensolche Unterkiefer *D*, *Mx* Maxillare mit einem Zahn *t*, *Na* Nasale, *Pr* Praefrontale, *L* Lacrimale, *Pf* Postfrontale, *F* Frontale, *P* Parietale, *Sq* Squamosum, *Sqp* Stielförmige Verlängerung derselben, *Qu* Quadratum, *Pt* Pterygoid, *O* Augen-, *S* Schläfenloch. (Nach Newton und A. S. Woodward.) Ca. ⅓ nat. Größe.

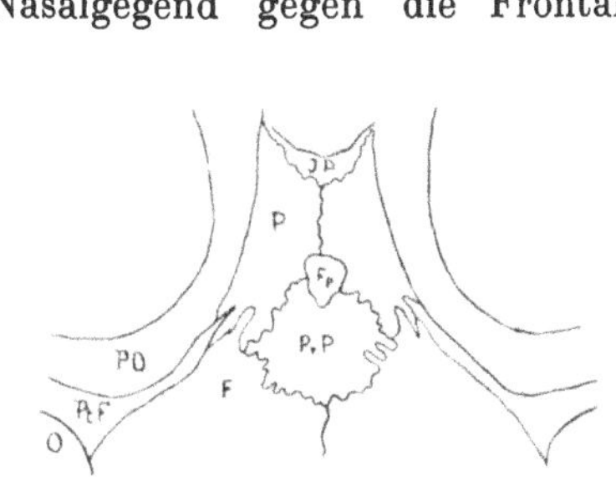

Fig. 347.
Lystrosaurus latirostris Owen. Trias. Südafrika. Mittlere Partie des Schädeldaches von oben. *JP* Interparietale, *P* Parietale, *F.p* Foramen parietale, *PrP* Praeparietale, *F* Frontale, *PO* Postorbitale, *Ptf* Postfrontale, *O* Augen. Ca. ½ nat. Gr. (Nach v. Hoepen.)

Parietalregion und diese gegen das Hinterhaupt stark winklig abgesetzt. Augen sehr groß, mit Scleroticaring, Nasenlöcher weit zurückliegend. Auf jedem Maxillare ein Hauzahn. Septomaxillaria, Epipterygoidea und ein unpaares Praeparietale beobachtet. Unterkiefer aus Dentale, Articulare, Angulare, Supraangulare, Praearticulare, Operculare, Complementare und

? Coronoid zusammengesetzt. Cleithrum nicht beobachtet. 25 präsacrale Wirbel ohne Intercentra. Rippen vorne zweiköpfig, hinten einköpfig. 4—6 gegenseitig nicht mit den Zentren verschmolzene Sacralwirbel, ca. 12 Schwanzwirbel. Das langgestreckte Ilium an seinem Oberrand gekerbt. Extremitäten

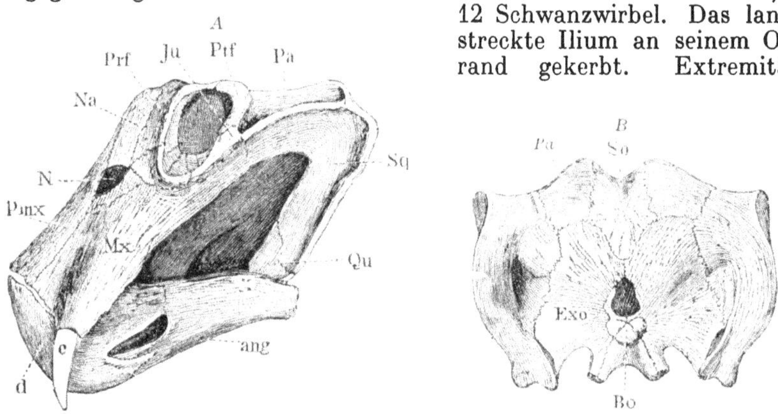

Fig. 348.
Schädel von *Lystrosaurus declivis* Owen. *A* von der Seite, *B* von hinten. ⅓ nat. Gr. Trias (Karooformation). Rhenosterberge, Kapkolonie. (Nach R. Owen.)
Bo Basioccipitale mit dem dreigeteilten Condylus, *Exo* Exoccipitale (Opisthoticum), *So* Interparietale, *Sq* Squamosum, *Qu* Quadratum, *Pa* Parietale, *Ptf* Postfrontale, *Prf* Praefrontale + Lacrimale, *Ju* Jugale, *Na* Nasale, *Mx* Maxillare, *Pmx* Praemaxillare, *N* Nasenloch, *ang* Angulare, *d* Dentale, *c* Eckzahn des Oberkiefers.

stämmig. Carpus und Tarsus unvollständig verknöchert. Gelenkenden nicht verknöchert. ? Perm. Trias. Südafrika, ? Indien.

Emydorhynchus Broom. Ähnlich Dicynodon, aber sehr großes Postorbitale. ? Trias. Südafrika.

**Gordonia* Newton (Fig. 346). Schädel bis 18 cm lang, ähnlich Dicynodon, nur schwächere Kopfknochen und die 2 Zähne bedeutend kleiner. Ob. Perm. Schottland. ? Perm. Nordrußland. *Geikia* Newton. Völlig zahnlos. Ob. Perm. Schottland.

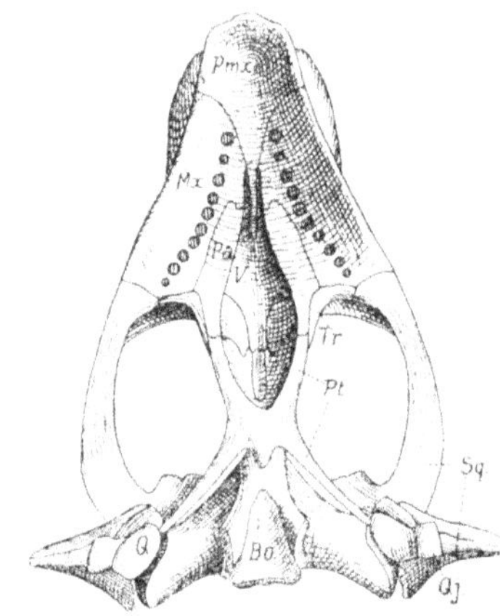

Fig. 349.
Endothiodon ? microps Broom. Perm. Südafrika. Gaumenseite. *Pmx* Praemaxillare, *Mx* Maxillare, *Pa* Palatin, *V* Vomer, *Tr* Transversum, *Pt* Pterygoid, *Sq* Squamosum, *Bo* Basioccipitale, *Q* Quadratum, *Qj* Quadratojugale. (Nach Watson.)

Kistecephalus Owen. Perm. Südafrika.

Emydops Broom. Perm. Südafrika. *Eurycarpus*, *Dicranozygoma* Seeley. Trias. Südafrika.

Kannemeyeria Seeley. Unt. Trias. Südafrika. *Eubrachiosaurus* Williston. M. Trias. Wyoming.

Diesen Formen, welche auch als *Dicynodontidae* und *Lystrosauridae* auseinander gehalten werden, reihen sich noch die *Endothiontidae* an, Gattungen, die nur auf den Maxillaria und auf den rückwärtigen Teilen des Unterkiefers eine oder mehrere Reihen von kleinen Zähnchen und außerdem ein gerundetes Episternum besitzen.

**Endothiodon* Owen. (Fig. 349). Kopf verhältnismäßig groß. Qj. nicht mit dem Q. verschmolzen. Cleithrum vorhanden. 4 Sacralwirbel. Perm. Südafrika. Von dort stammen auch *Esoterodon* Owen, *Emydochampsa* Broom, *Cryptocynodon* Seeley, *Prodicy-*

nodon, Opisthoctenodon, Diaelurodon Broom. *Pristerodon* Huxley. *Chelyposaurus* Broom.

Placerias Lucas. Ob. Trias. Arizona.

Brachybrachium Williston. Trias. Wyoming.

? *Acompsosaurus* Mehl. Trias von Arizona.

Anhang.

Noch unvollständig bekannt sind die ***Eunotosauria**[1]) aus dem mittl. Perm Südafrikas (Eunotosaurus Seeley) (Fig. 350), deren kleiner Schädel vereinigte äußere Nasenlöcher, auf der Unterseite ein verbreitertes Basisphenoid und dichte Bezahnung auf dem primitiven Reptilgaumen zeigt. Die Halsregion ist ungemein schmal gegenüber dem stark verbreiterten Rumpf. Die langgestreckten Centra der 10 Rückenwirbel mit persistierender Chorda, verkümmertem Dornfortsatz und einer am vorderen Ende gelegenen Rippenfacette. Schultergürtel und Becken Cotylosaurier-ähnlich, außerhalb der Rippen gelegen. Die Rumpfrippen ungemein verbreitert, in gegenseitiger Berührung. Dorsal Reihen von Hautverknöcherungen, aber noch nicht in Berührung mit den Rippen. Es erscheint nicht unmöglich, daß diese merkwürdige, trotz ihrer vielen primitiven Eigenschaften bereits hochspezialisierte Gruppe ein wirklicher Vorläufer der Schildkröten ist.

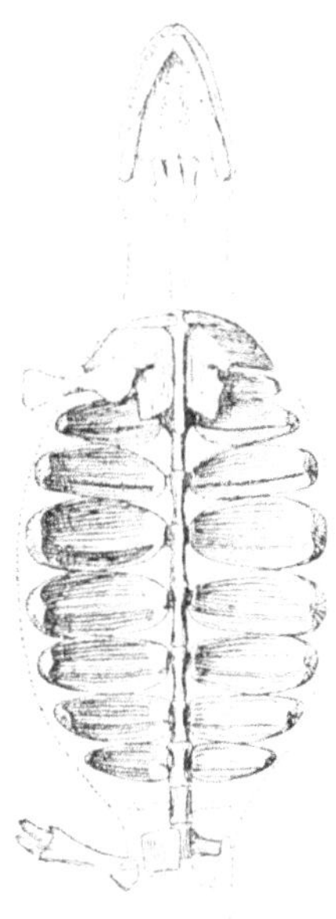

Fig. 350. *Eunotosaurus africanus* Seeley. Mittl. Perm. Südafrika. Etwas verkleinert. Restauration d. unt. Seite. Nach Watson.

Tocosauria *(Lepidosauria).*

Wirbel amphicöl bis procöl. Rumpfrippen zumeist einköpfig. Zwei Schläfenöffnungen, oberer und unterer Schläfenbogen ursprünglich vorhanden, dann vielfach rückgebildet. Quadratum unbeweglich oder beweglich. Extremitäten als Gehfüße ausgebildet, dann mit 2, 3, 4, 5, 3 (4 hinten) Phalangen, dem Wasserleben angepaßt, oder fehlend. Zähne acrodont oder pleurodont. Sacralwirbel: 2 oder fehlend. Haut gewöhnlich mit Schuppen. Trias — jetzt.

Zu den Tocosauria werden die Rhynchocephalen und die Squamata gestellt, von denen die ersteren die primitiveren Formen umfassen, die sich durch den Besitz von paarigen Praemaxillaria, zwei Schläfenöffnungen, ein unbewegliches Quadratum von den Squamata unterscheiden, bei denen in Regel (Lacertilia) nur ein oberer Schläfenbogen, verwachsene Praemaxillaria und ein bewegliches Quadratum sich entwickelt zeigen. Unter ihnen sind neben anderen die Mosasauria und Thalattosauria hochgradig dem Leben im Wasser angepaßt, von denen die ersteren direkt an die Lacertilia, die letzteren bald den Rhynchocephalia, bald den Lepidosauria angereiht werden.

---

[1]) *Watson D. M. S.*, Eunotosaurus afric. and the ancestry of the Chelonia. Proc. Zool. Soc. Lond. 1914.

1. Ordnung: **Rhynchocephalia**[1]).

Körper meist eidechsenähnlich. Wirbel in der Regel amphicöl, zuweilen mit Chordaresten. Intercentra gewöhnlich gut entwickelt. Fast stets nur zwei Sacralwirbel. Rumpfrippen einköpfig. Bauchrippen entwickelt. Praemaxillaria getrennt. Quadratum unbeweglich. Oberer und in der Regel auch unterer Schläfenbogen vorhanden. Unterkieferäste in der Symphyse meist (ausgenommen Champsosauridae) durch Ligament verbunden. Zähne acrodont. Brustgürtel mit knorpeligem Sternum. Extremitäten fünfzehig, manchmal dem Wasserleben angepaßt. Haut mit hornigenSchuppen. Trias (?Perm) bis jetzt.

Abgesehen von einigen unsicheren paläozoischen Formen treten die Rhynchocephalen von denen gegenwärtig nur noch eine Gattung Sphenodon (Hatteria) in Neu-Seeland lebt, uns zuerst in der Trias entgegen. Die Rhynchocephalen, die auch verschiedentlich direkt den Lepidosauriern angereiht werden, zeigen sich in der Hauptsache als wasserliebende Bewohner der Küste, von denen die meisten, wie Sphenodon, befähigt gewesen sein dürften, stundenlang, ohne zu atmen, unter Wasser zu bleiben; einzelne von ihnen besitzen die Bauart vortrefflicher Schwimmer, wie die Acrosauridae; einige, wie die Thalattosauridae, erscheinen endlich als marine, vollständig dem Wasserleben angepaßte Tiere. Ähnlich wie bei den Theromorphen läßt sich

[1]) *Ammon L. v.*, Über Homaeosaurus Maximiliani. Abhandl. K. B. Akad. d. Wissensch. II. Kl. Bd. 15. 1885. — *Andreae A.*, Acrosaurus Frischmanni etc. Bericht d. Senkenbergschen Naturforsch. Gesellsch. in Frankfurt a. M. 1893. — *Barnum, Brown*, The Osteology of Champsosaurus. Mem. Americ. Mus. Nat. Hist. Vol. IX. P. I. 1905. — *Baur G.*, Palaeohatteria and the Proganosauria. Amer. Journ. Sc. 1889. XXXVII. p. 310. — *Boulenger G. A.*, On Reptilian Remains from the Trias of Elgin. Philos. Transact. Roy. Soc. London, Ser. B, Vol. 196. 1903. — *Burckhardt R.*, On Hyperodapedon Gordoni. Geol. Magaz. Dec. IV. 7. 1900. — *Credner H.*, Über Palaeohatteria und Kadaliosaurus. Zeitschr. d. deutsch. geol. Gesellsch. 1888. Bd. XL und 1889 Bd. XLI. — *Dames W.*, Beitrag zur Kenntnis der Gattung Pleurosaurus. Sitzungsb. d. k. pr. Akad. d. Wissenschaft. 1896. II. — *Dollo L.*, Bull. Mus. Roy. d'hist. nat. Belg. III, Bull. Soc. Belge de Géol. Pal. et Hydrol. 1891, V und Revue des questions scientif. 1885. — *D'Erasmo G.*, La fauna e l'età dei calcari a ittioliti di Pietraroia. Palaeontographica ital. 20. 1914. — *Etzold*, Über Proterosaurus. Neues Jahrb. 1898. II. — *Günther Alb.*, On the Anatomy of Hatteria. Phil. Trans. 1867. Vol. 157. — *Huene F. v.*, Über einen echten Rhynchocephalen a. d. Trias von Elgin etc. Neues Jahrb. für Mineral. etc. 1910. II. ibid. weitere Literatur; ferner 1912. I. Die Dinosaurier d. europ. Triasformation etc. Kapitel IX. Geol. u. Pal. Abhandl. Suppl. I. Jena 1907—08. — *Huxley Th.*, Quart. journ. geol. Soc. London 1859 XV, 1869 XXV und 1887 XLIII. — *Lemoine V.*, Étude sur les charact. génér. du Simaedosaurus. Reims 1884 und 1885. — *Lortet L.*, Les Reptiles foss. du Bassin du Rhône. Arch. Musée d'hist. nat. Lyon 1892. Vol. V. — *Merriam J. C.*, The Thalattosauria etc. Memoirs Calif. Acad. Science. Vol. V. N. I. 1905; ferner: Bull. Dep. Geol. University of Calif. Publicat. Vol. 5, Nr. 13. Berkeley 1908. — *Meyer H. v.*, Zur Fauna der Vorwelt. Saurier aus dem Kupferschiefer 1857 und Reptilien aus dem lithographischen Schiefer 1860. — *Osborn H. F.*, The Reptilian subclasses Diapsida and Synapsida and the early history of the Diaptosauria. Mem. Americ. Mus. Nat. Hist. Vol. I. P. VIII. 1903. — *Seeley H. G.*, On Protorosaurus. Phil. Trans. 1887. Vol. 178. — *Wagner A.*, Saurier aus dem lithograph. Schiefer. Abhandl. bayer. Akad. II. Cl. 1852 Bd. VI. 1853 Bd. VII. 1861 Bd. IX. — *Watson D. M. S.*, Pleurosaurus and the Homologies of the temporal Region of the lizard skull. Annals and Magaz. Nat. Hist. Vol. 14. 1914. Broomia perplexa gen. et sp. n., a fossil reptile from South Africa. Proc. Zool. Soc. London 1914. — *Williston S. W.*, The Osteology of some american Permian Vertebrates. Journ. of Geology. Vol. XXII. Nr. 4. 1914. — *Woodward A. S.*, On Rhynchosaurus articeps. Rep. British Assoc. Advanc. Science. York 1906.

auch hier bei den ältesten typischen Vertretern, den Rhynchosauridae, eine Einwanderung von Indien her nach Europa (Schottland — *Hyperodapedon*) feststellen. Ihr Körper ist in der Regel eidechsenähnlich, langgeschwänzt, und wie bei dem lebenden Sphenodon finden sich bei einzelnen fossilen Formen Schuppen. Die Rhynchocephalen

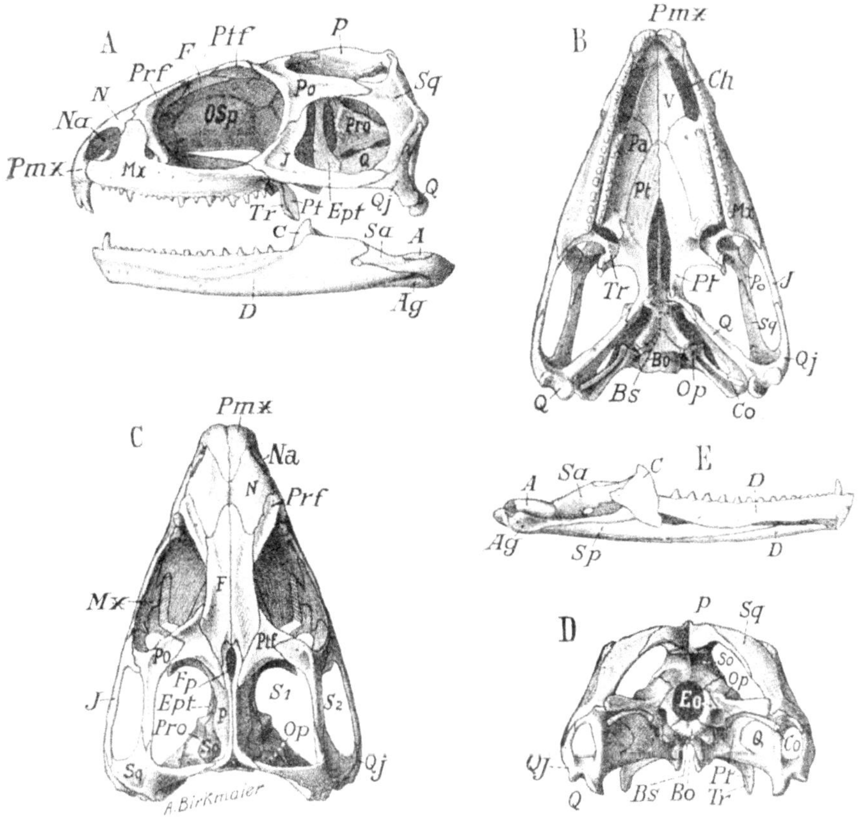

Fig. 351.
Sphenodon (Hatteria) punctatus Gray. Neuseeland rezent. Erklärung s. o.

sind in der Regel kleine Tiere, nur selten erreichen sie größere Dimensionen (Champsosauridae bis 2½ m). Die amphicölen, seltener procölen Wirbel mit ihren Fortsätzen zeigen sich wohlausgebildet, die Rippen der Halsregion sind zumeist zweiköpfig, die der Rumpfregion einköpfig, und zeigen bei den typischen Vertretern an ihrem oberen Hinterrand einen hakenartigen Fortsatz (Processus uncinatus). Intercentra können außer am Halse auch zwischen sämtlichen übrigen Wirbeln auftreten. Auf der Ventralseite liegen zwischen dem Brustgürtel und dem Becken zahlreiche, aus mehreren Stücken zusammengesetzte, gegen die Mitte zu konvergierende Bauchrippen. Der Schädel (Fig. 351) ist ausgezeichnet durch große seitliche Augen, ein kleines, selten fehlendes Foramen parietale, getrennte oder vereinigte Nasenlöcher und zwei große Schläfengruben, die durch eine bei Sphenodon von Postorbitale und Squamosum gebildete Knochenspange getrennt sind. Kommt ein Lacrimale zur Entwicklung, so ist es klein. Das Quadratum ist unbeweglich mit dem Schädel verbunden, die Pterygoidea bilden mit den beiden Palatina und Vomera zumeist einen festgeschlossenen harten Gaumen. Außer auf den Kiefern können auf Vomer, Palatin und Pterygoid acrodonte oder in ganz seichten Gruben stehende Zähne auftreten. Zahnlose Formen sind selten (Sauranodon).

Der Schultergürtel enthält noch ziemlich viel Knorpel. Die Scapula ist verknöchert, die Suprascapula bleibt knorpelig, das gleiche gilt auch für den medialen Teil des Coracoids; die schlanke, gebogene Clavicula verbindet die Scapula mit dem T-förmigen oder langgestielten, rhombischen Episternum, das über dem großen knorpeligen Sternum liegt. Der Humerus kann neben dem Foramen entepicondyloideum auch ein Foramen ectepicondyloideum aufweisen, die Gelenkenden sind wie auch die von Radius und Ulna, meist unvollständig ossifiziert, Carpus und Tarsus verknöchern. Phalangenzahl (Hatteria) 2, 3, 4, 5, 3 (4 hinten).

Die drei Beckenelemente beteiligen sich an der Gelenkpfanne für den Femur. Das Ilium ist meist ziemlich schlank, Pubis und Ischium werden gewöhnlich durch ein Foramen getrennt, ventral werden beide bei Hatteria durch Knorpel verbunden (Epipubis, Hypoischium).

An die lebende Gattung Sphenodon schließen sich einige mesozoische Formen an; die nur mit einer oberen Schläfenöffnung ausgestatteten Acrosauridae, die in hohem Grade dem Wasserleben angepaßt sind, werden auch mit den Lepidosauriern in Zusammenhang gebracht, und andere, wie die triadischen, rein marinen Thalattosauriden, erinnern vielfach an die Pythonomorphen. Einige der permischen — im Anhang angeführten — Formen wurden früher direkt mit den Rhynchocephalen vereinigt, wie Palaeohatteria (Haptodus).

1. Familie: **Rhynchosauridae** (*Rhynchosauria* Osborn).

Wirbel amphicöl. Intercentra nicht beobachtet. Praemaxillare zahnlos, schnabelartig abwärts gekrümmt. Maxillare und Palatin mit je einer oder mehreren Reihen kleiner, pyramidaler Zähnchen besetzt. Kein Foramen parietale. Äußere Nasenlöcher vereinigt. Becken plattenförmig. Bauchrippen kräftig. Bauchschuppen polygonal. Trias.

Rhynchosaurus Owen. Schädel mäßig breit, mit großen Augen. Schnabel rückwärts gekrümmt zwischen kurzen Fortsätzen des Unterkiefers.

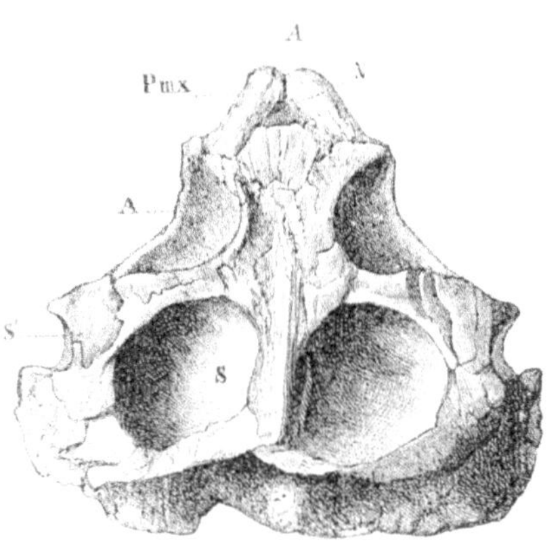

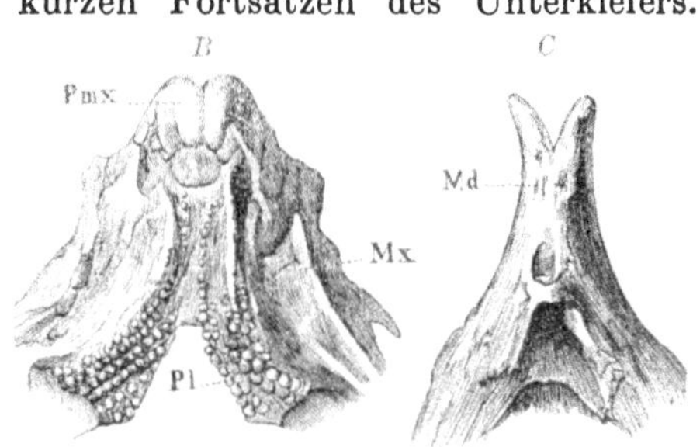

Fig. 352.
Hyperodapedon Gordoni Huxley. Unt. Keuper. Elgin, Schottland. *A* Schädel von oben. *B* Gaumen. *C* vorderes Ende des Unterkiefers von unten. ¼ nat. Gr. (Nach Huxley.) *Pmx* Zwischenkiefer, *Mx* Oberkiefer, *Pl* Gaumenbein, *A* Augenhöhle, *S* oberes, *S'* seitl. Schläfenloch, *Md* Unterkiefer.

Zähne auf Palatinum und Maxillare in einer Reihe. ? 23 präsacrale Wirbel. Keuper. England.

Hyperodapedon Huxley (Fig. 352). Skelett bis 2 m lang. Schädel sehr breit, mit kleinen Augen. Schnabel zwischen divergierenden zugespitzten Fortsätzen des Unterkiefers. Zähne auf Palatinum und Maxillare in zwei und mehr Reihen. Ca. 22—23 präsacrale Wirbel, die der Halsgegend anscheinend opisthocöl. Mittl. und ob. Trias von Großbritannien. Maleri-Sandstein (?Trias) von Indien.

Stenometopon Boulenger. Schädel bis 18 cm lang, mäßig breit, mit kleinen Augen. Schnabel nach vorwärts gerichtet, nicht umfaßt von den nach aufwärts gerichteten Fortsätzen des Unterkiefers. Zähne auf Palatinum und Maxillare in zwei und mehr Reihen. Trias. Elgin.

2. Familie: **Sauranodontidae.**

Wirbel procöl. Zähne fehlen. Ober- und Unterkiefer schnabelartig gekrümmt, mit scharfen Rändern. Schädeldach mit kleinen oberen und unteren Schläfengruben. Postorbitale groß. Foramen parietale fehlt. Nasenlöcher getrennt. Zweite Sacralrippe distal gespalten. Bauchrippen kräftig. Schuppen gestreckt vierseitig. Vorderfüße kürzer als die Hinterfüße; beide fünfzehig. Oberster Jura.

Einzige Gattung der langgeschwänzte *Sauranodon* Jourdan (*Sapheosaurus* H. v. Meyer) mit 22 präsacralen Wirbeln. Die prachtvollen Skelette von S. incisivum Jourdan aus dem obersten Jura von Cerin (Dept. Ain) erreichen eine Länge von über 60 cm.

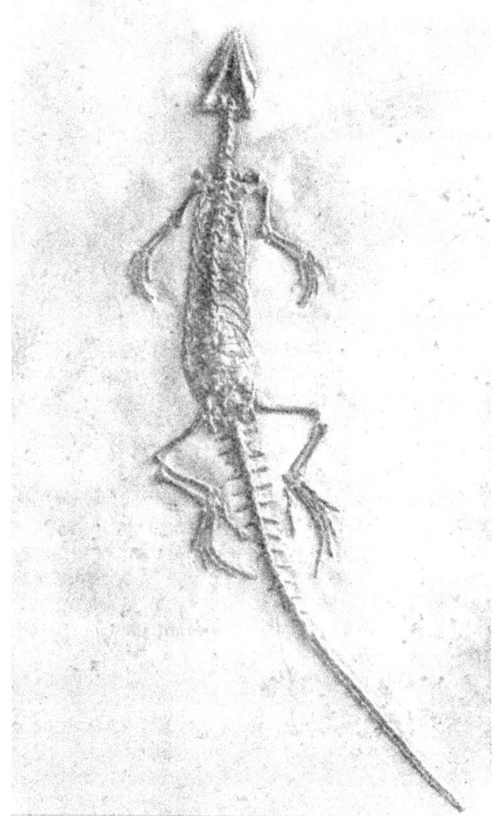

Fig. 353.
Homaeosaurus pulchellus Zittel. Ob. Jura. Kelheim, Bayern. Von unten. ½ nat. Gr.

3. Familie: **Sphenodontidae.**

Wirbel amphicöl, mit Chordaresten. Intercentra vorhanden. Das überhängende Praemaxillare mit einem schneidenden Zahn oder ? zahnlos. Maxillare, Palatinum und Unterkiefer mit einer Reihe abgeplatteter, dreieckiger, acrodonter Zähne. Nasenlöcher getrennt. Vomer in der Regel zahnlos. Foramen parietale vorhanden. Episternum T-*förmig. Bauchrippen kräftig. Bauchschuppen quer vierseitig. Halsrippen zweiköpfig, Rumpfrippen einköpfig.* ? Trias. Oberster Jura. Rezent.

? ? *Eifelosaurus* Jaekel. Buntsandstein. Eifel. ? *Polysphenodon* Jaekel. Keuper. Hannover. — ? *Palacrodon* Broom. Trias. Südafrika.

Brachyrhinodon v. Huene. Kurzschnauzig. Augen groß. Ca. 25 Präsacralwirbel. Langgeschwänzt. Trias. Elgin. Schottland.

**Homaeosaurus* H. v. M. (Fig. 353). Sehr ähnlich dem lebenden Sphenodon, aber kleiner (15—20 cm lang) und Intercentra nur in der Hals- und Schwanzregion. Ca. 23 Präsacralwirbel. Rippen ohne Processus uncinatus, die zweite Sacralrippe gegabelt. Bauchrippen kräftig. Scleroticaring. Oberster Jura (Tithon) von Mitteleuropa.

Ardeosaurus H. v. Meyer. Oberster Jura. Solnhofen.

Opisthias Gilmore. Nur Kiefer bekannt. Oberer Jura. Wyoming.

? *Chometokadmon* Costa. Ähnlich *Homaeosaurus*, aber Maxillare mit ca. 25 kleinen, konischen, nach rückwärts gekrümmten Zähnchen besetzt. Cenoman, Prov. Benevent.

**Sphenodon* Gray (*Hatteria* Gray). (Fig. 351.) 25 präsacrale Wirbel. Intercentra auch in der Rumpfregion. Vomer in der Jugend bezahnt. Lebend. Neuseeland.

4. Familie: **Acrosauridae** (*Pleurosauridae, Acrosauria*).

Wirbel amphicöl, mit Chordaresten in der Schwanzregion. Intercentra zwischen den Schwanzwirbeln. Fo. pa. bei Pleurosaurus beobachtet. Nasenlöcher getrennt. Ober- und Unterkiefer mit acrodonten Zähnchen besetzt. Praemaxillare mit einem Zahn. Nur ein oberer Schläfenbogen mit Sicherheit festzustellen. Quadratum unbeweglich. Bauchrippen vorhanden. Körper schlangenartig gestreckt. Beschuppt. Schwanz sehr lang, seitlich komprimiert. Extremitäten relativ klein. Oberster Jura.

Die Acrosauridae dürften sich bereits im hohen Grade dem Wasserleben angepaßt haben, wofür besonders der langgestreckte seitlich komprimierte, eine lebhaft schlängelnde Bewegung ermöglichende Schwanz spricht. Williston bringt Pleurosaurus in nahe Beziehung zu Araeoscelis. Möglichweise besteht zwischen diesen Formen und den Lepidosauriern ein genetischer Zusammenhang.

**Pleurosaurus* H. v. Meyer (*Anguisaurus* Mstr., *Saurophidium* Jourdan). Körper schlangenartig, bis 1½ m lang. Schwanz ²/₃ der Körperlänge einnehmend. Schnauze zugespitzt. Bauchrippen kräftig. Über 48 Präsacralwirbel, von denen 5 als Halswirbel gedeutet werden. Vorderfüße kürzer als die Hinterfüße. Oberster Jura von Bayern und Cerin (Ain).

Acrosaurus H. v. M. Eine zierlich kleine Form. Mit Scleroticaring. Ca. 6—7 Halswirbel, über 30 Rumpfwirbel und ca. 120 Schwanzwirbel. Nach Williston Jugendexemplar von Pleurosaurus. Oberster Jura. Solnhofen.

5. Familie: **Champsosauridae** (*Choristodera* Cope).

Wirbel schwach amphicöl. Intercentra nur in der Halsregion entwickelt. Schädel sehr verlängert, gavialähnlich. Äußere Nasenlöcher vereinigt, terminal. Zähne auf Ober- und Unterkiefer, spitzkonisch, acrodont. Dentin gefaltet. Außerdem kleine Zähnchen auf Vomer, Palatin, Pterygoid und Transversum. Halsrippen zweiköpfig, Rückenrippen einköpfig. Bauchrippen kräftig. Episternum T-förmig. Zwischen Pubis und Ischium kein Foramen. Foramen obturatorium im Pubis. Unterkieferäste in der Symphyse verschmolzen. Foramen parietale fehlt. Obere Kreide. Eocän.

**Champsosaurus* Cope (Fig. 354). Skelett bis 1½ m lang. 26 präsacrale Wirbel, zwei Sacral- und ein Sacrocaudalwirbel. Äußere Nasenlöcher von Praemaxillaria und verschmolzenen Nasalia begrenzt. Maxillare von der unteren Begrenzung des Auges ausgeschlossen. 40 Zähne auf jeder Unterkieferhälfte. Obere Kreide und unteres Eocän von Nordamerika.

Simoedosaurus Gervais. Skelett bis 2½ m lang. Zwei Sacralwirbel. Maxillare die untere Begrenzung des Auges bildend. Äußere Nasenlöcher von Praemaxillaria, Maxillaria und Nasalia begrenzt. 60 Zähne auf jeder Unterkieferhälfte. Obere Kreide und unteres Eocän von Nordfrankreich und Belgien.

Thalattosauria Merriam.

Wirbel amphicöl. Schädel verlängert. Äußere Nasenlöcher getrennt, weit zurück vor den großen, mit Scleroticaring versehenen Augen liegend. Zwei Paar Schläfenöffnungen und Foramen parietale vorhanden. Quadratum unbeweglich. Vordere Kieferzähne leicht gekrümmt und konisch, hintere Kieferzähne abgeplattet. Vomer und Pterygoid dicht bezahnt. Rückenrippen einköpfig. Bauchrippen vorhanden. Trias.

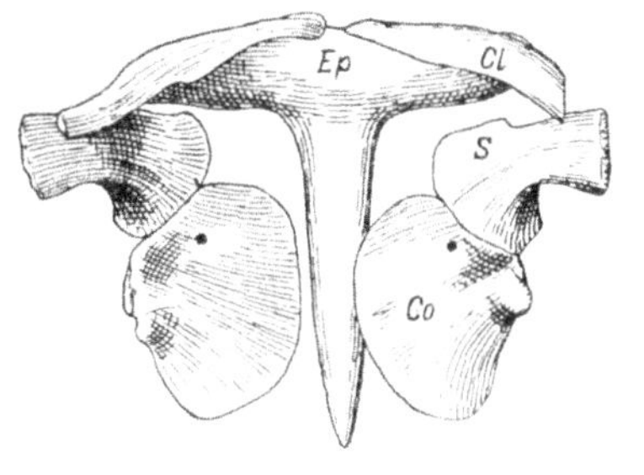

Fig. 354.
Champsosaurus laramiensis Brown. Ob. Kreide (Laramie) Montana. Schultergürtel von oben. *Ep* Episterum, *Cl* Clavicula, *S* Scapula, *Co* Coracoid. Nach Brown und Williston.

Hierher gehören die in der mittleren und oberen marinen Trias des westlichen Nordamerika sich findenden, bis 2 m großen Gattungen **Thalattosaurus* (Fig. 355) und *Nectosaurus* Merriam mit kurzem Hals und mit mehr (*Nectosaurus*) oder weniger (*Thalattosaurus*) gestreckten, paddelartigen Extremitäten. Die *Thalattosauria*, die namentlich in der Art der Bezahnung an die *Mosasauria* erinnern, zeigen andrerseits auch gemeinsame Merkmale mit den Rhynchocephalen, weshalb sie bald den *Rynchocephalia*, bald den *Squamata* angeschlossen werden.

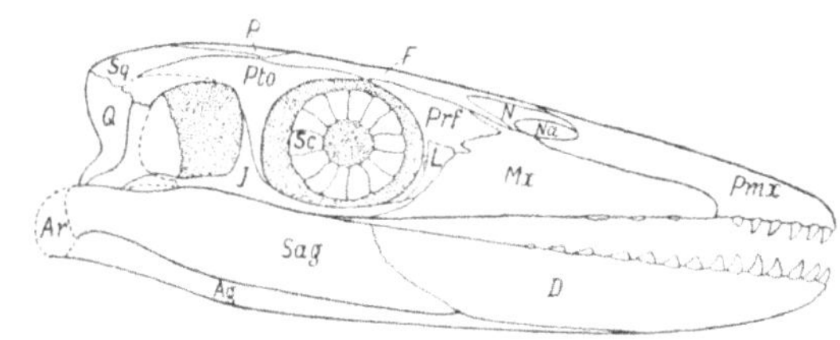

Fig. 355.
Thalattosaurus Alexandrae Merriam. Schädel-Rekonstruktion: Seitenansicht ca. $^{2}/_{3}$. *Pmx* Praemaxillare, *Mx* Maxillare, *N* Nasale, *Na* Nasenöffnung, *F* Frontale, *P* Parietale, *Prf* Praefrontale, *Pto* Postorbitofrontale, *J* Jugale, *L* Lacrimale, *Sc* Scleroticaring, *Sq* Squamosum, *Q* Quadratum, *Ar* Articulare, *Sag* Supraangulare, *Ag* Angulare, *D* Dentale. (Nach Merriam.)

Zeitliche Verbreitung der Rhynchocephalia.

	Perm	Trias	Jura	Kreide	Eocän	Neogen	Jetzt
1. *Rhynchosauridae*	···	···▬					···
2. *Sauranodontidae*	···	···	···▬				···
3. *Sphenodontidae*	···	···▬	···▬				▬
4. *Acrosauridae*	···	···	···▬				
5. *Champsosauridae*	···	···	···	▬	▬	···	···
? *Thalattosauria*	···	▬	···	···	···	···	···

Anhang.

Palaeohatteriidae, Protorosauridae (**Protorosauria**), *Kadaliosauridae* (*Araeoscelidia*).

Die hier zusammengestellten permischen Gattungen wurden früher insgesamt in mehr oder weniger direkten genetischen Zusammenhang mit den Rhynchocephalen gebracht, jetzt teilweise (*Palaeoatteriidae*) mit den *Pelycosauria* vereinigt und neuerdings z. T. wieder zu selbständigen Ordnungen erhoben[1]). (*Protorosauria* Seeley, *Araeoscelidia*.) Es handelt sich dabei aber um anscheinend ziemlich heterogene Formen, deren vielfach unvollständige Erhaltung eine kritische Sichtung ungemein erschwert. *Palaeohatteria* und Verwandte, von denen bis jetzt anscheinend nur eine untere Schläfenöffnung festgestellt wurde, erinnern in ihrem allgemeinen Bau zwar an die *Rhynchocephalen*, zeigen anderseits aber in höherem Grade sowohl verwandtschaftliche Züge zu den *Pelycosauria* als auch zu den *Dromasauria* (*Galepus*!), von denen sie sich durch die schwächere Verknöcherung der Wirbel sowie der hohlen, nur mit knorpeligen Gelenkenden ausgestatteten Extremitätenknochen unterscheiden. (*Palaeohatteriidae*).

Protorosaurus hingegen soll nach Williston[1]) nur eine obere Schläfenöffnung aufweisen. Die Wirbelzentren sind vollständig (?) verknöchert, die 8 (? opisthocölen) Halswirbel gegenüber den Rumpfwirbeln stark differenziert und ebenso die vom gewöhnlichen Typ der Theromorphen abweichend gebauten Extremitätenknochen hohl, außerdem die Hinterextremität — Femur mit Trochanter — beträchtlich größer als die vordere. Protorosaurus führt eher direkt als über den von Huene angenommenen Umweg über gewisse Pseudosuchia zu den Theropoden Dinosauriern. Vielleicht ist er selbst bereits ein Dinosaurier! Auch *Araeoscelis* ist ebenso im Besitze nur einer oberen Schläfenöffnung, ähnlicher verlängerter Halswirbel sowie hohler Extremitätenknochen, so daß Williston beide in nahe Beziehung bringen will, indessen sind gegenüber Protorosaurus, abgesehen von den übrigen Unterschieden, die sehr schlank gebauten Vorder- und Hinterextremitäten hier nahezu gleich groß, so daß Araeoscelis infolgedessen ein sehr eidechsenähnliches Gepräge aufweist, weshalb Williston auch an phylogenetische Beziehungen von Araeoscelis zu den *Lepidosauriern* denkt. Auf diese hat schon Credner bei dem Araeoscelis sehr ähnlichen *Kadaliosaurus* hingewiesen, der jedoch solide Extremitätenknochen besitzen soll. (*Kadaliosauridae* Credner, *Araeoscelidia* Williston.)

**Palaeohatteria* Credner (Fig. 356). Körper 40—45 cm lang, rhynchocephalenartig, jedoch von primitiverem und mehr generalisiertem Gepräge. Quadratum fest. Anscheinend nur ? eine untere Schläfenöffnung. Zähne acrodont. Wirbelcentra amphicöle Knochenhülsen mit persistierender Chorda; oberer Bogen durch Naht getrennt, ohne ausgeprägte Querfortsätze. Intercentra vorhanden, die der Schwanzregion zu Chevrons modifiziert. Zwei (? 3—4) Sacralwirbel, ca. 25—27 präsacrale Wirbel. Rippen einköpfig. Extremitätenknochen hohl. Extremitäten fünfzehig, mit Krallen. Episternum querrhombische Knochenplatte mit langem Stiel. Coracoid und Scapula verwachsen. Phalangenzahl 2, 3, 4, 5, 3. Bauchrippen stabförmig. Mittleres Rotliegendes von Niederhäßlich bei Dresden.

Haptodus Gaudry. Nahe verwandt mit Palaeohatteria. Unterstes Perm. Autun. Frankreich.

**Protorosaurus* H. v. Meyer. Im System unsicher. Körper bis 1½ m lang. Wirbelcentra vollständig verknöchert und mit dem oberen Bogen verschmolzen. Die 8 differenzierten Halswirbel opisthocöl. Intercentra zwischen den letzteren und den (16—18) Rumpfwirbeln. Sacralwirbel mindestens 3. Rippen einköpfig, die der langen (8) Halswirbel spießförmig. Kiefer mit starken protothecodonten spitzkonischen Zähnen. Vomer mit kleinen Zähnchen besetzt. Schädel sehr unvollkommen erhalten, mit ? Praeorbitaldurchbrüchen, nur eine obere Schläfenöffnung. Quadratum fest. Vorderfüße kürzer als die Hinterfüße, beide fünfzehig. Phalangenzahl 2, 3, 4, 5, 3 (4). Extremitätenknochen hohl. Femur mit Trochanter. Bauchrippen vorhanden. Oberes Perm. Deutschland und England.

---

[1]) *Williston S. W.*, Primitive Reptiles, Journal of Morphology. Vol. 23. 4. 1912. Water Reptiles of the Past and Present. Chicago 1915. S. 17. S. 133. — *Broili F.* und *Fischer E.*, Trachelosaurus Fischeri. Jahrb. der k. pr. geol. Landesanstalt Bd. 37, 1917.

? *Callibrachion* Boule et Glang. Die verlängerten Halswirbel opisthocöl. Unterkiefer mit hohem Coracoidfortsatz. Unterstes Perm. Autun. Frankreich.

Kadaliosaurus Credner. Mit außerordentlich starkem Abdominalskelett. Extremitätenknochen sehr lang und schlank. Gelenkenden verknöchert. Lacertilierähnlich. Mittleres Rotliegendes von Niederhäßlich bei Dresden.

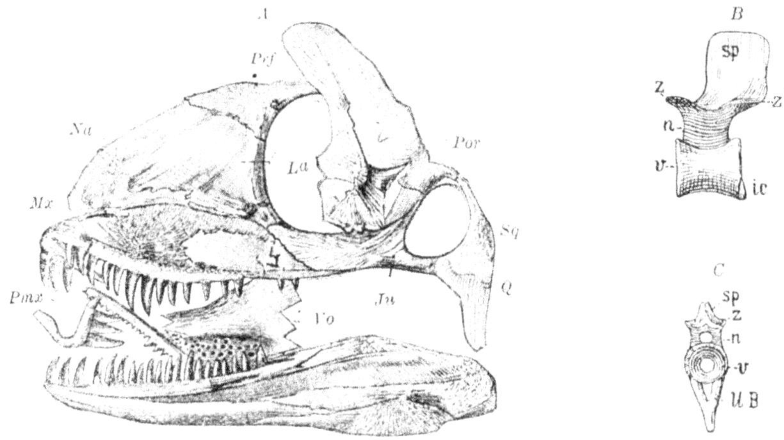

Fig. 356.
Palaeohatteria longicaudata Credner. Rotliegendes. Niederhäßlich bei Dresden. *A* Schädel (nat. Gr.). Einzelne Elemente sind disloziert. (*Na* Nasenbein, *Prf* Praefrontale, *La* Lacrimale, *Por* Postorbitale, *Sq* Squamosum, *Ju* Jugale, *Q* Quadratum, *Mx* Maxillare, *Pmx* Praemaxillare, *Vo* Vomer.) *B* Rückenwirbel von der Seite. (*v* Wirbelkörper, *n* oberer Bogen, *z* Präzygapophyse, *z'* Postzygapophyse, *sp* Processus spinosus, *ic* Intercentrum.) *C* Schwanzwirbel von vorn. *UB* unterer Bogen (Chevron), übrige Bezeichnungen wie bei *B*. (Nach Credner.)

**Araeoscelis* Williston. (*Ophidiodeirus* Broom.) Ähnlich *Kadaliosaurus*, auch von eidechsenähnlichem Habitus. Quadratum fest. Der bis 50 mm große Schädel mit einer großen oberen Schläfenöffnung. Zähne gleichartig, thekodont. Außerdem kleine Zähnchen auf dem Gaumen. Ca. 27 Praesacralwirbel, 2 Sacralwirbel. Rückenwirbel gekielt, mit niederem Dornfortsatz. Die ? 7 Halswirbel sehr schlank und gestreckt. Intercentra vorhanden. Halsrippen ein-, Rumpfrippen zweiköpfig. Bauchpanzer nicht nachgewiesen. Die sehr schlanken Extremitätenknochen hohl. Perm. Texas.

? *Datheosaurus* Schröder. Schlecht erhaltenes, schlankes (90 cm), langgeschwänztes Skelett. Im System unsicher. Unterstes Rotliegendes von Neurode, Schlesien.

? *Aphelosaurus* Gervais. Unvollständig bekannt. ? Theromorphe. Unterstes Perm. Autun. Frankreich.

? *Broomia* Watson. Eine schlanke, lacertilierähnliche Form mit ca. 24 Präsacralwirbeln mit persist. Chorda und 2 Sacralwirbeln; einköpfige Rippen. Intercentra. Auffallend gestreckte Extremitäten. Co. und Scapula verschmolzen. 3 proximale Carpalia und ein Pisiforme. 3 Centralia, 5 distale Carpalia. Spuren eines Bauchpanzers. Mittl. Perm. Kapkolonie.

? *Adelosaurus* Watson. Perm. England. ? *Parasaurus* Geinitz. Zechstein. Thüringen. ? *Heleosaurus*, *Heliophilus* Broom. M. Perm. Südafrika.

2. Ordnung: **Squamata.** Schuppensaurier.

Wirbel procöl, sehr selten amphicöl. Sacrum mit 2 (1) Wirbeln oder fehlend. Rippen einköpfig. Bauchrippen fehlen. Quadratbein fast stets beweglich, nur proximal am Schädel befestigt. Gaumen von größeren oder kleineren Öffnungen durchbrochen. Nasenlöcher getrennt. Praemaxillaria verwachsen. Haut in der Regel mit hornigen, seltener ossifizierten Schuppen bedeckt. Trias bis jetzt.

Zu den Squamata gehören die *Lacertilia* und *Ophidia*. Sie stehen den Rhynchocephalen in ihrem äußeren und ihrem anatomichen Bau verwandtschaftlich sehr nahe und lassen sich höchst wahrscheinlich auf eine gemeinsame Wurzel zurückführen. Bezüglich ihrer Beziehungen zu den Acrosauridae und Araeoscelidae siehe diese!

1. Unterordnung: **Lacertilia** (*Saurii*). Eidechsen[1]).

Körper beschuppt, langgeschwänzt, zuweilen schlangenartig. Schädel meist mit stabförmigem Epipterygoid und in der Regel mit beweglichem Quadratum. Unterer Schläfenbogen stets, oberer Schläfenbogen zuweilen fehlend. Ali- und Orbitosphenoid nicht verknöchert. Unterkieferäste in der Symphyse gewöhnlich durch Sutur verbunden. Zähne zumeist acrodont oder pleurodont. Am Brustgürtel ein Sternum fast stets vorhanden. Gliedmaßen fünfzehig, zuweilen rudimentär oder fehlend. Trias bis jetzt.

Die meisten Eidechsen (ausgenommen Chamaeleontia, Amphisbaenia) besitzen ein aus hornigen, seltener aus verknöcherten Schuppen, Platten, Schildern oder Stacheln bestehendes Hautskelett, das sowohl den Kopf als auch den ganzen Körper bedecken kann. Die Wirbelsäule besteht aus zahlreichen procölen Wirbeln (nur die Geckonen und Uroplatiden besitzen amphicöle), deren obere Bögen fest mit dem Wirbelkörper verschmolzen sind. Die Halsregion enthält bei den lebenden Formen höchstens neun Wirbel, davon besteht der Atlas aus zwei dorsal getrennten oder vereinigten Bogenstücken und einem ventralen Mittelstück. Der Processus odontoideus ist fest mit dem Epistropheus verbunden. Am Sacrum beteiligen sich in der Regel zwei Wirbel. Außer den Zygapophysen kann auch die Gelenkung mit Zygosphen-Zygantrum eintreten (z. B. Iguanen). Die Schwanzwirbel tragen statt der Rippen kräftige Querfortsätze und sind mit Hämapophysen (Sparrenknochen, chevron bones) versehen. Die vom Wirbelkörper ausgehenden Querfortsätze der Hals- und Rumpfregion sind schwach entwickelt, die Rippen selbst sind einköpfig und können an allen Wirbeln mit Ausnahme des Atlas und des letzten und vorletzten präsacralen Wirbels auftreten. Bei den Flugechsen (Draco!) erreichen die Rippen der vorderen Rumpf-

---

[1]) *Broom R.*, On the skull of a true Lizard from the Triassic beds of South Africa. Rec. Alb. Mus. Vol. I. Nr. 1. 1903. — *Boulenger*, Crataceous Lizards and Rhynchocephalians. Ann. Magaz. Nat. Hist. 1893. — *Cope Edw.*, Rep. of the U. S. geol. Survey of the Territories. Vol. III. The Vertebrata of the tertiary formations of the West 1883, p. 101 u. 777—781. The osteology of the Lacertilia. Proc. Americ. Philos. Soc. 29. 30. 1891—92. — *Douglas E.*, Some Oligoc. Lizards. Annals Carnegie Mus. IV. 1906—08. — *Fejérváry G. J. de*, Contributions to a monograph on fossil Varanidae and on Megalanidae. Annales Musei Nationalis Hungarici. XVI. 1918. — *Fürbringer M.*, Zur vergl. Anatomie des Brustschulterapparates etc. Jen. Zeitschr. f. Naturwissensch. 34. Bd. 1900. — *Gilmore Ch.*, A new Descr. of Saniva etc. Proc. U. St. Nat. Mus. 60. 1922. — *Gorjanovic-Kramberger C.*, Aigialosaurus, eine neue Eidechse etc. Societas historic. nat. levatica. VII. Zagrab 1892. — *Kornhuber A.*, Carsosaurus Marchesetti. Abhandl. d. k. k. geol. Reichsanstalt Wien. Bd. XVII. Heft 3. 1893. Opetiosaurus Buschichi etc. ibid. Bd. XVII. Heft 5. 1901. — *Meyer H. v.*, Lacerten aus der Braunkohle des Siebengebirges. Palaeontographica. VII. S. 74—78. — *Nopcsa F. v.*, Über die varanusartigen Lacerten Istriens. Beiträge z. Geol. u. Paläontol. Österreich-Ungarns etc. Bd. XV. 1903. Zur Kenntnis der fossilen Eidechsen. Ibid. Bd. XXI. 1908. Dort ausführliche Literatur! — *Stefano G. de*, I Sauri del Quercy etc. Atti Soc. Ital. Science Nat. Vol. 42. 1904. — *Versluys J.*, Die mittlere u. äußere Ohrsphäre der Lacertilia u. Rhynchoceph. Jena, Fischer, 1898. — *Watson D. M. S.*, Pleurosaurus and the homologies of the temporal region of the lizard skull. Annals and Magaz. Nat. Hist. Vol. 14. 1914.

region eine auffallende Länge und dienen den beiden seitlichen, beim sprungartigen »Fluge« durch Luftaufnahme ballonartig schwellbaren Hautduplikaturen als Stütze. Die vorderen Rumpfrippen befestigen sich mit einigen wenigen Ausnahmen (z. B. Amphisbaenidae und andere fußlose Formen) mit ihrem in der Regel nur knorpeligen ventralen Abschnitt am Sternum.

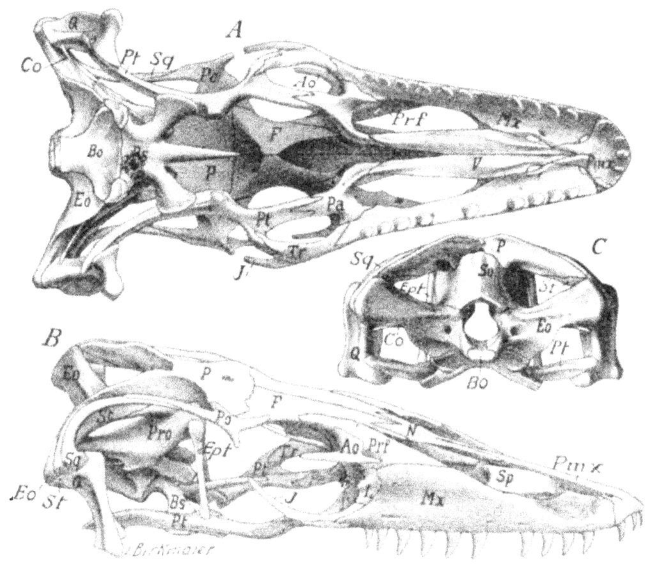

Fig. 357.
Schädel von *Varanus monitor*. *A* von unten, *B* schräg von der Seite, *C* von hinten. *Pmx* Praemaxillare, *Mx* Maxillare, *Sp* Septomaxillare (Concha), *N* Nasale, *Prf* Praefrontale, *L* Lacrimale, *Ao* Supraorbitale, *F* Frontale, *P* Parietale mit Foramen par., *So* Supraoccipitale, *Eo* Exoccipitale (laterale), *St* Supratemporale, *Sq* Squamosum, *Po* Postfrontale (Postorbitale), *Co* Columella (Stapes), *Q* Quadratum, *Pro* Prooticum, *Bo* Basioccipitale, *Bs* Basisphenoid, *Pt* Pterygoid, *Ept* Epipterygoid, *Tr* Transversum, *Pa* Palatinum, *V* Vomer. $^3/_5$ nat. Gr. Original.

Der Schädel, Fig. 357, 358, unterscheidet sich von dem der Rhynchocephalen vor allem durch das bewegliche, freistehende Quadratum (»Streptostylica«) — ausgenommen die Chamaeleontidae — und durch den Mangel eines unteren Schläfenbogens[1]). Das sehr schlanke, vom Pterygoid, zum Parietale bzw. dem Prooticum aufsteigende Epipterygoid und das Transversum fehlt nur den Amphisbaenidae, Chamaeleontidae und Aniella. Die äußeren Nasenlöcher sind getrennt und meist in die Nähe der Augen gerückt. Das gewöhnlich unpaare Parietale (seltener das Frontale) besitzt fast stets ein Foramen parietale. Das Opisthoticum ist mit dem Exoccipitale verschmolzen, der distale Fortsatz bildet mit dem Squamosum und Supratemporale die Stütze für das Quadratum. Das Supratemporale schiebt sich zwischen Parietale und dem mit dem Postfrontale (+ Postorbitale = Postorbitofrontale) den oberen Schläfenbogen bildende Squamosum[1]) ein. Zwischen Praefrontale und Lacrimale kann sich ein Supraorbitale einfügen. Der unpaare (selten doppelte: bei Amphisbaena) Hinterhauptscondylus wird von Basioccipitale und den beiden Exoccipitalia lateralia gebildet. In der Nasenhöhle findet sich jederseits ein meist ansehnliches Septomaxillare (Concha). (Bei *Tylosaurus* durch Merriam nachgewiesen.) Die Unterkieferäste sind durch Sutur verbunden. Alle Eidechsen besitzen auf den Kiefern Zähne, seltener auf dem Palatinum, Pterygoid und Vomer; dieselben sind entweder spitz- oder stumpfkonisch, blattförmig, pfeilspitzenförmig mit gezackten oder zugeschärften vorderen und hinteren Rändern, zwei- und dreispitzig, zuweilen auch halbkugelig pflasterartig. Sie verwachsen meist im Alter an ihrer Basis vollständig mit dem anliegenden Knochen und sind entweder pleurodont oder acrodont. Die neuen Zähne entwickeln sich neben der Basis der alten auf der lingualen Seite.

[1]) *Watson* deutet das Supratemporale als Squamosum und dieses als Quadratojugale, er nimmt also nur eine Schläfenöffnung an (cf. Iguana!). Annals a. Magaz. Nat. Hist. 1914. 14. Bd. S. 84.

In der Regel sind die vier fünfzehigen Gliedmaßen entwickelt, zuweilen aber kann ein oder beide Paare reduziert werden oder gänzlich verschwinden (z. B. Anguis, Ophisaurus). Der Brustgürtel ist immer vorhanden, ein Sternum, mit dem 2 oder 3 Paar Sternalrippen in Verbindung treten, fehlt nur einigen Amphisbaenidae, die Clavicula und das T- oder †förmige Episternum fehlt nur den Chamaeleontidae und einigen fußlosen Formen. Die Scapula besteht aus zwei Stücken, einem ventralen mit dem Coracoid verschmolzenen, verknöcherten Abschnitt und einem dorsalen, meist knorpeligen, seltener verkalkten Teil.

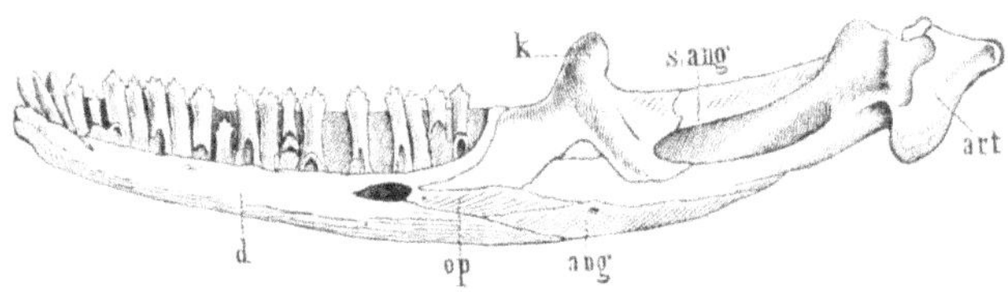

Fig. 358.
Unterkiefer von *Iguana* mit pleurodonten Zähnen. (Nach Cuvier.) *d* Dentale, *op* Operculare (Spleniale), *ang* Angulare, *art* Articulare, *s.ang* Supraangulare, *k* Coronoidfortsatz.

Die Knochen der Vorderextremität ähneln gewöhnlich den entsprechenden Elementen der Rhynchocephalen, doch findet sich im Humerus kein Foramen entepicondyloideum. Bei den fünfzehigen Formen zeigt der Carpus in der proximalen Reihe 3, in der distalen 5 kleine Knöchelchen auf. Der Daumen hat bei den lebenden Formen meist 2, der zweite Finger 3, der dritte 4, der vierte 5 und der fünfte 3 Phalangen. Die letzten Zehenglieder tragen Krallen.

Der Beckengürtel kann bei den fußlosen Formen stark reduziert werden, verschwindet indessen nie vollständig. Das Ilium gelenkt fast stets beweglich mit den knorpeligen Enden der Sacralrippen. Pubis und Ischium stoßen in der medianen Symphyse zusammen, häufig wird die Verbindung durch ein knorpeliges oder verkalktes Epipubis und ein ebensolches Hypoischium vermittelt. Der Femur übertrifft den Humerus meist an Länge, Tibia und Fibula bleiben getrennt. Im Tarsus besteht die proximale Reihe aus zwei größeren Knöchelchen (dem tibialen Astragalus und dem fibularen Calcaneus); in der distalen Reihe findet sich häufig nur ein großes mit dem Calcaneus articulierendes Cuboideum IV und eine Tarsale III, die übrigen Tarsalia sind meist mit den Metatarsalia verschmolzen. Zahl der Phalangen an den fünf Zehen gewöhnlich 2, 3, 4, 5, 4. (Chamaeleoniden 2, 3, 3, 3, 3.)

Die überwiegende Mehrzahl der Lacertilia sind äußerst bewegliche, die Sonne liebende Landbewohner, einige *Varane* müssen als Wassertiere bezeichnet werden, wieder andere zeigen sich als Baumbewohner (*Leguane*, *Chamaeleone*, *Draco*, *Calotes* etc.), andere mehr plumpe Vertreter (wie *Heloderma*) gelten als Dämmerungs- und Nachttiere. Ihrer Lebensweise entsprechend ist auch ihre Nahrung ungemein verschieden: Pflanzen, Insekten, kleinere Wirbeltiere. Ihre Extremitäten befähigen sie zum Laufen, Klettern und Graben, einige *Agamiden (Chlamydosaurus)* können in halbaufrechter Stellung nur auf den Hinterfüßen, ähnlich wie wir es von gewissen *Dinosauriern* annehmen, laufen, wobei die Vorderfüße herabhängen.

Die Eidechsen halten sich gegenwärtig hauptsächlich in den warmen und gemäßigten Zonen auf; man kennt fast 2000 rezente Arten. Nach den Einteilungsprinzipien von M. Fürbringer und S. W. Williston läßt sich die Unterordnung der Lacertilier folgendermaßen gliedern in: 1. Superfamilie *Platynota* (Familien: Varanidae, Megalanidae, Dolichosauridae, Aigialosauridae). 2. Superfamilie *Mosasauria* (Familie Mosasauridae). 3. Superfamilie *Lacertilia vera* (Kionocrania). 4. Superfamilie *Amphisbaenia*. 5. Superfamilie *Chamaeleontia* (Rhiptoglossa). Im Vergleich zu der großen Menge der lebenden Eidechsen treten die fossilen Vertreter der *Lacertilia vera*, *Amphisbaenia* und *Rhiptoglossa* relativ zurück:

Eine auf einen nicht vollständig erhaltenen Schädel hin begründete Gattung **Paliguana* Broom, aus der südafrikanischen Trias, wird von Broom zu den Iguaniden gestellt. Im obersten Jura (Tithon) von Cerin (Ain) findet sich *Euposaurus* Jourdan, welche zu den Anguiniden gerechnet wird, während die systematische Stellung von *Macellodus* Owen aus dem Purbeck unsicher scheint. Auch in der Kreide sind Lacertilier recht spärlich und meist infolge ihrer höchst ungenügenden Erhaltung im System schwankend: *Chasmops* Marsh aus der oberen (Laramie) Kreide Nordamerikas dürfte vielleicht zu den *Teiidae* zu stellen sein. Im Eocän werden die Reste etwas häufiger, aus dem Unterecoän von Wyoming werden unter anderem *Helodermatidae* (*Thinosaurus*), *Anguinidae* (*Glyptosaurus*, *Xestops*) und *Iguanidae* (*Iguanavus* und *Chamaeleontidae* (*Chamaeleo*) genannt; in den obereocänen bis miocänen Phosphoriten von Quercy und den obereocänen Mergeln von Apt in Frankreich finden sich Vertreter der *Agamidae* (Agama), *Iguanidae* (Iguana) (Fig. 359), *Anguinidae* (*Diploglossus*, *Propseudopus*) *Helodermatidae* (*Placosaurus*), *Lacertidae* (*Lacerta*), *Scincoidae* (*Plestiodon*) etc. Aus dem Oligocän von Nordamerika (White River beds) werden auch einige *Amphisbaenidae* (*Rhineura*, Fig. 360, *Aciprion*, *Diacium*, *Platyrhachis* etc. Cope, *Hyporhina* G. Baur), außerdem *Glyptosaurus* (? *Anguinide* oder *Helodermatide*) genannt.

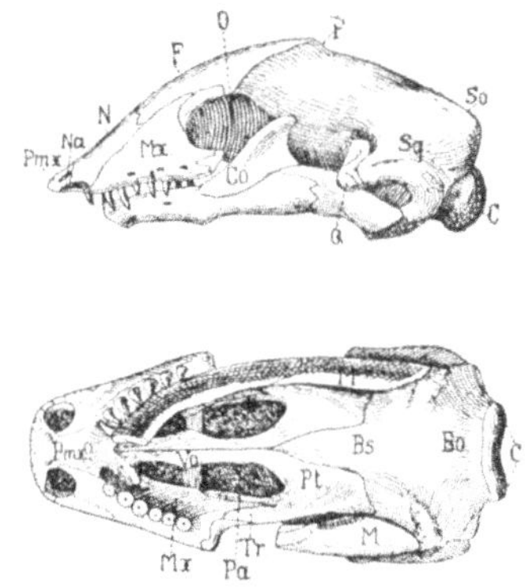

Fig. 360.
Rhineura Hatcheri Baur. Oligocän (White River beds) Sioux Co. Nebraska. Von der Seite und von unten. *Na* Nasen-, *O* Augenöffnung, *Pmx* Praemaxillare, *Mx* Maxillare, *N* Nasale, *F* Frontale, *P* Parietale, *So* Superoccipitale, *Sq* Sqamosum, *Q* Quadratum. *Co* Coronoid des Unterkiefers, *C* Doppelcondylus *Bo* Basioccipitale, *Bs* Basisphenoid, *Pt* Pterygoid, *Tr* Transversum, *Pa* Palatinum, *Vo* Vomer, *M* die unvollständigen Unterkieferhälften, ca. $^{3}/_{1}$. Ergänzt nach Douglas.

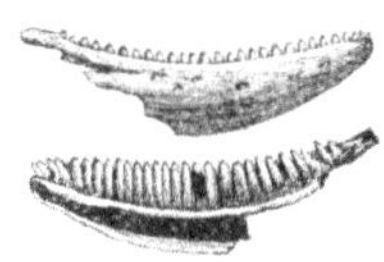

Fig. 359.
Iguana europaea Filhol. Phosphorit. Quercy. Dentale des Unterkiefers von außen und innen. (Nat. Gr.)

Von Interesse ist, daß die jetzt auf die westliche Hemisphäre beschränkte *Iguana* auch im Tertiär von Europa auftritt. Die aus dem Miocän der Auvergne, der Braunkohle von Rott, den Süßwassermergeln von Steinheim, Haslach, Günzburg, Sansan und Colorado bekannten Reste gehören teils zu noch jetzt existierenden Gattungen oder gestatten keine genauere Feststellung ihrer systematischen Beziehungen. Das gleiche gilt für die aus pliocänen und pleistocänen Fundorten bekannten Formen.

Weit wichtiger sind die fossilen Vertreter der *Platynota* und *Mosasauria*:

Superfamilie: **Platynota.**

Terrestre, aber meist wasserliebende oder dem Wasserleben mehr oder weniger angepaßte procöle Lacertilia mit 7—13 Halswirbeln. Clavicula und Episternum wohl entwickelt. Neocom bis jetzt.

Von der 1. Familie der ***Varanidae** Cope finden sich die ältesten Vertreter (Fig. 361) in den ? obereocänen Phosphoriten von Quercy in Frankreich. Über ihre weitere Verbreitung geben die Untersuchungen Fejérvárys Aufschluß; hieher gehört *Saniva* Leidy[1]) aus dem mittl. Eocän Nordamerikas. Ferner verdient als einziger Vertreter einer 2. Familie **Megalanidae** Fejér. eine Riesenform aus dem Pleistocän von Queensland, die eine Größe von

[1]) *Gilmore Ch.*, Proc. U. S. Nat. Mus. Vol. 60. 1922.

10 m erreicht haben soll, *Megalania* (*Varanus*) *prisca* Owen, Beachtung, bei der im Gegensatz zu den Varanidae die Wirbel Zygophen — Zygantrum-Gelenkung besitzen.

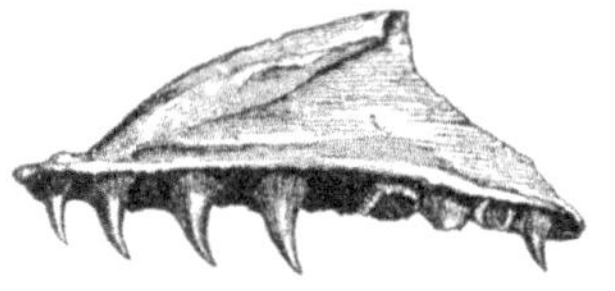

Fig. 361. *Varanus Cayluxi* Filhol. Phosphorit. Labenque. Quercy. Oberkieferfragment. (Nat. Gr.)

3. Familie. Dolichosauridae Kramb. em. Nopcsa.

Wasserbewohnende Reptilien mit kleinem, varanusähnlichen Kopf, langem, aus 13 Wirbeln bestehendem Hals, 26—27 Rumpf-, zwei Sacralwirbeln und einem aus über 60 Wirbeln zusammengesetzten, mit kräftigen Hämapophysen versehenen Ruderschwanz. Rippen kurz, gleich lang. Keine Ventralrippen. Extremitäten reduziert. Ruderfüße. Vorderfuß etwa halb so lang als der hintere. Zähne pleurodont. Untere bis obere Kreide.

Die hierher zu stellenden Formen sind kleine, dem Wasserleben angepaßte Lacertilia mit walzenförmig verlängertem, aalartigen Leib. Die Genera *Actaeosaurus* H. v. Meyer, *Adriosaurus* Seeley, *Pontosaurus* G. Kramberger finden sich im Neocom von Dalmatien, *Dolichosaurus* Owen, ? *Coniosaurus* Owen in der oberen Kreide Englands.

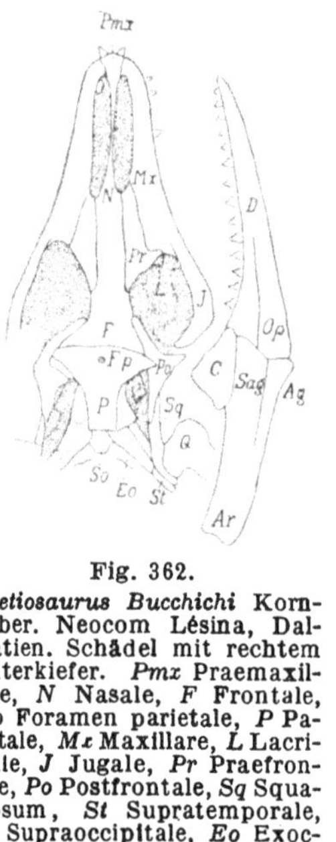

Fig. 362. *Opetiosaurus Bucchichi* Kornhuber. Neocom Lésina, Dalmatien. Schädel mit rechtem Unterkiefer. *Pmx* Praemaxillare, *N* Nasale, *F* Frontale, *Fp* Foramen parietale, *P* Parietale, *Mx* Maxillare, *L* Lacrimale, *J* Jugale, *Pr* Praefrontale, *Po* Postfrontale, *Sq* Squamosum, *St* Supratemporale, *So* Supraoccipitale, *Eo* Exoccipitale, *Q* Quadratum, *D* Dentale mit Zähnen auf Sockeln, *C* Coronoid, *C* Operculare, *Sag* Supraangulare, *Ag* Angulare, *Ar* Articulare. $^1/_1$ nat. Größe. Nach Nopcsa.

4. Familie. Aigialosauridae Kramb. em. Nopcsa.

Reptilien mit großem pythonomorphenartigen Schädel, kurzem, aus sieben Wirbeln bestehendem Hals, 21 Rückenwirbeln, zwei Sacralwirbeln und zahlreichen Schwanzwirbeln. Rippen lang und gebogen. Sechs Ventralrippen treten mit dem Sternum in Verbindung. Vorder- und Hinterfuß annähernd gleich groß und nur wenig reduziert. Neocom.

Die Aigialosauridae sind Küstenbewohner mit verhältnismäßig gedrungenem, kurzen Rumpf; sie zeigen im Bau der Extremitäten bereits Anpassungserscheinungen an aquatische Lebensweise auf und erreichen eine Größe von 1—2½ m. Ihr Schädel ähnelt ganz auffallend dem der Mosasauridae und unterscheidet sich von diesem eigentlich nur durch das Fehlen der Zähne auf dem Pterygoid. Sie nehmen eine Zwischenstellung ein zwischen den Varaniden und Mosasauridae, aus ihnen haben sich offenbar die letzteren entwickelt. Hierher gehören die Gattungen *Aigialosaurus* G. Kramberger, *Carsosaurus* (Fig. 323), *Opetiosaurus* Kornhuber (Fig. 362) und ? *Mesoleptos* Cornaglia aus dem Neocom von Dalmatien.

Superfamilie: Mosasauria[1]).

Familie: Mosasauridae Gervais. (*Pythonomorpha.*)

Große, langgestreckte, beschuppte Meersaurier mit paddelförmigen Extremitäten. Wirbel procöl. 7 Halswirbel. Halswirbel mit Hypapophysen. Ein Sacral-

[1]) *Baur G.*, Morphology of the skull of Mosasauridae. Journ. of Morphology 1892. Vol. XII. — *Capps S. R.*, The Girdles and hind limb of Holosaurus abruptus Marsh. Journ. of Geology. Vol. 15. 1907. — *Cope Edw.*, The Reptilian orders Pythonomorpha and Streptosauria. Proceed. Boston Soc. nat. hist. 1869. XII.250. — Rep. U. S. geol. Surv. of Territ. 1875. Vol. II. The Vertebrata of the

wirbel. Schädel eidechsenartig. Nur der obere Schläfenbogen vorhanden. Nasalia zumeist mit den Praemaxillaria zu einem einzigen Knochen (Naso-Praemaxillare) verschmolzen. Quadratum groß, beweglich, durchbohrt. Ein Foramen parietale im unpaaren Parietale. Augen mit Scleroticaring. Unterkieferäste in der Symphyse durch Ligament verbunden, außerdem jeder Ast ungefähr in der Mitte durch gegenseitige Gelenkung der einzelnen Elemente beweglich gemacht. Zähne groß, konisch, auf den Kiefern und den Pterygoidea, in Gruben stehend und mit den angrenzenden Knochen verwachsen. Brust- und Beckengürtel entwickelt. Extremitätenknochen kurz, mit 5 aus schlanken, öfters überzähligen Phalangen zusammengesetzten, zu Ruderfüßen umgewandelten, krallenlosen Fingern. Obere Kreide. Marin.

Die *Mosasauridae* sind eine völlig dem Leben im Meer angepaßte Gruppe langgestreckter, meist großer, am Leib und Kopf ähnlich *Varanus* beschuppter Reptilien, die nach den Untersuchungen durch L. Dollo zumeist Oberflächenschwimmer (*Mosasaurus*), seltener Tauchtiere (*Plioplatecarpus*) gewesen sein mögen.

Wie bei den Ichthyosauriern erscheint auch hier der lange und breite Schwanz, dessen Ende bei einigen Formen, ähnlich wie bei den Ichthyosauriern, nach abwärts gekrümmt war, in der Hauptsache als der eigentliche Locomotionsapparat. Den Feststellungen von L. Dollo, Kramberger, Nopcsa, Williston u. a. zufolge sollen die *Mosasauridae* von den *Aigialosauridae* abstammen, die ihrerseits zu landbewohnenden Lacertiliern überführen, während Osborn, Fürbringer, Fejérváry eine so enge Verwandtschaft zu den Platynota nicht aufrechterhalten und sie lediglich als alten, dem marinen Leben angepaßten Sproß der Lacertilier betrachten. Ihre Reste, deren in der Regel sehr kräftige Bezahnung auf gefährliche Raubtiere schließen läßt, finden sich in der

cretaceous formations of the West p. 113—178 und p. 264. — *Dollo L.*, Bull. Mus. Roy. d'hist. nat. de Belgique 1882 t. I u. 1885 t. IV. Bull. Soc. Belge de Géol., Paléont. et Hydrologie 1889. III. 1890 IV. 1892 VI. 1893 VII. Les Mosasauriens d. l. Belgique. Bull. d. l. Soc. Belge de Géologie etc. T. XVIII. 1904. Un Nouvel opercule tympanique de Plioplatecarpus Mosasaurien plongeur. Ibid. T. XIX. 1905. Les ancêtres des Mosasauriens. Scient. Giard. Vol. 38. Brüssel 1903. L'origine des Mosasauriens. Bull. d. l. Soc. Belge de Géol. 1904. Mém. Globidens Fraasi etc. Extr. d. Archiv. Biologie. 28. Liège 1913. — *Gaudry A.*, Les Pythonomorphes de France. Mém. Soc. géol. de France. Nr. 10. 1892. — *Goldfuß*, Nova acta Acad. Leop. nat. cur. Bd. XXI. — *Huene F. v.*, Ein ganzes Tylosaurus-Skelett. Geol. Pal. Abhandl. N. F. Bd. VIII (XII). 6. 1910. — *Leidy Jos.*, Cretaceous Reptiles of the U. S. Smithson. Contrib. 1864. Rep. U. S. geol. Survey of Territ. I. Extinct vertebrata fauna of the Western Territories. Washington 1873. — *Loomis F. B.*, New Mosasaur from the Fort Pierre. Americ. Journ. of Sci. 39. 1915. — *Marsh O.*, Amer. Journ. Sc. and arts 1871 Bd. 101. 1872 Bd. 103 u. 1880 Bd. 119. — *Merriam F. C.*, Die Pythonomorphen der Kansas-Kreide. Palaeontographica 1894. XLI. — *Nopcsa F. v.*, Origin of the Mosasaurs. Geol. Magaz. N. S. Dec. 4. Vol. X. 1903. — *Osborn H. F.*, A complete Mosasaur skeleton etc. Mem. Americ. Mus. Nat. Hist. Vol. I. P. 4. 1899. Intercentra and Hypophyses in the Cervical region of Mosasaurs etc. Americ. Naturalist. 34. Boston 1900. — *Owen Rich.*, Quart. Journ. geol. Soc. 1877 Bd. 33 p. 682 und 1878 Bd. 34 p. 748. — *Pompeckj J. F.*, Über einen Fund von Mosasaurierresten im ob. Senon von Haldem. 3. Jahresbericht d. niedersächs. geol. Ver. Hannover 1910. — *Thevenin A.*, Mosasauriens d. l. craie grise etc. Bull. Soc. géol. de France. 3. Ser. 24. 1896. — *Williston S. W.*, Kansas Mosasaurs. Univ. Geol. Surv. Kansas. Vol. 4. P. I. Topeka 1898. The Relationships and habits of the Mosasaurs. Journ. Geol. Vol. XII. Nr. 1. 1904, ferner in Zittel-Eastman Textbook of Palaeontology II. 1902. — *Williston* and *Case*, Kansas Mosasauridae. pt. I. u. II. Kansas University Quarterly 1892. 1893. 1895. — *Wiman C.*, Some Reptiles from the Niobrara Group in Kansas. Bull. Geol. Inst. Upsala Vol. XVIII. 1920. — *Yakovlew N.*, Restes d'un Mosasaur. tr. dans le Crétacé sup. d. S. d. l. Russie. Bull. d. Comit. geol. d. e. R. Petersburg 1901. T. XX.

marinen Oberkreide von Neuseeland, Nord- und Südamerika (Amazonas-Becken), Südafrika[1]) und Europa. Etliche Gattungen sind Amerika und Europa bzw. Südafrika gemeinsam. Der nicht selten fossilisierte Mageninhalt spricht vorzüglich für Fischnahrung. Auffallenderweise sind bis jetzt Reste von jugendlichen Individuen noch nicht gefunden worden. Williston ist wohl mit Recht der Meinung, daß die *Mosasaurier* ovipar waren und daß die Eiablage in seichten Buchten und Ästuarien möglicherweise auch in Flüssen — deren Sedimente fossil bis jetzt so gut wie nicht bekannt sind — erfolgte, wo die junge Brut heranwuchs, bis sie im Stande war, sich mit den Feinden des offenen Meeres zu messen.

Die ersten *Mosasauridae* (Fig. 370) wurden in der obersten Kreide von Maestricht gefunden (1780) und anfänglich für Cetaceen oder Krokodile gehalten. A. Camper machte auf die Ähnlichkeit mit dem lebenden *Monitor (Varanus)* aufmerksam und Cuvier pflichtete später dieser Anschauung bei.

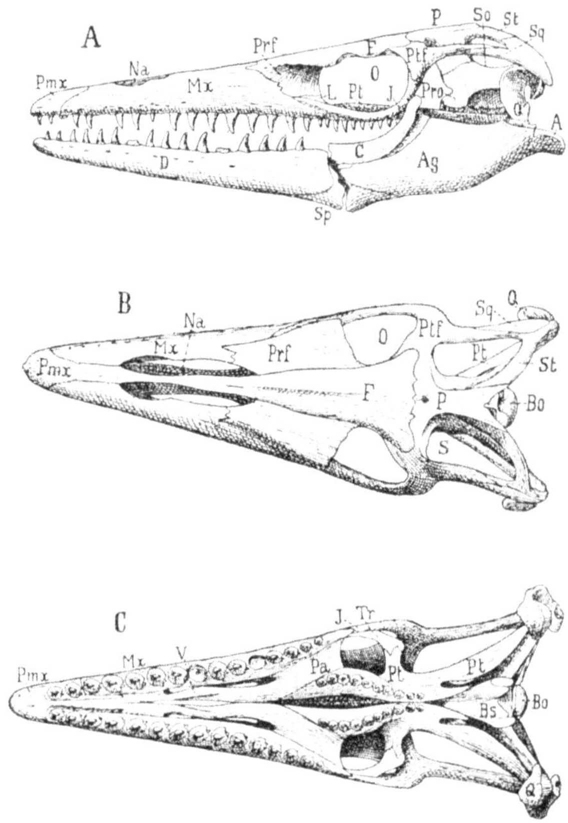

Fig. 363.

A Clidastes velox. Marsh, ca. 1/5 nat. Gr., Schädel von der Seite. *B, C Tylosaurus proriger* Cope, ca. 1/7 nat. Gr., Schädel von oben und von unten. Ob. Kreide von Kansas. (Nach Williston.) *Na* Nasenöffnung, *O* Augenöffnung, *S* Schläfenloch, *Pmx* Praemaxillare, *Mx* Maxillare, *F* Frontale, *Prf* Praefrontale, *Ptf* Postorbitale (Postorbitofrontale), *P* Parietale mit Foramen, *So* Supraoccipitale, *L* Lacrimale, *J* Jugale, *St* Supratemporale, *Sq* Squamosum, *Q* Quadratum, *Pr* Prooticum, *Bo* Basioccipitale, *Bs* Basisphenoid, *Pt* Pterygoid (das Epipterygoid ist nicht erhalten!), *Tr* Transversum, *Pa* Palatin, *V* Vomer, *D* Dentale, *Ag* Supraangulare (das Angulare ist das kleine zwischen *Ag* und *Sp* hervortretende Element), *Sp* Spleniale, *C* Complementare, *A* Articulare.

Der Schädel (Fig. 363 und 364) weicht nicht erheblich von dem der Eidechsen, namentlich von *Varanus* ab. Parietale und Frontale sind ebenso wie das Praemaxillare unpaar. Selbständige Nasalia sind in der Regel nicht entwickelt. Die oberen Schläfenlöcher werden außen von dem meist mit dem Postfrontale vereinigten Postorbitale (Postorbitofrontale) und dem Squamosum und Supratem-

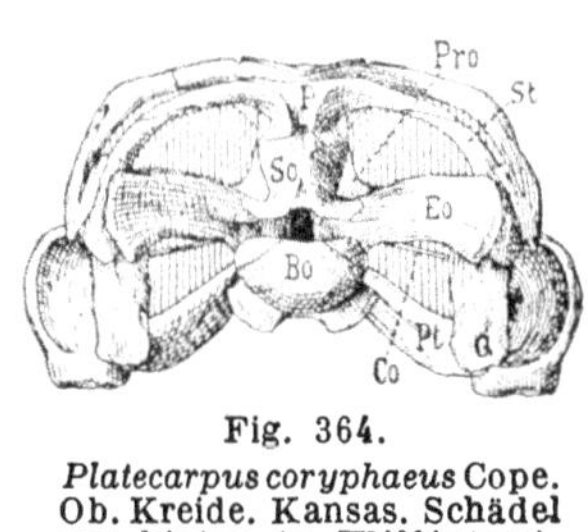

Fig. 364.

Platecarpus coryphaeus Cope. Ob. Kreide. Kansas. Schädel von hinten (n. Williston). 1/8 nat. Gr. *Eo* Exoccipitale laterale, *Pro* Prooticum, *Co* Columella (Stapes), *So* Supraoccipitale; übrige Bezeichnungen wie früher.

[1]) *Broom,* Annals S. Afric. Mus. Cape Town 1912. Vol. 7. Pt. 5. S. 332.

porale — welches Element zwischen Parietale und Squamosum eingeschaltet liegt —, innen vom Parietale begrenzt. Das Jugale vereinigt sich mit einem absteigenden Ast des Postorbitale und umrahmt mit dem Lacrimale und dem ansehnlichen Praefrontale die großen, in der Regel seitlichen, von einem Scleroticaring eingefaßten Augen. Das Prooticum ist wohl entwickelt, während das Opisthoticum mit dem Exoccipitale verschmilzt. Das Quadratbein (Fig. 365) hat ansehnliche Größe, ist beweglich mit dem Squamosum und Supratemporale verbunden und für den Gehörgang (meatus auditorius) entweder gefenstert oder eingebuchtet; es variiert erheblich bei den verschiedenen Gattungen und liefert gut systematische Merkmale. Neben der verknöcherten Columella (Stapes) kann auch noch eine teilweise oder vollständig ossifizierte Extracolumella und ein calcifiziertes Trommelfell (operculum tympanicum) (Plioplatecarpus) auftreten. Das Transversum ist in der

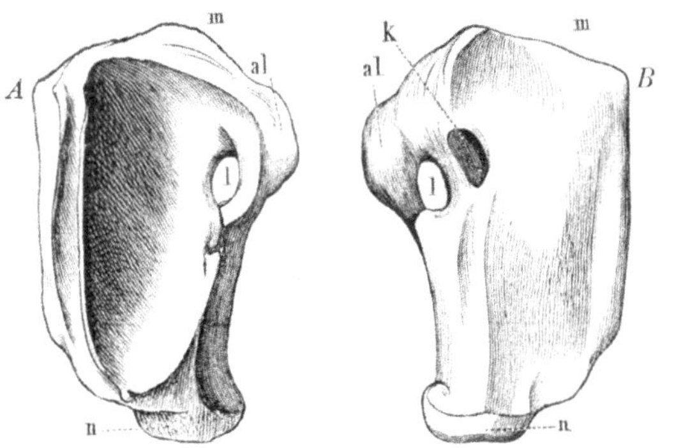

Fig. 365.
Quadratbein von *Mosasaurus Camperi* H. v. Meyer. *A* von innen, *B* von außen. ¼ nat. Gr. (Nach R. Owen.) *m* Oberrand, *n* Unterrand, *l* Meatus auditorius, *k* Stapedialgrube, *al* flügelartiger Fortsatz des Oberrandes.

Regel klein, das Epipterygoid schlank. Die beiden Äste des Unterkiefers sind vorne nur durch Ligament verbunden, außerdem ist jeder Unterkieferast ungefähr in der Mitte durch eine quere, gegenseitige gelenkige Verbindung von Dentale und Spleniale mit Angulare, Supraangulare und Complementare beweglich gemacht, wodurch dem Rachen das Verschlingen größerer Bissen erleichtert wird.

Ansehnlich große, spitzkonische Zähne stehen in einer Reihe auf den Kiefern und den Pterygoidea. Letztere hatten wohl den Zweck, die Beute festzuhalten. Ihre glänzende, mit Schmelz bedeckte Krone ist meist vorn und hinten zugeschärft oder durch mehrere Kanten facettiert. Alle Zähne stehen in seichten Alveolen und sind mit den angrenzenden Knochen fest verwachsen. Die Ersatzzähne entwickeln sich auf der Innenseite der funktionierenden Zähne, um diese allmählich durch Druck zu verdrängen.

In der Wirbelsäule (Fig. 366 und 367) zählt man bis zu 130 und mehr Wirbel, von denen 7 auf den Hals, 22—39 auf den Rumpf, die übrigen auf den Schwanz treffen. Die oberen Bogen sind fest mit den procölen Wirbelkörpern verschmolzen, die Dornfortsätze mäßig hoch, zuweilen aber in der hinteren Schwanzregion relativ ziemlich verlängert. Die Querfortsätze

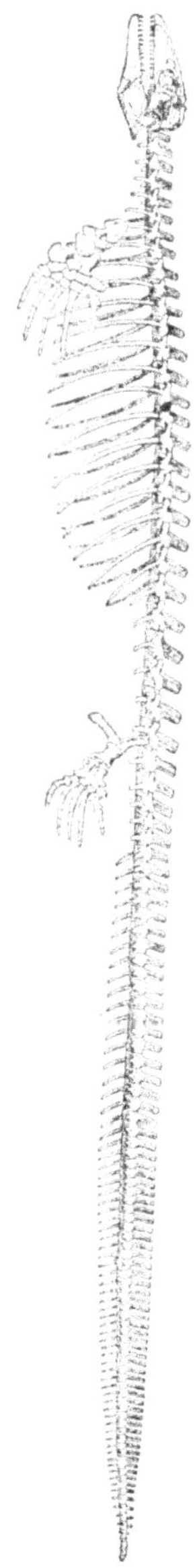

Fig. 366.
Restauriertes Skelett von *Platecarpus*. Ca. 1/35 nat. Gr. (N. Merriam.)

der präsacralen Wirbel sind kurz und dick, sie tragen einköpfige Rippen, die der Schwanzwirbel erscheinen verlängert, ohne Rippen zu tragen. Die Zygapophysen sind in der Hals- und vorderen Rückengegend gut entwickelt, um nach rückwärts schwächer zu werden und in der Schwanzregion zuweilen völlig zu verschwinden. Zuweilen kommt zu denselben noch die bei den Schlangen und verschiedenen Eidechsen bekannte Verbindung der Wirbel durch Zygosphen und Zygantrum hinzu. Der Atlas besteht aus einem keilförmigen, ventralen Mittelstück (Intercentrum, Hypapophyse), zwei seitlichen Bogenstücken und dem als Zentrum gedeuteten Zahnfortsatz (Processus odontoideus) des Epistropheus. Zwischen diesem und dem Atlas befindet sich ein zweites Intercentrum. Der Epistropheus und die folgenden fünf Halswirbel besitzen ungewöhnlich große und verlängerte, mit dem Wirbelkörper verschmolzene Hypapophysen, die, ventral abgestutzt, mit einem freien, zapfenartigen Fortsatz (Epiphyse) gelenken, welcher das Intercentrum repräsentieren dürfte. Am letzten Halswirbel vermissen wir diesen Fortsatz. Mit Ausnahme der ersten auf den einen Sacralwirbel folgenden Wirbel (Pygalwirbel) besitzen alle Schwanzwirbel Y-förmige Hämapophysen (chevron bones), welche mit den zugehörigen Wirbelkörpern gelenken.

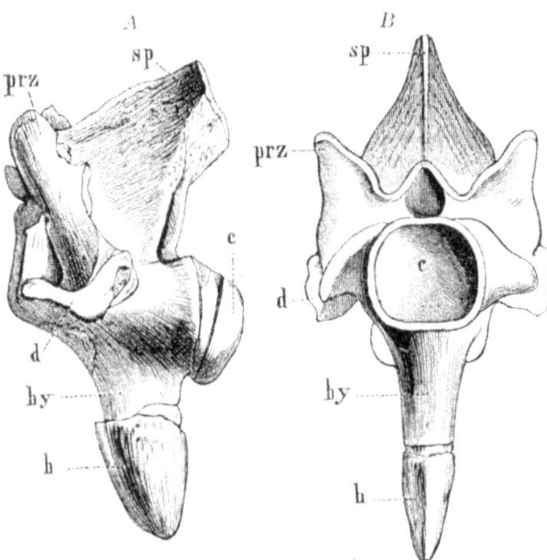

Fig. 367.
Clidastes stenops Cope. Halswirbel *A* von der Seite. *B* von vorn, *c* Centrum, *sp* Dornfortsatz, *d* Querfortsatz, *prz* Präzygapophyse, *hy* Hypapophyse, *h* zapfenartiges Endstück der Hypapophyse. ½ nat. Gr. (Nach Cope.)

Im Brustgürtel (Fig. 368) zeichnet sich das Coracoid durch ansehnliche Größe aus; das verdickte Gelenkende zeigt zwei Facetten auf, während der

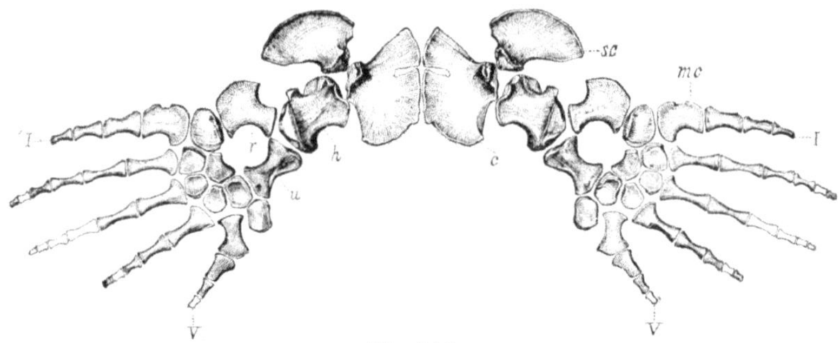

Fig. 368.
Brustgürtel von *Clidastes velox* Marsh. Von oben gesehen. $^1/_8$ nat. Gr. (Nach Marsh.) *c* Coracoideum, *sc* Scapula, *h* Humerus, *r* Radius, *u* Ulna, *mc* Metacarpus, *I* erster, *V* fünfter Finger.

gegenüberliegende flachere Innenrand bogenförmig und häufig mit einem tiefen Einschnitt versehen ist. Außerdem findet sich noch ein kleines Foramen supracoracoideum. Hinten grenzen die Coracoidea an das Sternum an, welches wahrscheinlich nicht verknöcherte, sondern ebenso wie die mit ihm in Verbindung tretenden Sternalrippen aus verkalktem Knorpel bestand. Die Scapula ist jener der Rhynchocephalen ähnlich. Zuweilen findet sich ein spanförmiges Episternum (*Holosaurus*, *Plioplatecarpus*, *Platecarpus*). Claviculae sind bis jetzt nocht nicht nachgewiesen. Der Humerus ist sehr

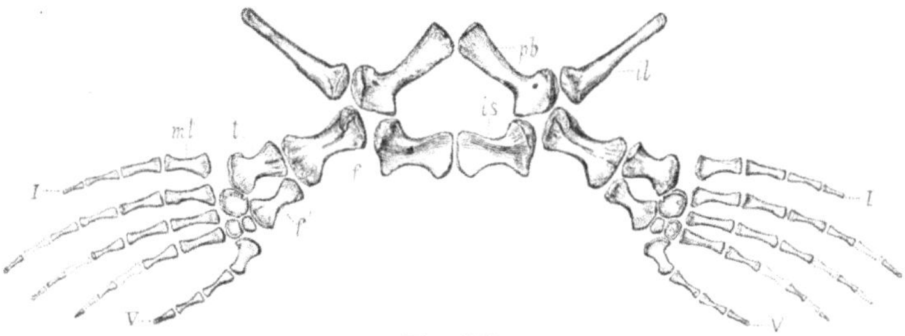

Fig. 369.
Platecarpus simus Marsh sp. Ob. Kreide. Smoky Hill, Kansas. Beckengürtel und Hinterextremitäten. *il* Ilium, *pb* Pubis, *is* Ischium, *f* Femur, *t* Tibia, *f'* Fibula, *mt* Metatarsus, *I* erste, *V* fünfte Zehe. 1/12 nat. Gr. (Nach Marsh.)

kurz, gedrungen und an beiden Enden verbreitert und distal mit zwei Facetten für die gleichfalls sehr kurzen, getrennten Vorderarmknochen versehen.

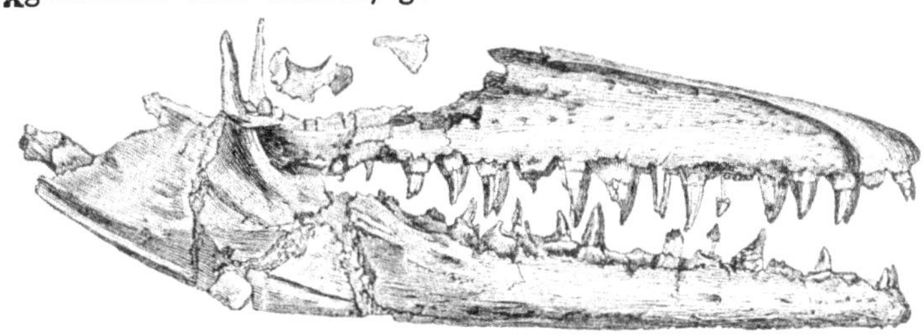

Fig. 370.
Mosasaurus Camperi H. v. Meyer. Oberste Kreide. Petersberg bei Maestricht. Schädel im Brüsseler Museum, von der Seite. Ca. 1/18 nat. Gr. (Nach Dollo.)

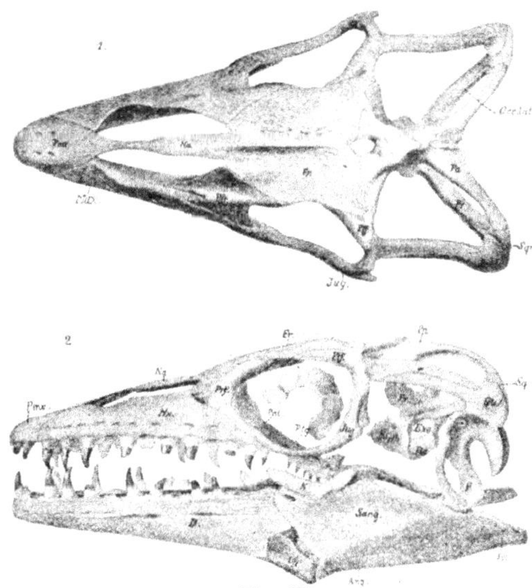

Fig. 371.
Platecarpus coryphaeus Cope. Ob. Kreide. Logan County Kansas. Schädel von oben und von der Seite. 1/6 nat. Gr. (Nach Merriam.) *Qj* Squamosum, *Sq* Supratemporale, *op* Spleniale, *Sang* Supraangulare, *K* Complentare, *Ang* Angulare, *D* Dentale. Übrige Bezeichnungen wie früher.

Die Carpalia schwanken in der Zahl zwischen 7 (in zwei Reihen) bei Clidastes etc. und 1—2 rudimentären Knöchelchen bei Tylosaurus. Die fünf Metacarpalia tragen die aus einer wechselnden Anzahl von Gliedern zusammengesetzten Finger.

Der Beckengürtel (Fig. 369) ist schwächer als der Brustgürtel. Das Ilium ist ein stabförmiger Knochen, sein Oberrand war entweder frei oder durch lockeres Ligament leicht mit dem einen Sacralwirbel verbunden, Ischium und Pubis, die in der Symphyse zusammenstoßen, erinnern an Eidechsen. Femur, Tibia und Fibula ähneln den homologen Knochen der Vorderextremität, bleiben aber schmäler und schlanker. Am Tarsus sind 1—3

Knöchelchen beobachtet. Die 4 oder 5 Zehen sind auf gleiche Weise wie die Finger zusammengesetzt. Im allgemeinen übertreffen die Vorderextremitäten die hinteren an Länge.

**Mosasaurus* Conyb. (*Leiodon* Owen) (Fig. 365, 370, 372). Schädel 1,2 m, Körper über 12 m lang. Rumpf langgestreckt. Wirbel ohne Zygosphen-Zygantrum. Über 130 Wirbel, davon 46 präsacral (7 Hals-, 39 Rückenwirbel). Nasalia nicht mit den Praemaxillaria verschmolzen. Die mächtigen Zähne (auf dem Oberkiefer 14, auf dem Pterygoid 8) vorne und hinten kantig begrenzt. Quadratum klein, oben mit kurzem Fortsatz. Hinterextremität mit 4 Zehen. Höchstzahl der Phalangen 6. Tarsus und Carpus vollständig verknöchert. Chevrons der Schwanzwirbel mit den Wirbeln verwachsen. ? Cenoman. Neuseeland. Ober-Turon. Senon von Maestricht (Holland), Belgien, Norddeutschland, Frankreich, Norditalien[1]) und Nordamerika.

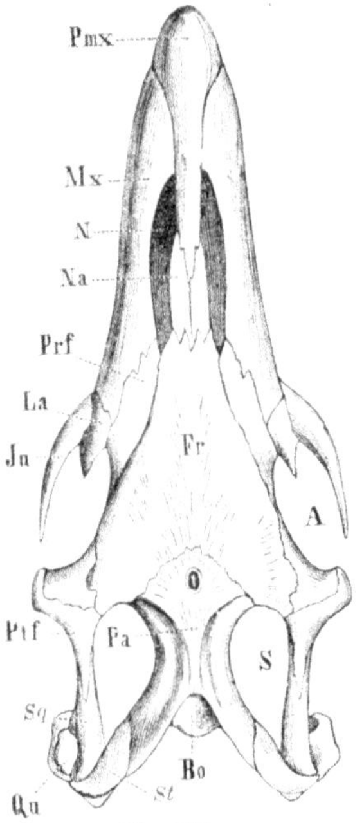

Fig. 372.
Schädel von *Mosasaurus* (*Liodon*), restauriert (nach Owen), von oben. *A* Augenhöhle, *S* Schläfenloch, *N* Nasenloch, *Pa* Scheitelbein, *Fr* Stirnbein, *Prf* Praefrontale, *Ptf* Postfrontale, *La* Lacrimale, *Ju* Jochbein, *Mx* Oberkiefer, *Pmx* Zwischenkiefer, *Na* Nasenbein, *St* Supratemporale, *Qu* Quadratbein, *Sq* Squamosum, *Bo* Basioccipitale.

**Clidastes* Cope (*Edestosaurus* Marsh) (Fig. 363 A, 367, 368). Schädel 40—70 cm lang, schmal, niedrig. Zähne, facettiert auf der Außen-, glatt auf der Innenseite, oder auf beiden Seiten glatt. Dentale mit ca. 17, Maxillare mit 15, Pterygoid mit 12—15 Zähnen. Präsacralwirbel ca. 43. Wirbel mit Zygosphen-Zygantrum. Dornfortsätze in der hinteren Schwanzregion verlängert. Chevrons und Extremitäten wie bei *Mosasaurus*. Oberes Turon. Unteres Senon. Nordamerika.

**Platecarpus* Cope (*Lestosaurus* Marsh) (Fig. 364, 366, 369, 371). Körperlänge ca. 5 m, von welcher auf den Schädel $^1/_8$ fällt. Scheitelloch groß, am Vorderrand des Parietale. Augen seitlich. Quadratum groß, oben mit langem Fortsatz. Öffnung für den Meatus auditorius groß, nicht vollständig umschlossen. Zähne schlank und leicht rückwärts gekrümmt, auf der Außenseite facettiert, auf der Innenseite gestreift. Rumpf gedrungen. Höchstens 30—32 präsacrale Wirbel (nach Williston 7 Halswirbel, 23 Rückenwirbel). Zygosphen rudimentär. Coracoid medial mit Ausschnitt. Episternum vorhanden. 4 Carpalia und 3 Tarsalia. Hinterextremität fünfzehig. Chevrons groß, locker gelenkend. Häufig im oberen Turon und Untersenon von Kansas, Wyoming, Colorado, Nord-Dakota, Texas und Frankreich.

Holosaurus Marsh. Ähnlich dem vorigen Genus, vielleicht ident, nur Coracoidea medial mit kleinem Ausschnitt, spanförmiges Episternum. Obere Kreide. Kansas.

Globidens Gilmore. Zähne kugelig bis seitlich komprimiert. Wahrscheinlich Molluskenfresser. Obere Kreide. Alabama. Obere Kreide von Belgien.

Sironectes Cope. Obere Kreide. Kansas.

Plioplatecarpus Dollo (*Oterognathus*, *Phosphorosaurus* Dollo). Ähnlich Platecarpus. Bezahnung reduziert, Augen nach oben gerichtet. Extracolumella verknöchert. Trommelfell calcifiziert. Foramen parietale sehr groß. Basioccipitale mit medianem Kanal. 38 präsacrale Wirbel. Senon. Maestricht und Belgien.

---

[1]) Der von *R. Nicolis* (R. Ist. Venet. Sci. 59. 2. 1900) aus der Scaglia (Senon) beschriebene Mosasaurier ist in seiner generischen Zugehörigkeit unsicher.

Prognathosaurus Dollo. Schädel ca. 0,6 m lang. Pterygoidea fast ebenso groß wie die Maxillaria und mit sehr kräftigen Zähnen. Quadratum mit großem oberen Fortsatz, der sich mit einem von unten aufsteigenden Fortsatz vereinigt. Chevrons frei. Senon. Belgien.

Dollosaurus Yakovlew. Senon. Donetzbecken.

Brachysaurus Williston. Ähnlich *Prognathosaurus*, aber die Chevrons mit den zugehörigen Wirbelcentra verschmolzen. Obere Kreide. S.-Dakota.

Baptosaurus Marsh. Obere Kreide. Nordamerika. — *Taniwhasaurus* Hektor. Verwandt mit Platecarpus. Ob. Kreide. Neuseeland.

Tylosaurus Marsh (*Liodon* Cope, *Macrosaurus* Owen, *Rhinosaurus* Marsh) (Fig. 363 B). Schädel 70 cm bis 1,20 m. Skelett bis 8½ m lang. Zwischenkiefer schnabelartig verlängert; Quadratum dick, mit kurzem oberen Fortsatz. Septomaxillare vorhanden. Maxillare mit ca. 13 Zähnen. Rumpf gedrungen. 7 Halswirbel, 22—23 Rückenwirbel. Kein Zygosphen. Über 70 Schwanzwirbel. Chevrons leicht gelenkend. Coracoid ohne Einschnitt. Ein oder zwei Carpalia und Tarsalia vorhanden. Hinterextremität fünfzehig. Zahlreiche Phalangen. Oberes Turon. Unteres Senon. Nordamerika. Obere Kreide. Südafrika.

Hainosaurus Dollo. Schädel bis über 1,50 m lang. Praemaxillare schnabelartig verlängert. Zähne verschiedenartig. Weniger Phalangen als bei *Tylosaurus*. Paddeln relativ größer. Femur länger als der Humerus. Oberes Turon. Oberes Senon. Belgien.

Anhang.

Paterosauridae[1]).

Schädel solid verknöchert, langgestreckt, schmal, lacertilierähnlich mit unbeweglichem, nach vorne gerichtetem Quadratum. Foramen parietale fehlt. Hinterhaupt mit dreiteiliger, von Basioccipitale und Exoccipitalia lateralia gebildeter Gelenkung. Interorbitalseptum verknöchert. Seitliche Schläfenlücke und Orbitalöffnung nicht voneinander durch eine knöcherne Spange getrennt. Erstere unten nicht knöchern begrenzt. Basioccipitale und Basisphenoid ähnlich wie bei Amphisbaena als breite Platten entwickelt. Unterkiefer sehr kurz, nicht zwei Drittel der Schädellänge betragend. Zähne gleichmäßig groß, spitz. Auf dem Vomer eine zweite Zahnreihe. Zwischen den Unterkiefern Hautverknöcherungen (Jugularplatten). Ein Paar verknöcherter Ceratobranchialia und drei Paar ebensolcher Epibranchialia. Körper lang gestreckt. Wirbel amphicöl, mit persistierender Chorda, oberer Bogen nicht mit dem Wirbelkörper verwachsen und dorsal noch durch eine Sutur getrennt. Intercentra fehlen. Rippen lang, säbelförmig, anscheinend alle zweiköpfig. Perm. Texas. Illinois.

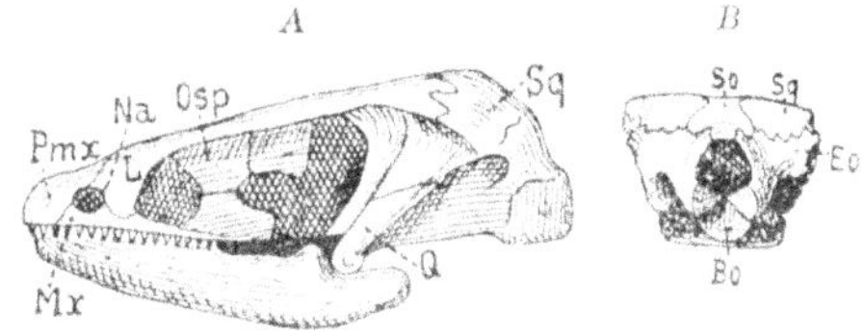

Fig. 373.
Lysorophus tricarinatus Cope. Perm. Texas. *A* von der Seite, n. Case. *B* von hinten, n. Broili. *So* Supraoccipitale, *Eo* Exoccipitale, *Sq* Squamosum, *Bo* Basioccipitale, *Q* Quadratum, *L* Lacrimale, *Na* Nasenöffnung, *Osp* Interorbitalseptum (sonstige Bezeichnungen wie früher).

---

1) *Broili F.*, Systemat. u. biolog. Bemerkungen zu der perm. Gattung Lysorophus. Anat. Anz. Bd. XXXIII. 11 u. 12. 1908. — *Case E. C.*, Notes on the skull of Lysorophus tricarinatus Cope. Bull. americ. Mus. Nat. Hist. Vol. XXIV. Art. 26. 1908. — *Sollas W. J.*, On the structure of Lysorophus as exposed by serial sections. Philos. Trans. R. Soc. Lond. 1920. 212 B. (bis Juni 1922 nicht zugänglich!). — *Williston S. W.*, Lysorophus a Permian Urodele. Biol. Bull. Vol. XV. Nr. 5. 1908. New Permian Reptiles. Rhachitomous vertebrae. Journ. Geol. Okt./November 1910. Primitive Reptiles. A review Journal of Morphology. Vol. 23. 1912. Broili, Referat über F. v. Huene: Lysorophus etc. Neues Jahrbuch etc. 1913. II. S. 350.

Die einzige hierher gehörige, mit den genannten Merkmalen ausgestattete Form ist **Lysorophus* Cope, Fig. 373, aus dem nordamerikanischen unteren Perm. Mit der einspringenden Gelenkung des Hinterhauptes standen wahrscheinlich noch Knorpel in Verbindung. Die als sehr kleine Extremitäten gedeuteten Reste sind problematisch. Bei seinem wurmförmigen Körper dürfte *Lysorophus* ähnlich *Amphisbaena* ein unterirdisches, grabendes Leben geführt haben. Die systematische Stellung ist noch umstritten. S. Williston brachte zuerst die Form als *Amphibium* mit den Urodelen in Beziehung, Moodie hält sie für einen *Gymnophionen*, Case bezeichnet sie als *Amphibium* im allgemeinen. Neuestens ist Williston der Anschauung, daß *Lysorophus* mit keinem Wirbeltier der Jetztzeit in Zusammenhang zu bringen ist. *Lysorophus*, an dessen Schädel die Reptilmerkmale überwiegen, während die verknöcherten Kiemenbogen und vielleicht noch die Jugularplatten als Amphibiencharaktere zu deuten sind, erfüllt durch diese 2 Tierklassen gemeinsamen Eigentümlichkeiten im gewissen Sinne als Zwischenglied eine logische Forderung der Entwicklungstheorie.

2. Unterordnung: **Ophidia.** Schlangen[1]).

Körper mit Hornschuppen, stark verlängert, ohne Brustgürtel, fußlos. Parietale ohne Foramen. Wirbel procöl, mit Zygosphen und Zygantrum; die vorderen mit starken ungegliederten Hypapophysen. Temporalbogen und Epipterygoid fehlen. Quadratbein ebenso wie Pterygoid, Maxillare und Palatinum beweglich und lose mit dem Schädel verbunden; Zwischenkiefer sehr klein; Unterkieferäste in der Symphyse durch Ligament verbunden. ? Kreide. Eocän bis jetzt.

Das Skelett besteht nur aus Schädel und Wirbelsäule mit ihren Anhängen. Brustgürtel und Vorderextremität fehlen stets, vom Beckengürtel und der Hinterextremität finden sich nur Rudimente (z. B. Boiden, Opoterodonten). Die Zahl der Wirbel ist eine sehr beträchtliche (zuweilen mehr als 500) und innerhalb der einzelnen Gattungen schwankende (*Python Sebae* 370, *P. molurus* 435); sie sind procöl, hinten mit halbkugeligen Gelenkflächen versehen, und sowohl durch diese, als auch durch Zygapophysen, sowie durch Zygosphen und Zygantrum sehr fest miteinander verbunden, die oberen Bogen stets vollständig mit dem Centrum verschmolzen. Die vordersten (bis ca. 30) besitzen ungegliederte Hypapophysen auf der Unterseite (Fig. 374); die Querfortsätze sind kurz, knotig. Die langen, gebogenen, häufig hohlen und beweglichen Rippen, welche am *Epistropheus* oder 3. Wirbel zu beginnen pflegen (bei *Python* über 250 präcaudale Rippenpaare!), sind in der Schwanzregion durch verlängerte Querfortsätze ersetzt. Sie sind einköpfig und äußerst beweglich. Untere Bogen (Hämapophysen oder Chevrons bones) fehlen den Schlangen, dagegen vertreten deren Stelle kräftige absteigende Fortsätze der Diapophysen (Fig. 375).

Der Schädel (Fig. 376) unterscheidet sich von dem der Lacertilier durch die solide Verknöcherung der Schädelkapsel — was durch die Verschmelzung des Prooticums mit dem unpaaren Parietale und dadurch, daß die stark abgebogenen Seitenränder des letzteren und der paarigen Frontalia sich bis zum Basisphenoid erstrecken, erreicht wird, — ferner durch den Mangel der Schläfenbogen und des Epipterygoids sowie die geringe Entwicklung des Praemaxillare. Das große Quadratum und meist auch das Squamosum sind in der Regel beweglich mit dem Schädel verbunden, ferner zeigt das meist bezahnte Pterygoid, ebenso wie Maxillare und Palatin, die durch

[1]) *Filhol H.*, Ann. des Sc. geol. 1887, VIII, p. 270—273. — *Owen Rich.*, Fossil Reptilia of the London clay; part II. Palaeont. Soc. 1850. — *Janensch W.*, Über Archaeophis etc. Beitr. zur Pal. u. Geol. Österr.-Ungarns etc., Bd. XIX. 1906. Pterosphenus Schweinfurthi etc. Archiv f. Biontologie. I. 1906. Berlin, Friedländer. — *Rochebrune A. F. de*, Revision des Ophidiens fossiles, Nouv. Archives du Musée d'hist. nat. de Paris. 1880. 2. sér. Vol. III.

ein langgestrecktes Transversum in Verbindung stehen, endlich die in der Symphyse durch Ligament verknüpften Unterkieferäste, große Verschiebbarkeit. Die Schädelknochen sind derb, fast elfenbeinartig und durch glatte Nähte verbunden, die Exoccipitalia mit den Opisthotica verwachsen.

Die spitzkonischen, nach hinten gekrümmten, acrodonten Zähne können auf Oberkiefer, Zwischenkiefer, Palatin und Pterygoid und dem Dentale des Unterkiefers stehen. Sie fehlen zuweilen (*Uropeltis* etc.) auf den Palatina,

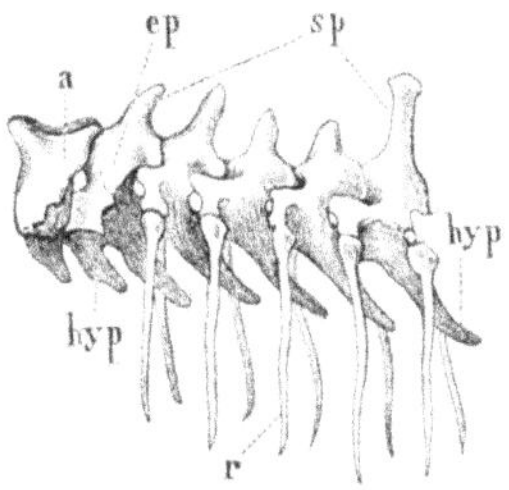

Fig. 374.
Die 6 vordersten Wirbel von *Python bivittatus*. Nat. Gr. (Nach d'Alton.) *a* Atlas, *ep* Epistropheus, *hyp* Hypapophysen, *r* Rippen, *sp* Dornfortsätze.

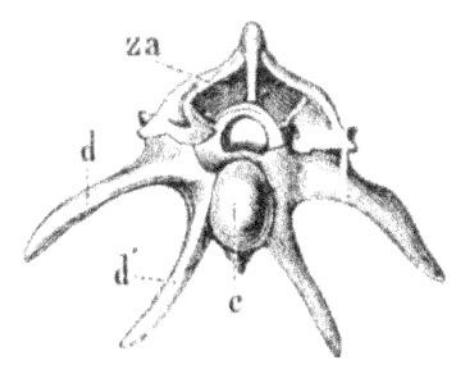

Fig. 375.
Ein Schwanzwirkel von *Python bivittatus* von hinten. *c* Gelenkkopf des Centrum, *za* Zygantrum, *d* Querfortsatz mit absteigendem Ast (*d'*).

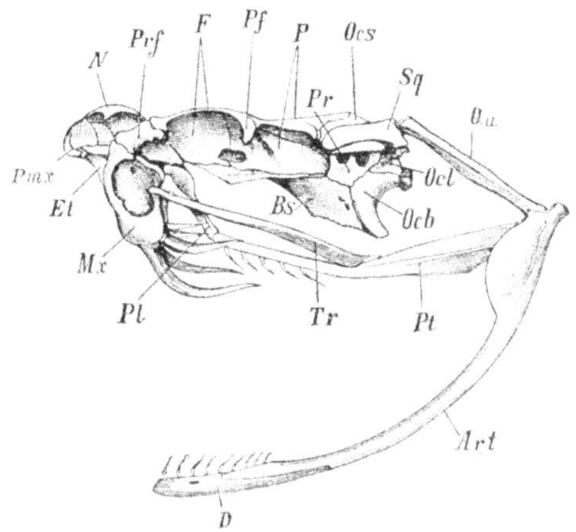

Fig. 376.
Schädel der Klapperschlange (*Crotalus horridus*). (Nach Claus.) *Ocb* Basioccipitale, *Ocl* Exoccipitale laterale, *Osc* Supraoccipitale, *Pr* Prooticum, *Bs* Basisphenoid, *Sq* Squamosum, *P* Parietale, *F* Frontale, *Pf* Postfrontale, *Prf* Praefrontale, *Et* Ethmoideum, *N* Nasale, *Qu* Quadratum, *Pt* Pterygoideum, *Pl* Palatinum, *Mx* Maxillare, *Pmx* Praemaxillare, *Tr* Transversum, *D* Dentale, *Art* Articulare des Unterkiefers.

sehr häufig auf den rudimentären Zwischenkiefern, selten sind sie nur auf den Oberkiefer bzw. Unterkiefer beschränkt. (Opoterodonten.) Bei den Giftschlangen sind einzelne der vorderen Maxillarzähne mit einem inneren Kanal versehen, welcher an der Zahnspitze mit einer schlitzförmigen Öffnung endigt, oder sie sind mit einer Längsfurche ausgestattet.

Die Bewegung der Schlangen erfolgt hauptsächlich durch seitliche Krümmung der Wirbelsäule, sowie durch die mit den Wirbeln gelenkig verbundenen Rippen, die vor- und zurückgeschoben werden können und so die Bewegung des Körpers unterstützen.

Die Schlangen sind vorzugsweise in den wärmeren Zonen verbreitet und überwiegend Landbewohner. Man unterscheidet etwa 400 lebende Gattungen mit nahezu 1800 Arten. Im Vergleich damit haben die spärlichen fossilen Vertreter — die aus der Kreide beschriebenen Reste sind alle mehr oder weniger problematisch, vielleicht mit Ausnahme der Gattung *Symoliophis* Sauvage aus dem Cenoman von der Charente und von Portugal —, welche aus tertiären oder diluvialen Ablagerungen stammen, nur geringe Bedeutung; auch lassen die überlieferten Reste meist nur Abweichungen bezüglich der Wirbelgelenkung (*Palaeophidae*, *Archaeophidae*) von rezenten Formen erkennen. Da von der Mehrzahl der fossilen Arten nur Wirbel bekannt sind, so bleibt die zoologische Bestimmung in manchen Fällen ziemlich zweifelhaft.

Ganze Skelette wurden bis jetzt nur im Eocän des Monte Bolca bei Verona, im miocänen Süßwasserkalk von Öningen und Euböa und in der Braunkohle von Rott im Siebengebirge aufgefunden. Die überwiegende Mehrzahl der fossilen Reste gehört zu den giftlosen Schlangen.

Im älteren Tertiär von England und Cuise la Mothe, ferner in Belgien finden sich Wirbel von großen Pythoniden (*Palaeophis* Owen), im Eocän von New Jersey eine vikariierende Gattung (?= *Palaeophis*, *Titanophis* Marsh), im Obereocän des Fayum in Ägypten — hier neben anderen unvollständigen Schlangenresten — und im Eocän von Alabama die *Palaeophis* nahestehende Gattung *Pterosphenus* Lucas. Aus der obersten Kreide (? Tertiär) Patagoniens beschreibt A. S. Woodward eine *Ilysia* nahestehende Gattung: *Dinilysia*. Die eocänen Ablagerungen von Neu-Mexiko liefern *Helagris* Cope, die von Wyoming *Boavus*, *Lithophis* und *Limnophis* Marsh. Im Eocän des

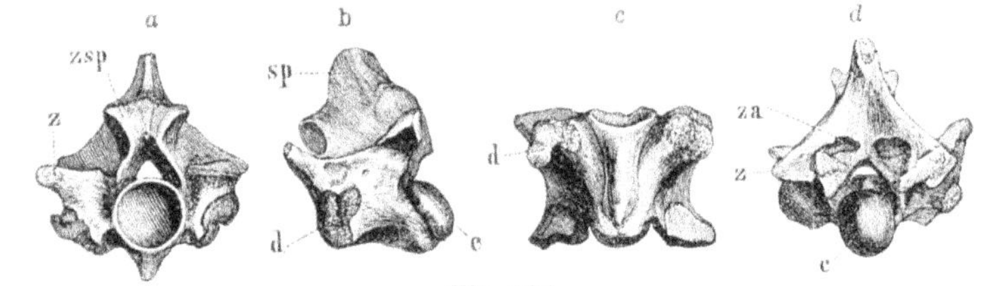

Fig. 377.
Palaeopython Cadurcensis Filhol sp. Ob. Eocän (Phosphorit). Escamps. Quercy. Wirbel in nat. Gr. *a* von vorn, *b* von der Seite, *c* von unten, *d* von hinten. (*c* Gelenkkopf des Centrums, *sp* Dornfortsatz, *d* Querfortsatz (Diapophyse), *z* Zygapophyse, *zsp* Zygosphen, *za* Zygantrum.)

Monte Bolca tritt eine hochspezialisierte Wasserschlange *Archaeophis* Mass. em. Janensch auf. Die Phosphorite von Quercy und die eocänen Ablagerungen in der Schweiz, im Pariser Becken und in England enthalten *Palaeopython* (Fig. 377), *Paleryx* Owen und *Scytalophis* Rochbr.

Unter den miocänen Schlangen zeichnet sich das stattliche Skelettfragment von *Heteropython Euboeicus* Roem. von Kumi auf Euböa durch treffliche Erhaltung aus; verschiedene Gattungen, namentlich Colubriden (*Elaphis*) und Eryciden sind aus dem miocänen Süßwasserkalk von Öningen, Steinheim, Mosbach-Biebrich (**Provipera* Kink., älteste Giftschlange), Günzburg, Häder, Sansan, der Touraine u. a. O., sowie aus der untermiocänen Braunkohle von Rott und dem Süßwasserkalk von Weissenau bei Mainz und Ulm beschrieben. Im Miocän von Colorado und Oregon kommen mehrere *Erycidae* und eine *Crotalide* vor. Die pleistocänen Schlangenreste gehören zu noch jetzt lebenden Gattungen.

Ordnung: **Ichthyosauria.** Fischsaurier[1]).

Marine, langgeschwänzte, nackthäutige Reptilien mit fischartigem Körper, ohne ausgebildeten Hals. Extremitäten paddelförmig, zuweilen mit mehr als 5 Phalangenreihen, von Schwimm-

[1]) *Andrews C. W.*, Notes on the osteology of ophthalmosaurus icenicus etc. Geol. Magaz. Dec. 5. 4. Bd. 1907. A descriptive Catalogue of the Marine Reptiles of the Oxford clay etc. Part I. London. British Mus. 1910. — *Bauer F.*, Die Ichthyosaurier des ob. weißen Jura. Palaeontographica 44. Bd. 1898. Ichthyosaurus bambergensis. XVIII. Ber. d. naturf. Gesellsch. in Bamberg 1900. Osteologische Notizen über Ichthyosaurier. Anat. Anz. XVIII. Bd. 1905. — *Baur G.*, Amer. Naturalst 1887. XXI. S. 837. Über den Ursprung der Extremitäten der Ichthyopterygier. Bericht 20. Versamml. des oberrh. geol. Vereins 1887. Palatingegend d. Ichthyosaurier. Anat. Anzeiger X. Bd. 14. 1894. — *Boulenger G. A.*, Proc. geol. Soc. London 1904. I. S. 424. — *Branca W.*, Sind alle im Innern von Ichthyosauriern liegenden Jungen ausnahmslos Embryonen? Abhandl. d. k. pr. Akad. d. Wiss. 1907. Ferner Sitzungsb. k. pr. Akad. d. W. 1908. XVIII. — *Broili F.*, Ein neuer Ichthyosaurus aus der nordd. Kreide. Palaeontographica 54. Bd. 1907.

haut umgeben. Der schmale, hohe Schädel mit stark verlängerter, zugespitzter Schnauze; die seitlichen, meist großen Augen mit Scleroticaring. Die kleinen Nasenlöcher getrennt vor den Augen liegend. Ein Paar großer oberer Schläfenöffnungen. Außer dem hier zwischen Parietalia und Frontalia austretenden ansehnlichen Foramen parietale im Basisphenoid (bei Mixosaurus, Ichthyosaurus, Ophthalmosaurus) ein Hypophysenloch. Quadratbein fest mit dem Schädel verbunden. Zähne spitzkonisch, gewöhnlich in gemeinsamen Alveolarrinnen auf dem sehr langen Praemaxillare, Maxillare und Dentale eingefügt, zuweilen in der Zahl reduziert. Wirbel zahlreich, sehr kurz, tief amphicöl. Bauchrippen vorhanden. Sternum nicht verknöchert. Schultergürtel aus dem T-förmigen Episternum, den Coracoidea, Scapulae und Claviculae zusammengesetzt. Nackthäutig. Vivipar. Marin. Trias bis Kreide.

Die nackthäutigen, marinen Ichthyosaurier entfernen sich durch ihren zugespitzten, delphinähnlichen Kopf, durch ihren fischartigen Körper mit seinen kurzen amphicölen Wirbeln, durch ihre paddelförmigen, aus Reihen polygonaler Knochenplättchen zusammengesetzten

---

Neue Ichthyosaurier aus der Kreide Norddeutschlands und das Hypophysenloch etc. Ibid. 55. Bd. 1909. Ichthyosaurierreste aus der Kreide. Neues Jahrb. Beilagebd. XXI. 1908. Einige Bemerkungen über die Mixosauridae. Anat. Anzeiger 49. Bd. 16/17. 1916. — *Dames W.*, Über die Ichthyopterygier der Triasformation. Sitzungsb. d. k. pr. Akad. d. W. Berlin. 46. 1895. — *Dollo L.*, L'audition chez les Ichthyosauriens. Bull. Soc. Belge de Géologie XXI. 1907. Brüssel. — *Fraas Eberh.*, Die Ichthyosaurier der süddeutschen Trias- und Jura-Ablagerungen. Tübingen 1891. Die Hautbedeckung von Ichthyosaurus. Jahresh. für vaterl. Naturk. Württembergs. 1894. Embryonaler Ichthyosaurus mit Hautbekleidung. Ibid. 1911. Ein unverdrückter Ichthyosaurusschädel. Ibid. 69. 1913. — *Gilmore K. W.*, Osteology of Baptanodon. Mem. Carnegie Mus. Pittsburg Pa. Vol. II. Nr. 2 u. 9. 1905. — *Hawkins Thom.*, Memoirs of Ichthyosauri and Plesiosauri. London 1834. gr. folio. — *Huene F. v.*, Beitr. z. Kenntnis der Ichthyosaurier im d. Muschelkalk. Palaeontographica 62. 1916. — *Jaekel O.*, Eine neue Darstellung von Ichthyosaurus. Zeitschr. d. deutsch. geol. Gesellsch. Bd. 56. 1904. — *Koken E.*, Die Reptilien d. norddeutschen unteren Kreide. Zeitschr. d. d. geol. Gesellsch. 1883. — *Lydekker P.*, Note on the classification of the Ichthyopterygia. Geol. Magaz. 1888. Dec. III. Vol. V. — *Maggi L.*, Omologie craniale fra Ittiosauri etc. Il canale cranio-faringeo negli Ittiosauri etc. Rendiconti R. Istituto Lombardo Sc. e Lettere. Ser. 2. 31. Bd. Milano 1898. — *Merriam J. C.*, Triassic Ichthyosauria with spec. reference to the Americ. forms. Mem. Univ. calif. Vol. I. N. 1. 1908. Ibid. weitere Literatur. — *Owen Rich.*, Monograph on the fossil Reptilia of the liassic formations 1881 p. III. Palaeont. Soc. p. 83—130 und Monograph on the fossil Reptilia of the cretaceous formations. Ibid. 1851. p. I p. 68—79. — *Osburn R. C.*, Adaptive modifications of the limb skeleton in aquatic Reptiles and Mammals. Ann. N. J. Acad. Science. Vol. XVI. 1905. — *Repossi E.*, Il Mixosauro degli strati triasici di Besano in Lombardia. Att. soc. Ital. Sc. Nat. Vol. 41. 1902. — *Sauvage*, Recherches sur les vertébrés du kimméridgien supérieur de Fumel. Mém. d. l. Soc. geol. d. France. 9. Fasc. 4. Mém. 25. 1902. — *Simionescu*, Ichthyosaurierreste aus der Trias von Dobrogea. Bull. d. l. Sect. scientifique de l'Acad. Roumaine. 1ère Année. 1912/13. Bukarest 1913. — *Sollas W. J.*, On the skull of Ichthyosaurus studied in serial sections. Philos. Trans. Roy. Soc. London. Ser. B. Vol. 208. 1916. — *Stromer E.*, Neue Forsch. über fossile lungenatmende Meeresbewohner. Fortschritte der naturwissenschaftl. Forsch. 2. Bd. Berlin, Urban & Schwarzenberg. 1910. — *Theodori C.*, Beschreibung des kolossalen Ichthyosaurus trigonodon in der Lokal-Petrefaktensammlung zu Banz. München 1854. — *Wiman C.*, Ichthyosaurier aus der Trias Spitzbergens. Bull. Geol. Inst. Upsala. Vol. X. 1910. Über Mixosaurus cornalianus ibid. Bd. XI. 1912. Über den Beckengürtel bei Stenopterygius quadriscissus. Ibid. Vol. 18. 1921. — *Woodward A. S.*, Outlines of Vertebrate Palaeontology Cambridge 1898. — *Yakowlew N.*, Neue Funde von Trias-Sauriern auf Spitzbergen. Verhandl. d. k. r. mineral. Gesellsch. Bd. 40. 1902 und Bd. 41. 1904.

Extremitäten am weitesten von allen jetzt lebenden Reptilien; sie verhalten sich in bezug auf Körperformen, Extremitätenbildung und Lebensweise zu den typischen Reptilien wie die Cetaceen zu den übrigen Säugetieren, und nehmen wie jene eine ganz isolierte Stellung ein. Neben einer so weitgehenden Differentation zeigen sie in ihrem Skelett, z. B. im Bau ihrer Wirbel, noch sehr primitiv scheinende Merkmale auf. Die gestreckten Vorderarmknochen der älteren triadischen Formen (*Mixosaurus* etc.), die relativ noch nicht in so hohem Grade dem Wasserleben angepaßt erscheinen wie die entsprechenden stark verkürzten plattenähnlichen Elemente der geologisch jüngeren Ichthyosaurier, sprechen für eine Abstammung von landbewohnenden Vorfahren, mit welcher Feststellung wir uns einstweilen begnügen müssen. Die Poliosauridae dürften dabei nicht in Frage kommen.

Daß die Ichthyosaurier durch Lungen atmeten, geht aus der Abwesenheit von Kiemenbogen und aus der Form der Zungenbeine her-

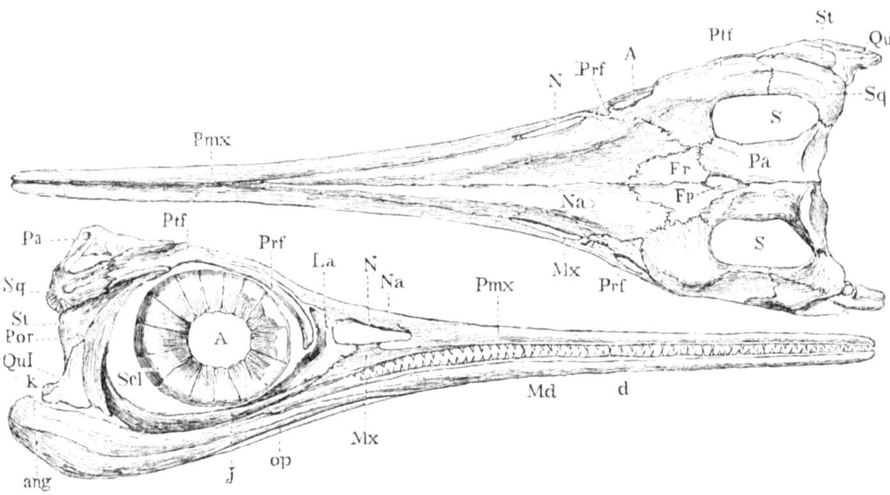

Fig. 378.
Schädel von *Ichthyosaurus longifrons* Owen. (Nach E. Deslongchamps.) Ob. Lias. Curcy, Calvados. ½ nat. Gr. *A* Auge, *Scl* Scleroticaring, *S* Schläfenloch, *N* Nasenloch, *Pa* Parietale, *Sq* Squamosum, *Fr* Frontale, *Ptf* Postfrontale, *Prf* Präefrontale, *La* Lacrimale, *J* Jugale, *Por* Postorbitale, *Qj* Quadratojugale, *St* Sqamosum; *Sq* Supratemporale (Suprasquamosum), *Na* Nasale, *Pmx* Praemaxillare, *Mx* Maxillare, *Md* Unterkiefer (*d* Dentale, *op* Operculare, *ang* Angulare, *k* Supraangulare.)

vor. Auch über Fortpflanzung und Ernährung geben günstige Funde sicheren Aufschluß. Die in den Leibern von Ichthyosauriern verschiedentlich aufgefundenen Jungen lassen darauf schließen, daß sie vivipare Tiere waren, oder daß die Jungen bei oder kurz nach der Geburt die Eihüllen zerrissen. Nach den Darlegungen Brancas sollen andere Junge von den Muttertieren gefressen worden sein, außerdem finden sich im Mageninhalt der äußerst gefräßigen Tiere Reste von Sepien, Belemniten, sowie zahlreiche Gräten und Fischschuppen.

Der mit einer langen delphinartigen Schnauze ausgestattete Schädel (Fig. 378) welcher bei jugendlichen Individuen relativ bedeutend schlanker ist als bei ausgewachsenen Tieren, zeichnet sich durch große bis riesige, seitliche, mit einem (je nach den Gattungen) aus 14—20

Knochenplatten bestehenden Scleroticaring versehene Augenhöhlen aus. Das Scheitelloch tritt zwischen den paarigen, ansehnlichen Parietalia und den kleinen Frontalia aus. Neben den Paritalia befindet sich jederseits ein elliptisches Schläfenloch, das außen und unten von Postfrontale und Supratemporale (Suprasquamosum) begrenzt ist. Die weit zurückliegenden, getrennten äußeren Nasenlöcher sind durch eine mehr oder weniger schmale, von Praefrontale und Lacrimale gebildete Knochenbrücke von den Augen getrennt. Das Lacrimale bildet auch mit dem schlanken spangenförmigen Jugale die untere, das schmale, etwas gebogene Postorbitale mit dem stattlichen Postfrontale die hintere und obere Begrenzung der Augen. Zwischen dem sich an das Jugale anschließenden und die äußere hintere Schädeldecke bildenden Quadratojugale und dem mit sehr kräftigem Gelenkteil ausgestatteten hakenförmigen Quadratum liegt ein ansehnliches Fenster. Hinter dem Postorbitale befindet sich, nur in seltenen Fällen erhalten, eingeschaltet zwischen diesem und dem Supratemporale, Postfrontale und Quadratojugale ein unregelmäßig drei- oder vierseitiges Element, das Squamosum. Die vor den Augen sich verlängernde Schnauze besteht aus den Nasalia und den langgestreckten, durch eine gerade Naht miteinander verbundenen Praemaxillaria. Das Maxillare ist ein kleines, länglich dreieckiges, zwischen Praemaxillare, Lacrimale und Jugale eingeschaltetes Knochenstück.

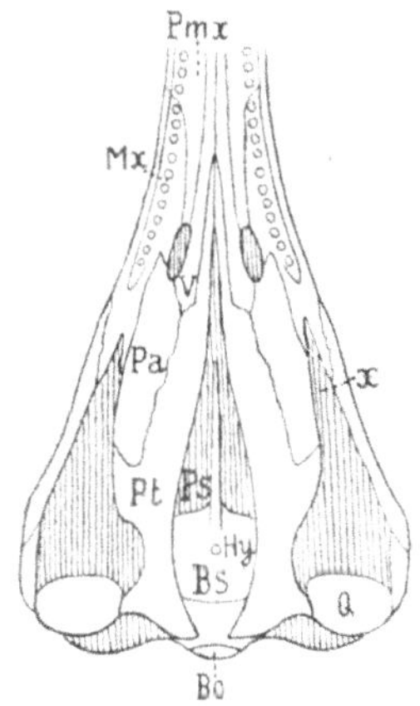

Fig. 379.
Unterseite von *Ichthyosaurus longifrons* Owen (schemat.) *Bo* Basioccipitale, *Q* Quadratum, *Bs* Basisphenoid, *Ps* Rostrum, *Hy* Hypophysenöffnung, *Pt* Pterygoid, *Pa* Palatinum, *V* Vomer, *Mx* Maxillare, *Pmx* Praemaxillare. Vor *V* die Choane (innere Nasenöffnung), *x* Ansatzstelle des nicht erhaltenen Transversum. $^1/_5$ nat. Gr. (Nach A. S. Woodward.)

Am Hinterhaupt wird die Begrenzung des Foramen magnum durch ein kleines, aber sehr kräftiges, den runden Gelenkkopf bildendes Basioccipitale, die beiden seitlichen Exoccipitalia lateralia und ein unpaares bogenförmiges Supraoccipitale gebildet. Seitlich von dem Basioccipitale bzw. teilweise noch Exoccipitale liegt die keulenförmige Columella (Stapes) und das Opisthoticum, von denen erstere sich in eine rinnenförmige Vertiefung auf der Oberseite des Pterygoids einlegt und mit ihrem distalen Teil in eine runde Grube im Quadratum eingreift, während das letztere die Verbindung mit dem Squamosum anstrebt. Das kleine deckelförmige Prooticum ist nach vorne dem Opisthoticum aufgelagert, beide umschließen den Meatus auditorius (Gehörgang). Auf der Schädelunterseite (Fig. 379) folgt auf das Basioccipitale ein gedrungenes vierseitiges Basisphenoid, das eine einfache oder durch eine crista geteilte Hypophysenöffnung (? Foramen für Carotis) aufzeigt, und das ein langes dolchförmiges, die großen Gaumenöffnungen teilendes Rostrum aussendet. Das Pterygoid ist langgestreckt und schmal. Auf seinem hinteren Ende steht dorsal das senkrechte Epipterygoid. An der Begrenzung der inneren Nasenlöcher nehmen die ansehnlichen Palatina, Maxillaria, Praemaxillaria und Vomera teil. Ein Transversum kommt nach Fraas (1913) gelegentlich zur Beobachtung, Sollas (1916) kann es indessen nicht als selbständiges Element feststellen. In der Hinterregion des Schädels unter den Flügelbeinen bemerkt man zuweilen zwei rippenartige starke Zungenbeinhörner, auch ein Hyoid ist (Fraas 1913) gefunden worden. Die beiden schlanken Äste des Unterkiefers, der von Dentale, Operculare, Angulare, Supraangulare, Coronoid, das keinen Kronfortsatz bildet, und Articulare zusammengesetzt wird, vereinigen sich vorne in einer sehr langen Symphyse.

Zähne (Fig. 380 u. 381) von spitzkonischer Form mit rundlicher, oder vorne und hinten zugeschärfter Krone und gewöhnlich dicker

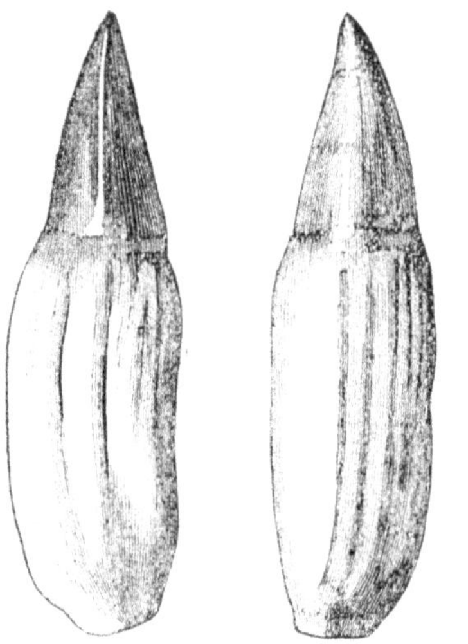

Fig. 380.
Ichthyosaurus platyodon Conyb. Unt. Lias. Lyme Regis, England. Zahn von der Seite und von vorne. Nat. Gr. (Nach Lydekker.)

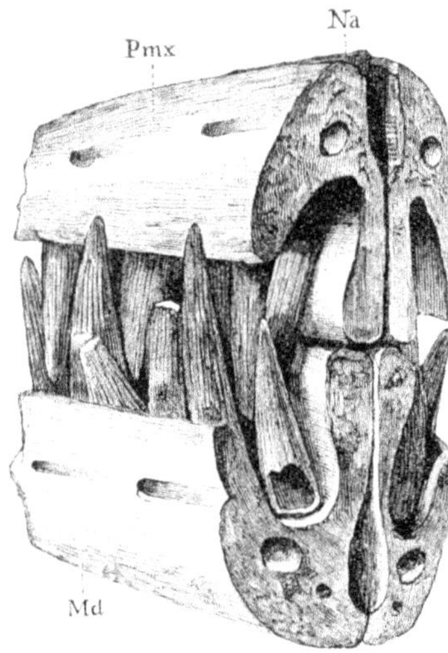

Fig. 381.
Schnauzenfragment von *I. Quenstedti* Zitt. aus dem oberen Jura (Bohnerz) von Melchingen (nach Quenstedt). *Na* Nasenbein, *Pmx* Zwischenkiefer, *Md* Unterkiefer.

Wurzel finden sich — einige meist geologisch jüngere Formen ausgenommen — in der Regel in sehr großer Zahl auf den Kiefern. Sie sind gewöhnlich in eine gemeinsame tiefe Rinne, seltener in gesonderte Alveolen (Mixosauridae), eingelassen und wurden darin im ersten Falle lediglich durch Bänder und vom Zahnfleisch gehalten. Die aus demselben hervortretende Krone ist sehr fest auf Dentin aufgebaut und mit einem zarten glänzenden Überzug von Schmelz versehen; der untere Teil, die Wurzel, zeigt eine rauhe, gefurchte Oberfläche und ist mehr (Ichthyosauridae) oder weniger (Mixosauridae) aus einer von starken Gefäßen durchzogenen und mit Knochenkörperchen erfüllten knochenähnlichen Zementmasse zusammengesetzt, die einen mehr oder weniger gefalteten Dentinring umgibt.

Die Wirbelsäule (Fig. 382) zerfällt, da ein Halsabschnitt kaum entwickelt ist, in einen präcaudalen und caudalen Abschnitt. Die Zahl sämtlicher Wirbel ist stets eine sehr große und kann bei ausgewachsenen Formen 200 erreichen. (Bei verschiedenalterigen Individuen derselben Art kann ein Unterschied bis über 30 Wirbeln bestehen.) Ca. $^2/_3$ aller Wirbel entfallen auf den Schwanz, $^1/_3$ auf den Rumpf, die Zahl der letzteren beträgt z. B. bei Cymbospondylus 65, ca. 50 bei Shastasaurus, ca. 45 bei den jurassischen ausgewachsenen Ichthyosauriern und 54 bei Ichthyosaurus platydactylus (Kreide). Die Wirbelkörper (Centra) sind ungemein kurz und tief amphicöle, fischwirbelähnliche Scheiben. Die der ersten Wirbel besitzen zumeist einen fünfseitigen, alle übrigen in der Regel nahezu einen kreisrunden, seltener einen sechseckigen Umriß. Die oberen Bogen waren nur durch Knorpel am Wirbelkörper befestigt und lösen sich beim Fossilisationsprozeß leicht ab; auf der Dorsalseite der infolgedessen häufig isolierten Wirbelkörper lassen sich daher neben der schwach vertieften Rinne für das Rückenmark unregelmäßig dreieckige oder länglich vertiefte rauhe Insertionsstellen für die oberen Bogen erkennen. Letztere vereinigen sich zu einem starken, seitlich zusammengedrückten Dornfortsatz. Die Prä- und Postzygapophysen sind schwach ausgebildet. Die zwei vordersten Wirbel bilden als Atlas und Epistropheus den Halsabschnitt. Ihre Wirbelkörper sind —abgesehen von den triadischen Formen — bei ausgewachsenen Individuen miteinander fest verwachsen; zwischen Condylus und Atlas und zwischen diesen und dem Epistropheus und gelegentlich auch vor dem 3. Wirbel ist ein Intercentrum erhalten. Untere Bogen sind in der Schwanzregion bei den triassischen Gattungen, wo sie sich vereinigen, besonders wohl entwickelt, können aber auch bei den meisten jüngeren Formen auftreten, wo sie getrennt bleiben. Vom Atlas an besitzen nur die Wirbelkörper der Ichthyosauridae (die meisten Mixosauridae nur in der vordersten Rumpfregion) statt der Querfortsätze zwei getrennte Höcker zur Anheftung der zweiköpfigen, namentlich in der vorderen Rumpfregion besonders langen und stark gebogenen, häufig mit einer tiefen Längsfurche versehenen Rippen. Gegen hinten rücken die beiden Höcker unter gegenseitiger Annäherung immer tiefer an den Seiten des Wirbelkörpers herab, bis sie schließlich von der Beckengegend ab zu einer einzigen Protuberanz verschmelzen. Eigentliche Sacralwirbel fehlen. Die Schwanzrippen selbst sind einköpfig, kurz und gerade und begleiten einen großen Teil des Schwanzes als kurze seitliche Fortsätze.

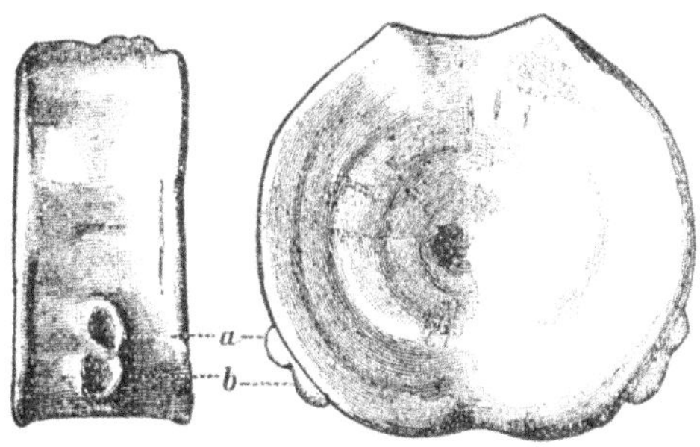

Fig. 382.
Ichthyosaurus trigonus Owen. Centrum eines hinteren Rumpfwirbels. *a*, *b* tuberkularer und capitularer Gelenkhöcker für die Rippe. Ob. Jura. Kimmeridge clay. Wootton-Basset, England. ⅓ nat. Gr. (Nach Lydekker.)

Der letzte Abschnitt des Schwanzes ist nach abwärts gebogen (Cymbospondylus, Mixosaurus) oder vollständig nach unten abgeknickt (Ichthyosaurus) und verläuft in den unteren Lappen einer gewaltigen vertikalen Schwanzflosse, welche in der Hauptsache den eigentlichen Locomotionsapparat des Tieres darstellte, während die Paddeln im Gegensatz zu den Sauropterygiern im wesentlichen zur Steuerung und Balanzierung dienten. Die Schwanzflosse ist an Exemplaren aus dem Lias von Holzmaden und dem lithographischen Schiefer im deutlichen Abdruck erhalten, und zwar ist bei jugendlichen Exemplaren die Knickung der Wirbelsäule noch nicht so stark als bei ausgewachsenen Individuen derselben Art. Zwischen den Extremitätengürteln liegen zahlreiche dünne, grätenartig gebogene Bauchrippen.

Für die Fähigkeit der Ichthyosauren, im Wasser sich energisch zu bewegen, spricht auch die Zusammensetzung des ungemein kräf-

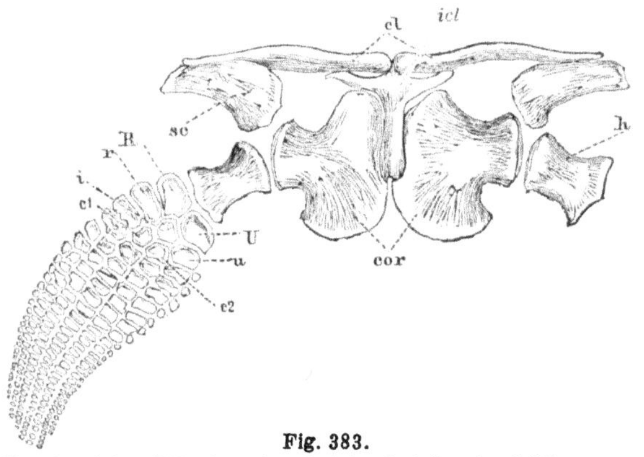

Fig. 383.
Brustgürtel und Vorderextremität des *latipinnaten Ichthyosaurus communis*. Conyb. Unt. Lias, England. *icl* Episternum, *cl* Schlüsselbein (clavicula), *cor* Coracoideum, *sc* Scapula, *h* Humerus, *R* Radius, *U* Ulna, *r* Radiale, *i* Intermedium, *u* Ulnare des Carpus, c_1 c_2 die beiden Centralia.

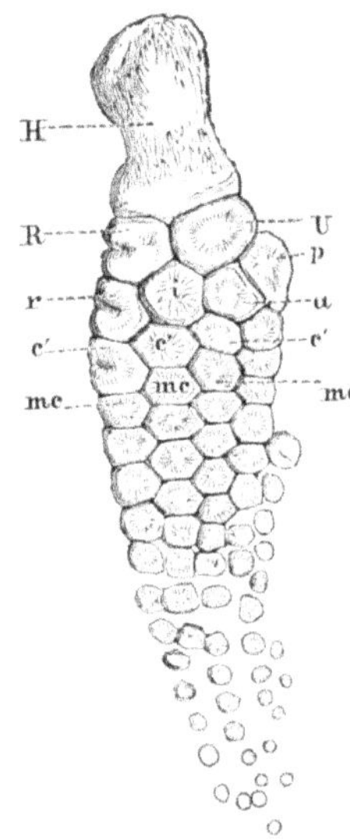

Fig. 384.
Vorderfuß d. *longipinnaten Ichthyosaurus triscissus* Quenst. Ob. Lias von Boll, Württemberg. *H* Oberarm (Humerus), *R* Radius, *U* Ulna, *r* Radiale, *u* Ulnare, *i* Intermedium des Carpus, *c'* Platten der distalen Carpusreihe. Das mittlere *c'* unter *i* = das eine Centrale. *p* Pisiforme, *mc* Metacarpalia.

tigen Brustgürtels (Fig. 379). Ein knöchernes Sternum ist nicht erhalten, dagegen findet sich stets ein, bei den triassischen Vertretern ▽-förmiges (Mixosaurus), bei den jüngeren aber T-artiges Episternum, welches den schlanken, leichtgebogenen Claviculae anliegt oder zwischen sie eingeschaltet ist. Die Coracoidea sind große breite, hinten abgerundet endende Knochenplatten, deren Innenränder sich gegenseitig berühren, ihr Vorderrand zeigt gewöhnlich einen mehr oder weniger tiefen Ausschnitt, am Außenrand ragt ein kurzer, stark verdickter, breiter Fortsatz mit zwei Gelenkflächen vor, von denen die vordere zur Aufnahme der länglichen, in der Mitte etwas eingeschnürten, proximal verdickten und verbreiterten Scapula, die hintere für den kurzen stämmigen Humerus bestimmt ist. Der proximal verdickte Humerus (Fig. 383—385) gelenkt zum größten Teil mit dem Coracoid, zum kleineren mit der Scapula, distal ist er abgeplattet und mit zwei, seltener mit drei Facetten versehen, von denen die vordere den Radius, die hintere die Ulna und die mittlere im letzteren Falle das Intermedium aufnimmt.

Radius und Ulna, die bei triassischen Gattungen noch relativ gestreckte, median eingeschnürte Elemente darstellen, sind bei den späteren Formen polygonale oder rundliche Knochenplatten (Fig. 385, 384). Die zwei folgenden Querreihen kleiner, meist polygonaler oder rundlicher Platten werden dem Carpus (in der proximalen Reihe häufig ein ulnares, seltener auch ein radiales Sesambein — Pisiforme), die dritte dem Metacarpus zugeschrieben, an welchem 3—5 Längsreihen ebensolcher Knöchelchen beginnen, welche gegen das Ende der Paddel immer kleiner werden. Durch dichotome Spaltung einzelner Strahlen kann die Zahl der Finger auf 8—10 erhöht werden. Die Menge der eine solche Paddel zusammensetzenden Täfelchen ist sehr wechselnd, kann aber mehr als 100 betragen. Häufig bemerkt man am Radius

Fig. 385.
Rechte Vorderextremität von *Mixosaurus cornalianus* Bassani. Mittl. Trias. Besano. Lombardei. *H* Humerus, *U* Ulna, *R* Radius, *U'* Ulnare, *R'* Radiale, *i* Intermedium, *P* Pisiforme. Verkleinert. (N. Repossi.)

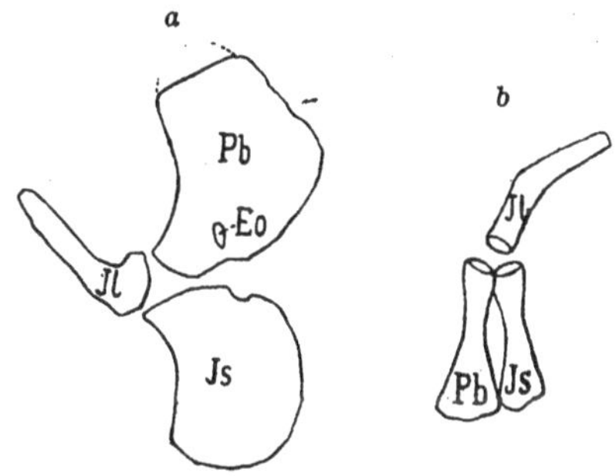

Fig. 386.
a Rechte Beckenhälfte von *Cymbospondylus petrinus* Leidy. Ventralansicht. Mittl. Trias. Nevada. *Pb* Pubis mit Foramen obturat. *Eo*; *Js* Ischium, *Jl* Ilium, ca. 1/7 nat. Gr. (nach Merriam). *b* Linke Beckenhälfte von *Ichthyosaurus communis* Conybeare. Unt. Lias. England. V. d. Seite, 2/3 nat. Gr. (Nach A. S. Woodward.)

und den folgenden Platten des Vorderrandes, seltener an Ulna und der ulnaren Reihe einen tiefen Einschnitt. Je nachdem in der distalen Reihe des Carpus mit dem Intermedium ein oder zwei Centralia gelenken, unterscheidet man »Longipinnati« oder »Latipinnati«.

Am Beckengürtel (Fig. 386) sind bei den triassischen Formen (Mixosaurus, Cymbospondylus) Pubis und Ischium breite, ansehnliche Platten, von denen ersteres meist das Foramen obturatorium aufzeigt, bei den jüngeren hingegen sind diese beiden Elemente beträchtlich reduziert, und bei einigen Formen, z. B. *J. quadriscissus* und *tenuirostris*, *Ophthalmosaurus*, verschmelzen sie völlig miteinander. Das Ilium ist ein mehr oder weniger schlanker, gerader bis sichelförmiger Knochen, der, da weder Sacralwirbel noch Sacralrippen existieren, frei im Fleisch steckt. Die Hinterpaddel ist ähnlich wie die vordere gebaut, nur bei den späteren Formen kleiner und schwächer (ausgenommen *J. longirostris*).

Die Ichthyosaurier waren nackthäutige Reptilien mit hoher, von Sehnen gestützter, fleischiger Rückenflosse und bedeutend größerer zweilappiger Schwanzflosse (Fig. 387). Die polygonalen Knochenplatten der paarigen Paddeln lagen in sehr muskulöser Haut, welche, distal sich zurundend, ziemlich weit über das Skelett vorragte. Der Paddelvorderrand war mit Hornschuppen bekleidet.

Die mehr oder weniger gesellig lebenden Ichthyosaurier finden sich im marinen Mesozoicum, treten zuerst im unteren Muschelkalk auf, finden sich im Lias (England, Süddeutschland), wo einzelne Arten eine Länge von über 10 m erreichen, in erstaunlicher Fülle und Formen-

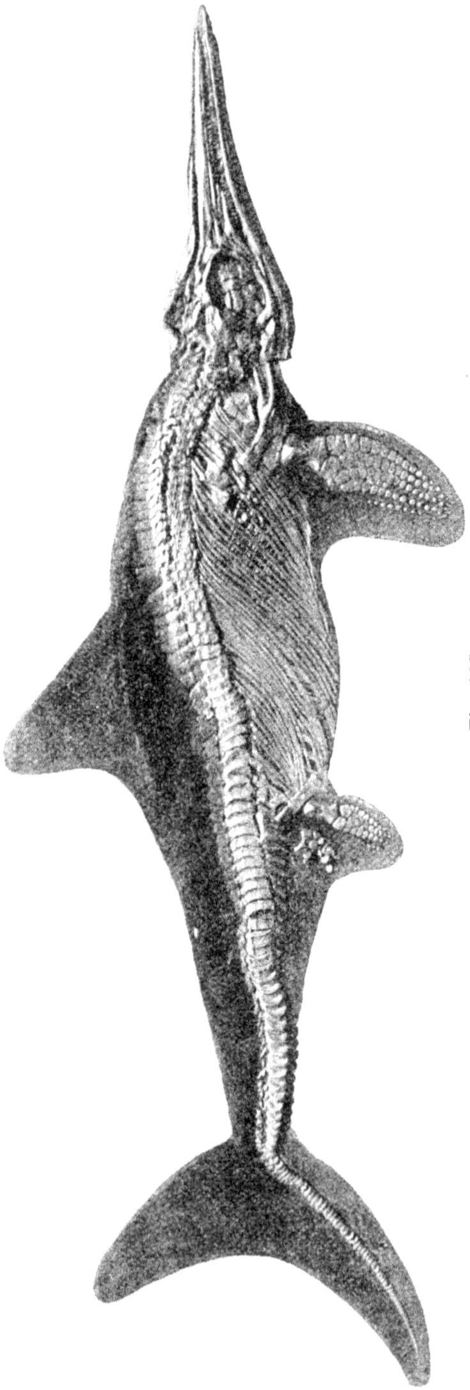

Fig. 387.
2 m langes Skelett von *Ichthyosaurus quadriscissus* Quenst. mit Hautbekleidung, Rücken- und Schwanzflosse. Ob. Lias. Holzmaden, Württemberg. Von Herrn B. Hauff in Holzmaden freundlichst zur Reproduktion überlassen.

reichtum, werden auffallend selten im Dogger, um dann gegen Schluß des oberen Jura und im Neocom-Gault erneuten Aufschwung zu nehmen. Die aus späteren cretaceischen Ablagerungen oder dem Tertiär beschriebenen Reste sind teils, abgesehen von einem Schnauzenfragment aus der Scaglia (oberer Kreide) der Emilia (Italien), mangelhaft, teils unvollständig beschrieben, teils (Miocän von Malta und Bologna) höchst problematisch.

Familie **Mixosauridae** Baur em. Merriam.

Zähne in Alveolen befestigt, Atlas und Epistropheus nicht verschmolzen. Vorderarm (Vorderfuß) noch relativ gestreckt, Beckenelemente plattenförmig. Zwei Gelenkhöcker nur an den vorderen Rumpfwirbeln. Episternum ▽ *förmig. Schwanz nach abwärts gekrümmt.* Trias.

**Mixosaurus* Baur (Fig. 385). Verhältnismäßig kleine, bis ca. 1 m lange Tiere mit leicht abgebogenem, nicht geknickten Schwanzende. Schwanzwirbel mit Y-ähnlichen Chevrons. Radius und Ulna, Tibia und Fibula verhältnismäßig gestreckt. Vorderextremität beträchtlich größer als die Hinterextremität. Pubis und Ischium plattenförmig. Schädel im Verhältnis zum Körper groß. Augen groß. Zähne mehr oder weniger dichtstehend, in Alveolen. Rippen ? einköpfig (bei M. Nordenskiöldi die vorderen Wirbel zweiköpfig). Mittlere alpine Trias. Südalpen. Mittlere Trias, Spitzbergen. In die Nähe dürften auch die wenigen Reste aus dem unteren Muschelkalk Süddeutschlands (*M. atavus* Quenst.) gehören.

Phalarodon Merriam. Zähne in Alveolen, vordere konisch, hintere zusammengepreßt. Verwandt mit *M. atavus.* Mittl. Trias. Nevada. ? Spitzbergen.

**Cymbospondylus* Leidy em. Merriam (Fig. 386a). Größere Formen. Schädel über 1 m lang, Schwanzende nur leicht abgebogen. Vorderextremität kaum größer als die Hinterextremität. Humerus, Radius und Ulna gestreckt. Pubis und Ischium plattenförmig. Die vorderen Rückenrippen zweiköpfig, die hinteren einköpfig. Augen relativ klein. Zähne zahlreich, teilweise in Alveolen. Mittlere Trias. Nevada. ? Muschelkalk. Deutschland.

Toretocnemus Merriam. Rückenrippen zweiköpfig. Hinterextremität nahezu so groß wie die Vorderextremität. Radius und Ulna, Tibia und Fibula gestreckt. Obere Trias. Kalifornien.

Merriamia Boulenger. (*Leptocheirus* Merriam.) Rückenrippen einköpfig. Coracoid ohne Einschnitt. Hinterextremität kleiner als die vordere. Obere Trias. Kalifornien.

Delphinosaurus Merriam (Fig. 388). Ob. Trias. Nordamerika.

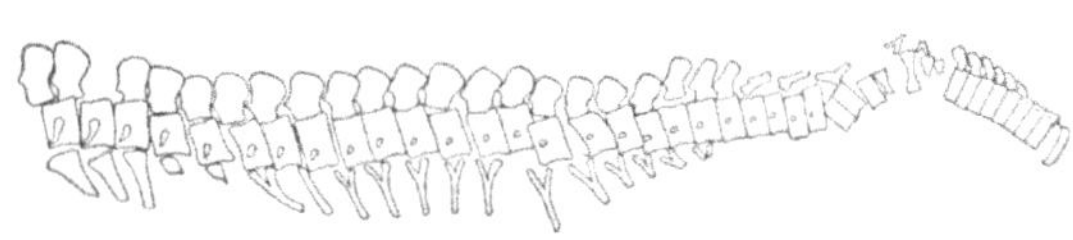

Fig. 388.
Delphinosaurus Perrini Merriam. Das nach abwärts gekrümmte Schwanzende. Ca. 1/10 nach Merriam.

? *Pachygonosaurus* v. Huene. Wirbelreste. Mittlere Trias. Spitzbergen und Deutschland.

Shastasaurus Merriam. Nur die vorderen Rückenrippen zweiköpfig. Humerus, Radius und Ulna relativ stark verkürzt. Hinterextremität sehr klein. Obere Trias. Kalifornien. ? Muschelkalk. Dobrudscha, ? Deutschland. *Pessosaurus* Wiman. Mittlere Trias. Spitzbergen. ? Deutschland.

? *Pessopteryx* Wiman. Zähne pflasterartig. Wurzel mit Schmelzfalten. Mittlere Trias. Spitzbergen.

? *Omphalosaurus* Merriam. Bezahnung ähnlich Pessopteryx. Mittlere Trias. Nevada.

Familie **Ichthyosauridae** Baur.

Zähne in offene Rinnen eingelassen, Atlas und Epistropheus verschmolzen. Vorderarm (Vorderfuß) polygonale oder rundliche Knochenplatten. Beckenelemente reduziert. An allen Rumpfwirbeln 2 Gelenkhöcker. Episternum T-*förmig. Schwanzflosse stark nach abwärts geknickt.* Oberste Trias bis obere Kreide.

**Ichthyosaurus* König (Fig. 378—384, 386b, 387). Rumpfrippen zweiköpfig, Schwanzrippen einköpfig. Schwanzende geknickt. Pubis und Ischium stark reduziert und manchmal verschmolzen. Radius und Ulna, Tibia und Fibula gewöhnlich sehr klein, in gegenseitigem Kontakt. Augen sehr groß. Zähne zahlreich, in einer gemeinsamen tiefen Rinne eingelassen. Oberste Trias bis Kreide. Das Hauptlager für Ichthyosaurier ist der Lias, und zwar finden sich die schönsten Skelette im unteren Lias von England (Lyme Regis), im oberen Lias von Yorkshire (England), Calvados und ganz besonders im oberen Lias von Württemberg (Boll, Holzmaden) und Franken (Banz, Altdorf); ferner wird Ichthyosaurus aus oberem weißen Jura von Bayern, Frankreich, England, Südamerika, Ostgrönland[1]) angeführt. Die weiteste Verbreitung erreicht Ichthyosaurus in der Kreide (Neocom, Gault), wo er nicht nur aus Europa, sondern auch aus Indien, von Ceram, von Australien, Neuseeland, Patagonien genannt wird. Die polydaktylen Formen trennt Jaekel (1904) als »*Eupterygius*«, die oligodactylen als »*Stenopterygius*« ab; bei »*Eurhinosaurus*« Abel überragt die Schnauze stark den Unterkiefer. *J.* sehr nahe verwandt.

[1]) *Madsen*, Meddelelser van Grönland. Bd. XXIX. Kopenhagen 1904. S. 201.

**Ophthalmosaurus* Seeley (*Baptanodon* Marsh, *Sauranodon* Marsh). Augen sehr groß. Zähne klein, unscheinbar, leicht befestigt und bei erwachsenen Individuen nur auf die vorderen Teile der Kiefer beschränkt. Claviculae durch Sutur miteinander verbunden oder verschmolzen. Episternum T-förmig. Humerus distal mit 3 Gelenkfacetten, welche mit 3 polygonalen Knochenplatten gelenken. Alle übrigen Elemente der Paddel mehr oder weniger gerundet und durch Knorpel zusammengehalten. Hinterextremität klein, Femur mit 2 distalen Gelenkflächen. Das mit dem Ischium gewöhnlich verschmolzene Pubis mit Foramen obturat. Oberer Jura bis untere Kreide. England. Oberer Jura. Nordamerika.

Ordnung: **Sauropterygia** Owen[1]).

Der eidechsenähnliche, gedrungene Körper mit langem Hals und in der Regel kurzem Schwanz. Die fünfzehigen Vorder- und Hinterextremitäten nahezu gleich groß und mehr oder weniger paddelartig. Schädel meist klein, mit Foramen parietale und einem Paar großer oberer Schläfenöffnungen. Äußere Nasenlöcher getrennt. Quadratum unbeweglich mit dem Schädel verbunden. Gaumendach mehr oder weniger geschlossen, Pterygoidea sehr groß, in der Mitte sich vereinigend. Zähne zugespitzt, in Alveolen. Wirbel mäßig amphicöl-platycöl. Halsrippen nur mit den Wirbelkörpern, nie mit den oberen Bogen gelenkend. Rückenrippen einköpfig. Bauchrippen zwischen den mächtigen Extremitätengürteln sehr kräftig entwickelt. Sacrum mit zwei bis sechs Wirbeln. Brustgürtel ohne knöchernes Sternum. Nackthäutig. Trias. — Obere Kreide.

Die geologische Verbreitung der Sauropterygier erstreckt sich über Trias, Jura und Kreide. Aus dem Vorkommen ihrer Überreste in

---

[1]) *Andrews C. W.*, On the Development of the shoulder-girdle of a Plesiosaur (Cryptoclidus) etc. Ann. Magaz. Nat. Hist. Ser. 6. Vol. XV. 1895, ferner ibid. Über Muraenosaurus. Vol. XVI. On the structure of the skull in Peloneustes Vol. XVI, ferner Geol. Magaz. Dec. 4. Vol. 3. 1896. On the struct. of a skull of a Pliosaur. Quart. Journ. Geol. Soc. Lond. 53. 1897. On the struct. of the Plesiosaurian skull ibid. 52. 1896. On some new Plesioauria etc. Ann. Magaz. Ser. 8. Vol. 3. 1909. A descriptive Catalogue of the marine Reptiles of the Oxford Clay. British Museum 1910 u. 1913; ferner Annals South Afric. Mus. Bd. 7. Teil 4. 1911. — *Bogolübow N. N.*, Zur Geschichte der Plesiosaurier in Rußland. Gelehrte Mem. d. Kais. Universit. v. Moskau. Naturwissenschaftl. Klasse. Lf. XXIX. 1911. — *Boulenger G. A.*, On a Nothosaurian Reptile etc. Transact. Zool. Soc. London. Vol. XIV. 1896—98. — *Brandes Th.*, Plesiosauriden aus dem unt. Lias von Halberstadt. Palaeontographica 61. 1914. — *Broili F.* und *Fischer E.*, Trachelosaurus Fischeri nov. gen. nov. spec. Jahrb. d. k. pr. geol. Landesanstalt für 1916. Bd. 37. 1917. — *Dames W.*, Die Plesiosaurier der süddeutschen Liasformation. Abhandl. d. k. pr. Akad. d. Wissensch. Berlin 1895. — *Deecke W.*, Über Lariosaurus und einige andere Saurier der lombardischen Trias. Zeitschr. d. deutsch. geol. Ges. 1886. Bd. XXXVIII. S. 170. Saurierreste aus den Quiriquinaschichten. Neues Jahrb. Beilageband. X. 1896. — *Edinger T.*, Über Nothosaurus. Senkenbergiana. III. 1921. Frankfurt a. M. — *Fraas E.*, Die schwäbischen Trias-Saurier etc. Stuttgart 1896. Schweizerbart. Plesiosaurier aus dem ob. Lias v. Holzmaden. Palaeontographica 57. Bd. 1910. — *Frech* (Philippi, Volz), Lethaea geognostica. Mesozoicum. Stuttgart 1903—08. S. 15 etc. Dort Literatur über Nothosauridae. — *Fürbringer M.*, Zur vergl. Anatomie des Brustschulterapparates etc. Jenaische Zeitschr. f. Naturwissensch. 34. 1900. Jena. — *Hawkins Th.*, Memoirs on Ichthyosauri and Plesiosauri. London 1834. — *Hulke T. W.*, Proceed. Roy. Soc. 1892. Vol. 51. — *Huene F. v.*, Neue Beobachtungen an Simosaurus. Acta Zoologica 1921. Ein Plesiosaurier a. d. untersten Lias Württembergs. Zentralbl. f. Miner. etc. 1921. — *Jaccard F.*, Sur le Peloneustes philarchus etc. Bull. Soc. Vaud. Sc. Nat. Vol. 43. 1907. —

überwiegend marinen Schichten und aus der ganzen Organisation läßt sich schließen, daß sie zumeist auf den Aufenthalt im Meere angewiesen waren. Die Sauropterygier zerfallen in Nothosauria und Plesiosauria, denen die noch unvollständig bekannten Trachelosauria anzugliedern sind. Die Zahl ihrer Halswirbel schwankt zwischen 13 bis über 70, der Rumpfwirbel 19—32, Sacralwirbel 2—6, Schwanzwirbel bis über 40. Die Nothosauria gehören ausschließlich der Trias an; einige von ihnen scheinen, wie der zierliche Neusticosaurus, in der Hauptsache Landbewohner gewesen zu sein, andere, deren Extremitäten, wie z. B. bei Lariosaurus, nicht nur zum Schwimmen dienlich waren, sondern auch die Möglichkeit der Fortbewegung auf dem Lande gestatteten, dürften Bewohner des Strandes oder der Küste darstellen, während sich manche (Nothosaurus) schon bereits mehr dem Wasserleben angepaßt zeigen. Das letztere ist in weit höherem Maße bei den Plesiosauria der Fall, die Elemente ihres Schulter- und Beckengürtels zeigen sich zu breiten Knochenplatten vereinigt, die ausgedehnte Ansatzstellen für große Muskelmassen boten, und ihre Extremitäten sind im Gegensatz zu den mehr als Balanceapparat dienenden Extremitäten der Ichthyosauria als kräftige Ruderpaddeln ausgebildet, die kaum mehr zu einer Bewegung auf dem Lande genützt haben dürften. Aus Resten der am Schwanzende verbreiterten Körperhaut nimmt Dames (Owen) für die Plesiosauria eine als Steuer funktionierende Schwanzflosse an. Es waren wahrscheinlich omnivore, gefräßige, nach ihrer häufig furchtbaren Bezahnung zu schließen, auch sehr gefährliche Bewohner der

Jaekel O., Über den Schädelbau der Nothosauriden. Sitzungsber. d. Gesellsch. naturforsch. Freunde Berlin 1905—06. — *Knight W. C.*, Some new Jurassic Vertebrates from Wyoming. Americ. Journ. Science. Vol. 5. 1898. — *Koken E.*, Beiträge zur Kenntnis der Gattung Nothosaurus. Zeitschr. d. deutsch. geol. Gesellsch. 45. Bd. 1893. Die Dinosaurier, Sauropterygier und Crocodiliden des norddeutschen Wealden. Pal. Abhandl. Bd. III, 1887 u. Bd. VII, 1896 (Fischer, Jena). — *Linder H.*, Beiträge zur Kenntnis der Plesiosaurier-Gattungen Peloneustes und Pliosaurus etc. Geol. u. Pal. Abhandl. N. F. XI (XV). 1913. — *Lydekker R.*, Catalogue fossil Rept. etc. l. c. P. II. — *Meyer H. v.*, Zur Fauna der Vorwelt. Die Saurier des Muschelkalks. Frankfurt 1847—55. — *Mehl M.*, Muraenosaurus? Reedii sp. n. and Tricleidus? Laramiensis, american jurassic Plesiosaurs. Journ. of Geol. Vol. XX. 4. 1912. — *Owen Rich.*, Monograph of the Reptilia of the liassic formations. Sauropterygia. Palaeontographical Society und Fossil Reptilia of the Cretaceous formations. Pal. Soc. p. 58—68 und Supplement Nr. IV. — *Riabinin A.*, 2 Plesios. aus der Jura- u. Kreide-Abl. Rußlands. Mém. Com. Geol. N. Ser. 41—50. 1908—09. — *Seeley H. G.*, Ann. Mag. nat. hist. 3 ser. XV. p. 49 u. 232. Quarterly Journal geol. Soc. London Vol. XXX, XXXII, XXXIII u. XXXVIII und (Shouldergirdle) Proceed. Royal Soc. 1892, Vol. 54 und 1893, Vol. 54. — Sollas *W.* (and *Whidborne*), On a new species of Plesiosaurus etc. Quart. Journ. geol. Soc. London 37. 1881. — *Smellie W.*, Apractoleidus teretipes, a new Oxford. Plesiosaur etc. Transact. Roy. Soc. Vol. 51. 1917. — *Schroeder H.*, Wirbeltiere d. Rüdersd. Trias. I. Die Gattung Nothosaurus im unt. Muschelkalk. Abh. d. k. pr. geol. Landesanst. N. F. Heft 65. 1914. — *Volz W.*, Proneusticosaurus, eine neue Sauropterygiergattung etc. Palaeontographica 49. Bd. 1902. — *Watson D.*, A prelim. Note on two new genera of upper Liassic Plesiosaurs. Mem. Proc. Manchester Lit. Philos. Soc. Vol. 54. P. I u. III. 1909—10. — *Wegner Th.*, Brancasaurus Brancai Wegner, ein Elasmosauride aus dem Wealden Westfalens. Brancafestschrift. Bornträger, Berlin 1914. — *Williston S. W.*, North American Plesiosaurs. P. I. Field Columb. Mus. Publ. 73. Geol. Ser. Vol. II. Nr. 1. Chicago 1903. N. A. Plesiosaurs: Elasmosaurus etc. Americ. Journ. Science. Vol. XXI. 1906. N. A. Plesiosaurs: Trinacromerum. Journ. of Geology Vol. XVI. 1908. The skull of Brachauchenius with observations on the relationships of the Plesiosaurs. Proc. U. S. Nat. Mus. Vol. 32. 1907. — *Woodwaard A. S.*, Vertebrate Palaeontology etc. Cambridge 1898.

mesozoischen Meere; ihr Mageninhalt zeigt neben Knochenfragmenten, Molluskenschalen ähnlich den lebenden Krokodilen sehr häufig Magensteine (Gastrolithen).

Während die Trachelosauria und die bis über 3 m Größe erreichenden Nothosauria bis jetzt nur aus der europäischen Trias bekannt sind, treffen wir die Plesiosauria, von denen einzelne 13 m lang werden — Williston nimmt Längen bis zu 50 Fuß an —, im Jura und der Kreide in allen Weltteilen. Die mehr langlebigen Plesiosaurier und die nur auf die Trias beschränkten Nothosaurier sind einander nahe verwandt, in mancher Beziehung, wie z. B. im Bau der Schädelunterseite, erscheinen aber die letzteren vollkommener organisiert als die Plesiosaurier. Aller Wahrscheinlichkeit nach lassen sich beide Familien auf eine gemeinsame Stammgruppe zurückführen.

1. Unterordnung: **Trachelosauria.**

Schädel vermutlich klein. Körper eidechsenartig, mit sehr langgestrecktem beweglichen Hals, gedrungenem Rumpf und relativ kurzen, stämmigen Extremitäten. Gastralskelett kräftig entwickelt. Ilium mit den Merkmalen eines Landbewohners. Am Hals und den vorderen Rückenwirbeln der obere Bogen mit dem Wirbelkörper fest verschmolzen. Wirbel mäßig amphicöl bis platycöl. Die zweiköpfigen Halsrippen nur mit dem Wirbelkörper gelenkend. Buntsandstein.

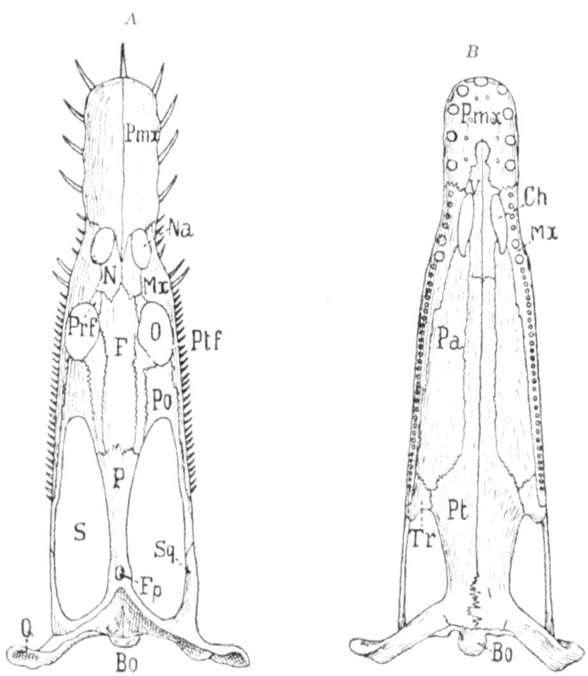

Fig. 389.
Nothosaurus mirabilis Münster. Ob. Muschelkalk. Bayreuth. (Nach Quenstedt u. H. v. Meyer ergänzt.) *A* von oben, *B* von unten. *Pmx* Praemaxillare, *Mx* Maxillare, *N* Nasale, *F* Frontale, *P* Parietale, *Prf* Praefrontale, *Ptf* Postfrontale, *Po* Postorbitale, *Sq* Squamosum, *Bo* Basioccipitale, *Pt* Pterygoid, *Ts* Transversum, *Pa* Palatinum, *V* Vomer, *Na* Nasenlöcher, *O* Augen, *S* Schläfenlöcher, *Ch* Choanen, *Fp* Foramen parietale.

Fig. 390.
Zahn von *Nothosaurus mirabilis* H. v. Meyer. Muschelkalk. Bayreuth. (Nat. Gr.)

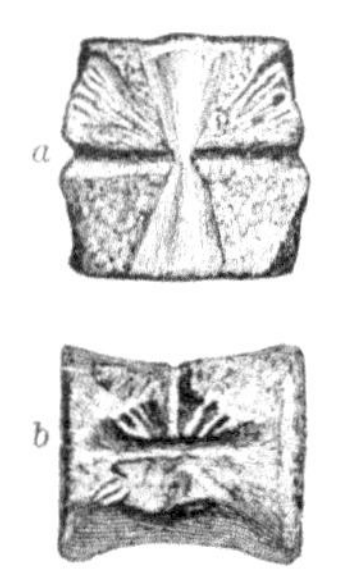

Fig. 391.
Körper eines Halswirbels von *Nothosaurus*. (Nat. Gr.) *a* von oben, *b* von der Seite. Muschelkalk. Bayreuth.

Trachelosaurus Broili. Die Unterordnung ist auf den einzigen Fund eines etwa 150—170 cm großen Tieres mit 20 (21) Halswirbeln und 20—22 Rücken- und Sacralwirbeln und relativ kurzen stämmigen Femur aus dem Buntsandstein (Chirotherienschichten) von Bernburg begründet, das den Vorfahren der Nothosaurier sehr nahe gestanden sein dürfte.

2. Unterordnung: **Nothosauria.**

Extremitäten noch mit den Merkmalen von Gehfüßen: mit verlängerten Radius und Ulna, Tibia und Fibula; fünfzehig. Brustgürtel mit großen Claviculae. Coracoidea mäßig groß, nicht mit den Scapulae bzw. dem Episternum verbunden. Die drei Beckenelemente im Acetabulum noch durch Sutur verbunden, nackthäutig. Opisthoticum verbreitert und Squamosum, Pterygoid und Quadratum erreichend und das Mittelohr nach hinten abschließend. Trias. Europa.

**Nothosaurus* Münster (*Dracosaurus* Münster, *Opeosaurus* H. v. M.) (Fig. 389—394). Schädel langgestreckt (bei Nothosaurus mirabilis bis 35 cm, bei anderen Formen 65 cm bis 1 m lang), vorne etwas verschmälert, niedrig gebaut, mit einem Paar großer (oberer) Schläfenlöcher, die durch das schmale, unpaare, vom Scheitelloch durchbohrte Parietale getrennt werden. Von den Schläfenlöchern durch Postorbitale und Postfrontale getrennt, liegen etwas vor der Mitte die relativ kleinen, ovalen, durch das gleichfalls unpaare Frontale geschiedenen Augen (ohne Scleroticaring) und nicht weit vor denselben die Nasenlöcher. Die Nasalia sind paarig entwickelt und berühren sich in der Mittellinie, die beiden Praemaxillaria bilden die etwas verlängerte Schnauze. Dem Maxillare fällt mit dem kleinen Praefrontale die vordere Begrenzung der Augen und mit dem sich nach oben und rückwärts anschließenden Jugale auch die äußere seitliche Begrenzung zu; nach rückwärts ist es in einen Fortsatz, den ? Rest des unteren Schläfenbogens, ausgezogen. Die den Schläfenbogen vorne nach unten abschließende Knochenspange wird vom Postorbitale und einem Fortsatz des Squamosum gebildet, welch letzteres auch die äußere hintere Ecke des Schädels bildet und nach abwärts in das die Gelenkung mit dem Unterkiefer vermittelnde Quadratum übergeht. Parietale und Pterygoid durch Epipterygoid verbunden. Auf der Unterseite erreichen Pterygoidea und Palatina eine stattliche Größe und bilden mit den Transversa und den beiden Vomera, die auch verschmelzen können, ein geschlossenes Gaumendach, das weit

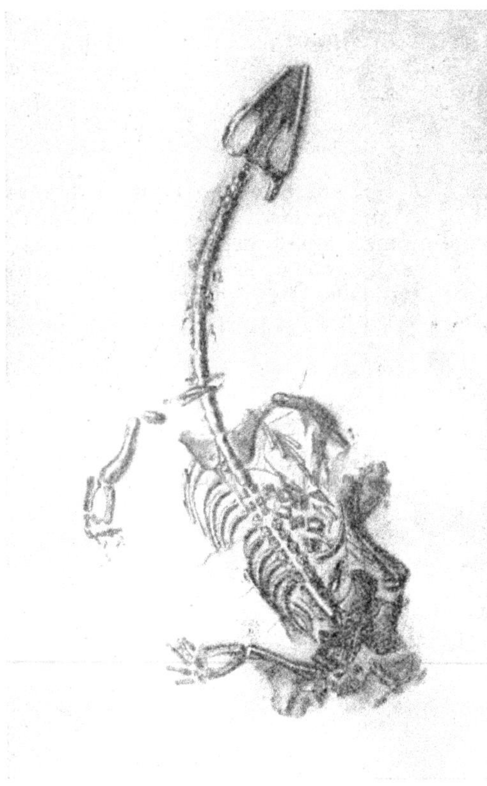

Fig. 392.
Nothosaurus Raabi Schröder. Unterer Muschelkalk. Rüdersdorf bei Berlin. Ca. 1/4 nat. Größe. (Nach H. Schröder.)

vorne von den getrennten Choanen und den schlitzförmigen, zwischen Vomera und Praemaxillaria auftretenden Foramina praemaxillaria (Jacobsonsches Organ) durchbrochen wird. Das Foramen magnum wird vom Supraoccipitale, den beiden Exoccipitalia lateralia und das den Gelenkkopf bildende Basioccipitale begrenzt. Gehirn ohne Hemisphärenanschwellung (Edinger). Die Kiefer sind mit konischen, etwas gekrümmten und gerieften, thecodonten,

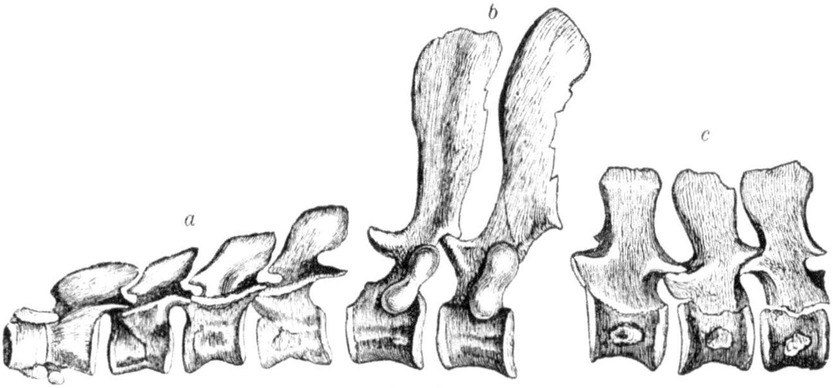

Fig. 393.
Nothosaurus mirabilis Mst. Muschelkalk. Bayreuth. *a* die vier vordersten Halswirbel. *b* zwei Rückenwirbel, *c* drei Schwanzwirbel. ½ nat. Gr. (Nach H. v. Meyer.)

anscheinend auf zweierlei Weise sich ersetzenden Zähnen versehen, wovon sich die am vorderen Teile der Schnauze befindlichen und einige des Maxillare durch ansehnliche Größe auszeichnen.

Die platycölen, eingeschnürten Centra der Wirbel sind mit den Bogen, die relativ hohe Dornfortsätze tragen, durch Naht verbunden, sie trennen sich leicht von denselben, wobei auf der Dorsalseite der Centra eine kreuzförmige Zeichnung entsteht (Fig. 387). An dem langen Hals werden 19—22 Wirbel gezählt, die mit Ausnahme des Atlas und Epistropheus kurze, hakenförmige, zweiköpfige, nur mit dem Wirbelkörper gelenkende Rippen tragen; an den (20—?30) Rückenwirbeln gehen — die ersten Rückenwirbel ausgenommen, wo sie von beiden Komponenten des Wirbels ihren Ausgang nehmen (H. v. Meyer) — die einköpfigen Rippen von kräftigen Diapophysen der oberen Bogen aus; an den Schwanzwirbeln, die außerdem ventral zwei Höcker zur Gelenkung mit den unteren Bogen besitzen, rücken die einfachen Querfortsätze wieder auf das Centrum. Die Zahl der Beckenwirbel ist unsicher (? 2—6).

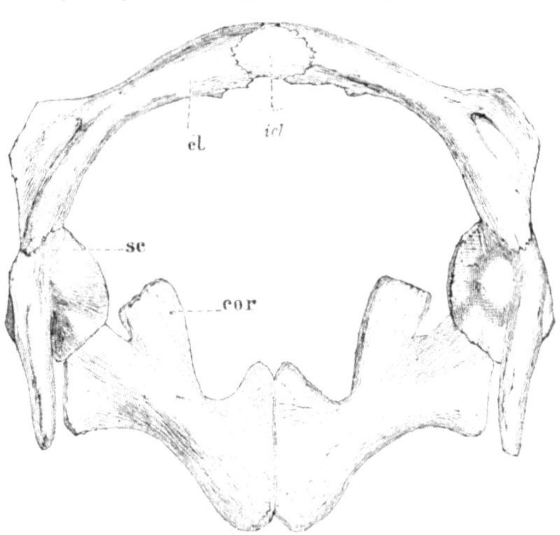

Fig. 394.
Brustgürtel von *Nothosaurus mirabilis* Mstr. Dorsalansicht. Muschelkalk. Bayreuth. ¼ nat. Gr. *icl Episternum*, *cl* Schlüsselbein (Clavicula), *sc* Schulterblatt (Scapula), *cor* Fortsatz des Coracoides.

Die kräftigen Bauchrippen bestehen aus einem winklig gebogenen Mittelstück, dessen Schenkel nach hinten spitz auslaufen, und je einem gekrümmten Seitenstück. Im Brustgürtel (Fig. 390) schließen die inneren Enden der starken Claviculae das kleine ovale Episternum ein und heften sich mittels Naht an den stämmigen ventralen Abschnitt der Scapula, von deren verdicktem Gelenkende ein aufwärts und rückwärts gerichteter Dorsalfortsatz ausgeht. Die großen abgeplatteten Coracoidea senden am Vorderrand einen breiten abgestutzten Fortsatz aus. Zwischen den Coracoidea und dem Episternum befindet sich ein großer leerer Raum, welcher zu Lebzeiten des Tieres vielleicht teilweise von einem knorpeligen Procoracoid ausgefüllt war. Der gekrümmte, ziemlich lange Humerus ist von dem Foramen entepicondyloideum durchbohrt. Die beiden Vorderarmknochen sind ziemlich lang und schlank, die 4—5 Metacarpalia längliche, in der Mitte eingeschnürte Knochen. Zahl der Carpalia (2 proximale und 1 distales Element beobachtet) und Phalangen nicht genauer bekannt.

Die ebenso wie der Schultergürtel sehr kräftigen, aber gegenseitig weniger fest verbundenen Elemente des Beckengürtels finden sich meist nicht mehr im Zusammenhang, sondern isoliert, sie sind proximal ziemlich dicke, distal mehr oder weniger verbreiterte Elemente; das Pubis besitzt neben der proximalen Gelenkfläche am Vorderrand einen Ausschnitt oder ein Foramen. Der Femur ist länger und schlanker als der Humerus, fast gerade, an beiden Enden mäßig verdickt, mit gewölbten Endflächen. Tibia und Fibula relativ schlank. Tarsus wie der Carpus unvollständig verknöchert, nur 3 Elemente beobachtet. Die 5 Metatarsalia schlanke, zierliche Knochen.

Die ältesten seltenen Reste der auf die Trias beschränkten Familie der *Nothosauridae* finden sich im Buntsandstein von Sulzbad in den Vogesen, *Nothosaurus s. str.* findet sich neben dem Subg. *Eurysaurus* Frech (paarige Frontalia!) bereits im unteren Muschelkalk (Rüdersdorf!) und erreicht im oberen Muschelkalk und der Lettenkohle die Hauptverbreitung. In der Hauptsache zeigt er sich in der germanischen Trias. Die in gleichalterigen Ablagerungen der Alpen gefundenen Reste sind für eine exakte Identifizierung zu unvollständig. *N. mirabilis* Mstr. war mindestens 3 m lang.

Cymatosaurus v. Fritsch. Paarige Frontalia und meist paarige Parietalia. Nasalia in der Mittellinie voneinander getrennt. Unterer Muschelkalk. Deutschland.

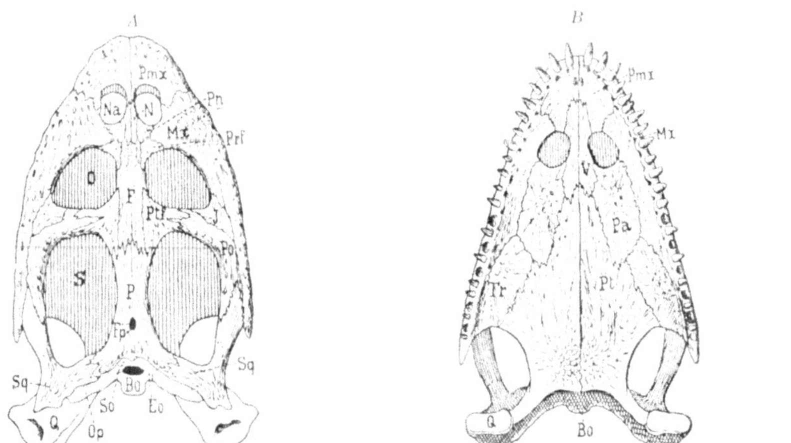

Fig. 395.

Simosaurus Gaillardoti H. v. M. Ob. Muschelkalk. Crailsheim. *A* Schädel von oben. *B* von unten. *Na* Nasenöffnungen, *O* Augen, *S* Schläfenlöcher, *N* Nasale, *Pn* Postnasale, *Pmx* Praemaxillare, *Mx* Maxillare, *F* Frontale, *P* Parietale mit Foram. par. *Fp*, *Prf*. Prae-, *Ptf* Postfrontale, *J* Jugale, *Po* Postorbitale, *Sq* Squamosum, *Q* Quadratum, *Bo* Basioccipitale, *Eo* Exoccipitale laterale, *So* Supraoccipitale, *Op* Opisthoticum, *V* Vomer, *Pa* Palatin, *Pt* Pterygoid, *Ts* Transversum. 1/6 nat. Gr. (Nach Jaekel.) cf. Die neue Darstellung bei v. Huene 1921!

Lamprosaurus, *Conchiosaurus* H. v. M. Muschelkalk.

Pistosaurus H. v. Meyer. Nur der Schädel mit der spitz zulaufenden, von den Praemaxillaria gebildeten Schnauze bekannt. Nasenlöcher klein, von Maxillare und Praemaxillare eingeschlossen. Nasalia klein, nach hinten geschoben. Gaumendach mit einem unpaaren Foramen zwischen den Praemaxillaria und Vomera. Oberer Muschelkalk. Bayreuth.

Simosaurus H. v. Meyer (Fig. 395). Schädel breit, niedrig, mit gerundeter Schnauze; Zähne kräftig, stumpfkonisch gerieft. Transversa sehr groß. Gaumen mit Foramen zwischen V. und Pmx. Oberer Muschelkalk und Lettenkohle.

Partanosaurus, *Microleptosaurus* Skuphos. Alpine Trias (Partnachschichten). Vorarlberg.

Anarosaurus Dames. Schläfenlöcher sehr klein. Ca. 24 Halswirbel, ca. 26 Rückenwirbel. Mindestens 3 Sacralwirbel. Muschelkalk. Provinz Sachsen.

**Lariosaurus* Cur. (*Macromerosaurus* Curioni) (Fig. 396). Kleine, 20 bis 90 cm lange, eidechsenähnliche Saurier mit langem (ca. 20—21 Wirbel) Hals, gedrungenem Rumpf (ca. 24—26 Wirbel) und kräftigen fünfzehigen Gehfüßen. 5 Sacralwirbel, ca. 40 Schwanzwirbel. Halsrippen kurz, beilförmig, zweiköpfig. Rumpfrippen einköpfig, stark gebogen. Die Dornfortsätze niedrig. Bauchrippen aus drei Elementen zusammengesetzt. Carpus in der proximalen Reihe mit zwei, in der distalen mit fünf kleinen Knöchelchen.

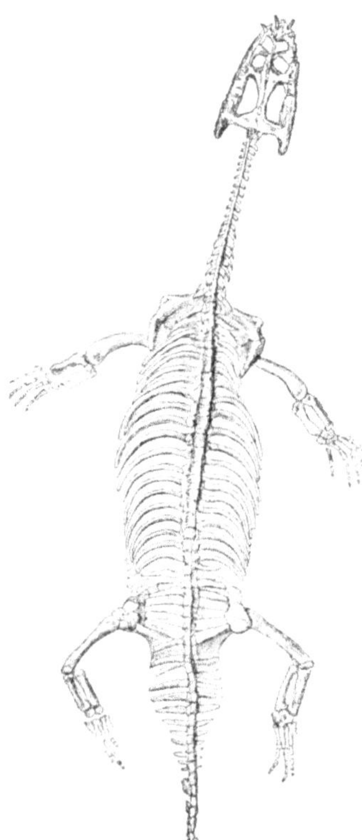

Fig. 396.
Lariosaurus Balsami Curioni. Alpine Trias. ? Wengener Schichten. Perledo am Comersee. $^1/_6$ nat. Gr.

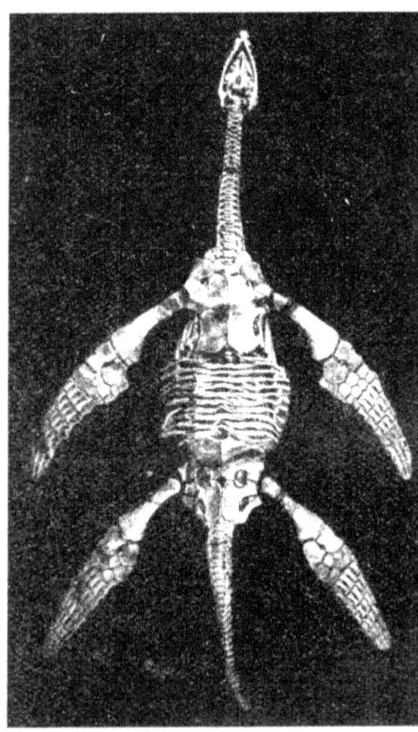

Fig. 397.
Thaumatosaurus victor E. Fraas. Vollständiges (3,4 m langes) Skelett aus dem ob. Lias. Holzmaden, Württemberg. Stark reduziert. (Nach E. Fraas.)

Fünf längliche Metacarpalia. Phalangen kurz, eidechsenähnlich. Hinterextremität schlank, länger als die Vorderextremität. In der proximalen Reihe des Tarsus zwei verlängerte, scheibenförmige Knochen besonders groß. *Macromerosaurus* stellt offenbar die Jugendformen von *Lariosaurus* dar. Die Unterseite eines solchen Exemplars zeigt das Gaumendach noch nicht in dem Maße geschlossen wie bei *Nothosaurus* und läßt die inneren Augenöffnungen noch unbedeckt. *Lariosaurus* dürfte deshalb und auf Grund der noch sehr eidechsenähnlichen Extremitäten einen ursprünglichen Vertreter der Nothosauriden darstellen. Mittl. alpine Trias. Lombardei.

Lariosaurus Deecke ist wahrscheinlich eine andere Gattung (Dames: Zeitschr. d. d. pal. Ges. 1890 S. 82).

Proneusticosaurus Volz. Die platycölen Wirbel tönnchenförmig, mit gedrungenem oberen Bogen, niederem Dornfortsatz und kurzer Diapophyse. Wahrscheinlich sechs Sacralwirbel. Bauchrippen aus einem Mittelstück und zwei Paar Seitenstücken bestehend. Extremitäten fünfzehig, dem Wasserleben angepaßt. Unterer Muschelkalk. Schlesien.

Dactylosaurus Gürich, *Doliovertebra* v. Huene. Unterer Muschelkalk. Schlesien.

**Neusticosaurus* Seeley (*Pachypleura* Curioni). Eidechsenartig, klein, 16—35 cm groß, mit kurzem, ? 16—18 Wirbel zählendem Hals, ? 23 bis 26 Rücken- und 3 Sacralwirbeln, langgeschwänzt. Lettenkohle. Schwaben. Mittl. alpine Trias (? Wengener Schichten). Lombardei.

3. Unterordnung: **Plesiosauria.**

Extremitäten paddelartig. Vorderarm und Vorderfußknochen stark verkürzt und die fünf Finger durch überzählige Plättchen vermehrt. Claviculae und Episternum auf Kosten der Scapulae reduziert, die eine gegenseitige Verbindung bzw. eine Vereinigung mit den vorderen Fortsätzen der großen plattenförmigen, in der Symphyse zusammenstoßenden Coracoidea erstreben, welch letztere außerdem auch noch mit den Claviculae und Episternum sich vereinigen können. Ilium nicht mehr mit dem Pubis verbunden. Nackthäutig. Trias bis Kreide (da weltweite Verbreitung).

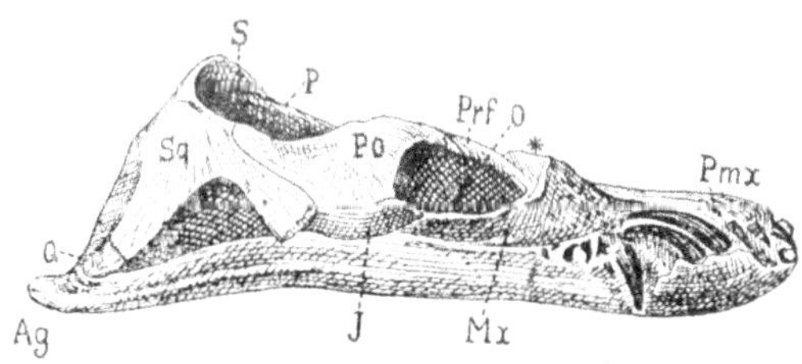

Fig. 398.
Plesiosaurus macrocephalus Buckland. Unt. Lias v. Lyme Regis. Schädel von der Seite. Nach Andrews u. A. S. Woodward. S Schläfenloch, *O* Augenöffnung, * Lage der äußeren Nasenlöcher, *Sq* Squamosum, *Qu* Quadratum, *P* Parietale, *Po* Postorbitale, *J* Jugale, *Prf* Praefrontale, *Mx* Maxillare, *Pmx* Praemaxillare, *Ag* Angulare. 1/4 nat. Gr.

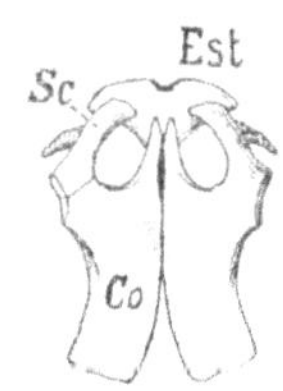

Fig. 399.
Brustgürtel von *Plesiosaurus Hawkinsi* Owen. Unt. Lias von Dorsetshire. Von der Ventralseite nach Lydekker und Fürbringer. Verkl. *Est* Mittelstück (Episternum + Claviculae), *Sc* Procoracoid + ventraler Teil der Scapula, ihr dorsaler Abschnitt ist schraffiert, *Co* Coracoid. Stark verkleinert.

Die *Plesiosauria* werden in verschiedene Familien, wie *Plesiosauridae*, *Elasmosauridae*, *Pliosauridae*, *Polycotylidae* eingeteilt.

Plesiosaurus Conybeare (Fig. 398 u. 399). Schädel klein, mit kurzer Schnauze. Augen rundlich, ungefähr in der Mitte der Schädellänge. Die großen Schläfenlöcher unregelmäßig vierseitig. Äußere Nasenlöcher klein, dicht vor den Augen. Parietalia gering entwickelt, kammartig aneinandergefügt, mit kleinem Foramen parietale. Squamosum sehr groß, unten von dem kleinen, aber kräftigen Quadratum begrenzt, nach vorne mit dem Postorbitale die untere Begrenzung des Schläfenbogens bildend. Gaumen nicht vollständig geschlossen (im Gegensatz zu Nothosaurus), sondern einzelne Lücken freilassend. Unterkiefer in der kurzen Symphyse fest verschmolzen. Zähne zugespitzt, konisch, schlank, feingestreift bis tiefgefurcht, in tiefen Alveolen; oben und unten in einer Reihe, vorne meist einige größere.

Hals auffallend lang, zuweilen die Länge der ganzen übrigen Wirbelsäule erreichend, je nach den Arten aus ca. 30—40 Wirbeln zusammengesetzt. Wirbelkörper kurz, flach platycöl, seitlich eingeschnürt; die oberen Bogen verhalten sich zu ihnen wie bei Nothosaurus. Centrum des Atlas mit stumpfer, dicker, Epistropheus mit etwas größerer Rippe, die übrigen Centra der Halswirbel mit zuerst beilförmigen, später gestreckten, zweiköpfigen Rippen. Bei den vorderen Rückenwirbeln (Brustwirbel) die Querfortsätze auf den Centren allmählich zum oberen Bogen rückend. Hintere Rückenwirbel mit einköpfigen, vom oberen Bogen ausgehenden Rippen. Die zwei Sacralwirbel mit kürzeren Querfortsätzen und distal verbreiterten Rippen. Der relativ kurze, gedrungene Schwanz kann bis über 40 Wirbel besitzen, die, mit Ausnahme der hinteren, kurze, vom Centrum ausgehende einköpfige Rippen und ventral nicht verschmelzende Hämapophysen tragen. Bauchrippen sehr kräftig, aus einem Mittelstück und jederseits aus ? 1, 2—5 Seitenstücken bestehend.

Am Brustgürtel (Fig. 399) zeichnen sich die Coracoidea durch ansehnliche Größe aus; sie sind länger als breit, tafelförmig, und stoßen in der Mittellinie geradlinig zusammen. Nach vorne sind sie in einen Fortsatz ausgezogen, der mit dem Mittelstück bzw. dem vorderen Schenkel der Scapula in Verbindung tritt. Ein eigentliches Brustbein fehlt, dagegen bildet ein einheitliches oder aus drei Elementen (ein mittleres und zwei seitliche) bestehendes Mittelstück, das dem Episternum und den Claviculae entspricht, den vorderen Abschluß des Brustgürtels. Die anfänglich schwache, von oben und hinten nach unten und vorne verlaufende Scapula teilt sich in einen hinteren mit dem Coracoid sich fest verbindenden Schenkel, der die Gelenkung für den Humerus bildet, während ihr vorderer, medial gerichteter Schenkel (? Procoracoid) mit dem Mittelstück oder (bei Thaumatosaurus) mit dem vorderen Fortsatz des Coracoids sich vereinigt.

Humerus stämmig, distal verbreitert und abgeplattet, mit zwei winklig zusammenstoßenden Facetten für die kurze plattige Ulna und den ebensolchen Radius. Die 7—10 Carpalia in zwei Reihen; sie tragen fünf schlanke, in der Mitte verdünnte Metacarpalia, die sich von den darauffolgenden, in ihrer Zahl sehr unkonstanten Phalangen wenig unterscheiden. Der dritte und vierte Finger ist stets der längste. Die Hinterfüße gleichen in jeder Hinsicht den Vorderfüßen. Wahrscheinlich waren die Extremitäten mit einer knorpeligen Schwimmhaut umgeben. Am Becken das plattenförmige Pubis und das in der Mitte eingeschnürte Ischium, ein Foramen obturatorium umschließend und in der Symphyse vollständig oder größtenteils verwachsen. Ilium meist von der Bildung des Acetabulum femoris ausgeschlossen.

Die Gattung **Plesiosaurus* läßt sich in mangelhaften Resten bis in das Rhät, vielleicht schon in den Muschelkalk zurückverfolgen und findet ihre Hauptverbreitung erst im Lias. Im unteren Lias von Lyme Regis in England kommen prachtvoll erhaltene Skelette von *P. dolichodeirus* Conyb. (3 m lang) und *P. Conybeari* Sollas (5 m lang), vor. Auch im oberen Lias von Yorkshire, von Banz in Franken und Holzmaden in Württemberg finden sich Reste. Von letzterer Lokalität befindet sich im Berliner Museum für Naturkunde und im Naturalienkabinett in Stuttgart je ein ganzes Skelett von *P. Guilelmi imperatoris* Dames. Auch aus der unteren Kreide wird von verschiedenen Punkten Europas *Plesiosaurus* genannt. Es handelt sich hier fast durchwegs um isolierte Wirbel, die teilweise zu anderen Gattungen der Familie gehören, teilweise aber auch wie *P. Degenhardti* Koken (Wealden) sich mit *Plesiosaurus* identifizieren lassen. Aus dem Wealden Südafrikas ist gleichfalls eine Art bekannt geworden *(P. capensis)*.

Thaumatosaurus H. v. Meyer em. Lydekker (*Rhomaleosaurus* Seeley) (Fig. 397, 400). Sehr nahe verwandt mit *Plesiosaurus*, aber Schädel relativ sehr groß, Unterkiefersymphyse kurz, Hals verhältnismäßig kurz (25—27 Wirbel). Unterer Lias bis oberer Jura. Europa. Indien.

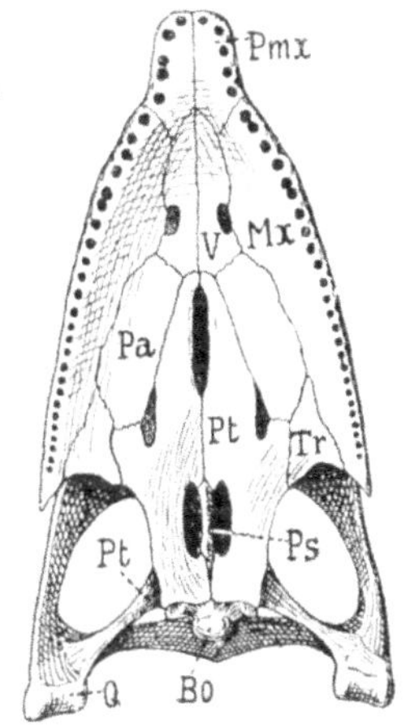

Fig. 400. *Thaumatosaurus victor* E. Fraas Ob. Lias von Holzmaden. Schädel von unten. *Bo* Basioccipitale, *Ps* Rostrum, *Q* Quadratum, *Pt* Pterygoid, *Tr* Transversum, *Pa* Palatinum, *V* Vomer, *Mx* Maxillare, *Pmx* Praemaxillare, *Ch* Choanen. 1/6 nat. Gr. (Nach E. Fraas.)

Eretmosaurus Seeley. Hinterer und vorderer Schenkel der Scapula mit dem Coracoid fest verwachsen. Unterer Lias. England.

Colymbosaurus Seeley. Oberer Jura von Frankreich und England.

Muraenosaurus Seeley. Schädel klein, kurz und breit. Der dritte, vierte und fünfte Maxillarzahn größer als die übrigen. Unterkiefersymphyse kurz. Ca. 44 Halswirbel. Episternum wohl entwickelt. Claviculae reduziert. Vorderextremität etwas größer als die hintere. Unterer Oberjura. England. Rußland. ? Wyoming.

Cryptocleidus Seeley. Ähnlich *Plesiosaurus*, aber durchaus nur mit einköpfigen Rippen. Ca. 32 Halswirbel und ca. 21—22 (? 25) Rückenwirbel. ? 3—4 Sacralwirbel. Bauchrippen aus einem mittleren und je drei seitlichen Stücken zusammengesetzt. Am Brustgürtel das Mittelstück aus zwei kleinen dreiseitigen (Claviculae) und zuweilen einem rudimentären Episternum bestehend, an ausgewachsenen Individuen der in der Jugend noch getrennte vordere Schenkel der Scapula den vorderen Fortsatz des Coracoids erreichend. Oxford. (Unterer Oberjura.) England. Rußland.

Apractocleidus Smellie. 29 Halswirbel und 26 Rückenwirbel. Humerus mit 4 Elementen gelenkend. Nahe verwandt mit *Cryptocleidus*. Oxford, England.

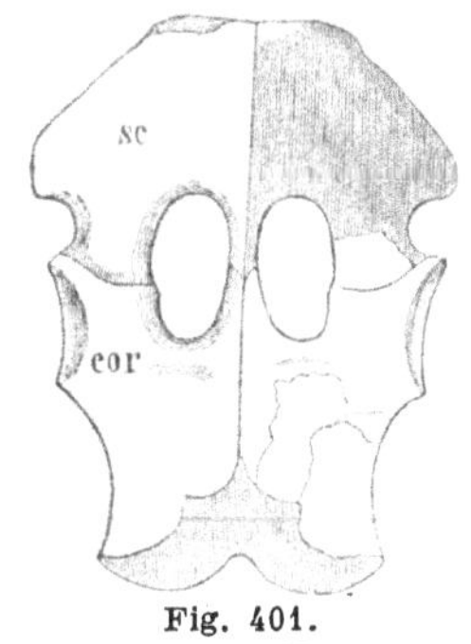

Fig. 401. Brustgürtel von *Elasmosaurus platyurus* Cope. Kreide von Kansas. *orc* Coracoid, *sc* Scapula. Die schattierten Teile sind nicht erhalten. Stark verkleinert. (Nach Cope.)

Tricleidus Andrews. Schädel kurz, breit. Zähne lang, schlank, scharf zugespitzt, 5 am Praemaxillare, 15 am Maxillare, am Maxillare größere. 26 Präsacralwirbel mit konkaven Centren. Am Schultergürtel Mittelstück aus großem Episternum und ebensolchen Claviculae bestehend. Humerus außer mit Radius und Ulna noch mit einem Pisiforme und einem kleinen akzessorischen Knochen gelenkend. Unterer Oberjura. England. ? Wyoming. — *Picrocleidus* Andrews. Über 39 Halswirbel mit einköpfigen Rippen. Schultergürtel mit kleinem Episternum und dünnen, blattartigen Claviculae. Humerus nur mit Radius und Ulna gelenkend. Unterer Oberjura. England.

Microcleidus Watson. Schädel klein. Hals sehr lang, aus 40 Wirbeln mit zweiköpfigen Rippen bestehend. 32 Rückenwirbel mit sehr hohen Dornfortsätzen. Brustgürtel ähnlich *Cryptocleidus*, ohne Episternum, mit zwei kleinen Claviculae. Drei Sacralwirbel. Radius und Ulna gestreckt. Ob. Lias. England.

Stenarosaurus Watson. Oberer Lias. England.

**Elasmosaurus* Cope (Fig. 401). Ein Skelett im Museum von Philadelphia mißt über 13 m Länge. Unterkiefersymphyse kurz. Die oberen Bogen der Wirbel sind mit dem Centrum verschmolzen, die 60—76 Halswirbel länger als hoch, mit kurzen, einköpfigen Rippen. Die Chevrons gelenken mit den Schwanzwirbeln. Schultergürtel ähnlich *Cryptocleidus*. Obere Kreide. Nordamerika, Rußland, Australien, Neuseeland.

Brancasaurus Wegner. Schädel langgestreckt, Fo. pa. von Frontalia und Parietalia gebildet. 37 Halswirbel, 3 Brust- und 19 Rückenwirbel, 3 Sacralwirbel. Episternum breit, dreieckig, breite Claviculae. Humerus und Femur gleich lang. Bauchrippen aus einem Mittelstück und je 2 Seitenstücken bestehend. Wealden. Deutschland; ihm ähnelt *Leptocleidus* Andrews. Wealden. Sussex.

Leurospondylus Brown[1]). Wirbel kurz, viel breiter als lang, Rippen alle einköpfig. Oberste Kreide. Kanada.

Cimoliasaurus, *Oligosimus*, *Piratosaurus*, *Brimosaurus* Leidy, *Piptomerus*, *Orophosaurus*, *Embaphias*, *Taphrosaurus*, *Uronautes* Cope, *Mauisaurus* Hector[2]), *Hunosaurus*, *Iserosaurus* Fric[3]) sind meist nur auf ungenügende Reste hin aufgestellt und finden sich selten in der unteren, meist in der mittleren und oberen Kreide von Europa, Nord- und Südamerika, Australien und Neuseeland.

Pliosaurus Owen (*Ischyrodon* H. v. M., *Liopleurodon* Sauvage, *Spondylosaurus* Fischer) (Fig. 402). Saurier von meist riesenhaften Dimensionen, mit verhältnismäßig großem niedrigen Kopf (bis 1,3 m lang), kurzem Hals und mäßig langer Symphyse der Unterkiefer. Auf den Kiefern jederseits eine Reihe (ca. 5 auf dem Praemaxillare, ca. 20 auf dem Maxillare) von mächtigen, in der oberen Hälfte häufig dreikantigen, bis 25 cm langen, in Alveolen stehenden Zähnen. Die ca. 22–23 kurzen, scheibenförmigen Wirbelkörper des Halses mit zwei Gelenkfacetten. Mindestens 24 Rükken- und Sacralwirbel und mindestens 15 Schwanzwirbel. Extremitätengürtel ähnlich *Plesiosaurus*. Lias bis oberster Jura. England, Frankreich, Schweiz, Bayern (Kelheim), Rußland, Indien, Südamerika.

Fig. 402. Zahn von *Pliosaurus grandis* Owen. 1/4 nat. Gr. Ob. Jura (Kimmeridge). Dorset. (Nach R. Owen.)

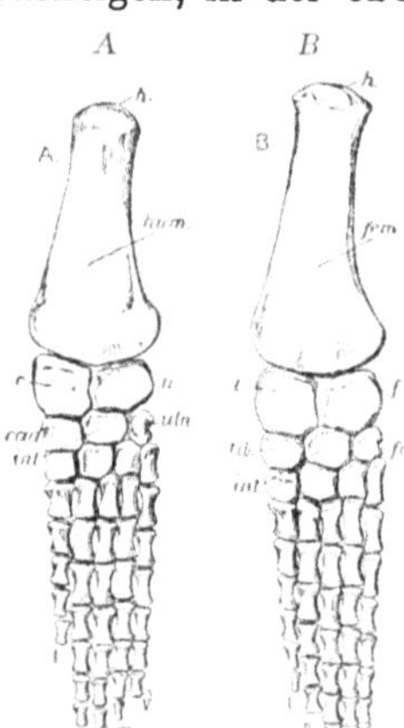

Fig. 403. *Peloneustes philarchus* Seeley. Linke Vorder- (*A*) und Hinterextremität (*B*). Aus dem untern Oberjura v. England. *hum* Humerus, *fem* Femur, *h* Gelenkkopf derselben, *r* Radius, *u* Ulna, *t* Tibia, *f* Fibula, *rad* radiale, *uln* Ulnare; *tib* tibiale, *fib* Fibulare, *int* Intermedium, *I—V* Zehen. Ca. 1/8 nat. Gr. (Nach Andrews.)

Simolestes Andrews. Schädel breit, kurzschnauzig, Zähne ungekielt, ca. 26 auf jeder Seite; 5 oder 6 vordere auf der kurzen Symphyse vergrößert. Hals aus 20 Wirbeln mit zweiköpfigen Rippen. Unterer Oberjura. England.

Peloneustes Lydekker (Fig. 403). Der gestreckte Schädel mit sehr großen Praemaxillaria, die ähnlich wie bei *Brachauchenius* und *Pliosaurus* direkt an die ? Parietalia grenzen, wobei ? Frontalia und ? Nasalia zur Seite gedrängt

[1]) Americ. Bull. Nat. Hist. Vol. 32. S. 605. 1913. [2]) *Hector*, On the foss. Rept. of N. Zealand. Transact. a. Proc. of the N. Zealand Inst. 6. 1873/76. [3]) *Bayer F.*, Die Saurier d. böhm. Kreideformat. Bull. internat. de l'Acad. d. Siences de Bohême 1915.

werden. Symphyse groß. Praemaxillare mit 6, Maxillare mit 12—15 Zähnen. Ca. 21—22 Halswirbel. Sehr nahe verwandt mit *Pliosaurus*. Unterer oberer Jura. England.

Megalneusaurus Knight. Vorderextremität über 2 m lang, Radius und Ulna sowie die erste Reihe des Carpus polygonale, miteinander gelenkende Platten. Oberer Jura. Wyoming.

Brachauchenius Willist. Über 1 m großer, relativ breiter Schädel mit nicht mehr als 20 Zähnen auf jedem Kiefer, mit kurzer Unterkiefersymphyse. Pterygoid mit kräftiger Kante. Hals sehr kurz (13 Wirbel) mit einköpfigen Rippen. Kreide. Nordamerika.

Trinacromerum Cragin (*Dolichorhynchops* Williston) (Fig. 404). Kopf groß, langschnauzig. Augen mit Scleroticaring. Symphyse der Unterkiefer sehr lang. Zähne klein, zahlreich, Vomer sehr groß. Innere Nasenlöcher klein, von Vomer und Palatin eingeschlossen. Der 19 bis ca. 23 Wirbel zählende Hals nur wenig länger als der Kopf, mit einköpfigen Rippen, ca. (? 23–) 30 Rückenwirbel. 3 Sacralwirbel. Episternum und Clavicula selbständig, nicht miteinander verschmolzen, die Clavicula mit dem vorderen Fortsatz des Coracoids gelenkend. Obere Kreide von Kansas.

Polycotylus Cope. 26 Halswirbel, 28—29 Rückenwirbel. Nahe verwandt, wenn nicht identisch mit *Trinacromerum*. Kreide. ? Rußland, Nordamer.

Polyptychodon Owen. Unvollständig bekannt. Zähne mit zahlreichen Schmelzleisten, wovon nur die stärksten die Spitze erreichen. Mittlere und obere Kreide. Europa, ? Mexiko.

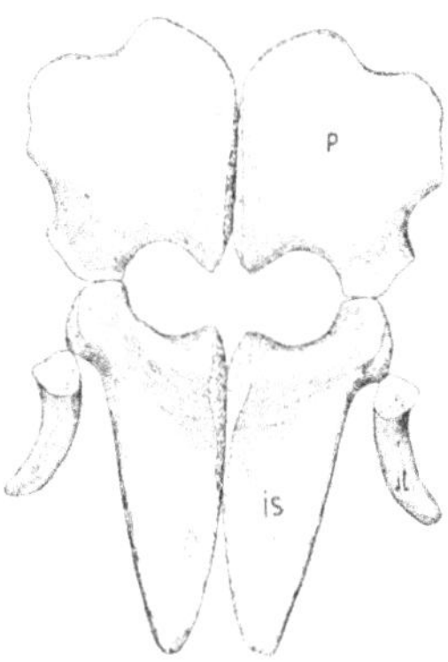

Fig. 404. *Trinacromerum Osborni* Williston. Beckengürtel von unten. Ob. Kreide von Kansas. Stark verkleinert. *P* Pubis, *Is* Ischium, *Il* Ilium. (Nach Williston.)

Anhang.

1. Placodontia[1]).

Schädel mehr oder weniger niedrig, mit Foramen parietale. Opisthoticum nicht mit dem Pterygoid und Quadratum verbunden. Ein Paar von Schläfenlöchern, groß, nach oben gerichtet. Augen- und die getrennten Nasenöffnungen seitlich. Praemaxillare und Symphyse des Unterkiefers mit prothecodonten, zylindrisch-konischen Schneidezähnen und zahnlos. Palatinum mit großen, pflasterartigen Zähnen. Maxillare mit einer Reihe acrodonter rundlicher Backenzähne, Unterkiefer rückwärts mit großen Pflasterzähnen und ansehnlichem Coronoid. Wirbel tief amphicöl. Gelenkenden der mäßig gestreckten Extremitäten nicht verknöchert, gepanzert. Trias. Mitteleuropa.

Da das Skelett der sehr spezialisierten Placodontier noch recht unvollständig bekannt ist, läßt sich ihre Stellung im System nicht sicher prä-

[1]) *Broili F.*, Zur Osteologie des Schädels von Placodus. Palaeontographica 59. Bd. 1912. Ein neuer Placodontier a. d. Rhät. d. bayr. Alpen. Sitzungsber. d. bayr. Akad. d. Wiss. math.-phys. Klasse 1920. — *Drevermann F.*, Über Placodus. Vorl. Mitteil. Centralbl. f. Mineralogie 1915 u. Paläont. Zeitschr. IV. 1922. Während der Revision. — *Gürich*, Über einige Saurier des oberschles. Muschelkalks. Zeitschr. d. d. geol. Gesellsch. 36. 1884. — *Huene F. v.*, Übersicht über d. Rept. d. Trias. Geol. u. Pal. Abhandl. N. F. VI. 1902. — *Jaekel O.*, Placochelys placodonta aus der Obertrias des Bakony. Resultate der wiss. Erforsch. des Balatonsees I. Bd. 1. Teil. Pal. Anhang. 1907. Budapest. — *Meyer H. v.*, Palaeontographica 1862. X. 1863. XI. — *Münster G.*, *Graf v.*, Über einige ausgezeichnete fossile Fischzähne etc. 1830. Beiträge zur Petrefaktenkunde 1843. Heft 4. — *Owen R.*, Description of the skull and teeth of Placodus laticeps etc. Philos. Transact. Roy. Soc. 1858.

zisieren. Der Bau des Schädels, des Brust- und Beckengürtels sowie die amphicölen Wirbel scheinen indessen für eine ursprüngliche Verwandtschaft zu den Sauropterygiern zu sprechen.

Die Placodonten zeichnen sich in erster Linie durch ihre auffallende Bezahnung aus. Die acrodonten Zähne auf Gaumen und dem mit großem Coronoid ausgestatteten Unterkiefer erreichen zuweilen ansehnliche Größe,

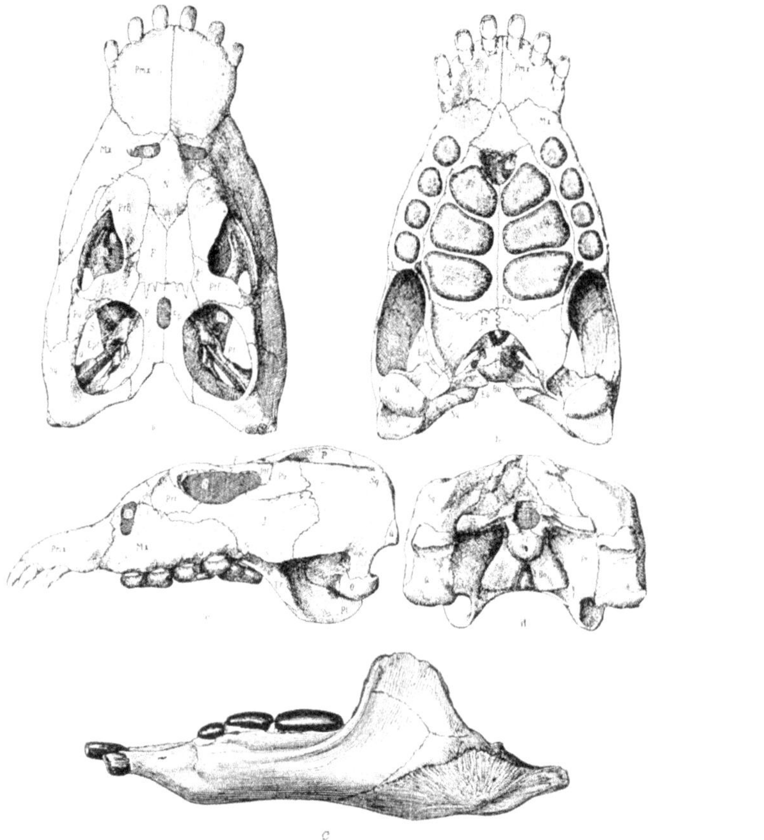

Fig. 405. *Placodus gigas* Ag. Muschelkalk. Bayreuth.
O Augenöffnungen, *S* Schläfenlöcher, *Ch* Nasenloch, *Fp* Foramen parietale, *Pmx* Praemaxillare, *Mx* Maxillare, *N* Nasale, *F* Frontale, *P* Parietale, *So* Supraoccipitale, *Eo* Exoccipitale laterale (und Opisthoticum), *Bo* Basioccipitale mit Condylus *C*, *Prf* Praefrontale (Lacrimale Gaupp), *Ptf* Postfrontale, *Po* Postorbitale, *J* Jugale, *Sq* Squamosum, *Q* Quadratum, *Pt* Pterygoid, *Tr* Transversum, *Pa* Palatinum, *V* Vomer, *Ept* Epipterygoid, *e* Unterkiefer von der Seite. Ca. ⅓ nat. Gr. (Nach Broili, *e* nach H. v. Meyer.)

ihre Krone ist schwach gewölbt oder fast eben, glatt oder mit feinen Runzeln bedeckt, lebhaft glänzend und meist von tiefschwarzer oder dunkelbrauner Farbe. Unter denselben entwickeln sich die Ersatzzähne. Beachtenswert ist die Vereinigung der Pterygoidea, Palatina und des unpaaren Vomer zu einer fast die ganze Schädelunterseite einnehmenden Gaumenplatte. Die weit nach vorne gerückten Choanen werden durch einen Fortsatz des Vomer getrennt.

Die Placodontier waren wahrscheinlich auf seichte Uferlinien beschränkte Meeres- oder Küstenbewohner und nährten sich ihrem Gebiß nach in der Hauptsache von Muscheln, zu deren Abstoßen von ihrem Standort bei Placodus und Cyamodus das Schneidegebiß, bei Placochelys ein mit Hornschutz versehener Schnabel gedient haben mag. Bei Placochelys und Placodus findet sich ein verknöcherter Rücken- und Bauchpanzer.

**Placodus* Ag. (*Anomosaurus* v. Huene) (Fig. 405). Schädel länger als breit, oben schwach gewölbt, Schnauze etwas verlängert. Zwischenkiefer und Symphyse des Unterkiefers mit zylindrisch-konischen Schneidezähnen. Palatinum und Unterkiefer jederseits mit drei großen, vierseitigen Pflasterzähnen, Oberkiefer mit kleineren, bohnenförmigen Zähnen besetzt. Wirbel nach Drevermann tief amphicöl: 8 Hals-, 20 Rumpf-, 6 Sacral- und 30—40 Schwanzwirbel. Hyposphen-Hypantrum-Gelenkung. Rippen einköpfig. Brust- und der plattenförmige Beckengürtel dem eines primitiven Sauropterygiers ähnlich. Unterarm und Hand mit Schwimmfußcharakter, Femur Landtierähnlich. Die Spangen des Bauchpanzers aus 5 Stücken, Rückenpanzer aus isolierten, granulierten Verknöcherungen bestehend. Muschelkalk. Isolierte Zähne häufig im Muschelkalk von Deutschland und Frankreich, selten im Keuper. ? Buntsandstein. Vereinzelte Zähne in der alp. Trias (Muschelkalk bis Rhät.) Nach Drevermann ist *Anomosaurus* ident mit *Placodus.*

? *Saurosphargis* Volz mscr. Niedere Dornfortsätze. Unterer Muschelkalk. Schlesien.

Cyamodus H. v. Meyer. Schädel dreieckig. Schnauze stark verschmälert. Schläfenlöcher bis dreimal so groß als die im vorderen Drittel der Schädellänge gelegenen Augenhöhlen. Nasenlöcher klein, nahe am Schnauzenende. Auf dem Palatinum jederseits 2—3 schwarze Pflasterzähne von elliptischer oder rundlicher Form, wovon der hintere mindestens doppelt so groß als der vordere ist. Sonstige Bezahnung ähnlich Placodus. Muschelkalk. Deutschland.

**Placochelys* Jaekel (Fig. 406). Schädelumriß spitzig herzförmig, der Hinterrand des Squamosum mit konischen Knochenbuckeln besetzt. Praemaxillaria und Symphyse der Unterkiefer zahnlos, ursprünglich wohl mit einem Hornschnabel versehen. Palatinum mit zwei, Maxillare mit drei, Unterkiefer mit zwei Pflasterzähnen. Von den flach amphicölen Wirbeln fallen 7—10 auf die Hals-, ca. 12 auf die Rumpf- und Becken- und ca. 10 bis 15 auf die Schwanzregion. Ein aus knöchernen Buckeln von wechselnder Größe zusammengesetzter, geschlossener, von kräftigen Rippen gestützter Rückenpanzer und ein entsprechender kräftiger Bauchpanzer ist vorhanden. Extremitäten langgestreckt, ohne Epiphysen. Unterer Keuper. Veszprém, Ungarn. Rhät. Bayer. Alpen.

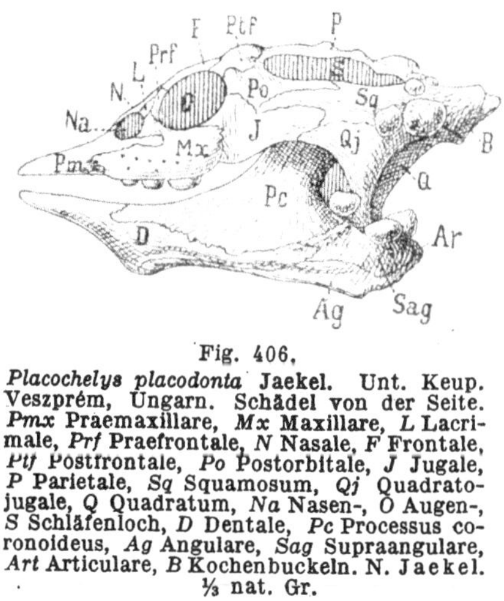

Fig. 406.
Placochelys placodonta Jaekel. Unt. Keup. Veszprém, Ungarn. Schädel von der Seite. *Pmx* Praemaxillare, *Mx* Maxillare, *L* Lacrimale, *Prf* Praefrontale, *N* Nasale, *F* Frontale, *Ptf* Postfrontale, *Po* Postorbitale, *J* Jugale, *P* Parietale, *Sq* Squamosum, *Qj* Quadratojugale, *Q* Quadratum, *Na* Nasen-, *O* Augen-, *S* Schläfenloch, *D* Dentale, *Pc* Processus coronoideus, *Ag* Angulare, *Sag* Supraangulare, *Art* Articulare, *B* Kochenbuckeln. N. Jaekel. ⅓ nat. Gr.

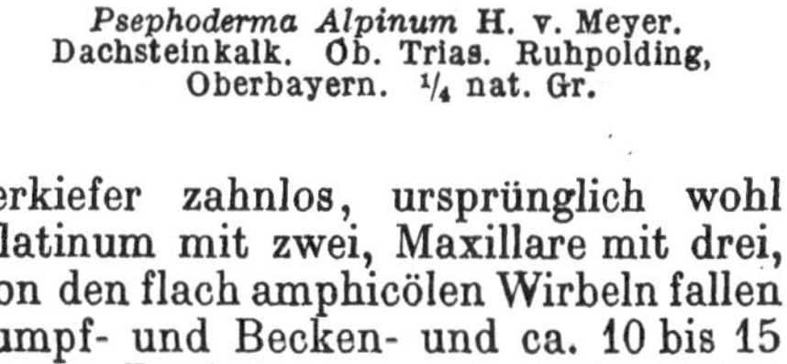

Fig. 407.
Psephoderma Alpinum H. v. Meyer. Dachsteinkalk. Ob. Trias. Ruhpolding, Oberbayern. ¼ nat. Gr.

? *Psephoderma* H. v. M. (Fig. 407). Nur der aus ziemlich gleichmäßigen Platten gebildete Panzer bekannt. Rhät. Alpen. Lombardei. England.

2. **Mesosauria**[1]). (*Proganosauria* Baur.)

Wirbel plump, tief amphicöl. Schädel verlängert. Äußere Nasenlöcher getrennt, weit zurückliegend. Kieferzähne ungemein zart, lang, bürstenförmig, dicht gedrängt in Alveolen. Auf dem Gaumen zwei Reihen kleiner Zähnchen. Zwei Sacralwirbel. Humerus mit Foramen entepicondyloideum. Bauchrippen vorhanden. Brust- und Beckengürtel plattenförmig. Das rundliche Episternum nach hinten stielartig verlängert. Rippen einköpfig, leicht befestigt, sehr dick, an allen Präsacralwirbeln mit Ausnahme des Atlas. Carpus und Tarsus verknöchert. Fünfzehig. Unteres Perm. (Permokarbon.) Perm.

Die *Mesosaurier* sind kleine (60—70 cm große), langgeschwänzte Reptilien, deren gestreckter Schädel und Körper mit den plumpen, an die der Seekühe erinnernden Rippen lebhaft kontrastiert. Sie finden sich in als Süßwasserablagerungen (? Ästuarien, Deltas) gedeuteten Schichten des Permokarbon und Perm von Südamerika und Südafrika und sprechen für eine da-

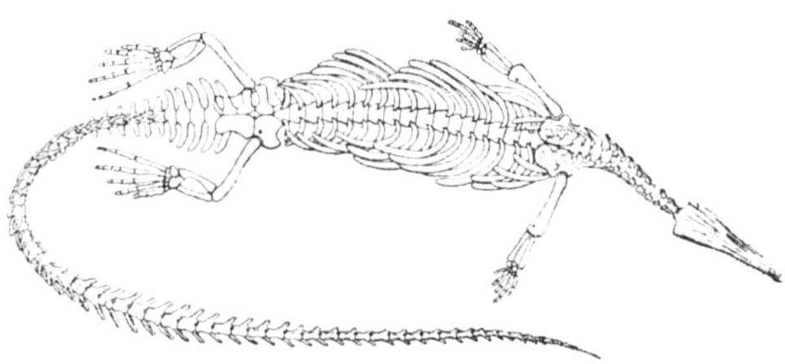

Fig. 408.
Stereosternum tumidum Cope. Von der Bauchseite. Unt. Perm von Brasilien. Ca. $^1/_8$ nat. Gr. Teilweise Restauration nach Mc Gregor aus Osborn.

malige Landverbindung dieser beiden Kontinente. Von den hierher gehörigen Gattungen findet sich der mit verknöcherten Schuppen ausgestattete *Mesosaurus* Gervais (*Ditrochosaurus* Gürich) mit ca. 11 Halswirbeln und 18 Rückenwirbeln im Perm von Südamerika und Südafrika, Deutschsüdwestafrika.

Noteosaurus Broom. Perm. Südafrika[2]).

**Stereosternum* Cope (Fig. 408). Mit 12 Halswirbeln und 22 Rückenwirbeln. Perm von Südamerika.

Infolge der ungenauen Kenntnis der rückwärtigen Schädelpartie (? ein oder zwei Schläfenlöcher) ist die Stellung der *Mesosauridae* im System unsicher. Die Schädelunterseite mit ihren 2 Zahnreihen auf dem Gaumen erinnert, falls die Angaben Seeleys über dieselbe richtig sind, noch sehr an

---

[1]) *Broom R.*, Observations on Mesosaurus. Transact. S. Afric. Philos. Soc. vol. XV. 1903; ferner Annals of South African Mus. VII. Bd. 6. Mitt. 19 ?. — *Gervais P.*, Zoologie et Paléontologie générales. Paris 1867—69. — *Mc.Gregor J. H.*, On Mesosaurus Brasiliensis etc. Commissão de Estudos das Minas de Carvão de Pedro do Brazil. 1908. Rio de Janeiro. — *Gürich G.*, Ditrochosaurus capensis etc. Zeitschr. d. d. geol. Gesellsch. 1889. — *Osborn H. F.*, The Reptilian Subclasses Diapsida et Synapsida etc. Mem. Americ. Mus. Nat. Hist. I. P. VIII. 1903. — *Seeley H. G.*, The Mesosauria of South Africa. Quart. Journ. Geol. Soc. 1892. — *Stromer E.*, Die ersten fossilen Reptilreste aus Deutsch-Südwestafrika etc. Centralbl. für Mineralogie etc. 1914.

[2]) Ann. S. Afric. Mus. VII. 6.

die Schädelunterseite der Cotylosaurier, der Bau ihrer Extremitätengürtel an den gewisser Sauropterygier (Proneusticosaurus), McGregor hält sie unter der Annahme zweier Schläfenöffnungen für Verwandte der Rhynchocephalia.

Ordnung: **Testudinata.** Schildkröten[1]).

Rumpf gedrungen und kurz, in eine knöcherne Kapsel (Theca) eingeschlossen, welche aus einem gewölbten Rücken- und einem flachen Bauchschild besteht. Kiefer zahnlos (ausgenommen Triassochelys), von Hornscheiden umgeben. Quadra-

---

1) *Ammon L. v.*, Schildkröten aus dem Regensburger Braunkohlenton. 12. Jahresbericht des naturwiss. Vereins Regensburg 1907—1909 (1911). — *Andrews Ch. W.*, A descriptive Catalogue of the Tertiary Vertebrata of the Fajûm, Egypt. London. Print. by the ord. of the British Museum. 1906. Note on 2 new spec. of foss. tortoises. Ann. magaz. nat. Hist. ser. 9. Vol. 5. 1920. On a new Chelonian from the Kimmeridge Clay of Swindon. Ibid. Vol. 7. 1921. A description of new species of Zeuglodont and of leathery turtle from the Eocene of Southern Nigeria. Proc. Zool. Soc. London 1919. — *Arthaber G. v.*, Über Trionyx rostratus etc. Beiträge zur Geologie Österreich-Ungarns etc. Bd. XI. 1898. — *Ballerstedt M.*, Über d. Plastron d. Schildkröten d. Keupers etc. Paläontolog. Zeitschr. Bd. 4. 1921. — *Capellini G.*, Il Chelonio Veronese etc. (Protosphargis Veronense) etc., R. Accad. dei Lincei. Mem. d. Cl. di Sci. fis. mat. e nat. Vol. 18. 1884. — *Case E. C.*, On the osteology and relationship of Protostega. Journ. of Morph. Vol. XIV. 1897. — *Coker R. E.*, Diversity of the skutes of Chelonia. Journ. of morphology. Philad. Vol. 21. 1910. — *Dacqué E.*, Die fossilen Schildkröten Ägyptens. Geolog. u. Paläont. Abhandl. N. F. Bd. X (XIV), Heft 4. 1912. — *Dames W.*, Die Chelonier der norddeutschen Tertiärformation. Paläont. Abhandl. von *Dames* und *Kayser*. 1894. Bd. VI. — *Dollo L.*, Bull. Musée Roy. d'hist. nat. de Belgique 1884. Vol. III p. 63. IV p. 69, 129. V p. 59. Première note sur les Chéloniens oligocènes et néogènes d. l. Belgique. Bull. Mus. R. nat. Belg. 1888. Sur l'origine de la Tortue Luth. (*Dermochelys coriacea*). Bull. Soc. R. Sc. méd. et nat. Brux. 1901. Eochelone brabantica etc. et l'Evolution des Chéloniens marins. Bull. Acad. R. Belg. 1903. Nouv. Note sur les Reptiles de l'Eocène inférieure etc. Bull. Soc. belg. Géol., Paléont. et Hydr. 1907. Podocnemis Congolensis etc. et l'évolution des Chéloniens fluviatiles. Annales du Musée du Congo Belge. Sér. III. T. I. 1913. — *Fraas E.*, Proganochelys Quenstedtii Baur. Jahreshefte d. V. f. vaterl. Naturkunde in Württ. 1899. Thalassemys marina E. Fraas aus dem ob. weißen Jura von Schnaitheim nebst Bemerkungen über die Stammesgesch. d. Schildkröten. Ibid. 1903. Proterochersis, eine pleurodire Schildkröte aus dem Keuper. Ibid. 69. 1913. — *Fucini A.*, Le Chelone Sismondai etc. Palaeontographica ital. 15. 1909. — *Fuchs H.*, Über den Bau und die Entwicklung des Schädels der Chelone imbricata (in Voeltzkow, Reise in Ostafrika i. d. J. 1903 bis 1905). Bd. 5. Stuttgart 1915. Über die Verknöcherung des Innenskeletts am Schädel der Seeschildkröten nebst Bemerkungen über das geschlossene Schädeldach. Anatom. Anzeiger 52 u. 53. Bd. 1920. — *Gilmore Ch. W.*, Description of two new species of fossil turtles from the Lance formation of Wyoming. Proc. U. S. Nat. Mus. 50. 1916. New fossil turtles withe notes on two described spec. Ibid. 56. Bd. 1919. — *Gray J. E.*, Notes on the families and genera of Tortoises and on characters afforded by the Study of their skulls. Proc. Zool. Soc. London 1869. XII p. 165. — *Harrassowitz H. L. E.*, Eocäne Schildkröten von Messel bei Darmstadt. Centralbl. f. Min. 1919. — *Hay O. P.*, On the group of turtles known as the Amphichelydia etc. Bull. Americ. Mus. Nat. Hist. XXI. 1905. The fossil Turtles of North America. Carneg. Instit. of Washington. Publication 75. Washington 1908. Mit 113 Tafeln und 704 Textfiguren. Dort ausführliche Literaturnachweise! Ferner Proc. U. S. National Museum. Vol. 35. 1908 und Vol. 38. 1910. — *Heritsch*, Jungtertiäre Trionyxreste aus Steiermark. Jahrb. k. k. geol. Reichsanstalt Wien. Bd. 59. 1909. — *Hoffmann C. K.*, in *Bronns* Klassen und Ordnungen des Tierreichs. Bd. VI. Chelonii. 1879. — *Jaekel O.*, Placochelys placodonta l. c. s. o.! Die Wirbeltierfunde aus dem Keuper von Halberstadt. Paläontologische Zeitschrift II. 1915—16. — *Knowlton E. H.*, Remarks on the fossil turtles accredited to the Judith River formation. Washington Acad. Sci. Proc. Vol. 13. S. 51. 65. 1911. — *Laube G.*, Schild

tum unbeweglich. Nasenlöcher vereinigt am vorderen Ende der Schnauze gelegen. Schläfendach vom hinteren oder (und) unteren Rand her rückgebildet. Extremitäten fünfzehig, entweder Schwimmfüße oder Gehfüße. Trias bis jetzt.

Die Schildkröten bilden durch ihre eigentümliche Organisation eine nach allen Seiten hin abgeschlossene Ordnung, deren Ursprung möglicherweise auf die noch unvollständig bekannten und verschiedentlich bereits den Chelonia angegliederten Eunnotosauria und durch diese auf die Cotylosauria zurückzuführen ist. E. Fraas nimmt für die Grundformen der Schildkröten Landbewohner und zwar Grabtiere an, ähnlich dem Typus gewisser Anomo-

krötenreste aus der böhmischen Braunkohlenformation. Abhandl. d. deutsch. naturwissensch. med. Ver. für Böhmen »Lotos«. Bd. 1. 1896. Ibid. Bd. II. 1900. — *Lörenthey E.*, Zwei neue Schildkrötenarten aus dem Eocän von Kolozsvár. Földtani Közl. Bd. XXXIII. 1903. — *Lydekker R.*, Sivalik and Narbada Chelonia. Palaeont. Indica. Ser. X. Vol. III. 1886. — *Maack G. A.*, Die bis jetzt bekannten fossilen Schildkröten etc. Palaeontographica Bd. XVIII. 1869. — *Meyer H. v.*, Zur Fauna der Vorwelt. I. u. IV. Frankfurt 1845 u. 1860. Folio. — *Misuri A.*, Sopra un nuovo Trionichide dell' arenaria miocenica del Bellunese. (Perugia 1911.) Sep. — *Negri A.*, Trionici eocenici ed oligocenici del Veneto. Mem. della Soc. Ital. della Science. T. VIII. Napoli 1892. — *Oertel W.*, Toxochelys gigantea sp. n., eine neue Schildkröte aus dem Astien von Hannover. 7. Jahresb. des niedersächsischen geologischen Vereins zu Hannover. 1914. — *Owen R.* and *Bell*, Palaeontogr. Soc. 1851 u. 1853. — *Palmer W.*, A new species of Leatherback Turtle etc. (Miocän Maryland.) Proc. U. S. Nat. Mus. Vol. 36. 1909. — *Pictet* et *Humbert*, Monographie des Chéloniens de la Molasse Suisse. Mater. pour la Paléont. Suisse. Genève 1856. 4°. — *Portis Aless.*, Palaeontograph. 1878. Bd. XXV. Mem. Soc. paléont. Suisse 1882. Vol. IX. — *Reinach A. v.*, Schildkrötenreste im Mainzer Tertiärbecken etc. Abhdl. Senkenberg. Naturforsch. Gesellsch. Frankfurt. Vol. 28. 1900. Schildkrötenreste aus dem ägyptischen Tertiär. Ibid. Bd. 29. 1903. — *Rütimeyer L.*, Verhandl. naturforsch. Gesellsch. Basel 1872. Bd. III S. 255. Die fossilen Schildkröten von Solothurn und der übrigen Juraformation. I. Abt. Denkschrift d. schweiz. naturf. Gesellsch. 1867. Bd. XXII. II. Abt. ebenda 1873. Bd. XXV. — *Sacco F.*, Trionici di Mt. Bolca. Atti d. R. Acc. d. Scienze di Torino. 29. 1894. Trionici di Monteviale. Ibid. 30. 1895. I Cheloni Astiani del Piemonte. Memorie d. R. Acc. d. Soc. di Torino 39. 1889. — *Siebenrock F.*, Synopsis der rezenten Schildkröten mit Berücksichtigung der in historischer Zeit ausgestorbenen Arten. Zool. Jahrbücher. Fischer, Jena. Suppl. 10. Heft 3. 1909. Zur Systematik der Schildkrötenfamilie Trionychidae etc. Sitzungsb. math.-phys. Klasse k. Akad. d. Wissenschaft. Bd. 111. 1912. Emydura macquarrii u. d. systemat. Wert d. Nuchalschildes b. d. Schildkröten. Zool. Anzeiger 50. 1919. — *Stache G.*, Sontiochelys etc. Verhandl. d. k. k. geol. Reichsanstalt 1905. — *Stefano G. de*, Ptychogaster mioc. della Francia etc. Palaeontographia italica. 9. 1903. Studio sul Emys Cuvieri de Stef. dell' Eocene sup. parig. Boll. della Soc. Zool. Ital. XI. Ser. 3 (1, 2, 3). 1902. Cheloniani fossili cenozoici. Boll. S. g. ital. XXI. 1901. Nuovi rettili degli strati a fosfata ibid. XXII. 1903. — *Teppner W.*, Zur phylogenetischen Entwicklung der protringuiden Trionyciden des Tertiärs etc. Centralbl. f. Mineralogie 1914. Bd. 14. — *Versluys J.*, Über die Phylogenie des Panzers der Schildkröten und über die Verwandtschaft der Lederschildkröte. Paläontolog. Zeitschr. I. 3. 1914. S. auch Seite 215 u. 216. — *Völker*, Über das Stamm-, Gliedmaßen- u. Hautskelett von Dermochelys coriacea. Zoolog. Jahrb. Vol. 23. (1912—13). — *Wagner A.*, Abhandl. der k. bayer. Akad. math.-phys. Kl. 1853 Bd. VII S. 291 und 1861 Bd. IX, I. Abt. S. 68—94. — *Watson D. M. S.*, Glyptops Ruetimeyeri, a Chelonian from the Purbeck of Svanage. Geol. Magaz. Dec. V. Vol. 7. 1910. — *Wegner Th.*, Desmemys Bertelsmanni etc. Palaeontographica 58. Bd. 1911. — *Wieland G. R.*, Osteology of Protostega. Mem. Carn. Mus. Vol. 2. 1906. Revision of the Protostegidae. Americ. Journ. Science. Vol. XXVII. 1909. Ibid. Literatur! (Siehe auch ibid. Vol. XIV. XVII. XVIII. XX.) — *Woodward A. S.*, On some extinct Reptiles from Patagonia, of the Genera Miolania, Dinylisia . Genyodectes. Proc. Zool. Soc. London 1901. 1.

dontier, bei welchen sich dann, wie bei den grabenden Landsäugern ein Panzer entwickelte. Die Schildkröten treten schon in der Trias vollkommen fertig mit allen typischen Merkmalen auf und erleiden von da an bis in die Jetztzeit keinerlei durchgreifende Veränderung; erst verhältnismäßig spät, in der Kreide, erfolgt die vollkommene Anpassung einer Gruppe, der Cheloniidae, an das Meerleben.

Das auffallendste Merkmal der Schildkröten ist die Umkapselung des kurzen und gedrungenen Rumpfes durch einen festen knöchernen Panzer (Theca), welcher teils aus Verbreiterungen der Dornfortsätze und Rippen, teils aus Hautknochen zusammengesetzt ist, die mit jenen

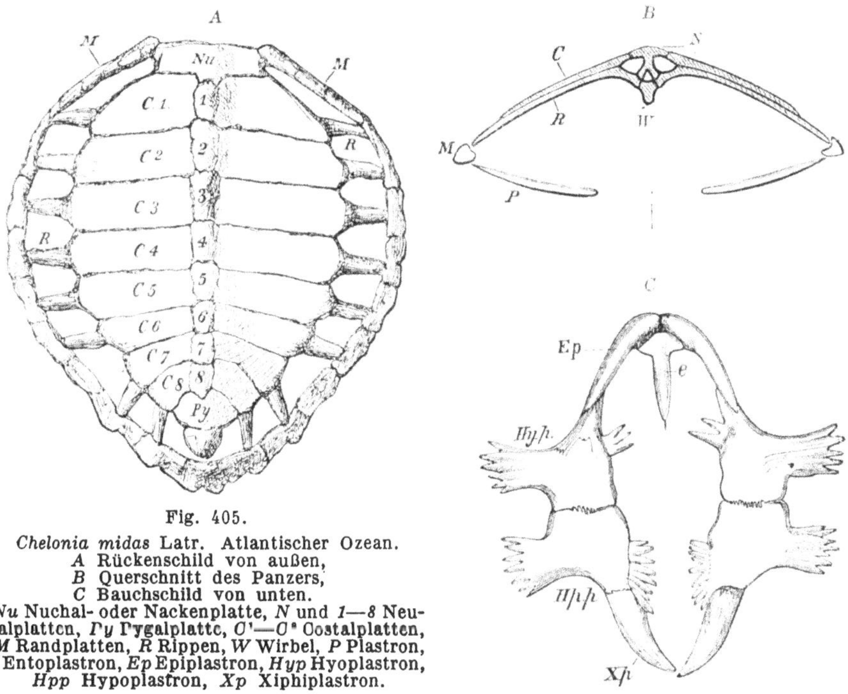

Fig. 405.
Chelonia midas Latr. Atlantischer Ozean.
A Rückenschild von außen,
B Querschnitt des Panzers,
C Bauchschild von unten.
Nu Nuchal- oder Nackenplatte, *N* und *1—8* Neuralplatten, *Py* Pygalplatte, *C'*—*C⁸* Costalplatten, *M* Randplatten, *R* Rippen, *W* Wirbel, *P* Plastron, *e* Entoplastron, *Ep* Epiplastron, *Hyp* Hyoplastron, *Hpp* Hypoplastron, *Xp* Xiphiplastron.

in mehr oder weniger innige Verbindung treten (Thecophora). Diese knöcherne Kapsel, in welche oft Kopf, Füße und Schwanz zurückgezogen werden können, ist von einer lederartigen Haut oder verhornten Epidermis (Schildpatt) überzogen, welch letztere durch vertiefte Nähte in eine Anzahl Schilder (Scuta) zerlegt wird. (Siehe Fig. 419.) Auf dem Rückenpanzer zählt man 5 mittlere Vertebral-Scuta und je 4 (zuweilen 5) seitliche Lateral- oder Costal-Scuta, zu denen noch 24 oder mehr kleiner Randschilder (Marginalscuta) kommen. Auch der Bauchschild (Plastron) ist in der Regel mit 6 (oder 5) Paar Hautschildern bedeckt, wovon die vordersten als Gular-Scuta, die anderen als Intergular-, Humeral-, Pectoral-, Abdominal-, Femoral- und Anal-(Caudal-)Scuta bezeichnet werden. Diese Epidermisverhornungen, die in der Hauptsache nur den Trionychiidae und Dermochelyidae fehlen, und denen in systematischer Hinsicht eine erhebliche Bedeutung zukommt, entsprechen in ihrer Größe und Form keineswegs den darunterliegenden knöchernen Platten, auf deren Oberfläche ihre Grenzen vertiefte Nähte hinterlassen. Letztere sind bei fossilen Formen allein erhalten, da die eigentlichen Hornschilder durch den Fossilationsprozeß meist vollständig zerstört werden. Bei den Dermochelyidae (Lederschildkröten) findet sich in der Lederhaut ein Pflaster polygonaler schuppenartiger Knochenplatten, das sich panzerartig *(Carapace athèque)* über den spärlichen Verknöcherungen des Rücken- und Bauchschildes zusammenfügt (Athecae).

Der knöcherne Rückenpanzer (Rückenschild, Carapax) (Fig. 409A) verdankt seine Entstehung Hautverknöcherungen, die sekundär mit dem Innenskelett, d. h. horizontalen Ausbreitungen der Dornfortsätze und Rippen, in Verbindung treten. Die Zahl und Anordnung der den Rückenpanzer bildenden Knochenplatten ist daher wesentlich bedingt durch die darin enthaltenen Wirbel und Rippen. Die gewöhnlich acht rippenlosen Halswirbel, die amphicöl, procöl und opisthocöl sein können, verschieben sich sehr leicht aneinander, während die meist zehn Rückenwirbel unbeweglich verbunden sind. Die oberen Bogen des verlängerten zweiten bis neunten Rückenwirbels breiten sich zu acht (selten mehr) medianen Knochenplatten, Neural-(Vertebral-)Platten, aus, von denen einzelne zuweilen nicht zur Entwicklung gelangen; bei australischen Pleurodiren fehlen dieselben gänzlich. Auch die Rippen (zweite bis neunte) wandeln sich in breite Knochenplatten (Costalplatten) um, welche untereinander und mit den Neuralplatten in Verbindung treten. Die Rippen selbst bleiben auf der Innenseite der Costalplatten häufig mehr oder weniger deutlich sichtbar und ragen, wenn das Rückenschild keinen vollkommen geschlossenen Panzer bildet, mit ihren distalen Enden über die Costalplatten hinaus. Zumeist wird vor der vordersten Neuralplatte der erste Rückenwirbel und manchmal auch der letzte Halswirbel von einer quer verbreiterten Hautknochenplatte bedeckt (Nuchal- oder Nackenplatte), die entweder frei ist oder in Verbindung mit den Dornfortsätzen der beiden Wirbel treten kann. In gleicher Weise sind die letzten Wirbel in der Regel von einer bis drei Suprapygal-(Supraneural-, Supracaudalia, Pygalia)-Platten bedeckt, auf welche noch eine Pygalplatte folgt. Zur Vervollständigung des aus Neural- und Costalplatten zusammengesetzten »Diskus« (Scheibe) dienen gewöhnlich 11 (seltener 12) Paar seitlicher nebst einer unpaaren hinteren Randplatte, Marginalia (Peripheralia). Bei den Trionychia fehlen in der Regel die Randplatten.

Während bei den aus dem Innenskelett hervorgegangenen Neural- und Costalplatten vielleicht Hautverknöcherungen beteiligt sind, sind die Nuchal-, Marginal- und Pygalplatten reine Hautbildungen. Auch das Bauchschild (Plastron) ist vollständig eine dermale Bildung. In der Regel besteht dasselbe aus neun Stücken, einem medianen unpaaren, am Vorderrand gelegenen Entoplastron (Episternum, Interclavicula) und vier Paar seitlichen, die als Epiplastron (Claviculare), Hyoplastron, Hypoplastron und Xiphiplastron bezeichnet werden. Bei den Cheloniidae sind Hyoplastron und Hypoplastron durch eine große Lücke (Fontanelle) getrennt (Fig. 409C), bei anderen (z. B. Chersidae Fig. 419) vereinigen sich die Stücke gegenseitig und bilden so eine geschlossene Platte; zwischen diesen Extremen können alle Übergangsstufen vorkommen.

Für die Stammform aller Schildkröten nimmt J. Versluys den Besitz eines Panzers an, bestehend teils aus den in tieferen Schichten der Lederhaut liegenden thekalen Hautknochen (dorsal: Costalia und Neuralia, Nuchale, Suprapygalia; ventral: Deckknochen des Schultergürtels; Claviculae und Interclavicula und Bauchrippen), teils aus oberflächlichen kleinen, von Hornschüppchen bedeckten epithekalen Hautverknöcherungen, die in Längsreihen angeordnet waren und von dem die seitlichen als Marginalia den thekalen Panzer ergänzen. Der Panzer

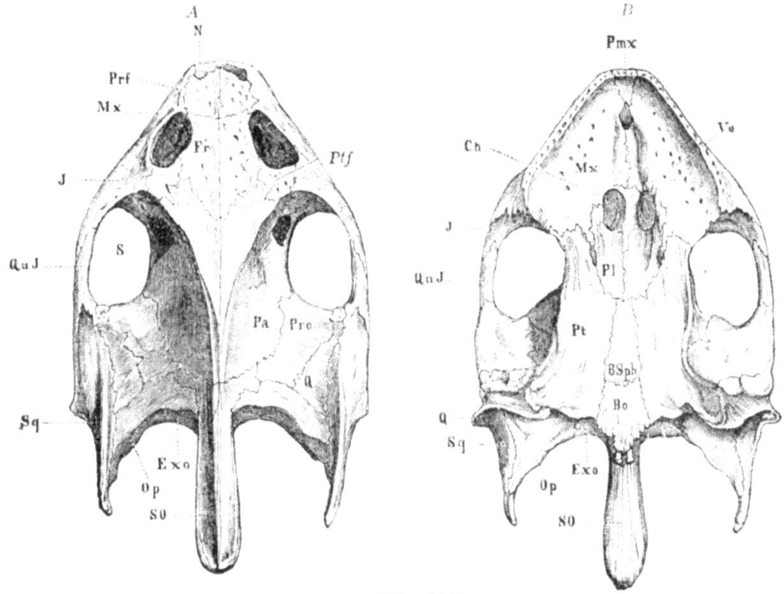

Fig. 410.
Schädel von *Trionyx Gangeticus* Cuv. *A* von oben. *B* von unten. *N* Nasenlöcher, *A* Augenlöcher, *S* Schläfenloch, *Bo* Basioccipitale, *Exo* Exoccipitale, *SO* Supraoccipitale, *Op* Opisthoticum, *Pro* Prooticum, *Sq* Squamosum, *Pa* Parietale, *Fr* Frontale, *Ptf* Postfrontale, *Prf* Praefrontale, *Q* Quadratum, *QuJ* Quadrato-Jugale, *J* Jugale, *Mx* Maxilla, *Pmx* Praemaxilla, *Ch* innere Nasenlöcher, *Vo* Vomer, *Pl* Palatinum, *Pt* Pterygoideum, *BSph* Basisphenoid. (Nach Hoffmann.)

von Dermochelys ist nach ihm eine sekundäre Wucherung der epithekalen Marginalia und anderer solcher Hautverknöcherungen.

Zuweilen fehlt das Entoplastron (z. B. Cinosternidae, Dermochelyidae) oder es schaltet sich zwischen Hyoplastron und Hypoplastron ein (bis zwei) Mesoplastron ein. Die Verbindung zwischen Rücken- und Bauchschild ist entweder nur eine verhältnismäßig lockere, teils durch Ligamente, teils durch seitliche Fortsätze von Hyo- und Hypoplastron vermittelt, oder diese beiden sind mit ungeknickten Marginalia fest durch Sutur verbunden. Es entsteht im letzteren Falle dann eine Brücke (Sternalbrücke). Verlängern sich die vorderen und inneren Flügel der Sternalbrücke nach innen und heften sie sich an die Innenseite von Costalplatten an, so entstehen sogenannte Sternalkammern.

Am Sacrum nehmen in der Regel zwei (selten drei oder mehr) Wirbel teil, deren Rippen durch Sutur mit dem Wirbelkörper und dem oberen Bogen verbunden und distal — namentlich die ersten — verbreitert sind. Der biegsame kurze Schwanz besteht aus procölen (selten opisthocölen), sehr beweglichen Wirbeln mit nur sehr niederen oder völlig fehlenden Dornfortsätzen, deren kurze Rippen in der Regel mit den Wirbelkörpern und den oberen Bogen sich zu querfortsatzartigen Gebilden verschmelzen.

Die Knochen des Schädels (Fig. 410), dem ein Foramen parietale fehlt, bilden ein häufig verlängertes, breit gewölbtes Dach, welches sich in einen starken, supraoccipitalen Hinterhauptskamm fortsetzt. Die seitlichen Augenhöhlen liegen vor der Mitte, die weiten, vereinigten, vertikalen Nasenöffnungen vorn am Schnauzenende. Das paarig entwickelte ansehnliche Parietale sendet (mit Ausnahme der Dermochelyidae) einen von manchen Autoren in Beziehung zum Epipterygoid gebrachten breiten Fortsatz zum Pterygoid (an Stelle des fehlenden ? Alisphenoids), die Seitenwandungen der Schädelkapsel werden von dem meist ansehnlichen Prooticum und Opisthoticum (Paroccipitale) eingenommen. Das Epioticum verschmilzt mit dem Supraoccipitale. Die paarigen Frontalia und Praefrontalia, welche die Augenhöhlen innen und vorne begrenzen, sind kräftig entwickelt, Nasalia kommen nur bei den meisten Chelyidae vor (auch bei Stegochelys, Porthochelys, Rhinochelys, Desmatochelydae beobachtet), und Lacrimalia (von der Praefrontalia unterdrückt) und Postorbitalia fehlen in der Regel. Der Vorderrand der Schnauze wird von den kleinen und gewöhnlich getrennten Praemaxillaria gebildet. Das Squamosum begrenzt Prooticum und Opisthoticum und ruht auf dem Quadratum, das durch einen nach oben verlängerten Fortsatz sich fest in die Gehörgegend einfügt und durch eine Naht vom Quadratojugale getrennt ist. Dieses letztere begrenzt als Jochbogen mit dem Jugale und den Fortsätzen des Squamosum und Postfrontale von unten die Schläfenöffnung, die aber keine eigentliche Durchbrechung des Schläfendaches, sondern eine Rückbildung desselben vom hinteren oder (und) unteren Rande her darstellt, und die auch durch seitliche plattige Ausbreitungen der genannten Elemente und des Parietale, namentlich bei Seeschildkröten, mehr oder weniger sich vollständig geschlossen zeigt, eine Erscheinung, die teils als eine sekundär erworbene gilt, teils aber (Döderlein, Fuchs u. a.) ein ursprünglich primäres Merkmal ist, das vielleicht über die Eunnotosauria auf die Cotylosaurier zurückzuleiten ist. Ausnahmsweise kann der Jochbogen durch Reduktion des Quadratojugale auch vollständig fehlen (z. B. Terrapene, Cistudo). Ein hinterer Abschluß der Schläfenöffnung wird manchmal durch einen Parieto-Squamosalbogen erzielt.

An der Umgrenzung des Foramen magnum nehmen Supraoccipitale, Exoccipitalia und manchmal auch das Basioccipitale teil, das mit den letzteren den in der Regel dreiteiligen Condylus bildet. Bei Dermochelys bleibt derselbe ebenso wie das Articulare knorpelig.

Der knöcherne Gaumen wird von den ausgedehnten Maxillaria und den in der Regel ziemlich verbreiterten Palatina sowie dem unpaaren Vomer gebildet, der die einander sehr genäherten Choanen von innen begrenzt. Auch die Pterygoidea sind als breite Knochenplatten entwickelt. Ossa transversa fehlen oder sind fossil nicht mit Sicherheit beobachtet. Der Stapes (Columella auris) ist verknöchert. Am Unterkiefer unterscheidet man 6 Knochen (Dentale, Angulare, Complementare, Operculare, Supraangulare, Articulare), welche sich jedoch an ausgewachsenen Individuen so fest aneinanderschließen, daß der Kiefer wie aus einem Stück bestehend erscheint. Zähne fehlen vollständig, ausgenommen bei Triassochelys auf dem Pterygoid, ? Vomer und Parasphenoid, welch letzteres außerdem nur bei Dermochelys beobachtet wurde, dagegen sind Ober- und Unterkiefer wie bei den Vögeln an ihren Rändern mit scharf schneidenden Hornplatten überkleidet.

Schulter- und Beckengürtel (Fig. 411) befinden sich auffallenderweise innerhalb des Panzers, da dieselben jedoch im Fötus vor und hinter sowie außerhalb der Rippen liegen, so erhalten sie ihre abnorme Lage erst bei fortschreitender Entwicklung. Der Schultergürtel ist ein dreischenkeliger Skelettkomplex. Der dorsale, stabförmige Schenkel, die Scapula, wird durch Band oder Knorpel am Rückenschild in der Nähe des vordersten Wirbels befestigt, der vordere ventrale Schenkel, das Procoracoid, verbindet sich ebenso mit dem Entoplastron (Episternum, Interclavicula), während der hintere ventrale Schenkel, das Coracoid, sich unter distaler Verbreiterung nach innen erstreckt. Der häufig stark gekrümmte Humerus zeichnet sich durch seinen dicken, kugeligen Gelenkkopf aus, am Vorderarm bleibt die Ulna bei den Chelonidae gegenüber dem Radius an Länge zurück. Der Carpus enthält in der Regel in der proximalen Reihe 4, in der distalen 5 Knöchelchen — doch kommen häufig Verschmelzungen vor. Die 5 Metacarpalia zeigen bei den verschiedenen Familien große Differenzen. Der Daumen hat gewöhnlich 2, die übrigen Finger 3 Phalangen, bei den Testudinidae ist diese Zahl häufig reduziert, bei den Trionychia aber weist der 4. Finger 1 oder 2 Glieder mehr auf.

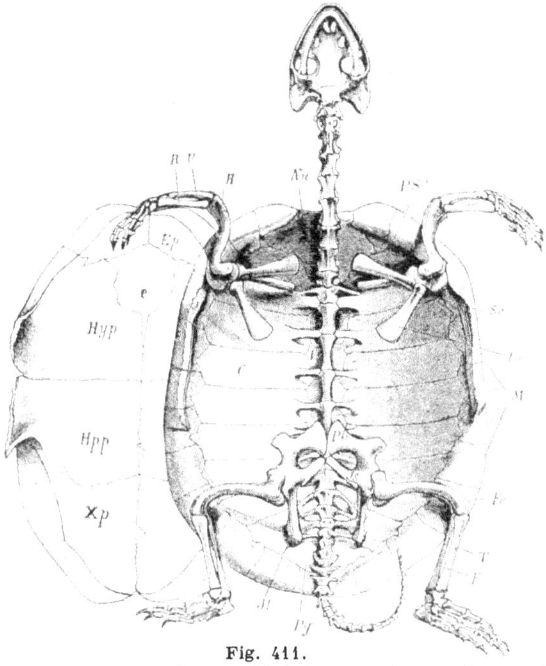

Fig. 411.

Emys orbicularis Linné. Skelett von unten gesehen, nach Entfernung des Bauchschildes. *Nu* Nuchalplatte, *C* Costalplatte, *M* Marginalplatten, *Py* Pygalplatte, *e* Entoplastron, *Ep* Epiplastron, *Hyp* Hyoplastron, *Hpp* Hypoplastron, *Xp* Xiphiplastron, *Co* Coracoid, *PSc* Procoracoid, *Sc* Scapula, *H* Humerus, *R* Radius, *U* Ulna, *Il* Ilium, *Pb* Pubis, *Is* Ischium, *Fe* Femur, *T* Tibia, *F* Fibula.

An dem lacertilierähnlichen Beckengürtel heften sich die Ilia gewöhnlich an den Sacralrippen an, häufig sind sie auch mit den letzten Costalplatten knorpelig durch Naht verbunden. Bei den Pleurodiren sind auch Pubes und Ischia an dem Plastron unbeweglich befestigt. Der Femur ist ein gekrümmter, zylindrischer Knochen, Tibia und Fibula erreichen nahezu gleiche Länge. Im Tarsus treten in der Regel Konkreszenzen ein, so entsteht durch Verschmelzung des Tibiale und Intermedium ein Astragalus und aus dem Fibulare ein Calcaneus — bei den Emydinae können beide Knochen oft zu einem einzigen Element verwachsen —, die distale Reihe des Tarsus enthält 4 (Chelonidae) oder 5 Knöchelchen. Die 5 Metatarsalia und Zehen gleichen dem Vorderfuß.

Die Schildkröten leben teils auf dem Festland, teils im süßen Wasser, teils im Meer. Gegenwärtig kennt man ca. 230 Arten, die größtenteils auf warme und tropische Zonen beschränkt sind. Sie pflanzen sich durch Eier fort, welche in der Erde oder bei den wasserbewohnenden Formen am Ufer im Sande eingescharrt werden. Ihre Nahrung besteht teilweise aus Pflanzen, sehr viele von ihnen nähren sich aber auch von Fischen, Mollusken und Crustaceen.

Den ältesten Schildkröten in Europa begegnen wir in der Trias, in Nordamerika erst im oberen Jura. Die geographische Verbreitung der jetzigen Schildkröten, wie z. B. der Testudinidae und Emydinae, der Trionychia und Pleurodira ist schwer zu erklären, ebenso stößt die Deutung der gegenseitigen verwandtschaftlichen Beziehungen der verschiedenen Angehörigen einer so spezialisierten Ordnung auf große Schwierigkeiten und löst infolgedessen Widersprüche in der Systematik aus.

1. Unterordnung: **Amphichelydia.**

Mesoplastra vorhanden. Becken häufig noch nicht mit dem Plastron verwachsen. Intergulare Scuta wahrscheinlich immer entwickelt. Kopf und Hals nicht unter die Schale zurückziehbar. Epiplastra in Kontakt mit den Hyoplastra. Trias bis ? Miocän.

Die hier vereinigten fossilen Vertreter aus Trias, Jura und Kreide in Europa und Nordamerika, die sich vielleicht in Proganochelynae, Archaeochelidae, Pleurosternidae und Baënidae gliedern lassen, vereinigen noch Merkmale der Cryptodira und Pleurodira, Jaekel schließt sie teils den Cryptodira (Triassochelys und Proganochelys), teils den Pleurodira (Proterochersis) an; Lydekker, dem sich G. Baur und Hay[1]) anschlossen, nannte sie *Amphichelydia* und betrachtete sie als eine den übrigen gleichwertige Unterordnung der Schildkröten.

? Chelyzoon v. Huene. Wirbelkörper 3 cm hoch und 9 cm lang, opisthocöl. Muschelkalk. Bayern und Schwaben.

**Proganochelys* Baur em. E. Fraas. (*Psammochelys* Quenstedt. ? *Chelytherium* H. v. Meyer.) (Fig. 412.) Sehr große (65 cm lange), mäßig gewölbte Form. Plastron mit dem Rückenschild unter Bildung von Sternalkammern verwachsen. 5 Vertebralscuta außerordentlich groß und breit auf Kosten der Lateralscuta, im vorderen und hinteren Winkel zahlreiche, mit Höckern versehene Supramarginalscuta (Supramarginalia). Rückenwirbel weit vom Rückenschild abstehend und mit ihm durch die dünnen Dornfortsätze verbunden. Becken mit dem Rückenschild und Bauchschild verwachsen. Mesoplastra sehr groß, median zusammenstoßend. Keuper (Stubensandstein) Schwaben.

**Triassochelys* Jaekel (*Stegochelys* Jaekel). Schädel mit geschlossenem Dach, monocondyl, mit bezahntem Pterygoid, Vomer, Parasphenoid. 8 Halswirbel noch mit zweiköpfigen Rippen und dorsal mit Hautstacheln, 13 Rumpfwirbel (inkl. 2 Sacralwirbel). Am Panzer neben den Marginalia noch Supramarginalia. Bauchpanzer von der Interclavicula, den Claviculae und nach Ansicht Jaekels von den verbreiterten Bauchrippen (Gastralia) gebildet. Schultergürtel mit Cleithrum. Ob. Trias. Halberstadt.

---

[1]) *Hay* teilt dieselben in Proganochelydae, Pleurosternidae und Baënidae.

**Proterochersis* E. Fraas (Fig. 413). Halb so groß wie Proganochelys, aber sehr hoch gewölbt, mit mächtig entwickeltem, fest an Ober- und Unterschale verwachsenem Becken. 2 Mesoplastra vorhanden. Interclavicula entwickelt, nach Fraas Repräsentant der Archaeochelydae. Keuper (Stubensandstein) Schwaben.

Pleurosternum Owen. Rückenschild sehr flach, hinten gerundet, Neuralia mäßig verlängert; Nuchalscutum fehlt, Rückenschild mit Plastron

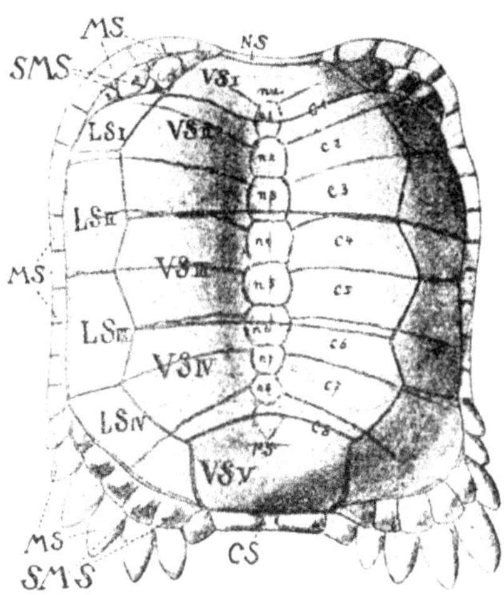

Fig. 412.
Proganochelys Quenstedti E. Fraas. Aus dem Keuper (Stubensandstein) v. Aixheim (Württemberg). Rekonstruktion d. Rückenpanzers. Hornschilder: *VS I - V* Vertebralscuta, *NS* Nuchalscutum, *CS* Caudalscutum, *LS I—IV* Lateralscuta, *MS* Marginalscuta, *SMS* Supramarginalscuta. Knochenplatten: n_{1-8} Neuralplatten, *nu* Nuchalplatte, *py* Pygalplatte, *c 1—8* Costalplatten. Verkleinert. (Nach E. Fraas.)

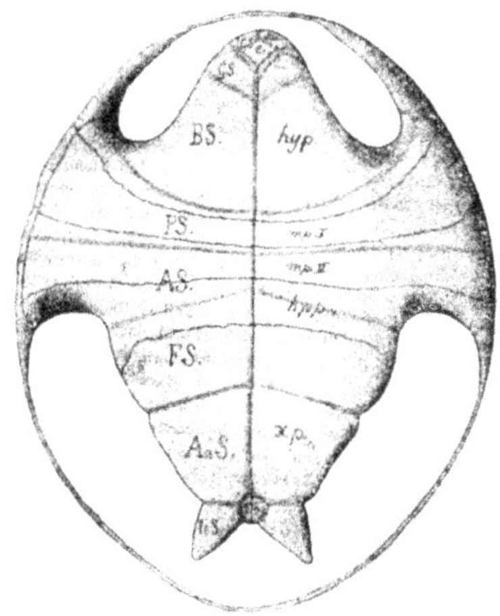

Fig. 413.
Proterochersis robusta E. Fraas. Aus dem Keuper (Stubensandstein) von Rudersberg (Württemberg). Rekonstruktion des Bauchpanzers. Hornschilder: *JGS* Intergularscutum, *GS* Gularscutum, *BS* Brachialscutum, *PS* Pectoralscutum, *AS* Abdominalscutum, *FC* Femoralscutum, *AnS* Analscutum, *IcS* Caudalscutum, *CS* Intercaudalscutum (Supramarginalia). Knochenplatten: *e* Entoplastron, *ep* Epiplastron, *hyp* Hyoplastron, *mpI* vorderes, *mpII* hinteres Mesoplastron, *hpp* Hypoplastron, *xp* Xiphiplastron. (Nach E. Fraas.)

durch eine große Brücke fest verbunden. Das eine Mesoplastron sehr breit. Oberer Jura und Wealden von England und Norddeutschland. ? Miocän. Lausanne, Schweiz.

Helochelys v. Meyer. Cenoman. Kelheim.

**Platychelys* A. Wagner (*Helemys* Rütimeyer). (Fig. 414.) Rückenschild schwach gewölbt, mit drei Längsreihen starker kegelförmiger Höcker, von denen radiale Rippen ausstrahlen. Diese Höcker entsprechen den darüberliegenden Vertebral- und Costalscuta. Neuralplatten breit, ungleich groß. Plastron kreuzförmig, durch kurze Brücke mit dem Rückenschild verbunden. Becken nicht mit dem Plastron verwachsen. Oberster Jura. Bayern, Frankreich, England.

**Glyptops* Marsh (*Compsemys* Leidy). Rückenschild flach, mit dem Plastron durch Sutur fest verbunden. Becken nicht mit dem Bauchschild verwachsen. Halswirbel amphicöl. Oberer Jura bis obere Kreide. Nordamerika, England.

Probaëna Hay. Nahe verwandt mit Platychelys. Untere Kreide (Como beds). Nordamerika.

Baëna Leidy. Rückenschild flach, fest mit dem Plastron durch Sutur verbunden. Mesoplastron ansehnlich, mit ausgebreiteten äußeren Enden. Obere Kreide. Eocän. Nordamerika.

Trachydermochelys Andrews. Ob. Grünsand. England. *Eubaëna* Hay. *Chisternon* Leidy. *Boremys*, *Neurancylus* Lambe. ? *Thescelus*, *Charithemys* Hay. ? *Polythorax* Cope. ? *Naomichelys* Hay. Obere Kreide. Nordamerika.

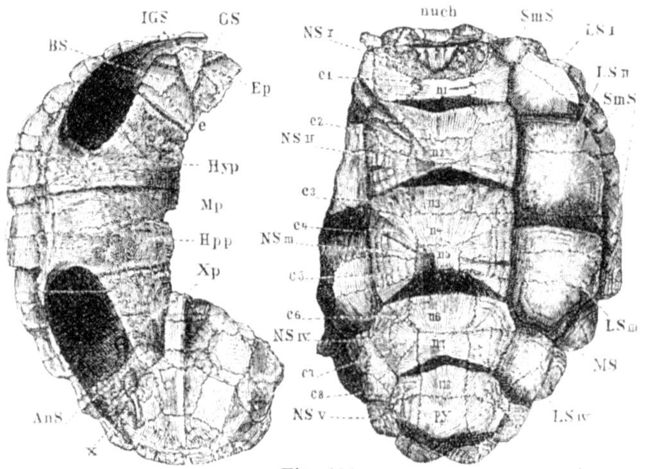

Fig. 414.
Platychelys Oberndorferi Wagn. Ob. Jura. Kehlheim, Bayern. ¼ nat. Gr. *A* Rückenschild, *B* Bauchschild. *n 1—8* Neuralplatten, *c 1—8* Costalplatten, *nuch* Nuchalplatte, *py* Pygalplatte, *NS* Vertebral- oder Neuralscuta, *LS* Lateralscuta, *SmS* Supramarginalscuta, *MS* Marginalscuta, *e* Entoplastron, *Ep* Epiplastron, *Hyp* Hyoplastron, *Mp* Mesoplastron, *Hpp* Hypoplastron, *Xp* Xiphiplastron, *IGS* Intergularscutum, *GS* Gularscutum, *BS* Brachialscutum, *x* Anheftstelle des Darmbeins, *PS* Pectoralscutum, *AS* Abdominalscutum, *FS* Femoralscutum, *AnS* Analscutum.

2. Unterordnung: **Pleurodira.** Lurchschildkröten.

Rücken- u. Bauchschild vollständig verknöchert, Becken mit dem Rückenschild und gewöhnlich auch mit dem Plastron unbeweglich verbunden. Mesoplastra vorhanden oder fehlend. Hals und Kopf seitlich bewegbar. Halswirbel mit starken Querfortsätzen. Hornschilder vorhanden. Schwimmfüße mit 4–5 Krallen. Jura bis jetzt.

Sämtliche lebende Pleurodiren sind Süßwasserbewohner und finden sich in Afrika, Madagaskar, Südamerika, Australien und Neu-Guinea.

1. Familie: **Pelomedusidae.**

Plastron aus 11 Elementen zusammengesetzt. Mesoplastron vorhanden, ein knöcherner Schläfenbogen, aber kein Parieto-Squamosalbogen vorhanden. Nasalia fehlen. Praefrontalia miteinander verbunden. ? Gault. Obere Kreide bis jetzt.

Die lebenden Gattungen *Sternothaerus* Bell, *Pelomedusa* Wagl., *Podocnemis* Wagl. finden

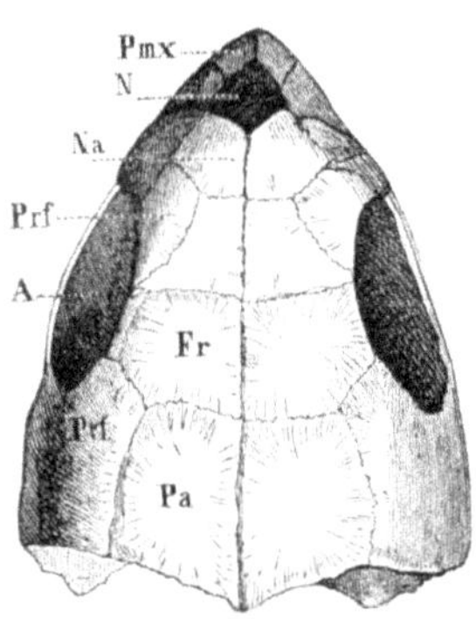

Fig. 415.
Rhinochelys Cantabrigiensis Lyd. Schädel in nat. Gr. aus dem Grünsand von Cambridge. (Nach Lydekker.) *A* Augenhöhle, *N* Nasenloch, *Pa* Parietale, *Fr* Frontale, *Prf* Prae-, *Ptf* Postfrontale, *Na* Nasale, *Pmx* Zwischenkiefer.

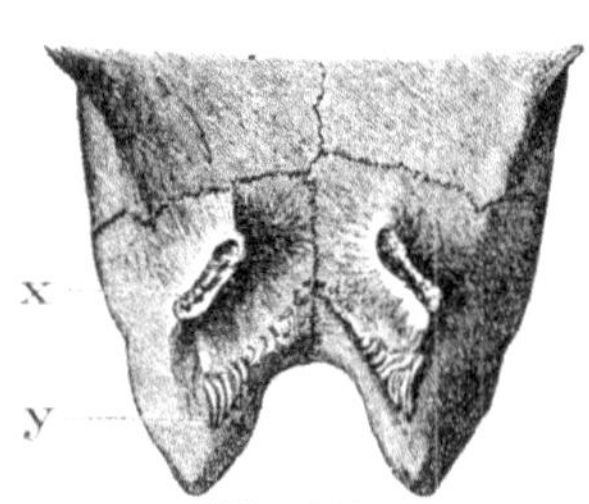

Fig. 416.
Podocnemis expansa Wagl. Rezent. Brasilien. Hinteres Ende des Bauchschildes von innen, mit den Anheftstellen für Scham- und Sitzbein (*x*, *y*). (Nach Rütimeyer.)

sich in Afrika, Madagaskar und Südamerika, die beiden ersten fossil im Mittelpliocän und Untermiocän von Ägypten, letztere schon im Obereocän, *Podocnemis* (Fig. 416) wird bereits aus dem Untereocän von England, dem Obereocän-Untermiocän von Ägypten, dem Paleocän (Montien) des Kongo und ? Indien genannt. *Stereogenys* Andrews. Obereocän-Oligocän Ägypten. Die systematische Stellung von *Rhinochelys* Seeley (Fig. 415), mit gesonderten Nasalia, aus dem Gault von England ist unsicher.

Die Gattungen *Bothremys* Leidy, *Taphrosphys* Cope, *Amblypeza*, *Naiadochelys* Hay aus der oberen Kreide Nordamerikas werden auf Grund eines wohlentwickelten Vomers auch als eigene Familie: *Bothremydidae* betrachtet.

2. Familie: **Chelyidae.**

Plastron aus 9 Elementen zusammengesetzt. Keine Mesoplastra. Schläfenbogen in der Regel fehlend, dafür ein Parieto-Squamosalbogen vorhanden. Palatina durch den Vomer getrennt. Nasalia vorhanden. Praefrontalia voneinander getrennt. Eocän bis jetzt. Lebend (10 Gattungen) in Südamerika, Australien, Neu-Guinea.

Chelodina Fitz. Das große Intergulare nicht am Rande des Plastrons, sondern hinter den Gularia, zwischen Humeralia und Pectoralia liegend. Pleistocän und rezent. *Hydraspis* Bell. Eocän Indien und rezent Südamerika. *Emydura* Bonap. Australien. ? Pleistocän.

3. Familie: **Miolanidae.**

Panzer unvollständig bekannt. Becken mit den Costalia verwachsen. Schädel mit vollkommen überwölbten Schläfenöffnungen, mit hornähnlichen

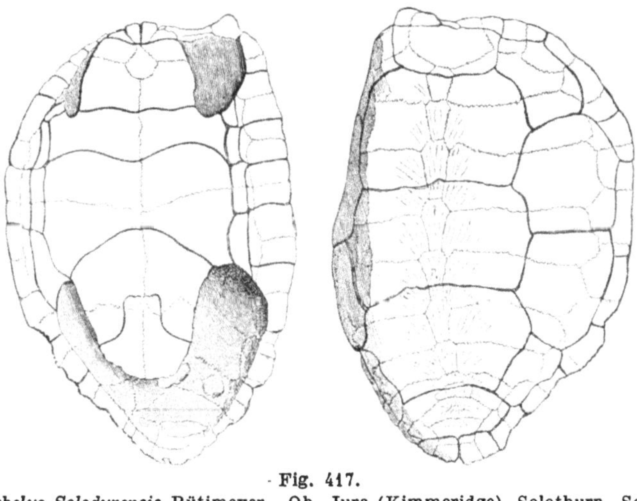

Fig. 417.
Plesiochelys Solodurensis Rütimeyer. Ob. Jura (Kimmeridge), Solothurn, Schweiz. 1/3 nat. Gr. (Nach Rütimeyer.)

Knochenzapfen skulptiert. Schwanz in einer aus Verschmelzung ähnlicher Hautossifikationen hervorgegangenen knöchernen Scheide eingeschlossen. ? Kreide. Pleistocän.

Die einzige riesige Gattung *Miolania* Owen (Schädel am hinteren Ende bis 0,58 m breit) wurde zuerst aus dem Pleistocän von Queensland (Australien) beschrieben. Später sind sehr vollkommene Reste aus der ? obersten Kreide (? Tertiär) von Patagonien bekannt geworden.

4. Familie: Plesiochelyidae.

Mesoplastra fehlen. Nur Pubis mit dem Plastron verwachsen. Schläfenregion überwölbt. Oberer Jura bis untere Kreide.

**Plesiochelys* Rütim. (Fig. 417). Rückenschild bis ½ m lang, massiv, kreis-herzförmig. 8 Neuralia, lang, schmal, 3 Suprapygalplatten. 11 Paar Marginalia mit einer unpaaren, in die Quere gestreckten Nuchalplatte. Sternalbrücke sehr groß. Entoplastron und Epiplastra sehr klein. Hyoplastra groß. Plastron mit oder ohne bleibende Fontanelle. Oberer Jura. Untere Kreide. Deutschland, Frankreich, Schweiz.

Hylaeochelys Lyd. Oberer Jura und Wealden. Europa.

Tholemys Andrews. Ob. Jura. England.

?*Sontiochelys* G. Stache. Neuralia fehlen vollständig. Cenoman. Karst.

3. Unterordnung: Cryptodira.

Rücken- und Bauchschild mehr oder weniger vollständig verknöchert, gegenseitig verbunden. Mesoplastra fast stets fehlend, Epiplastra im Kontakt mit den Hyoplastra. Marginalia vorhanden. Kopf und Hals in vertikaler Richtung in S-förmiger Kurve in die Schale zurückziehbar. Halswirbel ohne oder nur mit kurzen Querfortsätzen. Becken nicht mit dem Plastron verwachsen. Klump- oder Schwimmfüße mit 4—5 Krallen. Hornschilder. Oberer Jura bis jetzt.

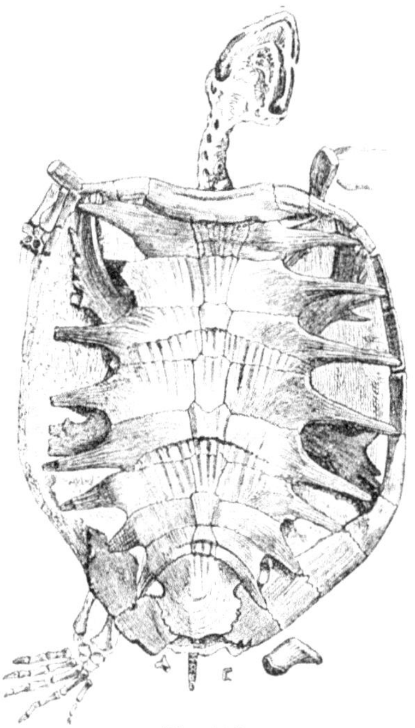

Fig. 418. *Eurysternum Wagleri* H. v. Meyer. Ob. Jura. Zandt bei Eichstätt. ⅓ nat. Gr.

1. Familie: Thalassemydidae[1]).

Panzer mehr oder weniger unvollständig verknöchert. Fontanellen zwischen Marginalia und Costalia vorhanden oder angedeutet. Plastron mit zentraler und seitlichen Fontanellen oder nur mit seitlichen Lücken, mit der Rückenschale durch seitliche Fortsätze verbunden. Schläfengegend mehr oder weniger überdacht. Hals kurz. 5 Krallen. Jura bis Kreide. ? Eocän.

Diese ausgestorbene Familie enthält Schildkröten aus marinen Ablagerungen, welche vom Jura bis zum Eocän die Meerküsten bewohnten und in ihrer ganzen Erscheinung eine Verbindung von Merkmalen der heutigen Cheloniidae (Meerschildkröten) und Emydinae (Sumpfschildkröten) zur Schau tragen. Die meist unvollständige Verknöcherung des Rückenschildes, sowie die bleibenden Fontanellen im Bauchschild drücken den Thalassemydiden äußerlich den Stempel der Meerschildkröten auf; allein die Form der Plastronstücke, die stark verlängerten und etwas aufwärts gebogenen Flügel der Hyo- und Hypoplastra, erinnern weit mehr an die Sumpfschildkröten als an die Cheloniidae. Ebenso ähnelt die Beschaffenheit der Ex-

[1]) *Oertel W.*, Beiträge zur Kenntnis der oberjurassischen Schildkrötengattung Hydropelta. Zentralbl. f. Mineral. etc. 1915.

tremitäten denen der Emydidae. Die fünf mäßig verlängerten, gelenkig verbundenen Zehenglieder endigen mit Krallen und waren ursprünglich wahrscheinlich durch eine Schwimmhaut vereinigt, konnten somit zum Gehen und Schwimmen gebraucht werden.

**Eurysternum* Wagler (*Aplax*, *Acichelys*, *Achelonia*, *Palaeomedusa* v. Meyer) (Fig. 418). Das Rückenschild verknöchert erst in hohem Alter vollständig, das Plastron bewahrt stets größere Fontanellen. Schläfengegend vollständig überdacht. Extremitäten mit 5 kurzen Zehen. Im lithographischen Schiefer von Solnhofen (Bayern) und Cerin (Dep. Ain).

Thalassemys Rütimeyer (*Enaliochelys* Seeley). Ähnlich Eurysternum, aber hintere Neuralia mit dachähnlichem Rücken. ? Verwandt mit *Glyptops*. Ob. Jura. Purbeck. Schweiz. Schwaben. England.

? *Pygmaeochelys* Laube. Zwerghafte, kleine Form. Turon. Böhmen.

Chelonides Maack. Ob. Jura. Norddeutschland.

Tropidemys Rütimeyer, *Pelobatochelys* Seeley. Ob. Jura und Wealden. Europa.

? *Hydropelta* Lortet (non H. v. Meyer). Ob. Jura. Cerin.

Idiochelys H. v. Meyer. Plastron nur mit seitlichen Lücken. Neuralia teilweise reduziert. Ober. Jura. Bayern und Cerin.

Chitracephalus Dollo. Schädel stark verlängert, niedrig. Gesichtsteil kurz. Schläfengegend nicht überdacht. Wealden. Belgien.

Desmemys Th. Wegner. Carapax mit zahlreichen Fontanellen zwischen Marginalia und Costalia. Plastron mit 3 mittleren und 2 seitlichen Fontanellen. Wealden. Westfalen.

In ihrer Stellung unsicher sind folgende Formen, die manche Autoren auch mit den Cheloniidae vereinigen:

Osteopygis Cope. Rückenpanzer nahezu geschlossen. 8 Paar Costalia, 11 Paar Marginalia. Plastron relativ klein. Ob. Kreide. Nordamerika. Nahe verwandt, wahrscheinlich identisch ist *Propleura* Cope. Das gleiche gilt für *Catapleura* Cope. Ob. Kreide. Nordamerika.

Lytoloma Cope (? *Euclastes* Cope, ? *Glossochelys* Seeley). Unvollständig bekannt. Ob. Kreide. Eocän. Europa, Nordamerika, Afrika (Tunis). Miocän. Italien[1]).

Erquelinnesia Dollo (*Pachyrhynchus* Dollo). Ob. Kreide. Eocän. Nordamerika. Europa.

Rhetechelys Hay. Ob. Kreide. Nordamerika.

2. Familie: Chelydridae.

Am Rückenschild Nuchale mit rippenartigen Fortsätzen. Sämtliche Neuralia vorhanden. 25 Marginalia. Plastron aus 9 Elementen bestehend, klein, kreuzförmig, mit dem Rückenschild locker (durch Gomphose) verbunden. Schläfenregion unvollständig überdeckt. Schwanz lang, mit meist opisthocölen Wirbeln. Füße mit fünf mäßig langen, durch Schwimmhaut verbundenen Zehen, vorne fünf, hinten vier Krallen. Ob. Jura bis jetzt.

Tretosternum Owen (*Peltochelys* Dollo). Rückenschild mit grubiger Oberfläche, sein Vorderrand tief ausgeschnitten. Purbeck u. Wealden. England und Belgien.

Gafsachelys de Stefano. Unt. Eocän. (? Kreide). Tunis.

? *Acherontemys* Hay. Miocän. Nordamerika.

Macroclemmys Gray (*Machochelys* Gray). Fossil im Pleistocän von Nordamerika. Lebend in Flüssen und Sümpfen von Nordamerika.

Chelydra Schweig. Lebend in Nord- und Zentralamerika. Fossil im Miocän von Europa, Pleistocän von Nordamerika.

Devisia D. Ogilby. Rezent. Neu-Guinea.

---

[1]) *Misuri A.*, Palaeontographia ital. 16. 1910. S. 119.

3. Familie: **Testudinidae.**

Nuchalplatte ohne rippenähnliche Fortsätze. Panzer vollständig geschlossen, Plastron mit dem Rückenschild in der Regel durch Sutur verbunden. Schläfengegend nicht überwölbt.

Im Bau der knöchernen Schale stehen die Emydinae den Testudininae (Landschildkröten) sehr nahe, mit denen sie von verschiedenen Autoren auch direkt vereinigt werden, unterscheiden sich von diesen aber hauptsächlich durch flachere Wölbung des Rückenschildes, tieferes Eingreifen der Sternalflügel nach innen und die dadurch bewirkte Ausbildung von Sternalkammern, sowie durch den Bau ihrer Extremitäten, denen überdies Hautverknöcherungen fehlen. Sie lassen sich als zwei deutlich getrennte Gruppen bis in das Eocän zurück verfolgen und dürften wahrscheinlich auf die Thalassemydidae zurückgehen.

Unterfamilie: **Emydinae.** (Sumpfschildkröten.)

Rückenschild schwach gewölbt, Plastron in der Regel durch Sutur, selten durch Ligamente mit dem Rückenschild verbunden, aus 9 Elementen zusammengesetzt. Mesoplastron fehlt. Sternalkammern wohl entwickelt. Quadratum hinten offen. Zehen kurz, kräftig, die mittleren gewöhnlich mit drei Phalangen (Terrapene mit zwei), durch Schwimmhaut verbunden. 4 bis 5 Krallen. Eocän bis jetzt.

Die Emydinae (20 Genera) leben gegenwärtig in Flüssen und Sümpfen in allen wärmeren Teilen der Erde mit Ausnahme der äthiopischen Region in Afrika und des australischen Gebiets, fossile Formen sind mit Sicherheit erst aus dem Tertiär bekannt. Die ältesten Reste in Europa stammen aus dem Eocän von England, ihre generische Stellung zu *Chrysemys* Gray erscheint fraglich. Die Gattung **Emys* Dum. (*Cistudo*) wird in Europa bis in das Obereocän zurück genannt. Die unter dem Namen *Emys* (Fig. 411) aus dem Oligocän und Miocän Europas beschriebenen zahlreichen Schildkröten scheinen fast alle eher auf *Clemmys* Wagl. und die rezent nur in Ostasien verbreitete *Okadia* Gray hinzuweisen. Okadia auch im Pliocän von Ägypten. *Ptychogaster* Pomel zeigt sich im Oligocän und Miocän in ziemlich weiter Verbreitung. In den Vereinigten Staaten ist im Eocän *Ectomatemys* Hay und *Clemmys* Wagl. häufig, im Oligocän findet sich Graptemys Agass., und im jüngeren Tertiär verteilen sich die Funde auf *Trachemys* Agass., *Terrapene* Merrem, *Chrysemys* Gray, *Clemmys* Wagl. u. a.

Patanemys Andrews. Bartonien.

Unterfamilie: **Testudininae.** Landschildkröten *(Chersidae).*

Rückenschild hoch gewölbt. Plastron durch Sutur mit dem Rückenschild verbunden, aus 9 Elementen zusammengesetzt. Sternalkammern kaum entwickelt. Quadratum hinten geschlossen. Kurze Klumpfüße mit Hautverknöcherungen, die Mittelzehen nur mit zwei Phalangen. Vorne gewöhnlich mit fünf, hinten mit vier geraden, dicken Nägeln. Ohne Schwimmhäute. Eocän bis jetzt.

Die Verteilung der lebenden Testudininae (5 Genera) ist dieselbe wie der Emydinae. Im australischen Gebiet fehlen sie gleichfalls. Das Vorkommen von Riesenformen von Testudo auf den Galapagos- u. a. Inseln wird auf eine frühere Landverbindung derselben mit Amerika zurückgeführt. Für eine Einwanderung der Testudininae von Nordamerika über Indien und Madagaskar nach Nordafrika an der Grenze von Meso- und Kaenozoikum haben wir bis jetzt noch keine sicheren Beweise.

Abgesehen von einem unsicheren Rest im Cemoman Ägyptens ist die älteste, relativ häufige Landschildkröte *Hadrianus* Cope aus dem Eocän (? Kreide) der Vereinigten Staaten, seltener erscheint *Achilemys* Hay, im Unteroligocän und älteren Miocän findet sich neben *Stylemys*

Leidy (Fig. 419) bereits **Testudo* Linné sehr verbreitet, welch letztere sich von da ab im Tertiär Nordamerikas allein findet. In dem Unteroligocän des Fajum in Ägypten zeigt sich neben kleineren Arten die sehr ansehnliche *Testudo Ammon* Andrews. Die übrigen oligocänen Reste dieser Gattung in Europa sind nicht völlig sicher, dagegen wird sie ziemlich häufig aus dem Miocän und Pliocän genannt. Eine Riesenform, *T. Perpiniana* Gaudry aus

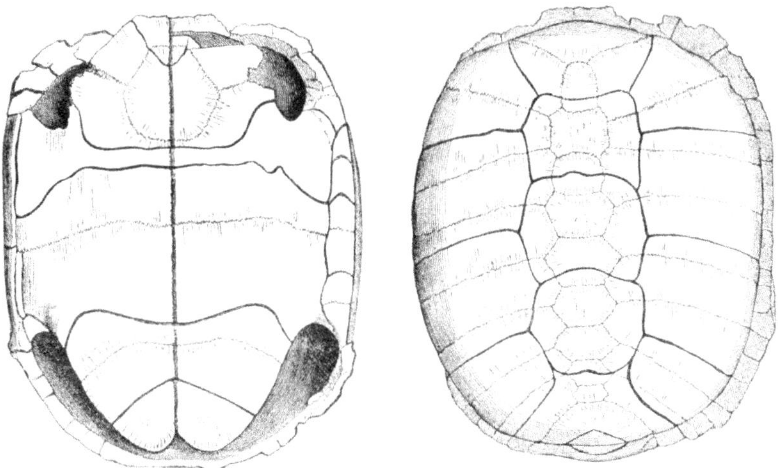

Fig. 419.
Stylemys Nebrascensis Leidy. Oligocän. Mauvaises terres des White River, Dakota. ⅓ nat. Gr. (Nach Leidy.)

dem Pliocän von Serrat (Ostpyrenäen), hat einen Rückenpanzer von 1,20 m, und *T. Atlas* Falc. und Cantley aus dem ob. Miocän (? Pliocän) von Sivalik (Indien) sogar von 2 m Länge. Auch aus dem Pliocän von Malta sind Reste von gewaltigen Landschildkröten bekannt, welche zu den in historischer Zeit ausgerotteten Riesenschildkröten der Mascareninseln Mauritius und Rodriguez sowie den auf den Galapagosinseln lebenden T. elephantopus Beziehungen haben sollen (?).

4. Unterordnung: **Cheloniidea.**

Rücken- und Brustschild unvollkommen verknöchert. Hals unvollständig in die Schale zurückziehbar. Sehr kurze Querfortsätze an den Halswirbeln vorhanden. Becken mit dem Plastron nicht fest verbunden. Ruderfüße. Epidermis verhornt oder Haut lederartig und mit einem Pflaster polygonaler dünner Knochenplatten (Carapace athèque = mosaïque superficielle Dollo). Obere Kreide bis jetzt.

1. Familie: **Dermochelyidae.** (Lederschildkröten.) (*Athecae* Cope.)

Wirbel und Rippen frei. Vom Rückenpanzer die Nuchalplatte entwickelt, die lateralen Kiele den Marginalia der Thecophora homolog. Plastron von 8 Knochen gebildet. Entoplastron fehlt. Der ganze Rumpf von einer lederartigen Haut überzogen, in welche ein dichtes Mosaikpflaster polygonaler, in Reihen angeordneter Knochenplättchen eingelagert ist. Parietalia ohne absteigende Fortsätze. Ruderfüße ohne Krallen. Eocän bis jetzt.

Die einzige lebende Lederschildkröte *Dermochelys* Blainv[1]). (*Sphargis*), deren Kopf nicht zurückziehbar ist, gehört zu den größten und weitverbreitet-

[1]) Siehe *Nick L.*, *Völker H.* über Dermochelys in Zool. Jahrbücher Anat. 33. Bd. 1913.

sten, aber auch seltensten Gattungen; sie findet sich im Atlantischen, Indischen und Stillen Ozean, gelegentlich auch im Mittelmeer. Kopf mit kleinen Schildern bedeckt. Der Hinterhauptscondylus nur sehr unvollständig verknöchert, ein selbständig ossifiziertes Parasphenoid ist vorhanden. Das dünne Mosaikpflaster der Rückenseite mit 7 (9 im primitiven Zustand) Reihen, das der Bauchseite mit 5 (die mittlere eine Doppelreihe) Reihen größerer, als Kiele hervortretenden Plättchen. Die Elemente des Plastrons, Epiplastron, Hyoplastron, Hypoplastron und Xiphiplastron, sind dünn und schlank und umschließen eine weite Fontanelle. Hals mit knorpeligen primären Intercentra, Schwanz mit knorpeligen rudimentären unteren Bogen. Cope und Dollo stellten Dermochelys und Verwandte als *Athecae* allen übrigen Schildkröten, den *Thecophora*, gegenüber. Sie stellen eine sehr spezialisierte Gruppe dar, die auf Grund gemeinsamer Merkmale mit Cheloniiden vielleicht auf primitive Cheloniidea zurückzuführen ist.

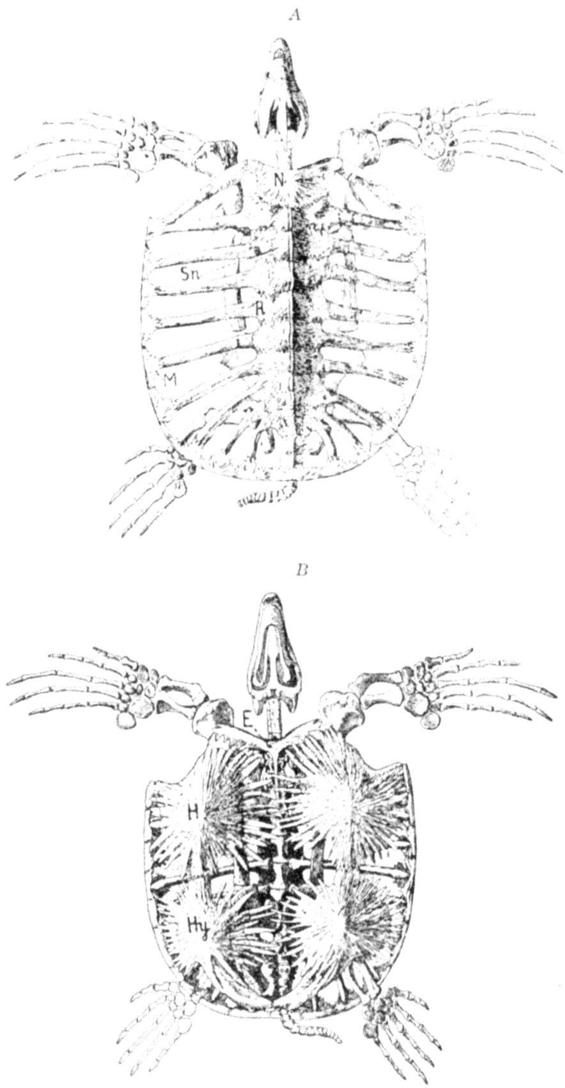

Fig. 420.

Archelon ischyros Wieland. Ob. Kreide. Dakota. *A* von oben. *B* von unten. *N* Nuchalplatte, hinter derselben 11 *Sn* Supraneuralplatten und eine Pygalplatte, *R* Rippen, *M* Marginalia, *E* Entoplastron, *H* Hyoplastron, *Hy* Hypoplastron. $^1/_{48}$ nat. Gr. (Nach Wieland.)

**Psephophorus* v. Meyer. Schädel dicker, kürzer und relativ größer als bei Dermochelys. Rücken- und Bauchpflaster aus einem dichten Mosaik von kleinen, ventral stets ungekielten Knochenplatten bestehend. Mitteleocän, Oligocän, Miocän, Pliocän. Europa. Obereocän. Ägypten. Miocän. Maryland.

**Cosmochelys* Andrews. Mosaikpflaster aus einigen Reihen größerer, skulptierter, gekielter Platten und dazwischen liegender kleinerer, polygonaler, ungekielter Platten zusammengesetzt. Überbleibsel der Theca in Gestalt schwacher Neural- und auf die Oberenden der Rippen beschränkter Costalplatten. Ein Mittelstück eines Rückenpanzers a. d. Unter- oder Mitteleocän von Nigeria.

2. Familie: **Protostegidae.**

Rückenschild stark reduziert, Rippen mit ihrer größeren Hälfte über den Discus hervorragend. Marginalia vorhanden. Plastron kräftig, nur wenig reduziert. Entoplastron T*-förmig. Epiplastra sehr klein; Hyoplastron und Hypoplastron sehr groß, fingerförmig gelappt. Xiphiplastron kurz. Eine Lederhaut mit eingelagerten Knochen wahrscheinlich vorhanden. Schläfenregion überdacht. Parietalia mit absteigenden Fortsätzen. Ruderfüße mit drei oder mehr Krallen.* Ob. Kreide. Oligocän.

Protostega Cope. Praemaxillare zu einem kurzen Schnabel ausgezogen. Unterkieferäste sehr frühzeitig miteinander verschmolzen. Neuralia normal, ohne Gruben. Ob. Kreide. Nordamerika.

**Archelon* Wieland (Fig. 420). Praemaxillare zu einem großen und stark gekrümmten Schnabel ausgezogen. Unterkieferäste erst in hohem Alter miteinander verschmolzen. Nuchale sehr groß und sehr dünn. Die Neuralia sehr dünn und reduziert, das vorderste anscheinend fehlend, über den Neuralia und den proximal plattenartig verbreiterten (9 Paar) Rippen eine Reihe (11) dünner, median gekielter Supraneuralplatten, die offenbar wie bei Dermochelys in der inneren Lederhaut eingebettet waren. Entoplastron T-förmig. Ob. Kreide. S.-Dakota. Nordamerika.

Protosphargis Cap. Ca. 3 m große Schildkröte, nicht vollständig erhalten. Plastron ähnlich dem von Protostega, aber Entoplastron nicht beobachtet. Marginalia vorhanden. Ob. Kreide. (Scaglia). Valpolicella bei Verona.

Pseudosphargis Dames. Schädelfragment groß, ca. 38 cm breit, 15 cm hoch. Sehr ähnlich Dermochelys, aber mit absteigenden Fortsätzen der Parietalia. Ob. Oligocän. Norddeutschland. Möglicherweise eine Dermochelide.

3. Familie: **Cheloniidae.** Meerschildkröten.

Rückenschale gewöhnlich herzförmig, flach, in der Regel noch mit Fontanellen zwischen Marginalia und Costalia, Plastron mit 9 Knochen, gewöhnlich mit mittlerer und seitlicher Fontanelle, nur durch Ligamente mit der Rückenschale in Verbindung. Schläfenregion vollständig überdacht. Parietalia mit absteigenden Fortsätzen. Der ganze Panzer von dichten Hornschildern bedeckt. Ruderfüße mit 1—2 Krallen. Untere Kreide bis jetzt.

Die lebenden Meerschildkröten *Chelonia* Latr. (Fig. 409), (*Chelone* Brgt., *Eretmochelys*) und *Caretta* Rafinesque (*Thalassochelys* Fitz.) Fig. 421), von denen letztere in erwachsenem Zustand eine vollständig verknöcherte Rückenschale besitzt (5 Costalia), sind auf tropische und gemäßigte Meere beschränkt, sie dürften mit den nahe verwandten Protostegidae gemeinsamer Entstehung sein. *Chelonia* fossil: ? Eocän von Nordamerika (p. p. *Puppigerus* Cope). ? Mitteleocän von Europa und Ägypten. Mitteloligocän von Belgien und Mainzer Becken. Unvollständige Reste, ebenso wie von *Caretta*, im Miocän und Pliocän von Europa. *Caretta* (Thalassochelys) *phosphatica* di Stefano. Untereocän von Tunis[1]). Ob. Eocän. Ägypten.

**Allopleuron* Baur (Fig. 422).[2]) Durch das langgestreckte, schmale Rückenschild und das vorne ausgeschnittene, große Nuchale ausgezeichnet. Obere Kreide von Belgien. Nahestehende, wenn nicht idente Reste sind aus gleichaltrigen Sedimenten von England bekannt.

Argillochelys Lyd. Ähnlich Caretta, aber nur mit Costalia. Eocän. England, Belgien.

---

[1]) Boll. Soc. geol. Ital. Vol. XXII. 1903. S. 51. T. IV.

[2]) *Ubaghs C.*, Le crane de Chelone Hoffmanni. Bull. d. l. Soc. Belge d. Géol. II. 1888. S. 383.

Eosphargis Lyd.[1]). Rückenpanzer sehr stark reduziert, nur aus Nuchale, Neuralia, Costalia, Pygalia und Marginalia zusammengesetzt. Unteres Eocän. England, Belgien.

Eochelone Dollo. Schädel dick, niedrig. Choanen sehr weit vorne. Rückenpanzer gestreckter wie bei Chelonia, ungekielt. Mitteleocän. Belgien.

Chelyopsis Bened. Aus dem Oligocän von Belgien und Norddeutschland, *Peritresius* Cope aus der oberen Kreide, *Lembonax* Cope aus dem

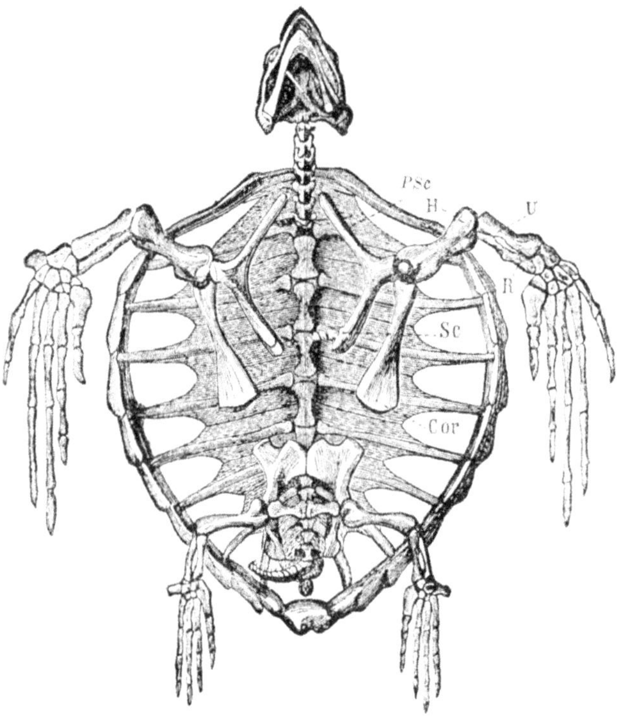

Fig. 421.
Skelett von *Caretta* L. sp., aus dem Mittelmeer. Von unten gesehen. Das Plastron ist entfernt. *Cor* Coracoid, *PSc* Procoracoid. *Sc* Scapula, *H* Humerus, *R* Radius, *U* Ulna.

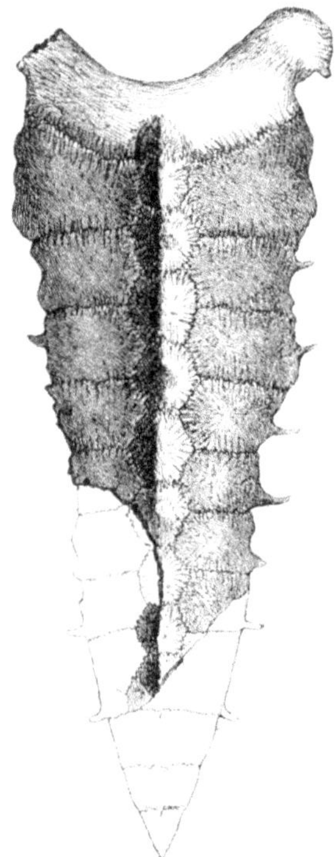

Fig. 422.
Rückenschild von *Allopleuron Hofmanni* Gray. Ob. Kreide. Petersberg bei Maastricht. Holl. 1/8 n. Gr.

Eocän, *Scyllomus* Cope aus dem Miocän, *Procolpochelys* Hay aus dem Miocän der Vereinigten Staaten sind alle auf mehr oder weniger dürftige Reste begründet und mit Ausnahme der letzteren im System unsicher.

Sehr nahe verwandt mit den Cheloniidae sind die auch von manchen Autoren als selbständige Familie betrachteten *Toxochelyidae*, deren Rückenpanzer mit dem Plastron leicht gelenkt, deren Vorderfuß zum mindesten 2 Krallen besitzt und noch nicht vollständig als Ruderfuß entwickelt ist, und bei denen gelegentlich (Toxochelys) auf den Neuralia ähnlich wie bei Archelon selbständige Supraneuralplatten auflagern können. Hierher gehört *Toxochelys* Cope und *Porthochelys* Williston aus der oberen Kreide von Nordamerika, von denen letztere wohl entwickelte Nasalia besitzt, die der ersteren fehlen. Nach Oertel, der die *Toxochelyidae* als Ahnen der *Cheloniidae* ansieht, findet sich Toxochelys bereits im Aptien von Hannover.
? *Cynocercus* Cope. Obere Kreide. Kansas.

Auch die *Desmatochelyidae* mit *Desmatochelys* Williston, die mit großen Nasalia ausgestattet sind, aus der Kreide von Kansas dürften hier mit ? *Neptunochelys* Wieland und ? *Atlantochelys* Agass. anzureihen sein.

4. Familie: **Dermatemydidae.**

Rückenschale und das große Plastron vollständig verknöchert und zumeist durch feste Naht miteinander verbunden. Nuchale mit oder ohne rippenähnliche Fortsätze. Neuralia in der Zahl gewöhnlich reduziert. 11—12 Paare von Marginalia. Schläfengegend nicht überwölbt. Schwanz kurz, mit procölen Wirbeln. Obere Kreide bis jetzt.

Zu dieser gegenwärtig in Zentralamerika verbreiteten Familie (*Dermatemys* Gray), die vielleicht auf *Tretosternum*-ähnliche Formen zurückzuführen sind, wird eine ganze Anzahl fossiler Formen gestellt, so: *Basilemys* Hay, *Compsemys* Leidy, *Adocus*, *Agomphus*, *Zygoramma*, *Homorophus* Cope aus der oberen Kreide. *Alamosemys*, *Hoplochelys*, *Kallistina* Hay, *Notomorpha*, *Baptemys*, *Anosteira* Leidy aus dem Eocän. *Xenochelys* Hay aus dem Oligocän, sämtliche aus den Vereinigten Staaten.

Trachyaspis H. v. Meyer aus dem Tertiär von Europa und Afrika.

Von der Familie der *Cinosternidae* (*Claudius* Cope, Mexiko, *Staurotypus* Wagl. Zentralamerika, *Cinosternum* Spix (*Aromochelys*), Nord- und Südamerika) sowie von der Familie der *Platysternidae* (*Platysternum* Gray, Südchina, Birma, Siam, Philippinen) sind fossile Vertreter bis jetzt nicht mit Sicherheit nachgewiesen.

5. Unterordnung: **Trionychia.** Flußschildkröten.

Rücken- und Bauchschild unvollständig verknöchert, mit rauher, wurmförmiger Oberfläche, nur von Haut bedeckt, ohne Hornschilder. Marginalia vorhanden (21), mit dem Discus durch Naht verbunden (Carettochelyidae), oder nur eine unvollständige Reihe im Lederrand des Discus ohne festen Zusammenhang mit demselben, oder fehlend. Entoplastron platten- (Carettochelys) oder stabförmig. Epiplastron von den Hyoplastra nur durch eine Naht (Carettochelys) oder durch das Entoplastron getrennt. Plastron in der Regel mit großer Fontanelle. Becken mit dem Plastron nicht fest verbunden. Hals in vertikaler Ebene in die Schale zurückziehbar, Halswirbel ohne oder nur mit kurzen Querfortsätzen. Zehen, von denen die vierte vier oder fünf Phalangen aufzeigt, gelenkig verbunden und mit Schwimmhaut umgeben, vorn und hinten mit 2 (Carettochelyidiae) oder 3 Krallen (Trionychiidae). Obere Kreide bis jetzt.

Unter den Schildkröten läßt die stark spezialisierte Gruppe der **Trionychia* den ursprünglichen Organisationsplan dieser Reptilien durch Reduktion des Panzers noch deutlich erkennen. Das Plastron zeigt in der Regel große Fontanellen und ist mit der Rückenschale durch Schwund der Marginalia lediglich durch Haut verbunden (ausgenommen *Carettochelys*, wo eine feste Verbindung des soliden Plastron erfolgt). Das Rückenschild besteht gewöhnlich aus einer unvollständigen Decke von Verknöcherungen, aus welcher die Rippenenden meist frei herausragen.

Zu der durch die einzige auf Neu-Guinea vorkommende Gattung *Carettochelys* Ramsay repräsentierten und durch die obengenannten Merkmale von den *Trionychiidae* verschiedenen Familie der *Carettochelyidae* dürfte aller Wahrscheinlichkeit nach *Anosteira* auch aus dem Eocän von Messel bei

Darmstadt, ? Oligocän von England und *Pseudotrionyx* Dollo aus dem Mitteleocän von Belgien und England gehören.

Die zahlreichen, noch jetzt lebenden *Trionychiidae* (ca. 26 Arten) halten sich in den größeren Flüssen der gemäßigten und heißen Zone in Asien, Afrika und Nordamerika auf, sie fehlen in Australien und Südamerika. Die fossilen Reste dürften zum größten Teil zu der noch lebenden Gattung *Trionyx* Geoffr. (Fig. 410, 423) gehören und sind als *Amyda* Oken, *Aspideretes*, *Conchochelys*, *Helopanoplia*, *Axestemys (Axestus)*, *Temnotrionyx* Hay, *Platypeltis* Fitzinger, *Castresia* de Stefano etc. beschrieben worden. Die ältesten Reste finden sich in der oberen Kreide von Nordamerika, zahlreiche Arten dagegen werden aus allen Abteilungen des Tertiärs von Europa, Afrika, Ostindien, Nordamerika genannt. Die von den *Trionychiidae* auf Grund der verschieden gebauten Plastrons abgetrennten *Plastomenidae* mit *Plastomenus* Cope finden sich in der oberen Kreide und im unteren Eocän von Nordamerika.

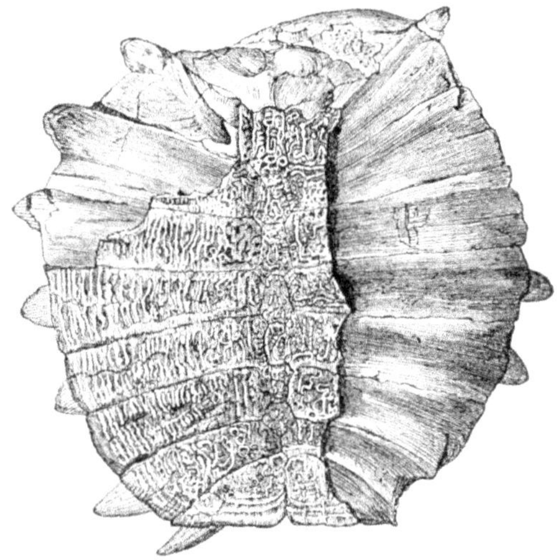

Fig. 423.
Rückenpanzer von *Trionyx Styriacus* Peters. Miocäne Braunkohlenschichten v. Eibiswald, Steiermark. ¼ nat. Gr. (Nach Peters.) Die rauhen Hautknochen des Rückenpanzers haben sich auf der rechten Hälfte von den Rippen abgelöst.

Archosauria.

Zwei Schläfenöffnungen, meist Praeorbitalöffnungen. In der Regel kein Fo.-parietale. Zähne thecodont, auf die Kieferränder beschränkt. Quadratum unbeweglich. Rumpfrippen fast stets zweiköpfig. Zehenzahl ursprünglich 2, 3, 4, 5, 3 (4). Ilium gewöhnlich nach vorne und hinten verlängert, Acetabulum femoris häufig durchbohrt. Trias — jetzt.

Den Archosauria gehören die Parasuchia, Crocodilia, Dinosauria und Pterosauria an, unter denen die Parasuchia die tiefststehenden sind; von diesen scheinen durch die Pseudosuchia einerseits Verbindungen zu den Crocodilia, andererseits — offenkundiger — zu den Coelurosauria unter den Dinosauria zu führen. Die anfangs recht plastischen Crocodilia haben sich unter allmählichem Verlust ihrer Umbildungs- und Anpassungskraft von der oberen Kreide ab als konservative Gruppe bis auf die Jetztzeit erhalten, die Dinosauria entwickeln während des ganzen Mesozoikums hoch organisierte und spezialisierte Typen in reicher Zahl, um am Schlusse der Kreide wohl auch aus dem Grunde zu erlöschen, weil eine weitere Ausbildung in einer bestimmt eingeschlagenen Spezialisationsrichtung nicht mehr möglich war. Der nämliche Grund läßt sich auch für die gleichzeitig aussterbenden Pterosauria, die am eigenartigsten spezialisierten

Archosauria, vorbringen, auch für sie wird eine Ableitung von den Pseudosuchia geltend gemacht.

1. Ordnung. **Parasuchia**[1]).

Körper eidechsenartig und in der Regel mehr oder weniger mit Knochenplatten gepanzert. Frontalia und Parietalia paarig. Zähne thecodont. Äußere Nasenlöcher getrennt. Zwischen Nasen- und Augenöffnungen ein großer präorbitaler Durchbruch. Untere und obere Schläfenlöcher. Foramen parietale fehlt fast stets. Quadratbein unbeweglich. Kein harter Gaumen. Choanen neben den Vomeres. Schultergürtel mit wohl entwickelter Clavicula. Augen ohne Scleroticaring. Die undurchbohrte Gelenkpfanne des Beckens von Ilium, Ischium und Pubis gebildet. Wirbel platycöl bis amphicöl. Rippen zweiköpfig, teils mit Centrum und ob. Bogen, teils mit letzterem allein gelenkend. Schwanz-

---

1) *Broom R.*, On the South Afric. Pseudosuchian Euparkeria and allied genera. Proc. Zool. Soc. London 1913. Vol. 3 — *Brühl C.*, Das Skelett der Crocodiliden. Wien 1862. — *Case E. C.*, Preliminary description of a new suborder of Phytosaurian reptiles with a description of a new species of Phytosaurus. Journal of Geology. Vol. 28. 1920. On an endocranial cast from a Reptile, Desmatosuchus etc. Journ. of Comp. Neurology. Vol. 33. 1921. — *Emerson B.* u. *Loomis F. B.*, On Stegomus longipes, a new Reptile from the Triassic sandstone of the Connect. Valley. Americ. Journ. Sci. Vol. XVII. 1914. — *Fraas E.*, Die schwäb. Trias-Saurier. Stuttgart 1896 etc. Aëtosaurus crassicauda n. sp. Jahreshefte d. Ver. f. vat. Naturkunde in Württemberg 1907. — *Fraas O.*, Aëtosaurus ferratus. Württemb. naturw. Jahreshefte 1867. XXIII. — *McGregor*, The Phytosauria, with especial reference to Mystriosuchus and Rhytidodon. Mem. Americ. Mus. Nat. Hist. Vol. IX. Part II. 1906. ibid. ausführl. Literatur! — *Hoepen E. C. v.*, A new Pseudosuchian from the Orange Free State. Annals Transvaal Mus. Vol. 5. 1915. — *Huene F. v.*, Die Dinosaurier der europ. Triasformation etc. Geol. u. Pal. Abhandl. Suppl. I. 1907—08. Kap. 9, ferner Zentralblatt für Mineral., Geol. u. Pal. 1909. Nr. 19. Über Erythrosuchus, Vertreter der neuen Reptilordnung Pelycosimia und Beiträge zur Kenntnis und Beurteilung der Parasuchier. Geol. und Pal. Abhandl. N. F. Bd. 10 (14). 1911. Beiträge zur Geschichte der Archosaurier. Geol. u. Pal. Abhandl. N. F. Bd. 13 (17). 1914. Ein Parasuchier a. d. ob. Muschelkalk von Bayreuth. Senkenbergiana. Bd. II. 1920. On Reptiles of the new Mexican Trias in the Cope Collection. Bull. Americ. Mus. Nat. Hist. Vol. 34. 1915. Stammesgeschichtl. Ergebnisse einiger Untersuchungen an Trias-Reptilien. Zeitschr. f. induktive Abstammungs- u. Vererbungslehre. Bd. 24. 1920. Osteologie von Aëtosaurus ferratus. Acta Zoologica 1920. Neue Pseudosuchier u. Coelurosaurier a. d. württemberg. Keuper. Acta Zoologica, II. 1921. Kurzer Überblick üb. d. tr. Reptilordn. Tecodontia. Zentralbl. f. Mineral. etc. 1922. — *Huene* und *Lull R. S.*, The Triassic Reptile Hallopus. Americ. Journ. Science. Vol. 25. 1908. — *Huxley Th.*, Quart. journ. geol. Soc. London 1859 Vol. XV p. 440—460 und 1875 XXXI p. 423. — *Jaekel O.*, Über einen neuen Belodonten aus d. Buntsandstein von Bernburg. Sitzungsberichte Gesellsch. naturforsch. Freunde. Berlin. Nr. 5. 1910. — *Lees J. H.*, The skull of Paleorhinus. Journ. of Geology XV. 1907. — *Lydekker R.*, The Reptilia and Amphibia of the Maleri and Demoa groups. Palaeontologia Indica. Ser. 4. Vol. I. Pt. 5. 1885. — *Mehl M. G.*, Angistorhinus, a new genus of Phytosauria from the Trias of Wyoming. Journ. of Geology. Vol. XXI. 1913. The Phytosauria of the Trias ibid. Vol. 23. 1915. — *Mehl M. G.* u. *A.*, New or little known Reptiles from the Trias of Arizona etc. Bull. of the Univ. of Oklahoma. New Ser. Nr. 103. März 1916. Norman. Oklah. — *Meyer H. v.*, Über Belodon. Palaeontographica Bd. VII, X u. XIV. — *Newton E. T.*, Reptiles from the Elgin Sandstone. Philos. Trans. 1894. Vol. 185. — *Williston J. W.*, Notice on some new Reptiles from the upper Trias of Wyoming. Journ. of Geol. XII. 1904. — *Woodward A. S.*, On a new Dinosaurian Reptile (Scleromochlus) etc. Quart. Journ. Geol. Soc. Lond. 63. 1907. On some fossil Rept. Bones from the State of Rio Grande do Sul, Brazil. Geol. Magaz. 5. 1908. Dec. 5.

wirbel mit Haemapophysen. Extremitäten fünfzehig. Femur meist S-förmig gekrümmt. Episternum dolchförmig. Außer dem Postfrontale ein Postorbitale vorhanden. Unterkiefer noch mit ansehnlichen Resten des Meckelschen Knorpels ebenso wie die Crocodilier. Ob. Perm. Trias.

Die auf die Trias beschränkte, kurz- und langschnauzige Formen umfassende Gruppe der Parasuchia (p. p. *Thecodontia* Owen) gleicht zwar durch ihren äußeren Habitus, die Panzerung des Rumpfes und die Bezahnung sehr den Crocodilia, allein ihr Skelettbau weicht doch so erheblich von diesen ab, daß eine direkte Vereinigung mit diesen nur eine gezwungene wäre.

Die allgemeine Morphologie des Schädels (Unterseite) erinnert ebenso wie der Schultergürtel recht an die Rhynchocephalen, mit den Ichthyosauriern teilen die langschnauzigen Formen die von den Prämaxillarien gebildete lange Schnauze, die rückwärtige Stellung der durch die Nasalia getrennten äußeren Nasenlöcher sowie die Lage der durch die Vomeres geschiedenen Choanen. Die Vorläufer der Parasuchier sind unbekannt, keinesfalls bestehen aber, wie Huene meint, genetische Beziehungen zwischen Pelycosimia und Protorosaurus. Nähere Beziehungen scheinen mit den Dinosauriern, speziell nach v. Huene zwischen den Proterosuchiden unter den Pseudosuchia und gewissen Theropoden (»Coelurosauria«), bes. zu Procompsognathus, zu bestehen, was in erster Linie durch den ähnlichen Schädelbau und auch durch die große Ähnlichkeit der Beckenelemente Pubis und Ischium sowie den Bau der Extremitäten dokumentiert wird.

Die Parasuchier sind, wie die ihnen äußerlich sehr ähnlichen Crocodilier, in der Hauptsache wasserliebende, nach ihrer Bezahnung fleischfressende Reptilien, welche die Flüsse, Seen und Sümpfe der Triaszeit bevölkerten, wobei den meisten von ihnen ein langer, seitlich komprimierter Ruderschwanz, sowie wahrscheinlich Schwimmhäute zwischen den Zehen sehr zustatten kamen. Sie finden sich im Perm und in der Trias von Deutschland, England, Schottland, den Vereinigten Staaten von Nordamerika, in Indien und Südafrika. Lange Zeit hielt man das Vorkommen der deutschen Gattung Phytosaurus (Belodon) und Mystriosuchus auch in Nordamerika für erwiesen. Neuere Anschauungen, besonders von Mehl, bestreiten dies auf Grund charakteristischer Unterschiede und bezeichnen die entsprechenden Vertreter des ersteren als Machaeroprosopus, die des letzteren als Rutiodon.

Unterordnung: **Phytosauria** Jaeger.

Ansehnliche große Parasuchier mit sehr langer, beinahe vollständig von den Praemaxillaria gebildeter Schnauze. Äußere Nasenlöcher von den Nasalia begrenzt, weit zurück in der Nähe der meist kleinen, nach oben gerichteten Augen gelegen, innere Nasenlöcher direkt darunter. Schädeldach rauh skulptiert. Seitliches Schläfenloch groß, die rückwärtige knöcherne Begrenzung des kleinen, oberen Schläfenloches (hinterer Schläfenbogen) in der Regel nach abwärts gelagert. Transversum, Epipterygoid und gewöhnlich Septomaxillare beobachtet. Wirbel platycöl. Zwei Sacralwirbel. Bauchrippen vorhanden. Hals, Rücken und Schwanz und manchmal auch der Bauch mit knöchernen Platten bedeckt. Trias.

Mesorhinus Jaekel. Schädel ½ m lang. Obere Schläfenlöcher hinten vollständig knöchern von den Parietalia umgrenzt. Ein kleines Foramen parietale erhalten. Zähne ziemlich groß, spatelförmig komprimiert. Choanen hinter den Nasenlöchern in einer von den inneren Flügeln der Palatina und Pterygoidae gebildeten Rinne mündend. Mittlerer Buntsandstein. Bernburg.

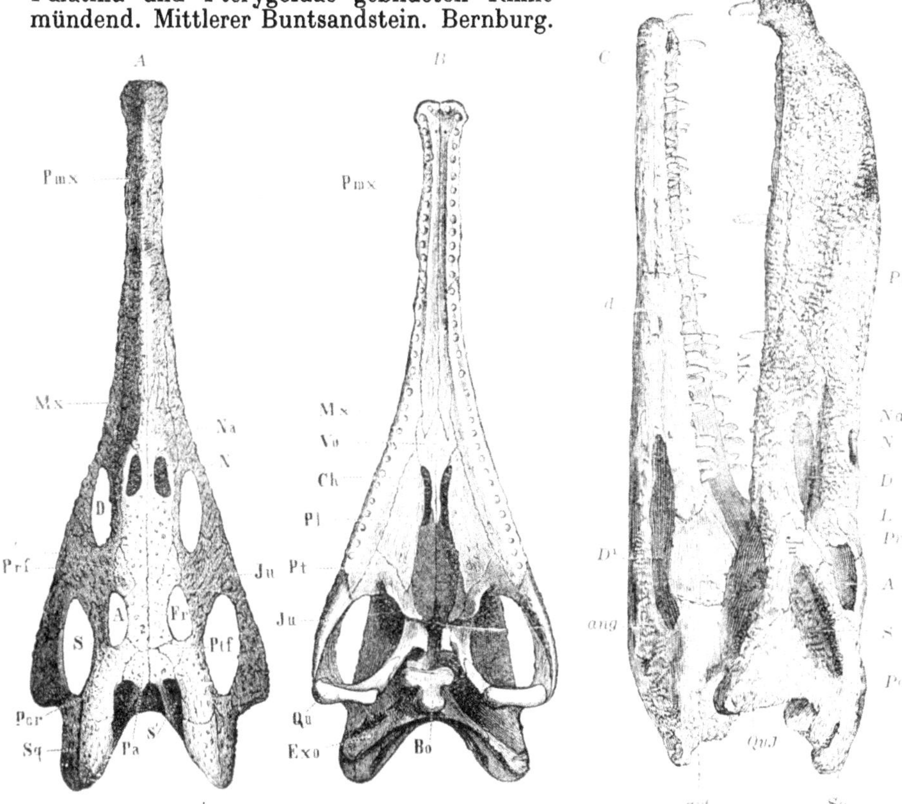

Fig. 424.

Phytosaurus (*Belodon*) *Kapffi* H. v. Meyer. *A* Schädel von oben, *B* von unten, *C* Schädel und Unterkiefer v. d. Seite, Mittl. Keuper (Stubensandstein) von Stuttgart (ca. 1/7 nat. Gr.). *A* Augenhöhle, *N* Nasenloch, *SS'* Schläfenöffnungen, *D* Präorbitalöffnung, *Pmx* Zwischenkiefer, *Mx* Maxillare, *Na* Nasale, *Fr* Frontale, *Prf* Praefrontale, *L* Lacrimale, *Pa* Parietale, *Ptf* Postfrontale, *Pos* Postorbitale, *Sq* Squamosum, *Quj* Quadratojugale, *Q* Quadratum, *Ju* Jugale, *Vo* Vomer, *Pl* Palatin, *Pt* Transversum, das Pterygoid schließt sich nach innen an und ist beschattet. *Bo* Basioccipitale, davor das Basisphenoid, *Exo* Exoccipitale, *Ch* innere Nasenlöcher (Choanen), *d* Dentale, *ang* Angulare, *art* Articulare, *D'* Meckelscher Knorpel.

Staganolepis Huxley. Rückenpanzer aus 2 Reihen schmaler, stark skulptierter Mittelplatten und je einer Seitenreihe bestehend. Bauchpanzer aus 6 bis 8 Reihen vierseitiger Platten gebildet. Pubis Theropoden-ähnlich. Mittl. Trias. Elgin. Schottland.

? *Stegomus* Marsh. Mittl. Trias. Östl. Nordamerika.

**Phytosaurus* Jäger (= *Lophoprosopus* Mehl, *Belodon* H. v. M.) (Fig. 424, 425). Der bis über 1 m große Schädel nach vorne in eine lange, allmählich sich verschmälernde, aber hohe Schnauze auslaufend; vordere Zähne mit rundlichem Querschnitt, hintere Zähne nach hinten und vorne zugeschärft, glatt. Rückenpanzer mit zwei Reihen großer Platten, seitlich mit je einer Reihe kleinerer Randplatten. Vorderer Teil der Bauchseite gepanzert. Keuper. Württemberg (Naturalienkabinett Stuttgart). Franken. Braunschweig. Trias.

Machaeroprosopus Mehl (*Belodon*, »*Phytosaurus*« *buceros* Cope = *Megarhinus* Jaekel. ? *Heterodontosuchus* Lukas). Mittl. Trias. Westl. Nordamerika.

Mystriosuchus E. Fraas. An dem bis 80 cm langen Schädel ist die $^2/_3$ der Länge einnehmende, schlanke, vorne löffelartig verbreiterte Schnauze von dem eigentlichen sehr hohen, schmalen Cranium scharf abgesetzt. Die zahlreichen Zähne, von denen 23—24 auf das Praemaxillare treffen, schwach gerieft, meist mit rundem Querschnitt. Rückenpanzer aus vier Reihen

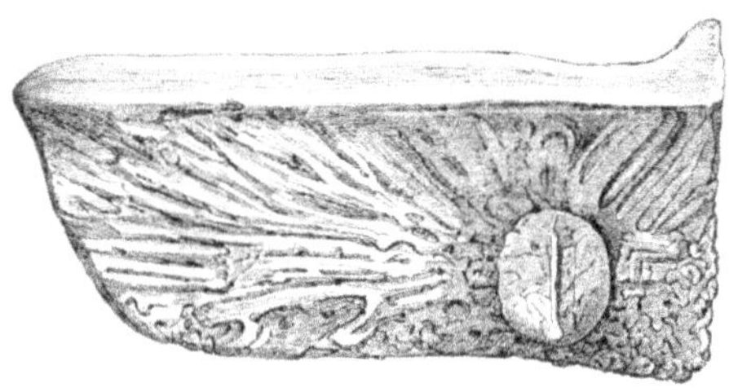

Fig. 425.
Phytosaurus (*Belodon*) *Kapffi* H. v. Meyer. Rückenplatte. ⅓ n. Gr. (Nach H. v. Meyer.)

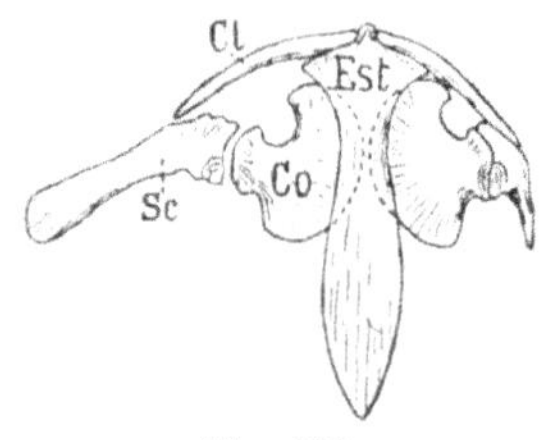

Fig. 426.
Schultergürtel von *Rutiodon* (? *Phytosaurus*) *carolinensis* Emmons. Trias. Nord-Carolina (nach Mc Gregor). Ventralansicht. Linke Scapula in normaler Stellung. Die rechte verschoben, um die Verhältnisse klarer zu zeigen. *Est* Episternum, *Co* Coracoid, *Sc* Scapula, *Cl* Clavicula.)

gleichartiger Platten zusammengesetzt. Ventral ein aus ca. 35 kleinen Knochenplättchen zusammengesetztes Halsschild. Stubensandstein (mittl. Keuper). Württemberg.

Rutiodon (*Rhytidodon*) Emmons (Fig. 426). Nahe verwandt mit *Mystriosuchus*. Ca. 26 präsacrale Wirbel. Zähne teilweise hinten und vorne zugeschärft. Mittl. Trias. Vereinigte Staaten von Nordamerika.

Palaeorhinus Williston. Schädel 73 cm lang. Äußere Nasenlöcher relativ weit vorne und vor den inneren Nasenlöchern gelegen. Mittl. Trias. Wyoming.

Angistorhinus Mehl. Schädel bis 1 m groß. Äußere Nasenlöcher nur durch ein dünnes Septum getrennt. Hinterer Schläfenbogen wohl entwickelt, nicht nach abwärts verlagert. Mittl. Trias. Wyoming.

Parasuchus Huxley. Trias. (Maleri Sandstein). Indien.

Episcoposaurus Cope. Ob. Trias. Texas. Neu-Mexiko. Nordamerika.

? *Clepsysaurus* Lea. Trias. Nordamerika.

Rileya v. Huene. Mittl. Trias. England.

Erythrosuchus Broom em. Huene. Kurzhalsig, Schädel Parasuchier-ähnlich, mit 2 Schläfenöffnungen und kleiner Präorbitalöffnung, aber Praemaxillaria kurz und Nasenlöcher an der Schnauzenspitze. Semiaquatisch. Unt. Trias. Südafrika. v. Huene betrachtet diese Form mit *Scaphonyx* A. S. Woodward aus der Trias von Rio Grande do Sul (Brasilien) als Vertreter einer eigenen Ordnung, der *Pelycosimia*. Vielleicht ein Pseudosuchier?

Unterordnung: **Pseudosuchia** Zittel (Aëtosauria).

Meist kleine, zierliche Parasuchier mit kurzer Schnauze. Äußere Nasenlöcher seitlich, weit vorne zwischen den kurzen Praemaxillaria und den großen Nasalia gelegen. Innere Nasenlöcher weit vorne gelegen oder nach rückwärts verschoben. Schädeldach meist glatt. Untere und obere Schläfenlöcher meist groß und normal ausgebildet. Augen sehr groß, seitlich. Wirbel amphicöl bis platycöl. 2—4 Sacralwirbel. Vorderfüße kürzer als die hinteren. Rücken in der Regel mit zwei Reihen quer oblonger Knochenplatten bedeckt. Ob. Perm. Trias.

Die *Pseudosuchia* lassen sich nach v. Huene in *Aëtosauridae*, *Proterosuchidae*, *Ornithosuchidae*, *Euparkeriidae* und *Scleromochlidae* einteilen. (Literatur 1922!)

*Aëtosaurus O. Fraas (Fig. 427). Körper langgeschwänzt. (*A. ferratus* bis 0,86 m, *A. crassicauda* ca. 1,50 m lang); der Rücken mit zwei Längsreihen von großen, quer vierseitigen, strahlig verzierten Platten, Seiten und Bauch mit kleineren, fast quadratischen Platten gepanzert. Schädel dreieckig, zugespitzt. Zähne nur in der vorderen Kieferpartie. Zwischen den großen Augenöffnungen und den seitlichen, fast am Schnauzenende gelegenen ansehnlichen Nasenlöchern eine weite Präorbitallücke. Nach v. Huene ob. und seitl. Schläfenöffnung vorhanden. (? Fo. pa. einmal beobachtet.) Nasalia sehr groß. Praemaxillaria winzig. 25 präsacrale Wirbel, 2 Sacralwirbel. Zähne zugespitzt. Im Stubensandstein von Heßlach bei Stuttgart auf einer Platte 24 vollständige Individuen von verschiedener Größe. Naturalienkabinett Stuttgart.

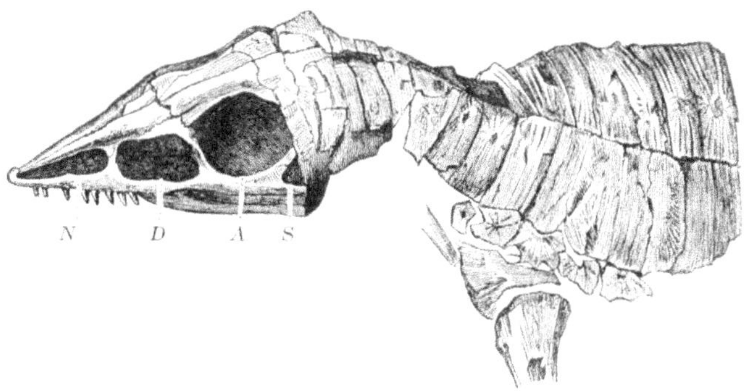

Fig. 427.
Aëtosaurus ferratus Fraas. Stubensandstein (mittl. Keuper). Heslach bei Stuttgart. Kopf und vorderer Teil des Rumpfes. ½ nat. Gr. (Nach O. Fraas.) *A* Augenhöhle, *S* seitliches Schläfenloch, *D* präorbitale Öffnung, *N* Nasenloch.

Stegomosuchus v. Huene. Mittl. Trias. Östl. Nordamerika.

? *Notochampsa* Broom. Ob. Trias. Südafrika.

Dyoplax O. Fraas. Unt. Keuper. Württemberg.

Typothorax Cope. Trias. Neu-Mexiko.

? *Sphenosuchus* Haugthon. Ob. Trias. Südafrika.

Erpetosuchus Newton. Schädel vorne verschmälert und abgerundet, Augen oval nach oben und vorne gerichtet. Obere Schläfenlöcher rundlich, seitliche dreieckig. Präorbitalöffnung stark verlängert, niedrig. Innere Nasenlöcher getrennt, weit vorn gelegen. Zähne konisch, schlank und rückwärts gekrümmt, nur auf der vorderen Kieferhälfte. Wirbel amphicöl. Am Hals und Rücken zwei Reihen quer vierseitiger, rauh skulptierter Platten beobachtet. Mittl. Trias. Schottland.

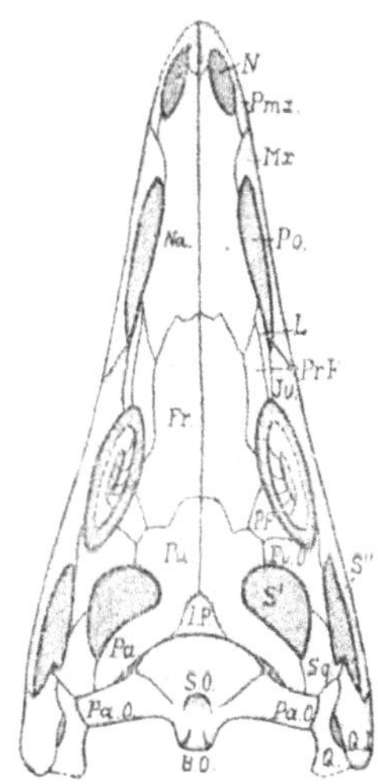

Fig. 428.
Euparkeria capensis Broom. Schädel von oben. Mittl. Trias. Aliwal North, Kapkolonie. *N* Nasenloch, *PO* präorbitale Öffnung, *S' S''* Schläfenöffnungen, *Pmx* Praemaxillare, *Mx* Maxillare, *Na* Nasale, *L* Lacrimale, *Prf* Praefrontale, *Ju* Jugale, *Fr* Frontale, *PF* Postfrontale, *Pa* Parietale, *PoO* Postorbitale, *JP* Interparietale, *SO* Supraoccipitale, *Sq* Squamosum, *QJ* Quadratojugale, *Q* Quadratum, *PaO* Opisthoticum + Exoccipitale, *BO* Basioccipitale. ⅔ nat. Gr. (Nach Broom.)

Ornithosuchus Newton. Schädel vorn zugespitzt, sehr ähnlich *Aëtosaurus* (11 cm lang). Präorbitalöffnung sehr groß. Obere Schläfenlöcher klein, rundlich, seitliche hoch, >-förmig. Innere Nasenöffnungen weit zurück gelegen. Zähne leicht gekrümmt, zugeschärft und fein gekerbt. Wirbelcentra amphicöl. Von den 3 Sacralwirbeln die 2 hinteren anscheinend miteinander verschmolzen. Pubis lang und schmal. Panzerplatten rundlich. Mittl. Trias. Schottland.

Saltoposuchus v. Huene. Mittl. Keuper. Württemberg. *Pedeticosaurus* v. Hoepen. Der hohe Schädel mit großen Augen- und Schläfenöffnungen. Extremitäten sehr schlank. Trias. Südafrika.

Euparkeria Broom (Fig. 428). Schädel ähnlich dem von *Ornithosuchus*, aber plumper und mit Interparietale. Wirbel platycöl (? procöl); ca. 26 Präsacralwirbel, 2 Sacralwirbel. Schwanz lang, mit großen Chevrons. Rippen zweiköpfig, mit kleinen Proc. uncinat. Mittl. Trias. Südafrika.

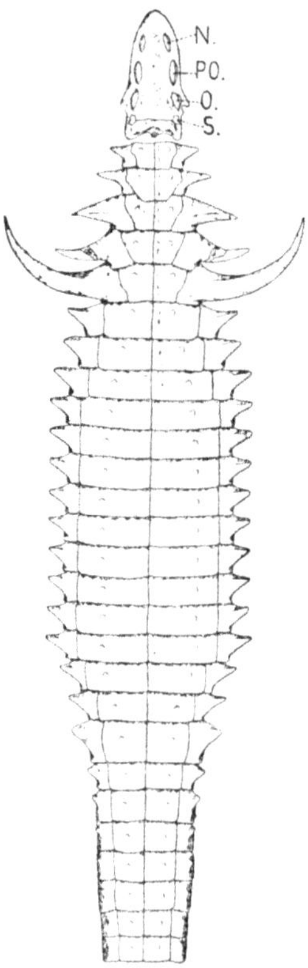

Fig. 429. *Desmatosuchus spurensis* Case. Trias. Westl. Texas. Schädel u. Rückenpanzer von oben. Ca. 1/36 nach Case.

? *Youngina* Broom. Perm. ? Trias. Südafrika.

Browniella Broom. Trias. Südafrika.

Eusuchus Watson. Ob. Perm. Südafrika.

Scleromochlus A. S. Woodward. Ca. 20 cm lang, langgeschwänzte Form mit sehr schlanken, hohlen Extremitäten, von denen die hintere fast doppelt so groß als die vordere ist. Schädel verlängert, dreieckig, im Verhältnis zum Rumpf sehr groß. Präorbitalöffnung groß. Zähne neuerdings beobachtet. (20) 21 Präsacralwirbel, (3) 4 Sacralwirbel. Becken mit dem schlanken, gedrehten Pubis theropodenähnlich. Rückenpanzer fehlt, Bauchpanzer von dichtliegenden Bauchrippen gebildet. v. Huene hält *Scleromochlus* für einen »Baumläufer« und »Fallschirmtier«. Mittl. Trias. Schottland.

Watson schließt an die genannten Formen noch die *Howesiidae* an, die wie gewisse *Rhynchosauridae* mehrere Zahnreihen auf dem Gaumen haben.

Howesia Broom. Schädelfragment, ohne Schnauze und Nasengegend. Mehrere Reihen von Zähnen auf der Schädelunterseite. Foramen parietale rudimentär. Episternum T-förmig. Trias. Südafrika.

? *Mesosuchus* Watson. Trias. Südafrika.

? ? *Proterosuchus* Broom mit bezahnten Vomer und Pterygoid und großer Praeorbitalöffnung. Trias. Südafrika.

Als Vertreter einer neuen Unterordnung der **Desmatosuchia** beschreibt jüngst Case aus der mittl. Trias vom westl. Texas *Desmatosuchus* Case (Fig. 429) mit nur einer unteren großen Schläfenöffnung und ansehnlichen Augen-, Praeorbital- und Nasenöffnungen. Rückenpanzer aus 4 Reihen halbringartig sich zusammenschließender Platten gebildet, von denen die ersten 5 Halbringe die ersten 10 Wirbel bedecken, während die rückwärtigen mit den entsprechenden Wirbeln sich decken. Die mittleren Platten mit knopfartiger Erhöhung, die 2 seitlichen Plattenreihen seitlich zu einem Stachel ausgezogen.

2. Ordnung. Crocodilia[1]).

(*Mesosuchia* und *Eusuchia* Huxley. *Crocodilia vera* Koken.)

Körper eidechsenartig, langgeschwänzt, meist von ansehnlicher oder mittlerer Größe. Äußere Nasenlöcher in der Regel am vorderen Ende der Schnauze vereinigt. Innere Nasen-

[1]) *Abel O.*, Centralbl. f. Mineral. etc. Bd. VIII. 1907. — *d'Alton* u. *Burmeister*, Der fossile Gavial von Boll. Halle 1854. — *Ammon L. v.*, Über jurassische Krokodile aus Bayern. Geognost. Jahresh. 1905. 18. Jg. — *Andrews C. W.*, A descriptive Catalogue of the Tertiary Vertebrata of the Fajûm etc. London. British Museum 1906. On some new Steneosaurs etc. Annals a. magaz. Nat. hist. Vol. 3. Serie 8. 1909. A descriptive Catalogue of the Marine Reptiles of the Oxford Clay. Part II. London. British Museum 1913. Ibid. Literatur! The fore-limb of Metriorhynchus.

löcher (Choanen) vereinigt, weit nach hinten gerückt. Maxillaria, Palatina und zuweilen auch Pterygoidea in der Mittellinie zusammenstoßend und ein geschlossenes Gaumendach (harter Gaumen) bildend. Das unpaare Parietale ohne Foramen. Zwei Paar Schläfenöffnungen. Gelegentlich Praeorbitalöffnungen. Quadratbein unbeweglich. Die auf den Kieferrand beschränkten Zähne thecodont. Augen meist ohne Scleroticaring. Wirbel platycöl oder procöl. Zwei Sacralwirbel. Bauchrippen vorhan-

Geol. Magaz. N. S. Dec. VI. Vol. 2. 1915. On the skull and part of th. skelet. of a Crocodile f. the Middle Purbeck of Swanage with a descript. of a new species (Pholidosaurus) and a note on the skull of Hylaeochampsa. Annals a. magaz. nat. hist. Ser. 8. Vol. VI. 1913. — *Arthaber v.*, Beiträge zur Kenntn s etc. des Genus Metriorhynchus. Beitr. zur Paläontol. u. Geol. Österreich-Ungarns etc. Bd. 19. 1906; ferner Centralbl. f. Mineral. etc. Bd. VIII. 1907. — *Auer E.*, Über einige Krokodile der Juraformation. Palaeontographica 55. Bd. 1908—1909. Ibid. Literatur! Ferner Centralblatt für Mineral., Geol. u. Pal. Bd. VIII 1907. — *Bronn H. G.* und *Kaup J.*, Über die gavialartigen Reptilien der Liasformation. Stuttgart 1841. — *Collot M.*, Les Rept. jur. (Teleidosaurus Gaudryi) etc. Mém. d. l'Ac. de Dijon. IV. Sér. 10. 1905—06. — *Deslongchamps-Eudes J. A.*, Mém. sur les Téléosauriens de l'époque jurassique du departement du Calvados. Mém. Soc. Lin. Norm. 1863. Vol. XIII. — *Deslongchamps-Eudes Eugène*, Notes paléontologiques 1863—1869. — *Dollo L.*, Première note sur les crocodiliens de Bernissart. Bull. Mus. R. Belg. T. 2. 1883. Sur la découverte de Téléosauriens tertiaires au Congo. Bull. de l'Acad. r. de Belgique. Cl. d. Sci. 7. 1914. — *Fraas E.*, Die Meerkrokodilier (Thalattosuchia) d. ob. Jura etc. Palaeontographica 49. Bd. 1902. — *Gilmore A.*, Leidyosuchus etc. Proc. U. St. Nat. Mus. Vol. 38. 1910. — *Hooley R. W.*, On the skull and greater Portion of the skeleton of Goniopholis etc. Quart. Journ. Geol. Soc. London 53. 1907. — *Hulke J. W.*, Skeletal anatomy of the Mesosuchia based on fossil Remains from Peterborough. Proceed. zool. Soc. London 1888 part. IV p. 417. — *Huxley Th.*, Notes on the specific and generic Characters of recent Crocodilia. Proceed. Linn. Soc. (Zoology) 1860. Vol. IV pt. I. — *Jaffé G.*, Über Pholidosaurusreste etc. Mitteil. der geogr. Gesellsch. u. d. naturhist. Mus. in Lübeck. 2. Reihe. 25. Heft 1911. — *Koken E.*, Die Dinosaurier, Crocodiliden und Sauropterygier des norddeutschen Wealden. Paläont. Abh. von Dames und Kayser 1887. III. Die Reptilien d. norddeutschen unt. Kreide. Z. d. deutsch. geol. Ges. 35. 1883; ferner ibid. 40. 1888. — *Lambe L.*, On a new Crocod. Genus etc. Trans. Roy. S. Canada. 3. Ser. Vol. I. Sect. 4. Oktober 1808. — *Leeds E.*, On Metriorhynchus etc. Quart. Journ. Geol. Soc. Vol. 54. 1898. — *Lortet L.*, Les Rep. foss. d. Bassin du Rhône. Arch. Mus. d'hist. nat. de Lyon. Vol. II. 1892. — *Lydekker R.*, Siwalik Crocodilia etc. Palaeont. Indica. 1136. Ser. X. Bd. III. S. 209—235. — *Mook Ch.*, Versch. wicht. Arbeiten üb. rec. u. fossil. Crocod. Bull. Americ. Mus. Nat. Hist. 44. 1921. — *Nopcsa F. v.*, Über Neustosaurus etc. Centralbl. f. Mineralogie etc. 1903. — *Owen R.*, On the Associat. of dwarf Crocod. with the dim. Mammals etc. Quart. Journ. geol. Soc. Vol. XXXV. 1879. Monograph on the fossil Reptilia of the Wealden- and Purbeck-Formations. Pal. Soc. 1853—1864. Monograph on the fossil Reptilia of the London clay. Ibid. 1849—58. — *Sacco F.*, I Coccodrilli del Monte Bolca. Mem. R. Acc. Scienze Torino Ser. 2. T. 45. 1894. — *Sauvage H. E.*, Contrib. à l'étude des poiss. e. d. Reptiles du Jur. et du Crét. Vertébrés foss. du Portugal. Mém. des trav. géol. du Portugal. Lisbonne 97. 98. — *Seidlitz W. v.*, Über ein Krokodil aus d. oligoz. Braunkohlenschichten von Camburg a. Saale. Jahrb. d. k. pr. Landesanstalt 1917. — *Stefano G. de*, Nuovi Rettili degli strati a fosfato della Tunisia. Bol. Soc. Geol. Ital. Vol. 22. 1903. — *Stromer E.*, Wirbeltierreste der Baharîje-Stufe (unterstes Cenoman). Abhandl. d. k. b. Akad. d. Wiss. math.-phys. Klasse 27. Bd. 3. 1914. — *Thevenin A.*, Le Dyrosaurus des Phosphates de Tunisie. Annal. de Paléontologie T. 6. 1911. — *Vaillant Léon*, Etudes zool. sur les Crocodiliens foss. tertiaires de St. Gérand le Puy. Annales des sciences géolog. 1872. Vol. III. — *Voeltzkow A.*, Biologie u. Entwickl. d. äußeren Körperformen von Croc. madagascariensis. Abhandl. d. Senkenberg. naturf. Gesellsch. II. Bd. 1899, ibid. Literatur! — *Williston S. W.*, Americ. Amphic. Crocodiles. Journ. Geol. Vol. XIV. 1906. — *Woodward A. S.*, On the Literature and nomenclature of British fossil Crocodilia. Geol. Magaz. 1885. 3 Dec. II. p. 496. On two Mesoz. Crocod. etc. Annales Mus. La Plata. Paleont. Argentina IV. 1896.

den. Brustgürtel mit knorpeligem Sternum, aber ohne Clavicula. Pubis an der Bildung der Gelenkpfanne für den Femur nicht beteiligt. Vorderfüße mit fünf, Hinterfüße mit vier Zehen und einem rudimentären Stummel, zum Gehen und durch Schwimmhäute zwischen den Zehen auch zum Schwimmen geeignet. Ganzer Körper mit hornigen Schuppen bedeckt, unter welchen sich meist auf Rücken und Bauch Reihen von Hautknochen befinden. Lias bis jetzt.

Die wasserliebenden Krokodile oder Panzerechsen nehmen durch ihre innere Organisation, vor allem durch den Bau des Herzens und Gehirns, unter den lebenden Reptilien die relativ höchste Rangstufe ein. Sie ähneln durch ihre äußere Erscheinung am meisten den Parasuchiern und Lacertiliern, unterscheiden sich aber von beiden durch weitgehende Unterschiede im anatomischen Bau.

Der Schädel (Fig. 430) ist oberflächlich meist rauh skulptiert. Die rundlichen Augen sind bei den älteren Formen ringsum geschlossen und nach oben oder nach der Seite gerichtet, bei den jüngeren und den rezenten Krokodilen durch eine Ausbuchtung äußerlich mit den seitlichen Schläfenlöchern verbunden. Nasenlöcher gewöhnlich vereinigt (ausgenommen z. B. Libycosuchus, Geosaurus suevicus, manchmal auch bei Allig. mississippiensis), am Schnauzenende gelegen; beide Schläfenlöcher wohl entwickelt. In seltenen Fällen zeigt sich eine Präorbitallücke (z. B. Stenosaurus, Notosuchus). Die Größe der seitlichen Schläfenlöcher steht gewöhnlich im umgekehrten Verhältnis zu jener der oberen. Das meist kleine Parietale und gewöhnlich auch das Frontale ist bei ausgewachsenen Individuen unpaar. Die obere Schläfenöffnung wird hinten und außen vom Squamosum, vorne vom Postfrontale begrenzt, das seinerseits zugleich als hintere Begrenzung des Auges mit seinem absteigenden Fortsatz nebst dem Jugale und Transversum die vordere bzw. untere Umrahmung des hinten und oben vom Quadratojugale umfaßten seitlichen Schläfenloches übernimmt. Am Vorderrande der Orbita beteiligen sich Praefrontalia und Lacrimalia von verschiedener Größe, die in den Vorderrand der Augen hineinragenden Supraorbitalia gehen beim Präparieren und Fossilisationsprozeß meist verloren. Die langen, dreieckigen Nasalia erreichen mit ihrer Spitze bei den kurzschnauzigen und einem Teil der langschnauzigen Krokodile (z. B. Tomistoma) die Praemaxillaria, bei den ersteren sogar die Nasenlöcher, in welchen sie alsdann eine mediane knöcherne Scheidewand bilden können. Bei den übrigen langschnauzigen Krokodilen sind die Nasalia durch einen ansehnlichen Zwischenraum von den Praemaxillaria geschieden und vorne vollständig von den sehr langgestreckten Maxillaria umschlossen, die kurzen paarigen Praemaxillaria umgeben hier ringsum die nach oben gerichteten Nasenlöcher. Auf Grund dieser Merkmale hat man unter den Krokodilen Brevirostres und Longirostres unterschieden. Dieselben sind aber, wie aus den rezenten Formen hervorgeht, durch Übergänge miteinander verbunden, daß eine so scharfe Trennung nicht mehr gerechtfertigt erscheint.

Die Unterseite des Schädels wird zum größten Teil von dem harten Gaumen, einer die Nasenhöhle von der Mundhöhle abtrennenden knöchernen Scheidewand, bedeckt, welche durch horizontale Ausbreitungen der Praemaxillaria, Maxillaria, ferner der Palatina und zuweilen der Pterygoidea gebildet wird und unter den Augen zwei Gaumenlöcher enthält. Durch das Zusammenstoßen der Maxillar- und Palatinlamellen wird der meist vom Gaumendach ausgeschlossene paarige Vomer nur selten sichtbar (z. B. Tomistoma, Caiman niger). Infolge dieses geschlossenen Gaumendaches münden die vorne von den Vomeres umgebenen inneren Nasengänge bei den älteren Formen hinter den Palatina aus = *Mesosuchia* Huxley (Fig. 431); bei einigen creta-

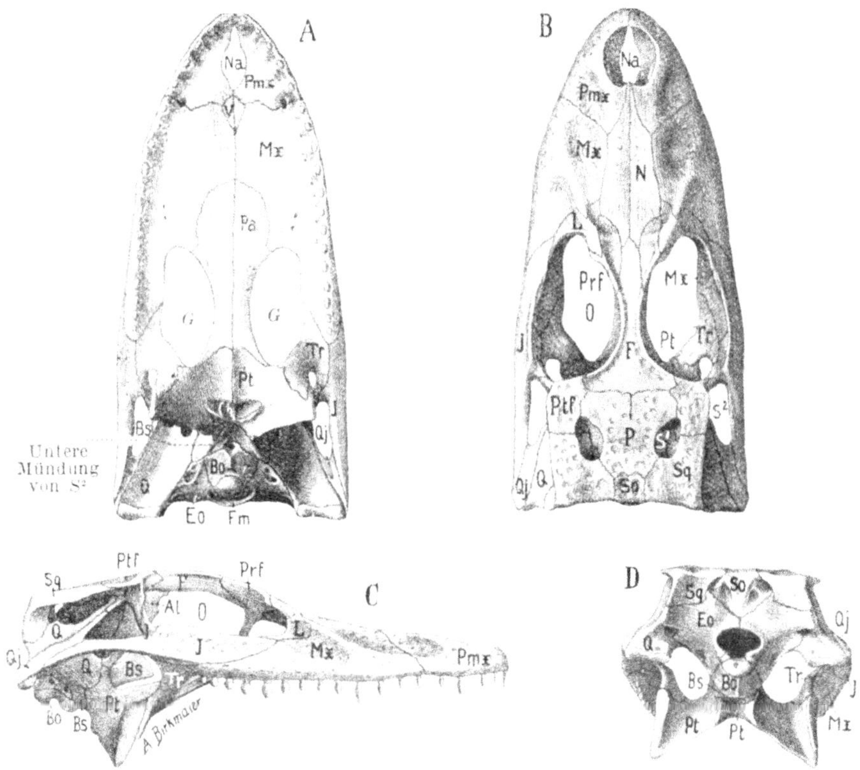

Fig. 430.

Schädel von Caiman niger *Spix*. Rezent. Brasilien. *A* von unten, *B* von oben, *C* von der Seite, *D* von hinten. *Na* Nasenlöcher, *O* Augenlöcher, S^1, S^2 obere und seitliche Schläfenlöcher, *Ch* Choanen, *G* Gaumengrube, *Pmx* Praemaxillare, *Mx* Maxillare, *N* Nasale, *F* Frontale, *Prf* Praefrontale, *Ptf* Postfrontale, *L* Lacrimale, *P* Parietale, *SO* Supraoccipitale, *Sq* Squamosum, *Bo* Basioccipitale, *Bs* Basisphenoid, *Eo* Exoccipitale laterale, *Al* Alisphenoid (Orbitosphenoid), *J* Jugale, *Qj* Quadratojugale, *Q* Quadratum, *Pt* Pterygoid, *Tr* Transversum, *Pa* Palatin, *V* Vomer, *Fm* Foramen magnum. Orig. $^3/_5$ nat. Gr.

ceischen, den tertiären und rezenten Crocodiliern hingegen, bei welchen die Pterygoidea durch horizontale Verbreiterungen an der Ausbildung des harten Gaumens teilnehmen, liegen die inneren Nasenlöcher (Choanen = *Ch*) innerhalb der Pterygoidea in ganz geringer Entfernung vom Hinterhaupt (*Eusuchia* Huxley Fig. 430, 432). Die bei den Crocodiliern verknöcherten Sphenoidalia — bisher allgemein als Alisphenoide bezeichnet — sollen nach E. Gaupp die Orbitosphenoide repräsentieren. Das Transversum ist stets wohl ausgebildet. Beim lebenden ausgewachsenen Gavial kommen neben den Palatina große halbkugelige Knochenblasen vor, die mit den über dem Gaumendach verlaufenden inneren Nasengängen kommunizieren und offenbar als Luftbehälter dienen (Fig. 432).

Der Unterkiefer besteht jederseits aus den bekannten 6 Stücken. Das Articulare ist pneumatisch. Die im hinteren Drittel befindliche Öffnung für den Meckelschen Knorpel ist sehr groß. An der Symphyse der beiden Äste kann bei den langschnauzigen Formen auch das Operculare teilnehmen.

Die zahlreichen, in tiefen Alveolen stehenden, kegelförmigen, häufig vorne und hinten zugeschärften, glatten oder gestreiften Zähne sind auf die Kiefer beschränkt; die Zahl der in einer Reihe stehenden,

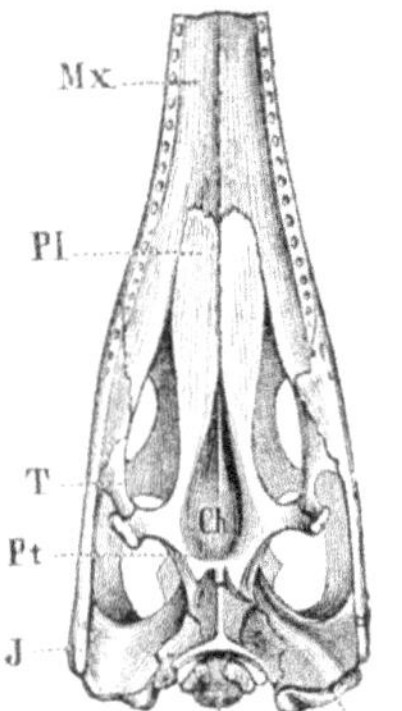

Fig. 431.
Pelagosaurus temporalis Blv. Ob. Lias Calvados. Unterseite des Schädels mit mesosuchen Choanen (*Ch*).

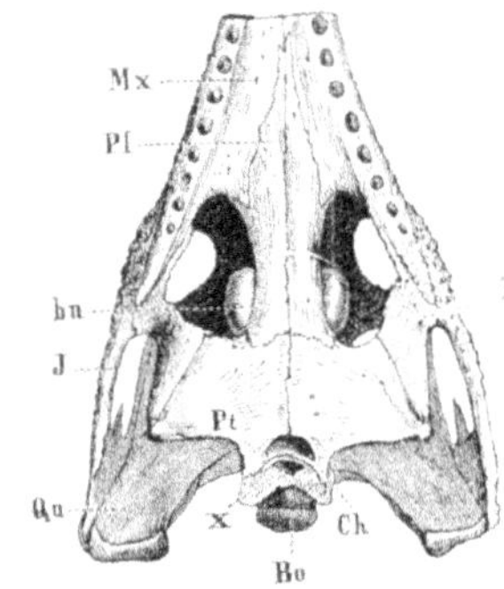

Fig. 432.
Unterseite des hinteren Schädelteiles vom *Gavial* mit eusuchen Choanen. *Mx* Oberkiefer, *Pl* Palatinum, *Pt* Pterygoid, *J* Jugale, *T* Transversum, *Q* Quadratum, *Bo* Basioccipitale, *Ch* Choanen, *x* Öffnung des intertympanischen Kanals, *bu* knöcherne Luftblasen.

häufig in Form und Größe verschiedenen Zähne bleibt bei ein und derselben Art, zuweilen sogar bei einer ganzen Gattung, konstant.

Die Wirbelsäule besteht bei den lebenden Formen aus 9 Hals-, 15 Rücken-, 2 Sacral- und 40 oder mehr Schwanzwirbeln. Bei den lebenden Crocodiliern sind alle Wirbel mit Ausnahme von Atlas und Epistropheus, des 2. Sacralwirbels und des vordersten Schwanzwirbels procöl, bei den mesozoischen in der Regel platycöl bis amphicöl, die oberen Bogen meist durch eine bleibende Sutur an dem Wirbelkörper befestigt und die Dornfortsätze kräftig entwickelt. Der Atlas (Fig. 433) besteht aus 4 Stücken: aus einem ventralen unpaaren, jederseits mit einer spießförmigen, einköpfigen Rippe versehenen Mittelstück, das bald für das Centrum (Hypocentrum), bald für ein Intercentrum, bald für eine Hypapophyse angesehen wird, ferner aus zwei seitlichen, symmetrischen ob. Bogenstücken und einem unpaaren dorsalen Dachstück, welches meist als das Rudiment eines besonderen Wirbels (Proatlas), von manchen Autoren auch als Hautknochen angesehen wird. Der Atlas ist mit dem großen Processus odontoideus des Epistropheus durch Sutur verbunden. Die 5—7 folgenden kürzeren Halswirbel besitzen wohlausgebildete Gelenk- und Dornfortsätze, auf der Ventralseite häufig eine Hypapophyse, außerdem am oberen Bogen jederseits einen Querfortsatz und in der vorderen Hälfte des Wirbelkörpers, ziemlich tief unten, einen zweiten Gelenkhöcker. Die kurzen zweiköpfigen Halsrippen sind distal beilförmig ausgebreitet. An den zwei vordersten Rückenwirbeln sind Diapophysen und Parapophysen nur noch wenig voneinander entfernt, und vom dritten Rückenwirbel an rückt der Capitularfortsatz auf den oberen Bogen, verbindet sich mit der stark verlängerten Diapophyse und bildet an der Basis derselben eine Art von Staffel, welche das Capitularende der langen zweiköpfigen, mit dem Brustbein verbundenen Rippen aufnimmt, während sich das Tuberculum an das verlängerte Ende der Diapophyse anfügt (Fig. 319). In den folgenden Rücken-

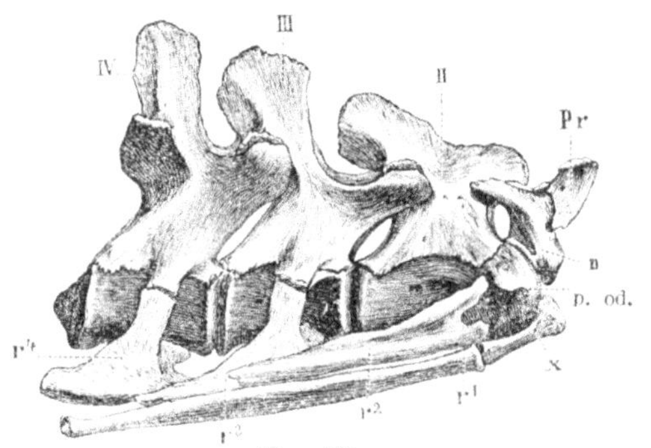

Fig. 433.
Die vier vordersten Halswirbel von *Crocodilus vulgaris*. *Pr* Proatlas (Dachstück), *n* ob. Bogen des Atlas, *x* Basalstück des Atlas, *p.od.* eigentliches Centrum des Atlas (processus odontoideus), *II, III, IV* zweiter bis vierter Halswirbel, *r'*—*r⁴* Rippen.

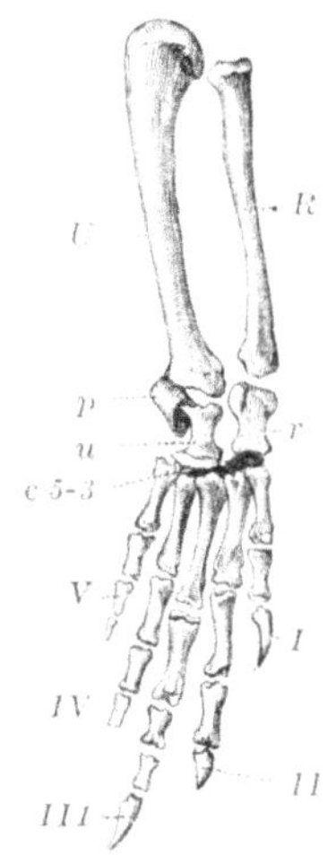

Fig. 434.
Vorderfuß vom Krokodil. *R* Radius, *U* Ulna, *r* Radiale, *u* Ulnare, *p* Pisiforme, *c 5-3* Carpalia der distalen Reihe, *I*—*V* erster bis fünfter Finger.

wirbeln rückt die Staffel immer weiter nach außen, bis sie schließlich die Gelenkfläche des Tuberculum erreicht und mit dieser verschmilzt, so daß die Rippen des hintersten Rückenwirbels einköpfig werden. Die (4—6) Lendenwirbel haben lange, von den oberen Bogen entspringende Querfortsätze, aber keine Rippen. Die kurzen, kräftigen Sacralrippen sind in der Regel distal verbreitert und proximal durch Naht mit den oberen Bogen und den Wirbelkörpern verbunden. Der letzte Sacralwirbel ist opisthocöl, der erste Schwanzwirbel bikonvex. Die Wirbel der vorderen Schwanzhälfte tragen ziemlich lange, horizontal abstehende Fortsätze, welche wie die Sacralrippen durch Naht an der Vereinigung vom oberen Bogen und Centrum befestigt sind. Hämapophysen, sog. Chevron bones, heften sich mit Ausnahme der vordersten und der hintersten Schwanzwirbel an den ventralen Hinterrändern der Wirbelkörper an.

Mit dem knorpeligen, großen rhombischen Sternum des Brustgürtels treten 6—9 Brustrippen in Verbindung; dem Sternum aufgelagert ist das stabförmige Episternum. Eine Clavicula fehlt dem Brustgürtel. Die Scapula ist ziemlich lang, distal und proximal verbreitert, das Coracoid ebenfalls verlängert, der Scapula ähnlich und von einem Foramen (supracoracoideum) durchbohrt. Der schlanke, etwas gekrümmte Humerus besitzt wohlausgebildete Gelenke und einen ansehnlichen Processus lateralis. Die Ulna ist — abgesehen von den Metriorhynchidae — meist etwas länger als der Radius. Die proximale Reihe des Carpus (Fig. 434) besteht in der Regel aus einem

Radiale und Ulnare, sowie einem kleinen, an die Hinterseite der Ulna befestigten Pisiforme, das durch Bänder mit dem V. Metacarpale verbunden ist. Die distale Reihe ist nur sehr unvollständig verknöchert. Die drei radialen Zehen sind etwas stärker als die ulnaren.

Hinter dem Brustbein liegen in der Bauchwand in der Regel 7 Querreihen von Bauchrippen.

Das Becken (Fig. 435) besteht aus 3 Knochen, wovon sich jedoch nur zwei (Ilium und Ischium) an der Bildung der in ihrem Grund von einem Foramen durchbohrten Gelenkpfanne (Hüftgelenk) beteiligen sollen, während das nach vorne und innen gerichtete, distal mehr oder weniger spatelförmig verbreiterte Pubis davon ausgeschlossen ist. An diese Verbreiterung schließt sich in der Symphyse eine knorpelige Membran an. Nach anderer Meinung soll ein verknöchertes Knorpelstück am Acetabulum vor dem Ischium das Pubis sein; das von der Gelenkung ausgeschlossene Element wäre dann ein Praepubis. Mit dem kräftigen, am Oberrand bogig gerundeten und nach vorne und hinten verlängerten Ilium treten die 2 distal verbreiterten Sacralrippen in Verbindung; die ventral beilartig verbreiterten Ischia stoßen in der Symphyse zusammen. Der Femur ist länger und schlanker als der Oberarm, ohne vorspringenden inneren Trochanter. Tibia und Fibula sind schlanke, fast gleich lange und gleich starke Knochen. In der proximalen Reihe des Tarsus liegen 2 größere Knöchelchen, ein Calcaneus oder Fibulare (nach hinten in einen ansehnlichen Fortsatz für die Sehne des Hauptstreckmuskels ausgezogen) und ein Astragalus (Tritibiale). Die distalen Tarsalia sind meist auf 2 Knöchelchen beschränkt, ebenso ist der 5. Finger bis auf das 5. Metatarsale reduziert. Die drei inneren Zehen der Vorder- und Hinterfüße sind mit spitzen Krallen bewehrt. Phalangenzahl: 2, 3, 4, 4, 3.

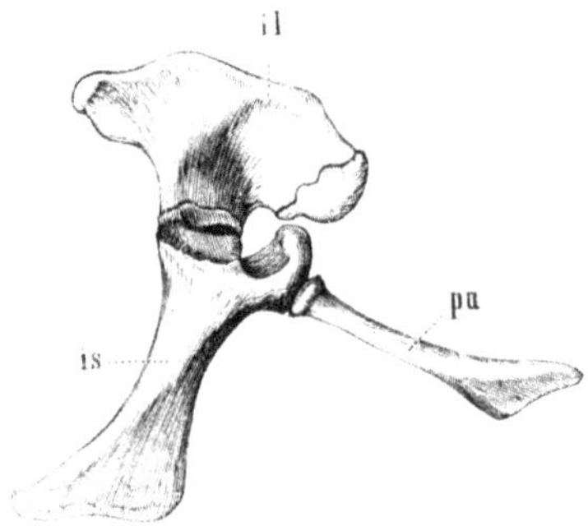

Fig. 435.
Rechte Beckenhälfte vom Krokodil. *il* Ilium, *Is* Ischium, *pu* Pubis (Praepubis).

Sämtliche rezente und fast alle fossilen Crocodilia besitzen auf dem Rücken, zuweilen auch auf dem Bauch, ein aus knöchernen Platten bestehendes (auf dem Rücken) rauh skulptiertes Hautskelett, über welchem noch stets Hornschilder liegen. Die Krokodile der Jetztzeit (bis 6—7 m) bewohnen Flüsse, Süßwasserseen, seltener Brackwassergebiete und Meerküsten der tropischen und subtropischen Regionen. Sie bewegen sich mit Hilfe ihres langen Ruderschwanzes geschickt im Wasser, gehen aber auch aufs Land, um sich zu sonnen und zur Eiablage. Die äußerst gefräßigen, mit kräftigen Zähnen bewehrten Tiere nähren sich von Fischen und Landtieren und verschlingen häufig Steine (Gastrolithen) und sonstige unverdauliche Gegenstände.

1. Familie: **Teleosauridae.**

Wirbel platycöl, Schnauze sehr lang, schmal. Zähne zahlreich, schlank. Nasalia durch einen weiten Zwischenraum von den kleinen Praemaxillaria getrennt. Choanen am hinteren Ende der Palatina ausmündend. Augen ringsum geschlossen, erheblich kleiner als die sehr großen oberen unregelmäßig vierseitigen

Schläfenlöcher. Zuweilen eine kleine Präorbitalöffnung vorhanden. Praefrontale klein, Lacrimale groß. Vorderfüße kaum halb so lang als die Hinterfüße. Rücken mit zwei Reihen von größeren, Bauch mit mehreren Reihen von kleineren Knochenschildern bedeckt. Marin. Jura. ? Ob. Kreide. ? Unt. Eocän.

Die *Teleosauridae* stehen in ihrer ganzen Erscheinung und Größe dem lebenden *Gavial* nahe, unterscheiden sich aber durch kleineren Kopf, kürzere und zierlichere Vorderfüße, starken Bauchpanzer, platycöle Wirbel, die Lage der Choanen, die sehr großen oberen Schläfenöffnungen und den Mangel von Hypapophysen an den Halswirbeln. Die fünfzehigen, noch als Schreitfüße entwickelten Extremitäten dürften den in der Hauptsache wohl im Wasser sich aufhaltenden Tieren eine wenn auch schwerfällige, watschelnde Bewegung im Schlamm und im Seichtwasser gestattet haben.

**Stenosaurus* Geoffroy (*Mystriosaurus* Kaup, *Leptocranius* Bronn, *Sericodon* H. v. M.). Schädel sehr flach, Schnauze stark verlängert, vorne löffelförmig verbreitert. Bei manchen Formen kleine Präorbitalöffnung vorhanden. Die knöchern umgrenzten Augen und die sehr großen, langgestreckten oberen Nasenlöcher nach oben gerichtet. Die zahlreichen Zähne in der Regel zweikantig. Am hinteren Ende der Palatina die rund-

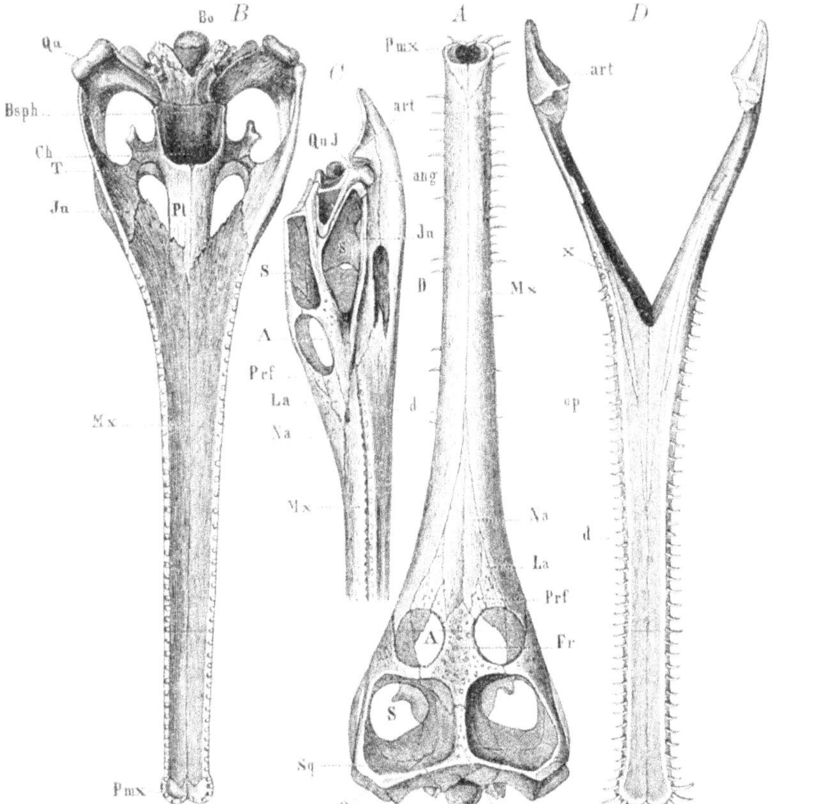

Fig. 436.

Teleosaurus Cadomensis Cuv. sp. Großoolith. Caen, Calvados. Schädel *A* von oben, *B* von unten, *C* von der Seite. *D* Unterkiefer (nach Eug. Deslongchamps). *Bo* Basioccipitale, *Qu* Quadratum, *QuJ* Quadrato-Jugale, *T* Transversum, *Ju* Jugale, *Bsph* Basisphenoid, *Pl* Palatinum, *Mx* Oberkiefer, *Pmx* Zwischenkiefer, *Na* Nasale, *Fr* Frontale, *Prf* Praefrontale, *La* Lacrimale, *Pa* Parietale, *Sq* Squamosum, *A* Augenhöhle, *Ch* innere Nasenlöcher (Choanen), *S* oberes, *S'* seitliches Schläfenloch, *D* Durchbruch (Meckelscher Knorpel), *art* Articulare, *op* Operculare, *d* Dentale, *x* Complementare des Unterkiefers.

liche große Choanenöffnung. Nicht selten die verknöcherten Ringe der Luftröhre erhalten. Mindestens 9 Halswirbel, ca. 12—13 Rücken- und 2 Lendenwirbel. Ob. Lias bis Malm. Europa. Madagaskar. Besonders schöne Reste finden sich im oberen Lias von Württemberg (Boll, Holzmaden), Franken (Banz) und im Oxford von England und Frankreich. *St. bollensis* Jäger aus dem oberen Lias wird 4 m und *St. Chapmani* ca. 6 m lang.

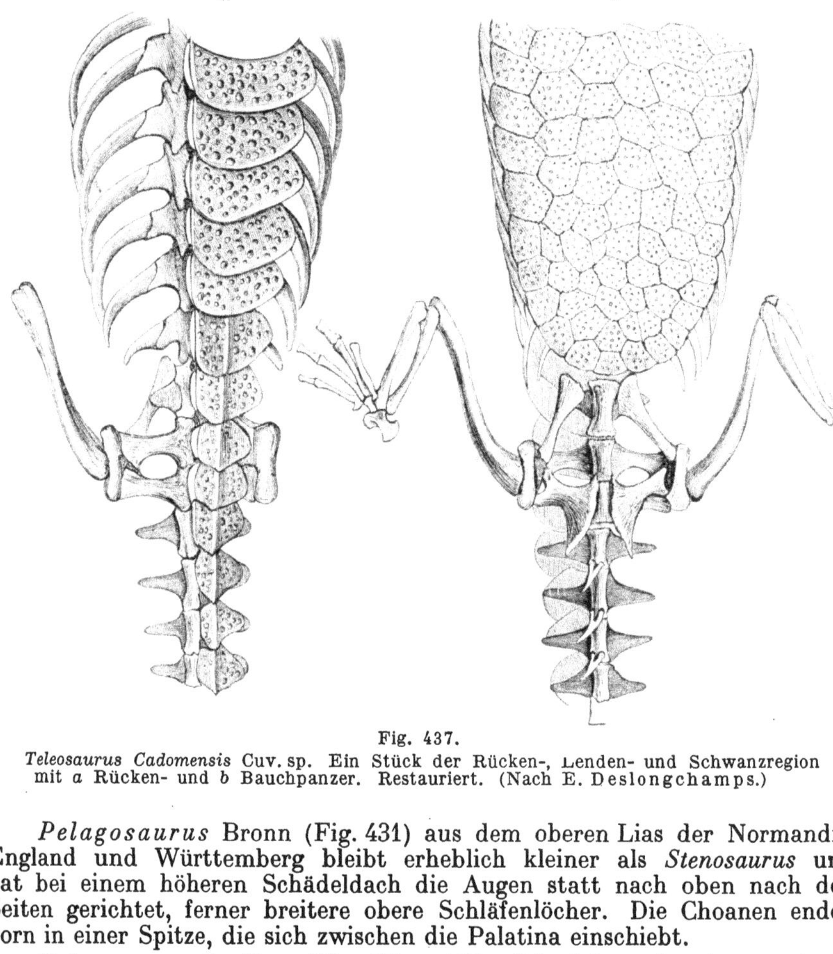

Fig. 437.
Teleosaurus Cadomensis Cuv. sp. Ein Stück der Rücken-, Lenden- und Schwanzregion mit *a* Rücken- und *b* Bauchpanzer. Restauriert. (Nach E. Deslongchamps.)

Pelagosaurus Bronn (Fig. 431) aus dem oberen Lias der Normandie, England und Württemberg bleibt erheblich kleiner als *Stenosaurus* und hat bei einem höheren Schädeldach die Augen statt nach oben nach den Seiten gerichtet, ferner breitere obere Schläfenlöcher. Die Choanen enden vorn in einer Spitze, die sich zwischen die Palatina einschiebt.

Teleosaurus Geoffroy (Fig. 436 u. 437). Schädel vor den Augen schroff zur langen, dünnen Schnauze verschmälert. Zähne abwechselnd höher und tiefer stehend, zahlreicher und schlanker als bei *Stenosaurus*. Dogger bis Malm. (? *T. tenuistriatus* Kner. Hauptdolomit Seefeld. Sitzungsb. d. k. A. d. Wiss. Wien 56. I. 67.)

Mycterosuchus Andrews. Von dem ähnlichen *Teleosaurus* vor allem durch die größeren oberen Schläfenlöcher des relativ größeren Schädels unterschieden. Unt. Oberjura. England.

Teleidosaurus Deslonch. Oberer Dogger bis Malm. *Aeolodon* v. Meyer. *Crocodileimus* Jourd. Oberer Jura.

? *Teleorhinus* Osborn. Obere Kreide. Nordamerika.

2. Familie: **Metriorhynchidae.** (*Thalattosuchia* E. Fraas.)

Wirbel platycöl, Schnauze mäßig lang, hinten breit. Nasalia groß, bei manchen Formen die Praemaxillaria erreichend. Choanen am hinteren Ende der Palatina. Praefrontalia sehr groß, dachartig über die Augen vorspringend. Lacrimalia klein. Augen vorn und hinten ausgebuchtet, mit Sclerioticaring, kleiner als die oberen Schläfenlöcher. Vorderfüße stark reduziert und paddelförmig, ?Balancierapparat. Hinterextremität großer Ruderfuß. Schwanzende abwärts gebogen, eine Schwanzflosse tragend. Haut ohne Knochenplatten. Marin. Ob. Dogger bis Neocom.

Die Metriorhynchiden sind im hohen Grade dem Wasserleben angepaßte nackthäutige Crocodilier, ihre Vorderextremität zeigt die Umwandlung eines Schreitfußes zu einem Schwimmfuß — einer Paddel in geradezu klassischer Weise, eine Erscheinung, die sich teilweise auch an der Hinterextremität (Tarsus von Geosaurus) geltend macht; ihre hintere, nach abwärts geknickte Schwanzpartie stand offenbar wie bei Ichthyosaurus mit einer vertikalen, aber kleineren Schwanzflosse in Verbindung. Wie die Teleosauridae sind sie auf landbewohnende — bisher unbekannte — Vorfahren zurückzuführen.

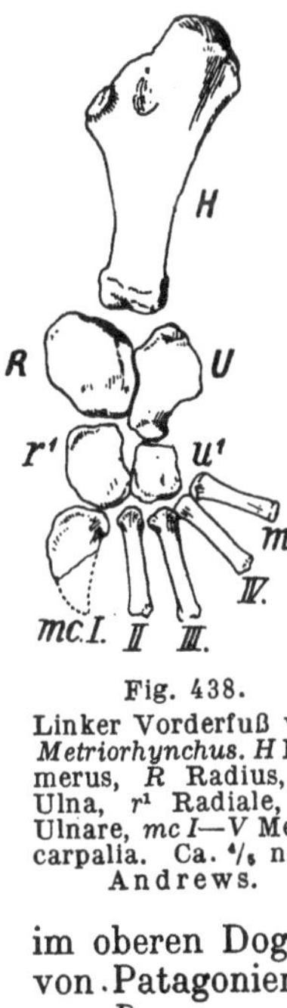

Fig. 438.
Linker Vorderfuß von *Metriorhynchus*. *H* Humerus, *R* Radius, *U* Ulna, r^1 Radiale, u^1 Ulnare, *mc I—V* Metacarpalia. Ca. $^4/_5$ nach Andrews.

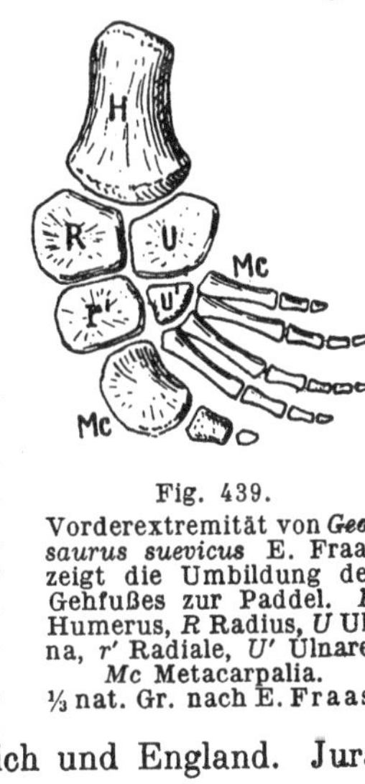

Fig. 439.
Vorderextremität von *Geosaurus suevicus* E. Fraas zeigt die Umbildung des Gehfußes zur Paddel. *H* Humerus, *R* Radius, *U* Ulna, *r'* Radiale, *U'* Ulnare, *Mc* Metacarpalia. ⅓ nat. Gr. nach E. Fraas.

**Metriorhynchus* H. v. Meyer (*Suchodus* Lydd.) (Fig. 438). Schnauze gedrungen, allmählich sich verschmälernd, mehr oder weniger lang. Bei manchen Formen erreichen die Nasalia die äußere Nasenöffnung. Zähne gewöhnlich zahlreich, gekielt mit 2 scharfen Kanten. 7 Halswirbel, 16 oder 17 Rückenwirbel und 1—2 Lendenwirbel. Humerus noch krokodilierähnlich; Radius und Ulna noch gestreckt. Zahlreiche Arten im oberen Dogger bis Kimmeridge von Nordfrankreich und England. Jura von Patagonien.

Dacosaurus Quenstedt. (*Plesiosuchus* Owen, *Plerodon* H. v. M.) Schädel bis 1 m lang, ½ m breit. Schnauze mäßig lang, gedrungen, vorn gerundet. Zähne kräftig, leicht gekrümmt, mit seitlicher Schneide. Nasengrube ausschließlich von den Praemaxillaria umschlossen. (Nach Andrews vielleicht ident mit Metriorhynchus.) Oberer Jura, Schwaben, Franken, Frankreich, England. Ein fast vollständiges, fast 6 m langes Skelett von D. maximus aus Staufen bei Giengen a. d. Br. im Stuttgarter Museum.

**Geosaurus* Cuvier (*Cricosaurus* Wagner, *Rhacheosaurus* H. v. Meyer) (Fig. 439). Schädel fast glatt, mit spitzer Schnauze und tiefliegenden kleinen Augen. Radius und Ulna sowie die Carpalia in polygonale Scheiben umgewandelt. Bei *G. suevicus* äußere Nasenlöcher getrennt. 7 Halswirbel, 18 Rückenwirbel, 2 Lendenwirbel. Oberer Jura. Franken und Schwaben.

Neustosaurus Raspail. Unteres Neocom. Vaucluse. ? *Enaliosuchus* Koken. Neocom. Norddeutschland.

3. Familie: **Pholidosauridae** (*Macrorhynchidae*).

Wirbel platycöl. Schnauze stark verlängert, schmal, hinten scharf vom cranialen Teil absetzend. Zähne rundlich, längs gefurcht und gerippt. Nasalia schmal und lang, die nach hinten verlängerten spitzen Fortsätze der Praemaxillaria erreichend. Choanen am hinteren Ende der Palatina, jedoch seitlich von den beträchtlich vergrößerten Pterygoiden begrenzt. Augen nach der Seite gerichtet, oval, hinten ausgebuchtet und äußerlich mit den seitlichen Schläfenöffnungen verbunden, wenig kleiner als die oberen Schläfenlöcher. Rücken- und Bauchpanzer vorhanden. Oberer Jura bis untere Kreide.

Die Macrorhynchiden, die sich nur fossil in brackischen und Süßwasserablagerungen des Purbeck, Wealden und der unteren Kreide finden, zeigen nahe verwandtschaftliche Beziehungen zu den Gavialidae.

Pholidosaurus H. v. M. (*Petrosuchus laevidens* Owen, *Macrorhynchus* Dunker). Wealden von Hannover und England.

Petrosuchus Owen. Purbeck. England.

Hylaeochampsa* Owen. Wealden England, unterscheidet sich von den meisten mesozoischen Crocodiliern durch den Besitz von innerhalb der Pterygoidea ausmündenden »eusuchen« Choanen und eine große Lücke im Transversum, ferner durch den Besitz von wahrscheinlich procölen Wirbeln, und ist deshalb als Vertreter einer selbständigen Familie der **Hylaeochampsidae zu betrachten.

In seiner Stellung unsicher ist ?Dyrosaurus Pomel em. Thévenin. Wirbel platycöl. Schädel sehr ähnlich *Teleosaurus*, aber Nasalia auffallend lang und wahrscheinlich die äußeren Nasenlöcher erreichend. Augen nach den Seiten gerichtet, viel kleiner als die seitlichen und oberen Schläfenlöcher. Panzer nicht bekannt. Marin. Wahrscheinlich Repräsentant einer eigenen Familie: **Dyrosauridae**. Unt. Eocän. Nordafrika (Tunis), ? Sudan, Togoland.

Repräsentant einer eigenen Familie: **Congosauridae** ist nach Dollo der unvollständig bekannte *Congosaurus* Dollo aus dem Paleocän (Montien) des Kongostaates, eine langschnauzige Form mit großen Schläfenöffnungen (? marin), mit Rücken- und Bauchpanzer.

4. Familie: **Atoposauridae.**

Körper klein, eidechsenartig. Schnauze kurz. Wirbel amphicöl. Augen beträchtlich größer als die oberen Schläfenlöcher. Nasenlöcher durch die verlängerten Nasalia geteilt. Rücken mit zwei Längsreihen unmittelbar hinter dem Kopf beginnender Platten von quer oblonger Form bedeckt. Bauchpanzer nicht beobachtet. Fossil in marinen Seichtwasserbildungen des oberen Jura.

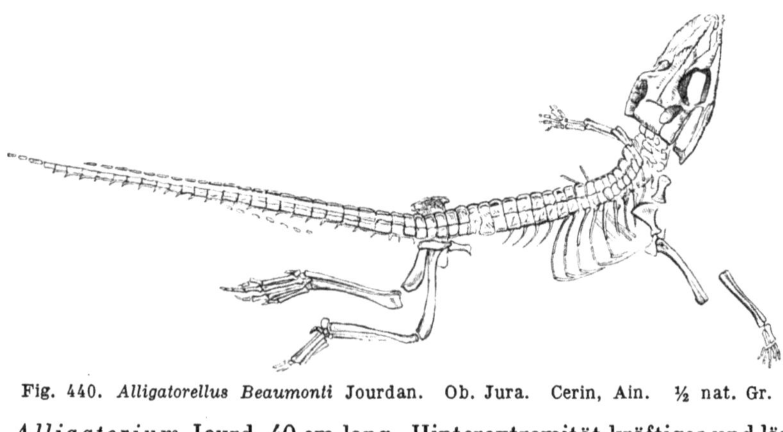

Fig. 440. *Alligatorellus Beaumonti* Jourdan. Ob. Jura. Cerin, Ain. ½ nat. Gr.

Alligatorium Jourd. 40 cm lang. Hinterextremität kräftiger und länger als die vordere. Oberer Jura. Frankreich (Cerin) und Painten (Oberpfalz).

Alligatorellus Jourd (Fig. 440). Skelett 22 cm lang. Schädel dreieckig. Augen fast dreimal so groß als die oberen Schläfenlöcher. Schwanz sehr lang. Oberer Jura. Frankreich, Cerin (Ain).

Atoposaurus H. v. Meyer. Klein, eidechsenartig. Oberer Jura. Frankreich. Cerin (Ain) und Painten (Oberpfalz).

5. Familie: **Goniopholidae.**

Körper mittelgroß. Wirbel platycöl. Schnauze breit, mäßig verlängert. Choanen weit zurückliegend, von den Palatina und Pterygoiden begrenzt. Rücken mit zwei oder mehr Reihen vorne und hinten gelenkig verbundener Platten. Jura. Kreide. Eocän. Zumeist im Purbeck und Wealden.

Machimosaurus H. v. Meyer (Fig. 441). Zähne stumpf konisch, längs gerieft. Dogger. Malm.

Fig. 441. Zahn von *Machimosaurus Hugi* H. v. Meyer. Kimmeridge. Lindnerberg bei Hannover. Nat. Gr.

**Goniopholis* Owen (*Diplosaurus* Marsh, *Amphicotylus* Cope) (Fig. 442). Skelett bis 2 m lang. Schnauze mäßig verlängert. Nasalia nicht vollständig die äußere Nasenöffnung erreichend. Augen kleiner als die Schläfengruben. Zähne (23 auf jedem Kiefer) dick, mit zwei Kanten und mit Längsfurchen. Bauchpanzer aus 7—10 Längsreihen allseitig durch Sutur verbundener Platten zusammengesetzt. Unterste Kreide (Morrison). Nordamerika. Purbeck und Wealden von Europa. Kreide von Brasilien und Nordamerika.

Nannosuchus, *Theriosuchus*. Owen. Purbeck. England.

Hyposaurus Owen, *Coelosuchus* Williston. Kreide. Nordamerika.

Bernissartia Dollo. Bis 1 m lang. Augen größer als obere Schläfenlöcher. Nasalia die äußere Schläfenöffnung nicht erreichend. 20 Zähne auf jedem Kiefer. Vorderextremität beträchtlich kürzer

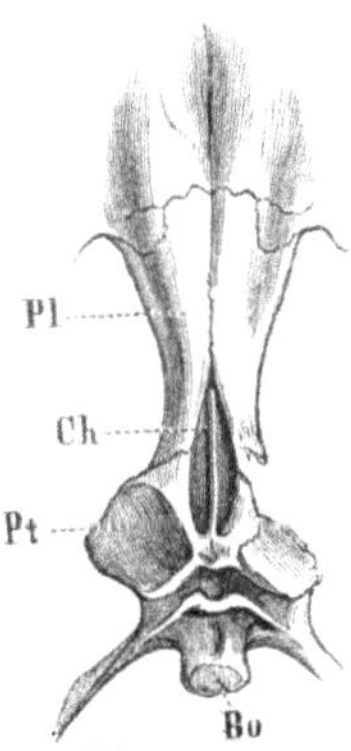

Fig. 442. *Goniopholis simus* Owen. Aus dem mittleren Purbeckkalk von Swanage. Dorset. Hinterer Teil des Gaumendachs. *Pl* Palatin, *Pt* Pterygoid, *Bo* Basioccipitale, *Ch* Choanenöffnung. (Nach Hulke.)

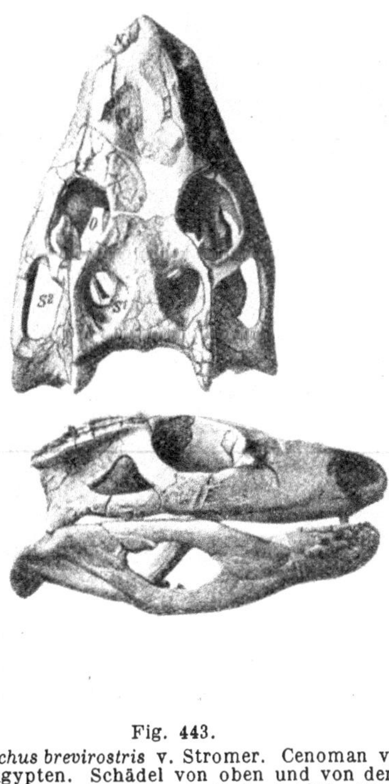

Fig. 443. *Libycosuchus brevirostris* v. Stromer. Cenoman von Baharije, Ägypten. Schädel von oben und von der Seite. *N* Nasenöffnung, *O* Augen-, S_1 S_2 Schläfenöffnungen. Ca. ¼ nat. Gr. (Nach v. Stromer.)

als die hintere. Rückenpanzer mit mehr als 2 Reihen von Knochenplatten. Wealden. Belgien.

**Notosuchus* A. S. Woodward. Schädel ca. 18 cm lang. Kurzschnauzig. Nasalia die äußere Nasenöffnung erreichend. Eine kleine Präorbitalöffnung vorhanden. Obere Schläfenöffnung kleiner als die großen Augen. Praemaxillare mit 4, Maxillare mit 7 Zähnen. Vorderfuß nicht viel kleiner als der hintere. Panzer nicht beobachtet. Obere Kreide. ? Eocän. Nord-Patagonien.

Cynodontosuchus A. S. Woodward. Von ebendort.

6. Familie: **Libycosuchidae.**

Kurzschnauzig, mit geteilter, nicht nach oben gerichteter Nasenöffnung. Die kreisförmigen Augen sehr groß, obere Schläfenlöcher klein. Gaumendach bis zu den Transversa völlig geschlossen, Lücken zwischen diesen, den Pterygoiden und Palatina. Bezahnung oben ungleich, bis zu den Augen reichend, unten auf das vordere Schnauzendrittel beschränkt. Wirbel platycöl. In Süßwasserablagerungen des Cenomans von Ägypten.

**Libycosuchus* v. Stromer. (Fig. 443.) Mit den Familienmerkmalen. Cenoman. Ägypten.

7. Familie: **Gavialidae.**

Wirbel procöl. Schnauze schmal, stark verlängert. Zähne zahlreich, gleichartig zugeschärft, glatt oder fein gestreift. Nasalia weit getrennt von der äußeren Nasenöffnung. Choanen weit nach hinten gerückt und vollständig von den Pterygoidea umgeben. Kanäle der Eustachischen Röhre ringsum geschlossen. Augen unregelmäßig oval, fast ebenso groß oder größer als die oberen Schläfenlöcher, äußerlich mit den seitlichen Schläfenlöchern verbunden. Bauchpanzer fehlt.

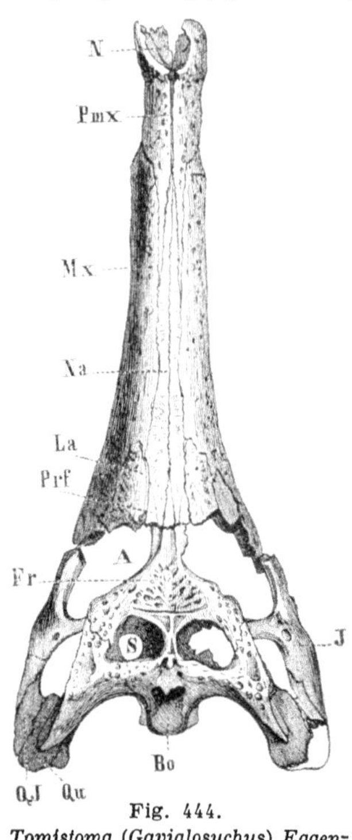

Fig. 444.
Tomistoma (Gavialosuchus) Eggenburgensis Toula und Kail. Miocän. Eggenburg bei Horn, Niederösterreich. Schädel von oben. $^1/_{10}$ n. Gr. Bez. wie früher. (Nach Toula.)

Fossil in marinen Uferbildungen der oberen Kreide und im Tertiär. Lebend im Süßwasser.

**Thoracosaurus* Leidy. Zwischenkiefer spatelförmig erweitert, an die Nasalia angrenzend. Obere Schläfenlöcher quer vierseitig. Lacrimale sehr groß, davor bei einer Art eine ? Präorbitalöffnung. Obere Kreide von New Jersey, Holland, Frankreich. Schonen.

Holops Cope. Obere Kreide bis Eocän. New Jersey.

Eosuchus Dollo. Eocän. Belgien.

**Tomistoma* Müller (*Rhynchosuchus* Huxley, *Gavialosuchus* Toula und Kail). (Fig. 444.) Schnauze allmählich in den cranialen Teil übergehend. Nasalia an die Praemaxillaria angrenzend. Lacrimale nicht sehr groß. Parietale klein. Vomeres an der Bildung des Gaumendaches beteiligt. Lebend in Borneo, Sumatra und auf der Malaiischen Halbinsel. Fossil im Tertiär des Mittelmeergebietes und Ungarn.

Gryposuchus Gürich[1]). ? jüngstes Tertiär. ? Quartär. Oberes Amazonasgebiet.

**Gavialis* Oppel (*Rhamphostoma* (Fig. 432) Wagl.). Schnauze scharf vom cranialen Teil

[1]) Jahrb. der Hamb. Wissenschaftl. Anstalt XXIX. 1911.

abgesetzt. Nasalia durch einen weiten Zwischenraum von den Praemaxillaria getrennt. Lebend im südlichen Ostindien und in Birma, fossil im Pliocän der Sivalikschichten (Ostindien) mit dem riesigen (15 m langen) *Rhamphosuchus crassidens* Falc. und Cantley zusammen.

Leptorhamphus, *Oxydontosaurus* Amegh. Tertiär. Argentinien.

8. Familie: **Crocodilidae.**

Wirbel pröcöl. Schnauze in der Regel breit und mäßig verlängert. Augenhöhlen größer als die zuweilen rudimentären oberen Schläfenlöcher, mit den seitlichen Schläfenlöchern äußerlich verbunden. Nasalia in der Regel die äußere Nasenöffnung erreichend, bisweilen eine knöcherne Nasenscheidewand bildend. Der 4. Unterkieferzahn gewöhnlich in eine Grube des Oberkiefers eingefügt. Zähne stark differenziert. Die weit zurückliegenden Choanen vollständig von den Pterygoiden umschlossen. Rückenpanzer aus mehr als zwei Reihen gelenkig verbundener oder frei in der Haut liegender Knochenplatten bestehend. Bauchpanzer vorhanden oder fehlend. Obere Kreide bis jetzt.

**Diplocynodon* Pomel (Fig. 445). Zähne ungleich groß, der erste Unterkieferzahn oben in eine Grube eingefügt, der 3. und 4. in einer Nische des Oberkiefers. Rücken- und Bauchpanzer stark entwickelt. Obereocän bis Miocän von Europa (besonders England, Frankreich, Deutschland). Eocän Neu-Mexiko.

Bottosaurus Agass. Obere Kreide. Nordamerika.

**Alligator* Cuv. Zähne sehr ungleichmäßig, jederseits 17—20 Zähne oben und 18—20 unten. Mit knöcherner Nasenscheidewand. Rückenpanzerplatten nicht gegenseitig gelenkig. Unt. Pliocän. Nebrasca[1]). Südl. Nordamerika. China (Jangtse).

Brachychampsa Gilmore. Ob. Kreide[2]).

? *Thecachampsa* Cope. Eocän. Miocän. Nordamerika.

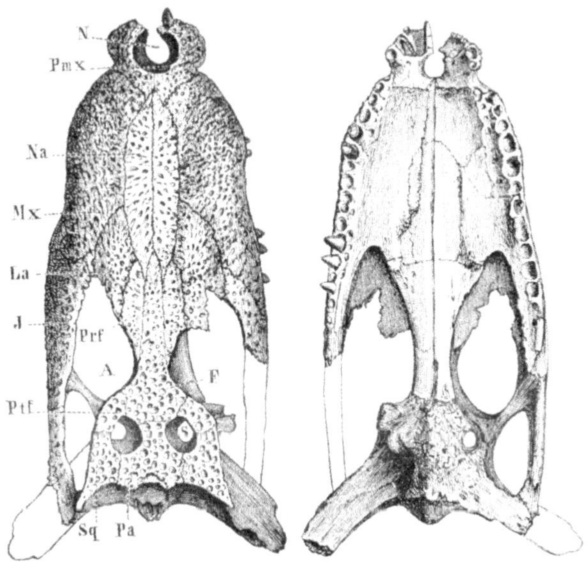

Fig. 445.
Diplocynodon Gervaisi Aymard. Oligocän. Ronzon bei le Puy. Schädel von oben und unten. ½ nat. Gr. *Sq* Squamosum, *Pa* Parietale, *F* Frontale, *Ptf* Postfrontale, *Prf* Praefrontale, *J* Jugale, *La* Lacrimale, *Na* Nasale, *Mx* Oberkiefer, *Pmx* Zwischenkiefer, *A* Augenhöhle, *S* oberes Schläfenloch, *N* Nasenloch.

**Caiman* Spix (*Jaccare* Gray). (Fig. 430.) 18—20 Zähne oben und 17—22 unten. Keine knöcherne Nasenscheidewand. Obere Schläfenöffnung klein oder fehlend. Rücken- und Bauchplatten gelenkig. Zentral- und Südamerika.

Caimanoidea Mehl. Oligocän. Nordamerika.

**Osteolaemus* Cope. Auf jeder Seite 16—17 Zähne oben und 14—15 unten. Nasalia eine knöcherne Nasenscheidewand bildend. Afrika.

---

[1]) *Matthew*, Bull. Americ. Mus. Nat. Hist. 38. 1918. S. 224.
[2]) *Gilmore*, Proc. U. S. Nat. Mus. Vol. 41. 1911.

Leidyosuchus Lambe. Eine Mittelform zwischen *Crocodilus* und *Alligator*. Obere Kreide. Nordamerika.

Deinosuchus Holland[1]). 35—40 Fuß lang. Obere Kreide. Nordamerika.

Crocodilus Laur. (Fig. 433—435). 17—19 Zähne oben, 17—15 Zähne unten auf jeder Seite. Kurz- bis sehr langschnauzig. Ohne knöcherne Nasenscheidewand. Bauchpanzer fehlt. Trop. Asien. Trop. Afrika. Trop. Amerika. Nord- und Ostaustralien. Neuguinea. Melanesien. Die ältesten Reste kommen aus der oberen Kreide von Europa (Provence, Gosau, ? Italien). Zahlreiche Arten aus dem Tertiär von Europa, Nordafrika, Nordamerika und Ostindien.

Zeitliche Verbreitung und Stammesgeschichte der Crocodilia.

Sichere Anhaltspunkte für die Entstehung der Crocodilier fehlen bis jetzt noch völlig. Aller Wahrscheinlichkeit nach haben sie von bis jetzt noch unbekannten landbewohnenden Parasuchia (Pseudosuchia) ihren Ursprung genommen. Die ältesten Crocodilier, die langschnauzigen *Teleosauridae*, mit platycölen Wirbeln und mesosuchen Choanen treten unvermittelt im oberen Lias von Europa auf und lassen sich bis zum oberen Jura (? Ob. Kreide Nordamerika) verfolgen. Etwas später im Dogger stellen sich die den *Teleosauridae* nahe verwandten, aber bereits weit mehr dem Wasserleben angepaßten *Metriorhynchidae* ein, von denen einzelne Gattungen sehr stattliche Größe erlangen und von denen die Gattung *Metriorhynchus* nicht nur aus Europa sondern auch aus Südamerika nachgewiesen wurde. Ihren jüngsten Vertretern begegnen wir im Neocom. Die Angehörigen dieser beiden Familien kommen in marinen Ablagerungen vor und haben anscheinend keine lebenden Nachkommen hinterlassen.

Zu Beginn der Kreide zeigen sich in den Süßwassersedimenten des Wealden die ? procölen *Hylaeochampsidae*, deren Choanen bereits innerhalb der Pterygoidea liegen, entwickelt. Sie scheinen nahe Verwandte der in der Ober-Kreide sich einstellenden *Crocodilidae* zu sein, mit denen gleichzeitig die langschnauzigen *Gavialidae* sowohl in Europa wie Nordamerika sich zeigen. Innerhalb der *Goniopholidae* verdient *Goniopholis* selbst durch seine zeitliche (Jura, Kreide) wie räumliche (Nord-, Südamerika, Europa) Verbreitung Beachtung. Gegenüber der gegenwärtigen Verbreitung der einzelnen Gattungen (s. oben) ist zu beachten, daß *Crocodilus* und der mit *Alligator* sehr nahe verwandte *Diplocynodon* sich zumeist im älteren und mittleren Tertiär besonders von Europa und Nordamerika finden, während von *Tomistoma* bis jetzt nur Reste aus dem Tertiär des Mittelmeergebietes und Ungarns sich nachweisen ließen.

3. Ordnung: **Dinosauria** Owen[2]).

Körper langhalsig und langgeschwänzt, meist von ansehnlicher, zuweilen sogar von gigantischer Größe. Obere

[1]) Annals Carn. Mus. VI. 1909—10. S. 281.

[2]) *Abel O.*, Die Rekonstruktion d. Diplodocus. Abh. d. k. k. Zool.-bot. Gesellsch. Wien. Bd. 5. 1910. Dort weitere Literatur! — *Ameghino*, An. Soc. Cient. Argent. Vol. 47. 1900. — *Ballerstedt M.*, Bemerkungen zu den älteren Berichten über Saurierfährten etc. Zentralbl. f. Mineralogie 1914. — *Barnum Brown*, The Ankylosauridae etc. Bull. Americ. Mus. Nat. Hist. Vol. XXIV. 1908; ferner ibid. Vol. 28. 1910. A Crested Dinosaur from the Edmonton Cretaceous ibid. Vol. 31. 1912. Anchiceratops etc., with discussion of the origin of the Ceratopsian Crest

und untere Schläfenöffnung. Häufig jederseits eine bis drei Präorbitallücken. Zähne meist thecodont, seltener in Rinnen. Quadratum in der Regel fest, manchmal beweglich. Sternum häufig teilweise verknöchert. Clavicula und Episternum unbekannt. Scapula sehr groß, zuweilen mit dem kleinen scheibenförmigen Coracoid verschmolzen. Procoracoid fehlt. Wirbel

---

and the Brain casts of Anchiceratops and Trachodon. ibid. Vol. 33. 1914. A complete skull of Monoclonius ibid. Corythosaurus casuarius ibid. Leptoceratops ibid. Corythosaurus casuarius: Skeleton, Musculature and Epidermis; ibid. 35. 1916. A complete skeleton of the horned Dinosaur Monoclonius etc. Ibid. 37. 1917. — *Baur G.*, Remarks on the Reptiles generally called Dinosauria. Amer. Naturalist 1891, S. 434. — *Beecher, Chas.*, The Reconstruction of a Cret. Dinos. Claosaurus etc. Transact. Conn. Ac. Vol. XI. 1902. — *Branca W.*, Die Riesengröße sauropoder Dinos. vom Tendaguru, ihr Aussterben und die Bedingungen ihrer Entstehung. Archiv f. Biontologie Bd. III. 1. 1914. — *Broom R.*, The Dinosaurs of the Stormberg. S. A. Ann. S. Afric. Mus. 7. 4. 1911. — *Cope Edw.*, Palaeontological Bulletin Nr. 22. 23. 24. 25. 26. 27. 28 in Proceed. Amer. Phil. Soc. Philadelphia 1876—77. — *Deslongchamps-Eudes*, Poikilopleuron. Mém. Soc. Linn. de Normandie 1838. Vol. VI. 36. — *Dollo L.*, 1.—5. note sur les Dinosauriens de Bernissart. Bull. Musée roy. d'hist. nat. de Belgique 1882—84. T. I. II. III. Les Allures des Iguanodons etc. Bull. scient. d. l. France et d. l. Belg. T. 40. 1905. — *Fraas E.*, Ostafrikanische Dinosaurier. Palaeontographica 55. 1908. Die neuesten Dinosaurierfunde in der schwäbischen Trias. Die Naturwissenschaften, Wochenschr. f. d. Fortschr. d. Naturwissensch. 1913. — *Gilmore Charles*, Morosaurus agilis etc. Proc. U. St. Nat. Mus. Vol. 32. Washington 1907. Osteology of the jur. Rept. Camptosaurus. Proc. U. S. Nat. Mus. Vol. 36. Washington 1909. The mounted skeleton of Camptosaurus in the U. S. National Museum ibid. Vol. 41. 1912. Osteology of Thescelosaurus etc. Fore limb of Allosaurus. Proc. U. S. N. Mus. Vol. 49. 1915. Osteology of the Carnivorous Dinosaurs i. th. U. St. Nat. Mus. with special reference to the genera Anthrodemus and Allosaurus. Smiths. Instit. U. S. National Mus. Bull. 110. 1920. Brachyceratops, a Ceratopsian Dinosaur f. th. Two Medicine Formations of Montana etc. U. S. Geol. Surv. Prof. Pap. 103. 1917. A new restoration of Triceratops with notes on the osteology of the genus. Proc. U. St. Nat. Mus. Vol. 55. 1919. A newly mounted skeleton of the armored Dinosaur, Stegosaurus stenops etc. Ibid. 54. 1918. — *Hatcher J. B.*, The genera and species of the Trachodontidae. Ann. Carn. Mus. I. 1901—02. Diplodocus, its osteology etc. Mem. Carn. Mus. Vol. I. 1901. Osteology of Haplocanthosaurus etc. ibid. Vol. II. 1903. — *Hatcher J. B., Marsh O. C., Lull R. S.*, The Ceratopsia. Monographs U. S. Geol. Surv. Vol. 49. 1907. Ibid. Literatur! — *Hay O. P.* On the manner of Locomotion of Dinosaurs etc. Proc. Wash. Acad. Sc. Vol. XII. 1910. On the skull and the brain of Triceratops etc. Proc. U. S. Nat. Mus. Vol. XXXII. 1909. On certain genera and species of carniv. Dinos. etc. ibid. Vol. 35. 1908. — *Hennig E.*, Kentrosaurus aethiopicus, der Stegosauride des Tendaguru. Sitzungsber. d. Gesellsch. naturf. Freunde. Berlin 1915. Nr. 6. — *Holland U. J.*, Osteology of Diplodocus Mem. Carn. Mus. Vol. II. 1906. — *Hoepen E. C. N. van*, A new Dinosaur from the Stormberg beds. Farther Dinosaurian Material in the Transval Mus. Annals of the Transval Mus. Vol. 7. 1920. — *Huene F. v.*, Über die Dinosaurier der außereurop. Trias. Geol. u. Pal. Abhandl. 12 (8). 1906. Die Dinosaurier der europ. Triasform. etc. ibid. Suppl. Bd. I. 1907—08. Dort ausführliche Literatur! Zur Beurteilung der Sauropoden. Monatsbericht d. d. geol. Gesellsch. Bd. 60. 1908. Skizze zu einer Systematik u. Stammesgeschichte der Dinosaurier. Zentralblatt f. Mineralogie etc. 1909. Ein primitiver Dinosaurier aus der mittleren Trias von Elgin. Geol. u. Pal. Abhandl. N. F. Bd. VIII (XII). 1910. Beiträge zur Kenntnis des Ceratopsidenschädels. N. Jahrb. f. Mineral. etc. 1911. Bd. II. Das natürliche System der Saurischia. Zentralbl. f. Mineralogie 1914. Saurischia et Ornithischia triadica. Fossilium Catalogus I. 4. 1914. Über die Zweistämmigkeit der Dinosaurier etc. Neues Jahrb. f. Mineral. Beilagebd. 37. 1914. Ferner: Beitr. z. Geschichte der Archosaurier. Geol. u. Pal. Abhandl. N. Folge Bd. 13 (17). 1914. Beiträge zur Kenntnis einiger Saurischier der schwäbischen Trias. Neues Jahrbuch für Mineralogie etc. I. 1915. Neue Pseudosuchier u. Coelurosaurier a. d. württembergischen Keuper. Acta Zoologica II. 1921. — *Hulke J. W.*, On Polacanthus. Philos. Transactions 1881 u. 1887. On Hypsilophodon Foxii. Quart.

opisthocöl, procöl, amphicöl oder platycöl, cavernös hohl oder massiv. 3—10 Sacralwirbel. Rippen zweiköpfig. Ilium groß, nach vorne und hinten verlängert. Ischium lang, schlank, gewöhnlich in der Symphyse verbunden. Pubis nach vorne und abwärts gerichtet, zuweilen mit einem dünnen, nach hinten gewendeten, dem Ischium parallelen Postpubis. Pubis, Ilium und Ischium an der Bildung des Acetabulum beteiligt. Vorderbeine gewöhnlich kürzer als die Hinterbeine. Haut nackt oder mit Hautverknöcherungen. Trias bis oberste Kreide.

Zu den Dinosauriern gehören nur ausgestorbene Reptilien, ungemein plastische und anpassungsfähige Organismen und deshalb von äußerst mannigfaltiger, bald an Parasuchier, bald an Vögel, bald an Säuger erinnernder Gestalt. Sie beginnen zur Zeit des Niederganges der

---

Journ. geol. Soc. 1873 XXIX p. 522 und 1874 XXX p. 18 und Philos. Trans. 1882. Bd. 173. On Iguanodon. Quart. journ. geol. Soc. 1871 XXVII p. 199, 1874 XXX p. 24, 1878 XXXIV p. 744, 1885 XLI p. 473, 1886 XLII p. 435. — *Hulke J. W.*, Presidential adresses to the geological Society. Quart. journ. 1883 and 1884, Vol. XXXIX and XL. — *Huxley Th.*, On the animals intermed. between Birds and Reptiles. Proceed. Roy. Soc. 1868 p. 278 and Ann. Mag. nat. hist. 1868. 4. ser. Vol. II und Quarterly journ. geol. Soc. London 1869 XXVI p. 3, 12 u. 32. On Hypsilophodon. Quart. journ. geol. Soc. 1870 XXVI p. 3. — *Jaekel O.*, Über die Wirbeltierfunde in der ob. Trias von Halberstadt. Paläontologische Zeitschrift 1. Bd. 1913. — *Janensch W.*, Übersicht über die Wirbeltierfauna der Tendaguruschichten, nebst einer kurzen Charakterisierung der neu aufgeführten Arten von Sauropoden. Archiv für Biontologie. Bd. III. Heft 1 u. 3. 1914. Über Elaphrosaurus Bambergi u. d. Megalosauria a. d. Tendagurusch. Deutsch-Ostafrikas. Sitzungsb. d. G. naturforsch. Freunde 1920. — *Koken E.*, Die Dinosaurier, Crocod. etc. des norddeutschen Wealden. Pal. Abhandl. 3. Bd. 1887. 7. 1896. — *Lambe L. M* (Osborn), On Vertebrata of the Mid-Cretaceous of the Northwest Terr. Geol. Surv. Canad. Contr. Canad. Palaeont. 3. 1902; ferner Transact. R. Soc. Canad. Vol. 10 sec. 4. 1904. A new genus and species of Ceratopsia from the Belly River formation of Alberta. Ottawa Naturalist Vol. 27. 1913. On Gryposaurus etc. ibid. On the fore-limb of a Carnivorous Dinosaurus etc. (Chasmosaurus) ibid. On Eoceratops canadensis etc. Geol. Surv. Mus. Bull. 12. Ottawa 1915. — *Lull R.*, Two new Ceratopsia Trans. Roy. Soc. canad. Vol. 20. 1905. The cranial musculatur etc. in the Ceratops. Dinos. ibid. 25. 1908. The armor of Stegosaurus. Amer. Journ. Sci. 29. 1910. Dinosaurian Distribution. Americ. Journ. Sci. Vol. 29. 1910. Systematic Paleontology of the lower Cretaceous Deposits of Maryland. Maryland Geol. Surv. Lower Cretaceous. Baltimore 1911. Sauropoda and Stegosauria of the Morrison of North America compared with those of Europa and eastern Africa. Bull. Geol. Soc. Americ. Vol. 26. 1915. Triassic life of Connecticut Valley. Bull. of the State Geol. and nat. Hist. Surv. of Connect. Nr. 24. Hartford 1915. The mammals and horned Dinosaurs of the Lance Formation of Niobrara Co. Wyo. Americ. Journ. Sci. Vol. 40. 1915. On the function of the »sacral brain« in Dinosaurs. Ibid. 44. 1917. Sauropoda and Stegosauria of the Morrison of North America compared with those of Europe and eastern Africa. Bull. Geol. Soc. America. Vol. 26. 1915. The Sauropod Dinosaur Barosaurus Marsh. Mem. Conn. Acad. Arts Sci. Vol. VI. 1919. The Cretaceous armored Dinosaur Nodosaurus textilis Marsh. Americ. Journ. of Sci. 5. Ser. I. 1921. — *Lydekker R.*, The Dinosaurs of Patagonia. Annales del Museo d. l. Plata. 1890 bis 1891. — *Mantell G. Alg.*, Philos. Trans. 1825. 1841. 1848. 1849. — *Marsh O.*, The Dinosaurs of North America. 16. Ann. Rpt. U. S. Geol. Surv. Washington 1896. Zahlreiche Abhandl. in American journ. of Sciences and Arts. 1878—1894. 3. ser. Vol. XVI—XLVIII. — *Matthew W. D.*, The Pose of Sauropod. Dinosaurs. Amer. Naturalist 1910. Dinosaurs. Americ. Mus. Nat. Hist. New York 1915. — *Matthew and B. Brown*, The family Deinodontidae etc. Bull. Americ. Mus. Nat. Hist. 46. 1922. — *Moodie R. L.*, An armored Dinosaur from the upper Cretaceous of Wyoming. Kansas Univ. Sc. Bull. 5. 1910 (1911). 257. 273. — *Mook Ch.*, Criteria for the determination of Species in the Sauropoda with description of a new species of Apatosaurus. Bull. Americ. Mus. Nat. Hist. 37. 1917. The fore

Stegocephalen und Theromorphen in der Trias — möglicherweise ist Protorosaurus aus dem Zechstein bereits hieher zu zählen — und dominieren von diesem Zeitpunkt an als hauptsächliche Landbewohner während des ganzen Mesozoikums, um gegen Schluß der Kreide (? Beginn des Tertiärs) allmählich den Mammalia zu weichen.

Sie nährten sich teils von Fleisch, teils von Pflanzen und hielten sich in der Mehrzahl wahrscheinlich mit Vorliebe in sumpfigen Niederungen, im oder in der Nähe des Wassers auf. Ihre Extremitäten waren entweder plantigrad (Sohlengänger) oder digitigrad (Zehengänger) oder in Verbindung beider Merkmale semiplantigrad. Ein großer Teil von ihnen benutzte alle 4 Extremitäten zum Gehen (Quadruped), während andere ihre Fortbewegung wohl ausschließlich auf den Hinter-

---

and hind limbs of Diplodocus. ibid. The dorsal vertebrae of Camarosaurus ibid. Vol. 33. 1914. — *Nopcsa F. v.*, Dinosaurierreste aus Siebenbürgen. Denkschrift math.-naturwissensch. Klasse d. k. Akad. d. Wissensch. Wien. Bd. 68. 1899. Bd. 72. 1902. Bd. 74. 1904. Synopsis und Abstammung der Dinosaurier. Földtani Közlöny. 31. Bd. 1901. British Dinosaurs Geol. Magaz. Dec. 5. Vol. II. Mai-Juni-Juli 1905. Vol. VIII. 1911. Neues über Compsognathus. Neues Jahrbuch für Mineralogie etc. Beilageband XVI. 1903. Omosaurus Lennieri etc. Bull. d. l. Soc. géol. de Normandie. T. XXX. Havre 1911. Über Geschlechtsunterschiede bei Dinosauriern. Zentralblatt für Mineralogie etc. 1915. Dinosaurier der siebenbürgischen Landesteile Ungarns. Mitteil. aus d. Jahrb. d. k. ung. geol. Landesanstalt. 23. Bd. 1915. Über Dinosaurier. Zentralblatt f. Mineralogie 1917—18. Leipsanosaurus n. gen., ein neuer Thyreophore a. d. Gosau. Földtani Köszlöny. 48. 1918. — *Osborn H. F.*, A Skeleton of Diplodocus. Mem. Americ. Mus. Nat. Hist. Vol. I. P. 5. 1899. Ornitholestes Hermanni etc. Bull. Americ. Mus. Nat. Hist. Vol. 19. 1903. The skull of Creosaurus. ibid. Tyrannosaurus etc. ibid. Vol. 22. 1906. I. Crania of Tyrannosaurus and Allosaurus. II. Integument of the Iguanodont Dinoaurs Trachodon. Mem. Americ. Mus. Nat. Hist. N. Ser. Vol. I. Part 1 u. 2. 1912. Skeletal adaptions of Ornitholestes, Struthiomimus, Tyrannosaurus. Bull. Americ. Mus. Nat. Hist. Vol. 35. 1917. — *Osborn H. F.* u. *Lambe L.*, On Vertebrata of the Mid-Cretaceous of the North West Territory. Contrib. to Canad. Palaeontology Vol. III. Ottawa 1902. — *Osborn H. F.* u. *Mook Ch. C.*, Camarosaurus, Amphicoelias and other Sauropods of Cope. Mem. Americ. Mus. Nat. Hist. N. Ser. Vol. III. P. III. 1921. — *Owen Rich.*, A Monograph of the fossil Reptilia of the mesozoic formations. Palaeont. Soc. 1874—89. A Monograph of the Reptilia of the Wealden and Purbeck formations. T. I—V. Palaeont. Soc. 1853—61 and Supplements I—IX. 1858—79. — *Philipps J.*, Megalosaurus. Geology of Oxford. 1871 p. 196 bis 219. — *Plieninger Th.*, Zanclodon. Württemb. naturw. Jahreshefte VIII. — *Pompeckj J. F.*, Das angebliche Vorkommen und Wandern des Parietalforamen bei Dinosauriern. Sitzungsb. d. Gesellsch. d. naturforsch. Freunde. Berlin 1920. Besaß d. Dinosaurier Triceratops ein Parietalforamen? Ibid. 1921. — *Reis O. M.*, Über d. Hautskelett von Iguanodon. Centralblatt für Mineralogie 1922. — *Riggs E.*, Structure and Relationships of opisthoc. Dinos. Pt. I u. Pt. II. Field Columb. Mus. Publ. 82. 1903 ibid. 94. Chicago 1904. — *Seeley H. G.*, Quart. journ. Geol. Soc. 1881 XXXVII p. 620 und *Bunzel E.*, Abhandl. geol. Reichsanstalt. Wien 1871. Bd. V. On the classification of the Dinosauria. Proceed. Roy. Soc. Vol. 43. 1887. — *Stromer E.*, Das Orig. d. Theropod. Spinosaurus aegyptiacus. Abhandl. d. k. b. Akad. d. Wiss. math.-phys. Klasse 28. Bd. 3. 1915. — *Talbot M.*, Podokesaurus etc. Americ. Journ. Sci. Vol. XXXI. 1911. Mit Tafel S. 470 etc. (Sep.) — *Thévenin A.*, Paléontologie de Madagascar. Dinosaurs. Annales de Paléontologie II. 1907. — *Tornier G.*, Über alte und neue Diplodocus-Arbeiten. Monatsberichte d. d. geol. Gesellsch. Bd. 62. 1910. — *Versluys J.*, Streptostylie bei d. Dinosauriern etc. Zool. Jahrb. Abt. f. Anatomie etc. 30. Bd. 1910. Waren die sauropoden Dinosaurier Pflanzenfresser? ibid. Abt. f. Systematik etc. 29. Bd. 1910. — *Wagner And.*, Compsognathus. Abh. k. bayer. Ak. II. Kl. 1861. IX. — *Wieland G. R.*, Notes on the armored Dinosauria. Am. Journ. Sci. 4. ser. Vol. 31. S. 112. 24. 1911. — *Woodward A. S.*, On a skull of Megalosaurus. Quart. Journ. Geol. Soc. Vol. 66. 1910.

extremitäten bewerkstelligten (Biped). Nach den Beobachtungen von Nopcsa bei verschiedenen Gattungen scheinen die Weibchen gegenüber den Männchen von plumperer, größerer Bauart gewesen zu sein. Sauropoda und Stegosauridae waren Wandertiere.

Ein verknöchertes Hautskelett besitzen verschiedene Prädentaten und vielleicht einige Theropoden (? Ceratosaurus, Tyrannosaurus), die anderen Formen waren nackt, oder (wie bei den Trachodontidae und Ceratopsidae) die Epidermis wurde von einem dichten Muster rundlicher oder fünfseitiger Hornschuppen überzogen. Das Hautskelett selbst besteht entweder aus isolierten, meist in Reihen angeordneten Knochenplatten und Stacheln oder aus einem geschlossenen, aus festen Platten zusammengesetzten Panzer, der größere Partien des Körpers vollkommen umhüllte (z. B. Polacanthus). Nicht selten kommen Bauchrippen vor.

Die Wirbel sind entweder opisthocöl, platycöl oder seltener amphicöl; die Zahl der Halswirbel schwankt zwischen 7 und 15, die der Rückenwirbel zwischen 10 und 19, die der mehr oder weniger miteinander verschmolzenen Sacralwirbel zwischen 3 und 10, und am Schwanz sind bis 70 Wirbel beobachtet worden. Die oberen Bogen sind meist durch Sutur mit dem Wirbelkörper verbunden. Die Dornfortsätze der Halswirbel (und zuweilen auch der vorderen Rückenwirbel) sind häufig sehr niedrig und manchmal gegabelt, und nehmen erst weiter nach hinten an Größe zu. Mit Ausnahme der beiden vordersten tragen die übrigen Halswirbel zweiköpfige Rippen, deren Tuberculum an die Diapophyse des oberen Bogens, deren Capitulum an die Parapophyse des Wirbelkörpers sich einfügt. An den Rückenwirbeln rücken die Parapophysen von den Centren auf die Bogen hinauf. Die Schwanzwirbel tragen in der Regel kräftige, manchmal sehr verschiedenartig gestaltete Hämapophysen (Chevrons).

Bei den Sauropoden und Theropoden kann die gelenkige Verbindung außer durch die Post- und Präzygapophysen auch durch einen keilförmigen, unterhalb der Postzygapophysen befindlichen Fortsatz, das Hyposphen, erfolgen, der in eine unter den Präzygapophysen ausgebildete Grube, Hypantrum, eingreift.

Der Schädel (Fig. 446) bildet bei den Theropoda und einem Teil der Praedentata einen rechten Winkel mit dem Hals, während bei den Sauropoden und den übrigen Praedentata (Ceratopsidae, Stegosauridae) seine Längsachse mehr oder weniger in die Verlängerung der Wirbelsäule fällt. Die großen Augen, in denen gelegentlich ein Scleroticaring beobachtet wird (Saurolophus, Monoclonius) richten sich nach den Seiten, die Nasenöffnungen sind in der Regel getrennt und meist seitlich. Zwischen Orbita und Nasenlöchern befindet sich häufig, wie bei den Parasuchiern, Pterosauriern und Vögeln, eine oder mehrere Präorbitalöffnungen. Die oberen und seitlichen Schläfenlöcher sind knöchern umgrenzt und von verschiedener Größe und Form. Das an das Squamosum und das Quadratojugale angrenzende Quadratum ragt häufig stielförmig vor und scheint nach Nopcsa und Versluys bei einigen Formen (z. B. Tyrannosaurus) wie das Pterygoid (ähnlich wie bei den Vögeln) teilweise verschiebbar (metakinetisch) gewesen zu sein. Ein Fo. pa. läßt sich nirgends sicher feststellen, die von Gilmore als solches gedeutete Öffnung bei Triceratops ist nach Pompeckj wohl auf einen Resorptionsvorgang oder eine Hemmung von Knochenausscheidung zurückzuführen.

Die paarigen Praemaxillaria sind ziemlich groß und entweder bezahnt oder zahnlos. Die beiden Äste des Unterkiefers sind in der Symphyse nur knorpelig verbunden, zuweilen entwickelt sich vor dem Den-

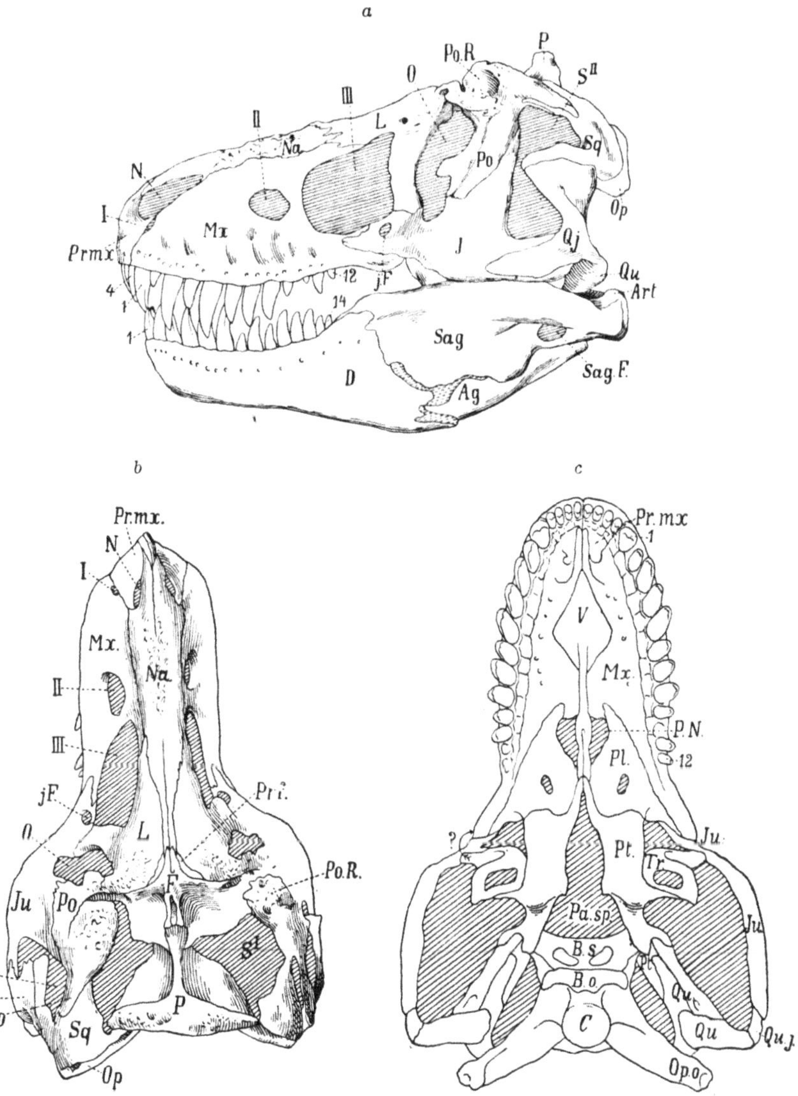

Fig. 446.

Tyrannosaurus rex Osborn. Ob. Kreide, westl. Nordamerika. Schädel *a* von der Seite, *b* von oben, *c* von unten. *N* Nasenöffnung, *O* Augen-, S_1, S_2 obere und seitliche Schläfenöffnung, *j. F.* Foramen jugulare, *I, II, III* Praeorbitalöffnungen, *Pmx* Praemaxillare, *Mx* Maxillare, *Na* Nasale, *F* Frontale, *P* Parietale, *L* Lacrimale (Adlacrimale), *Prf* Praefrontae, *Po* Postorbitale, *Po.R* hökkerige Anschwellung auf dem Postorbitale, *Ju* Jugale, *Quj* Quadratojugale, *Qu* Quadratum, *Sq* Squamosum, *Op* Opisthoticum, *V* Vomer, *PN* innere Nasenöffnung, *Pl* Palatin, *Pt* Pterygoid, *Tr* Transversum (aus dem natürlichen Kontakt mit dem Maxillare — Pfeil! — verschoben), *Bs* Basisphenoid, *Bo* Basioccipitale mit Condylus *C*, *Pa.sp* Parasphenoid, das das Ethmoid trägt. *D* Dentale, *Ag* Angulare, *Sag* Supraangulare, *SagF* Fenster im Supraangulare, *Art* Articulare. Verkleinert. (Nach Osborn.)

tale ein zahnloser, scharfrandiger, halbmondförmiger Knochen, das Praedentale, welches wahrscheinlich mit Hornscheiden besetzt war. Ihm kann im Unterkiefer vor den Prämaxillaren ein Rostrale entsprechen. Nur die Kiefer tragen Zähne, die entweder in tiefe Gruben oder in nach unten offene Alveolarrinnen des Kieferrandes eingefügt sind.

Eine bemerkenswerte Eigentümlichkeit der Dinosaurier bildet die geringe Größe der Gehirnhöhle. Marsh hat Ausgüsse derselben von verschiedenen Gattungen beschrieben und gezeigt, daß die relative Größe des Dinosauriergehirns hinter dem aller landbewohnenden Wirbeltiere zurückbleibt. Im Gegensatz zu dieser schwachen Entwicklung des Gehirns tritt zuweilen eine beträchtliche Anschwellung des Rückenmarks, namentlich in der Sacralregion, ein, so ist z. B. der Sacralkanal von Morosaurus zwei- bis dreimal, derjenige von Stegosaurus aber mindestens zehnmal so weit als die Schädelhöhle. Diese merkwürdige Anschwellung des Rückenmarks bei den Stegosauridae steht offenbar im Zusammenhang mit der mächtigen Ausbildung der hinteren Extremitäten (cfr. Fig. 473).

Das Sternum ist bei den meisten Dinosauriern nur unvollkommen in Gestalt einer oder zweier Platten verknöchert, Clavicula und Episternum sind bis jetzt noch nicht beobachtet. Der Schultergürtel besteht aus einer mächtig entwickelten und gewöhnlich stark verlängerten Scapula und einem nicht selten mit ihr verschmolzenen, mehr oder weniger gerundeten Coracoid, das in der Nähe des Gelenkes von einer Gefäßöffnung durchbohrt ist. Die langen Knochen der Extremitäten sind bald massiv, bald hohl. Die Vorderextremitäten bleiben an Größe, meist beträchtlich hinter den Hinterextremitäten zurück. Der Humerus ist gewöhnlich kürzer als die Scapula, Radius und Ulna sind kräftig und vollständig getrennt. Der Carpus ist oft unvollständig verknöchert und die Zahl der Metacarpalia häufig auf drei reduziert. Die Endphalangen sind entweder stark gekrümmt, krallenförmig oder breit hufähnlich.

Sind die Vorderextremitäten der Dinosaurier im wesentlichen nach dem Typus der Reptilien gebaut, so zeigen Becken und Hinterbeine wenigstens bei den Ornithopodiden gewisse äußere Ähnlichkeit mit Vögeln. Das Ilium ist mehr oder weniger in der Richtung von vorne nach hinten verlängert und relativ niedrig, ein nach vorne und unten gerichteter Gelenkfortsatz dient zur Aufnahme des Pubis, an einem entsprechenden hinteren Fortsatz befestigt sich das Ischium. Das Acetabulum, an dessen Begrenzung sämtliche drei Knochen teilnehmen, ist teilweise offen. Die Ischia sind lange, schräg nach hinten, unten und innen gerichtete Knochen, welche zumeist in der Symphyse zusammenstoßen. Die ventral meist sich vereinigenden Pubes der Sauropoden und Theropoden sind einander sehr ähnlich. Bei den meisten Praedentata (Fig. 447) teilt sich das Pubis in einen breiteren, nach vorne gerichteten und einen schlanken nach hinten gewendeten, dem Ischium parallelen Ast. Die vorderen Äste ragen frei vor und vereinigen sich nicht in einer Symphyse. Sie gleichen dem Pubis der übrigen Dinosaurier, während der hintere Fortsatz, den Marsh Postpubis nannte, in Lage und Form an das Schambein der Vögel erinnert, bei denen dieses anfänglich nach vorne oder vertikal nach abwärts gerichtete Element sich im Laufe der Entwicklung allmählich nach hinten stellt. Eine ähnliche Entwicklung wird nun auch verschiedentlich für die Praedentata angenommen und dementsprechend der hintere Fortsatz als Pubis, der vordere aber als Praepubis (= Processus pseudopectinealis v. Nopcsa[1])) gedeutet. Das Postpubis (Pubis) der Praedentata erscheint darum als eine besondere Differenzierung, welche in der Gewohnheit dieser Tiere, sich auf die Hinterbeine und den Schwanz zu stützen, ihre physiologische Erklärung findet. Der Femur übertrifft den Humerus gewöhnlich an Länge. Im Tarsus sind zwei Reihen von Knöchelchen vorhanden. Die proximale Reihe besteht aus einem niedrigen, oben konkaven, unten konvexen Astragalus (Tibiale) und einem kleineren Calcaneus (Fibulare). Bei den Stegosauridae verwächst der Astragalus mit der Tibia und bei den meisten Theropoden sendet er einen Fortsatz nach oben, der sich in eine seichte Vertiefung am distalen Ende der Tibia einlegt — eine Erscheinung, die mit gewissen Pterosauriern und Embryonen von Ratiten übereinstimmt. Die distale Reihe enthält, wenn sie überhaupt verknöchert ist, 2—3 flache, häufig zu einem einzigen Stück verschmolzene Knochen. Der Hinterfuß ist entweder fünf- oder dreizehig, doch pflegen gewöhnlich die Metatarsalia I und V, auch wenn sie keine funktionierenden Zehen tragen, wenigstens angedeutet zu sein.

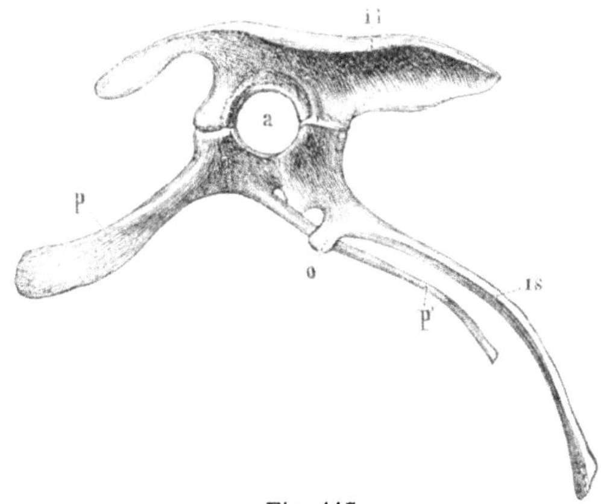

Fig. 447.
Becken von *Iguanodon*. Von links. $^{1}/_{20}$. *il* Ilium, *p* Pubis (Praepubis), *p'* Postpubis (Pubis), *is* Ischium, *o* processus obturatorius, *a* Pfanne.

Dinosaurierreste finden sich von der Trias bis in die oberste Kreide (? Eocän); ihre Reste sind aus allen Weltteilen bekannt geworden, besonders häufig aus Nordamerika, Deutsch-Ostafrika und Europa. Die ersten Überreste wurden im Anfang des 19. Jahrhunderts im Groß-Oolith und der Wälderstufe von England entdeckt und durch Buckland und Mantell beschrieben. R. Owen errichtete für dieselben die Ordnung der Dinosaurier. Eine richtige Vorstellung von der Eigentümlichkeit dieser Reptilien erlangte man jedoch erst, als in Nordamerika und Europa eine Fülle zum Teil vorzüglich erhaltener Skelette entdeckt wurde. Die letzten Dinosaurier sind aus der obersten Kreide Patagoniens und der obersten Kreide Nordamerikas (Lance Formation) bekannt geworden. Die Einteilung der Dinosaurier in drei Unterordnungen: Theropoda, Sauropoda, Praedentata (Orthopoden) stützt sich auf die Untersuchungen von O. C. Marsh. v. Huene hält später im Gegensatz zu seinen früheren Anschauungen in Anlehnung an Seeley u. a. die Dinosaurier nicht mehr für eine natürliche Gruppe, sondern für zwei auf verschiedene Weise und an verschiedener Stelle aus den Pseudosuchiern entstandene Ordnungen: die Saurischia (Theropoda und Sauropoda etc.) und Ornithischia (Orthopoda).

[1]) Der Processus pectinealis der Vögel entwickelt sich nicht vom Pubis, sondern vom Ilium.

A. Saurischia Seeley.

Das nach vorne und abwärts gerichtete Schambein ohne hinteren Fortsatz.

Die Saurischia werden gegenwärtig zumeist in folgende Unterordnungen zerlegt: *Coelurosauria* v. Huene (= *Compsognatha* Huxley, *Symphypoda* Cope), *Pachypodosauria* v. Huene, *Theropoda* Marsh und *Sauropoda* Marsh. Bei dem Widerstreit der Meinungen über die zu den Pachypodosauria zu stellenden Familien, von denen die *Zanclodontidae* und *Plateosauridae* als die wahrscheinlichen Ahnen der Theropoden bzw. der Sauropoden zu betrachten sind, werden dieselben hier in Anlehnung an andere Anschauungen noch mit den Theropoden vereinigt.

1. Unterordnung: **Coelurosauria** v. Huene.

Die Coelurosaurier sind kleine bis mittelgroße, langgeschwänzte Dinosaurier, meist mit Hohlräumen in den Wirbeln und den Extremitäten. Die Hinterbeine sind ebenso wie Pubis und Ischium sehr schlank, die durch ihre gestreckte, ebenso wie der Fuß bekrallte Hand auffallenden Vorderfüße beträchtlich kürzer. Der Metatarsus ist stark verlängert, Abdominalrippen sind beobachtet. Gegenüber der quadrupeden Bewegung dürfte die bipede, d. h. eine schreitende, laufende, in manchen Fällen vielleicht eine hüpfende Gangart, die häufigere gewesen sein. Soweit Schädel bekannt sind, läßt die Bezahnung auf Raubtiergewohnheiten schließen. Eine Form aus der Kreide ist unbezahnt. Trias bis ob. Kreide. v. Huene teilt die Unterordnung in *Hallopodidae* (Hallopoda), *Podokesauridae*, *Coeluridae*, *Compsognathidae* und *Ornithomidae*, welch letztere Gilmore und Matthew noch den Theropoda zustellen, woraus die nahe Verwandtschaft beider Unterordnungen ersichtlich ist.

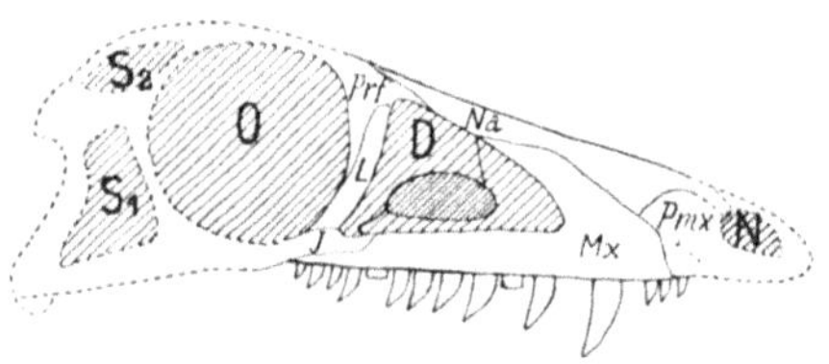

Fig. 448.
Procompsognathus triassicus Fraas em. v. Huene. Mittl. Keuper. Pfaffenhofen. Württemberg. Die nicht erhaltenen Teile punktiert. *N* Nasenöffnung, *D* Präorbital-, *O* Augen-, S_1 S_2 untere, obere Schläfenöffnung, *Pmx* Prämaxillare, *Mx* Maxillare, *Na* Nasale, *Prf* Präfrontale, *L* Lacrimale, *J* Jugale. $^2/_3$ nat. Größe. Umgez. nach v. Huene.

1. Familie: **Hallopodidae.**

An die auf sehr dürftige Reste aus der ? ob. Trias von Colorado begründete Gattung *Hallopus* Marsh. schließt v. Huene an:

* *Procompsognathus* E. Fraas em. v. Huene (Fig. 448). Schädel ca. 8 m lang, mit dreiseitiger Präorbitallücke und großem runden Auge. Zähne zugespitzt, schwach nach rückwärts gekrümmt, an den scharfen Längsrändern gekerbt, Nasalia lang. Ca. 14 von vorne (ab 2.) nach hinten an Länge rasch zunehmende Rückenwirbel. 4 kräftige Metacarpalia erhalten, Pubis ebenso lang wie der sehr gekrümmte Femur (9,5 cm). Metatarsale V stark reduziert. Zehen: 2, 3, 4, 5 mit Klauen, 4. Zehe kurz. Hinterextremität ca. $3^1/_2$ mal länger als die vordere. Mittl. Keuper. Württemberg.

2. Familie: **Podokesauridae.**

Podokesaurus Talbot. Pubis stabförmig. ? 11 Rückenwirbel und der sehr lange Schwanz lassen auf ein über 1 m langes Tier schließen. Obere Trias. Mass.

Saltopus v. Huene. Mittlere Trias. Schottland.

Tanystrophaeus. H. v. Meyer. Nur Schwanzwirbel mit kammartigem Dornfortsatz bekannt. Muschelkalk. Keuper. Deutschland.

? *Procerosaurus* v. Huene. Muschelkalk. Crailsheim.

3. Familie: **Coeluridae.**

Coelophysis Cope. Obere Trias. Westl. Nordamerika.

?*Halticosaurus* v. Huene. Keuper. Deutschland.

Coelurus Marsh. Unvollständig bekannt. Sämtliche Wirbelkörper nebst ihren Bögen und Fortsätzen sind hohl. Die oberen Bogen durch Sutur mit dem Centrum verbunden. 5 Sacralwirbel. Untere Kreide Nordamerika.

Ornitholestes Osborn. 2,22 m lang. Schädel jederseits mit 2 Präorbitalöffnungen. ? 23 Präsacralwirbel. 4 verschmolzene Sacralwirbel. Finger stark verlängert, 4. Finger reduziert, 5. fehlend. Wahrscheinlich ident mit *Coelurus*. Oberster Jura, Nordamerika.

Calamospondylus Lyd, *Aristosuchus*, *Thecospondylus* Seeley. Alle aus dem Wealden Englands.

4. Familie: **Compsognathidae.**

Halswirbel meist leicht opisthocöl; die übrigen Wirbel platycöl. Hals lang, biegsam, mit spießförmigen Halsrippen. Pubis kräftig, länger als das schlanke Ischium. Femur kürzer als die Tibia. Astragalus mit langem, aufsteigenden Fortsatz, dem distalen Ende der Tibia dicht anliegend. Metatarsalia

Fig. 449.
Compsognathus longipes A. Wagn. Lithogr. Schiefer von Kelheim (Bayern). ¼ nat. Gr. (Nach v. Nopcsa.)

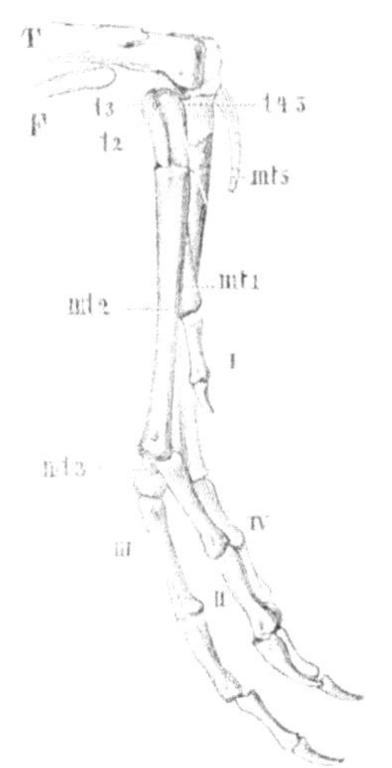

Fig. 450.
Rechter Hinterfuß von *Compsognathus longipes* Wagn. Nat. Gr. *T* Tibia, *F* Fibula, *t 2—5* Tarsalia der zweiten Reihe, *mt* Metatarsalia, I—IV Phalangen. (Nach Baur.)

lang. Hand und Fuß mit drei mit Krallen bewaffneten funktionierenden Zehen, die übrigen rudimentär. Ob. Jura.

**Compsognathus* Wagner (Fig. 449, 450). Ein im Münchener Museum befindliches Skelett gehört dem kleinsten bis jetzt bekannten Dinosaurier Europas an; dasselbe rührte von einem vollständig ausgewachsenen Individuum her, das in seiner Leibeshöhle Reste enthält, die nach Marsh ein Embryo darstellen, nach v. Nopcsa aber auf einen Lacertilier hindeuten. Der vogelähnliche Schädel ist 75 mm lang und bildet gegen den ungewöhnlich langen Hals einen rechten Winkel. Die Länge der 22 präsacralen Wirbel beträgt 0,20 m und fast ebenso lang sind die überlieferten 15 Schwanzwirbel. Vorderbeine nur halb so lang als die Hinterbeine. Distale Tarsalia drei kleine Knöchelchen. Oberster Jura von Kelheim in Bayern.

5. Familie: **Ornithomimidae.**

Schädel relativ klein, zahnlos. Beckenelemente verschmolzen. Halsrippen mit den Wirbeln coossifiziert wie bei den Vögeln. Ob. Kreide.

Struthiomimus Osborn (Fig. 451). Schädel relativ klein, zahnlos, anscheinend mit Hornschneiden. Hand mit 3 gleichen Fingern mit verlängerten

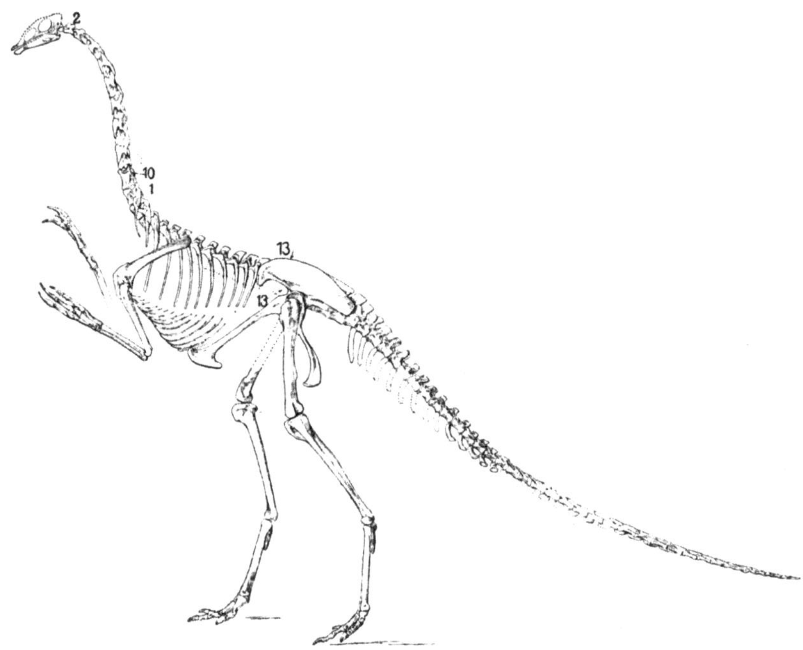

Fig. 451.
Struthiomimus altus Osborn Rekonstruktion nach Osborn. Ob. Kreide. Westl. Nordamerika. Ca. 1/12 nat. Größe.

und leicht zurückgekrümmten Endphalangen. Fuß ungleich vierzehig mit verlängerter III. und verkümmerter V. Zehe. Metatarsalia im Beginn zu verschmelzen. Die (? 10) Halswirbel amphicöl, der 4. procöl, der 3. opisthocöl. Die 13 Rückenwirbel anscheinend opisthocöl. Ca. ? 50 Schwanzwirbel. Bauchrippen vorhanden. Ein straußähnliches Tier und wahrscheinlich von gleicher Lebensweise. Ob. Kreide. Nordamerika.

Ornithomimus Marsh. Ob. Kreide. Nordamerika. Nach Gilmore ident mit *Struthiomimus.* Dassalbe gilt auch für:

Coelosaurus Leidy. Obere Kreide. Nordamerika.

? Elaphrosaurus Janensch. Die (? 10) Halswirbel langgestreckt, leicht gebaut, bikonkav. 5 Sacralwirbel, ? 13 Rumpfwirbel. Langgeschwänzt. Hinterextremität sehr schlank. Oberster Jura. Tendaguruschichten Deutsch-Ostafrika.

2. Unterordnung: **Theropoda** Marsh.

Schädel meist relativ klein, mit einer oder bis ? 3 (Tyrannosaurus) Präorbitallücken. Kieferrand in der Regel mit thecodonten, messerartig zugeschärften oder durch kleine Zacken gekerbten Zähnen besetzt. Unterkiefer ohne eigentlichen Processus coronoideus, noch mit seitlicher Lücke (Meckelscher Knorpel). Die massiven, manchmal mit Hohlräumen versehenen Wirbel amphicöl oder platycöl, am Hals auch opisthocöl. Extremitätenknochen meist hohl. Vorderbeine beträchtlich kürzer als die hinteren. Endphalangen mit Krallen. Hand in der Regel als Greifhand entwickelt. Von den Zehen gewöhnlich die 1. und 5. mehr oder weniger rückgebildet, daß nur 3 Zehen des gewöhnlich wohl semipluntigraden oder digitigraden Fußes funktionieren. Sternum nicht verknöchert. Pubis schlank, nach vorne gerichtet, in der Symphyse — ähnlich wie die Ischia — gewöhnlich verschmolzen und verbreitert. Femur mit innerem Trochanter. Fleischfresser. Trias bis oberste Kreide.

Die Theropoden sind meist Landraubtiere mit spitzen, rückwärts gekrümmten Zähnen und bekrallten Extremitäten, die mit *Megalosaurus* und *Tyrannosaurus* (ca. 10 m Länge) gewaltige Dimensionen erreichten. Während bei einigen älteren Formen wohl noch eine vierfüßige Gangart möglich war, dürfte sich die große Mehrzahl wohl überwiegend auf den Hinterbeinen, sprungweise, hüpfend, schreitend oder laufend bewegt haben, wobei ihnen ihr leichtes Skelett sehr zustatten kam. Der enorm lange, überaus kräftige Schwanz diente den Tieren als Stütze des Körpers, wenn sie in hockender Stellung ruhten, wobei die in der Symphyse verbundenen Schambeine und Sitzbeine wohl den Boden berührten.

Schädel sind nur von wenigen Gattungen (*Anchisaurus*, *Thecodontosaurus*, *Tyrannosaurus*, *Ceratosaurus* etc.) bekannt. Die Nähte der dünnen Kopfknochen sind meist undeutlich. Die amphicölen, manchmal opisthocölen Halswirbel (*Megalosauridae*) sind in der Regel länger als die platycölen oder amphicölen Rückenwirbel, ihre Gelenkfortsätze für die langen, geraden, zweiköpfigen Rippen befinden sich am Wirbelkörper und am oberen Bogen. Die zweiköpfigen, langen Rumpfrippen hingegen artikulieren nur mit dem oberen Bogen; an den Schwanzwirbeln sind Hämapophysen entwickelt. Die Verbindung der hinteren Rückenwirbel wird häufig durch Hyposphen-Hypantrumgelenkung verstärkt.

Verschiedentlich sind Bauchrippen beobachtet worden. Am Brustgürtel bildet die Scapula meist eine schmale lange Platte und ist meist stärker und länger als der Humerus. Das Coracoid ist mehr oder weniger halbmond- oder halbkreisförmig, der Carpus in der Regel unvollständig verknöchert, die Hand meist als Greifhand ausgebildet. Im Beckengürtel zeichnet sich das Ilium durch seine niedrige langgestreckte Form aus, der vordere Teil ist kürzer und höher als der hintere. Charakteristisch ist eine mehr oder weniger horizontale, nach hinten gerichtete Verlängerung des distalen Endes der Schambeine. Die Hinterextremitäten zeichnen sich durch ansehnliche Länge aus. Die proximale Tarsusreihe besteht aus Astragalus und Calcaneus. Der Astragalus sendet sehr häufig einen Fortsatz nach oben, der sich unbeweglich an das distale Ende der Tibia anlegt.

Sie waren nackthäutig oder mit Hornschuppen bedeckt. Hautverknöcherungen werden bei *Ceratosaurus* und *? Tyrannosaurus* genannt.

Die Theropoden sind aus allen Weltteilen bekannt.

1. Familie: **Plateosauridae.**

Mittelgroße bis große Theropoden. Knochen meist hohl. Wirbel amphicöl, 10 (? 11) Halswirbel, 13 Rückenwirbel, 3 (4) Sacralwirbel. Alle Rippen, mit Ausnahme der beiden ersten, zweiköpfig. Bauchrippen vorhanden. Pubis breit, verlängert, distal coossifiziert. Ischium schaufelförmig, distal stielförmig verlängert, der S-förmige Femur länger als die Tibia. Astragalus ohne aufsteigenden Fortsatz. Vorderfuß mit rückgebildetem 4. und 5. Finger. Hinterfuß mit verkürzter 1. und 5. Zehe. Zähne vorn und hinten zugeschärft und gekerbt. Trias.

**Plateosaurus* H. v. Meyer (p. p. *Zanclodon*). Bis fast 6 m große, ganze Skelette gefunden. Außer der oben angegebenen Zahl von Wirbeln noch ca. 42 bis 45 Schwanzwirbel, die lange Hämapophysen tragen. Wahrscheinlich ? Pflanzenfresser. Keuper. Rhät. Deutschland. Frankreich.

Gresslyosaurus Rütim. Keuper-Rhät. Mitteleuropa.

Gryponyx Broom. Obere Trias. Südafrika. *Eucnemesaurus* v. Hoepen. Femur massiv. Ob. Trias. Südafrika.

Pachysaurus v. Huene. Oberer Keuper. Deutschland.

Teratosaurus H. v. M. Mittlerer Keuper. Deutschland. *Euskelesaurus*. Huxley. Rhät. Kap-Kolonie.

Sellosaurus v. Huene. Mittlerer Keuper. Deutschland. v. Huene betrachtet *Sellosaurus* als Repräsentanten einer selbständigen Familie.

Incertae sedis: *Dolichobrachium* Williston (*? Palaeoctonus* Cope), *Poposaurus* Mehl[1]). Trias. Wyoming.

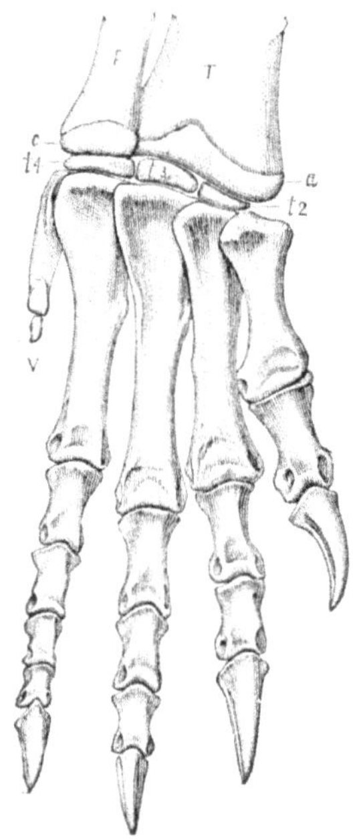

Fig. 452. *Anchisaurus major* Marsh. Rechter Hinterfuß von vorne. Ob. Trias. Manchester. Conn. ¼ nat. Gr. (Nach Marsh.) *F* Fibula, *T* Tibia, *a* Astragalus, *c* Calcaneus, *t 2—4* Tarsalia der distalen Reihe, *I* erste *V* fünfte Zehe.

2. Familie: **Zanclodontidae.**

Schädel groß. Ob. Bogen der Rückenwirbel sehr nieder, mit hohem kräftigen Dornfortsatz. Zähne messerförmig, rückwärts gekrümmt, ohne Randkerbung. Trias.

**Zanclodon* Th. Plieninger (*Z. laevis!*) Lettenkohle Deutschland.

3. Familie: **Anchisauridae** (*Thecodontosauridae*).

Kleine, schlank gebaute Theropoden. Wirbel platycöl oder amphicöl. 9 Halswirbel, 14 Rückenwirbel. Knochen hohl. Ilium hinter dem Acetabulum verbreitert. Pubis stabförmig, distal meist nicht verwachsen. Extremitäten kräftig. Zehen teilweise rudimentär. Astragalus ohne aufsteigenden Fortsatz. Trias.

Anchisaurus Marsh (Fig. 452). Schädel vogelähnlich, mit sehr großen Augen- und Präorbitalöffnungen. Nasenlöcher relativ klein. Obere Schläfenlöcher gerundet dreiseitig, seitliche sehr hoch. Quadratum nach vorne gerichtet. Die Kiefer oben und unten bis zur Schnauzenspitze mit Zähnen mit scheidenden Kanten. ? 22 Präsacralwirbel, ? 3 Sacralwirbel. Vorderfuß ungefähr $^2/_3$ der Größe der Hinterextremität, vorne die 4. und 5., hinten die 5. Zehe reduziert. Länge des Skeletts wenig mehr als 1 m. Obere Trias. Östliches Nordamerika.

Dromicosaurus v. Hoepen. Pubis distal verschmolzen. Ob. Trias. Südafrika.

Thecodontosaurus Riley und Stutch. (*Megadactylus* Hitchc.) 2 m lange, schlanke Form. Muschelkalk-Rhät. Deutschland, England, östl. Nordamerika, Ostindien, Südafrika, Australien.

Aristosaurus v. Hoepen. Eine mit *Thecodontosaurus* verwandte, aber höher spezialisierte Form a. d. ob. Trias Südafrikas.

Massospondylus Owen. Fast vollständige Skelettreste bekannt. Femurlänge 35 cm. Humeruslänge ca. 22 cm. Ob. Trias. Südafrika.

1) Journ. of Geol. 1915.

Ammosaurus Marsh. Obere Trias. Östliches Nordamerika. *Gryposaurus*, *Aetonyx* Broom. Oberste Trias (Stormberg beds). Südafrika. Alle meist nur in dürftigen Resten bekannt.

Auf mangelhafte Reste hin ist die ? Familie der **Labrosauridae** gegründet.

Unterkiefer vorne zahnlos. Hals- und Rückenwirbel opisthocöl, hohl oder cavernös, Pubis kräftig, mit Interpubis. Femur länger als die Tibia. Astragalus mit aufsteigendem Fortsatz. Unterste Kreide.

Labrosaurus Marsh. Unterste Kreide (Como beds). Westl. Nordamerika.

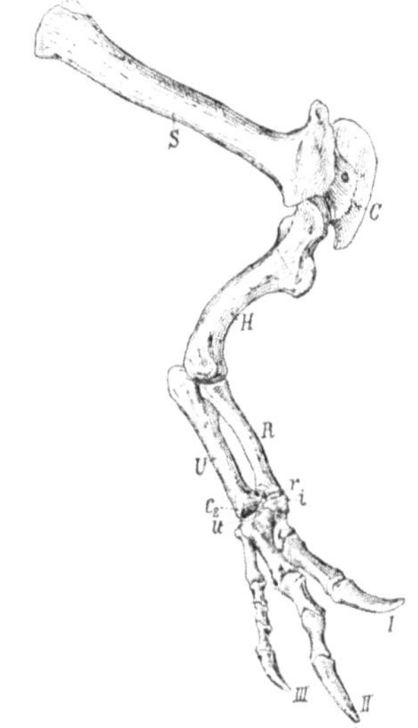

Fig. 454.
Antrodemus valens Leidy. Rechte Vorderextremität. Unterste Kreide. Colorado. Seitenansicht. $^1/_{10}$ nat. Gr. (Nach Gilmore.) *S* Scapula, *C* Coracoid, *H* Humerus, *R* Radius, *U* Ulna, *r* Radiale, *i* Intermedium, *u* ulnare (nicht erhalten), c_2 Centrale 2. *I—III* Finger 1—3.

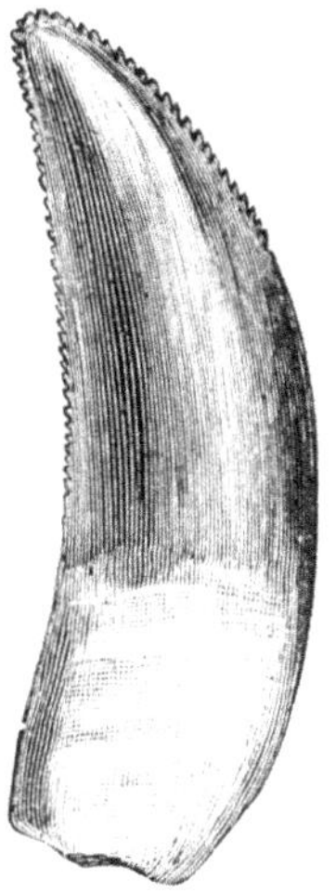

Fig. 453.
Megalosaurus Bucklandi Meyer. Zahn. Großoolith. Stonesfield. Nat. Gr.

4. Familie: **Megalosauridae.**

Meist große Theropoden. Halswirbel amphicöl, opisthocöl, Rückenwirbel platycöl bis planconvex. Zähne gekrümmt, zugeschärft, schneidend. ? 4—5 Sacralwirbel. Bauchrippen vorhanden. Ilium nach vorne verbreitert. Pubis schlank, distal meist coossifiziert. Femur länger als die Tibia. Astragalus mit aufsteigendem Fortsatz. Vorder- und Hinterextremität mit 3—4 Zehen. Lias bis oberste Kreide.

Von den *Megalosauridae* als selbständige Familien abgetrennt werden auch *Deinodon* und *Ceratosaurus* mit Verwandten als **Deinodontidae** und **Ceratosauridae.**

**Megalosaurus* Buckland (Fig. 453). Schädel mit großer Präorbitalöffnung. Zähne vorn und hinten zugeschärft und gekerbt. Extremitätenknochen hohl. Femur 1 m, Scapula 0,8 m lang. Purbeck; meist isolierte, vielfach heterogene, zu dieser Gattung gestellte Reste wurden aus unterem Lias bis oberster Kreide (? Eocän) von Mittel- und Südeuropa, Indien, Madagaskar, Australien, Deutsch-Ostafrika und Südamerika beschrieben.

Sarcosaurus Andrews. Unt. Lias. England.

Poikilopleuron Deslong. Callovien. Frankreich.

Streptospondylus v. Meyer. Oberer Jura. England und Frankreich.

Creosaurus Marsh. Von eben dort.

Dryptosaurus Lambe non Marsh. Schädel und Femur je 0,60 m lang. Praefrontalia kammförmig angeschwollen. Augen ungemein groß, durch eine dünne Knochenbrücke von der Präorbitalöffnung getrennt. Zähne und Skelett ähnlich *Megalosaurus.* Obere Kreide. Nordamerika.

Laelaps Cope (*Dryptosaurus* Marsh). Von ebenda, ähnlich der vorigen.

**Antrodemus* Leidy (p. p. *Allosaurus* Marsh) (Fig. 454). Schädel gestreckt, mit 2 Präorbitalöffnungen. Pmx mit 5 Zähnen, Mx mit 15 bis 17 Zähnen. 9 opisthocöle Halswirbel, 14 amphicöle Rückenwirbel, 5 Sacralwirbel. 3 Finger, 4 Zehen. Becken nicht koossifiziert. Untere Kreide (Como beds)[1]). Westl. Nordamerika. Tendaguruschichten. Deutsch-Ostafrika.

Allosaurus Marsh. Untere Kreide. Westl. Nordamerika.

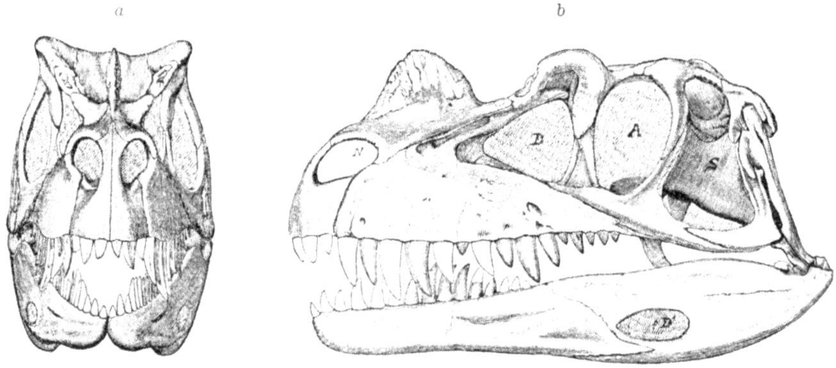

Fig. 455.
Ceratosaurus nasicornis Marsh. Unt. Kreide. Colorado. Schädel *a* von vorne, *b* von der Seite. 1/8 nat. Gr. *N* Nasenloch, *D* präorbitale Öffnung, *A* Augenhöhle, *S* seitliches Schläfenloch. (Nach Marsh.)

Deinodon Leidy (? *Albertosaurus* Osborn, *Gorgosaurus* Lambe). Oberste Kreide. Nordamerika.

**Tyrannosaurus* Osborn (*Dynamosaurus* Osborn) (Fig. 446). Skelett über 5 m hoch, Gesamtlänge 10 m. Schädel verkürzt und gedrungen, kräftig

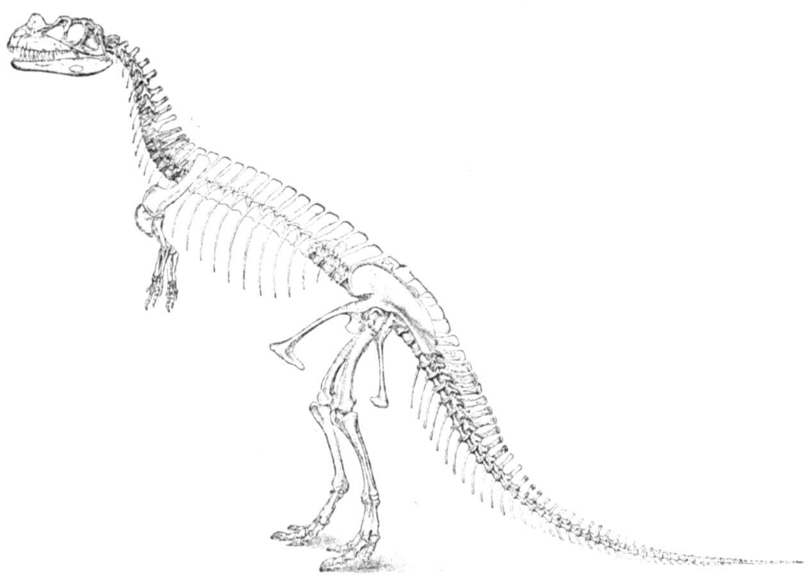

Fig. 456.
Ceratosaurus nasicornis Marsh. Restauriertes Skelett aus der unteren Kreide von Colorado. 1/40 nat. Gr. (Nach Marsh.)

bezahnt, jederseits mit zwei größeren und einer sehr kleinen Präorbitalöffnung. Fo. parietale nicht beobachtet; ca. 12 Zähne auf dem Maxillare.

1) Grenzschichten von Jura und Kreide, die meist zur untern Kreide gerechnet werden = Morrison beds.

Ca. 23 Präsacralwirbel, davon 9—10 Halswirbel, 5 Sacralwirbel. Pubis distal fußförmig verbreitert. Relativ schwacher Vorderfuß mit Greifhand, Hinterfuß funktionierend, dreizehig. Bauchrippen aus einem mittleren und zwei seitlichen Stücken bestehend. Oberste Kreide. Westliches Nordamerika.

Dromaeosaurus Matthew und B. Brown. Ob. Kreide. Kanada.

Ceratosaurus Marsh (Fig. 455 u. 456). Skelett 4—5 m lang. Schädel auf dem hohen Nasenbein mit hoher rauher Crista. Praefrontalia dachartig über die Augen, die kleiner als die seitlichen Schläfenöffnungen sind, vorspringend. Pmx mit 3, Mx mit 15 Zähnen. 9 plankonkave Halswirbel, Rückenwirbel amphicöl. 5 Sacralwirbel, Beckenelemente in der Pfanne fest verschmolzen. Die Wirbel des langen Schwanzes mit starken Dornfortsätzen und Hämapophysen. Vorderbeine sehr kurz, 4 Finger, 1. und 4. reduziert. Das Femur ist stark gekrümmt. Wahrscheinlich 3 Zehen. Hautverknöcherungen über den Dornfortsätzen. Unterste Kreide (Como beds.). Westl. Nordamerika. ? Tendaguruschichten. Deutsch-Ostafrika.

? *Nuthetes* Owen. Purbeck. England.

Loncosaurus Ameghino, *Genyodectes* A. S. Woodward. Oberste Kreide[1]). Patagonien.

5. Familie: **Spinosauridae.**

Zähne gerade kegelförmig, zugeschärft. Hals- und Rückenwirbel opisthocöl. Hintere Dornfortsätze auffallend hoch. Sacralwirbel (3 erhalten) gegenseitig verschmolzen. Cenoman.

Spinosaurus v. Stromer. Die bis 1,80 cm hohen Dornfortsätze lassen auf ein sehr großes Tier schließen. Cenoman. Ägypten.

3. Unterordnung: **Sauropoda** Marsh.

Schädel relativ sehr klein. Kiefer ganz oder teilweise bezahnt. Zähne lang, dünn, spatel- oder stiftförmig. Vor den großen Augen eine (selten zwei) mehr oder weniger große Präorbitalöffnung. Hals und die meisten — selten auch alle — Rückenwirbel opisthocöl. Die hinteren Rückenwirbel und die Schwanzwirbel gewöhnlich platycöl oder amphicöl (selten procöl). Die präsacralen, zuweilen auch die Sacral- und ersten Caudalwirbel, mit seitlichen Hohlräumen oder cavernös. Neuralkanal in der Sacralregion sehr erweitert. Extremitätenknochen fast ganz massiv. Vorderextremitäten wenig kürzer oder ebenso groß als die Hinterextremitäten. Alle 4 Füße plantigrad (semiplantigrad), 5 zehig, mit teilweise reduzierten Phalangen. Jura bis oberste Kreide.

Die Sauropoden sind plumpe, schwerfällige, vermutlich von den Plateosauridae ausgehende Dinosaurier mit gedrungenem Rumpf, giraffenähnlichem Hals, langem Schwanz und gestreckten, massiven, elefantenartigen Extremitäten, zu denen die leichten, mit größter Sparsamkeit des Materials aufgebauten Präsacralwirbel in auffallendem Gegensatz stehen; sie erreichen nahezu sämtliche mehr oder weniger gigantische Dimensionen (20, 30 und mehr Meter Länge) und übertreffen damit alle Landtiere. Als Bewohner von mit langsam fließenden Gewässern und mit seichten versumpfenden Seen bedeckten Gegenden (z. B. Wealden) dürften sie fast alle mehr oder weniger amphibisch lebende Reptilien gewesen sein, die sich in der Hauptsache von Pflanzen und deren Bewohnern und zum Teile wahrscheinlich auch von Fischen nährten.

Ganze Schädel sind von *Diplodocus* (Fig. 463), *Camarosaurus* (Fig. 460) und *Brontosaurus* bekannt, jedoch nur von den ersten beiden genauer beschrieben. Die paarigen Praemaxillaria und mindestens der vordere

[2]) Das Alter der betreffenden Schichten in Patagonien ist noch nicht sicher, wohl oberste Kreide!

Teil der Maxillaria sind mit einfachen spatel- oder stiftförmigen Zähnen besetzt. Vor den großen seitlichen Augen befinden sich eine oder zwei präorbitale Öffnungen von verschiedener Form und Größe. Die großen Nasenlöcher liegen entweder getrennt seitlich *(Morosaurus)* oder bei den differenzierteren Formen vereinigt weit zurück auf das Schädeldach hinaufgerückt *(Diplodocus)*. Die Halswirbel und die meisten Rückenwirbel (selten alle) sind opisthocöl und die zweiköpfigen Rippen teilweise

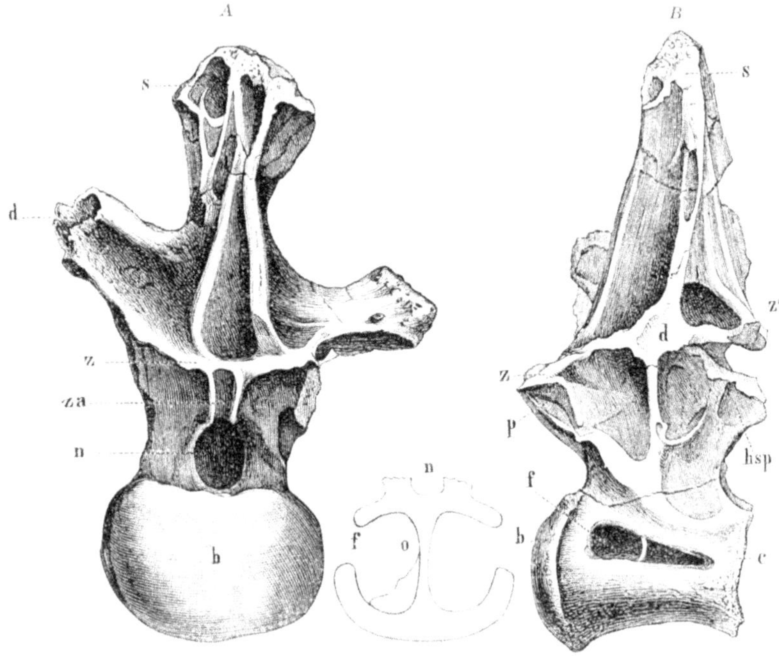

Fig. 457.

Pelorosaurus aus dem Wealden von Wight. Ein Rückenwirbel *A* von vorne, *B* von der Seite, *C* vertikaler Durchschnitt des Centrums. $^1/_8$ nat. Gr. (Nach Hulke.) *b* vordere, *c* hintere Gelenkfläche des Centrums, *f* seitliche Öffnung zu dem inneren Hohlraum, *o* Medianpfeiler, *n* Rückenmarkskanal, *z* vordere, *z'* hintere Zygapophysen, *za* Hypantrum, *hsp* Hyposphen, *d* Diapophyse, *p* Kapitulargelenk der Rippe, *s* Dornfortsätze.

mit ihren Wirbelkörpern bzw. oberen Bogen verschmolzen. Häufig zeigen sich die Dornfortsätze der Halswirbel und vorderen Rückenwirbel niedrig gebaut und gegabelt, die Gelenkung der einzelnen Wirbel kann außer den Zygapophysen auch durch Hyposphen-Hypantrum erfolgen. Die Wirbelkörper der Rumpfwirbel (Fig. 457), zuweilen auch noch anderer Regionen, enthalten große Hohlräume, welche zu Lebzeiten des Tieres wahrscheinlich mit Luft erfüllt waren. Diese Hohlräume bilden in der Regel zwei große seitliche, durch eine mediane Längsscheidewand getrennte Kammern, die nach außen in einer rundlichen oder länglichen, unter der Basis des oberen Bogens befindlichen Öffnung münden. Auch die oberen Bogen und Dornfortsätze der präcaudalen und zuweilen auch noch der vorderen Schwanzwirbel können cavernöse Beschaffenheit aufzeigen. Die 4—5 Sacralwirbel können, teilweise nicht nur mit ihren Wirbelkörpern und Gelenkfortsätzen, sondern auch mit ihren Dornfortsätzen, gegenseitig verschmelzen. Die meist soliden Schwanzwirbel sind entweder amphicöl, seltener procöl, unten gewöhnlich mit langen, sehr variierenden Hämapophysen (Chevrons) ausgestattet. Rückenmarkkanal in der Sacralgegend erweitert, zwei- bis dreimal so groß als die Gehirnhöhle.

Die geraden Extremitätenknochen sind fast ganz solide gebaut, ihre rauhen Endflächen weisen auf viel Gelenkknorpel hin. Das Sternum ist durch eine unpaare oder durch zwei Ossifikationen vertreten. Das Becken ist theropodenähnlich, aber das Ilium ohne hintere Spitze. Der gerade, mit dickem Gelenkkopf versehene Oberschenkel übertrifft den Unterschenkel beträchtlich an Länge. Der Astragalus besitzt keinen aufsteigenden Fortsatz. Die Phalangen sind kurz und mehr oder weniger rudimentär, und die Klauen waren wahrscheinlich mit Hornscheiden umgeben oder hufähnlich.

Die Sauropoden finden sich in mittel- und oberjurassischen Ablagerungen aller Weltteile mit Ausnahme von Australien, besonders in der unteren Kreide von Europa, Nordamerika, Ostafrika, Madagaskar, Indien. Die jüngsten Reste stammen aus der obersten Kreide von Patagonien. Einige Gattungen sollen Nordamerika und Europa bzw. Indien und Madagaskar gemeinsam sein. Nach Henning findet sich die amerikanische Gattung *Brachiosaurus* auch in Deutsch-Ostafrika.

1. Familie: **Cetiosauridae.**

Halswirbel opisthocöl, vordere Rückenwirbel schwach opisthocöl, hintere Rückenwirbel amphicöl. Dornfortsätze nicht gegabelt. Alle Präsacralwirbel mit seitlichen Höhlungen. Sacral- und Schwanzwirbel solid. Eine unpaare Sternalplatte. Pubis plattenförmig. Foramen obturatorium groß. Scapula distal und proximal verbreitert. Vorderextremitäten nahezu ebenso groß oder gleich groß wie die Hinterextremitäten. Jura bis untere Kreide.

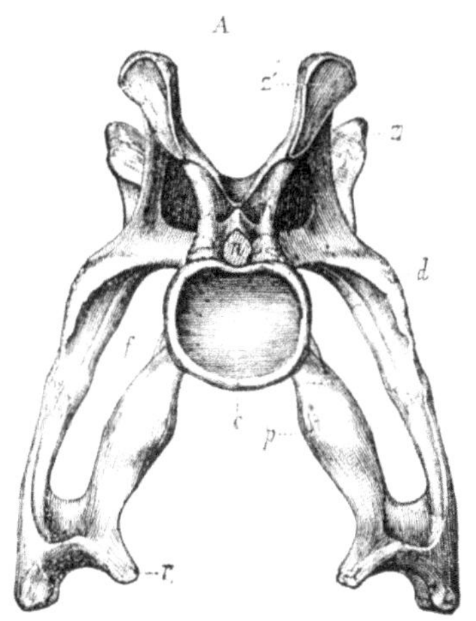

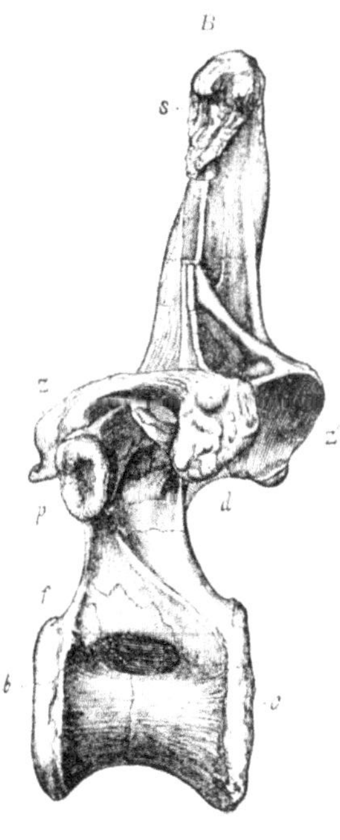

Fig. 458.
Apatosaurus excelsus Marsh. Ob. Jura. Wyoming. *A* sechster Halswirbel von hinten, *B* Rückenwirbel von der Seite. *b* vordere, *c* hintere Gelenkfläche des Centrums, *f* seitliche Öffnung des inneren Hohlraums, *n* Neuralkanal, *d* Diapophyse, *p* Parapophyse, *s* Dornfortsatz, *z* vordere, *z'* hintere Zygapophyse, *r* Rippe. (Nach Marsh.)

Cetiosaurus Owen (*Cardiodon* Owen). Skelett ca. 12 m lang und 3 m hoch. Humerus und Femur in der Regel fast gleich groß, letzterer über 1,7 m lang. Scapula 1,85 m lang. Ischium schwächer als Pubis und distal verschmälert. Dogger bis unterer Malm. England.

**Brachiosaurus* Riggs. Humerus und Femur über 2 m lang, Centra der Rückenwirbel nicht verlängert. Hypantrum-Gelenkung sehr kräftig

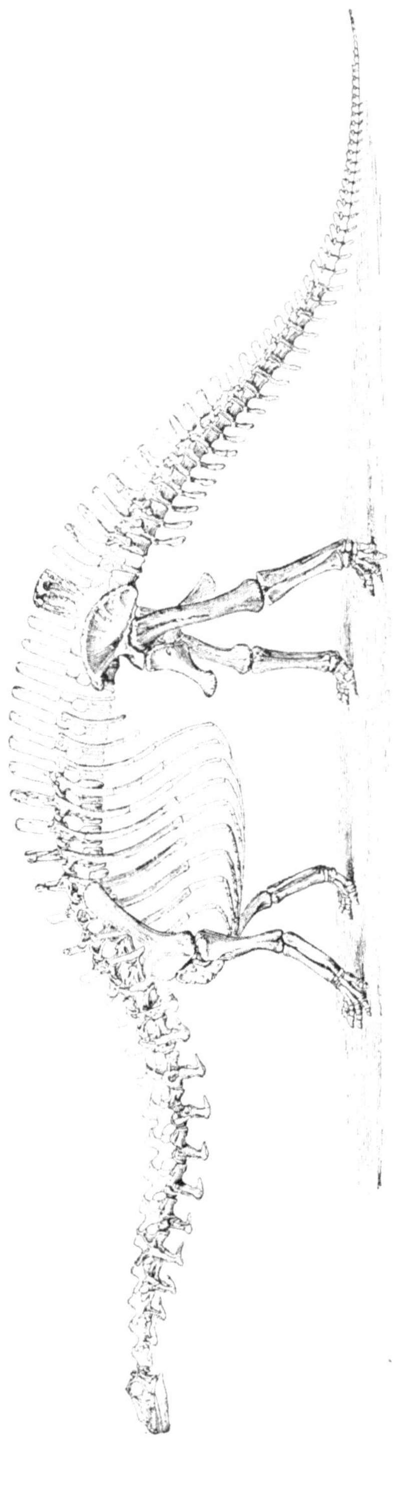

entwickelt, 5 Sacralwirbel, von denen 1—4 mit den Gelenkfortsätzen, 2 und 3 auch mit den Dornfortsätzen verschmolzen sind. Untere Kreide (Como beds). Westliches Nordamerika. Tendaguruschichten, mittl. Saurierschichten. Deutsch-Ostafrika[1]). Die afr. Form *Br. Brancai* übertrifft an Größe der einzelnen Skeletteile *Diplodocus* bei weitem (Humerus 2,10 m lang gegenüber 0,95 m bei *Diplodocus*!).

Barosaurus Marsh. Teile der Wirbelsäule und des Extremitätengürtels eines Diplodocus an Größe sehr übertreffenden Dinosauriers, ähnelt dem afrikanischen »*Brachiosaurus*«. Como beds. Westl. Nordamerika.

Haplacanthosaurus Hatcher. Centra der 14 Rückenwirbel verlängert. Oberer Bogen der hinteren Rückenwirbel sehr in die Höhe gezogen. Querfortsätze der Rückenwirbel nach oben und außen gerichtet. 5 Sacralwirbel. Untere Kreide (Como beds). Westl. Nordamerika.

Distrophaeus Cope. Mittl. Jura. Westl. Nordamerika.

2. Familie: **Atlantosauridae.**

Halswirbel und vordere Rückenwirbel opisthocöl. Hintere Rückenwirbel amphicöl. Präsacral-, Sacral- und vordere Schwanzwirbel cavernös. Halswirbel und vordere Rückenwirbel mit gegabelten Dornfortsätzen. Halsrippen mit sehr langem Capitulum und Tuberculum. Paarige verknöcherte Sternalplatten. Scapula distal nicht verbreitert. Unt. Kreide.

******Apatosaurus* Marsh. (*Brontosaurus*, *Titanosaurus* Marsh.) (Fig. 458, 459.) Skelett ca. 18 m lang. Schädel auffallend klein, Hirnhöhle

---

[1]) Die an Dinosaurierresten sehr reichen Tendaguruschichten Deutsch-Ostafrikas bilden die untere Abt. der Lindiformation, die ob. Malm-Aptien repräsentieren soll. Die unteren und mittleren Saurierschichten werden noch dem ob. Jura, die ob. Saurierschichten bereits dem Neokom zugerechnet.

winzig. Hals lang (13 Wirbel), Rumpf gedrungen (10 Wirbel). 5 (selten 6) Sacralwirbel (von denen die 3 mittleren frühzeitig und vollständig, die 2 äußeren erst in hohem Alter mit diesen und nur teilweise verschmelzen).

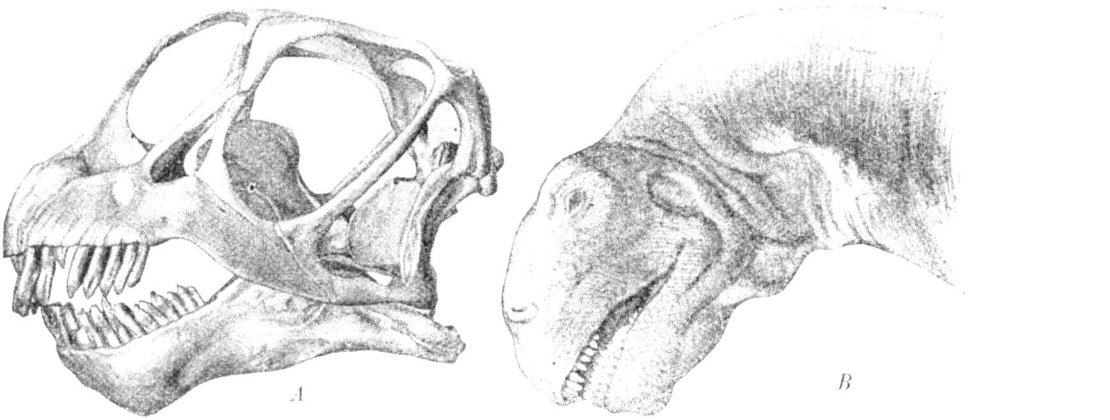

Fig. 460.
Camarasaurus sp. *A* Schädel. Unterste Kreide. Wyoming. Ca. 1/10 nat. Größe. *B* Restauration desselben nach Osborn.

Die Halsrippen, von denen die vorderen mit den Wirbelkörpern verschmolzen sind, beilförmig. Sämtliche Wirbel mit Ausnahme der hinteren Caudalwirbel mit großen Hohlräumen. Das Ischium viel schlanker als das proximal und distal verbreiterte Pubis. Untere Kreide (Como beds). Westliches Nordamerika.

Atlantosaurus Marsh. Von ebendort.

3. Familie: **Morosauridae** *(Camarasauridae).*

Die Hals- und Rückenwirbel opisthocöl, mit gegabelten Dornfortsätzen. Hals- und Rückenwirbel cavernös. Die 4—5 Beckenwirbel beinahe solid. Schwanzwirbel solid. Scapula proximal stark, distal wenig verbreitert. Vorderextremitäten wesentlich kürzer als die Hinterextremitäten. ? Oberer Jura. Kreide.

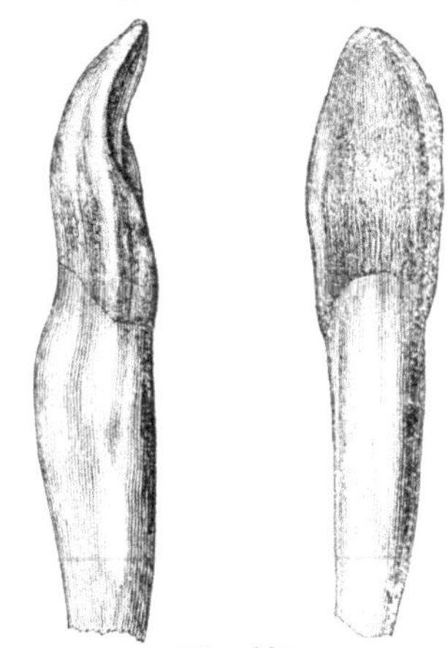

Fig. 461.
Camarasaurus sp. Ob. Jura (? Unt. Kreide). Wyoming. *A*, *B* Zahn von der Seite und von vorn. 1/2 nat. Größe.

**Camarasaurus* Cope (*Morosaurus* Marsh) (Fig. 460—462). Schädel klein, hoch, mit großer Nasen- und Augenöffnung, kleinem Präorbitaldurchbruch und wohl entwickelter oberer und unterer Schläfenöffnung. Quadratum sehr massiv. Auf jeder Oberkieferhälfte ca. 12 große spatelförmige Zähne mit zylindrischen Wurzeln. Ca. 13 Halswirbel, 10 (bis 11) Rückenwirbel, 4 (bis 5) Sacralwirbel, 53 Schwanzwirbel. Dornfortsätze der Halswirbel geteilt. Rückenwirbel mit Hyposphen-Hypantrum-Gelenkung Ischium schlank. Bis über 17 m lange Tiere von massiven, stämmigen Proportionen und amphibischer Lebensweise. Grenzschichten von Jura und Kreide des westl. Nordamerika. ? Wealden England. ? Oxford Portugal.

Pleurocoelus Marsh. Untere Kreide (Como beds). Westl. Nordamerika, auch Wealden England und Aptien von Portugal.

? *Astrodon* Leidy. Untere Kreide. Nordamerika.

**Gigantosaurus* E. Fraas non Seeley. Ca. 14—15 m lang. 4 Sacralwirbel. Vordere Schwanzwirbel procöl. Tendaguruschichten. Deutsch-Ostafrika.

? *Dikraeosaurus* Janensch. Die sehr hohen Dornfortsätze der Brustwirbel und auch die der Halswirbel geteilt. Hals mäßig lang. Mittlere Sauriersschichten der Tendaguruschichten. Deutsch-Ostafrika. Im System unsicher.

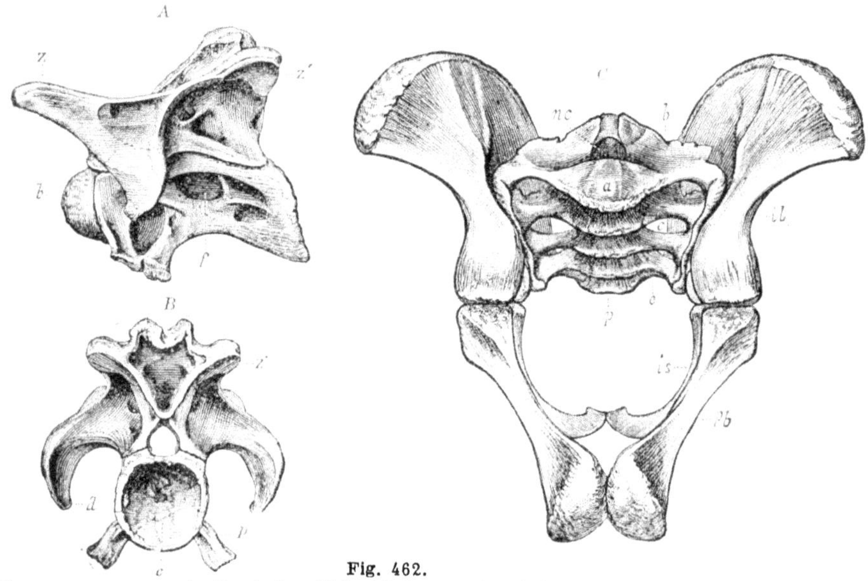

Fig. 462.
Camarasaurus sp. *A*, *B* vierter Halswirbel von der Seite und von hinten. $^1/_8$ nat. Gr. *b* vordere, *c* hintere Gelenkfläche, *z* vordere, *z'* hintere Zygapophyse, *d* Diapophyse, *p* Parapophyse, *f* seitliche Öffnung, *nc* Neuralkanal. *C* Becken von vorne. $^1/_{16}$ nat. Gr. *a* erster, *p* letzter Sacralwirbel, *b*, *c*, *d*, *e* Querfortsätze, *il* Ilium, *Pb* Pubis, *is* Ischium. (Nach Marsh.)

Titanosaurus Lydekker (non Marsh). Mittlere Kreide, Indien. Unsichere Reste aus dem Wealden von Westeuropa, obere Kreide, Madagaskar. Oberste Kreide. Patagonien.

Pelorosaurus Mantell (Fig. 457). *Bothriospondylus*, *Chondrosteosaurus*, *Chondrosteus* Owen, *Elosaurus* Peterson und Gilmore, *Gigantosaurus* Seeley non Fraas. *Eucamerotus*, *Ischyrosaurus* Hulke, *Neosodon* Mousaye, *Oplosaurus* Gervais.

Ornithopsis Seeley. Rückenmarkskanal der Rumpfwirbel sehr weit, 4 Sacralwirbel. Zahlreiche Skelettknochen von beträchtlicher Größe — vermutlich auf verschiedene Gattungen zurückzuführen — finden sich im obersten Jura und im Wealden von England, außerdem im Jura und Wealden von Westeuropa und Madagaskar.

4. Familie: **Diplodocidae.**

Zähne zylindrisch, schlank, auf den vorderen Teil der Kiefer beschränkt. Nasenlöcher weit zurück und oben zwischen der hinteren Präorbitalöffnung und den Augen gelegen. Die 15 Halswirbel und die 10 Rückenwirbel opisthocöl, Halswirbel und vordere Rückenwirbel mit gegabelten Dornfortsätzen. Präcaudal- und vordere Caudalwirbel cavernös. Schwanz sehr lang. 2 paarige verknöcherte Sternalplatten. Pubis und Ischium distal verdickt. Scapula distal und besonders proximal stark verbreitert. Untere Kreide.

**Diplodocus* Marsh (Fig. 463). Mit den Merkmalen der Familie, erreichte eine Länge von 24 m bei einer Höhe von 5 m. Der 0,60 m lange Schädel jederseits mit 2 Präorbitalöffnungen und weit zurückliegenden, nach oben auf das Schädeldach geschobenen, vereinigten und durch einen Fortsatz der Nasalia teilweise geteilten (zwischen den großen hinteren Präorbitalöffnungen und den weiten Augenhöhlen gelegenen) Nasenlöchern. Fo. parietale nach Osborn vorhanden. 5 Sacralwirbel. Über 70 Schwanzwirbel, von denen die vorderen mehr oder weniger procöl sind, mit sehr verschiedenartigen Chevrons. Untere Kreide (Como beds). Westliches Nordamerika.

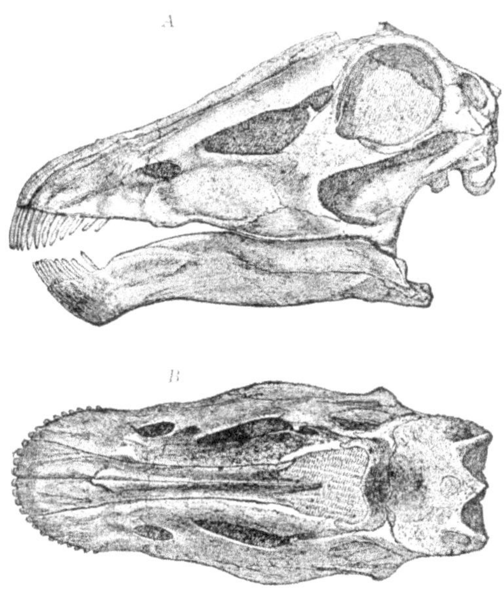

Fig. 463.
Schädel von *Diplodocus longus* Marsh. Unt. Kreide. Canon City, Colorado. ca. 1/8 nat. Gr. (Nach Marsh.) *A* von der Seite, *B* von oben. Vor den rundlichen großen Augen die beiden Präorbitalöffnungen. Die vereinigten Nasenlöcher (Fig. B) auf dem Schädeldach zwischen Augen und hinterer Präorbitalöffnung.

?*Amphicoelias* Cope. Unt. Kreide. Westl. Nordamerika.

?*Barosaurus* Marsh. Untere Kreide. Nordamerika.

Sauropoda incertae sedis: *Aepyosaurus* Gervais. Untere Kreide. Frankreich. *Algaosaurus* Broom. Kreide. Südafrika. *Argyrosaurus* Lydekker. Oberste Kreide. Patagonien. ? Ob. Portland. Frankreich. *Dinodocus* Owen. Kreide. England. *Elosaurus* Pet. und Gilm. Kreide. Nordamerika. *Epanterias* Cope. Untere Kreide. Westliches Nordamerika. ? *Hypselosaurus* Mathér. Obere Kreide. Südfrankreich. *Microcoelus* Lyd. Oberste Kreide. Patagonien. *Morinosaurus* Sauv. Malm. Frankreich. *Symphyrosaurus* Cope. Untere Kreide. Westliches Nordamerika.

B. **Ornithischia** Seeley.

Der Ventralrand des Schambeines in einen vorderen und in der Regel einen mehr oder weniger großen dem Ischium parallelen hinteren Fortsatz ausgezogen.

Unterordnung **Orthopoda** Cope *Praedentata* (Marsh).

Praemaxillaria meist zahnlos. Unterkiefer mit einem zahnlosen Symphysenbein (Praedentale). Zähne in einer oder mehreren dichten Reihen. Zähne blattförmig, zusammengedrückt, am Vorder- und Hinterrand gezackt, übereinanderstehend, auf der Innenseite der Oberkiefer und der Außenseite der Unterkiefer freiliegend, und bei Abkauung der obersten Zahnreihen nachrückend. Äußere Nasenlöcher sehr groß, weit vorn, seitlich. Präorbitalöffnung klein oder fehlend. Wirbelcentra gewöhnlich solid, opisthocöl, amphicöl-platycöl. Extremitätenknochen hohl oder massiv. Füße digitigrad oder plantigrad. Astragalus ohne aufsteigenden Fortsatz. Hautskelett sehr stark entwickelt oder fehlend. Obere Trias bis oberste Kreide.

Zu den *Praedentata* gehören meist sehr große bipede oder quadrupede, herbivore Landtiere, die sich vor allem durch den Mangel an Zähnen am Vorderende der ursprünglich wohl mit einer Hornscheide ausgestatteten Schnauze und der Symphyse des Unterkiefers, die charakteristische Bezahnung sowie den Besitz eines meist sehr langen hinteren Fortsatzes des Pubis auszeichnen. Bauchrippen sind nicht bekannt. Sie zerfallen in die Über-Familien *Ornithopodidae*, *Stegosauridae* und *Ceratopsidae*, die sich auf Europa und Nordamerika verteilen. Der Ornithopode *Camptosaurus* und der Stegosauride *Stegosaurus* wird sowohl von Europa wie von Nordamerika angeführt, in der oberen Kreide findet ein Formenaustausch nicht mehr statt, die *Ceratopsidae* zeigen sich auf die oberste Kreide Nordamerikas beschränkt.

F. v. Nopcsa betrachtet im Anschluß an Huene die *Orthopoda* als selbständige Ordnung innerhalb der Oberordnung der Dinosaurier, demgemäß gliedert er dieselbe in die Unterordnung der *Ornithopoda* mit den Familien der *Kalodontidae (Hypsilophodontidae*, *Camptosauridae* und *Iguanodontidae)* und *Trachodontidae* und in die der *Thyreophora* mit den *Stegosauridae*, *Acanthopholidae* und *Ceratopsidae*, er glaubt ferner etliche scheinbar spezifisch verschiedene Orthopoden auf Grund eines gekürzten bezw. gestreckten Beckenbaus als männliche bezw. weibliche Dinosaurier bezeichnen zu können. (Centralblatt 1918.)

1. Über-Familie: **Ornithopodidae.**

Schädel klein, ungefähr einen rechten Winkel mit dem Hals bildend. Praemaxillaria in der Regel zahnlos. Zähne blattförmig, am Vorder- und Hinterrand zugeschärft und gezackt, zuweilen mit Mittelkiel. Wirbel solid, Halswirbel in der Regel und zuweilen auch vordere Rückenwirbel opisthocöl. Präorbitalöffnung häufig sehr klein. Nasenlöcher getrennt, groß, weit vorne gelegen. Vorderbeine viel kürzer als die Hinterbeine. Hinterbeine digitigrad, allein zum Gehen verwendet, mit Krallen oder mit hufförmigen Endphalangen. Becken mit langem, schlankem Postpubis (Pubis). Hautskelett fehlt in der Regel. Obere Trias bis Kreide.

Die *Ornithopodidae* sind wie die übrigen Orthopoden herbivore Dinosaurier, die sich in mehr oder weniger aufrechter Haltung ausschließlich auf ihren mächtigen Hinterbeinen fortbewegen.

1. Familie: **Hypsilophodontidae.**

Praemaxillaria bezahnt. Zähne auf den Maxillaria in einer Reihe. Vordere Wirbel platycöl oder opisthocöl. Sacralwirbel verschmolzen. Hintere Rumpfrippen einköpfig. Hand mit 5 Fingern, 4. und 5. reduziert, Fuß mit 5 Zehen. Oberste Trias. Untere Kreide. Oberste Kreide.

Nanosaurus Marsh. Ältester, unvollständig bekannter kleiner Orthopode. Oberste Trias. Westliches Nordamerika.

**Hypsilophodon* Hulke. Bis 1 m groß. Praemaxillaria mit thecodonten Zähnen. Nach v. Nopcsa mit Hautverknöcherungen. Verknöcherte Sehnen in der Dorsocaudal-Region. Wealden. England.

Thescelosaurus Gilmore. Ähnlich *Hypsilophodon*; aber Femur kürzer als die Tibia. Oberste Kreide (Lance). Wyoming.

Geranosaurus Broom. Oberste Trias (Stormberg beds). Südafrika.

? *Priodontognathus* Seeley. Obere Kreide. England.

2. Familie: **Camptosauridae.**

Praemaxillaria zahnlos. Vordere Wirbel opisthocöl. Sacralwirbel nicht verschmolzen. Ilium mit langem, praeacetabularem Fortsatz. Postpubis schlank, ebenso lang wie das Ischium. Femur länger als die Tibia. Hand mit 5 Fingern, Fuß mit 4 (3 funktionierenden) Zehen. Jura. Kreide.

Laosaurus Marsh. 8—10 Fuß hoch. Untere Kreide (Como beds). Westliches Nordamerika.

Camptosaurus Marsh. (*Camptonotus* Marsh, *Cumnoria* Seeley.) Bis 10 m lang. Mit den Merkmalen der Unterfamilie. 4. und 5. Finger rückgebildet, Plateosaurier-ähnlich. Zähne auf dem Maxillare groß, unregelmäßig. Pubis wohl entwickelt, mit breitem, vorderen Blatt. Femur gekrümmt, ca. 25 präsacrale Wirbel. 4 (?5) Sacralwirbel. ? Oberer Jura, England, Frankreich. Wealden in England. Untere Kreide (Como beds). Westl. Nordamerika.

Dysalotosaurus Pompeckj. Schädel teils an *Camptosaurus*, teils an *Hypsilophodon* erinnernd. 9 Halswirbel, 16 Rumpfwirbel, 4 Sacralwirbel. Fuß schlanker wie bei *Camptosaurus*. Rumpf katzen- bis hundegroß. Ob. Jura. Tendaguru. Deutsch-Ostafrika.

Rhabdodon Mathéron (*Mochlodon* Seeley p. p. *Iguanodon*). Turon. Senon. Österreich-Ungarn. Südfrankreich.

Dryosaurus Marsh. Untere Kreide. Westliches Nordamerika.

Cryptosaurus (*Cynodraco*) Seeley. Unterer Malm. England.

3. Familie: **Iguanodontidae.**

Praemaxillaria zahnlos, vordere Wirbel opisthocöl. Sacralwirbel miteinander verschmolzen. Postpubis sehr schlank, nicht so lang wie das Ischium. Sternum verknöchert. Femur länger wie Tibia. Hand mit 5 Fingern (2, 3, 3, 3, 3—4), Daumen stachelartig; Fuß mit 4 Zehen (I—IV, von denen nur II—IV funktionieren). Untere Kreide.

**Iguanodon* Mantell (Fig. 464—466). Schädel verhältnismäßig klein, mit verlängerter, seitlich zusammengedrückter Schnauze. Auge höher als

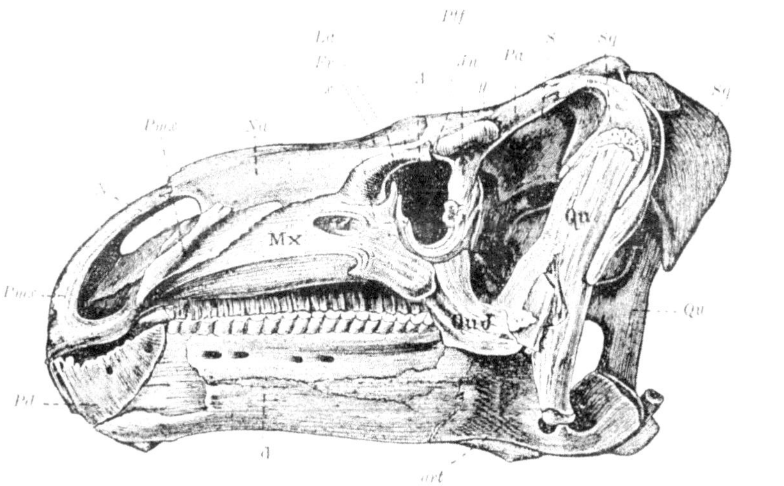

Fig. 464.
Iguanodon Bernissartensis Boulenger. Wealden. Bernissart, Belgien. Schädel $^1/_8$ nat. Gr. (Nach Dollo.)
A Augenhöhle, *N* Nasenloch, *S* untere Schläfenöffnung, *Pmx* Praemaxillare, *Mx* Maxillare, *Na* Nasale, *La* Lacrimale, *Fr* Frontale, *Ptf* Postfrontale, *x*, *y* Supraorbitalia, *Ju* Jugale, *Pa* Parietale, *Sq* Squamosum, *Qu* Quadratum, *QuJ* Quadrato-Jugale, *Pd* Praedentale, *d* Dentale, *art* Articulare.

lang, kleiner als die hohen, schlitzartigen oder unregelmäßig dreieckigen, seitlichen Schläfenlöcher und die ovalen, am Schnauzenende gelegenen seitlichen Nasenöffnungen. Obere Schläfenlöcher klein, durch einen schmalen

Parietalkamm getrennt. Vor den Augen seitlich der kleine, ovale Präorbitaldurchbruch. Frontale unpaar, sehr breit. Quadratum zu einem ungewöhnlich langen Gelenkfortsatz für den Unterkiefer ausgezogen, dasselbe wird durch ein

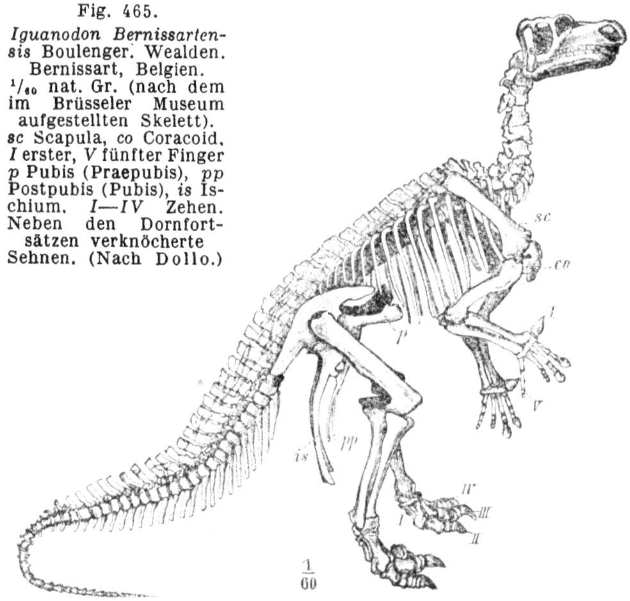

Fig. 465.
Iguanodon Bernissartensis Boulenger. Wealden. Bernissart, Belgien. 1/60 nat. Gr. (nach dem im Brüsseler Museum aufgestellten Skelett). *sc* Scapula, *co* Coracoid, *I* erster, *V* fünfter Finger *p* Pubis (Praepubis), *pp* Postpubis (Pubis), *is* Ischium, *I—IV* Zehen. Neben den Dornfortsätzen verknöcherte Sehnen. (Nach Dollo.)

ansehnliches Quadratojugale mit dem halbmondförmigen, den Unterrand der Augenhöhle bildenden Jugale verbunden. Den Oberrand der Augenhöhle bilden 2 kleine Supraorbitalia. Lacrimale klein. Nasalia sehr lang. Praemaxillaria sehr lang, mit scharfen Rändern, ursprünglich wohl mit Hornscheiden bekleidet. Unterkiefer mit hohem Processus coronoideus, das Dentale vorne schräg abgestutzt und die Symphyse durch ein zahnloses scharfrandiges Praedentale gebildet. Auf Maxillare und Dentale in einer Reihe die zahlreichen, spatelförmigen Zähne, vorne und hinten gekerbt, nur außen in Alveolarrinnen eingefügt, nach innen freistehend. 10 Halswirbel, 18 Rückenwirbel, (?4) 5—6 Sacralwirbel, 40—50 Schwanzwirbel. Die Halswirbel und vorderen Rückenwirbel opisthocöl. Hintere Rückenwirbel platycöl. Fast alle präsacralen Wirbel tragen Rippen. Neben den hohen Dornfortsätzen der Rumpf- und Schwanzwirbel liegen häufig verknöcherte »Sehnen« (cf. Fig. 465). Scapula lang und schlank, Coracoid klein, gerundet, Sternum von 2 verknöcherten gestielten Platten gebildet. Ilium vor und hinter der Pfanne stark verlängert. Hand und Fuß siehe oben! Hautskelett wahrscheinlich mit Hornschuppen.

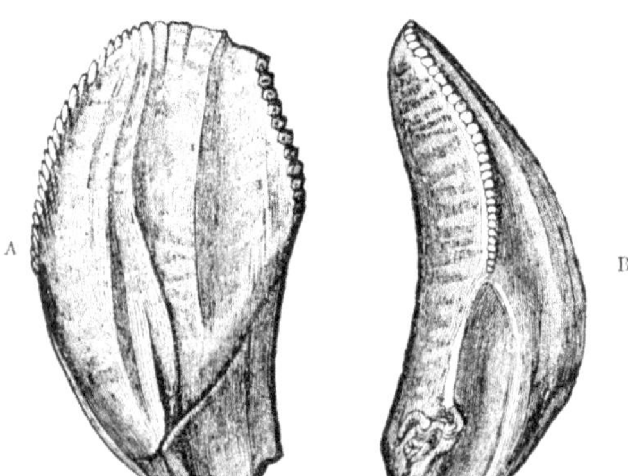

Fig. 466.
Unterkieferzahn von *Iguanodon Mantelli* Owen aus dem Wealden der Insel Wight. *A* von innen. *B* von hinten. Nat. Gr. (Nach Mantell.)

Iguanodon Mantelli Owen aus dem untern Grünsand von England und Wealden von Bernissart (Belgien) erreicht eine Länge von 5—6 m; *I. Bernissartensis* Bouleng. aus den Wealden von Bernissart und England eine solche von 9—10 m. Fragmentäre Reste finden sich bereits im Purbeck von England. (? Mittlerer Jura von Portugal.) Ziemlich häufig sind dreizehige Fährten im Wealdensandstein von England und Deutschland, welche sich auf Iguanodon zurückführen lassen. Im Wealden von Bernissart wurden 1873 nicht weniger als 23 meist vollständige Skelette ausgegraben, die jetzt im Museum von Brüssel aufgestellt sind. Die herbivoren Tiere schritten in aufrechter, leicht nach vorne gebeugter Haltung und benutzten lediglich die Hinterbeine zum Gehen und Laufen, in der Ruhe stützten sie sich auf den mächtigen Schwanz.

Craspedodon Dollo. Obere Kreide. Belgien.

4. Familie: **Trachodontidae.**

Praemaxillaria zahnlos. Zähne in mehreren Reihen gleichzeitig in Funktion. Vordere Wirbel opisthocöl. Femur meist länger wie Tibia. Hand mit 4 Fingern (I. fehlend, II.—IV. mit hufförmigen Endphalangen). Fuß mit 3 funktionierenden Zehen. Haut beschuppt. ? Wealden. Obere Kreide.

Orthomerus Seeley (*Telmatosaurus*, *Limnosaurus* v. Nopcsa. *Hecatosaurus* Brown). Von den übrigen *Trachodontidae* besonders durch den

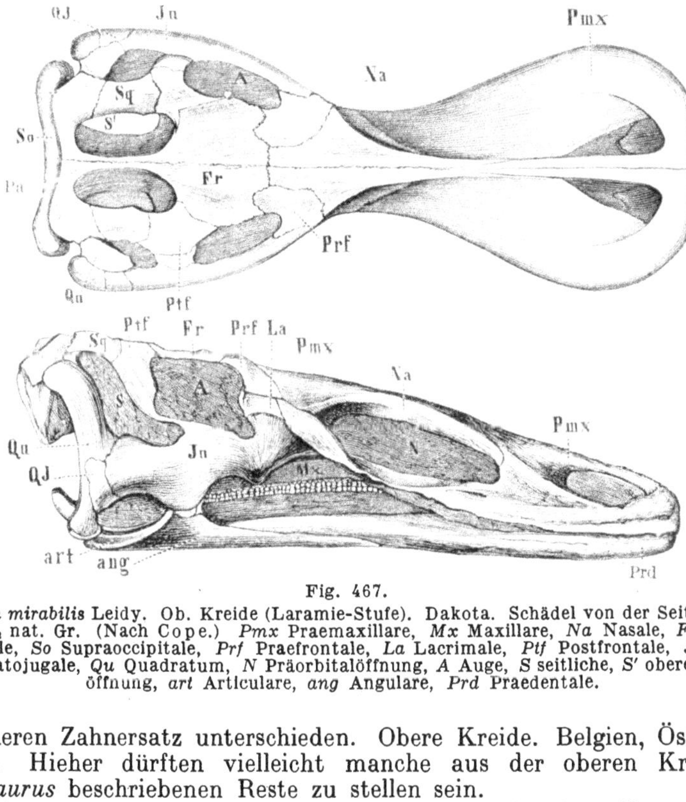

Fig. 467.

Trachodon mirabilis Leidy. Ob. Kreide (Laramie-Stufe). Dakota. Schädel von der Seite und von oben. $^1/_{12}$ nat. Gr. (Nach Cope.) *Pmx* Praemaxillare, *Mx* Maxillare, *Na* Nasale, *F* Frontale, *P* Parietale, *So* Supraoccipitale, *Prf* Praefrontale, *La* Lacrimale, *Ptf* Postfrontale, *Ju* Jugale, *Qj* Quadratojugale, *Qu* Quadratum, *N* Präorbitalöffnung, *A* Auge, *S* seitliche, *S'* obere Schläfenöffnung, *art* Articulare, *ang* Angulare, *Prd* Praedentale.

schwächeren Zahnersatz unterschieden. Obere Kreide. Belgien, Österreich-Ungarn. Hieher dürften vielleicht manche aus der oberen Kreide als *Titanosaurus* beschriebenen Reste zu stellen sein.

Kritosaurus Brown. Schädel breit und massig, ohne Kamm, Mund nicht verbreitert. Obere Kreide. Nordamerika.

? *Sphenospondylus* Seeley. Wealden. England.

**Trachodon* Leidy (*Thespesius* Leidy, *Cionodon*, *Polygonax*, *Pteropelyx*, *Diclonius* Cope). (Fig. 467—470.) Schädel verlängert, niedrig, mit verbreiterter löffelartiger Schnauze, großen Nasen- und Präorbitalöffnungen, vierseitigen Augenhöhlen und länglichen oberen und hohen seitlichen Schläfenöffnungen. Parietale sehr schmal. An der Kaufläche nehmen stets mehrere Reihen verschieden alter Zähne teil, die Ersatzzähne stehen in mehreren Reihen übereinander, zusammen über 2000 Stück. Zahnlose Partie groß. Rückenwirbel opisthocöl. Schwanzwirbel platycöl. Sacrum mit 9 Wirbeln. Ischium in einer stumpf gerundeten Spitze endend. Skelett ähnlich Iguanodon. Extremitätenknochen hohl. Radius kürzer als der Humerus, Femur viel länger wie die Tibia, Metacarpalia sehr lang. Endphalangen hufförmig. Einige Exemplare (Mumien) mit Abdruck der mit einem dichten Muster von runden oder fünfseitigen höckerigen Schuppen überzogenen Epidermis gefunden. Bis 10 m lang. Ob. Kreide. Nordamerika.

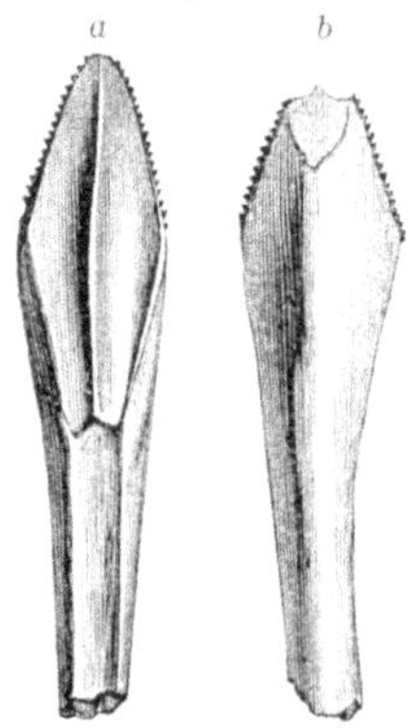

Fig. 468.
Trachodon Fulkei Leidy. Ob. Kreide. New Yersey. Unterkieferzahn i. nat. Gr. *a* von innen, *b* von außen (etwas abgekaut). (Nach Leidy.)

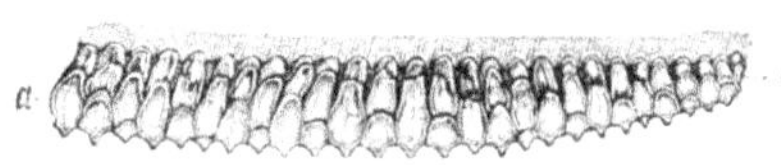

Fig. 469.
Trachodon breviceps Marsh. Ob. Kreide. Montana. Teil des rechten Dentale des Unterkiefers von oben, um die Kaufläche zu zeigen. ¼ nat. Gr. (Nach Marsh.)

?*Hadrosaurus* Leidy. Vielleicht ident mit *Trachodon*.

Claosaurus Marsh. Bis 9 m groß. Schädel ähnlich Trachodon, jedoch Schnauze vorne wenig verbreitert. Von den zahlreichen Zähnen anscheinend nur eine Reihe in Gebrauch. 30 (? 33) präsacrale Rippen tragende Wirbel. 7 miteinander verschmolzene Sacralwirbel und über 60 mit langen Chevrons ausgestattete Schwanzwirbel. Die präsacralen und die vorderen Schwanzwirbel

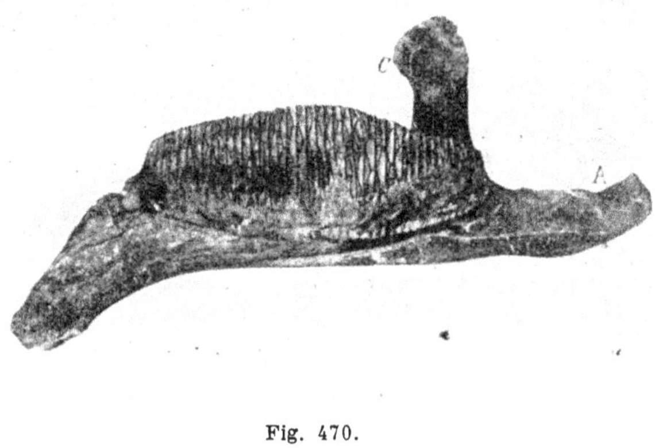

Fig. 470.
Trachodon sp. Ob. Kreide. Nordamerika. Rechter Unterkiefer von innen. Die dünne Knochenwand ist weggebrochen, um den Zahnersatz (Zahnmagazin) zu zeigen. *C* processus coronoideus, *A* Articulare. Nach einer von Herrn Dr. Matthew. American Mus. Nat. History. New York, gütigst überlassenen Photographie. Stark verkleinert.

opisthocöl. Sternum von 2 Knochen gebildet. Vorderextremitäten ungewöhnlich kurz, an der Hand ist der 1. Finger rudimentär, der 5. fehlt. Fuß mit 3 mächtigen (2. mit 4.) hufförmigen Endphalangen. Extremitätenknochen massiv. Obere Kreide. Nordamerika.

Saurolophus B. Brown. Ähnlich Trachodon, aber Schädel mit einem langen, medianen, nach rückwärts gerichteten Dorsalkamm. Radius und Humerus gleich groß. In den Augen Scleroticaring. Sacrum mit 8 Wirbeln. Ischium ist am Ende fußartig verbreitert. Bis 10 m lang. Obere Kreide. Nordamerika. ***Prosaurolophus*** B. Brown. Ähnlich *Saurolophus*, aber der niedere Dorsalkamm nicht nach rückwärts gerichtet. Ob. Kreide. **Nordamerika.**

Hypacrosaurus B. Brown. Die opisthocölen Halswirbel mit reduzierten oder fehlenden Dornfortsätzen, die kleinen Rückenwirbel mit 5—7 mal so hohen Dornfortsätzen. Sacrum 8 Wirbel. Obere Kreide. Nordamerika.

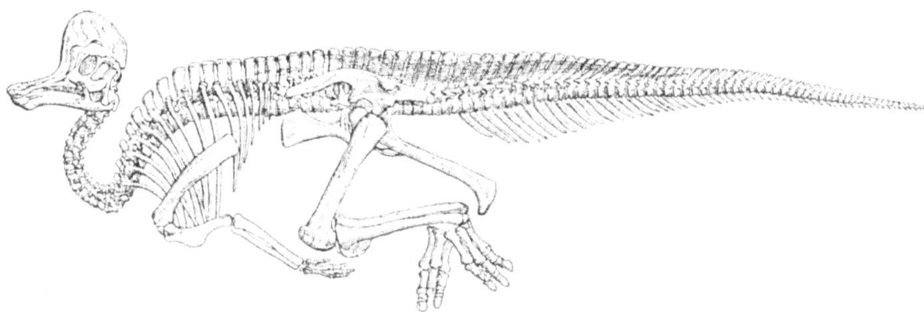

Fig. 471.
Corythosaurus casuarius B. Brown. Ob Kreide. Red Deer River. Alberta, Canada. 9,35 m langes Skelett in der Fundstellung. Stark verkleinert. Americ. Mus. Nat. Hist. New York. (Nach Brown.)

Gryposaurus Lambe. Schädel schmal und sehr hoch. Nasalia stark in die Höhe gezogen, vor den Augen, die viel kleiner sind als die seitliche Schläfenöffnung. Obere Kreide. Kanada.

**Corythosaurus* Brown (Fig. 471). Der gedrungene Schädel mit hohem, helmartigen Kamm, gebildet von Nasalia, Praefrontalia und Frontalia. 15 Hals-, 19 Rücken-, 8 Sacral- und mehr als 61 Schwanzwirbel. Pubis hinten und vorne verbreitert. Integument aus polygonalen, höckerigen und konischen Schuppen bestehend. Muskeln (Sehnen) verknöchert. Wahrscheinlich von amphibischer Lebensweise. Ob. Kreide. Kanada. Ihm ähnlich: *Stephanosaurus* Lambe, von eben dort.

?*Ornithotarsus* Cope (*Pneumatoarthrus* Cope). Obere Kreide. Nordamerika.

?*Claorhynchus*, *Hypsibaema* Cope. Obere Kreide. Nordamerika.

2. Über-Familie: **Stegosauridae**[1]).

Schädel klein. Praemaxillare und Praedentale fast stets zahnlos. Zähne in einer Reihe. Nasenlöcher groß, weit vorne gelegen. Keine Präorbitalöffnung. Obere Schläfenöffnungen manchmal fehlend (Nodosauridae). Kurzhalsig. Wirbel amphicöl oder platycöl und in der Regel wie die Extremitäten massiv. Schambein noch zumeist mit starkem, sich an den Unterrand des Ischiums anlegenden Postpubis (Pubis). Vorderbeine kürzer als die Hinterbeine. Füße plantigrad, 5—3zehig, mit kurzen hufartigen Endphalangen. Hautskelett sehr stark entwickelt. Lias bis obere Kreide.

Die vermutlich auf bipede Verfahren zurückzuführenden Stegosauridae sind wie die Sauropoden quadrupede Pflanzenfresser und teilweise von sehr

[1]) *Hennig E.*, Stegosauria im Foss. Catalog. Berlin 1915.

stattlicher Größe. Sie zeichnen sich hauptsächlich durch das mächtig entwickelte Hautskelett aus, das bald aus getrennten mächtigen Hautplatten und Stacheln besteht, bald einen geschlossenen Panzer bildet. Die Wirbel sind in der Regel massiv und amphicöl oder platycöl, ferner zeigt der Rückenmarkskanal in der Beckenregion zuweilen eine ungemeine Erweiterung. Im Becken erinnert das starke Postpubis (Pubis) an die Ornithopodidae, mit denen die Stegosauridae auch die bedeutende Verlängerung der Hinterbeine teilen. Sie finden sich auf der Nordhemisphäre und in Deutsch-Ostafrika. Von den Stegosauriden werden auch die Scelidosauridae, Acanthopholidae und Ankylosauridae (Nodosauridae) als selbständige Familien abgetrennt; v. Nopcsa (1917) betrachtet die Acanthopholidae als eigene Familie und stellt die Stenopelixidae und Nodosauridae zu den Ceratopsidae.

Familie: **Scelidosauridae.**

**Scelidosaurus* Owen. Schädel ca. 25 cm lang, bei einer Länge des ganzen Tieres von ca. 4 m. Zähne spatelförmig und an den Kanten gezähnelt. Schädel mit einem Supraorbitale. Wirbel amphicöl, teilweise mit Höhlungen. 6—7 Halswirbel, 17 Rückenwirbel, 4 Sacralwirbel und ca. 40 Schwanzwirbel. Femur, Tibia und Fibula sind hohl, Vorderfüße mit 4,

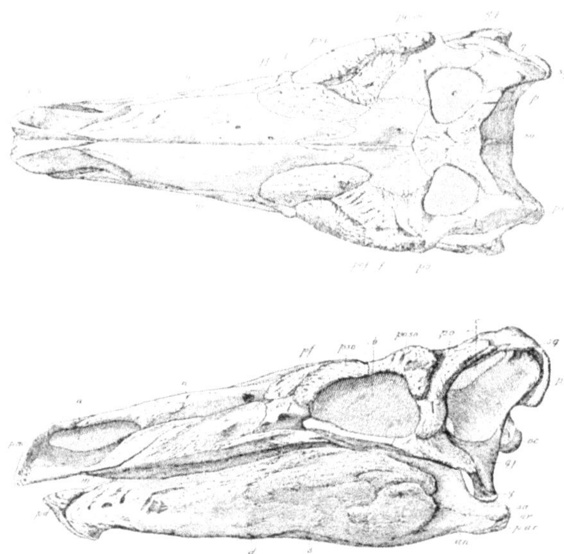

Fig. 472.

Schädel von *Stegosaurus stenops* Marsh. Untere Kreide. Colorado. Schädel von oben und von der Seite. *a* Nasenöffnung, *b* Auge, *c* seitliche Schläfenöffnung, *pm* Praemaxillare, *m* Maxillare, *n* Nasale, *l* Lacrimale, *pf* Praefrontale, *pso* Praesupraorbitale, *poso* Postsupraorbitale, *po* Postorbitale, *f* Frontale, *p* Parietale, *so* Supraoccipitale, *poc* Opisthoticum, *q* Quadratum, *qj* Quadratojugale, *oc* Basioccipitale mit Condylus, *j* Jugale, *pd* Praedentale, *d* Dentale, *r* Spleniale, *sa* Supraangulare, *ar* Articulare, *par* Praearticulare, *an* Angulare. $^1/_6$ nat. Gr. (Nach Gilmore.)

Hinterfuß mit 3 funktionierenden Zehen. Rückenmarkskanal nicht erweitert. Der Panzer scheint aus Längsreihen kleiner Knochenhöcker und dreiseitiger oder konischer Schilder zu bestehen. Unterer Lias. England.

Echinodon Owen. Purbeck, England. Schädelreste. *Sarcolestes* Lydd. Malm. England.

Familie: **Stegosauridae.**

**Stegosaurus* Marsh (Fig. 472—474). Schädel relativ sehr klein, lang und niedrig. Gehirn winzig klein. Augen oval, seitlich; obere Schläfenlöcher klein, rundlich; seitliche länglich. Nasalia sehr lang, fast die Hälfte des Schädeldaches bildend. 2 Supraorbitalia. Unterkiefer hoch, mit zahnlosem Praedentale. Die ca. 23 Zähne klein, in deutlichen Alveolen, mit gezähnelter Krone, spatelförmig, schräg abgekaut, in einer einzigen funktionierenden Reihe, auf ihrer Innenseite in Höhlungen eine Reihe von Ersatzzähnen. Wirbel amphicöl-platycöl, solid. Halswirbel mit kurzen Rippen, Rückenwirbel mit sehr erhöhten oberen Bogen nebst langen Rippen und ansehnlichen Dornfortsätzen. 3 echte verschmolzene Sacralwirbel, deren Rückenmarkskanal an Volumen jenes der Gehirnhöhle vielfach übertrifft. Vordere Schwanzwirbel die größten der ganzen Reihe, mit langen Chevrons. Vorderfüße mit 5 Fingern, Hinterfüße mit 3 funktionierenden Zehen, 4. Zehe rudimentär, 5. fehlt. Ulna bei erwachsenen Exemplaren so groß wie der Humerus. Astragalus mit der Tibia verschmolzen. Auf Hals, Rücken und dem größten Teil des Schwanzes standen 2 Reihen großer, miteinander alternierender, vertikaler, ursprünglich mit Horn überzogener Knochenplatten, auf welche am Hinterende des Schwanzes 4 Paar lange Stacheln folgten. Ein Pflaster von kleineren Verknöcherungen bedeckte die Kehle. Skelette bis 9 m lang. Untere Kreide (Como beds). Westl. Nordamerika. Oxford von England.

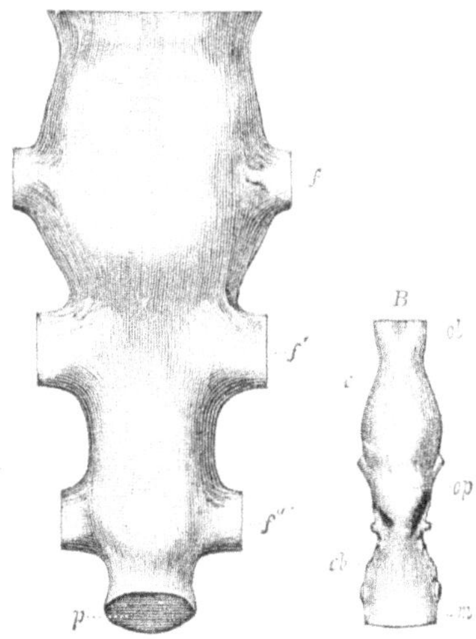

Fig. 473.
Stegosaurus ungulatus Marsh. *A* Ausguß des Neuralkanals im Sacrum v. oben. *a* vorderes, *p* hinteres Ende, *f'*, *f''* Öffnungen zwischen den Sacralwirbeln. ¼ nat. Gr. *B* Ausguß der Gehirnhöhle von oben. ¼ nat. Gr. *ol* lobus olfactorius, *c* große Hemisphären, *op* Sehbügel, *cb* Kleinhirn, *m* verlängertes Mark. (Nach Marsh.)

Diracodon Marsh. Vielleicht ein jugendliches Individuum von *Stegosaurus*. Untere Kreide. (Como beds.) Westliches Nordamerika.

Priconodon Marsh. Untere Kreide. Westliches Nordamerika.

Hypsirophus Cope. ? Oberer Jura. Nordamerika.

Omosaurus Owen (? *Dacentrurus* Lucas) aus dem Dogger und Malm Englands und Nordfrankreichs, ist mit *Stegosaurus* sehr nahe verwandt. 5—6 Sacralwirbel.

Kentrurosaurus Hennig (*Kentrosaurus* Hennig). Ähnlich *Stegosaurus*, aber die Dornfortsätze des Schwanzes sich allmählich von hinten nach vorne wendend. Kimmeridge-Wealden. Tendaguru. Ostafrika.

? *Craterosaurus* Seeley. Untere Kreide. England.

Hylaeosaurus Mantell. Hals und Schulter mit Stacheln. Wealden. England, ? Deutschland.

Familie: **Acanthopholidae.**

Acanthopholis Huxley. (*Anoplosaurus* Seeley.) Schädel ohne obere Schläfenöffnungen. Quadratum klein. Stacheln auf den Schultern. Cenoman. England.

Struthiosaurus Bunzel (*Crataeomus* Seeley, *Hoplosaurus* Seeley). Obere Kreide (Gosauschichten). Alpen.

? *Stegoceras* Lambe. Kreide. Nordamerika.

Polacanthus Hulke. Lenden- und Sacralgegend von einem geschlossenen, aus skulptierten Knochenplatten bestehenden, Glyptodonten-ähnlichen Panzer umhüllt. Hals, Rücken und Schwanz mit 2 Längsreihen knöcherner Stacheln. Wealden. England.

Familie: **Nodosauridae.**

Stegopelta Williston. Obere Kreide. Nordamerika.

Ankylosaurus Brown (*Stereocephalus* Lambe, *Troodon* Leidy). Kopf und Rumpf mit dichtem Pflaster von Knochenplatten bedeckt. Rippen mit den Wirbeln verschmolzen. Extremitäten gedrungen. Postpubis stark reduziert. Obere Kreide (bis ? unterstes Tertiär). Nordamerika.

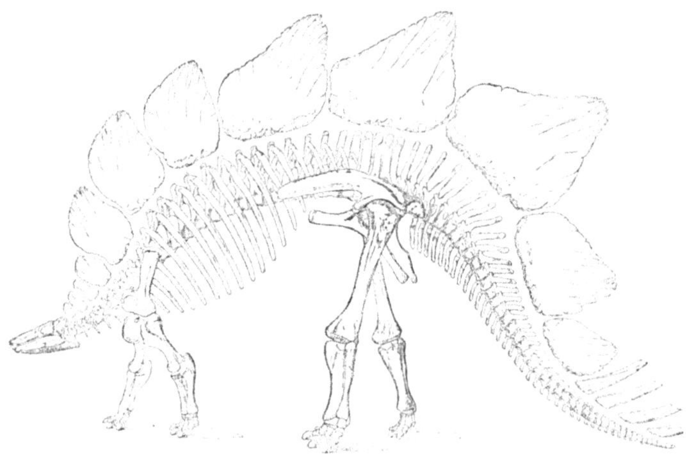

Fig. 474.
Skelett von *Stegosaurus ungulatus* Marsh. Untere Kreide. Colorado. 1/40 nat. Gr. (Nach Marsh.)

Nodosaurus Marsh. Wirbel platycöl bis etwas opisthocöl. 3 Sacralwirbel, 4 verschmolzene Praesacralwirbel, 2 Sacro-Caudalwirbel. Außer kräftigen, knopfartigen, in Reihen angeordneten Hautverknöcherungen noch dünne, vierseitige, netzartig skulptierte Plättchen. Ob. Kreide. Nordamerika.

Hierosaurus Wieland. Skelett- und Panzerreste. *Hoplitosaurus* Lucas. Obere Kreide. Nordamerika.

? *Leipsanosaurus* v. Nopcsa. Ob. Kreide (Gosau).

Palaeoscincus Leidy. Obere Kreide. Nordamerika.

Stenopelix H. v. Meyer. Wealden. Deutschland.

Unsicher im System sind folgende, ebenso wie auch manche der vorhergenannten Formen, auch mangelhaft oder ungenügend beschriebene Reste: *Danubiosaurus* Bunzel, Gosauschicht. (ob. Kreide), *Pleuropeltus* Seeley, p. p. *Rhadinosaurus* Seeley, *Oligosaurus* Seeley, ? *Regnosaurus* Mantell, Wealden; *Eucerosaurus*, *Syngonosaurus* Seeley, *Apatodon*, *Brachyrophus*, *Macelognathus* Marsh. *Vecticosaurus* Hulke. Alle aus der Kreide.

3. Über-Familie: **Ceratopsidae**[1]).

Schädel sehr groß, mit langen, zugespitzten, hornähnlichen Knochenzapfen und schirmförmigem, nach hinten vorspringendem Postparietale und Squamosum. Obere und untere Schläfenöffnungen. Keine Präorbitalöffnungen, im

---

[1]) Cfr. *Huene F. v.*, Beiträge zur Kenntnis des Ceratopsidenschädels. Neues Jahrbuch etc. 1911. Bd. 2.

Lacrimale gelegentlich ein Fo. Praemaxillaria zahnlos, miteinander verschmolzen, vor ihnen ein zugespitztes Schnauzenbein (Rostrale), welches dem zahnlosen Praedentale des Unterkiefers entspricht. Kiefer von einer (nach Hatcher mehreren) Längszahnreihe mit breiter Kaufläche eingenommen, darunter die Ersatzzähne im Dentale in Vertikalreihen übereinander reitend, dadurch daß jede Wurzel durch den nachfolgenden Zahn in einen inneren und äußeren Ast geteilt wird. Kurzhalsig, 4 (3) Halswirbel miteinander verschmolzen. Wirbel

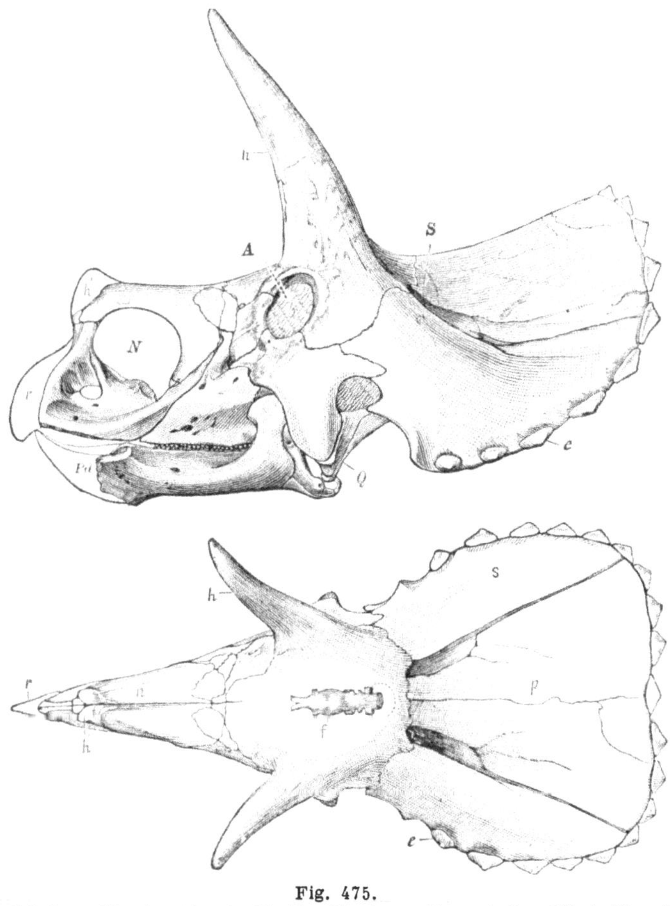

Fig. 475.

Triceratops flabellatus Marsh. Oberste Kreide. Montana. $^1/_{20}$ nat. Gr. (Nach Marsh.) Schädel von der Seite und von oben. *N* Nasenloch, *A* Augenhöhle, *S* oberes Schläfenloch, *n* Nasale, *p* Postparietale, *s* Squamosum, *e* Randknochen des Postparietale und der Squamosa, *h* Stirnzapfen, *h'* Nasenzapfen, *f* Gehirn, *r* Rostrale, *Q* Quadratbein, *Pd* Praedentale.

platycöl und wie die Extremitäten solid. Postpubis sehr reduziert. Neuralkanal in der Beckengegend nicht erweitert. Vorderbeine den Hinterbeinen an Größe wenig nachstehend. Femur länger wie Tibia. Zehen mit hufförmigen Endphalangen. Integument von einem dichten Schuppenmosaik gebildet. Oberste Kreide (Belly-Judith-River-Form, Lance-Formation). Nordamerika (Vereinigte Staaten und Kanada).

Das auffallendste Merkmal dieser, meist sehr stattliche Proportionen erreichenden, pflanzenfressenden, quadrupedalen *Dinosaurier* besteht in den massiven, kräftigen, supraorbitalen Stirnhörnern auf den ? Postfrontalia, die an die knöchernen Stirnzapfen der Bovidae erinnern. Sie zeigen auf der rauhen, porösen Oberfläche deutliche Gefäßeindrücke und waren wahrscheinlich von Hornscheiden umgeben; auch die Nasalia können einen kurzen, medianen Knochenzapfen tragen. Gewissermaßen als Gegengewicht zu diesen gewaltigen Protuberanzen in der mittleren und vorderen Schädel-

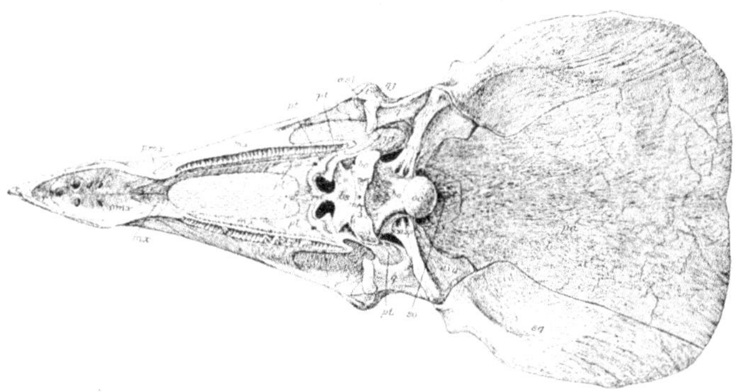

Fig. 476.
Triceratops flabellatus Marsh. Oberste Kreide. Montana. Schädel von unten. *bo* Basioccipitale mit Condylus *oc*, *exo* Exoccipitale laterale, *q* Quadratum mit Gelenkfläche *asl*, *qj* Quadratojugale, *pt* Pterygoid, *bs* Basisphenoid, *mec* Hypophysenöffnung (? Mündung der Tuba Eustachii), *pl* Palatin, *v* Vomer, *mx* Maxillare, *pmx* Praemaxillare, *r* Rostrale, *so* Supraoccipitale, *pa* Parietale, *sq* Squamosum, *X*, *XI*, *XII* Kopfnerven. (Nach Marsh, Hatcher u. Lull.) Ca. 1/20 nat. Gr.

partie wirken die nach hinten dachartig als Nackenschutz über die vordere Halsregion ausgezogenen, an den Rändern mit einem Kranz kleiner Hautknochen besetzten ? Postparietalia und Squamosa. Ebenso bezeichnend ist das unpaare, an Schildkrötenschnäbel erinnernde Rostrale und der kleine ? rückgebildete hintere Fortsatz des Pubis. Sie finden sich in der oberen und obersten Kreide (Lance-Formation, Belly-River-Formation).

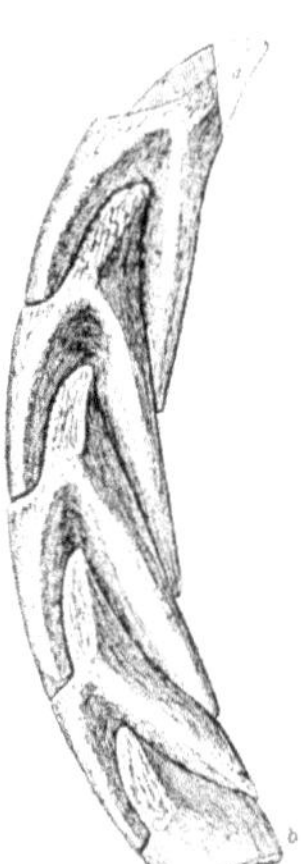

Fig. 477.
Triceratops flabellatus Marsh. Hinteransicht einer Vertikalzahnreihe. *a* abgenutzte Oberfläche des funktionierenden Zahnes. 1/2 nat. Größe nach Hatcher.

Eoceratops Lambe. Schädel klein, gedrungen, das kurze Nasalhorn nach vorn und oben gerichtet, die mäßig großen Stirnhörner aufwärts gerichtet. Oberste Kreide (Belly River). Nordamerika.

**Triceratops* Marsh (*Sterrholophus* Marsh). (Fig. 475—478.) Skelett ca. 8 m lang, Schädel bis 2 m lang, vorn zugespitzt, hinten breit. Die supraorbitalen Hörner nach vorwärts und aufwärts gerichtet. Nasalhorn mäßig groß und beinahe gerade nach vorwärts gestellt. Squamosum kurz und breit. Oberes Schläfenloch von elliptischem Umriß, zwischen Postparietale und Squamosum, seitliches Schläfenloch klein, rückwärts unterhalb der Augen gelegen. Die stark vergrößerten Praefrontalia und Postfrontalia vereinigen sich in der Mittellinie, überwachsen Frontalia und Parietale, drängen diese in die Tiefe und bilden so ein sekundäres Schädeldach. Ein (bis zwei) postfrontale Foramina (Gefäßöffnungen) vorhanden oder fehlend. Unterkiefer mit großem Processus coronoideus. Von den 8 (7) Halswirbeln sind die ersten ? 3 (? 4) miteinander verschmolzen, um den gewaltigen Kopf besser tragen zu können. 14 Rückenwirbel. Sacrum aus 10 verschmolzenen Wirbeln zusammengesetzt. Verknöcherte Sehnen sind nachgewiesen. Halsrippen zweiköpfig, gerade, Rückenrippen zweiköpfig, stark gekrümmt. Schwanzrippen einköpfig. Sternum aus 2 Platten. Oberste Kreide. Laramie, Lance Formation. Nordamerika.

Monoclonius Cope (Pig. 479). Schädel mittelgroß. Die Supraorbitalhörner klein. Der Supraoccipitalschirm mit 2 großen, durch die Parietalia (Postfrontalia) geteilten Durchbrüchen. Nasalhorn mächtig, groß, gerade

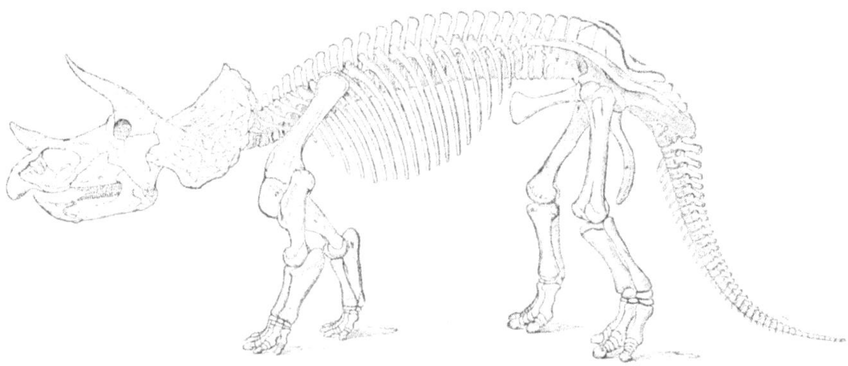

Fig. 478. *Triceratops prorsus* Marsh. Ob. Kreide. Montana. Skelett restauriert. $^1/_{70}$ nat. Gr. (Nach O. C. Marsh.)

oder gekrümmt. Augen mit Scleroticaring. 9 Hals-, 12 Rücken-, 10 Sacral-, 46 Schwanzwirbel. 3 von 5 Fingern sowie 4 Zehen mit Hufen; 5. Zehe rudimentär. Über 5 m lang. Obere Kreide. Nordamerika.

Anchiceratops Brown. Ähnlich *Monoclonius*, aber Durchbrüche des Supraoccipitalschirms nicht so groß, Kammhinterrand mit großen Höckern. Obere Kreide. Nordamerika.

Diceratops Lull. Ohne Horn auf der Nase. Obere Kreide. Nordamerika.

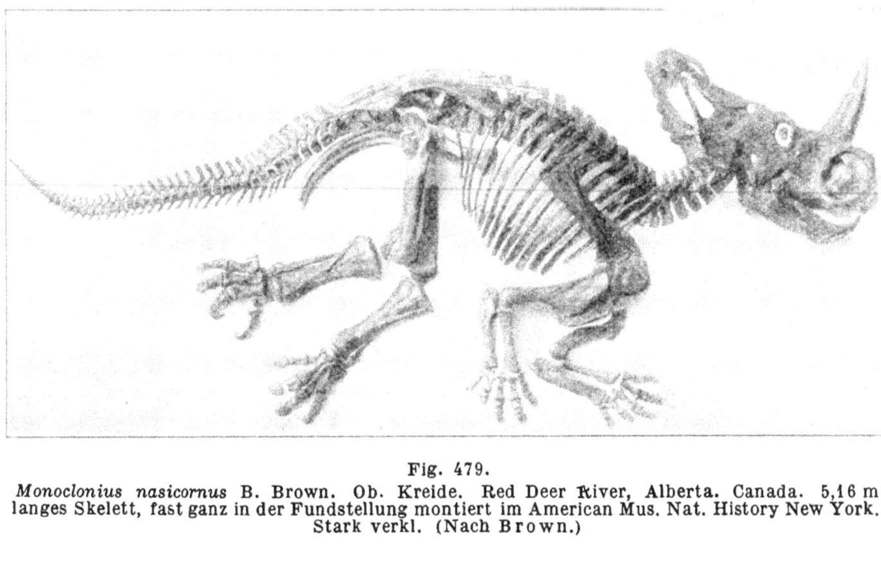

Fig. 479.
Monoclonius nasicornus B. Brown. Ob. Kreide. Red Deer River, Alberta. Canada. 5,16 m langes Skelett, fast ganz in der Fundstellung montiert im American Mus. Nat. History New York. Stark verkl. (Nach Brown.)

Centrosaurus Lambe. *Agathaumas* Cope. Obere Kreide. Nordamerika.
Styracosaurus Lambe. Obere Kreide. (Belly River.) Nordamerika.

Chasmosaurus Lambe (*Protorosaurus* Lambe). Der breit dreiseitige Schädel mit sehr verkürzter Gesichtsregion. Obere Kreide. (Belly River.) Nordamerika.

? *Ceratops* Marsh. *Torosaurus* Marsh. Oberste Kreide.

Die Gattungen *Brachyceratops* Gilmore und *Leptoceratops* Brown aus der obersten Kreide (Belly River), Nordamerika, sind kleine (*Brachyceratops* ca. 1,60 m), langgeschwänzte Ceratopsidae mit anscheinend durchaus einwurzeligen Zähnen und gedrungenem Schädel, der ein kleines oder kein Horn trägt.

Zeitliche Verbreitung der Dinosaurier.

	Trias	Lias	Dogger	Malm	Unt. Kreide	Ob. Kreide	Eocän
Coelurosauria							
Hallopodidae, Podokesauridae	—	…	…	…	…	…	…
Coeluridae	—	…	…	—	—	…	…
Compsognathidae	…	…	…	—	…	…	…
Ornithominidae	…	…	…	…	…	—	…
Theropoda							
Plateosauridae, Zanclodontidae	—	…	…	…	…	—	…
Anchisauridae	—	…	…	…	…	…	…
Labrosauridae	…	…	…	…	—	…	…
Megalosauridae	…	—	—	—	—	—	…
Spinosauridae	…	…	…	…	…	—	…
Sauropoda							
Cetiosauridae			—	—	—		
Atlantosauridae	…	…	…	…	—	…	…
Morosauridae	…	…	…	? —	—	—	…
Diplodocidae	…	…	…	…	—	…	…
Orthopoda (Praedentata)							
Ornithopodidae	—	…	…	—	—	—	…
Stegosauridae	…	—	—	—	—	—	…
Ceratopsidae	…	…	…	…	…	—	…

Die Dinosaurier beginnen in der Trias und erlangen in dem oberen Jura und der unteren Kreide den Höhepunkt ihrer Entwicklung, um in der obersten Kreide (? Eocän) als ? eine alternde Gruppe auszusterben. Für die ehemalige Existenz zahlreicher triassischer Dinosaurier[1]) sprechen auch die in erstaunlicher Menge vorkommenden Fußspuren in den roten oder dunkelgefärbten Triassandsteinen in Massachusetts, Connecticut, Pennsylvania, Virginia, Nord-Carolina. Man hat namentlich im Connecticuttal etwa 100 verschiedenartige Fährten entdeckt, deren Größe zwischen 2,5 cm und 60 cm schwankt. Die

[1]) *Lull R. S.*, Triassic Life of Connecticut Valley. Bull. Nr. 24. Connect. geol. and nat. hist. surv. Hartford 1915.

meisten von ihnen sind dreizehig, einige aber auch 4- und 5zehig. Da die ersteren von Tieren herrühren, die wahrscheinlich auf zwei Beinen einhergingen, so wurden sie vielfach (u. a. Hitchcock) für Spuren von Vögeln gehalten (Ornithichnites). Im auffallenden Gegensatz zu den häufigen Spuren stehen in den betreffenden Ablagerungen die seltenen Funde eigentlicher Skelettreste.

Über die Verwandtschaft, Entstehung und Entwicklung der Dinosaurier gewähren die bis jetzt bekannten Tatsachen noch keine bestimmte Auskunft. Ähnliche Merkmale, wie eine Präorbitalöffnung, treffen wir bereits bei den Stegocephalen (Trematops), der Bau des Schultergürtels erinnert teilweise ebenso wie die größere Zahl der Sacralwirbel an gewisse Theromorpha. Eine größere Zahl gemeinsamer Charaktere zeigen die Parasuchier. Diese Eigenschaften sind besonders am Schädel gewisser Pseudosuchier ausgeprägt, die außer in der Präorbitalöffnung in der Lage und Größe der Augen- und Nasenlöcher, in der knöchernen Umgrenzung der beiden Schläfenlöcher und in der Anordnung der Schädelknochen zum Ausdruck kommen, auch im Bau der Extremitäten und ihrer Gürtel zeigt sich zwischen ihnen und den Theropoden (Coelurosauria) Ähnlichkeit. v. Nopcsa führt sowohl Orthopoden wie Saurischia der Trias auf 5zehige, langhalsige, bipede, omnivore, pseudosuchierähnliche Prodinosaurier-Wüstenformen des Perm zurück.

Innerhalb der Dinosaurier selbst erscheinen die Sauropoden gegenüber den Theropoden als eine mehr spezialisierte Gruppe. Die Übertragung der Körperlast auf die hinteren Extremitäten, der aufrechte Gang verlieh vielen Dinosauriern ein vogelartiges Aussehen und diese äußere Ähnlichkeit findet auch in sehr bestimmter Weise im Knochenbau des Beckens und der Hinterbeine ihre Bestätigung, auf welche Merkmale bereits früher hingewiesen wurde. Obwohl nun diese Merkmale in der Hauptsache auf einer Konvergenz mit den Vögeln begründet sein dürfte, so scheint es nicht ausgeschlossen, daß hierbei gemeinsam ererbte Anlagen eine Rolle spielen. Dafür spricht auch die teilweise Beweglichkeit des Schädels (durch Verschiebung der Pterygoidea und der unteren Enden der Quadratbeine) bei einigen Dinosauriern, welche Eigentümlichkeit gleichfalls den Vögeln zukommt. Vögel und Dinosaurier haben daher mit einiger Wahrscheinlichkeit gemeinsame Ahnen, dürften aber dann bereits sehr frühzeitig selbständige, in verschiedener Richtung spezialisierte Seitenäste ein und desselben Hauptstammes geworden sein[1]).

4. Ordnung: **Pterosauria** (*Patagiosauria*, Flugsaurier)[2]).

Reptilien von vogelähnlichem Aussehen, mit kurzem oder langem Schwanz. Wirbel- und Extremitätenknochen hohl, pneumatisch. Hals kräftig, ziemlich lang, mit dem Schädel

---

[1]) *Heilmann G.*, Fuglenes Afstamming. Kjöbenhavn 1916. Ref. Geol. Zentralblatt. 23. Bd. 1919.

[2]) *Abel O.*, Neue Rekonstruktion der Flugsauriergattungen Pterodactylen und Rhamphorhynchus. Die Naturwissensch. 7. 1919. — *Ammon L. v.*, Über ein Flughautexemplar von Rhamphorhynchus. Geogn. Jahreshefte. 21. Bd. 1908. — *Arthaber G. v.*, Studien über Flugsaurier auf Grund der Bearb. des Wiener Exempl. von Dorygnathus banthensis Theod. Denkschr. Wiener Akad. d. Wiss. math.-nat. Kl. Bd. 97. 1919. Über Entwickl., Ausbild. u. Absterben der Flugsaurier. Paleontolog.

nahezu einen rechten Winkel bildend. Präsacralwirbel procöl. Schwanzwirbel amphicöl. Sacrum aus (3) 4—10 gewöhnlich mehr oder weniger verschmolzenen Wirbeln bestehend. Hals- und vordere Rumpfrippen zweiköpfig. Bauchrippen vorhanden. Schädel mit zugespitztem Schnabel, Suturen in der Regel undeutlich oder obliteriert. Zähne thecodont, auf die Kieferränder beschränkt oder fehlend. Quadratum lang, unbeweglich am Schädel befestigt. Foramen parietale fehlt. Augen groß, seitlich, meist mit Scleroticaring. Obere und seitliche Schläfenöffnungen vorhanden. Präorbitalöffnung groß, zuweilen mit der Nasenöffnung vereinigt. Sternum groß, schildförmig, vorne gekielt. Scapula und Coracoid schlank, Clavicula fehlt. Vorderfüße durch starke Verlängerung des 5. Fingers, woran sich eine Flughaut (Patagium) anheftet, als Flugorgan entwickelt. ? Pubis vom Acetabulum ausgeschlossen. Tarsus mit zwei Reihen von Knöchelchen. Die 5. Zehe selten ohne Phalangen. Haut nackt. Obere Trias bis obere Kreide.

Die Flugsaurier sind ausgestorbene Reptilien, welche in ihrer äußeren Erscheinung und in ihrer Lebensweise die größte Ähnlichkeit mit Vögeln besaßen. Sie finden sich eingeschwemmt in marinen und brackisch-limnischen Schichten vom Rhät an bis an das Ende der Kreide. Sie dürften sich vielfach von Insekten (wie z. B. Rhamphorhynchus), als Strandbewohner oder als ? Hochseetiere (Pteranodon) auch von Fischen genährt haben (wofür auch der wahrscheinliche Besitz eines Kehlsackes bei ? Pterodactylus und Pteranodon zu sprechen scheinen), und es erscheint wahrscheinlich, daß sie die Krallenfinger ihrer Hinterextremität zum Aufhängen bei der Ruhe gebrauchten (Pterodactylidae), während die Ruhelage der Rhamphorhynchidae wohl eine liegende war. Ihre Vorderextremitäten waren zu einem Flugorgan umgestaltet, jedoch nicht mit Federn, sondern mit einer häutigen, im anatomischen Bau wesentlich vom Vogelflügel verschiedenen Membran (Patagium) versehen. Die Flugfähigkeit der Pterosaurier war ohne Zweifel beschränkter als die der Vögel, doch

---

Zeitschr. 4. Bd. 1921. — *Branca W.*, Fossile Flugtiere und Erwerb des Flugvermögens. Abhandl. d. k. pr. Akad. d. Wiss. 1908. — *Broili F.*, Ctenochasma gracile Oppel. Geognost. Jahresheft 29/30. 1919. — *Döderlein L.*, Über die Erwerbung des Flugvermögens bei Wirbeltieren. Zool. Jahrb. 14. Bd. 1900. — *Eaton G. F.*, Osteology of Pteranodon. Mem. Connecticut Acad. Arts and Sci. Vol. II. New Haven 1910. — *Fraas O.*, Palaeontographica 1878. XXV S. 163. — *Fürbringer M.*, Vergl. Anat. des Brustschulterapparats l. c. — *Goldfuß*, Reptilien aus dem lithographischen Schiefer. Nova Acta Acad. Leop. 1831. XV p. 63. — *Hankin E. H.* and *Watson M. S.*, On the flight of Pterodactyls. Aeronautical Journ. of Great Brit. Nr. 72. 1914. — *Huene F. v.*, Beiträge zur Kenntnis des Schädels einiger Pterosaurier. Geol. u. Pal. Abhandl. N. F. 13 (17). 1914. — *Jaekel O.*, Die Flügelbildung der Flugsaurier und Vögel. Anat. Anzeiger 48. Bd. 1915. — *Hooley R. W.*, The skeleton of Ornithodesmus latidens. Quart. Journ. Geol. Soc. Vol. 69. 1913. On the Ornithosaurian genus Ornithocheirus etc. Annals and Magaz. Nat. History 8. Vol. 13. 1914. — *Kremmling W.*, Beitrag zur Kenntnis von Rhamphorhynchus Gemmingi etc. Abh. d. k. Leopold. Curat. d. Akad. d. Naturforscher Bd. XCVI. Nr. 3. — *Marsh O. C.*, Amer. Journ. Sc. 1871 I p. 472. 1872 III p. 241. 1876 XI p. 507. 1876 XII p. 479. 1878 XVI p. 233. 1881 XXI p. 342. 1882 XXIII p. 251. 1884 XXVII p. 423. — *Meyer Herm. v.*, Reptilien aus dem lithographischen Schiefer. Fauna der Vorwelt. 1859. S. 7—90. Palaeontographica Bd. I. VII. X. — *Newton E. T.*, Philos. Trans. 1888. Vol. CLXXIX S. 503. — *Nopcsa F. v.*, Ideas on the Origin of Flight. Proc. Zool. Soc. London 1907. — *Owen Rich.*, Reptilia of the Liassic Formations. Palaeontogr. Soc. pt. II 1863. — *Plieninger F.*, Campylognathus Zitteli. Palaeontographica 1894. Bd. XLI. Beiträge zur Kenntnis

dürfte namentlich Rhamphorhynchus ein besserer Flieger als die Fledermäuse gewesen sein, und für die Pterodactylen nehmen Hankin und Watson (1914) für gewöhnlich einen Schwebeflug an (ähnlich wie der des Albatros); ihr Skelett zeichnet sich, wie jenes der Vögel, durch pneumatische Beschaffenheit aus. Die Größe der Flugsaurier ist eine schwankende, manche von ihnen waren kaum größer als ein Sperling, während andere eine Spannweite der Schwingen von 7 und mehr Meter erreichten. Der rechtwinklig zum langen, kräftigen Hals stehende Kopf, die schnabelartig verlängerten und bei einigen Formen zahnlosen Kiefer erhöhten noch das vogelähnliche Aussehen dieser merkwürdigen Geschöpfe.

Die Wirbelsäule gliedert sich in einen Halsabschnitt mit (7) 8 (bei Pteranodon 9), in einen Rumpfabschnitt mit (11) 10 bis zirka (16) 15 (von denen bis 2 als Lendenwirbel — Rückenwirbel ohne Rippen — entwickelt sein können), in ein Sacrum mit (3) 4—10 und einen Schwanz mit 10—40 Wirbeln. Atlas und Epistropheus sind gewöhnlich verschmolzen, ebenso können bei einigen Gattungen (z. B. Nyctosaurus, Pteranodon) die vorderen Rückenwirbel durch gegenseitige Ankylose sich zu einem sogenannten Notarium vereinigen. Die Dornfortsätze dieser so verschmolzenen Wirbel sind bei Pteranodon (ebenso wie die der 10 Sacralwirbel) miteinander durch eine dünne, überlagernde Verknöcherung, die Supraneuralplatte, verbunden. Die präsacralen Wirbel sind procöl, die Schwanzwirbel amphicöl. Die oberen Bögen sind in der Regel fest mit den Wirbelkörpern verschmolzen, und die Seiten der letzteren zeigen stets mehr oder weniger tiefe Gruben und Öffnungen, welche in das grobzellige, pneumatische Innere führen. Außer den Prae- und Postzygapophysen können an den Wirbelkörpern von Hals- und vorderen Rumpfwirbeln beiderseits konvex-konkave Gelenkverbindungen auftreten (Exapophysen). Am Hals fehlen Rippen entweder ganz oder sie sind beträchtlich kürzer als die dünnen, verlängerten Rumpfrippen, die vorne. ebenso wie die etwa entwickelten

der Flugsaurier. Palaeontographica 48. Bd. 1901. Die Pterosaurier der Juraformation Schwabens. Ibid. 53. 1907. Dort ausführliche Literatur! Ferner Centralblatt für Mineralogie etc. 1906. (Nr. 10 u. 13.) — *Quenstedt F. A.*, Über Pterodactylus Suevicus. Tübingen 1855. 4°. — *Seeley H. G.*, The Ornithosauria: an elementary study of the bones of Pterodactyles. Cambridge 1870. Dragons of the air. London 1901. — *Stromer E. v.*, Bemerkungen zur Rekonstruktion eines Flugsaurier-Skelettes. Monatsb. d. deutsch. geol. Gesellsch. Bd. 62. 1910. Rekonstruktionen des Flugsauriers Rhamphorhynchus Gemmingi. Neues Jahrb. für Mineralogie etc. II. 1913. — *Wagner Andr.*, Abhandl. k. Bayer. Akad. math.-phys. Kl. 1837 II S. 163. 1851/52 VI S. 129 u. 690. 1858 VIII S. 439. — *Wanderer K.*, Rhamphorhynchus Gemmingi H. v. M., Palaeontographica 55. Bd. 1908. — *Wiman C.*, Some Reptiles from the Niobrara group in Kansas. Bull. Geol. Inst. Ups. 18. — *Williston S. W.*, Kansas Pterodactyls I u. II. Kansas Univ. Quarterly Vol. I u. Vol. II 1892 u. 1893. On the skull of Ornithostoma ibid. Vol. 4. 1896. Restoration of Ornithostoma ibid. Vol. 6. 1897. On the skeleton of Nyctodactylus with restoration. Amer. Journ. of Anat. Vol. 1. 1902. On the skull of Nyctodactylus etc. Journ. of Geol. Vol. 10. 1902. On the Osteology of Nyctosaurus etc. Field Columb. Mus. Public. 78. Geol. Ser. Vol. 2. Nr. 3. Chicago 1902. The Fingers of Pterodactyls. Geol. Magaz. Dec. 5. Vol. 1. 1904. Ferner in Zittel-Eastman l. c. 1902 (Abschnitt über Pterosaurier!). — *Woodward A. S.*, On two skulls of the Ornithosaurian genus Rhamphorhynchus. Ann. and Magaz. Nat. Hist. Ser. 7. Vol. IX 1902. The wing-finger of Pterodactyls with restoration of Nyctosaurus. Journ. of Geol. Vol. XIX 1911. S. 698. — *Zittel K. A.*, Über Flugsaurier aus dem lithographischen Schiefer Bayerns. Palaeontographica 1882 XXIX. S. 49.

Halsrippen, zwei, hinten einen Gelenkkopf besitzen. Die vorderen Sacralwirbel haben starke Querfortsätze. Der Schwanz ist entweder kurz (Pterodactyloidea), oder er ist sehr lang (Ramphorhynchoidea) und besteht dann aus 30—40 Wirbeln, die manchmal Chevrons erhalten zeigen und die in einer förmlichen Scheide verknöcherter Sehnen stecken. Die dünnen Bauchrippen bestehen aus 1—2 seitlichen Stücken, zu denen noch ein mittleres treten kann.

Der Schädel (Fig. 480, 484) erinnert in seiner ganzen Form, in der Anordnung und in der innigen, häufig ganz nahtlosen Verbindung der Kopfknochen an Vögel, und diese Ähnlichkeit wird bei den oberjurassischen Pterodactylen durch das Schwinden der Knochenbrücken zwischen Nasen-, Präorbital- und Augenöffnungen noch erhöht. Die letzteren sind sehr groß, nach der Seite gerichtet und enthalten gewöhnlich einen aus zahlreichen dünnen Plättchen bestehenden knöchernen Scleroticaring. Vor der Augenhöhle befindet sich wie bei Dinosauriern, Parasuchiern und Vögeln eine Präorbitalöffnung, welche entweder durch eine

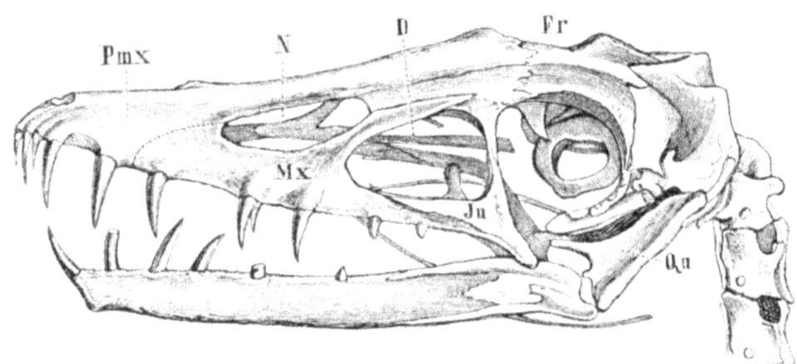

Fig. 480.
Schädel von *Scaphognathus crassirostris* Goldf. sp. Ob. Jura. Eichstätt. *N* Nasenloch, *D* präorbitale Öffnung, *Pmx* Zwischenkiefer, *Mx* Oberkiefer, *Fr* Stirnbein, *Qu* Quadratbein, *Ju* Jochbein.

Knochenbrücke von dem auf jeder Seite entwickelten großen, langgestreckten Nasenloch geschieden oder mit demselben vereinigt ist. Die oberen kleinen Schläfenlöcher sind ringsum knöchern umgrenzt. Die seitlichen Schläfenlöcher bilden schmale, schräg nach vorne und unten verlaufende, hinten vom Quadratum begrenzte Schlitze, die hinter der Augenöffnung liegen. Das Schädeldach wird von den großen Frontalia und den kleinen,, meist verschmolzenen Parietalia gebildet, denen ein Foramen fehlt. Die in der Regel miteinander verschmolzenen Frontalia bedecken nicht nur das Gehirn, sondern erstrecken sich bis zur Mitte oder bis zum vorderen Ende der Augen und bilden die seitliche und einen Teil der hinteren Umwandung der letzteren. Ein dreigabeliges, wohl in der Regel mit dem Postorbitale verschmolzenes Postfrontale trennt die Augenhöhle von der seitlichen Schläfenöffnung, der nach hinten gerichtete Ast begrenzt zugleich das obere Schläfenloch von außen und vereinigt sich mit dem Squamosum. In der vorderen Ecke der Augenhöhlen liegt neben einem verschiedentlich konstatierten Supraorbitale ein oder seltener zwei Knochen, der als Praefrontale (Lacrimale) und Lacrimale (Adlacrimale) gedeutet wird, welcher sich mit einem von unten entgegenkommenden schmalen Fortsatz des langen, schlanken Jugale zumeist vereinigt und mit diesem die vordere bzw. untere Begrenzung der Augenhöhle bildet. In seltenen Fällen gelangte ein Septomaxillare zur Beobachtung. Das mit dem Jugale durch ein manchmal festgestelltes Quadratojugale verbundene Quadratum ist ein ziemlich langer, schmaler, stielförmiger Knochen, das oben durch Sutur mit dem Squamosum sich verbindet, während es unten mit dem Pterygoid in Zusammenhang tritt. Die Suturen der Nasalia sind schwer zu finden, sie sollen nach Huene sich verschmälern und sich zwischen Praefrontalia und Lacrimalia einschieben; die häufig verschmolzenen Praemaxillaria bilden das zugespitzte, selten abgerundete Ende der vogelartigen Schnauze. Die Grenzen zwischen Maxillare und Praemaxillare sind meist verwischt. Die fast durchweg sehr schlecht erhaltenen Schädelunterseiten lassen Pterygoid, Palatium, Transversum, vielleicht auch Vomer erkennen. Die Kiefer sind mit einer Reihe thecodonter, spitzkonischer, schlanker, in unregelmäßigen Abständen stehender Zähne besetzt oder völlig zahnlos (z. B. Pteranodon); in diesem Falle dürften sie, wie bei den Vögeln, mit Hornscheiden besetzt gewesen sein. Die Ohrkapsel und das Hinterhaupt sind vollständig verknöchert. Die Gehirnhöhle besitzt eine geringe Größe und der Ausguß des Gehirns zeigt auffallende Ähnlichkeit mit dem Vogelhirn. Die beiden Unterkieferäste, die weit vorne unter den Augen mit dem Quadratum gelenken, sind in der Sym-

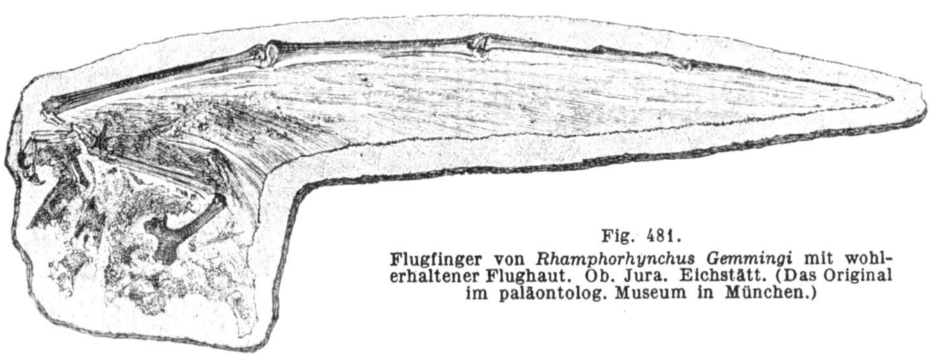

Fig. 481.
Flugfinger von *Rhamphorhynchus Gemmingi* mit wohlerhaltener Flughaut. Ob. Jura. Eichstätt. (Das Original im paläontolog. Museum in München.)

physe fast stets verschmolzen, besitzen scheinbar keinen Coronoidfortsatz. Die Suturen der einzelnen Elemente (Articulare, Angulare, Dentale, Splenialia) zeigen sich in der Regel verwischt.

Für den Brustschulterapparat ist das meist ansehnliche, schildförmige, gewöhnlich median vorn gekielte (ausgenommen: ? Tribelesodon, Dorygnathus) und in einen Fortsatz (Cristospina) auslaufende S t e r n u m bezeichnend, das an den verkalkten oder verknöcherten Sternocostalia der Rippen befestigt ist. Der Schultergürtel besteht lediglich aus einer langen, schlanken und manchmal etwas gekrümmten Scapula und einem ebenfalls verlängerten Coracoid, das mit dem Sternum gelenkt. Procoracoid und Clavicula fehlen. Das proximale Ende des mäßig langen Humerus ist stark ausgebreitet, die distale Verbreiterung desselben steht ziemlich senkrecht zu seiner proximalen, der Processus lateralis und medialis ist wohl ausgebildet. Radius und Ulna erreichen zuweilen die doppelte Länge des Humerus.

Die Zahl der den zweireihigen Carpus bildenden Knöchelchen wird auf 3—6 angegeben. Der Metacarpus enthält 4 gleich lange Knochen, der äußere derselben übertrifft aber die 3 anderen um das 3- oder 4fache an Stärke und trägt den aus 4 ungewöhnlich langen Phalangen zusammengesetzten ulnaren Flugfinger. Die übrigen Metacarpalia liegen dicht nebeneinander und sind zuweilen zu ganz dünnen, fadenförmigen Knochenstäbchen reduziert, die von außen nach innen gezählt 4, 3, 2 gegen den Kopf gerichtete, krallentragende Phalangen tragen. Die letzteren ragen hervor, die Flughaut heftet sich lediglich an den innersten Finger an. Ein faden- und rippenförmiger dünner Knochen lenkt sich auf der Radialseite dem Carpus ein, wendet sich nach rückwärts und folgt dem Radius. Dieser »Spannknochen« (Pteroid), der verschiedentlich auch als verknöcherte Sehne angesehen wurde, wird bald als Sesambein, bald als Neubildung, bald als rudimentärer Daumenknochen (Metacarpale des 1. Fingers), betrachtet, und infolgedessen der Flugfinger als 5. oder 4. Finger gezählt. Die Flughaut (Patagium) (Fig. 481) hat nur geringe Breite und bildet eine zugespitzte, schmale, schwalben- oder mövenähnliche Schwinge, welche sich an den Rumpf anheftet. Die Flugmembran besitzt eine Anzahl größerer Längsfalten und außerdem feine, in ziemlich engen Abständen stehende, fast geradliniege Streifen, die anfänglich den Fingergliedern parallel laufen, innen aber sich in einem spitzen Winkel dem Außenrand nähern. Bei Rhamphorhynchus ist an verschiedenen Exemplaren am distalen Ende des Schwanzes eine blattähnliche Schwanzsegelmembran erhalten, die bei dieser langgeschwänzten Form wohl als Höhensteuer wirkte.

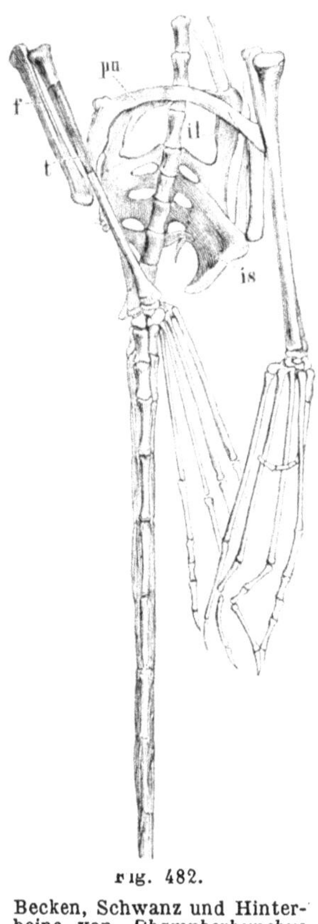

Fig. 482.
Becken, Schwanz und Hinterbeine von *Rhamphorhynchus Gemmingi* H. v. Meyer. Ob. Jura. Eichstätt, Franken. Nat. Gr. *il* Ilium, *pu* Praepubis, *is* Ischiopubis, *f* Femur, *t* Tibia.

Das Becken (Fig. 482, 483) der Flugsaurier enthält ein niedriges, vor und hinter dem undurchbohrten Acetabulum stark verlängertes Ilium, das am meisten Ähnlichkeit mit dem Ilium der orthopoden Dinosaurier besitzt. Sein nach vorn gerichteter Fortsatz ist entweder zuweilen verbreitert (Rhamphorhynchus) oder schlank und verschmälert (Pterodactylus). Das **Ischium** verschmilzt häufig vollständig mit dem **Ilium** und schließt das ?schaufel-spangenförmige »**Pubis**« von dem Acetabulum aus, das letztere selbst haftet sich an das etwas verdickte vordere Ende des Ischium an und scheint ziem-

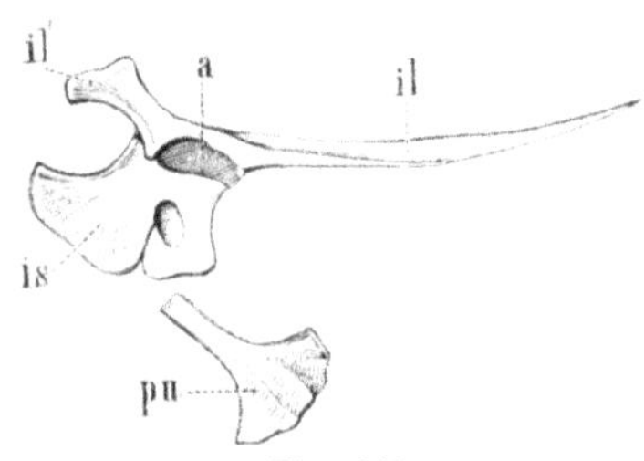

Fig. 483.
Becken von *Pterodactylus antiquus* Soemm. sp. *a* Acetabulum, *il*, *il'* Ilium, *is* Ischiopubis (Ischium), *pu* Praepubis (Pubis).

lich lose daran befestigt gewesen zu sein, da man es in der Regel etwas abgerückt und disloziert findet.

Manche Autoren deuten diesen Knochen wohl mit Recht als Praepubis und betrachten das gewöhnlich nur als Ischium angesprochene Element als das verschmolzene Ischiopubis, zumal unterhalb des Acetabulums nicht selten ein deutliches — bei den übrigen Reptilien im Pubis allein oder an der Grenze von Pubis und Ischium, nie aber im Ischium selbst entwickeltes — Foramen auftritt. (Fig. 483, ebenso Pteranodon!)

Bei Pterodactylus sind die in der Fig. 483 als Praepubis bezeichneten Knochen gestielte, distal scheibenförmig ausgebreitete Elemente, die wahrscheinlich in der Symphyse knorpelig verbunden waren; bei Rhamphorhynchus und Nyctodactylus sind sie schmal, bandförmig, und bestehen jederseits aus einem gerade nach vorne gerichteten Ast, welcher distal eine knieförmige Knickung macht, sich nach innen wendet, um mit dem korrespondierenden inneren Ast des anderen Praepubis in der Mitte der Bauchseite zusammenzuwachsen. Bei Pteranodon, dessen Praepubis (Pubis) distal eine ähnliche Verbreiterung zeigt wie Pterodactylus, verschmelzen die Ischiopubes (Ischia) in der Symphyse, auch bei Nyctodactylus bilden diese letzten eine Symphyse, möglicherweise waren sie aber auch hier und bei Rhamphorhynchus durch einen medianen Knorpelstreifen verbunden.

Der Femur ist schlanker und häufig etwas länger als der Oberarm; die gerade und kräftige Tibia übertrifft den Femur, wie bei den Vögeln, meist beträchtlich an Länge. Die Fibula ist ein dünner, grätenartiger Knochen, welcher bei geologisch jüngeren Formen mit seinem zugespitzten distalen Ende höchstens kaum über die halbe Länge der Tibia hinausreicht, manchmal mit derselben verschmilzt, in anderen Fällen (amerikanische Kreideformen) ? völlig zu fehlen scheint, und wird bei Pteranodon gelegentlich beobachtet (Wiman). Der Tarsus besteht aus zwei Reihen von Knöchelchen, von denen die proximale mit der Tibia verschmelzen kann.

Der Hinterfuß ist ganz reptilienartig gebaut. Die vier inneren Metatarsalia sind meist schlank und dünn und haben nahezu die gleiche Länge und Stärke, der Metatarsus der kleinen V. Zehe dagegen ist kurz, stummelartig und trägt manchmal nur eine einzige, zuweilen aber auch bis 3 Phalangen (Ornithocheiridae gar keine) und diente bei den Rhamphorhynchoidea wahrscheinlich zum Spannen der Flughaut. An den Zehen I—IV ist die Zahl der Phalangen von innen nach außen 2, 3, 4, 5 (4). Die Endphalangen sind krallenförmig, spitz und waren offenbar mit Horn umgeben.

Auf Grund der Untersuchungen Seeleys, F. Plieningers und Willistons lassen sich die Pterosaurier in zwei wohl von einander getrennte Unterordnungen, *Rhamphorhynchoidea (Pterodermata)* und *Pterodactyloidea (Ornithocheiroidea)* gliedern.

1. Unterordnung: **Rhamphorhynchoidea** F. Plieninger (= *Pterodermata* Seeley).

Schwanz lang. Metacarpale des Flugfingers kürzer als der halbe Vorderarm. Präorbital- und Nasenöffnung voneinander getrennt. Kiefer bezahnt. Jura.

Diese Unterordnung umfaßt, soweit bis jetzt bekannt, ausschließlich jurassische, mehr generalisierte Pterosaurier, deren langer, steifer Schwanz von einer Scheide verknöcherter Sehnen umgeben war. Die Zähne nehmen nach hinten an Stärke und Größe ab, und die Schnauzenspitze ist zuweilen zahnlos. Scapula und Coracoid zeigen sich häufig proximal verschmolzen, ebenso ist die proximale Reihe des Tarsus meist mit der Tibia verschmolzen.

1. Familie: **Rhamphorhynchidae.**

Mit den Charakteren der Unterordnung.

?Tribelesodon Bass. Hintere Zähne dreihöckerig. Mittl. Trias. (Anisische Stufe.) Besano, Lombardei.

Dimorphodon Owen. Schädel relativ ungewöhnlich groß, aber sehr leicht gebaut. Präorbital- und Nasenöffnungen viel größer als die kleinen gerundet dreiseitigen Augenlöcher. Kiefer bis zum Schnauzenende bezahnt. Die vorderen Zähne kräftig, leicht gekrümmt und in unregelmäßigen Abständen stehend, die hinteren klein, dicht aufeinanderfolgend. Wahrscheinlich 4 Sacralwirbel, Schwanzwirbel ca. 30. Der Schädel der einzigen bekannten Art wird bis 20 cm groß. Schwingen relativ kurz. Unterschenkel lang. Ob. Lias. Dorsetshire, England.

Parapsicephalus v. Arth. Ob. Lias. England.

**Campylognathus* F. Plieninger. Der relativ kleine Schädel bis zur Schnauzenspitze bezahnt. Auge größer als Nasen- und Präorbitalöffnung; Nasenöffnung größer als letztere. Unterkiefer mit seinem vorderen Drittel nach abwärts geschwungen, an der Spitze zahnlos, die beiden Hälften in der Symphyse nicht verwachsen. Scapula und Coracoid verwachsen. Erste

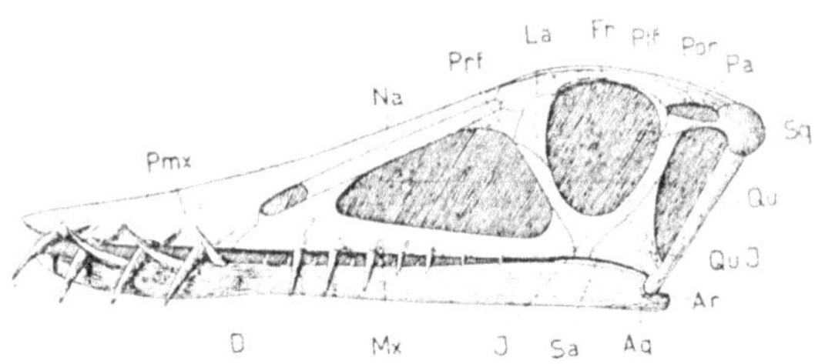

Fig. 484.
Dorygnathus banthensis Theod. Ob. Lias von Banz. *Pmx* Prämaxillare, *Mx* Maxillare, *Na* Nasale, *Prf* Präfrontale, *La* Lacrimale, *Fr* Frontale, *Ptf* Postfrontale, *Por* Postorbitale, *Pa* Parietale, *Sq* Squamosum, *J* Jugale, *QuJ* Quadratojugale, *Qu* Quadratum, *D* Dentale, *Sa* Supraangulare, *Ag* Angulare, *Ar* Articulare. Verkl. nach Stieler.

Flugfingerphalange mehr als doppelt so lang als der Vorderarm. 4 Sacralwirbel. Fibula sowie proximale Tarsusreihe mit Tibia verwachsen. Schwanz und Flugfinger sehr lang. Ob. Lias von Holzmaden.

Dorygnathus Opp. (Fig. 484). Schädel relativ groß, Schwanz und Flugfinger relativ kurz. Ob. Lias. Württemberg, Franken, Norddeutschland.

?Rhamphocephalus Seeley aus dem Dogger von Stonesfield noch ungenügend bekannt.

Scaphognathus Wagner (Fig. 480). Ähnlich *Campylognathus*, aber Unterkiefer vorne bezahnt und nicht abwärts gebogen. Nasen- und Augenöffnung kleiner als die ovale Präorbitalöffnung. Ob. Lias. Ob. Jura. Solnhofen, Bayern.

**Rhamphorhynchus* v. Meyer (Fig. 481, 482, 485). Schädel manchmal bis 20 cm lang. Schnauze verlängert, zugespitzt, das vorderste Ende des Praemaxillare und Unterkiefers zahnlos. Zähne lang, unregelmäßig groß, nach vorne gerichtet. Nasen- und Präorbitalöffnung klein. Augenhöhle sehr groß, mit Scleroticaring. Scapula und Coracoid gewöhnlich verschmolzen.

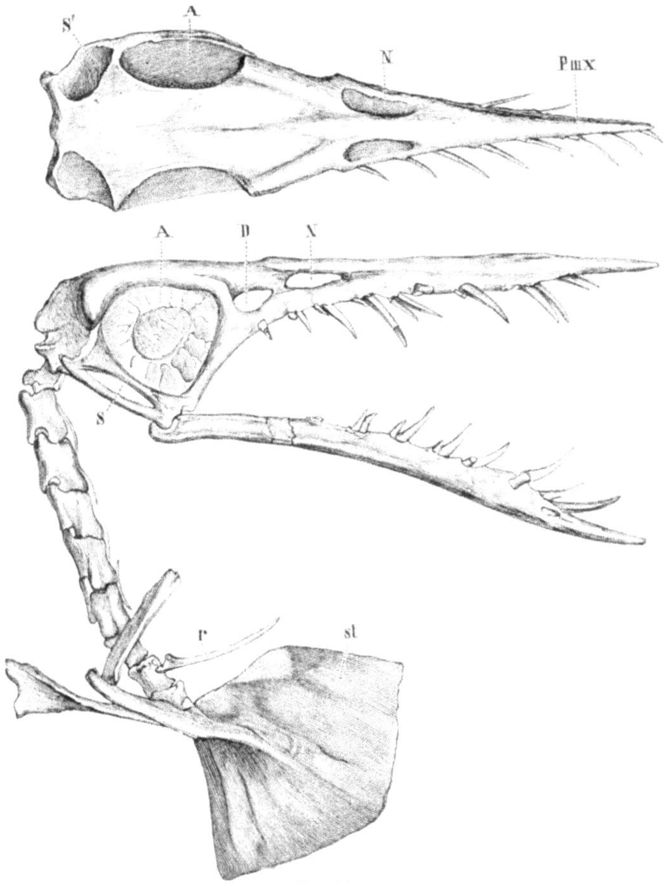

Fig. 485.
Rhamphorhynchus Gemmingi H. v. Meyer. Ob. Jura. Eichstätt, Franken. *A* Augenhöhle, *N* Nasenloch, *D* präorbitale Durchbruchsöffnung, *s* seitliches, *s'* oberes Schläfenloch, *Pmx* Zwischenkiefer, *st* Brustbein, *r* Rippe.

Pubis (Praepubis) schmal, bandförmig, in der Symphyse verwachsen. (3) 4 Sacralwirbel. Hinterbeine viel schwächer als Vorderbeine. Ob. Jura von Süddeutschland.

? Gnathosaurus Münster. Ob. Jura. Bayern.

2. Unterordnung: **Pterodactyloidea** F. Plieninger (*Ornithocheiroidea* Seeley).

Schwanz kurz. Metacarpale des Flugfingers länger als der halbe Vorderarm. Präorbital- und Nasenöffnung ganz oder teilweise miteinander vereinigt. Zähne manchmal fehlend. Obere Trias. Oberer Jura bis Kreide.

Die Angehörigen dieser Unterordnung, von denen einzelne die Größe eines Sperlings besitzen, während bei anderen die Spannweite der Schwingen 7 und mehr Meter beträgt, finden sich vom oberen Jura bis zur obere Kreide. Die generische Bestimmung der aus der obersten Trias

(Rhät) beschriebenen Reste zu Pteradyctylus ist unsicher, noch unbeschrieben sind die Pterodactylen aus den Tendaguruschichten (Malm-Aptien) Deutsch-Ostafrikas.

1. Familie: **Pterodactylidae.**

Schädel mit zugespitzter Schnauze und kleinen seitlichen Schläfenöffnungen. Die große Augenhöhle nicht völlig gegen die unvollständig von der Nasenöffnung getrennte Präorbitallücke abgeschlossen. Vordere Rückenwirbel nicht zu einem sog. Notarium verschmolzen. Kiefer bis zur Spitze bezahnt. Fibula vorhanden. ? Rhät. Lias. Oberer Jura. ? Unt. Kreide.

**Pterodactylus* Cuvier (*Ornithocephalus* Sömmering, *Diopecephalus*, *Cycnorhamphus* Seeley, *Ptenodracon* Lyd.) (Fig. 483, 486 bis 487). 4—5 Sacralwirbel. Pubis (Praepubis) in der Symphyse wahrscheinlich nur durch Knorpel verbunden. Hinterextremität relativ groß. Pterodactylus, dessen Arten in der Größe zwischen einem Sperling und einem Adler schwanken, findet sich in zahlreichen Spezies und in prachtvoll erhaltenen ganzen Skeletten im lithographischen Schiefer des ob. Jura von Solnhofen, Eichstätt, Kelheim, von Württemberg (Nusplingen) und Cerin (Dep. Ain). Vereinzelte Knochen aus dem Kimmeridgeton von England dürften ebenfalls hieher gehören, dagegen ist die Bestimmung von Flugfingergliedern aus dem Rhät und Lias unsicher.

?*Ctenochasma* H. v. Meyer. Kiefer dicht mit einer Reihe von Bürstenzähnen besetzt. Ob. Jura. Wealden. Deutschland.

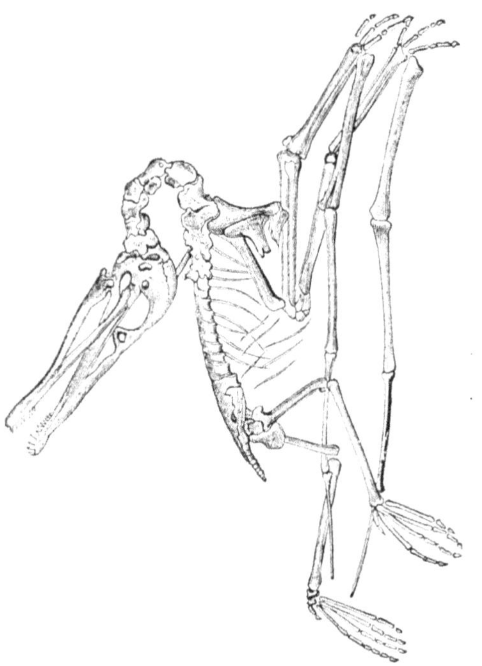

Fig. 486.
Pterodactylus elegans Wagn. Lithographischer Schiefer. Eichstätt, Bayern. Nat. Größe.

2. Familie: **Ornithocheiridae.**

Schädel langgestreckt, schlank. Augenhöhle von der mit der Präorbitalöffnung vereinigten Nasenöffnung vollständig getrennt. Vordere Rückenwirbel zu einem Notarium verschmolzen. Kiefer bezahnt oder zahnlos. Die proximale Tarsusreihe mit der Tibia verschmolzen. Fibula meist nicht gesondert entwickelt. ? Ob. Jura bis ob. Kreide.

1. Unterfamilie: **Ornithocheirinae.**

Distales Ende der Scapula verdickt, mit der Supraneuralplatte gelenkend. Schädel mit Supraoccipitalcrista.

**Pteranodon* Marsh (Fig. 488). Schädel stark verlängert, mit schlanken, zugespitzten, zahnlosen Kiefern und zu einem langen, hohen, dabei sehr dünnen, möglicherweise beweglichen Supraoccipitalkamm (an dem vielleicht noch Temporalmuskeln inserierten) ausgezogen. Auge mit Scleroticaring. Sternum, flach mit schmalem Kiel. 9 Halswirbel. 11 Rückenwirbel, von denen die Wirbelkörper der 8 vorderen fest zu dem sog. Notarium verschmolzen, und deren Dornfortsätze durch eine dünne knöcherne Supraneuralplatte gegenseitig verbunden sind. Letztere zeigt zwischen dem 3. und 4. Wirbel eine Gelenkfläche für die Scapula. Die 10 Sacralwirbel gleichfalls fest miteinander verschmolzen und dorsal durch eine ebensolche bandähnliche Knochenplatte verbunden. Pubis (Praepubis) distal verbreitert, ebenso wie Ischia (Ischiopubes) in der Symphyse verschmolzen. Schwanz sehr kurz. Carpus zweireihig, mit 3 Knochen. Hinterextremität relativ klein. Femur kurz und gekrümmt. Fibula teilweise mit der Tibia verschmolzen. Distale Reihe des Tarsus mit 2 Knochen. 4 Phalangen mit Klauen, der 5. Finger durch ein kleines klauenähnliches Metatarsale repräsentiert. Spannweite der Schwingen über 7 m. Obere marine (Niobrara) Kreide. Kansas.

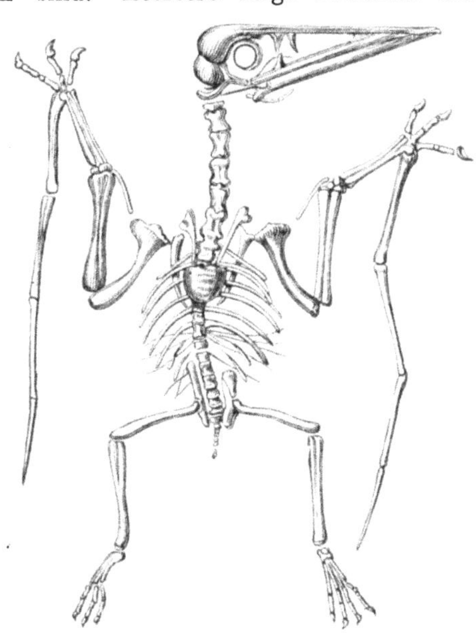

Fig. 487. *Pterodactylus spectabilis* Meyer. Lithogr. Schiefer. Eichstätt, Mittelfranken. ¾ nat. Gr. (Nach H. v. Meyer.)

Ornithostoma Seeley. Vielleicht ident mit Pteranodon. Unvollständig bekannt. Cenoman. Nach Bogolubow auch im Senon von Rußland.

Ornithocheirus Seeley. Ähnlich Pteranodon, aber bezahnt. (?Wealden), obere Kreide. England, ? Böhmen. *Ornithocheirus* nahestehend sind die lediglich auf Kieferfragmente begründeten Genera: *Lonchodectes* Hooley, *Criorhynchus* Owen, *Amblydectes* Hooley aus der Kreide Englands.

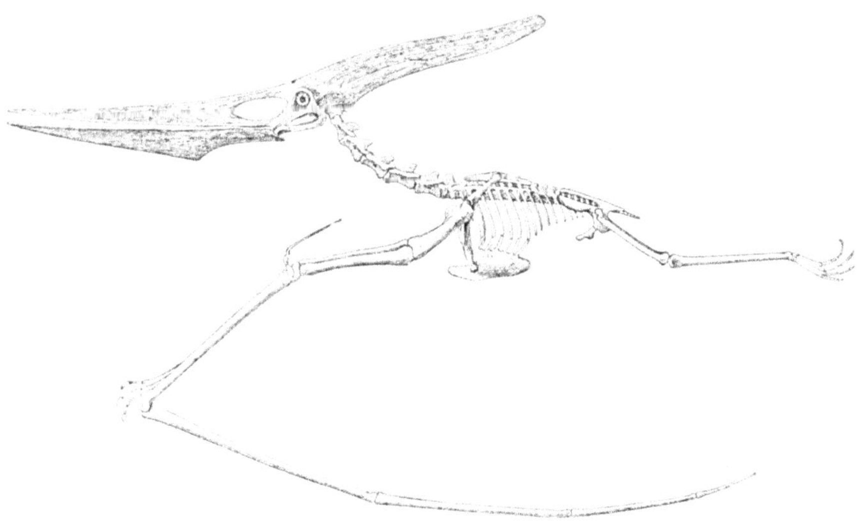

Fig. 488.
Pteranodon Marsh. Auf Grund verschiedener Individuen restauriertes Skelett. Der Deutlichkeit der Darstellung halber sind die rechten Extremitäten weggelassen und die linken Schwingen mehr gebogen, als es in Wirklichkeit der Fall wäre. (Stark verkleinert nach Eaton.)

2. Unterfamilie: **Nyctosaurinae.**

Distales Ende der Scapula verbreitert, nicht mit der Supraneuralplatte gelenkend. Schädel ohne Supraoccipitalcrista.

Nyctosaurus (= Nyctodactylus) Marsh (Fig. 489). Kopf schlank, Kiefer zahnlos. 8 Halswirbel, 10 Rückenwirbel, von denen die vorderen 3 zum Notarium verschmolzen sind. 6 Sacralwirbel, ca. 10—14 Schwanzwirbel. Vordere Rippen stämmig, zweiköpfig, hintere Rippen auffallend schlank, gerade und einköpfig (standen möglicherweise wie bei Draco mit der Flughaut in Verbindung). 3 Paar Λ-förmige Bauchrippen. Humerus kurz. 3 Carpalia. Spannweite der Schwingen 2 m. Obere marine (Niobrara) Kreide. Kansas.

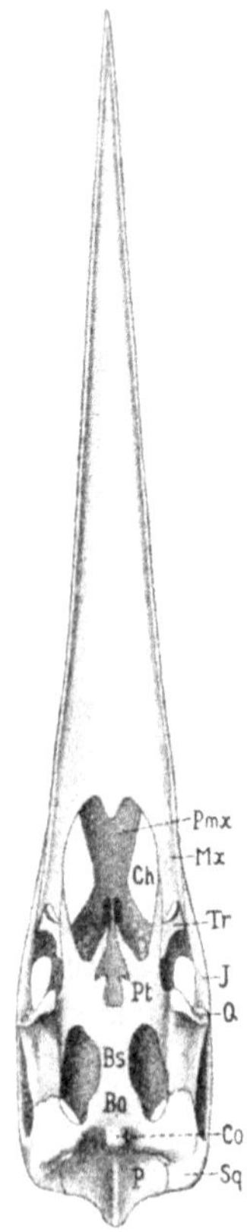

Fig. 489.
Nyctosaurus (Nyctodactylus) gracilis Marsh. Schädel von unten. *Pmx* Praemaxillare, *Mx* Maxillare, *Ch* Choane, *Tr* Transversum, *Pt* Pterygoid, *J* Jugale, *Q* Quadratum, *Bs* Basisphenoid, *Bo* Basioccipitale mit Condylus (*Co*), *Sq* Squamosum, *P* Parietale. ⅓ nat. Gr. (Nach Williston.)

Im System unsicher ist die unvollständig bekannte

Familie: **Ornithodesmidae**

die von Hooley auf die einzige, wahrscheinlich kurzgeschwänzte Gattung *Ornithodesmus* Seeley aus dem englischen Wealden begründet ist. *Schädel sehr leicht gebaut. Außer der von der enorm großen Nasenöffnung getrennten großen vorderen Präorbitalöffnung eine zweite kleinere mit den Augenhöhlen in Verbindung. Zähne vor der Nasenöffnung gelegen. 6 Wirbel zu einem Notarium vereinigt, Supraneuralplatte fehlt. Sternum mit Kiel. Metacarpale des Flugfingers ebenso groß wie der halbe Vorderarm.*

Pterosauria incertae sedis: *Doratorhynchus* Seeley, *Palaeornis* Mantell. Purbeck. Kreide. England. *Dermodactylus* Marsh. Untere Kreide (Como beds) Wyoming. *Apatomerus* Williston. Untere Kreide. Kansas.

Zeitliche Verteilung und Stammesgeschichte der Pterosaurier.

Abgesehen von dem im System unsicheren *Tribelesodon* aus der anisischen Stufe sowie von einigen nicht genauer bestimmbaren Resten aus dem Bonebed der rhätischen Stufe sind die Flugsaurier auf Jura und Kreide beschränkt. Ihre Hauptverbreitung fällt in den oberen Jura. Über ihre Stammesgeschichte läßt sich wenig sagen; ihr Ausgangspunkt liegt völlig im Dunkeln (vielleicht ist derselbe nach Huene bei den Pseudosuchiern cfr. *Scleromochlus* zu suchen). Langschwänzige und kurzschwänzige Formen sind scharf voneinander getrennt. Sie treten mit langschwänzigen Formen im Lias mit allen typischen Merkmalen ausgerüstet — ähnlich wie die Schildkröten in der Trias — auf, im oberen Jura Europas zeigen sich neben den langgeschwänzten Flugsauriern bereits eine große Anzahl kurzgeschwänzter Vertreter, die dann in der Kreidezeit, wo sie in Europa und Nordamerika mit stark spezialisierten Formen die höchste Entwicklung erreichen und die größten Flieger überhaupt entwickeln, allein dominieren, um am Schluß dieser Formation, ohne irgendwelche modifizierte Nachkommen zu hinterlassen, auszusterben. Die Veränderung ihres Flugorgans innerhalb dieses Zeitraums bezieht sich in der Hauptsache nur auf die Länge des Metacarpale des Flugfingers, das bei den Langschwänzen kurz und gedrungen, bei den jüngeren Kurzschwänzen langgestreckt sich entwickelt zeigt. Außerdem ist bei den Kreideformen neben der völligen Zahnlosigkeit und der Reduktion der Fibula bei einigen Formen eine gewisse Starrheit des Rumpfabschnittes durch die feste Stellung von Scapula und Coracoid sowie durch gegenseitige Verschmelzung der vorderen Rückenwirbel, mit denen die Rippen fest verwachsen sind und der Sacralwirbel, die wahrscheinlich mit der mächtigeren Entwicklung der Schwingen in Beziehung zu bringen ist, beachtenswert. Die Flugsaurier stellen somit einen nicht weiter entwicklungsfähigen Seitenast des Reptilienstammes dar, welcher zwar große Ähnlichkeit mit den Vögeln aufzuweisen hat, jedoch von diesen ebenso scharf geschieden ist wie von den übrigen Ordnungen der Reptilien.

Rückblick auf die geologische Verbreitung und Stammesgeschichte der Reptilien[1]).

Die geologische Verbreitung der Reptilien zeigt, daß diese Tierklasse erst nach den Fischen und den Stegocephalen auf der Erde erschien, nämlich von unsicheren Resten im Unterkarbon abgesehen (Pappasaurus) in oberkarbonischen Ablagerungen Europas und Nordamerikas. Diese ältesten Vertreter der Klasse — *Cotylosaurier* und *Pelycosaurier* — sind Repräsentanten jener großen, auf Oberkarbon mit Trias beschränkten, sehr umbildungskräftigen Gruppe von überwiegenden Landbewohnern der Theromorpha. Einige der immerhin noch spärlichen Reste jenes Zeitabschnittes gehören indessen bereits hochdifferenzierten Formen (*Naosaurus*, Neu-Mexiko und Böhmen) an und beweisen damit schon für die damals vorhandenen Vertreter eine lange geologische Vorgeschichte, von welcher wir bis jetzt noch keine Zeugen entdeckt haben. Die Theromorphen sind in ihren primitiveren Angehörigen (Cotylosaurier) durch eine Reihe gemeinsamer Merkmale mit den schon im Unterkarbon (? Oberdevon) auftretenden amphibischen Stegocephalen eng verbunden, andrerseits erscheint eine jüngere Gruppe unter ihnen, die triassischen Cynodontier, infolge verschiedener charakteristischer Eigentümlichkeiten gewissen Säugern äußerlich zwar sehr ähnlich, ohne daß aber sich ein einwandfreier Beweis direkten genetischen Zusammenhanges erbringen ließe. Neben diesen in der Permformation Europas, Nordamerikas, Asiens und Afrikas weit verbreiteten Theromorphen treffen wir, abgesehen von der fremdartigen Gruppe der Paterosauridae aus dem unteren Perm Nordamerikas, die infolge ihrer besonderen Merkmale im System umstritten, teils mit den Amphibien, teils mit den Reptilien vereinigt werden, und die durch diese Unsicherheit gewissermaßen als Zwischenglied ein logisches Postulat der Entwicklungsgeschichte

[1]) Man vergleiche auch die entsprechenden Abschnitte bei den einzelnen Ordnungen!

erfüllen, noch verschiedene andere ziemlich heterogene Reptilien an, die teilweise auch unter der Bezeichnung Protorosauria zusammengefaßt werden (Palaeohatteriidae, Protorosauridae, Kadaliosauridae); unter ihnen vereinigen aber die Palaeohatteriidae Merkmale sowohl der Rhynchocephalen als auch der Theromorphen, während für die ebenso landbewohnenden, leider noch unvollständig bekannten Protorosauridae und Kadaliosauridae teils mit Theropoden (Dinosauriern), teils mit Squamata eine Verwandtschaft geltend gemacht wird.

Ganz abseits von diesen dominierenden Formen stehen die wenigen auf das Unterperm Südamerikas und Südafrikas beschränkten und wasserbewohnenden (? Süßwasser) Mesosauria (Proganosauria), die in für uns keinerlei offenkundlicher Weise irgendwelche Beziehung zu den damaligen Landbewohnern offenbaren; zu ihrer für die hypothetische Landverbindung zwischen Südafrika und Südamerika sprechenden Verbreitung steht das bis jetzt völlige Fehlen von Theromorphen in Südamerika einigermaßen in Widerspruch. Demnach ist bereits im unteren Perm eine weitgehende Sonderung der Reptilien eingetreten gewesen, und aus diesem Umstande sowie dem Fehlen jeglicher Reptilreste in den rein marinen permischen Sedimenten erklärt sich die Schwierigkeit der Entzifferung der gegenseitigen verwandtschaftlichen Beziehungen der mit dem Beginn des Mesozoikums in der Trias in überraschender Formenfülle entgegentretenden Vertreter aus nahezu (mit Ausnahme der Crocodilier) allen Reptil-Ordnungen.

In der Trias erlöschen die Theromorphen mit jenen schon genannten säugerähnlichen Landraubtieren (Cynodontier) als auch den merkwürdigen, mehr einer aquatischen Lebensweise angepaßten Dicynodonten, die nicht allein wie erstere aus Südafrika und ? Nordamerika genannt werden, sondern auch in einzelnen Formen zusammen mit der Glossopterisflora, wie auch dem Cotylosaurier Pareiasaurus über Indien nach Europa während des Perms und der Trias einwanderten (Lystrosaurus, Dicynodon — Gordonia). Anderseits ist auf bereits frühere zeitliche, wechselseitige Beziehungen zwischen Europa und Nordamerika hinzuweisen durch die Funde des so spezialisierten Naosaurus sowohl im Oberkarbon von Neu-Mexiko und unteren Perm von Texas, wie im oberen Karbon von Böhmen und Rotliegenden von Sachsen. An die Stelle der Theromorphen (und vielleicht — ohne daß bis jetzt hiefür Beweise gebracht werden können — teilweise aus ihnen hervorgegangen) rückt in Europa, Nordamerika und Südafrika die ebenso differenzierte und vielgestaltige Ordnung der Dinosauria mit den beiden Gruppen der Saurischia und Ornithischia. Ebenso werden die ältesten Lepidosauria in allerdings dürftigen Resten (Paliguana) aus der Trias Südafrikas angeführt. Viel zahlreicher zeigen sich aber die gleichfalls terrestren Rhynchocephalia in der (besonders Ober-) Trias Europas, Indiens und Südafrikas, worunter wir, wie bereits bei den Theromorphen, eine wahrscheinliche Einwanderung von Indien (Hyperodapedon) in Europa (Schottland) feststellen können; in der marinen Mittel- und Obertrias Nordamerikas begegnen wir ferner den dem Wasserleben hochgradig sich anpassenden Thalattosauria, die einerseits viele gemeinsame Züge mit den Rhynchocephalen teilen, anderseits in manchen Eigenschaften an die jüngeren Mosasauria erinnern. In der Trias beginnen des weiteren Sauropterygia und Ichthyosauria, und zwar handelt es sich bei ihnen, namentlich bei den ersteren, um Formen von relativ geringerer Körpergröße gegenüber ihren geologisch jüngeren Nachkommen, eine Erscheinung, die wir auch bei den Theromorphen, Dinosauriern, Lepidosauriern (Aigialosauridae — Mosasauria) und Pterosauriern nach den bisher gemachten Funden beobachten können. Wie bei den Thalattosauria läßt sich auch bei ihnen die Genealogie nicht feststellen; ihre ältesten Formen stehen den uns bekannten paläozoischen Typen bereits sehr ferne und haben offensichtlich einen langen Entwicklungsweg schon zurückgelegt, ohne daß wir imstande wären, denselben an der Hand paläontologischen Materials zu verfolgen. Innerhalb dieser beiden Ordnungen kann man indessen von den bis jetzt nur aus der europäischen Trias bekannten Nothosauridae zu den im Jura kosmopolitisch werdenden Plesiosauridae, ebenso wie von den in der Trias Europas und Nordamerikas sich findenden Mixosauridae zu den in der unteren Kreide überall verbreiteten Ichthyosauridae, eine auf zwei verschiedenartigen Wegen sich vollziehende, stetig zunehmende Anpassung an das Wasser feststellen.

Im Zusammenhang mit den Sauropterygiern sei noch der sehr spezialisierten Placodontia gedacht, die bisher nur in der Trias Europas angetroffen wurden. Die in der Mehrzahl die Sümpfe und Flüsse der oberen Trias Europas, Nordamerikas, Afrikas und Indiens bevölkernden Parasuchia sind auf diese Formation beschränkt, wobei das Vorkommen etlicher in Europa sowohl wie in Nordamerika, wenn auch nicht identer, so doch sehr ähnlicher und einander vertretender Gattungen Beachtung verdient. Parasuchier (Pseudosuchia) und Saurischia unter den Dinosauria sind miteinander verwandt; auch Ornithischia, Crocodilia und Pterosauria werden auf sie zurückgeführt (Archosauria). Schließlich setzen auch die Testudinata, die möglicherweise mit den permischen Eunnotosauria sich in Verbindung bringen lassen, in der oberen Trias Europas ein mit zwar seltenen, aber schon hochentwickelten, alle typischen Charaktere aufweisenden Vertretern — Süßwasser- (? Land-) Formen, welche den Pleurodira nahestehen. Die spärlichen in der Literatur erwähnten Flugsaurierreste der europäischen Trias sind teils zu unvollständig bekannt, teils zu unsicher, um darauf weitere Schlüsse zu begründen.

In der Juraformation, im oberen Lias, kommen zu diesen Ordnungen, soweit sie nicht erloschen sind, noch die bisher allein fehlenden Crocodilia hinzu; bei ihnen handelt es sich zunächst um rein marine Gattungen, teils Küstenbewohner (Teleosauridae Europa, Madagaskar), teils nackthäutige und in ihrer sonstigen Bauart dem Leben im Meere sehr angepaßte Tiere (Metriorhynchidae, Europa, Südamerika). Zu ihnen treten noch am Schluß des Jura und zu Beginn der Kreide bereits in brackisch-limnischen Ablagerungen eine weitere Anzahl von Geschlechtern (Macrorhynchidae, Goniopholidae). Von den Ichthyosauria und Sauropterygia sind Mixosauridae und Nothosauridae im Jura verschwunden, um so weitere Verbreitung gewinnen im Gegensatz dazu Ichthyosauridae und Plesiosauridae. Neben typischen Rhynchocephalen (Europa und Nordamerika) treffen wir im Jura die wasserbewohnenden Acrosauridae, hingegen sind die Lepidosauria ebenso wie in der Trias noch sehr selten (Euposaurus). Die die Theromorphen im Laufe der Trias als Herren des Landes ablösenden Dinosauria werden im Jura noch um die Unterordnung der Sauropoda bereichert, die möglicherweise auf die Theropoda (Plateosauridae) zurückzuführen ist, und zu den spärlichen Schildkröten der Trias gesellen sich außer weiteren Pleurodira noch zahlreichere Vertreter der Cryptodira. Abgesehen von den kümmerlichen Resten in der Trias finden sich im Lias Europas, mit allen Eigenschaften ausgestattet, die Flugsaurier, die infolge ihrer Lebensweise gewisse Merkmale erhalten, welche an Vögel erinnern, aber als Konvergenzerscheinungen keine nähere Blutsverwandtschaft verraten — eher scheint eine solche mit Dinosauriern oder wahrscheinlicher Parasuchiern zu bestehen.

In der unteren Kreide werden Ichthyosauria, speziell das ungemein lebenskräftige Geschlecht Ichthyosaurus, aus allen Weltteilen angeführt, in der oberen Kreide sind ihre Spuren im Gegensatz zu den Sauropterygia, die damals anscheinend in voller Lebenskraft, noch verschiedene Gattungen entwickeln und allenthalben verbreitet sind, verschwindend gering. Aber auch die letzteren treten in der Oberkreide etwas zurück gegenüber der auf diesen Zeitabschnitt beschränkten, aber da kosmopolitisch auftretenden Gruppe der sehr stattliche Dimensionen erreichenden Mosasauria, die völlig dem Wasserleben angepaßt, sich vielleicht auf die in der Unterkreide erscheinende Familie der relativ kleinen, küstenbewohnenden europäischen Aigialosauridae zurückführen läßt, oder aber ein selbständiger, dem Wasserleben angepaßter Sproß der Lacertilia ist. Die übrigen Lacertilierreste der Kreide sind recht spärlich und ebenso wie die hier erstmals beschriebenen von Ophidiern äußerst selten. Aus der Ordnung der Crocodilia werden die ältesten Vertreter der heute noch lebenden Gavialidae und Crocodilidae schon in der oberen Kreide genannt. Die Schildkröten vermehren sich in der Kreide um die Unterordnungen der Cheloniidea und Trionychia, und unter den Rhychocephalen begegnen wir in der oberen Kreide Europas und Nordamerikas den stattlichsten Vertretern der Ordnung überhaupt, den Champsosauridae (Choristodera).

In den Grenzschichten von Jura und Kreide (Nordamerika, Ostafrika) zeigen sich unter den Sauropoden Dinosauriern die gewaltigsten Riesenformen unter allen Landtieren überhaupt; einige der unteren Kreide Europas (bzw. ? Ostafrikas und Asiens) und Nordamerikas gemeinsame ? Gattungen lassen vielleicht auf weite Wanderungen dieser Tiere schließen, und in der obersten Kreide bringen die Ornithischia (Ceratopsidae) nocheine ganze Reihe hochspezialisierter Geschlechter hervor, die aber auf Nordamerika allein beschränkt sind. Ebenso treffen wir unter den Pterosauriern der oberen Kreide Europas und Nordamerikas die größten Flugtiere überhaupt an.

An der Wende von Kreide und Tertiär verschwinden eine Reihe von Reptilordnungen, die in ihrer Gesamtheit während des Mesozoikums die Herren des Festlandes, der Meere und der Luft waren, um auf der ganzen Linie den Mammalia zu weichen, die während dieses Zeitraumes eine recht bescheidene Rolle spielten. Von all den im Mesozoikum blühenden Reptilordnungen finden sich lediglich die auch in der Jetztzeit noch existierenden Squamata,

Rhynchocephalia, Crocodilia und Testudinata. Für das Verschwinden der Dinosaurier, namentlich aber der marinen Sauropterygier und Mosasauria (die Ichthyosauria zeigen schon von der Mitte der Kreide an Spuren des Niedergangs), die noch in der oberen Kreide anscheinend voll Lebenskraft eine Reihe verschiedener neuer Geschlechter hervorbrachten, gebricht uns jede befriedigende Erklärung. Ähnlich wie in der Gegenwart, treten schon während des Tertiärs die Reptilien innerhalb der verschiedenen Faunen zurück, immerhin kann man an Hand der Funde wichtige Schlüsse für Tiergeographie und Klimatologie ziehen; so finden sich Crocodilia, verschiedene Squamata und Testudinata, die in ihren lebenden Vertretern auf wärmere und tropische Klimata beschränkt sind, während des Tertiärs noch in Europa und Nordamerika. Von den über 4000 lebenden Reptilien, die überwiegend ein verstecktes, scheues Dasein führen und vielfach mit Schutzwaffen in der Gestalt eines festen Panzers ausgerüstet sind, gehört die Mehrzahl den Lepidosauriern an, während die übrigen sich auf Testudinata, Crocodilia und eine einzige auf Neuseeland vorkommende Rhynchocephalengattung verteilen.

Zeitliche Verbreitung der Reptilien.

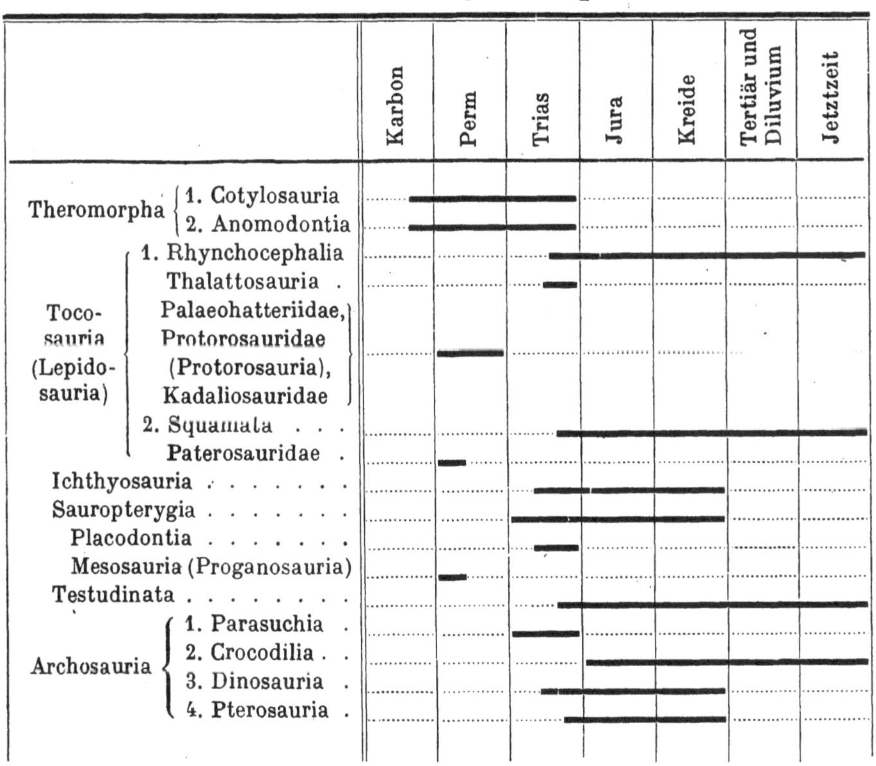

4. Klasse. **Aves.** Vögel[1]).

Bearbeitet von M. Schlosser.

Warmblütige, eierlegende, befiederte Wirbeltiere mit ausschließlicher Lungenatmung. Herz mit vollkommen getrennten Kammern. Hinterhauptsgelenkkopf einfach. Quadratum frei. Vorderextremitäten zu Flügeln umgebildet. Proximale Tarsusreihe mit der Tibia verschmolzen — Tibiotarsus. — Distale Tarsusreihe mit den verwachsenen Metatarsalien zu einem einzigen Knochen verbunden — Tarsometatarsus —. Hinterextremität stets ohne fünfte Zehe.

Die Vögel bilden trotz ihres Formenreichtums doch in bezug auf die Gesamtorganisation die einheitlichste Klasse der Wirbeltiere. Als Abkömmlinge von Reptilien haben sie mit diesen so viele Merkmale gemein, daß Huxley beide Klassen in eine einzige —*Sauropsidae* — vereinigte, was aber wegen der wesentlichen Unterschiede, Befiederung, Umwandlung der Vorderextremität in Flügel, Verwachsung der Tarsalia mit Tibia resp. Metatarsus, Warmblütigkeit, nicht zweckmäßig erscheint.

Das Hautskelett der Vögel besteht aus Federn, aus den Hornscheiden des Schnabels und der Krallen und aus Spornen und Hornplatten am Fuß. Die Federn bedecken den Rumpf, meist auch Kopf, Hals und die Flügel, jedoch sind sie am Rumpf nicht gleichmäßig verteilt, sondern auf gewisse Stellen beschränkt — Federfluren, Pterilae — zwischen welchen nackte Stellen — Federraine, Apteria — liegen. Bei der Fossilisation werden die Federn zerstört, sie bleiben nur aus-

---

[1]) *Ameghino Fl.*, Sur les oiseaux fossiles de Patagonie. Bol. de l'instit. geogr. Argentino. Buenos Aires 1895. — *Ammon L. v.*, Tertiäre Vogelreste und die jungmiocäne Vogelwelt. Abhandlung des naturwissenschaftlichen Vereins in Regensburg 1918. — *Beddard F. E.*, The structure and classification of Birds. London 1898. — *De Vis*, Posttertiary Avifauna of Queensland. Proc. Linn. Soc. N. S. Wales. Ser. 2. Vol. III und Extinct Avifauna of Australia. Ann. Queensland Museum Nr. 6. — *Fürbringer M.*, Untersuchungen zur Morphologie und Systematik der Vögel. Amsterdam 1888. — *Gaillard Cl.*, Les oiseaux des phosphorites du Quercy. Ann. de l'Université de Lyon 1908. — *Gregory W. K.*, Theories of the Origin of Birds. Ann. of the New York Acad. of Science 1916. — *Hay O. P.*, Bibliography and Catalogue of the fossil Vertebrata of North America. Bull. Geol. Survey. 179. Washington 1902. — *Heilmann G.*, Fugelnes Afstamming. Danks ornithologisk Forenings Tidskrift. Kjöbenhavn. 1912—16. — *Huxley T. H.*, On the classification of Birds. Proc. Zool. Soc. London 1867, p. 415—472. — *Lambrecht K.*, Die erste ungar. präglaziale Vogelfauna und Uhu und andere Vogelreste a. d. ungar. Pleistocän. »Aquila«, Budapest 1915. Die Felsnische Pillisszanta. Jahrb. d. ungar. geol. Reichsanstalt. Budapest 1916. Geschichte u. Bibliographie d. Palornithologie. Aquila. Zeitschr. d. ungar. ornithol. Centrale. Bd. 23. 1916. — *Lucas Fr. A.*, Aves. Zittel, Text-Book of Palaeontology. London 1902. — *Lydekker R.*, Catalogue of the fossil Birds in the British Museum 1891. — *Marsh O. C.*, Odonthornites. A monograph of the extinct toothed Birds of North America. Washington 1880. — *Menzbier M. v.*, Vergleichende Osteologie der Pinguine in Anwendung zur Haupteinteilung der Vögel. Bull. Soc. imp. des Nat. Moscou 1887. — *Milne Edwards A.*, Recherches anatomiques et paléontologiques pour servir à l'histoire des oiseaux fossiles de France. Paris 1867—1872. — *Newton A.*, Dictionary of Birds. London 1893—96. — *Pycraft W. P.*, Contributions to the osteology of Birds. Proc. Zool. Soc. London 1898—1900. — *Selenka E.* und *Gadow H.*, Aves, Bronns Klassen und Ordnungen des Tierreichs 1869—91. — *Shufeldt R. W.*, Fossil Birds in the Marsh Collection. Transact. of the Connecticut Acad. of Science and Arts 1915. Further studies of fossil birds. Bull. Amer. Mus. Nat. Hist. New York 1913. Review of the fossil Fauna of the desert region of Oregon. Ibidem.

nahmsweise als Abdrücke erhalten im lithographischen Schiefer, im Green-River-Süßwasserkalk und in Quelltuffen.

Das Skelett der Vögel zeichnet sich durch pneumatische Ausbildung und große Leichtigkeit, verbunden mit erheblicher Festigkeit aus. Die Wandungen der Röhrenknochen sind dünn, aber von sehr dichter und fester Struktur; in der Jugend enthalten sie ein mit Blutgefäßen durchzogenes Mark, das jedoch außer bei einigen Wasservögeln bald verschwindet und mit Luft gefüllten Hohlräumen Platz macht. Bei den Pinguinen sind die Knochen mit spongiöser knöcherner Substanz ausgefüllt. Die bedeutendsten Hohlräume finden sich am Schädel, am Oberarmknochen, in den Halswirbeln und am Oberschenkelknochen.

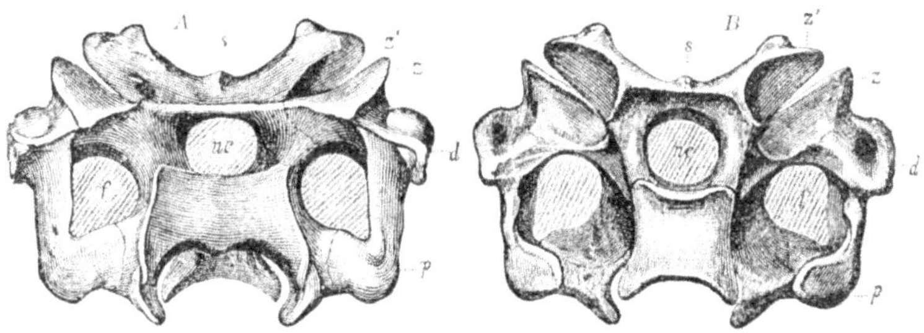

Fig. 490.

Hesperornis regalis Marsh. Obere Kreide. Kansas. Dreizehnter Halswirbel *A* von vorne, *B* von hinten. *d* Diapophyse, *p* Parapophyse, *z* vordere, *z'* hintere Zygapophyse, *s* rudimentärer Dornfortsatz, *nc* Neuralkanal, *f* Arterienkanal zwischen Rippe und Wirbelkörper. (Nach Marsh.)

Die Wirbelsäule besteht aus der Hals-, Rücken-, Sacral- und Schwanzregion, von denen die Sacralregion, das Sacrum oder Synsacrum, viel mehr verschmolzene Wirbel enthält als bei den übrigen Vertebraten. Die freibleibenden Wirbel haben sattelförmige Gelenke, welche zu großer Beweglichkeit befähigen. Nur bei mesozoischen Vögeln, *Archaeopteryx* und *Hesperornis*, beim Embryo und in der Caudalregion sind die Wirbel amphicöl. Opisthocöle Wirbel besitzen die Pinguine und Cormorane; der Atlas aller Vögel ist procöl.

Die Halsregion (Fig. 490) enthält 13—25 Wirbel, am häufigsten 14—15, deren Körper gestreckt erscheint. Die Zahl der Dorsalwirbel (Fig. 491) schwankt zwischen 6 und 10, von denen der erste sich dadurch bemerkbar macht, daß er durch eine dorsale und eine sternale Rippe mit dem Brustbein verbunden wird. Die hintersten Dorsalwirbel sind mit dem Sacrum vereinigt, aber durch den Besitz von Rippen noch als Rückenwirbel gekennzeichnet. Die Zahl der freien Rückenwirbel ist im Minimum 3, im Maximum 7—8. Sie haben kurze Körper. Bei Wasservögeln — Pinguin-Alken — bleiben alle präsacralen Wirbel frei, sonst verwachsen 2—4 Rückenwirbel miteinander, und auf sie folgt dann noch vor dem Synsacrum ein freier Wirbel. Das Synsacrum besteht beim erwachsenen Vogel aus einigen Rücken-, aus den Lenden- und den Sacral-

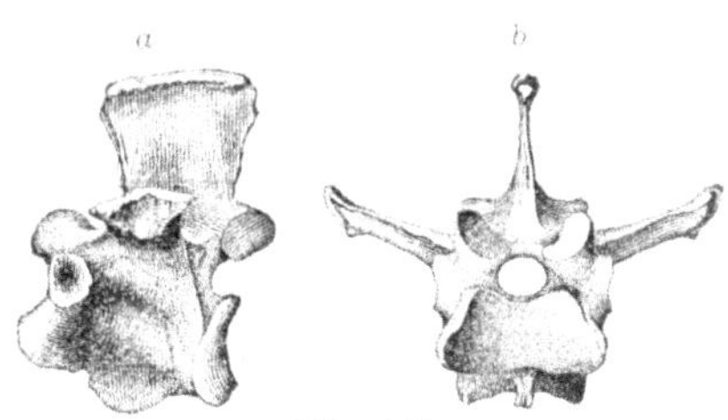

Fig. 491.

Hesperornis regalis Marsh. Obere Kreide Kansas. Rückenwirbel. *a* von der Seite, *b* von vorne. ½ nat. Gr. (Nach Marsh.)

wirbeln nebst einer Anzahl von Schwanzwirbeln. Die Dornfortsätze der verschmolzenen Wirbel bilden wie auch bei jenen der Dorsalregion einen zusammenhängenden vertikalen Kamm. Die echten Sacralwirbel sind jene zwei, welche hinter der die Nieren enthaltenden Grube liegen und Querfortsätze und Sacralrippen zwischen dem Wirbelkörper und dem Ilium besitzen. Die Mehrzahl der Wirbel des Synsacrums ist mit den Ilia durch Diapophysen oder durch Querfortsätze des Neuralbogens verbunden. Auf die echten Sacralwirbel folgt eine Anzahl verschmolzener »Urosacralwirbel«, auf diese folgen in der Regel 6 freie Caudalwirbel und zuletzt das aus 4—6 verwachsenen Wirbeln bestehende pflugscharähnliche Pygostyl; *Archaeopteryx* hingegen besaß wenigstens 20 freie und lange Schwanzwirbel.

Mit Ausnahme des Atlas tragen alle präsacralen Wirbel Rippen, auch die zwei oder drei vordersten Sacralwirbel können mit Rippen versehen sein. Abgesehen von den beiden hintersten, verschmelzen die Rippen der Halsregion mit ihren Wirbeln; beim Embryo, beim jungen Strauß und bei *Archaeopteryx* sind sie frei. In den meisten Fällen besitzt der letzte Halswirbel und jeder Rückenwirbel außer dem letzten einen Processus uncinatus, eine schmale Knochenplatte, welche

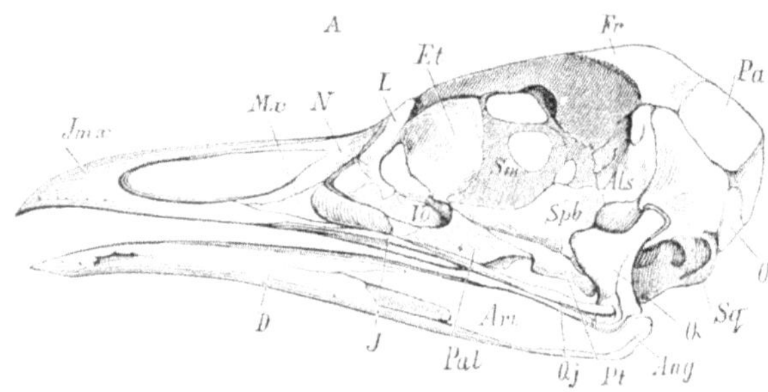

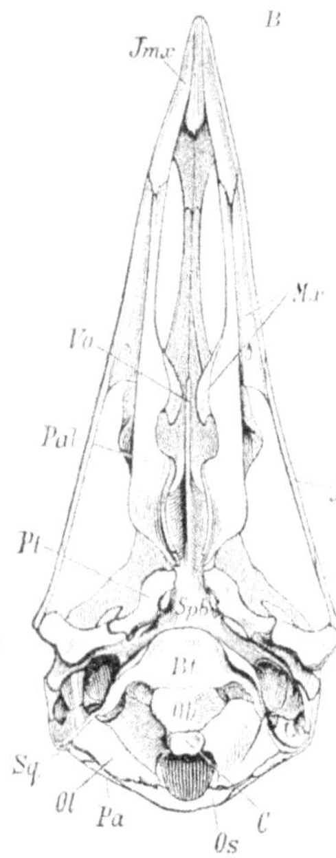

Fig. 492.

Schädel von *Otis tarda* Lin. *A* von der Seite, *B* von unten. *Ob* Basioccipitale, *C* Condylus, *Ol* Occipitalia lateralia, *Os* Occipitale superius, *Sq* Spuamosum, *Bt* Basitemporale, *Spb* Basisphenoid, *Als* Alisphenoid, *Sm* Septum interorbitale, *Et* Ethmoideum, *Pa* Parietale, *Fr* Frontale, *Mx* Maxillare, *Imx* Intermaxillare (Praemaxilla), *N* Nasale, *L* Lacrimale, *J* Jugale, *Qj* Quadratojugale, *Q* Quadratum, *Pt* Pterygoideum, *Pal* Palatinum, *Vo* Vomer, *D* Dentale, *Art* Articulare, *Ang* Angulare (nach Claus.)

nach rückwärts und aufwärts verläuft und sich auf die folgende Rippe legt, wodurch der Brustkorb an Festigkeit gewinnt. Nur selten bleiben diese Fortsätze von der Rippe getrennt — Moa und einige Wasservögel —, auch fehlen sie nur ganz ausnahmsweise. An die Rumpfrippen schließen sich Sternalrippen an, von denen sich 2—5 Paare am Sternum anheften.

Das wohl nie fehlende Brustbein ist breit und nach außen konvex. Es deckt bald nur den vorderen Teil des Brustkorbs, oder es reicht, bei den Wasservögeln, bis unter das Becken. In der Mitte der Unterseite trägt es einen Kiel — Crista, Carina — der besonders bei guten Fliegern sehr kräftig wird und zur Anheftung der Brustmuskeln dient. Wenn aber die Vorderextremität verkümmert ist, kann dieser Keil vollständig fehlen — »*Ratitae*«. An der Vorderseite des Sternums heften sich die Coracoide an, und unmittelbar dahinter folgt jederseits ein Costalfortsatz, an welchem Abdominal- oder Sternalrippen endigen.

Der Schädel (Fig. 492) ist charakterisiert durch die frühzeitige Verschmelzung aller Knochen, besonders der Cranialregion, wo sogar alle Suturen verschwinden. Die Gehirnkapsel übertrifft an Geräumigkeit jene der Reptilien mit allenfallsiger Ausnahme der Pterosaurier. Die Anordnung der Kopfknochen ist jener der Reptilien, namentlich der Pterosaurier, ähnlich, jedoch fehlt stets ein oberer Temporalbogen, während dafür stets ein unterer vorhanden ist. Die großen Augenhöhlen liegen fast immer seitlich und sind unten nur unvollständig begrenzt und mit einem aus vielen Knochenplatten bestehenden Scleroticaring versehen. Wegen des Fehlens des oberen Schläfenbogens gibt es auch keine oberen und unteren Temporallöcher. Der untere Schläfenbogen besteht aus dem Jugale und dem Quadratojugale, welches mittels des Quadratums mit dem Maxillare beweglich verbunden ist. Wie bei den Dinosauriern, Pterosauriern und Crocodiliern ist eine Antorbitalöffnung vorhanden, vor welcher nahe der Basis des Schnabels die äußeren Nasenlöcher liegen, während die inneren sich zwischen Gaumen- und Pflugscharbeinen befinden.

Der einfache, hauptsächlich aus dem Basioccipitale bestehende Gelenkkopf richtet seine gewölbte Oberfläche nach unten, so daß der Kopf mit dem Hals fast einen rechten Winkel bildet. Die paarigen Scheitelbeine stehen an Ausdehnung den Stirnbeinen nach, welche den größten Teil des Cranialdaches und den Oberrand der Augenhöhlen einnehmen. Postorbitalia und Postfrontalia fehlen. Die seitlich an die Scheitelbeine grenzenden Schläfenbeine verschmelzen vollständig mit der Gehörkapsel, welche ihrerseits aus der Verwachsung der Perioticumelemente hervorgegangen ist. Am Squamosum und am Perioticum lenkt sich das freibleibende Quadratum ein, dessen Unterseite eine quere Gelenkfläche für den Unterkiefer bildet. Häufig findet sich am Vorderrand der Augenhöhle ein scheinbares Lacrimale, in Wirklichkeit wohl das Praefrontale. Das knöcherne oder häutige Interorbitalseptum hat stets bedeutende Ausdehnung. Der Schnabel besteht hauptsächlich aus den verschmolzenen Zwischenkiefern, mit denen seitlich die Oberkiefer verwachsen sind. Die Gaumenregion zeigt zweierlei Typen. Bei dem einen ist der Vomer breit und vereinigt sich vorne mit den Maxillopalatina, während er hinten die Hinterenden der Palatina und die Vorderenden der Pterygoide aufnimmt, welche daher das Sphenoidalrostrum nicht berühren — Dromaeognathen-Typus, Strauße, *Apteryx*, *Crypturi*. — Bei dem anderen Typus umfaßt der Vomer hinten zwischen den Palatina das Sphenoidalrostrum, und die Palatina berühren die Pterygoide und das Sphenoid — Euornithischer Typus. Bei dem ersteren Typus hat das Quadratum auch nur ein deutliches proximales Gelenk, beim letzteren aber zwei.

Die Unterkieferäste verschmelzen bei allen lebenden Vögeln frühzeitig in der Symphyse und sind nur bei einigen mesozoischen — *Ichthyornis* — wie bei den Reptilien durch Sutur und Ligament verbunden. Die Zahl der ursprünglichen, bei den modernen Vögeln stets verwachsenen Elemente des Unterkiefers ist sechs. An der Seite befindet sich häufig zwischen dem Dentale und dem Spleniale eine Lücke.

Zähne besaßen nur die mesozoischen Vögel. Diese Zähne waren konisch und in Alveolen eingefügt, bei den lebenden Vögeln bildet der Mangel an Zähnen ein wesentliches Merkmal, doch kommen bei Embryonen von Papageien und Straußen noch Zahnpapillen vor. Die Funktion der Zähne wird durch die scharfen Ränder der Hornscheiden übernommen, welche die Kiefer bedecken.

Der Brustgürtel ist mit dem Thorax viel solider verbunden als bei allen übrigen Wirbeltieren, da die Flugorgane fester Stützpunkte am Rumpf bedürfen. Die lange säbelförmige Scapula legt sich über die Brustrippen und bildet mit dem oben fast säulenförmigen Coracoid die Gelenkgrube für das Caput des Humerus. Die Schlüsselbeine heften sich an die Coracoide und vereinigen sich vor dem Brustbein zu dem V-förmigen Gabelknochen — Furcula. Ihr Anschluß an die Coracoidea und unten an den Kiel des Sternums bietet den Flügelmuskeln beim Fliegen eine Stütze, jedoch sind sie selbst bei manchen guten Fliegern, Tauben, Kolibri, auffallend dünn. Bei den *Dromaeognathae* (Ratiten) und einigen *Euornithes* (Carinaten) — Papageien — bleiben die Schlüsselbeine getrennt oder verkümmern mehr oder weniger vollständig.

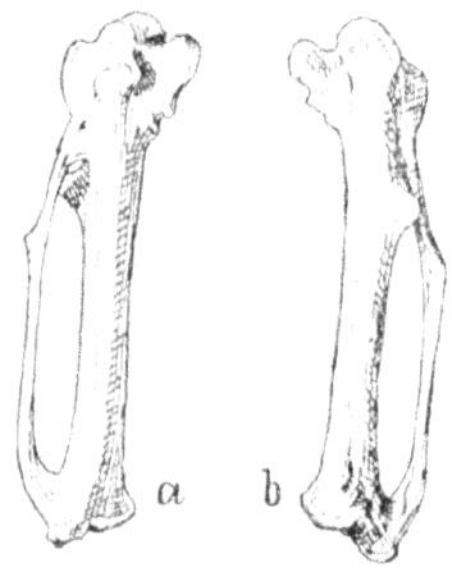

Fig. 494. *Lagopus albus* Gmelin. Metacarpus *a* von innen, *b* von außen. Pleistocän. Velburg.

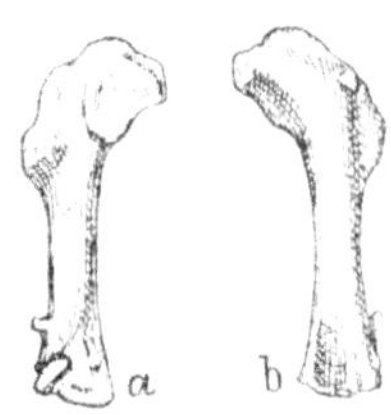

Fig. 493. *Aigialornis gallicus* Lydekker. Phosphorite von Quercy. Humerus, nat. Gr. *a* von innen, *b* von außen.

Der Humerus (Fig. 493) ist am Oberende verbreitert und seitlich mit einem Deltopectoralkamm zur Anheftung des Brustmuskels versehen, der Gelenkkopf ist quer verlängert und darunter, an der Innenseite, befindet sich oft ein Luftloch. Das Unterende besitzt einen vorspringenden, schrägen Condylus zur Gelenkung des Radius, aber niemals ein Condylarforamen. Der Humerus der Nichtflieger kann vollkommen verkümmern. Ulna und Radius sind meist länger als der Humerus, und die erstere ist kräftiger als der Radius. Sie trägt an der Außenseite häufig eine Reihe kleiner Höckerchen zur Anheftung der Schwungfedern. Der Carpus besteht im ausgewachsenen Zustande nur aus zwei Knöchelchen, Radiale und Ulnare. Beim Embryo sind aber außerdem zwei distale Knorpelstücke vorhanden, welche dann mit den Metacarpalien verwachsen. Von den drei Metacarpalien (Fig. 494) ist das erste kurz und mit einem, selten mit zwei kurzen Phalangen versehen und trägt mit ihnen den sog. Nebenflügel — Alula. Auf das zweite Metacarpale folgen zwei und auf das dritte eine Phalange. Metacarpale II und III sind länger als I und miteinander oben und unten verwachsen. Der erste und zweite Finger hat manchmal eine Kralle, bei *Archaeopteryx* ist auch der dritte bekrallt. Nach Jaekel entsprechen die Finger dem 1. bis 3., nach anderen dem 2. bis 4. Finger der Reptilien.

Das Becken (Fig. 495) besteht aus drei fest miteinander und und mit dem Synsacrum verwachsenen Elementen — bei *Archaeopteryx* bleiben sie noch frei und bei den Pinguinen erfolgt nur unvollständige Verschmelzung. Das langgestreckte Ilium ist mit dem Sacrum innig verbunden und häufig nach vorwärts stärker ausgedehnt als nach rückwärts. Pubis und Ischium schauen nach rückwärts. Die dünnen schmalen Pubis bleiben manchmal getrennt von den Ilia, auch verschmelzen sie außer beim Strauß niemals miteinander zu einer festen Symphyse. Da die Rückwärtsdrehung der Pubis nach den embryologischen Befunden eine sekundäre Modifikation darstellt, kann von einer Homologie der Pubis mit dem Postpubis der ornithopoden Dinosaurier keine Rede sein und der Processus pectinealis erweist sich als ein den Vögeln allein zukommendes Merkmal.

Das Femur ist kurz und dick, sein Hals und Kopf stehen rechtwinklig zur Längsachse. Die äußere distale Gelenkrolle ist stets kräf-

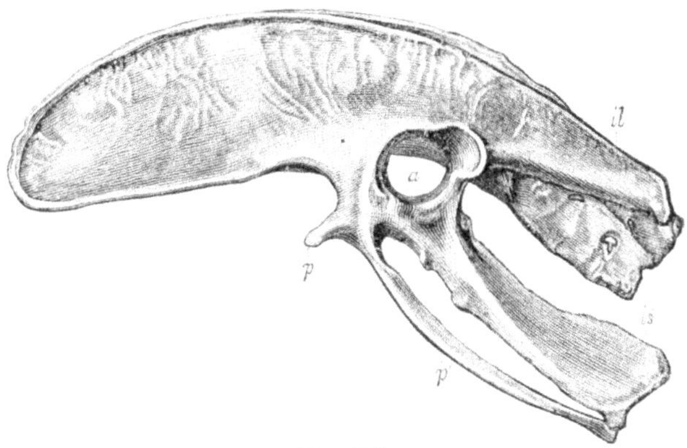

Fig. 495.
Becken von *Apteryx australis* Owen. 3/4 nat. Gr. (nach Marsh). *il* Ilium, *is* Ischium, *p* processus pectinealis, *p'* Pubis, *a* Gelenkpfanne.

tiger als die innere, in der dazwischenliegenden Furche befindet sich meist eine Patella. Das Kniegelenk wird vollständig von Fleisch und Federn bedeckt. Die Tibia zeichnet sich durch ansehnliche Länge aus, ihr verbreitertes proximales Gelenk besitzt eine Procnemialcrista, das distale Gelenk besteht aus einer in der Mitte vertieften Rolle, welche senkrecht zur Längsachse steht. Bei jungen Vögeln erscheint das distale Gelenkende durch eine Naht vom übrigen Knochen getrennt. Es besteht aus dem Astragalus und dem Calcaneum, welche dann zusammen mit der Tibia den Tibiotarsus bilden. Die Fibula verschmilzt außer bei den Moas, wo sie stark verkürzt ist, mehr oder weniger vollständig mit der Tibia. Am längsten ist sie bei den Pinguinen und den Eulen.

Wie der Tibiotarsus, so entsteht auch das Laufbein, der Tarsometatarsus (Fig. 496 u. 497) durch Verschmelzung von Tarsalien mit dem anstoßenden Knochen, dem Metatarsus, mit dessen Oberende die distalen Tarsalia verwachsen. Das fünfte Metatarsale verkümmert vollständig, die drei mittleren sind beim Embryo noch getrennt, verwachsen aber bald seitlich miteinander bis auf die rollenartigen distalen Gelenkenden. Metatarsale III ist etwas länger als II und IV, Metatarsale I fehlt häufig ganz und wenn vorhanden, ist es stark verkürzt und auf die Hinterseite des Laufes verschoben und in der Regel an dessen Oberende festgewachsen. Metatarsale II trägt in der Regel drei, III vier und IV fünf Zehenglieder. Die fünfte, meist nach hinten gerichtete Zehe wird nur durch zwei Phalangen angedeutet.

Unter allen Knochen sind Humerus und Tarsometatarsus weitaus die charakteristischsten und daher am leichtesten generisch bestimmbar oder doch am ehesten geeignet zur Ermittlung der näheren Verwandtschaft.

Fossile Vogeleier sind im allgemeinen noch seltener als Vogelknochen. Sie gehören teils den ausgestorbenen Riesenvögeln — *Aepyornis* von Madagaskar, *Moa* von Neuseeland, — teils, wie jene aus der Kreide und dem Miocän, Wasservögeln und Laufvögeln an. Von den als Vogelfährten gedeuteten Fußspuren dürften nur jene aus dem lithographischen Schiefer von Solnhofen wirklich von Vögeln — *Archaeopteryx* — herrühren, während die von Hitchcock beschriebenen dreizehigen Fährten aus der Trias des Connecticut-Tales aller Wahrscheinlichkeit nach von Dinosauriern stammen.

Im Vergleich zu der großen Anzahl lebender Vögel, deren über 10000 Arten beschrieben sind, spielen die 400—500 fossilen und subfossilen Formen eine sehr untergeordnete Rolle, allein es befinden sich namentlich unter den ältesten Vögeln aus Jura und Kreide einige Typen, welche in systematischer und morphologischer Hinsicht besonderes Interesse verdienen. Hingegen schließen sich die Vögel des Tertiär zum größten Teil schon enge an lebende Formen an und selbst viele lebende Gattungen lassen sich weit im Tertiär zurückverfolgen.

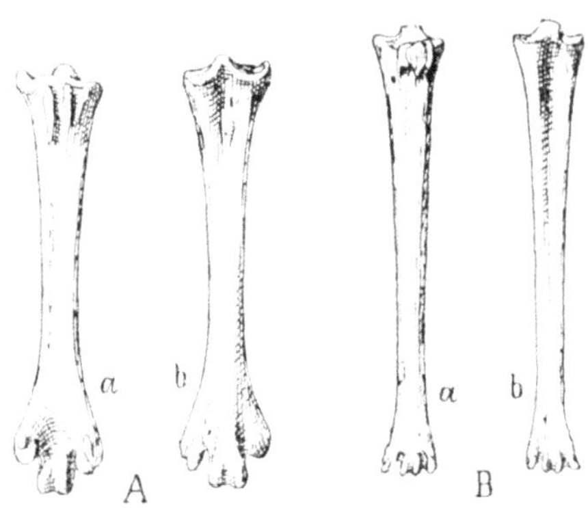

Fig. 496.
A Lagopus albus Gmelin. Tarsometatarsus, nat. Gr., *a* von hinten, *b* von vorne.
B Corvide Tarsometatarsus, nat. Gr., *a* von hinten, *b* von vorne. Pleistocän. Velburg.

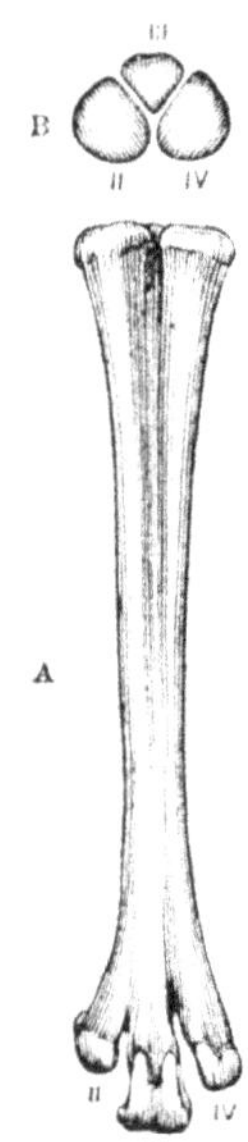

Fig. 497.
Lauf (Tarsometatarsus) von einem jungen Truthahn (*Meleagris gallipavo* Lin.). *A* von vorne, *B* proximales Gelenk von oben. (Nach Marsh.)

Das spärliche Vorkommen fossiler Vögel erklärt sich sehr leicht aus ihrer Lebensweise und aus der hervorragenden Fähigkeit, drohenden Gefahren auszuweichen. Namentlich die häufigste Todesursache der Landtiere, das Ertrinken, kommt für erwachsene oder schon flügge junge Vögel nur ganz ausnahmsweise in Betracht. Immerhin kommen doch Überreste ein und derselben oder von nur wenigen Arten manchmal in sehr großer Menge vor, so z. B. in miocänen Quelltuffen, und zwar sind es in diesem Falle Wasservögel, die offenbar durch Kohlensäureausströmungen zugrunde gingen, sowie in jungpleistocänen Höhlenablagerungen, wo die meist vom Schneehuhn stammenden Knochen als Überreste von Eulengewöllen überliefert sind. In den Phosphoriten von Quercy gehört ein großer Teil der Vogelknochen dem mit *Cypselus* verwandten *Aigialornis* an, der in den Klüften des Kalkplateaus offenbar nach Schwalbenart in Scharen genistet und daher auch an seiner Wohnstelle verhältnismäßig zahlreiche Überreste hinterlassen hat. Dagegen dürfte die Anhäufung der Knochen der australischen und neuseeländischen Riesenvögel vielleicht dem Menschen zuzuschreiben sein, während die *Aepyornis* von Madagaskar wenigstens zum Teil wohl in den Torfmooren versunken sind, wie auch die Vögel im Asphalt vom Rancho La Brea in Kalifornien.

Im Tertiär sind Vogelreste am häufigsten in den Phosphoriten von Quercy, in den Süßwassertuffen des Departements Allier und vom Ries, ferner am Fossil Lake in Oregon und in den Miocänschichten von Santa Cruz in Patagonien.

Die Systematik der fossilen Vögel bietet noch größere Schwierigkeiten als jene der lebenden, da uns in der Regel bloß einzelne Knochen zu Gebote stehen und diese ihren Merkmalen nach nicht allzu selten in ganz verschiedene Gruppen passen können. Nichtsdestoweniger sind es aber doch nur verhältnismäßig wenige Reste, deren systematische Stellung noch nicht genauer ermittelt werden konnte.

Die lebenden Vögel werden von den meisten Autoren in die zwei großen Gruppen der *Ratitae* und der *Carinatae* gegliedert, nach der Beschaffenheit des Brustbeins, das bei den letzteren mit einem Kiel versehen ist, welcher bei den ersteren infolge der Anpassung an ausschließliche Laufbewegung rückgebildet wurde, doch gibt es hiervon Ausnahmen, wie überhaupt nach den Ausführungen Pycrafts[1]) diese beiden Gruppen künstlich sind. Nach dem Vorgang von Lucas[2]) werden auch hier diese Namen durch *Dromaeognathae* und *Euornithes* ersetzt.

1. Subklasse: **Saururae** Haeckel[3]).

Schwanzfedern paarweise an jeder Seite der zahlreichen langen Schwanzwirbel. Wirbel amphicöl. Sternum rudimentär. Bauchrippen vorhanden. Dorsalrippen ohne Processus uncinatus. Halsrippen frei. Pelvisknochen sowie Metacarpalia frei. Finger mit Krallen.

Ordnung: **Archaeornithes.**

Schädel echt vogelartig, mit einer Reihe in konischen Alveolen steckender Zähne auf Zwischen- und Unterkieferrand. Schwanz eidechsenartig, länger als der präsacrale Abschnitt

---

[1]) Morphology and Phylogeny of the *Palaeognathae* (Ratitae and Crypturi) and *Neognathae* (Carinata) Trans. Zool. Soc. London. Vol. XV, 1900, p. 149.

[2]) *Zittel*, Textbook of Palaeontology. Vol. II, 1902.

[3]) *Owen Rich.*, On the Archaeopteryx. Phil. Trans. London 1863, p. 33 bis 47. — *Dames W.*, Über Archaeopteryx. Paläont. Abhandl. von Dames und Kayser. 1884. II. Bd. V. Sitzungsber. d. k. preuß. Akad. d. Wiss., Berlin 1897, Bd. 38, p. 818. — *Petroniewics B.* and *Woodward S. A.*, Further parts of the skeleton of Archaeopteryx. Geol. Magaz. 1917 p. 41 und Über Becken und Schultergürtel der Londoner Archaeopteryx. Genf 1921. — *Pycraft W. P.*, The Wing of Archaeopteryx. Nat. Science. Vol. VIII, 1896, p. 261.

der Wirbelsäule. Flügel mit Schwung- und Deckfedern. Oberer Jura von Eichstätt in Bayern.

Im Gegensatz zur großen Mehrzahl der jüngeren Vögel scheinen die Urvögel keine pneumatischen Knochen besessen zu haben. Die Wirbelsäule besteht aus etwa 50 Wirbeln, von denen 10—11 zur Hals-, 11 oder 12 zur Rücken-, 2 zur Lendenregion, 5—6 zum Sacrum und 20—21 zum Schwanz gehören. Hals- und Rückenwirbel sind amphicöl, die Quer- und Dornfortsätze schwach entwickelt. Die Halswirbel tragen kurze freie, die Rumpfwirbel lange dünne Rippen ohne Processus uncinatus. Zu diesen reptilienähnlichen Rippen kommen noch 12—13 Paare feiner Bauchrippen, die jedoch nicht durch ein abdominales Sternum verbunden waren.

Fig. 498.
Archaeornis Siemensi Dames. Berliner Skelett aus dem lithographischen Schiefer von Eichstätt. $^{2}/_{7}$ nat. Gr. *cl* Clavicula, *co* Coracoid, *h* Humerus, *r* Radius, *u* Ulna, c Carpus. (Aus Steinmann-Döderlein.)

Der an dem Berliner Exemplar (Fig. 498) erhaltene Kopf erinnert in seiner Form, in der Größe des Craniums, in dem Mangel von Schläfenlöchern, in der Beschaffenheit der Orbita, der großen präorbitalen Öffnung und der schlitzartigen weit vorne stehenden Nasenlöcher durchaus an die echten Vögel, mit denen er auch die Verschmelzung der Suturen gemein hat. Das Auge ist wie bei den Pterosauriern von einem aus vielen Knochenplättchen bestehenden Scleroticaring umgeben. Scheitel- und Stirnbeine sind groß, Post- und Praefrontalia nicht gesondert, das Tränenbein ziemlich ausgedehnt, das Quadratum frei, Zwischenkiefer mäßig lang und wie die Oberkiefer mit in Alveolen steckenden Zähnen versehen. Die Zahl der Zähne ist oben 13, am Unterkiefer sind noch drei erhalten.

Im Brustgürtel stimmt die lange schlanke Scapula mit Vögeln und Pterosauriern überein und zeigt, wie bei den Carinaten, ein gut entwickeltes Acromion. Coracoid und Furcula sind durchaus vogelartig. Das Brustbein ist leider nicht vollständig erhalten. Radius und Ulna sind gerade und etwas kürzer als der Humerus. Radiale und Ulnare sind festverwachsen. Von den drei Metacarpalien bleiben auch *II* und *III* voneinander getrennt. *Mc. II* ist das längste und mit drei langen Phalangen versehen, *Mc. I*, das kürzeste, trägt zwei und *Mc. III* vier Phalangen. Die Endphalangen sind als Krallen ausgebildet.

Zwischen Pubis und Ischium ist kein Foramen obturatorium vorhanden, die Oberenden der nach vorne verlängerten Ilia waren noch frei, die Schambeine im Gegensatz zu denen der Euornithes länger als die Ischia. Die Verwachsung der Beckenknochen untereinander und mit dem Sacrum war noch unvollkommen. Die im wesentlichen vogelartige Hinterextremität hat eine nur schwache Cnemialcrista der Tibia und vier bekrallte Zehen mit der Phalangenzahl 2. 3. 4. 5 (von *Mt. I—IV*).

Die Befiederung besteht am Flügel aus 7 Primär- und 10 Sekundärschwungfedern nebst Deckfedern. Die Steuerfedern des Schwanzes sind paarweise an je einem Wirbel angeordnet und schräg nach hinten gerichtet. Am Hals und neben der Tibia bemerkt man Konturfedern.

Der »Urvogel« konnte sich jedenfalls frei in der Luft bewegen, trotz der noch etwas mangelhaften Flugorgane und mittels seiner Krallen an Bäumen und Felsen emporklettern. Dreizehige Fährten aus dem lithographischen Schiefer von Solnhofen, zwischen denen eine Furche den langen nachschleppenden Schwanz andeutet, hat Oppel auf *Archaeopteryx* bezogen.

Fig. 499.
Hesperornis regalis Marsh. Obere Kreide von Kansas. Restauriertes Skelett. $^1/_8$ nat. Größe. (Nach Marsh.)

Petronievics sieht an den beiden bisher bekannten Individuen so wesentliche Unterschiede, daß er sie nicht bloß als Vertreter zweier Gattungen, sondern sogar von zwei Familien betrachtet, von denen die erstere die ursprünglichere ist.

**Archaeopteryx* v. Meyer (*Griphosaurus* Wagner). Von der Größe eines Huhns. Scapula mit dem kurzen, der ganzen Länge nach gleich breiten, ratitenähnlichen Coracoid verschmolzen, das vom Procoracoid getrennt ist. Clavicula mit Procoracoid und Scapula artikulierend. Metacarpale III oben und unten verbreitert. Schambeine mit fester Symphyse. *A. lithographica* v. Meyer.

**Archaeornis* Petronievics (Fig. 498). Coracoid carinatenähnlich, in der Mitte viel schmäler als oben und unten, III. Metacarpale zylindrisch. Ohne Pubissymphyse. *A. Siemensi* Dames sp.

2. Subklasse: **Ornithurae** Haekel.

Schwanzfedern fächerförmig um die verkürzten, meist teilweise zu einem Pygostyl verschmolzenen Schwanzwirbel gruppiert. Sternum wohl entwickelt. Brustrippen mit Processus uncinatus, Halsrippen mit den Wirbeln und Beckenknochen übereinander proximal verwachsen. Metacarpalia fest miteinander vereinigt.

1. Überordnung: **Odontolcae** Marsh.

Kiefer mit konischen, in einer Rinne eingepflanzten Zähnen, Unterkiefer nicht zu einer festen Symphyse verwachsen, nur durch Ligament miteinander verbunden. Ohne Basipterygoidfortsatz, Quadratum einköpfig. Beckenknochen hinten frei. Wirbelgelenke sattelförmig.

Ordnung: **Hesperornithes** Marsh[1]).

Flügel rudimentär, nur aus dem verkümmerten Humerus bestehend. Hinterbeine sehr kräftig, als Schwimmfüße ausgebildet. Zähne auf den Unterkiefer und Oberkiefer beschränkt, Zwischenkiefer zahnlos.

**Hesperornis* Marsh (*Coniornis* Marsh). (Fig. 499.) Von diesem Vogel ist das Skelett ziemlich vollständig bekannt. Am Brustbein fehlt die Carina. Das Coracoid ist kurz und breit und mit der Clavicula gelenkig verbunden. Erwähnung verdient die riesige Entwicklung der Patella. Obere Kreide von Kansas und Montana.

Baptornis Marsh. Obere Kreide von Kansas und *Enaliornis* Seeley aus dem Grünsand von Cambridge, beide nur auf einzelne Knochen begründet.

2. Überordnung: **Odontormae** Marsh.

Zähne in Alveolen des Ober- und Unterkiefers. Unterkiefer nicht in einer Symphyse verwachsen. Quadratum einköpfig. Sternum mit hoher Carina. Pelvisknochen hinten voneinander getrennt.

**Ichthyornis* Marsh (Fig. 500 u. 501). Von der Größe einer Taube, war ein guter Flieger, was aus der Länge des Humerus und der Höhe der Brustbeincarina hervorgeht. Hat wohl auch stammesgeschichtliche Bedeutung. *I. victor*, *dispar* Marsh. Obere Kreide von Kansas.

---

[1]) *Lucas Fr. A.*, Notes on the osteology and relationships of the fossil birds of the genera Hesperornis, Hargeria, Baptornis and Diatryma. Proceed. U. S. Nation. Mus. Washington. Vol. 26, 1903.

Hargeria Loomis und *Apatornis* Marsh. Ebenda.

Cimolopteryx Marsh. Nur Coracoid von zwei, jedenfalls auch generisch verschiedenen Arten bekannt. Obere Kreide. Laramie bed. Wyoming.

3. Überordnung: **Dromaeognathae** Pycraft.

Vomer breit und vorne mit den Maxillopalatina verwachsen. Vorderende der Pterygoide das Sphenoidrostrnm nicht berührend, Quadratum einköpfig. Unterkiefer eine feste Symphyse bildend. Ischia schlank und frei, nur mit dem distalen Ende am Ilium angewachsen. Oberende des Tarsus ohne Sehnenkanäle. Schwanzwirbel frei, nicht zu einem Pygostyl verwachsen.

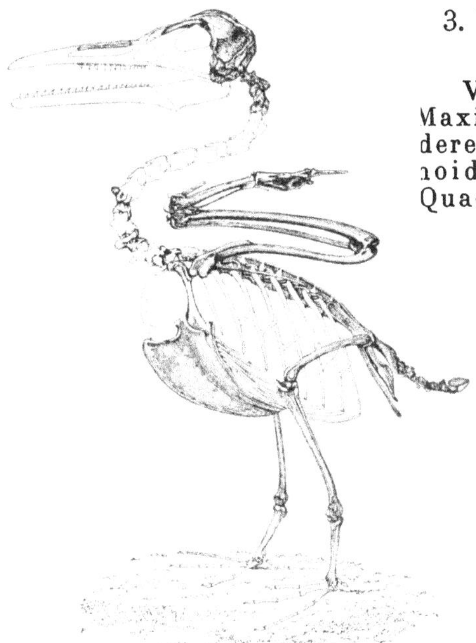

Fig. 500.
Ichthyornis victor Marsh. Obere Kreide von Kansas. Restauriertes Skelett. $\frac{1}{2}$ nat. Gr. (Nach Marsh.)

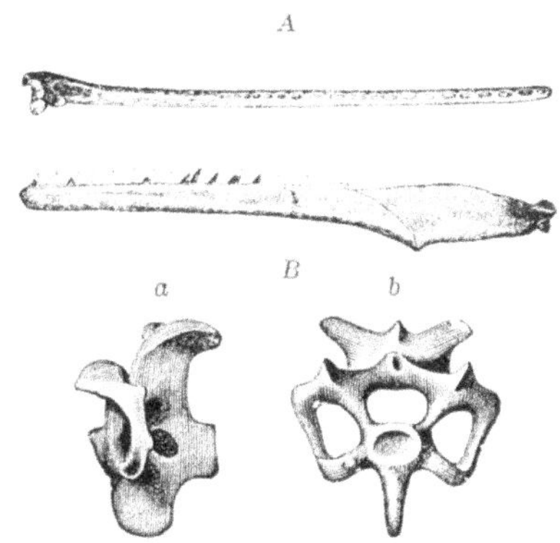

Fig. 501.
Ichthyornis dispar Marsh. Obere Kreide von Kansas. *A* Unterkiefer. $\frac{3}{4}$ nat. Gr. *B* Halswirbel *a* von der Seite, *b* von vorne. $^{1}/_{1}$ nat. Größe. (Nach Marsh.)

Die *Dromaeognathae* umfassen wenige, aber zumeist sehr große Vogeltypen, welche vielleicht den Überrest der alten Vogelfauna darstellen und untereinander größere Verschiedenheit aufweisen als alle übrigen Vögel. Die Strauße haben keinen Kiel auf dem Sternum. Der Schultergürtel zeigt verschiedene Grade der Rückbildung, von der Abwesenheit der Schlüsselbeine bis zum vollständigen Fehlen der Flügel. Die Pelvisregion variiert in der Ausbildung des Ischium und des Pubis.

1. Ordnung: **Struthiones.**

Große Vögel ohne Flugvermögen. Basipterygoidfortsatz am Körper des Parasphenoid entspringend. Nasenlöcher holorhinal. Sternum ungekielt, Scapula und Coracoid kurz und miteinander verwachsen. Flügel rudimentär.

Diese Ordnung umfaßt die echten Strauße, die Rheas, die Kasuare und Emus, die Moas oder Dinornithiden und die madagassischen Aepyornithiden.

1. Familie: **Struthionidae.** Strauße.

Beide Pubes zu einer Symphyse verwachsen, Anwesenheit von nur zwei Zehen, der dritten und vierten. Körperlast auf die dritte Zehe verlagert infolge der Anpassung an das Laufen.

In der Gegenwart auf Afrika beschränkt. Fossile Strauße im Pliocän der Siwalik, der Mongolei und auf Samos. Fossile Eier aus Südrußland und Nordchina als *Struthiolithus* beschrieben. *Eremopezus* Andrews[1]) im Oligocän von Ägypten hat auch Anklänge an Emu, Kasuar und *Aepyornis*.

Fig. 502. *Aepyornis maximus* Geoffr. St. Hil. Subfossil. Madagascar. $^1/_{30}$ nat. Gr. (Nach Monnier.)

2. Familie: **Rheidae.**

Ischia einwärts gedreht und unter den Ilia zusammenstoßend. Vordere Schwanzwirbel zum Teil resorbiert. Fuß dreizehig.

Fossile *Rhea*-Reste kennt man aus dem Pleistocän von Südamerika, ebendaselbst noch lebend.

3. Familie: **Dromaeidae.**

Flügel stark reduziert. Fuß dreizehig.

Dromaeus, Emu, lebend in Australien, *Casuarius*, Kasuar auf Neuseeland, daselbst auch fossil. *Genyornis* mit massivem, fast $^1/_3$ m langem Schädel im Pleistocän von Australien, *Hypselornis* im Pliocän von Indien.

4. Familie: **Aepyornithidae**[2]).

Riesenvögel mit ziemlich großem, geradem, zugespitztem Schnabel, kleinem Schädel, breitem, kurzen Sternum, rudimentärem Schultergürtel, kleinem, stark reduziertem Humerus und relativ kurzem, dreizehigen Fuß. Femur pneumatisch. Die Eier fast dreimal so groß wie Straußeneier. Nur subfossil bekannt aus Südwest-Madagaskar. Wahrscheinlich gingen diese Vögel infolge der Waldvernichtung zugrunde.

**Aepyornis* Geoffroy St. Hilaire (Fig. 502). *Müllerornis* Milne Edwards.

5. Familie: **Dinornithidae**[3]) Moas.

Flügel und Brustgürtel stark reduziert oder ganz fehlend. Schnabel kurz, Hinterextremität sehr massiv. Femur ohne Luftgänge. Fuß dreizehig, zuweilen mit Hallux. Neu-Seeland.

Die Überreste dieser meist riesigen Vögel verteilen sich auf mindestens vier Gattungen und etwa 20 Arten, welche jedenfalls zum Teil noch mit dem Menschen zusammengelebt haben, zum Teil aber angeblich in das Pliocän hinabgehen. Die Knochen finden sich zuweilen noch als Skelette vereinigt in Sümpfen, auch in alten Lagerplätzen der Maori kommen sie zusammen mit Eischalen in größerer Menge vor. Federn ähnlich wie beim Kasuar.

---

[1]) *Andrews C. W.*, A gigantic Eocene Bird. Geol. Magaz. 1917.

[2]) *Bianconi G. G.*, Recherches sur l'Aepyornis maximus. Mem. Accad. di Scienze. Bologna 1861, XII, 1863, IV. 1865, I. 1874, IV. — *Milne Edwards A.* et *Grandidier A.*, Ann. Sc. nat. (5 Ser.) 1870, XII, p. 167. — *Andrews C. W.*, Geolog. Magaz. Vol. IV, 1897, p. 241. — *Monnier L.*, Les Aepyornis. Ann. de Paléontologie VIII. 1913.

[3]) *Hamilton A.*, Bibliography of Dinornithidae. Trans. New Zeal. Inst. XXVI, 1893, p. 229. — *Hutton F. W.*, New Zeal. Journ. Sc. 1891, p. 6. — *Parker T. J.*, On the Cranial Osteology of Dinornithidae. Trans. Zool. Soc. London 1895, p. 188. — *Andrews C. W.*, Skeleton of Megalapteryx. Novitat. Zoologicae. Vol. II, 1897, p. 188.

**Dinornis* Owen. Schnabel breit und spitz zulaufend. Tarsometatarsus und Tibiotarsus lang und schlank. *D. maximus* Owen hatte aufrechtstehend eine Höhe von 3,5 m.

Palapteryx Owen (*Eurapteryx* Haast). Kleiner, aber plumper als der vorige. Schnabel abgerundet. Hallux stets vorhanden. Höhe kaum 2 m.

Anomalapteryx Reich. Kleine, relativ schlanke Vögel mit spitzigem Schnabel, Tarsometatarsus kürzer als Femur. Mit Hallux.

Megalapteryx, *Mesopteryx* Haast sind nicht vollständig bekannt.

2. Ordnung: **Apteryges.**

Kleine Vögel mit langem, schlanken Schnabel, an dessen Spitze die Nasenlöcher stehen. Sternum breit, Flügel ganz rudimentär, Fuß vierzehig, erste Zehe klein, über den anderen stehend.

**Apteryx* lebend und fossil in Neuseeland.

3. Ordnung: **Crypturi.**

Die *Crypturi* oder *Tinami* haben ein langes, gekieltes Sternum, auch in der Gaumenbildung nähern sie sich den *Euornithes* und zwar den *Gallinaceiden*, in der übrigen Organisation und in ihrem äußeren Habitus dagegen den Straußen. Die letzten Wirbel sind noch nicht zu einem Pygostyl verwachsen. Das Flugvermögen ist beschränkt. Diese Vögel bewohnen Südamerika und Mexiko. *Tinamus* fossil in brasilianischen Höhlen.

4. Überordnung: **Euornithes.**

Vomer hinten zwischen den Palatina das Sphenoidalrostrum umschließend. Pterygoidea und Sphenoid mit den Palatina artikulierend. Sternum gekielt, außer bei Nichtfliegern. Ilium und Ischium hinten miteinander verschmolzen. Tarsometatarsus mit ein oder mehr Kanälen für Sehnen.

1. Ordnung: **Diatrymae**[1] Matthew.

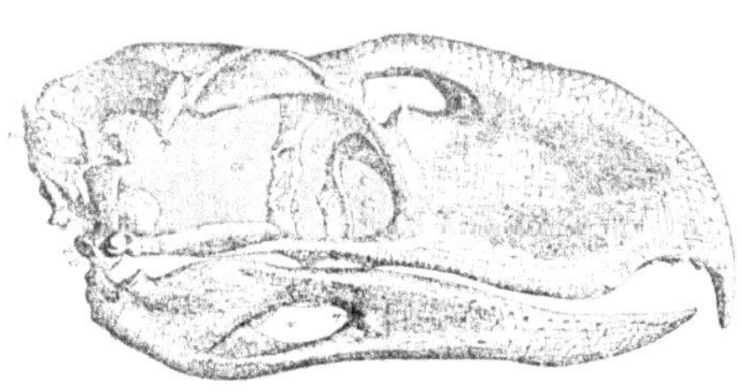

Fig. 503.
Phororhacus inflatus Ameghino. Miocän. Santacruz. Patagonien. Schädel und Unterkiefer von der Seite. $^1/_6$ nat. Gr. (Nach Ameghino).

Riesige ausgestorbene Vögel mit großem Schädel, komprimiertem Schnabel, kurzem, dickem Hals, gedrungenem Rumpf, reduzierten Flügeln, hohen vierzehigen Laufbeinen und vorne kurzem, hinten aber langgestrecktem Bekken. Ein entfernter Verwandter ist vielleicht die in Südamerika lebende Gattung *Cariama*. Die Reduktion der Vorderextremität darf nicht als Zeichen von Verwandtschaft mit den Straußen aufgefaßt werden, sondern nur als Konvergenzerscheinung.

**Diatryma* Cope (*Barornis* Marsh), ursprünglich nur auf Zehenglieder aus dem Eocän von Neu-Mexiko und New Jersey begründet, jetzt aber durch ein ganzes Skelett aus dem Untereocän von Wyoming vertreten, zeichnet sich durch den massiven Schädel, durch die verkümmerten Flügel — dickes, kurzes, mit der Scapula verwachsenes Coracoide Clavicula fehlt ?, Humerus

[1]) *Matthew W. D.* and *Granger W.*, The Skeleton of Diatryma from the lower Eocen of Wyoming. Bull. Amer. Mus. Nat. Hist. New York 1917.

ähnlich wie bei Casuar, Radius nur mehr als fingerartiges Rudiment vorhanden — und die hohen Laufbeine aus, von deren vier Zehen die dritte die längste ist. Unt. Eocän Wyoming *D. Steini* Matthew and Granger.

Die patagonischen Riesenvögel* *Phororhacus*[1] (Fig. 503) und *Pelecyornis* aus den Pyrotheriumschichten und dem Santacruzeno stehen dieser Gattung jedenfalls näher als allen übrigen bekannten Vögeln. Sie zeichnen sich durch den gewaltigen Schädel, den hohen, zusammengedrückten, hackenförmigen Schnabel, das kleine Sternum, die verkürzten Flügel, den schwachen Schultergürtel und die riesigen Halswirbel aus. Der Schädel ist über ½ m lang. Der mit ihnen vergesellschaftete *Brontornis* hat einen kurzen, dicken Metatarsus.

2. Ordnung: **Impennes.** Pinguine[2]).

Die Pinguine zeigen hochgradige Spezialisierung zum Schwimmen, denn die kurzen Flügel sind zu Rudern umgewandelt. Die Schädelknochen bleiben zum Teil lange Zeit frei. Die Scapula ist hinten verbreitert, die Rückenwirbel sind opisthocöl, der breite kurze Tarsometatarsus zeigt mehr oder weniger unvollständige Verwachsung der Metatarsalien. Die Pinguine bewohnen die antarktische Region, gehen aber an der Westküste von Südamerika bis zum Äquator.

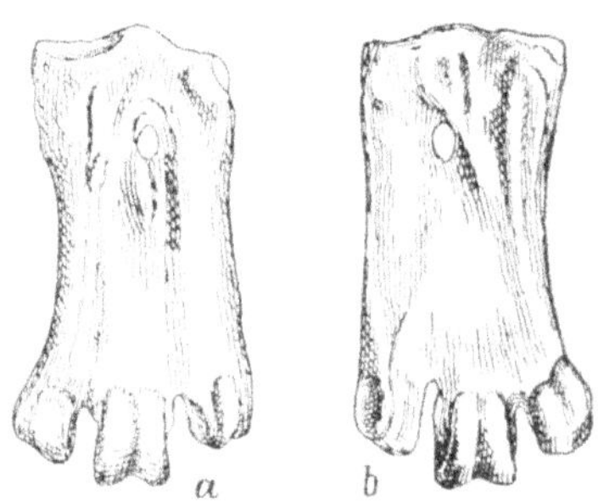

Fig. 504.
Palaeospheniscus planus Ameghino. Miocän. Patagonien.
Metatarsus *a* von vorne, *b* von hinten. (Nach Ameghino.)

Palaeeudyptes, ein riesiger Pinguin im angeblichen Eocän von Neuseeland. Auch *Anthropornis* aus dem Eocän der Seymour-Insel hat riesige Dimensionen. Die übrigen dort vorkommenden Gattungen, *Pachypteryx*, *Eospheniscus*, *Delphinornis* und *Orthopteryx* sollen nach Wiman primitiver organisiert sein. Zahlreiche Gattungen und Arten haben auch Ameghino, Mercerat und Moreno aus dem Miocän von Patagonien beschrieben — *Palaeospheniscus* (Fig. 504), *Perispheniscus*, *Paraptenodytes* etc., von denen manche nach Ameghino mit Wimanschen Gattungen identisch sind. *Cladornis* und *Cruschedula* stammen aus den Pyrotherienschichten von Patagonien.

3. Ordnung: **Cecomorphae.** Schwimmvögel.

Schwimmvögel mit abgestutztem Kiefergelenk.

Sturmvögel — *Puffinus* im Miocän von Maryland und im Dep. Allier. Albatros — *Diomeda* im Red Crag. Taucher — *Colymboides* im europäischen Eocän und Miocän, *Colymbus* im Miocän von Oregon und mit *Podiceps* im Pliocän von Italien. Möven — **Larus* im Miocän von Oregon und Dep. Allier, *Mancalla* mit den Alken verwandt, im Miocän von Kalifornien. *Palaeotringa* Marsh aus der Kreide von New Jersey steht den Möven nahe. *P. littoralis* und *vagans* Marsh. *Uria*, ein Alk, zuerst im Miocän von Nordkarolina. *Alca impennis* Linn. im Pleistocän der Insel Jersey.

---

[1]) *Andrews Ch. W.*, The Skull and the Skeleton of Phororhacus. Transact. Zool. Soc. London 1901.

[2]) *Ameghino Fl.*, Enumeracion de los Impennes fosiles de Patagonia y de la isla Seymour. Anal. mus. nacion. Buenos Aires 1906.

4. Ordnung: **Grallae.** Sumpfvögel.

Kraniche — *Grus* in Nordamerika im Eocän, in Europa im ganzen Tertiär. Kampfhahn — *Charadrius* im Eocän von Colorado. *Limicolis* Shufeldt im Miocän von Oregon, Schnepfen — *Totanus* und *Numenius* im ganzen europäischen Tertiär — *Tringa* im Miocän vom Dep. Allier.

Graculavus Marsh aus der Kreide von New Jersey, teils mit Charadriiden, teils mit Scolopacinen verwandt, teils nicht näher bestimmbar. Die von Marsh beschriebenen Reste von *Aletornis* aus dem Eocän von Wyoming gehören teils zu Tringa und Fulica, teils einem nicht näher bestimmbaren Genus an.

An die Rallen, von denen *Fulica* und *Rallus* in Europa schon im Eocän auftreten, schließen sich wohl auch *Orthocnemus* und *Elaphrocnemus* aus den Phosphoriten von Quercy an und *Gypsornis* aus dem Pariser Gips. Dagegen werden *Dolichopterus* aus dem Oligocän von Ronzon, *Osteornis* aus den Glarner Schiefern und *Hydrornis* aus dem Miocän von Allier in die Nähe von *Numenius* gestellt. Die älteste Gralle ist *Telmatornis* Marsh aus der Kreide von New Jersey, der ebendort vorkommende *Laornis* Marsh vereinigt im Tibiotarsus Merkmale von Kranich und von Schwan.

Otis, Trappe, ist aus dem Miocän von Frankreich beschrieben.

5. Ordnung: **Chenomorphae.** Entenvögel.

Dieser im ganzen wohlumgrenzten Ordnung schließen sich die südamerikanischen Gattungen *Palamedea* und *Chauna* an, welche äußerlich den Hühnervögeln gleichen und ebenso die *Flamingo* — *Amphimorphae* Huxley —, welche Anklänge an die Reiher zeigen und vielleicht den Überrest jener Gruppe darstellen, aus der sowohl die Enten als auch die Reiher hervorgegangen sind.

Flamingo ähnliche Formen sind *Scaniornis* aus der Kreide von Schweden, *Agnopterus* aus dem Eocän von Paris und England, *Elornis* aus dem Oligocän von Ronzon, **Palaelodus* aus dem Miocän von Dep. Allier, *Phoenicopterus* ebendaselbst und im Pliocän von Oregon. *Gastornis* aus dem Eocän von Frankreich, zeichnet sich außer durch seine Größe auch dadurch aus, daß seine Schädelknochen nicht verwachsen, nach Monnier vielleicht zu den Dromaeognathae gehörig. Ähnlich ist *Palaechenoides* Shufeldt im Miocän von Südcarolina. Entenvögel beginnen vielleicht schon in der oberen Kreide von Nordamerika, *Laornis* Marsh. **Anas* häufig im europäischen Miocän, selten im Eocän und Pliocän. *Chenornis* im Obermiocän, *Fuligula* und *Spatula* im Pliocän von Europa. *Cygnus* im Miocän von Böhmen und Belgien und *Mergus* im Pliocän der Siwalik, beide auch im Pleistocän. Aus Südaustralien kennt man fossile Reste von *Archaeocygnus*, *Chenopsis*, *Biziura* und *Drias*. Aus dem Pleistocän von Neuseeland stammt der große, ungeflügelte *Cnemiornis*. Aus dem Miocän von Patagonien werden zu den Anatiden gestellt *Eoneornis* und *Eutelornis*.

6. Ordnung: **Herodii.** Reiher.

Fossil sind bekannt *Proherodius* aus dem Eocän von England, *Propelargus* und *Pelargopsis* aus den Phosphoriten von Quercy, *Amphipelargus* aus dem Pliocän von Samos, *Ardea* aus den Phosphoriten und aus dem europäischen Miocän, *Ibidopsis* aus dem Eocän von England, *Ibidopodia* und *Ibis* aus dem Miocän von Dep. Allier, *Leptopilus* im Pliocän der Siwalik, *Xenorhynchus* aus Pliocän (?) von Südaustralien, daselbst auch *Ibis*. *Protibis* aus den miocänen Santacruzschichten von Patagonien. *Botauroides* und *Eoneornis* Shufeldt im Eocän von Wyoming. *Botaurites* Miocän Regensburg.

7. Ordnung: **Steganopodes.**

Kormorane — *Phalacrocorax* sind fossil bekannt aus dem Miocän von Nordamerika, aus dem europäischen Miocän und Pliocän und aus dem Pliocän der Siwalikhügel. Zu den Steganopoden gehören auch *Actiornis* aus dem Eocän von England sowie *Argillornis*, *Eupterornis* und der mit zahnartigen Vorsprüngen des Kiefers versehene *Odontopteryx* aus dem Untereocän von England und aus dem Tertiär von Brasilien und *Graculavus* aus der Kreide von Nordamerika. *Prophaeton* im London Clay. *Sula* kommt im Oligocän von Ronzon und im Miocän von Dep. Allier und von Nord-Carolina vor, *Pelagornis* im Miocän von Armagnac. *Lithornis* aus dem Miocän von Patagonien soll mit Pelikan verwandt sein. **Pelecanus* fossil im europäischen Miocän, im Pliocän der Siwalikhügel und im Pliocän (?) von Südaustralien, hier und im Pliocän von Ungarn auch *Plotus*. *Cyphornis* im Eocän von Vancouver. *Elopteryx* Andrews, obere Kreide von Siebenbürgen. Femur dem von Kormoran ähnlich, Tibiotarsus eher laufvogelartig.

8. Ordnung: **Opisthocomi.**

Nur die einzige Gattung *Opisthocomus,* Hoactzin, von Südamerika.

9. Ordnung: **Gallinae.** Hühnervögel.

Echte Hühner sind *Palaeortyx* im europäischen Obereocän und Miocän, *Paraortyx* in den Phosphoriten von Quercy. *Taoperdix* und *Illaeoperdix* im Miocän. *Phasianus* und *Gallus* im Miocän und Pliocän, und *Tetrao* im Pliocän. In Nordamerika kommt *Palaeophasianus* im Eocän und *Meleagris* schon im Oligocän vor. Überreste von Schneehuhn **Lagopus* — finden sich sehr häufig in jungpleistocänen Ablagerungen der europäischen Höhlen zusammen mit Lemming und Pfeifhase. *Parapavo* im Pleistocän-Asphalt von Kalifornien. *Syrrhaptes* — Steppenhuhn — im Pleistocän von Ungarn.

Anissolornis im Miocän von Patagonien, *Gallinuloides* im Eocän von Wyoming. *Colinus* im Tertiär von Kansas. Ein *Pediatetes*-ähnlicher Tarsometatarsus schon in der Kreide von Texas (*Ichthyornis lentus* Marsh).

10. Ordnung: **Columbae.** Tauben.

Columba im Miocän des Dep. Allier und in ungarischen, mährischen und brasilianischen Höhlen, *Goura* im Pleistocän von Queensland und *Leucosarica* im Pliocän von Südaustralien. *Pterocles* in den Phosphoriten von Quercy und im Dep. Allier. *Didus ineptus* von der Insel Mauritius und *Pezophaps* von Rodriguez sind vom Menschen ausgerottet worden.

11. Ordnung: **Accipitres.** Tagraubvögel.

**Aquila* fossil im europäischen Miocän, Pliocän — Bessarabien —, in den Phosphoriten von Quercy und im Pliocän von Nebraska. *Palaeocircus* im Obereocän und *Haliaetus*, *Milvus* und *Palaeohierax* im Miocän von Frankreich, *Falco* im Pliocän von Italien, *Teracus* im Oligocän von Ronzon. Aus dem London Clay kennt man *Lithornis*, aus den Phosphoriten von Quercy *Amphiserpentarius* und *Tapinopus*, beide sowie *Serpentarius* aus dem Miocän des Dep. Allier Verwandte des in Afrika lebenden Schlangengeiers, während *Plesiocathartes* aus den Phosphoriten mit den Sarcorhamphen des tropischen Amerika verwandt ist. Aus dem Miocän von Afrika wird *Gypogeranus* erwähnt, aus dem Pliocän von Mexiko *Palaeoborus*, aus den Santacruzschichten von Patagonien *Thegornis*, aus dem Pliocän von Südaustralien *Taphaetus* und *Aeturaetus*, aus dem Pleistocän von Neuseeland der riesige *Harpagornis* und aus dem pleistocänen Asphalt von Kalifornien *Sarcorhamphus*, *Cathartornis*, *Neophrontops* und *Neogyps*. Im Pleistocän von Ungarn *Astur*, *Circus* und *Archibuteo*. *Haliaëtus* in Krapina.

12. Ordnung: **Psittaci.** Papageien.

Im Gegensatz zu den übrigen Vögeln entspringen hier am Lacrimale, Postfrontale und Squamosum Fortsätze, welche öfters eine suborbitale Spange bilden. *Psittacus* fossil im Miocän des Dep. Allier.

13. Ordnung: **Picariae.**

Diese Ordnung umfaßt die Spechte — *Pici* —, Eisvögel — *Alcedines* —, die *Colii* — *Trogon* —, die Racken — *Coraciae* —, Nashornvögel — *Buceros* —, Mauerschwalben — *Macrochires* —, Ziegenmelker — *Caprimulgi* —, Kuckucke — *Cuculi* — und die *Musophagi*. Von diesen kommen fossil vor: Spechte — *Picus* im Miocän von Dep. Allier und Isère, *Dendrocopus*, *Colii* — *Trogon* ebendaselbst und *Archaeotrogon* in den Phosphoriten von Quercy, *Coraciae* — *Geranopterus* ebendaselbst und *Homalopus* im Miocän von Sansan. Mauerschwalben — **Aigialornis* und *Cypselavus* in den Phosphoriten und *Cypselus* und *Collacalia* im Miocän vom Dep. Allier —. *Filholornis* aus den Phosphoriten und *Necrornis* aus dem Miocän von Frankreich sind Verwandte der Musophagi, *Halcyornis* aus dem Eocän von England ist angeblich ein Eisvogel. Aus dem Eocän von Wyoming stammt *Uintornis*, ein Caprimulgide, aus dem Eocän von Frankreich *Cryptornis*, verwandt mit den Nashornvögeln, und aus dem Miocän des Dep. Allier *Limnatornis*, ein Wiedehopf.

An die Ziegenmelker schließen sich in ihrer Organisation die *Strigidae* — Eulen — an, von welchen *Bubo* aus dem Eocän von Wyoming — hier auch schon *Minerva* —, aus den Phosphoriten von Quercy, aus dem Miocän des Dep. Allier und aus dem Forestbed bekannt ist, während *Asio*, *Necrobyas* und *Strigogyps* auf die Phosphorite von Quercy beschränkt sind und *Strix* im Miocän durch zwei Arten vertreten ist. *Asio*, *Glaucidium*, *Nyctea*, *Nyctala* und *Bubo* im Pleistocän. Im Miocän von Patagonien *Badiostes*.

14. Ordnung: **Passeres.** Singvögel.

Diese Ordnung umfaßt beinahe die Hälfte aller lebenden Vogelarten, welchen freilich nur sehr wenig echt fossile Arten gegenüberstehen. Die Skelettunterschiede sind so gering, daß man hiernach nur zwei Gruppen gut begründen kann. Die ältesten Singvögel sind *Cimolopteryx* aus der oberen Kreide (Laramiebed), *Palaeospiza* aus dem Eocän von Wyoming und *Laurillardia* und *Palaeogithalus* aus dem Pariser Gips. Aus dem Miocän vom Dep. Allier wird erwähnt *Motacilla* und *Lanius*, aus dem Obermiocän und Pliocän von Frankreich *Corvus* und aus dem Pliocän von Italien *Sitta* und *Alauda*. Ein *Passerine* im Miocän von Florida. Überreste von Singvögeln kennt man auch aus den brasilianischen Höhlen, darunter von *Hirundo*, Schwalbe, diese auch im ungarischen Pleistocän. Nicht selten sind Knochen von *Turdiden* — Drosseln — und *Corviden* — Raben —, darunter auch Alpendohle, *Pyrrhocorax*, in Mitteleuropa in postglazialen Ablagerungen zusammen mit vielen Resten von Schneehuhn, Lemming und Pfeifhase. *Turdus* und *Corvus* auch schon im Pliocän von Roussillon, *Anthus* im Pliocän von Gabbro bei Leghorn.

Die Stammesgeschichte der Vögel wird sich schwerlich jemals in vollkommen befriedigender Weise klarstellen lassen. Wir wissen nur, daß sie aus Diapsiden-Reptilien hervorgegangen sind, und zwar aus solchen, aus welchen auch die Dinosaurier entstanden sind. Petronievics findet jedoch eine größere Ähnlichkeit zwischen Vögeln und *Lacertiliern*, die Anklänge an die Verhältnisse bei den *Dinosauriern* deutet er als Konvergenz. Nach Heilmann entstand der hypothetische Urvogel aus einem *Parasuchier*, indem die Hinterextremitäten aus der gespreizten Kriechstellung unter den Leib gezogen und vertikal aufgerichtet wurden, während der Vorderleib sich erhob, so daß das Tier biped wurde. Als Baumbewohner hüpfte es von Baum zu Baum mittels der an den Leib gedrückten Hinterbeine, während

Schwanz und Unterarm sich vom Körper abhoben und ein zuerst aus Schuppen gebildetes *Patagium* bekamen. Die Schuppen spalteten sich in Hornfäden, die Urform der Federn. Von Arm und Schwanz breitete sich das Federkleid über den ganzen Körper aus.

Zwischen den *Saururae* mit dem langen, reptilartigen Schwanz und den Vögeln aus der oberen Kreide, welche ihrerseits schon zum Teil bedeutende Spezialisierung zeigen — *Hesperornithidae* — und sehr bald erloschen sind, besteht eine gewaltige Lücke, die auch kaum so bald ausgefüllt werden dürfte. Immerhin sind wir berechtigt, einem Teil der bis jetzt bekannten Kreidevögel, den *Ichthyornithiden*, eine gewisse phylogenetische Bedeutung zuzuschreiben. Enten- und Hühnervögel scheinen nach den Untersuchungen Shufeldts schon während der jüngeren Kreidezeit in Nordamerika gelebt zu haben und mit ihnen zusammen auch schon Grallen und Sumpfvögel, jedoch ist es nicht ausgeschlossen, daß diese Formen wenigstens teilweise noch bezahnt waren. Mit dem Beginn des Tertiärs erscheint bereits ein großer Teil der noch jetzt lebenden Ordnungen, und im Obereocän treffen wir schon eine ziemlich große Anzahl moderner Gattungen. Im Miocän endlich hat nahezu jede Ordnung der heutigen Vogelwelt Vertreter aufzuweisen, von denen weitaus die meisten sogar noch jetzt lebenden Gattungen angehören, während fast alle rezenten Säugetiergattungen erst im Pliocän beginnen.

---

5. Klasse: **Mammalia.** Säugetiere[1]).

(Bearbeitet von M. Schlosser.)

Warmblütige, meist behaarte, seltener nackte oder mit knöchernen Platten oder hornigen Schuppen bedeckte Land- und Wassertiere mit ausschließlicher Lungenatmung. Herz mit doppelter Kammer und doppelter Vorkammer. Hinterhaupt mit zwei Gelenkköpfen. Coracoid (fast immer)

---

[1]) *Abel O.*, Die vorzeitlichen Säugetiere. Jena 1914. — *Ameghino Fl.*, Contribucion al conocimiento de los Mamiferos de la Republica Argentina. Buenos Aires 1889. Enumeration synoptique des éspèces de Mammifères fossiles des formations éocènes de Patagonie. Buenos Aires 1894. Première contribution à la connaissance de la faune des couches à Pyrotherium. Boletin del Inst. geogr. Argentino. T. XV 1895. Mammifères crétacés de l'Argentine. Ibidem T. XVIII 1897. Ongulés nouveaux des terrains crétacés de Patagonie. Boletin. Acad. nac. de Cordoba 1901. Mammifères nouveaux des terrains crétacés. Ibidem 1902. Paleontologia Argentina. Public. de la Univers. de la Plata 1904. — *Andrews C. W.*, Descriptive Catalogue of the Tertiary Vertebrata of the Fayum, Egypt. London 1906. On the lower Miocene Vertebrates from British East-Africa. Quart. Journ. of the Geological Soc. Vol. LXX 1914. — *Blainville H.*, *Ducrotay de*, Ostéographie ou description iconographique des Mammifères. 4 Bände.Text u. Atlas mit 323 Taf. Paris 1839—64. — *Borissiak A.*, Mammifères fossiles de Sebastopol. Mém. du comité géologique nouv. sér. Livr. 87. St. Petersbourg 1914. — *Boule M. et Thevenin A.*, Mammifères fossiles de Tarija. Paris 1920. — *Cope E. D.*, Tertiary Vertebrata of the West. Rep. U. S. Geol. Survey of Territories. Book I. 1884. Synopsis of the Fauna of the Puerco Series. Trans. Amer. Phil. Soc. 1889. Vol. XVI. — *Cuvier G.*, Recherches sur les ossements fossiles. 1ère Ed. Paris 1812. 4ième Ed. 1834—1836. — *Depéret Ch.*, Archives Museum hist. nat. Lyon. IV. 1886, V. 1892. Les animaux pliocènes de Roussillon. Mém. soc. géol. de France 1890. Les vertébrés olig. de Pyrimont (Savoie). Mém. soc. paléont. suisse XXIX 1902. — *Douglass Earl*, Vertebrate fossils from the Fort Union beds. Ann. Carnegie Museum. Vol. V 1908. — *Falconer H.* and *Cautley P. T.*, Fauna antiqua sivalensis London 1846—49. — *Filhol H.*, Ann. sc. géol. 1872 III. 1874 V. 1876 VII. 1877 VIII. 1879 X. 1883 XIV. 1885 XVII. 1891 XXI. — *Flower W. H.*, Introduction to the Osteology of the Mammalia. 3th ed. London 1885. — *Freudenberg W.*, Die Säugetiere des älteren Quartärs von Mitteleuropa. Geolog. u. paläontol. Abhandl.

verkümmert und mit der Scapula verschmolzen. Jeder Unterkieferast aus einem Stück bestehend und mit dem Schläfenbein artikulierend, Gliedmaßen als Gehfüße, seltener als Hände oder Flossen ausgebildet.

Bd. 16. Jena 1914. — *Fürbringer M.*, Zur Frage der Abstammung der Säugetiere. Festschr. f. Haeckel. Jena 1904. — *Gaudry Alb.*, Animaux fossiles et Géologie de l'Attique. Paris 1862—67. Animaux fossiles du Mont Lébéron (Vaucluse). Paris 1873. Enchaînements du Monde animal dans les temps géol. Mammifères tertiaires. Paris 1878. Fossiles de Patagonie. Annal. de Paléontol. T. 1, 1906. T. 2, 1907. — *Gervais P.*, Zoologie et Paléontol. franç. Paris 1859. — *Giebel G.* und *Leche W.*, Die Säugetiere, in Bronns Klassen und Ordnungen des Tierreichs. Bd. VI. 5. Abt. 1874—1906. — *Gregory W. K.*, The orders of Mammals. Bull. Amer. Mus. Nat. Hist. 1910. A. Review of the Evolution of the Lacrymal Bone with Reference to that of the Mammals. Ibidem 1920. — *Hay O. P.*, Bibliography and Catalogue of the fossil Vertebrata of North America. Bull. U. S. Geolog. Survey 179. Washington 1902. — *Hofmann A.*, Die Fauna von Göriach. Abh. k. k. geol. Reichsanst. Wien 1893. — *Janensch*, *Pohlig*, *Stremme* in Selenka—Blankenhorn, Die Pithecanthropuschichten auf Java. Leipzig 1914. — *Khomenko J.*, La faune méotique du village Taraklia du district de Bendery. Dorpat 1913, Kischinew 1914. — *Kormos Th.*, Die Felsnische Pillisszanto. Beitr. z. Geologie und Fauna der Postglazialzeit. Jahrb. d. kgl. ungar. geolog. Reichsanstalt. Budapest 1916. — *Leidy Jos.*, The extinct Mammalian Fauna of Dakota and Nebraska. Journ. Acad. Nat. Sc. Philad. VII 1869. — *Lemoine V.*, Mammifères fossiles de Reims. Bull. soc. géol. France 1883—85. 89. 91. 93. — *Lydekker R.* Catalogue of the fossil Mammalia in the British Museum. Part I—V. London 1885 to 1887. Indian Tertiary and Praetertiary Vertebrata. Palaeontol. Indica. Mem. geol. Surv. East India ser. X. Vol. I—IV 1875 bis 86. Palaeontologia Argentina. Ann. Museo de la Plata II 1894. — *Matsumoto H.*, New fossil Mammals from Kani. Prov. Mino. Scienc. Rep. of the Tohiku Univers. Sendai. Japan 1921. — *Matthew W. D.*, Zahlreiche Abhandl. in Bull. Amer. Mus. Nat. Hist. New York 1897—1915. — Fossil Mammals of Northeastern Colorado. Mem. Amer. Mus. 1901. — *Matthew* and *Granger*, A Revision of the lower Eocene Wasatch and Wind River Faunas. Bull. Am. Mus. 1915. Recent discoveries of fossil Vertebrata in the West Indies. Proc. Amer. philos. Society 1919. — *Mayet L.*, Etude des mammifères miocènes des sables de l'Orléanais et des faluns de la Touraine. Ann. Univ. Nat. Sc. 24. Lyon 1908. — *Merriam*, *Stock*, *Frick* etc., Zahlreiche Abhandl. in University of California Publicat. Geology. 1907—1921. — *Osborn H. F.*, Zahlreiche Abhandl. in Bull. Amer. Mus. New York 1892—1910. — *Osborn* and *Scott*, Trans. Amer. Phil. Soc. XVI. 1889. — *Pavlow M.*, Mammifères tertiaires de la Nouvelle Russie. Nouv. mémoires de la soc. impér. des naturalistes de Moscou 1913. 1915. — *Pilgrim Guy E.*, The vertebrate Fauna of the Gay series in the Bugti hills and the Pundjab. Palaeont. Indica. Mem. of the Geol. Surv. of India. Calcutta 1912. — *Roger O.*, Verzeichnis der fossilen Säugetiere. Ber. nat. Ver. Augsburg 1896. — *Rütimeyer L.*, Eocäne Säugetiere aus dem Schweizer Jura. Denkschr. der schweiz. Ges. f. d. gesamte Naturwiss. XIX 1862. Abh. schweiz. paläont. Ges. XVIII. 1891. — *Schlosser M.*, Die Säugetiere aus den süddeutsch. Bohnerzen. Paläont. Abh. Koken 1902. Die fossilen Säugetiere Chinas. Abh. k. bayer. Akad. d. Wiss. II. Kl. XXII. 1903. Neue Funde fossiler Säugetiere in der Eichstätter Gegend. Ibidem XXVIII 1916. Die Hipparionenfauna von Veles in Mazedonien. Ibidem Bd. XXIX 1921. Beitr. z. Kenntn. d. oligocänen Landsäugetiere aus dem Fayum. Ägypten. Beitr. zur Palaeont. Österr.-Ungarns u. d. Orients. Wien 1911. — Beitr. z. Kenntn. d. Säugetiere aus dem Eocän von Reims. Palaeontogr. Bd. 63. 1920. Funde von Säugetieren im Tertiär der iberischen Halbinsel. Centralblatt f. Min. Geol. u. Pal. 1921. — *Scott W. B.* and *Sinclair W. B.*, Mammalia of the Santa Cruz beds. Rep. Princeton University's Expedition to Patagonia 1903—11. — A History of Land Mammals in the Western Hemisphere. New York 1913. — *Soergel W.*, Die diluvialen Säugetiere Badens. Mitteil. d. großherz. badischen geol. Landesanst. 1914. Bd. IX. — *Teilhard de Chardin*, Les mammifères de l'éocène inférieur français. Annal. de Paléontol. 1916—1921. — *Trouessart*, Catalogus mammalium tam viventium quam fossilium. Berlin 1898—1905. — *Weber M.*, Die Säugetiere. Jena 1904. — *Wegner N.R.*, Tertiär und umgelagerte Kreide bei Oppeln. Palaeontogr. LX 1913. — *Wortman J. L.*, Zahlreiche Abhandlungen in Bull. Amer. Mus. Nat. Hist. New York 1892—99 und Journ. of Sc. and Arts. 1901—02.

Die Säugetiere nehmen unter den Vertebraten die höchste Rangstufe ein. Ihre Funktionen sind spezialisierter, ihr Nervensystem, ihre Sinnesorgane entwickelter, ihr Gebiß und ihre Bewegungsorgane verschiedenartiger differenziert als in irgend einer anderen Tierklasse. Auch an Größe und Mannigfaltigkeit der äußeren Erscheinung können sich nur die Reptilien und Fische mit den Säugetieren messen. Mit einziger Ausnahme der Monotremen gebären die Säugetiere lebendige Junge; die Embryonen sind von einem Amnion umgeben, mit Allantois versehen und besitzen keine äußeren Kiemen. Die Jungen werden nach der Geburt mehr oder weniger lange durch in Milchdrüsen (Mammae) der Mutter abgesonderte Milch ernährt. Das Herz ist in zwei Kammern und zwei Vorkammern abgeteilt, das Blut warm.

Die Wirbelsäule der Säugetiere dient zur Stütze des Körpers und zum Ansatz der Extremitäten sowie als Hülle des Zentralnervensystems. Sie besteht aus Hals-, Rücken-, Lenden-, Sacral- und Schwanzwirbeln; ein besonderer Sacralabschnitt fehlt nur den Cetaceen und Sirenen. Die Verbindung der Wirbel wird nicht durch Gelenke bewerkstelligt, wie bei Vögeln und Reptilien, sondern durch zwischengelagerte elastische Knorpelscheiben; es sind darum auch die vorderen und hinteren Flächen der Wirbelcentren eben; nur die Halswirbel vieler Huftiere zeigen opisthocöle Gelenkverbindung. Die oberen Dornfortsätze haben in der Rücken- und Lendenregion ihre stärkste Entwicklung, verkümmern dagegen häufig in der Hals- und Schwanzregion. Die Bogen verwachsen frühzeitig mit dem Centrum; dagegen bilden sich am vorderen und hinteren Ende des Wirbelkörpers durch selbständige Verknöcherung besondere dünne Knochenscheiben (Epiphysen) aus, welche später mit dem Centrum verschmelzen.

Der Hals besteht fast regelmäßig aus 7 Wirbeln. Die Länge des Halses wird also nicht, wie bei den Reptilien und Vögeln durch die Zahl, sondern durch die Streckung der einzelnen Wirbel bedingt. Durch Verbindung der nach abwärts gebogenen Enden der vom oberen Bogen ausgehenden Diapophysen *(d)* mit den vom Centrum entspringenden Parapophysen *(p)* entsteht jederseits vom Centrum ein Loch *(v)*, durch welches die Halsarterie verläuft. Der erste Halswirbel oder Atlas (Fig. 505) zeichnet sich durch den Mangel des Centrums und Dornfortsatzes, sowie durch starke Verbreiterung seiner Querfortsätze aus, an deren Basis sich vorne die beiden

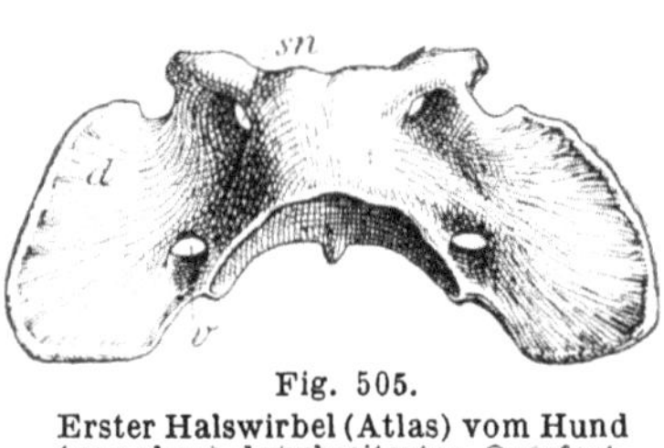

Fig. 505.
Erster Halswirbel (Atlas) vom Hund (von oben) *d* verbreiterter Querfortsatz, *v* Arterienkanal, *sn* Nervenkanal.

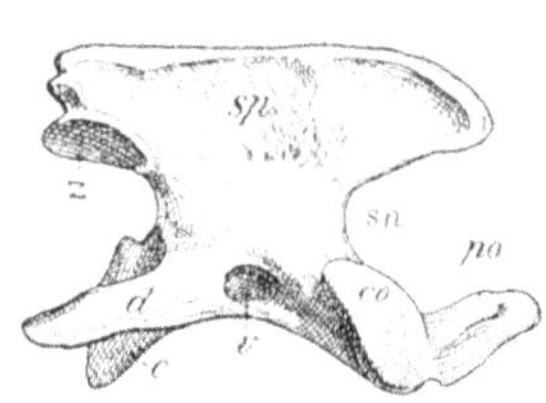

Fig. 506.
Zweiter Halswirbel vom Hund (von d. Seite). *sp* Spina dorsalis, *c* Zentrum, *d* Diapophyse, *z* Postzygapophyse, *v* Arterienkanal, *sn* Nervenkanal, *po* processus odontoideus, *co* Gelenkfacette für den Atlas.

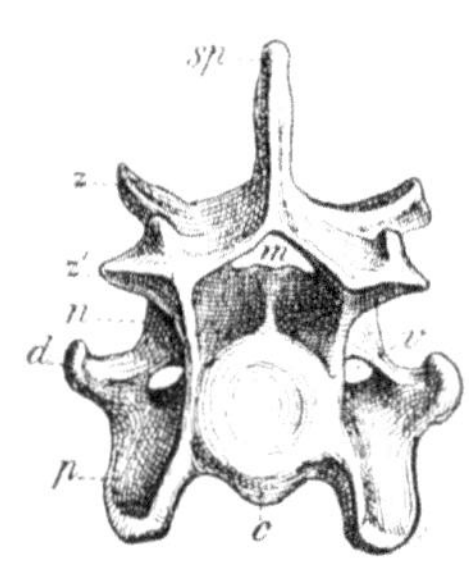

Fig. 507.
Sechster Halswirbel vom Hund (von hinten). *c* Centrum, *sp* Spina dorsalis, *n* oberer Bogen, *d* Diapophyse, *p* Parapophyse mit der nach unten verlängerten Lamina, *v* Arterienkanal, *m* Rückenmark-(Medullar-)Kanal, *z* vordere, *z'* hintere Zygapophyse.

konkaven Gelenkflächen für die Gelenkköpfe des Hinterhaupts und hinten die Gelenkfacetten für den zweiten Halswirbel oder Epistropheus (Axis) befinden. Dieser (Fig. 506) hat am vorderen Ende seines Centrums einen starken, bald konischen, bald halbzylindrischen oder löffelförmigen Fortsatz, Processus odontoideus (*po*), der entwicklungsgeschichtlich als Centrum des Atlas zu betrachten ist. Der Dornfortsatz ist fast immer als eine in die Länge gezogene Platte ausgebildet.

Die Brust- oder Rückenwirbel (Fig. 508 *A*) zeichnen sich in der Regel durch starke Dornfortsätze, kurze, am distalen Ende mit Gelenkfacetten für das sog. Tuberculum der Rippen versehene Diapophysen und biplane Centren aus. Die Gelenkflächen der vorderen Zygapophysen sind nach oben, jene der Postzygapophysen nach unten gerichtet. Als ersten Brustwirbel betrachtet man denjenigen, dessen Rippen mit dem Brustbein in Verbindung treten. In der Regel sind 13 (seltener 10—20) Dorsalwirbel vorhanden. An die Lendenwirbel (Fig. 508 *B*) heften sich keine Rippen an; dagegen sind ihre Querfortsätze sehr stark entwickelt, die kräftigen Dornfortsätze meist schräg nach vorne gerichtet, und die Centren erheblich länger als jene der Brustwirbel.

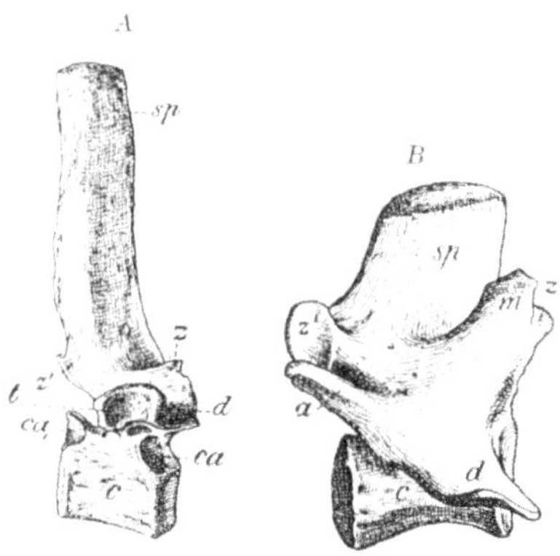

Fig. 508.
A zweiter Rückenwirbel vom Hund (von der Seite). *B* zweiter Lendenwirbel vom Hund (von der Seite).
c Centrum, *sp* Dornfortsatz, *d* Diapophyse, *z* vordere, *z'* hintere Zygapophyse, *m* Metapophyse, *a* Anapophyse, *t* Facette für das Tuberculum, *ca* Facetten für das Capitulum.

Die Höhe der Dornfortsätze nimmt in der Regel bis zum 4. oder 5. Rückenwirbel zu und von da bis zum letzten Lendenwirbel wieder ab.

Das Kreuzbein oder Sacrum dient zur Anheftung des Hüftbeins und fehlt als differenzierter Teil der Wirbelsäule nur bei den Walen und Sirenen, deren hintere Extremitäten durch Verkümmerung verlorengegangen sind. An der Bildung des Sacrums nehmen meist 3—4, zuweilen auch 2, oder 8—9 Wirbel teil, jedoch sind meistens nur 2 Wirbel mit dem Hüftbein verbunden. Ihre Centren und oberen Bogen und öfters auch ihre Dornfortsätze sind mehr oder weniger vollständig miteinander verschmolzen, so daß das Sacrum einen unbeweglichen, von vorne nach hinten an Breite abnehmenden Abschnitt der Wirbelsäule darstellt.

Die Schwanzwirbel bieten nach Zahl und Form die größte Mannigfaltigkeit. Die vorderen besitzen in der Regel wohl ausgebildete obere Bogen, Dornfortsätze, Diapophysen, Zygapophysen und zuweilen V-förmige Hämapophysen (Chevron bones). Weiter hinten tritt eine allmähliche Modifikation der Wirbel ein. Die Centren verlängern sich, die oberen Bogen und sämtliche Fortsätze verkümmern oder verschwinden gänzlich, und das allein übrigbleibende Centrum nimmt zylindrische oder mehrkantige Form an.

Rippen verbinden sich nur mit den Brustwirbeln; die vorderen (wahren Rippen) heften sich durch besondere knorpelige oder unvollkommen verknöcherte Sternocostalstücke an das Brustbein an, die hinteren »falschen« Rippen endigen frei in den Muskeln des Brustkorbes. Das Tuberculum lenkt sich in eine schwach vertiefte Facette der Diapophyse ein, während das Capitulum am vorderen Teil des Wirbelkörpers oder an der Basis des oberen Bogens befestigt ist. Sehr häufig liegt die vertiefte Facette für das Capitulum zwischen zwei Wirbeln, so daß ihre vordere Hälfte noch auf das hintere Ende des Centrums des vorhergehenden Wirbels übergreift.

Das Brustbein (Sternum) besteht nicht aus einer einfachen Knochenplatte wie bei den Vögeln und Reptilien, sondern aus einer

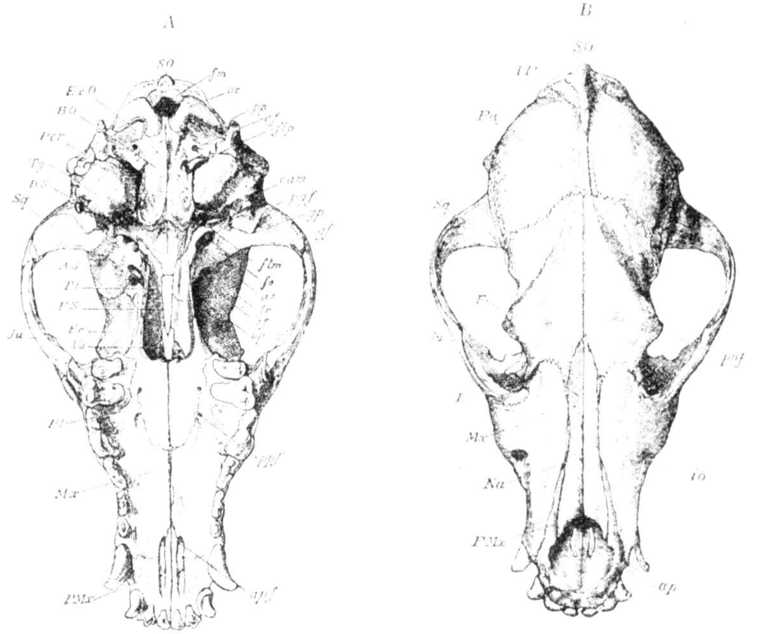

Fig. 509.

Schädel vom Hund (*Canis familiaris*). *A* von unten, *B* von oben. (Nach Flower.) *SO* oberes Hinterhauptbein, *Pa* Scheitelbein, *IP* Interparietale, *Sq* Schläfenbein, *Fr* Stirnbein, *L* Tränenbein, *Ju* Jochbein, *Mx* Oberkiefer, *PMx* Zwischenkiefer, *Na* Nasenbein, *BO* Basioccipitale, *ExO* Exoccipitale, *Per* Perioticum, *Ty* Tympanicum, *BS* Basisphenoid, *PS* Praesphenoid, *AS* Alisphenoid, *Pt* Pterygoid, *Vo* Vomer, *Pl* Palatinum, *pof* Processus postorbitalis, *io* Foramen infraorbitale, *oc* Condylus occipitalis, *pp* Processus paroccipitalis, *gp* Processus postglenoidalis, *gf* Gelenkgrube für den Unterkiefer, *fm* Foramen magnum (Hinterhauptsloch), *cf* Foramen condyloideum, *flp* Foramen lacerum posterius, *eam* meatus auditorius externus (äußerer Gehörgang), *pgf* Foramen postglenoidale, *flm* Foramen lacerum medium, *fo* Foramen ovale, *as* hintere Öffnung des Alisphenoid-Kanals, *fr* Foramen rotundum und vordere Öffnung des Alisphenoid-Kanals, *sf* Keilbeinspalte oder Foramen lacerum anterius, *op* Foramen opticum, *ppf* hintere Gaumenlöcher, *ap* und *apf* vordere Gaumenlöcher.

Reihe von abgeplatteten oder zylindrischen Knochenstücken, die in der ventralen Mittellinie in einer Längsreihe hintereinander liegen. Das Brustbein ist an den Rippen mittelst knorpeliger Verbindungsstücke angeheftet, die selbst wieder nicht selten teilweise verknöchern.

Der Schädel (Fig. 509, 510) der Säugetiere unterscheidet sich von dem der Fische, Amphibien, Reptilien und Vögel durch geringere Zahl der ihn zusammensetzenden Knochen, durch die unbewegliche Verbindung des Oberkiefers mit der Schädelkapsel, durch die Unterdrückung des Kieferstieles und direkte Einlenkung des Unterkiefers am Schläfenbein. Der Mangel eines gesonderten Quadratbeines und die Anwesenheit von zwei Hinterhauptsgelenkköpfen sind weitere

Merkmale der Säugetiere. Die Form des Schädels wird wesentlich von der Größe des Gehirns, von der Entwicklung der Kiefer, von dem Vorhandensein vorspringender Kämme, Knochenprotuberanzen, Stirnzapfen etc. bedingt und bietet bei den verschiedenen Ordnungen und Familien außerordentlich große Abweichungen.

Man unterscheidet am Kopf die eigentlichen Schädelknochen, welche die Hirnhöhle, und die Gesichtsknochen, welche die Nasenhöhle und Mundhöhle umschließen. Von den Schädelknochen, welche das Hinterhauptsloch (Foramen magnum *fm*) umgeben, sind die seitlichen Hinterhauptsbeine oder Exoccipitalia (Occipitalia lateralia *ExO*) mit gewölbten Gelenkköpfen (Condyli occipitales *oc*) versehen und oben durch das unpaare große Hinterhauptsbein (Supraoccipitale

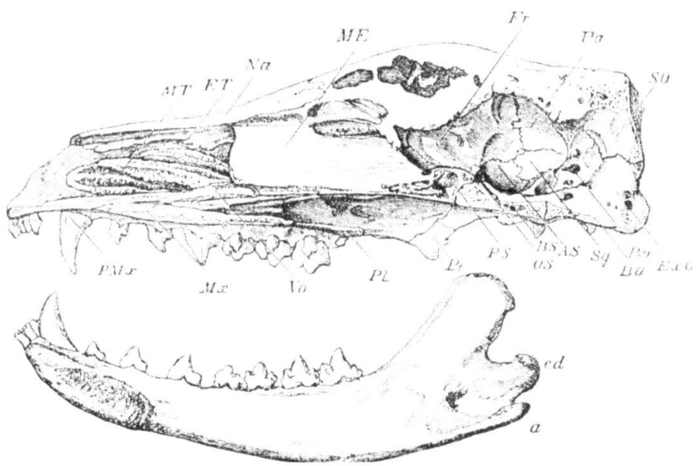

Fig. 510.
Schädel vom Beutelwolf (*Thylacinus cynocephalus*) in sagittaler Richtung durchgeschnitten, nebst Unterkiefer. ½ nat. Gr. (Nach Flower.) *SO* Supraoccipitale, *ExO* Exoccipitale, *BO* Basioccipitale, *Per* Perioticum, *BS* Basisphenoid, *PS* Praesphenoid, *AS* Alisphenoid, *OS* Orbitosphenoid, *Sq* Squamosum, *Pa* Parietale, *Fr* Frontale, *ME* Mesethmoideum, *Na* Nasale, *ET* Ethmoturbinale, *MT* Maxilloturbinale, *PMx* Praemaxilla, *Mx* Maxilla, *Vo* Vomer, *Pl* Palatinum, *Pt* Pterygoideum, *cd* Unterkiefer-Condylus, *a* Angulus.

SO) verbunden. Am vorderen Teil der Exoccipitalia springt ein von den Condylen durch eine tiefe Depression getrennter Fortsatz (Processus paroccipitalis *p. p.*, Processus paramastoideus, Pr. jugularis) vor, der zur Anheftung von Muskeln dient und bei den Huftieren besonders stark entwickelt ist. Auf der Unterseite schiebt sich das untere Hinterhauptsbein oder Basioccipitale *(BO)* zwischen die Exoccipitalia, erstreckt sich aber mehr nach vorne und bildet einen ansehnlichen Teil der Schädelbasis. Es ist von dem kleinen runden Foramen condyloideum *(cf)*, welches den Zungennerv durchläßt, durchbohrt. Auf das Basioccipitale folgt nach vorne in der Schädelbasis das hintere Keilbein oder Basisphenoid *(BS)*, auf dieses das vordere Keilbein oder Praesphenoid *(PS)* und vorne das kleine Pflugscharbein (Vomer *Vo*). Das Basisphenoid ist oben in der Mitte etwas ausgehöhlt, steigt aber am vorderen und hinteren Ende wieder etwas an und bildet den sog. Türkensattel (Sella turcica) zur Aufnahme der Hypophyse (pituary body) des Gehirns. Die beiden Keilbeine verschmelzen häufig frühzeitig zu einem sog. Wespenbein. Von dem Basisphenoid entspringt jederseits eine flügelartige, nach oben und außen gerichtete Knochenplatte, das Alisphenoid (*AS* ala major) und vom Praesphenoid ein entsprechender Knochen, das Orbitosphenoid (*OS* ala minor). Das Alisphenoid ist meist von drei Öffnungen durchbohrt, von denen das hintere (Foramen ovale *fo*) einem Nerven Austritt gewährt, während das mittlere (Canalis alisphenoideus *as*) die äußere Schlagader (Carotis) und das vordere (Foramen rotundum *fr*) den zweiten Ast des Trigeminus-Nervs durchläßt. Zwischen dem Orbito- und Alisphenoid befindet sich das Foramen lacerum anterius *(sf)* als Durchgang für Nerven. Auch das Orbitosphenoid besitzt eine Öffnung (Foramen opticum *op*) für den Sehnerv.

Die seitlichen Flügel der Keilbeine bilden die untere Seitenwand der Hirnhöhle und grenzen oben an die großen Scheitelbeine (Parietalia *Pa*) und Stirnbeine (Frontalia *Fr*), welche das Schädeldach und den oberen Teil der Seitenwand des Schädels bilden. Zwischen die Scheitelbeine und die Hinterhauptsschuppe schaltet sich manchmal das kleine Interparietale *(IP)* ein, das zuweilen getrennt bleibt, zuweilen mit den Scheitelbeinen (Huftiere), noch häufiger mit der Hinterhauptsschuppe (Carnivoren) verschmilzt. Die mehr oder weniger steil abfallende Hinterhauptsfläche (Occiput) wird in vielen Fällen durch einen vorspringenden Kamm (crista occipitalis) begrenzt, welcher zur Anheftung der Nackenmuskeln dient.

Die Scheitelbeine sind in der Mitte des Schädeldachs durch die zackige Pfeilnaht (Sagittalnaht) verbunden; sie verschmelzen meist vollständig miteinander und bilden zuweilen über der Pfeilnaht einen vorspringenden Kamm (crista sagittalis), welcher sich nach vorne meist in zwei divergierende Äste teilt. Sie sind mit der Hinterhauptsschuppe durch die Lambdanaht, mit den Stirnbeinen durch die quer zur Längsachse des Schädels verlaufende Kronennaht verbunden. Der Scheitelkamm dient zur Vergrößerung der Ansatzstelle des Kaumuskels und ist bei primitiveren Formen mit verhältnismäßig kleinem Cranium am kräftigsten entwickelt. Die Stirnbeine verwachsen zuweilen miteinander und tragen bei vielen Huftieren knöcherne Fortsätze (Stirnzapfen, Geweihe). In der Regel springt das Stirnbein hinter den Augenhöhlen vor und nimmt durch den Processus postorbitalis *(pof)* an der hinteren Umgrenzung der Augenhöhlen teil. Bei vielen Huftieren, namentlich bei den gehörnten Wiederkäuern, ist nicht nur das ganze Stirnbein, sondern häufig auch das Scheitelbein, ein Teil des Oberkiefers und namentlich auch das Praesphenoid mit Luftzellen erfüllt, und bei den Proboscidiern zeichnen sich fast alle Schädel- und Gesichtsknochen durch ungewöhnlich starke Entwicklung dieser Luftzellen aus. Zwischen dem Stirnbein, dem vorderen Keilbein (Praesphenoid) und Vomer schließt eine vertikale, mehr oder weniger ausgedehnte Knochenplatte, das Siebbein (Mesethmoideum *ME*), die Hirnhöhle nach vorne ab. Dasselbe besteht aus einer dem Vomer aufruhenden medianen, in der Längsrichtung ausgedehnten Lamelle (lamina perpendicularis oder crista galli) und zwei seitlichen querstehenden, meist siebförmig durchlöcherten Platten (laminae cribrosae), durch welche die Riechnerven aus dem Gehirn in die Nasenhöhle eindringen. Die Lamina perpendicularis geht nach vorne in die fast immer knorpelig bleibende Nasenscheidewand über.

Zwischen dem Alisphenoid und Supraoccipitale liegt, oben vom Scheitelbein und zuweilen auch vom hinteren Teil des Stirnbeins begrenzt, das Schläfenbein (Schuppenbein, Squamosum *Sq*), das mit seinem oberen flachen, schuppenartigen Teil die seitliche Begrenzung der Hirnhöhle vervollständigen hilft, an seiner Basis aber einen sehr starken, dem Quadratojugale der Reptilien entsprechenden Fortsatz (Processus zygomaticus) nach außen sendet, welcher sich bald nach vorne biegt und auf seiner Unterseite eine konkave Gelenkfläche (Fossa glenoidalis *gf*) zur Aufnahme des Unterkiefercondylus besitzt. Der Hinterrand dieser Gelenkfläche ragt häufig als Fortsatz (Processus postglenoidalis *gp*) vor. Der Raum zwischen dem Schläfenbein und dem Exoccipitale wird von den Knochen der Gehörkapsel ausgefüllt. Aus einer gemeinsamen Knorpelmasse, in welcher die Ossifikation von drei Centren beginnt, die dem Prooticum, Opisthoticum und Epioticum entsprechen, entsteht ein sehr fester Knochen, das Felsenbein oder Perioticum *(Per)*, welches das Gehör-Labyrinth und das innere Ohr umschließt und öfters einen nach unten gerichteten Fortsatz (Processus mastoideus) besitzt. Das Paukenbein oder Tympanicum besteht in frühester Jugend aus einem einfachen knöchernen Ring und behält bei den Marsupialiern und manchen Insectivoren diese Beschaffenheit auch zeitlebens bei. In der Regel verlängert sich aber bei weiterer Entwicklung der äußere Rand des Ringes in horizontaler Richtung nach außen und bildet den zur Ohrmuschel führenden äußeren Gehörgang (meatus auditorius externus *eam*); die Unterseite wird durch eine Knochenplatte bedeckt, welche sich zuweilen zu einer blasig aufgetriebenen, hohlen oder mit zelligem Knochengewebe erfüllten Anschwellung (Bulla tympanica *Ty*) umgestaltet. Am vorderen Ende des Tympanicums ragt zuweilen ein griffelförmiger, zugespitzter Fortsatz (Processus styloideus) nach unten vor. In dem Zwischenraum zwischen Perioticum und Tympanicum, und zwar zwischen dem vom Trommelfell geschlossenen äußeren Gehörgang und der Fenestra ovalis, liegen die drei Gehörknöchelchen Ambos (Incus), Hammer (Malleus) und Steigbügel (Stapes). Am vorderen und inneren Ende des Paukenbeines liegt die Mündung der Eustachischen Röhre, welche Luft in die Gaumenhöhle führt, und hinten dringt die innere Kopfblutader durch das Foramen lacerum posterius *(flp)* ein und tritt am vorderen Ende des Tympanicums durch das Foramen lacerum medium *(flm)* wieder aus.

Die Physiognomie des Schädels wird sehr wesentlich durch die Entwicklung der Gesichtsknochen und namentlich des Oberkiefers (Maxilla *Mx*) bedingt. Der untere Außenrand des Oberkiefers ist meist mit Zähnen besetzt, nach innen sendet er eine horizontale Platte, welche an der Zusammensetzung des harten Gaumens teilnimmt. Am Hinterrand ragt ein zuerst nach außen gerichteter Fortsatz (Processus zygomaticus) vor, welcher sich dann nach hinten verlängert und durch das Jochbein (Jugale, Malare *ju*) mit dem Processus zygomaticus des Schläfenbeins in Verbindung tritt. Die beiden genannten Fortsätze und das Jochbein setzen den Jochbogen zusammen, welcher die untere Begrenzung der Augenhöhlen und der Schläfengruben bildet. Am vorderen Rand der Augenhöhle zwischen Stirnbein, Oberkiefer und Ethmoideum liegt das vom Tränenkanal durchbohrte Tränenbein (Lacrimale *La*). Die paarig entwickelten Zwischenkiefer (Praemaxillae *Pmx*) bilden den vorderen und meist auch einen Teil des Seitenrandes der Schnauze. In der Regel enthalten sie an ihrem Alveolarrand Schneidezähne. Die Nasenbeine (Nasalia *Na*) fügen sich in einen einspringenden Winkel am Vorderrand der Stirnbeine ein und werden seitlich vom Oberkiefer und meist auch noch vom Zwischenkiefer begrenzt. Die Nasenhöhle selbst enthält mit Ausnahme der Wale und Sirenen eigentümliche, sehr dünne, stark eingerollte und durchlöcherte Knochenlamellen, die bei Tieren mit scharfem Geruch stark labyrinthisch entwickelt sind und eine Schleimhaut tragen, in welcher sich die Verzweigungen der Riechnerven ausbreiten. Diese Riechmuscheln (conchae interiores) gehören zum Siebbein und sind lediglich als Fortsätze desselben zu betrachten; sie erscheinen in mehrere Gruppen angeordnet und werden hinten von der Lamina perpendicularis des Mesethmoids in zwei Hälften zerlegt. Die Lamellen, welche den hinteren und oberen Raum der Nasenhöhle jederseits ausfüllen, werden Ethmoturbinalia *(ET)* genannt, während die dem harten Gaumen aufliegenden und den vorderen und unteren Teil der Nasenhöhle einnehmenden Blätter als Maxilloturbinalia *(MT)* bezeichnet werden.

Die Unterseite des Schädels wird im hinteren cranialen Teil vom Basioccipitale und den Keilbeinen gebildet. Vom Basisphenoid und Alisphenoid springt eine kurze vertikale Knochenplatte, das Flügelbein (Pterygoid *Pt*), nach unten vor und begrenzt jederseits den hinteren Nasengang, dessen Basis durch die Haut des weichen Gaumens gebildet wird. Vorne schließt sich das Flügelbein an den vom Praesphenoid und Orbitosphenoid absteigenden Teil des Gaumenbeins (Palatinum *Pl*) an, welcher sich nach vorne und oben verdickt, eine horizontal ausgebreitete Platte bildet und mit der horizontalen Platte des Oberkiefers und dem Zwischenkiefer zum harten Gaumen, die Basis der Nasenhöhle wird. Der Hinterrand des Gaumenbeins ist seitlich meist etwas ausgeschnitten, springt in der Mitte häufig in eine Spina nasalis posterior vor und zeigt den Ausgang der hinteren Nasenlöcher (Choanen) in die Mundhöhle an. Der harte Gaumen wird von mehreren kleinen Öffnungen zum Austritt von Blutgefäßen und Nerven durchbohrt.

Der Unterkiefer besteht aus zwei symmetrischen, nach hinten divergierenden Ästen, welche vorne in der Mitte mit einer rauhen Fläche (Symphyse) zusammenstoßen und entweder durch Bindegewebe aneinander befestigt sind oder im Alter fest miteinander verwachsen. Der Oberrand oder Alveolarrand ist meist gerade und mit Zähnen besetzt, der Unterrand etwas verdickt und konvex, in der Symphysenregion ansteigend; das hintere Ende des Unterrandes bildet den Winkel (Angulus *a*), der öfters in einen vorspringenden Fortsatz ausgezogen oder nach innen gekrümmt ist. Der obere Rand steigt hinter dem letzten Backenzahn in der Regel zu einem hohen, seitlich zusammengedrückten Kronfortsatz (Processus coronoideus) an, welcher dem Temporalmuskel zur Anheftung dient. An der mehr oder weniger tief ausgehöhlten oder mit erhabenen Leisten versehenen Außenfläche des Kronfortsatzes befestigt sich der starke Massetermuskel. Der Hinterrand des aufsteigenden Astes endigt oben über dem Winkel in einem verdickten und gewölbten Gelenkkopf (Condylus *cd*), welcher sich in die Gelenkgrube des Schläfenbeins einfügt und mit ihm entweder ein Scharniergelenk bildet, welches senkrecht zur Längsachse des Schädels steht und daher nur eine Bewegung auf- und abwärts gestattet — z. B. Carnivoren, oder das Gelenk steht parallel zu der Längsachse, wodurch nur eine Vor- und Rückwärtsbewegung des Kiefers ermöglicht wird — Nager. Sehr oft ist jedoch das Scharniergelenk in der Weise umgewandelt worden, daß sowohl der Gelenkkopf als auch die Gelenkgrube nahezu ebene Platten darstellen — Wiederkäuer —, wodurch außer vertikaler auch seitliche Bewegung möglich wird. Der Unterkiefer wird der Länge nach von einem ziemlich weiten Kanal durchzogen (Alveolarkanal), in welchem ein Blutgefäß und der Unterkiefernerv verlaufen, die zahlreiche Seitenäste in die Zähne aussenden. Auf der Innenseite jedes Astes verläuft zuweilen eine seichte Furche (Sulcus mylohyoideus), die bei gewissen Beuteltieren besonders deutlich entwickelt ist.

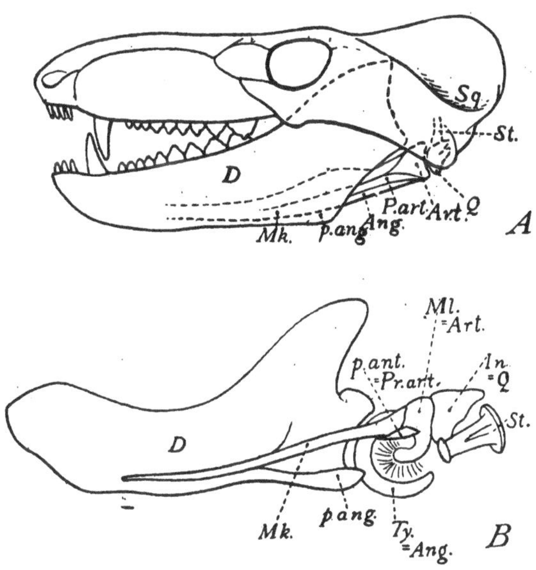

Fig. 511.

A *Cynodontier*-artiger Vorläufer der Säugetiere, B. *Macropus*, Embryo. Unterkiefer von innen. Nach Gregory, *D.* Dentale, *Mk.* Meckelscher Knorpel. *p.ang.* Prozessus angularis, *Ang.* Angulare = *Ty.* Tympanicum, *P.ant.* = *Pr.art.* Processus articularis mallei, *Art.* Articulare = *Ml.* Malleus, *Q.* Quadratum = *In.* Incus, *St.* Stapes, *Sq.* Squamosum.

Während bei den Reptilien fünf oder sechs Knochen an der Bildung des Unterkiefers beteiligt sind, besteht er bei den Säugetieren nur aus einem einzigen Knochen, welcher dem Dentale der Reptilien homologisiert wird. Bloß Ornithorhynchus besitzt außerdem noch ein besonderes Angulare. Die übrigen Bestandteile des Reptilienunterkiefers sind zu Knochen der Gehörregion geworden, und zwar entstand aus dem Articulare der Malleus und aus dem Angulare das Tympanicum, während der Incus dem ursprünglichen Quadratum entspricht und das jetzige Kiefergelenk eine Neubildung darstellt. Diese fast allgemein angenommene Theorie läßt sich zwar mit den ontogenetischen Verhältnissen und der Organisation der Cynodontier gut in Einklang bringen, dagegen findet sie keine sichere Stütze bei dem bis jetzt bekannten fossilen Säugetiermaterial, wobei allerdings berücksichtigt werden muß, daß bisher von keinem mesozoischen Säugetier das Cranium gefunden wurde. Ihre Unterkiefer stimmen jedoch vollkommen mit jenen der lebenden überein. Nach Gregory hätte diese Umwandlung übrigens schon bei den Cynodontier-ähnlichen Vorfahren der Säugetiere (Fig. 511 A) stattgefunden.

Die Hirnhöhle besitzt bei den Säugetieren meist eine viel größere Ausdehnung als bei den übrigen Wirbeltierklassen. Im allgemeinen zeigt sich bei den verschiedenen Ordnungen eine beträchtliche Abstufung in Größe und Ausbildung des Gehirns, so daß dasselbe von Owen als Basis der Systematik verwendet wurde. Sehr bemerkenswert ist die von Marsh zuerst beobachtete Tatsache, daß der Gehirnumfang bei den Säugetieren der Eocänzeit durchwegs geringer ist als jener bei verwandten Formen aus dem jüngerem Tertiär oder aus der Jetztzeit. Ja, bei den riesigen eocänen Amblypoden ist die Hirnhöhle so winzig, daß man deren Ausguß durch den Medullarkanal der Wirbelsäule ziehen kann.

Entwicklung und Umgestaltung des Schädels.* Wie bei den Reptilien und Vögeln ist die Schädelbasis knorpelig präformiert, während sich die Knochen der Schädeldecke in einer häufig fibrösen Grundlage entwickeln. Die verschiedenen Knochen sind anfänglich alle getrennt und entstehen von besonderen Ossifikationscentren aus, nach und nach stoßen sie aneinander, werden durch Nähte verbunden oder verschmelzen vollständig. Von der Art, wie sich diese Knochen im Verlauf der Entwicklung gestalten, hängt die Ausbildung und äußere Erscheinung des Kopfes ab und auf Grund ontogenetischer oder phylogenetischer Erfahrung lassen sich bestimmte Zustände als ursprünglich, andere als mehr oder weniger weitgehende Umgestaltungen bezeichnen.

Primitiver Zustand.	Fortgeschrittener, spezialisierter Zustand.
Schädelknochen durch Nähte vereinigt.	Schädelknochen verschmolzen.
Hirnkapsel klein, schmal.	Hirnkapsel groß, breit, gewölbt.
Schädel niedrig, Profil fast gerade.	Stirnregion gewölbt oder steil ansteigend.
Schnauze vor der Hirnhöhle verlängert.	Gesichtsteil kurz, steil abfallend oder Vorderpartie der Kiefer gestreckt.
Nasenbeine lang; Nasenlöcher nach vorn gerichtet.	Nasenbeine kurz oder verkümmert; Nasenlöcher weit zurückreichend oder nach oben gerichtet.
Oberkiefer niedrig.	Oberkiefer hoch.
Jochbogen geschlossen.	Jochbogen unterbrochen oder rudimentär.
Augenhöhle hinten offen, in die Schläfengrube übergehend.	Augenhöhle hinten geschlossen.
Stirnbein und Praesphenoid dicht oder mit schwach entwickelten Luftzellen.	Stirnbein, zuweilen auch benachbarte Kopfknochen und Schädelbasis mit Luftzellen erfüllt.
Knochen der Schädeldecke glatt.	Scheitel-, Stirn- und Hinterhauptbeine mit vorragenden Kämmen, Protuberanzen, Stirnzapfen oder Geweihen.
Tympanicum ringförmig, unten offen, frei.	Tympanicum unten geschlossen oder aufgeblasen, mit äußerem Gehörgang, mit dem Perioticum verwachsen.
Gelenkgrube für den Unterkiefer mäßig tief, hinten mit Processus postglenoidalis.	Gelenkgrube eine stark vertiefte Quer- oder Längsrinne bildend oder flach; Processus postglenoidalis fehlt.
Unterkieferäste in der Symphyse durch Ligament verbunden.	Unterkieferäste in der Symphyse verschmolzen.

Der Schultergürtel hat im Vergleich mit den niedrigen Vertebratenklassen eine bedeutende Reduktion erlitten und besteht häufig nur aus dem Schulterblatt, zu dem bei denjenigen Formen, welche ihre Vorderextremitäten mehr zum Greifen als zur Fortbewegung benutzen, noch ein Schlüsselbein (Clavicula) kommt. Ein selbständig entwickeltes Coracoid nebst einem Praecoracoid findet sich nur bei Monotremen, bei allen übrigen ist dasselbe mit der Scapula verschmolzen und stark reduziert.

Das Schulterblatt (Scapula) (Fig. 512) ist eine ziemlich große, aus Knorpeln hervorgehende Knochenplatte von oval-dreieckiger Form, welche auf der Außenseite durch eine vorspringende Leiste (Spina oder Crista scapulae) in einen vorderen und hinteren Abschnittt geteilt wird. Das untere Ende dieser Leiste ragt in der Regel als ein etwas verlängerter und gekrümmter Fortsatz (Acromion) vor. Der verschmälerte Unterrand ist zu einer vertieften Gelenkfläche (Fossa glenoidalis *g*) zur Aufnahme des Oberarms verbreitert und endigt vorne in einem kurzen Coracoidfortsatz *(c)*, der aus einem besonderen Ossifikationscentrum hervorgeht, in frühester Jugend auch noch durch Sutur mit der Scapula vereinigt ist, später aber vollständig damit verschmilzt.

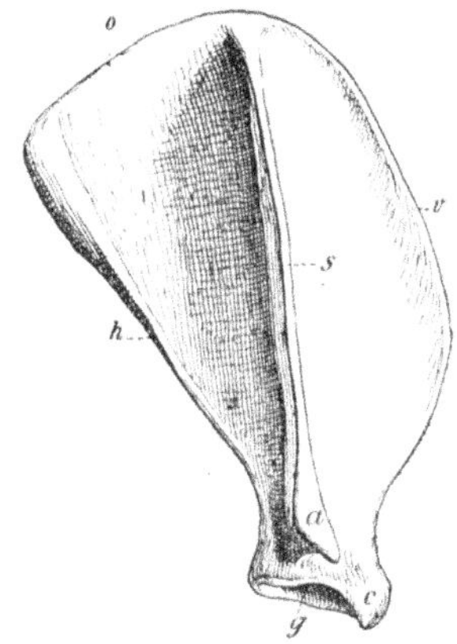

Fig. 512.
Rechtes Schulterblatt vom Hund. *s* Kamm (spina scapulae), *a* Acromion, *c* Coracoidfortsatz, *g* Gelenkfläche, *v* vorderer (Coracoid-)Rand, *h* hinterer (Glenoidal-)Rand, *o* oberer Rand.

Das Schlüsselbein (Clavicula) ist ein paariger, dünner, zylindrischer, etwas gebogener Knochen, welcher sich am Acromion des Schulterblattes und am vordersten Ende des Brustbeins mittels Ligaments befestigt. Es fehlt den Cetaceen, Sirenen, Ungulaten und den meisten Carnivoren, wo es übrigens öfters noch als Rudiment in den Muskeln liegt, dagegen ist es bei grabenden Tieren sehr kräftig entwickelt.

Der kräftige, gerade oder etwas gebogene Oberarm (Humerus) (Fig. 513) hat am oberen (proximalen) Ende einen ziemlich dicken, gerundeten Gelenkkopf *(c)* und zwei vorstehende, zur Anheftung von Muskeln bestimmte Höcker (tuberculum majus und tub. minus), welche durch die Fossa bicipitalis *(bg)* getrennt werden. Von dem außen gelegenen großen Höcker zieht sich in der Regel ein etwas vorstehender, breiter rauher Kamm zur Anheftung des Deltoidmuskels eine Strecke weit am Schaft des Humerus herab (crista deltoidea *d*). Das untere oder distale Ende ist quer verbreitert und mit einer

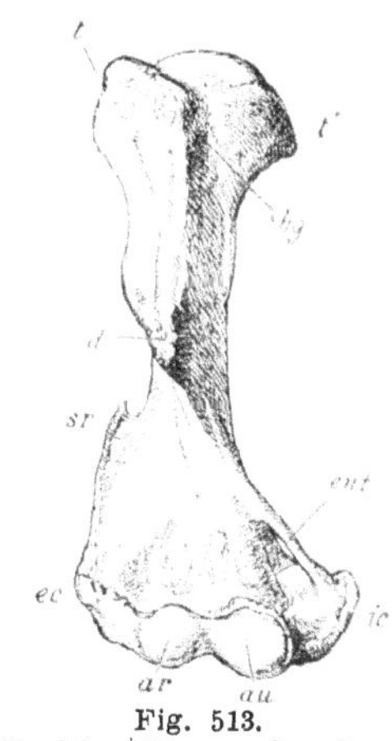

Fig. 513.
Rechter Oberarmknochen (Humerus) des Wombat (*Phascolomys wombatus*) von vorne. $^1/_2$ nat. Gr. (Nach Flower.)
c oberer Gelenkkopf (caput), *t* tuberculum majus, *t'* tuberculum minus, *bg* fossa bicipitalis, *d* Deltoidrauhigkeit, *sr* crista supinatoria, *ent* Foramen entepicondyloideum, *ec* äußerer, *ic* innerer Gelenkknorren, *ar* radiale, *au* ulnare Gelenkrolle.

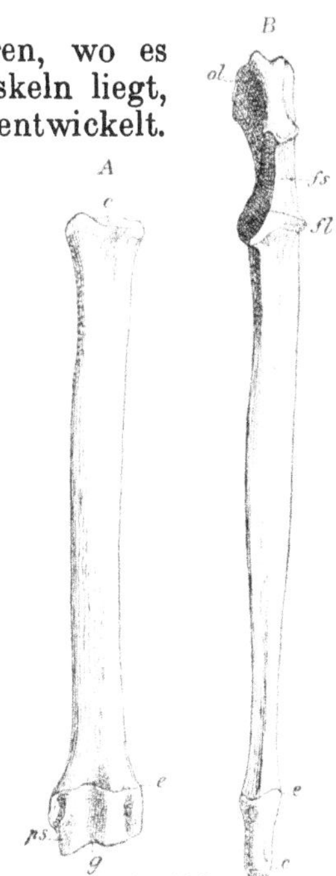

Fig. 514.
A Linker Radius vom Hund von vorne, *c* obere, *g* untere Gelenkfläche, *ps* Processus styloideus, *e* Epiphyse.
B Linke Ulna vom Hund von vorne, *ol* Olecranon, *fs* Fossa sigmoidea, *fl* Fossa lunaris, *c* Capitulum, *e* Epiphyse.

breiten, halbzylindrischen Gelenkrolle (Trochlea) versehen, die meist durch eine mediane Vertiefung oder durch eine erhabene Leiste (crista intertrochlearis) in eine radiale *(ar)* und eine ulnare *(au)* Gelenkfläche geteilt wird. Neben der Gelenkrolle, welche bei den echten Huftieren sehr kräftig ausgebildet ist, ragt außen ein knorriger Vorsprung, der äußere Gelenkkopf (Ectocondylus *ec*) und auf der inneren Seite der interne Condylus *(ic)* vor. Über dem letzteren ist der Humerus bei den primitiveren Formen der Säugetiere von einem Foramen entepicondyloideum *(ent)* zum Durchtritt eines Nervs und Blutgefäßes durchbohrt. Über der Gelenkrolle befindet sich auf der Hinterseite eine mehr oder weniger tiefe Grube zur Aufnahme des Ellenbogenfortsatzes der Ulna (Fossa olecrani), die zuweilen den Humerus durchbohrt. In der Jugend sind die beiden Gelenkextremitäten durch Epiphysen vom eigentlichen Schaft (Diaphyse) getrennt.

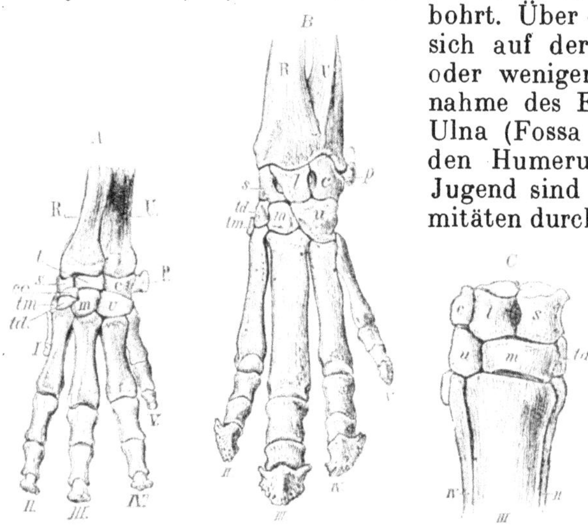

Fig. 515.

A linker Vorderfuß von *Procavia (Dendrohyrax) arborea*. *B Tapirus americanus*. *C* rechter Vorderfuß vom Pferd. *R* Radius, *U* Ulna, *s* Scaphoideum, *l* Lunare, *c* Cuneiforme, *p* Pisiforme, *ce* Centrale, *tm* Trapezium, *td* Trapezoid, *m* Magnum, *u* Unciforme, *I—V* erster bis fünfter Finger.

Der Vorderarm (Fig. 514) besteht aus zwei Knochen, der Speiche (Radius) und der Elle (Ulna, Cubitus), wovon der Radius mit der äußeren und und vorderen, die Ulna mit der inneren und hinteren Gelenkrolle des Humerus artikuliert. Bei denjenigen Säugetieren, welche die Vorderextremität mehr zum Greifen als zum Gehen benützen, sind beide Knochen wohl ausgebildet, jedoch in der Art übereinander gekreuzt, daß am distalen Ende die Ulna außen, der Radius innen liegt, bei den übrigen steht die Ulna hinter dem Radius. Bei den vorgeschritteneren Huftieren verkümmert der untere Abschnitt der Ulna und verwächst vollständig mit dem Radius.

Das obere Ende des Radius hat eine seichte, quer ovale Gelenkgrube, deren konvexer Innenrand sich dicht an die Ulna anlegt. Der Schaft ist etwas abgeplattet, das untere Ende quer verbreitert und die ausgehöhlte Gelenkfläche innen durch einen kurzen zugeschärften Vorsprung (Processus styloideus *ps*) begrenzt. Am oberen Ende der Ulna ragt ein starker, vierseitiger, distal abgestutzter und verdickter Knorren (Ellenbogenfortsatz, Olecranon *ol*) mehr oder weniger weit vor, dessen Vorderseite durch eine halbmondförmige Gelenkfläche (Fossa lunaris), an welche sich der Radius anlegt, senkrecht abfällt. Das untere distale Ende der Ulna ist in den meisten Fällen schmäler als der Radius, hat eine konvexe Gelenkfläche und meist auch einen Processus styloideus auf der Außenseite.

Der Carpus oder die Handwurzel (Fig. 515) besteht bei allen Säugetieren aus zwei Reihen kleiner Knöchelchen. Bei den primitiveren

Formen schaltet sich, wie bei den Reptilien, ein kleines Os centrale zwischen die beiden Reihen ein. Von den drei Knöchelchen der ersten oder proximalen Reihe entspricht das innere (Scaphoideum) dem Radiale, das äußere (Cuneiforme) dem Ulnare, das mittlere (Lunare) dem Intermedium der Reptilien; ein viertes äußeres und etwas nach hinten gerichtetes Knöchelchen (das Erbsenbein oder Os pisiforme) wird nicht zu den eigentlichen Carpalknöchelchen gezählt, sondern bald als Rudiment eines sechsten Fingers, bald als ein großes Sesambein betrachtet. Die Knöchelchen der distalen Reihe werden entweder Carpalia I bis IV oder Trapezium, Trapezoid, Magnum und Unciforme (Fig. 515) genannt. Im primitiven Carpus (Fig. 515 *A*) bleiben sämtliche Knochen getrennt und sind eher etwas alternierend als serial angeordnet. Wird von der Hand nicht nur Beweglichkeit, sondern auch Stärke und Tragfähigkeit verlangt, so erleidet der Carpus sehr verschiedenartige, dem jeweiligen Bedürfnis entsprechende Umbildungen. Die obere Reihe gewinnt zuweilen dadurch eine größere Festigkeit, daß Scaphoideum und Lunare miteinander verschmelzen, und ebenso findet in der zweiten Reihe eine Verschmelzung von zwei oder mehr benachbarten Knöchelchen statt. In anderer Weise erfolgt eine Verfestigung des Carpus dadurch, daß sich die Carpalia der zweiten Reihe derart von außen nach innen verschieben, daß eine alternierende und verschränkte Anordnung zustande kommt. Denselben Erfolg hat auch eine ungewöhnliche Breitenausdehnung eines Knöchelchens, z. B. des Magnum (Fig. 515 *C*). Die seitliche Verschiebung oder ungleiche Ausdehnung der distalen Carpalia führt häufig zur gänzlichen Verdrängung des Trapezium.

Auf den Carpus folgen die Metacarpalia oder Mittelfußknochen, und zwar artikulieren am Unciforme stets die zwei äußeren Metacarpalia (IV und V), während die übrigen Mittelhandknochen je einem Carpale als Stütze dienen. Ursprünglich lagen die proximalen, häufig schwach ausgehöhlten Gelenkenden der Metacarpalia in gleicher Ebene; meistens greifen dieselben aber ziemlich weit in den Carpus herein und verstärken dadurch das Knochengefüge. Der distale gewölbte Gelenkkopf der Metacarpalia wird häufig durch einen vorspringenden, zugeschärften Kamm (Leitkiel) in zwei Hälften geteilt. Bei den Wiederkäuern verschmelzen die beiden mittleren Metacarpalien zu einem Canon.

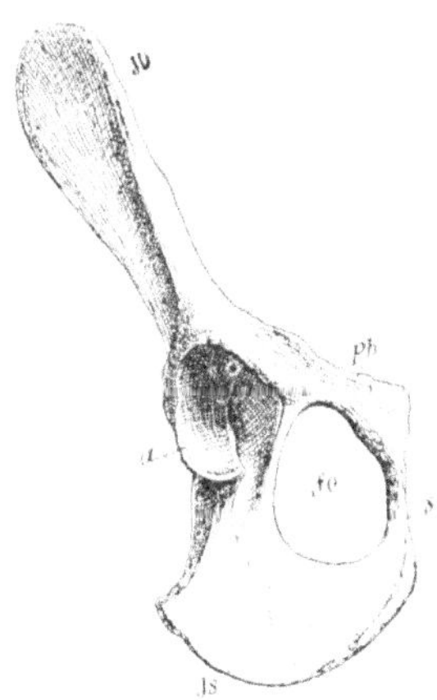

Fig. 516.
Rechte Beckenhälfte vom Hund von vorn gesehen. *Il* Ilium, *Pb* Pubis, *Is* Ischium, *a* Pfanne. *fo* Foramen obturatorium, *s* Symphyse.

Von den fünf Fingern heißt der erste oder innere Daumen (Pollex). Mit Ausnahme der Cetaceen hat kein Säugetier mehr als drei Phalangen an jedem Finger, doch verkümmern am Daumen und kleinen Finger in der Regel ein oder zwei Glieder, und bei den Edentaten tritt zuweilen eine Verschmelzung von zwei Phalangen ein. Bei den Fledermäusen verlängern sich sowohl die Metacarpalia als die Phalangen in ungewöhnlicher Weise zur Befestigung der Flughaut.

Die Endphalangen haben sehr verschiedene Form und werden ringsum oder vorne von hornigen Hufen, Krallen oder Nägeln umschlossen. An den Gelenkverbindungen von Metacarpus und den ersten Phalangen liegen auf der Hinterseite der Hand sehr häufig paarig entwickelte, kleine halbmondförmige Sesambeine, die im Bindegewebe entstehen.

Das Becken (Pelvis, Fig. 516) wird jederseits aus drei in der seitlich gelegenen Gelenkpfanne — Acetabulum — für den Oberschenkel zusammenstoßenden, meist sehr frühzeitig zu einem sog. Os innominatum verschmolzenen Knochen, dem Hüftbein oder Darmbein (Ilium *Il*), dem Schambein (Pubis *Pb*) und dem Sitzbein (Ischium *Is*) gebildet. In der Mitte der Bauchseite stoßen die beiden Beckenhälften in einer Symphyse zusammen und umschließen jederseits eine große, mit Muskeln und Bindegewebe erfüllte Öffnung (Foramen obturatorium *fo*).

Der Oberschenkelknochen (Femur, Fig. 517) ist meist lang zylindrisch. Am oberen Ende ragt ein halbkugeliger, durch eine Einschnürung (Hals) vom eigentlichen Schaft getrennter Gelenkkopf nach innen und vorne vor. Dem Kopf gegenüber befindet sich auf der hinteren und äußeren Seite ein kräftiger Muskelansatz, der große Trochanter (Trochanter major tr^1), begrenzt von einer mehr oder weniger vertieften Grube (Fossa digitalis). Ein kleiner, konischer Höcker, der kleine Trochanter (Trochanter minor tr^2) liegt unmittelbar unter dem Kopf auf der vorderen Innenseite. Ein dritter Trochanter (Trochanter tertius tr^3) ragt am Hinterrand in einiger Entfernung unter dem großen Trochanter vor, ist jedoch nur bei Huftieren, Nagern, Insectivoren und Edentaten deutlich entwickelt. Das distale Ende des Femur wird durch die stark verdickte, vorne schmale und jederseits von einem vorragenden Kamm begrenzte Gelenkrolle gebildet. Dieselbe wird außen und innen durch je einen großen, knorrigen, gerundeten Gelenkkopf (Ectocondylus und Entocondylus) begrenzt, zwischen denen auf der Hinterseite eine ziemlich tiefe und breite Grube (Fossa intercondyloidea *f*) liegt.

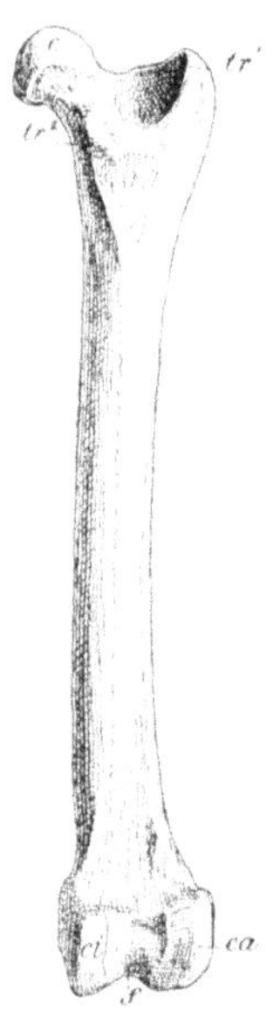

Fig. 517. Rechtes Femur vom Hund von hinten. *c* Condylus, tr^1 großer, tr^2 kleiner, *ci* innerer Gelenkkopf, (Entocondylus), *ca* äußerer Gelenkkopf, *f* Fossa intercondyloidea.

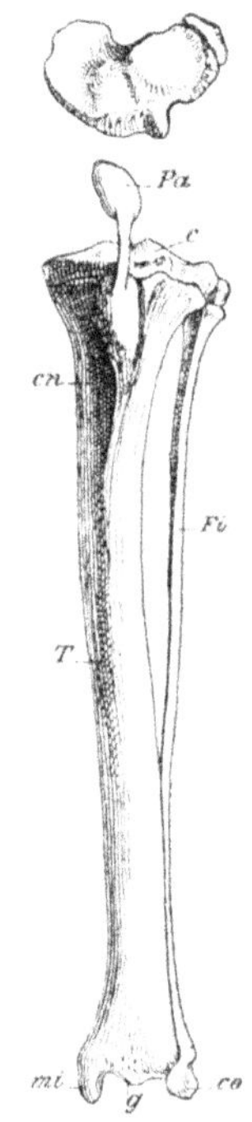

Fig. 518. Linke Tibia (*T*) und Fibula (*Fi*) nebst Patella (*Pa*) vom Hund von vorne. *c* oberes Gelenkende, *g* unteres Gelenkende der Tibia, *cn* Procnemialkamm, *mi* malleus, internus, *co* unteres, Gelenkende der Fibula.

Das verdickte obere Ende der Tibia (Fig. 518) bildet eine dreieckige, wenig vertiefte Gelenkfläche (*c*), die durch eine mediane Erhöhung in zwei Hälften zerlegt wird; die Hinterseite des Schaftes ist abgeplattet und jederseits kantig begrenzt; die Vorderseite bildet unter dem oberen Gelenkende einen mehr oder weniger zugeschärften Kamm (Procnemialcrista *cn*), und das distale Ende eine quer verbreiterte Gelenkfläche (*g*), die häufig durch eine gerundete Mittelerhebung halbiert wird; auf der Innenseite wird dieselbe durch einen Vorsprung (Malleolus internus *mi*) begrenzt. Das Wadenbein (Fibula *Fi*) ist stets ein dünner Knochen, dessen unteres Ende *(co)* häufig als ein dem Malleolus internus entsprechender Fortsatz vorragt und sich auf die vordere Außenfläche des Astragalus oder auf das Calcaneum stützt. Bei den vorgeschritteneren Huftieren verkümmert die Fibula entweder vollständig oder bis auf ein kleines distales, seltener proximales Rudiment.

Zwischen Femur und Tibia liegt auf der Vorderseite die kleine, durch Bänder mit der Tibia verbundene Kniescheibe (Patella *Pa*).

Die Fußwurzel oder der Tarsus (Fig. 519) besteht wie die Handwurzel aus zwei Knöchelchen-

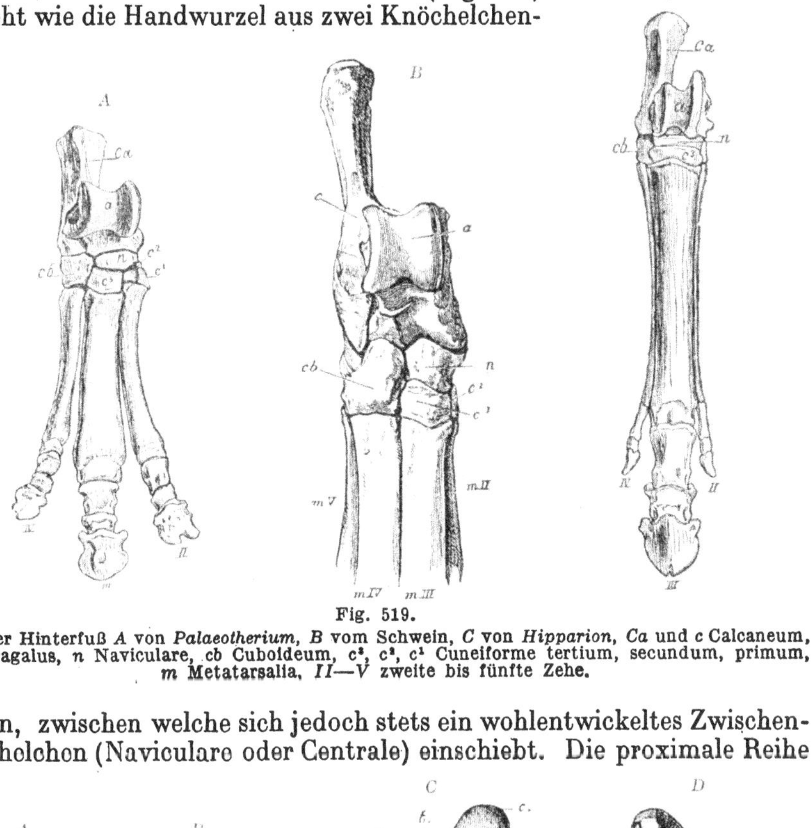

Fig. 519.

Rechter Hinterfuß *A* von *Palaeotherium*, *B* vom Schwein, *C* von *Hipparion*, *Ca* und *c* Calcaneum, *a* Astragalus, *n* Naviculare, *cb* Cuboideum, c^3, c^2, c^1 Cuneiforme tertium, secundum, primum, *m* Metatarsalia, *II*—*V* zweite bis fünfte Zehe.

reihen, zwischen welche sich jedoch stets ein wohlentwickeltes Zwischenknöchelchen (Naviculare oder Centrale) einschiebt. Die proximale Reihe

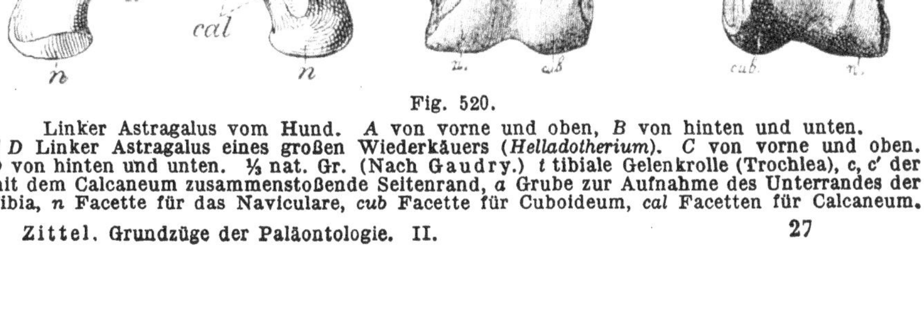

Fig. 520.

Linker Astragalus vom Hund. *A* von vorne und oben, *B* von hinten und unten. *C D* Linker Astragalus eines großen Wiederkäuers (*Helladotherium*). *C* von vorne und oben. *D* von hinten und unten. ⅓ nat. Gr. (Nach Gaudry.) *t* tibiale Gelenkrolle (Trochlea), *c*, *c'* der mit dem Calcaneum zusammenstoßende Seitenrand, *a* Grube zur Aufnahme des Unterrandes der Tibia, *n* Facette für das Naviculare, *cub* Facette für Cuboideum, *cal* Facetten für Calcaneum.

besteht lediglich aus Sprungbein (Astragalus) und Fersenbein (Calcaneum). Der Astragalus (Fig. 520) liegt auf der inneren, das Calcaneum auf der äußeren Seite; ersterer bildet mit dem distalen Ende der Tibia das Sprunggelenk; seine nach vorne und oben gerichtete tibiale Gelenkfläche ist bei den plumpsten Huftieren *(Amblypoda, Proboscidea)* fast eben, in der Regel jedoch als ein vorspringender halbzylindrischer Gelenkkopf ausgebildet, der sich durch eine mehr oder weniger tiefe mediane Aushöhlung in eine Gelenkrolle (Trochlea) umwandeln kann. Der distale Teil des Astragalus verlängert sich häufig zu einem Hals und wird entweder durch eine flache oder schwach gewölbte Gelenkfläche für das Naviculare abgestutzt oder er besitzt am distalen Ende eine breite, gewölbte, nach hinten verlängerte Gelenkrolle, die sich auf Naviculare, Cuboideum und Calcaneum stützt (Fig. 520 *B*). Auf der Hinterseite hat der Astragalus ein bis zwei Facetten für das Calcaneum und eine für das Cuboideum. Bei altertümlichen Formen befindet sich oberhalb der proximalen Facette ein Foramen.

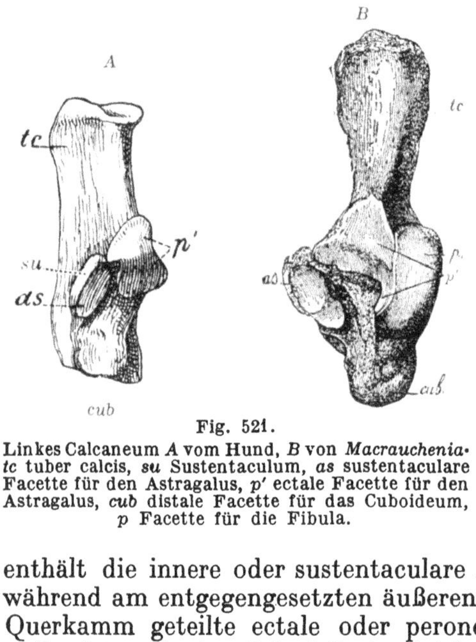

Fig. 521.
Linkes Calcaneum *A* vom Hund, *B* von *Macrauchenia*. *tc* tuber calcis, *su* Sustentaculum, *as* sustentaculare Facette für den Astragalus, *p'* ectale Facette für den Astragalus, *cub* distale Facette für das Cuboideum, *p* Facette für die Fibula.

Das Calcaneum (Fersenbein, Fig. 521) ist ein länglicher, kantiger Knochen, dessen hinterer Teil zu einem abgestutzten Stiel (Tuber calcis *tc*) ausgezogen ist, der bei den Sohlengängern auf dem Boden aufruht und die Ferse bildet, bei den Zehengängern und Huftieren aber schräg nach oben und hinten gerichtet ist. Am distalen Ende stößt das Calcaneum mit dem Cuboideum *(cub)* zusammen, während es mit der vorderen und oberen ausgehöhlten Seite den Astragalus stützt. Ein nach innen vorspringender Fortsatz (sustentaculum) enthält die innere oder sustentaculare Facette *(as)* für den Astragalus, während am entgegengesetzten äußeren Teil sich die häufig durch einen Querkamm geteilte ectale oder peroneale Facette *(p')* befindet. Zuweilen ist noch eine Gelenkfläche *(p)* für die Fibula vorhanden.

Das Cuboideum (Würfelbein) ist ein würfelförmiger oder unregelmäßig vierseitiger Knochen, dessen Höhe die Breite meist übertrifft. Das Naviculare breitet sich über die drei nebeneinander liegenden Cuneiformia aus.

Die Metatarsalia *(Mt)* stimmen im wesentlichen mit den Metacarpalia überein, doch sind ihre proximalen Gelenkflächen fast immer abgeplattet, dicht an die distalen Facetten der Tarsalia angepreßt und meist in einer Ebene gelegen. An ihrem Oberende besitzen die Metatarsalia besondere Fortsätze, welche an der Hinterseite der Tarsalia hinaufragen, während an der Hand die Carpalia hinten über die Metacarpalia übergreifen. Am Cuboideum artikulieren die zwei äußeren Metatarsalia *(Mt IV* und *V)*, alle übrigen Tarsalia werden nur durch je einen

Mittelfußknochen gestützt. Durch Verstärkung und Ausdehnung von *Mt III* und *Mt IV* treten am Hinterfuß dieselben Reduktionen ein wie am Vorderfuß, und zwar fällt derselben zuerst die große oder erste Zehe (Hallux), darauf die fünfte, dann die zweite und im äußersten Falle (beim Pferd) auch die vierte Zehe zum Opfer. Bei den Wiederkäuern verschmelzen *Mt III* und *IV* wie am Vorderfuß zu einem Canon. Auch bei Dicotyles und einigen Nagern — Dipodiden — findet Verwachsung von Metatarsalien statt.

Die Phalangen und Sesambeine der Hinterextremitäten unterscheiden sich in Zahl, Form und Größe in der Regel nicht wesentlich von denen der Vorderfüße; die Endglieder sind auch hier von Krallen, Hufen oder Nägeln umgeben.

Im allgemeinen steht die Ausbildung der Extremitäten im engsten Zusammenhang mit den Verrichtungen derselben, also auch mit der Lebensweise des Tieres. Da nun die Extremitäten in vielen Fällen ausschließlich zum Gehen, in anderen zum Gehen und Greifen, zum Klettern und Graben, zum Fliegen oder Schwimmen dienen, so entspricht jeder dieser Funktionen eine besondere Einrichtung, die unter Umständen in ähnlicher Weise bei Tieren von sehr verschiedener Organisation wiederkehrt. Es setzt diese Tatsache eine gewisse Plastizität des ganzen Organismus und damit auch des Knochengerüstes voraus, welche sich häufig sehr deutlich in den verschiedenaltrigen Vertretern einer bestimmten Gruppe in Gestalt phylogenetischer Durchgangsstadien kundgibt. Das Stadium der Veränderungen im Säugetierskelett während der phyletischen Entwicklung, die sog. »Kinetogenese«, ist in neuester Zeit vorzüglich durch Cope und Osborn gefördert und im Sinne der Lamarckschen Anschauungen ausgebaut worden[1]).

Neben dem eigentlichen Knochengerüst hat bei den Säugetieren das Gebiß[2]) das größte praktische Interesse, indem die Zähne nicht nur eine außerordentlich mannigfaltige Differenzierung aufweisen,

---

[1]) *Cope E. D.*, The Origin of the foot structures of the Ungulata. Journ. Acad. nat. hist. Philad. 1874. On the effect of impact and strains on the feet of Mammalia. Amer. Naturalist 1881, p. 542. The mechanical causes of the development of the hard parts of the Mammalia. Journ. of Morph. 1889. Primary factors of organic evolution 1896. — *Osborn H. F.*, The evolution of the Ungulate foot. Trans. Amer. Phil. Soc. 1889. — *Schlosser M.*, Über die Modifikationen des Extremitätenskelettes bei den einzelnen Säugetierstämmen. Biolog. Zentralblatt 1890. — *Scott W. B.*, On some of the factors of the evolution of Mammalia. Journ. Morph. 1891, p. 739.

[2]) *Ameghino Fl.*, Sur l'évolution des dents des mammifères. Bol. Acad. Nacion. Cienc. Cordoba 1896. Recherches de morphologie phylogénétique sur les molaires supérieures des Ongulés. Anal. Mus. Nac. Buenos Aires 1904. — *Cope E. D.*, The mechanical causes of the development of the hard parts of the Mammalia. Journ. Morph. 1889. — *Flower W. H.*, Remarks on the homologies and notation of the teeth of the Mammalia. Journ. Anat. Physiol. 1869, p. 262. — *Kowalewsky W.*, Anthracotherium. Palaeont. 1874. XXII. — *Leche W.*, Zur Entwicklungsgeschichte des Zahnsystems der Säugetiere. Bibliotheca Zoologica. Heft 17, 1895. Zur Frage nach der stammesgeschichtl. Bedeutung des Milchgebisses. Zoolog. Jahrbücher 1909. 1915. — *Nehring A.* und *Schäff E.*, Gebiß-Tafeln zur Altersbestimmung des Reh-, Rot- und Schwarzwildes. Berlin-Parey 1889. — *Osborn H. F.*, Evolution of Mammalian molar teeth to and from the triangular type. New York 1907. — *Owen R.*, Odontography. London 1840—45. — *Schlosser M.*, Biolog. Zentralbl. 1890, p. 81, p. 238. — *Scott W. B.*, The evolution of the premolar teeth in the Mammalia. Proc. Acad. nat. sc. Philad. 1892, p. 405. — *Wortman J. L.*, The comparative anatomy of the teeth of the vertebrata. Washington 1886.

sondern auch in engster Beziehung zur Ernährung und zum ganzen Skelettbau stehen. Sie wurden darum von jeher mit Vorliebe für die Systematik verwertet und spielen insbesondere in der Paläontologie wegen ihrer Widerstandsfähigkeit gegen die zerstörenden Einflüsse der Fossilisation eine wichtige Rolle.

Die meisten Säugetierzähne bestehen aus Schmelz, Dentin und Zement und enthalten eine mit zelligem Gewebe erfüllte und mit Blutgefäßen und Nerven versehene Pulpa (Fig. 522). Vasodentin kommt nur bei den Edentaten vor. Das Zement (Crusta petrosa) bedeckt in der Regel als dünner Überzug die Wurzel, nicht selten aber auch als eine mehr oder weniger dicke weiße Kruste die Krone, oder es füllt Vertiefungen und Zwischenräume derselben aus. Die Pulpa bildet an jungen Zähnen in Krone und Wurzel einen großen Hohlraum: bei mehrwurzeligen Zähnen verzweigt sie sich und sendet in jede Wurzel eine Verlängerung. An jungen in der Entwicklung begriffenen Zähnen ist die Pulpa an der Basis des Zahnes weit geöffnet und nach vorne verengt. Diese Beschaffenheit erhält sich dauernd bei allen wurzellosen,

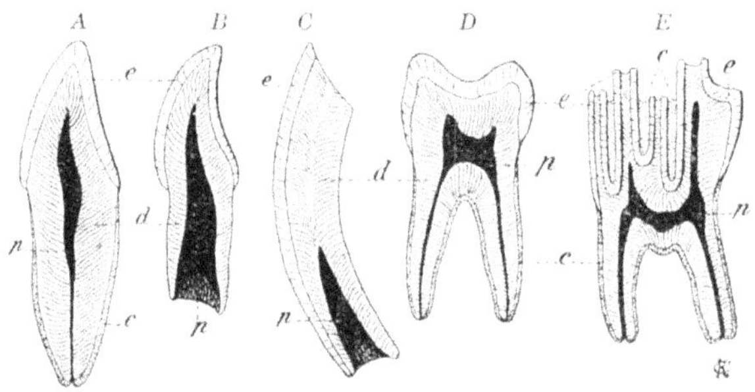

Fig. 522.

Vertikale Durchschnitte verschiedener Zähne. *e* Schmelz, *d* Dentin, *c* Zement, *p* Pulpa. *A* einwurzeliger Schneidezahn, ausgewachsen, die Pulpa in einen feinen Kanal ausgezogen. *B* junger, in der Entwicklung begriffener Schneidezahn mit weit offener Pulpa. *C* Schneidezahn eines Nagers, nur an der Vorderseite mit Schmelz bedeckt, mit persistenter Pulpa. D zweiwurzeliger Backzahn des Menschen mit niedriger, breiter Krone. *E* Backzahn eines Ochsen mit hoher Krone und tiefen Schmelzfalten, deren Zwischenräume mit Zement ausgefüllt sind. Der Schmelz ist an der Oberfläche abgekaut und dadurch die Dentinsubstanz an der Usurfläche bloßgelegt.

mit sog. persistenter Pulpa versehenen Zähnen. Zähne mit niedriger Krone, wohlentwickelten Wurzeln und an der Basis verengter Pulpa werden **brachyodont**, solche von hoher zylindrischer oder prismatischer Gestalt mit weit offener Pulpa, ohne oder mit nur im hohen Alter vorhandenen schwachen Wurzeln **hypselodont** oder **hypsodont** genannt.

Die Ausbildung der Säugetierzähne wird wesentlich durch ihre physiologische Funktion beeinflußt. Dienen sie lediglich zum Ergreifen und Festhalten der Nahrung, so entspricht der einfache Kegelzahn am besten dieser Aufgabe; werden sie als Waffe oder als Instrumente zur Beseitigung von Hindernissen verwendet, so verlängern sie sich, ragen aus der Mundhöhle vor und wandeln sich in Stoßzähne um. Ist die Nahrungszufuhr reichlich, und bedarf es zur Zerkleinerung derselben einer vollkommeneren Einrichtung, so tritt Arbeitsteilung und Spezialisierung des Gebisses ein. Gewissen Zähnen fällt die Funktion zu, die Nahrung zu ergreifen und festzuhalten, anderen dieselbe zu zerschneiden oder zu zermalmen, und da diese Arbeiten meist in verschiedenen Teilen der Mundhöhle ausgeführt werden, so erleiden die vorderen Zähne andere Differenzierungen als die hinteren.

Ein gänzlicher Mangel an Zähnen tritt nur dann ein, wenn, wie bei den Walen, Ameisenfressern und Schnabeltieren, eine Zerkleinerung der Nahrung überhaupt nicht erforderlich ist; eine gleichförmige Ausbildung aller Zähne (Isodontie) kommt nur bei Meersäugetieren vor, deren Zähne, wie die der meisten niederen Vertebraten, lediglich zum Festhalten der Nahrung dienen. Weitaus die meisten Säugetiere besitzen ein »anisodontes«, differenziertes Gebiß, dessen Zähne sich in den beiden Kieferhälften symmetrisch wiederholen. Die im Zwischenkiefer und in der Symphyse des Unterkiefers eingepflanzten, stets einwurzeligen oder mit persistenter Pulpa versehenen Zähne heißen Schneidezähne (dentes incisivi *J*). Auf die Schneidezähne folgt jederseits im Oberkiefer unmittelbar hinter der Zwischen- und Oberkiefernaht ein meist konischer, höchst selten zweiwurzeliger Eckzahn (dens caninus oder laniarius *C*), dem im Unterkiefer ein ähnlich geformter Zahn entspricht, welcher bei geschlossenem Kiefer unmittelbar

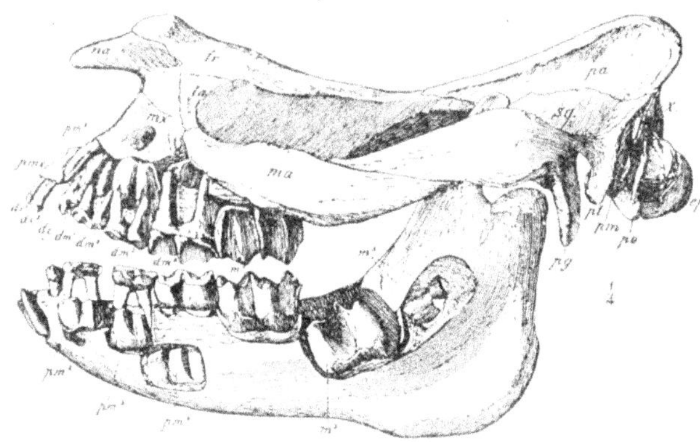

Fig. 523.
Titanotherium. Schädel und Unterkiefer im Zahnwechsel begriffen (Kiefer teilweise aufgebrochen). Oligocän. Nebraska. 1/8 nat. Gr. (Nach Hatcher.)

vor dem oberen Eckzahn eingreift. Hinter dem Eckzahn beginnen die Backenzähne (dentes molares), wovon die vorderen, meist etwas einfacher gebauten als Lückenzähne oder Praemolares (Molares spurii *P*), die hinteren als echte Molaren (Molares veri *M*) bezeichnet werden. Sind in einem Gebiß sämtliche Sorten von Zähnen vorhanden, so gilt dasselbe für vollständig; es ist unvollständig, wenn entweder Schneidezähne, Eckzähne oder Backenzähne fehlen.

Bei den Zahnwalen, Sirenen und den meisten Edentaten bleiben die einmal vorhandenen, meist sehr einfachen Zähne zeitlebens in Gebrauch. Diesen wenigen, monophyodonten Formen steht die große Mehrzahl der übrigen, diphyodonten Säuger gegenüber, bei denen ein Zahnwechsel stattfindet. Die Ersatzzähne bilden sich jedoch nicht wie bei Fischen, Amphibien und Reptilien das ganze Leben hindurch, sondern nur ein einziges Mal; sie verdrängen die zuerst vorhandenen sog. Milchzähne und treten als definitives oder Ersatzgebiß (Dauergebiß) an deren Stelle. Im Milchgebiß werden ebenfalls Schneidezähne, Eckzähne und Backenzähne unterschieden, wovon die beiden ersteren fast immer mit ihren Ersatzzähnen in Zahl und Form übereinstimmen, während die Milchbackenzähne in geringerer Anzahl vorhanden sind und in ihrer Ausbildung häufig mehr den hinteren echten Molaren als ihren Ersatzzähnen entsprechen. Den echten (d. h. hinteren) Molaren des definitiven Gebisses gehen niemals Milchzähne voraus, dagegen werden die Milchbackenzähne durch Praemolaren verdrängt. Nicht immer folgen sämtlichen Zähnen des Milchgebisses Ersatzzähne. Bei Huftieren treten z. B. öfters nur drei Praemolaren an Stelle von vier Milchbackenzähnen, ja bei den Beuteltieren wird meist nur ein einziger (der letzte) Milchbackenzahn ersetzt; die vorderen bleiben dauernd in Funktion und vertreten die Antemolaren der übrigen Säugetiere. Der Zahnersatz ist offenbar im Verschwinden begriffen, denn selbst bei den Säugetieren mit vollständigem Milchgebiß erfolgt der Zahnwechsel in einem früheren Altersstadium als bei ihren Ahnen im älteren Tertiär. Bei manchen Säugetieren werden Zahnkeime angelegt, welche bald wieder der Resorption anheimfallen, während sie bei den Vorläufern dieser Tiere zu funktionierenden Zähnen heranwuchsen.

Die Zahl der Zähne ist bei monophyodonten Säugern höchst variabel. Bei den Diphyodonten sind nicht nur die beiden Kieferhälften symmetrisch bezahnt, sondern es herrscht auch eine bestimmte Regel in der Zahl und Verteilung der verschiedenen Zähne. Beinahe in sämtlichen Ordnungen und Familien der Säugetiere besitzen die geologisch jüngeren Formen weniger Zähne als die älteren Vertreter derselben Entwicklungsreihe. Eine Vermehrung der normalen Zahnzahl im Verlauf der phyletischen Entwicklung kommt dagegen bei diphyodonten Säugern niemals vor. Die Reduktion beginnt fast immer mit den am Ende einer bestimmten Kategorie stehenden Zähnen, z. B. mit dem ersten *J*, dem vordersten *P* oder dem letzten *M* und schreitet von da nach vorne oder hinten weiter[1]).

Form und Größe der verschiedenen Zähne hängt ab von ihrer Stellung, von ihrer Funktion und ihrer Ernährung. Als primitives Gebiß der Säugetiere darf man wohl eine aus konischen, einwurzeligen Zähnen bestehende, durch gleichmäßige Lücken getrennte Zahnreihe annehmen. Die geringste Abweichung vom ursprünglichen Kegelzahn zeigen die Eckzähne. Sie sind in den meisten Fällen konisch, einspitzig, öfters etwas rückwärts gekrümmt, einwurzelig (nur

---

[1]) Zur Abkürzung der sog. Zahnformeln wird in der Regel nur die Bezahnung einer Kieferhälfte aufgenommen. Die Bezeichnung für das Tapirgebiß lautet demnach folgendermaßen:

A. Definitives Gebiß: $J\,\frac{3}{3},\ C\,\frac{1}{1},\ P\,\frac{4}{4},\ \mathrm{M}\,\frac{3}{3} = 44$

oder abgekürzt: $\frac{3\,.\,1\,.\,4\,.\,3}{3\,.\,1\,.\,4\,.\,3} = 44$

B. Milchgebiß: $DJ\,\frac{3}{3},\ DC\,\frac{1}{1},\ DM\,\frac{3}{3} = 28$

oder abgekürzt: $D\,\frac{3\,.\,1\,.\,3}{3\,.\,1\,.\,3} = 28.$

Sind Reduktionen eingetreten, so ergeben sich dieselben sofort aus der Zahnformel. Es hat z. B. die Ziege im definitiven Gebiß folgende Zahnformel:

$$\frac{0\,.\,0\,.\,3\,,\,3}{3\,.\,1\,.\,3\,,\,3} = 32.$$

bei einigen fossilen Beuteltieren und Insectivoren zweiwurzelig) und dienen hauptsächlich zum Ergreifen und Zerreißen der Nahrung, sie sind darum auch bei Fleischfressern am stärksten entwickelt.

Den Schneidezähnen liegt in der Regel die Funktion ob, die Nahrung zu ergreifen und zu zerschneiden. Im ersteren Fall behalten sie konische Form und ähneln den Eckzähnen, im zweiten plattet sich die Zahnkrone in der Richtung von vorne nach hinten ab, erhält einen schneidenden Rand und wird meißel- oder schaufelförmig. Sie sind stets einwurzelig. Fallen den Schneidezähnen besondere Verrichtungen zu, so modifiziert sich demgemäß ihre Form. So werden die zum Nagen benützten Incisiven groß, gekrümmt, an der Krone zugeschärft, meist sehr lang und sind häufig nur auf der Vorderseite mit Schmelz bedeckt. Die starken, konischen oberen Schneidezähne der Sirenen werden zum Herausreißen von Wasserpflanzen benützt; die gewaltigen, mit persistenter Pulpa versehenen, entweder schmelzlosen oder nur mit einem Schmelzband bedeckten Stoßzähne der Proboscidier und des Narwal dienen als Waffe oder zur Beseitigung von Hindernissen etc. Mit der Größenzunahme und besonderen Differenzierung einzelner Schneidezähne verbindet sich in der Regel die Verminderung ihrer Zahl; gänzlichen Mangel an Schneidezähnen findet man bei den meisten Edentaten; bei den Ruminantiern gehen die oberen, bei den meisten Proboscidiern die unteren *J* durch Schwund verloren.

Bei weitem die mannigfaltigsten Verrichtungen kommen den Backenzähnen zu, und demgemäß weisen dieselben auch die größten Differenzierungen auf. Im allgemeinen haben sie die Tendenz, ihre Krone zu vergrößern, mit Spitzen, Höckern oder Leisten auszustatten und dadurch zum Zerkleinern der Nahrung geeigneter zu machen. Bei Fleisch- und Insektenfressern dienen die Backenzähne lediglich zum Zerschneiden der Beute und zum Zermalmen von Knochen. Zähne mit schmalen, verlängerten, zugeschärften und mehrspitzigen Kronen werden für die erste Verrichtung, breitere, mit spitzen Höckern versehene Kronen für die zweite am geeignetsten sein. Bei allen Insekten- und Fleischfressern haben demgemäß die besonders tätigen Backenzähne schneidende, mehrspitzige (secodonte) Kronen und arbeiten wie die Blätter einer Schere, indem die unteren Zähne von den oberen umschlossen werden und letztere über die ersteren vorragen. Tiere, welche sich von gemischter Kost ernähren, haben bunodontes Gebiß, sie suchen die niedrigbleibende Krone der Backenzähne zu vergrößern und mit konischen Höckern auszustatten. Die Bewegung des Unterkiefers ist wie bei den Insekten- und Fleischfressern vertikal (orthal) und der Condylus quergestellt.

Die verschiedenartigste Ausbildung erlangen die Backenzähne der reinen Pflanzenfresser. Auch hier zeigt sich das Bestreben, die Zahnkrone in die Breite und Länge zu vergrößern, mit Höckern auszustatten und zum Zerreiben der Nahrung geeignet zu machen. Die konischen Höcker des ursprünglich bunodonten Zahnes nehmen V-förmige Gestalt an, indem sich zwei konvergierende Grenzkanten bilden. Durch kräftige Entwicklung der Schenkel dieser V-förmigen Hügel und durch Zusammenstoßen ihrer Enden oder aber durch direkte Verbindung von zwei Höckern durch gerade oder gebogene Querkämme entstehen komplizierte, mit Jochen versehene lophodonte

Kronen. Einen wesentlichen Einfluß auf die Formierung und Richtung dieser Leisten und Joche übt die Bewegung des Unterkiefers; wird derselbe beim Kauen wie bei den meisten herbivoren Huftieren von außen nach innen (ektal) oder von innen nach außen (ental) bewegt, so sind die V-förmigen Höcker hintereinander nach der Längsachse des Zahnes angeordnet, und die Seitenleisten der Höcker, sowie die Querjoche stehen schief zu derselben. Sehr häufig runden sich die Spitzen der V-Höcker ab und bilden alsdann halbmondförmige (selenodonte) Joche. Schiebt sich der Unterkiefer beim Kauen

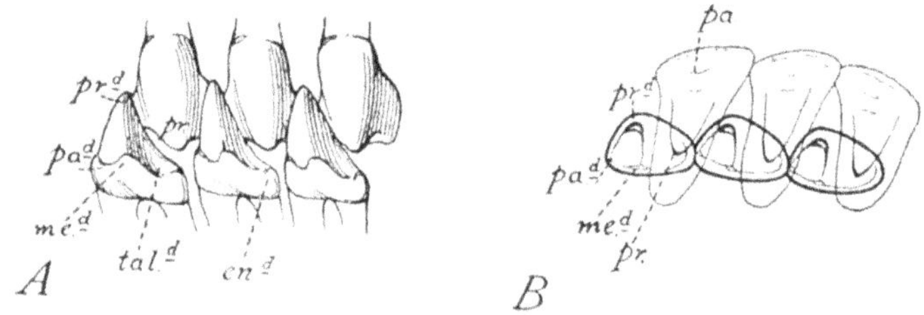

Fig. 524.
Hypothetische Entwicklung des trituberkulären Zahnes. *A* Obere und untere Molaren von innen. *B* obere und untere aufeinander gezeichnet. *pr* Protocon, *pa* Paracon, *prd* Protoconid, *pad* Paraconid, *med* Metaconid, *end* Entoconid, *tald* Talonid. (Nach Gregory.)

wie bei den meisten Nagern von vorne nach hinten (proale Mastikation), wobei der Condylus in einer Längsrinne der Schläfenbeinbasis bewegt wird, so stellen sich die Joche quer zur Längsachse. Dieselbe Anordnung der Joche zeigt sich auch bei den Proboscidiern, deren Unterkiefer sich von hinten nach vorne (palinal) bewegt. Durch Fältelung der Schmelzjoche, durch Bildung von spornförmigen Fort-

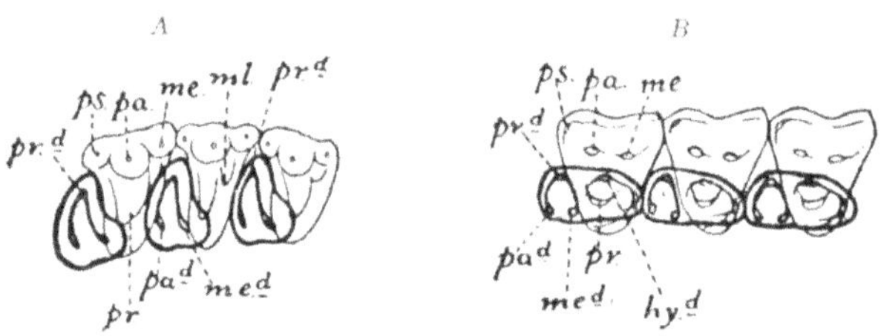

Fig. 525.
A Dryolestes. Oberer Jura. Untere *M* noch trituberkulär, ohne Hypoconid, obere *M* trituberkulär mit Parastyl. *B Triisodon.* Unterstes Eocän. Untere *M* tuberkulärsektorial. Beide Zahnreihen aufeinandergezeichnet; *pr, pa, prd, pad, med, end* wie in Fig. 524. *me* Metacon, *ps* Parastyl, *ml* Metaconulus, *hyd* Hypoconid. (Nach Gregory.)

sätzen, durch Einschaltung von Neben- und Zwischenhöckern, durch Entwicklung von Basalwülsten und schließlich durch Ansatz von Höckern und Jochen am hinteren Ende des Zahnes kann sowohl die bunodonte als auch die lophodonte Zahnkrone eine kompliziertere Ausbildung erlangen. Im allgemeinen sind die oberen Backenzähne, da sie über die des Unterkiefers vorragen, fast immer breiter als die unteren; die letzteren hingegen dehnen sich in der Längsrichtung aus.

E. Cope und H. F. Osborn haben versucht, die mannigfachen Modifikationen der Backzähne von dem einfachen kegelförmigen Reptilienzahn abzuleiten. Aus diesem »haplodonten« Zahn wird durch Hinzutreten von Nebenspitzen und durch beginnende Teilung der Wurzel der »protodonte« Zahn. Wenn seine Nebenspitzen fast ebenso groß geworden sind wie die ursprüngliche Hauptspitze, so entsteht entweder der »triconodonte« Zahn, dessen Spitzen sämtlich in einer geraden Linie angeordnet sind, oder der »trituberkuläre« Zahn, dessen Nebenspitzen seitlich von der Hauptspitze stehen und mit ihr alternieren. Beide Zahntypen besitzen je zwei Wurzeln, jedoch erfolgt mit fortschreitender Komplikation des oberen trituberkulären Zahnes eine Zweiteilung seiner Außenwurzel.

Der trikonodonte Zahn ist auf ganz wenige Säugetiere beschränkt und hat auch keineswegs die Bedeutung für die weitere Entwicklung der Molaren, welche ihm früher beigelegt wurde, denn dieser liegt unzweifelhaft der trituberkuläre Zahntypus zugrunde, dessen erste Anfänge bereits bei gewissen *Cynodontia*, den reptilienartigen Vorläufern der Säugetiere, wahrnehmbar sind.

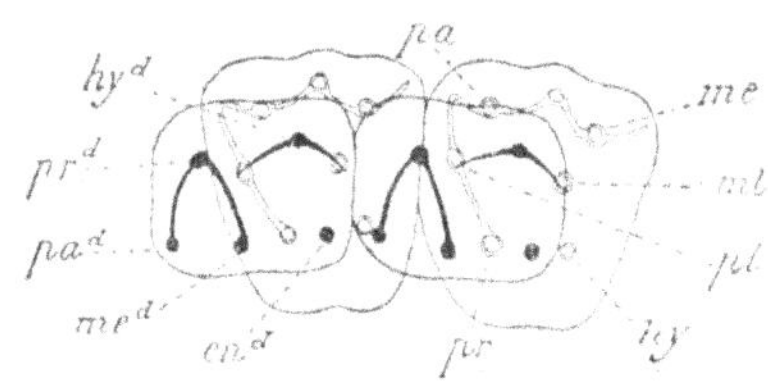

Fig. 426.
Entwicklung der Huftiermolaren. Obere und untere *M* aufeinandergezeichnet. *pr, pa, me, ml, prd, pad, med, end, hyd* wie in Fig. 425. *hy* Hypocon, *pl* Protoconulus. (Nach Osborn.)

Der »trituberkuläre« Zahn — »Trigon« im Oberkiefer, »Trigonid« im Unterkiefer — genügte zwar, solange die Tiere geringe Körpergröße besaßen und sich hauptsächlich von Insekten nährten. Die allmähliche Zunahme der Körperdimensionen und die hiermit verbundene Anpassung an Fleischnahrung oder gemischte Kost erforderte jedoch eine weitere Verstärkung der Backenzähne, welche dadurch bewerkstelligt wurde, daß an den unteren Molaren ein zwei- oder dreispitziges »Talonid« als Antagonist der Hauptspitze des entsprechenden oberen Molaren entstand und an den oberen Molaren die beiden Außenspitzen sich vergrößerten und außerdem zwei kleine Zwischenspitzen sich bildeten, von welchen

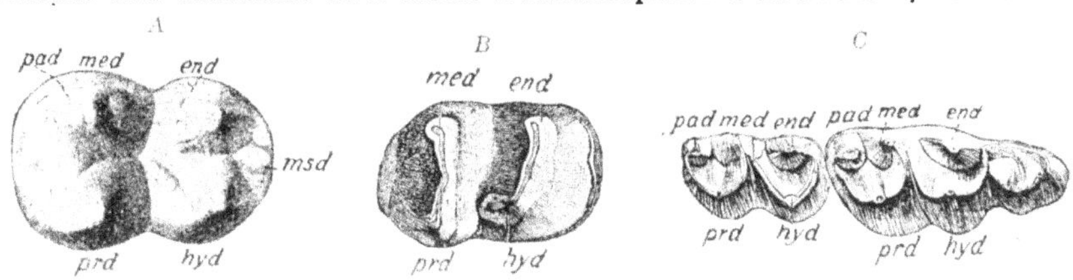

Fig. 527.
A Elotherium, unterer *M* bunodont. *B Hyrachyus*, unterer *M* lophodont. *C Anoplotherium*, Außenhügel halbmondförmig, selenodont. Innenhügel konisch. M_3 mit drittem Halbmond.

die hintere bei gemischter Kost öfter in einen zweiten Innenhöcker umgewandelt wurde; dieser zweite Innenhöcker erweist sich aber auch nicht selten als eine aus dem Basalband hervorgegangene Neubildung. Die einzelnen Bestandteile des fünf- resp. sechshöckerigen Zahnes führen folgende Namen:

A. Obere trituberkuläre Molaren. Abgekürzt

Vordere Innenspitze	oder	Höcker	—	Protoconus	—	pr.
hintere	»	»	—	Hypoconus	—	hy.
vordere Außenspitze	»	»	—	Paraconus	—	pa.
hintere	»	»	—	Metaconus	—	me.
vordere Zwischenspitze	»	»	—	Protoconulus	—	pl.
hintere	»	»	—	Metaconulus	—	ml.

B. Untere tuberkulärsektoriale Molaren.

Vordere Außenspitze	oder	Höcker	—	Protoconid	—	prd.
hintere	»	»	—	Hypoconid	—	hyd.
vordere unpaare Spitze	»	»	—	Paraconid	—	pad.
hintere »	»	»	—	Mesoconid	—	msd.
vordere Innenspitze	»	»	—	Metaconid	—	med.
hintere	»	»	—	Entoconid	—	end.

Statt durch besondere Namen die einzelnen Höcker zu bezeichnen, numeriert sie Winge[1]). Da er jedoch solche Nummern auch ganz nebensächlichen Bestandteilen der Zahnkrone, so auch den Basalknospen gibt, und sie damit den wesentlichsten Elementen gleichstellt, dürfte es sich kaum empfehlen, dieser Methode den Vorzug vor der fast allgemein angenommenen Osbornschen Nomenklatur zu geben.

Die weitere Differenzierung äußert sich an den oberen Molaren in dem Auftreten von Außenpfeilern — Parastyl *ps*, Mesostyl *ms*, Metastyl *mt* —, bei omnivorer oder herbivorer Lebensweise in Vergrößerung des Hypoconus und in Verschmelzung des vorderen Zwischenhöckers mit dem Protoconus (Fig. 528 A) — quadrituberkulärer Zahn, oder es verbinden sich die Zwischenhöcker mit dem benachbarten Innenhöcker zu je einem Querjoch (Fig. 528 C) — lophodonter Zahn. An den unteren Molaren verschwindet das Paraconid, und alle Innen- und Außenhöcker werden gleich groß, wobei auch hier die Höcker sich paarweise zu Jochen verbinden können (Fig. 527 B). Am letzten unteren Molaren entsteht nicht selten ein dritter Lobus (Fig. 527 C). Durch Hinzutreten von Querjochen kommen polylophodonte Zähne (Fig. 530) zustande. In ähnlicher Weise könnte man sich auch die multituberkulären Zähne (Fig. 529) entstanden denken, allein sie treten bereits gleichzeitig mit dem Trituberkulär- und Triconodontentypus auf, was sich mit der Ableitung von einem dieser beiden Typen nicht gut vereinbaren läßt. Bei den Fleischfressern hingegen verkümmern nach und nach die oberen sowie die beiden letzten unteren Molaren, desgleichen auch das Metaconid und Talonid des ersten unteren Molaren. Dafür wird jedoch Paraconid und Protoconid sowie der letzte obere Praemolar verstärkt, und beide Zähne wirken zusammen als eine Schere.

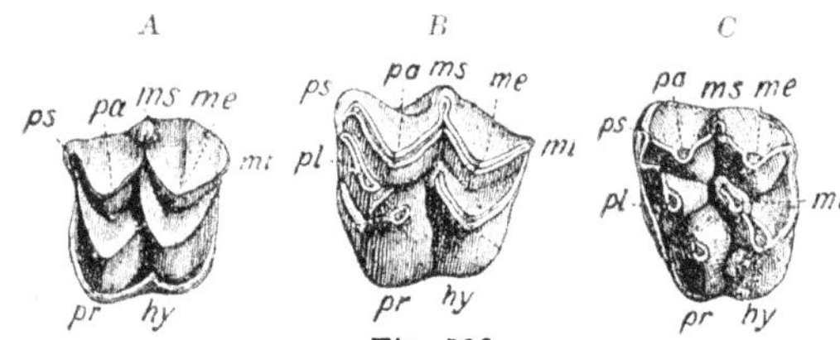

Fig. 528.
Vier-, fünf- und sechshöckerige obere Molaren des linken Oberkiefers von unten.
A Prodremotherium, B Anoplotherium, C Lophiotherium.

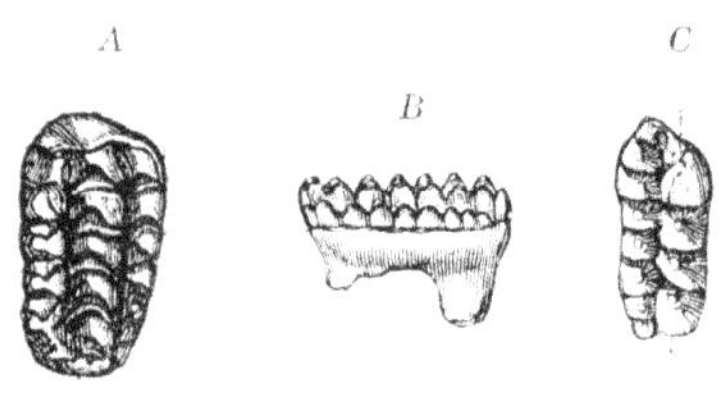

Fig. 529.
Multituberkuläre Backzähne von Allotherien. *A, B* Oberkieferzahn von *Cimolomys*. *C* Unterkieferzahn von *Cimolomys*. $^{3}/_{1}$ nat. Gr. (Nach Marsh.)

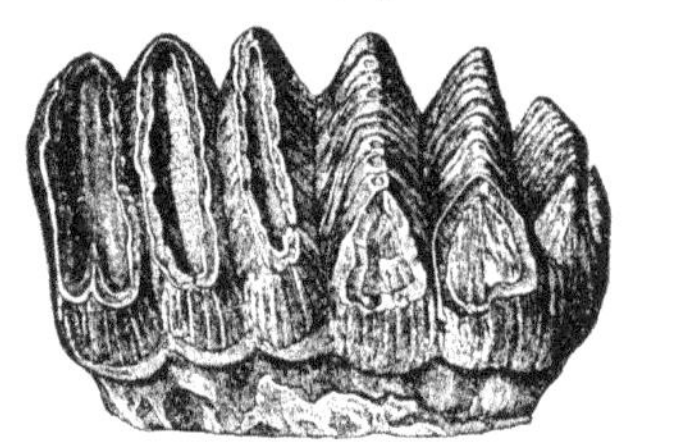

Fig. 530.
Polylophodonter oberer *M* von *Stegodon*. Ca. ½ nat. Größe.

Die Praemolaren erlangen in der Regel nicht den hohen Grad der Differenzierung wie die Molaren. Sie sind meist einfacher, und selbst wenn sie ihnen gleich werden, ist doch die Reihenfolge der neu auftretenden Höcker eine andere als bei den Molaren, weshalb auch die einzelnen Höcker nicht mit denen der Molaren homologisiert werden können. Scott[2]) nennt sie:

Untere P.			Obere P.		
Erster	Außenhöcker	Protoconid.	Erster	Außenhöcker	Protoconus.
	Vorderhöcker	Paraconid.	„	Innenhöcker	Deuteroconus.
„	Innenhöcker	Deuteroconid.	Zweiter	Außenhöcker	Tritoconus.
Zweiter	Außenhöcker	Metaconid.	„	Innenhöcker	Tetartoconus.
„	Innenhöcker	Tetartoconid.			

[1]) On Pattedyrenes Tandskifte i saer med Hensyn til Taendernes Former Vidensk. Medd. Naturhist. Foren. København 1882. E. Museo Lundii 1888. 1902.

[2]) The Evolution of the Premolar Teeth. Proc. Acad. Nat. Sc. Philad. 1892.

Die Systematik der Säugetiere ist durch die Entdeckung zahlreicher fossiler Formen wesentlich beeinflußt worden, denn einerseits werden nicht selten durch sie scheinbar nicht verwandte lebende Gattungen und selbst Familien und Ordnungen miteinander verbunden und die vermeintlichen scharfen Grenzlinien zwischen ihnen mehr oder weniger verwischt, anderseits kamen aber auch fossile Formen zum Vorschein, für welche nicht bloß besondere Familien, sondern sogar in einem Falle eine besondere Ordnung errichtet werden mußte, weil sie den übrigen Säugetieren durchaus fremdartig gegenüberstehen. In weitaus den meisten Fällen läßt sich die Stammesgeschichte der einzelnen Gattungen, Familien und Ordnungen mit viel größerer Sicherheit ermitteln als bei den übrigen Wirbeltieren, in keiner anderen Abteilung des Tierreiches finden wir ein so massenhaftes und geeignetes Material zur Aufstellung genetischer Formenreihen.

Was die Abstammung der Säugetiere von anderen Vertebraten betrifft, so kommen Vögel und Fische als deren Ahnen nicht in Betracht. Auch die Amphibien, von welchen sie Huxley ableiten wollte, stehen den Säugetieren viel ferner als die Reptilien. Unter diesen zeigen die Theromorpha so viele Beziehungen zu den Säugetieren, daß schon Owen und Cope sie als deren Vorläufer bezeichneten. Osborn leitet die Säugetiere von synapsiden Reptilien, und zwar von Cotylosauriern und Theriodontiern[1]) ab, welche ihrerseits aus Stegocephalen hervorgegangen sind, dagegen nimmt Fürbringer engere Beziehungen zwischen Säugetieren und Amphibien an, weil bei diesen der Unterkiefer weniger Bestandteile zählt als bei den Reptilien.

Die Säugetiere werden in der Regel nach ihrer Embryonalentwicklung in zwei Unterklassen, *Eplacentalia* und *Placentalia* eingeteilt. Die ersteren enthalten die Ordnungen der *Monotremata* und *Marsupialia*, die letzteren die Ordnungen der *Insectivora* — inkl. *Tillodontia* —, *Chiroptera*, *Carnivora*, *Cetacea*, *Rodentia*, *Edentata*, *Ungulata*, *Notoungulata*, *Subungulata* — inkl. *Sirenia* — und *Primates*.

A. Unterklasse: **Eplacentalia**.

Embryonalentwicklung ohne Placenta.

1. Ordnung: **Monotremata**[2]). Kloakentiere.

(*Ornithodelphia* Blv.)

Brustgürtel mit selbständigem Coracoid, Epicoracoid und Interclavicula. Becken mit Beutelknochen. Schulterblatt ohne Crista. Freie Halsrippen vorhanden. Kiefer gestreckt, zahnlos oder mit Zahnrudimenten. Fortpflanzung durch Eier. Milchdrüsen ohne Zitzen, auf getrennten Drüsenfeldern mündend. Harnröhren und Genitalgänge in die Kloake mündend, welche in das untere Ende des Mastdarms führt. Körpertemperatur nicht überall gleich.

[1]) *Fuchs Hugo*, Über die Beziehungen der Theromorphen Cope's zu den Therapsiden Brooms und den Säugetieren. Zeitschr. f. Morphol. u. Anthropolog. Bd. XIV. 1911. — *Gaupp E.*, Die Verwandtschaftsbeziehungen der Säuger. Verhandl. d. VIII. Internat. Zoolog. Kongress. Graz 1910.

[2]) *Gregory W. K.*, The Orders of Mammals. Bull. Am. Mus. Nat. Hist. 1909, p. 144—162. — *Van Bemmelen J. F.*, Der Schädelbau der Monotremen. Semon. Zoolog. Forschungsreisen in Australien. 1901.

So interessant diese Ordnung ist, hinsichtlich ihrer vielen Anklänge an Reptilien einerseits und ihrer hochgradigen Spezialisierung anderseits, so hat sie doch für die Paläontologie nur geringe Bedeutung, denn die wenigen bekannten sicheren Überreste stammen aus dem Pleistocän von Australien und gehören den beiden noch lebenden Gattungen *Ornithorhynchus* (Fig. 531) — in der Jugend mit $\frac{2}{2}$ *M* — und *Echidna* an. Es ist aber nicht ausgeschlossen, daß manche der im folgenden erwähnten mesozoischen Säugetiere Monotremen waren, wenigstens die *Allotheria*.

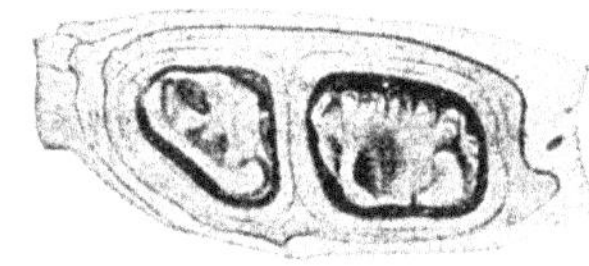

Fig. 531.
Ornithorhynchus jung. Molaren des linken Unterkiefers. 5/2 nat. Gr. (Nach Osborn.)

2. Ordnung: **Marsupialia**[1]).

(*Didelphia* Blv., *Metatheria* Huxley.)

Verschiedenartig bezahnte, heterodonte Pflanzen- oder Fleischfresser mit sehr unvollständigem Zahnwechsel. Schultergürtel ohne Coracoid, Becken mit Beutelknochen. Zitzen der Milchdrüsen meist von einer Hautfalte umschlossen, welche einen Beutel bildet, worin die ohne placentale Entwicklung in unreifem Zustande geborenen Jungen längere Zeit getragen werden.

Die Beuteltiere bilden einen ziemlich großen Formenkreis, in welchem Fleisch- und Insektenfresser sowie huftier- und nagerähnliche Typen vertreten sind, und diese mannigfachen Differenzierungen äußern sich nicht bloß im Gebiß, sondern auch im Skelett. Das Gehirn ist klein, die glatten Hemisphären des Großhirns bedecken weder die Sehhügel und Riechlappen noch das Kleinhirn. Die Nasenbeine sind groß, die Jochbogen vollständig, die Augenhöhlen hinten offen. Die Verwachsung der Schädelnähte findet ziemlich spät statt. An der Bildung der Gehörkapsel beteiligt sich das Alisphenoid, seltener das Mastoid. Das halbringförmige Tympanicum bleibt immer getrennt von den übrigen Schädelknochen. Der harte Gaumen ist stets von größeren oder kleineren Öffnungen durchbohrt. Die hintere Ecke des Unterkiefers ist bei den lebenden immer nach innen eingebogen.

Das Gebiß erinnert teils an das von Herbivoren oder von Nagern, teils an das von Insectivoren oder von Fleischfressern. Bei den ersteren ist die Zahl der *J* und *P* sowie der *C* reduziert, dafür ist jedoch in jedem Kiefer ein *J* sehr stark ausgebildet, die letzteren haben ein vollständiges Gebiß, in welchem meist bis zu $\frac{5}{4}$ *J* vorhanden und die *C* kräftig entwickelt sind

[1]) *Ameghino F. C.*, Los Diprotodontes del order de los Plagiaulacoideos. Anal. Museo Nacion. Buenos Aires. T. IX, 1903. — *Cope E. D.*, The tertiary Marsupialia. Amer. Naturalist, 1884. — *Gidley J. W.*, An extinct marsupial from the Fort Union. Proc. U. St. Nation. Mus. Vol. 48. 1915. — *Goodrich E. S.*, Mammalia from the Stonesfield slate. Quart. Journ. microscopical Science. Vol. 35. — *Gregory W. K.*, The Orders of Mammals. Bull. Am. Mus. Nat. Hist. 1909, p. 162 bis 231. Origin of the Human Dentition. Journ. of Dental Research 1920. p. 111 bis 165. — *Marsh O. C.*, Amer. Journ. Sc. and Arts 1880 XX, 1881 XXI, 1889 XXXVIII, 1892 XLIII. — *Matthew W. D.*, A Marsupial of the Belly River Cretaceous. Bull. Am. Mus. Nat. Hist. N. Y. 1916. — *Osborn H. F.*, Proceed. Ac. nat. Scienc. Philad. 1887—1888. Journ. Ac. nat. hist. Philad. 1888. Vol. IX. Evolution of the Mammalian Molar Teeth. New York 1907. — *Owen R.*, Monograph of foss. Mammalia of the British Mesozoic Formations. Palaeont. Soc. 1871. Research. on the foss. remains of the extinct Mammals of Australia with a notice of the extinct Marsupials of England. London 1877. — *Sinclair W. J.*, Marsupialia of the Santa Cruz Beds. Rep. Princeton's Univ. Expedit. to Patagonia. Vol. IV. Part III. 1906. — *Thomas Oldfield*, On the Homologies and Sucession of the teeth in the Dasyuridae. Philos. Trans. 1887. Vol. 178 b. — *Woodward A. S.*, A reconstructed skeleton of Diprotodon in the British Museum. Geolog. Magaz. 1907, p. 337. On some Mammalian teeth of the Wealden of Hastings. Quart. Journ. Geol. Soc. London 1911, p. 278—281.

und zuweilen je zwei Wurzeln besitzen. Die *P* haben in der Regel einen sehr einfachen Bau und geringe Größe, nur der hinterste ist meist groß und oft stark spezialisiert. Die meist in der Vierzahl vorhandenen *M* sind entweder secodont, bunodont oder lophodont. Der Zahnwechsel beschränkt sich auf den letzten *P*, aber die Embryonen der lebenden Beuteltiere besitzen Anlagen von Zähnen, welche als die nicht zum Vorschein kommenden übrigen Milchzähne zu deuten sind. Die mesozoischen Formen scheinen zum größten Teil keine Ersatzzähne zu besitzen, wenigstens zeigt auch das Röntgenbild keine solchen. (Briefl. Mitteilung von Schuchert.) Bei jungen Beuteltieren ist zwischen Coracoid und Scapula ein Metacoracoid vorhanden wie bei den permischen Reptilien. Auch reicht das Coracoid in der Jugend bis zum Sternum.

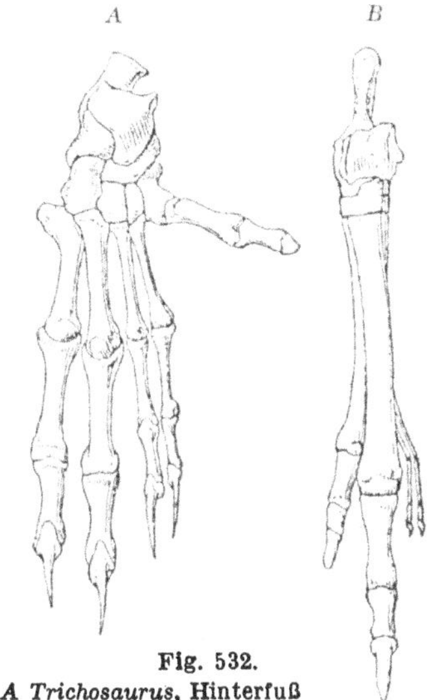

Fig. 532.
A Trichosaurus, Hinterfuß mit fünf fast gleichgroßen Zehen. *B Macropus*, *I—III* Zehe reduziert (nach Dollo).

Charakteristisch für die Beuteltiere ist die Anwesenheit von je einem stabförmigen Knochen am Vorderrand des Schambeins. Diese Beutelknochen finden sich bei beiden Geschlechtern, sind aber bei den Thylacyniden durch Faserknorpel ersetzt. Die Länge der Hinterbeine übertrifft häufig die der Vorderbeine. Der Hinterfuß (Fig. 532) hat fünf oder vier Zehen, von denen die vierte stets am längsten ist, während die zweite und dritte bei Herbivoren sehr dünn werden können und stets von einer gemeinsamen Haut umgeben sind. Jedoch bestehen zwischen dieser spezialisierten und der ursprünglich fünfzehigen Extremität vielfache Übergänge. Der Hallux steht öfters den übrigen Zehen rechtwinklig gegenüber oder verkümmert ganz. Dollo leitet alle Marsupialier von fünfzehigen arboricolen Formen ab.

Mit Ausnahme der in Amerika verbreiteten *Didelphidae* und der südamerikanischen *Caenolestidae* sind die Beuteltiere gegenwärtig auf Australien und die benachbarten Inseln beschränkt. Die pleistocänen Formen hatten dieselben Wohnsitze wie die lebenden. Dagegen besaß im Tertiär und in der Jurazeit nicht bloß Nordamerika — hier auch in der Kreide — sondern auch Europa eine Anzahl fossiler Marsupialier, und aus dem Tertiär von Südamerika kennt man eine ziemliche Menge verschiedenartiger Typen. Man unterscheidet am zweckmäßigsten drei Unterordnungen, die *Allotheria*, die *Diprotodontia* und die *Polyprotodontia*, obschon die *Caenolestidae* zwischen den beiden letzteren den Übergang bilden.

1. Unterordnung: **Allotheria** Marsh. *Multituberculata* Cope[1]).

Kleine, ausgestorbene, herbivore oder omnivore Säuger mit vielhöckrigen M, deren Höcker in zwei oder drei Längsreihen angeordnet sind. P entweder den M ähnlich, aber einfacher, oder seitlich zusammengedrückt. In jedem Kiefer ein J

[1]) *Ameghino Fl.*, Anales Mus. Nac. Buenos Aires. T. IX, 1904. — *Branca W.*, Einige Betrachtungen über die ältesten Säuger der Trias- und Liaszeit. Abh. d. k. pr. Akad. d. Wiss. Berlin 1915. — *Broom R.*, Structure and Affinities of the Multituberculata. Bull. Amer. Mus. Nat. Hist. New York. Vol. XXXIII. 1914. — *Cope E. D.*, Amer. Naturalist 1881. 86. — *Gidley J. W.*, Proceed. Unit. St. Nat. Mus. XXXVI. 1909, p. 611. — *Hennig Ed.*, Die Säugerzähne des württemb. Rhät. Lias Bonebeds. Neues Jahrb. f. Min. Geol. u. Palaeont. 46. Beil.-Bd. 1922. — *Lemoine V.*, Bull. soc. géol. Fr. 1883. 3. sér. — *Marsh O. C.*, Amer. Journ. Sc. 1878—81, 1889, 1892. — *Osborn H. F.*, Journ. Acad. Nat. Sc. Philad. 1888. Proc. Acad. Nat. Sc. Phil. 1891. Amer. Naturalist July 1891. Bull. Amer. Mus. Nat. Hist. 1893.

kräftig, nagezahnartig entwickelt. Ohne C. Unterkiefer mit etwas einwärts gebogenem Eckfortsatz. Coracoid selbständig ausgebildet.

Die *Allotheria* finden sich in der Trias von Europa und Südafrika, im Jura von Europa und Nordamerika, in der Kreide von Nordamerika und im untersten Tertiär von Europa und Nordamerika. Auch gehören hierher möglicherweise einige Formen aus dem Eocän von Südamerika.

Von den meisten Gattungen liegen nur vereinzelte Zähne, Unterkiefer, selten Oberkiefer und Schädelteile vor. Nur von *Ptilodus* kennt man den Schädel und einige Knochen. Die systematische Stellung ist daher sehr unsicher. Broom stellt die *Tritylodontiden*, *Plagiaulaciden* und *Polymastodontiden* zu den *Monotremata*. Die Zähne von *Polymastodon* erinnern auch wirklich sowohl in ihrer Zusammensetzung als auch in ihrer Zahl an die rudimentären Backenzähne von *Ornithorhynchus*. Der Astragalus von *Polymastodon* gleicht nach Cope dem von Känguruh.

1. Familie: **Tritylodontidae** Cope.

Schnauze abgestutzt, Zwischenkiefer mit je einem starken C-ähnlichen J und dahinter ein kleiner stiftförmiger J. P den M ähnlich, aber einfacher, M mit drei Höckerreihen. Trias von Südafrika und Europa.

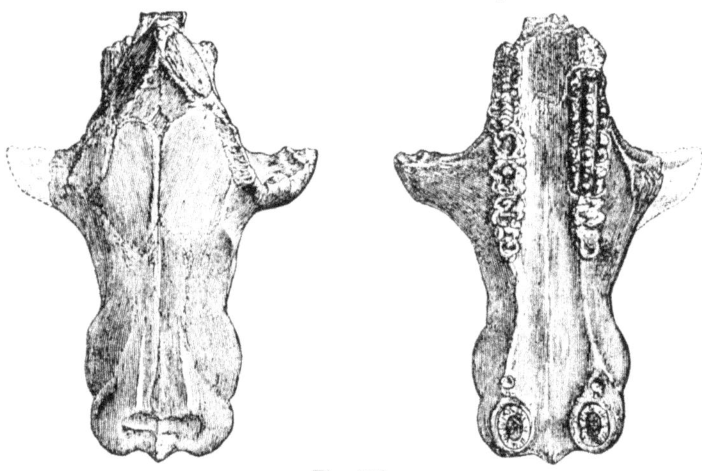

Fig. 533.
Tritylodon longaevus Owen. Trias von Basutoland. Schädel von oben und von unten. $^{2}/_{1}$ nat. Gr. (Nach Owen.)

**Tritylodon* Owen (Fig. 533). 7 Backenzähne. Trias, Karrooformation Südafrika. Von Seeley fälschlich zu den Reptilien (Theriodontia) gestellt.

Triglyphus Fraas. Ein viereckiges Zähnchen mit drei Höckerreihen. Original verloren. *P* vierhöckerig. Rhätisches Bonebed von Hohenheim bei Stuttgart.

2. Familie: **Plagiaulacidae** Gill.

Zwischenkiefer mit ein bis drei J, Unterkiefer mit einem J; erster J in beiden Kiefern nagezahnähnlich. Obere P drei- bis fünfhöckerig, der letzte manchmal mit mehr Höckern. Untere P seitlich zusammengedrückt, schneidend und mit vielen Einkerbungen versehen. Untere M mit nur zwei, obere mit drei, selten mit nur zwei Höckerreihen. Unterkiefer viel kürzer als die Schnauze. Gelenk bis auf den Eckfortsatz ausgedehnt.

**Microlestes* Plieninger (*Hypsiprymnopsis* Dawkins). (Fig. 534.) Nur kleine, länglich vierseitige, in der Mitte vertiefte und außen und innen mit Höckern versehene Zähnchen aus dem rhätischen Bonebed von Württemberg und Somerset bekannt.

Oligokyphus Hennig. Oberer *M* mit 3, oberer *P* mit 2 Reihen kantiger Höcker. Rhät. Lias Bonebed. Württemberg.

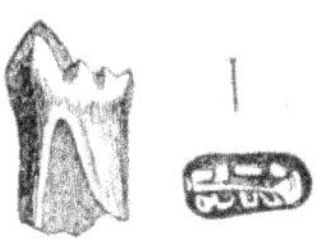

Fig. 534.
Microlestes antiquus Plieninger. Backzahn aus dem Bonebed von Echterdingen, Württemberg. $^3/_1$.

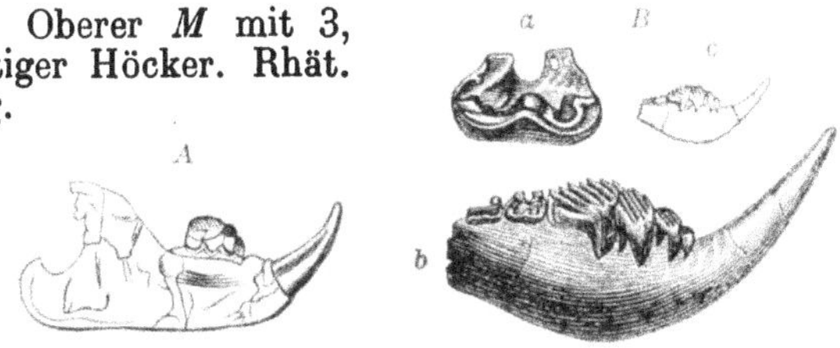

Fig. 535.
Plagiaulax Becclesi Falc. Purbeck-Schichten von Swanage, Dorsetshire. *A* Unterkiefer ($^1/_1$). *B Plagiaulax minor* Owen, ebendaher. *a* Molar vergrößert, *b* Unterkiefer vergrößert, *c* derselbe in nat. Gr. (Nach Falconer.)

Stathmodon Hennig. Vier- und dreispitzige *P*. Ebenda.

**Plagiaulax* Falconer (*Bolodon* Owen). (Fig. 535, 536.) $\frac{1.1.4.3}{1.0.4.3}$. Unterkiefer mit hohem Kronfortsatz und niedrigem, über den Eckfortsatz sich erstreckenden Condylus. Vorderster oberer *J* vertikal nach unten, unterer *J* schräg nach oben und vorne gerichtet. Obere *P* aus zweireihig angeordneten Höckern bestehend, letzter *P M*-artig, untere *P* von vorne nach hinten größer werdend, schneidend, blattartig, mit gerieften Seitenflächen. Obere und untere

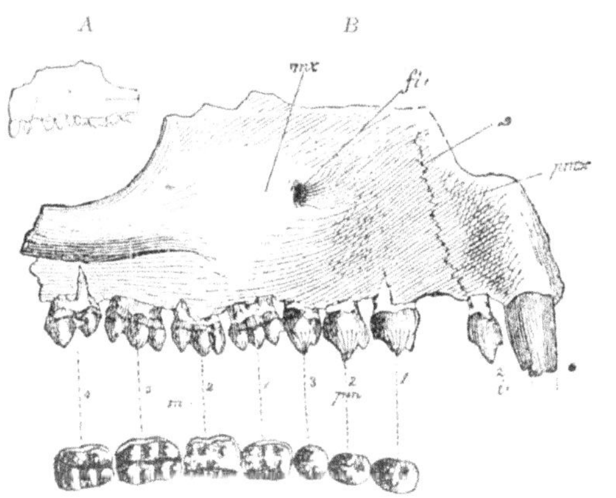

Fig. 536.
Bolodon crassidens Owen. Purbeck-Schichten von Dorsetshire. *A* Oberkieferfragment in nat. Gr. *B* dasselbe in vierfacher Vergrößerung. (Nach Osborn.) *mx* Oberkiefer, *pmx* Zwischenkiefer, *s* Naht zwischen Ober- und Zwischenkiefer, *fi* Foramen infraorbitale, *pm* Lückenzähne, *m* Backenzähne.

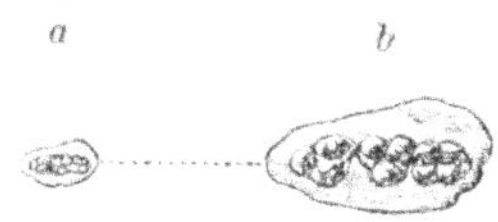

Fig. 537.
Allacodon pumilus Marsh. Obere Kreide. Wyoming. Die drei Praemolaren des Oberkiefers *a* in nat. Größe, *b* in dreifacher Größe. (Nach Marsh.)

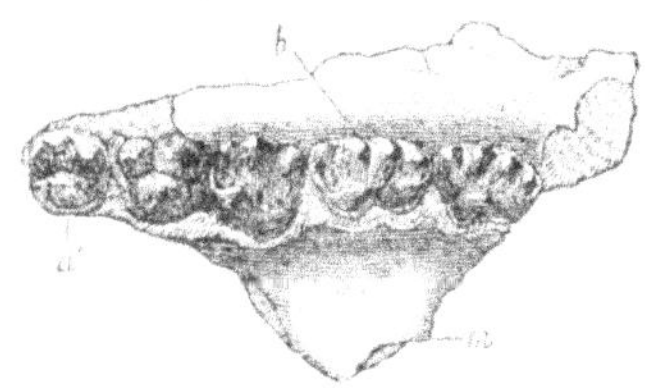

Fig. 538.
Ctenacodon potens Marsh. Ob. Jura. Wyoming. Rechter Oberkiefer von unten. $^4/_1$. (Nach Marsh.) *a'* erster, *b* vierter Praemolar, *m* Jochbogen.

M mit je zwei Reihen von Höckern. Purbeck und Wealden von England. *P. Dawsoni* A. S. Woodw.

Allodon Marsh. Oberkiefer ähnlich *Plagiaulax*, jedoch mit 3 *J*. Mittl. Jura. Morrison bed. Wyoming. *Allacodon* Marsh (Fig. 537). Obere Kreide. Nordamerika.

Ctenacodon Marsh (Fig. 538). Untere *P* am Oberrand schwach gestreift. Obere *M* mit nur zwei großen Außenhöckern. Oberer Jura. Wyoming.

**Neoplagiaulax* Lemoine (*Liotomus* Cope). Unterkiefer nur mit einem großen, gerieften *P* und zwei *M*. Obere *P* teils klein, mit wenigen, in zwei Reihen gruppierten Höckern, teils langgestreckt, einfach, nur mit Längsfurchen am Oberrand. Oberer *M* mit vielen, in drei Längsreihen gestellten Höckern. Untereocän von Reims. — *Eucosmodon* Matthew u. Granger (*Neoplagiaulax* Cope). *J* ohne Wurzel. Paleocän Neu-Mexiko.

**Ptilodus* Cope (*Chirox* Cope). (Fig. 539.) $\frac{1.1.4.2}{1.0.2.2}$. Schädel niedrig und flach, mit langer breiter Schnauze, Gaumen mit großen Lücken, Kiefergelenk nahe dem stark verbreiterten Hinterhaupt. Oberer *C* ähnlich, aber kleiner als *J*. P^1 mit 3, P^2 mit 4, P^3 mit 6 Höckern, P^4 langgestreckt, mit zahlreichen Höckern. M^1 schmäler als P^4. P_3 reduziert, P_4 kräftig, an beiden Seiten gerieft. M_1 mit mehr Höckern als M_2. Humerus massiv, mit engem Entepicondylarforamen. Auch Coracoid, Becken, Ober- u. Unterschenkel bekannt. Ob. Kreide. Belly Rive, Alberta. Untereocän von Montana und Neu-Mexiko. — *Ectypodus* Matthew u. Granger. Ähnlich dem vorigen. P_4 schneidend, P_3 fehlt. Palaeocän, Colorado.

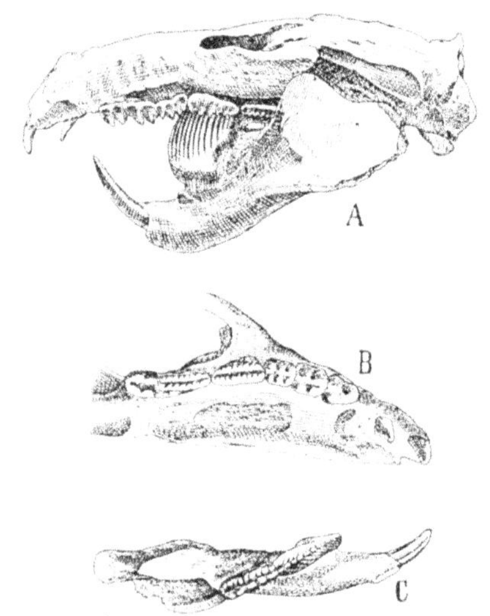

Fig. 539.
Ptilodus gracilis Gidley. Unterstes Eocän. Fort Unionbed Montana.
A Schädel und Unterkiefer. *B* Oberkiefer *C* Unterkiefer. ⅔ nat. Gr. (Nach Gidley.)

Fig. 540.
Cimolomys (*Cimolodon*) *nitidus* Marsh. Obere Kreide. Wyoming. (Nach Marsh.)
a vorletzter unterer Backenzahn, *b* vergrößert.

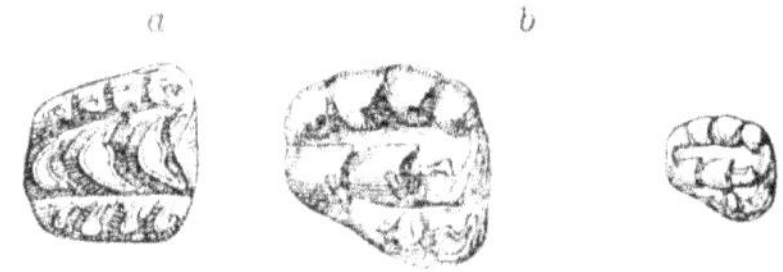

Fig. 541.
a Meniscoëssus conquistus Cope. Oberer Molar aus der obersten Kreide (Laramie-Stufe) von Dakota. ²/₁. (Das Copesche Original nach Osborn.) *b Tripriodon coelatus* Marsh. Ob. Kreide. Wyoming. Wahrscheinlich letzter ob. Molar in natürlicher und in doppelter Größe. (Nach Marsh.)

Cimolomys Marsh (*Cimolodon*, *Nanomys*, Marsh, *Ptilodus*, *Halodon* Osborn). (Fig. 540.) Obere *M* mit drei Höckerreihen. Obere Kreide. Laramiebed von Wyoming und Montana und mittlere Kreide von Nordwest-Kanada.

**Meniscoëssus* Cope (*Dipriodon*, *Tripriodon*, *Selenacodon*, *Oracodon* Marsh). (Fig. 541.) Fast nur isolierte Zähne bekannt. Obere *M* mit drei Höckerreihen. Obere Kreide. Laramiebed von Nordamerika. *Dipriodon valdensis* S. W. (Fig. 542) im Wealden von Sussex.

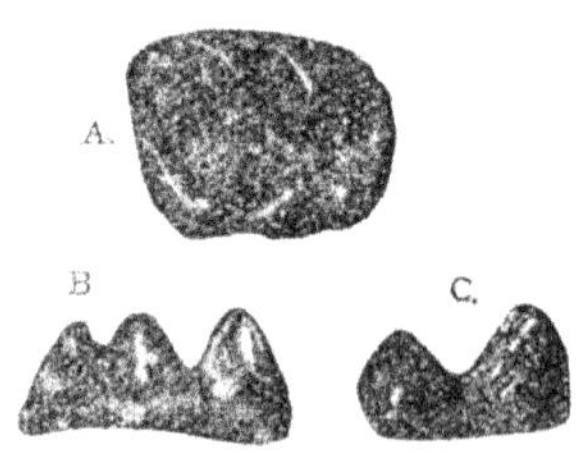

Fig. 542.
Dipriodon valdensis S. W. *A* Kaufläche, *B* von außen, *C* von vorne. Vergr., im Wealden von Sussex.

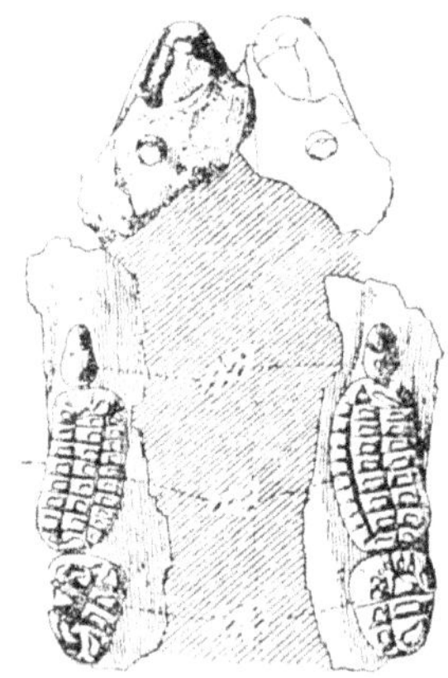

Fig. 543.
Polymastodon attennatus Cope. Unterstes Eocän. Neu-Mexiko. Gaumen mit beiden Zahnreihen. Nat. Gr. (Nach Osborn.)

3. Familie: **Polymastodontidae** Cope.

Beide Kiefer jederseits mit einem starken, nagezahnartigen J und zwei großen M, vor denen sich ein kleiner einfacher P befindet, der von J durch eine lange Zahnlücke getrennt ist. Hinter dem großen oberen J noch ein kleiner J vorhanden. Die unteren M mit zwei, die oberen mit drei Längsreihen von stumpfen Höckern. Unterkieferecke umgebogen. Kiefergelenk fast in der Hinterhauptsfläche gelegen. Im untersten Tertiär, Puerco von Neu-Mexiko.

**Polymastodon* Cope (*Taeniolabis*, *Catopsalis* Cope). (Fig. 543.) $\frac{2.0.1.2}{1.0.1.2}$. Von den Dimensionen eines Bibers.

4. Familie: **Polydolopidae** Ameghino.

Untere J fast horizontal. P^3 und P^4 und unterer P_4 höher als die M und meist als gezähnelte Schneide entwickelt. Obere M mit zwei oder drei, untere stets mit zwei Höckerreihen und von vorne nach hinten kleiner werdend. Meist drei, selten fünf Höcker in einer Reihe. $\frac{1.0.2.3}{1.0.2.3}$.

Im älteren Tertiär von Patagonien (Notostylops-Schichten). Sie sind wahrscheinlich die Nachkommen von *Plagiaulaciden*. Ihre Verwandtschaft mit den *Caenolestiden* ist schon wegen ihrer beträchtlichen Größe unwahrscheinlich, wenn auch zwischen *Polydolops* und *Abderites* einige Ähnlichkeit vorhanden ist.

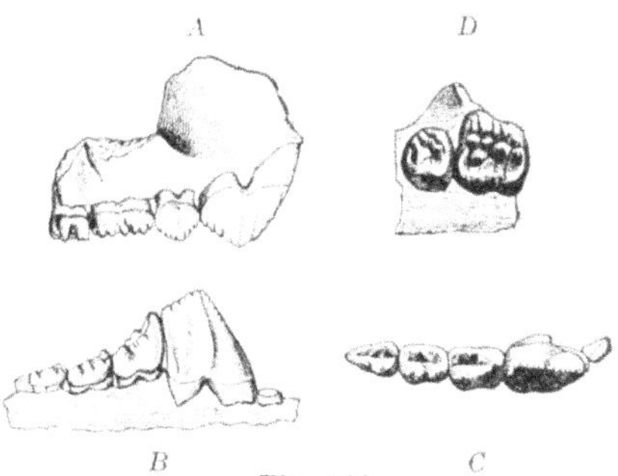

Fig. 544.
Polydolops Thomasi Ameghino. Eocän. Notostylops-Schichten. Patagonien. *A* ob. Zahnreihe, *B* unt. Zahnreihe von außen, *C* von oben, *D Pliodolops primulus* Ameghino. Ebenda. Obere *M*. 1/1 nat. Gr. (Nach Ameghino.)

Von den zahlreichen Gattungen, welche Ameghino meist nur auf einzelne Zähne begründet hat, zeichnen sich *Orthodolops* und *Amphidolops* durch undeutlich, **Polydolops* (Fig. 544), *Pseudolops* und *Pliodolops* durch scharf voneinander geschiedene Höcker aus. An den oberen *M* von **Pliodolops* (Fig. 544*D*) stehen sie in mehreren Reihen.

Propolymastodon (*Promysops?*) Ameghino $\frac{1.0.2.3}{1.0.1.3}$ unterscheidet sich von den übrigen Gattungen durch den Besitz von nur einem, überdies ganz einfachen, ungekerbten *P*.

Eommanodon Ameghino. Miocän. Colpodon-Schichten. Systematische Stellung unsicher.

2. Unterordnung: **Diprotodontia** Owen.

Meist Pflanzenfresser mit je vier vierhöckerigen oder zweijochigen M. P den M ähnlich oder blattartig und schneidend. C fehlend oder sehr schwach entwickelt. Oben 4—1 J, davon der vorderste vergrößert, unten nur ein einziger, aber sehr kräftiger nagezahnartiger J.

Die *Diprotodontia* sind wahrscheinlich Nachkommen von *Polyprotodontia*, welche sich einer gemischten oder ausschließlich vegetabilischen Kost angepaßt haben. Mit Ausnahme der südamerikanischen Gattung *Caenolestes* sind sie jetzt auf Australien beschränkt, wo sie auch im Pleistocän vorkommen. Aus dem Tertiär von Patagonien kennt man eine Anzahl erloschener Gattungen und Arten.

1. Familie: **Caenolestidae** Trouessart. (*Paucituberculata* Ameghino.)

Kleine, höchstens mittelgroße Beutler mit 3—4 kleinen, vertikalen oberen J und einem großen, horizontal gestellten unteren J. Dahinter drei bis vier einfache stiftförmige Lückenzähne, von denen einer im Oberkiefer zuweilen als kräftiger C entwickelt ist. Obere P^2 und P^3 klein, P^4 größer aber schneidend wie die beiden *unteren P. M vierhöckerig, von vorne nach hinten kleiner werdend. Unterer M_1 häufig vergrößert, fünfhöckerig und zusammen mit dem oberen P^4 als Schere funktionierend, die übrigen M vierhöckerig, lophodont. Obere M mit schwachem zweiten Innenhöcker. Fuß nicht syndaktyl. Lebend und fossil in Südamerika.*

1. Unterfamilie: **Caenolestinae.**

$\frac{4.1.3.4}{1.0.4\text{–}5.4}$. Kein *P* oder *M* schneidend ausgebildet. Untere *M* tuberkulärsektorial. *P* und *M* denen von Beutelratten ziemlich ähnlich.

Caenolestes Thomas. Lebend in Ecuador und Kolumbia.

Fig. 545.
A Garzonia typica Ameghino. Miocän. Santa Cruz. Oberer *M* von unten und hinten. ²/₁ nat. Gr. *B Stilotherium dissimile* Amegh. Ebenda. Unterkiefer, nat. Gr. (Nach Ameghino.)

**Garzonia* (Fig. 545A) und *Halmarhiphus* Ameghino aus dem Miocän von Santacruz, die erstere Gattung mit trituberkulären oberen *M*.

Stilotherium (Fig. 545B) und *Cladoclinus* Ameghino (*Pitheculites Clenialites*) Amegh. Miocän von Patagonien.

Zygolestes Ameghino. Pliocän. Parana-Stufe von Argentinien.

2. Unterfamilie: **Palaeothentinae.**

$\frac{?.1.3.4}{1.0.3\text{-}4.4}$. *Oberer P^4 und unterer M_1 zu einer Schere umgestaltet. Im Unterkiefer hinter J_1 drei bis vier kleine Lückenzähne. Schädel, namentlich Hinterhaupt stark verbreitert. Jochbogen weit vorspringend.*

**Palaeothentes* Moreno (Fig. 546) (*Epanorthus*, *Metepanorthus*, *Parepanorthus* Ameghino). Miocän von Patagonien. Alle *M* fast gleich groß. *P* kräftig. *Callomenus*, *Decastis*, *Acdestis* Ameghino. Ebenda. *M* von sehr ungleicher Größe. *Dipilus*, *Metriodromus*,

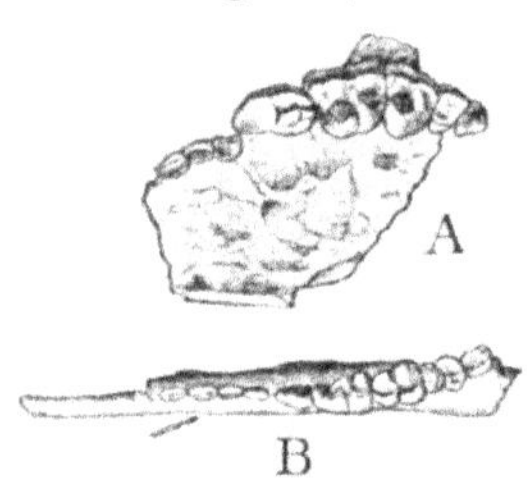

Fig. 546.
A Palaeothentes intermedius Amegh. Obere Backenzähne. *B P. minutus* Am. Untere Backenzähne. Obermiocän. Santa Cruz. ²/₁ nat. Gr. (Nach Sinclair.)

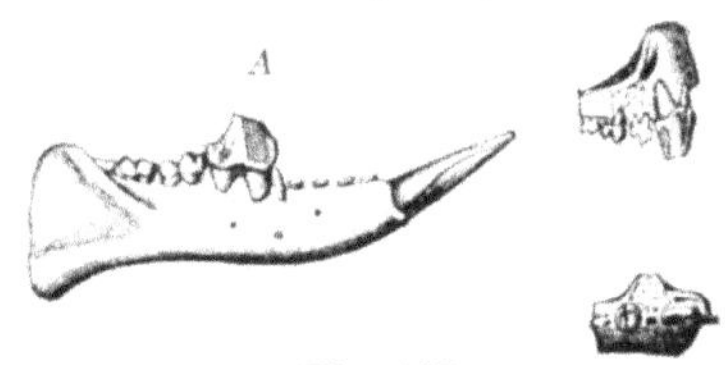

Fig. 547.
Abderites meridionalis Ameghino. Miocän. Santa Cruz. Patagonien. *A* Unterkiefer, *B* Oberkiefer. Nat. Gr. (Nach Ameghino.)

Halmaselus, *Pichipilus*, *Essoprion* Amegh. ganz unvollständig bekannt. *Palaepanorthus* Amegh., Untermiocän Pyrotheriumschichten.

Picrodus Gidley. Drei einwurzelige, kegelförmige *P*. Unterer M_1 als lange Schneide entwickelt. M_2 und $_3$ zweiwurzelig, kürzer als M_1. Unterstes Eocän. Fort Union bed. Montana. Systematische Stellung ganz unsicher.

3. Unterfamilie: **Abderitinae.**

$\frac{\_\_\_\_}{1.4\text{–}5.4}$. *$P^4$ vergrößert. Unterer M_1 schneidend ausgebildet und an beiden Seiten mit Riefen versehen, die übrigen M bunolophodont, vierhöckerig.*

Der untere M_1 hat große Ähnlichkeit mit dem P_4 der *Allotheria*, aber er besitzt ein Talonid, das freilich bei den Arten aus den Colpodonschichten noch schwach ist. Miocän von Patagonien.

**Abderites* Ameghino (Fig. 547). Zwischen dem J_1 und dem kleinen, seitlich stehenden P_4 vier Lückenzähne. Miocän, Santacruz.

Parabderites Ameghino. Zwischen J_1 und dem relativ großen P_4 fünf Lückenzähne. Miocän Colpodonschichten und Pyrotheriumschichten.

2. Familie: **Phalangeridae.**

Mannigfach spezialisierte Beuteltiere, teils omnivor, teils herbivor, teils zum Springen, teils zum Klettern oder sogar zum Fliegen befähigt. Gebiß niemals vollständig. $\frac{3.1.3-1.4}{1.0.3-1.4}$. *Oberer* J^1 *größer als die übrigen, untere J horizontal, nagezahnähnlich. Oberer C stets klein.* P_4 *in beiden Kiefern in der Regel schneidend, öfters gerieft, oder sämtliche P M-artig. M vierhöckerig, Höcker gleich groß und paarweise zu Jochen verbunden. Vorderbeine meist kürzer als die Hinterbeine, an welchen die vierte Zehe stets am kräftigsten ist. Zweite und dritte Zehe reduziert und von einer gemeinsamen Haut umgeben. Schwanz meist lang und kräftig und teils als Greiforgan, teils zum Abschnellen dienend.*

Lebend in Australien, Neuseeland, zum Teil auch in Neuguinea. Fossil im Pleistocän von Australien.

1. Unterfamilie: **Hypsiprymninae.** Känguruh-Ratten.

Langgeschwänzte Beutler, höchstens von Kaninchengröße. $\frac{3.1.1.4}{1.0.1-2.4}$. P_4 *in beiden Kiefern schneidend und an beiden Seiten gerieft. Extremitäten gleich lang. Hinterfuß meist fünfzehig.*

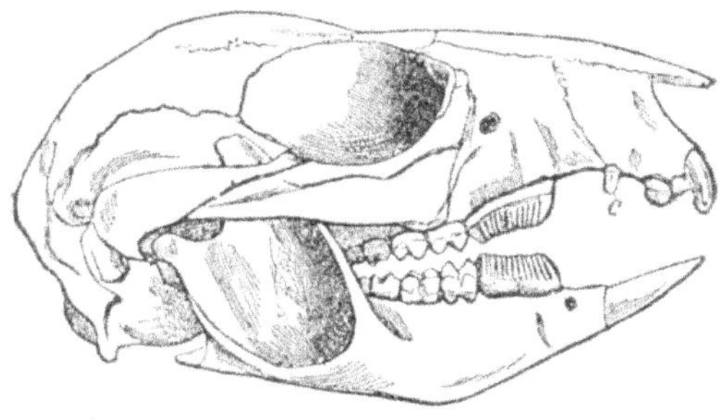

Fig. 548. *Bettongia Grayi* Gould. Schädel. Lebend. Australien.

Aepyprymnus und *Bettongia* (Fig. 548), letztere ohne Hallux, lebend in Australien, fossil im Pleistocän von Neu-Süd-Wales. *Hypsiprymnodon* mit zwei *P*.

Wynyardia Baldwin. Tertiär (Turritella Sandstein von Tablecap), vereinigt im Schädel- und Extremitätenbau Merkmale der *Diprotodontia* und *Polyprotodontia*. Systematische Stellung wegen des Fehlens der Zähne durchaus unsicher.

2. Unterfamilie: **Thylacoleoninae** Owen.

$\frac{3.1.3.1}{1.0.2.3}$. *Große ausgestorbene Beutler mit kräftigem ersten Incisivenpaar und langem, schneidend entwickelten* P_4. *Die Lückenzähne und M stark reduziert.*

**Thylacoleo* Owen (Fig. 549). Schädel dem des Löwen an Größe gleichkommend, hinten breit, Schnauze stark verkürzt und verschmälert. Jochbogen sehr kräftig, weit ausladend. Skelett unvollständig bekannt. Endphalangen der Füße große, stark gekrümmte Krallen. Im Pleistocän von Australien, namentlich in Knochenhöhlen.

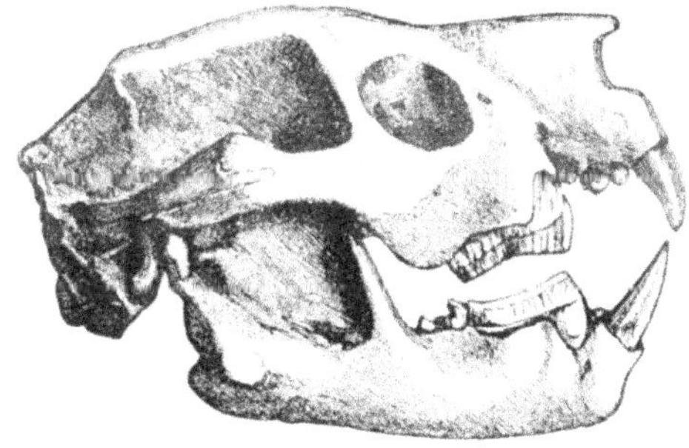

Fig. 549. *Tylacoleo carnifex* Owen. Pleistocän. Queensland. Schädel von der Seite. 1/6 nat. Gr. (Nach Owen.)

3. Unterfamilie: **Phalangerinae.** Kletter- und Flugbeutler.

$\frac{3.1.3-2.4}{1.0.2-1.4}$. *Vorder- und Hinterextremität fünfzehig, an der letzteren die zweite und dritte Zehe dünn und miteinander verbunden.*

Einige der in Australien lebenden Gattungen sind auch im Pleistocän vertreten.

4. Unterfamilie: **Macropodinae.** Känguruh.

$\frac{3 \,.\, 0-1 \,.\, 2-1 \,.\, 4}{1 \,.\, 0 \,.\, 2-1 \,.\, 4}$. *Obere J meißelartig, untere nagezahnähnlich, horizontal. P und M mit hohen Querjochen. Hinterbeine stark verlängert, fünfte, zweite und dritte Zehe reduziert, und die beiden letzteren in einer gemeinsamen Haut steckend. Hallux rudimentär.*

Neben der in Australien lebenden Gattung **Macropus* Shaw (*Halmaturus* Illiger) finden sich im dortigen Pleistocän eine Anzahl fossiler Formen (*Sthenurus*, *Palorchestes* etc.) von zum Teil riesiger Größe.

3. Familie: **Phascolomyidae** Wombate.

Nagerähnliche plumpe Pflanzenfresser mit dickem Kopf, kurzem Hals, kurzen Beinen und stummelartigem Schwanz. $\frac{3-1 \,.\, 0 \,.\, 1 \,.\, 4}{1 \,.\, 0 \,.\, 1 \,.\, 4}$. *J oben und unten verlängert, Backenzähne brachyodont oder prismatisch. Extremitäten plump, fünfzehig, vordere und hintere fast gleich lang.* Lebend und im Pleistocän von Australien.

**Phascolarctus* Blainv. $\frac{3}{1}$ *J.* Backenzähne brachyodont, mit je vier, teils V-förmigen, teils mehr konischen Höckern.

**Phascolomys* Geoffroy. $\frac{1}{1}$ *J.* Backenzähne zylindrisch, aus zwei Querjochen bestehend, von denen jedes aus zwei V-förmigen Höckern zusammengesetzt ist.

Phascolonus Owen, fossil im Pleistocän, unterscheidet sich nur durch seine viel beträchtlichere Größe.

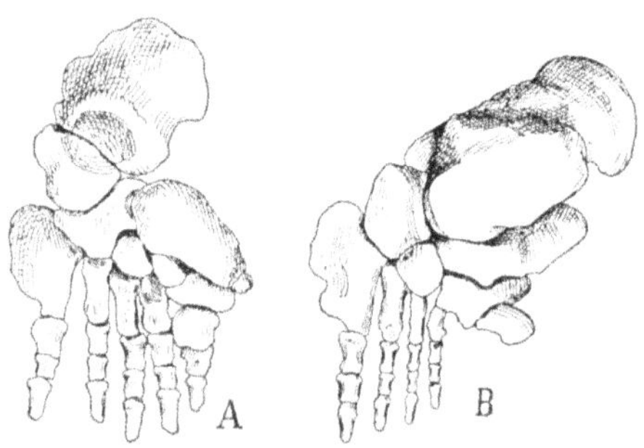

Fig. 550.
Diprotodon australis Owen. Pleistocän. Kallabonna-See. Australien. *A* rechter Vorderfuß, *B* rechter Hinterfuß, stark verkleinert. (Nach Stirling und Zietz.)

Nothotherium und **Diprotodon* Owen. (Fig. 550.) $\frac{2}{1}$ *J.* Von der letzteren Gattung, welche fast Rhinocerosgröße besaß, kennt man eine Anzahl Skelette vom Kallabonnasee. Am Hinterfuß sind alle Knochen der ersten Zehe zu einem einzigen Stück verschmolzen. Hand und Fuß bestehen praktisch fast nur aus den vergrößerten Carpalien und Tarsalien und dem fünften Metapodium. *P* und *M* aus je zwei, durch ein breites Tal getrennten Querjochen gebildet. Beide Gattungen nur fossil.

3. Unterordnung: **Polyprotodontia** Owen.

Fleisch- oder Insektenfresser von meist geringer oder mittlerer Größe. Gebiß vollständig. Im Oberkiefer 4—5, selten 3, im Unterkiefer 3—4 kleine J. C spitz und hoch, zuweilen zweiwurzelig, P einspitzig, seltener mit Nebenspitzen, meist zweiwurzelig. M bei fossilen Formen öfters in größerer Anzahl, bei den rezenten in Vierzahl vorhanden, trikonodont oder trituberkulär.

Zu den polyprotodonten Beuteltieren gehören die australischen *Myrmecobiidae*, *Peramelidae*, *Dasyuridae*, die amerikanischen *Didelphyidae* und eine große Anzahl fossiler Formen, unter denen sich die pleistocänen und tertiären enge an lebende anschließen, während die mesozoischen eigentümliche primitive Merkmale aufweisen, die ihre Einteilung in das zoologische System erschweren. Owen betrachtete die letzteren als Vorläufer der *Polyprotodontia*, betonte jedoch bereits ihre Beziehungen zu den placentalen Insectivoren.

1. Familie: **Dromatheriidae** Osborn.

(*Protodonta* Osborn? *Promammalia* Haeckel.)

P griffelförmig, einspitzig. M mit großer Hauptspitze und schwacher Vorder- und Hinterspitze, die Wurzel unvollkommen geteilt. Unterkiefer hauptsächlich aus dem Dentale bestehend, höchstens mit schwachem Eckfortsatz.

Diesen winzigen und nur durch spärliche Überreste vertretenen Formen wird jetzt eine hervorragende phylogenetische Bedeutung beigelegt, weil sie die *Cynodontia* mit den Säugetieren verbinden sollen.

Fig. 551. *Dromatherium sylvestre* Emmons. Oberes Trias. Chatham, Nordcarolina. Unterkiefer, nat. Gr.

**Dromatherium* Emmons (Fig. 551) mit 3.1.4.6 im Unterkiefer. Untere *J* aufrecht, vordere *P* vorwärts geneigt, Unterkiefer ohne Eckfortsatz und *Microconodon* Osborn mit niedrigeren *M* und schwachem Eckfortsatz, vielleicht mit getrenntem Angulare am Unterkiefer. Obere Trias von Nordcarolina.

Tribolodon Seeley. *M* mit kräftigen Nebenspitzen, aber undeutlicher Wurzelverteilung, ohne Eckfortsatz und *Karoomys* Broom aus der Trias von Südafrika, der letztere ungenügend bekannt, nur mit *C*, ohne *P* und *M*.

2. Familie: **Triconodontidae** Osborn.

Kleine Beutler mit 4 P und 3—6 M. Wurzeln der Backenzähne vollständig geteilt. P ähnlich den M, aber einfacher. M mit je drei, in einer Reihe stehenden Spitzen und starkem Basalband. C zuweilen zweiwurzelig. Winkel des Unterkiefers einwärts gekrümmt. Condylus nicht scharf vom Eckfortsatz geschieden. Kronfortsatz breit, Zahnwechsel auf den letzten P beschränkt. Jura von England und Nordamerika.

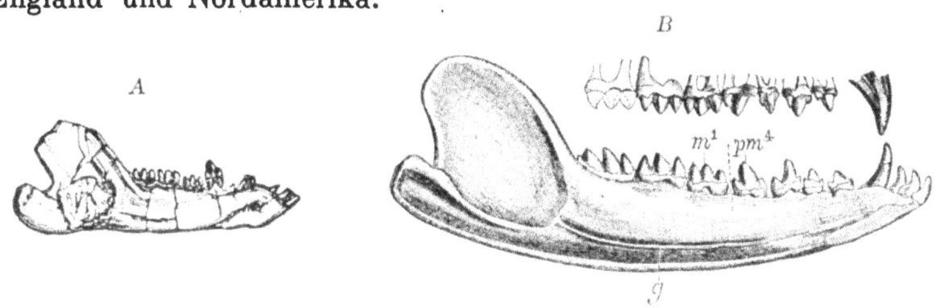

Fig. 552. *Triconodon mordax* Owen. Purbeck-Schichten von Durdlestone Bay, Dorset. *A* Unterkiefer (nat. Gr.) nach Owen. *B* Oberkieferzähne und Unterkiefer $^4/_1$, restauriert. (Nach Osborn.)

**Triconodon* Owen (*Triacanthodon* Owen). (Fig. 552.) $\frac{?.1.4.3\text{–}4}{3.1.4.3\text{–}4}$. Oberer *C* zweiwurzelig. *P* mit kleiner Vorder- und Hinterspitze, *M* mit drei fast gleich starken Spitzen. Purbeckschichten von England.

Priacodon Marsh. Oberer Jura von Wyoming.

**Amphilestes* Owen. $\overline{4.1.4.5}$. *P* und *M* wenig verschieden. Mittelspitze höher als die vordere und hintere. Großoolith. Stonesfield. England.

**Phascolotherium* Owen. $\overline{4.1.3.5}$. Hinter dem *C* eine Lücke. Mittelspitze der *P* und *M* höher als die Nebenspitzen. Großoolith von England.

Menacodon, *Tinodon* Marsh. $\overline{?.1.3.4}$. Nebenspitzen kleiner als Hauptspitze und etwas einwärts gerückt. Oberer Jura. Wyoming.

**Phascolestes* Owen. *M* wie bei Vorigen. Oberer Jura. England.

**Spalacotherium* Owen. $\overline{3.1.4.6}$. Purbeck. England. *Sp. tricuspidens* Owen.

3. Familie: **Myrmecobiidae.**

Die in Australien lebende Gattung *Myrmecobius* steht den mesozoischen *Pantotheria* in der Zahnzahl und in der Kieferform nahe. Nach Gregory handelt es sich jedoch nur um einen spezialisierten *Dasyurus*-ähnlichen Beutler.

Myrmecoboides Gidley $\overline{?.1.4.3}$. P_2 und $_3$ mit kräftigen Para- und Metaconid, P_4 fast M-artig. M mit hohem, aber zusammengedrängtem Trigonid und großem Talonid. Unterstes Eocän, Fort Union bed, Montana. Soll nach Gidley mit *Myrmecobius* verwandt sein, ist jedoch wahrscheinlich überhaupt kein Marsupialier sondern ein Insectivor.

4. Familie: **Peramelidae.**

Extremitäten stark spezialisiert. Hand öfters zum Graben eingerichtet. Fuß mit reduzierten Seitenzehen. Im Pleistocän von Australien durch spärliche Reste vertreten.

5. Familie: **Notoryctidae.**

Extremitäten ähnlich wie beim Maulwurf, zum Graben spezialisiert. *Notoryctes* Stirling. Lebend in Australien.

6. Familie: **Pantotheriidae.** (*Trituberculata* Osborn, *Pantotheria* Marsh.)

Kleine Insectivoren, ohne umgebogenen Unterkiefereckfortsatz, mit primitiven tuberkulärsektorialen unteren M und trituberkulären oberen M. Untere J meist vorwärts geneigt, P_3 und P_4 größer als M. Meist 10—12 Zähne hinter dem oft zweiwurzeligen C. Jura und Kreide von England und Nordamerika.

Diese kleinen, auf das jüngere Mesozoicum beschränkten Formen werden jetzt von Osborn zu den *Placentalia* gestellt. Es läßt sich zwar nicht leugnen, daß manche von ihnen gewiß den Ausgangspunkt für *Insectivora* und allenfalls auch für *Creodontia* darstellen, allein sie schließen sich doch auch einerseits an die *Triconodontidae* und anderseits an *Myrmecobius* an, von welchen der letztere trotz der kaum bemerkbaren Umbiegung des Eckfortsatzes zu den *Marsupialia* gehört, und dürften daher schon wegen der zahlreichen M doch besser ebenfalls zu diesen gestellt werden. An den unteren M ist das aus Protoconid, Paraconid und Metaconid bestehende Trigonid wohl entwickelt, das Talonid hingegen noch sehr klein und meist nur durch einen Zacken repräsentiert. Auch werden die M zuweilen durch Reduktion einspitzig. Zu den drei Höckern der oberen M kommen manchmal noch Nebenhöcker.

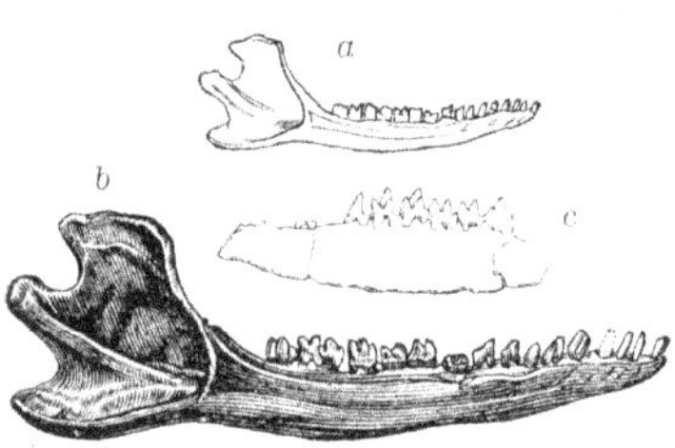

Fig. 553.
Amphitherium Prevosti Blv. Dogger. Stonesfield bei Oxford. Linker Unterkiefer von außen, *a* in nat. Gr., *b* vergr. (nach Owen). c Unterkiefer von innen (nach Goodrich).

1. Unterfamilie: **Amphitheriinae** Owen.

Untere J fast senkrecht, untere M tuberkulärsektorial mit kräftigem Talonid, zweiwurzelig. Kronfortsatz breit, Eckfortsatz gerundet, abwärts gerichtet. Gelenk tiefstehend. Hinter C 9—11 Zähne.

**Amphitherium* Owen (*Thylacotherium* Val.). (Fig. 553.) Dogger von England. $\overline{4.1.5.6}$. Ein schon im Jahre 1818 gefundener Kiefer wurde von Cuvier einem Beuteltier, von Blainville hingegen einem Reptil zugeschrieben. — *Amphitylus* Owen. Ebenda.

Peramus $\overline{3.1.6.3}$ und *Leptocladus* Owen. Purbeck von England.

2. Unterfamilie: **Amblotheriinae** Osborn. (*Stylacodontidae* Marsh.)

Untere M nur aus Trigonid bestehend und oft nur einspitzig und wie C einwurzelig, Coronoidfortsatz schlank, Unterkiefereckfortsatz klein. J vorwärts geneigt, P_3 und P_4 größer als M. Hinter C 11—13 Zähne.

**Amblotherium* Owen (Fig. 554). $\overline{4.1.4.6}$. Purbeck. England.

**Peralestes* Owen (Fig. 555a). 4 *P*, 8 *M*. Obere *M* mit hoher Innenspitze, durch eine Schneide mit der Außenwand verbunden. Nach Gregory zu den Amphitheriiden gehörig. Purbeck. England.

Fig. 555 a.
Peralestes Owen. Obere Zahnreihe, zwei obere *M* von unten. Ob. Jura. Wyoming. (Nach Osborn.)

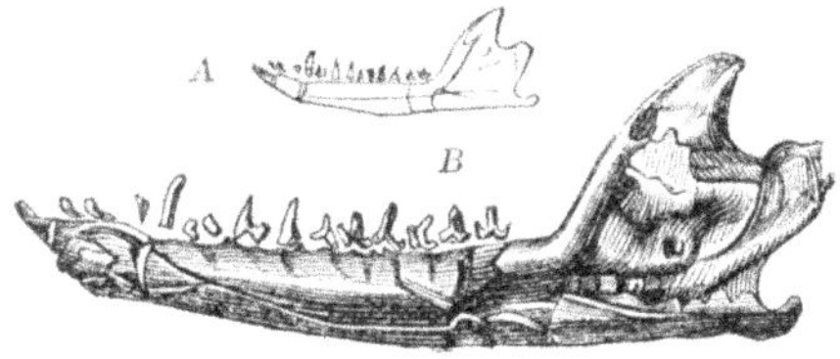

Fig. 554.
Amblotherium rosicinum Owen. Ob. Jura. Purbeck. England. Rechter Unterkieferast. *A* in nat. Gr. *B* vergr. (Nach R. Owen.)

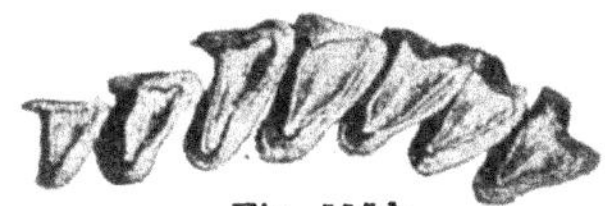

Fig. 555 b.
Kurtodon Osborn. Obere Backenzähne. Oberer Jura von England, vergrößert. (Nach Osborn.)

Peraspalax Owen und *Achyrodon* Owen. Purbeck. England.

Dryolestes Marsh. (Fig. 525 *A*). 4 obere *P*. 7 obere *M*, mit weit innen stehenden Hauptzacken — Protocon- und 2 Außenhöckern — Basalbildungen. Untere *M* aus Trigonid und kleinem Talonid bestehend. Ob. Jura. Wyoming.

Laodon, *Stylacodon* und *Asthenodon* Marsh. Ob. Jura. Wyoming.

Stylodon Owen. 7—8 einspitzige, einwurzelige untere *M*. Die oberen *M* sind: **Kurtodon* Owen. (Fig. 555b.) Oberer Jura. Purbeck von England.

3. Unterfamilie: **Paurodontinae** Marsh.

M zweiwurzelig, undeutlich tuberkulärsektorial, mit winzigen Nebenzacken. Unterkiefer kurz und massiv. Hinter C höchstens 7 Zähne. Jura von Wyoming.

Paurodon Marsh. Wohl $\overline{3.1.4.3}$ wie die meisten Placentalier.

4. Unterfamilie: **Diplocynodontinae** Marsh.

Obere M mit großem Paracon und schwächerem Protocon, untere M mit breitem, beckenförmigem Talonid. Jura von Wyoming.

**Diplocynodon* (*Dicrocynodon*) Marsh. (Fig. 556). $\overline{3.1.4.8}$. Mittelspitze der *M* und *P* hoch. Kronfortsatz breit. Eckfortsatz klein. Kiefergelenk höher als die Zahnreihe.

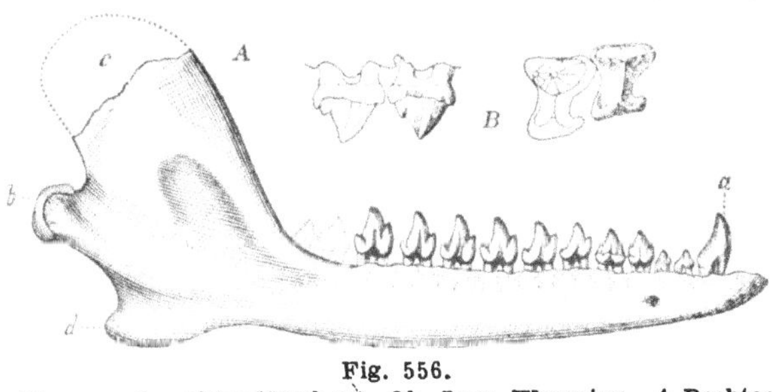

Fig. 556.
Dicrocynodon victor Marsh sp. Ob. Jura. Wyoming. *A* Rechter Unterkiefer von außen. $^1/_1$. (Nach Marsh.) *a* Eckzahn, *b* Condylus, *c* Kronfortsatz, *d* Winkel. *B* Obere *M*. $^4/_1$ nat. Größe. (Nach Gidley.)

Enneodon, *Docodon* Marsh.

7. Familie: **Dasyuridae.** Raubbeutler.

Carnivore Beutler von mittlerer Größe. $\frac{3-4.1.3.4}{3.1.3.4}$. *J und C normal entwickelt. Obere M trituberkulär mit zwei äußeren Spitzen, einer großen Innenspitze, Protocon, und einem schneidenden Metastyl. M^4 meist stark reduziert. Untere M mit schneidendem Vorderzacken — Paraconid — und Hauptzacken — Protoconid — und kleinem grubigen oder sekodonten Talonid, aber ohne Metaconid. P in beiden Kiefern einspitzig, zweiwurzelig, von vorne nach hinten gleichmäßig größer werdend, selten P_4* vergrößert. *Vorderfuß mit fünf bekrallten*

Zehen; Hinterfuß mit 5 oder 4 Zehen, Hallux häufig reduziert, zuweilen fehlend. Unterkiefereckfortsatz einwärts gebogen.

Bei den noch in Australien lebenden und daselbst auch im Pleistocän vorkommenden Gattungen *Dasyurus* Geoffr., *Sarcophilus* Cuv. und *Thylacinus* Temm. wird nur der hinterste der drei *P* gewechselt. Auch hat der Gaumen eine Lücke.

Bei den folgenden, auf das patagonische Tertiär beschränkten Gattungen — den **Sparassodonta* Ameghinos — fehlt die Gaumenlücke und der Zahlenwechsel soll sich auch auf den *C*, sowie auf zwei *P* erstrecken. Der Schädel ist groß, Hals und Schwanz lang, Beine kurz. Die Bulla wird durch Ausdehnung des Alisphenoid gebildet.

Cladosictis Ameghino (Fig. 557). $\frac{4}{3}$ *J.* M^{1-3} mit kräftigem Protocon, M^4 stark reduziert. Untere *M* mit mäßig starkem Talonid. *P* gleichmäßig an Größe zunehmend. Schädel mit Alisphenoidbulla. Hallux reduziert. Humerus mit Foramen entepicondyloideum. Krallen spitz, komprimiert. Miocän. Santa Cruz.

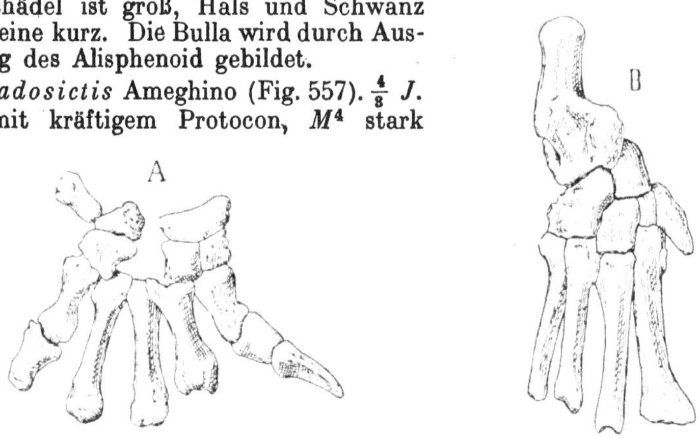

Fig. 557.
Cladosictis lustratus Ameghino. Obermiocän. Santa Cruz. Patagonien. *A* Hand, *B* Fuß. Nat. Gr. (Nach Sinclair.)

Hathlyacynus Mercerat. Ebenda. *Procladosictis*, *Pseudocladosictis* Ameghino. Eocän. Notostylopsschichten.

**Amphiproviverra (Protoproviverra)* Ameghino (Fig. 558). $\frac{4}{3}$ *J.* Obere *M* mit drei kräftigen Spitzen und kurzem Metastyl. M^4 wenig reduziert. Untere *P* und *M* schlank, die *M* mit großem beckenförmigen Talonid. Hallux groß, opponierbar. Humerus ohne Foramen. Krallen spitz. Miocän. Santa Cruz.

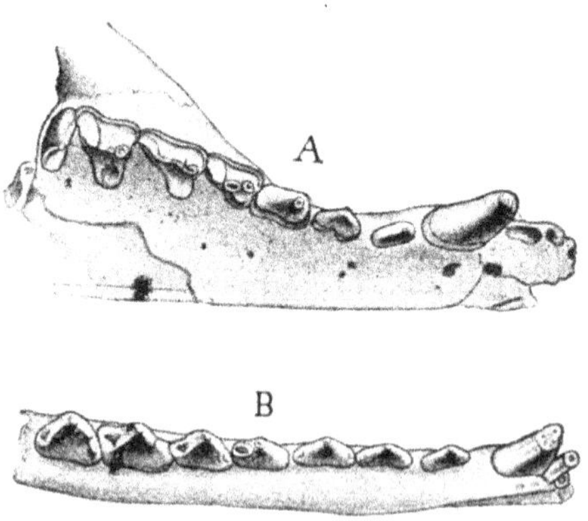

Fig. 558.
Amphiproviverra manzaniana Ameghino. Obermiocän. Santa Cruz. *A* obere, *B* untere Zahnreihe. Nat. Gr. (Nach Sinclair.)

Perathereutes, *Sipalocyon*, *Agustylus*, *Acyon*, *Ictioborus* Ameghino. Miocän. Santa Cruz.

**Prothylacinus* Ameghino. $\frac{4}{3}$ *J.* M^1 und M^2 mit deutlichem, M^3 ohne Protocon, M^4 mit kleinem Protocon und Metacon, P^4 wenig größer als P^3. Untere *M* mit schwachem Talonid. Schädel lang, ohne Alisphenoidbulla. Unterkiefer mit fester Symphyse. Hallux stark reduziert. Krallen spitz, zusammengedrückt. Miocän. Santa Cruz.

Napodonictis Ameghino. Ebenda. *Pseudothylacinus* Ameghino. Miocän. Colpodonschichten.

**Borhyaena* Ameghino. $\frac{3}{3}$ *J*. Zähne plump, dicht aneinanderschließend. M^4 knopfartig. Talonid nur an M_1 und M_2 gut entwickelt. Schädel kurz, mit weitabstehenden Jochbogen. Ohne Alisphenoidbulla. Humerus ohne Entepicondylarforamen. Endphalangen stumpf, rundlich, an der Spitze gespalten. Miocän. Santa Cruz.

Acrocyon, *Conodonictis* Ameghino. Ebenda. *Pseudoborhyaena*. Miocän. Colpodonschichten. *Proborhyaena*, *Pharsaphorus* Ameghino. Pyrotheriumschichten, die erstere Gattung von der Größe eines Bären.

8. Familie: **Didelphyidae.** Beutelratten.

Meist kleine carnivore Beutler. $\frac{5.1.3.4}{4.1.3.4}$. *J klein, dicht gedrängt. C stark entwickelt. Dem letzten, meist sehr hohen P geht ein lange funktionierender Milchzahn voraus. Obere M trituberkulär, dreieckig, Protocon, Paracon und Metacon V-förmig, am Außenrand in der Regel einige kleine Basalhöcker vorhanden. Untere M tuberkulärsektorial, mit kräftigem Metaconid und mehrhöckerigem, wohlausgebildetem Talonid. Extremitäten fünfzehig, Hallux opponierbar. Humerus mit Entepicondylarforamen.*

Von den beiden lebenden Gattungen *Didelphys* und *Chironectes* ist die erstere in Amerika verbreitet von Patagonien bis Kanada. Fossile Vertreter sind im älteren Tertiär von Europa und Nordamerika nicht selten. In Südamerika im Tertiär und Pleistocän. Die ältesten Formen kennt man aus der Kreide, Laramiebed von Nordamerika. Von den Gattungen *Pediomys*, *Telacodon* und *Batodon* Marsh aus der oberen Kreide von Wyoming sind nur isolierte Zähne und Kieferfragmente bekannt.

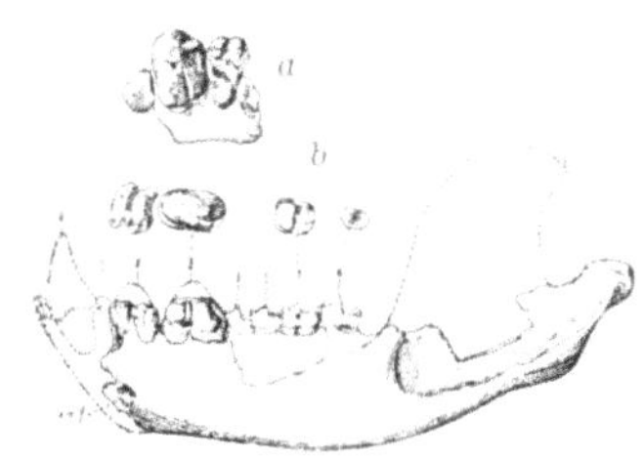

Fig. 559.
Thlaeodon padanicus Cope. Obere Kreide. Süddakota. *a* obere $P^4 M^1$. *b* Unterkiefer. ½ nat. Gr. (Nach Matthew.)

**Thlaeodon* Cope (*Didelphops*, *Cimolestes* Marsh) (Fig. 559). Von den drei unteren *P* die beiden letzten sehr groß und dick, ebenso P^4. M_{1-4} nach hinten zu größer werdend, alle mit kräftigem Talonid. Obere Kreide. Lance bed. Süddakota. *Thl. padanicus* Cope. *Eodelphys* Matthew. 3 *J*; *P* und *M* ähnlich wie bei *Didelphys*. Obere Kreide. Belly River, Alberta.

**Didelphys* Lin. (*Perathcrium* Aymard. *Oxygomphius* Meyer, *Amphiperatherium* Filhol, *Herpetotherium*, *Embassis* Cope.) (Fig. 560.) $\frac{5.1.3.4}{4.1.3.4}$ Außer den drei V-förmigen Haupthöckern auch Nebenhöcker am Außenrand der

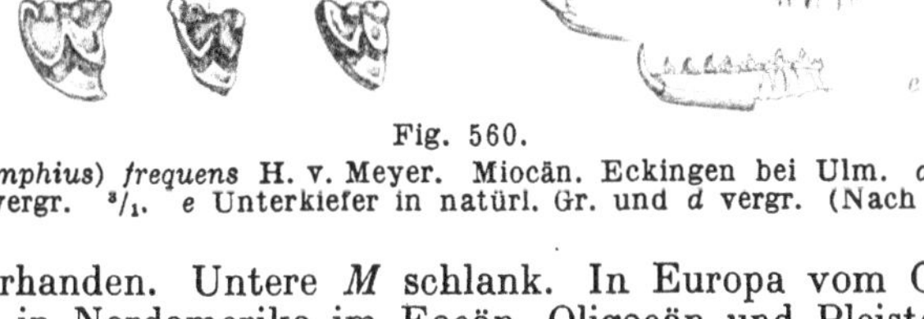

Fig. 560.
Didelphys (Oxyomphius) frequens H. v. Meyer. Miocän. Eckingen bei Ulm. *a, b, c* drei Oberkieferzähne vergr. $^3/_1$. *e* Unterkiefer in natürl. Gr. und *d* vergr. (Nach Schlosser.)

oberen *M* vorhanden. Untere *M* schlank. In Europa vom Obereocän bis Untermiocän, in Nordamerika im Eocän, Oligocän und Pleistocän.

Peradectes, *Thylacodon* Matthew u. Granger. *Didelphys*-ähnlich. Palaeocän. Der erstere Colorado, der letztere Neumexiko.

Microbiotherium Ameghino. *J* kräftig. Obere *M* aus drei konischen Höckern und einfachem Basalband bestehend, untere massiv, mit großem

Talonid. Obermiocän. Santa Cruz. Daselbst die problematischen Gattungen *Hadrorhynchus*, *Stylognathus*, *Eodidelphys*. Im Eocän, Notostylopsschichten von Patagonien *Ideodidelphys* Ameghino. *Proteodidelphys* Ameghino aus angeblichen Kreideschichten Patagoniens.

9. Familie: **Caroloameghinidae** Ameghino.

$\frac{5.1.3.4}{4.1.3.4}$. *C klein. P einfach langgestreckt. Obere M trituberkulär mit Zwischenhöckern. Untere M mit niedrigem Trigonid und großem Talonid und Nebenhöcker vor und hinter dem hohen Metaconid. Unterkiefer schlank und niedrig.*

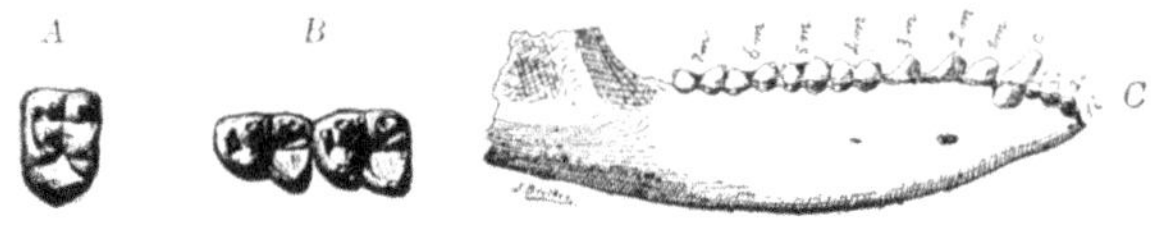

Fig. 561.
Caroloameghinia mater Ameghino. Eocän. Notostylopsschichten. Patagonien. *A* oberer Molar. *B* untere Molaren. ⁴/₁ nat. Gr. *C* Unterkiefer. Nat. Gr. (Nach Ameghino.)

Die Form der *M* erinnert teils an Primaten, teils an Nager.

**Caroloameghinia* Ameghino (Fig. 561). Eocän. Notostylopsschichten von Patagonien.

Zeitliche und räumliche Verbreitung der Marsupialier.

	Trias			Dogger	Oberer Jura		Ob. Kreide	Tertiär				Pleistocän		Jetztzeit	
	Europa	Nordamerika	Südafrika	Europa	Europa	Nordamerika	Nordamerika	Europa	Nordamerika	Südamerika	Australien	Australien	Amerika	Australien	Amerika
I. Allotheria															
1. Tritylodontidae	—		—												
2. Plagiaulacidae	—				—	—	—	—	—						
3. Polymastodontidae									—						
4. Polydolopidae										—					
II. Diprotodonta															
1. Caenolestidae										—					—
2. Phalangeridae											—	—		—	
3. Phascolomydae												—		—	
III. Polyprotodonta															
1. Dromatheriidae		—	?												
2. Triconodontidae				—	—	—									
3. Myrmecobiidae														—	
4. Peramelidae												—		—	
5. Notoryctidae														—	
6. Pantotheriidae				—	—	—									
7. Dasyuridae										—		—		—	
8. Didelphyidae							—	—	—	—			—		—
9. Caroloameghinidae										—					

B. Unterklasse: **Placentalia.**

1. Ordnung: **Insectivora.** Insektenfresser[1]).

Meist kleine, in der Regel fünfzehige, bekrallte Sohlengänger. *J* manchmal teilweise vergrößert, nicht selten teilweise reduziert. *C* wenig von den *J* und *P* verschieden, manchmal auch groß und zweiwurzelig oder auch verkümmert, *P* zugespitzt, letzter öfters secodont, *M* lophodont oder bunodont; die unteren mit meist fünf scharfen Höckern, die oberen tri- oder quadrituberkulär. Milchgebiß meist frühzeitig ausfallend, selten funktionierend. Gehirn klein, mit glatten Hemisphären. Schlüsselbeine fast immer vorhanden.

Die typischen Insectivoren sind kleine, häufig unterirdisch lebende, grabende, nächtliche, seltener kletternde oder schwimmende Landtiere, welche sich von Insekten und Würmern nähren. Sie bilden unter den Placentaliern die primitivste Ordnung und haben enge Beziehungen zu den polyprotodonten Beuteltieren, wenigstens zu den *Pantotheriidae.* Jetzt wird ihnen auch eine Anzahl gänzlich erloschener Formen angereiht, die zum Teil ansehnliche Körpergröße besitzen und früher teils zu den Primaten, teils zu den Ungulaten gestellt, teils für eine besondere Ordnung angesehen wurden. Bei weiterer Zunahme solcher primitiver Placentalier wird es besser sein, sie von den Insectivoren zu trennen und als selbständige Ordnung der »Proteutheria« zusammenzufassen.

Gegenwärtig bewohnen die Insectivoren nur die Alte Welt und Nordamerika, sie fehlen dagegen in Südamerika und Australien. Die fossilen Formen haben im wesentlichen die nämliche Verbreitung, nur eine einzige Gattung ist auf Südamerika beschränkt. Sie beginnen mit ziemlich vielen, großenteils erloschenen Formen im Eocän und Oligocän von Nordamerika, spielen aber hier im späteren Tertiär nur eine untergeordnete Rolle, während sie in Europa vom Oligocän bis in das Obermiocän trotz ihrer Kleinheit keineswegs zu den Seltenheiten gehören.

Der Schädel zeichnet sich durch gestreckte, niedrige Form, durch das breite Hinterhaupt, durch die meist starke Entwicklung der Gesichtsknochen, die hinten meist offenen Augenhöhlen, die unvollständige Verknöcherung der Gehörkapsel, durch das ringförmige Tympanicum und durch die Kleinheit der Gehirnhöhle aus. Die Großhirnhemisphären sind glatt, der Jochbogen ist zuweilen verkümmert. Die Lendenregion besitzt öfters Intercentren. Der Humerus hat in der Regel ein Entepicondylarforamen. Ulna und Radius bleiben getrennt, dagegen sind Tibia und Fibula häufig distal verwachsen. Das Femur trägt manchmal einen dritten Trochanter. Die plantigrade Hand ist fast immer fünf-, sehr selten vierfingerig. Der Hallux kann verschwinden. Bei den grabenden Formen sind die Knochen der Vorderextremität stark spezialisiert.

---

[1]) *Dobson G. E.*, Monograph of the Insectivora, systematical and anatomical. London 1882—90. — *Gaillard Cl.*, Mammifères miocènes. Arch. Mus. Hist. nat. Lyon. T. VII. 1899. — *Gregory W. K.*, The orders of Mammals. Bull. Amer. Mus. Nat. Hist. 1910. — *Leche W.*, Zur Entwicklungsgeschichte des Zahnsystems der Säugetiere. Bibliotheca zoologica. Bd. XV. 1902. Bd. XX. 1907. — *Matthew C. W.*, The Carnivora and Insectivora of the Bridger Basin. Middle Eocene. Mem. Amer. Mus. Nat. Hist. New York 1909. A Zalambdodont Insectivore from the Basal Eocene. Bull. Amer. Mus. Nat. Hist. New York 1913. — *Osborn H. F.*, American Eocene Primates and the Mixodectidae. Bull. Amer. Mus. Nat. Hist. New York 1902. — *Schlosser M.*, Beitr. z. Paläontol. Österr.-Ung. Bd. VI. 1887.

Das Gebiß enthält alle Arten von Zähnen, doch sind die C und die vorderen P oft sehr wenig voneinander verschieden. Die normale Zahnzahl $\frac{3.1.4.3}{3.1.4.3}$ erleidet manchmal eine Reduktion. Die J sind zuweilen stark verlängert, fast nagezahnartig und mit Nebenzacken versehen und der C hat nicht selten zwei Wurzeln. Die Zahl der M übersteigt niemals die Zahl 3. Der letzte P wird manchmal M-artig. Die M sind secondont, die oberen meist trituberkulär, selten quadrituberkulär, ihre Höcker frei oder durch Joche verbunden. Die unteren bestehen aus einem dreizackigen Trigonid und einem niedrigen, oft sehr kleinen, zweispitzigen Talonid. Der Zahnwechsel erfolgt häufig schon im Embryonalzustand, bei einigen Gattungen erhält sich hingegen das Milchgebiß sehr lange. Die Insectivoren zerfallen in zwei Unterordnungen: die *Menotyphla*, deren Symphyse von den beiden Pubes und Ischia gebildet wird und die *Lipotyphla*, bei welchen eine Symphyse entweder fehlt oder sich nur auf die beiden Pubes erstreckt. Die *Menotyphla* umfassen die in Ostasien lebenden *Tupajidae* und die afrikanischen *Macroscelididae*. Sichere fossile Formen sind hiervon nicht bekannt. Die *Lipotyphla* werden eingeteilt in *Zalambdodonta* und *Dilambdodonta*, welchen jetzt noch mehrere ausgestorbene Familien angereiht werden, die teils Anklänge an Primaten, teils an Creodontier, teils an Nager aufweisen. Einige dieser Formen, die *Plesiadapidae*, werden von Matthew und Gregory zu den Insectivoren gestellt, hier sind sie nach dem Vorgang von Stehlin bei den Primaten angeführt.

1. Unterordnung: **Zalambdodonta** Gill.

Obere M infolge der Reduktion der Außenhöcker undeutlich trituberkulär, untere mit kräftigem Trigonid und stark reduziertem Talonid.

1. Familie: **Chrysochloridae.**

Diese jetzt in Südafrika lebende und nach Art der Maulwürfe spezialisierte, aber mit hypselodonten P und M versehene Familie soll in Nordamerika im Oligocän (White Riverbed) einen Vertreter besitzen in *Xenotherium* Douglass.

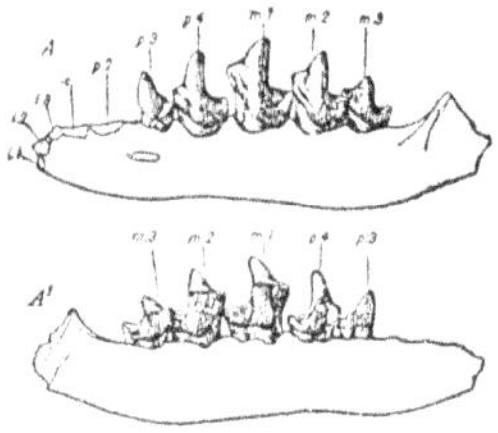

Fig. 562.
Micropternodus borealis Matthew. Oligocän. Unterst. White Riverbed Montana. Unterkiefer von außen und innen. $^{2}/_{1}$ nat. Gr. (Nach Matthew.)

2. Familie: **Necrolestidae** Scott[1]).

**Necrolestes* Ameghino. $\frac{4.1.3.3}{4.1.3.3}$. J klein, C normal entwickelt, P_2 in beiden Kiefern zweiwurzelig, der untere mit Vorder- und Hinterspitze, die übrigen wie die M hypselodont und trituberkulär. Im Schädel-, Zahnbau und Spezialisierung der Extremitäten sehr ähnlich den südafrikanischen *Chrysochloridae*, aber langschnauziger. Obermiocän von Santa Cruz. Patagonien.

3. Familie: **Centetidae.**

Diese Familie ist heutzutage auf Madagaskar beschränkt, mit Ausnahme der auf Kuba lebenden Gattung *Solenodon* und mit den westafrikanischen *Potamogalidae* nahe verwandt. Fossil in Nordamerika. Unterstes Eocän (Torrejonbed) Neu-Mexiko und Oligocän (White Riverbed) von Montana.

---

[1]) Report of the Princeton Univers. Exped. to Patagonia. 1905. Vol. V. Part II.

Palaeoryctes Matthew. $\frac{?3.1.3.3}{?3.1.3.3}$. *C* und vordere *P* klein, P_4 in beiden Kiefern groß, länger, aber niedriger als die *M*. Außenhöcker der oberen *M* dicht beisammenstehend. Unterstes Eocän. Torrejonbed.

**Micropternodus* Matthew (Fig. 562). $\overline{3.1.3.3}$. *M* wie bei *Centetes* aus hohem Trigonid und kleinem Talonid bestehend. Oligocän.

Apternodus Matthew. $\frac{2.1.3.3}{2.1.3.3}$. Talonid sehr stark reduziert. P^4 in beiden Kiefern *M*-artig. Schädel dem von *Ericulus* ähnlich, aber durch die starke Entwicklung des Mastoids ausgezeichnet. Oligocän.

2. Unterordnung: **Dilambdodonta** Gill.

Obere M echt trituberkulär, oft mit Hypocon versehen. Untere M tuberkulärsektorial, mit kräftigem Talonid.

1. Familie: **Leptictidae** Cope.

$\frac{2-3.1.4.3}{2.1.4.3}$. *Obere M sehr breit, dreieckig, trituberkulär, meist mit schwachem Hypocon. Außenhöcker konisch. J spitz, wenig verschieden von den C.* P_4 *in beiden Kiefern M*-artig. *Schädel meist mit zwei Scheitelkämmen, schlanken Jochbogen und spitzer, mäßig langer Schnauze. Humerus mit Entepicondylarforamen.*

**Palaeictops* Cope. Untereocän (Wasatchbed) von Nordamerika, *Phenacops* Matthew, *Diacodon*, *Palaeolestes* Cope. Puercobed.

Leptacodon, *Xenacodon* Math. u. Grang. Untereocän. Colorado.

Acmaeodon Math. u. Grang. Torrejonbed. Neumexiko.

Megapterna Gidley. Unterstes Eocän. Fort Union bed Montana. Systematische Stellung ganz unsicher.

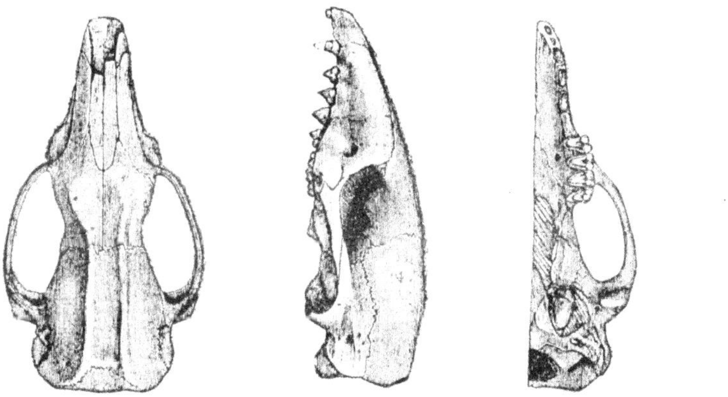

Fig. 563.
Leptictis Haydeni Leidy. Unt. Miocän. Dakota. Schädel von oben, von der Seite und unten. Nat. Gr. (Nach Leidy.)

**Leptictis*, *Ictops* Leidy (Fig. 563). Schädel mit doppeltem Scheitelkamm. Oligocän. White Riverbed von Nordamerika.

2. Familie: **Talpidae.** Maulwürfe.

$\frac{3-2.1.4-3.3}{3-1.1.4-3.3}$. *Obere M trituberkulär, Außenhöcker* \/*-förmig. Schnauze stark verlängert, Jochbogen dünn. Bullae osseae gewölbt. Vorderextremität als breites, schaufelartiges Grabwerkzeug entwickelt. Tibia und Fibula distal verschmolzen. Becken stark verlängert. Schwanz kurz.*

Die Talpiden sind kleine, unterirdisch lebende Wühler mit verkümmerten Augen und langer Schnauze. Beim Maulwurf reicht das Manubrium bis unter den zweiten Halswirbel und nimmt vorne das kurze, fast quadratische Schlüsselbein auf, welches mit dem distalen Ende des kurzen, stark verbreiterten Humerus artikuliert und durch Bänder mit der schmalen, langgestreckten Scapula verbunden ist. Der Humerus besitzt einen weit vorspringenden Deltoidkamm und neben jedem Condylus einen spornartigen Fortsatz. In den oligocänen Phosphoriten von Quercy **Amphidozotherium* Filhol, im europäischen Miocän die Gattungen *Scaptonyx* M. Edwards, *Proscapanus* Gaillard und **Talpa* Linn. (Fig. 564), die letztere auch im Pliocän und Pleistocän. Eine Art auch im Miocän von Montana.

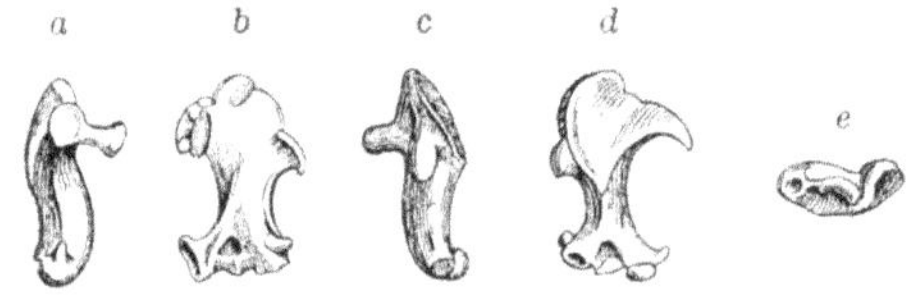

Fig. 564.
Talpa Meyeri Schlosser. Unt. Miocän. Weisenau bei Mainz. Humerus *a* von innen, *b* von hinten, *c* von außen, *d* von vorne, *e* von unten. Nat. Gr. (Nach Schlosser.)

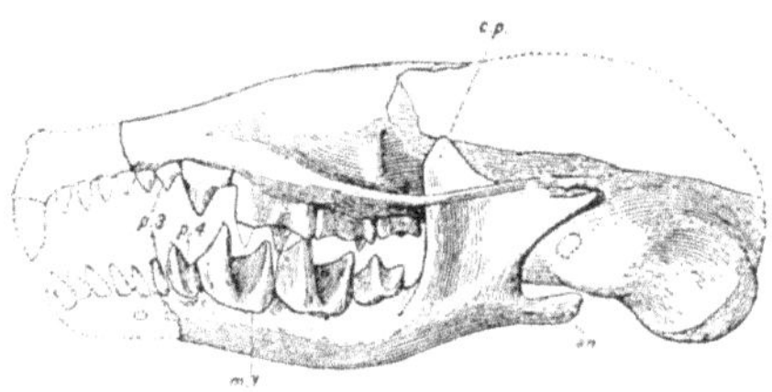

Fig. 565.
Proscalops miocaenus Matthew. Miocän. Colorado. Schädel und Unterkiefer. $^3/_1$ nat. Gr. (Nach Matthew.)

Proscalops Matthew (Fig. 565). *J* vergrößert. *P* mit Ausnahme von P^4 klein. Zähne niedriger als bei *Scalops*. Schädel hinten stark verbreitert. Untermiocän. Colorado.

Domnina Cope. Oligocän. White Riverbed von Nordamerika.

Nyctitherium (Talpavus, Nyctilestes) Marsh. Obere *M* mit kräftigem Hypocon. Mittl. Eocän. Bridgerbed von Nordamerika.

Entomacodon (Centracodon) Marsh. Ebenda.

Echinogale Pomel im Untermiocän von Frankreich. Systematische Stellung unsicher.

**Myogale* Cuvier. Lebend und im Pleistocän von Europa.

3. Familie: **Soricidae.** Spitzmäuse.

Die Spitzmäuse zeichnen sich durch kräftige, im Oberkiefer vierzackige *M* und durch die Vergrößerung des vordersten *J* aus. Der obere *J* ist hakenförmig, der untere steht horizontal und besitzt einen zugeschärften oder gezackten Oberrand. Die zwischen diesen *J* und den *M* befindlichen Zähne, $\frac{4-6}{2}$, sind mit Ausnahme des P^4 wenig, die Extremitätenknochen dagegen stark differenziert. Überreste von *Soriciden* finden sich in Europa vom Oligocän an, Phosphorite von Quercy, im Untermiocän von Ulm und Mainz, im Obermiocän von Sansan und Reischenau und im Pleistocän. Sie gehören den Gattungen *Sorex* Lin. (Fig. 566.) *Crocidura* und *Crossopus* Wagler an.

Fig. 566.
Sorex pusillus Meyer. Miocän. La Grive St. Alban. Isère. Unterkiefer von innen in nat. Gr. und vergr. (Nach Depéret.)

Neomys Kormos. Altpleistocän. Ungarn.

Heterosorex Gaillard. $\frac{3.1.1.3}{1.1.1.3}$. P^4 dreieckig. Miocän. La Grive St. Alban.

Protosorex Scott. Mit zahlreichen *P*. Im Oligocän (White Riverbed) von Nordamerika.

4. Familie: **Dimylidae.**

$\frac{2}{2}$ *M, davon* M_1 *in beiden Kiefern sehr groß. J, C, P mit Ausnahme von* P_4 *sehr einfach. Humerus ähnlich dem von Talpa.* Nur aus dem europäischen Miocän bekannt.

**Dimylus* und *Cordylodon* Meyer. Letzterer mit knopfförmigen *P*. Im Untermiocän.

Plesiodimylus Gaillard und *Metacordylodon* Schlosser im Obermiocän.

5. Familie: **Erinaceidae.** Igel.

Obere M meist vierhöckerig, viereckig. P^4 *M-ähnlich, die übrigen P einfacher.*

Gymnurinae. $\frac{3.1.4.3}{3.1.4.3}$. *C* kräftig.

**Necrogymnurus* (*Cayluxotherium*) Filhol (Fig. 567). Eocän. Phosphorite von Quercy.

Tetracus Aymard. Oligocän. Ronzon.

**Galerix* Pomel (*Parasorex* v. Meyer) (Fig. 568). Im Obermiocän von Europa.

Erinaceinae mit weniger als $\frac{4}{4}$ *P.*

Erinaceus Linn. $\frac{3.1.3.3}{2.1.2.3}$. Vorderster *J* vergrößert, die übrigen, sowie *C* und M^3 reduziert. Obermiocän bis Gegenwart.

**Palaeoerinaceus* Filhol. Untermiocän.

Proterix Matthew. $\overline{3.1.3.3}$. Oligocän. White River. Süddakota.

Metolbodotes Schlosser. Vor den unteren *M* fünf Zähne, davon der vorderste lang und vorwärtsgeneigt, die folgenden einfach und klein. Nur P_4 zweiwurzelig. *M* mit niedrigen dicken Höckern, M_1 schmäler und länger als M_2 und M_3, und mit kräftigem Paraconid versehen. Oligocän. Fajum, Ägypten. *M. Stromeri* Schlosser.

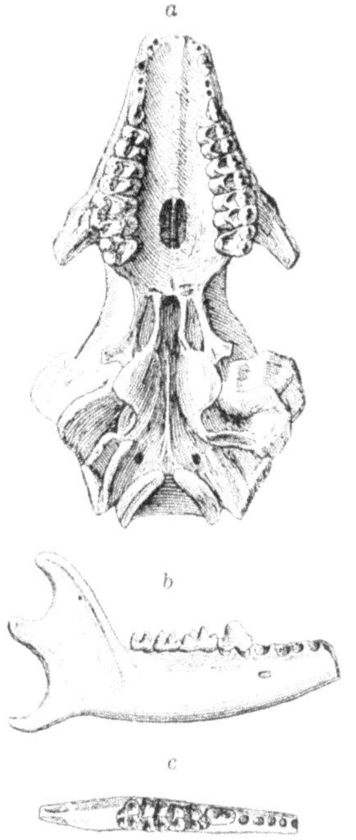

Fig. 567. *Necrogymnurus Cayluxi* Filhol. Phosphorit. Quercy. *a* Schädel von unten, *b* Unterkiefer mit drei Molaren und P_4 von der Seite. *c* derselbe von oben. Nat. Gr. (Nach Filhol.)

Fig. 568. *Galerix exilis* Blv. sp. (*Parasorex socialis* H. v. Meyer.) Miocän. Steinheim, Württemberg. *a* Unterkiefer nat. Gr., *b* Unterkieferzähne vergr., *c* Oberkiefer von Grive St. Alban, nat. Gr., *d* vergr. (Nach Depéret.)

6. Familie: **Tupajidae.**

Gebiß vollständig. $\frac{3-4}{3-4}$ *P. Trigonid und Talonid der unteren M fast gleich hoch. Obere M meist vierhöckerig. Orbita hinten geschlossen. Extremitäten denen der Lemuren ähnlich. Arborikol.* Primitive mesozoische Tupajiden waren nach Gregory die Vorfahren der Lemuren.

Tupaia Raffl. und *Ptilocercus* Raffl. $\frac{3}{3}$ *P.* Lebend. Sundainseln.

Entomolestes Matthew. $\frac{4}{4}$ *P.* Eocän. Bridger- und Wasatchbed.

Adapisorex Lemoine. $\frac{4}{4}$ *P*, die beiden ersten quer gestellt. *M* von vorne nach hinten kleiner werdend. Untere *M* mit nur zwei Höckerpaaren. Protokon der sechshöckerigen oberen *M* sehr kräftig. Untereocän. Reims.

Adapisoriculus Lemoine. Ebenda. Nach Teilhard eher ein *Didelphide.*

7. Familie: **Hyopsodontidae** Schlosser.

$\frac{3.1.4.3}{3.1.4.3}$. *Schädel niedrig, Schnauze mäßig lang, mit breiter Stirn und breitem Hinterhaupt. Obere M viereckig, sechshöckerig, untere vierhöckerig, Tri-*

gonid kaum höher als Talonid. Alle vorderen Zähne einspitzig, fast aneinanderschließend und allmählich ineinander übergehend. Obere P abgesehen von P^1 mit Innenhöcker. Unterer P_4 sehr kompliziert.

Diese gänzlich erloschene Familie wurde früher wegen der Ähnlichkeit ihrer Zähne zu den Primaten gestellt. Der Schädel zeigt jedoch Anklänge an den von *Erinaceus*, und die Metapodien haben keine knopfförmige, sondern eine gekielte distale Gelenkfläche. Auch fehlt die Opponierbarkeit der ersten Zehe und des Daumens. Wir haben es vermutlich mit dem Überrest einer Insectivorengruppe zu tun, welche dem Ausgangspunkt der Primaten sehr nahesteht. Sie schließt sich anderseits auch wieder an die kleineren *Mioclaeniden* an, weshalb sie von Matthew jetzt zu den *Condylarthren* gestellt wird.

**Hyopsodus* Leidy (*Lemuravus* Marsh). (Fig. 569, 570.) *J*, *C* und die vordersten *P* spitz, kegelförmig, P^3 und P^4 mit großen, dicken Außen- und

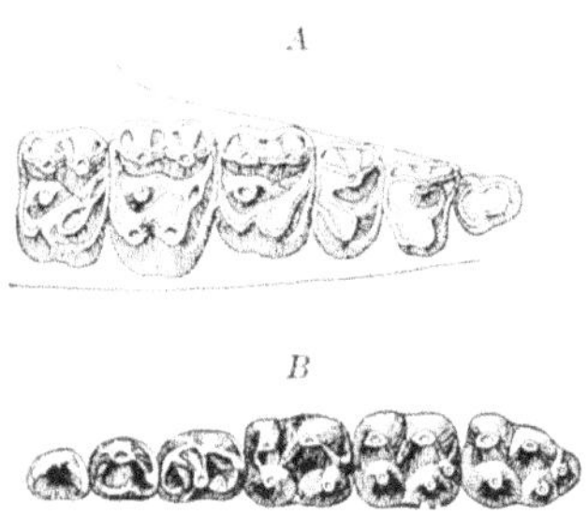

Hyopsodus paulus Leidy. Eocän (Bridgerbed). Wyoming. *A* obere Backzähne von unten vergr. 2/1 nat. Gr. *B* untere Backzähne von oben, 2/1 nat. Gr.

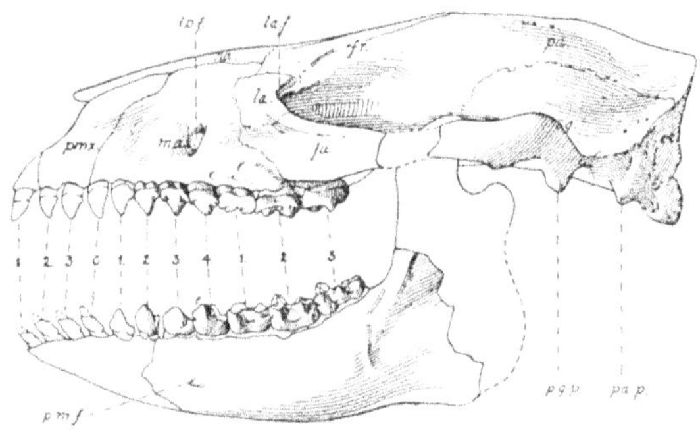

Fig. 570.
Hyopsodus decipiens Matthew. Mitteleocän. Bridgerbed. Wyoming. Schädel u. Unterkiefer nat. Gr. (Nach Matthew.)

V-förmigem Innenhöcker. Obere *M* mit zwei kantigen Außen-, zwei V-förmigen Innenhöckern und zwei kräftigen Zwischenhöckern. Unterer P_4 mit großer Innenspitze und zweihügeligem Talonid. Untere *M* mit vier stumpfen, undeutlich alternierenden Höckern und kleinem Hinterhöcker. An dem breiten Schädel steht die Augenhöhle seitlich; das Tympanicum bildet keine knöcherne Bulla. Humerus mit Entepicondylar- und Supratrochlearforamen. Extremitätenknochen denen von *Erinaceus* ähnlich. Astragalus mit flacher Trochlea. Endphalangen klein, komprimiert, nicht gespalten. Zahlreiche Arten im Eocän von Nordamerika. Wasatchbed *H. lemoinianus*, *miticulus* Cope, Wind Riverbed *H. Wortmani* Osborn, Bridgerbed *H. paulus*, *minusculus* Leidy. Uintabed *uintensis* Osborn. Ein *Hyopsodus* ähnlicher *M* im Eocän von Vinalmont, Belgien.

8. Familie: **Mixodectidae** Cope (*Proglires* Osborn).

$\frac{1-2 . 1 . 3 . 3}{1 . 1-0 . 3 . 3}$. *Obere J nicht bekannt, unterer J vergrößert, schräg gestellt. Oberer C zweiwurzelig. P_2 und P_3 einfach, P_4 oben und unten M-ähnlich. Obere M nicht viel breiter als lang, mit konischen Außen- und kleinen Zwischenhöckern, V-förmigem Protocon und schwachem Hypocon. Untere M mit fünf undeutlich alternierenden Höckern, die beiden inneren konisch. Protoconid und Hypoconid V-förmig. Paraconid nur als Kante entwickelt. Trigonid nicht viel höher als Talonid, das namentlich an M_3 sehr groß wird.*

Die Backenzähne haben große Ähnlichkeit mit jenen der Anaptomorphiden, weshalb die Mixodectiden früher zu den Primaten gestellt wurden. Wegen der Vergrößerung des vermeintlichen J_2 und der Reduktion der übrigen *J* und der vordersten *P* hielt sie Osborn für die Vorläufer der Nager und nannte sie *Proglires*. Wegen der Ähnlichkeit der *M* mit denen der *Hypsodontidae* dürfte es sich empfehlen, sie ebenfalls provisorisch zu den Insectivoren zu stellen, obschon eine gewisse Verwandtschaft mit Primaten — Anaptomorphiden — nicht ausgeschlossen zu sein scheint.

Olbodotes Osborn. Mit angeblich 3 unteren *J*. Untereocän. Torrejonbed. Neu-Mexiko. *O. Copei* Osborn. Ein ähnlicher *M* auch aus dem Fort Unionbed von Montana bekannt. Nach Matthew und Granger keine selbständige Gattung, sondern identisch mit

Mixodectes Cope. *J* stark vergrößert. Unterer *C* klein. Trigonid höher als Talonid. Ebenda. *M. pungens* Cope.

**Microsyops* Leidy (Fig. 571). (*Limnotherium*, *Bathrodon*, *Mesacodon* Marsh, *Palaeacodon* Leidy.) Ohne unteren *C*. Talonid fast ebenso hoch wie Trigonid. Bridgerbed. *M. gracilis* Leidy, *speciosus* Marsh.

Indrodon Cope. $\frac{2.1.3.3.}{}$ Nur Oberkiefer bekannt. *P* einfach. Untereocän. Torrejonbed.

**Cynodontomys* Cope. Ohne unteren *C*. 3 untere *P*. P_4 etwas kleiner und einfacher als *M*. Eocän. Wasatchbed. *C. latidens* Cope. Wind Riverbed. *C. scottianus* Cope sp.

Smilodectes Wortman. P_4 kurz. Mitteleocän. Bridgerbed. *S. gracilis* Marsh sp.

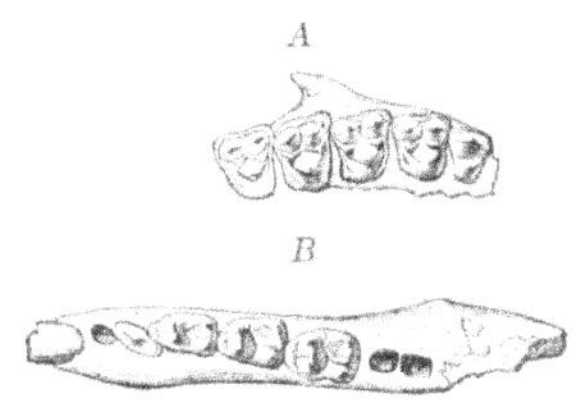

Fig. 571. *A Microsyops gracilis* Leidy. Oberkiefer. *B M. elegans*. Unterkiefer. Mitteleocän. Bridgerbed, Wyoming. (Nach Wortman.)

9. Familie: **Pantolestidae** Matthew.

$\frac{3.1.4.3}{3.1.4.3}$. *C normal. Obere J isoliert, P mit Ausnahme des zweihöckerigen* P^4 *einfach schneidend. Obere M trituberkulär, untere tuberkulärsektorial mit dreispitzigem, hohem Trigonid und niedrigem Talonid. Schnauze kurz und breit, Cranium lang und verbreitert, mit hoher Supraoccipitalcrista und schwachem Scheitelkamm, ohne knöcherne Bulla.*

Die Pantolestiden wurden zuerst für Artiodactylen gehalten. Matthew stellt sie jetzt zu den Insectivoren wegen der Anwesenheit eines Mentalforamens unter M_1 und der Kürze und Breite der Schnauze. Abgesehen von diesen Verhältnissen könnte man sie auch bei den Creodontiern unterbringen. Der stark gekrümmte Humerus besitzt eine kräftige Deltoidcrista und ein Entepicondylarforamen, das Femur ist mit einem dritten Trochanter versehen und Tibia und Fibula sind distal miteinander verwachsen. Der Astragalus hat eine breite, ausgefurchte Trochlea und einen kurzen Hals, die Krallen sind abgeflacht und breit. Der Schwanz ist lang. Die Extremitäten zeigen Anpassung an das Leben im Wasser.

**Pantolestes* Cope. (*Passalacodon*, *Anisacodon* Marsh.) Paraconid klein. Mitteleocän. Bridgerbed.

Palaeosinopa Matthew (*Adapisorex* Lemoine part.). Paraconid kräftig. Untereocän. Epernay und Wasatchbed.

Pentacodon Cope. Untereocän. Torrejonbed. Neu-Mexiko.

? *Ptolemaia* Osborn. Nur 2 *P* vorhanden. Trigonid klein, aber hoch. *M* von vorne nach hinten kleiner werdend. Paraconid schwach. Oligocän von Ägypten.

Paroxyclaenus Teilhard (? *Cryptopithecus* Schlosser). $\frac{4}{4}$ *P*, P^1 und P^2 sehr klein, P^3 und P^4 groß, mit kräftigem Innenhöcker. P_4 *M*-ähnlich. M^1 und M^2 breit, dreihöckerig, mit Metaconulus. Erster *M* in beiden Kiefern größer als der zweite. M_3 kleiner als M_2. Paraconid rudimentär. Metaconid etwas höher als Protoconid. Mitteleocäne Phosphorite von Quercy. *P. lemuroides* Teilhard. Obereocän. Bohnerz, Frohnstetten.

10. Familie: **Tillodontidae** (*Tillodontia* Marsh)[1].

Ausgestorbene, fünfzehige, bekrallte Sohlengänger mit vergrößertem, nagezahnähnlichen J_2 und brachyodonten M. Obere M trituberkulär, mit Nebenhöckern, untere mit hohem, halbmondförmigem Trigonid und etwas niedrigerem, halbmondförmigem Talonid. Scaphoid getrennt vom Lunatum.

Der Schädel ist im ganzen raubtierähnlich. Die Breite der Schnauze und des Hinterhauptes, das Fehlen einer postorbitalen Einschnürung und die Beschaffenheit der Ohrregion — flache Bulla — sowie die Form des

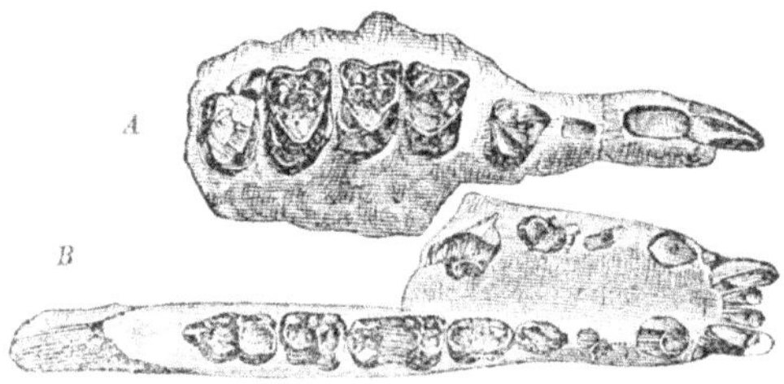

Fig. 572.
Esthonyx Burmeisteri Cope. Untereocän (Wasatch Beds) von Big Horn. Wyoming. *A* Zahnreihe des Oberkiefers, *B* des Unterkiefers, von der Kaufläche gesehen, ⅔ nat. Gr. (Nach Cope.)

Unterkiefergelenkes gestatten die Angliederung dieser Familie an die Insectivoren, womit sich auch die Differenzierung der *J* und *C* in Einklang bringen läßt. Von den *J* geht das erste Paar verloren, das zweite wird vergrößert, die *C* verwandeln sich in kleine Lückenzähne, wofür die hinteren *P M*-ähnlich werden.

Von *Tillotherium* ist das Skelett ziemlich vollständig, von *Esthonyx* aber nur teilweise bekannt. Nur im Eocän von Nordamerika und von Europa.

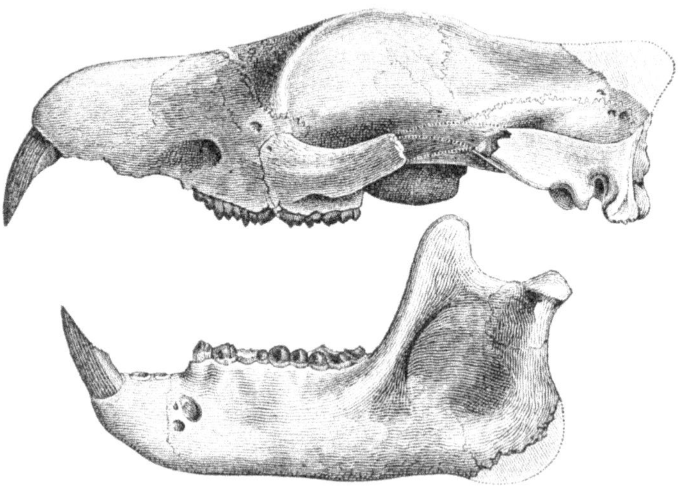

Fig. 573.
Tillotherium fodiens Marsh. Eocän. Bridger. Wyoming. Schädel und Unterkiefer. ¼ nat. Gr. (Nach Marsh.)

[1]) *Cope E. D.*, Vertebrata of the Tertiary Format. of the West 1877. Tertiary Vertebrata 1884. — *Gregory W. K.*, Bull. Amer. Mus. Nat. Hist. New York 1910, p. 292. — *Marsh O. C.*, Amer. Journ. Sc. IX. 1875. XI. 1876.

1. Unterfamilie: **Esthonychinae.**

$\frac{2.1.3.3}{3.1.3.3}$. *J ringsum von Schmelz bedeckt, mit Wurzeln. C ziemlich groß.*

**Esthonyx* Cope (Fig. 572). Im unteren Eocän. Wasatchbed von Wyoming und Neu-Mexiko.

Plesiesthonyx Lemoine. Nur P_4, M_3 und M^3 bekannt. Untereocän von Epernay.

2. Unterfamilie: **Tillotheriinae.**

$\frac{2.1.3.3}{2.1.2.3}$. *Oberer und unterer J_2 stark entwickelt, nur an der Vorderseite mit Schmelz bedeckt und mit persistierender Pulpa. Zwischen den J, dem kleinen C und den vordersten P kurze Lücken.*

**Tillotherium* Marsh (Fig. 573). Schädel von Bärengröße, mit kleiner Gehirnhöhle und verschmälerter Schnauze. Orbita hinten nicht von den Schläfengruben abgetrennt. Stirnbeine groß, mit Luftzellen. Wirbel raubtierartig. Humerus mit Entepicondylarforamen. Femur mit drittem Trochanter. Fibula dünn, Astragalus niedrig. Krallen nicht gespalten. Mitteleocän. Bridgerbed. Wyoming.

Trogosus (Anchippodus) Leidy. Ebendaselbst.

2. Ordnung: **Chiroptera.** Fledermäuse[1]).

Kleine Insekten-, selten Früchtefresser mit stark verlängerten und durch Flughaut verbundenen Vorderextremitäten. Gebiß vollständig. *J* reduziert, *C* groß, meist mit kräftigem Basalband, *P* zugespitzt. *M* sekodont oder bunolophodont, obere trituberkulär, mit V-förmigen Höckern, untere tuberkulärsektorial. Milchgebiß rudimentär. Hirn klein und glatt. Zwei bruständige Zitzen.

Die Fledermäuse werden allgemein für einen spezialisierten Seitenzweig der Insectivoren gehalten, von welchen sie sich jedoch nicht bloß durch die eigentümliche Ausbildung der Vorderextremität, sondern auch durch die fast immer verkürzte Schnauze, den in der Regel sehr kräftigen Scheitelkamm, durch die starke postorbitale Einschnürung und die solid verknöcherte Gehörblase unterscheiden. Revilliod ist geneigt, die Fledermäuse für direkte Nachkommen von mesozoischen Säugern wie *Amphitherium* anzusprechen und jegliche Beziehungen zu den Insectivoren in Abrede zu stellen.

Die Vorderextremität ist zu einem Flugorgan umgebildet. Das lange Schlüsselbein verbindet das Brustbein mit dem Acromion des Schulterblattes. Der Humerus ist schlank und im Verhältnis zur Größe des Caput und des Deltoidkammes sehr lang. Die Länge des Vorderarms übersteigt die des Oberarms mindestens um ein Drittel, oft aber

---

[1]) *Gaillard C.*, Mammifères miocènes de la Grive St. Alban. Arch. Mus. Hist. Nat. Lyon. T. VII. 1899. — *Meschinelli*, Un nuovo Chirottero fossile delle Lignite de Monteviale. Atti di R. Istit. Veneto di Sc. 1902. — *Revilliod P.*, Fledermäuse aus der Braunkohle von Messel bei Darmstadt. Abh. d. großherz. hess. geolog. Landesanstalt. Darmstadt 1917, und: Contribution à l'étude des Chiroptères des terrains tertiaires. Mém. soc. paléont. suisse 1917, 1920/22. — *Schlosser M.*, Die Affen, Lemuren, Chiropteren des europäischen Tertiärs. Beitr. Pal. Öst.-Ung. 1887. VI. — *Weithofer A.*, Sitzungsbericht, Wien. Akad. math.-phys. Abt. Bd. 96. 1887. — *Winge H.*, Jordfundne og nulevende Flagermus (Chiroptera) fra Lagoa Santa. E. Museo Lundii. Kjøbenhavn 1892.

um das Doppelte. Die Ulna ist stark reduziert. Die proximalen Carpalia verschmelzen miteinander. Die Phalangen sind mit Ausnahme des kurzen opponierbaren Daumens zu dünnen, langen, nadelähnlichen Gebilden umgestaltet und durch Flughaut verbunden, welche sich auch am Rumpf und am Schwanz sowie an einem langen knöchernen Sporn, der vom Calcaneum ausgeht, anheftet. Im Gegensatz zur Vorderextremität ist die Hinterextremität und das Becken schwach entwickelt. Der Fuß hat fünf gleich lange, mit Krallen versehene Zehen.

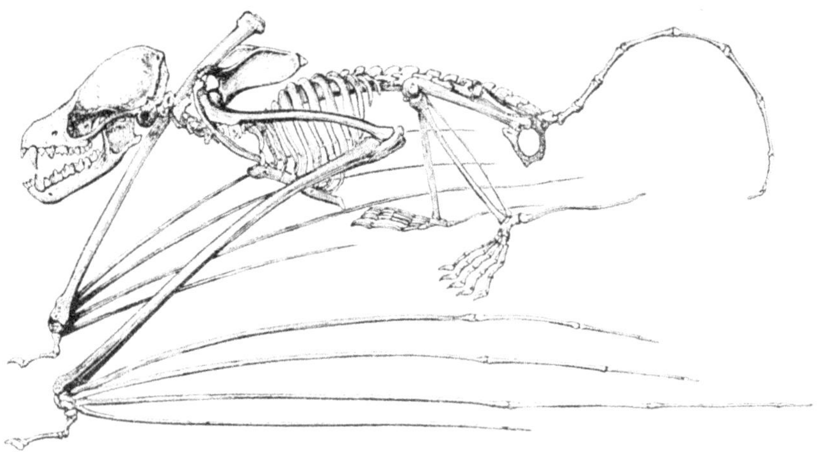

Fig. 574.
Vespertilio murinus Lin. Skelett. (Nach Blainville.)

Die Fledermäuse zerfallen in die zwei Gruppen der *Megachiroptera*, welche nur große frugivore Formen enthalten und die kleinen, insektenfressenden *Microchiroptera.*

Zu den *Megachiroptera* gehört wahrscheinlich die Gattung *Archaeopteropus* Meschinelli aus dem Oligocän von Monteviale.

Überreste von *Microchiropteren* fanden sich in größerer Menge nur in den Phosphoriten von Quercy sowie im Pleistocän in europäischen Höhlen und in Höhlen Brasiliens, aber diese pleistocänen Reste gehören fast ausschließlich rezenten Arten an. Im Eocän — Paris und Aix — sowie im Miocän sind Fledermausreste sehr selten mit Ausnahme von der Lokalität La Grive St. Alban. Dagegen kommen solche verhältnismäßig häufig in der eocänen Braunkohle von Messel bei Darmstadt vor, und zwar als Habitus-Exemplare. Von den beiden dortigen Gattungen *Palaeochiropteryx* und *Archaeonycteris* Revilliod unterscheidet sich die erstere mit $\frac{2}{3}$ *J*, $\frac{3}{3}$ *P* gegenüber allen übrigen Fledermäusen durch die Anwesenheit von nur einem Sacralwirbel und den komplizierten unteren P_4. Auch hat der dritte Finger nur zwei Glieder. Die letztere mit $\frac{2}{2}$ *P* hat zwar im Gegensatz zu allen anderen Gattungen noch ein normales Milchgebiß und an den unteren, jenen von Amphitherium sehr ähnlichen *M* noch ein sehr kräftiges Talonid, sie könnte aber doch der Ausgangspunkt für spätere Gattungen sein.

Die generisch sicher bestimmbaren Überreste von Fledermäusen verteilen sich auf folgende Familien:

Archaeonycteridae — *Archaeonycteris* Revil.

Palaeochiropterydidae — **Palaeochiropteryx* Revil. Beide nur im Eocän von Messel bei Darmstadt.

Rhinolophidae — **Pseudorhinolophus* Schlosser (*Alastor* Weithofer) (Fig. 575). Eocän von Egerkingen, Mormont und Phosphorite von Quercy, vielleicht auch im Obermiocän von Lyon. *Palaeophyllophora* Revil. Eocän von Mormont, Phosphorite von Quercy und vielleicht auch im Ober-

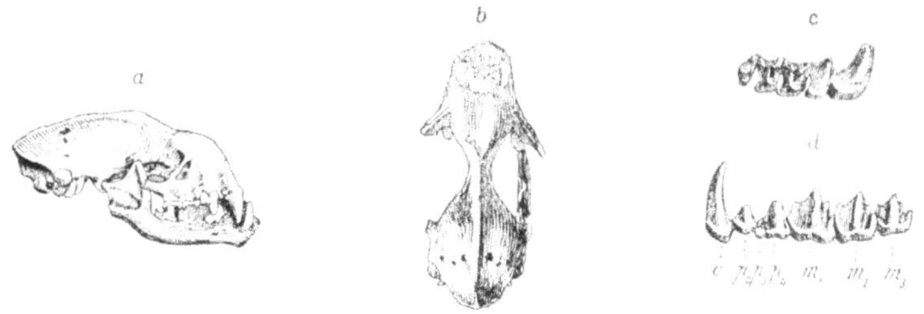

Fig. 575.
Pseudorhinolophus sp. Phosphorit. Quercy. *a* Schädel mit Unterkiefer von der Seite $^1/_1$, *b* derselbe von oben $^1/_1$, *c* obere Zahnreihe von unten, vergr., *d* untere Zahnreihe von außen, vergr. (Nach Schlosser.)

miocän von Lyon. **Palaeonycteris* Pomel. Miocän, Allier. *Rhinolophus* Eocän. Mormont, Phosphorite von Quercy und Oligocän, Miocän und Gegenwart.

Megadermidae — *Necromantis* Weithofer. Phosphorite von Quercy.

Emballonuridae — **Vespertiliavus* Schlosser (*Taphozous* Weithofer). Phosphorite von Quercy, ausgezeichnet durch die lange Unterkiefersymphyse.

Vespertilionidae — *Nycterobius* Revil. Phosphorite von Quercy. *Myotis*. Oligocän, Miocän und Gegenwart. **Samonycteris* Revil. Pliocän, Samos und mehrere miocäne, ungenügend bekannte Überreste.

Molossidae — *Nyctinomus*. Untermiocän — Aquitanien — und Gegenwart.

Die Gattungen *Paleunycteris* Revil. im Eocän von Egerkingen sowie in den Phosphoriten von Query und *Paradoxonycteris* Revil. aus dem Eocän von Mormont lassen sich in keiner Familie unterbringen.

Die **Phyllostomiden** haben in Europa keine Vertreter, dagegen dürfen zu ihnen gestellt werden **Zanycteris* Matthew[1]) aus dem Wasatch-Eocän von Nordamerika und *Provampyrus* Schlosser aus dem Oligocän von Ägypten.

3. Ordnung: **Carnivora.** Fleischfresser.

Zu den Fleischfressern gehören ausgestorbene und noch jetzt lebende, in der Größe sehr verschiedene Land- und Wasserbewohner mit vollständigem Gebiß und sehr kräftig entwickelten Caninen. Die vorderen Backenzähne sind meist schneidend, zum Zerkleinern von Fleischnahrung geeignet, die hinteren *M* in der Regel höckerig und die oberen stark verbreitert. Das Gehirn zeichnet sich bei allen lebenden Formen durch ansehnliche Größe und starke Furchung der großen Hemisphären aus, bei den ältesten fossilen Formen — *Creodontia* — ist es wesentlich kleiner und auch weniger gefurcht. Die Extremitäten

[1]) *Matthew* and *Granger*, Revision of the Wasatch and Wind River Fauna. Bull. Amer. Mus. Nr. 21. 1915.

sind bekrallte digitigrade oder plantigrade Gehfüße mit 4—5 Zehen, zuweilen — *Pinnipedia* — aber auch flossenartig.

Die Fleischfresser zerfallen in drei Unterordnungen — *Creodontia*, *Fissipedia* und *Pinnipedia*.

1. Unterordnung: **Creodontia**[1]). Urfleischfresser.

Ausgestorbene digitigrade oder semiplantigrade Fleischfresser mit kleinem schwachgefurchten Gehirn, vollständigem Gebiß und Zahnwechsel. Meist $\frac{3.1.4.3.}{3.1.4.3.}$ *M schneidend oder höckerig, meist gleichartig ausgebildet. Bulla tympanica nur ausnahmsweise verknöchert. Carpus in der Regel mit Centrale. Scaphoid und Lunatum nur selten verwachsen. Astragalus flachgewölbt, nur wenig ausgefurcht. Endphalangen meist stumpf und an der Spitze gespalten, selten seitlich komprimiert.*

Die von Cope von den *Carnivoren* abgetrennten *Creodontia* zeigen sowohl Anklänge an die Marsupialia als auch an die *Carnivora fissipedia*, mit welchen sie durch die Familie der *Miacidae* verbunden sind, bei welcher auch bereits P^4 und M_1 als Reißzähne entwickelt sind.

Der Schädel ist raubtierartig, aber meist sehr groß im Verhältnis zum Rumpf, die Schnauze oft verlängert und der Scheitelkamm sehr kräftig. Das Cranium hat geringe Kapazität und gestreckte Form. Vom Gesichtsschädel ist es durch die starke postorbitale Einschnürung scharf abgesetzt. Die Bulla tympanica verknöchert nur ausnahmsweise. Das Gehirn ist klein und nur mit schwachen, wenig zahlreichen Windungen versehen. Der Gaumen hat keine Lücken, sondern nur zuweilen kleine Löcher, und der Unterkieferrand ist nur ausnahmsweise hinten schwach umgebogen. Das Gebiß besteht normal aus $\frac{3.1.4.3}{3.1.4.3}$, jedoch kann die Zahl der *J* auf 2, die der *P* auf 3 und der *M* auf 2 sinken, welche Reduktionen indes niemals gleichzeitig eintreten. Die geringe Zahl der *J* unterscheidet die *Creodontia* von den *Marsupialia*, die stets normale Entwicklung aller *J* und die Einwurzeligkeit des *C* von den Insectivoren. Die *P* sind komprimiert, einfach und höchstens mit Basalhöckern versehen, nur der hinterste kann namentlich im Oberkiefer annähernd *M*-ähnliche Zusammensetzung erreichen. Die Krone der oberen *M* besteht in der Regel aus zwei äußeren und einem inneren Höcker, Protocon, von denen der letztere öfters V-förmig ist. Er kann aber auch zuweilen ebenso wie der Metacon starke Reduktion erfahren, wofür aber dann der Parastyl und namentlich der Metastyl sehr kräftig werden. Die *M* des Unterkiefers sind normal tuberkulärsektorial, mit grubigem Talonid. Jedoch wird das Metaconid sehr häufig reduziert, und das Talonid verwandelt sich in eine Schneide, die auch sehr klein werden kann. Im Gegensatz zu den echten Carnivoren ist bei den echten *Creodontia* M_1 in der Regel kleiner als die folgenden *M*. Von den Milchzähnen gleicht der letzte dem vordersten *M*, der vorletzte dem hintersten *P*.

---

1) *Cope E. D.*, The Creodontia. American Naturalist. 1884, p. 255 u. 478. — *Filhol H.*, Ann. Sc. géol. 1872 III. 1876 VII. 1877 VIII. Ann. phys. et nat. Toulouse 1882. — *Martin R.*, Revision der Creodonten Europas. Revue suisse de Zoologie Genève 1906. — *Matthew W. D.*, Additional observations on the Creodonta Bull. Amer. Mus. New York 1901. The Osteology of Sinopa. Proc. U. S. Nat. Mus. Vol. XXX. 1906. The Carnivora and Insectivora of the Bridger Basin. Mem. Amer. Mus. New York 1909. — *Osborn* and *Wortman*, Bull. Amer. Mus. New York 1892. 1900. — *Schlosser M.*, Die Affen . . . Creodonten des europ. Tertiärs. Beitr. z. Paläont. Österr.-Ung. 1887. VI. — *Scott W. B.*, Journal Acad. Nat. Scienc. Philad. 1887. 1895. Proceed. Acad. Nat. Sc. Philad. 1892, p. 291. — *Wortman*, Bull. Amer. Mus. Nat. Hist. New York 1894. 1899 und Eocene Mammalia in the Marsh Collection. I. Carnivora. Amer. Journ. of Science 1901. 1902.

Im Vergleich zur Größe des Schädels haben die Extremitäten geringere Länge als bei den lebenden Raubtieren und sind auch in der Regel etwas plumper und gedrungener. Der Humerus besitzt fast immer ein Entepicondylarforamen und meist eine ungeteilte Gelenkrolle, die bei vorgeschritteneren Formen bis an die Fossa Olecrani reicht. Ulna und Radius verwachsen niemals, das Olecranon kann beträchtliche Höhe erlangen. Zuweilen findet sich am Humerus ein Supratrochlearforamen. Die Carpalia bleiben immer getrennt — nur bei den zeitlich jüngsten Gattungen kommt es manchmal zur Verschmelzung von Scaphoid und Lunatum. In der Regel ist ein freies Centrale vorhanden. Das Ilium ist schmäler als bei den echten Carnivoren und dem der Marsupialier und Insectivoren ähnlicher. Am Femur ragt meist ein dritter Trochanter vor. Die Anordnung und Form der Tarsalia stimmt im wesentlichen mit jener der lebenden Carnivoren überein, doch haben Astragalus und Calcaneum häufig gedrungenere Gestalt und liegen weniger fest aufeinander. Der Astragalus hat nicht selten ein Foramen und seine tibiale Gelenkfläche ist häufig nur schwach gewölbt und nur wenig oder gar nicht ausgefurcht. Die Fußstellung war meist semiplantigrad. Die Krallen sind nicht selten dick und stumpf und von der Spitze an tief gespalten.

Matthew teilt die *Creodontia* in die drei Gruppen der *Acreodi*, der *Pseudocreodi* und der *Eucreodi* ein, von welchen die letztgenannten den Ausgangspunkt der echten Carnivoren darstellen.

1. Tribus: **Acreodi.**

Ohne scherenartige Ausbildung von Backenzähnen. *M* primitiv, obere trituberkulär, untere tuberkulärsektorial oder mit stumpfen Zacken.

1. Familie: **Oxyclaenidae** Scott.

$\frac{4}{4}$ M, primitiv, die oberen trituberkulär, dreieckig oder oblong, die unteren tuberkulärsektorial, mit kantigen Spitzen, aus relativ hohem Trigonid und niedrigem Talonid bestehend. P einfach, nur P^4, selten auch P^3 mit Innenhöcker. Krallen spitz, komprimiert. Extremitäten plump, fünfzehig.

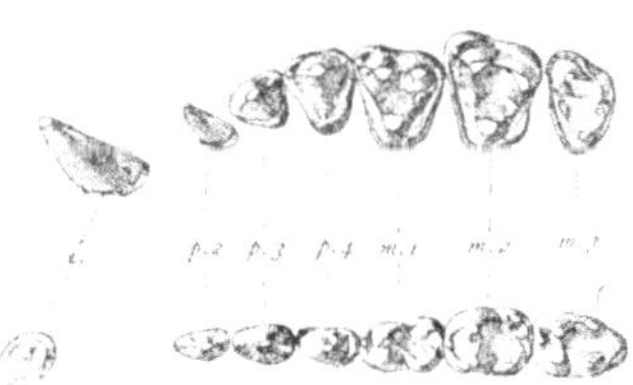

Fig. 576.
Tricentes subtrigonus Cope. Unterstes Eocän. Torrejonbed, Neu-Mexiko. Obere und untere Zahnreihe, nat. Gr. (Nach Matthew.)

**Deltatherium* Cope. Obere *M* ohne Hypocon. Torrejonbed, Neu-Mexiko. Fort Unionbed, Montana.

**Chriacus* Cope. Höcker der oberen *M* und *P* kantig, erstere mit Hypocon. Ebenda und Wasatch, Wyoming.

Protochriacus Scott. (*Loxolophus* Cope). Obere *M* plump. Puercobed, Neu-Mexiko. *Mixoclaenus* Matth. u. Grang. Ebenda.

**Oxyclaenus* Cope. Obere *M* schlank, mit rundlichen Höckern. Puercobed.

Carcinodon Cope. Puercobed.

**Tricentes* Cope (Fig. 576). Torrejonbed und Fort Unionbed. *Thryptacodon* Matth. u. Grang. Obere *M* massiv, mit Hypocon. Wasatchbed. Wyoming.

Arctocyonides (Creoadapis) Lemoine. 4 untere *P*, davon die beiden letzten gestreckt, mit Hauptspitze und Talonid. M_1 mit Paraconid, M_3 mit drittem Lobus. M^1 und M^2 fünfhöckerig, mit Hypocon am Basalband. Untereocän, Reims.

Carcinodon Scott (*Mioclaenus* Cope part.). Nur Unterkiefer bekannt. Puercobed.

2. Familie: **Arctocyonidae** Gervais[1]).

$\frac{3}{3}$ *M. Ohne Reißzähne, M niedrig, obere vielhöckerig, untere mit großem Talonid und reduziertem Paraconid. P verkümmert, einfach. Hand und Fuß fünfzehig, plantigrad. Centrale mit Scaphoid verwachsen. Femur mit drittem Trochanter, Fibula an Calcaneum, Astragalus an Cuboid artikulierend. Krallen spitzig, nicht gespalten.*

Diese meist ziemlich großen Tiere zeigen vielfache Anklänge an die Ursiden, jedoch handelt es sich nur um eine frühzeitig erfolgte ähnliche Spezialisierung von Creodontiern. Im Untereocän von Reims und Nordamerika, hier Fort Union, Torrejon und Wasatchbed.

Neoclaenodon Gidley. *C* verhältnismäßig dick. Trigonid der *M* viel höher als Talonid. Obere *M* gerundet dreieckig, trituberkulär, nur mit Metaconulus. Fort Unionbed, Montana.

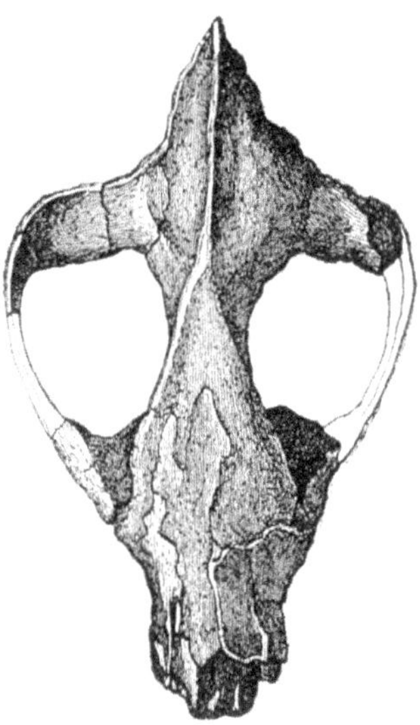

Fig. 577. *Arctocyon primaevus* Blainv. Unterstes Eocän. La Fère bei Reims. Schädel 1/3 nat. Gr. (Nach Gaudry.)

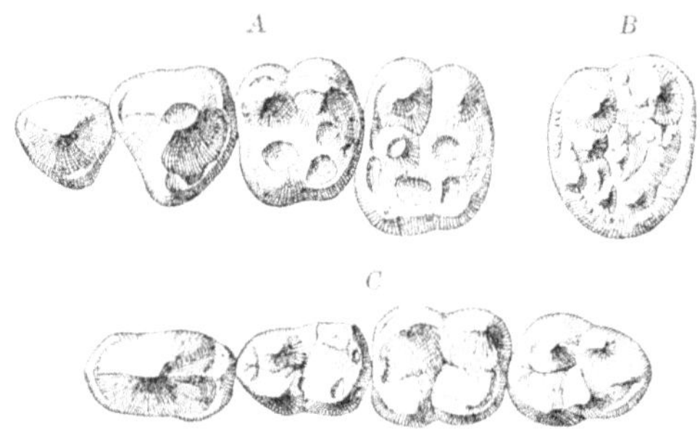

Fig. 578. *Arctocyon Gervaisi* Lemoine. Unteres Eocän von Cernay bei Reims. *A* linke obere P^3—M^3. *B* rechter M^3 frisch. *C* linke untere P_4—M_3. Nat. Gr. Orig. im Berliner naturhist. Museum.

**Claenodon* Scott (*Mioclaenus* Cope part.). Obere *M* mit drei Haupthöckern und Metaconulus. *C* ziemlich dick. P^4 mit kräftigem Innenhöcker. Hand und Fuß bärenähnlich, jedoch Astragalus mit langem Hals. Untereocän. Torrejon. Neu-Mexiko. Fort Union, Montana. *C. ferox*, *corrugatus* Cope.

**Arctocyon* Blv. (Fig. 577, 578). Obere *M* mit 5—6 Höckern. Trigonid der unteren *M* niedrig. *C* lang und schmal, hinten gezähnelt. Untereocän. Reims.

Anacodon Cope. Höcker der *M* undeutlich. Nur $\frac{2}{2}$ kleine *P*. Unterkiefer vorne in einen langen Lappen ausgezogen, entsprechend dem langen oberen *C*. Untereocän. Wasatch. *A. ursidens* Cope.

3. Familie: **Mesonychidae** Cope.

$\frac{3-2}{3}$ *M. Obere M trituberkulär, untere durch Reduktion des Metaconids triconodont, mit stumpfen Zacken. P^4 meist M-ähnlich. Hand und Fuß paraxonisch, häufig digitigrad, 5-, selten 4zehig. Humerus mit Supratrochlear-*

---

1) *Gidley J. W.*, New species of Claenodonts from Montana. Bull. Amer. Mus. Nat. Hist. New York 1919.

foramen. Fibula am Calcaneum artikulierend. Krallen flach- und hufartig Zygapophysen der Lendenwirbel zylindrisch oder eingerollt.

Die *Mesonychidae* erreichen zum Teil die Größe von Bären und ihre Extremitäten erfahren eine ähnliche Spezialisierung wie bei den Hunden, welche sie zu raschem, ausdauernden Laufen befähigt — festgefügter Carpus und Tarsus, tiefausgefurchte Astragalusrolle, Verlust der ersten Zehe, parallele Stellung der Metapodien verbunden mit Digitigradie. — Die oberen *M* zeichnen sich durch die Dreizahl der Höcker und das Fehlen eines Metastyls und die unteren durch Reduktion des Metaconid und einfache Form des Talonid aus, wodurch sie sekundär den Triconodontentypus erlangen. Obere und untere *M* bilden niemals eine Schere. Im älteren Eocän von Nordamerika, Frankreich und Belgien.

1. Unterfamilie: **Triisodontinae** Matthew.

Untere M mit Metaconid und beckenförmigem Talonid. Außenhöcker der oberen M frei.

**Triisodon* Cope (Fig. 525 *B*). Puercobed. *Sarcothraustes*, *Goniacodon*, *Microclaenodon* Cope. Torrejonbed. *Eoconodon* Matth. u. Grang. Puercobed.

2. Unterfamilie: **Mesonychinae** Matthew.

Untere M mit schneidendem Talonid. Außenhöcker der oberen M verwachsen.

**Dissacus* Cope (*Plesidissacus*, *Hyaenodictis* Lemoine). $\frac{3}{3}$ *M*. Untere M_1 und M_2 mit kräftigem Metaconid; Paraconid reduziert. Fünf-

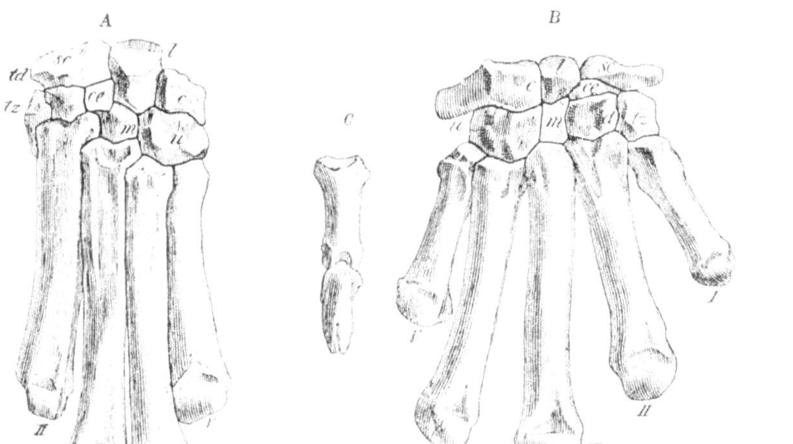

Fig. 579.

Vorderfuß *A* von *Mesonyx*, *B* von *Hyaenodon*. ca. ⅔ nat. Gr. (Nach Scott.) *sc* Scaphoideum, *l* Lunare, *c* Cuneiforme, *ce* Centrale, *tz* Trapezium, *td* Trapezoid, *m* Magnum, *u* Unciforme, *I—V* erster bis fünfter Metacarpus. *C* die zwei letzten Phalangen von *Hyaenodon*.

zehig. Untereocän. Torrejon-, Wasatchbed. Cernay und Ay bei Reims, Orsmael, Belgien.

Hapalodectes Matthew. Zähne komprimiert. *M* ohne Metaconid. Eocän. Wasatch- und Wind-Riverbed.

**Pachyaena* Cope. Paraconid kräftig, Metaconid klein, Extremitäten vierzehig. Erreicht die Größe eines Bären. Eocän von Nordamerika, Wasatchbed und Mitteleocän. Grobkalk von Paris.

Harpagolestes Wortman. Schädel kurz und breit. Untere *M* ohne Metaconid. Ohne M^3. Fünfzehig. Eocän. Bridgerbed. *H. immanis* Wortman. Von Bärengröße. Uinta. *H. (Mesonyx) uintensis* Scott.

Synoplotherium Cope (*Dromocyon* Marsh). Schädel und Beine mäßig verlängert, Hand und Fuß vierzehig, fast digitigrad. Humerus ohne Entepicondylarforamen. Astragalus mit tief ausgefurchter Trochlea. Bridgerbed. *S. vorax* Marsh sp.

**Mesonyx* Cope (Fig. 579 *A*, 580). Schädel und Beine lang. Ohne M^3. Eocän. Bridger. *M. obtusidens* Cope.

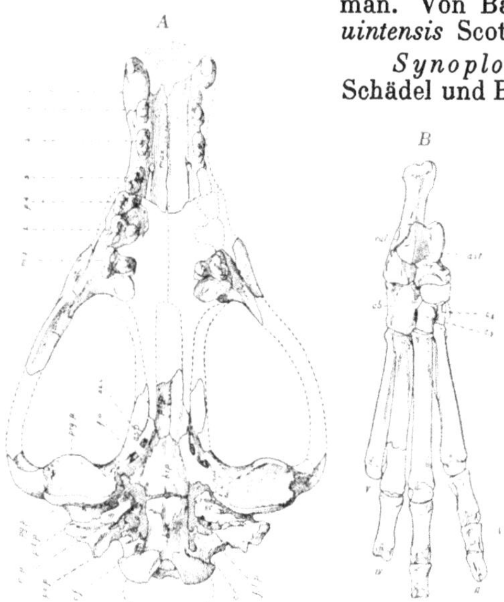

Fig. 580.
Mesonyx obtusidens Cope. Mitteleocän. Bridgerbed. Wyoming. *A* Schädel von unten. *B* Hinterfuß ⅓ nat. Gr. (Nach Matthew.)

2. Tribus: **Pseudocreodi.**

$\frac{1}{2}$ oder $\frac{2}{3}$ M als Reißzähne entwickelt. Krallen gespalten. Hand und Fuß mesaxonisch. Fibula am Calcaneum artikulierend. Zygapophysen der Lendenwirbel zylindrisch oder eingerollt.

4. Familie: **Oxyaenidae** Cope.

Meist $\frac{2}{2}$ *M.* M^1 *und* M_2 *als Reißzähne ausgebildet, meist* $M_2 > M_1$. *Schädel plump, mit breiter Basis Cranii. Unterkiefer massiv, mit kräftiger Symphyse. Extremitäten fünfzehig. Zehenstellung bei aquatilen Formen gespreizt, bei Landbewohnern plantigrad. Krallen stumpf, gespalten.*

Osborn hielt die Gattung *Palaeonictis* für den Ahnen der Feliden, und Wortman vermutete in *Patriofelis* den Ahnen der Pinnipedia. Nach den Untersuchungen Matthews kommt jedoch keiner von beiden Gattungen besondere stammesgeschichtliche Bedeutung zu. Der Schädel hat im Vergleich zum Körper ziemlich normale Dimensionen. Von den oberen *M* ist der zweite klein und quergestellt und manchmal ganz verschwunden, M^1

Fig. 581.
Limnocyon medius Wortman. Mitteleocän. Bridgerbed. Wyoming. Obere P^4 bis M^2 nat. Gr. (Nach Wortman.)

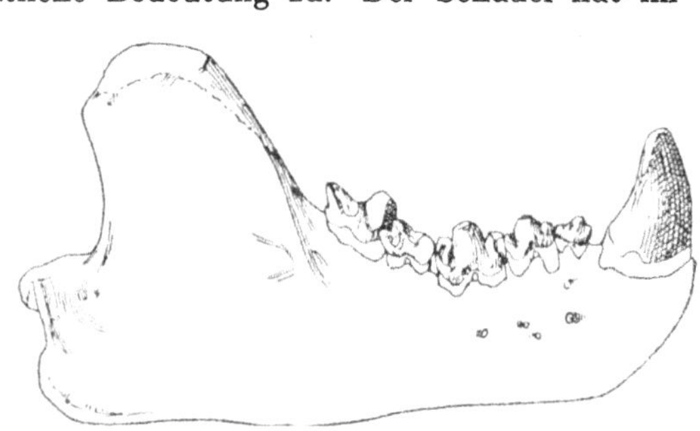

Fig. 582.
Patriofelis ferox Marsh. Bridgerbed. Wyoming, Unterkiefer. ⅓ nat. Gr. (Nach Matthew.)

besitzt außer den drei Hauptzacken einen schneidend entwickelten Metastyl. Die unteren *M* bestehen aus einem hohen Trigonid und einem niedrigen Talonid, welches ebenso wie das Metaconid verschwinden kann.

1. Unterfamilie: **Limnocyoninae** Wortman.

Nur P^4 mit Innenhöcker. Untere M tuberkulärsektorial. $\frac{2-3}{2-3}$ *M. Gebiß unreduziert. Lange Schnauze. Kleine bis mittelgroße Formen.*

**Limnocyon (Telmatocyon)* Marsh (Fig. 581). J^3 reduziert. Erster P in beiden Kiefern zweiwurzelig, nur P^4 mit Innenhöcker. M^1 mit kräftigem Protocon. M^2 quergestellt. M_1 und M_2 mit dreispitzigem Trigonid und beckenförmigem Talonid. Ohne M^3. Schädel breit. Unterkiefer hoch und plump. Beine kurz, gebogen. Mitteleocän. Bridger.

Dipsalidictis Matth. u. Grang. $\frac{2}{2}$ *M.* Klein. Wasatch. Wyoming.

Prolimnocyon Matthew. $\frac{2}{3}$ *M.* Unt. Eocän. Wasatch. *P. atavus* Matth. und Grang.

Thinocyon Marsh. Beine lang und schlank. Größe von Hauskatze. Mitteleocän. Bridger.

**Thereutherium* Filhol. Mardergröße. 3 *M.* Metaconid reduziert. Unterkiefer dick. Eocän. Phosphorite von Quercy. *Th. thylacodes* Filhol.

Oxyaenodon Wortman. *P* dichtgedrängt und reduziert. *M* wie bei *Limnocyon*. Unterkiefer mäßig hoch. Obereocän. Uintabed.

Machairoides Matthew. Unterkiefersymphyse nach unten in einen Lappen ausgezogen. Mitteleocän. Bridgerbed.

2. Unterfamilie: **Oxyaeninae** Wortman.

P^3 und P^4 mit Innenhöcker. Frühzeitig spezialisierte Formen mit kurzer Schnauze, mit reduzierten P, häufig ohne M^2 und M_2. Alle P und M schneidend ausgebildet.

**Oxyaena* Cope. $\frac{3.1.4.2}{3.1.4.2}$. Obere *P* sämtlich mit Innenhöcker. M^1 mit kräftigem Protocon, M^2 quergestellt. Untere *M* mit kleinem Talonid. Metaconid neben Protoconid stehend. Unterkiefer hoch, aber dünn. Beine mäßig lang. Untereocän. Wasatchbed. *O. lupina* Cope. In den Phosphoriten von Quercy. *O. Galliae* Filhol problematisch.

**Patriofelis* Leidy (*Limnofelis*, *Oreocyon* Marsh, *Aelurotherium* Adams, *Protopsalis* Cope (Fig. 582). $\frac{?.1.3.1}{2.1.3.2}$. $P\frac{1}{1}$ und M^2 fehlend. M_1 mit schwachem Talonid und kleinem Metaconid. M_2 groß, mit rudimentärem Talonid und Metaconid. Schnauze abgestutzt, Unterkiefer massiv. Beine kurz und plump. Zehen gespreizt. M_2 gleicht dem M_1, und M^1 dem P^4 von Felis. Eocän. Wasatch- und Bridgerbed. *P. ulta* Leidy.

**Palaeonictis* Blv. $\frac{3.1.4.2}{3.1.4.2}$. Nur P^3 und P^4 mit Innenhöcker. M^1 mit scharf geschiedenem Paracon und Metacon, großem Protocon und Zwischenhöckern. M^2 rudimentär. Untere *M* mit kräftigem Paraconid und Metaconid und beckenförmigem Talonid. $M_2 > M_1$. Untereocän. Wasatchbed von Nordamerika und Sparnacien von Frankreich (Soissons).

Ambloctonus Cope. $\frac{2}{3}$ *M.* Untere *M* fast gleich groß. Talonid schneidend. Kiefer kurz und plump. Untereocän. Wasatch.

5. Familie: **Hyaenodontidae** Cope.

$\frac{3-2}{3}$ *M.* *M* $\frac{2}{3}$ *als Reißzahn entwickelt, vordere M und P^4 ebenfalls als Scheren funktionierend, Schädel meist lang, seltener kurz und plump mit konkaver Stirn. Extremitäten meist zum Laufen adaptiert, mesaxonisch. Fibula am Calcaneum artikulierend. Krallen an der Spitze gespalten. Bulla tympanica nur ausnahmsweise vollkommen verknöchert.*

Die *Hyaenodontidae* umfassen Formen von Fuchs- bis Wolfsgröße, einige Arten erreichen allenfalls die Größe von Tigern. Bei *Hyaenodon*-Arten kommt es zuweilen zur Verwachsung von Scaphoid und Lunatum, auch bekommt der Humerus häufig eine massive, hohe Trochlea und ein

Supratrochlearforamen, und Pollex und Hallux können beträchtliche Reduktion erleiden. Der Schädel ist in der Regel gestreckt und schmal, bei *Pterodon* und manchen *Hyaenodon*-Arten hingegen kurz und plump. M^3 kann vollständig verschwinden. M^2 bildet mit M_3 zusammen eine Schere, doch funktionieren auch schon M_1 und M_2 mit P^4 und M^1 in ähnlicher Weise. Die ursprünglich trituberkulären oberen und die tuberkulärsektorialen unteren *M* können sich in schneidende Platten umbilden, wobei von den oberen *M* fast nur Paracon und Metastyl und an den unteren nur Paraconid und Protoconid erhalten bleiben. Die Hyaenodontiden und Oxyaeniden gehen auf eine gemeinsame Stammform zurück.

1. Unterfamilie: **Proviverrinae.**

$\frac{3}{3}$ M. Obere M trituberkulär, M^3 quergestellt, untere tuberkulärsektorial, stets mit Metaconid versehen. Mäßig scherenartige Ausbildung der Zähne. Körper schlank. Extremitäten fünfzehig. Zehen fast gleich lang. Krallen komprimiert.

Die *Proviverrinae* haben meist ungefähr die Größe von Fuchs und ein viverrenähnliches Aussehen.

**Sinopa* Leidy. (*Stypolophus*, *Prototomus* Cope.) *P* lang und isoliert stehend. Außenhöcker der oberen *M* voneinander getrennt, Talonid groß

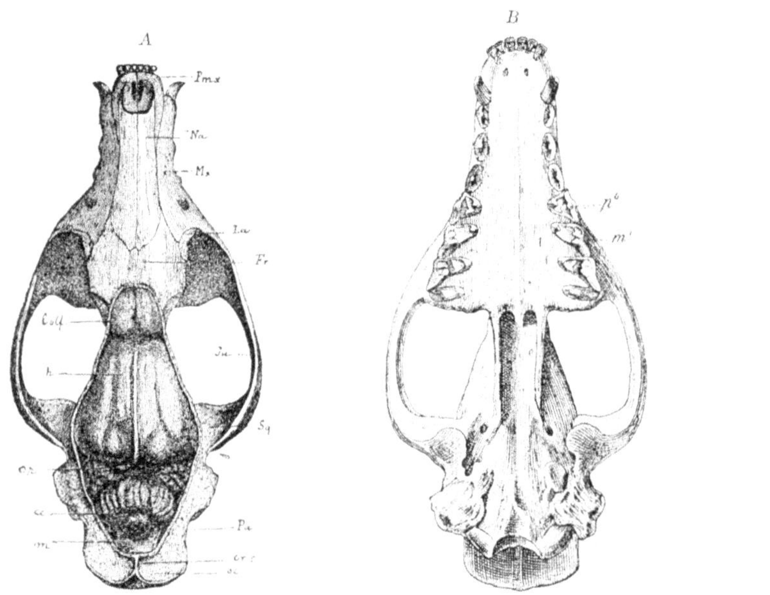

Fig. 583.
Proviverra (Cynohyaenodon) Cayluxi Filhol. Phosphorit. Quercy. *A* Schädel von oben, *B* von unten. 2/3 nat. Gr. (Nach Gaudry und Filhol.) *oc* Supraoccipitale, *Pa* Scheitelbein, *Fr* Stirnbein, *Ju* Jochbein, *Sq* Squamosum, *La* Tränenbein, *Na* Nasenbein, *Mx* Oberkiefer, *Pmx* Zwischenkiefer, *crs* Sagittalcrista, *m* Medulla elongata, *ce* Kleinhirn, *op* Sehhügel, *h* große Hemisphäre, *lolf* Riechlappen.

und beckenförmig. Zahlreiche Arten, zum Teil durch vollständige Skelette vertreten. Untereocän. Wasatchbed. *S. hians* Cope. Mitteleocän. Bridger. *S. rapax* Leidy, *Grangeri* Matthew. Angeblich auch im Untereocän von Belgien (Orsmael).

Tritemnodon Matthew. (*Stypolophus* Cope, *Limnocyon* Marsh.) Außenhöcker der oberen *M* zusammengedrängt. Talonid klein. Mitteleocän Bridger. *T. agilis* Marsh sp.

Metasinopa Schlosser. Nur M_1 mit Metaconid. Talonid schneidend. Oligocän. Ägypten.

**Proviverra* Rütimeyer. Mitteleocän. Bohnerz von Egerkingen. *P* kurz und hoch. Talonid groß und beckenförmig. Außenhöcker der oberen *M* getrennt und *Cynohyaenodon* Filhol (Fig. 567). Phosphorite von Quercy. Außenhöcker der oberen *M* dicht beisammenstehend.

Prorhizaena Rütimeyer. Bohnerz von Egerkingen. Systematische Stellung unsicher.

Galethylax Blainville. Eocän. Pariser Gips. Ebenfalls unvollständig bekannt.

**Quercytherium* Filhol. *P* stark verdickt. Obere *M* trituberkulär. Eocän. Euzet les Bains (Gard) und ältere Phosphorite von Quercy.

2. Unterfamilie: **Hyaenodontinae.**

$\frac{3-2}{3}$ M, schneidend entwickelt, untere ohne Metaconid, mit nur kleinem oder ohne Talonid, obere meist mit verlängertem Metastyl und reduziertem Paracon, zuweilen ohne Protocon. Die P sehr massiv. P_4 meist höher als M_1. Körper plump. Beine meist zum Laufen adaptiert. Krallen dick.

Die Hyaenodontinen sind aus Proviverrinen entstanden, von welchen sie sich durch die schneidende Ausbildung der *M* unterscheiden. In Europa

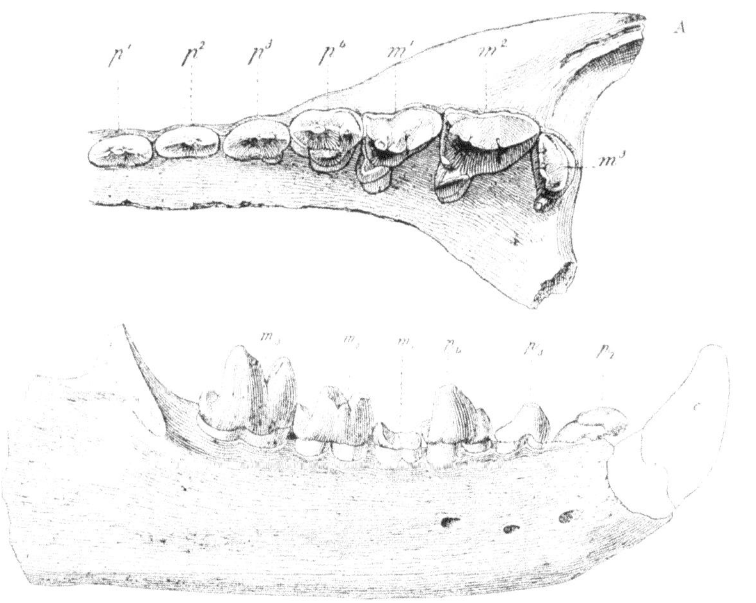

Fig. 584.
Pterodon dasyuroides Gerv. Ob. Eocän (Phosphorit). Mouillac bei Caylux. *A* linke Oberkieferzähne von unten, nat. Gr. *B* rechter Unterkiefer von außen, ⅔ nat. Gr.

erscheinen sie im jüngeren Eocän, in Nordamerika hingegen erst im Oligocän, desgleichen auch in Afrika, wo sie wie in Asien noch im Miocän gelebt haben. *Mc II* greift wie bei *Hyaena* stark über *Mc III* hinüber.

**Pterodon* Blainville (*Hemipsalodon* Cope). (Fig. 584.) $\frac{3}{3}$ *M*. M^3 quergestellt, M^1 und M^2 mit dicht zusammengedrängten Außenhöckern und kräftigem Protocon. Untere *M* mit hohem, dicken Protoconid, kräftigem Paraconid und rudimentärem Talonid, selten mit kleinem Metaconid. *P* einfach, dick, P_1 und J_1 öfters fehlend. *C* massiv. Schädel plump, mit kurzer Schnauze.

Obereocän. Pariser Gips, Débruge, Phosphorite von Quercy, Insel Wight *Pt. dasyuroides* Blv. Oligocän. White Riverbed von Kanada *Pt. grandis* Cope sp. und Oligocän von Ägypten *Pt. africanus* Andrews. Beide sowie *Pt. bugtiense* Pilgrim aus dem Untermiocän von Ostindien von mindestens Tigergröße.

Propterodon Martin. $\frac{4}{4}$ *P*. Mitteleocän. Bohnerz von Egerkingen.

Pseudopterodon Douglass. Klein, unvollständig bekannt. Oligocän. Unt. White Riverbed.

**Apterodon* Fischer (*Dasyurodon* Andreae). Paraconid niedrig, Talonid groß, schneidend. Obere *M* mit drei großen Haupthöckern und sehr schwachem Metastyl. Schädel und Schnauze lang. Extremitäten kurz, gebogen, zum Schwimmen adaptiert. Oligocän. Phosphorite von Quercy und Meeressand von Flonheim *A. flonheimensis* Andreae. Im Oligocän von Ägypten mehrere Arten, *A. macrognathus* Andrews. Eine Art auch im Untermiocän von Britisch-Ostafrika.

Hyaenodon Laizer et Parieu (*Taxotherium* Blv., *Tulodon* Gerv.). (Fig. 579*B*, 585.) Schädel und Extremitäten bald lang und schlank, bald kurz und plump. M^3 fehlend; meist nur $\frac{2}{3}$ *J*. M_1 und M_2 mit kurzem Protoconid und rudimentärem Talonid, M_3 dem *M* der Hyänen ähnlich, ohne Talonid, Protoconid in eine lange Schneide verwandelt, ebenso der Metastyl an den oberen *M*. Paracon und Metacon mehr oder weniger fest verschmolzen, Protocon an M^1 rudimentär, an M^2 fehlend. Erste Zehe oft stark reduziert. Humerus mit kräftiger Trochlea. In Europa wohl schon im Bohnerz von Egerkingen, häufig im Obereocän, Phosphorite, Gips von Paris, Lignit von Débruge, Euzet les Bains (Gard) *H. Requieni* Gerv. Oligocän, Phosphorite von Quercy, zahlreiche Arten. Oligocän von Ronzon und Cournon. In Nordamerika zahlreiche Arten im Oligocän, White Riverbed. *H. horridus* Leidy.

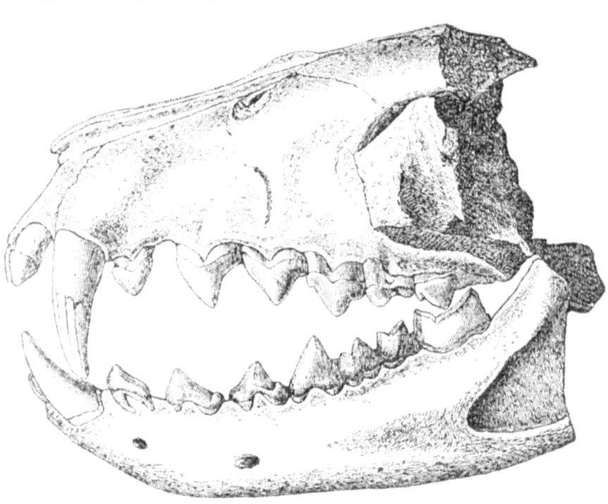

Fig. 585.
Hyaenodon leptorhynchus Laizer et Parieu. Ob. Eocän (Phosphorit). Caylux. Vorderer Teil des Schädels nebst Unterkiefer. ½ nat. Gr. (Nach Filhol.)

Dissopsalis Pilgrim. Miocän. Unterste Siwalikschichten.

3. Tribus: **Eucreodi.**

P^4 und M_1, als Reißzahn entwickelt. Krallen komprimiert, vorne zugespitzt, nicht gespalten. Hand und Fuß fast paraxonisch, Fibula nicht am Calcaneum artikulierend. Zygapophysen der Lendenwirbel flach.

6. Familie: **Miacidae** Cope.

P^4 und M_1 als Reißzahn entwickelt, obere M trituberkulär, untere tuberkulärsektorial mit hohem Trigonid und stark reduziertem Talonid. Hand und Fuß fünfzehig. Zehenstellung gespreizt.

Die Miaciden sind kleine bis mittelgroße Raubtiere, welche im Gebiß teils den Viverriden, teils den älteren Caniden und Ursiden ungemein nahestehen und auch zweifellos deren Ahnen darstellen. Sie unterscheiden sich nur durch das Fehlen einer knöchernen Bulla tympanica, durch die Trennung von Scaphoid, Centrale und Lunatum und durch den Besitz eines allerdings schon schwachen dritten Femurtrochanters. Dagegen zeigt das Gehirn erhebliche Fortschritte gegenüber den anderen Creodontia. Bei genauerer Kenntnis des Skelettes dürften sich auch manche europäische Formen — wie eocäne »*Viverra*«- und »*Amphicyon*«-Arten als Miaciden erweisen.

1. Unterfamilie: **Viverravinae** Matthew.

$\frac{2}{2}$ *M. Innenzacken des* P^4 *und Hinterzacken von* P_4 *groß. Zehen dicht aneinander gedrängt, digitigrad. Humerus mit niedriger Deltoidcrista und großem Tuberculum majus. Femur mit vorspringendem dritten Trochanter. Astragalus mit schmalem Caput und etwas ausgefurchter Trochlea. Fibula am Calcaneum artikulierend. Schädel gestreckt.*

**Viverravus* Marsh (*Didymictis* Cope). (Fig. 586.) Zähne komprimiert. M_1 mit kurzem, grubigen Talonid. Obere *M* ohne Zwischenhöcker, M^1 mit kleinem Hypocon. Mitteleocän, Bridger. *V. dawkinsianus* Cope, *minutus* Wortman. Eocän, Phosphorite. Quercy. *V. (Viverra) angustidens* Filhol. Angeblich im Landénien von Erquelinnes, Belgien.

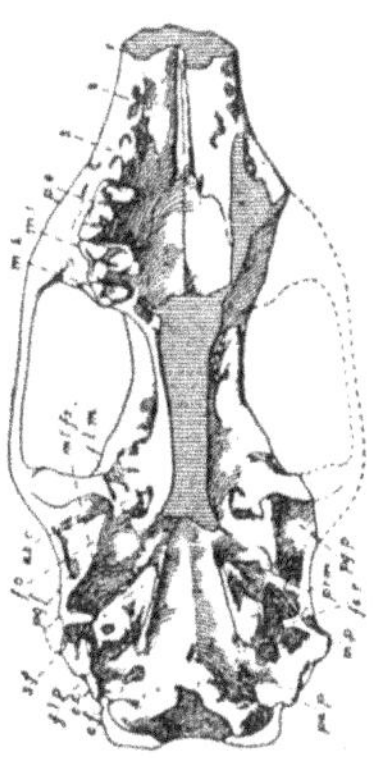

Fig. 586. *Viverravus minutus* Matthew. Eocän. Bridgerbed. Schädel von unten. Nat. Gr. (Nach Matthew.)

**Didymictis* Cope. Zähne massiver, M^1 ohne Hypocon. Untereocän. Fort Unionbed. Torrejonbed. *D. haydenianus* Cope. Wasatch und Wind Riverbed. *D. protenus* Cope.

2. Unterfamilie: **Miacinae** Matthew.

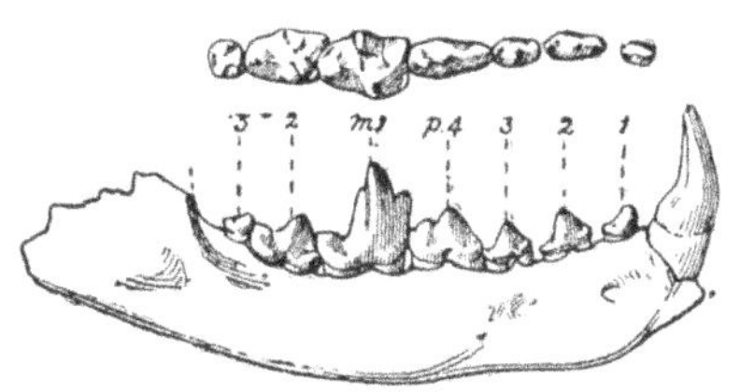

Fig. 587. *Uintacyon jugulans* Matthew. Eocän. Bridgerbed. Wyoming. Zahnreihe von oben und Unterkiefer von außen. Nat. Gr. (Nach Matthew.)

$\frac{3}{3}$ *M. Innenzacken des* P^4 *klein oder fehlend. Zehenstellung gespreizt, plantigrad. Humerus mit hoher Deltoidcrista und schwachem Tuberculum majus. Femur mit niedrigem, langgestreckten dritten Trochanter. Astragalus mit breitem Caput und flacher Trochlea. Fibula vom Calcaneum getrennt. Schädel von mäßiger Länge.*

Miacis und *Uintacyon* haben Beziehungen zu den Hunden resp. Bären.

**Miacis* Cope. P_4 und M_1 mäßig bis groß, die beiden letzten *M* klein. M_1 mit grubigem Talonid. M^1 meist mit kleinem Hypocon. *M. parvivorus* Cope. Wasatchbed. *M. (Lycarion) Hargeri* Wortm. *M. (Harpalodon) sylvestris* Marsh. Bridgerbed. *M. (Prodaphaenus) uintensis* Osborn. Uintabed. Phosphorite. Quercy. *M. (Cynodictis) exilis* Filhol.

**Uintacyon* Leidy (Fig. 587). *P* und M_1 klein, der letztere mit schneidendem Talonid. M^1 ohne Hypocon, hintere *M* groß. Wasatchbed. *U. massetericus* Cope. Bridgerbed. *U. vorax* Leidy. *U. (Miocyon) (Prodaphaenus* W. und M.) mit reduziertem *P* und großen *M*. Obereocän. Uinta. *U. Scotti* W. und M.

Vassacyon Matthew. *M* mit grubigem Talonid, *P* klein. Unterkiefer hoch. Untereocän. Wasatch. *V. promicrodon* W. und M.

Die drei folgenden Gattungen sind nach Matthew Verwandte der Cercoleptiden. Reißzähne wenig differenziert. Alle *M* einander sehr ähnlich.

Oodectes Wortman. Alle unteren *M* mit wohlentwickeltem, hohen Trigonid und schneidendem Talonid. Obere *M* mit Protoconulus, ohne Hypocon. *P* kurz und hoch. Bridgerbed. *O. herpestoides* Wortm.

**Vulpavus* Marsh. $\frac{4-3}{4-3}$ *P*. Untere *M* mit niedrigem, dreispitzigen Trigonid und breitem Talonid. *P* massiv. Obere *M* mit Zwischenhöckern und dickem inneren Basalwulst. Wasatchbed. *V. australis* Matth. Wind Riverbed. *V. canavus* Cope. Bridgerbed, *V. palustris* Marsh. *V. (Phlaodectes) ovatus* Matthew. — *Palaearctonyx* Matthew. *P* reduziert. *M* niedrig, flach, obere groß, oblong. Bridgerbed. *P. Meadi* Matthew.

2. Unterordnung: **Fissipedia** (*Carnivora vera*). Raubtiere[1]).

Digitigrade oder plantigrade Fleischfresser, teilweise omnivor, mit großem, gefurchten Gehirn und vollständigem Gebiß. In der Regel $\frac{3}{3}$ J. C kräftig, höher als die übrigen Zähne. P schneidend. P^4 und M_1 als Reißzahn entwickelt. Die oberen M und die unteren M_2 und M_3 höckerig, zuweilen verkümmert. Zehen getrennt. Extremitäten fünfzehig, selten Pollex und Hallux reduziert. Scaphoid mit Lunatum und Centrale verschmolzen. Endphalangen komprimiert, spitz, gekrümmt, zuweilen retraktil.

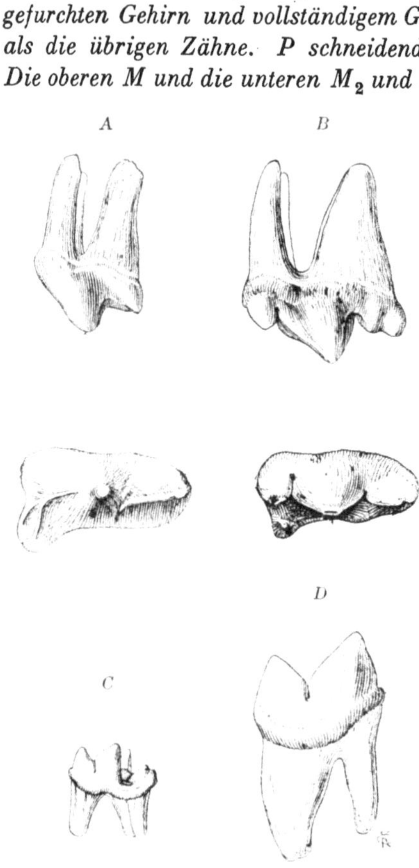

Fig. 588.
A oberer Reißzahn vom Hund, *B* vom Löwen, von der Seite und von unten. *C* unterer Reißzahn von *Herpestes*, *D* vom Löwen.

Die echten Raubtiere oder *Fissipedia* stehen in ihrem Habitus und im Schädel- und Skelettbau den *Creodontia* am nächsten und unterscheiden sich von den Miaciden eigentlich nur durch die Verwachsung des Lunatum mit dem Scaphoid, durch die vollständige Verknöcherung der Bulla tympanica und die höhere Entwicklung des Gehirns. Die stark gefurchten Großhirnhemisphären bedecken zum großen Teil auch das Kleinhirn und die Riechlappen. Das Gebiß zeichnet sich durch starke Entwicklung der *C* und die scherenartige Ausbildung des oberen P^4 und des unteren M_1 aus, die hier, wie bei den Miaciden, als »Reißzähne« (Fig. 588) funktionieren. Die oberen *M* sowie die unteren M_2 und M_3 sind höckerig ausgebildet, die ersteren trituberkulär, die letzteren tuberkulärsektorial, jedoch ist bei ihnen im Gegensatz zu M_1, welcher sich in der Regel durch kräftige Entwicklung des Protoconid

[1]) *Cope E. D.*, Amer. Naturalist 1880 p. 833, 1883 p. 235. — *Filhol H.*, Archiv. Museum d'hist. nat. Lyon. Tome III 1883. — *Flower W. H.*, Proceed. zool. Soc. London 1869. — *Gaillard Cl.*, Archiv. Museum d'hist. nat. Lyon. Tome VII 1899. — *Kormos Th.*, Drei neue Raubtiere aus den präglazial. Schichten. Mitteil. Jahrb. d. kgl. ung. geolog. Reichsanst. Budapest 1914. — *Lydekker R.*, Siwalik and Narbada Carnivora. Palaeontologia Indica. Ser. X. Vol. II. 1884. — *Mivart G.*, Pro-

und Paraconid auszeichnet, das Protoconid sehr niedrig, und das Paraconid mehr oder weniger verkümmert. Die oberen M haben außer Paracon, Metacon und Protocon auch häufig Zwischenhöcker und einen Metastyl, auch kann manchmal ein Hypocon auftreten, allein in den meisten Fällen ist der eine oder andere dieser Bestandteile unterdrückt. Auch nimmt die Größe der M vom ersten bis zum letzten in beiden Kiefern meist sehr rasch ab, und von den oberen verschwindet sehr häufig M^3, öfters auch M^2, und ebenso fehlt von den unteren sehr oft M_3. Bei den Feliden geht fast stets M_2 und manchmal sogar M^1 verloren, während der untere M_1 sich in eine zweiteilige Schneide verwandelt. Bei omnivorer Lebensweise wird die Oberfläche der übrigbleibenden M oder auch der obere P^4 durch Hinzutreten von Sekundärhöckern vergrößert. Der obere Reißzahn unterscheidet sich von P^3 durch

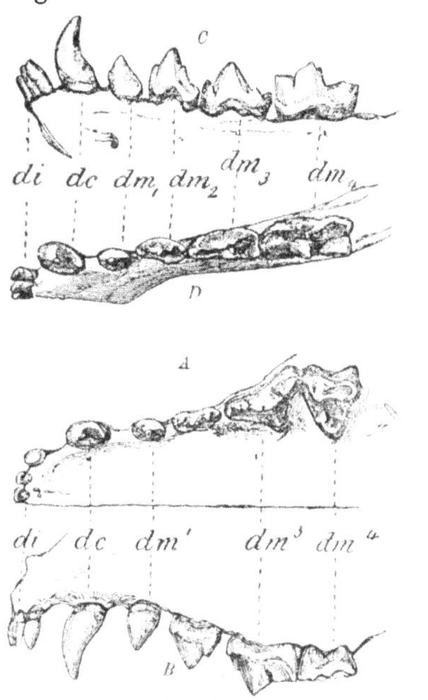

Fig. 589.
Milchgebiß von *Viverra civetta* Lin. (Nach Mivart.) *A*, *B* Oberkiefer von unten und von der Seite. *C*, *D* Unterkiefer von der Seite und von oben.

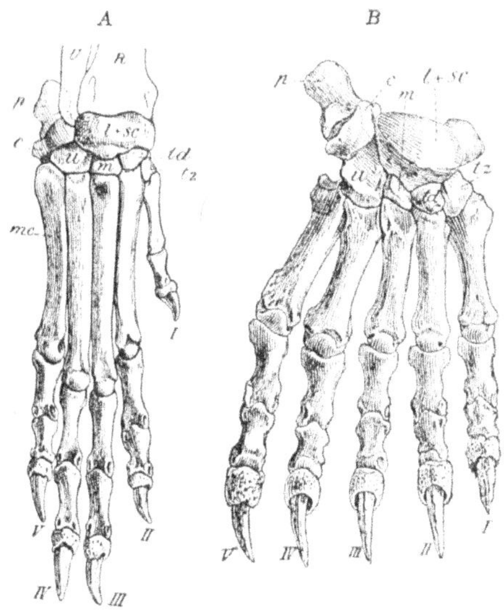

Fig. 590.
Vorderfuß *A* vom Hund, *B* vom Bären. *R* Radius, *U* Ulna, *l+sc* Scapho-lunare, *c* Cuneiforme (Triquetrum), *p* Pisiforme, *u* Unciforme, *m* Magnum, *td* Trapezoid, *tz* Trapezium, *mc* Metacarpalia, *I—V* erster bis fünfter Finger. Der erste Finger hat nur zwei Glieder, zweites in Fig. *B* fällt aus.

den Besitz einer langen Schneide hinter dem Hauptzacken, auch ist er in den meisten Fällen mit einem Innenhöcker und einem Basalhöcker am Vorderrande versehen.

Im Milchgebiß (Fig. 589) gleicht D_4 im wesentlichen dem M_1, dem unteren Reißzahn, D_3 dem P_4. Auch im Oberkiefer hat D^4 im ganzen die Zusammensetzung von M^1 und D^3 die von P^4, während D^2 sich dem P^3 nähert, jedoch sind die D durchwegs zierlicher als die Ersatzzähne und der obere D^4 besitzt in der Regel keinen inneren Basalwulst, der untere D_4 hat ein verhältnismäßig großes Talonid, und an D^3 steht der Innenzacken weiter zurück als an P^4. An allen D divergieren überdies die Wurzeln viel mehr als an den P.

ceed. zool. Soc. London 1882. 1885. — *Reynolds S. H.*, Monograph on the British Mammalia of the Pleistocene Period. Carnivora. Palaeontogr. Soc. London 1910. — *Teilhard de Chardin P.*, Les Carnassiers des Phosphorites du Quercy. Annal. de Paléontol. T. IX. 1914/15. — *Winge H.*, Jordfundne og nu levende Rovdyr (Carnivora) fra Lagoa Santa. E. Museo Lundii. Kjøbenhavn 1895. — *Wortman J. L.* and *Matthew C. W.*, Bull. Amer. Mus. Nat. Hist. New York 1899, p. 103.

Der Brustgürtel enthält zuweilen eine rudimentäre Clavicula. Der Humerus besitzt öfters ein Foramen entepicondyloideum. Radius und Ulna bleiben getrennt. Im Carpus sind Scaphoid, Centrale und Lunatum verschmolzen (Fig. 590). Meist sind fünf Zehen vorhanden, wovon der Daumen oft viel kürzer ist als die übrigen. Die spitzen, komprimierten Krallen können bei den Katzen und Viverren über die zweiten Phalangen zurückgebogen werden. Dem Femur fehlt ein dritter Trochanter, und die Fibula hat ein Gelenk für das Calcaneum. Die Tarsalia sind dicht aneinandergepreßt, bleiben aber sämtlich frei. Der Astragalus ist hinten konvex, selten gerade abgestutzt und oben mit meist tiefausgefurchter Trochlea versehen.

Die echten Raubtiere werden in die sieben Familien der *Canidae*, *Ursidae*, *Procyonidae*, *Mustelidae*, *Viverridae*, *Hyaenidae* und *Felidae* eingeteilt.

1. Familie: **Canidae.** Hunde[1]).

$\frac{3.1.4.\ 3-2}{3.1.4.3\,(4)-2}$. *$P^4$ mit mäßigem Innenhöcker, kräftigem Hauptzacken und langer Schneide, P^3 und P_4 meist auch mit Nebenzacken. Obere M trituberkulär, breiter als lang, öfters mit Zwischenhöckern. M_1 mit hohem Trigonid, mäßig großem Metaconid und grubigem, selten schneidendem Talonid, M_2 viel niedriger und kleiner als M_1. Paroccipitalfortsatz vorragend, an Bulla stoßend. Extremitäten digitigrad, anfangs fünfzehig, später Pollex und Hallux reduziert. Krallen nicht retraktil. Schwanz lang. Penis mit Knochen.*

Die Caniden sind gegenwärtig über die ganze Erde verbreitet und stehen in ihrem Habitus und im Gebiß den Viverren am nächsten, obwohl sie schon im Creodontenstadium als Miaciden von ihnen getrennt waren. Sie beginnen im Obereocän von Europa, sind im Oligocän und Untermiocän hier ziemlich selten — nur durch *Amphicyoninae* vertreten — und werden erst wieder im Pliocän und Pleistocän häufig. Die Entwicklung während der mittleren Tertiärzeit ist in Nordamerika vor sich gegangen, von wo aus sie sich sowohl nach Eurasien als auch, im Pleistocän, nach Südamerika verbreitet haben.

1. Unterfamilie: **Cynodictinae.**

$\frac{2-3}{3}$ M. P schlank, mit Nebenzacken. Obere M viel breiter als lang, meist mit Zwischenhöckern. M_1 mit hohem Trigonid und mäßigem, grubigen Talonid. Humerus mit Entepicondylarforamen. Extremitäten fünfzehig. Metapodien mit halbkugelförmiger distaler Gelenkfläche. Astragalus distal konvex.

Im Skelett und Zahnbau gleichen die ältesten Cynodictinen, abgesehen von dem Besitz von $M\frac{2}{3}$, eher Viverren als Hunden. Der Schädel von *Cynodictis* zeigt noch Merkmale der Miaciden — Gruppierung der Foramina der Basis cranii und unverknöcherte Bulla —, bei allen nordamerikanischen Formen ist Verknöcherung der Bulla erfolgt.

**Procynodictis* Wortman. Obere *M* ohne Zwischenhöcker. Obereocän. Uintabed.

---

[1]) *Del Campana D.*, I Cani pliocenici di Toscana. Palaeontographia Italica. Vol. XIX. 1913. — *Hatcher J. B.*, Oligocene Canidae. Memoirs Carnegie Museum. Vol. I. 1902. — *Huxley Th.*, Dental and cranial characters of the Canidae. Proceed. Zool. Soc. London 1880. — *Merriam J. C.*, Pliocene and quaternary Canidae. University of California Publ. 1903. Notes on the Canid genus Tephrocyon. Ibidem Vol. VII. 1913. — *Peterson O. A.*, Descr. of new Carnivores from the Miocene. Mem. Carnegie Mus. Pittsburgh. IV. 1910. — *Scott W. B.*, Notes on the Canidae of the White River Oligocene. Transact. Amer. Philos. Soc. Philadelph. Vol. XIX. 1898. — *Studer Th.*, Die prähist. Hunde. Abhandl. Schweiz. paläont. Ges. XXVIII. 1901. — *Thorpe M. R.*, Oregon Tertiary Canidae and Some Tertiary Carnivora. Marsh Collect. Amer. Journ. of Sc. and Arts. 1922. — *Woldrich J.*, Caniden aus dem Diluvium. Denkschr. Wien. Akad. math.-naturw. Kl. 1878. Bd. 89. — *Wortman J. L.* and *Matthew C. W.*, Bull. Am. Mus. Nat. Hist. New York 1899.

Protemnocyon Hatcher. *C* komprimiert, *P* mit Nebenzacken. Obere *M* mit Protoconulus. M^3 reduziert. Untere *M* mit schneidendem Talonid. Oligocän. White River.

**Temnocyon* Cope. Gebiß ähnlich dem vorigen. Metapodien etwas an die von Wolf erinnernd. Untermiocän. John Daybed. Oregon. *T. altigenis* Cope. Vorläufer von *Cyon*. Nebraska. *T. venator*, *percussor* Cook.

Mesocyon Scott (*Hypotemnodon* Eyermann). Untere *M* mit schneidendem Talonid. John Daybed. *M. corphaeus* Cope sp.

Pericyon Thorpe. M_3 groß. Talonid grubig. Ebenda.

**Cynodictis* Bravard und Pomel (Fig. 591). Obere *M* sehr breit, dreieckig, mit zwei Zwischenhöckern, untere mit grubigem Talonid. Zuweilen noch M^3 vorhanden, öfters ohne M_3. P^4 lang. Obereocän. Pariser Gips, Débruge. Euzet les Bains. Phosphorite von Quercy. *C. lacustris* Gervais, *intermedius* Filh.

**Galecynus* Owen (*Cynodictis* Wortman). Obere *M* gerundet dreieckig. P^4 kurz. Oligocän. White River. *G. paterculus* Matthew sp., *gregarius* Cope. Untermiocän. John Daybed. *G. oregonensis* Merriam sp. Obermiocän. Europa. *G. oeningensis* v. Meyer ?

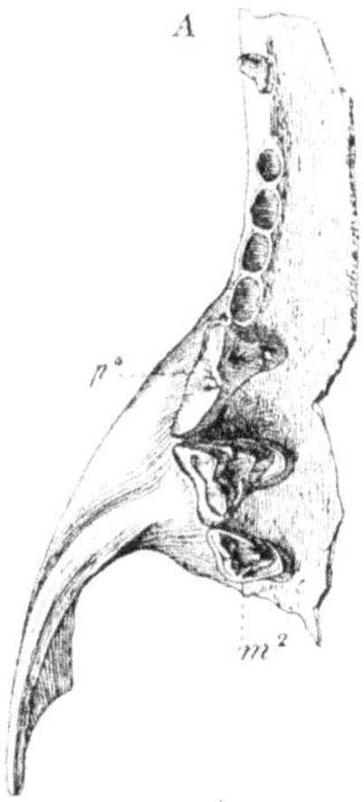

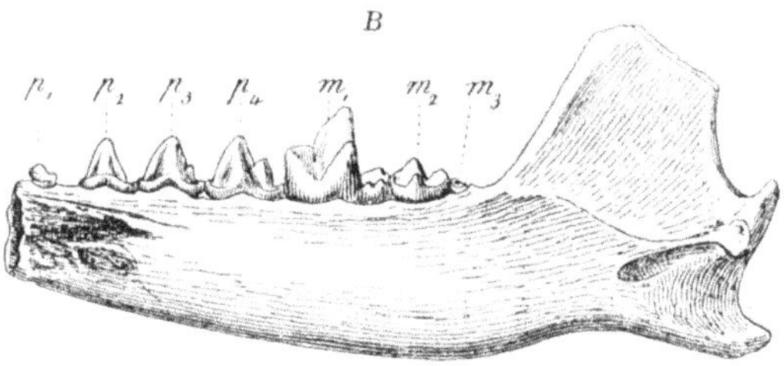

Fig. 591.
Cynodictis lacustris Gerv. Oberes Eocän (Phosphorite). Quercy. *A* rechtes Oberkieferfragment. *B* rechter Unterkiefer von innen (nat. Gr.).

Nothocyon Wortman (*Galecynus* Cope). Obere *M* groß. P^4 klein. Untere *M* mit großem Hypoconid. Humerus ohne Entepicondylarforamen. Untermiocän. John Day. *N. geismarianus* Cope sp. Vorläufer der südamerikanischen lebenden Caniden.

**Cynodesmus* Scott. *M* ähnlich denen von Wolf. Extremitäten fünfzehig. Hallux verkürzt. Miocän. Montana. *C. thooides* Scott. Süddakota. *C. Thomsoni* Matthew. Diese Gattung nimmt eine Zwischenstellung ein zwischen den Cynodictinen und den echten Hunden.

Philothrax Merriam. Mit nur 3 *P*. Untermiocän. John Day. Oregon,

2. Unterfamilie: **Amphicyoninae.**

$\frac{3-2}{3-2}$ *M*. *P^4 kurz, plump, mit kleinem, ziemlich weit vorne stehendem, öfters nach der Mitte verschobenem Innenhöcker, die übrigen P in der Regel klein und einfach gebaut. M^1 gerundet drei- oder viereckig, mit starkem inneren und meist auch äußerem Basalband, mit zwei konischen Außenhöckern und einem, seltener zwei Innenhöckern versehen. M^2 und M^3 oval. Untere M mit kleinem Metaconid und grubigem oder schneidendem Talonid. M^3 und M_3 öfters fehlend. Humerus mit Foramen entepicondyloideum. Hand und Fuß fünfzehig, mit verhältnismäßig kurzen Metapodien. Krallen etwas retraktil. Schwanz lang. Bullae osseae meist klein und lose befestigt.*

Bei den späteren Formen, welche hauptsächlich aus dem Obermiocän und Pliocän von Nordamerika stammen, tritt Verkürzung des Schädels ein, die mit dem Verlust von M^3 und Verkürzung von M_2 und M_3 und häufig auch mit Reduktion der Zahl der *P* verbunden ist, wofür jedoch P^4 komplizierter wird, und M_2 bei Verlust des M_3 ein langes Talonid bekommt.

**Amphicyon* Lartet (Fig. 592). $\frac{3}{3}$ *M*. M^3 stets klein. M^1 und M^2 trituberkulär, untere *M* schlank, mit mehr oder weniger schneidendem Talonid. Oligocän. Phosphorite von Quercy. *A. ambiguus* Filh. Untermiocän. Europa *A. lemanensis* Pomel. Obermiocän *A. major* Blv. Untermiocän Ostindien *A. Shabazi* Pilgrim. Pliocän. Siwalikhügel *A. palaeindicus* Lydekker.

**Daphaenus* (*Daphaenodon* Peterson). $\frac{3}{3}$ *M*. Sehr ähnlich *Amphicyon lemanensis*. Durch mehrere vollständige Skelette vertreten. Oligocän White River. *D. felinus* Scott, *vetus* Leidy. Untermiocän. *D. superbus* Peterson, *periculosus* Cook.

Paradaphaenus Matthew. Untermiocän. John Daybed. *P. cuspigerus* Cope sp.

**Pseudamphicyon* Schlosser. P_4 und M_1 mit hohem Hauptzacken. Obere *M* mit schwachem Basalband. $\frac{2}{3}$ *M*. Metapodien sehr kurz. Eocäne und oligocäne Bohnerze. *P. lupinus* Schlosser.

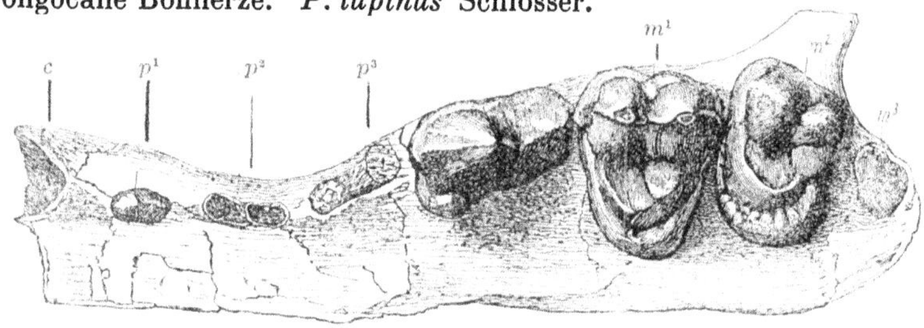

Fig. 592.

Amphicyon giganteus Laurill. Miocän. Sansan. Gers. Linker Oberkiefer von unten. $^3/_5$ nat. Gr. (Nach Gaudry.)

**Pseudocyon* Lartet. $\frac{2}{3}$ *M*. Talonid verkürzt, Protocon der oberen *M* schwach. Basalband kräftig entwickelt. Miocän. Tuchorschitz *P. bohemicus* Schlosser. Sansan (Gers) *P. sansaniensis* Lartet.

Pseudarctos Schlosser. *P* und M_1 klein, M_2 und M_3 groß und flach. Obermiocän Tutzing *P. bavaricus* Schl.

**Simocyon* Wagner. Schnauze kurz, vordere *P* stark reduziert. $\frac{2}{2}$ *M*. M_2 mit langem Talonid. Unterpliocän. Pikermi, Eppelsheim.

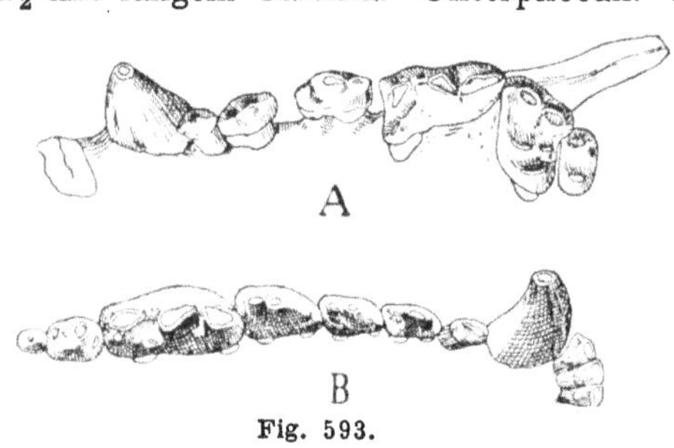

Fig. 593.

Aelurodon wheelerianus Cope. Miocän. Süd-Dakota. *A* obere, *B* untere Zahnreihe ½ nat. Gr. (Nach Matthew.)

Borophagus Cope (*Dinocyon* Matthew). $\frac{2}{3}$ *M*. Obere *M* sehr breit, *P* schwach. Schädel kurz und plump. Miocän. Montana und Texas. *B. Gidleyi* Matthew. Nebraska. »*Amphicyon*« *americanus* Matthew von unsicherer Stellung.

Pliocyon Matthew. *P* verkürzt. Jochbogen weit abstehend. Pliocän. Nebraska.

Ischyrocyon Matthew. $\frac{4}{4}$ *P*. Obermiocän. Loup Fork. Süddakota.

**Aelurodon* Leidy (Fig. 593). $\frac{4}{4}$ *P*. $\frac{2}{3}$ *M*. *P* mit Ausnahme des letzten klein, aber mit Nebenzacken. P^4 mit großem Innenhöcker und starkem Zacken vor dem Hauptzacken. M_1 ziemlich lang. Obermiocän Nebraska, Kansas. *Ae. saevus* Leidy, *wheelerianus* Cope.

Hyaenognathus Merriam. $\frac{4}{3}$ *P*. $\frac{2}{3}$ *M*. P_4 in beiden Kiefern plump und groß, hintere *M* und vordere *P* sehr klein, J^3 fast ebenso groß wie *C*, die unteren *J* nebeneinander stehend. Gebiß hyänenähnlich. Schnauze sehr kurz. Pleistocän. Kalifornien. *H. pachyodon* Merriam.

Enhydrocyon Cope (*Hyaenocyon* Cope). Schädel stark verkürzt. $\frac{3}{3}$ *P*. $\frac{2}{2}$ *M*. P^4 ohne Vorderhöcker. *M* $\frac{2}{2}$ sehr klein. M_1 mit schneidendem Talonid, ohne Metaconid. Vielleicht zu den *Cynodictinae* gehörig. Untermiocän. John Day. *E. stenocephalus* Cope. Montana. *E. crassidens* Matthew.

3. Unterfamilie: **Cynodontinae.**

$\frac{2-1}{3-2}$ M. P^4 mit großem, nach rückwärts verschobenem Innenhöcker, die übrigen P klein und einfach. Obere M mit je zwei konischen Außenhöckern, großem Protocon und Metacon, und mit mäßigem inneren Basalband. M^1 nicht viel kürzer als breit, dreieckig, M^2 elliptisch. M_1 mit schwachem Metaconid und meist grubigem, großen Talonid. Bulla verknöchert.

Diese Unterfamilie beginnt mit kleinen Formen, welche aber im Pliocän die Größe von Bären erreichen. Sie umfaßt zwei Stammesreihen, von welchen die eine ein *canis*ähnliches Gebiß bewahrt und im Pliocän erlischt — *Cephalogale* — *Dinocyon*, während die andere — *Cynodon* — unter Vergrößerung der *M* sich zu den Ursiden entwickelt. Bei der ersten Gruppe findet Reduktion der *M* und *P* und Verdickung der bleibenden Zähne statt. Die *Cynodontinae* scheinen auf Europa beschränkt zu sein.

**Cephalogale* Jourdan. $\frac{2}{3}$ *M*. M^1 gerundet dreieckig, M^2 schräg oval. *P* klein. Untere *M* mit großem Trigonid und kurzem, schneidendem Hypoconid. Lange, schlanke Metapodien. Oligocän. Phosphorite von Quercy, Untermiocän, St. Gérand le Puy. Obermiocän, Schlesien, Lyon.

**Dinocyon* Jourdan. Zum Teil schon von Bärengröße. Obermiocän Sansan (Gers), Steiermark. *D. göriachensis* Toula. La Grive St. Alban. *D. Thenardi* Jourdan. Im Unterpliocän Frohnstetten, Eppelsheim?

Hemicyon Lartet. P^4 mit weit zurückstehendem Innenhöcker. *M* wie bei *Cephalogale*. Zehen digitigrad. Obermiocän. Sansan.

Plesiocyon Schlosser. Protoconid von M_1 sehr hoch. Kiefer schlank. Eocän. Phosphorite. Quercy.

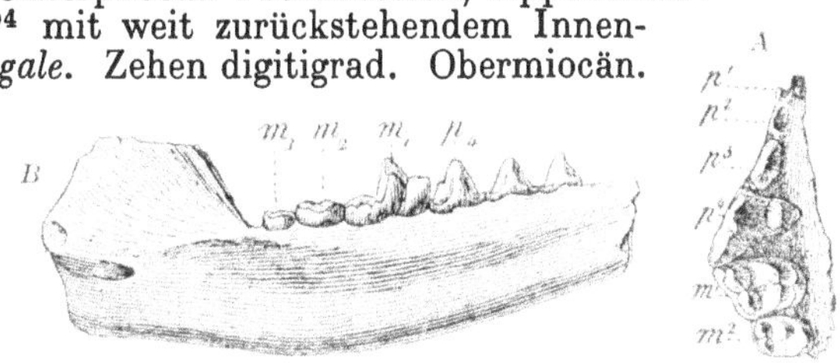

Fig. 594.
Cynodon leptorhynchus Filhol sp. Phosphorite. Mouillac. Quercy. *A* rechter Oberkiefer von unten. *B* linker Unterkiefer von innen (nat. Gr.).

**Cynodon* Aymard (Fig. 594). *P* klein, mit Ausnahme des mit großem Innenhöcker versehenen P^4. Obere *M* wenig breiter als lang. Metaconulus fast ebenso stark wie Protocon. Talonid der unteren *M* ziemlich groß, grubig. Hand und Fuß mit gespreizter Zehenstellung. Oligocän. Phosphorite von Quercy. *C. leptorhynchus* Filh. sp. Ronzon. Ulm. *C. velaunus* Aymard.

**Paracynodon* Schlosser. Schmelz stark gerunzelt. Oligocän. Ulm. *P. vulpinus* Schlosser. Vielleicht Vorläufer der Ursiden.

**Pachycynodon* Schlosser. Unterkiefer sehr hoch. *P* klein. P^4 mit sehr großem, weit zurückstehendem Innenzacken. Obere *M* oblong, untere *M* mit sehr großem, grubigen Talonid. Oligocän. Bohnerze von Schwaben und Phosphorite von Quercy. *P. crassirostris* Filhol sp. Nach Teilhard Vorläufer der Procyoniden.

4. Unterfamilie: **Caninae.**

$\frac{2}{3-2}$ M. P schlank, hintere mit Nebenzacken. Untere M mit grubigem oder schneidendem Talonid, M_1 mit schwachem Metaconid. Obere M mit starkem inneren Basalband. Extremitäten vierzehig, mit rudimentärem Hallux und Pollex. Humerus ohne Entepicondylarforamen. Metapodien dicht aneinander gepreßt, mit zylindrischen distalen Gelenkflächen. Astragalus distal abgestutzt.

**Canis* Linn. Talonid schneidend mit rudimentärem Hypoconid. Die ältesten fossilen Vertreter der Gattung *Canis* sind *Cautleyi* Bose im Pliocän der Siwalik, vielleicht auch in China, *C. etruscus* Major im Oberpliocän von Toskana, gleichzeitig und im Altpleistocän *C. neschersensis* Croizet. Del Campana unterscheidet in Valdarno drei Arten von Wolfsgröße, darunter *C. Majori* und eine von Schakalgröße, *C. arnensis*. Im Pleistocän von Europa *C. aureus* Güldenstedt und *C. lupus* Linn, in Nordamerika *C. latrans* Say, *indianensis* Leidy, *occidentalis* Rich. etc. Als *Canis Mikii*, *intermedius* und *hercynicus* wurden Reste von angeblichen Wildhunden aus dem europäischen Pleistocän beschrieben. In Australien wurde der *Dingo* fossil nachgewiesen. Echte Haushunde — *C. familiaris* — erscheinen erst in der jüngeren Steinzeit in den Pfahlbauten, *C. f. palustris* und der große *Inostranzewi*, in der Bronzezeit *C. f. matris optimae* und *Leineri*. Nach Studer ist die einheitliche Abstammung der zahlreichen lebenden Rassen sehr wahrscheinlich. Sie sind aus einer oder mehreren pleistocänen, wolfähnlichen wilden Hundearten hervorgegangen und später durch Züchtung und zum Teil auch Kreuzung mit Wölfen und Schakalen in der mannigfachsten Weise umgebildet worden. Die südlichen Hunderassen sollen aus einer *dingo*ähnlichen Form entstanden sein.

**Vulpes* Brisson. Talon der unteren *M* grubig. *C* und *M* schlank. *V. vulgaris* Linn sp. fossil im Pleistocän von Europa. *V. Donnezani* Depéret im Mittelpliocän von Roussillon, *V. borbonicus* Brav. und *megamastoides* Pomel im Pliocän der Auvergne, *V. alopecoides* Del Campana von Val d'Arno. *V. sinensis* Schlosser im Pliocän von China und *V. curvipalatus* Bose in den indischen Siwalik. Der Stammvater von *Vulpes* ist wohl in der nordamerikanischen Gattung *Tephrocyon* zu suchen.

Leucocyon lagopus Pallas. Eisfuchs, häufig im europäischen Pleistocän zusammen mit Ren und Lemming.

**Tephrocyon* Merriam umfaßt eine Anzahl z. T. früher als *Canis* bestimmter Hunde aus dem Mittel- und Obermiocän von Nordamerika, die sich durch kurze Schnauze und massiven, unten stark konvexen Unterkiefer und kräftige *M* auszeichnen. M_2 mit Paraconid. *T. temerarius* Leidy sp. *Kelloggi* Merriam. Nevada. Obermiocän, *T. vafer* Leidy, Unterpliocän Nebraska, *T. hippophagus* Matthew ebenda.

Leptocyon Matthew. M_2 ohne Paraconid. Pliocän. Nebraska.

Cyon Blanford. Meist mit nur $\frac{2}{2}$ *M*; untere *M* mit schneidendem Talonid. Lebend in Asien, fossil im europäischen Pleistocän.

Icticyon und *Palaeocyon* Lund. Fossil in Knochenhöhlen Brasiliens.

Otocyon $\frac{3}{4}$ *M*. Lebend in Südafrika. Pleistocän. Ostafrika.

2. Familie: **Ursidae**[1]).

$\frac{3.1.4-1.2}{3.1.4-1.3}$. *C dick und groß, P im Verhältnis zu den M stets sehr klein,* P_2 *und* P_3 *oft,* P_1 *seltener fehlend.* $P\frac{4}{4}$ *kurz, der obere mit zwei stumpfen Außenhöckern und einem weit nach hinten verschobenen Innenhöcker. Obere M mehr oder weniger deutlich vierhöckerig und viel länger als breit.* M_1 *mit niedrigem Trigonid, Talonid an* M_1 *und* M_2 *groß und beckenförmig.* M_3 *mit rundlicher Krone. Extremitäten fünfzehig, plantigrad, fünfte Zehe stärker und länger als die übrigen. Schwanz kurz, Penisknochen groß. Schädel gestreckt. Bulla tympanica flach. Processus paroccipitalis und mastoideus kräftig entwickelt.*

---

1) *Schlosser M.*, Die Bären des europäischen Tertiärs. Palaeontogr. Bd. XLVI 1899 und Parailurus und Ursus aus den Ligniten von Baroth. Mitteil. Jahrb. d. k. ungar. geolog. Anstalt. Budapest 1899. — *Merriam John C.*, An American Pliocene Bear. University of California Public. Geology 1916.

Zu den Bären gehören große, meist omnivore Raubtiere, welche sich durch ihre großen quadratischen oder länglich vierseitigen, vielhöckerigen *M* und den Mangel von eigentlichen Reißzähnen auszeichnen. Ihr Skelett ist dem der Amphicyoninen ähnlich, aber plumper und gedrungener, und die plantigraden Extremitäten sind zum Greifen und Klettern geeignet. Sie bewohnen gegenwärtig Europa, Asien, Nordafrika und Nord- und Südamerika. Die fossilen Formen verteilen sich auf das nämliche Verbreitungsgebiet, jedoch erscheinen sie in Amerika erst im Pliocän oder sogar erst im Pleistocän. Ihre ursprüngliche Heimat ist wahrscheinlich Europa, wo sie sich aus Cynodontinen entwickelt haben, welche ihrerseits von Miaciden abstammen.

**Hyaenarctos* Falc. und Cautley (Fig. 595). Vordere *P* klein, hinfällig, obere *M* vierhöckerig, quadratisch, gleich groß. Im Pliocän von Montpellier, Alcoy, Pikermi und in den Siwalik. *H. sivalensis*, *punjabiensis* Falc. Der letztere auch in Maragha. Je eine Art auch noch im Oberpliocän von Kalifornien und im Pleistocän von China.

**Ursavus* Schlosser. *P* klein. P^4 mit großem Innenhöcker, obere *M* vierhöckerig, untere *M* mit schwachen Runzeln. Nicht größer als Wolf. Obermiocän von Steiermark, Schlesien *U. brevirhinus* Hofmann sp., Elm, Vogelsgebirg *U. elmensis* Stehlin. La Grive S. Alban *U. primaevus* Gaillard sp. und in pliocänen schwäbischen Bohnerzen.

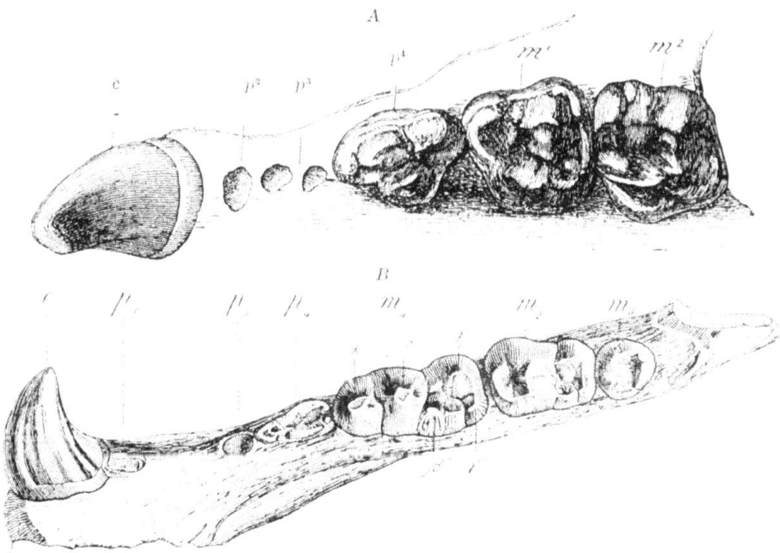

Fig. 595.
A Hyaenarctos Sivalensis Falc. Unt. Pliocän. Siwalik, Ostindien. Linker Oberkiefer von unten. ³/₈ nat. Gr. (Nach Gaudry.)
B Hyaenarctos Punjabiensis Lyd. Rechter Unterkieferast. ³/₈ nat. Gr. (Nach Lydekker.)

Indarctos Pilgrim. M^2 kurz. Pliocän. Siwalik und Oregon. *J. oregonensis.* Merriam.

**Ursus* Lin. Obere *M* viel länger als P^4 und wie die unteren mit vielen Runzeln bedeckt. Vordere *P* sehr klein, öfters fehlend. Die ältesten Arten der Gattung Ursus finden sich in den Siwalik (*U. Theobaldi* Lyd.) und im Pliocän von China. Im Pliocän von Siebenbürgen *U. Boeckhi* Schlosser, im Pliocän von Toskana *U. etruscus* Cuv., in Roussillon und der Auvergne *U. arvernensis* Croiz. Der Höhlenbär (*U. spelaeus* Blumb.) ist das häufigste Raubtier im europäischen Pleistocän. Viele Höhlen haben mehrere hundert Individuen in allen Altersstadien geliefert. Er unterscheidet sich vom braunen Bären durch seine stattlichere Größe, die viel plumperen Knochen, namentlich die dicken kurzen Metapodien, durch die gewölbte Stirn und das Fehlen von P^1. Sein Vorläufer war *U. Deningeri* Reichenau im älteren Pleistocän. *U. priscus* Cuv. ebenfalls im europäischen Pleistocän, dem Grizzlybären ähnlich, eine unsichere Art. Im Pleistocän von Nordamerika *U. americanus* Pallas, *amplidens* Leidy, *vitabilis* Gidley und *floridanus* Merriam.

**Arctodus* Leidy (*Arctotherium* Bravard). Kiefer stark verkürzt, Jochbogen weit vom Schädel abstehend, *P* dichtstehend. Pleistocän von Kalifornien, Südkalorina *A. pristinus* Leidy. Pennsylvanien, Mexiko *A. simus* Cope sp. Alaska *A. yukonensis* Lambe. Südamerika *A. bonariensis* Gervais sp.

3. Familie: **Procyonidae** (*Subursi* Blainville).

$\frac{3.1.4-3.2}{3.1.4-3.2(3)}$. *$P^4$ und M_1 nicht als typische Reißzähne entwickelt. Obere M und P^4 gerundet viereckig, trituberkulär oder quadrituberkulär. Untere M mit stumpfzackigem Trigonid und zweihöckerigem Talonid. Schädel kurz und breit. Extremitäten fünfzehig, plantigrad.*

Die Procyoniden bewohnen in der Gegenwart Nord- und Südamerika, mit Ausnahme der auf den Himalaya beschränkten Gattung *Ailurus*. Sie haben sich wohl zumeist aus Miaciden entwickelt, nach Teilhard dagegen erst aus *Pachycynodon*.

Procyon Storr. Waschbär. Lebend und im Pleistocän von Nord- und Südamerika.

Bassariscus Coues. Lebend und im Pleistocän von Nordamerika.

Probassariscus Matthew. Pliocän. Nebraska.

Nasua Storr. Lebend und fossil im Pleistocän von Südamerika.

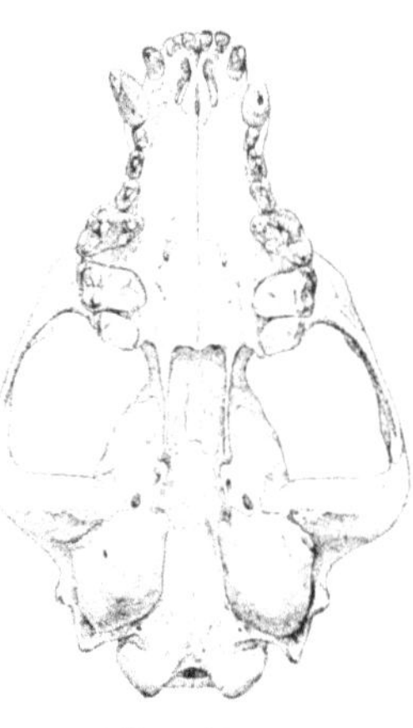

Fig. 596. *Phlaocyon leucosteus* Matthew. Miocän. Colorado. Schädel v. unten. ½ nat. Gr. (Nach Matthew.)

Cyonasua, *Pachynasua* Ameghino in der Paranastufe und *Amphinasua* Moreno in der araukanischen Stufe — Pliocän — von Argentinien.

**Phlaocyon* Wortm. und Matthew (Fig. 596). $\frac{4}{4}$ *P*. $\frac{2}{3}$ *M*. Schädel und Skelett procyonähnlich. P^4 mit zwei Innenhöckern. Große Bullae osseae. Untermiocän von Colorado. *P. leucosteus* Wortm. und Matthew.

Leptarctus Leidy. $\overline{3.1.3.2}$ *P* mit Talonid. Miocän Loup Fork. Süddakota.

**Parailurus* Schlosser. Sehr komplizierte *M*, aber einfachere *P* als bei der lebenden Gattung *Ailurus*. Pliocän — Red Crag — von England und Lignite von Baroth, Siebenbürgen.

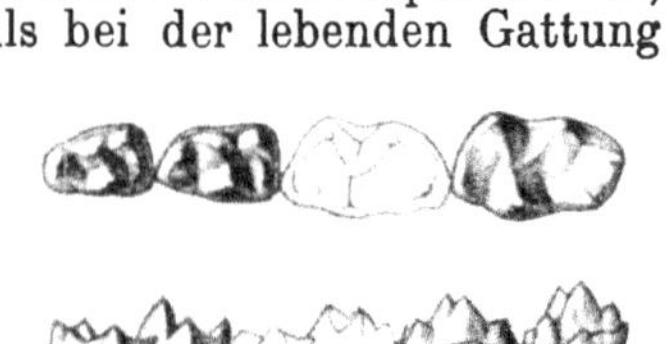

Fig. 597. *Aeluravus viverroides* Schlosser. Obermiocän. Attenfeld. Untere P_3 bis M_2.

Aeluravus Schlosser (Figur 597). *P* niedrig, sehr kompliziert, die beiden letzten mit Deuteroconid, $M_2 > M_1$, mit großem Talonid. Alle Zacken sehr spitz. Obere *M* mit V-förmigen Außenhöckern. Obermiocän. Attenfeld bei Neuburg a. D. *Ae. viverroides* Schlosser.

Cynarctus Matthew. 3 *M* im Unterkiefer. Auch M_2 mit Protoconid und M_1 mit Zacken an Außenseite des Protoconid. Von Matthew zu den Amphicyoninen gestellt. Obermiocän, Loup Fork, Colorado. *C. saxatilis* Matthew.

4. Familie: **Mustelidae.** Marder[1]).

$\frac{3.1.4.2-1}{3.1.4.2}$. *$P^4$ mit langer Schneide hinter dem Hauptzacken und mit kräftigem Innenzacken. M_1 mit wohlentwickeltem, grubigem oder schneidendem Talonid, meist auch mit kleinem Metaconid. M^1 querverbreitert, öfters groß und viereckig, in der Regel mit sehr starkem Basalband. M^2, wenn vorhanden, sehr klein, M_2 ebenfalls stark reduziert, aber öfters zweiwurzelig. Bulla ohne Septum, gewölbt, meist klein, getrennt vom Processus paroccipitalis. Ohne Alisphenoidkanal. Körper gestreckt, Füße meist fünfzehig, plantigrad oder digitigrad.*

Die Musteliden sind kleine bis mittelgroße, schlanke, bewegliche Räuber, die gegenwärtig mit Ausnahme von Australien über die ganze Erde verbreitet sind, hauptsächlich jedoch die nördliche Hemisphäre bewohnen. Die fossilen haben die nämliche Verbreitung und erscheinen zuerst im Oligocän von Europa und Nordamerika. Auf Grund der Schädelbasis werden sie zu den *Arctoidea* gestellt. Die ältesten Formen haben große gewölbte Bullae und $\frac{2}{2-3}$ *M* und sind gegen die ältesten Viverren und Caniden nicht scharf abzugrenzen. Sie gehen teils auf Viverravinen — *Stenoplesictinae*, *Putoriinae* —, teils auf Cynodontinen — *Martinae* etc. — zurück.

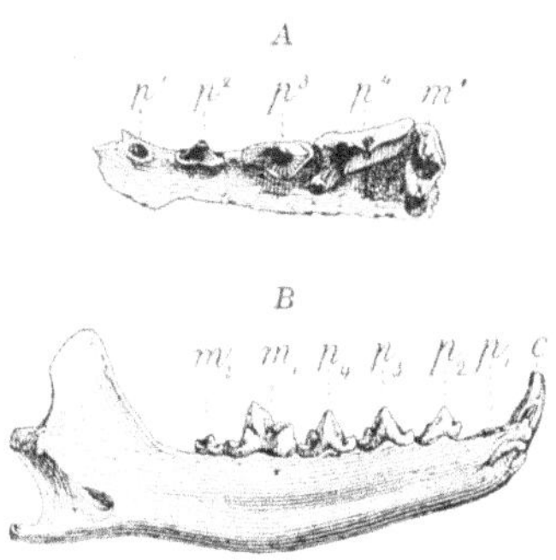

Fig. 598. *Stenoplesictis Cayluxi* Filhol. Phosphorite. Quercy. *A* linker Oberkiefer von unten, *B* linker Unterkiefer von innen. Nat. Gr.

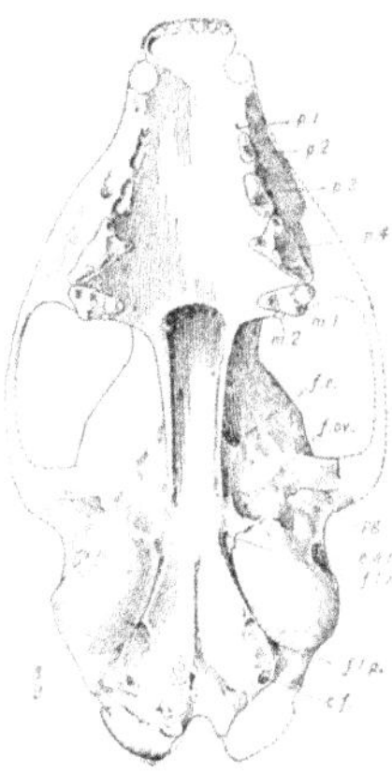

Fig. 599. *Bunaelurus lagophagus* Cope. Oligocän. White Riverbed. Colorado. Schädel von unten, nat. Gr. (Nach Matthew.)

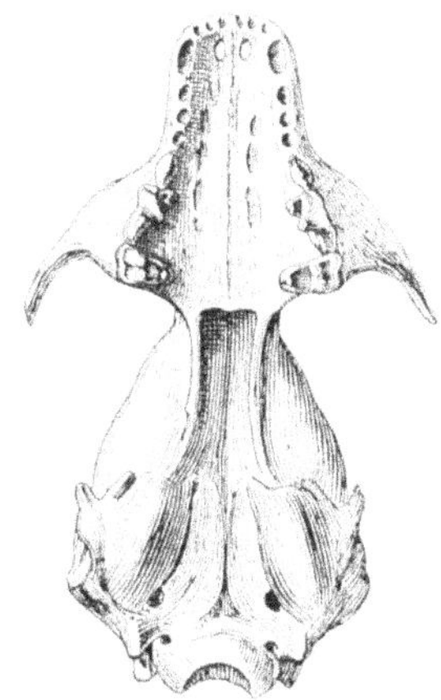

Fig. 600. *Plesictis lemanensis* Pomel. Untermiocän. St. Gérandle-Puy. Allier. Schädel von unten. $^4/_4$ nat. Gr. (Nach Filhol.)

1. Unterfamilie: **Stenoplesictinae.**

$\frac{2}{2}$, meist $\frac{1}{2}$ M. M_1 stets mit schwachem Metaconid, kleinem, grubigem Talonid und schlankem Trigonid, M_2 schneidend. M^1 trituberkulär, ohne Parastyl und inneren Basalwulst. P zierlich.

Diese ausgestorbene Gruppe ist durch *Stenogale* — *Palaeogale* mit den Putoriinen verbunden.

**Palaeoprionodon* Filhol. $\frac{1}{2}$ *M*. Obere *M* trituberkulär. M_2 klein, zweiwurzelig, M_1 mit grubigem, kleinem Talonid. Nur vordere Hälfte der Bulla verknöchert. Oligocän. Phosphorite von Quercy.

**Stenoplesictis* Filhol (Fig. 598). $\frac{1}{2}$ *M*. Oligocän. Phosphorite von Quercy.

**Bunaelurus* Cope (Fig. 599). $\frac{1}{2}$ *M*. Oligocän. White River. Colorado. *B. lagophagus* Cope.

---

[1]) *Helbing H.*, Zur Kenntnis einiger Carnivoren aus dem Phryganidenkalk des Allierbeckens. Verh. d. Naturforsch. Ges. Basel. Bd. XXVIII. 1917.

Parictis Scott. Untermiocän. John Daybed.

Proailurus Filhol. (*Haplogale* Schlosser). $\frac{1}{2}$ *M.* M_1 mit sehr kurzem Talonid und kleinem Metaconid. M_2 einwurzelig. Oligocän, Phosphorite, bis Obermiocän.

**Stenogale* Schlosser. M^1 mit zwei sehr großen Außenhöckern, M_1 mit kleinem Metaconid, M_2 schneidend, einwurzelig. Oligocän bis Obermiocän.

2. Unterfamilie: **Putoriinae.**

$\frac{1}{2}$ M. M^1 öfters mit innerem Basalwulst, M_1 fast immer ohne Metaconid, aber mit langem, schneidendem Talonid.

Pseudictis Schloss. M_1 mit schwachem Metaconid. M_2 zweiwurzelig, komprimiert. Obermiocän. Günzburg.

**Palaeogale* v. Meyer. M_1 ohne Metaconid, M_2 zweiwurzelig, komprimiert. M_1 einfach trituberkulär. Oligocän bis Obermiocän.

**Putorius* Cuv. Wiesel. M^1 mit innerem Basalwulst. M_2 einwurzelig, gerundet. Lebend und Pleistocän Europa, besonders häufig *P. vulgaris* zusammen mit Lemming. Pliocän, Auvergne, Obermiocän. Loup Fork bed. Nordamerika. *P. nambianus* Cope.

3. Unterfamilie: **Gulinae.**

Große Formen, mit dicken P und M. Metaconid an M_1 fast stets fehlend. Talonid schneidend. M_2 gerundet. Selten M^2 vorhanden.

Paroligobunis Peterson. 4 *P.* 2 *M.* Metaconid klein. Talonid schneidend. Untermiocän. Nebraska. *P. simplicidens* Peterson.

Aelurocyon Peterson, $\frac{3}{4}$ *P.* *Megalictis* Matthew, $\frac{3}{3}$ *P.* Beide auffallend groß, mit verkürzter Schnauze. M^2 winzig. Miocän. Süddakota. *M. ferox* Matthew. Vielleicht Verwandte von *Mellivora*.

Brachypsalis Cope. M_1 sehr lang. Vielleicht Vorläufer von *Gulo*. Miocän, Pliocän. Nebraska.

**Gulo* Storr. Vielfraß. $\frac{4.1}{4.2}$. *P* und *M* dick, M^1 zweihöckerig, M_1 dick. Lebend und im jüngeren Pleistocän von Europa und Nordamerika *G. luscus*, im Altpleistocän von Ungarn *G. Schlosseri* Kormos.

4. Unterfamilie: **Martinae.**

M_1 stets mit Innenzacken und grubigem Talonid. M^1 trituberkulär, P^4 mit sehr kleinem Innenhöcker.

**Plesictis* Pomel (Fig. 600). $\frac{2}{2}$ *M.* M^1 trituberkulär. M_2 zweiwurzelig. M^2 klein oder fehlend. Oligocän, Phosphorite, und Untermiocän von Allier, Ulm, Mainz. Obermiocän, Steiermark, La Grive St. Alban.

**Mustela* Linn. $\frac{1}{2}$ *M.* M_2 einwurzelig. M^1 mit dickem, inneren Basalwulst. Obermiocän Sansan, La Grive St. Alban, Steiermark. Pliocän Pikermi, Beßarabien und Siwalik. Pleistocän Europa. In Nordamerika, Miocän von Colorado *M. ogygia* Matthew. Pliocän *M. minor* Douglass.

Proputorius Filhol. Nur 3 *P.* Obermiocän. Sansan.

Galictis Bell. Lebend in Südamerika. Fossil im Pleistocän von Brasilien und Maryland.

Oligobunis Cope. $\frac{4-3}{4}$ *P.* $\frac{2-1}{2}$ *M.* Dachsgröße. Untermiocän. John Day bed *O. crassivultus* Cope. Dakota *O. lepidus* Matthew.

5. Unterfamilie: **Lutrinae.**

Mittelgroße, aquatile Formen. M_1 mit Metaconid und schneidendem Talonid. P^4 mit breitem Innenhöcker.

Amphictis Pomel. $\frac{2}{2}$ *M*. M_2 mit langem Talonid. Oligocän, Phosphorite, Quercy und Untermiocän. Nach Teilhard ein Cynodontine.

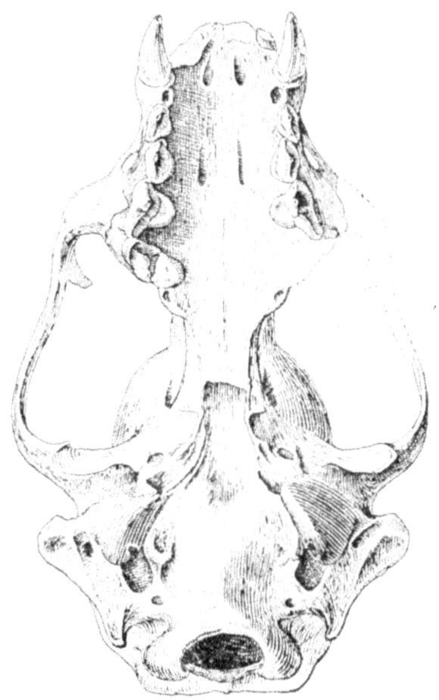

Fig. 601.
Potamotherium Valetoni Geoffroy St. Hilaire. Unt. Miocän. St. Gérand-le-Puy. Schädel von unten. ⅔ nat. Gr.

**Potamotherium* Geoffroy (*Lutrictis* Pomel, *Stephanodon* v. Meyer) (Fig. 601). $\frac{4.2}{4.2}$. P^4 mit verbreitertem Innenhöcker. M^1 querverlängert trituberkulär. M^2 sehr klein. M_1 mit großem Talonid. Bullae osseae flach. Skelett stärker spezialisiert als bei Lutra. Metapodien und Zehen abgeplattet. Untermiocän. Dep. Allier, Ulm, Mainz. Im Miocän von Nordamerika *P. lycopotamicum* Cope, Pliocän *lacota* Matthew. Wohl generisch verschieden.

**Lutra* Erxleben. Otter. $\frac{1}{2}$ *M*, gedrungener als bei voriger Gattung. Lebend auf der nördlichen Hemisphäre. Fossil im Miocän, Pliocän und Pleistocän von Europa, Afrika (Ägypten), Asien und Nordamerika.

Enhydriodon Falconer. Unterpliocän, Monte Bamboli und Pliocän Siwalik.

6. Unterfamilie: **Melinae.**

$\frac{1}{2}$ M. M_1 mit großem, grubigem Talonid und meist mit Metaconid. M^1 stark vergrößert und kompliziert. Vordere P stark reduziert.

Trochictis v. Meyer. M_1 mit kurzem Talonid. Obermiocän. Europa.

Trochotherium Fraas. *M* abgeplattet. Obermiocän. Steinheim. Oppeln.

**Promeles* Zittel (Fig. 602). $\frac{3.1}{3.2}$. P^4 gestreckt. M^1 trituberkulär, viereckig, mit starkem Basalband, M_1 mit langem, vielhöckerigem Talonid. Unterpliocän. Pikermi.

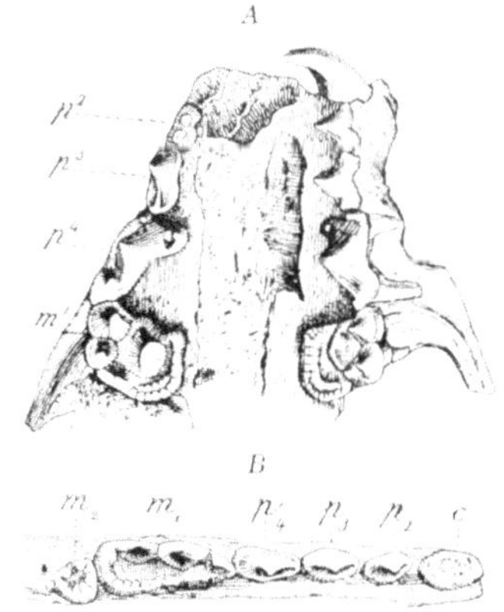

Fig. 602.
Promeles palaeattica Weithofer sp. Unt. Pliocän. Pikermi bei Athen. A Gaumen von unten, B Unterkiefer von oben; nat. Gr. (Nach Weithofer.)

**Meles* Storr. Dachs. P^4 kurz. Lebend in Europa und Asien. Fossil im Unterpliocän von Maragha und China und im Pleistocän von Europa.

Taxidea Waterh. Lebend und im Pliocän und Pleistocän von Nordamerika. *T. nevadensis* Butterworth.

Mellivora Storr. Lebend in Südasien und Südostafrika. Fossil im Pliocän der Siwalik. *Mellivorodon* Lyd. Ebenda.

Trocharion Major. M_2 zweiwurzelig. Obermiocän. La Grive St. Alban.

Promephitɨs Gaudry. *P* bis auf $\frac{2}{2}$ reduziert. Unterpliocän. Pikermi.

Mephitis Cuv. $\frac{3}{3}$ *P*. Lebend und fossil im Pleistocän von Nordamerika. *Thiosmus* Illiger in Südamerika.

Brachyprotoma Brown. $\frac{2}{3}$ *J*. Pleistocän von Nordamerika.

5. Familie: **Viverridae.** Zibetkatzen.

$\frac{3.1.4.2}{3.1.4.2}$. *P^4 gestreckt, mit Vorderzacken vor dem Hauptzacken und kräftigem, weit vorne stehendem Innenhöcker. Obere M trituberkulär. M_1 mit hohem,* *dreizackigem Trigonid und beckenförmigem, zackig begrenztem Talonid.* $M\frac{2}{2}$ *ähnlich* $M\frac{1}{1}$. *Schädel gestreckt, niedrig, mit ziemlich langer Schnauze. Bulla ossea groß, durch ein Septum vom Tympanicum geschieden. Extremitäten kurz, schlank, plantigrad oder digitigrad, fünf-, selten vierzehig. Schwanz lang.*

Die Viverren sind meist kleine schlanke, schnellfüßige Raubtiere, welche jetzt ausschließlich Asien, Afrika und Südeuropa bewohnen und auch fossil im europäischen Tertiär und im Pliocän und Pleistocän von Südasien vertreten sind. Sie stammen von den Viverravinen des nordamerikanischen und europäischen Eocän ab. Im Gebiß und Skelett weisen sie noch viele primitive Merkmale auf und zeigen vielfach Anklänge an die ältesten Caniden — *Cynodictinae* und die ältesten Musteliden — *Palaeoprionodon.*

Die als »*Viverra*« beschriebenen Arten aus dem europäischen Eocän sind teils Creodontier — *Viverravus*, teils — *V. simplicidens* Schloss. (Fig. 603) Nachkommen von *Cynodictis compressidens* Filh., der aber nach Teilhard auch wirklich einen Vorfahren der Viverriden darstellt.

Fig. 603.
Viverra simplicidens Schloss. Phosphorite. Quercy. Rechter Unterkiefer von innen. Nat. Gr.

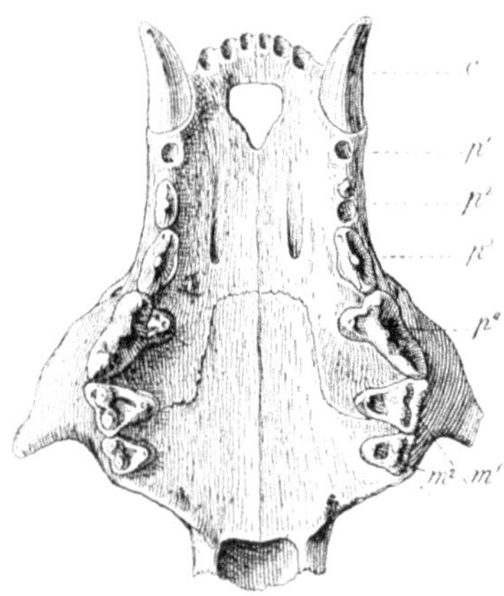

Fig. 604.
Herpestes lemanensis Pomel (*Viverra antiqua* Blainv.). Unt. Miocän. Tretaux. Allier. Gaumen von unten. Nat. Gr.

**Viverra* Linn. und *Herpestes* Illiger (Fig. 604) leben jetzt in Südasien, Südeuropa und Nordafrika. Die »*Viverra*«- und »*Herpestes*«-Arten des europäischen Untermiocän weichen noch von den echten ab. Erst im Obermiocän — *Progenetta incerta* Lartet — und im Pliocän von Südfrankreich, Roussillon — *Viverra Pepratxi* Depéret — und in den Siwalikschichten von Ostindien treten typische *Viverra*-Arten auf.

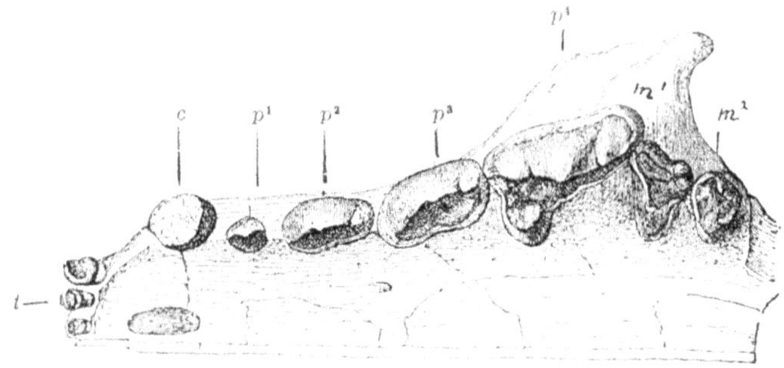

Fig. 605.
Ictitherium robustum Nordm. sp. Unt. Pliocän. Pikermi bei Athen. Linker Oberkiefer von unten. Nat. Gr. (Nach Gaudry.)

**Ictitherium* Wagner (*Palhyaena* Gervais, *Thalassictis* Nordmann) (Fig. 605). Schädel lang, schmal. M^1 und M^2 klein im Verhältnis zu P^4.

Unterpliocän. Pikermi, Samos, Maragha, Lébéron, Beßarabien, China und Ostindien.

6. Familie: **Hyaenidae.** Hyänen.

$\frac{3.1.4-3.1}{3.1.4-3.1-2}$. *$P^4$ langgestreckt, kräftig. Vor der Hauptspitze ein Vorderzacken und dahinter eine lange Schneide. Vordere P klein, hintere und C sehr massiv, kegelförmig. M^1 klein, quer verlängert, von P^4 verdeckt. M_1 mit zwei langen Schneiden und schwachem Talonid, selten mit Metaconid. Untere J stets nebeneinanderstehend. Schädel kurz und dick. Bulla ossea ohne Septum. Hinterbeine etwas kürzer als Vorderbeine. Hand und Fuß digitigrad. Hand meist, Fuß stets vierzehig. Metacarpale II stark über III übergreifend. Penisknochen schwach.*

Das Gebiß der Hyänen zeichnet sich durch Reduktion des M^1 und des M_2 und durch Reduktion des Talonid und Metaconid von M_1 aus, wofür jedoch sein Paraconid und Protoconid zu kräftigen Schneiden umgestaltet werden, und die *P* mit Ausnahme des vordersten sich in dicke Kegel umwandeln, wodurch das Gebiß zum Zermalmen von Knochen vorzüglich geeignet wird.

Die Hyaeniden werden gewöhnlich von den Viverren abgeleitet, wobei *Ictitherium* das Zwischenglied bilden soll. Sie bewohnen in der Gegenwart Afrika und Westasien, fossil treten sie zuerst im Pliocän von Europa und Asien auf. Es darf nicht verschwiegen werden, daß gewisse Caniden des nordamerikanischen Obermiocän, *Aelurodon*, *Hyaenognathus*, im Gebiß auffallende Ähnlichkeit mit den Hyänen aufweisen.

**Lycyaena* Hensel (*Agnotherium*, *Agnocyon* Kaup.) und **Hyaenictis* Gaudry aus dem Unterpliocän von Pikermi, Eppelsheim, Baltavár und

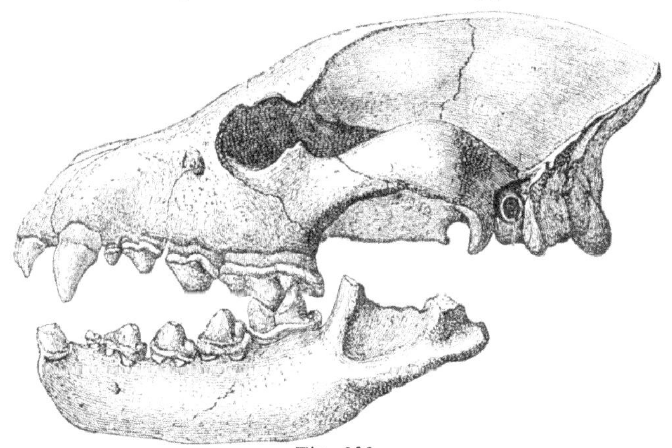

Fig. 606.
Hyaena eximia Roth u. Wagn. Unt. Pliocän. Pikermi bei Athen. ⅓ nat. Gr. (Nach Gaudry.)

Beßarabien unterscheiden sich von Hyaena durch die schlankeren Zähne und den Besitz eines kleinen M_2.

**Hyaena* Linn. (Fig. 606). Zuerst im Unterpliocän von Pikermi, Samos, Maragha, Baltavár, Mont Lébéron und Beßarabien *H. eximia* Roth und Wagner, bei Saloniki die riesige *H. Salonicae* Andrews. Im Pliocän der Siwalik *Colvini*, *macrostoma* Lydekker, *felina*, *sivalensis* Bose, in China *H. gigantea* Schlosser. Im Oberpliocän der Auvergne und von Val d'Arno *H. arvernensis* — auch in Roussillon und im Pleistocän von Moosbach —, *Perrieri* Croiz. Job. und *brevirostris* Aym. Im älteren Pleistocän von Südeuropa *H. striata*, der *arvernensis* ähnlich, im jüngeren europäischen Pleistocän *Hyaena crocuta* var. *spelaea* Goldf., der *Perrieri* ähnlich, auch in den indischen Karnulhöhlen. Im Pleistocän von China *H. sinensis* Owen.

7. Familie: **Felidae.** Katzen[1]).

$\frac{3\,.\,1\,.\,3-2\,.\,1}{3\,.\,1\,.\,3-1\,.\,1.(2)}$. *C kräftig, am Vorder- und Hinterrand meist zugeschärft. P^4 verlängert, schneidend, mit Innenhöcker und drei Außenzacken. M_1 mit zwei konvergierenden, aus Paraconid und Protoconid entstandenen Schneiden und rudimentärem Talonid, selten auch mit rudimentärem Metaconid. M^1 und M_2 stets klein. Zahl der P stets reduziert, die bleibenden P mit Nebenzacken versehen. Bulla tympanica hochgewölbt, durch ein Septum geteilt, ohne verlängerten äußeren Gehörgang. Schnauze kurz. Cranium gewölbt, Extremitäten lang und schlank, digitigrad. Humerus mit Foramen entepicondyloideum. Hand mit fünf, Fuß in der Regel mit vier Zehen, Krallen retraktil. Penisknochen klein.*

Die Feliden sind gegenwärtig über die ganze Erdoberfläche mit Ausnahme von Australien verbreitet; fossil finden sie sich in denselben Gebieten, jedoch erscheinen sie zuerst in Europa und fast gleichzeitig auch in Nordamerika.

Die Katzen besitzen das reduzierteste, aber zugleich spezialisierteste, zum Zerschneiden von Fleisch geeignetste Gebiß. Auch das Skelett vereinigt die zierlichste Form mit der größten Stärke. Von den übrigen Raubtieren sind sie scharf geschieden und selbst ihre ältesten Vertreter geben uns keine befriedigende Auskunft über ihre Abstammung, da sie schon alle typischen Merkmale besitzen. Selbst wenn die miocäne Gattung *Proailurus*, welche Filhol wegen der Ähnlichkeit mit der lebenden Gattung *Cryptoprocta* von Madagaskar für den Ahnen der Feliden hält, wirklich zu dieser Familie gehören sollte, so kann sie höchstens der Stammvater der echten Katzen, aber nicht auch der Machairodontinen sein, weil diese bereits im Oligocän oder sogar im Obereocän beginnen. Matthew leitet sowohl den Stamm der Machairodontinen als auch den der Felinen von *Dinictis* ab.

1. Unterfamilie: **Machairodontinae.**

Einkerbung von P^4 und M_1 seicht. Innenzacken von P^4 schwach. Obere C allmählich größer, säbelartig, untere C kleiner werdend. P^3 klein, P_3 rudimentär oder fehlend. Occiput hoch, schmal, Mastoidfortsatz vorspringend und größer werdend. Unterkieferrand vorne meist zu einem herabhängenden Lappen ausgezogen als Schutz für den oberen C. Extremitäten massiv, Metapodien kurz, Zehen gespreizt, Hallux und Pollex kräftig.

Eusmilus Gervais. $\frac{3.1.2.1}{2.1.1.1}$. M_1 ohne Talonid und Metaconid. Symphysenlappen weit herabhängend. Phosphorite von Quercy. *E. bidentatus* Filhol. Oberoligocän. Dakota. *E. dacotensis* Hatcher.

**Hoplophoneus* Cope. (*Pogonodon* Merriam.) $\frac{3\,.\,1\,.\,3-2\,.\,1}{3-2\,.\,1\,.\,3-2\,.\,1}$. M_1 mit Metaconid. $P\,\frac{2}{2}$ und $P\,\frac{3}{3}$ klein, P_2 meist fehlend. Oberer C schlank. Bulla unvollständig verknöchert. Oligocän. White River. *H. occidentalis* Leidy.

**Machairodus* Kaup. $\frac{3\,.\,1\,.\,2-1\,.\,1}{3\,.\,1\,.\,2\,.\,1}$. P^4 meist mit vier Außenspitzen. M_1 ohne Metaconid und meist ohne Talonid. $P\,\frac{3}{3}$ rudimentär. C lang, am Hinterrand gezähnelt, Symphysenlappen groß. Bullae vollständig verknöchert. Obermiocän. Sansan, Steinheim *M. palmidens* Blv. La Grive St. Alban *M. Jourdani* Filhol. Unterpliocän von Pikermi, Veles, Eppelsheim, Samos *M. aphanistus* Kaup, im Mittelpliocän von Ägypten, Pikermi und Beßarabien *M. parvulus* Hensel, in Maragha *M. orientalis* Macquenem. China *M. horribilis* Schlosser. Siwalik *M. sivalensis* Lyd. Im europäischen Mittel- und Oberpliocän *M. cultridens* Cuv., im Val d'Arno außerdem *M. nestianus* und *crenatidens* Fabrini und im europäischen Pleistocän *M. latidens* Owen.

---

[1]) *Boule M.*, Révision des éspèces européennes de Machairodus. Bull. soc. géol. de France 1901. — *Fabrini E.*, I Machairodus di Valdarno. Boll. Comitato geolog. Roma 1890. — *Matthew W. D.*, The Phylogeny of the Felidae. Bull. Amer. Mus. Nat. Hist. New York 1910.

*Smilodon Lund (*Trucifelis* Leidy, *Dinobastis* Cope, *Smilodontopsis* Brown, *Ischyrosmilus* Merriam). $\frac{3 \,.\, 1 \,.\, 2 \,.\, 1}{3\text{-}2 \,.\, 1 \,.\, 2\text{-}1 \,.\, 1}$. P^4 meist nur mit drei Außenzacken, M_1 ohne Talonid und Metaconid. P^3 klein, P_3 meist fehlend. Hallux kräftig. Schwanz kurz. Nur in Amerika. Pleistocän von Nordamerika *S. gracilis* Cope, *floridanus* Leidy, *californicus* Matthew. Südamerika *S. neogaeus* Lund.

2. Unterfamilie: **Felinae.**

Einkerbung an P^4 und M_1 tief. P^4 mit kräftigem Innenzacken. Oberer C allmählich kleiner, unterer C allmählich größer werdend. P^3 groß, P_3 und P_4 fast gleich stark. Mastoidfortsatz reduziert, Unterkieferkronfortsatz vergrößert. Extremitäten verlängert, digitigrad, Hallux reduziert.

**Aelurictis* Trouessart (*Aelurogale* Filhol). Untere *J* alternierend. P^4 ohne Parastyl. $\frac{3}{3}$ *P*, $\frac{1}{2}$ *M*. *C* lang, säbelartig, M_2 schwach. M_1 ohne Meta-

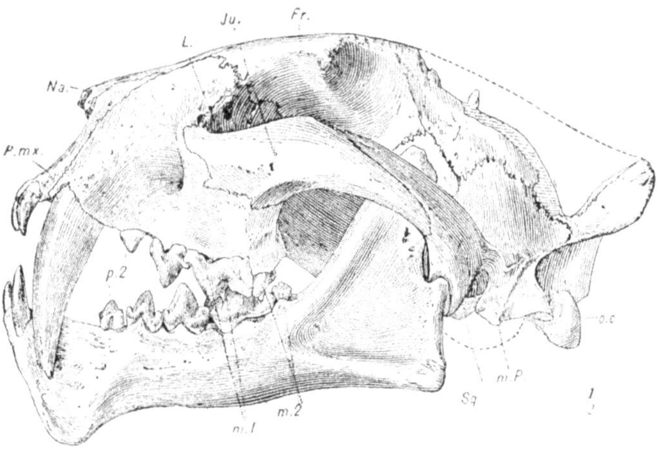

Fig. 607.
Dinictis felina Leidy. Oligocän. White Riverbed. Schädel und Unterkiefer. ½ nat. Gr. (Nach Matthew.)

conid, mit kräftigem Talonid, Metapodien lang, Symphyse mit Außenkante. Obereocän? Phosphorite von Quercy. *A. intermedia*, *minor* Filhol. Untermiocän Britisch-Ostafrika *A. africanus* Andrews.

Dinaelurictis Helbing. *C* lang und schmal. P^4 ohne Parastyl. Oligocän La Tuque, Lot et Garonne.

**Dinictis* Leidy (*Daptophilus* Cope) (Fig. 607). Untere *J* in einer Reihe. $\frac{3}{3}$ *P*, $\frac{1}{2}$ *M*, öfters mit 4 unteren *P* und zuweilen mit M^2. M_1 mit Talonid und Metaconid. *C* lang, Hinterseite schwach gekerbt. Unterkiefersymphyse mit herabhängendem Lappen. Carotidforamen getrennt vom Foramen lacerum posterius. Bulla unvollständig verknöchert. Hallux funktionierend. Metapodien kurz. Oligocän, White Riverbed, Nordamerika *D. felina* Leidy, *squalidens* Cope. Untermiocän, John Day, Oregon *D. cyclops* Cope.

Nimravus Cope (*Archaelurus*, *Pogonodon* Cope), $\frac{4\text{-}3}{3\text{-}2}$ *P*, $\frac{1}{1\text{-}2}$ *M*, sehr ähnlich *Aelurictis*. M_1 ohne Metaconid. *C* mäßig entwickelt. Fuß vierzehig, Seitenzehen verkürzt. Symphyse ohne Lappen. Untermiocän, John Day, Oregon *N. debilis*, *platycopis*, *gomphodus* Cope. Süddakota *sectator* Matthew.

**Pseudaelurus* Gervais (Fig. 608). $\frac{3}{3\text{-}2}$ *P*, $\frac{1}{1}$ *M*. M_1 ohne Metaconid, mit kleinem Talonid, *C* normal. Symphyse ohne Lappen. Obermiocän. Sansan *P. quadridentatus* Blv. La Grive St. Alban *P. Lorteti* Gaillard. Obermiocän, Nebraska *P. intrepidus* Leidy. Untermiocän. Ostafrika *P. africanus* Andrews.

Sivaelurus Pilgrim. Obermiocän, Ostindien.

**Felis* Lin. $\frac{2-3}{2}$ *P*, $\frac{1}{1}$ *M*. P^4 mit einem Innen- und drei Außenzacken. M_1 ohne Metaconid und Talonid. M^1 rudimentär. Condylar- und Carotidforamen mit F. lacerum posterius verbunden. Mastoidfortsatz klein, dicht an die knöcherne Bulla gerückt. Symphyse ohne Lappen und ohne Kante. Lebend in der Alten Welt und Amerika. Fossil im Obermiocän Sansan *F.*

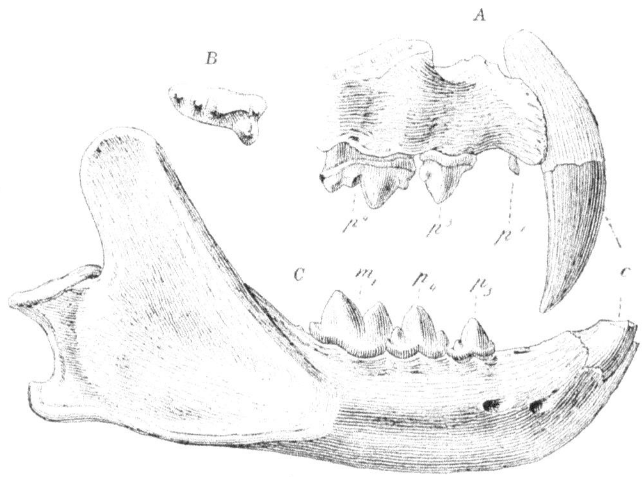

Fig. 608.
Pseudaelurus quadridentatus Blv. (*Felis hyaenoides* Lartet). Miocän. Sansan. Gers. *A* rechtes Oberkieferfragment, *B* oberer Reißzahn von unten, *C* rechter Unterkiefer von außen. ⅔ nat. Gr. (Nach Filhol.)

media, pygmaea Gerv., Steiermark *turnauensis* Toula. La Grive St. Alban *F. Zitteli* Gaillard. Unterpliocän. Pikermi *F. attica* Wagn. Eppelsheim *F. antediluviana und ogygia* Kaup. Pliocän von Roussillon und Maragha *F. brevirostris* Croiz. In Toskana und Auvergne *F. pardinensis, arvernensis* Croiz. Im Oberpliocän und Altpleistocän *F. issiodorensis* Croizet. Im Pleistocän Europas *Felis leo* (*L. spelaea* Goldf.), *pardus, lynx* etc. In Nordamerika *F. atrox* Leidy, *Daggetti* Merriam, Südamerika *F. onca* Lin. In Ostindien *F. tigris?, chaus.*

3. Unterordnung: **Pinnipedia.** Flossenfüßer[1]).

Marine Fleischfresser mit kurzen Flossenfüßen, großem, stark gefurchtem Gehirn und vollständigem Gebiß, mit gleichartig ausgebildeten P und M, entweder konisch oder aus hoher Hauptspitze und vorderer und hinterer Nebenspitze bestehend. Die zwei hinteren M meist fehlend. J an Zahl häufig reduziert, konisch, C ziemlich kräftig. Extremitäten fünfzehig. Scaphoid mit Lunatum und Centrale verwachsen. Sämtliche Zehen durch Schwimmhaut verbunden.

Die Pinnipedia schließen sich im anatomischen Bau und in der Entwicklungsgeschichte ziemlich eng an die übrigen Carnivoren an, die Abweichung im Körperhabitus und in der Gestalt der Extremitäten sowie die Spezialisierung des Gebisses, bestehend teils in Reduktion der Zahl, teils

[1]) *Beneden van P. J.*, Descr. des oss. foss. des environs d'Anvers. Ann. Musée d'hist. nat. de Belgique T. I. 1877. — *Kellogg R.*, Pinnipeds from Miocene and Pleistocene Deposits of California. University of California Publicat. Geol. Sc. 1922. — *Toula F.*, Phoca vindobonensis. Beitr. z. Paläont. Österr.-Ungarns 1897.

in Vereinfachung der Zähne, öfters aber auch in Komplikation der *P*, beruht auf der Anpassung an das Wasserleben. Sie bewohnen die kälteren Regionen beider Hemisphären. Fossile Reste sind stets sehr selten und beginnen erst im Miocän. Über die Herkunft der Pinnipedia gibt uns weder die Ontogenie noch auch die Paläontologie eine befriedigende Auskunft. Wortman leitet sie von *Patriofelis*, einem Creodontier, Weber von Ursiden ab, was ganz unmöglich ist. Mehr Beachtung verdient die Vermutung Matthews, daß sie den Pantolestiden nicht ganz fernestehen dürften.

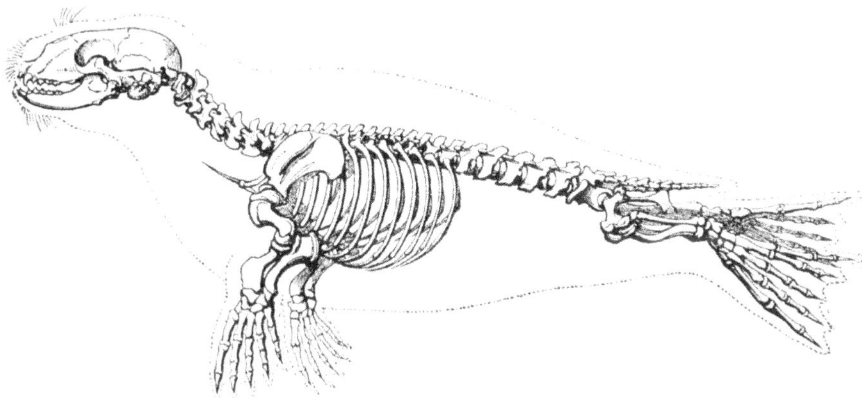

Fig. 609. *Phoca Groenlandica* Nilss. Nordsee. (Nach Owen.)

1. Familie: **Otariidae.** Ohrrobben.

Backenzähne einfach, dick, einwurzelig, nur ausnahmsweise einer der letzten zweiwurzelig.

**Allodesmus* Kellogg. Unterkiefer massiv, mit vier dicken *P*. M_1 zwei-, M_2 einwurzelig. Unt. Miocän. Californien.

Pontoleon True. Unterpliocän. Oregon.

Eumetopias Gill. Pleistocän. Californien.

Desmatophoca Condon. Miocän. Oregon.

Zalophus Gill. Pliocän. Victoria, Australien.

Arctocephalus Cuvier. Miocän. Argentien. Pleistocän. Neuseeland.

2. Familie: **Phocidae.** Seehunde.

Backenzähne mit Ausnahme des vordersten zweiwurzelig, etwas komprimiert und mit Nebenspitzen versehen.

Mesotaria Van Beneden. Pliocän. Belgien. Miocän. Massachusetts.

**Pristiphoca* Gervais. Unterkiefer schlank. Pliocän. Montpellier, Ägypten.

Palaeophoca Van Beneden. Pliocän. Belgien. *P. Nystii* V. Ben.

Monotherium Van Beneden. Miocän. Belgien, Italien, Roccamorice *M. (Phoca) Gaudini* Guiscarili.

Prophoca Van Veneden. Miocän. Belgien.

**Phoca* Linn. (Fig. 609.) Pleistocän. Schottland. Pliocän. England. Miocän. Wiener Becken. *Ph. vindobonensis* Toula, *holitschensis* Brühl. Krim. *Ph. pontica* Eichwald. Pleistocän und Miocän. Californien.

Phocanella, *Callophoca*, *Gryphoca*, *Platyphoca* Van Beneden. Nur auf Extremitätenknochen und Wirbel begründet. Pliocän. Belgien.

Leptophoca True. Miocän. Maryland.

Zeitliche und räumliche Verbreitung der Carnivora.

	Unter-eocän	Mittel-eocän	Ober-eocän	Oligocän	Unt. Miocän	Ob. Miocän	Pliocän	Pleistocän	Jetzt
I. Creodontia.									
1. *Oxyclaenidae*	NA. E								
2. *Arctocyonidae*	NA. E.								
3. *Mesonychidae*	NA. E.	NA. E.	NA.						
4. *Oxyaenidae*	NA, E.	NA.	NA. E.						
5. *Hyaenodontidae*	NA.	NA. E.	NA. E.	NA.E.Af	As. Af.				
6. *Miacidae*	NA.	NA.	NA. E.						
II. Fissipedia.									
1. *Canidae*			NA. E.	NA. E.	NA.E.As	NA. E.	NA. E. As.	NA. SA. E. As. Af. Au.	NA. SA. E. As. Af. Au.
2. *Ursidae*						E.	NA. E. As.	NA. SA. E. As. Af.	NA. SA. E. As. Af.
3. *Procyonidae*					NA.	NA. E.	NA. SA. E.	NA. SA.	NA. SA. As.
4. *Mustelidae*				NA. E	NA. E.	NA. E. As.	NA. SA. E. As. Af.	NA. SA. E. As. Af.	NA. SA. E. As. Af.
5. *Viverridae*				E. ?	E.	E.	E. As.	As.	E. As. Af.
6. *Hyaenidae*							E. As.	E. As. Af.	As. Af.
7. *Felidae*			E. ?	NA. E	NA Af.	NA. E. As.	NA. SA. E. As. Af.	NA. SA. E. As. Af.	NA. SA. E. As. Af.
III. Pinnipedia.									
1. *Otariidae*						NA. SA.	NA. Au.	NA. SA. Au.	NA. SA. Au.
2. *Phocidae*						E. NA.	E. NA. Af.	E. NA.	NA. SA. E. As.
3. *Trichechidae*							E.	E. NA.	NA. E. As.

NA. = Nordamerika, SA. = Südamerika, E. = Europa, As. = Asien, Af. = Afrika. Au. = Australien.

3. Familie: **Trichechidae.** Walrosse.

Obere C stark verlängert, kräftig, wurzellos. J und M reduziert.

Trichechus Linn. (*Trichecodon* Lankaster, *Odobenotherium* Gratiolet). $\frac{2.1.4.1}{2.1.4.1}$ juv. und $\frac{1.1.3.0}{1.1.3.0}$ adult. Pleistocän. England, Belgien, Holland, Virginia. Pliocän. England.

Alachtherium Du Bus. $\frac{3.1.4.1}{}$ juv., $\frac{2.1.4.1}{}$ adult. Pliocän. Belgien.

4. Ordnung: **Cetacea.** Wale[1]).

Nackte, glatthäutige, fischähnliche Wasserbewohner mit zylindrischem Körper. Kopf nicht vom Rumpf abgesetzt. Nasenlöcher auf der Oberseite, weit hinten gelegen. Vorderfüße flossenförmig, Hinterextremitäten rudimentär. Schwanzflosse horizontal. Milchdrüsen in der Leistengegend neben der Scheide. Uterus bicornis, Placenta diffus, adeciduat.

Die Waltiere bilden eine durch Lebensweise und fischähnliche Gestalt von allen übrigen Säugetieren abweichende Ordnung.

Den Körper umgibt eine dicke, glatte Haut, unter welcher sich eine die Wärme schlecht leitende, dicke Fettschicht befindet. Haare fehlen im erwachsenen Zustand entweder gänzlich oder sind bei einigen Gattungen auf wenige Gesichtsborsten reduziert.

Die Skelettknochen der Cetaceen und namentlich die Wirbel zeichnen sich durch schwammige, grobmaschige Struktur aus und sind meist stark mit Fett imprägniert. Die Epiphysen bleiben nicht nur an den Wirbeln, sondern auch an den marklosen Extremitätenknochen lange getrennt. Die vorderen und hinteren Flächen der Wirbelkörper sind eben und durch dicke Knorpelscheiben verbunden; die Halswirbel zwar vollzählig vorhanden, jedoch häufig außerordentlich verkürzt, scheibenförmig und zuweilen alle oder einige miteinander verschmolzen. Hinter den 7 meist stark verkürzten Halswirbeln folgen 9—16 Rücken-, 3—24 Lenden- und 18—30 Schwanzwirbel. Ein Sacrum fehlt. Die oberen Bogen und verknöcherten Epiphysen der Rumpfwirbel bleiben lange vom Centrum getrennt und verschmelzen erst im Alter vollständig mit demselben, die Zygapophysen verkümmern mehr oder weniger. Die Diapophysen dagegen sind namentlich in der Lendenregion lang und kräftig. Die Rippen der Cetaceen unterscheiden sich von denen der übrigen Säugetiere

1) *Abel O.*, Hautbepanzerung fossiler Zahnwale. Beitr. Paläont. Österr.-Ung. XIII. 1901. Les Dauphins longirostres du Boldérien. Mém. Musée roy. Belgique I. 1901. II. 1902. Les Odontocétés du Boldérien. Ibid. III. 1905. Die fossilen Platanistiden des Wien. Beckens. Denkschr. Akad. Wien. Bd. 68. 1899. Die Vorfahren der Bartenwale. Denkschr. Akad. Wien. Bd. 90. 1913. Cetaceen-Studien III. Rekonstruktion des Schädels von Prosqualodon aus dem Miocän Patagoniens. Sitz.-Ber. Akad. Wien. 1912. — *Beneden van P. J.* et *Gervais P.*, Ostéographie des Cétacés vivants et foss. Paris 1868—80. 4⁰. — *Beneden van,* Descript. des ossem. foss. d'Anvers. Ann. Musée d'hist. nat. de Belgique I. 1877—1886. — *Brandt J. F.*, Die foss. und subfoss. Cetaceen Europas. Mém. Acad. St. Petersbourg VII. Ser. XX 1873 u. XXI 1874. — *Capellini Giov.*, Mem. Accad. Sc. di Bologna. 2 ser. III 1864. 4 ser. III 1882. IV 1883. 5 ser. I 1891. 6 ser. I 1901. Mem. Accad. dei Lincei 1885. 4 ser. Vol. L. — *Cope E. D.*, The Cetacea. Amer. Naturalist. 1890. — *Dal Piaz G.*, Gli Odontoceti del Miocene bellunese. Padova 1916. — *Eastman C. R.*, Bull. Mus. of comparat. Zool. Cambridge. Mass. Vol. L 1906. Vol. LI 1907. — *Owen R.*, Monograph of the British fossil Cetacea from the Red Crag. Palaeont. Soc. London 1870.

durch ihre lockere Verbindung mit der Wirbelsäule und mit dem Brustbein. Das Brustbein selbst besteht bei den Bartenwalen aus einer einfachen, breiten, schildförmigen, am Vorderrand häufig ausgeschnittenen Knochenplatte, bei den Zahnwalen liegen 2—5 Knochenstücke hintereinander.

Der Schädel (Fig. 610) erleidet höchst auffällige, wahrscheinlich durch die Lebensweise verursachte Umbildungen und besteht aus leichten, grobzelligen und dünnen Knochen. Die Gehirnhöhle zeichnet sich durch ungewöhnliche Höhe, ansehnliche Breite, aber sehr geringe

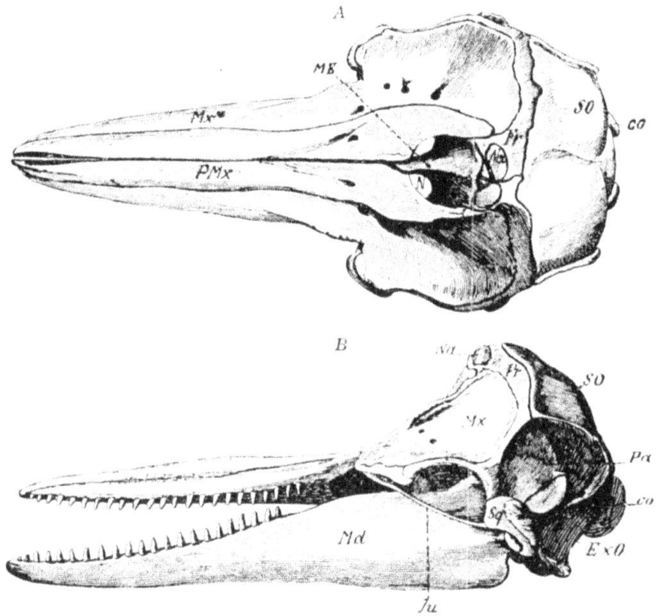

Fig. 610.
Tursiops (*Delphinus*) *tursio Fabr. sp.* Atlantischer Ozean. *A* Schädel von oben, *B* von der Seite (nach Cuvier), $^{1}/_{6}$ nat. Gr. *Pmx* Zwischenkiefer, *Mx* Oberkiefer, *ME* Mesethmoideum, *Na* Nasenbein, *N* Nasenlöcher, *Fr* Stirnbein, *Pa* Scheitelbein, *Ju* Jochbogen, *Sq* Schuppenbein, *So* oberes Hinterhauptsbein, *co* Condylus, *Exo* Exoccipitale, *Md* Unterkiefer.

Länge aus, und da sie sich nach oben verengt, so erhält das Gehirn die Form eines abgestutzten Kegels mit allseitig gerundetem Umriß. Die sehr stark gewundenen Hemisphären des Großhirns bedecken das Kleinhirn fast vollständig. Die Riechlappen fehlen gänzlich oder sind nur ganz schwach angedeutet, die Nasenhöhlen haben keine Muscheln und können nicht als Riechorgane, sondern lediglich zum Atmen verwendet werden. Mit Ausnahme von *Zeuglodon* stoßen die Scheitelbeine nicht in einer Sagittalnaht zusammen und berühren sich in der Mittelebene überhaupt nur bei den Bartenwalen. Aber auch bei diesen legt sich die ungemein große Hinterhauptsschuppe (Os supraoccipitale) über die Scheitelbeine und über das zwischengeschobene Interparietale und bildet den größeren Teil des Schädeldaches. Durch die Verkürzung und seitliche Abdrängung der Scheitelbeine stoßen das Supraoccipitale und Interparietale bei den Zahnwalen und den meisten Bartenwalen direkt mit dem ungemein kurzen Stirnbein zusammen, das sich nach außen jederseits in große, die Augenhöhlen überdachende Knochenplatten erweitert. Die hohe, schräg nach hinten abfallende Hinterhauptsfläche wird fast ganz vom Supraoccipitale gebildet. Das tief gelegene Schläfenbein (Squamosum *Sq*) sendet einen starken Fortsatz nach vorne und oben, welcher sich mit dem hinteren Seitenflügel des Stirnbeins verbindet und dem bei den Zahnwalen dünnen, stabförmigen, bei den Bartenwalen ziemlich kräftigen, die länglichen Augenhöhlen unten begrenzenden Jochbein *(Ju)* als Stütze dient.

Die stark verlängerte, meist niedergedrückte und verschmälerte Schnauze besteht aus den häufig asymmetrischen Zwischenkiefern, den Oberkiefern, dem Vomer und Mesethmoid. Die Zwischenkiefer legen sich vorne entweder dicht aneinander an oder lassen eine nach oben offene Furche zwischen sich frei, die sich nach hinten erweitert. An ihrem hinteren Ende, also unmittelbar vor den Stirnbeinen, befinden sich die fast senkrecht nach oben oder schräg nach vorne gerichteten Nasenlöcher, aus denen Wasserdampf ausgeatmet wird (Spritzlöcher). Die äußeren Nasenlöcher sind bei den Bartenwalen von kurzen, aber wohl ausgebildeten, bei den Zeuglodonten von sehr langen Nasenbeinen *(Na)* überdacht, während bei den Zahnwalen eine starke Verkümmerung der Nasenbeine stattfindet, so daß sie häufig nur durch kleine Knochenhöcker angedeutet sind. Die Embryone zeigen noch primitive Verhältnisse. Das Zurückweichen der Nasenlöcher bewirkt Streckung der Ober- und Zwischenkiefer bis hinter die Orbita und Verkürzung der Stirn-, Scheitel- und Nasenbeine, welche hierbei auch meist auf die Seite rücken. Die Hirnhöhle wird nach vorne durch eine steil abfallende, breite und hohe Knochenplatte (Mesethmoideum) abgeschlossen. Bei allen lebenden Cetaceen sind die Zwischenkiefer ihrer ganzen Länge nach seitlich von den Oberkiefern *(Mx)* umschlossen und werden nur am vorderen Rand der Schnauzenspitze frei; bei den fossilen Zeuglodontiden und bei den Squalodontiden ragen die Zwischenkiefer vorne über die Oberkiefer heraus und sind am Unterrand mit Zähnen besetzt. Tränenbeine existieren nur bei einigen Bartenwalen und bei den Physeteriden.

Die Unterseite der Schnauze wird vorherrschend aus den horizontalen Ästen der Oberkiefer gebildet, doch nimmt häufig auch noch der Vomer als eine schmale, zwischen den Oberkiefern gelegene Medianleiste an der Zusammensetzung des Gaumendaches teil. An die Oberkiefer legen sich hinten die Gaumenbeine als kurze, bandförmige Knochen an und werden hinten von den stark entwickelten, in der Mitte vereinigten Flügelbeinen begrenzt, welche den harten Gaumen verlängern und die seitlichen Wände der Choanen bilden.

Besonderes Interesse beanspruchen die zwischen dem Schuppenbein und Exoccipitale gelegenen Ohrknochen (Fig. 611) (Perioticum und Tympanicum). Sie zeichnen sich durch ungewöhnliche Dicke und dichte Struktur aus, sind nur lose mit den Schädelknochen verbunden und fallen darum beim Fossilisationsprozeß leicht heraus. Isolierte Felsenbeine oder Paukenbeine (Cetolithen) finden sich fast überall, wo Überreste von fossilen Cetaceen vorkommen, und auch aus der Tiefe des Ozeans wurden Gehörknochen von Walen herausgeholt.

Die Bezahnung der Cetaceen besteht meist aus gleichartigen, konischen, einwurzeligen Zähnen, die zuweilen in sehr großer Zahl (bis 60 in jedem Kiefer) vorhanden sind. Nur bei den meisten Archaeoceten und Squalodonten unterscheiden sich die hinteren zwei- oder dreiwurzeligen Backenzähne durch zusammengedrückte Krone von den einwurzeligen Vorderzähnen. Bei den Bartenwalen fehlen Zähne vollständig. Beim Narwal entwickelt sich beim Männchen im rechten Oberkiefer ein mächtiger, nach vorne gerichteter Stoßzahn. Ein Zahnwechsel findet nur bei Archaeoceten statt; bei manchen Zahnwalen sind Ersatzzähne in der Anlage vorhanden, sie kommen aber nie zum Durchbruch. Aus dem ursprünglich heterodonten Gebiß entwickelt sich ein homodontes Gebiß. Homodontie und Reduktion der Zähne beginnt an der Spitze des Rostrums. Zuerst verschwinden die Zähne des Unterkiefers, später auch die des Oberkiefers, wobei jedoch die frühere Anwesenheit von Zähnen noch durch eine Rinne angedeutet bleibt. Zuweilen beginnt die Zahnreduktion auch bei den oberen Incisiven.

Fig. 611.
Linkes Perioticum von *Globicephalus uncidens* aus dem Crag von Oxford, von der dem Tympanicum zugewendeten Seite gesehen. *c* halbkugeliger Teil, *a* hinterer, *b* vorderer Fortsatz.

Entsprechend der auf das Wasser beschränkten Lebensweise haben sich die Extremitäten der Cetaceen in eigentümlicher Weise umgestaltet und erinnern in ihrem Habitus weit mehr an die Flossen ausgestorbener Meersaurier als an die Gehfüße der Säugetiere. Dem Schultergürtel fehlt ein Schlüsselbein sowie ein diskretes Coracoid. Die Scapula zeichnet sich durch ungewöhnlich breite, flache und verhältnismäßig kurze Gestalt aus. Der Humerus ist kurz, stämmig, am proximalen Ende mit halbkugeligem Gelenkkopf, am distalen mit zwei flachen, in stumpfen Winkel zusammenstoßenden Gelenkfacetten versehen, an welche sich die seitlich zusammengedrückten, weder am Humerus — außer bei *Zeuglodon* — noch aneinander beweglichen Vorderarmknochen anlegen. Mit Ausnahme einiger Bartenwale, bei denen sonderbarerweise nicht der erste, sondern der dritte Finger durch Schwund in Verfall kommt, haben die Cetaceen fünf Finger. Dieselben sind nicht gelenkig, sondern durch Knorpel und Bindegewebe verbunden und vollständig von einer gemeinsamen Haut umhüllt. Sie bestehen aus länglichen, abgeplatteten, an den Enden gerade abgestutzten, in der Mitte etwas eingeschnürten Phalangen, deren Zahl im 2. und 3. Finger auf 9—15 steigen kann. Die hinteren Extremitäten und das Becken sind entweder total verkümmert oder zu winzigen, äußerlich nicht sichtbaren und im Fleisch steckenden Rudimenten des Ischiums herabgesunken.

Als eigentliches Bewegungsorgan dient bei den Cetaceen statt der Extremitäten eine große horizontale Schwanzflosse, die nicht durch Knochen, sondern durch dichtes Fasergewebe gestützt wird. Polygonale Kalkplatten an der Rücken- und Brustflosse gewisser Wale werden von Kückenthal und Abel als Rudimente eines Hautpanzers gedeutet. Es dürfte sich jedoch viel eher um eine Neubildung handeln.

Trotz aller durch Anpassung an ähnliche Existenzbedingungen verursachter äußerer Übereinstimmung der Cetaceen mit Fischen und Meersauriern erweist sich das Skelett doch in jeder Hinsicht nach dem Grundplan der Säugetiere gebaut und läßt nicht die geringste Beziehung zu jenem der Fische oder Reptilien erkennen. Die Cetaceen stammen nicht von wasserbewohnenden Reptilien, sondern wahrscheinlich von fleischfressenden placentalen Landsäugetieren mit normalem heterodonten Gebiß, $\frac{3.1.4.3}{3.1.4.3}$, ab. Sie erreichen nicht selten riesige Größe und leben teils im offenen Ozean, teils in der Nähe der Küsten.

Fossile Cetaceen beginnen im Eocän mit den scheinbar bald erlöschenden *Zeuglodontiden*, gewinnen aber erst im Miocän und Pliocän eine größere Verbreitung und einen größeren Formenreichtum. Abel leitet die jüngeren Cetaceen von Archaeoceti, und zwar die Squaloceti von *Agorophius* und die Mystacoceti von *Patriocetus* ab, während für die Delphinoceti bis jetzt noch kein Vorfahre unter den Archaeoceti ausfindig gemacht werden konnte.

1. Unterordnung: **Archaeoceti** Flower.

Äußere Nasenlöcher nach vorne und oben geöffnet, auf der Oberseite der Schnauze gelegen. Nasenbeine kurz. Oberkiefer in der Regel nicht über das Stirnbein geschoben. Zähne in Zwischenkiefer, Ober- und Unterkiefer, die vorderen einwurzelig, die hinteren zweiwurzelig, im Oberkiefer zum Teil dreiwurzelig.

1. Familie: **Zeuglodontidae** [1]).

Kopf verlängert, Hirnhöhle klein; Schläfengrube weit ausgedehnt, Sagittalcrista wohlausgebildet. Scheitelbeine verlängert, schmal, am Schädeldach teilnehmend; Stirnbeine breit, kurz, die Orbita überdachend. Jochbogen stabförmig. Schnauze lang, zusammengedrückt, Nasenbeine lang und schmal. Unterkiefer lang, niedrig, ohne feste Symphyse. Zähne differenziert — $\frac{3.1.4.3-2}{3.1.4.3}$ —, *vollständiges Milchgebiß. Vordere Zähne* J_1—P_2 *(inkl.) isoliert, hintere dicht geschlossen. J, C und meist auch* P_1 *gleichartig konisch, einwurzelig, hintere Zähne zweiwurzelig,* P_2 *bis* P_4 *meist am Vorder- und Hinterrande, M nur am Hinterrande mit Zacken versehen, die beiden letzten oberen P, selten auch die oberen M dreiwurzelig. Halswirbel kurz, nicht verschmolzen. Mindestens 12 Rückenwirbel, der letzte, sowie die Lendenwirbel oft stark verlängert. Schwanzwirbel kurz. Rippen zweiköpfig. Scapula breit, mit Acromion und Coracoidfortsatz und rudimentärer Spina versehen. Humerus kurz, mit kräftiger Deltoidcrista und wohlentwickelter Trochlea. Radius vor der Ulna stehend, mit zwei distalen Gelenkflächen. Becken und Femur rudimentär. Brustbein mehrgliedrig. Angeblich Spuren von Hautpanzer vorhanden.*

**Protocetus* Fraas. $\frac{3}{3}$ *M*. Die beiden letzten *P* nur mit einem Hinterzacken, *M* auch mit Vorderzacken. *C* bis P_2 undeutlich zweiwurzelig, P^3 bis M^3 mit je drei Wurzeln. Wirbel klein, raubtierähnlich. Mitteleocän. Mokattam *P. atavus* Fraas.

---

[1]) *Fraas E.*, Neue Zeuglodonten aus dem Mitteleocän von Mokattam. Geol. paläont. Abh. von Koken. Bd. X 1904. — *Gidley J. W.*, A mounted Zeuglodon skeleton. Proceed. of the U. St. National Museum Vol. 44. 1913. — *Lucas F. A.*, Notes on the Osteology of Zeuglodon. Amer. Naturalist. 1895. — *Müller Joh.*, Über die fossilen Reste der Zeuglodonten von N.-Amerika. Berlin 1894. — *Stromer C. v.*, Zeuglodontenreste aus dem Mitteleocän des Fayum. Beitr. Paläont. Österr.-Ung. u. des Orients. Bd. 15. 1903 und Die Archaeoceti des ägypt. Eocäns. Ibidem Bd. XXI 1908.

Pappocetus Andrews. Süd-Nigeria. Nur Unterkiefer. P_3 mit mehreren Zacken am Hinterrand, *M* mit Hauptzacken und schneidendem Talon.

Eocetus (Mesocetus) Fraas. Mit großen, gestreckten Lendenwirbeln. *E. Schweinfurthi* Fraas. Ebenda.

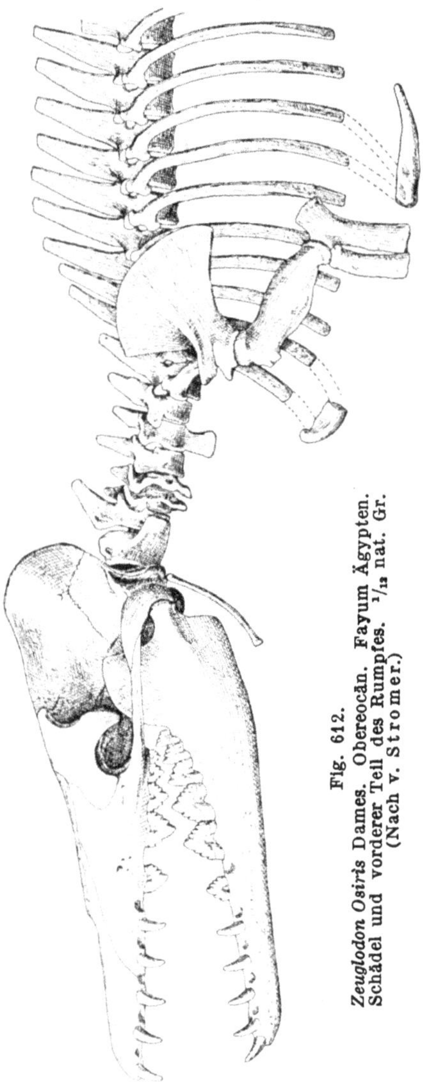

Fig. 612. *Zeuglodon Osiris* Dames. Obereocän. Fayum Ägypten. Schädel und vorderer Teil des Rumpfes. 1/12 nat. Gr. (Nach v. Stromer.)

**Zeuglodon* Owen (*Basilosaurus* Harlan, *Dorudon* Gibbes, *Pontobasileus* Leidy). (Fig. 612.) $\frac{2}{3}$ *M*. P_2 bis P_4 mit mehreren Zacken an Vorder- und Hinterrand, *M* nur am Hinterrand mit Zacken versehen. Gidley zählt 14 Brust-, 13 Lenden-, 3 Sacral- und 21 Schwanzwirbel, jedoch ist die Zahl der Lendenwirbel wohl zu groß. Dagegen besteht kein Zweifel über die Anwesenheit eines mit einem Acetabulum versehenen Beckens und eines rudimentären Femurs. Im Obereocän von Ägypten *Z. Osiris* Dames und *Zitteli* Stromer mit kurzen, *Z. Isis* Beadnell (*Prozeuglodon atrox* Andrews) mit langen Lendenwirbeln. Im Eocän von Alabama *Z. cetoides* Owen, *serratus* Gibbes, *brachyspondylus* Müller, von England *Z. Wanklyni* Seeley.

2. Familie: **Microzeuglodontidae.**

Hintere Zähne an Vorder- und Hinterrand mit Zacken versehen.

**Microzeuglodon* v. Stromer. Nur Unterkieferfragment und Humerus bekannt. Alle Zähne isoliert stehend. Eocän. ? Kaukasus *M. caucasicus* Lydekker und Eocän Südaustralien *M. Harwoodi* Sanger. Abel leitet von ähnlichen freilich hypothetischen Archaeoceten alle jüngeren Cetaceen ab.

Kekenodon Hector. Nur isolierte Zähne bekannt, deren Wurzeln dicht beisammenstehen. Miocän Neuseeland. *K. onomata* Hector. Hieher vielleicht auch Wimans *Zeuglodon* der Seymour-Insel.

Phococetus Gervais. Miocän. Bordeaux.

3. Familie: **Agorophiidae.**

Schädel kurz und hoch, mit breitem Parietalband, ohne Scheitelkamm, Supraoccipitale vorwärts geneigt. Nasenöffnung oberhalb der Molarregion gelegen, Maxillaria etwas über die Supraorbitalplatten der Frontalia hinaufgeschoben. Zähne an Vorder- und Hinterrand mit kleinen, undeutlichen Zacken. $\frac{?.1.4{-}5.3}{3.1.\;4\;.3}$.

Agorophius Cope. Schädel ziemlich schmal und niedrig. Alttertiär. Südkarolina. *A. pygmaeus* Cope.

**Prosqualodon* Lydekker. Schädel sehr breit. Schnauze kurz. Ohne obere *J*. Oben 5 *P*. *P. australe* Lydekker. Miocän. Patagonien.

4. Familie: **Patriocetidae.**

Schädel im Verhältnis zur Schnauze groß und breit, aber niedrig. Schnauze spitz, mäßig lang. Schädeldach breit, ohne Sagittalkamm. Nasenöffnung zwischen den letzten M gelegen, Supraoccipitale vorwärts geneigt. Oberkiefer unter die seitlichen Fortsätze der Frontalia geschoben. Gebiß vollständig, $\frac{3.1.4.3}{3.1.4.3}$. *J und C ein-, P und M zweiwurzelig. Zahnkronen komprimiert, mit einer Hauptspitze und je drei Zacken an Vorder- und Hinterrand. J und C kegelförmig. Alle Zähne isoliert stehend.*

Abel sieht in den Patrioceten die Ahnen der Bartenwale, weil wie bei diesen die Oberkiefer unter die Stirnfortsätze geschoben sind, und mit dem Petrosum ein großes kolbiges Mastoideum verbunden ist. Die Zahnkronen ragen weit über den Alveolarrand heraus und zeigen Abschnürung und Resorption.

Patriocetus Abel (*Squalodon* Van Beneden). Untermiocän Linz. *P. Ehrlichi* Van Beneden.

Agriocetus Abel. Hinterhaupt stark verbreitert. Ebenda. *A. austriacus* Abel.

2. Unterordnung: **Squaloceti.**

Äußere Nasenlöcher zu einem einfachen Spritzloch vereinigt, weit hinten gelegen und nach oben gerichtet. Nasenbeine verkümmert. Oberkiefer hinten ausgebreitet, das Stirnbein teilweise bedeckend. Scheitelbeine fast ganz auf die Schläfengruben herabgedrängt. Unterkiefersymphyse sehr lang. Zähne zahlreich, infolge der Vermehrung der Praemolarenzahl. Vordere Rippen zweiköpfig. Brustbein aus zwei oder mehr Stücken bestehend.

1. Familie: **Squalodontidae**[1]).

Zwischenkiefer, Ober- und Unterkiefer bezahnt. Die vorderen Zähne konisch, einwurzelig, die Backenzähne zwei- bis dreiwurzelig, komprimiert, am Vorder- und Hinterrand gezackt. Scheitelbeine an der Bildung des Schädeldaches teilnehmend.

Die Squalodontiden haben sich wahrscheinlich aus Zeuglodontiden entwickelt.

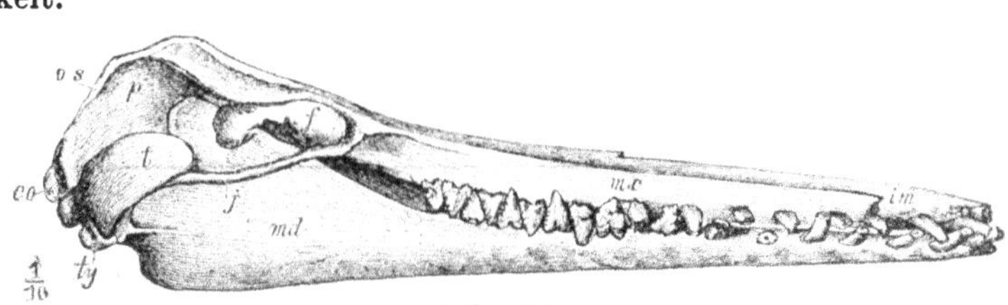

Fig. 613.
Squalodon Bariensis Jourdan sp. Miocän. 1/10 nat. Gr. Schädel restauriert aus Bari im Drôme-Depart. (Nach Döderlein.) *co* Hinterhauptsgelenk, *os* Occipitale superius, *f* Stirnbein, *j* Jochbein, *t* Squamosum, *ty* Tympanicum, *tm* Zwischenkiefer, *mx* Oberkiefer, *md* Unterkiefer.

[1]) *Beneden van P. J.*, Mém. Acad. Roy. de Belgique. 1853 t. XXXV u. 1867 t. XXXVII. — *Grateloup*, Actes de la Soc. Linn. de Bordeaux 1840 t. II. — *Jourdan*, Rhizoprion Bariense. Ann. sc. nat. 1867. 4 ser. t. XVI. — *Lortet L.*, Archives du Mus. d'hist. nat. Lyon. 1887. t. IV. — *Paquier V.*, Mém. soc. géol. fr. Paléont. IV. 1894. — *Dal Piaz G.*, Neosqualodon. Mém. soc. paléont. suisse Bd. 31. 1904. — *Zittel K. A.*, Palaeontographica. 1877. Bd. XXIV.

Neosqualodon Dal Piaz. Mit zahlreichen, vielfach gezackten Backenzähnen, die 10 letzten zweiwurzelig. Mittelmiocän Sizilien. *N. Assenzae* F. Major sp.

**Squalodon* Grat. (*Pachyodon*, *Arionius* Meyer, *Rhizoprion* Jourdan, *Delphinodon* Leidy.) (Fig. 613.) $\frac{3.1.9-8.3-2}{3.1.\ 8.3-1}$. Die letzten 7—8 Zähne zweiwurzelig. Im Miocän von Europa und Nordamerika. Auch schon im Oligocän von Bünde, Westfalen (*Phoca ambigua* Münster). Squalodon ist nach Abel der Vorfahre der Physeteriden.

2. Familie: **Squalodelphidae** Dal Piaz.

Cranium breiter als lang, Jochbogen sehr kräftig. Supraorbitalfortsätze wohl entwickelt. Schnauze und Zwischenkiefer lang. Symphyse mindestens ein Drittel der Unterkiefer einnehmend. 15—23 einwurzelige Zähne in jedem Kiefer. Die vorderen konisch und gebogen, die hinteren komprimiert, mit Basalzacken oder Papillen.

Squalodelphis Dal Piaz. 15 Zähne in jedem Kiefer. Miocän. Belluno.

**Argyrodelphis* Lydekker. $\frac{23}{19}$ Zähne. Miocän. Patagonien.

3. Familie: **Physeteridae** Flower.

Schädel stark asymmetrisch. Zwischenkiefer und Oberkiefer bei den späteren Formen zahnlos, Unterkiefer mit einer wechselnden Zahl von einwurzeligen, konischen Zähnen. Schädelknochen hinter den Nasenlöchern steil ansteigend, und einen vorragenden, zuweilen überhängenden Querkamm bildend. Orbita klein. Tränenbeine groß. Unterkiefersymphyse anfangs lang, später kurz. Vordere Rippen zweiköpfig. Halswirbel mit Ausnahme des Atlas verschmolzen. Zähne fast gleich groß, anfangs mit Schmelz, Wurzeln im Alter verdickt. Lebend und fossil im Miocän, Pliocän und Pleistocän von Europa, Nordamerika und Australien.

Scaldicetus du Bus. (*Balaenodon*, *Eucetus*, *Homoeocetus*, *Eudelphis*, *Palaeodelphis* du Bus, *Hoplocetus*, *Physodon* Gerr.) Miocän und Pliocän von Europa, Nordamerika und Patagonien. 3 obere *J.* 19 Zähne im Ober-, 24 im Unterkiefer.

Thalassocetus, *Prophyseter* Abel, nur jung mit oberen Zähnen. Belgien. *Placoziphius* van Bened. Belgien, Italien, ohne obere Zähne. *Physeterula* van Bened. (*Delphinus*, *Orca*). Je 20 Zähne oben und unten, davon 12 in Symphyse. Miocän. Ungarn *P. Semseyi* Böckh. Im Miocän von Europa.

Physeter, *Kogia* lebend, ohne obere Zähne.

4. Familie: **Acrodelphidae** Abel.

Rostrum ursprünglich lang, später verkürzt. Oberkiefer öfters bis an das Vorderende des Rostrums reichend. Zähne polyodont, heterodont, einwurzelig. Schläfengruben unbedeckt, Cranium sehr wenig gewölbt, Supraorbitale viereckig. Halswirbel frei. Rumpf-, Lenden- und Schwanzwirbel lang. Vordere Rippen zweiköpfig. Die Acrodelphidae sind aus Squalodontiden entstanden.

1. Unterfamilie: **Argyrocetinae.**

Schädel flach. Stirnbeine ausgedehnt bis auf den Gipfel des Craniums. Rostrum sehr lang. Zähne ungemein zahlreich, die vorderen spitz, die hinteren konisch.

**Cyrtodelphis* Abel (*Champsodelphis* Gerv.). Im europäischen Miocän sehr häufig, auch in Nordamerika. *C. sulcatus* Gerv.

Argyrocetus, *Pontivaga* und *Ischyrorhynchus* Ameghino und *Saurodelphis* Burmeister. Im Miocän und Pliocän von Argentinien.

2. Unterfamilie: **Acrodelphinae.**

Schädel flach, Stirnbeine schmal, Rostrum lang. Zähne mit kleinen Runzeln und Zäckchen.

Acrodelphis Abel (*Champsodelphis* Brandt, Gerv., *Phocaenopsis* du Bus, *Delphinodon* Cope). Im europäischen Miocän sehr verbreitet.

Von *Heterodelphis leiondontus* Papp fand sich im Miocän (Leitakalk) des Soproner Comitats (Ungarn) ein fast vollständiges Skelett.

3. Unterfamilie: **Iniinae.**

Kleine Wale mit langer, schmaler Schnauze. Bewohner von Flußmündungen.

Lebend *Inia*, *Pontoporia*, *Platanista*. Miocän und Pliocän Nordamerika *Pontistes*, *Saurodelphis*, *Proinia*, *Pontoplanodes*, in Nordamerika *Lophocetus*, *Rhabdosteus*. Im Tertiär des Kaukasus *Iniopsis*.

**Eoplatanista* Dal Piaz. $\frac{40}{38}$ Zähne. Miocän. Belluno.

4. Unterfamilie: **Beluginae.**

Kurzschnauzig. Nicht fossil.

Beluga, *Monodon*.

5. Familie: **Eurhinodelphidae** Abel.

Rostrum überaus stark verlängert, schmal, mit sehr langem, zarten, zahnlosen Zwischenkiefer. Schädel schwach konvex oder mit Querkamm. Oberkiefer und Unterkiefer mit vielen einwurzeligen Zähnen. Oberkiefer unterhalb der Orbita verdickt, Stirnbein oft vom Supraoccipitale bedeckt. Alle Halswirbel frei. Lenden- und Schwanzwirbel sehr groß. Vordere Rippen zweiköpfig.

**Eurhinodelphis* du Bus (*Priscodelphinus* du Bus). Häufigster aller Wale im Miocän von Belgien. Auch in Nordamerika.

Priscodelphinus Leidy. Miocän Nordamerika.

6. Familie: **Ziphiidae.**

Anfangs Ober- und Unterkiefer bezahnt, später Oberkiefer zahnlos, und im Unterkiefer 1 oder 2 Zähne vergrößert. Schädel asymmetrisch und von hinten her zusammengeschoben. Rostralknochen zu einem Stück verschmolzen. Atlas stets mit Axis verwachsen, die übrigen Halswirbel frei.

Palaeoziphius Abel (*Champsodelphis* Du Bus, *Acrodelphis* Abel partim). Unterkiefer mit 14 Alveolen. 1. und 7. Zahn vergrößert. Miocän Belgien.

Mioziphius Abel (*Placoziphius* Gervais). Die zwei vorderen Zähne vergrößert. Ebenda.

Cetorhynchus Gervais (*Champsodelphis* Gerv. *Cyrtodelphis* Abel). Unterkiefer mit Zahnrinne. Miocän Belgien und Frankreich.

Choneziphius Duvernoy. Zwischenkiefer im Alter verwachsen und verdickt. Miocän und Pliocän Europa und Nordamerika.

**Mesoplodon* Flower (*Dioplodon* Gerv., *Belemnoziphius* Huxley). Miocän und Pliocän, Europa, Südkarolina und lebend.

Ziphiodelphis Dal Piaz. Zähne rudimentär. Miocän Belluno.

Anoplonassa Cope. Vorderes unteres Zahnpaar vergrößert, das hintere klein, aber noch funktionierend. Symphyse sehr lang. Miocän. Südkarolina.

Ziphius Cur., *Berardius* Duvernoy und *Hyperoodon* Lacép. lebend.

3. Unterordnung: **Delphinoceti** Abel[1]).

Schnauze kurz, Zwischenkiefer zahnlos, vom Oberkiefer umschlossen. Ober- und Unterkiefer fast immer mit einer wechselnden Zahl konischer einwurzeliger Zähne. Unterkiefersymphyse kurz. Schädel kugelig. Orbita mäßig. Nasenbeine rudimentär, hinten von den Oberkiefern umfaßt. Vordere Halswirbel verschmolzen. Vordere Rippen zweiköpfig.

Die Delphine bilden jetzt die formenreichste Familie der Odontoceten. Ihre zahlreichen Gattungen sind in allen Meeren verbreitet und bewohnen zum Teil auch die Mündungen großer Flüsse. Fossile Reste kommen in spärlicher Zahl im Miocän, Pliocän und Pleistocän von Europa und Amerika vor. Ihr Stammvater ist in kleinbleibenden, bis jetzt noch nicht ermittelten Archaeoceten zu suchen.

1. Familie: **Phocaenidae.**

Mit Spuren von Panzerung an der Brust- und Rückenflosse, wohl eine Neubildung.

Protophocaena Abel. Miocän Belgien.

Palaeophocaena Abel. Miocän. Krim.

Delphinopsis Freyeri Joh. Müller. Miocän. Kroatien.

Neomeris und *Phocaena* lebend.

2. Familie: **Delphinidae.**

Fossil von Miocän an, aber nur selten generisch bestimmbar.

Delphinavus Lull. Alle Hals- und Rückenwirbel noch frei und ziemlich lang, Hinterhaupt fast senkrecht. Jochbogen kräftig. Humerus und Phalangen lang. Miocän. Kalifornien. *D. Newhalli* Lull.

Orca Gray. Lebend und Pliocän. Italien. *O. citonensis* Capellini.

Steno Gray, *Tursiops* Gervais (Fig. 610). *Pseudorca* Reinh. *Globicephalus* Lesson.

Grampus Gray. Oberkiefer zahnlos, Unterkiefer nur an der Spitze bezahnt.

Pithanodelphis Abel. Miocän. Belgien.

Delphinodon Leidy. 27 Zähne oben, 26 unten. Miocän. Maryland.

4. Unterordnung: **Mystacoceti.** Bartenwale.

Schädel symmetrisch. Nasenbeine kurz, die zwei Spritzlöcher etwas überdachend. Funktionierende Zähne fehlen. Oberkiefer mit Barten besetzt, hinten stark nach der Seite verbreitert, aber nicht über das Stirnbein geschoben. Tränenbeine klein. Unterkieferäste nicht in einer Symphyse zusammenstoßend, nach außen konvex. Meist alle Rippen einköpfig. Sternum kurz, breit, aus einem Stück bestehend und nur mit dem vordersten Rippenpaar verbunden.

Die Bartenwale erweisen sich durch die Verkümmerung des Gebisses und den Ersatz der Zähne durch Barten als die fremdartigste und spezialisierteste Gruppe der Cetaceen, allein der Umstand, daß bei Embryonen noch winzige, hinfällige, im Fleisch verborgene Zähnchen vorkommen, zeigt, daß auch sie von bezahnten Tieren abstammen. Im Schädelbau noch ganz symmetrisch, namentlich in der Entwicklung der Nasenbeine und Scheitelbeine, bleiben die Bartenwale auf einer primitiveren Stufe stehen als die Zahnwale.

1. Familie: **Balaenopteridae.** Furchenwale.

Kopf kürzer als der vierte Teil der Körperlänge. Auf der Bauchseite meist zahlreiche Furchen. Rückenflosse vorhanden; Brustflosse vierfingerig, schmal und ziemlich lang. Barten kurz und breit. Halswirbel frei, mit mäßig verlänger-

---

[1]) *Lull Rich. S.*, Fossil Dolphin from California. Amer. Journ. of Science 1914.

tem Centrum. Tympanicum länglich, stark angeschwollen, allseitig gerundet. Hand vierfingerig. Lebend und fossil im Miocän und Pliocän.

**Plesiocetus* van Bened. (Fig. 614.) Im Miocän von Frankreich und Süddeutschland. Vollständige Skelette von 6 m Länge im Pliocän von Oberitalien.

Aulocetus Van Beneden. Miocän. Oberösterreich.

Cetotherium Brandt. Miocän. Nordamerika, Europa. In Süddeutschland. *C. Rathkei* Brandt. *Pachyacanthus*, *Macrochirifer* Abel. Kleine Formen. Miocän. Wiener Becken.

2. Familie: **Balaenidae.** Glattwale.

Schädel sehr groß, mindestens $1/4$ der Körperlänge einnehmend, Haut der Bauchseite glatt. Rückenflosse fehlt. Brustflossen breit und abgestutzt. Barten sehr lang und schmal. Unterkiefer schmal, stark gebogen, innen abgeplattet, mit kugeligem Gelenkkopf. Alle oder die meisten Halswirbel verschmolzen; Lenden- und Schwanzwirbel kurz. Tympanicum fast vierseitig, winklig, wenig angeschwollen. Hand kurz, fünffingerig.

Die Glattwale sind gegenwärtig auf die polaren Gebiete der beiden Hemisphären beschränkt. Fossile Formen der Gattung *Balaena* Lin. finden sich spärlich in den jüngsten Tertiärablagerungen und im Pleistocän von Europa.

Heterocetus, *Herpetocetus*, *Mesocetus* van Bened. *Balaenoptera* Lacép. *Megaptera* Gray im Pliocän von Belgien und England. Von *Mesocetus* ein vollständiges Skelett in Ungarn (Soproner Comitat). Miocän, Kalifornien *M. miocaena* Kellog.

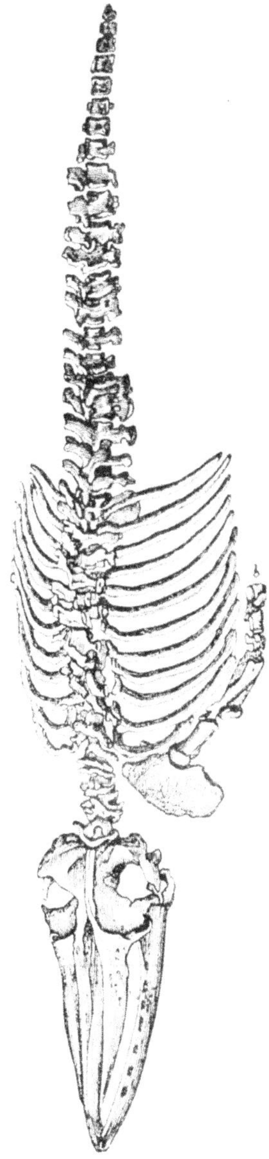

Fig. 614. *Plesiocetus Cuvieri* Desm. Pliocän. Monte Pugnasco bei Piacenza. 1/44 nat. Gr. (Nach Cuvier.)

5. Ordnung: Edentata (*Bruta* Lin.)[1].

Gebiß in der Regel nur aus prismatischen, schmelzlosen Backenzähnen bestehend, zuweilen vollständig fehlend. Endphalangen als lange, spitze, seitlich zusammengedrückte Krallen, selten huf-

[1]) *Ameghino Flor.*, Contribucion al conocimiento de los Mamiferos fosiles d. la Rep. Argentina. Actas del Acad. nac. de cienc. en Cordoba 1889. Les Edentées foss. de France et d'Allemagne. Anal. Mus. Nac. de Buenos Aires. Tomo XIII. 1905. — *Burmeister H.*, Anal. del Mus. publ. de Buenos Aires. Entrega. I—XII. — *Cope E. D.*, The Edentata of North America. Amer. Naturalist 1889. — *Filhol H.*, Annales scienc. nat. Zoologie et Paléontologie. T. XVI. 1894. — *Hay O.*, Description of two extinct Xenarthra from the Pleistocene of Texas. Proc. U. S. Nat. Mus. Washington 1916. — *Lydekker R.*, Paleontologia Argentina III. Anal. Museo de la Plata 1894. — *Owen Rich.*, Description of the skeleton of an extinct gigantic Sloth (Mylodon robustus). London. Phil. Trans. 1851—59. On Glyptodon. 1838. — *Reinhardt J.*, Vetensk. selsk. skin. Kjøbenhavn 5. Raekke XI. XII. — *Scott W. B.*, Reports of the Princeton University Exped. to Patagonia. Vol. V. Palaeontology. 1903. 1904. — *Winge Herluf*, Jordfundne og nulevende Gumler (Edentata) fra Lagoa Santos (Brasilien). E. Museo Lundii. Kjøbenhavn 1915.

artig entwickelt. Haut mit Haaren oder Hornschuppen oder Knochenschildern bedeckt.

Die Edentaten nehmen unter den placentalen Säugetieren eine ganz isolierte Stellung ein und wurden schon von Cuvier den Ungulaten und Unguiculaten als gleichwertige Gruppe gegenübergestellt. Das meist monophyodonte, aus prismatischen Zähnen bestehende Gebiß, in dem Eckzähne und Schneidezähne fast immer fehlen, der Mangel an Schmelz bei allen rezenten Formen, die schwankende Zahl der Rücken- und Schwanzwirbel bei vielen Gattungen, die Verbindung des Sitzbeins mit dem Sacrum, die Vermischung der Harn- und Geschlechtswege bei den Weibchen, und die Entwicklung eines knöchernen Hautskelettes bei den Gürteltieren bilden die auffallendsten Merkmale der in ihrer äußeren Erscheinung überaus verschiedenartigen Edentaten.

Über ihre Herkunft wissen wir nur, daß *Nomarthra* in Europa schon im Eocän oder Oligocän auftreten, und daß etwa gleichzeitig mit ihnen auch schon in Südamerika Gürteltiere gelebt haben, die aber freilich im Eocän in Nordamerika bereits früher erscheinen und möglicherweise auch in Europa im Eocän existiert haben. Ob die *Ganodonta* des nordamerikanischen Untereocäns die Ahnen der *Gravigrada* darstellen, ist nicht ganz sicher, obschon ihr zeitliches Auftreten sich mit dieser Annahme sehr gut vereinbaren ließe, denn in Südamerika treffen wir echte Gravigrada erst im Untermiocän, in den Pyrotherium-Schichten.

Die Wirbelsäule enthält wohl differenzierte Hals-, Rücken-, Lenden-, Sacral- und Schwanzwirbel. In der Regel sind 7, selten 9 Halswirbel vorhanden, wovon die hinteren zuweilen verschmelzen. Die Zahl der Rückenwirbel schwankt zwischen 12 und 24, die der Lendenwirbel zwischen 3 und 9. Bei den *Glyptodontia* verschmelzen sämtliche Dorsalwirbel nebst ihren Dornfortsätzen zu einer unbeweglichen Röhre und in gleicher Weise auch die Lendenwirbel mit dem Sacrum; auch die hinteren Schwanzwirbel bilden durch Ankylose der Centra ein unbewegliches Knochenstück.

Der Schädel ist bald stark verlängert, bald kurz, abgestutzt. Meist bleibt das Schädeldach eben, und nur bei den Gravigraden bilden die Parietalia zuweilen eine schwache Crista. Die Zwischenkiefer sind bei allen Edentaten schwach entwickelt und nehmen an der seitlichen Begrenzung der nach vorne gerichteten, meist großen Nasenlöcher keinen Anteil. Der Jochbogen ist entweder vollständig oder unterbrochen, zuweilen sogar rudimentär. Bei den Gravigraden, Tardigraden und *Glyptodontia* zeichnet er sich durch einen langen, nach unten, und einen etwas schwächeren, schräg nach oben und hinten gerichteten Fortsatz aus.

Fast alle Edentaten sind monophyodont; da jedoch bei den Gattungen *Tatusia* und *Orycteropus* Milchzähne dem definitiven Gebiß vorausgehen, so darf wohl angenommen werden, daß die Edentaten von diphyodonten Ahnen abstammen. Die Backenzähne sind oben und unten gleichartig oder doch nur wenig voneinander verschieden; ihre Zahl schwankt zwischen 4 und 10, wird zuweilen aber auch größer. Sie bestehen aus Dentin und einem Überzug von Zement. Die Dentinsubstanz des Zahnes ist in der Regel aus Schichten von verschiedener

Härte und Struktur zusammengesetzt, die äußere, härteste Schicht lediglich von feinen Dentinkanälchen durchzogen; sie umgibt einen centralen Vasodentinkern, in welchem zahlreiche gröbere Kanäle verlaufen. Die Backenzähne sämtlicher Edentaten haben prismatische Form und erreichen oft ansehnliche Höhe; sie sind wurzellos, unten offen und wachsen beständig in dem Maße weiter, als ihre Krone durch Gebrauch erniedrigt wird. Letztere ist meist eben, seltener schief abgekaut, oder es können sich auf der Krone auch einfache, abgedachte Querjoche bilden. Nicht selten besitzen alle oder ein Teil der Zähne auf der Außen- oder Innenseite oder auch innen und außen vertikale Furchen, welche eine Einschnürung des Zahnes bedingen und denselben zuweilen in zwei oder drei, durch schmale Brücken verbundene Pfeiler zerlegen.

Die Extremitäten sind bald gleichmäßig ausgebildet oder die hinteren kürzer und stämmiger als die vorderen. Die hohe mediane Spina des Schulterblattes endigt in einem sehr langen, überhängenden Acromion, das bei den Gravigraden sogar mit dem meist ungewöhnlich starken Processus coracoideus verwächst. Neben und in einiger Entfernung vom Hinterrand verläuft zuweilen eine zweite schwächere Crista. Eine Clavicula besitzen nur die Gravigrada und einige Gürteltiere.

Der Humerus ist gedrungen und fast stets mit einem Foramen entepicondyloideum und einer sehr kräftigen Deltoidcrista versehen. Radius und Ulna bleiben getrennt. Der Carpus besitzt nur bei *Manis* ein Centrale und besteht meist aus sieben getrennten Carpalknöchelchen und einem Pisiforme. Nicht selten tritt eine Verschmelzung von Magnum und Trapezoid, oder von Scaphoideum und Lunare ein, oder das Trapezium verwächst mit dem Scaphoideum oder dem ersten Metacarpale. Von den Metacarpalia kommen bald alle, bald nur vier, sehr selten nur drei zur Entwicklung. Sie sind von verschiedener Länge und stützen sich auf 5—3 Phalangen, wovon die letzten als schmale, lange, zusammengedrückte, meist zugespitzte Klauen entwickelt sind.

Das Becken ist bei den Faultieren und Gravigraden nach vorne weit geöffnet, bei allen übrigen Edentaten verlängert und schmal. Mit Ausnahme von *Orycteropus* befestigen sich die ungemein stark entwickelten Sitzbeine am hinteren Teil des Sacrums. Die Schambeine sind schlank und dünn, die Symphyse kurz, das Foramen obturatorium groß. Tibia und Fibula sind bald getrennt, bald an ihren Enden verschmolzen.

Tarsus und Hinterfuß zeigen bei den Erdferkeln, den Ameisenfressern und Gürteltieren den normalsten Bau und sind meist fünfzehig; bei den übrigen verkümmern häufig die inneren oder äußeren Metatarsalia. Das Calcaneum hat einen verlängerten, rauhen Stiel, der Astragalus eine gewölbte Gelenkfläche für die Tibia und auf der Außenseite eine Grube für den konischen Fortsatz der Fibula. Die ersten und zweiten Phalangen sind kurz, zuweilen miteinander oder mit einem Metatarsale verschmolzen; die Endphalangen bald krallenförmig, bald *(Glyptodontia)* breit, hufartig und mit Nägeln bedeckt.

Die Gehirnhöhle der Edentaten hat höchstens mäßige Größe, das Gehirn differiert bei den verschiedenen Familien beträchtlich, indem das Großhirn glatt oder gefurcht und das Corpus callosum klein oder groß sein kann.

Bei den altweltlichen Formen erinnert die Beschaffenheit der Geschlechtsorgane an Huftiere. Die Hoden liegen in der Leistengegend, der Penis ist äußerlich, der Uterus zweihörnig, die Vagina ungeteilt und die Placenta diffus oder breit zonenförmig. Bei den amerikanischen Edentaten liegen die Hoden in der Bauchhöhle zwischen Mastdarm und Blase, der Penis ist klein, der Uterus einfach, kugelig und die Placenta domförmig.

Die ersteren werden als Nomarthra den amerikanischen Xenarthra gegenübergestellt.

1. Unterordnung: **Nomarthra** Gill.

Die altweltlichen Edentaten zeichnen sich durch die einfache Gelenkung der hinteren Rücken- und Lendenwirbel aus. Die Familie der *Orycteropodidae* (Erdferkel) ist im Unterpliocän von Bessarabien, Samos und Pikermi durch eine fossile Art — **Orycteropus Gaudryi* Forsyth Major — vertreten, und durch einen Humerus — *Palaeorycteropus Quercyi* Filhol — in den Phosphoriten von Quercy. Von hier stammen auch der Schädel von *Leptomanis Edwardsi* und Humerus, Femur und Tibia von *Necromanis Quercyi* Filhol. Eine teils an *Orycteropus*, teils an *Manis* erinnernde Form — *»Lutra« franconica* Quenstedt aus der miocänen Spaltausfüllung von Solnhofen — wird von Ameghino ** Teutomanis* und *Galliaetatus* benannt. Ein ganz ähnlicher Knochen, Metacarpale, auch im Miocän von Mont Ceindre bei Lyon. Immerhin zeigen diese dürftigen Reste, daß die scheinbar so weit entferntstehenden Familien der *Orycteropodidae* und *Manidae* einerseits und der *Dasypodidae* anderseits höchst wahrscheinlich doch gemeinsamen Ursprungs sind. Auch Winge führt diese beiden Familien auf *Orycteropodidae* zurück. Aus *Dasypodiden* sind nach ihm die *Myrmecophagiden* hervorgegangen.

2. Unterordnung: **Xenarthra** Gill.

Die Xenarthra, ausgezeichnet durch den Besitz von mehreren akzessorischen Gelenken an den hinteren Rücken- und den Lendenwirbeln, enthalten die »Unterordnungen« der *Anicanodonta* ohne oder höchstens mit Spuren eines Hautpanzers und der *Hicanodonta* Ameghino mit einem aus Knochen- und Hornplatten bestehenden Panzer.

1. Tribus: **Anicanodonta** Ameghino.

Von den hierher gehörigen Familien sind die der *Myrmecophagidae* — *Tamandua* und *Myrmecophaga* — und *Bradypodidde* fossil nur durch spärliche Reste im Pleistocän von Südamerika vertreten. Um so zahlreicher sind dafür die der ausgestorbenen Familie der *Gravigrada* im Tertiär von Patagonien und im Pleistocän von Südamerika. In Nordamerika ist sie auf Oberpliocän und Pleistocän beschränkt. Sie dürfte wohl aus den *Ganodonta* des älteren Eocän von Nordamerika hervorgegangen sein, auf welche allenfalls auch die Bradypodiden zurückzuführen sind.

1. Familie: **Ganodonta** Wortman.

Zahl der J stets reduziert, C groß, P und M meist bewurzelt und mehr oder weniger vollständig mit Schmelz versehen. Wirbelgelenke ziemlich einfach. Untereocän von Nordamerika. Puerco bis Wind Riverbed.

Schädel und die massiven Extremitäten haben große Ähnlichkeit mit denen von *Gravigrada*. Auch das primitive Gebiß kann sich sehr gut in das der Gravigraden umgewandelt haben. Die geringe Schwierigkeit dieser Ableitung, welche darin besteht, daß diese Familie schon im älteren Tertiär von Patagonien auftritt, wird sehr leicht überwunden, wenn man annimmt, daß nur die Gattungen aus dem Torrejonbed für die südamerikanischen Formen stammesgeschichtliche Bedeutung haben, während die aus Wasatch- und Bridgerbed ohne Hinterlassung von Nachkommen erloschen sind. Die *Ganodonta* haben wahrscheinlich gemeinsamen Ursprung mit den bei den Insectivoren angeführten *Tillodontidae*.

Der Humerus ist plump und mit kräftiger Deltoidcrista und Foramen entepicondyloideum versehen. Die dicke Ulna besitzt ein hohes Olecranon. Die Form und Art der Gelenkung der Carpalia, Metacarpalia und Phalangen gleicht fast schon vollkommen jener der Gravigrada, namentlich *Mylodon*, ebenso das flache Ilium. Nur der Astragalus unterscheidet sich durch seine primitive Form — langer Hals — wesentlich von dem der Gravigrada. Dagegen spricht das allmähliche Auftreten von akzessorischen Wirbelgelenken sehr für nahe Verwandtschaft.

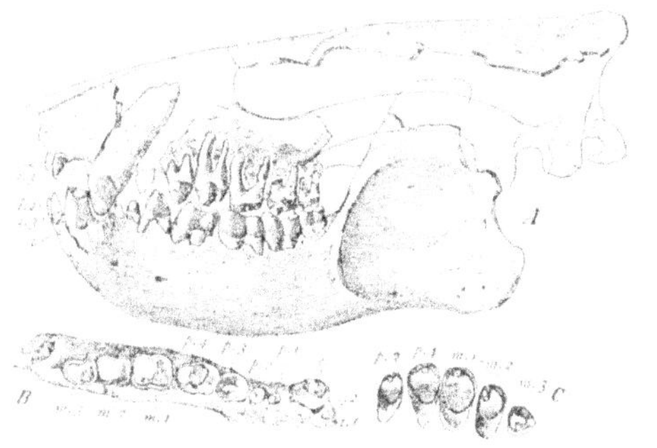

Fig. 615.
Conoryctes comma Cope. Unterstes Eocän. Torrejonbed. Neu-Mexiko. *A* Schädel und Unterkiefer, *B* untere Zahnreihe, *C* obere Backenzähne. ⅓ nat. Gr. (Nach Wortman.)

1. Unterfamilie: **Conoryctinae.**

$\frac{2.?1.4-3.3}{2.\ 1.\ 4\ .3}$. *Schädel lang, niedrig und mit Scheitelkamm versehen. Unterkiefer gestreckt, Gelenkkopf nicht viel höher stehend als die Zahnreihe. J klein, C lang, P_3 und P_4 nicht quergestellt. Obere M trituberkulär, untere fünf- oder vierhöckerig, Talonid etwas niedriger als das Trigonid. Alle Zähne brachyodont, bewurzelt. Kaufläche bald starke Usuren zeigend.*

Onychodectes Cope. $\frac{4}{4}$ *P*, untere *M* mit Paraconid. Unterstes Eocän. Puercobed von Neumexiko.

**Conoryctes* Cope. (Fig. 615.) $\frac{3}{4}$ P. M^3 sehr klein, untere *M* ohne Paraconid. Untereocän. Torrejonbed.

2. Unterfamilie: **Stylinodontinae.**

$\frac{1.?1.4-3.3}{1.?1.4-3.3}$. *Schädel und Unterkiefer kurz. Kiefergelenk viel höher gelegen als die Zahnreihe. C groß, mit sehr langer Wurzel oder mit persistierender Pulpa. P_3 und P_4 quergestellt. Wirbel mit Nebengelenken.*

Hemiganus Cope. $\overline{2.1.4.3}$ Obere *C* allseitig, untere nur an Vorderseite mit Schmelz bedeckt. *P* und *M* bewurzelt. Unterstes Eocän. Puerco.

**Psittacotherium* Cope. (Fig. 616.) Obere und untere *C* nur an der Vorderseite mit Schmelz überzogen, bewurzelt. Wurzeln an den *P* und *M* verschmolzen. $\frac{3}{3}$ *P*. Untereocän. Torrejon. Von *P. multifragum* Cope ist das Skelett ziemlich vollständig bekannt. Der Schädel sieht dem von *Megalonyx* ähnlich.

**Calamodon* Cope (*Dryptodon* Marsh). $\overline{1.1.4.3}$. *C* mit persistierender Pulpa, nagezahnähnlich. *P* und *M* bewurzelt, *M* aus vier jochartig gruppierten Höckern bestehend. Untereocän Wasatchbed. Wyoming, wohl auch im Fort Unionbed von Montana.

**Stylinodon* Marsh. Alle *P* und *M* hypselodont ohne Wurzeln, nur mit Schmelzbändern versehen. Mitteleocän. Bridgerbed von Wyoming. *St. mirus* Marsh.

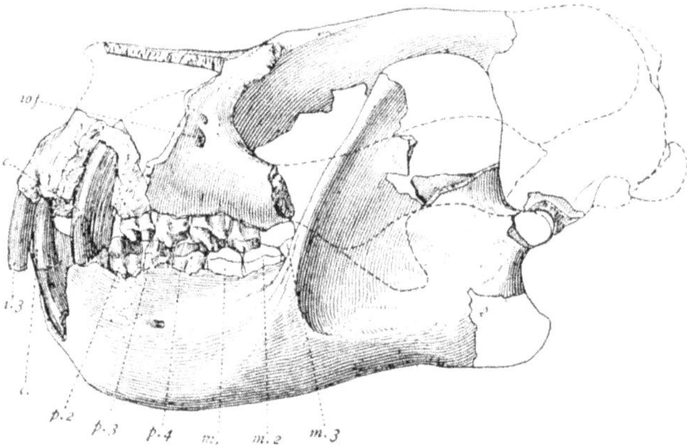

Fig. 616.
Psittacotherium multifragum Cope. Unterstes Eocän. Torrejonbed. Neu-Mexiko. Schädel und Unterkiefer. ⅓ nat. Gr. (Nach Wortman.)

2. Familie: **Gravigrada.** Riesenfaultiere.

Ausgestorbene, zum Teil große und plumpe Pflanzenfresser mit länglich zylindrischem Schädel. Jochbogen sehr stark, mit abwärts gerichtetem Fortsatz. $\frac{0.5-4}{0.4-3}$. *Zähne zylindrisch. Schwanz ungemein dick und lang. Beine plump, mäßig lang. Hand als Greiforgan entwickelt, Hinterfuß plantigrad. Astragalus flach, höchstens mit kurzem Hals, distal abgestutzt.*

Zu den Gravigraden gehören die plumpsten und unbehilflichsten Vertreter der Edentaten, welche sich von den heutigen Faultieren durch den längeren Schädel, den stärkeren Jochbogen und den langen, ungemein kräftigen, als Stütze dienenden Schwanz, durch die kürzeren, plumperen Extremitäten und häufig auch durch beträchtliche Größe unterscheiden. Sie finden sich im Tertiär und Pleistocän von Südamerika und im Pliocän und Pleistocän von Nordamerika.

Die älteste Form ist die ganz mangelhaft bekannte Gattung *Protobradys* Ameghino aus den Notostylopsschichten von Patagonien. Im Miocän von Santa Cruz sind dagegen schon alle drei Unterfamilien *Megatheriinae* (*Planops*), *Megalonychinae* und *Mylodontinae* vertreten, unter welchen sich die Repräsentanten der *Megalonychinae* durch einen großen Artenreichtum auszeichnen. Diese älteren Formen sind noch insgesamt viel kleiner als ihre pleistocänen Verwandten. Hautossifikationen konnten bei keiner nachgewiesen werden. Die Zahnzahl ist stes $\frac{5}{4}$, und der erste Zahn in beiden Kiefern immer *C*-artig entwickelt. Der Schädel zeichnet sich durch eine lange Schnauze und ein geräumiges Cranium aus. Rumpf und Scapula sind jenen von Bradypodiden (*Choloepus*) ähnlicher als denen der pleistocänen Gravigraden. Die Extremitätenknochen sind noch durchgehends schlanker und der Humerus besitzt stets ein Foramen entepicondyloideum. Verwachsung von Carpalien, Tarsalien oder Phalangen kommt nicht vor. Das mittlere Metapodium ist zwar schon viel kürzer und dicker als die übrigen, aber die beiden äußeren sind noch viel weniger spezialisiert als bei den späteren Gravigraden, weil die Außenseite des Fußes noch nicht auf dem Boden aufliegt. Im Skelett nähern sich die miocänen Gravigraden noch vielfach den Bradypodiden und den Myrmecophagiden.

1. Unterfamilie: **Megatheriinae.**

$\frac{5}{4}$ *Backenzähne prismatisch, vierkantig, in geschlossener Reihe, der letzte etwas kleiner als die übrigen. Hinterast des Alveolarkanals auf der Innenseite des Unterkiefers mündend. Unterkiefersymphyse zugespitzt, Schädel kurz und relativ klein. Humerus ohne Entepicondylarforamen, Femur ohne dritten Trochanter, Fibula mit Tibia verwachsen. Erster Finger der Hand rudimentär, fünfter ohne Endphalange, die übrigen Finger mit langen Krallen. Am Fuß erste und zweite Zehe rudimentär, dritte mit riesiger Kralle, vierte und fünfte ohne Kralle.*

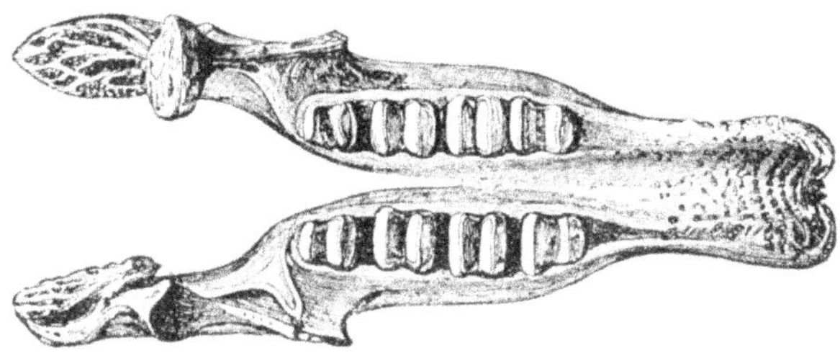

Fig. 617.
Megatherium americanum Blumb. Pampasformation (Pleistocän) Argentinien. Unterkiefer, obere Ansicht. $^1/_8$ nat. Gr. (Nach Owen.)

**Megatherium* Cuv. (Fig. 617.) Das erste vollständige Skelett wurde schon 1789 in Argentinien ausgegraben und nach Madrid geschickt. Neben *M. americanum* Blumb. (= *giganteum* Pander) finden sich noch andere Arten im Pleistocän von Argentinien, Brasilien, Chile, Ecuador, Centralamerika und im südlichen Nordamerika.

Neoracanthus, *Essonodontherium* Ameghino. Pleistocän von Argentinien.

Zamicrus, *Promegatherium* und *Interodon* Ameghino, im Pliocän von Argentinien.

Als Vorläufer der Megatherien betrachtet Scott die Planopsinen (Prepotheriiden Ameghino) aus dem Obermiocän von Santa Cruz in Patagonien mit den Gattungen *Planops* und *Prepotherium* Amegh., die letztere Gattung auch schon in den Colpodonschichten.

Es sind die größten Gravigraden aus dem Miocän von Santa Cruz. Mit den Megatheriiden haben sie bereits gemein den massiven Schwanz, die Verlängerung von Ischium und Pubis, den kurzen, breiten Astragalus und das lange Sustentaculum des Calcaneums, dagegen bilden die Kauflächen noch keine Joche.

2. Unterfamilie: **Megalonychinae.**

$\frac{5}{4}$ *Backenzähne prismatisch, vierseitig bis querelliptisch, der vorderste von den übrigen weit abstehend und C-ähnlich. Letzter Zahn klein. Alveolarkanal vor der Basis des aufsteigenden Astes oder auf der Außenseite, selten auf der Innenseite mündend. Schädel kurz, breit und hoch. Fibula frei, Humerus mit Entepicondylarforamen, Femur mit drittem Trochanter, Hand und Fuß fünfzehig, davon drei Zehen bekrallt.*

**Megalonyx* Jefferson (Fig. 618). $\frac{5}{4}$ Backenzähne; im Pleistocän von Nordamerika (Megalonyx Bed) daselbst auch in Höhlen. Auch im Pliocän (Blancobed) von Texas. *M. leptostoma* Cope.

Nothrotherium Lydekker (*Coelodon* Lund). Pleistocän. Brasilien, Texas und Kalifornien.

Megalocnus Leidy, *Miocnus*, *Mesocnus* Miller. Pleistocän. Kuba.

Arrotycnus Anthony. Pleistocän. Porto Rico.

Ameghino und Scott beschreiben aus dem Miocän von Santa Cruz in Patagonien eine Anzahl kleiner Gattungen — *Hapalops*, *Eucholoeops*, *Hyperleptus* (Fig. 619). *Schismotherium*, *Megalonychotherium*, *Analcimorphus* und *Pelecyodon*, unter welchen die Gattung *Hapalops* (*Geronops*, *Parahapalops*

Ameghino) bei weitem die häufigste und artenreichste und auch sehr vollständig bekannt ist. Alle diese Gattungen haben noch fünf Finger und einen dritten Femurtrochanter. Noch ältere Reste sind die von *Proplatyarthus* Amegh. aus den Astraponotus-, von *Hapalops* aus den Pyrotherium- und von *Hapaloides* und *Proschismotherium* aus den Colopodon-Schichten von Patagonien.

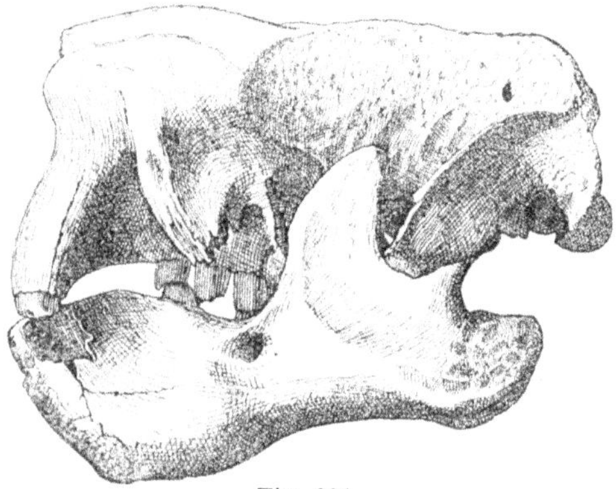

Fig. 618.
Megalonyx Jeffersoni Leidy. Pleistocän. Kentucky. Schädel nebst Unterkiefer ca. 1/6 nat. Gr. (Nach Leidy.)

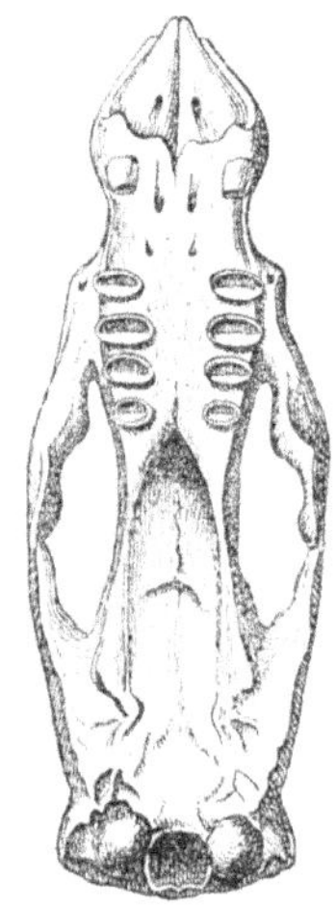

Fig. 619.
Hyperleptus garzonianus Amegh. Obermiocän. Santa Cruz. Patagonien. 1/3 nat. Gr. (Nach Ameghino.)

3. Unterfamilie: **Mylodontinae**[1]).

$\frac{5-4}{4}$ *Backenzähne prismatisch, von elliptisch dreieckiger Form. Letzter unterer Zahn größer als die übrigen und zweilappig. Hinterer Ast des Alveolarkanals außen mündend. Schädel meist kurz und breit. Humerus ohne Entepicondylarforamen, Femur ohne dritten Trochanter, Fibula frei, Hand meist fünffingerig, erster bis dritter Finger mit Krallen. Fuß meist vierzehig, ohne Hallux, zweite und dritte Zehe mit Krallen.*

**Mylodon* Owen (Fig. 620), *Eumylodon* Ameghino, *Paramylodon* Brown. $\frac{5-4}{4}$. *M* mit breiter abgestutzter Schnauze und rudimentärem Zwischenkiefer. Jochbogen unterbrochen, mit stark entwickeltem unteren Fortsatz. Vorderfuß fünf-, Hinterfuß vierzehig. Fibula frei. Haut mit vielen Ossifikationen. Im Pleistocän von Argentinien, Bolivien und Brasilien. *M. (Eumylodon) robustus* Owen. In Nordamerika, ältestes Pleistocän *M. Harlani* Owen. Auch in Höhlen und im Asphalt von Rancho La Brea.

Lestodon Gerv. (*Pseudolestodon* Ameghino). Kiefer vorne verbreitert. Pleistocän. Argentinien und Bolivien.

**Scelidotherium* Owen. Schädel lang, niedrig. Schnauze verlängert. Vorne vier, hinten drei Zehen. Pleistocän Südamerika. *Catonyx* Lund, Pleistocän, Brasilien.

Sphenotherus Amegh. (*Platyonyx* Lund). Pleistocän Südamerika.

**Glossotherium* Owen (*Neomylodon* Ameghino). Zwischenkiefer die Nasenöffnung vorne abschließend. *G. Listai* Amegh. sp. (*Grypotherium domesticum* Roth) war sicher noch ein Zeitgenosse der Menschen. In der Höhle Eberhardt am Meerbusen von Ultima Esperanza in Patagonien fanden sich zahlreiche Reste, darunter auch Fellstücke mit Knochenkernen.

[1]) *Kraglievich L.*, Estudios sobre los Mylodontinae. Anal. del Mus. Nat. de hist. nat. de Buenos Aires. 1921, 1922. — *Lull R. S.*, Pleistocene Ground Sloth. Amer. Journal of Sc. Vol. XXXIX. 1915. — *Stock Ch.*, Skull and dentition of the Mylodont Sloths of Rancho la Brea. University of California publicat. Bull. of Geology 1914. Pes. Skull and Skeleton of Mylodon. Ibidem 1917, 1920.

Im Miocän von Santa Cruz in Patagonien sind die Mylodontinen nur spärlich vertreten durch kleine Formen, *Nematherium* (*Ammotherium*, *Limodon*) und *Analcitherium* Ameghino, von welchen sich die letztere

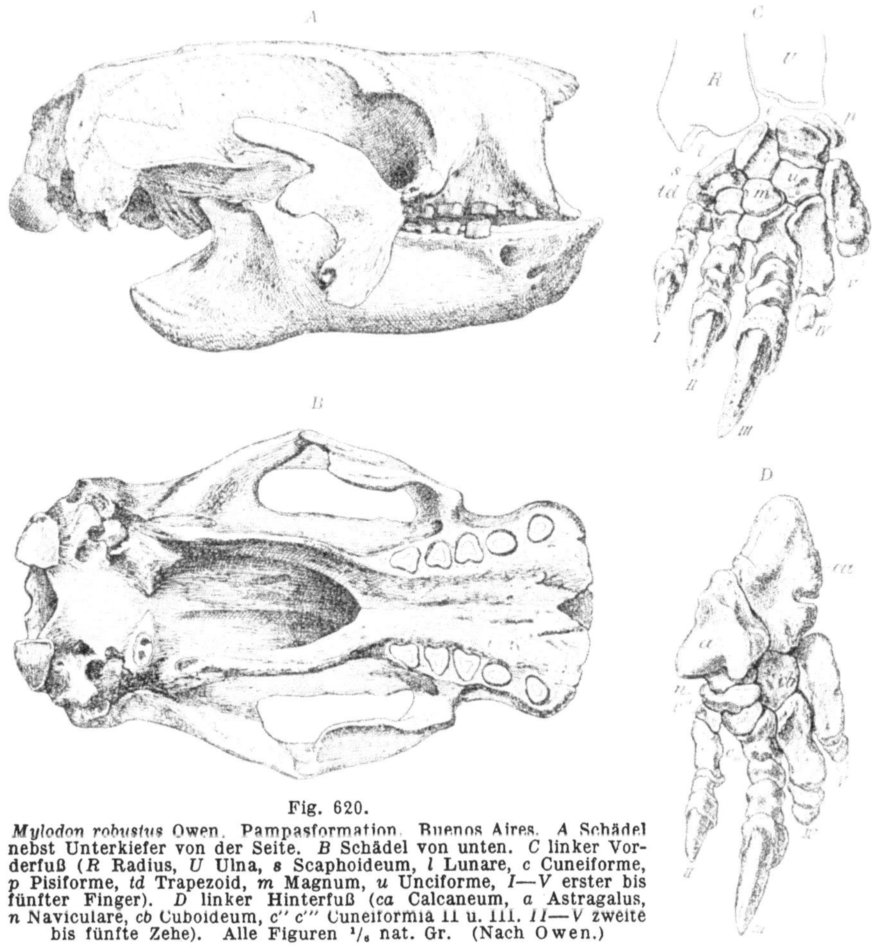

Fig. 620.
Mylodon robustus Owen. Pampasformation. Buenos Aires. *A* Schädel nebst Unterkiefer von der Seite. *B* Schädel von unten. *C* linker Vorderfuß (*R* Radius, *U* Ulna, *s* Scaphoideum, *l* Lunare, *c* Cuneiforme, *p* Pisiforme, *td* Trapezoid, *m* Magnum, *u* Unciforme, *I*—*V* erster bis fünfter Finger). *D* linker Hinterfuß (*ca* Calcaneum, *a* Astragalus, *n* Naviculare, *cb* Cuboideum, *c'' c'''* Cuneiformia II u. III. *II*—*V* zweite bis fünfte Zehe). Alle Figuren 1/8 nat. Gr. (Nach Owen.)

Gattung enger an *Scelidotherium* anschließt. Im Schädelbau haben sie noch große Ähnlichkeit mit den gleichalterigen Megalonychinen. Im älteren Tertiär von Patagonien (Pyrotherium-Schichten) die ungenügend bekannten Gattungen *Octodontherium* und *Orophodon* Ameghino.

2. Tribus: **Hicanodonta** Ameghino. (*Loricata.* Gürteltiere.)

Rumpf, Kopf und Schwanz von je einem aus knöchernen Platten zusammengesetzten Panzer bedeckt. Mehr als 5 (meist 8—10) Backenzähne in jeder Kieferhälfte. Unterenden von Tibia und Fibula fest verwachsen. Radius, Ulna, Carpalia, Tarsalia und Metapodien stets frei. Hand und Fuß meist fünfzehig. Astragalus mit vertiefter, breiter Trochlea, ziemlich langem Hals und konvexer Gelenkfläche. Lebend und fossil in Süd- und Centralamerika und in den südlichen Vereinigten Staaten von Nordamerika.

1. Familie: Glyptodontidae[1]).

Ausgestorbene, zum Teil sehr große Gürteltiere mit dickem, unbeweglichen, aus polygonalen, durch Sutur verbundenen Knochenplatten bestehenden Panzer. Schädel kurz, hoch, vorne abgestutzt; Jochbogen mit abwärts gerichtetem Fortsatz. Backenzähne $\frac{8}{8}$, länglich-prismatisch, meist durch zwei tiefe Quereinschnürungen in drei Pfeiler geteilt. Gehirn sehr klein. Sämtliche Rückenwirbel zu einer Röhre verwachsen und die Lendenwirbel mit dem Sacrum verschmolzen. Hand und Fuß meist fünfzehig, mit hufähnlichen Klauen.

Die Glyptodonten, von Brown in drei Unterfamilien geteilt, begleiten im Tertiär und Pleistocän von Amerika überall die Gravigraden und stellen einen ausgestorbenen, eigentümlich spezialisierten Seitenzweig der Gürteltiere dar. Ihr auffallendstes Merkmal beruht in der Zusammensetzung des ungemein dicken, halbkugeligen oder länglich ovalen, unbeweglichen Rückenpanzers aus sechs-, fünf- oder vierseitigen, verschiedenartig verzierten

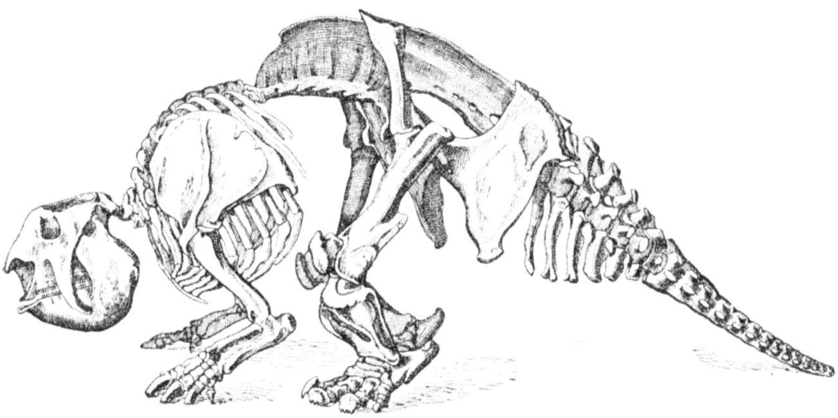

Fig. 621.
Panochthus tuberculatus Owen sp. Restauriertes Skelett ohne Panzer. Pampasformation. Argentinien. $^1/_{22}$ nat. Gr. (Nach Burmeister.)

Knochenplatten, die durch Sutur fest miteinander verbunden sind. Bei den älteren Formen sind sie noch in Querreihen angeordnet, die auch noch eine gewisse Beweglichkeit besitzen.

Die Wirbelsäule enthält 7 Hals-, 12 Rücken-, 7—9 Lenden-, 7 bis 8 Sacral- und 20—24 Schwanzwirbel. Von den Halswirbeln hat der Atlas mäßige Größe und bleibt stets frei; der Epistropheus verschmilzt mit den 3 oder 5 folgenden sehr kurzen Wirbeln; der letzte Halswirbel ist immer von den vorhergehenden getrennt, kann aber mit den Rückenwirbeln verwachsen. Die Centra und kurzen Dornfortsätze der letzteren sind sämtlich oder teilweise miteinander verschmolzen und bilden eine unbewegliche Röhre, deren Gliederung nur durch die Querfortsätze und seitlichen Nervenlöcher angedeutet wird. Diese dorsale Röhre artikuliert mit einem hinteren, ebenfalls unbeweglichen Teil der Wirbelsäule, welche aus den innig verschmolzenen Lenden- und Sacralwirbeln besteht und sich durch einen hohen, aus der Verwachsung der Dornfortsätze gebildeten Kamm auszeichnet. Die 7 vorderen Schwanzwirbel sind beweglich miteinander verbunden und mit starken Hämapophysen versehen. An dem sehr kurzen, hohen Schädel verschwinden die Suturen frühzeitig, der Gaumen ist von zahlreichen Öffnungen durch-

[1]) *Brown Barnum*, Brachyostracon, a new Genus of Glyptodonts from Mexico. Bull. Amer. Mus. Nat. Hist. New York 1912.

bohrt, die Jochbogen mit starkem, nach abwärts gerichtetem Fortsatz und der Unterkiefer mit ungewöhnlich hohem aufsteigenden Ast versehen. Von

Fig. 622.
Glyptodon reticulatus Owen (= *Schistopleurum typus* Nodot). Pampasformation. Rio Salado, Argentinien. Restauriertes Skelett mit Panzer im Pariser Museum (nach Gaudry). $^1/_{26}$ nat. Gr.

den Extremitäten sind die hinteren länger und plumper als die vorderen. Die Hüftbeine stehen fast rechtwinklig zur Körperachse, die Sitzbeine sind gewaltig verbreitert und mit der Wirbelsäule verwachsen.

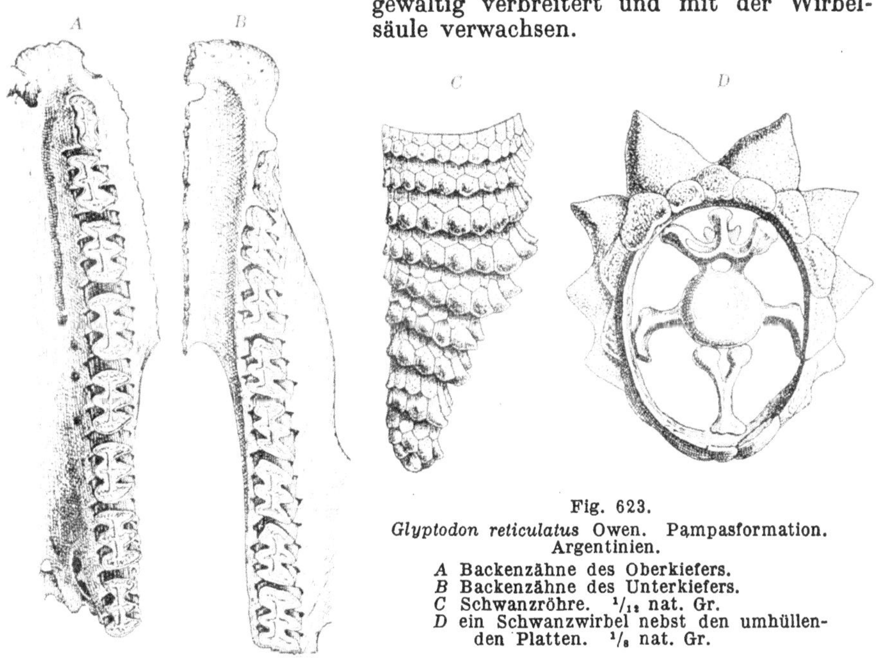

Fig. 623.
Glyptodon reticulatus Owen. Pampasformation. Argentinien.
A Backenzähne des Oberkiefers.
B Backenzähne des Unterkiefers.
C Schwanzröhre. $^1/_{12}$ nat. Gr.
D ein Schwanzwirbel nebst den umhüllenden Platten. $^1/_8$ nat. Gr.

1. Unterfamilie: **Glyptodontinae.**

Panzerplatten mit erhabener Centralfigur. Schwanztubus kurz.

**Glyptodon* Owen. (Fig. 622, 623.) Schwanz kurz, zugespitzt, von zahlreichen, aus konischen oder stacheligen Platten zusammengesetzten Querringen umgeben. Die Platten des Rückenpanzers außen rosettenartig verziert. In der Pampasformation von Argentinien und Uruguay und in brasilianischen Höhlen. Selten im Pleistocän von Bolivien — Tarija —, Mexiko, Texas, Florida und Neu-Mexiko. Die Höhe von *Gl. reticulatus* Owen beträgt 1,2 m, die Länge 2 m.

Glyptotherium Osborn. Schwanztubus kurz. Pliocän Texas.

**Propalaeohoplophorus* Ameghino. Sehr geringe Körpergröße, etwa wie Wolf. Schwanztubus aus zwei Ringen gebildet. Skelett sehr vollständig bekannt. Miocän. Colpodon-Schichten und Santacruzeno. Patagonien.

**Cochlops* Ameghino. Etwas größer als die vorige Gattung. Platten sehr rauh. Miocän Patagonien.

Eucinepeltus Ameghino mit verwachsenen Kopfplatten, *Asterostemma*, *Metopotoxus* Ameghino ebenda. Unterkiefer niedriger, Schnauze länger, Beine schlanker und vorderster Zahn einfacher als bei den späteren Glyptodontiern.

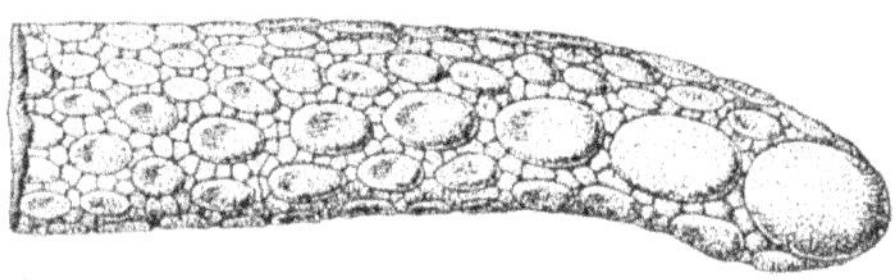

Fig. 624.

Hoplophorus Heusseri Amegh. Pampasformation. Argentinien. Schwanzröhre von der Seite. 1/6 nat. Gr. (Nach Ameghino.)

Neothoracophorus Ameghino. Panzer mäßig groß. Erster unterer Zahn klein. Pleistocän. Argentinien.

2. Unterfamilie: **Sclerocalyptinae.**

Schwanztubus lang. Panzerplatten mit Centralfigur.

Sclerocalyptus Ameghino (*Hoplophorus* Lund) (Fig. 624.) Schwanz lang, allseitig mit ovalen oder rundlichen Platten bedeckt. Hand und Fuß vierzehig. Pleistocän. Argentinien und Brasilien.

Lomaphorus Ameghino. Pleistocän. Argentinien.

Fig. 625.

Panochthus tuberculatus Owen sp. Pampasformation. Prov. Buenos Aires. Panzer restauriert. 1/20 nat. Gr. (Nach Burmeister.)

**Panochthus* Burm. (Fig. 621, 625.) Panzerplatten mit vielen Höckerchen bedeckt. Centralfigur undeutlich. Schwanz vorne mit Querringen, hinten mit langem, gekörnelten und mit einzelnen größeren Platten versehenem Tubus. Extremitäten vierzehig. Größter aller Glyptodontier. Pleistocän. Argentinien. — *Eleutherocercus* Koken. Ebenda.

Plophorus Ameghino. Mäßige Dimensionen. Pliocän. Argentinien.

Palaeohoplophorus Ameghino. Älteres Pliocän. Argentinien. Patagonische Formation..

Brachyostracon Brown. Zwei Unterkieferzähne elliptisch. Panzer sehr groß, aber kurz. Pleistocän. Mexiko.

3. Unterfamilie: **Doedicurinae.**

Panzerplatten ohne Figur, bloß mit Grübchen bedeckt. Schwanztubus lang. Vordere Zähne kleiner als die folgenden.

Neuryurus Ameghino. Panzerplatten klein, ebenso die überwiegende Mehrzahl der Tubusplatten. Pliocän Argentinien. Pleistocän Brasilien.

Doedicurus Ameghino. Humerus mit Entepicondylarforamen. Hand dreifingerig, Fuß vierzehig. Schwanztubus am Ende verdickt und mit hornartigen Auswüchsen versehen. Pleistocän. Argentinien.

In den Pyrotheriumschichten von Patagonien *Palaepeltis* und *Glyptatelus* Ameghino.

2. Familie: **Dasypodidae.** Gürteltiere.

Hautpanzer entweder ganz aus beweglichen Querreihen von Knochenplatten oder aus einem unbeweglichen Schulter- und Beckenpanzer und dazwischenliegenden beweglichen Querringen bestehend. Schädel lang, niedrig, mit verschmälerter Schnauze. Jochbogen ohne abwärts gerichteten Fortsatz. Zähne $(\frac{8-9}{9-10})$ *prismatisch, häufig heterodont. Alle Rücken- und Lendenwirbel frei. Humerus mit Entepicondylarforamen, Femur mit drittem Trochanter. Fibula mit Tibia verwachsen. Extremitäten fünfzehig.*

Die *Dasypodidae* unterscheiden sich von den Glyptodontiden durch ihre primitivere Organisation — beweglicher Panzer, langgestreckter Schädel, einfachere Zähne, Fehlen von Randplatten und freie Wirbel. In der Größe bleiben sie mit Ausnahme von *Chlamydotherium* beträchtlich hinter den Glyptodontiden zurück.

Die Gürteltiere bewohnen das tropische und gemäßigte Südamerika, nur die Gattung *Tatusia* verbreitet sich von Centralamerika bis nach Mexiko und Texas. Fossile Dasypodiden sind mit Sicherheit nur in Südamerika nachgewiesen. Das von Filhol aus den Phosphoriten von Quercy beschriebene Panzerfragment *Necrodasypus Galliae*, mit welchem Ameghino auch den Schädel von *Necromanis Edwardsi* Filhol vereinigt, wird von anderen als das der eocänen Eidechsengattung *Placosaurus* gedeutet. Die reduzierte Bezahnung $\overline{1.1.2}$ von *Metachiromys* Wortman aus dem Bridgereocän von Wyoming läßt sich schwer mit der Annahme Osborns vereinbaren, wonach diese Reste einem panzerlosen Dasypodiden angehören sollen. Immerhin ist eine sehr entfernte Verwandtschaft mit diesen nicht vollkommen ausgeschlossen.

Die *Dasypoda* aus dem Pleistocän von Südamerika, Pampasformation von Argentinien und aus brasilianischen Knochenhöhlen, gehören zumeist noch lebenden Gattungen — *Tatusia*, *Dasypus*, *Tolypeutes*, *Xenurus* etc. an. **Chlamydotherium* Ameghino zeichnet sich durch seine gewaltige Größe aus. Schon im Pliocän zusammen mit *Proeuphractus* und *Eutatus* Amegh. *Ch. septentrionale* Sellards im Pleistocän von Florida.

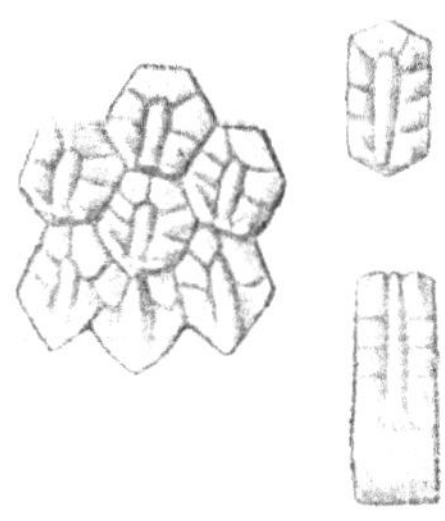

Fig. 626. *Prozaëdius proximus* Amegh. Miocän. Santa Cruz. Panzerplatten. Nat. Gr.

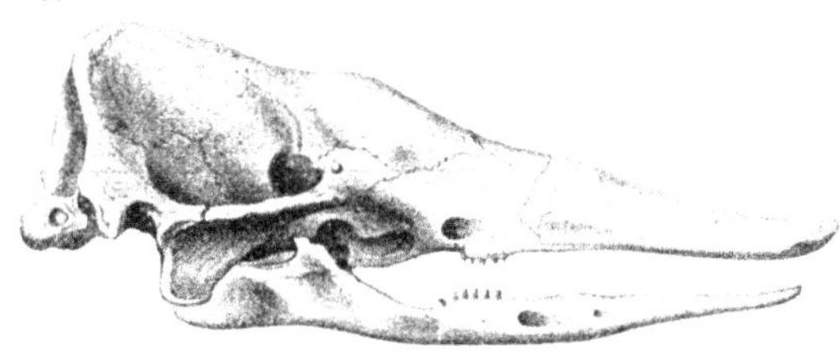

Fig. 627. *Stegotherium tesselatum* Amegh. Miocän. Santa Cruz. Schädel ½ nat. Gr. (Nach Scott.)

Sehr vollständige Reste beschreibt Scott aus dem Miocän von Santa Cruz in Patagonien. Sie verteilen sich auf die Gattungen *Proeutatus*, *Prozaëdius* (Fig. 626), *Stenotatus* Amegh., *Pareutatus* Scott und **Stegotherium* und *Peltephilus* Amegh., von welchen die beiden letzteren besonderes Interesse verdienen. *Stegotherium* (Fig. 627) leitet durch seine langgestreckte Schnauze und die stark reduzierten, auf den hintersten Kieferteil beschränkten Zähne zu den Myrmecophagiden hinüber. *Peltephilus* hat eine kurze, breite Schnauze und ein ausgedehntes, aber nur aus einer mäßigen Anzahl von Platten bestehendes Kopfschild, an welchem zwei Platten als Hörner entwickelt sind. Die nämlichen Gattungen treten auch in den Colpodonschichten auf, während die Pyrotheriumschichten auch noch einige Gattungen enthalten, welche solchen aus den eocänen Notostylopsschichten sehr nahe stehen. Auf den ältesten Dasypodidenresten basieren die Gattungen *Prostegotherium*, *Utaëtus*, *Meteutatus* (Fig. 628), *Machlydotherium* etc. Amegh.

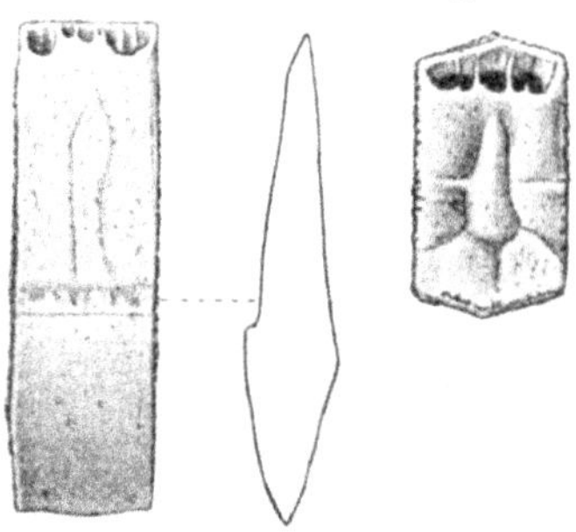

Fig. 628.
Meteutatus lagenaeformis Ameghino. Untermiocän. Pyrotherium-Schichten. Patagonien. Panzerplatten nat. Größe.

6. Ordnung: Rodentia. (*Glires*.) Nager[1]).

Extremitäten mit Krallen, selten mit hufartigen Nägeln. Gebiß mit $\frac{1}{1}$ *J*, selten mit $\frac{2}{1}$ *J*. *J* sehr lang, mit persistierender Pulpa, meist nur vorne und außen mit Schmelz versehen, und mit zugeschärfter meißelförmiger Kaufläche. Backenzähne $\frac{2-6}{2-6}$, durch weites Diastema von den *J* getrennt, brachyodont, bunodont, lophodont oder prismatisch. Gelenkkopf des Unterkiefers in einer Rinne eingefügt und vorwärts und rückwärts beweglich.

Die Nager sind eine einheitliche, scharf abgegrenzte, aus primitiven Insectivoren hervorgegangene Ordnung, die namentlich im Gebiß hochgradige Spezialisierung zeigt. Es sind meist kleine Pflanzenfresser, welche sich unterirdische Wohnungen graben, oft aber auch zum Klettern oder zum Schwimmen befähigt sind. Gebiß und Skelett sind durch die Art der Ernährung und Lebensweise stark beeinflußt.

Der Schädel (Fig. 629) ist meist niedrig, die Schnauze lang und das Hinterhaupt fällt steil nach unten ab. Die glatten Großhirnhemisphären lassen das Kleinhirn und die Riechlappen frei, die Nasenhöhle ist geräumig und mit Ethmoidalconchen ausgefüllt. Die Nasenlöcher öffnen sich stets nach vorne. Die Zwischenkiefer reichen bis zu den Stirnbeinen. Der Processus paroccipitalis hat häufig ansehnliche Länge. Die Augenhöhlen sind hinten offen. Der kräftige Processus zygomaticus

1) *Anthony*, New fossil Rodents from Porto Rico. Bull. Am. Mus. Nat. Hist. New York 1917 und Annals New York Acad. Sciences 1916. — *Brandt J. F.*, Mém. Acad. impér. St. Petersbourg 1835. VI. Ser. T. III p. 77—336. — *Cope E. D.*, The extinct Rodentia of North America. Amer. Natur. 1883, p. 43, 165, 370. — *Major Forsyth C. J.*, Nagerüberreste aus Bohnerzen Süddeutschlands u. d. Schweiz. Paläontogr. 1873. Bd. XXII. On Fossil and Recent Lagomorpha. Trans. Linn. Soc. London 1899. — *Matthew W. D.*, Bulletin Amer. Mus. Nat. Hist. New York 1902. Art. XXII. 1910. Art. VI. — *Miller*, Bones of Mammals from Cuba and San Domingo. Smithson. Miscell. Coll. Washington 1916. — *Nehring A.*, Beitr. z. Kenntnis d. Diluvialfauna (Nager). Zeitschr. für ges. Naturw. 1876. XLVII u. XLVIII. — *Peterson O. A.*, New Rodents and the Origin of Daemonelix. Mem. Carnegie Mus. Pittsburgh. Vol. II. 4. 1906. — *Schlosser M.*, Nager d. europ. Tertiärs. Palaeontogr. 1884. Bd. XXXI. — *Scott W. B.*, Report of the Princeton Expeditions to Patagonia 1905. Vol. V. Part III. — *Tullberg T.*, System der Nagetiere. Nova Acta Soc. Scienc. Upsala 1899. — *Winge H.*, Jordfundne og nulevende Gnavere (Rodentia) fra Brasilien. E Museo Lundii. Kjøbenhavn 1888.

des Oberkiefers ist vom Infraorbitalforamen durchbohrt, das häufig einen so weiten Kanal bildet, daß nicht nur der Nervus facialis, sondern auch der vordere Ast des Massetermuskels darin Platz findet. Bei den *Hystricoidea* und *Anomaluroidea* übertrifft die Weite dieses Kanals nicht selten die Weite der Augenhöhle. Der Jochbogen ist immer wohl entwickelt und das Tränenbein hat eine ziemliche Ausdehnung. Die vorderen Gaumenlöcher haben ansehnliche Größe. Der Unterkiefer besitzt außen häufig eine vorspringende Leiste zur Anheftung des Massetermuskels. Der gewölbte Gelenkkopf ist länger als breit und ziemlich hochgelegen.

Im Schultergürtel ist häufig noch die Clavicula vorhanden. Die beiden Unterarmknochen sind zuweilen rotationsfähig. Der Carpus enthält nicht selten ein Centrale. Scaphoid und Lunatum verschmelzen häufig miteinander. Von den 5 Fingern verkümmert oft der erste. Die spitzen Endphalangen sind mit Krallen versehen.

Im Beckengürtel zeichnet sich das Hüftbein durch schlanke, dreikantige Gestalt aus, Schambein und Sitzbein sind groß und die beiden Schambeine werden durch eine lange Symphyse verbunden. Das Femur trägt öfters einen dritten Trochanter. Fibula und Tibia verwachsen nicht selten mit ihren Unterenden, dagegen bleiben alle Tarsalia frei. Die Zehenzahl ist häufig fünf, selten drei, aber im letzteren Falle kann bei Springern Verschmelzung der drei Metatarsalia erfolgen.

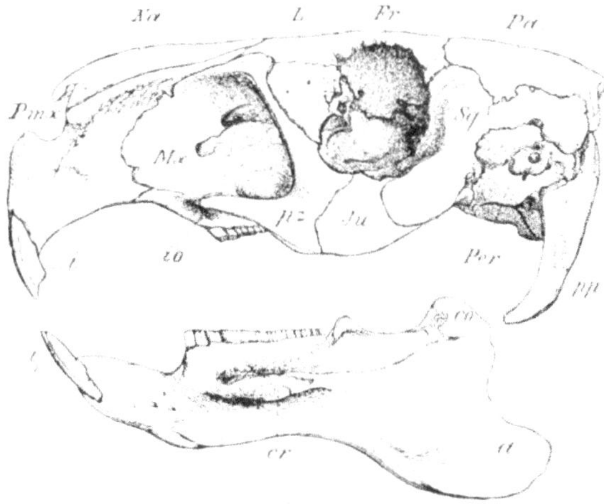

Fig. 629.
Hydrochoerus capybara Erxl. Südamerika. Schädel und Unterkiefer, ½ nat. Gr. (Nach Flower.) *Pmx* Zwischenkiefer, *Mx* Oberkiefer, *Na* Nasenbein, *L* Tränenbein, *Fr* Stirnbein, *Pa* Scheitelbein, *Sq* Schläfenbein, *Ju* Jochbein, *Per* Perioticum; *i* oberer, *i*, unterer Schneidezahn, *io* Infraorbitalkanal, *pz* Processus zygomaticus des Oberkiefers, *pp* Processus paroccipitalis, *co* Condylus, *a* Angulus, *cr* Massetercrista des Unterkiefers.

Im Gegensatz zu dem primitiven Bau des Schädels und des Skelettes erscheint das Gebiß sogar schon bei den ältesten Nagern hochgradig spezialisiert. Die Zahnformel schwankt zwischen $\frac{2.0.3.3}{1.0.3.2}$ und $\frac{1.0.2}{1.0.2}$. Die Caninen sind gänzlich verschwunden und die Backenzähne trennt eine weite Lücke von den Incisiven, von welchen in der Regel auch nur je einer in jedem Kiefer und zwar der ursprüngliche J^2 vorhanden ist. Nur bei den *Duplicidentata* steht hinter dem großen J^2 noch ein kleiner J^3. Die *J*, hier wegen ihrer Funktion Nagezähne genannt, wachsen in dem gleichen Maße weiter, als ihre Krone durch Abkauung abgenutzt wird. Die Backenzähne sind niemals vollzählig vorhanden, die *P* können ganz fehlen und von den *M* der letzte verkümmern. Abgesehen vom vordersten *P* haben alle Backenzähne übereinstimmenden Bau. Sie sind bald kurz, brachyodont und bewurzelt, bald hoch, hypselodont, prismatisch und unten offen und selbst im Alter wurzellos. Die ersteren haben bunodonte oder lophodonte Kronen, die letzteren bestehen aus Prismen oder Zylindern, die auf ihrer Kaufläche häufig Schmelzinseln — die Überreste früherer Quertäler — tragen oder aus komprimierten Lamellen. Ursprünglich bestanden die oberen Backenzähne aus drei oder vier und die unteren aus vier Höckern und dem kammartigen Vorder- und Hinterrand. Dann erfolgte Verbindung der benachbarten Höcker, welche sich zugleich zu Kämmen umgestalteten. Da die Schmelzdecke an den erhabenen Stellen der Krone stets durch die Abkauung entfernt wird, so unterbleibt hier die Schmelzbildung nicht selten sogar beim frischen Zahn. Die Vertiefungen des Zahnes liefern die Schmelzfalten und Schmelzinseln, welche wegen ihrer oft nur geringen Tiefe bei der Abkauung teilweise oder ganz verschwinden.

Der Zahnwechsel beschränkt sich bei den Nagern in der Regel auf die *P*; die *J* werden nur bei den *Duplicidentata* gewechselt. Bei den Nagern mit vier Backenzähnen sind die drei letzten die *M*, der vorderste ein *P*, der aber öfters keinen Vorläufer mehr besitzt. In den meisten Fällen geht ihm jedoch ein Milchzahn, *D*, voraus, welcher bei den geologisch älteren Nagern meist viel komplizierter ist und auch länger funktioniert als bei den jüngeren, wo er sogar, wie bei den *Caviinae*, schon beim Fötus gewechselt wird. An Embryonen von *Sciurus* hat Adloff Anlagen von drei *J* und dem *C* beobachtet.

Die Nager sind gegenwärtig die formenreichste Ordnung der Säugetiere. Man zählt mehr als 900 lebende Arten, von denen ein großer Teil Südamerika bewohnt. Nordamerika und Eurasien haben viele Gattungen miteinander gemein. In Afrika finden sich neben einer Anzahl eigentümlicher Typen auch Vertreter europäischer und asiatischer Familien und Gattungen.

Trotz ihrer Kleinheit und Zerbrechlichkeit ist die Zahl der fossilen Nagerreste nicht unbeträchtlich. In Europa kennt man ziemlich viele Arten und Gattungen aus dem Obereocän und Oligocän, namentlich aus den Phosphoriten von Quercy und aus miocänen Ablagerungen im Dep. Allier, von Mainz und Ulm, sowie von Sansan (Dep. Gers), La Grive St. Alban (Isère), von Steinheim und aus dem Ries bei Nördlingen. In Nordamerika sind Nagerreste etwas seltener und fast nur im Bridger-Eocän, im White River-Oligocän, im John Day- und Loupfork-Miocän vertreten, dagegen hat Südamerika namentlich im Santacruzeno von Patagonien und im jüngeren Tertiär und im Pleistocän von Argentinien eine reiche Nagerfauna aufzuweisen. Reich an Nagerresten sind auch manche pleistocänen Höhlenablagerungen in Europa sowie in Nord- und Südamerika.

Die Systematik der Nager bietet erhebliche Schwierigkeiten, denn so gut auch die beiden Unterordnungen der *Duplicidentata* und *Simplicidentata* gegeneinander abgegrenzt sind, so schwierig ist die Einreihung gewisser Formen in die bisher üblichen drei Hauptgruppen der *Sciuromorpha*, *Myomorpha* und *Hystricomorpha*. Die Aufstellung einer vierten Abteilung, der *Protogomorpha*, ist nur ein Notbehelf, durch welchen ebenso wie durch die von Tullberg vorgenommene Gliederung in die beiden Tribus der *Sciurognathi* und *Hystricognathi* der Zusammenhang zwischen vielen fossilen Formen und ihren lebenden Verwandten verschleiert wird. Am zweckmäßigsten erscheint die von Weber gegebene Systematik, die auch hier mit Ergänzungen beibehalten wird.

1. Unterordnung: **Simplicidentata.**

Stets nur $\frac{1}{1}$ *sehr lange J.* $\frac{2}{1}$ *meist* $\frac{1}{1}$ *P, öfters* $\frac{0}{0}$ *P. Schmelz der J fast stets gelb gefärbt und auf die Vorderseite beschränkt. Obere Zahnreihen näher beisammenstehend als die unteren. Gelenkgrube für den Unterkiefer schmal. Scaphoid und Lunatum meist verwachsen. Fibula nicht am Calcaneum artikulierend.*

1. Familie: **Aplodontoidea** Gill.

$\frac{2}{1}$ *P.* $\frac{3}{3}$ *M. Schädeldach eben. Masseter nicht durch das in der Regel enge Infraorbitalforamen gehend. Ohne Postorbitalfortsatz. Tibia und Fibula frei.*

1. Unterfamilie: **Aplodontiinae** Thomas.

Backenzähne in der Regel brachyodont. An Stelle der Höcker unregelmäßig verlaufende Kämme.

Sciurodon Schlosser. Phosphorite von Quercy.

**Meniscomys* Cope (*Allomys* Marsh). Untermiocän. John Day bed. Oregon.

Mylagaulodon Sinclair. Untermiocän. Montana.

Haplodon Rafin., hypselodont. Lebend und im Pleistocän von Nordamerika. *Aplodontia* Richards. Pliocän Nevada.

2. Unterfamilie: **Ischyromyinae** Alston[1]).

Backenzähne brachyodont. Eocän und Oligocän von Nordamerika.

**Ischyromys* Leidy. (Fig. 630.) Beide Höckerpaare der oberen *M* opponiert, an den unteren alternierend. Oligocän. White Riverbed.

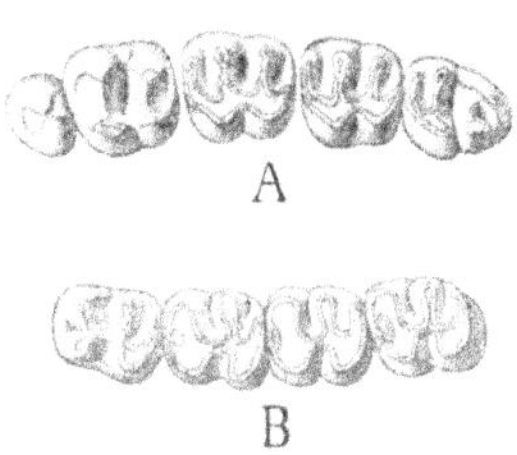

Fig. 630.
Ischyromys typus Leidy. Oligocän. White Riverbed. *A* obere, *B* untere Zahnreihe. $^{3}/_{1}$ nat. Gr.

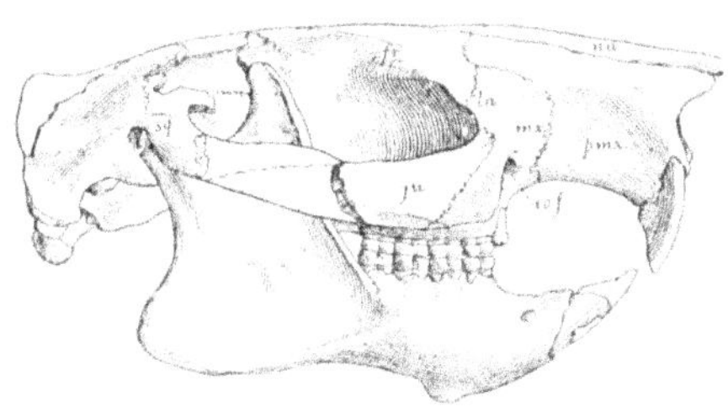

Fig. 631.
Paramys delicatus Leidy. Mitteleocän. Bridgerbed. Wyoming. Schädel und Unterkiefer. ½ nat. Gr. (Nach Matthew.)

Mysops Leidy (*Tillomys* Marsh). Eocän. Bridgerbed.

Titanotheriomys Matthew. Oligocän. Withe Riverbed.

**Paramys* Leidy (*Pseudotomus* Cope). (Fig. 631.) Obere *M* trituberkulär, zweites Höckerpaar der unteren *M* den Hinterrand des Zahnes bildend, denen von *Sciurus* ähnlich. Zahlreiche Arten im Eocän von Nordamerika. Auch im Untereocän von Frankreich.

**Plesiarctomys* Bravard. Eocän. Débruge.

Sciuravus Marsh. Obere *M* vierhöckerig. Eocän von Nordamerika.

2. Familie: **Sciuroidea.**

$\frac{2}{1}$ *P.* $\frac{3}{3}$ *M. Schädel gewölbt. Infraorbitalkanal eng. Vorderer Ast des Masseter an der Vorderseite des Jochbogens angeheftet. Postorbitalfortsatz vorhanden. Tibia und Fibula frei.*

[1]) *Troxell E. L.*, Oligocene Rodents of the Genus Ischyromys. Amer. Journ. of Sc. and Arts. 1922.

Unterfamilie: **Sciurinae.**

Backenzähne brachyodont, bunodont oder lophodont. Letztes Höckerpaar den Hinterrand der unteren Backenzähne bildend. Obere M und P^4 trituberkulär. Die Sciuriden gehen auf *Paramys* zurück und sind fast über die ganze Erde verbreitet.

**Plesiospermophilus* Filhol. Phosphorite von Quercy.

Spermophilus Cuvier. Ziesel. Lebend auf der nördlichen Hemisphäre. Fossil im Pleistocän.

Prosciurus Matthew. White River-Oligocän und John Day-Miocän. Übergang von *Paramys* zu *Sciurus*.

Palaearctomys Douglass. Miocän, Montana.

**Arctomys* Gmelin. Murmeltier. Fossil im europäischen Pleistocän, und zwar sowohl *A. marmotta*, als auch *bobac*, in Nordamerika *A. monax*.

Cynomys Rafinesque. Nordamerika. Fossil vom Obermiocän an.

**Sciurus* Linn. Eichhörnchen. Fossil in Europa und Nordamerika im Miocän und Pleistocän.

Tamias Illiger. Lebend und im Pleistocän von Nordamerika.

Sciuropterus Cuvier. Flughörnchen. Obermiocän Oppeln, Günzburg, Göriach. Lebend in Asien und im Norden von Europa und Nordamerika.

Pteromys Cuvier, lophodont. Lebend in Südasien.

3. Familie: **Castoroidea.**

$\frac{1}{1}$ *P.* $\frac{3-2}{3-2}$ *M. Schädeldach eben, meist ohne Postorbitalfortsatz. Infraorbitalforamen eng. Backenzähne schmelzfaltig, ohne Höcker, mehr oder weniger hypselodont.*

1. Unterfamilie: **Castorinae.** Biber.

Schädel niedrig. $\frac{3}{3}$ *M. Backenzähne mehr oder weniger hypselodont. Obere meist mit drei Außen- und einer Innenfalte, untere mit drei Innen- und einer Außenfalte. Falten senkrecht oder quergestellt zur Zahnreihe. Tibia und Fibula distal verwachsen.* Lebend in Europa und Nordamerika, hier auch fossil vom Oligocän an, in Europa erst vom Miocän an.

**Steneofiber* Geoffroy (*Chalicomys, Chelodus* Kaup, *Palaeocastor* Leidy) (Fig. 632). Zahlreiche Arten im Untermiocän von Nordamerika. Häufig im europäischen Miocän, selten im Pliocän. Die amerikanischen Arten haben einen breiteren Schädel. Ihre unterirdischen Baue wurden als Daemonelix beschrieben.

**Castor* Lin., Biber. (Fig. 633). Zähne stark hypselodont. Lebend. Fossil in Europa vom Pliocän, in Nordamerika vom Pleistocän an.

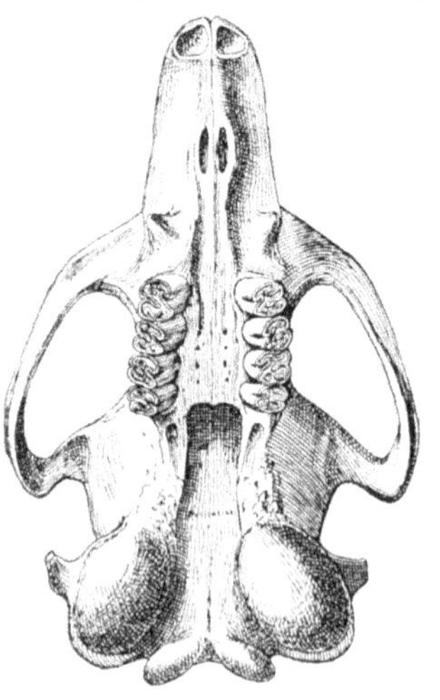

Fig. 632.
Steneofiber Eseri H. v. Meyer (= *St. Viciacensis* Gervais). Unt. Miocän. St. Gérand-le-Puy. Allier. Schädel von unten. ¾ nat. Gr. (Nach Filhol.)

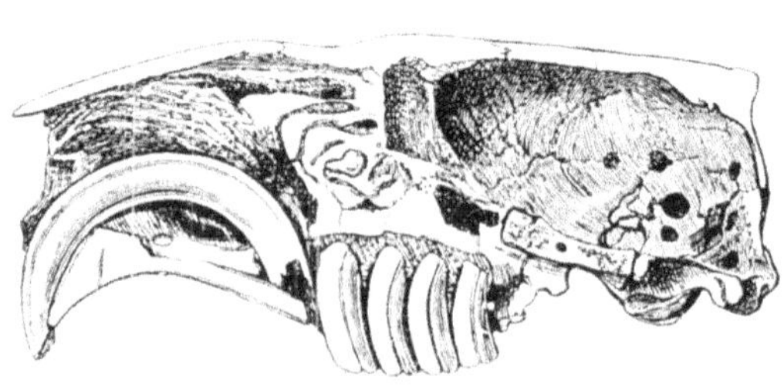

Fig. 633.
Vertikallängsschnitt durch einen Biberschädel (*Castor fiber* Lin.), um die Einpflanzung des Schneidezahns und der Backenzähne zu zeigen. (Nach Flower.)

**Trogontherium* Fischer. Älteres Pleistocän von Europa.

**Castoroides* Forster. Von Bärengröße. An den unteren $P—M_2$ zwei schräge, an den oberen $P—M_2$ zwei senkrecht zur Längsachse verlaufende Schmelzfurchen, M_3 in beiden Kiefern mit drei Furchen. Pleistocän von Nordamerika.

Amblycastor Matthew. Kiefer kurz und plump, *M* bald ausfallend. Pliocän. Nebraska.

Euhapsis Matthew und *Eucastor* Leidy (*Sigmogomphius* Merriam), Miocän von Nordamerika und *Dipoides* Jäger, im Pliocän von Europa, China und im Miocän von Nordamerika. Zeichnen sich durch geringe Faltenzahl aus.

Eutypomys Matthew hat zwei obere *P*. Backenzähne mit vielen kleinen Schmelzinseln. Oligocän, White Riverbed.

2. Unterfamilie: **Mylagaulinae.**

Schädel stark verbreitert, mit Postorbitalfortsatz. Kiefer kurz und plump. $\frac{3}{3}$ *Backenzähne, hoch, mit zahlreichen, parallel zum Kiefer gerichteten Schmelzinseln. Extremitäten plump, zum Graben geeignet. Tibia und Fibula frei.* Im Miocän und Unterpliocän von Nordamerika. Nach Riggs Nachkommen von *Meniscomys.*

**Mylagaulus* Cope, *Mesogaulus* Riggs, *Ceratogaulus* Matthew, *Epigaulus* Gidley.

4. Familie: **Geomyoidea.**

$\frac{1}{1}$ *P.* $\frac{3}{3}$ *M. Schädel meist mit engem Infraorbitalforamen, ohne Postorbitalfortsatz, mit großen Bullae osseae. Backenzähne meist hypselodont, mit einer den Zahn halbierenden Falte. Tibia mit Fibula verwachsen.* Nur in Nordamerika.

1. Unterfamilie: **Protoptychinae.**

Infraorbitalkanal weit. Zähne bewurzelt.

Protoptychus Scott. Obereocän, Uintabed.

2. Unterfamilie: **Geomyinae.**

Infraorbitalforamen eng. Backenzähne wurzellos, mit Außen- und Innenfalte oder nur mit einer Querfalte.

Entoptychus und *Pleurolicus* Cope. Untermiocän, Oregon. Ersterer auch im Pliocän von Nevada.

Geomys Raf. Mit nur je $\frac{2}{2}$ *M.* Miocän, Pleistocän und lebend in Nordamerika.

Thomomys Wied. Miocän, Pliocän, Pleistocän und lebend in Nordamerika.

5. Familie: **Anomaluroidea.**

$\frac{1}{1}$*P.* $\frac{3}{3}$*M. Backenzähne brachyodont, bunodont oder lophodont. Infraorbitalforamen weit. Tibia und Fibula frei.* Die lebende, auf Afrika beschränkte Familie der *Anomalurinae* ist fossil nicht bekannt. Die hier angeschlossenen fossilen Formen haben vielleicht nur zufällige Ähnlichkeit mit den Anomalurinen.

1. Unterfamilie: **Pseudosciurinae.**

Backenzähne bunodont. Höcker paarig gruppiert. D kleiner als P.

**Sciuroides* F. Major. Höckerpaare aller Backenzähne jochartig miteinander verbunden. Obere *M* mit undeutlichen Zwischenhöckern. Eocän und Oligocän. Schweizer und Schwäbische Bohnerze und Phosphorite von Quercy.

**Pseudosciurus* Hensel. (Fig. 634.) Höcker isoliert. Obere *M* mit deutlichen Zwischenhöckern. Bohnerze von Württemberg.

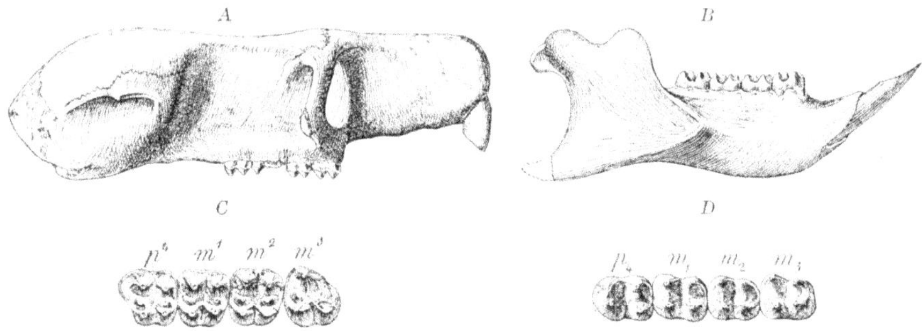

Fig. 634.
Pseudosciurus suevicus Hensel. Oligocän (Bohnerz). Eselsberg bei Ulm. *A* Schädel, *B* Unterkiefer von außen, nat. Gr., *C* obere, *D* untere Backenzähne vergr.

2. Unterfamilie: **Theridomyinae.**

Backenzähne lophodont. Höcker nur bei den ältesten Arten kenntlich, später Kaufläche eben, mit 3 bis 4 Außenfalten und einer Innenfalte an den oberen und 3 bis 4 Innenfalten und einer oder 2 Außenfalten an den unteren Zähnen. D meist komplizierter als P. Tibia und Fibula frei. Im Eocän, Oligocän und Untermiocän von Europa.

Diese Familie hat mit der vorigen den Ursprung gemein und ist der Anfang gewisser *Hystricoidea* — *Capromyinae*, *Erethizontinae*, *Octodontinae*, *Chinchillinae* und *Echinomyinae*.

**Theridomys* Jourdan. (Fig. 635.) *P* stets größer als *M*. Eocän. Débruge, Vaucluse. Schwäbische und Schweizer Bohnerze. Oligocän. Phosphorite und Ronzon.

**Trechomys* Lartet. *P* meist viel kleiner als *M*. *D* einfach. Eocän. Paris. Phosphorite von Quercy.

Phiomys Osborn. Mittlerer Querkamm kurz. Oligocän. Ägypten.

Paraphiomys Andrews. Untermiocän. Britisch-Ostafrika.

**Protechimys* Schlosser. Falten schräg. Backenzähne durch Vereinigung von Außen- und Innenfalte gespalten. Zahnkronen etwas erhöht. Phosphorite von Quercy.

**Archaeomys* Laiz. et Parieu. Ähnlich. Zahnkronen ziemlich hoch. Oligocän. Dep. Allier.

Rhodanomys Depéret. Klein. Untermiocän von Savoyen und Ulm.

? *Cylindrodon* Douglass. Ebenfalls klein. White River. Oligocän. Nordamerika.

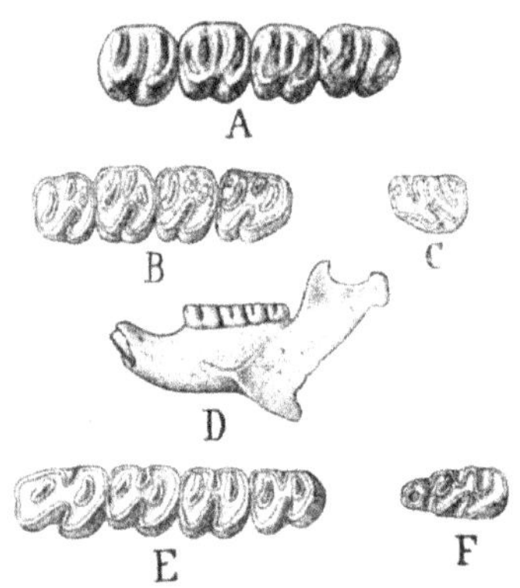

Fig. 635.
A *Theridomys Vaillanti* Gerv. Obereocän. Débruge. Obere *P* und *M*. 4/1 nat. Gr.
B *Theridomys gregarius* Schlosser. Oligocän. Phosphorite von Quercy. Obere *P* und *M*. 4/1 nat. Gr.
C oberer Milchzahn. 4/1 nat. Gr.
D Unterkiefer nat. Gr.
E untere *P* und *M*. 4/1 nat. Gr.
F unterer Milchzahn. 4/1 nat. Gr.

6. Familie: **Myoxoidea.** Siebenschläfer.

$\frac{1-0}{1-0}$ *P.* $\frac{3}{3}$ *M. Backenzähne stets brachyodont, mit parallelen oder konvergierenden Schmelzleisten. Infraorbitalkanal weit und hoch gelegen. Tibia und Fibula verwachsen.* Lebend im paläarktischen und äthiopischen Gebiet.

Von den mit vier Backenzähnen versehenen Gattungen haben fast alle schon im europäischen Tertiär Vertreter.

**Myoxus* Schreber. (Fig. 636*A*.) Vielleicht schon im Eocän (Phosphorite, Pariser Gips?), sicher im Miocän.

Eliomys Wagner. (Fig. 636*B*.) Im Miocän und *Muscardinus* Wagner. Fossil im Pleistocän.

Leithia Adams. Pleistocän von Malta.

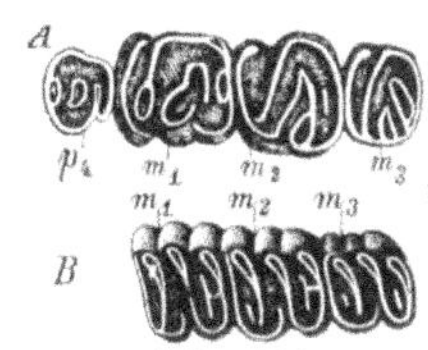

Fig. 636.
A Myoxus sansaniensis Lartet. Obermiocän. Ries. Obere Backenzähne. $^{4}/_{1}$ nat. Gr.
B Eliomys hamadryas F. Major. Obermiocän. Steinheim. Unt. Backenzähne. $^{4}/_{1}$ nat. Gr.

7. Familie: **Dipodoidea.** Springmäuse.

$\frac{1}{1}, \frac{1}{0}$ *oder* $\frac{0}{0} P \frac{3}{3} M$. *Backenzähne brachyodont, meist bewurzelt, mit alternierenden Höckern. Infraorbitalkanal weit, gerundet. Fibula und Tibia verschmolzen. Hinterextremität verlängert, Metatarsalia öfters verschmolzen.*

Die Springmäuse bewohnen gegenwärtig die Wüsten und Steppen der nördlichen Hemisphäre. Die fossilen Überreste gehören lebenden Gattungen und Arten an und sind nur aus dem europäischen Pleistocän bekannt.

Die *Zapodinae* haben fünf freie Metatarsalia. *Sminthus* Keys. Auch fossil in Europa.

Bei den *Dipodinae* sind die drei mittleren Metatarsalia stark verlängert und miteinander der ganzen Länge nach verwachsen.

**Alactaga* Cuvier. Dreizehiger Hinterfuß. Pleistocän von Europa.

Dipus Gmelin. Fünfzehiger Hinterfuß.

Sciuromys Schlosser. $\frac{1}{1} P \frac{3}{3} M$. Zähne ähnlich wie bei *Alactaga*. Phosphorite von Quercy. Systematische Stellung unsicher.

Neosciuromys v. Stromer. Miocän. Südwestafrika.

8. Familie: **Myoidea.** (*Myomorpha.*)

$(? \frac{1}{1} P) \frac{3-2}{3-2} M$. *Infraorbitalloch weit. Jochbogen klein. Backenzähne brachyodont, bunodont oder lophodont, oft auch prismatisch. Erster M in der Regel größer und komplizierter als* M_2 *und* M_3. *Unterkiefer mit hohem Kronfortsatz. Eckfortsatz am Unterrand der Alveole entspringend. Fibula mit der Tibia verwachsen.*

Die *Myoidea* haben fast immer nur geringe Körpergröße und sind jetzt über die ganze Erde verbreitet.

1. Unterfamilie: **Eomyinae.**

$\frac{1}{1} P \frac{3}{3} M$. *Backenzähne brachyodont, mit je zwei opponierten Höckerpaaren, erhabenem Vorder- und Hinterrand und mit Kamm in Mitte des Zahnes.* Oligocän von Europa und Nordamerika.

Diese durchwegs sehr kleinen Nager werden von Winge zu den *Dipoidea* und von Scott zu den *Geomyidae* gestellt. Die Zusammensetzung der Zähne wie bei *Cricetodon* macht es wahrscheinlich, daß sie wenigstens teilweise als primitive *Murinae* zu betrachten sind.

**Eomys* Schlosser. Phosphorite von Quercy.

**Gymnoptychus* Leidy. Oligocän. White Riverbed.

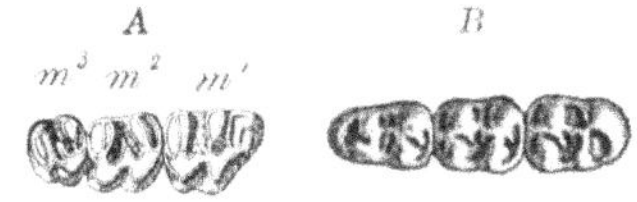

Fig. 637.
Cricetodon cadurcensis Schlosser. Phosphorite. Mouillac, Tarn-et Garonne.
A obere Backenzähne, stark abgekaut. $^{4}/_{1}$ nat. Gr. (Nach Schlosser.)
B untere Backenzähne. $^{4}/_{1}$ nat. Gr.

2. Unterfamilie: **Cricetinae.** Hamster.

$\frac{3}{3}$ *Backenzähne, bundodont, bewurzelt, mit vier paarig angeordneten Höckern.* M_1 *mit 5 oder 6 Höckern.*

Die *Cricetinae* bewohnen die nördliche Halbkugel.

**Cricetodon* Lartet. (Fig. 637.) M_1 fünfhöckerig. Eocän. Bohnerze. Oligocän. Phosphorite, Ronzon. Unter- und Obermiocän von Europa.

Melisiodon Schaub. Höcker der *M* unregelmäßig gruppiert. Oligocän. Quercy. Mainz.

**Eumys* Leidy. Oligocän. White Riverbed.

**Cricetus* Pallas. M_1 sechshöckerig. Lebend und fossil im Pleistocän. Europa. Pliocän von Roussillon.

3. Unterfamilie: **Hesperomyinae.**

$\frac{3}{3}$ *M. Im Zahnbau ähnlich den Cricetinen.* Lebend in Nord- und Südamerika.

**Hesperomys* Waterhouse. (Fig. 638.) Lebend im Pliocän und Pleistocän von Südamerika.

Neotoma Say. Lebend und im Pleistocän von Nordamerika.

Paciculus Cope und *Peromyscus* Gloger. Im Untermiocän von Oregon. Letzterer auch im Pliocän. Nevada.

Fig. 638.
Hesperomys molitor Winge. Höhle von Escrivania. Brasilien. Schädel von unten und oben in nat. Gr. (Nach Winge.)

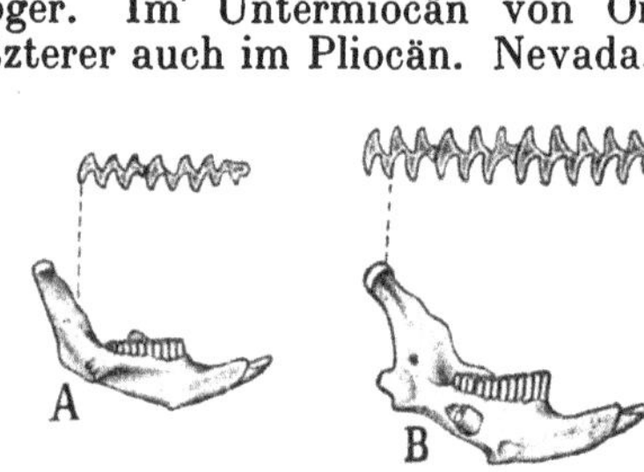

Fig. 639.
A Arvicola arvalis Blasius. *B Cuniculus torquatus* Pallas sp. Pleistocän. Velburg. Unterkiefer von innen und untere Molaren von oben, vergr.

Habrothrix, *Oxymycterus*, *Colomys* etc. Lebend und im Pleistocän von Südamerika.

4. Unterfamilie: **Murinae.** Ratten und Mäuse.

$\frac{3}{3}$ *Backenzähne brachyodont, bewurzelt, obere mit 3, untere mit 2 Höckerreihen.* Die Murinen sind altweltlich, haben sich jedoch über die ganze Erde verbreitet. Fossile Reste finden sich spärlich im europäischen Pliocän und Pleistocän. Auch aus Asien und Australien kennt man fossile Reste; sie gehören den Gattungen *Mus*, *Gerbillus* und *Nesokia* an. In Madagaskar subfossil *Hypogeomys.*

**Mus* Linné. Zuerst fossil im Pliocän von Roussillon, **Acomys* Geoffroy. Fossil im Unterpliocän von Pikermi. Im Miocän von La Grive St. Alban ein *Nesomyine* — *Anomalomys* Gaillard.

5. Unterfamilie: **Arvicolinae.** Wühlmäuse.

$\frac{3}{3}$ *Backenzähne prismatisch, aus zwei Längsreihen von 3 bis 6 kantigen mehr oder weniger deutlichen Prismen bestehend.* Die Wühlmäuse bewohnen Europa und die nördlichen Teile von Asien und Nordamerika.

**Arvicola* Lacépède (*Hypudaeus* Illiger). (Fig. 639*A.*) *J* hinter dem letzten *M* endend. Zahlreiche rezente Arten im Pleistocän von Europa.

**Cuniculus* Wagner (Halsbandlemming). (Fig. 639*B.*) *J* unter dem letzten *M* endend. Lebend im nördlichen Europa. Fossil im Pleistocän.

**Myodes* Pallas (*Lemmus* Linck). Vorkommen wie bei vorigen.

**Microtus* Schrank und *Fiber* Cuvier. Lebend und im Pleistocän von Nordamerika. *Anaptogonia*, *Sycium* Cope. Pleistocän von Nordamerika. *Mimomys* F. Major. Zähne bewurzelt, ziemlich hoch. Pliocän von Norwich. *Ruscinomys* Depéret. Pliocän von Roussillon. *Lophiomys* Depéret ebenda, von unsicherer Stellung.

6. Unterfamilie: **Spalacinae.**

Schädel und Zahnbau dem der Dipodinen ähnlich.

Siphneus Brants. Lebend und fossil im nördlichen Asien. *Rhizomys* Gray. Lebend in Asien, fossil im Pliocän der Siwalik.

**Prospalax* Kormos. Fossil im Pliocän und Pleistocän von Ungarn.

Rhizospallax Miller u. Gidley. *M* rasch nach hinten kleiner werdend. Oligocän. Peublanc (Allier).

9. Familie: **Hystricoidea.** (*Hystricomorpha.*)

Processus angularis von der Seitenwand der Alveolen des Unterkiefers ausgehend. Kronfortsatz niedrig, Kiefer nur vor- und rückwärts beweglich. Schädel flach, ohne Postorbitalfortsatz, mit sehr weitem Infraorbitalkanal. $\frac{1.0.1.3.}{1.0.1.3.}$ *Backenzähne schmelzfaltig, meist prismatisch- hypselodont, selten brachyodont. Fibula frei.*

Die *Hystricoidea* erscheinen zuerst als *Hystricinae*, *Theridomyinae* und *Issiodoromyinae* in Europa. Die *Hystricinae* verbreiten sich später über die östliche Halbkugel, die beiden anderen Unterfamilien wandern nach Südamerika aus und entwickeln sich dort zu *Erethizontinae*, *Capromyinae*, *Chinchillinae*, *Octodontinae* und *Caviinae*. Die *Ctenodactylinae* und *Bathyerginae* sind auf Afrika beschränkt und bis jetzt nicht fossil vertreten.

1. Unterfamilie: **Hystricinae.** Altweltliche Stachelschweine.

Backenzähne bewurzelt, mäßig hypselodont. Kaufläche mit Schmelzfalten und Inseln.

**Hystrix* Lin. Fossil in Europa vom Oligocän bis in das Pleistocän. Im Pliocän und Pleistocän auch in Indien. Eine verwandte Gattung von bedeutender Größe schon im Eocän von Quercy »*Hystrix*» *Lamandini* Filhol.

2. Unterfamilie: **Erethizontinae.** Neuweltliche Stachelschweine.

Backenzähne brachyodont. Nachkommen von *Trechomys* ?

**Eosteiromys* Amegh. Colpodon-Schichten von Patagonien. *Steiromys* Ameghino im Miocän von Santa Cruz.

Coendu Lacép. Lebend in Südamerika. Fossil in Knochenhöhlen Brasiliens.

Erethizon Em. Lebend und im Pleistocän von Nordamerika.

Sciamys und *Acaremys* Amegh. im Miocän von Santa Cruz und *Protacaremys* Amegh. in den Colpodonschichten von Patagonien sind kleinere Formen.

3. Unterfamilie: **Capromyinae.**

Zähne biberähnlich. Meist mittelgroße Formen. Nachkommen von *Theridomys* ?

Morenia, *Discolomys* etc. Ameghino. Pliocän von Argentinien.

Neoreomys Ameghino, im Santacruzeno von Patagonien. Hier auch die Gattungen *Scleromys* und *Lomomys* Ameghino.

Myopotamus Geoffr. Lebend und Pleistocän, Brasilien, Bolivien.

Isolobodon Anthony. Pleistocän. Porto Rico.

4. Unterfamilie: **Octodontinae.**

Die Gruppe der *Ctenodontinae* beginnt im Pliocän von Argentinien — *Dicoelophorus*, *Plataeomys* Ameghino —. *Ctenomys* Blv. erst im Pleistocän von Südamerika. Die Gruppe der *Loncherinae* hat schon Vertreter im älteren Miocän von Patagonien — Colpodon-Schichten — aufzuweisen — *Protadelphomys*, *Prospaniomys*. Im Miocän von Santa Cruz

Stichomys, *Adelphomys*, *Spaniomys* etc. Ameghino. *Loncheres* Illiger, *Echinomys*, *Mesomys* Desm. fossil in brasilianischen Höhlen.

Boromys Miller, verwandt mit *Echimys*. Pleistocän. Cuba.

5. Unterfamilie: **Chinchillinae.**

Meist nur eine, quer über die ganze Kaufläche verlaufende Falte. Diese Familie geht wohl auf die europäische Gattung *Archaeomys* zurück.

Prolagostomus, *Pliolagostomus* Ameghino in Santacruzeno. Vorläufer von *Lagostomus* Brooks, fossil vom Pliocän an und lebend.

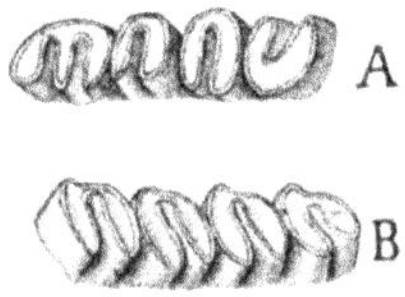

Fig. 640.
Perimys incurvatus Ameghino. Miocän. Colpodon-Schichten. Patagonien. *A* obere, *B* untere Backenzähne. Nat. Gr.

**Perimys* Ameghino (Fig. 640). Colpodon-Schichten und Santacruzeno von Patagonien.

**Scotaeumys*, *Sphodromys* Ameghino. Santacruz.

Megamys Laurillard. Der größte fossile Nager. Pliocän und Pleistocän von Argentinien.

Tetrastylus Ameghino. Pliocän. Argentinien.

Amblyrhiza Cope. Pleicostän. Insel Antigua.

Heptaxodon Anthony. Nur $\frac{2}{2}$ *M*, der erste mit 7, der zweite mit 6 schrägen, parallelen Schmelzleisten. Pleicostän. Porto Rico.

Elasmodontomys Anthony. 4 Backenzähne mit 5—6 Querleisten. Ebenda.

6. Unterfamilie: **Caviinae.**

Backenzähne aus zwei, selten mehr, kantigen Prismen bestehend.

Cephalomys Ameghino. Pyrotherium-Schichten von Patagonien.

Eocardia, *Procardia*, *Schistomys*, *Phanomys* Ameghino im Santacruzeno. Vorläufer von *Cavia*.

Cavia, Pallas. *Dolichotis* Desmarest, *Kerodon* Cuv. lebend und im Pleistocän von Südamerika. Für die pliocänen Vorläufer hat Ameghino zahlreiche Gattungen aufgestellt — *Cardiodon*, *Anchimys* etc.

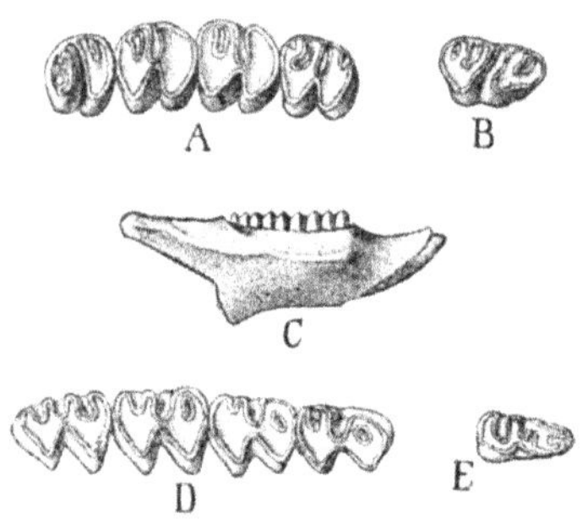

Fig. 641.
Nesokerodon Quercyi Schlosser. Oligocän. Phosphorite von Quercy. *A* ob. *P* und *M*, *B* oberer Milchzahn 4/1 nat. Gr. *C* Unterkiefer nat. Gr. *D* untere *P* und *M*. *E* unterer Milchzahn 4/1 nat. Gr.

**Hydrochoerus* Brisson. (Fig. 629.) Der größte lebende Nager. Fossil im Pleistocän von Süd- und Nordamerika.

Heteropsomys, *Homopsomys* Anthony, mit *Dasyprocta* verwandt. Pleistocän. Porto Rico.

7. Unterfamilie: **Issiodoromyinae.**

Diese Familie vermittelt im Zahn- und Kieferbau den Übergang von den *Theridomyinae* zu den *Caviinae*. *D* kompliziert und funktionierend, *P* und *M* bewurzelt. Der Unterkiefer trägt eine lange, zur Zahnreihe parallele Masseterleise.

Nesokerodon Schlosser (Fig. 641). Zähne frisch noch mit Außen- und Innenfalten und mit Schmelzinseln. Phosphorite von Quercy. Oligocäne Molasse von Losenegg.

Issiodoromys Croïzet, Oligocän. Dep. Allier.

Pomonomys und *Diamantomys* Stromer. Größer als die vorigen. Falten tiefer und breiter. Miocän. Südwestafrika. Der letztere ohne Masseterleiste.

8. Unterfamilie: **Pedetinae.**

Langgeschwänzte Nager mit stark aufgeblähtem Mastoid, kurzer Vorderextremität und prismatischen einfachen Backenzähnen. Miocän und lebend Südafrika.

2. Unterordnung: **Duplicidentata.** (*Lagomorpha.*)

$\frac{2}{1}$ *J, allseitig von weißem Schmelz umgeben, zweiter oberer J — J^3 — klein und hinter den vorderen — J^2 — gestellt. P $\frac{3}{2}$. M $\frac{3-2}{3-2}$. Backenzähne hypselodont, wurzellos, aus je zwei, selten drei kantigen Prismen bestehend. Abstand der beiden oberen Zahnreihen größer als der beiden unteren. Gelenkgrube für den Unterkiefer breit. Carpalia frei. Fibula mit Calcaneum artikulierend.*

Diese meist *Lagomorpha* genannte Gruppe unterscheidet sich von den übrigen Nagern durch den Besitz von zwei oberen Incisiven. Auch sind diese Zähne allseitig mit Schmelz bekleidet, der jedoch hinten und an den Seiten dünner ist als vorne. Der größere der beiden oberen *J* ist mit einer Längsfurche versehen. Die Backenzähne sind wurzellos, unten offen, und die oberen im Querschnitt merklich breiter als lang. Sie bestehen aus Pfeilern, die von vorne nach hinten zusammengedrückt erscheinen und durch Zement miteinander verkittet sind. Die Einbuchtungen zwischen den Pfeilern haben an den unteren Zähnen gleiche Tiefe, an den oberen sind die an der Außenseite viel seichter als die an der Innenseite. Der vorderste obere *P* und der letzte untere *M* bestehen manchmal nur aus je einem Pfeiler, zuweilen hat der letzte untere *M* jedoch drei Pfeiler. Der vorderste untere und die beiden vordersten oberen *P* zeigen häufig einen von den *M* stark abweichenden Bau. Manchmal kann man auf der Krone noch Schmelzinseln und Kämme unterscheiden, als Andeutung des ursprünglich bunodonten und lophodonten Zahnbaus. Den *P* gehen niedrige, bewurzelte *D* voraus, welche ausfallen, sobald der letzte *M* in Funktion tritt. Im Milchgebiß sind oben drei *JD* vorhanden.

1. Familie: **Leporidae.** Hasen.

$\frac{3}{2}$ *P.* $\frac{3}{3}$ *M. P^2 stiftförmig, die übrigen P den M gleichend. Schädel seitlich zusammengedrückt, Clavicula unvollständig. Hinterbeine und Ohren lang, Schwanz kurz.*

**Palaeolagus* Leidy. Oligocän White River, Untermiocän John Day. Oregon.

Panolax Cope. Miocän Nordamerika.

**Lepus* Linn. In Nordamerika vom John Day-Miocän, in Europa und Asien erst vom Unterpliocän (Pikermi, Schwaben, Beßarabien) bis in die Gegenwart.

2. Familie: **Ochotonidae** (*Lagomyidae*). Pfeifhasen.

$\frac{3-2}{2}$ *P,* $\frac{2-3}{2-3}$ *M. Nur $P_4 = M$. Schädel niedergedrückt. Clavicula vollständig. Hinterbeine und Ohren kurz. Schwanz fehlt.*

In Europa vom Oberoligocän bis in die Gegenwart. Lebend im östlichen Teil von Europa, in Asien und Nordamerika, fossil im Tertiär und Pleistocän.

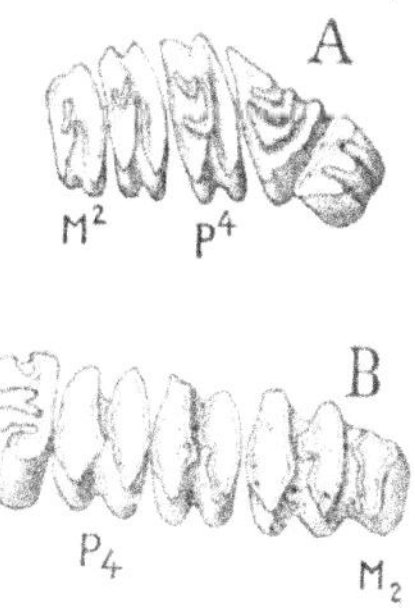

Fig. 642. *Prolagus oeningensis* König. Obermiocän. La Grive St. Alban. *A* obere, *B* untere Backenzähne. $^4/_1$ nat. Gr. (Nach Forsyth Major.)

**Prolagus* Pomel (*Myolagus* Hensel) (Fig. 642). $\frac{3.2}{2.2}$. Miocän bis Pleistocän von Europa.

**Titanomys* v. Meyer $\frac{3.2}{2.2-3}$. Oberoligocän und Untermiocän. *T. visenoviensis* v. Meyer, Obermiocän *Fontannesi* Depéret.

Lagopsis Schlosser. $\frac{3.2}{2.3}$. Miocän.

Proochotona Khomenko. Pliocän Beßarabien.

**Ochotona* Linck (*Lagomys* Cuv.). Lebend auf der nördlichen Hemisphäre, fossil im Pliocän und Pleistocän von Europa.

Zeitliche Verbreitung der Nager.

Die älteste wichtige Nagergattung ist *Paramys* aus dem Untereocän von Nordamerika und Europa — Reims —, ein *Ischyromyine*. Zu ihr gesellt sich im Obereocän der Vorläufer der auch jetzt noch in Nordamerika lebenden *Geomyinen* — *Protoptychus*. Aus *Paramys* haben sich wohl die *Sciurinen* entwickelt, welche in Nordamerika vom Oligocän an vorkommen, in Europa jedoch schon im Eocän gelebt zu haben scheinen. Im White-River-Oligocän, wo auch bereits *Leporidae*, *Castorinae* und *Cricetinae* erscheinen, verdient *Ischyromys* besondere Erwähnung. Die *Castorinae* entsenden frühzeitig Repräsentanten nach Europa, während die letztgenannte Familie offenbar altweltlichen Ursprungs ist und die *Leporidae* erst im Pliocän über Asien nach Europa gelangen. Die gegenwärtige Nagerfauna Nordamerikas ist im wesentlichen die nämliche wie die von Eurasien. Zu den Nachkommen der schon im Tertiär einheimischen Familien gesellten sich im Pleistocän die aus Europa stammenden *Arvicolinae* und *Ochotonidae* und die aus Südamerika eingewanderten *Erethizontinae*.

In Europa entfalten die Nager schon im Eocän und noch mehr im älteren Oligocän einen nicht unbeträchtlichen Formenreichtum. Außer *Sciurinae* finden wir die *Pseudosciurinae*, die mit ihnen ursprünglich verwandten *Theridomyinae*, ferner *Issiodoromyinae*, *Hystricinae* und *Myoxinae*, sowie *Cricetinae*, welch letztere Familie im Oligocän Vertreter nach Nordamerika ausschickt, aus welchen die *Hesperomyinae* entstehen, wofür *Castorinae* in Europa einwandern. Sehr bald treffen wir in Europa auch *Ochotonidae*, deren Herkunft bis jetzt freilich noch in Dunkel gehüllt ist. Alle genannten Familien erhalten sich hier mit Ausnahme der bald erlöschenden *Pseudosciurinae* und der *Theridomyinae* während des ganzen Tertiärs und ergreifen zum Teil auch Besitz von Asien und Afrika. Die im allgemeinen ziemlich spärlich vertretenen *Cricetinae* entwickeln sich in Europa zu *Murinae* und *Arvicolinae*, von welchen die ersteren sich allmählich über die ganze Erde verbreiten, während die letzteren hauptsächlich die nördlichen Teile von Nordamerika und Eurasien besiedeln. Hervorragende stammesgeschichtliche Bedeutung kommt den *Theridomyinae* zu. Vom Untermiocän an verschwinden sie zwar sämtlich aus Europa, sie erreichen aber bald darauf in Südamerika ihre Blüteperiode, denn sie erweisen sich nicht nur als die Stammeltern der *Erethizontinae* und *Capromyinae*, sondern auch der *Octodontinae* und *Chinchillinae*, und durch die wohl ebenfalls aus *Theridomyinae* entstandenen *Issiodoromyinae* sogar als die Ahnen der *Caviinae*. Nahezu unverändert blieben jedoch die im Oligocän nach Afrika ausgewanderten Vertreter dieser beiden europäischen Unterfamilien. Neben ihnen erscheint im Miocän von Südwestafrika auch ein *Pedetine*. In Patagonien treffen wir zuerst in den Pyrotheriumschichten einen *Caviinen*, in den Colpodonschichten treten auch *Erethizontinae* und *Octodontinae* auf, und im Obermiocän von Santa Cruz entwickeln sich aus ihnen zahlreiche Gattungen und Arten, so daß diese Nagerfauna an Mannigfaltigkeit nur wenig zurücksteht hinter jener, welche wir in Südamerika im jüngsten Tertiär, im Pleistocän und in der Gegenwart antreffen. Die heutige Nagerfauna Südamerikas unterscheidet sich von jener des

Santacruzeno eigentlich bloß durch die Anwesenheit von *Leporidae* und *Hesperomyinae*. Im Gegensatz zu den *Hystricoidea*, welche nur aus Europa gekommen sein können, sind diese beiden Familien von Nordamerika her eingewandert, wofür aber *Erethizontinae* von Südamerika nach Nordamerika vordrangen, während *Capromyinen*, *Octodontinen*, *Chinchillinen* und *Caviinen* nur in das Gebiet der heutigen Antillen gelangten.

7. Ordnung: **Ungulata.** Huftiere[1]).

Die Huftiere zeichnen sich dadurch aus, daß ihr Gebiß für pflanzliche, selten für gemischte Kost eingerichtet ist und die Extremitäten ausschließlich zur Bewegung auf dem Boden dienen. Die Zehenendglieder sind daher meist breit, abgeplattet, seltener kantig oder gekrümmt und mit hornigen Hufen umgeben.

Der primitive Huftierfuß war nach Cope fünfzehig, plantigrad, dem der Raubtiere ähnlich, die ganze Extremität kurz und gedrungen. Die Entwicklung von Hand und Fuß vollzog sich in verschiedenen Etappen und zwar:

1. durch Umwandlung des plantigraden Fußes mittels steilerer Stellung der Metapodien in den semiplantigraden Fuß, wobei die Endphalangen und die hinten durch ein Muskelpolster gestützten und verstärkten Metapodien den Körper tragen. Aus dem semiplantigraden Fuß entwickelt sich einerseits der unguligrade Fuß, in welchem die Metapodien sich ganz vom Boden entfernen und fast senkrecht aufrichten, so daß nur die Endphalangen die Körperlast tragen, und anderseits der bei den Huftieren ziemlich seltene digitigrade Fuß — Cameliden —, bei dem zwar die Metapodien sich frei erheben, die durch ein Muskelpolster verstärkten Phalangen aber sämtlich noch auf dem Boden ruhen,
2. durch Streckung der Metapodien,
3. durch Ausdehnung und Verstärkung einzelner Metapodien und Zehen auf Kosten der benachbarten, womit gleichzeitig Reduktion oder Schwund der seitlichen Metapodien und manchmal auch von Carpalien und Tarsalien verbunden ist,
4. durch seitliche Verschiebung und festere Verkeilung der ursprünglich in parallele Reihen — serial — angeordneten Carpalien, Tarsalien und Metapodien,
5. durch Verschmelzung von ursprünglich getrennten Carpalien, Tarsalien und Metapodien.

Neben dem Bau der Extremitäten liefert das Gebiß die besten Anhaltspunkte für die Systematik der Huftiere. Die primitiven Ungulaten hatten ein vollständiges Gebiß mit $\frac{3 \cdot 1 \cdot 4 \cdot 3}{3 \cdot 1 \cdot 4 \cdot 3}$, in welchem die Zähne, mit Ausnahme etwa der vorderen *P*, dicht aneinander schlossen.

[1]) *Cope E. D.*, The Classification of the Ungulate Mammalia. Proceed. Amer. Philos. Soc. 1882. — *Gregory W. K.*, The Orders of Mammals. Bull. Amer. Mus. Nat. Hist. New York 1910. — *Kowalevsky W.*, Monographie der Gattung Anthracotherium. Palaeontographica 1874. XXII. — *Osborn H. F.*, Evolution of Mammalian Molar Teeth. New York 1907. The evolution of the Ungulate foot. Trans. Amer. Philos. Soc. 1889. XVI. — *Rütimeyer L.*, Beiträge zur vergleichenden Odontographie der Huftiere. Verh. d. naturf. Ges. Basel 1863. — *Schlosser M.*, Beiträge zur Stammesgeschichte der Huftiere. Morpholog. Jahrb. 1886. XII.

Durch Verlängerung der Kiefer bildeten sich größere Lücken zwischen den *C* und den *J* sowie zwischen den *P*. Die Schneidezähne sind stets einwurzelig und ursprünglich wie bei den Fleischfressern konisch, werden aber durch Differenzierung meißel- oder schaufelförmig, zuweilen sogar stoßzahnartig. Ihre Zahl kann Reduktion erfahren, ja es kann sogar vollständiger Verlust der *J*, wenigstens der oberen, stattfinden. Die Eckzähne, welche ursprünglich den *C* der Fleischfresser ähnlich waren, werden entweder zu kantigen Hauern, oder sie verkümmern oder es gehen zwar die oberen vollständig verloren, die unteren hingegen nehmen die Gestalt und Funktion eines vierten *J* an — »Ruminantia«. Die oberen Molaren bleiben nur selten auf der trituberkulären Stufe stehen und besitzen auch hier schon oft Zwischenhöcker. Aus dem hinteren — Metaconulus — oder auch aus einem Basalhöcker entwickelt sich ein zweiter großer Innenhöcker — Hypocon. Verbinden sich die Höcker untereinander durch Joche oder Halbmonde, so werden die ursprünglich bunodonten Zähne lophodont oder selenodont. Weitere Differenzierungen ergeben sich aus der Verstärkung der Basis durch Basalwülstchen oder Pfeiler, durch Fältelung des Schmelzes, durch Entwicklung von Zement etc. Die unteren Molaren lassen sich insgesamt vom Tuberkulär-sektorial-Zahn ableiten, aus einem Zahn mit hohem dreispitzigen Trigonid und einem niedrigen, wohl ebenfalls dreispitzigen Talonid. Durch Verlust der Vorderspitze — Paraconid — und Erhöhung und Vergrößerung des Talonids entstehen vierhöckerige Zähne, die sich von den oberen hauptsächlich durch geringere Breite unterscheiden und wie jene lophodont oder selenodont werden können. Der letzte untere *M* besitzt häufig einen unpaaren großen Hinterhöcker oder ein bogenförmiges Joch — dritten Lobus —. Die Praemolaren bleiben bei allen primitiven Ungulaten einfacher als die Molaren. Homöodontie wird nur bei vorgeschritteneren Formen erreicht. Reduktion der Backenzähne beginnt stets beim vordersten *P* und erstreckt sich höchstens auf zwei oder drei *P*.

Ursprünglich waren die Backenzähne der Huftiere niedrig — brachyodont — und die unteren zwei-, die oberen dreiwurzelig. Durch Teilung der beiden Wurzeln der unteren und der breiten Innenwurzel der oberen *M* entstehen vierwurzelige Zähne. Häufig erfolgt bei reinen Planzenfressern Erhöhung der Zahnkrone und schließlich werden ihre Backenzähne hypselodont oder sogar prismatische Säulenzähne, die lange Zeit von unten in dem Maße nachwachsen, als sie oben durch Abkauung erniedrigt werden, und erst im späten Alter Wurzeln ansetzen.

Das Milchgebiß besteht normal aus Schneide-, Eck- und Backenzähnen. Die *JD* und *CD* unterscheiden sich nur durch ihre Schwachheit von den *J* und *C*, dagegen bieten die *PD* mancherlei charakteristische und systematisch wichtige Eigentümlichkeiten. Ihre normale Zahl 4 kann auf 3 herabsinken, aber umgekehrt auch unverändert bleiben bei Anwesenheit von nur 3 *P*. Der hinterste *D* hat stets die Zusammensetzung eines *M*, im Unterkiefer der Artiodactylen besitzt D_4 sogar ein drittes, allerdings kleines Höckerpaar, während bei den Perissodactylen der untere D_3 öfters etwas komplizierter ist als die *M*.

Neben dem Gebiß und den Extremitäten liefert auch der Schädel wichtige systematische Anhaltspunkte. Bei den primitivsten Huftieren ist die Hirnhöhle sehr klein, die Hemisphären des Großhirns sind schwach gewunden und lassen das Kleinhirn unbedeckt. Bei den vorgeschritteneren Formen nimmt der Umfang des Großhirns und die Zahl seiner Windungen beträchtlich zu. Der Schädel selbst läßt bei den ältesten Vertretern der einzelnen Huftiergruppen kaum wesentliche Unterschiede erkennen. Er ist niedrig, hat ein flaches Dach und auf dem schmalen Cranium einen kräftigen Scheitelkamm, bei fortschreitender Entwicklung treten jedoch mancherlei Spezialisierungen ein. So können sich die Stirnbeine mit Lufthöhlen füllen, oder es sprossen aus ihnen Geweihe oder Stirnzapfen hervor — *Artiodactyla*. Die in der Regel horizontale Schädelachse erleidet in diesem Falle größere oder geringere Knickung. Auch die Größe und Ausbildung der Nasenbeine und der Augenhöhle verleihen dem Schädel ein charakteristisches Aussehen, das zuweilen noch durch knöcherne Auswüchse auf der Nase verstärkt wird.

Die Huftiere sind gegenwärtig in allen Weltteilen mit Ausnahme von Australien verbreitet. Im Tertiär spielten sie eine kaum minder wichtige Rolle als jetzt.

Als echte Huftiere können nur jene bezeichnet werden, welche von bunodonten Formen abstammen oder doch wenigstens von solchen, welche normale *C* besaßen und außerdem starke Spezialisierungen der Extremitäten aufweisen. In dieser Fassung gliedern sie sich in 5 Unterordnungen: *Condylarthra*, *Litopterna*, *Perissodactyla*, *Artiodactyla* und *Amblypoda*. Bei den letzten ist allerdings der Zusammenhang mit bunodonten Formen etwas zweifelhaft.

1. Unterordnung: **Condylarthra** Cope[1]).

Ausgestorbene plantigrade Huftiere mit fünfzehigen Extremitäten. Astragalus mit verlängertem Hals und konvexer distaler Gelenkfläche, meist mit Foramen. Carpalia in geradlinige Reihen angeordnet. Gebiß vollständig. $\frac{3.1.4.3}{3.1.4.3}$. *M bunodont. Humerus fast stets mit Foramen entepicondyloideum. Femur mit drittem Trochanter.*

Die Condylarthren sind mit Ausnahme von ziemlich spärlichen Resten aus dem ältesten europäischen Eocän auf das älteste Tertiär des westlichen Nordamerika — Puerco-, Torrejon- und Wasatchbed — beschränkt und erweisen sich als die primitivsten Huftiere, aus welchen teils die Perissodactylen, teils die Artiodactylen und wohl auch die südamerikanischen Litopterna hervorgegangen sind. Sie teilen im Schädel- und Skelettbau sowie im Gebiß mancherlei Merkmale mit den Creodontia und haben wohl mit ihnen einen gemeinsamen Ursprung.

Der niedrige, langgestreckte Schädel ist wenig differenziert und vereinigt Merkmale der Creodontia und der ursprünglichen Paar- und Unpaarhufer. Die Orbita ist hinten weit geöffnet, die Profillinie des Schädels fast horizontal, das Cranium mit einer Sagittalcrista versehen, das Gehirn klein und das Kleinhirn hinter den glatten Hemisphären des Großhirns gelegen. Der Processus postglenoideus ist wohlentwickelt, das Gebiß vollständig. Die *J* und *C* stimmen mit jenen der Creodontia und der primitiven Paar-

---

[1]) *Cope E. D.*, The Condylarthra. Amer. Naturalist 1884, p. 790, 892. Trans. Amer. Philos. Soc. 1888 p. 298. — *Matthew W. D.*, Bull. Amer. Museum Nat. Hist. New York 1897 p. 293. — *Matthew* und *Granger*, Ibidem 1915. — *Osborn H. F.* and *Earle*, Ibidem 1895 p. 47. — *Osborn H. F.*, Ibidem 1898 p. 159.

und Unpaarhufer überein. Die *P* sind viel einfacher als die brachyodonten, mehrwurzeligen, trituberkulären oder vierhöckerigen *M*.

Der Zahnwechsel ist vollständig, D_4 gleicht dem M_1. Die oberen *M* haben zwei Außen-, meist einen Innen- und zwei Zwischenhöcker, die unteren *M* vier Haupthöcker und ein oder zwei Nebenhöcker.

Die plantigraden oder semidigitigraden Extremitäten haben vorne und hinten fünf Zehen, wovon die drei inneren stärker entwickelt sind als die beiden äußeren. Ein Schlüsselbein fehlt, der Humerus besitzt fast immer ein Foramen entepicondyloideum und das Femur einen dritten Trochanter, der nur bei den Mioclaeniden fehlen dürfte. Radius und Ulna sowie Tibia und Fibula bleiben getrennt. Die Fibula endet wie bei den Carnivoren frei. Die Carpalia sind beinahe serial angeordnet, auch dürfte öfters noch ein Centrale vorhanden sein. Der Tarsus stimmt im wesentlichen mit dem der Creodontia überein. Die gewölbte Endfläche des Astragalus greift tief in das Naviculare ein und berührt nur seitlich das hohe Cuboid. Die Trochlea besitzt häufig ein Foramen für den Flexor digitorum. Die Endphalangen sind distal abgeplattet, oder wie bei den Creodontia zugespitzt.

Im äußeren Habitus waren die *Condylarthra* omnivoren Raubtieren ähnlicher als Huftieren. Die Beschaffenheit von Hand und Fuß gestattete keine sehr rasche Bewegung. Das Gebiß läßt auf gemischte Kost schließen. Die größten Formen erreichten meist die Dimensionen eines Wolfs, die kleinsten die eines Fuchses oder Marders.

1. Familie: **Mioclaenidae** Osb. und Earle.

Obere M gerundet, dreieckig, viel breiter als lang, meist ohne zweiten Innenhöcker, untere M vierhöckerig, höchstens mit kleinem unpaaren Vorderhöcker. P in der Regel einfach. P^3 *und* P^4 *mit Innenhöcker. Zahnreihe geschlossen. Skelett nicht bekannt.*

Untereocän, Puerco und Torrejonbed von Neu-Mexiko. Sämtliche Arten kaum von Fuchsgröße. Untereocän Reims.

Die Halbmondform der Außenhöcker der unteren *M* spricht für Verwandtschaft mit den Paarhufern. Matthew stellt die *Hyopsodontiden* in die Nähe der *Mioclaeniden*, jedoch haben die letzteren einfachere und gestrecktere *P*. Daß beide eine gemeinsame Stammform besitzen, auf welche auch die *Oxyclaeniden* zurückgehen dürften, ist allerdings sehr wahrscheinlich.

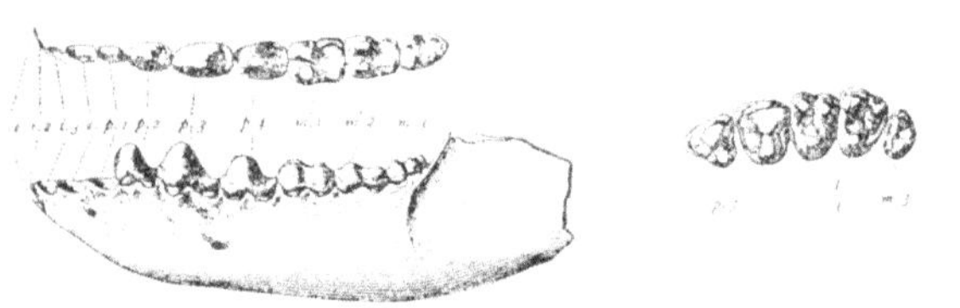

Fig. 643.
Mioclaenus lemuroides Matthew. Unterstes Eocän. Torrejonbed. Neu-Mexiko. Unterkiefer und obere Zahnreihe. P^3-M^3 nat. Gr. (Nach Matthew.)

**Mioclaenus* Cope (Fig. 643). Zahnreihe geschlossen. *P* relativ kurz. Torrejonbed. *M. turgidus*, *acolytus* Cope. Eine Art auch im Fort Unionbed, Montana.

**Protoselene* Matthew. *P* gestreckt. *P.* (*Mioclaenus*) *opisthaca* Cope sp.

Oxyacodon Osborn und Earle. Kurze einfache *P*, untere *M* fünfhöckerig. *O.* (*Anisonchus*) *agapetillus* Cope sp.

?*Coriphagus* Douglass. Fort Unionbed. Montana. Soll nach Douglass ein Insectivor sein.

Tricuspiodon Lemoine (*Conaspidotherium*, *Plesiphenacodus* Lem., *Arctocyonoides* Schloss.). Zähne dicht gedrängt. P_3 und P_4 mit dreispitzigem Trigonid und kleinem Talon. Talonid der unteren *M* etwas niedriger und breiter als das mit Paraconid versehene Trigonid. Obere *M* sehr breit, mit mäßigem Hypocon. M^3 klein, im Umriß elliptisch. Untereocän. Cernay bei Reims. *Tricuspiodon Rütimeyeri* Lemoine.

2. Familie: **Periptychidae** Cope.

Obere M trituberkulär oder quadrituberkulär. Obere und untere P sehr groß, meist einspitzig oder mit niedriger Nebenspitze. Tibiale Gelenkfläche des breiten, kurzen Astragalus gewölbt, in der Mitte vertieft. Naviculare seitlich mit Calcaneum und Cuboid verbunden.

Im Untereocän, Puerco und Torrejonbed von Neu-Mexiko. Nach Matthew schließen sich die Periptychiden im Extremitätenbau an die Amblypoden an. Die *M* der ersteren unterscheiden sich jedoch wesentlich durch ihre Bunodontie.

**Periptychus* Cope (*Eohyus* Marsh). Mit stark differenzierten, großen *P* und quadratischen oberen *M*. Etwa Größe von Schaf. *P. rhabdodon* Cope.

Ectoconus Cope. Ebenfalls groß, mit vielhöckerigen *M*.

Haploconus, *Hemithlaeus*, *Anisonchus (Zetodon)* Cope. *Conacodon* Matthew. Alle klein, obere *M* viel breiter als lang, ohne Hypocon.

3. Familie: **Phenacodontidae** Cope.

Obere M viereckig, breiter als lang, mit je zwei Außen-, zwei Zwischen- und zwei Innenhöckern. Untere M meist mit sechs Höckern. Vordere P einfach, hintere mit Nebenspitzen. P^4 trituberkulär, mit Nebenspitzen, P_4 fast wie M, nur schmäler. Astragalus mit ausgefurchter Trochlea. Fibula nur mit Astragalus, Naviculare mit Calcaneum und Cuboid artikulierend. Schwanz lang.

Die Phenacodontiden unterscheiden sich von den Periptychiden durch die kleineren *P*, durch den höheren, fester gefügten Tarsus und durch den längeren Astragalushals. P_1 und P_2 einfach, P_3 mit Nebenspitze, P_4 *M*-artig, aber schmäler. P^4 trituberkulär.

**Phenacodus* Cope (*Eohyus* Marsh). Obere *M* mit Mesostyl. Von zwei Arten dieser Gattung kennt man das ganze Skelett. Die größere, *P. primaevus* Cope, hatte beinahe die Größe von Tapir, die kleinere, *Wortmani* Cope, höchstens die einer Dogge. Untereocän Wasatchbed. Auch im Wind Riverbed. Untere *M* auch im Untereocän von Epernay und Orsmael.

Ectocion (Oligotomus) Cope. Obere *M* mit Mesostyl. Zahnbau ähnlich dem von *Orohippus*. Nach Matthew wohl auch dessen Vorläufer. Untereocän Wasatchbed.

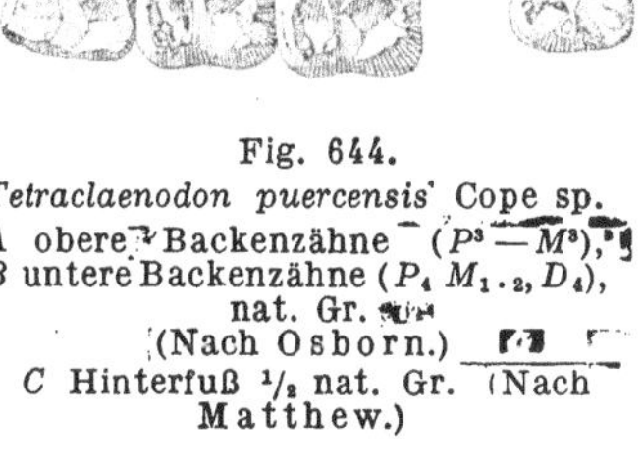
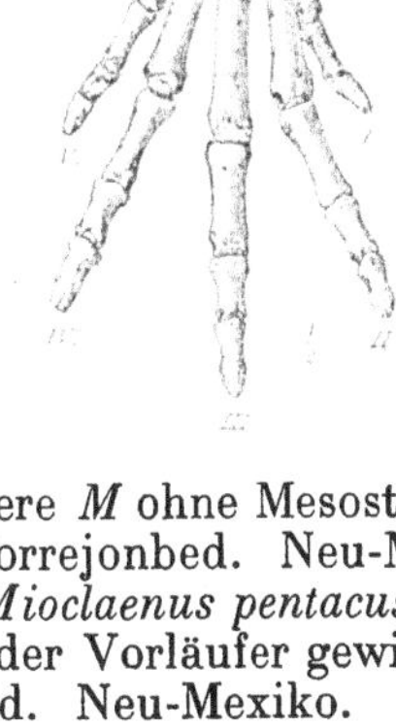

Fig. 644.
Tetraclaenodon puercensis Cope sp.
A obere Backenzähne (P^3-M^3), *B* untere Backenzähne (P_4 $M_{1.2}$, D_4), nat. Gr. (Nach Osborn.)
C Hinterfuß 1/2 nat. Gr. (Nach Matthew.)

Fig. 645.
Meniscotherium terrae rubrae Cope. Unt. Eocän (Wasatch-Stufe). Neu-Mexiko. Die drei oberen Molaren und zwei letzten Praemolaren in nat. Gr. (Nach Cope.)

**Tetraclaenodon* Scott (*Protogonia* Cope, *Euprotogonia* Matthew). (Fig. 644). *M* hyracotheriumähnlich. Obere *M* ohne Mesostyl. *P* sehr einfach. Zierliche Extremitäten Untereocän. Torrejonbed. Neu-Mexiko und Montana.

Protogonodon Scott (*Mioclaenus pentacus* Cope), sehr groß, mit fünfhöckerigen *M*. Ist vielleicht der Vorläufer gewisser Artiodactylen (*Achaenodon*). Untereocän. Puercobed. Neu-Mexiko.

4. Familie: **Meniscotheriidae.**

Zahnreihe fest geschlossen. Obere M mit W-förmiger Außenwand, zwei gebogenen Zwischenhöckern und zwei ungleichen, konischen Innenhöckern. M^3 *dreieckig. C klein. Hintere P trituberkulär. Untere M und* P_4 *mit zwei V-förmigen Außenmonden,* P_{1-3} *einspitzig. Schädel breit. Extremitäten kurz und plump. Astragalus stark verlängert und mit konvexem Naviculargelenk; Schwanz lang.*

Die Meniscotheriiden stehen dem Ursprung der Chalicotheriiden jedenfalls sehr nahe. Hand und Fuß sind denen von *Hyrax* ähnlich.

**Meniscotherium* Cope (*Hyracops* Marsh) (Fig. 645), aus dem unteren Eocän, Wasatchbed von Neu-Mexiko und Wyoming.

5. Familie: **Pleuraspidotheriidae** Lemoine.

Gebiß vollständig. C klein, wie die J konisch. Vorderste P isoliert. Obere M mit Außen-, zwei undeutlich V-förmigen Innenhöckern und vorderem Zwischenhöcker. Untere M mit unpaarem Vorderhöcker und je zwei spitzen,

Fig. 646.
Pleuraspidotherium remense Lemoine.
a P_4—M_1. b M^3. 3/1 nat. Gr.

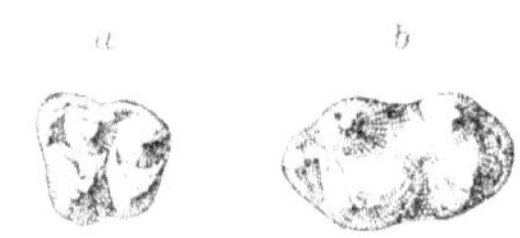

Fig. 647.
Orthapidosterium. a M^2 3/1 nat. Gr., b M_3 3/1 nat. Gr.

opponierten Innen- und Außenhöckern. Astragalus mit scharf abgesetztem Hals und flacher Trochlea. Endphalangen der fünfzehigen Extremitäten nicht verbreitert. Humerus ohne Entepicondylarforamen. Nur im unteren Eocän — Cernaysien — von Reims.

**Pleuraspidotherium* Lemoine (Fig. 646). $\frac{4}{4}$ *P.* P^3 und P^4 dreihöckerig. Obere *M* fünfhöckerig, M^1 und M^2 quadratisch, M^3 dreieckig, M_3 ohne dritten Lobus. *C* und P_2 klein und isoliert.

**Orthaspidotherium* Lemoine (Fig. 647). $\frac{4}{4}$ *P.* Alle *P* einfacher als die *M.* M_3 mit drittem Lobus. M^{1-3} quadratisch im Umriß, mit kräftigem Hypocon. Vielleicht verwandt mit den *Anoplotheriiden.*

2. Unterordnung: **Litopterna** Ameghino[1]).

Ausgestorbene, digitigrade Huftiere mit serial angeordneten Carpalien und Tarsalien, Hand und Fuß fünf- (?), drei- oder einzehig. Astragalus mit ausgefurchter Trochlea und konvexer distaler Gelenkfläche. Calcaneum mit Fibula

[1]) *Ameghino Flor.*, Contrib. al conocim. de los Mammíferos fósiles de la Rep. Argent. Actas Ac. nac. Cordoba 1889. VI. Sur les Ongulés fossiles de l'Argent. Revista del Jard. zoolog. Buenos Aires 1894. Enumérat. synopt. des mammifères foss. éocènes de Patagonie. Buenos Aires 1894. Mammifères crétacés de l'Argentine. Bol. Instit. géograf. Argent. Buenos Aires t. XVIII. 1897. Rech. de morphologie sur les molaires supér. des Ongulés. Anal. Mus. Nac. Buenos Aires. t. IX. 1904. — *Burmeister Herm.*, Anal. Mus. Publ. Buenos Aires 1864. t. I. Nova Acta Acad. Leop. Carol. 1885. XLVII. — *Cope E. D.*, The Litopterna. Amer. Naturalist. 1889. XXV. — *Gaudry C.*, Fossiles de Patagonie. Mém. Soc. géol. France. Paléont. t. XIII. 1904. Annal. de Paléont. 1906. — *Lydekker R.*, Palaeontologia Argentina. Anal. Museo de la Plata. 1893. — *Scott W. B.*, Litopterna of the Santa Cruz. Beds Rep. Princeton Expedition to Patagonia. Princeton 1910.

artikulierend. Gebiß vollständig oder J reduziert. Zähne häufig in geschlossener Reihe. Backenzähne bunolophodont, selenolophodont, meist brachyodont. Humerus ohne Foramen entepicondyloideum. Endphalangen breit, abgeplattet.

Die Litopterna sind eine auf Südamerika beschränkte Unterordnung der Huftiere, welche sich aus eingewanderten bunodonten nordamerikanischen Condylarthren entwickelt und dabei eine ähnliche Zahnform und Reduktion der Seitenzehen erlangt haben wie manche Perissodactylen.

Die Reduktion erstreckt sich teils nur auf die erste und fünfte Zehe, teils auch auf die zweite und vierte, welche hierbei entweder bloß dünner oder kürzer werden, oder auch bis auf kurze Stummel verschwinden können. Die Zähne werden nur ausnahmsweise hypselodont, bei den brachyodont bleibenden äußert sich der Fortschritt in der Teilung der Wurzeln, so daß jeder Zahn im Unterkiefer mit vier Wurzeln versehen ist. Mit den Notoungulaten haben sie zwar die Kürze des Metalophs der oberen *M* gemein, sie unterscheiden sich aber von ihnen, abgesehen von der Brachyodontie, schon dadurch, daß Trigonid und Talonid der unteren *M* gleiche Größe besitzen. Die oberen *M* bestehen aus zwei Außenhöckern, welche ein mit Para- und Mesostyl versehenes Ectoloph bilden, einem großen Protocon und zwei Zwischenhöckern und einem kleinen Hypocon. Protocon und Protoconulus bilden ein schräges Protoloph, das kurze Metaloph entsteht aus dem Hypocon und dem Hinterrand des Zahnes. Der Metaconulus vereinigt sich eher mit dem Protocon als mit dem Hypocon. Die unteren *M* bestehen aus zwei gleich großen Halbmonden, der für die Notoungulata so charakteristische Innenhöcker seitlich vom zweiten Halbmond tritt nur bei den *Macraucheniidae* auf. Die *P* sind einfacher als die *M* und werden nach vorne zu dem *C* ähnlich. Von den *J* kann der letzte verschwinden, und der zweite größer werden als J_1. Alle Zähne sind meist brachyodont und schließen ziemlich dicht aneinander. Die einzelnen Knochen haben vielfache Ähnlichkeit mit jenen von Perissodactylen.

1. Familie: **Bunolitopternidae** (*Didolodidae* Scott).

Obere M aus je zwei mehr oder weniger isolierten Außenhöckern, zwei Zwischenhöckern und zwei ungleich großen Innenhöckern bestehend, öfters auch mit einer Anzahl von Nebenhöckern versehen. Untere M mit je zwei konischen Innen- und zwei V-förmigen Außenhöckern. P viel einfacher als die M.

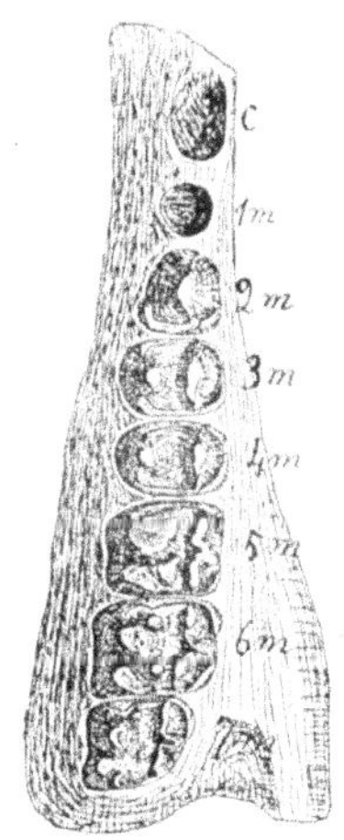

Fig. 648.
Didolodus crassicuspis Ameghino. Obereocän. Notostylops-Schichten. Patagonien. *A* obere, *B* untere Backenzähne. Nat. Gr. (Nach Ameghino.)

Von den Condylarthren — Phenacodontiden — unterscheidet sich diese Familie hauptsächlich durch die Kleinheit der *C* und das Fehlen von Zahnlücken. Die Extremitäten waren möglicherweise noch fünfzehig.

Von den zahlreichen Gattungen, welche Ameghino vorwiegend auf isolierte *M* begründet hat, führen *Lambdaconus*, *Oroacrodon* etc. zu den Macraucheniiden, *Notoprogonia*, *Lonchoconus*, *Proectocion* etc. zu den Proterotheriiden, während andere: *Ricardolydekkeria*, *Josepholeidya*, *Argyrolambda* etc. gänzlich erloschen sind. Nur von **Didolodus* (Fig. 648) ist die Zahnreihe ziemlich vollständig bekannt.

Alle Gattungen stammen aus dem Eocän — Notostylopsschichten — und Oligocän — Astraponotusschichten — von Patagonien.

2. Familie: **Macraucheniidae** Gervais.

Schädel langgestreckt, schmal, mit kleinem Cranium und weit zurückliegender, aufwärts gerichteter Nasenöffnung. Nasenbeine klein oder verkümmert. $\frac{3.1.4.3}{3.1.4.3}$. *Alle Zähne in geschlossener Reihe und allmählich ineinander übergehend. M lophodont. Untere M und D aus zwei Halbmonden und einem Innenhöcker neben dem zweiten Halbmond bestehend, untere P ohne diesen Höcker.*

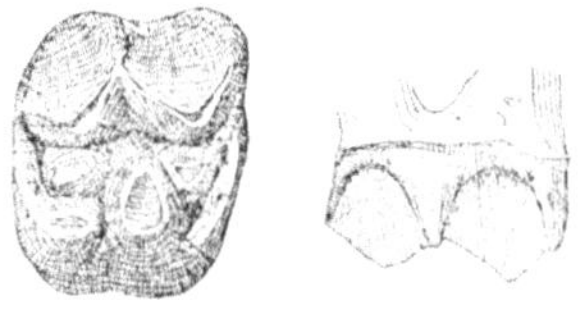

Fig. 649.
Protheosodon coniferus Ameghino. Untermiocän. Pyrotherium-Schichten. Oberer Molar. Nat. Größe. (Nach Ameghino.)

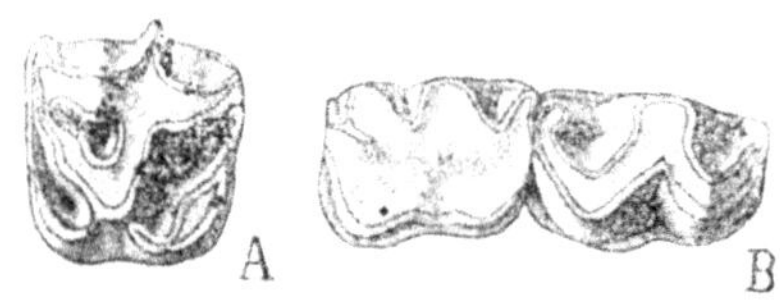

Fig. 650.
Cramauchenia insolita Ameghino. Miocän. Colpodon-Schichten. *A* linker oberer *M*, B rechter unterer P_4 und M_1. Nat. Gr.

Obere M mit W-förmigem Ectoloph, großem Protocon, der mit Protoloph und Metaloph verbunden ist, und einem kleinen Hypocon. Vorder- und Hinterfuß dreizehig. Femur mit drittem Trochanter. Fibula am Calcaneum, Astragalus distal nur am Naviculare artikulierend. Leitkiele nur auf der Hinterseite der Metapodien gut entwickelt.

Die Macraucheniiden bilden eine sehr vollständige genetische Reihe, beginnen im Eocän von Patagonien mit bunodont-brachyodonten und erlöschen im Pleistocän von Argentinien mit selenolophodont-hypselodonten Formen. Sie erreichen sehr ansehnliche Größe und zeichnen sich durch hohe, digitigrade Extremitäten, langen Hals und langgestreckten Schädel mit weit zurückliegenden Nasen-

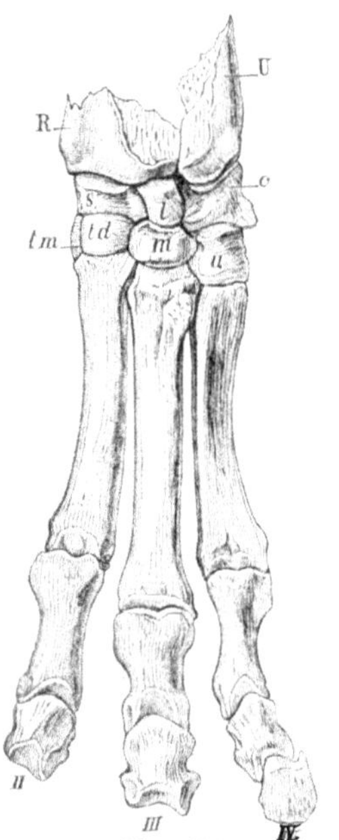

Fig. 651.
Macrauchenia patachonica Owen. Vorderfuß. (Nach Gervais.)

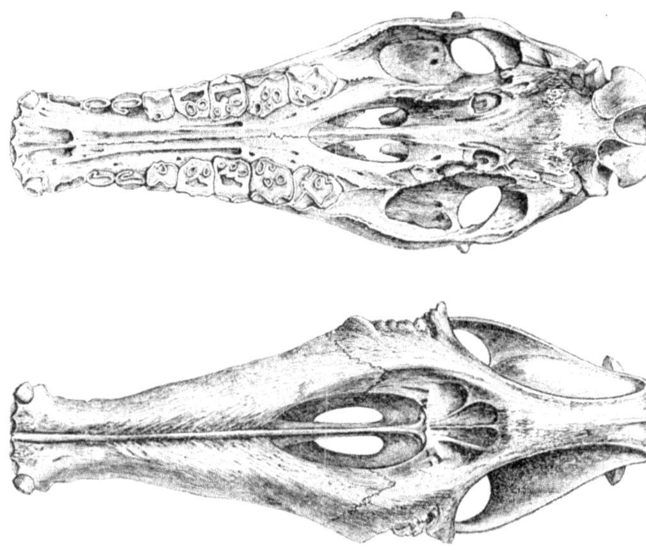

Fig. 652.
Macrauchenia patachonica Owen. Pleistocän (Pampasstufe) von Buenos Aires. Argentinien. Schädel von unten und oben. $^1/_6$ nat. Gr. (Nach Bravard.)

löchern aus. Die Zähne erinnern etwas an *Anoplotherium.* Vorder- und Hinterrand bilden einen hohen Kragen an der Innenseite der oberen *M* und *P.* Der Innenhöcker neben dem zweiten Halbmond ist bei den älteren Formen schwächer als bei den jüngeren. Der Radius verwächst vollkommen mit der Ulna, die Fibula aber nur an ihren Enden mit der Tibia.

Coniopternium, **Protheosodon* Ameghino (Fig. 649). Untermiocän. Pyrotheriumschichten. **Cramauchenia* Amegh. (Fig. 650) und *Theosodon* Ameghino. Miocän von Santa Cruz. Alle brachyodont. Orbita hinten offen, Nasenbeine kurz, frei vorragend. Vorder- und Hinterfuß dreizehig.

Oxyodontherium, *Scalabinitherium* Amegh. Pliocän. Argentinien. Zähne mäßig hypselodont. Nasenöffnung relativ klein und noch oberhalb der *M* gelegen.

**Macrauchenia* Owen (*Opisthorhinus* Brav.). (Fig. 651, 652.) Nasenbein rudimentär, großes Nasenloch inmitten des Schädels gelegen und darüber ein Rüssel. Orbita hinten geschlossen, hinter die *M* gerückt. Pleistocän. Pampas, Tarijatal, brasilianische Höhlen.

3. Familie: **Proterotheriidae** Ameghino.

Schädel mäßig lang, mit verlängerter Schnauze. Cranium relativ groß. Nasenbeine lang, Orbita hinten geschlossen. Unterkiefer meist sehr hoch. $\frac{1.0.4.3}{2.1.4.3}$.

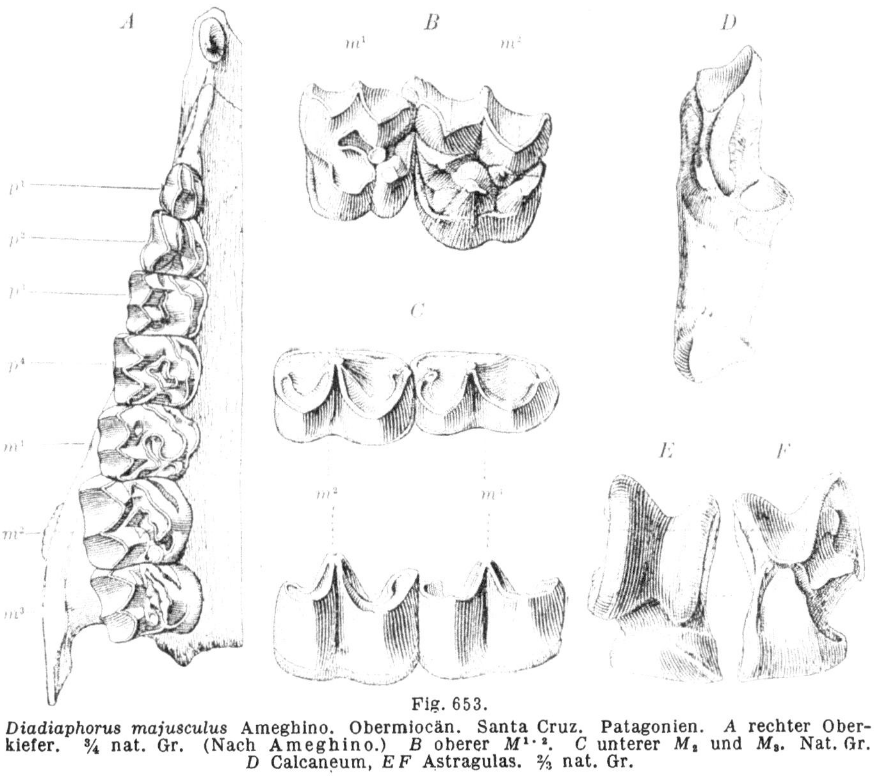

Fig. 653.

Diadiaphorus majusculus Ameghino. Obermiocän. Santa Cruz. Patagonien. *A* rechter Oberkiefer. ¾ nat. Gr. (Nach Ameghino.) *B* oberer $M^{1.2}$. *C* unterer M_2 und M_3. Nat. Gr. *D* Calcaneum, *EF* Astragulas. ⅔ nat. Gr.

Alle Zähne brachyodont. Im Oberkiefer kurze Zahnlücke. Obere M mit W-förmigem Ectoloph, zwei ungleich großen Innen- und ein- oder zwei Zwischenhöckern. Die beiden letzten P öfters M-ähnlich. Untere M und P_{2-4} *aus* *zwei Halbmonden bestehend und vierwurzelig. J_2 vergrößert, C klein. Extremitäten drei- oder einzehig, nur die dritte kräftig entwickelt. Leitkiel über die ganze distale Fläche der Metapodien verlaufend. Zehenglieder als echte Hufe ausgebildet.*

Der Schädel der Proterotheriiden hat äußerlich viel Ähnlichkeit mit dem von Oreodontiden. Bei der Zehenreduktion findet keine Verlagerung der seitlichen Carpalia auf das mittlere Metapodium statt.

**Epitherium* Ameghino. Zweite und vierte Zehe kurz und dünn. Älteres Pleistocän. Monte Hermoso. Argentinien. *Eoauchenia* Amegh. Ebenda. Zahnkronen hoch.

**Diadiaphorus* (Fig. 653) und **Proterotherium* Ameghino. Miocän und Pliocän. Dreizehig. An dem Innenende der Halbmonde der unteren *M* bei letzterer Gattung isolierte Pfeiler. Ulna vollständig.

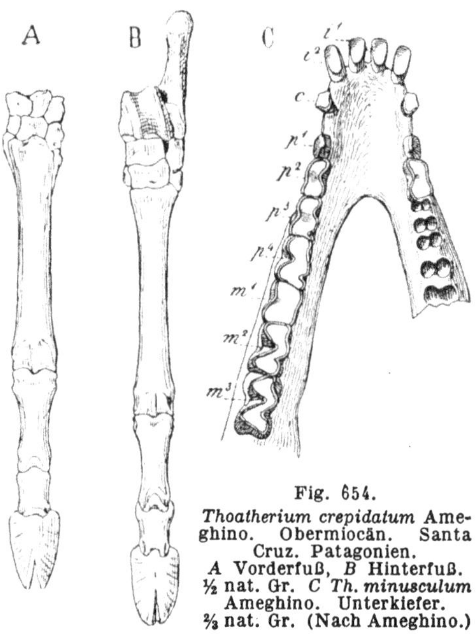

Fig. 654.
Thoatherium crepidatum Ameghino. Obermiocän. Santa Cruz. Patagonien. *A* Vorderfuß, *B* Hinterfuß. ½ nat. Gr. *C Th. minusculum* Ameghino. Unterkiefer. ⅔ nat. Gr. (Nach Ameghino.)

Brachytherum Ameghino. Pliocän von Argentinien.

Licaphrium Ameghino. *Tetramerorhinus* Ameghino. Miocän von Patagonien.

**Thoatherium* Ameghino (Fig. 654). Mit nur einer Zehe. Ulna sehr stark reduziert. Ebenda.

Eoproterotherium, *Deuterotherium* Ameghino. Untermiocän. Pyrotheriumschichten von Patagonien.

4. Familie: **Adiantidae** Ameghino.

Adiantus, *Proadiantus* Amegh. Miocän von Patagonien. Nur Unterkiefer bekannt mit geschlossener Zahnreihe, 3.1.4.3., *J* und *C* meißelförmig, *M* ziemlich hoch, aus zwei Monden und Innenpfeilern bestehend. Systematische Stellung unsicher.

3. Unterordnung: **Perissodactyla**[1]) Owen.
Unpaarzeher (*Mesaxonia* Marsh).

Unguligrad, Mittelzehe stärker als die Seitenzehen, Hinterfuß meist dreizehig, Vorderfuß drei- oder vierzehig, zuweilen an beiden Füßen nur eine Zehe. Astragalus mit tief ausgefurchter Gelenkrolle, distal abgestutzt. Hand- und Fußwurzelknochen alternierend, Gebiß meist vollständig. Backenzähne lophodont, selten bunodont. Femur mit drittem Trochanter. Fibula nicht am Calcaneum artikulierend.

---

[1]) *Cope E. D.*, The Perissodactyla. Amer. Naturalist. 1887 p. 985. — *Osborn H. F.*, Mammalia of the Uintaformation. The Perissodactyla. Trans. Amer. Philos. Soc. 1889. XVI. p. 505. — *Osborn H. F.* and *Wortman J. L.*, Perissodactyla of the lower Miocene. Bull. Amer. Mus. Nat. Hist. New York 1895, p. 343. — *Owen R.*, Quart. Journ. geol. Soc. London 1847. IV. p. 103. — *Schroeder W.*, Eocäne Säugetierreste aus Nord- und Mitteldeutschland. Jahrb. k. pr. geol. Landesanst. 1916. — *Stehlin H. G.*, Die Säugetiere des schweiz. Eocäns. Abh. schweiz. paläont. Ges. 1903. 1904. 1906. — *Troxell E. L.*, Viele kürzere Mitteil. in Amer. Journ. of Sc. and Arts. 1921/22.

Die Perissodactylen sind heutzutage nur mehr durch die drei Gattungen *Tapirus*, *Rhinoceros* und *Equus* vertreten, während sie im Tertiär einen großen Formenreichtum aufzuweisen haben. Sie sind ausgezeichnet durch die kräftige Entwicklung der dritten oder Mittelzehe an Vorder- und Hinterfuß, welche bei den spezialisiertesten Formen, den Equiden, ganz allein die Körperlast trägt und auch bei den übrigen stets die Hauptachse der Extremitäten enthält.

Der Schädel gewinnt durch das Überwiegen der Gesichtsknochen über die Gehirnkapsel verlängerte Form. Das Hinterhaupt fällt steil ab, die Condyli sind querkonvex, die großen Schläfengruben von einer Crista temporalis überdacht. Die Nasenbeine ragen frei über die seitlich offenen, weit zurückreichenden Nasenlöcher vor, welche unten von den Zwischenkiefern und öfters auch vom Oberkiefer begrenzt werden. Zuweilen (*Rhinoceros*) tragen die Nasenbeine auf rauhen, polsterartigen Flächen Hörner, oder es können sich auf ihnen knöcherne Protuberanzen erheben (*Titanotheriidae*). Die Augenhöhlen sind in der Regel weit offen und nur bei den jüngeren Equiden ringsum knöchern begrenzt.

Das definitive Gebiß der Perissodactylen besteht in seiner typischen Entwicklung aus je $\frac{3.1.4.3}{3.1.4.3}$. Diese Zahnformel gilt fast für alle eocänen Gattungen. Die Modernisierung des Gebisses veranlaßt bei jüngeren und vorgeschritteneren Formen eine Reduktion, zuweilen sogar vollständige Verkümmerung der *J*, der oberen und selbst der unteren *C* und der vordersten *P*. Die Backenzähne sind bei den primitiveren Formen brachyodont, bei einzelnen vorgeschritteneren prismatisch. Die älteren Perissodactylen haben vorwiegend heterodonte, die jüngeren homöodonte Backenzähne. Die ursprünglich praktisch vierhöckerige, aber meist doch mit Nebenhöckern versehene Krone bleibt selten rein bunodont, meist sind die Höcker durch Joche verbunden (lophodont). Durch Vorsprünge an der Außenseite — Parastyl, Mesostyl, Metastyl —, an der Innenseite der Außenwand — Crista — und an den Querjochen — Crochet und Antecrochet — der oberen Backenzähne wird die Zahnkrone häufig verstärkt. An den unteren Backenzähnen sind die Innenhöcker mit den ursprünglich konischen, später aber mehr oder weniger halbmondförmigen Außenhöckern paarweise verbunden. Bei vorgeschritteneren Formen bekommt der Schmelz öfters auch eine Zementhülle.

Im Milchgebiß stimmen die *JD* und *CD* mit denen des definitiven Gebisses überein, die *D* gleichen nur bei den homöodonten Formen ihren Ersatzzähnen, bei den heterodonten besitzen nur die zwei hinteren Milchzähne die Gestalt von Molaren und der vorderste zeichnet sich in der Regel durch einfachere, *P*-ähnliche Form aus.

Die Wirbelsäule besteht aus 7 Hals-, 22 Rücken- und Lendenwirbeln, 5—6 Sacral- und mindestens 13 Schwanzwirbeln. Ein Schlüsselbein fehlt. Humerus kurz, gedrungen, ohne Foramen entepicondyloideum, aber stets mit weit nach außen vorspringender Deltoidcrista. Fossa olecrani niemals durchbohrt. Radius und Ulna bald gleichmäßig entwickelt, getrennt, bald distal verschmolzen. Die Gelenkflächen für die Carpalia stehen senkrecht zur Vorder- und Hinterseite der Unterarmknochen.

Verwachsungen von Carpalia finden nicht statt, wohl aber werden die Carpalia durch seitliche Verschiebung der distalen Reihe und durch Streckung nach rückwärts fester ineinander verkeilt. Das Scaphoideum ruht nicht bloß auf dem Trapezoid wie bei den Condylarthra, sondern auch teilweise auf dem Magnum, das Lunare stützt sich auf Magnum und Unciforme, nur das Cuneiforme wird bloß von einem Carpale, dem Unciforme getragen. Das Centrale ist nicht mehr vorhanden. Bei den Formen mit drei annähernd gleich langen Zehen ist der Carpus hoch, bei den jüngeren Equiden mit ungemein starker Mittelzehe verbreitert sich das Magnum und schiebt Trapezoid und Unciforme nach der Seite, wobei das Trapezium ganz aus dem Carpus verdrängt wird und zuletzt vollständig verschwindet. Die Zahl der Metacarpalia ist im Maximum vier, meist drei, beim Pferd nur eins. Ein Daumen fehlt stets, der fünfte Finger ist, wenn überhaupt vorhanden, kürzer als die übrigen.

Die Metacarpalia greifen mit ihren schwach konkaven proximalen Gelenken etwas zwischen die Carpalia herein und alternieren mit ihnen. Die Länge der Metapodien ist sehr verschieden. Verlängerung von Metapodien bedeutet in der Regel einen Fortschritt und ist meist mit Reduktion der Seitenzehen verbunden. Wird die ganze Körperlast auf die Mittelzehe verlagert, so bildet sich am distalen konvexen Gelenk von Metacarpale III und Metatarsale III ein zugeschärfter Leitkiel aus, welcher eine seitliche Verschiebung der Zehe verhindert. Bei den älteren drei- oder vierzehigen Perissodactylen sind die Leitkiele auf die Hinterseite der distalen Gelenkfläche beschränkt. Die dreieckigen, unten abgeplatteten Endphalangen sind von Hufen umgeben.

Der Oberschenkel zeichnet sich durch einen vorspringenden, öfters sehr stark entwickelten dritten Trochanter aus. Tibia und Fibula sind bei den Formen mit wenig überwiegender Mittelzehe vollständig entwickelt und getrennt, bei den jüngeren Equiden verkümmert die Fibula zu einem kurzen proximalen Griffelbein. Die Tibia greift mittels einer oft stark vorspringenden, stets schrägstehenden Crista in die proximale Gelenkfläche des Astragalus ein.

Fig. 654 *A*. *Palaeotherium*. Calcaneum. *as*, *p'* Facetten für den Astragalus, *cub* Facette für das Cuboideum.

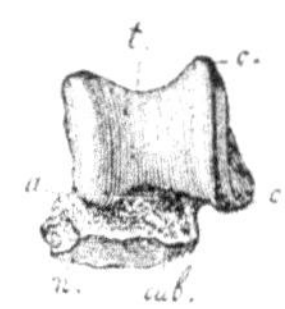

Fig. 654 *B*. *Palaeotherium*. Astragalus. *t* Trochlea, *n*, *cub* Facetten für das Naviculare und Cuboideum, *c*, *c'* Berührungsfläche mit dem Calcaneum, *a* Grube zur Aufnahme des unteren Endes der Tibia.

Von den Tarsalknochen hat das Calcaneum (Fig. 654 *A*) einen verlängerten, am Ende rauhen Stil (tuber calcis) und ein nach innen vorspringendes Sustentaculum mit drei Facetten für den Astragalus (Fig. 654 *B*). Dieser letztere hat oben und vorne eine tiefausgefurchte Rolle für die Tibia, innen und hinten drei Gelenkflächen für das Calcaneum und an dem abgestutzten oder höchstens schwach gewölbten distalen Ende eine große Facette für das Naviculare *(n)* und eine kleine für das Cuboideum *(cub)*. Zwischen der proximalen und der distalen Tarsusreihe liegt, ausschließlich vom Astragalus bedeckt, das von den drei Cuneiformia getragene Naviculare. Das Cuboideum ist hoch, trägt das Calcaneum, artikuliert aber auch stets mit dem Astragalus. Alle Tarsalia bleiben getrennt, nur bei den vorgeschritteneren Equiden kommen Verwachsungen von Cuneiformia vor. Die Reduktion der Seitenzehen ist am Hinterfuß vollständiger und konstanter als am Vorderfuß. Der Hinterfuß ist somit entweder dreizehig oder, bei den jüngeren Equiden, einzehig. Die meist ebenen proximalen Gelenkflächen der Metatarsalia greifen nicht in die untere Tarsusreihe ein.

Die Perissodactylen lassen sich in fünf Familien, *Tapiridae*, *Rhinoceridae*, *Equidae*, *Titanotheriidae* und *Chalicotheriidae* einteilen, von denen die vier ersten auf eine gemeinsame Stammesform zurückgehen, welche der Condylarthrengattung *Tetraclaenodon* vermutlich sehr ähnlich war, während die *Chalicotheriidae* ungezwungen von der Condylarthrengattung *Meniscotherium* abgeleitet werden können.

1. Familie: **Tapiridae**[1]).

Nasenbeine kurz, frei vorragend. $\frac{3.1.4-3.3}{3-2.1.4-3.3}$. *J meißelförmig, C konisch. Backenzähne brachyodont. P anfangs einfacher als M, bei den älteren*

[1]) *Depéret Ch.*, Études sur les Lophiodons. Archiv. Mus. Lyon 1903. — *Filhol H.*, Études sur les vertébrés fossiles d'Issel. Mém. Soc. géol. de France. 1888.

Formen gleich M. Obere M mit zwei untereinander verbundenen Außenhöckern und zwei geraden Querjochen, welche die Außenhügel mit den beiden Innenhügeln verbinden. Parastyl kräftig. Untere M mit zwei rechtwinklig oder schief zur Längsachse gerichteten Querjochen. Vorderfuß meist mit vier, Hinterfuß mit drei Zehen.

Die Tapiriden enthalten kleine, mittelgroße und ausnahmsweise auch große Formen. Die einzige noch existierende Gattung lebt in Südasien und im tropischen Amerika. Fossile Tapiriden beginnen im Untereocän von Europa und Nordamerika und reichen in Europa bis in das Pliocän. Im Pleistocän haben sie sich in ihre jetzigen Wohnsitze zurückgezogen, sind aber auch noch fossil in China und Nordamerika vertreten. Ihre nächsten Beziehungen haben sie zu den Rhinoceriden.

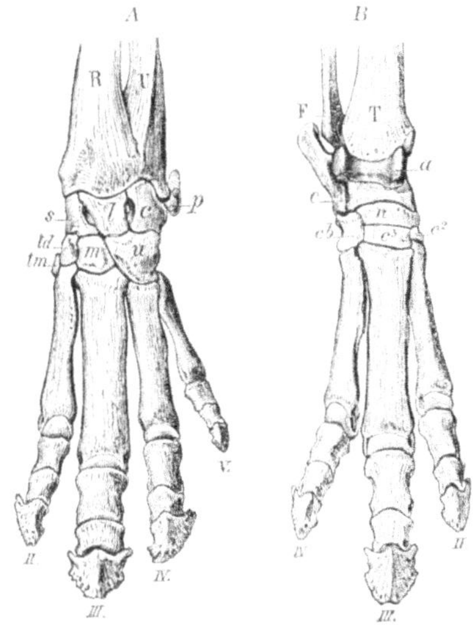

Fig. 655.
Tapirus americanus Lin. *A* linker Vorderfuß, *B* rechter Hinterfuß. 1/6 nat. Gr.

Fast alle Tapiriden besitzen ein vollständiges Gebiß. Die *C* sind meist durch ein Diastema von den stets brachyodonten Backenzähnen getrennt. Das in der Regel gut entwickelte Cingulum bildet an der Vorderaußenecke der oberen *M* und oft auch der *P* einen Pfeiler (Parastyl). Die Querjoche, vorderes — Protoloph —, hinteres — Metaloph —, welche die in eine Außenwand — Ectoloph — vereinigten Außenhöcker mit den Innenhöckern verbinden, verlaufen fast geradlinig (ortholophodont). Im Unterkiefer sind die vorderen Schenkel der ursprünglich *V*-förmigen Joche, vorderes — Metalophid —, hinteres — Hypolophid —, fast ganz verwischt, so daß in der Regel nur die hinteren Schenkel einfache Querjoche bilden. Bei allen alttertiären Gattungen unterscheiden sich die *P* durch einfacheren, im Oberkiefer häufig noch trituberkulären Bau von den *M*, beim lebenden Tapir haben die *P*, mit Ausnahme des vordersten, das Aussehen von echten *M* erhalten. Im Oberkiefer sind meistens 4, im Unterkiefer 3—4 *P* vorhanden, welchen die *M*-ähnlichen *D* vorausgehen. Im Unterkiefer tritt häufig Verlust des vordersten *P* ein, während der Oberkiefer meist die volle Zahl (4) behält. Nur die Gattung *Lophiodon* besitzt trotz ihres hohen geologischen Alters oben und unten nur 3 *P*. Der Schädel der Tapiriden ist in der Regel gestreckt, die Schnauze verschmälert, die Gehirnhöhle mäßig groß, die Orbita sind hinten nicht knöchern umgrenzt, die Nasenbeine frei vorragend, bei den älteren Formen sehr lang und groß, bei Tapir kurz und dreieckig, Raum für einen kurzen Rüssel lassend. Nasenöffnung groß und weit zurückreichend. Postglenoid und Paroccipitalfortsätze wohlentwickelt. Die Extremitäten (Fig. 655) haben mäßige Länge, sie sind schlanker als bei den meisten Rhinoceriden, aber plumper als bei den meisten Equiden. Ulna und Radius sind getrennt und nahezu gleich stark. Im Carpus ruht das Scaphoid auf

— *Gaudry A.*, La dentition des ancêtres des Tapirs. Bull. soc. géol. France 1897. — *Hatcher J. B.*, Recent and fossil Tapirs. Amer. Journ. of Science 1896. — *Maack G.*, Unters. über Lophiodon von Heidenheim. Jahresber. naturhist. Ver. Augsburg 1865. — *Meyer H. v.*, Fossile Reste des Genus Tapir. Palaeontogr. 1867. Bd. XV. — *Osborn H. F.* and *Wortman J. L.*, Bull. Amer. Mus. Nat. Hist. New York 1892. — *Wortman J. L.* and *Earle*, ibidem 1893.

Trapezoid und Magnum, und das Lunatum zum größten Teil auf dem Unciforme. Das Magnum trägt die Hauptlast und wird von Metacarpale II und III gestützt. Der Vorderfuß ist vier-, der Hinterfuß dreizehig. Das Femur hat einen mäßig entwickelten dritten Trochanter, die Fibula ist stets vollständig. Der Astragalus besitzt eine tief ausgefurchte Trochlea und distal eine große, abgestutzte Gelenkfläche für das Naviculare und eine kleine für das Cuboid. Der Bau von Carpus und Tarsus hat bei den Tapiriden während des ganzen Tertiärs keine nennenswerten Veränderungen erfahren.

1. Unterfamilie: **Lophiodontinae.**

Obere und untere M mit zwei schiefen Querjochen. Sämtliche P oder doch die vordersten einfacher als die M. Metacon der oberen M konkav. Nur fossil im Eocän von Europa und Nordamerika.

**Heptodon* Cope. $\frac{3.1.4.3}{3.1.4\text{–}3.3}$. Alle *P* einfacher als die *M*. Unterer M_3 dreijochig. Untereocän (Wasatch- und Wind Riverbed). Wyoming.

H. ventorum, calciculus Cope.

**Helaletes* Marsh (*Dilophodon, Desmatotherium* Scott). $\frac{4}{3}$ *P*, P^3 und P^4 mit Nachjoch. Mitteleocän, Bridgerbed und Obereocän, Uintabed.

**Chasmotherium* Rütimeyer. $\frac{4}{4}$ *P*, davon die beiden letzten *M*-ähnlich. Unterer M_3 nur mit zwei Jochen, Zahnreihe vollständig geschlossen, Mitteleocän von Frankreich und Schweizer Bohnerze.

**Lophiodon* Cuv. (*Tapirotherium* Blv., *Pernatherium* Gerv.) (Fig. 656). $\frac{3}{3}$ *P*, sämtlich einfacher als die *M*. Unterer M_3 dreijochig. Schädel niedrig, lang, mit hohem Scheitelkamm. Hinterhaupt überhängend. Nasenbeine bis

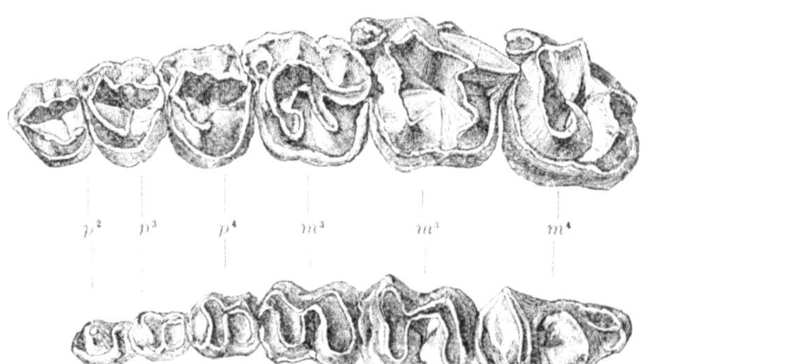

Fig. 656.
Lophiodon isselense Cuv. Mitteleocän. Issel bei Castelnaudary, Aude. Zahnreihe des linken Oberkiefers und Unterkiefers. ½ nat. Gr. (Nach Filhol.)

oberhalb J^1 reichend. Hand vierzehig. *Mc V* kurz. Zahlreiche Arten im europäischen Eocän — Lutétien und Bartonien in der Größe zwischen Schwein — *L. occitanicus* Desmarest — und Rhinoceros — *L. rhinocerodes* Rüt. — schwankend. Die erstere Art auch im alpinen Lutetien — Kressenberg —.

Lophiodochoerus Lemoine. Untereocän von Reims.

Colodon Marsh. Ohne unteren J_1 und P_1. Obere P^{2-4} mit Nachjoch. Paracon der oberen *M* konkav. M_3 nur mit zwei Jochen. Extremitäten lang und schlank, *Mc III* und *Mt III* viel stärker als die seitlichen. Oligocän. White Riverbed.

2. Unterfamilie: **Tapirinae.**

Untere M mit zwei rechtwinklig zur Längsachse stehenden Querjochen Zweiter Außenhöcker der oberen M in der Regel konisch. P bei den älteren Formen einfacher, bei den jüngeren M ähnlich.

Fossil im Eocän bis Pleistocän von Nordamerika, in Europa von Oligocän bis Pliocän, in Asien und Südamerika erst im Pleistocän. Die Tapirinen sind der konservativste Huftiertypus. Die Veränderungen bestehen bloß in Größenzunahme, in Entwicklung des Rüssels und in Komplikation der *P* und Reduktion der *C*.

**Systemodon* Cope. P_4 in beiden Kiefern nahe an *C*. Außenhöcker der oberen *M* fast gleich stark. Querjoche mit deutlichen Zwischenhöckern. P^1 klein, einspitzig, die übrigen *P* dreihöckerig. Unterer M_3 dreijochig. Im unteren Eocän (Wasatchbed) von Wyoming und Neu-Mexiko. *S. semihians* Cope.

Isectolophus Scott und Osborn. Obereocän. Bridger und Uintabed.

**Protapirus* Filhol (Fig. 657). Oberer P^4 mit zwei äußeren Höckern und einem zweispitzigen Innenhöcker und zwei konvergierenden Jochen. Unterer M_3 zweijochig. Oligocän. Phosphorite von Quercy und Bohnerz von Ulm. *P. priscus* Filhol. Die amerikanischen Arten *P. robustus* Sinclair (Untermiocän von Oregon), *validus*, *obliquidens* und *simplex* Wortman (Oligocän White Riverbed) sind wohl generisch verschieden — Nachjoch der unteren *M* aus zwei fast isolierten Höckern bestehend.

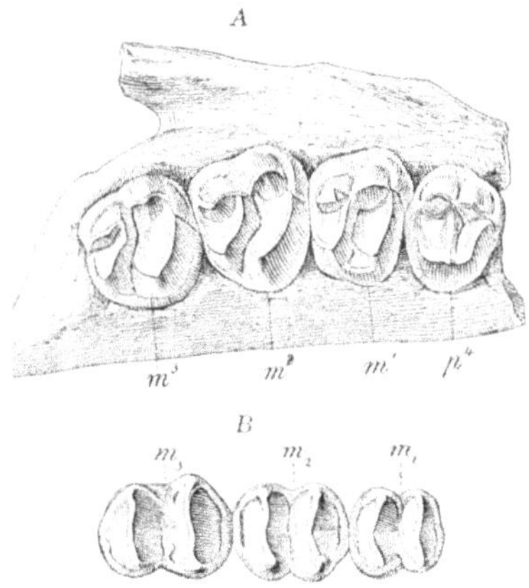

Fig. 657.
Protapirus priscus Filhol. Quercy. *A* letzter oberer *P* und drei *M*. *B* die drei hinteren *M* des Unterkiefers in nat. Gr. (Nach Filhol.)

Tapiravus Marsh. Miocän von New Jersey und Pliocän der Rocky Mountains, sehr unvollständig bekannt.

**Palaeotapirus* Gaudry (*Paratapirus* Depéret) (Fig. 658). P^4 dreieckig und undeutlich dreihöckerig, P^2 mit kurzem Vor- und langem Nachjoch. P^3 und P^4 oblong, mit gleich langen Querjochen. *M* trapezoidal im Umriß.

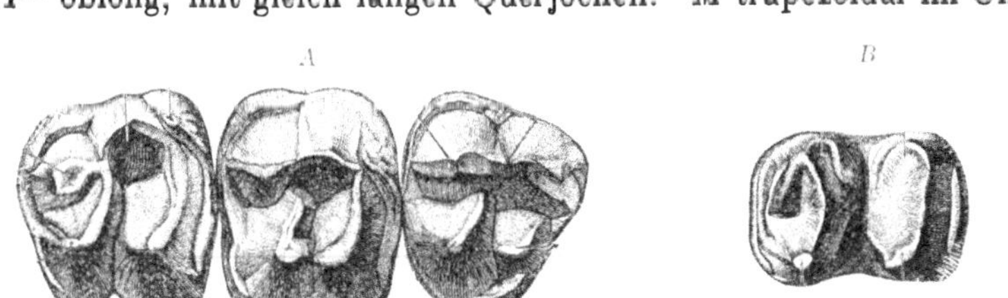

Fig. 658.
Palaeotapirus helveticus Meyer. Unt. Miocän. Eselsberg bei Ulm. *A* P^3, P^4 und M^1 des Oberkiefers. *B* ein Unterkiefer-Molar. (Nat. Gr.)

Parastyl an den oberen *P* schwach, an den *M* kräftig entwickelt. Untermiocän Ulm, Mainz, Brüx und Schweiz, Dep. Allier und Savoyen. *P. helveticus* Meyer sp. Miocän. Japan. *P. Yagii* Matsumoto.

**Tapirus* Linné (*Elasmognathus* Gill). Obere *P* mit Ausnahme von P^1 *M*-ähnlich, aber oblong und mit schwächerem Parastyl. Unterer P_2 verlängert. Schädel mit sehr kurzen, vorne zugespitzten und zuweilen durch eine Wand gestützten Nasenbeinen. Lebend in Süd- und Centralamerika und in Südindien. Fossil in Europa im Obermiocän *T. Telleri* Hofmann in Steiermark, im Unterpliocän *T. priscus* Kaup Eppelsheim, Mittelpliocän, *T. hungaricus* Meyer Steiermark und Ungarn, Oberpliocän, *T. arvernensis* Croiz. und Job. Auvergne. Im Pleistocän von Südchina lebte der riesige *T. sinensis* Owen. Im Pleistocän von Nordamerika *T. Haysii* Leidy, in dem von Südamerika (Tarija) *T. tarijensis* Ameghino, kaum verschieden von *americanus* Briss.

2. Familie: **Rhinoceridae** [1]).

Nasenbeine frei vorragend, häufig mit einem rauhen Polster für ein oder zwei Hörner. Nasenlöcher weit zurückreichend. $\frac{3-0\,.\,1-0\,.\,4-2\,.\,3}{3-0\,.\,1-0\,.\,4-2\,.\,3}$. *J und C öfters fehlend. P den M mehr oder weniger ähnlich, bei den älteren Formen einfacher. Obere M mit dicker Außenwand, Ectoloph, und zwei schiefen, schwach gebogenen und mit dem Ectoloph innig verbundenen Querjochen. Untere M mit zwei fast rechtwinklig geknickten Jochen, wovon sich das Nachjoch — Metalophid — mit seinem vorderen Schenkel an das Vorjoch anschließt.* M_3 *ohne drittes Joch. Vorderfuß mit drei oder vier, Hinterfuß mit drei Zehen.*

Zu den Rhinoceridae gehören vorwiegend große, kurzhalsige, plumpe, kurzbeinige und kurzgeschwänzte Grasfresser, welche noch jetzt in sumpfigen Gegenden von Indien und der Sundainseln oder in Steppen von Afrika leben, fossil im oberen Eocän von Europa und Nordamerika beginnen und im Oligocän, Miocän und Pliocän einen großen Formenreichtum entfalten. Im Miocän erscheinen sie auch in Nord- und Südafrika und bald auch in Asien. In Europa haben sie ihre letzten Vertreter im Pleistocän. Sie zeichnen sich teilweise durch den Besitz starker Hörner aus, die als echte Hautgebilde aus innig verwachsenen Haarbüscheln entstehen und auf rauhen Protuberanzen dem Nasenbein, zuweilen auch dem Stirnbein aufsitzen. Sind zwei Hörner vorhanden, so stehen sie meistens hintereinander.

Das Gebiß ist nur bei den älteren Formen vollständig, bei den jüngeren verkümmern zuerst die J_3, dann die C und allmählich auch die übrigen J. Bei den älteren Formen sind alle oder doch die zwei vorderen P einfacher gebaut als die M; bei allen jüngeren Rhinoceriden zeigen die P und M mit Ausnahme des vordersten P im wesentlichen gleiche Zusammensetzung. In das von den Querjochen der oberen M (Fig. 659) begrenzte Quertal ragen häufig Vorsprünge, Sporne, vom Vorjoch, Protoloph, A n t e c r o c h e t A, von

---

[1]) *Abel O.*, Über die paläogenen Rhinocerotiden Europas. Abhandl. k. k. geolog. Reichsanstalt XX. 1910. — *Brandt J. F.*, Mém. Acad. imp. Sc. St. Petersb. 1864 VIII. 1877 XXIV. 1878 XXVI. — *Cope E. D.*, On the American Rhinoceroses Amer. Naturalist 1879. — *Douglass Earl*, Rhinoceroses from the Oligocene and Miocene of North Dakota and Montana. Annals of the Carnegie Museum. Vol. IV. 1908. — *Duvernoy G. L.*, Nouv. études sur les Rhinocéros fossiles. Arch. du Museum Paris 1853. — *Flower W. H.*, On cranial and dental characters of the existing species of Rhinoceroses. Proceed. zool. Soc. 1876. — *Hatcher J. B.*, New fossil Vertebrates. Ann. Carnegie Mus. 1901. — *Kiernik E.*, Über einen Aceratherium-schädel von Odessa. Bull. de l'acad. des scienc. de Cracovie 1913. — *Meyer H. v.*, Die diluvialen Rhinozerosarten. Palaeontogr. 1864. — *Niezabitowski L.*, Die Überreste des in Starunia gefundenen Rh. antiquitatis. Bull. de l'acad. des scienc. de Cracovie 1911. — *Osborn H. F.*, Memoirs Amer. Mus. Nat. Hist. New York 1898. Bull. Amer. Mus. New York 1900 u. 1904. — *Pavlow M.*, Études sur l'histoire des Ongulées III. Rhinoceridae et Tapiridae VI. Les Rhinocéridae de la Russie. Bull. Soc. imp. Nat. Moscou 1892. — *Peterson O. A.*, A mounted skeleton of Diceratherium Cooki. Ann. of the Carnegie Museum. Vol. VII. 1911. — *Roman F.*, Le Cadurcotherium. Arch. Mus. Hist. nat. Lyon 1908. Les Rhinocéridés de l'Oligocène d'Europe. Ibid. 1911. — *Scott W. B.*, Osteologie von Hyracodon. Festschr. f. Gegenbaur 1896. — *Teppner W.*, Neogene Rhinocerotiden der Steiermark. Mitt. d. naturw. Vereins für Steiermark 1914. — *Toula Fr.*, Das Nashorn von Hundsheim. Abhandl. k. k. Reichsanstalt 1902. 1906. — *Weber M.*, Über tertiäre Rhinocerotiden der Insel Samos. Bull. Soc. imp. Nat. Moscou 1904. 1905.

der Außenwand, Ectoloph, Crista *Cr*, und vom Nachjoch, Metaloph, Crochet *C* nach Osborns Bezeichnungsweise herein, die sich auch berühren und dann inselartige Räume umschließen können. An der Vorderaußenecke der oberen *P* und *M* befindet sich der Parastyl. Die Unterkieferbackenzähne besitzen zwei Joche, von denen das vordere — Metalophid — stärker abgeknickt ist als das hintere — Hypolophid —. Der letzte untere *M* besitzt nie ein drittes Joch.

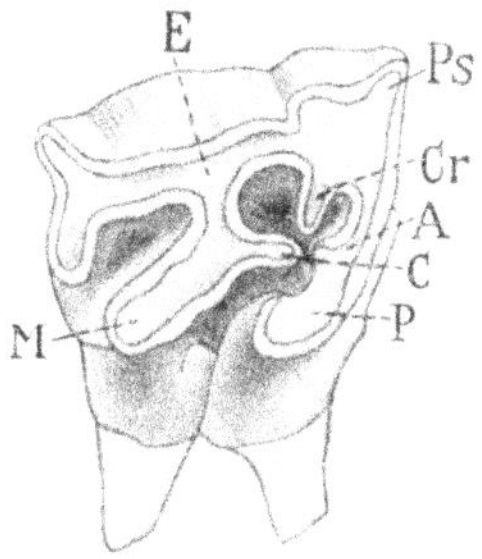

Fig. 659.
Oberer Molar von Rhinoceros. ½ nat. Gr. *E* Ectoloph, *P* Protoloph, *M* Metaloph, *Ps* Parastyl, *Cr* Crista, *A* Antecrochet, *C* Crochet.

Der Schädel ist niedrig, langgestreckt, das Hinterhaupt durch einen scharfen Occipitalkamm begrenzt, die Orbiten sind hinten offen und die Schläfengruben sehr groß. Die frei vorragenden Nasenbeine sind bei den hornlosen Formen schmal, bei den behornten stark und breit und werden zuweilen durch ein verknöchertes Mesethmoid gestützt. Die Nasenlöcher können bis zum ersten *M* reichen. Postglenoid und Mastoidfortsatz stehen zuweilen dicht beisammen.

Die Extremitäten sind meist kurz und plump, Radius und Ulna kräftig, ähnlich wie bei den Tapiriden und wie bei ihnen vollständig getrennt. Auch der Carpus ist, wenigstens bei den älteren Formen, dem der Tapiriden ähnlich. Von den Metacarpalien ist *Mc III* kräftiger als *Mc II* und *IV*. *Mc V* ist, wenn überhaupt vorhanden, kurz. Der Oberschenkel zeichnet sich durch den Besitz eines großen, in Mitte der Diaphyse gelegenen dritten Trochanters aus. Tarsus und Metatarsus sind bei den primitiveren Formen etwas verlängert und schmal, bei den jüngeren kurz und breit.

1. Unterfamilie: **Hyracodontinae** Cope.

Schädel kurz, mit Sagittalcrista und seitlich sichtbarem Perioticum. Nasenbeine vorragend, hornlos. $\frac{3.1.4.3}{3.1.4.3}$. *C schwach und dicht an die meißelartigen J stoßend, von den Backenzähnen durch ein Diastema getrennt. P und M entweder heterodont oder*

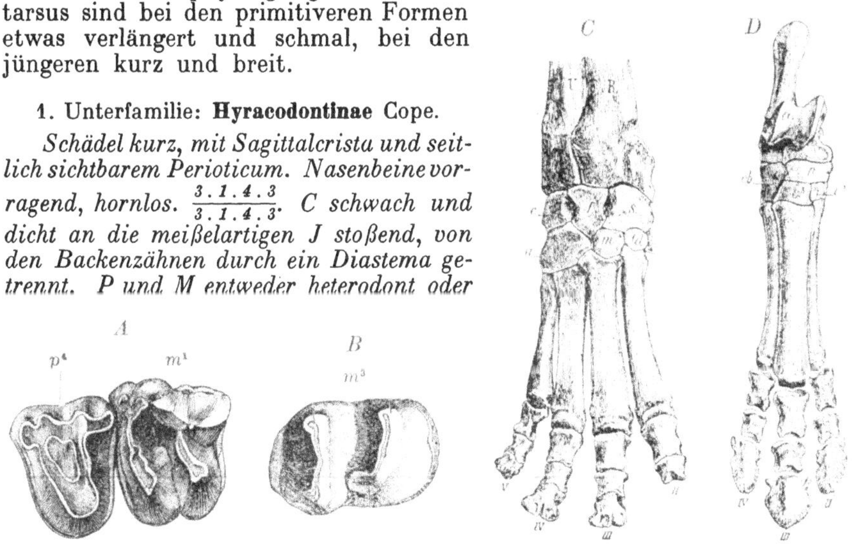

Fig. 660.
Hyrachyus eximius Leidy. Eocän (Bridger-Stufe). Wyoming. *A* letzter oberer Praemolar und erster oberer Molar. *B* letzter unterer Backzahn (nat. Gr.). *C* Vorderfuß (nach einem Gipsabguß). *D* Hinterfuß (ca. ¹/₅ nat. Gr.). (Nach Cope.)

nahezu homöodont. Die oberen M aus Außenwand und zwei schiefen Querjochen, die unteren aus zwei geknickten Halbmonden bestehend. Hals lang, Extremitäten lang und schlank. Vorderfuß vier- bis dreizehig, Hinterfuß dreizehig.

Diese zierlichen, relativ hochbeinigen, schlanken Tiere erinnern eher an ältere Equiden als an Rhinoceriden, obwohl Schädel und Backenzähne im ganzen mit den letzteren übereinstimmen. Im Skelett stehen sie den

Tapiriden nahe. Sie bilden einen gänzlich erloschenen Seitenzweig der Rhinoceriden, der auf Obereocän und Oligocän von Nordamerika beschränkt ist.

**Hyrachyus* Leidy (Fig. 660) (*Colonoceras* Marsh ?). *P* einfacher als *M*, die oberen *P* dreihöckerig. Vorderfuß vierzehig, Hinterfuß dreizehig. Mitteleocän (Bridger- und Windriverbed). Wyoming.

Triplopus Cope. Vorderfuß dreizehig. *T. cubitalis* Cope. Obereocän (Bridgerbed).

**Hyracodon* Leidy (Fig. 661). Die drei hinteren *P* *M*-artig. Vorderfuß dreizehig. Oligocän White Riverbed.

2. Unterfamilie: **Amynodontinae** Scott and Osb.

Schädel vor der Orbita tief ausgehöhlt, Vorderrand der Schnauze breit. Nasenbeine sehr kurz, hornlos. C oben und unten viel stärker als die J, hauerartig. M ähnlich wie bei Rhinoceros, aber schmäler. Obere M ohne Sporne. P viel kleiner und einfacher als die M. Vorderfuß vier- und Hinterfuß dreizehig.

Von einer Gattung dieser plumpen Tiere (*Metamynodon*) ist das Skelett vollständig bekannt. Der Schädel gleicht eher dem eines Bären als eines

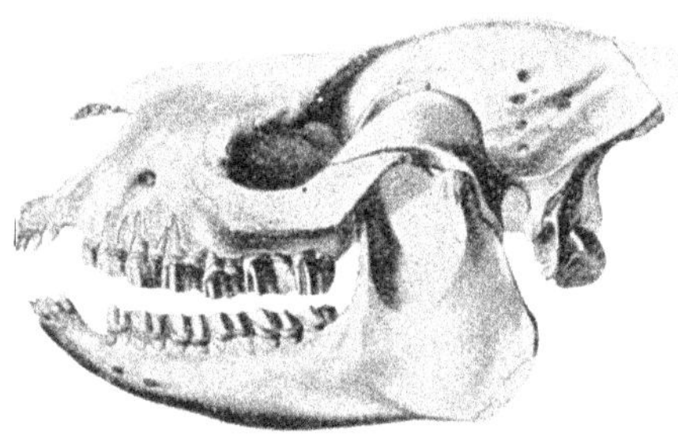

Fig. 661.
Hyracodon nebrascensis Leidy. Oligocän. White Riverbed. Nebraska. Schädel. 1/6 nat. Gr. (Nach Scott.)

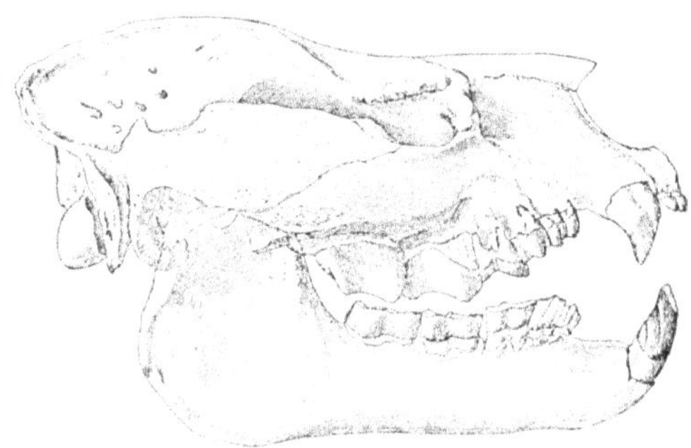

Fig. 662.
Metamynodon planifrons Osborn. Oligocän. White Riverbed. 1/10 nat. Gr. (Nach Osborn.)

Rhinoceriden. In Nordamerika im Obereocän und Oligocän, in Europa im Oligocän.

**Amynodon* Marsh (*Orthocynodon* Scott u. Osb.). $\frac{3-2.1.4.3}{2-1.1.4.3}$. *M* nur wenig komprimiert. Obereocän. Oberes Bridger- und Uintabed.

**Metamynodon* Scott und Osb. (Fig. 662). $\frac{2.1.3.3}{1.1.2.3}$. Zahnkronen sehr hoch, ziemlich stark komprimiert. Oligocän. White Riverbed. Dakota. Nach Pilgrim auch in Burma.

**Cadurcotherium* Gervais. $\frac{2.1.3.3}{1.1.2.3}$. *M* seitlich sehr stark komprimiert. Oligocän. Phosphorite von Quercy und Gips von Isle-sur-Sorgues. Untermiocän (?) Bugtihills, Ostindien.

3. Unterfamilie: **Rhinocerinae.**

Schädel langgestreckt, hinten ansteigend, ohne Sagittalcrista, aber mit Supraoccipitalkamm. Perioticum nicht an der Außenseite des Schädels hervortretend. Nasenbeine lang, vorspringend, nicht selten mit Hornpolster. $\frac{3-0.1-0.4-3.3}{3-0.0.4-3.3}$. *Obere C fast immer, untere stets fehlend, J frühzeitig teilweise und später zuweilen ganz reduziert oder oberer* J^1 *und unterer* J_2 *stark spezialisiert. Obere Backenzähne mit Außenwand und zwei schiefen Querjochen, häufig mit Antecrochet, Crista und Crochet oder nur mit einem oder zwei dieser Sporne versehen. Obere und untere P öfters den M gleich. Hals kurz, Extremitäten plump. Vorderfuß vier- bis dreizehig, Hinterfuß dreizehig.*

Sämtliche Angehörige dieser Unterfamilie wurden von Cuvier in der einzigen Gattung *Rhinoceros* vereinigt, die jetzt in eine Anzahl von Subgenera zerlegt wird. Die fossilen Formen bilden zum Teil sehr vollständig geschlossene Formenreihen.

**Prohyracodon* Koch. Extremitäten schlank. Obere *M* ohne Sporne. Mitteleocän. Siebenbürgen.

**Trigonias* Lucas. $\frac{3.1.4.3}{3.0.4.3}$. Oberer J^1 und unterer J_2 viel größer als die übrigen. *P* viel einfacher als *M*. Nasenbeine und Zwischenkiefer lang. Vorderfuß vierzehig. Oligocän. White Riverbed. *T. Osborni* Lucas.

Leptaceratherium Osborn. $\frac{2.1.4.3}{2.0.3.3}$. Vorderfuß dreizehig. Ebenda *L. trigonodum* Osborn.

Meninatherium Abel. *P* und *M* einfach, die ersteren gerundet dreieckig. Oligocän. Krain.

Epiaceratherium Abel. P^4 dreieckig. Oligocän. Monte Bolca.

**Ronzotherium* Aymard. *P* einfach. Nur Unterkiefer bekannt. Oligocän. Ronzon, Lukawitz. *R. velaunum* Aymard. Hiermit wohl die vorvorige Gattung identisch.

Praeaceratherium Abel. (*Eggysodon* Roman?). Obere *M* ohne Crochet und Antecrochet. *P* mit parallelen, ungleich langen Jochen und gerundeter Innenseite. Oligocän. Phosphorite, schwäbische Bohnerze, Meeresmolasse von Alzey. *P. minus* Filh. sp. *P. Osborni* Schl. mit oberem *C*.

Protaceratherium Abel. Obere *M* mit Crochet und Antechrochet, *P* vierseitig mit konvergierenden Jochen. Oligocän. Phosphorite von Quercy, Stampien und Braunkohlen von Böhmen und Piemont. *P. cadibonense* Roger sp., *minutum* Cuv. sp.

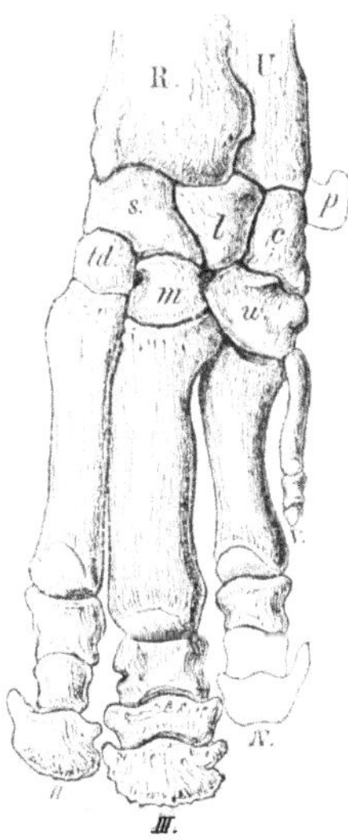

Fig. 663.
Aceratherium tetradactylum Lartet. Obermiocän. Sansan (Gers.) Vorderfuß. 1/5 nat. Gr. (Nach Blainville.)

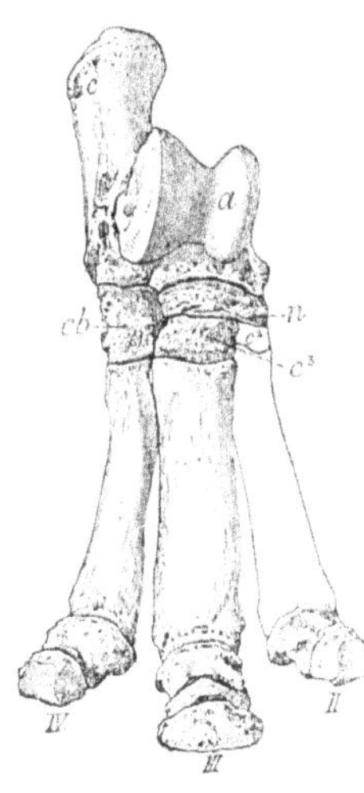

Fig. 664.
Aceratherium sp. Miocän. Nordamerika. Hinterfuß. 1/5 nat. Gr. (Nach Osborn.)

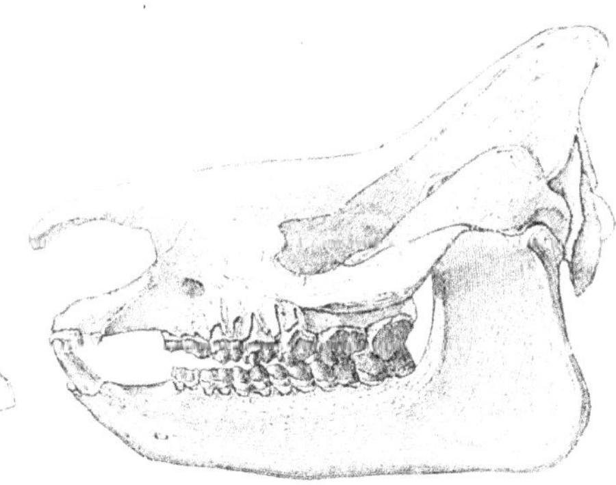

Fig. 665.
Aceratherium tridactylum Osborn. Oligocän. Oberes White Riverbed. Nebraska. Schädel. 1/6 nat. Gr. (Nach Osborn.)

**Aceratherium* Kaup (*Caenopus* Cope) (Fig. 663—666). $\frac{2-1.0.4.3}{2-1.0.4-3.3}$. Dolichocephal, Nasenbeine schmal, hornlos. Oberer J^1 komprimiert, J_1 hinfällig, J_2 lang, eckzahnähnlich mit dreikantiger Schneide. *P* stets einfacher als die *M*. Obere *P* und *M* anfangs nur mit Antecrochet. Vorderfuß dreizehig, angeblich mit rudimentärem, vierten Finger (Fig. 663). Oligocän. White Riverbed von Nordamerika. *A. occidentale* Leidy, *tridactylum*, *platycephalum* Osborn, *mite* Cope. Miocän, Colorado *persistens* Osborn. Untermiocän Europa

A. lemanense Pomel, Mitteleocän *platyodon* Mermier, Obermiocän *tetradactylum* Lartet, Unterpliocän, *incisivum* Kaup. Im Unterpliocän von Samos und Odessa *A. samium*, *Schlosseri* Weber (*A. Kowalevskii* Pavlow von Grebiniki bei Kherson). In den sarmatischen Schichten von Sebastopol

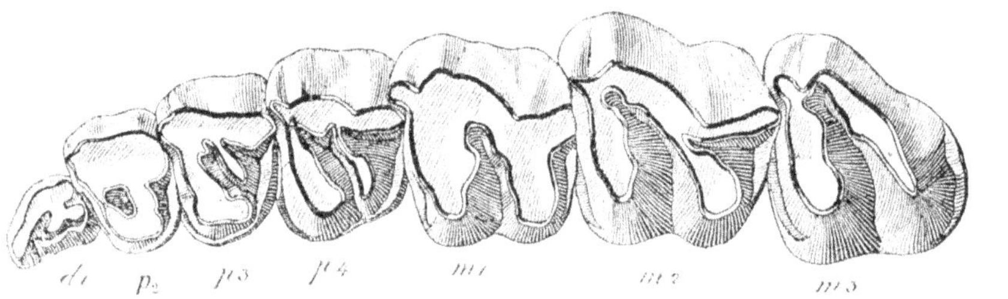

Fig. 666. *Aceratherium platycephalum* Osborn. Oligocän. White Riverbed. Obere Backenzähne. ½ nat. Gr. (Nach Osborn.)

A. Zernowi Borrissiak, im Pliocän der indischen Siwalik und in China *A. Blanfordi* Lydekker, von Maragha *A. Persiae* Pohlig.

**Diceratherium* Marsh. $\frac{1.0.4.3}{2.0.4-3.3}$. Jung mit unterem *JD* und *CD*. Kleine Tiere, dolichocephal. Nasenbeine meist mit zwei kleinen, seitlichen Hornpolstern. *P* fast stets *M*-ähnlich. In Europa im Oligocän *D. Zitteli* Schlosser, im Mittelmiocän *D. Douvillei* Osborn, im Obermiocän *D. steinheimensis* Jaeger. In Nordamerika im Oligocän *D. proavitum* Hatcher, im Untermiocän (John Daybed Oregon) *D. armatum*, *nanum* Marsh, im Miocän von Nebraska *D. Cooki*, *niobrarense* Peterson, *Loomisi* Cook. Im Untermiocän von Ostindien — Bugtihills — *D. Shabazi* Pilgrim.

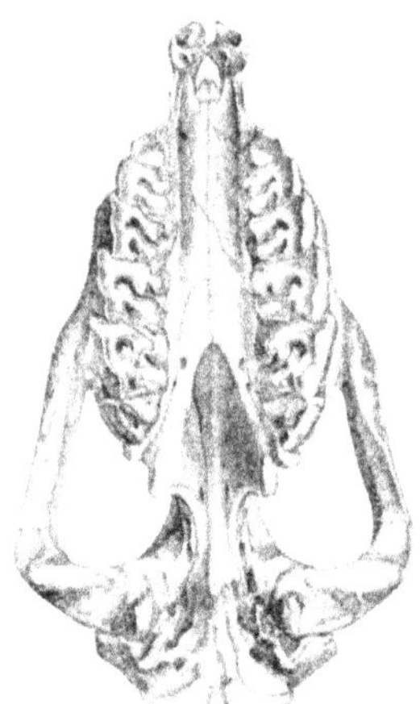

Fig. 667. *Teleoceras fossiger* Cope. Unterpliocän. Kansas. Schädel von unten. $^1/_{10}$ nat. Gr. (Nach Marsh.)

**Brachypotherium* Roger. $\frac{1.0.4.3}{1.0.3.3}$. Brachycephal, brachyodont. J^1 und J_2 sehr kräftig. Obere *P* und *M* nur mit Antecrochet. *P* einfacher als *M*. Hinteres Joch der unteren *M* nicht winklig abgebogen. Schädel fast immer hornlos, Extremitäten kurz und plump. In Europa im Mittelmiocän *B. aurelianense* Noulet, im Obermiocän *B. brachypus* Lart., im Unterpliocän *B. Goldfussi* Kaup. In Ostindien *B. perimense* Lydekker und *B. bugtiense* Pilgrim sp. In Japan *B. pugnator* Matsumoto.

**Teleoceras* Hatcher (Fig. 667). Occiput breit, fast senkrecht. Nasalia zugespitzt, komprimiert, mit kleinem Horn. Obere *J* kräftig, untere steil gestellt. *P* reduziert, *M* hypsodont. Beine kurz. Im Habitus an *Hippopotamus* erinnernd. Obermiocän. Nordamerika. *T. mediocornutus* Osborn. Unterpliocän. *T. fossiger* Cope.

**Aphelops* Cope. Dolichocephal. Nasalia vorne spitz, meist hornlos. Occiput schmal, senkrecht. Obere *J* rudimentär, untere horizontal. *P* unreduziert, *M* brachyodont. Extremitäten ziemlich lang. Obermiocän. Nordamerika. *A. megalodus* Cope, Unterpliocän *malacorhinus* Cope, *crassus* Leidy.

Peraceras Cope. Brachycephal. Occiput vorwärts geneigt, oben verschmälert. Obere *J* und *P* unreduziert, *M* brachyodont. Unterpliocän. Nordamerika. *P. superciliosus.*

Stammvater dieser nordamerikanischen Gattungen ist wohl *Metacoenopus* Cook, Miocän Nebraska, mit vier *M*-ähnlichen oberen *P*.

**Ceratorhinus* Gray, *Dihoplus* Brandt (Fig. 668), mäßig dolichocephal. $\frac{2-0.0.4.3}{1-0.0.3.3}$. Oberer J^1 und unterer J_2 ähnlich wie bei *Aceratherium*, zuweilen noch ein oberer J^2 vorhanden. *P* häufig *M*-ähnlich und wie diese mit Crochet, Crista und Antecrochet. Alle *P* und *M* brachyodont. Nasenbeine lang, mit Hornpolster, ein zweites Horn zuweilen auf den Stirnbeinen. Die jüngeren Arten verlieren die *J*, dagegen entwickelt sich ein knöchernes Nasenseptum. Im Untermiocän *C. tagicus* Roman. Im Obermiocän *C. sansaniensis* und *simorrensis* Lartet, im Unterpliocän *C. Schleiermacheri* Kaup. Im Pleistocän von Niederösterreich *C. hundsheimensis* Toula. Lebend *C. sumatrensis*. Ein *C. Schleiermacheri* ähnlicher M^3 im Untermiocän von Britisch-Ost-, ein Kiefer in dem von Südwestafrika.

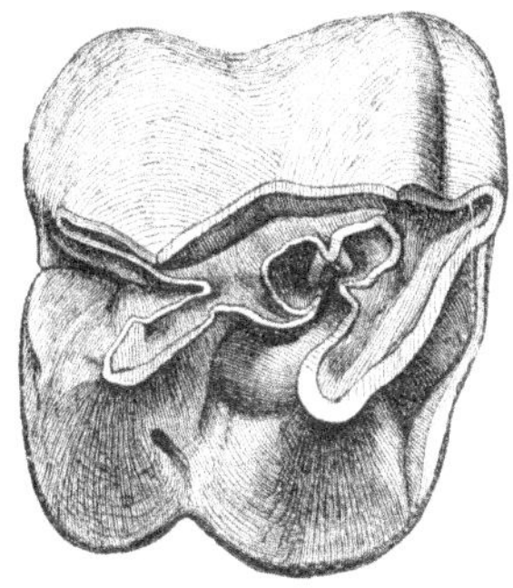

Fig. 668.
Rhinoceros (*Ceratorhinus*) *Schleiermacheri* Kaup. Unterpliocän. Eppelsheim. Oberer Molar. ⅔ nat. Gr.

Rhinoceros s. str. Gray (*Zalabis* Cope). $\frac{1.0.4.3}{1.0.3.3}$. Backenzähne häufig hochkronig. Schädel mit nur einem Horn. Occiput vorwärts geneigt. Processus postglenoideus und posttympanicus unten verwachsen. Lebend in Südindien (*R. sondaicus* Horsf.). Fossil in den Siwalikschichten, *Rh. palaeindicus* und *sivalensis* Falc., und im Pleistocän von Ostindien und Borneo.

**Diceros* Gray (*Atelodus* Pomel). $\frac{0.0.4.3}{0.0.3.3}$. Occiput nach hinten geneigt. Processus postglenoideus und posttympanicus unten frei. Schädel mit zwei Hörnern. Lebend in Afrika (*Rh. bicornis* Linné). Fossil in Europa und auf Samos im Unterpliocän *Rh. pachygnathus* Wagn., in Persien (Maragha) *Rh. Morgani* Mecquenem, im Mittelpliocän *Rh. leptorhinus* Cuv., (*Rh. megarhinus* Christol), im Pleistocän von Ostindien *Rh. deccanensis* Lyd. und von China *Rh. sinensis* Owen. Zweifelhaft ist die Stellung von *Rh. platyrhinus* Lyd. aus den Siwalikschichten und von *Rh. Habereri* Schlosser von China.

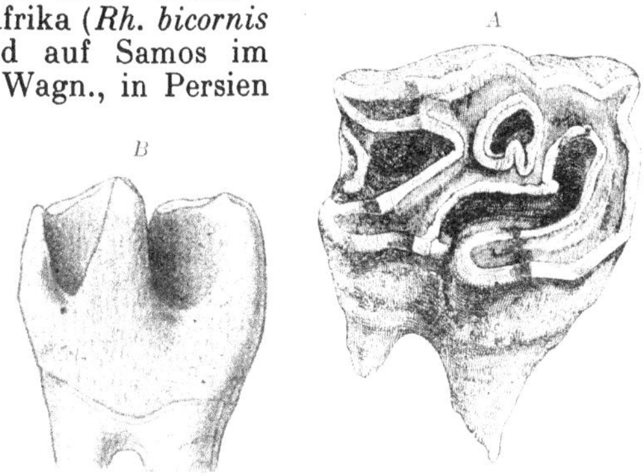

Fig. 669.
Rhinoceros (*Coelodonta*) *antiquitatis* Blumb. *A* oberer Molar. Pleistocän. Kents Höhle bei Torquay. ⅔ nat. Gr. (Nach Owen.) *B* unterer Molar von innen. ½ nat. Gr.

Im Oberpliocän und im ältesten Pleistocän von Europa *Rh. etruscus* Falconer, im Pleistocän von Europa und Nordasien *Rh. Mercki* Jäger (in China durch *Rh. simplicidens* Koken ersetzt) und *Rh. antiquitatis* Blumb. (*Rh. tichorhinus* Fisch.). In Sibirien hat man zwischen dem Jenesei und der Lena Leichen von *Rh. Mercki* und *antiquitatis* im gefrorenen Boden gefunden, die noch mit Wollhaar bekleidet wеren. Die Vertiefungen der Backenzähne enthielten noch Futterreste (Coniferennadeln und Weidenblätter). Im Erdwachs von Starunia in Galizien fand sich ein teilweise erhaltener Kadaver mit Haut und Weichteilen. *Rh. Mercki*, der Nachkomme von *etruscus* und von *Schleiermacheri*, erlosch bereits lange vor der letzten Eiszeit und erst nach ihm wird *Rh. antiquitatis* häufig, der wahrscheinlich von *Rh. platyrhinus* abstammt.

Der Name *Coelodonta* Bronn. (Fig. 669) ist auf *Rh. antiquitatis* und allenfalls auch auf seinen Vorläufer zu beschränken.

4. Unterfamilie: **Elasmotheriinae.**

Schädel langgestreckt, mit zugespitzter Schnauze und großer, halbkugeliger Protuberanz auf dem Stirnbein. Nasenbeine schmal, nur an der Spitze mit einer kleinen Rauhigkeit versehen. $\frac{0.0.2.3}{0.0.2.3}$. *Ohne J und C. Backenzähne prismatisch, wurzellos. Obere M aus Außenwand und zwei schiefen Jochen, untere M aus zwei eckigen Halbmonden bestehend. Schmelz stark gekräuselt. P einfacher und kleiner als M. Skelett plump. Vorder- und Hinterfuß dreizehig.*

**Elasmotherium* Fischer. Die einzige Art (*E. sibiricum* Fischer) im älteren Pleistocän von Südrußland und Sibirien, sehr selten auch im Rheintal.

Sinotherium Ringström (*Hippopotamus ?* Schloss.). Vorläufer der vorigen Gattung. Pliocän. Schansi. *S. Lagrelii* Ringst.

3. Familie: **Equidae** [1]).

Nasenbeine frei vorragend, vorne zugespitzt, hornlos. Gebiß $\frac{3.1.4-3.3}{3.1.4-3.3}$. *J meißelförmig, C meist kräftiger als die J. P bei den geologisch älteren Formen einfacher, bei den jüngeren gleich M. Obere M aus zwei, in der Regel zu einer Außenwand verbundenen Außenhöckern, zwei Zwischenhöckern und meist zwei konischen oder leistenartig verlängerten oder halbmondförmig gebogenen Innenhöckern bestehend. Zwischen- und Innenhöcker meist jochartig verbunden. Untere M bei den primitivsten Formen praktisch vierhöckerig, in der Regel aber aus zwei V- oder halbmondförmigen, nach innen geöffneten Jochen zusammengesetzt. Radius und Ulna miteinander verwachsen. Vorderfuß vier- oder drei- oder einzehig, Hinterfuß drei- oder einzehig.*

Die Equiden bilden die formenreichste, in ihren Endgliedern am meisten spezialisierte Familie der Perissodactylen. Sie beginnen im älteren Eocän und gipfeln in der jetzt noch lebenden Gattung *Equus*. Wie groß nun auch der Unterschied zwischen einem Pferd und den kleinen vierzehigen eocänen Anfangsformen sein mag, so sind doch die einzelnen Gattungen der Equidenreihe morphologisch aufs engste miteinander verbunden. Die Unterfamilien der *Hyracotheriinae*, *Anchitheriinae* und *Equinae* weichen bloß durch graduelle Unterschiede von einander ab und stellen lediglich zeitlich getrennte Ent-

---

[1]) *Antonius O.*, Untersuchungen üb. d. phylogenet. Zusammenhang zwischen Hipparion und Equus. Zeitschr. für induktive Abstammungs- und Vererbungslehre. 1919. — *Burmeister H.*, Die fossilen Pferde der Pampasformation. Buenos Aires 1875. Suppl. 1889. — *Cope E. D.*, Proceed. Amer. Philos. Soc. 1889. XXVI. — *Depéret Ch.*, Revision des Hyracotheridés européens. Bull. soc. géol. de France 1901. — *Douglass E.*, Fossil Horses from Dakota and Montana. Annals of the Carnegie Mus. Vol. IV. 1908. — *Gidley F. W.*, Bull. Amer. Mus. Nat. Hist. New York 1901. 1903. — *Granger W.*, Bull. Amer. Mus. Nat. Hist. New York 1906. 1908. — *Hay O. P.*, Notes on some new fossil Horses. Proc. U. S. Nation. Museum. Vol. 44. 1913. — *Huxley Th.*, Address delivered at the anniv. meet. of the geol. Soc. Quart. journ. 1870. — *Kowalewsky W.*, Sur l'Anchitherium et sur l'hist. paléont. des Chevaux. Mém. de l'Acad. St. Petersb. 1873. — *Major C. Forsyth*, Beitr. zur Geschichte der Pferde, insbesonders Italiens. Abh. Schweiz. pal. Ges. IV 1877. VII 1880. — *Marsh O. C.*, Amer. Journ. Sc. 1879. XVII. 1892. XI. III. — *Matthew W. D.*, Suppl. to Amer. Museum Journal. New York 1903. — *Matthew W. D.* and *Gidley J. W.*, Bull. Amer. Mus. Nat. Hist. New York 1906. — *Merriam J. C.*, Horses of Rancho la Brea. New Protohippine Horses from the Mohave desert. New Anchitheriine Horses from the Great Basin Area. University of California Public. Vol. 7. 1913 und New Horses from the Miocene and Pliocene of California. Ibidem Vol. 9. 1915. — *Nehring A.*, Fossile Pferde aus deutsch. Dilluvialabl. Berlin 1884. — *Osborn H. F.*, Equidae of the Oligocene, Miocene and Pliocene of North America. Mem. of the Amer. Mus. Nat. Hist. New York 1918. — *Reichenau W. v.*, Beitr. zur Kenntnis fossiler Pferde aus deutsch. Pleistocän. Abhandl. großh. hessisch. geol. Landesanstalt Bd. V. 1915. — *Scott W. B.*, On the Osteology of Mesohippus. Journ. of Morphology 1891. V. 3. — *Wortman J. L.*, Bull. Amer. Mus. Nat. Hist. New York 1896.

wicklungsstufen dar. Nur die bald erlöschende Unterfamilie der *Palaeotheriinae* nimmt eine gesonderte Stellung ein.

Der Schädel ist langgestreckt, niedrig, die Stirne breit, das Gehirn groß und stark gefaltet. Die hornlosen, zugespitzten Nasenbeine ragen frei über die zuweilen weit zurückreichende Nasenöffnung vor, welche unten vom Ober- und Zwischenkiefer begrenzt wird. Die Orbitae sind bei den älteren Gattungen groß, hinten offen, bei den jüngeren kleiner und ringsum knöchern begrenzt. Lacrimalia ausgedehnt. Processus postglenoidalis und paroccipitalis wohl entwickelt.

Sämtliche Equiden besitzen oben und unten jederseits drei *J*, einen *C* und sieben oder sechs Backenzähne. Das Diastema zwischen *C* und dem ersten *P* vergrößert sich bei den jüngeren Formen infolge von Verlängerung der Gesichtsknochen. Die anfänglich kurzen, brachyodonten Zähne werden prismatisch, hypselodont, und die anfangs einfacheren *P* bekommen den Bau der *M*. Die oberen *M* bestehen aus 2 äußeren — Paracon und Metacon —, 2 inneren Hügeln — Protocon und Hypocon — und 2 Zwischenhöckern — Protoconulus und Metaconulus —. Bei den älteren Formen sind die Außenhügel von den Innenhügeln getrennt und nur die letzteren mit den Zwischenhügeln durch schwache Leisten verbunden. Bei weiterer Entwicklung vereinigen sich nicht nur die Außenhöcker zu einer W-förmigen Außenwand, sondern auch die Innen- und Zwischenhügel zu schrägen Jochen. Die Außenwand besitzt drei Vorsprünge, am Vorderaußeneck, Parastyl, in der Mitte, Mesostyl, und am Hinteraußeneck, Metastyl. Die unteren *M* haben halbmondförmige Außenhügel — Protoconid und Hypoconid — und meist hohe konische Innenhügel — Metaconid und Entoconid —. Von den oberen *P* ist der vorderste klein und einfach. Er fehlt niemals bei den eocänen Formen, bei den jüngsten verschwindet er in der Regel vollständig. Die hinteren *P* sind bei den älteren Formen trituberkulär, bei den

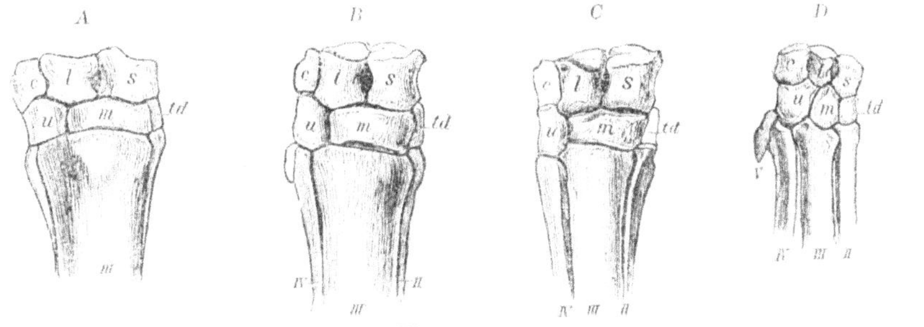

Fig. 670.

Carpus und Metacarpus von *A Equus*, *B Hipparion*, *C Anchitherium*, *D Paloplotherium*. c Cuneiforme, *l* Lunare, *s* Scaphoideum, *u* Unciforme, *m* Magnum, *td* Trapezoid, *II—V* Metacarpalia *II*, *III*, *IV* und *V*.

späteren werden sie nacheinander, vom hintersten beginnend, den *M* gleich. Die *P* des Unterkiefers eilen in der Molarisierung denen des Oberkiefers etwas voraus. Bei *Hyracotherium* stehen die vier konischen Höcker einander paarweise oder alternierend gegenüber und bleiben entweder isoliert oder sind durch undeutliche Querjoche verbunden. Bei allen jüngeren Equiden sind die Backenzähne lophodont, und zwar die unteren selenolophodont. Den *P* gehen drei oder vier *D* voraus, von denen schon bei den ältesten Formen der hinterste stets und der vorletzte nahezu die Zusammensetzung eines Molaren besitzt. Der Komplikation der *P* eilt die Molarisierung der *D* immer um einen Zahn voraus, jedoch werden sie niemals hypselodont wie die *P* und *M*.

Die Extremitäten sind bei den ältesten Formen gedrungen, bei den jüngeren schlank und lang. Die Knöchelchen der beiden Carpalreihen alternieren miteinander. Das ursprünglich kleine Os magnum verbreitert sich bei den jüngeren Formen, drängt das Trapezoid nach innen und stützt gleichmäßig das Lunare und Scaphoideum. Die primitivsten Gattungen haben vier Metacarpalia. Bei *Anchitherium* gewinnt das *Mc III* infolge der Ausdehnung des Magnum ein starkes Übergewicht über die seitlichen Metapodien, deren Zehen jedoch den Boden noch berühren. Bei *Hipparion* (Fig. 670 *A*) und *Protohippus* nimmt der Metacarpus an Länge zu, die seitlichen Metacarpalia II und IV sind dünn, aber fast ebenso lang wie *Mc III*, jedoch berühren ihre Zehen nicht mehr den Boden. *Mc V* ist nur als winziger Stummel angedeutet. Bei *Equus*, *Hippidium* und *Pliohippus* endlich wandeln sich die seitlichen Metacarpalia in dünne, nach unten zugespitzte Griffelbeine um, die kaum halb so lang sind wie *Mc III*. Metacarpale III allein

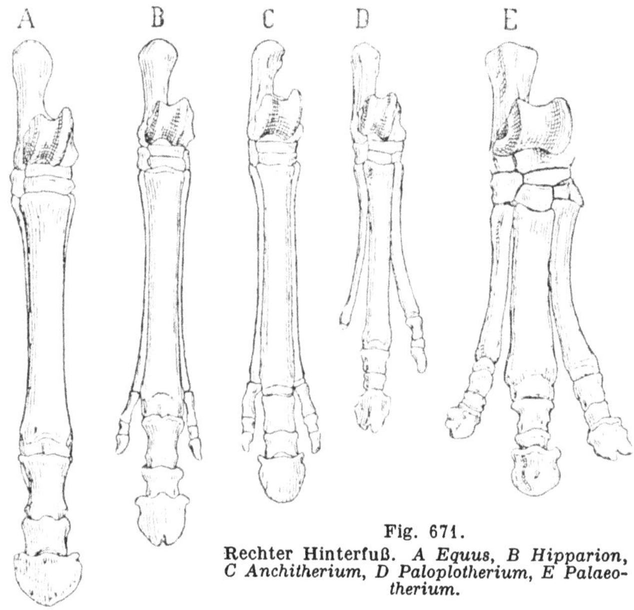

Fig. 671.
Rechter Hinterfuß. *A Equus*, *B Hipparion*, *C Anchitherium*, *D Paloplotherium*, *E Palaeotherium*.

besitzt drei kräftige Zehenglieder, von welchen das letzte von einem großen Huf umgeben ist. *Mc V* verschwindet vollständig.

Eine ähnliche Umbildung erleiden Tarsus und Hinterfuß (Fig. 671), so daß auch hier als Schlußresultat ein einzehiger Fuß mit zwei schwachen seitlichen Griffelbeinen entsteht. Die Leitkiele am distalen Ende der Metapodien sind anfangs auf die Hinterseite beschränkt, werden dann immer stärker und teilen bei den jüngsten Gattungen das ganze Gelenk in zwei gleiche Teile.

Die Equiden zerfallen in die vier Unterfamilien der *Hyracotheriinae*, der *Palaeotheriinae*, der *Anchitheriinae* und der *Equinae*, welche jedoch zum Teil nur Entwicklungsstadien verschiedener Formenreihen darstellen.

1. Unterfamilie: **Hyracotheriinae.**

Orbita hinten offen. $\frac{3.1.4(-3).3}{3.1.4(-3).3}$. *Backenzähne sehr niedrig, mit starkem Basalband. P meist einfacher als M. Obere M mit vier Haupt- und zwei kleineren Zwischenhöckern, untere M mit vier Höckern. Höcker entweder konisch, oder im Oberkiefer jochartig verbunden und die äußeren im Unterkiefer V-förmig. Radius und Ulna getrennt, gleich stark. Vorderfuß fast stets mit vier, Hinterfuß mit drei Zehen.* Eocän von Nordamerika und Europa.

Die Hyracotheriinen haben zum Teil noch bunodontes Gebiß. Die konischen Außenhöcker bleiben anfangs noch isoliert, verbinden sich aber bald zu einer mit Parastyl und Mesostyl versehenen Außenwand und bilden dann

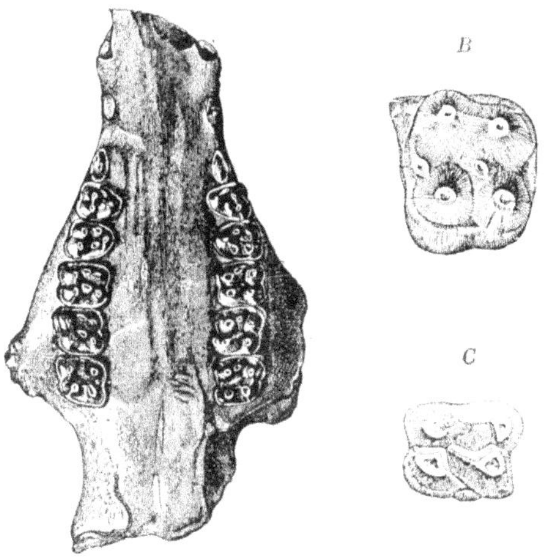

Fig. 672.
Hyracotherium leporinum Owen. Unt. Eocän (London-clay). Herne Bay. Insel Wight. *A* Schädelfragment von unten. *B* zweiter oberer, *C* erster unterer Molar. $^2/_1$ nat. Gr. (Nach Owen.)

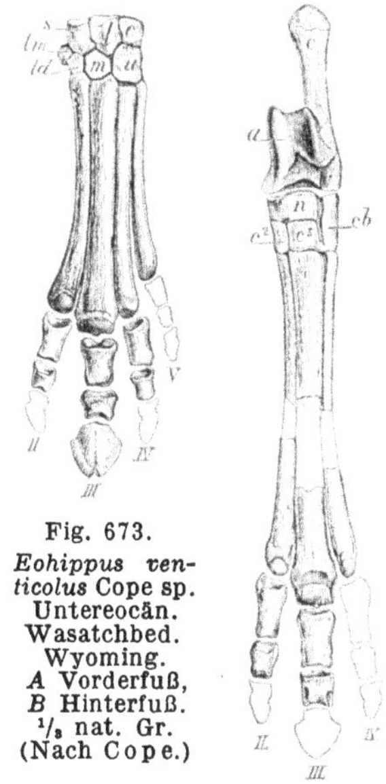

Fig. 673.
Eohippus venticolus Cope sp. Untereocän. Wasatchbed. Wyoming. *A* Vorderfuß, *B* Hinterfuß. $^1/_2$ nat. Gr. (Nach Cope.)

mit den Zwischen- und Innenhöckern schräge Joche. Die Joche der Unterkieferzähne werden V-förmig. Die *P* sind fast stets einfacher als die *M*. Die Hyracotheriinen lassen sich von der fünfzehigen Condylarthrengattung *Tetraclaenodon* (*Euprotogonia*) ableiten, welche somit den Ausgangspunkt der Equiden darstellt. Sie hat jedoch nur für die nordamerikanischen Formen phylogenetische Bedeutung, weil nur sie mit einem für jene charakteristischen Hypostyl, dem Höcker inmitten des Hinterrandes der oberen *M*, versehen sind. Auch sind nur von ihnen die Extremitäten bekannt, weshalb auch die Zugehörigkeit europäischer Gattungen wenigstens von *Pachynolophus*, *Lophiotherium*, *Anchilophus* und *Propalaeotherium* zu den Hyracotheriinen nur provisorisch sein kann. Die letzte der vier Gattungen gehört wohl schon zu den Palaeotheriinen, *Anchilophus* vielleicht zu den Anchitheriinen. *Paloplotherium* hingegen wird wegen der Einfachheit der *P* zu den Hyracotheriinen gestellt, obwohl der Vorderfuß nur dreizehig ist.

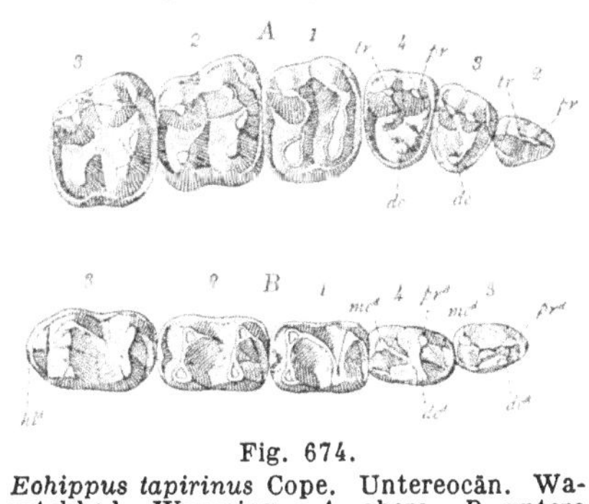

Fig. 674.
Eohippus tapirinus Cope. Untereocän. Wasatchbed. Wyoming. *A* obere, *B* untere Backenzähne. Nat. Gr. (Nach Wortman.)

**Hyracotherium* Owen (*Pliolophus* Owen, *Lophiodochoerus* Lemoine). (Fig. 672.) Alle *P* einfacher als die *M*. Höcker der *M* und *P* höchstens zu undeutlichen Jochen verbunden. Unterer M_3 mit unpaarem Hinterhöcker. Untereocän. England. *H. leporinum* Owen.

Propachynolophus Depéret. *M* weniger bunodont als bei Hyracotherium. Untereocän Reims. Erquellines (Belgien). *P. Maldani*, *Gaudryi* Lemoine sp.

**Eohippus* Marsh (*Orotherium*, *Hyracotherium* Cope, *Protorohippus* Wortman). (Fig. 673, 674.) *M* deutlich lophodont. Obere *P* einfacher als *M*. Extremitäten schlank, ziemlich lang, digitigrad. Metacarpale V viel kürzer als *Mc II* und *IV*. Angeblich Griffelbein von *Mc I* vorhanden, vielleicht auch von *Mt V*. Untereocän Wasatch und Wind Riverbed. Nordamerika. *Eohippus venticolus*, *index* etc. Cope.

**Pachynolophus* Pomel. Obere *M* mit zwei pyramidalen Außenhöckern, mit schwachem Parastyl und Mesostyl und zwei nahezu konischen Innenhöckern nebst zwei Zwischenhöckern. P_4 in beiden Kiefern fast *M*-artig. Untere *M* mit zwei eckigen Außenmonden, deren Enden hohe Spitzen bilden. Im Mitteleocän von Frankreich, Belgien und in Schweizer Bohnerzen. *P. Prevosti* Gervais.

**Orohippus* Marsh (*Helotherium*, *Hyracotherium* Cope, *Homogalax* Hay.) wie *Pachynolophus*, jedoch obere *M* mit Hypostyl. P_4 mehr oder weniger *M*-artig. Mitteleocän. Bridgerbed. *O. pumilus* Marsh.

**Epihippus* Marsh, ähnlich *Orohippus*, *P* aneinanderschließend, P_3 und P_4 *M*-artig. Vorderfuß vierzehig. Obereocän. Uintabed. *E. gracilis* Marsh.

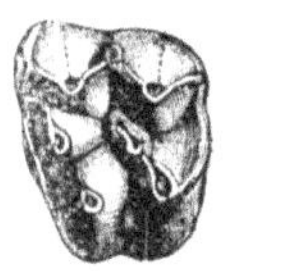

Fig. 675. *Lophiotherium cervulum* Gervais. Obereocän. Phosphorite v. Quercy. Oberer Molar. ³/₁ nat. Gr.

**Lophiotherium* Gerv. (*Pachynolophus* Pictet, *Tapinodon* v. Meyer (Fig. 675), die beiden hinteren *P* *M*-artig. Höcker und Halbmonde dick. Obereocän. Frankreich, Schweiz. *L. cervulum* Gervais.

**Propalaeotherium* Gervais. Obere *M* ähnlich wie bei *Pachynolophus*, aber meist größer. P^4 trituberkulär, auch unterer P_4 etwas einfacher als *M*. Am vorderen Halbmond der unteren *M* ist der vordere Schenkel etwas verkümmert. Innenhügel plump, vorderer zweispitzig. Mitteleocän von Frankreich. *P. argentonicum* und *isselanum* Gervais, die letztere Art auch in den Schweizer Bohnerzen, hier auch das kleine *P. parvulum* Laurillard, auch in Helmstädt. In Messel bei Darmstadt und in Schweizer Bohnerzen *P. Rollinati* Stehlin.

**Anchilophus* Gervais. Die beiden letzten *P* *M*-artig. Obere *M* viel breiter als lang. Erster Innenhöcker der unteren *P* und *M* dick, zweispitzig. Obereocän Frankreich, Schweizer Bohnerze und Phosphorite von Quercy. *A. Desmaresti* Gerv.

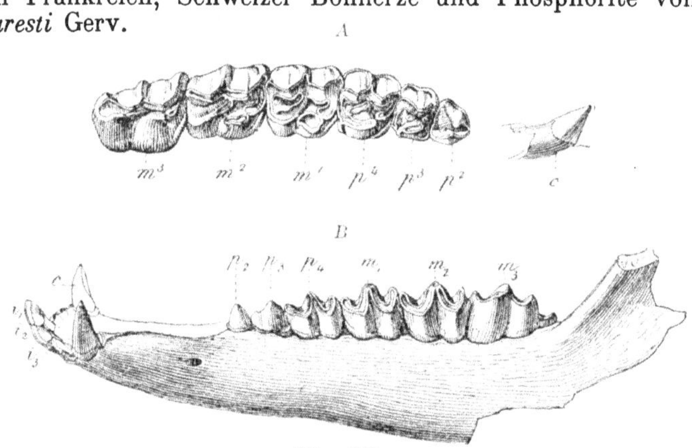

Fig. 676. *Paloplotherium minus* Cuv. Ob. Eocän (Lignit). Débruge bei Apt. *A* Oberkieferzähne, *B* Unterkieferzähne. ⅔ nat. Gr.

**Paloplotherium* Owen (*Plagiolophus* Pomel). (Fig. 670 D, 671 D, 676.) Schädel pferdeähnlich. $\frac{4}{4}$ *P*, alle einfacher als die *M*, die oberen *P* dreihöckerig. Obere *M* etwas länger als breit. Innenenden der Halbmonde an den unteren *P* und *M* als hohe Spitzen entwickelt. Backenzähne häufig mit Zement versehen und relativ hochkronig. Carpalia schmal und hoch. Extremitäten dreizehig, schlank, seitliche Metapodien dünn. Häufig im europäischen Obereocän. *P. annectens* Owen, *minus* Cuv. etc. Selten im Oligocän, Ronzon *P. ovinum* Aymard, und in schwäbischen Bohnerzen.

2. Unterfamilie: **Palaeotheriinae.**

Orbita hinten weit offen. P meistens M-artig. Obere M mit W-förmiger Außenwand und zwei schrägen Querjochen. Parastyl und Mesostyl schwach entwickelt. Die zusammenstoßenden Innenenden der beiden Halbmonde der unteren M bilden eine einfache Spitze. M_3 mit drittem Halbmond. Extremitäten relativ kurz und dick. Vorder- und Hinterfuß dreizehig. Seitenzehen nur wenig schwächer als die Mittelzehe. Nur im Eocän und Unteroligocän von Europa.

Fig. 677. *Palaeotherium crassum* Cuvier. Erster unterer Molar. 1/1.

**Palaeotherium* Cuvier. (Fig. 671 *E*, 677, 678.) Zahl der *P* oben stets vier, unten meist drei. Extremitäten und Schädel tapirähnlich.

Die Körpergröße dieser artenreichen Gattung wechselt zwischen der von Schwein (*P. curtum* Cuv.) und der von Rhinoceros (*P. magnum* Cuv.), die meisten Arten haben die Dimensionen eines Tapirs (*P. medium* Cuv., *Mühlbergi* Stehlin), an welchen auch der Schädel und die einzelnen Knochen am ehesten erinnern. Die Molarisierung der *P* erfolgt hier sehr rasch, jedoch hat eine der ältesten Arten (*P. Rütimeyeri* Stehlin) sogar noch einen sehr einfachen P^4. Im Pariser Gips finden sich ganze Skelette, in den Ligniten von Débruge (Vaucluse) verdrückte Knochen und Schädel.

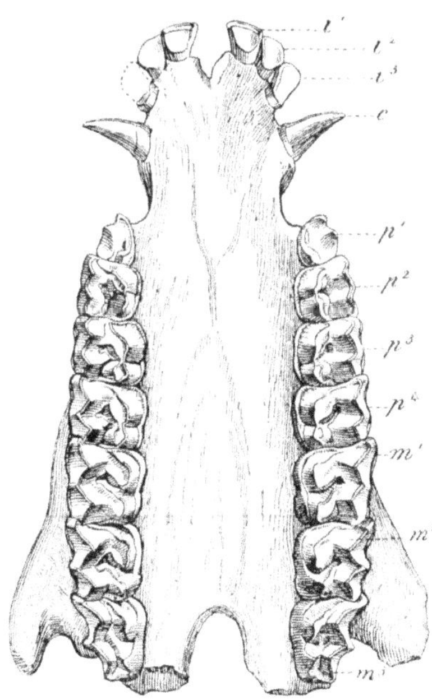

Fig. 678. *Palaeotherium crassum* Cuv. Lignit. Débruge bei Apt, Vaucluse. Unterseite des Schädels mit sämtlichen Zähnen. ½ nat. Gr.

3. Unterfamilie: **Anchitheriinae.**

Orbita hinten offen, öfters vollständig knöchern begrenzt. Backenzähne brachyodont. Obere M mit W-förmiger Außenwand und zwei schrägen Querjochen. Parastyl, Mesostyl und Hypostyl wohl entwickelt. Innenenden der Halbmonde der unteren P und M deutliche Kegel bildend. Dritter Halbmond des M_3 stets rudimentär. Radius und Ulna anfangs getrennt. Extremitäten hoch und schlank, dreizehig. Seitenzehen den Boden berührend, aber dünner als die Mittelzehe.

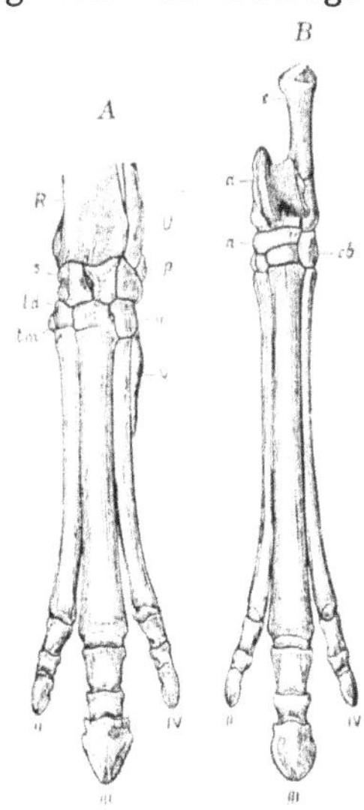

Fig. 679. *Mesohippus celer* Marsh. Unt. Miocän. Dakota. *A* Vorderfuß, *B* Hinterfuß. ⅓ nat. Gr., restauriert. (Nach Marsh.)

Im Oligocän und Untermiocän von Nordamerika, im Mittel- und Obermiocän von Europa und im Unterpliocän von China.

**Mesohippus* Marsh (Fig. 679, 680). *J* meißelförmig, ohne Marke. *P* mit Ausnahme von P_1 *M*-artig. $P^4 = M^1$. Zwischenhöcker und Hypostyl der oberen *M* kräftig entwickelt, letzteres bei den ältesten Arten — *M. Westoni* Cope noch fehlend. Mittlerer Innenhöcker der unteren *M* undeutlich zweispitzig. Gesichtspartie kürzer als Cranium. Vorderfuß mit griffelartigem Metacarpale V. Oligocän (White Riverbed) von Dakota *M. Bairdii* Leidy von Schafgröße.

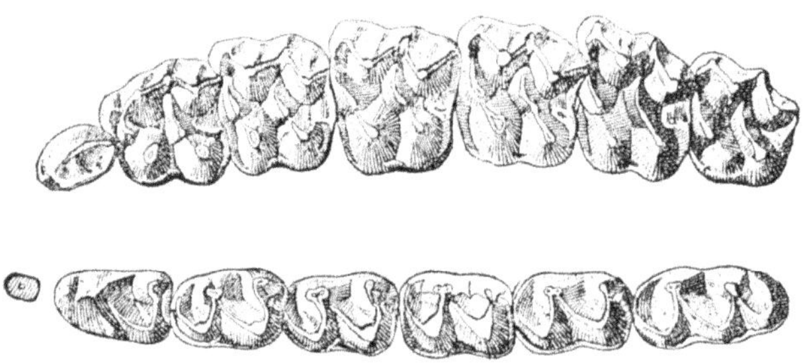

Fig. 680.
Mesohippus Bairdi Leidy sp. Oligocän. Dakota. Obere und untere Backenzahnreihe. Nat. Gr. (Nach Osborn.)

A

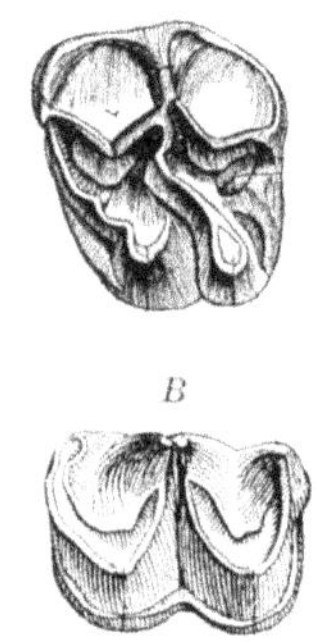

B

Fig. 681.
Anchitherium aurelianense Cuvier sp. Miocän. Georgensgmünd. Bayern. *A* oberer, *B* unterer Molar. 1/1.

Anchitherium v. Meyer (Fig. 681.) *P* mit Ausnahme der kleinen P_1 *M*-artig. Zwischenhöcker der oberen *M* schmal, jochartig mit den Innenhöckern verbunden. Innenhöcker der unteren *M* zweispitzig. *J* mit undeutlicher Marke. Metacarpale II und IV viel dünner als *Mc III*, aber fast ebenso lang und mit drei Zehengliedern. Fibula griffelartig, mit der Tibia verwachsen. Hinterfuß dreizehig, seitliche Metatarsalia schwach. Obermiocän. Europa. *A. aurelianense* Cuv. sp. (*Palaeotherium hippoides* Blv.). Die nordamerikanischen Arten verteilen sich auf folgende Gattungen:

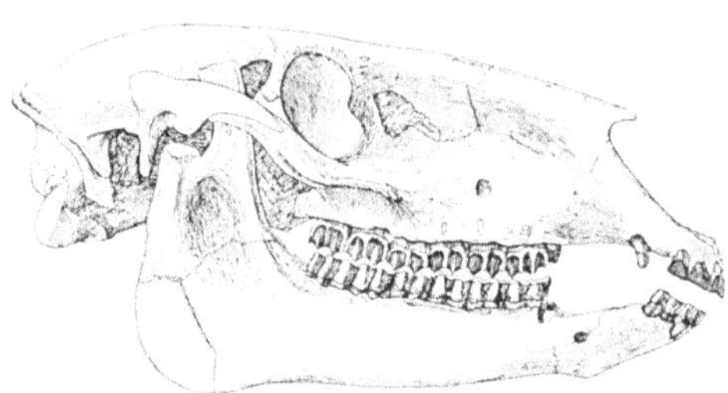

Fig. 682.
Parahippus nebrascensis Peterson. Miocän. Nebraska. Schädel ¼ nat. Gr. (Nach Peterson.)

**Miohippus* Marsh. (*Anchitherium, Mesohippus* partim.). *P* länger als *M*. P^4 breiter als M^1. Hypostyl groß, eckig. Lacrimalgrube tief oder flach und breit. John Daybed. Oregon. *M. equiceps* Cope. Süd-Dakota. *M. meteulophus* Osborn. Unt. Miocän. *Condoni* Leidy.

Kalobatippus Osborn (*Anchitherium* Marsh). Backenzähne auffallend niedrig. M_3 mit großem dritten Lobus. Hinterfuß sehr lang. John Daybed Oregon. *K. praestans* Marsh.

Archaeohippus Gidley. Lange, tiefe Gesichtsgrube. Ebenda. *A. ultimus* Cope.

**Parahippus* Leidy (*Desmatippus* Scott, *Altippus* Dougl., *Anchippus* Marsh). (Fig. 682.) $P^4 > M^1$. Zwischen- und Innenhöcker der oberen *M* groß. Metaloph öfters mit Fältchen. Hypostyl kräftig. Innenenden der unteren Backenzähne verbreitert. Orbita geschlossen. Gesichtspartie verlängert. Seitenzehen stark reduziert. Nordamerika. Unt. Miocän. *P. nebrascensis* Peterson. Mittl. Miocän. *P. crenidens* Scott. Unt. Pliocän. *P. cognatus* Leidy.

**Hypohippus* Leidy (*Anchitherium* Schl., *Drymohippus* Merriam). Protoloph und Metaloph scharf getrennt vom Ectoloph. Zwischenhöcker undeutlich. M^3 reduziert. Schädel klein. Gesichtspartie kurz. Extremitäten kurz. Seitenzehen den Boden berührend. Mittl. Miocän. Montana. *H. equinus* Scott. Pliocän, Nebraska. *H. Matthewi* Barbour. Miocän, Japan. *H. hippopalivides* Matsumoto. Pliocän, China. *H. Zitteli* Schloss.

4. Unterfamilie: **Equinae.**

Orbita hinten vollständig geschlossen. Backenzähne hypselodont, meist mit reichlichem Zement. P_1 sehr klein, öfters fehlend, die übrigen P M-artig. Obere M mit zwei halbmondförmigen Zwischenhöckern, welche mit dem entsprechenden Außenhöcker eine Marke — Fossette — bilden. Erster Innenhöcker groß, einem Basalpfeiler ähnlich, zweiter klein. Untere P und M mit großem, als Doppelschleife entwickelten Innenpfeiler an der Vereinigung der beiden Halbmonde. J meißelförmig, mit einer durch Einstülpung des Schmelzes entstandenen Marke. Radius und Ulna verwachsen; letztere in der distalen Hälfte sehr dünn. Vorder- und Hinterfuß drei- oder einzehig, die seitlichen Metapodien dünn, entweder mit drei kurzen Phalangen versehen oder zu distal zugespitzten Griffelbeinen verkümmert. Leitkiel des dritten Metapodiums über die ganze distale Gelenkfläche reichend, Fibula stark reduziert.

Die Doppelschleife an der Innenseite der unteren *P* und *M* besteht aus dem ursprünglichen Metaconid und dem ebenso dicken Pfeiler-Metastylid. Die oberen *P* und *M* besitzen verschiedene, in die Marken vorspringende Sporne und neben dem Protocon die »Caballine Falte«.

Fossil in Nordamerika vom Obermiocän bis in das Pleistocän, in Europa, Asien und Nordafrika vom Unterpliocän bis in die Gegenwart, in Südamerika im Pleistocän.

**Merychippus* Leidy. (Fig. 683.) *P* und *M* mäßig hypselodont, mit viel Zement, Schmelzfältelung der oberen *M* gering. *D* brachyodont, ohne Zement.

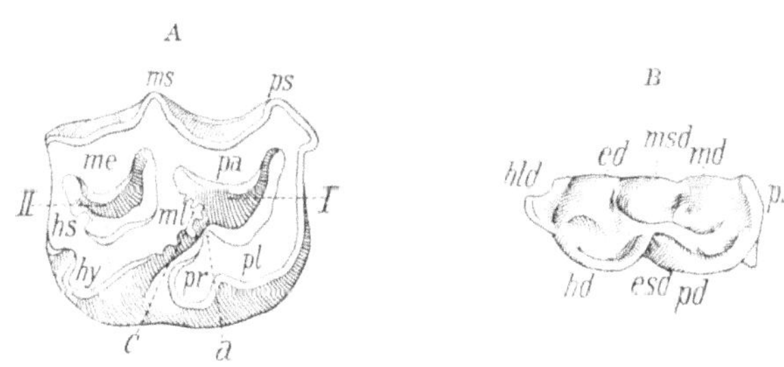

Fig. 683. *Merychippus* (nach Osborn).

A oberer *D*:
ps Parastyl, *ms* Mesostyl, *hs* Hypostyl, *a* Antecrochet, *c* Crochet, *pa* Paracon, *I* Praefossette, *me* Metacon, *pl* Protoconulus, *ml* Metaconulus, *pr* Protocon, *hy* Hypocon, *II* Postfossette

B unterer *M* von oben:
psd Parastylid, *md* Metaconid, *msd* Metastylid, *esd* Entostylid, *ed* Entoconid, *hld* Hypoconulid, *hd* Hypoconid, *pd* Protoconid

Protocon frei, nur mit Protoconulus verbunden. Seitenzehen stark verkürzt. Mittelmiocän von Nordamerika. *M. sejunctus* Cope. Obermiocän. *M. insignis* Leidy. Unterpliocän. *M. republicanus* Osb.

**Protohippus* Leidy. (Fig. 684 *D*.) Vorderer Innenhöcker, Protocon, der oberen *M* mit dem ersten Zwischenhöcker verbunden. Fältelung des Schmelzes der oberen *M* gering. *M* ziemlich hypselodont. *D* mit Zement.

Ohne Lacrimalgrube. Vorder- und Hinterfuß schlank, dreizehig. Seitenzehen kurz. Unterpliocän von Nordamerika. *P. perditus*, *placidus* Leidy.

**Pliohippus* Marsh (*Merychippus* Leidy partim). Alle Backenzähne mit Zement. Marken der oberen *P* und *M* breiter, Schmelzfältelung geringer als bei voriger Gattung. Lacrimal- und Malargrube groß. Beine massiv. Seitenzehen zuweilen ohne Phalangen. Unterpliocän. Nordamerika. *P. mirabilis* Leidy, *pernix* Marsh, *Leidyanus* Osborn. Mittelpliocän. *P. coalingensis* Merriam.

**Hipparion* Christol (*Hippotherium* Hensel). (Fig. 684*B*.) *J* mit Marke, *C* bei beiden Geschlechtern vorhanden. Backenzähne hypselodont, aber niedriger als beim Pferd. P^1 klein, hinfällig, P^2 dreieckig, länger als die im Querschnitt quadratischen *P* und *M*. Protocon der oberen *P* und *M* einen isolierten, im Querschnitt ovalen oder kreisrunden Pfeiler bildend.

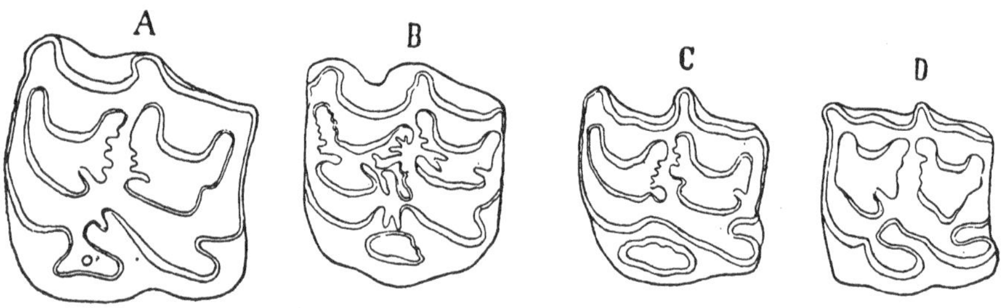

Fig. 684.
Oberer Molar von *A Equus Stenonis* Cocchi, *B Hipparion gracile* Kaup, *C Neohipparion dolichops* Matthew, *D Protohippus sp.*

Schmelz an den Marken stark gefältet. Zement der *P* und *M* sehr dick, an den *D* dünn. Untere *D* mit Außenpfeiler. Schädel etwas niedriger als beim Pferd. Vor dem Tränenbein eine lange, unten von der Crista maxillaris begrenzte Grube. Extremitäten dreizehig. Seitenzehen dünn, die Endphalangen weit vom Boden abstehend. Körpergröße etwa zwischen der von Esel und Zebra. *Hipparion* lebte in Rudeln und die im Unterpliocän von Europa allenthalben verbreiteten und überaus häufigen Überreste von *H. gracile* Kaup (*mediterraneum* Hensel) gehören zu den wertvollsten Leitfossilien. Außer Europa, wo sie zuerst in den sarmatischen Schichten von Sebastopol auftritt, kommt diese Art auch auf Samos, bei Troja und bei Maragha sowie in Ägypten und in Algier vor. In China ist sie vertreten durch *H. Richthofeni* Koken, in den indischen Siwalikhügeln durch *H. antilopinum* Falc. und *Theobaldi* Lyd. In Südrußland und auf Samos existiert neben ihr auch das kleine *H. minus* Pavlow. Im Mittelpliocän von Roussillon *H. crassum* Gervais.

Neohipparion Gidley. (Fig. 684*C*.) Gebiß ähnlich Hipparion, jedoch Schmelzfältelung schwächer, und Protocon der oberen *P* und *M* elliptisch wie bei *Equus*. Seitenzehen etwas stärker reduziert. Nur in Nordamerika. Von Osborn jetzt mit *Hipparion* vereinigt. Unterpliocän. *N. occidentale*, *gratum* Leidy. Eine sehr kleine Art ist *N. minor* Sellards in Florida. Mittelpliocän. *N. peninsulatus* Cope.

**Hippidium* Owen (*Rhinippus* Burmeister). Backenzähne ohne Fältelung, sehr ähnlich denen von *Protohippus*, sehr niedrig und die oberen stark gekrümmt. Beide Innenhöcker der oberen *P* und *M* fast gleich groß. Nasenbeine ungemein lang, Nasenausschnitt erst oberhalb M^3 endend. Metapodien kürzer und gedrungener als bei *Equus*. Seitenzehen nur als Griffelbeine entwickelt. Pleistocän. Südamerika.

Hyperhippidium Scott. Sehr kleine kurzbeinige Bergform. Pleistocän. Südamerika.

Onohippidium Moreno. Wie *Hippidium*, jedoch mit langer, tiefer Grube vor dem Tränenbein. Pleistocän. Südamerika.

**Equus* Lin. (Fig. 684*A*.) *J* mit Marke. Backenzähne stark hypselodont. P^1 klein, stiftförmig. Schmelzfältelung viel schwächer als bei *Hipparion*. Der Protocon viel größer als der Hypocon und langelliptisch, jedoch ebenfalls mit dem entsprechenden Zwischenhöcker verbunden. Zementbelag dick. Vorderfuß ohne Trapezium und ohne Rudiment von *Mc V*. Die seitlichen Metapodien als kurze, unten zugespitzte Griffelbeine endend. Zuweilen finden sich jedoch Individuen, bei welchen sie, wie bei *Hipparion*, zu vollständigen Seitenzehen ausgebildet sind. Solche Fälle dürfen nicht verwechselt werden mit Mißbildungen, wie das Marsh getan hat, denn es handelt sich bei den letzteren nur um Verdoppelungen der Mittelzehe, was aus der Anwesenheit eines zweiten Os magnum hervorgeht.

Die Gattung *Equus* tritt zuerst in Ostindien im Pliocän auf, in China anscheinend sogar zusammen mit *Hipparion*. In Europa ist die älteste Art *E. Stenonis* Cocchi im Oberpliocän und Altpleistocän, hierauf folgt *E. mosbachensis* Reichenau und *süssenbornensis* Wüst, auf diese *E. taubachensis* Freudenberg (*Abeli* Antonius) und *steinheimensis* Reichenau. Im Jungpleistocän *E. germanicus* Nehring. *E. ferus* Pallas (= *Przewalskii* Poljakoff) — das lebende asiatische Wildpferd — und *E. gracilis* Ewart, mit Tarpan verwandt, und zuletzt *E. caballus* Lin. im Pleistocän von Europa, Nordasien und Nordafrika. Im indischen Pleistocän *E. namadicus* Falc. Fossile Reste von Dschiggetai (*E. hemionus*) und Esel (*E. asinus*) sind selten, solche von Zebra kennt man aus Diamantseifen von Südafrika. In Nordamerika ist die Gattung *Equus* im älteren Pleistocän durch *E. intermedius* Gidley, *complicatus* und *crenidens* Cope und *niobrarensis* und *laurentinus* Hay, im jüngeren durch *E. Scotti* Gidley, *fraternus* Leidy etc. vertreten. Ziemlich häufig sind vollständige Skelette des *Equus occidentalis* Leidy im Asphalt von Rancho Brea in Kalifornien, auch das Skelett von *Scotti* ist sehr gut bekannt. Schädel kennt man außerdem von *E. laurentinus* und *niobrarensis*. *Equus tau* Owen von Mexiko ist die kleinste amerikanische Equusart, *E. giganteus* die größte. *E. calobatus* von Texas ist nach Lull ein Asinus. *Equus* soll im obersten Pliocän von Florida schon neben dreizehigen Pferden vorkommen. Im Kapland lebte in prähistorischer Zeit der große eselartige *E. capensis* Broom. Die südamerikanischen Pampasformation enthält ebenfalls Reste von *Equus*, *E. curvidens* Owen, *Andium* Wagner. Noch vor der historischen Zeit erlosch die Gattung *Equus* in ganz Amerika.

v. Reichenau unterscheidet Tigerpferde — *Hippotigris* — lebend Zebra, Quagga, fossil *Stenonis*, *süssenbornensis*, schwere Pferde — *Equus* — *E. mosbachensis*, *germanicus*, occidentales Pferd, Edelpferde — *Euhippus* — *quaggoides*, *steinheimensis*, orientalische Pferde, Kleinpferde — *Microhippus* — *Przewalskii*, Kiang und Esel — *Asinus*.

Über die Abstammung des Pferdes und der übrigen Equiden-Gattungen sind verschiedene Hypothesen aufgestellt worden. Schon Cuvier hatte auf die Verwandtschaft von *Palaeotherium* mit *Equus* hingewiesen. Huxley bezeichnete *Equus*, *Hipparion*, *Anchitherium* und *Paloplotherium* (*Plagiolophus*) als Entwicklungsstufen einer genealogischen Reihe. Durch Kowalewsky wurde eingehend die allmähliche Umformung des Equidenfußes und -gebisses geschildert, so daß der Stammbaum des Pferdes mit den genannten Etappen gesichert schien. Die Entdeckung zahlreicher Gattungen in Nordamerika ermöglichte es jedoch, daß Marsh eine weit vollständigere Reihe von Entwickelungsstufen aus nordamerikanischen Formen zusammenstellen und Nordamerika als wirkliche Heimat der Pferde bezeichnen konnte.

Soweit die Zerspaltung der nordamerikanischen Equiden in Arten — Osborn führt von *Mesohippus* und *Miohippus* je 17, von *Parahippus* 18, von *Merychippus* 20, von *Protohippus* 15, von *Pliohippus* 17 und von *Hipparion* 27 Arten an — überhaupt noch einen Überblick gestattet, ist der Stammbaum:

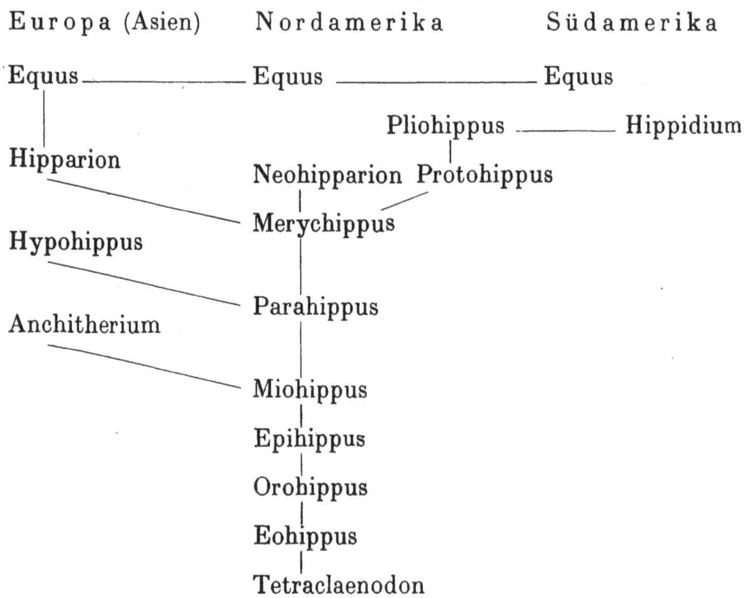

Die europäischen Gattungen *Palaeotherium*, *Paloplotherium*, *Propalaeotherium*, *Anchilophus*, *Lophiotherium* und *Pachynolophus* sind für die Stammesgeschichte der Pferde ohne Bedeutung. Sie treten fast gleichzeitig miteinander auf und haben auch zum Teil die gleiche Lebensdauer. Ihr gemeinsamer Ahne ist etwa in einem *Hyracotherium* der Fauna von Reims zu suchen.

4. Familie: **Titanotheriidae**[1]).

Nasenbeine frei vorragend, glatt oder mit zwei Knochenfortsätzen versehen. Orbita hinten offen. $\frac{3-0.1.\ 4.3}{3-0.1.4-3.3}$. *J bei den jüngeren Formen klein, hinfällig, bei den älteren sehr kräftig. Zwischen C und P ein sehr kurzes Diastema. Bei den älteren Formen alle P einfacher als die M, bei den jüngeren* P_3 *und* P_4 *M-ähnlich. Obere M mit W-förmiger Außenwand und zwei niedrigen konischen Innenhöckern, untere M aus je zwei V-förmigen Halbmonden bestehend.* M_3 *mit drittem Halbmond. Vorderfuß vier-, Hinterfuß dreizehig. Hufe mäßig breit.*

Diese völlig erloschene und fast ganz auf das Eocän und Oligocän von Nordamerika beschränkte Familie besteht aus meist sehr großen, plumpen Huftieren, welche in ihrer äußeren Erscheinung teils an Tapir, teils an *Rhinoceros* erinnern und zuletzt Elefantengröße erreichten. Sie lebten, wie ihr Gebiß vermuten läßt, von saftigen Pflanzen. Die Kronen der Backenzähne sind sehr niedrig. Die oberen *M* haben zwei Außenhöcker, welche

[1]) *Douglass E.*, Titanotheres from Uinta Deposits. Annals of the Carnegie Museum. Vol. IV. 1911. — *Earle C. H.*, A Memoir upon the Genus Palaeosyops. Journ. Acad. nat. Sc. Philad. 1892. Vol. IX. — *Hatcher J. B.*, Cranial elements of Titanotherium. Annals Carnegie Mus. 1901. Amer. Naturalist 1895 p. 1084. — *Marsh O. C.*, Amer. Journ. Sc. 1876 XI. 1889 XXXVII. 1890 XXXIX. — *Osborn H. F.*, Bull. Am. Mus. Nat. Hist. New York 1902. 1908. 1913.

zusammen eine *W*-förmige Außenwand mit Para-, Meso- und Metastyl bilden. Die beiden konischen Innenhöcker stehen meist ganz isoliert; der vordere ist immer größer als der hintere. Die *C* sind klein, konisch und etwas gebogen und von den *P* nur durch eine kurze Lücke getrennt. Die kleinen *J* sind bei den eocänen Formen vollzählig, bei den oligocänen hinfällig. Die hinteren *P* unterscheiden sich von den *M* nur durch ihre geringere Größe, die oberen auch durch das Fehlen des zweiten Innenhöckers. Die vorderen *P* sind etwas einfacher. Im Unterkiefer bestehen alle *M* und *P* mit Ausnahme des vordersten aus je zwei *V*-förmigen Halbmonden. Der Schädel ist lang und niedrig, das Gehirn klein. Bei den jüngeren Formen erheben sich am hinteren Rand der Nasenbeine zwei stumpfkonische Knochenzapfen, die beim Männchen viel größer werden als bei den Weibchen. Die Extremitäten sind denen von Tapir nicht ganz unähnlich, der Carpus breit. Die Carpalia der beiden Reihen stehen alternierend und sind wenig seitlich verschoben. Der Vorderfuß besitzt vier funktionierende, der Hinterfuß nur drei Zehen. Das Calcaneum artikuliert mit der Fibula. Die Endphalangen sind distal abgestumpft und etwas verbreitert, bei den älteren Formen hingegen echte Hufe.

In dieser Familie lassen sich verschiedene sehr vollständig geschlossene Formenreihen feststellen.

1. Unterfamilie: **Palaeosyopinae.**

Sämtliche P einfacher als die M. Drei, selten zwei konische J in jedem Kiefer. C relativ groß. Obere M mit deutlichem Zwischenhöcker. Schädeldach eben. Im Eocän von Nordamerika und von Europa.

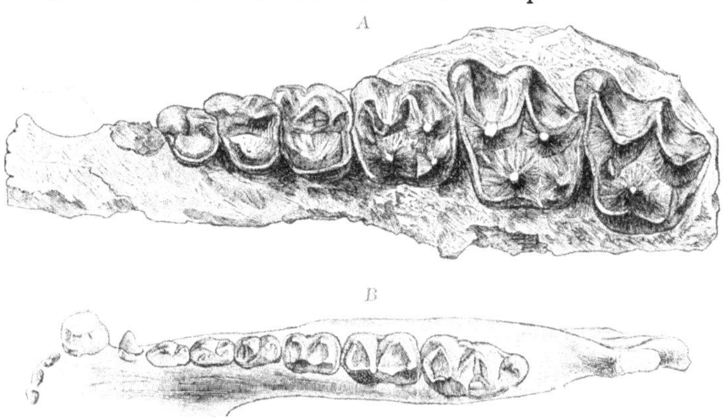

Fig. 685.
Palaeosyops major Leidy. Mitteleocän (Bridgerbed). Green River. Wyoming. *A* Backenzähne des Oberkiefers, *B* Unterkiefer.

**Lambdotherium* Cope schlankbeinig. Verbindet die Titanotheriiden mit den übrigen Perissodactylen. Untereocän Wyoming.

Eotitanops Osborn. Wind River.

**Palaeosyops* Leidy (*Limnohyus* Marsh). (Fig. 685.) $\frac{3.1.4.3}{3.1.4.3}$. *C* groß, zugespitzt. Obere *P* dreihöckerig. Vorderfuß vier-, Hinterfuß dreizehig. Häufig im Eocän von Nordamerika.

Limnohyops Marsh. Schädel breit. — *Manteoceras* Osborn.

Mesatirhinus und *Mesorhinus* Osborn mit schmalem Schädel. Mittel- und Obereocän. — *Dolichorhinus* Osborn mit gestrecktem Schädel und langer Schnauze. Obereocän.

**Telmatherium* Marsh (Fig. 686), lange Nasenbeine mit knöchernen Protuberanzen. Obereocän. Uintabed. Nach Pilgrim auch in Burma.

**Diplacodon* Marsh. Nasenbeine kurz, öfters mit zwei knöchernen Auswüchsen. Extremitäten plump. Obereocän. Uintabed.

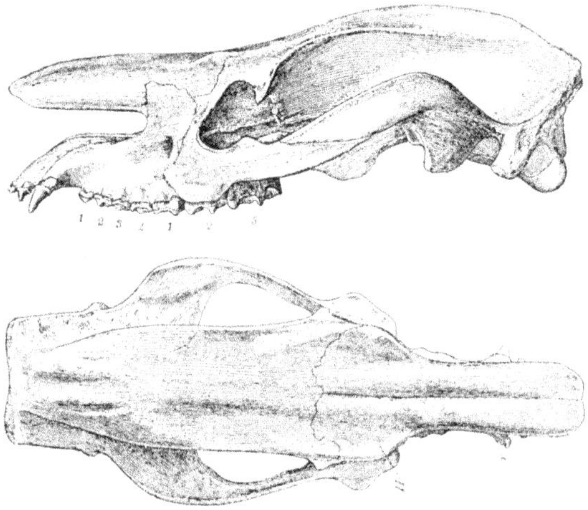

Fig. 686.
Telmatherium cornutum Osborn. Obereocän. Uintabed. Schädel von der Seite und von oben. $^1/_8$ nat. Gr. (Nach Osborn.)

Brachydiastematherium Boeckh und Maty. Mitteleocän. Siebenbürgen. Nur Unterkiefer bekannt.

2. Unterfamilie: **Titanotheriinae.**

Ein oder mehrere P den M ähnlich. J mehr oder weniger reduziert. C relativ klein. Schädeldach konkav. Im Oligocän von Nordamerika. Einige Zähne auch in Europa gefunden.

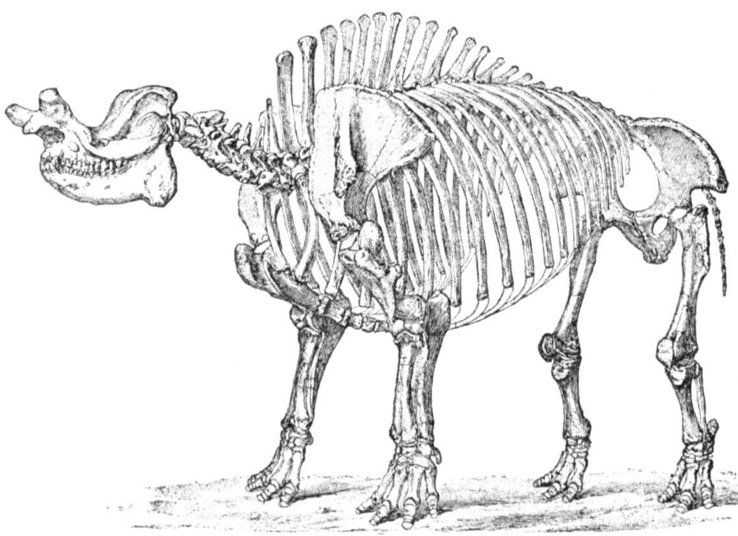

Fig. 687.
Restauriertes Skelett von *Titanotherium* (*Brontops*) *robustum* Marsh. Oligocän. Dakota. ca. $^1/_{40}$ nat. Gr. (Nach Marsh.)

$\frac{2-0.1.\ 4\ .3}{2-0.1.(4)3.3}$ in geschlossener Reihe, im Milchgebiß $\frac{2.1.4}{2.1.4}$. *J* klein, in verschiedener Zahl vorhanden, zuweilen ganz fehlend. *C* konisch, im allgemeinen klein. *P* kleiner als *M*, aber ähnlich. An der Grenze der Stirn- und Nasenbeine ein paar stumpfe Knochenzapfen, welche bei den jüngsten Gliedern der einzelnen Stammesreihe riesige Dimensionen erreichen.

Von diesen gewaltigen Tieren, welche dem Elefanten nur wenig an Größe nachstanden, hat man zahlreiche Schädel und viele vollständige Skelette im unteren Oligocän, in der unteren Abteilung des White Riverbed von Dakota, Nebraska und Colorado gefunden, welche sich angeblich auf eine

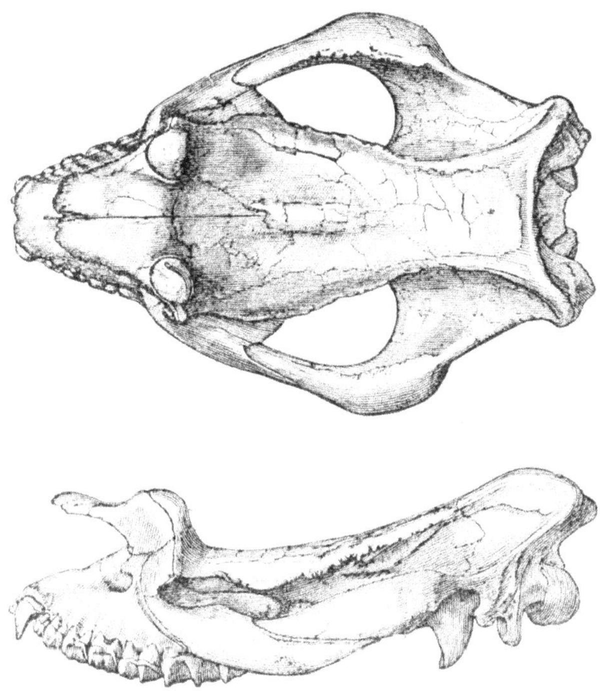

Fig. 688.
Megacerops (*Brontops*) *dispar* Marsh sp. Oligocän. Dakota. Schädel von der Seite und von oben, $^1/_8$ nat. Gr. (Nach Marsh.)

große Anzahl von Arten und Gattungen verteilen, deren genauere Abgrenzung jedoch schon durch sexuelle und Altersdifferenzen erschwert wird. Die Extremitätenknochen sind lang und kräftiger, aber doch etwas schlanker als bei *Rhinoceros*.

Protitanotherium Osborn, riesige Form. Nur Unterkiefer bekannt. Obereocän Uintabed.

**Titanotherium* Leidy (*Palaeotherium*, *Menodus* Pomel, *Brontotherium*, *Menops* Marsh). (Fig. 523, 687.) Oligocän, von *Diplacodon* stammend.

**Megacerops* Leidy (*Brontops* Marsh) (Fig. 688). Von *Palaeosyops* ausgehend.

Allops (*Diploclonus*) Marsh. *Symborodon* Cope. **Brontotherium* (*Titanops*) Marsh. Mit riesigen Hörnern auf den Nasenbeinen. Ohne *J*.

Als *Menodus rumelicus* hat Toula einige Zähne aus Rumänien beschrieben.

5. Familie: Chalicotheriidae [1]).

Vorderfuß anfangs vier-, später dreizehig, Hinterfuß dreizehig, semidigitigrad. Endphalangen gespalten, krallenförmig. Astragalus niedrig, Femur mit drittem Trochanter. Nasenbeine lang, frei vorragend. Orbita hinten nicht umgrenzt. $\frac{3-0\,.\,0\,.\,3\,.\,3}{3-0\,.\,1-0\,.\,3\,.\,3}$. *J und C schwach oder fehlend. P einfacher als die M, obere P mit nur einem Außen- und einem Innenhöcker. Obere M mit W-förmiger Außenwand und zwei ungleich großen Innenhöckern. Untere M aus zwei V förmigen Halbmonden gebildet, deren Enden sich als Spitzen erheben.* Im Tertiär von Europa, Nordamerika, Ostindien und im Pleistocän von China.

Die Chalicotheriiden wurden früher in die Ordnung der *Ancylopoda* eingereiht, welche außerdem auch die *Homalodontotheriidae* umfaßte, die jedoch ganz auf Südamerika beschränkt sind, mit jenen bloß die krallenartige Beschaffenheit der Endphalangen gemein haben und im folgenden als Subordnung der *Entelonychia* besprochen werden. Die Chalicotheriiden hingegen sind, wie das schon aus der Gestalt des Astragalus und des Femur hervorgeht, unzweifelhaft Perissodactylen, unter welchen ihnen die Titanotheriiden im Zahnbau ungemein nahestehen. Der Carpus stimmt in der alternierenden Anordnung der einzelnen Knöchelchen mit dem der Perissodactylen überein. Der Tarsus weist Merkmale von Perissodactylen und Condylarthren auf. Abgesehen von den übrigens auch sehr hohen Extremitäten hat der Habitus dieser Tiere, namentlich der Kopf, viele Ähnlichkeit mit Pferd. Die spitzen Endphalangen können wie bei den Edentaten zurückgebogen werden. In Europa erscheinen die Chalicotheriiden im Eocän und dauern bis in das Unterpliocän. In Asien sterben sie erst im Pleistocän aus. Ihre Überreste gehören stets zu den größten Seltenheiten, nur in Nordamerika sind sie im Untermiocän etwas häufiger. Die Chalicotherien treten hier zuerst im Mitteleocän auf. Mit den Meniscotheriiden haben sie mindestens die Stammform gemein, wenn sie nicht selbst deren Nachkommen sind.

1. Unterfamilie: Schizotheriinae.

Hand mit Rudiment des ersten und mit wohlentwickeltem fünften Finger. Fuß dreizehig. Unterer M_3 mit drittem Lobus.

Eomoropus Osborn (*Triplopus amarorum* Cope) von etwa Schafgröße. Obere *M* ebenso breit wie lang. M_3 mit kleinem dritten Lobus. Fibula stark reduziert. *Mt IV* mit Cuboid auch mittels eines besonderen Fortsatzes verbunden. Oberes Mitteleocän. Washakiebed.

**Schizotherium* (*Limognitherium* Gervais) basiert auf Fußknochen, zu welchen die von Gaudry als *Chalicotherium modicum* beschriebenen Zähne gehören. Oligocän. Phosphorite von Quercy.

Phyllotillon Pilgrim. Oligocän, Ostindien. Bugtihills.

2. Unterfamilie: Moropodinae.

Obere *M* länger als breit, mit scharfkantigem Para- und Mesostyl. Unterer M_3 ohne dritten Lobus. Hand und Fuß gleich lang, ersterer mit Rudiment

---

[1]) *Barbour E. H.*, The skull of Moropus. Skeletal parts of Moropus. Nebraska Geological Survey. Vol. 3. Lincoln 1908. — *Depéret Ch.*, Archiv. Mus. d'hist. nat. Lyon V. 1892. — *Filhol H.*, Mammifères de Sansan. Ann. sc. géol. XXI. 1891. — *Holland W. J.* und *Peterson O. A.*, The osteology of the Chalicotherioidea. Mem. of the Carnegie Museum. Vol. III. 1914. — *Osborn H. F.*, Eomoropus, an American Eocene Chalicothere. Bull. Amer. Mus. Nat. Hist. New York. Art. XIV. 1913. — *Peterson O. B.*, American Naturalist 1907.

des fünften Fingers. Alle Metacarpalia von fast gleicher Länge. Astragalus hoch, getrennt vom Cuboid.

**Nestoritherium* Kaup (*Ancylotherium* Gaudry). Unterpliocän Pikermi, Veles, Samos.

**Moropus* Marsh (Fig. 689). $\frac{?.0.3.3}{3.0.3.3}$. Obere *M* gestreckt. Von dieser Gattung kennt man jetzt das ganze Skelett. Schädel, Wirbel und die langen Extremitätenknochen denen von Pferd ziemlich ähnlich, aber Ulna und Fibula unreduziert und Humerus mit einfacher niedriger Trochlea. Untermiocän. John Day *Moropus distans*, *elatus* Marsh. Mittelmiocän. Harrisonbed.

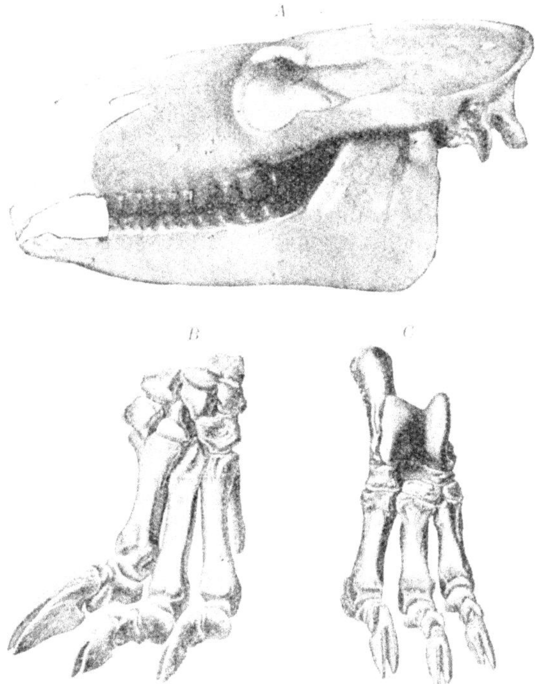

Fig. 689.
Moropus elatus Marsh. Untermiocän. Nebraska. *A* Schädel und Unterkiefer von der Seite. *B* Hand. *C* Fuß von vorne. $^1/_8$ nat. Gr. (Nach Holland und Peterson.)

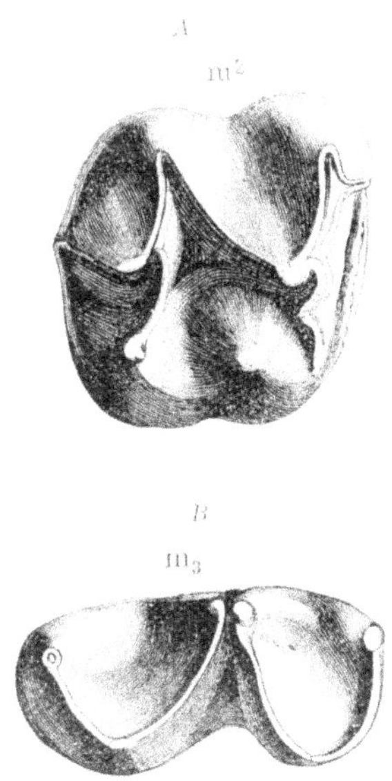

Fig. 690.
Chalicotherium Goldfussi Kaup. Unt. Pliocän. Eppelsheim bei Worms. *A* zweiter oberer Molar. *B* letzter unterer Molar. $^2/_3$ nat. Gr.

3. Unterfamilie: **Macrotheriinae.**

Obere *M* nicht viel länger als breit, mit wulstigem Para- und Mesostyl. M_3 ohne dritten Lobus. Metacarpale IV länger als III, Astragalus niedrig, mit Cuboid artikulierend. Fuß kürzer als Hand.

**Macrotherium* (*Anisodon*) Lartet. $\frac{?.0.3.3}{3.0.3.3}$. Zwischen *C* und P_2 eine Lücke. Vorderbeine viel länger als Hinterbeine. Untermiocän, Ulm *Chalicotherium Wetzleri* Kowalewsky, Bollingen (*Anisodon Schinzi* v. Meyer) und Obermiocän Frankreich, Deutschland. *M. giganteum* Gervais. Bei Sansan (Gers) fand sich ein fast vollständiges Skelett, bei La Grive St. Alban (Isère) ein Schädel von *M. grande* Lartet.

**Chalicotherium* Kaup (Fig. 690). Ohne J_2, unterer *C* sehr klein. Brachycephal. Kiefer kurz. Unterpliocän Eppelsheim, Baltavar, Maragha, Samos. Ostindien. — *Circotherium sivalense* Holland. Pleistocän China.

1. Unterordnung: **Artiodactyla** Owen. Paarhufer[1]).

(*Paraxonia* Marsh.)

Unguligrade oder digitigrade Huftiere mit paarigen Zehen, wovon die beiden mittleren gleichmäßig entwickelt und stärker sind als die öfters stark reduzierten oder verkümmerten seitlichen. Astragalus mit ausgefurchter Trochlea und distaler Gelenkrolle. Hand- und Fußwurzelknochen alternierend. Gebiß vollständig, oder J und C namentlich im Oberkiefer fehlend. Backenzähne bunodont, bunoselenodont oder selenodont. Femur ohne dritten Trochanter. Fibula mit Calcaneum artikulierend.

Im Gegensatz zu den im Niedergang begriffenen Perissodactylen bilden die Artiodactylen gegenwärtig die formenreichste, lebenskräftigste und verbreitetste Gruppe unter den Huftieren. Sie kulminieren in den bunodonten Schweinen und den selenodonten Wiederkäuern, die zwar in auffallender Weise voneinander abweichen, aber gleichwohl gemeinsamen Ursprung besitzen. Das entscheidende Merkmal der Artiodactylen beruht in der paarigen Anzahl der Zehen und der Metapodien. Die beiden mittleren (*III* u. *IV*) sind stets gleichmäßig entwickelt, die seitlichen schwächer oder ganz verkümmert und die erste Zehe oder der Daumen nur bei einigen wenigen ausgestorbenen Formen (*Oreodontidae*, *Anthracotheriidae*) überhaupt vorhanden. Die Körperlast wird von den beiden Mittelzehen getragen, zwischen denen auch die Extremitätenachse verläuft.

Die Artiodactylen sind teils schlank und hochbeinig, teils plump und kurzbeinig.

Der Schädel erinnert bei den primitiveren Formen an Raubtiere und Unpaarhufer, bei den vorgeschritteneren Typen gewinnt er durch Verlängerung der Gesichtsknochen, durch die Entwickelung von Luftzellen in der Stirnregion, von Stirnzapfen oder Geweihen, ein sehr mannigfaltiges Aussehen. Die Tränenbeine nehmen einen relativ großen Raum auf der Schädeloberfläche ein und weisen bei den Wiederkäuern oft ziemlich tiefe Gruben (Tränengruben) zur Aufnahme von Talgdrüsen auf. Die Stirnbeine nehmen stets an der Bedeckung des Gehirns teil und gewinnen zuweilen sehr große Ausdehnung. Bie den Wiederkäuern tragen sie paarige Geweihe oder knöcherne, von Hornscheiden umgebene Stirnzapfen. Der Unterkiefer ist bei ihnen lang, schlank und niedrig, mit gerade aufsteigendem Kronfortsatz.

Das Gebiß besteht ursprünglich aus 44 Zähnen, die bei den primitivsten Formen eine geschlossene Reihe bilden. Durch Verlängerung der Kiefer oder durch Verkümmerung der vordersten *P*, zuweilen auch der oberen *C*, entstehen Lücken zwischen den Vorderzähnen und den Backenzähnen, die bei den Wiederkäuern am größten sind, weil hier der untere *C* dicht an die *J* heranrückt und auch die Gestalt und Funktion eines *J* erlangt. Reduktion und Verlust der *J* und *C* beginnt im Oberkiefer, jedoch sind Spuren der oberen *J* selbst noch beim Embryo vom Schaf erhalten.

Die Backenzähne sind bei den primitiveren und älteren Formen brachyodont, bei den Wiederkäuern nicht selten prismatisch und häufig mit Zement versehen. Die Krone der unteren *M* war wohl ursprünglich sechshöckerig, aber von diesen sechs Höckern ist der unpaare Vorderhöcker, Paraconid, und der unpaare Hinterhöcker, Mesoconid, schon sehr frühzeitig verschwunden oder zu einer Basalwarze zusammengeschrumpft, und an den

[1]) *Cope E. D.*, The Artiodactyla. American Naturalist. 1888—89. Vol. XXII, XXIII. — *Khomenko J.*, La faune méotique du village Taraklia (Bendery). Annuaire géolog. et minéral. de la Russie. Dorpat 1913. Vol. XV. — *Kowalewsky W.*, Palaeontographica XXII. 1873—74. — *Sinclair W. J.*, A Revision of the Bunodont Artiodactyla of the Lower and Middle Eocene of North America. Bull. Amer. Mus. Nat. Hist. New York 1914. — *Stehlin J. H. G.*, Abh. schweiz. paläont. Gesellsch. XXIII 1906. XXV 1908. XXVII 1910.

oberen *M* verschmilzt der vordere Zwischenhöcker, Protoconulus, schon sehr bald mit dem benachbarten Innenhöcker, Protocon. Von Mitte des Tertiärs an bestehen die *M* nur mehr aus je zwei Paar opponierten Höckern. Der zweite Zwischenhöcker, Metaconulus, der oberen *M* ist in den meisten Fällen zu dem zweiten Innenhöcker geworden, ein wirklicher Hypocon ist nur ausnahmsweise vorhanden und dann immer aus dem Basalband hervorgegangen. Sind die Höcker konisch, so ist das Gebiß bunodont, nehmen sie V-förmige oder halbmondförmige Gestalt an, so wird das Gebiß bunoselenodont oder selenodont. Bei selenodonten oberen *M* stoßen die Außenhöcker mit ihrer Basis aneinander und entwickeln an der Vereinigungsstelle eine mit vorspringender Vertikalfalte, Mesostyl, versehene Außenwand. Die Innenhöcker sind entweder konisch oder V-förmig oder sie umschließen, wenn sie als Halbmonde ausgebildet sind, gebogene Marken. Die unteren *M* unterscheiden sich von den oberen durch ihre geringere Breite. Ihre vier Höcker sind bei den bunodonten Formen konisch und meist deutlich getrennt, jedoch waren auch bei ihnen, wie das bei den selenodonten Formen stets der Fall ist, die Außenhöcker ursprünglich V-förmig. Die Innenhöcker sind bei dieser letzteren Gruppe mehr oder weniger komprimiert und bilden zusammen eine Innenwand. Der letzte untere *M* hat fast stets einen fünften Höcker oder Halbmond. Völlige Übereinstimmung zwischen *P* und *M* kommt bei Artiodactylen fast niemals vor, jedoch kann bei Endgliedern mancher Formenreihen der letzte *P* in beiden Kiefern dem D^4 oder den *M* ähnlich und auch der vorletzte *P* ziemlich kompliziert werden. Im ganzen ist das Gebiß der Artiodactylen typisch heterodont und der Bau der *P* viel einfacher als der der *M*. Auch werden die *P* im Gegensatz zu den *M* niemals prismatisch.

Im Milchgebiß weichen die *JD* und *CD* nur wenig von ihren Nachfolgern, den *J* und *C* ab, dagegen bieten die *D* größere Mannigfaltigkeit als bei den Unpaarhufern. Der letzte obere *D* hat die Zusammensetzung eines echten *M*, der letzte untere *D* trägt im Gegensatz zu den unteren *M* drei Paare Höcker oder Halbmonde, ist aber vorne viel schmäler als die *M*. Der obere D^3 gleicht in seiner hinteren Partie einem halben *M*, vorne setzen sich noch drei Höcker oder Halbmonde an. Die übrigen *D* sind etwas komplizierter als die *P*, aber ihnen doch sehr viel ähnlicher als den *M*.

Das Schulterblatt hat schmale, dreieckige Form. Schlüsselbeine fehlen. Der Humerus ist bei den primitiveren Formen länger, bei den spezialisierteren aber kürzer als der Radius. Die Deltoidrauhigkeit ist nur höchst selten zu einem nach außen vorspringenden Lappen ausgezogen. Ulna und Radius bleiben entweder getrennt, oder die mittlere Partie der Ulna wird sehr dünn und beide Enden verschmelzen mit dem Radius. Die Gelenkflächen für die Carpalien verlaufen schräg nach hinten im Gegensatz zu denen der Perissodactylen. Der Carpus enthält dieselben Elemente wie bei den Perissodactylen und zeigt die nämliche seitliche Verschiebung der distalen Reihe, so daß Magnum und Unciforme stets je zwei Carpalia der proximalen Reihe stützen. Bei vorgeschritteneren selenodonten Formen erfolgt Verschmelzung von Magnum und Trapezoid und öfters Verlust des Trapeziums.

Fünf Metacarpalia sind bis jetzt nur bei Oreodontiden und Anthracotheriiden beobachtet worden, doch ist Metacarpale I auch hier klein und stummelartig und trägt nur bei einigen *Oreodontiden* kurze Phalangen. Die vier übrigen *Mc* bleiben bei den primitiveren Formen aller Linien und bei den Hippopotamiden und allen Suiden getrennt. Bei den Wiederkäuern verkümmern die seitlichen Metacarpalia, und die dazu gehörigen Zehen stecken entweder als kurze Afterklauen frei in der Haut, oder sie gehen vollständig verloren. Sind die seitlichen Metapodien griffelartig oder ganz verschwunden, so zeigen die mittleren Neigung, zu verschmelzen. Der so entstehende »Canon« hat jedoch stets zwei Markhöhlen, das distale Ende bleibt gespalten und ist mit zwei Gelenkflächen versehen. Die Verwachsungsstelle wird äußerlich auf der Vorderseite des Canon durch eine Furche angedeutet. Die Länge der Metapodien bedingt die Lauffähigkeit, sie sind daher bei den Wiederkäuern schlank und lang, bei den Suiden und Hippopotamiden kurz und dick.

Stets übertreffen die zwei gleich großen mittleren Metacarpalien (*III* u. *IV*) die beiden seitlichen (*II* u. *V*) an Stärke und Länge, und zwar um so beträchtlicher, je mehr die Extremitäten zum Laufen und Springen dienen. Die Achse der Extremitäten verläuft zwischen den beiden mittleren Metapodien. Die distalen Gelenkköpfe der vorderen und hinteren Metapodien tragen Leitkiele, die namentlich bei den vorgeschritteneren Formen sehr gut entwickelt sind, indem sie sich auch über die ganze Vorderseite erstrecken.

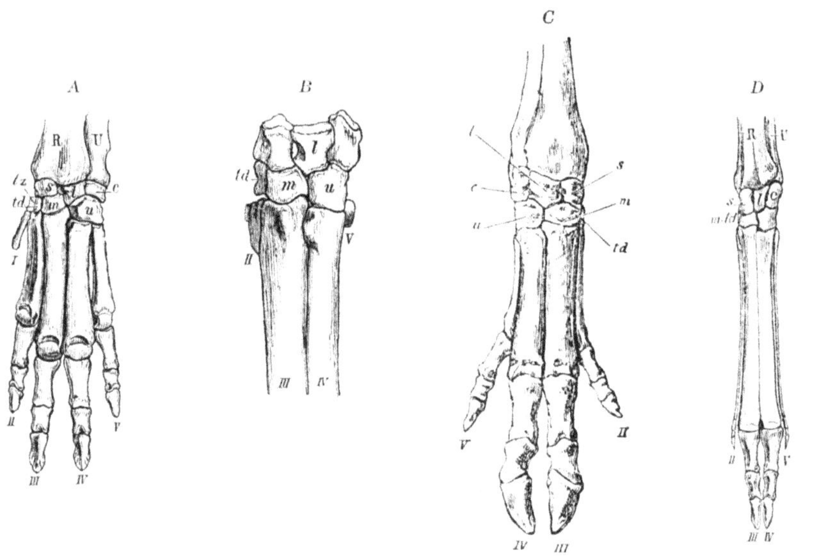

Fig. 691.
Vorderfuß *A* von *Oreodon*, *B* von *Xiphodon* mit inadaptiver Reduktion, *C* von *Sus*, *D* von *Tragulus* mit adaptiver Reduktion.

Im ursprünglichen Artiodactylenvorderfuß artikulierte *Mc I* mit dem Trapezium, *Mc II* mit Trapezium, Trapezoid und Magnum, *Mc III* mit Magnum und Unciforme und *Mc IV* und *V* mit dem Unciforme. Diese Anordnung kann festgehalten werden bei Reduktion der Seitenzehen, es behauptet bei dieser von Kowalewsky als »inadaptive Reduktion« (Fig. 691 *AB*) bezeichneten Umbildung jedes Metacarpale hartnäckig seinen Platz unter den dazugehörigen Handwurzelknochen, namentlich gilt dies von dem *Mc II*. Bei der »adaptiven Reduktion« (Fig. 691 *CD*) rücken die beiden mittleren Metacarpalia fast in gleiche Höhe, ihre proximalen Gelenkflächen breiten sich aus, drängen die seitlichen Metapodien nach außen und hinten und bemächtigen sich ihrer Ansatzstellen am Carpus. *Mc II* wird von der Verbindung mit dem Magnum ausgeschlossen und artikuliert nur mehr mit dem Trapezium und einem Teil des Trapezoids. Der Fuß erlangt hiedurch größere Festigkeit und Schnelligkeit. Alle noch jetzt existierenden Artiodactylen mit reduzierten Extremitäten gehören in die »adaptive« Reihe.

Das Becken ist gestreckt, das Hüftbein schmal. Dem Femur fehlt der dritte Trochanter. Tibia und Fibula sind bei den primitiveren Formen getrennt, und die letztere ist wohl entwickelt. Bei den vorgeschrittenen verkümmert die Fibula zu einem griffelartigen Knochen, von dem zuletzt nur ein kurzes, dem Calcaneum aufliegendes Stück erhalten bleibt. Die distale Gelenkfläche der Tibia trägt in der Mitte eine Crista, die aber nicht schräg wie bei den Perissodactylen, sondern auf Vorder- und Hinterrand senkrecht steht. Das Calcaneum (Fig. 692) hat an seiner Vorderseite eine gewölbte Gelenkfläche für die Fibula. Am Astragalus (Fig. 693) ist die obere und vordere Gelenkrolle für die Tibia tief ausgehöhlt, sein distales, dem Naviculare und Cuboid aufruhendes Ende ist nicht abgestutzt wie bei den Perissodactylen, sondern bildet ebenfalls eine konvexe Gelenkrolle, welche auf der Hinterseite in eine große gewölbte Fläche (*cal*) übergeht und durch eine Kante in eine größere

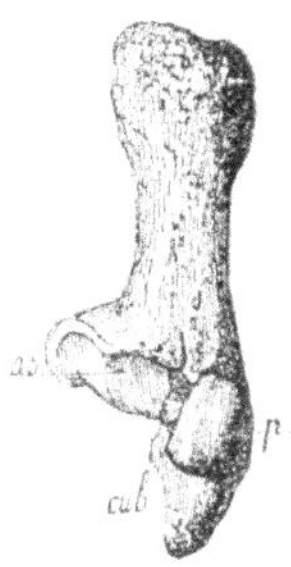

Fig. 692.
Calcaneum von *Anoplotherium commune* von vorne. *as* Gelenkfläche für den Astragalus, *p* Gelenkfläche für die Fibula, *cub* für das Cuboideum, ⅓ nat. Gr. (Nach Gaudry.)

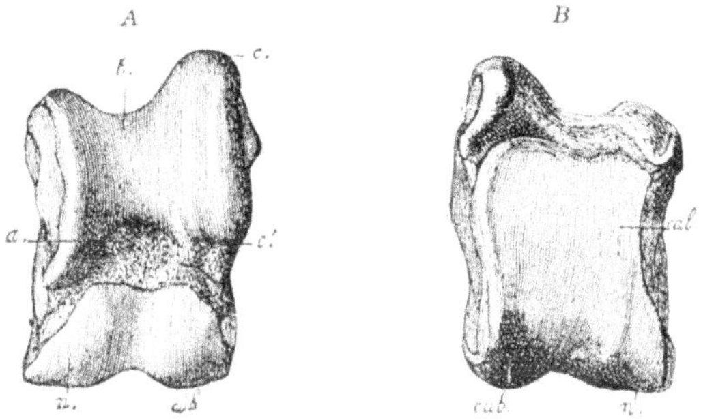

Fig. 693.
Astragalus (Sprungbein) von *Helladotherium Duvernoyi*. *A* von vorne und *B* von hinten. ⅓ nat. Gr. (Nach Gaudry.) *t* tibiale Gelenkfläche (Trochlea), *n* naviculare Gelenkfläche, *cub* cuboidale Gelenkfläche, *cal* hintere Calcaneumfacette, c, c′ seitliche Facette für das Calcaneum, *ex* freier Innenrand des Astragalus.

Trochlea für das Naviculare und eine kleinere für das Cuboid zerlegt wird. Bei den primitiveren vierzehigen Formen mit gut ausgebildeten Seitenzehen bleiben alle Tarsusknochen getrennt. Bei den Traguliden und den Wiederkäuern verschmelzen Naviculare und Cuboid, ebenso verwachsen Unciforme *III* und *II* und zuweilen sogar alle Tarsalia mit Ausnahme von Cuneiforme *I*.

Auch am Hinterfuß verkümmern oft die seitlichen Metapodien und Zehen. *Mt I* ist, wenn überhaupt anwesend, nur als Stummel vorhanden. Bei Anoplotheriiden und bei *Dicotyles* wird der Hinterfuß durch einseitige Verkümmerung einer Seitenzehe dreizehig. Auch die zwei mittleren Metatarsalia können zu einem Canon verwachsen, und zwar sogar schon früher als die Metacarpalien (*Hyaemoschus*, *Gelocus*, *Dicotyles*). Mit der Canonbildung ist auch die Entwicklung eines nach hinten gerichteten Lappens am Sustentaculum des Calcaneum verbunden — bei den Tylopoden und Traguliden noch klein, um so größer bei Cervicornia und Cavicornia, und überhaupt allen »Ruminantiern«. Bei der inadaptiven Ausbildung der Extremitäten bewahren die einzelnen Metatarsalia ihren Platz unter den entsprechenden Tarsalien. Bei der adaptiven Reduktion werden die seitlichen Metatarsalia von den sich ausbreitenden mittleren nach außen und hinten verdrängt. Die Zehen beider Extremitäten sind gleichartig gebaut, die Endphalangen dreieckig — nur bei den Anoplotheriiden und bei *Agriochoerus* krallenartig — und von Hufen umgeben.

Für das phylogenetische Verständnis der Extremitätenumbildung bei den Artiodactylen ist es von großem Interesse, daß selbst bei den vorgeschrittensten Paarhufern (*Cavicornia*) die im späteren Alter verschmolzenen Knochen bei Embryonen getrennt angelegt sind und somit den geologisch älteren Formen entsprechen. Die scheinbar so weit auseinanderliegenden Entwicklungsstadien des plumpen, kurzen, vierzehigen Hippopotamusfußes und der schlanken, langgestreckten, zweihufigen Wiederkäuerextremitäten werden somit gewissermaßen in kurzer Folge auch in der Ontogenie der höchststehenden Paarhufer durcheilt.

Nach dem Gebiß zerfallen die Artiodactylen in drei Hauptgruppen:

A. Bunodontia.	*B. Bunoselenodontia.*	*C. Selenodontia.*
1. Suidae	*5. Anthracotheriidae*	*8. Xiphodontidae*
2. Elotheriidae	*6. Anoplotheriidae*	*9. Caenotheriidae*
3. Leptochoeridae	*7. Dichobunidae*	*10. Oreodontidae*
4. Hippopotamidae		*11. Camelidae*
		12. Tragulidae
		13. Hypertragulidae
		14. Cervicornia
		15. Pellicornia
		16. Antilocapridae
		17. Cavicornia.

A. Bunodontia.

1. Familie: **Suidae.** Schweine[1]).

$\frac{3-2\,.\,1\,.\,4-3\,.\,3}{3-2\,.\,1\,.\,4-3\,.\,3}$ *brachyodont und bunodont. Obere und untere M mit vier stumpfkonischen Höckern und häufig mit vielen warzenartigen Nebenhöckerchen. Älteste Formen mit einem Zwischenhöcker — Metaconulus — in der Vorderhälfte der oberen M. P einfacher als M. C stark vorragend. Carpalia und Tarsalia nicht verschmolzen. Untere Hälfte des Astragalus gegen die obere etwas seitlich verschoben. Extremitäten vierzehig, der Hinterfuß zuweilen dreizehig. Metapodien getrennt. Seitenzehen dünner und kürzer als die Mittelzehen.*

Die Suiden stehen den Anthracotheriiden wenigstens anfangs ziemlich nahe. Beide dürften auf eine gemeinsame Stammform zurückgehen. In der Gegenwart bewohnen Suiden alle Kontinente mit Ausnahme von Australien. Echte Suiden beginnen in Europa im Mitteleocän, in Nordamerika im Oligocän. Die Hauptentwicklung der Schweine fällt in die Zeit vom Miocän bis in die Gegenwart.

**Cebochoerus* Gervais (*Dichobune* Rütimeyer, *Acotherulum* Gervais). (Fig. 694.) Oberer *C* vertikal, dolchförmig, unterer *C* als vierter *J* und der zweiwurzelige untere P_1 als *C* entwickelt. Obere *M* fast quadratisch, mit

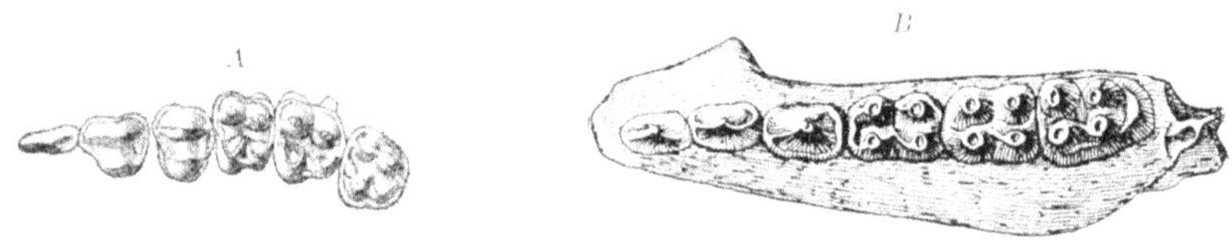

Fig. 694.
A Cebochoerus Rütimeyeri Stehlin. Mitteleocäne Bohnerze von Egerkingen, Schweiz. Obere Backenzähne nat. Gr. (Nach Stehlin.) *B Cebochoerus minor* Gervais. Obereocän. Phosphorite von Quercy. Unterkiefer nat. Gr. (Nach Gaudry.)

fünf Höckern, davon drei in der vorderen Hälfte. Unterkiefer hinten sehr hoch, mit gerundetem Eckfortsatz. Mitteleocän. Bohnerz von Egerkingen *C. Rütimeyeri* Stehlin. Obereocän. Mormont *C. helveticus* Pictet. St. Hippolyte de Caton, Phosphorite von Quercy *C. minor* Gerv. Débruge *C. saturninus* Gervais sp.

**Choeromorus* Pictet (*Leptacotherulum* Filhol). Obere *M* etwas breiter als lang. Unterer *C* und P_1 normal ausgebildet. P_4 mit Innenhöcker. Außenhöcker der unteren *M* ∨-förmig. Stammvater der echten Schweine. Obereocän. Mormont. *Ch. helveticus* Pictet.

**Palaeochoerus* Pomel (Fig. 695). Zahnreihe fast noch geschlossen. *C* nicht viel stärker als *J* und *P*. Obere und untere *M* mit vier konischen

[1]) *Stehlin H. G.*, Geschichte des Suidengebisses. Abhandl. schweizer. paläont. Gesellsch. 1899. 1900.

Höckern und Basalband, unterer M_3 mit fünf Höckern. Untermiocän Europa. *P. Meisneri* Meyer, *typus* Pomel. Mittelmiocän. *P. aurelianensis* Stehlin.

Propalaeochoerus Stehlin. Oligocän. Phosphorite von Quercy.

Choerotherium Depéret (*Colobus* Fraas). Klein, sehr einfache *P* und *M*. Obermiocän. Steinheim, Sansan, Schlesien etc.

Xenochoerus Zdarsky. Sehr komplizierte, *M*-ähnliche *P*. Obermiocän. Steiermark.

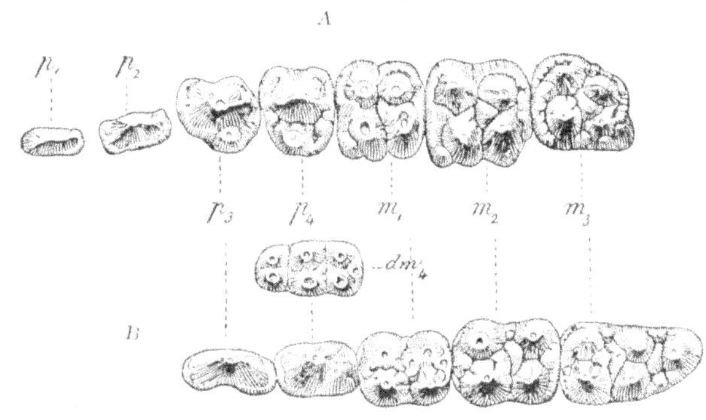

Fig. 695.
Palaeochoerus Meisneri v. Meyer. Untermiocän. Ulm. *A* obere, *B* untere Backenzähne. Nat. Gr.

**Hyotherium* Meyer (Fig. 696). Ähnlich *Palaeochoerus*, jedoch größer. Oberer *C* zweiwurzelig. Höcker der *M* kantig. Im europäischen Mittel- und Obermiocän weitverbreitet. *H. Sömmeringi* Meyer. Unterpliocän Indien. *H. perimense* Lydekker.

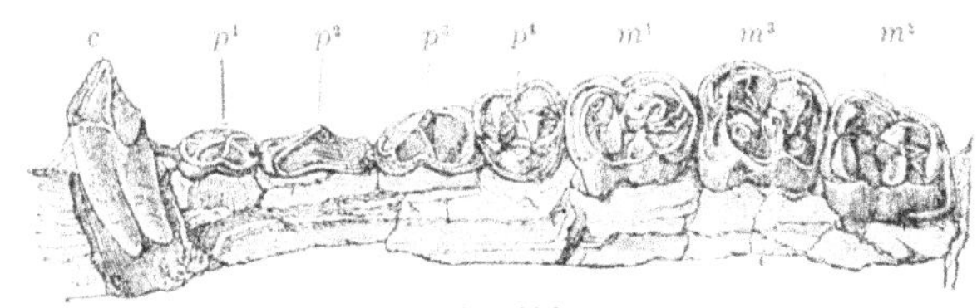

Fig. 696.
Hyotherium Sömmeringi v. Meyer. Obermiocän. Eibiswald. Steiermark. Oberkiefer. ½ nat. Gr. (Nach Peters.)

Perchoerus Leidy. $\frac{4}{4}$ *P*. Oligocän (White Riverbed) und *Chaenohyus*, *Bothrolabis* Cope, *Desmathys* Matthew. Untermiocän (John Day) und *Thinohyus* Marsh, *Hesperhyus* Douglass im Obermiocän von Nebraska und Montana mit nur drei unteren *P* sind die palaeochoerusähnlichen Vorläufer von:

Dicotyles Cuvier. $\frac{2.1.3.3}{3.1.3.3}$. Oberer *C* dreikantig, vertikal, hintere *P* wie die *M* mit zwei Höckerpaaren und Nebenwarzen. Ulna mit Radius verwachsen. Metatarsale III und IV proximal verschmolzen. *Mt V* zu einem kurzcn Stummcl rcduziert. Lcbcnd und im Plcistocän von ganz Amerika.

**Platygonus* Le Conte. Vor dem einfach gebauten P_2 ein langes Diastema. Höcker der *M* zu Jochen verbunden. Seitenzehen fast ganz reduziert. Obermiocän bis Pleistocän von Nordamerika. *Mylohyus* Leidy. $\frac{2}{2}$ *J*. P_4 und P_3 in beiden Kiefern *M*-ähnlich. Höcker der *M* konisch. Metacarp. II und V noch mit Zehengliedern. Pleistocän Nordamerika.

**Prosthenops* Matthew. Diastema nicht sehr lang. Oben nur 2 *J*, 1 *C*, 3 *P*. Obermiocän und Pliocän von Nebraska.

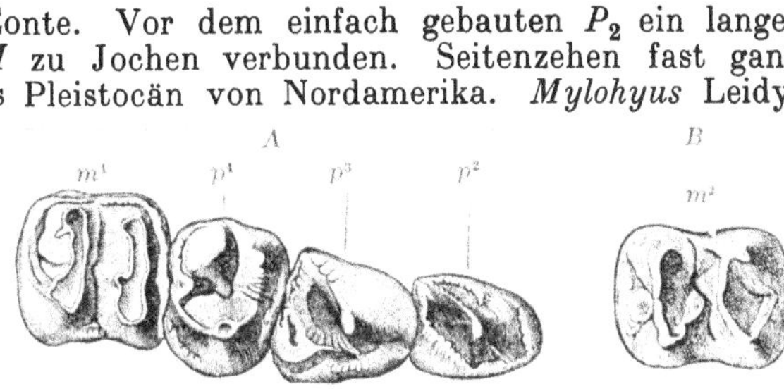

Fig. 697.
Listriodon splendens v. Meyer. Miocän (Sarmatische Stufe). Nußdorf bei Wien. *A* Praemolaren und erster Molar des Oberkiefers. *B* zweiter Molar des Unterkiefers. ¾ nat. Gr.

Doliochoerus Filhol. Höcker jochartig angeordnet. Oligocän. Phosphorite von Quercy.

**Listriodon* Meyer (Fig. 697). $\frac{3}{4}$ *P*. Obere *J* mit breiten Kronen, untere horizontal, meißelförmig. Oberer *C* dick und kurz, dreikantig und aufwärts gekrümmt. Unterer *C* lang, dreikantig, bogenförmig. P^4 dreihöckerig, die übrigen kurz und dick. *M* mit zwei Querjochen. Mittel- und Obermiocän von Europa, *L. splendens* Meyer und in den indischen Siwalikschichten.

Diamantohyus v. Stromer. Miocän. Südwestafrika.

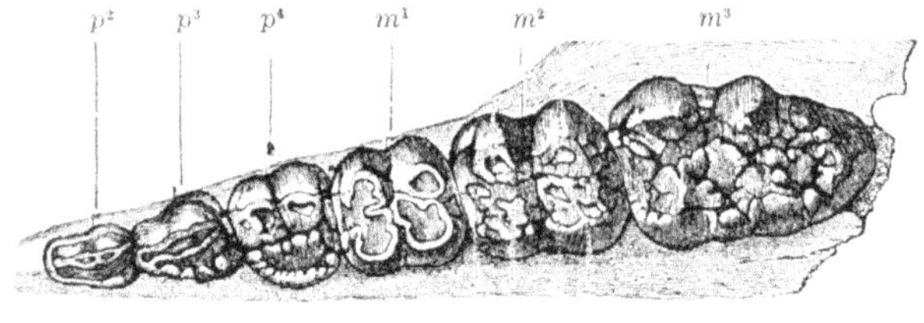

Fig. 698.

Sus erymanthius Roth und Wagner. Unterpliocän. Pikermi bei Athen. Backenzähne des Oberkiefers. ½ nat. Gr. (Nach Gaudry.)

Hippohyus Falconer. Molarhöcker mit zahlreichen Falten. Siwalik. Ostindien.

**Sus* Lin. (Fig. 698). *J* und *C* wie bei *Listriodon*, *M* mit vier stumpfen, niedrigen Haupthöckern und zahlreichen Nebenhökkern. M^3 mit langem Talon. Lebend in Europa, Asien und Nordafrika. Fossil im Unterpliocän von Montebamboli — *S. choeroides* Pomel —, im Unterpliocän von Eppelsheim, Pikermi, Samos, Beßarabien etc. *S. antiquus* Kaup, *erymanthius* Roth. Mehrere Arten in China und in den Siwalik. Im Oberpliocän von Toskana und Holland *S. Strozzii* Meneghini und im Pleistocän von Europa *S. scrofa* Linn.

2. Familie: Elotheriidae[1]).

$\frac{3.1.4-3.3}{3.1.4-3.3}$. *Schädel mit schmalem, kleinen Cranium und langer Schnauze. J, C und P kräftig entwickelt, die ersteren konisch. P höher als die M und mit Ausnahme von P^4 einspitzig. Hypocon der oberen fünfhöckerigen M aus dem Basalband entstanden. Vordere Hälfte der unteren M höher als die hintere. Extremitäten vier- oder zweizehig.*

Die *Elotheriidae* unterscheiden sich von den Suiden hauptsächlich durch die primitive Ausbildung der *J*, *C* und *P*, sowie dadurch, daß der zweite Innenhöcker der oberen *M* nicht aus dem Metaconulus, sondern aus einer Basalwarze entstanden ist. Auch im Extremitätenbau, wenigstens in der Form der Gelenkflächen der Carpalia und Tarsalia, bestehen wesentliche Unterschiede gegenüber den Suiden, während sie gerade in dieser Hinsicht den Anthracotheriiden sehr ähnlich sind.

**Achaenodon* Cope (*Parahyus* Marsh?). Schädel bärenähnlich. $\frac{3}{3}$ *P*. Hand vierfingerig. Obereocän. Uintabed. Wyoming. *A. insolens* Cope. Mitteleocän. Bridgerbed *A. robustus*.

Protelotherium Osborn. Jochbogen ohne Fortsatz, breite Stirn. Nur drei obere *P* vorhanden, obere *M* fünfhöckerig. Extremitäten vierzehig. Obereocän. Uintabed *P. uintense* Osborn.

**Elotherium* Pomel (*Entelodon* Aymard, *Archaeotherium* Leidy, *Pelonax Ammodon* Marsh) (Fig. 699). Obere *M* fünfhöckerig, mit Zwischenhöcker in der Vorderhälfte, alle mit starkem Basalband. Unterer M_3 ohne Hinterhöcker. Jochbogen mit nach unten gerichtetem Fortsatz. Unterkiefer mit Protuberanzen am Unterrand. Extremitäten zweizehig. 13 Brust- und sechs Lendenwirbel. Oligocän von Ronzon (Hte. Loire), Lobsann im Elsaß, Phosphorite von Quercy (*E. magnum* Aymard) und im Oligocän (White River)

[1]) *Peterson O. A.*, A Revision of the Entelodontidae. Memoirs of the Carnegie Museum 1909. — *Scott W. B.*, The Osteology of Elotherium. Transact. Amer. Phil. Soc. 1898.

E. Mortoni Leidy. Untermiocän (John Day) von Nordamerika *E.* (*Boochoerus, Daeodon*) *humerosus* Cope. Einige Reste auch im marinen Miocän von New Jersey.

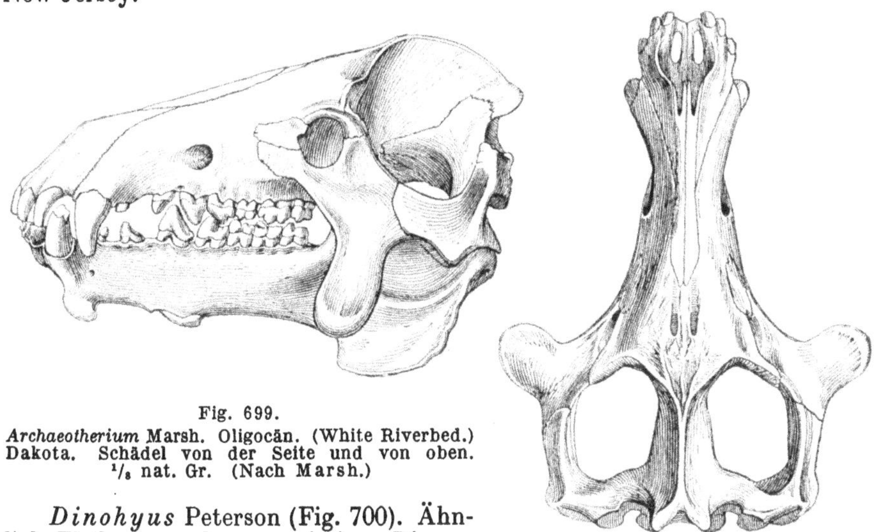

Fig. 699.
Archaeotherium Marsh. Oligocän. (White Riverbed.) Dakota. Schädel von der Seite und von oben. 1/8 nat. Gr. (Nach Marsh.)

Dinohyus Peterson (Fig. 700). Ähnlich *Elotherium*, aber von riesigen Dimensionen. Miocän. Nebraska.

3. Familie: **Leptochoeridae** Leidy.

Obere M viel kürzer als breit, trituberkulär mit Zwischenhöckern, untere M vierhöckerig. Vorderhälfte viel höher als die Hinterhälfte. P gestreckt, die unteren sehr kompliziert. Metapodien dünn.

Kleine Formen von nicht ganz sicherer systematischer Stellung und auf das Oligocän von Nordamerika beschränkt.

Leptochoerus Leidy. (*Laopithecus* Marsh, *Menotherium*, *Stibarus* Cope, Oligocän (White Riverbed).

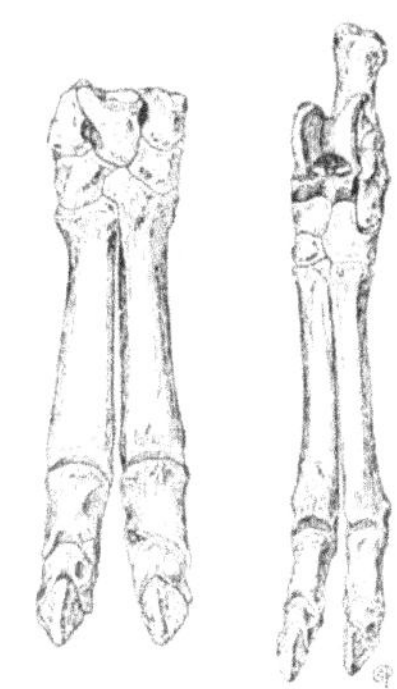

Fig. 700.
Dinohyus Hollandi Peterson. Miocän. Nebraska. Vorder- und Hinterfuß. 1/12 nat. Gr. (Nach Peterson.)

4. Familie: **Hippopotamidae.** Flußpferde[1]).

$\frac{3-2.1.4.3}{3-1.1.4.3}$. *Obere und untere M mit vier stumpfen, gefalteten Höckern, bei der Abkauung eine kleeblattartige Figur bildend. P einfach. Obere C sehr dick, kurz, vorne abgekaut. Untere C gewaltig groß, dreikantig, bogenförmig, hinten mit Abkauungsfläche. Untere J zylindrisch, sehr lang, wurzellos, nach vorne gerichtet. Humerus mit vorspringender, umgebogener Deltoidcrista. Alle Carpalia, Tarsalia und Metapodien getrennt. Füße vierzehig, seitliche Zehen nicht viel schwächer und kürzer als die mittleren. Endphalangen mit nagelartigen Hufen. Distales Astragalus-Gelenk zwei fast gleich große Rollen bildend.*

Die einzige noch jetzt lebende Gattung dieser Familie ist auf das tropische Afrika beschränkt. Fossil findet sie sich im Pliocän und Pleistocän von Asien, Europa und Afrika.

Von allen übrigen Artiodactylen unterscheiden sich die Hippopotamiden durch die weitvorspringende Deltoidcrista des Humerus und durch die

[1]) *Stromer E. v.*, Wirbeltierreste aus dem Mittelpliocän des Natrontales, Ägypten. 3. Artiodactyla. Bunodontia. Zeitschr. d. deutsch. geol. Gesellsch. 1914.

fast gleiche Größe der beiden distalen Astragalusrollen für Naviculare und Cuboid.

**Hippopotamus* Lin. wird je nach der Zahl der *J* in die Subgenera *Hexaprotodon* und *Tetraprotodon* Falconer zerlegt. Im Pliocän von Ostindien *H. sivalensis* Falconer, im Mittelpliocän von Ägypten und Algier *H. hipponensis* Gaudry, im Oberpliocän von Val d'Arno *H. major* und *Pentlandi* Falconer auch im europäischen Pleistocän dem lebenden *amphibius* nahestehend. Im Altpleistocän von Trinil (Java) *sivajavanicus* Dubois. Aus Algier beschreibt Pomel mehrere Arten. Zwergformen sind aus Höhlen auf Malta, Cypern und Kreta bekannt, sowie aus sehr jungen Ablagerungen von Madagaskar, *H. madagascariensis* Grandidier.

B. Bunoselenodontia.

5. Familie: **Anthracotheriidae**[1]).

Ausgestorbene Paarhufer mit vollständigem Gebiß. $\frac{3.1.4.3}{3.1.4.3}$. *Obere M mit vier Haupthöckern und einem Zwischenhöcker in der vorderen Hälfte, untere M mit je zwei konischen Innen- und halbmondförmigen Außenhöckern. P meist kurz, die drei vorderen einspitzig, meist durch ein Diastema vom C getrennt. Carpalia, Tarsalia und Metapodien nicht verwachsen. Füße vierzehig, die Seitenzehen dünner und kürzer als die mittleren. Untere Astragalustrochlea nicht gegen die obere verschoben.*

Die Anthracotheriiden bilden eine primitive Gruppe der Paarhufer, welche vorzugsweise in Europa, spärlicher in Nordamerika, Nordafrika und Ostindien verbreitet war. Die ältesten Überreste finden sich im europäischen Eocän (Bohnerze, Phosphorite), nach Pilgrim auch im Eocän von Burma und im Bridger-Eocän von Nordamerika, das Hauptlager für Anthracotherien ist das Oligocän. Die jüngsten Formen erlöschen im Miocän.

**Choeropotamus* Cuvier. Oberer *C* dolchförmig. P^1 vergrößert, unterer *C J*-ähnlich, P_1 *C*-artig. *M* mit vier Haupt- und vielen Nebenhöckern, obere auch mit Mesostyl. Alle Höcker sehr gerundet. Unterer P_4 ohne Innenhöcker. Unterkiefer niedrig, hinten weit ausgezogen. Obereocän. Frankreich und England. *Ch. parisiensis* Blv. Wahrscheinlich Nachkomme von:

Lophiohyus Sinclair. Schädel lang und niedrig. Cranium schmal, mit höher Sagittalcrista. Unterkiefer schlank. Obere *J* klein, *C* lang, vordere *P* isoliert, alle sehr einfach gebaut. Untere M_{1-2} mit vier etwas kantigen Höckern und ganz schwachem Paraconid, das vordere Paar etwas höher als das hintere. M_3 mit halbmondartigem fünften Höcker. Bridger-Eocän. Nordamerika.

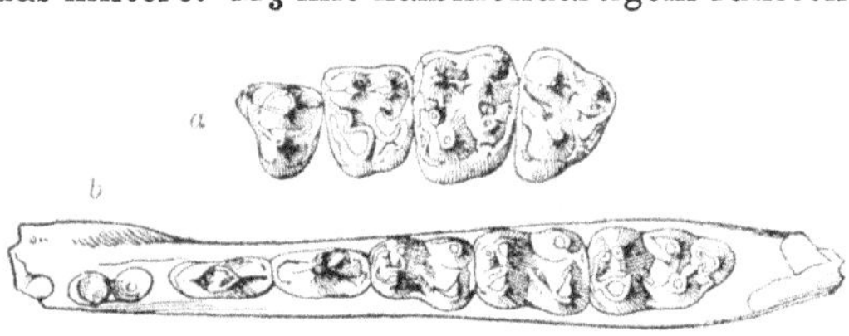

Fig. 701.
Helohyus plicodon Marsh. *a* obere P^4 bis M^3 von unten. *b* untere P_2 bis M_3 von oben. Eocän. Bridgerbed. Wyoming. Nat. Gr. (Nach Sinclair.)

Ithygrammodon Sinclair. Obere *J* und *C* sehr kräftig. Dazu vielleicht obere *M* mit verdoppeltem Hypocon und allseitigem Basalband. Höcker gerundet. Bridgerbed.

**Helohyus* Marsh (Fig. 701). Untere *P* und *M* kürzer, obere *M* breiter als bei den vorigen. Höcker der oberen

[1]) *Filhol H.*, Mammifères fossiles de Ronzon. Ann. sc. géol. 1882. XII. — *Kowalewsky W.*, On the Osteology of the Hyopotamidae. Philos. Trans. 1873. Monographie der Gattung Anthracotherium. Palaeontographica 1873. XXII. — *Schmidt M.*, Über Paarhufer der fluviomarinen Schichten des Fajum. Geol. u. paläont. Abhandl. von Koken. Jena 1913. — *Scott W. B.*, Structure and Relationship of Ancodus. Journ. Acad. Nat. Sc. Philad. 1895. — *Stehlin H. G.*, Revision der europäischen Anthracotherien. Verhandl. der naturforsch. Ges. in Basel 1910.

M konisch, mit Ausnahme des halbmondförmigen Hypocon, untere *M* mit deutlichem Paraconid. Innenhöcker der unteren *M* konisch. Außenhöcker halbmondförmig. Schädel ohne Bulla ossea. Mitteleocän. Bridger. Wyoming. *H. plicodon, validus* Marsh, *Milleri* Sinclair.

**Microbunodon* (*Microselenodon*) Depéret. Geringe Körpergröße. Obere *C* lang, dolchähnlich, untere *C* kurz, *P*-ähnlich. Oberoligocän. Rott, Rochette Cadibona, *Anthracotherium minus*. Untermiocän. Indien. Bugtihügel.

**Anthracotherium* Cuv. (Fig. 702). Obere *M* breiter als lang, mit vier V-förmigen oder konischen Höckern und einem vorderen sichelförmigen Metaconulus. Untere *M* vierhöckerig, M_3 mit drittem Halbmond. *J* oben und unten schaufelförmig, *C* sehr kräftig entwickelt. Diastema klein. Häufig im Oligocän von Europa, namentlich in kohleführenden Ablagerungen. Nach Pilgrim schon im Eocän von Burma. *Anthracotherium magnum* Cuv. von Rhinocerosgröße im kohleführenden Oligocän. *A. bumbachense* Stehlin, Mitteloligocän, ebenfalls sehr groß, aber Seitenzehen fast ebenso kräftig wie die Mittelzehen. *A. Cuvieri* Gaudry (*seckbachense* Kinkelin) Cyrenenschichten. Relativ klein sind *A. alsaticum* Cuv. Oligocän Lobsann, Phosphorite. *A. dalmatinum* v. Meyer, wohl noch Eocän. Auch im Oligocän (Protocerasbed) von Nordamerika kommen *Anthracotherium*-ähnliche Formen vor — *Heptacodon* und *Octacodon* Marsh. Im Untermiocän von Indien, Bugtihills *A. bugtiense* Pilgrim.

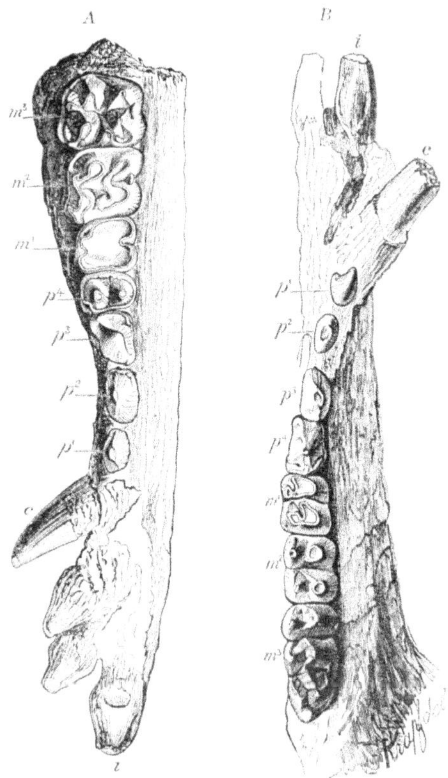

Fig. 702.
Anthracotherium magnum Cuv. Oligocän. La Rochette bei Lausanne. *A* Oberkiefer, *B* Unterkiefer. ⅓ nat. Gr.

**Brachyodus* Gervais. Backenzahnreihe geschlossen, nur P_1, seltener auch P^1 isoliert, *C* klein. Obere *M* niedrig, quadratisch. Extremitäten schlank. Im Oligocän von Ägypten *B. Gorringei* Andrews, *Fraasi* Schmidt etc., im dortigen Untermiocän *B. africanus* Andrews, vielleicht auch in Ostindien. Im Unteroligocän von Spanien *B. Cluai* Depéret, im Oberoligocän von Frankreich *B. porcinus* Gerv., und im Mittelmiocän von Europa *B. onoideus* Gerv. Im Untermiocän von Britisch-Ostafrika riesige, aber nur dürftig repräsentierte Arten, ebenso in Ostindien *B. bugtiense* Pilgrim, *giganteum* Lyd.

Merycops, *Hyoboops* Pilgrim, mit undeutlichen Zwischenhöckern an den oberen *M*. Untermiocän Indien. Bugtihügel. Ersterer auch in Ostafrika.

Anthracohyus, *Anthracokeryx* Pilgrim. Eocän. Burma.

Telmatodon, *Gonotelma* Pilgrim, *M* annähernd bunodont, obere *M* praktisch ohne Zwischenhöcker. Untermiocän. Bugtihügel.

**Ancodus* Pomel (*Hyopotamus* Owen, *Bothriodon* Aymard). (Fig. 703, 704.) Schädel länger und meist niedriger als bei *Anthracotherium*. *C* schwächer und durch langes Diastema vom ersten *P* getrennt. Hügel der oberen *M* ausgezeichnet V-förmig, die Innenhöcker der unteren *M* spitzkonisch. Oligocän, besonders häufig in Ronzon (Hte. Loire). *A. velaunus* Cuv., *bovinus* Owen. Im Oligocän von Nordamerika *A. americanus* Leidy. Die nordamerikanischen Formen unterscheiden sich durch die kürzere Schnauze und durch den Besitz eines großen Daumens.

Elomeryx Marsh. *Arretotherium* Douglass. Obere *M* mit nur vier V-förmigen Höckern. Vordere *P* schwach. Oligocän. Montana.

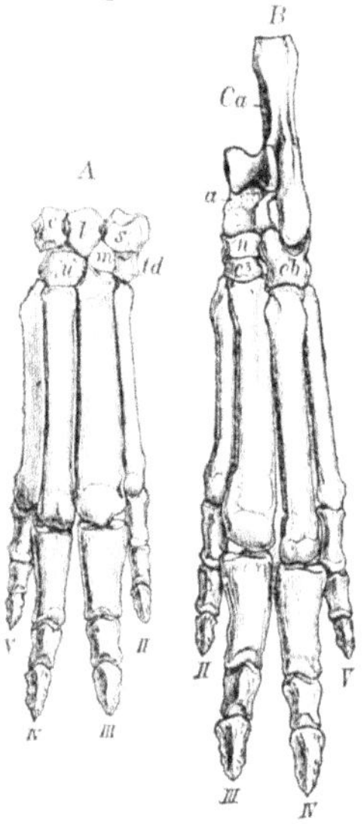

Fig. 703.
Ancodus (Hyopotamus) velaunus Cuv. sp. Oligocän. Ronzon bei Le Puy. *A* Vorderfuß, *B* Hinterfuß. 1/2 nat. Gr. (Nach Kowalewsky.)

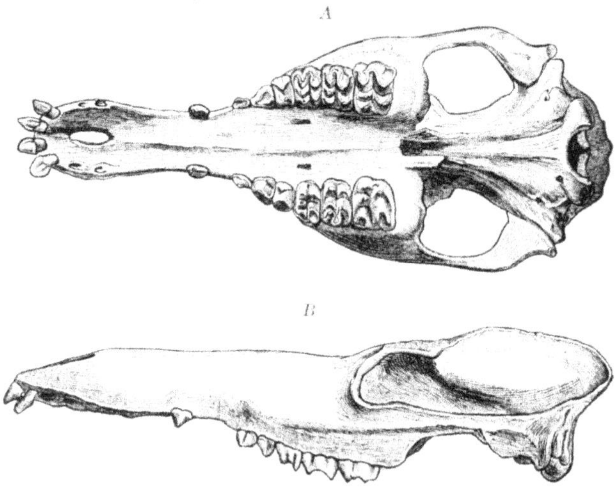

Fig. 704.
Ancodus (Hyopotamus) velaunus Cuv. sp. Oligocän. Ronzon bei Le Puy. Schädel von oben und unten, ¼ nat. Gr. (Nach Filhol.)

**Merycopotamus* Falcon. und Cautley. Obere *M* mit nur vier V-förmigen Hügeln. Untere Siwalikschichten von Ostindien. *M. nanus* Lydekker. Eine Art nach Boule auch in Südtunis.

**Rhagatherium* Pictet (*Hyopotamus* Rütimeyer). Obere *M* mit fünf spitzen Höckern und mit Mesostyl. P^4 *M*-artig, unterer P_4 und die übrigen *P* sehr kompliziert und gestreckt. Zahnlücke vor P_2. Eocäne Bohnerze. *R. valdense* Pictet von Mormont, *frohnstettense* Kow. von Sigmaringen.

Haplobunodon Depéret (*Dichodon*, *Acotherulum* Rütimeyer, *Anthracotherium* Lydekker). *M* wie beim vorigen, *P* einfach, P_1 *C*-artig, weit von P_2 abstehend. Unterkiefer niedrig. Eocän. Bohnerze der Schweiz. *H. Mülleri* Rütimeyer und *solodurense* Stehlin von Egerkingen.

Thaumastognathus Filh. Phosphorite von Quercy. *Lophiobunodon* Depéret. Obereocän.

6. Familie: **Anoplotheriidae.**

$\frac{3.1.4.3}{3.1.4.3}$. *Zahnreihe meist vollständig geschlossen. Die J^1 öfters vergrößert, vertikal und voneinander getrennt. Alle J, C und P meist allmählich ineinander übergehend, die vorderen P verlängert und schneidend. M bunoselenodont. Obere M im Umriß trapezoidal, mit vier V-förmigen Höckern und konischem Protocon. Untere M mit V-förmigen Außenhöckern und zwei oder drei konischen Innenhöckern, im letzteren Falle zwei in der Vorderhälfte jedes M. Hand mit vier bis zwei, Hinterfuß mit vier bis drei Zehen. Bei Anwesenheit von vier Zehen mittlere Metapodien kurz und plump, Seitenzehen dünn; bei nur drei Zehen die zweite kurz und dick und seitlich abstehend. Carpalia und Tarsalia frei, Endphalangen krallenähnlich. Schwanz sehr lang.*

Der Schädel hat, abgesehen von der Kürze und Breite der Schnauze, einige Ähnlichkeit mit dem von *Camelus*. Durch die Länge des Schwanzes und die mit krallenähnlichen Endphalangen versehenen Extremitäten gleichen die Anoplotherien eher Carnivoren als Huftieren. Sie sind auf das Eocän und Oligocän von Europa beschränkt.

**Anoplotherium* Cuv. (*Eurytherium* Gervais). (Fig. 705, 706.) Außenwand der oberen *M* W-förmig, Zwischenhügel nur in der vorderen Hälfte, klein, vorderer Innenhöcker konisch, hinterer V-förmig. Untere *M* mit zwei Halbmonden auf Außenseite und drei spitzen Höckern auf Innenseite, davon zwei in der Vorderhälfte des Zahnes. *C* in beiden Kiefern *P*-ähnlich. Die Anoplotherien waren kurzbeinige, ge-

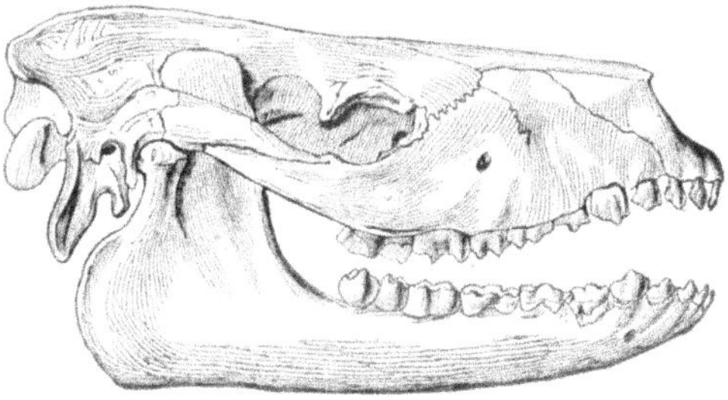

Fig. 705.
Anoplotherium commune Cuv. Ob. Eocän (Gips). Montmartre bei Paris. Schädel 1/8 nat. Gr. (Nach Blainville.)

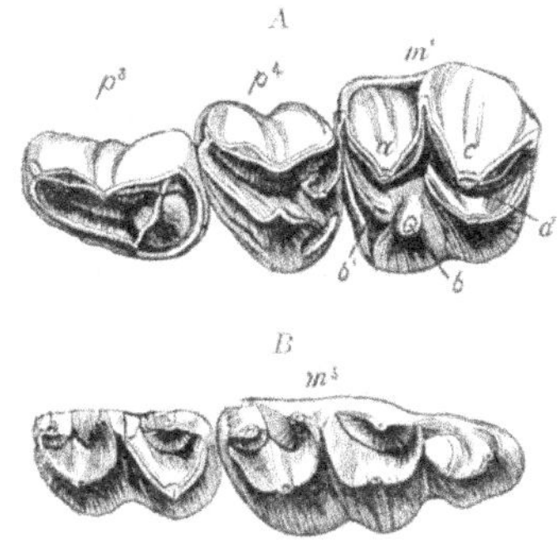

Fig. 706.
Anoplotherium latipes Gerv. sp. Ober-Eocän (Phosphorite) Escamps. Quercy. *A* die zwei hinteren *P* und der vorderste *M* des Oberkiefers. *B* die zwei letzten *M* des Unterkiefers (nat. Gr.).

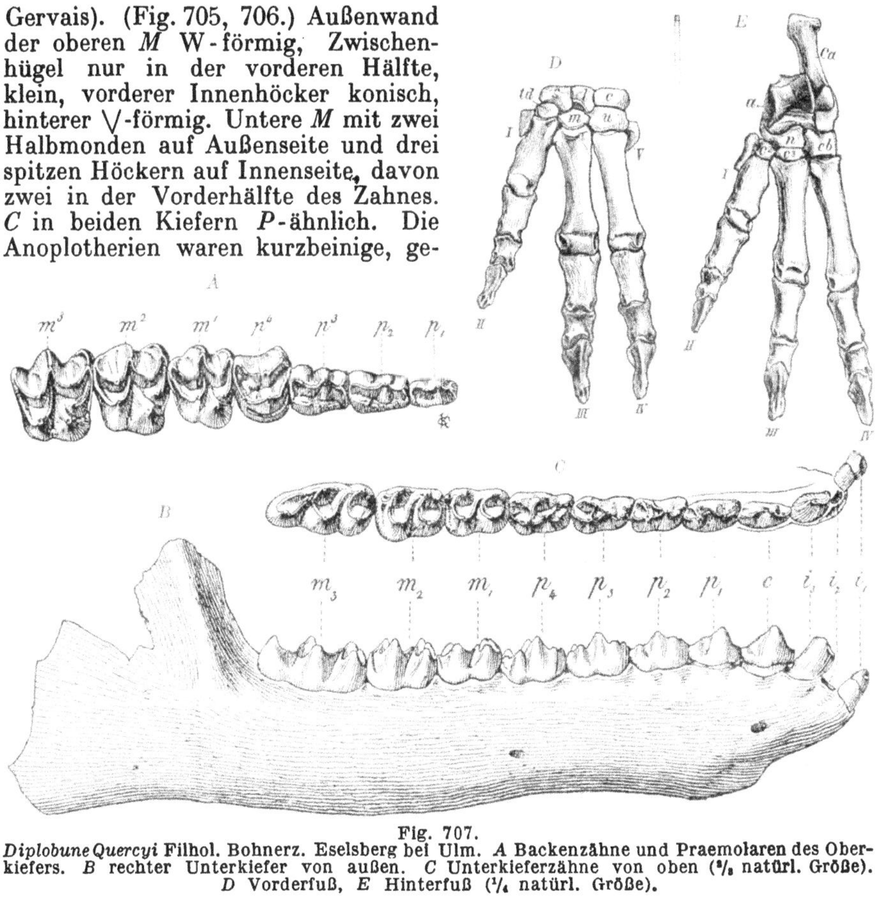

Fig. 707.
Diplobune Quercyi Filhol. Bohnerz. Eselsberg bei Ulm. *A* Backenzähne und Praemolaren des Oberkiefers. *B* rechter Unterkiefer von außen. *C* Unterkieferzähne von oben (2/3 natürl. Größe). *D* Vorderfuß, *E* Hinterfuß (1/4 natürl. Größe).

drungene, mit langem kräftigen Schwanz versehene Huftiere von Tapirgröße, die wahrscheinlich den Schwanz als Schwimmorgan benutzten. Ihre drei Zehen waren wohl durch Schwimmhaut verbunden. Im Obereocän von Paris *A. commune* Cuv. Hand scheinbar mit nur zwei Zehen. Débruge bei Apt *A.* (*Eurytherium*) *latipes* Gervais. Hand dreizehig.

**Diplobune* Rütimeyer (*Hyracodontherium* Filhol). (Fig. 707.) Sehr ähnlich *Anoplotherium*, jedoch kleiner. Oberer erster *J* vergrößert. Die oberen *M* sind relativ breit, und an den unteren *M* stehen die beiden vorderen Innenhöcker ganz dicht beisammen. Extremitäten dreizehig. Wangenfläche ohne Grube. Im Oligocän, Bohnerz von Ulm und Pappenheim und in den Phosphoriten von Quercy. *D. Quercyi* Filhol, *D. bavaricum* Fraas. Im Eocän *D. secundarium* Cuv. sp.

**Dacrytherium* Filhol (*Plesidacrytherium* Filhol). Wangenfläche mit tiefer Infraorbitalgrube. Vorderer Innenhöcker, Paraconid, der unteren *M* schwach entwickelt. *P* relativ einfach. Zwei wohlentwickelte, aber dünne Seitenzehen. Mittel- und Obereocän. Euzet-les-Bains (Gard). Phosphorite. Schweizer Bohnerze.

Leptotheridium Stehlin (*Rhagatherium*, *Caenotherium* Pictet, *Hyopotamus* Rütimeyer). Klein. Eocän, Schweiz, Bohnerze.

Catodontherium Depéret. Wange mit seichter Vertiefung. Schnauze schmal. *P* gestreckt. P^4 einfach. Vorderster Innenhöcker der unteren *M* sehr schwach. Eocän. Schweizer Bohnerze. *C. fallax* Stehlin. Robiac *C. robiacense* Depéret.

Mixtotherium Filhol (*Adrotherium* Filhol, *Hyopotamus* Rütimeyer). P^4 fast *M*-artig. *C* fast normal entwickelt. Schnauze kurz, Unterkiefer sehr hoch, Schädel mit kleinem Cranium und weit abstehenden Jochbogen. Eocän. Phosphorite.

7. Familie: **Dichobunidae.**

Ausgestorbene, kleine Paarhufer mit vollständigem Gebiß $\frac{3.1.4.3}{3.1.4.3}$. *Protocon der oberen M anfangs in der Mitte der Innenseite, später etwas vorwärts gerückt und dafür ein großer Hypocon entwickelt. Die Innenhöcker* V*-förmig, die beiden Außen- und Zwischenhöcker meist konisch, der zweite ebenso stark wie der Protocon. Untere M mit konischen Innen- und* V*-förmigen Außenhöckern. Vorderer Innenhöcker meist doppelt. Vorderhälfte der unteren M etwas höher als die hintere. Extremitäten vierzehig. Seitenzehen dünn. Schädel Tragulus-ähnlich.*

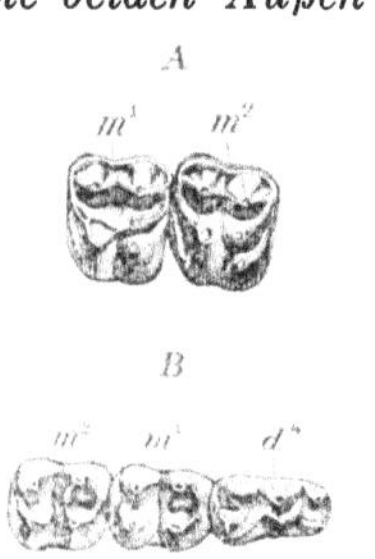

Fig. 708. *Dichobune leporina* Cuv. Phosphorite. Escamps. Quercy. *A* zwei Molaren des Oberkiefers, *B* letzter Milchzahn und die zwei vorderen Molaren des Unterkiefers. (Nat. Gr.)

Durch den Besitz von drei Höckern in der Hinterhälfte der oberen *M* unterscheidet sich diese Familie von allen Paarhufern, außer den Caenotherien, obwohl sie sonst viele Ähnlichkeit mit Suiden, Anthracotheriiden und Traguliden aufweist. Die Dichobuniden beginnen in Europa schon im ältesten Eocän, sterben aber im Oligocän aus. In Amerika sind sie auf das Unter- und Mitteleocän beschränkt. Sie sind hier primitiver als die europäischen Formen, insoferne das Trigonid der unteren *M* bedeutend höher ist als das Talonid. Auch unterscheiden sie sich von den typischen Dichobuniden durch den Besitz eines sehr kräftigen Protoconulus an den oberen *M*, während der Hypocon sehr klein ist oder ganz fehlt und der Protocon eine mediane Stellung einnimmt.

**Dichobune* Cuvier. (*Microchoerus* Wood, *Hyopotamus* Rütimeyer.) (Fig. 708). Obere Zahnreihe geschlossen. Obere *M* mit Mesostyl. Alle Höcker mehr oder weniger konisch. *P* einfach. Obereocän, Bohnerze, Pariser Gips bis Oligocän. *D. leporina* Cuv.

Hyperdichobune Stehlin. P^4 kompliziert. Eocän. Schweizer Bohnerze.

**Mouillacitherium* Filhol (*Necrolemur*, *Hyopsodus* Rütimeyer). Ohne Zwischenhöcker in Vorderhälfte der oberen *M*. Untere *P* gestreckt. Eocän. *M. Cartieri* Rütimeyer sp.

Meniscodon Rütimeyer (*Phenacodus*, *Protogonia* Rütimeyer). Mittelgroße Tiere. Obere *M* ohne Mesostyl, mit großem Parastyl. Mitteleocän. Bohnerz von Egerkingen. *M. europaeus* Rütimeyer sp.

Metriotherium Filhol (*Deilotherium*, *Spaniotherium* Filhol). Groß. Phosphorite von Quercy. — *Protodichobune* Stehlin. Obere *M* ohne Hypocon. Untereocän von Epernay.

Wasatchia Sinclair, *P* und *M* kurz, *M* mit hohem Trigonid. M^1 und M^2 mit schwachem Hypocon. Untereocän, Wasatch und Mitteleocän, Wind Riverbed.

Bunophorus Sinclair (*Trigonolestes* Cope), untere *P* und *M* dick. Ebenda *B.* (*Trigonolestes*) *etsagicus* Cope. Den primitiven Suiden nahestehend.

**Homacodon* Marsh (Fig. 709). Schädel und Schnauze kurz, ohne knöcherne Bulla. Oberer *C* lang. P^3 und P^4 mit Innenhöcker. M^1 und M^2 sechs-, M^3 fünfhöckerig. Hypocon klein. Untere *M* vierhöckerig, die Außenhöcker dreieckig. Mitteleocän, Bridgerbed. *H. vagans* Marsh.

Nanomeryx Marsh. Humerus mit Supracondylarforamen (wohl = Homacodon).

Microsus Leidy. Untere *M* ebenfalls ohne Paraconid. Ebenda.

**Diacodexis* Cope (*Trigonolestes* Cope). Obere *M* sehr breit, ohne Hypocon. Untere *M* mit Paraconid und großen Trigonid. Untereocän Wasatch *D.* (*Trigonolestes*) *chacensis* Cope.

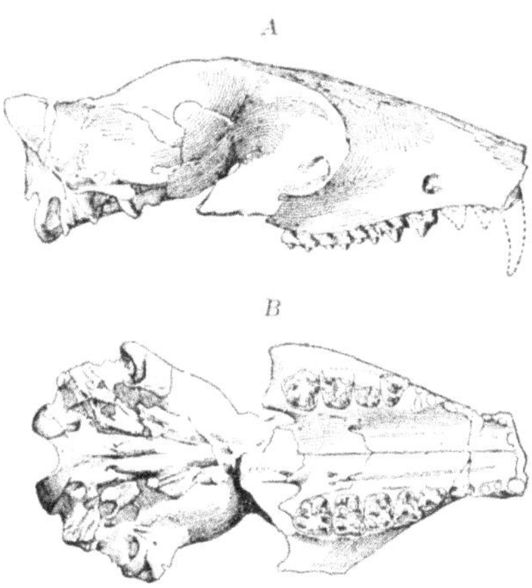

Fig. 709.
Homacodon vagans Marsh. *A* Schädel von der Seite, *B* von unten. ⁴/₃ nat. Gr. (Nach Sinclair.)

**Sarcolemur* Cope. Sehr spitze Höcker an den unteren *M*. Obere *M* mit kleinen Nebenhöckern vor und hinter dem Protocon. Mitteleocän, Bridgerbed. Wyoming.

Haplomylus Matthew (*Microsyops* Cope). P^4 mit zwei Innenhöckern. P_3 und P_4 lang, der letztere sehr kompliziert. M^1 mit vom Protocon ausgehendem zweiten Innenhöcker. Höcker der unteren *M* undeutlich alternierend. Von Matthew zu den Hypsodontiden gestellt. Unt. Wasatch *H. speirianus* Cope sp.

C. Selenodontia.

8. Familie: **Xiphodontidae.**

Zahnreihe geschlossen. $\frac{3.1.4.3}{3.1.4.3}$. *Backenzähne selenodont. Obere M mit vier oder fünf Halbmonden, der Zwischenhügel in der vorderen Hälfte. Untere M mit zwei komprimierten Innenhöckern und zwei äußeren Halbmonden. Vordere P gestreckt, unterer* P_4, *seltener auch der obere* P^4 *sehr kompliziert. Unterer* P_1 *als Eckzahn ausgebildet, oder J, C und P ineinander übergehend. Extremitäten lang, schlank, zweizehig. Seitliche Metapodien zu kurzen proximalen Stummeln reduziert, mittlere getrennt.*

Im europäischen Obereocän. Pariser Gips, Phosphorite von Quercy, Bohnerze, Süßwassermergel von Débruge bei Apt.

Die Xiphodontiden sind schlanke, hochbeinige, an Hirsche erinnernde Selenodonten, die aber sehr bald vollständig erlöschen.

**Xiphodon* Cuv. (Fig. 691 *B*, 710.) Obere *M* mit fünf Halbmonden. P^4 einfach. Cuboid und Naviculare getrennt. Eocän. *X. gracile* Cuv., *castrense* Kowalewsky.

**Amphimeryx* Pomel (*Hyaegulus* Pomel, *Xiphodontherium* Filhol). Außenhöcker der fünfhöckerigen oberen *M* halbmondförmig. Zahnlücke zwischen den unteren P_2 und P_3. Unterkieferrand ohne Einbuchtung. Eocän. Bohnerze der Schweiz, Pariser Gips, Débruge, Phosphorite von Quercy. Oligocän. Ronzon.

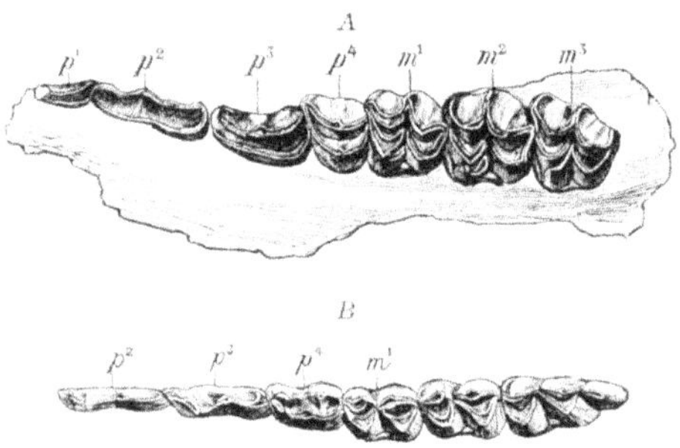

Fig. 710.
Xiphodon gracile Cuv. Ob. Eocän. Débruge bei Apt. Vaucluse. *A* Backenzähne des Oberkiefers, *B* des Unterkiefers. ¾ nat. Gr.

Pseudamphimeryx Stehlin (*Caenotherium* Pictet, *Mioclaenus*, *Plesiomeryx* Rütimeyer). Ohne Zahnlücke zwischen P_2 und P_3. Unterkieferrand eingebuchtet. Schweizer Bohnerze, Phosphorite von Quercy.

Eine oder beide Gattungen besitzen fadenartige, seitliche Metapodien. Cuboid und Naviculare verschmolzen.

**Dichodon* Owen. Obere *M* mit vier Halbmonden. Ecken der Außenmonde der oberen und der Innenhöcker der unteren *M* weit vorspringend. Letzter *P* in beiden Kiefern sehr kompliziert, der obere P^4 *M*-artig, P_4 D_4 ähnlich. Obereocän. Hordwell. *D. cuspidatus* Owen, *cervinus* Owen, letzterer auch in Euzet-les-Bain (Gard). Bohnerz von Sigmaringen. *D. frohnstettensis* Fraas.

Haplomeryx Schlosser. *P* mäßig kompliziert. Obere *M* anfangs mit fünf, später mit vier Halbmonden. Eocän. Euzet-les-Bains, Phosphorite, Schweizer Bohnerze.

**Tapirulus* Gervais. Obere *M* fünfhöckerig, ohne Mesostyl. Höcker der oberen und Innenhöcker und Monde der unteren *M* paarweise zu Jochen verbunden. Zahnreihe geschlossen. *P* mit Ausnahme von P_4 triconodont. Phosphorite. Schweizer und Ulmer Bohnerze. Systematische Stellung unsicher, vielleicht ein Suide.

9. Familie: **Caenotheriidae.**

Zahnreihe fast vollständig geschlossen, in der Regel $\frac{3.1.4.3}{3.1.4.3}$. *Obere M aus fünf halbmondförmigen Höckern bestehend, der Protocon in die Hinterhälfte der Krone verschoben. Untere M mit zwei äußeren Halbmonden und zwei konischen Innenhöckern, von denen der*

Fig. 711.
Caenotherium elongatum Filhol. Oligocän. Phosphorite von Quercy. *A* Schädel ⅔ nat. Gr. *B* obere P^1 bis M^3, *C* untere Zahnreihe J_3 bis M_3 nat. Gr.

zweite nach vorwärts gerückt ist. P ziemlich einfach, oberer C klein, unterer als vierter J und P_1 *als Eckzahn entwickelt. Extremitäten vierzehig, die Seitenzehen kürzer und dünner als die Mittelzehen. Cuboid und Naviculare getrennt.* Obereocän bis Untermiocän. Europa.

Die Überreste dieser zierlichen, kaum Hasengröße erreichenden Tiere, die offenbar in Rudeln lebten, finden sich besonders häufig in den Phosphoriten von Quercy und im Untermiocän der Auvergne und des Mainzer Beckens.

Oxacron Filhol (? *Hyaegulus* Pomel). Protocon der oberen *M* fast in der Mitte des Zahnes gelegen. $\frac{4}{4}$ *P*. Obereocän. Phosphorite, Débruge, Mormont.

**Caenotherium* Bravard (*Microtherium* Meyer). (Fig. 711, 712.) Unterkiefer und Extremitäten relativ plump. Oligocän und Untermiocän.

**Plesiomeryx* Filhol. Extremitäten und Unterkiefer schlank. Ebenda.

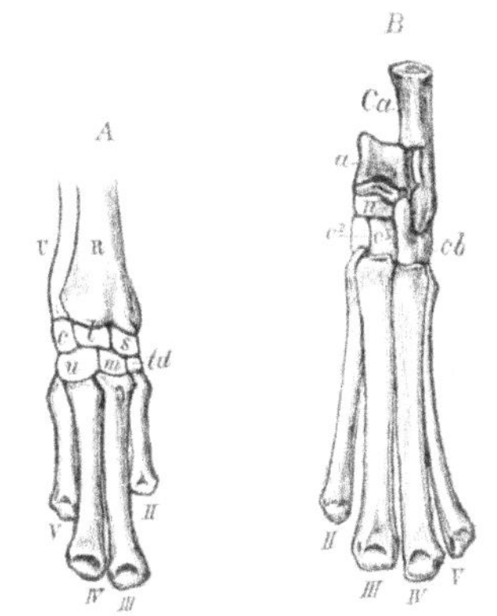

Fig. 712.
Caenotherium sp. Oligocän. Phosphorite. Quercy. *A* Vorderfuß, *B* Hinterfuß. $^1/_1$ nat. Gr. (Nach Schlosser.) (Die nicht schattierten Carpalia und Tarsalia sind ergänzt.)

10. Familie: **Oreodontidae** Leidy[1]).

Gebiß meist vollständig. $\frac{3.1.4.3}{3.1.4.3}$ *in geschlossener Reihe, manchmal mit Diastema. Backenzähne selenodont. Obere M mit vier, selten mit fünf Halbmonden. P in der Regel einspitzig, seitlich komprimiert, ziemlich kurz.* P_4 *zuweilen M-artig. Unterer* P_1 *stets als Eckzahn, C als vierter Incisiv fungierend. Ulna, Radius, Carpalia, Tarsalia und Metapodien getrennt. Extremitäten vierzehig, Seitenzehen dünner und etwas kürzer als die Mittelzehen. Zuweilen noch ein Daumen vorhanden.*

Die Oreodontiden sind vollkommen ausgestorben und bis jetzt nur aus dem Obereocän, Oligocän, Miocän und Unterpliocän von Nordamerika bekannt. Sie haben vermutlich mit den Cameliden die Stammform gemein.

1. Unterfamilie: **Agriochoerinae.**

Obere M mit tief ausgefurchten Außenhöckern. Humerus mit niedriger Trochlea. Endphalangen krallenartig. Schwanz lang. Augenhöhle nicht geschlossen.

Die Agriochoerinen haben äußerlich mehr Ähnlichkeit mit Carnivoren, im Bau von Hand und Fuß namentlich mit Katzen, als mit Huftieren und gleichen hierin den Anoplotheriiden, von denen sie sich jedoch durch den Besitz von zwei Seitenzehen unterscheiden.

Protagriochoerus Scott. $\frac{4}{4}$ *P*. Obere *M* noch mit Protoconulus. P_4 in beiden Kiefern einfach. Obereocän. Uintabed.

**Agriochoerus* Leidy (*Artionyx* Osborn, *Merycopater*, *Coloreodon* Cope, *Agriomeryx* Marsh). (Fig. 713.)

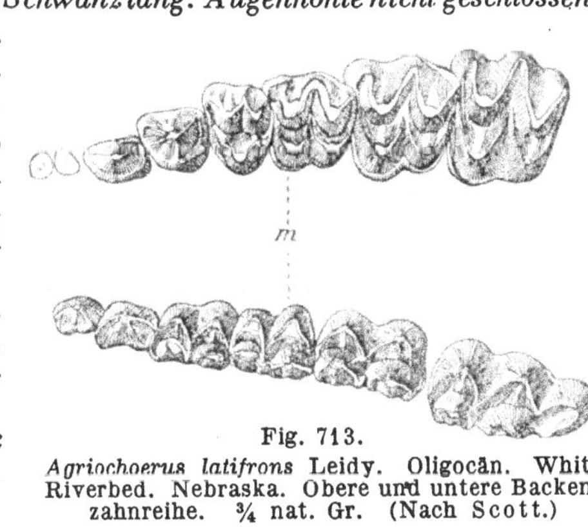

Fig. 713.
Agriochoerus latifrons Leidy. Oligocän. White Riverbed. Nebraska. Obere und untere Backenzahnreihe. ¾ nat. Gr. (Nach Scott.)

[1]) *Cope E.*, Proceed. Amer. Philos. Soc. Philad. 1884. XXI. — *Douglass E.*, Merycochoerus and a new Genus of Merycoidodonts. Ann. Carnegie Museum. Vol. IV. 1907. — *Matthew W. B.*, Mem. Amer. Mus. Nat. Hist. New York. Vol. I. Part VII. 1901. — *Scott W. B.*, Beitr. zur Kenntnis der Oreodontidae. Morph. Jahrb. 1890. XVI. On the Osteology of Agriochoerus. Proc. Am. Phil. Soc. Philad. 1894. — *Wortman J. L.*, Bull. Amer. Mus. Nat. Hist. New York 1895.

Ohne obere *J.* $\frac{4}{3}$ *P.* Unterer P_1 *C*-artig. P_4 in beiden Kiefern kompliziert. Obere *M* mit nur vier Höckern. Hand mit Daumen versehen. Oligocän. White Riverbed. *A. major* Leidy Untermiocän. John Daybed.

2. Unterfamilie: **Oreodontinae.**

Obere M mit W-förmiger Außenwand. Unterer C J-artig, P_1 C-ähnlich. Humerus mit hoher Trochlea. Endphalangen hufartig. Schwanz kurz. Augenhöhle meist geschlossen.

Die älteren Oreodontiden haben sowohl in ihrem Habitus als auch in der Größe Ähnlichkeit mit den amerikanischen Schweinen, *Dicotyles*, die jüngeren erlangen zum Teil durch Verdickung und weites Ausbiegen der Jochbogen eine gewisse Ähnlichkeit mit *Hippopotamus*. Einige Gattungen, z. B. *Merycochoerus*, waren auch sicher aquatil. Die Oreodontiden gehen wohl auf Homacodon zurück. Nur in Nordamerika.

**Protoreodon* Scott und Osborn (*Hyomeryx*, *Eomeryx* Marsh). Zahnreihe geschlossen. Obere *M* noch mit Zwischenhöcker, Protoconulus, in der Vorderhälfte. Orbita hinten offen. Obereocän Uintabed. *P. parvus* Scott.

Limnenetes und *Bathygenys* Douglass. Ähnlich, jedoch obere *M* ohne Zwischenhöcker. Unterstes White Riverbed.

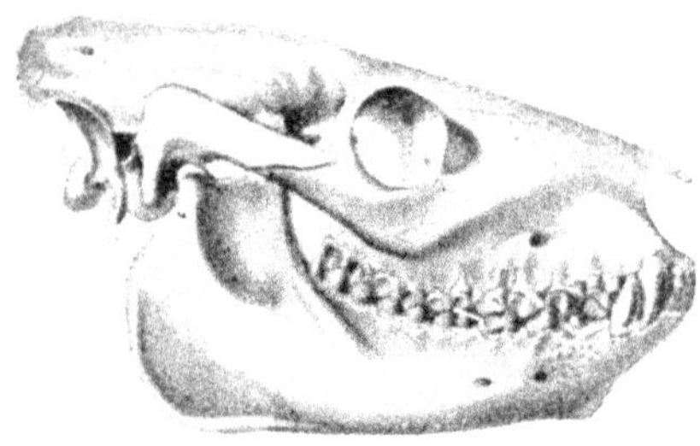

Fig. 714.
Oreodon Culbertsoni Leidy. Oligocän. White Riverbed. Nebraska. Schädel und Unterkiefer. $^2/_3$ nat. Gr. (Nach Scott.)

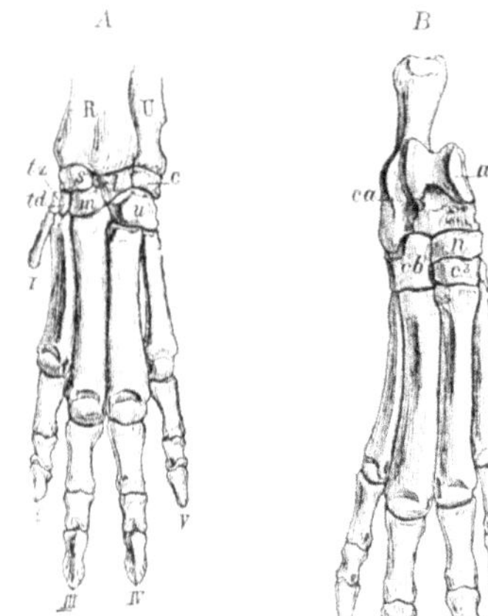

Fig. 715.
Oreodon Culbertsoni Leidy. *A* Vorderfuß, *B* Hinterfuß ⅓ nat. Gr. (Nach Scott.)

**Oreodon*, *Merycoidodon* Leidy. (Fig. 714, 715.) Unterer *C* *J*-ähnlich. P_4 *C*-artig ausgebildet. Zahnreihe geschlossen. Obere *M* aus vier Halbmonden bestehend. Orbita hinten geschlossen. Tränengruben groß. Schnauze kurz. Hand mit kurzem Daumen. Sehr häufig im Oligocän. White Riverbed von Nordamerika *O. Culbertsoni*, *gracilis* Leidy.

**Eporeodon* Leidy (*Eucrotaphus* Leidy). Schädel gestreckt. Ohne Daumen. Oberstes Oligocän und Untermiocän. John Daybed. Nordamerika. *E. major* Leidy.

Merycoides und *Poatrephes* Douglass. Miocän. Montana.

Mesoreodon Scott. Zahnkronen ziemlich hoch. Mittelmiocän. Deep Riverbed.

**Merycochoerus* Leidy. Cranium hoch. Schädel kürzer als bei *Oreodon*. Jochbogen stärker und weiter vorragend. Schnauze lang. Praemolarreihe kurz. Skelett größer und plumper. Mittelmiocän. *M. proprius* Leidy. Eine Art noch im Unterpliocän.

Pronomotherium Douglass. Schädel sehr kurz. Obermiocän.

**Promerycochoerus* Douglass (Fig. 716). Schädel und Praemolarreihe lang. Jochbogen hinten verdickt. Untermiocän. John Daybed.

Phenacocoelus Peterson. Mittelmiocän.

**Merychyus* Leidy (*Ticholeptus* Cope). Schnauze verkürzt, mit Lücke zwischen Tränen- und Stirnbein und Oberkiefer. Zähne ziemlich hochkronig. Seitenzehen sehr dünn. Mittel- und Obermiocän und Pliocän.

Metoreodon Matth. u. Cook. *P* breiter. Pliocän.

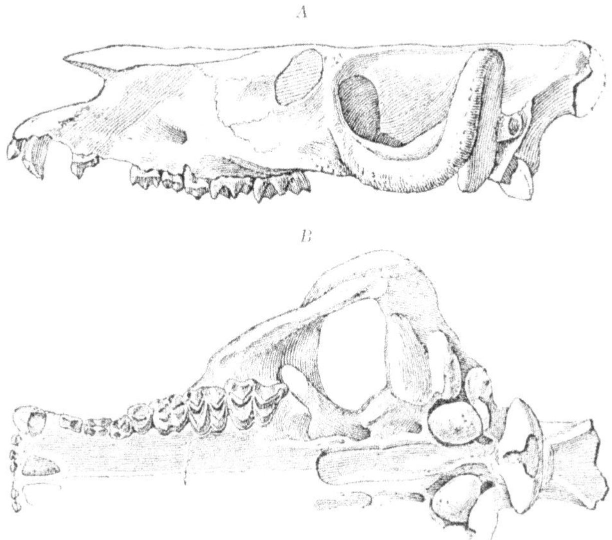

Fig. 716.

A Promerycochoerus macrostegus Cope. Schädel von der Seite. 1/4 nat. Gr.
B Promerycochoerus superbus Leidy. Schädel von unten. Unt. Miocän. John-Daybed. Oregon. 1/4 nat. Gr. (Nach Cope.)

**Leptauchenia* Leidy. Schnauze verkürzt, Jochbogen hoch. Nur zwei untere *J* vorhanden. Zahnkronen ziemlich hoch. Oberstes Oligocän (White Riverbed) und Untermiocän.

Cyclopidius Cope (*Pithecistes* Cope). Schädel flach. Mehrere Lücken im kurzen Gesichtsschädel, Jochbogen weit vorragend. Mittelmiocän. Deep Riverbed.

11. Familie: **Camelidae.** *Tylopoda* Illig.[1]).

Gebiß mehr oder weniger vollständig $\frac{3-1.1.4-2.3}{3\quad.1.4-1.3}$. *Backenzähne selenodont, vom C und häufig auch vom vordersten P durch Diastema getrennt. Obere M stets länger als breit. P häufig reduziert, der vorderste in beiden Kiefern C-ähnlich. Halswirbel ohne Arterienkanal. Carpalia und Tarsalia frei, mit Ausnahme von Cuneiforme II und III. Extremitäten vier- oder zweizehig. Seitenzehen bei den späteren Formen gänzlich verschwunden. Mittlere Metapodien stets ohne vordere Leitkiele, bei den späteren Formen verschmolzen. Magen mit drei Abteilungen.*

[1]) *Cope E. D.*, The Phylogeny of the Camelidae. Amer. Naturalist 1886. — *Douglass E.*, Description of a new species of Procamelus und A mounted skeleton of Stenomylus. Ann. Carnegie Museum. Vol. V. 1908. — *Hay O. P.*, Camels of the genus Camelops. Proceed. U. St. National Museum Washington. Vol. 46. 1913. — *Matthew C. W.*, Mem. Am. Mus. New York I. 1901. — *Peterson A.*, A new Camel from the Miocene of Western Nebraska. Ibid. Vol. VII. 1910. 1911. Osteology of Oxydactylus. Ibid. Vol. II. 1904. — *Scott W. B.*, On the Phylogeny of Poebrotherium. Journ. of Morphology. 1891. V. und The selenodont Artiodactyls of the Uinta Eocene. Transact. Wagner's free Institut Philad. 1899. — *Wortman J. L.*, The Extinct Camelidae of North America. Bull. Amer. Mus. Nat. Hist. New York 1898.

Von den zwei lebenden Gattungen bewohnt die eine — *Camelus* — Nordafrika und Asien, die andere — *Auchenia* — das westliche Südamerika. Die Familie stammt aus Nordamerika, wo sie vom Obereocän bis zum Pleistocän vertreten war. Im Pliocän gelangte sie nach Asien und von da nach Europa und Nordafrika. Die fossilen nordamerikanischen Formen bilden eine geschlossene Stammesreihe und führen auf indifferente, vierzehige, eocäne Urformen mit getrennten Metapodien und vollständigem Gebiß zurück.

Der Schädel trägt weder Geweihe noch Hörner, seine langgestreckte Form, die schräg abfallende Schnauze mit den kurzen, aber hohen Zwischenkiefern, die stark vorspringenden, bei den jüngeren Formen geschlossenen Augenhöhlen und die geringe Neigung der Gesichtsachse gegen die kraniale Achse verleihen ihm eine gewisse Ähnlichkeit mit dem Pferdeschädel. Das Gebiß unterscheidet sich von dem der Wiederkäuer durch die gestreckteren oberen *M* sowie durch die Anwesenheit von einem oberen *C* und mindestens einem oberen *J*. Die *P* können starke Reduktion erfahren.

Trotz der früh eintretenden Verschmelzung der Metapodien bleiben die Carpalia und Tarsalia frei, mit Ausnahme von den miteinander verwachsenen Cuneiforme II und III. Das Trapezium kommt bei den jüngeren Formen in Wegfall. An den distalen Gelenken der Metapodien fehlen Leitkiele. Humerus bei den geologisch jüngeren Formen mit doppelter Bicipitalgrube wie bei Unpaarhufern. Die fossilen Cameliden bilden in bezug auf Gebiß- und Skelettentwicklung eine ausgezeichnete, eng geschlossene Reihe, deren ältere Glieder sich mit Embryonen der lebenden Gattungen Camelus und Auchenia vergleichen lassen.

1. Unterfamilie: **Leptotragulinae** Cope.

Gebiß vollständig, ohne Zahnlücke. $\frac{3.1.4.3}{3.1.4.3}$ *brachyodont, C größer als J. P mit Ausnahme von* P_4 *schneidend. Obere M aus vier Halbmonden bestehend. Metapodien nicht verwachsen. Hand vierfingerig, Fuß zweizehig, mit proximalen Griffelbeinen. Radius und Ulna erst im Alter fest verbunden. Fibula unreduziert. Schädeldach eben. Schnauze kurz.*

**Bunomeryx* Wortman. Obere *M* mit fünf V-förmigen Höckern. $\frac{4}{3}$ *P*, Molaren an *Homacodon* erinnernd, aber echt selenodont. Wohl eher verwandt mit *Protoceras* als mit den Cameliden. Obereocän. Uintabed *B. elegans* Wortman.

Leptotragulus Scott und Osborn (*Parameryx* Marsh). Uinta- bis Titanotheriumbed. Unvollständig bekannt, ebenso *Oromeryx* Marsh.

**Protylopus* Wortman. Schnauze kurz. Orbita hinten nicht geschlossen. Obereocän. Uintabed. *P. Petersoni* Wortman.

Eotylopus Matthew. Oligocän. Titanotheriumbed.

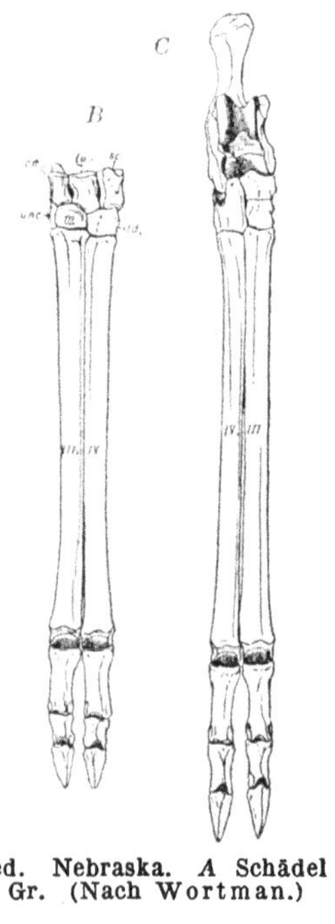

Fig. 717. *Poëbrotherium Wilsoni* Leidy. Oligocän. White Riverbed. Nebraska. *A* Schädel und Unterkiefer, $^2/_3$ nat. Gr. *B* Vorderfuß. *C* Hinterfuß, $^1/_3$ nat. Gr. (Nach Wortman.)

2. Unterfamilie: **Poëbrotheriinae** Cope.

Gebiß vollständig, meist mit $\frac{3.1.4.3}{3.1.4.3}$. *Zwischenkiefer und Symphyse verlängert. Orbita hinten nicht immer vollständig geschlossen. Metapodien getrennt. Hand und Fuß zweizehig, digitigrad. Endphalangen hufartig. Seitenzehen nur durch proximale Stummel angedeutet. Ulna und Radius verwachsen.* Oligocän und Untermiocän von Nordamerika.

**Poëbrotherium* Leidy (Fig. 717). Mit kleinem unteren *C*. Größe fast wie von Reh. Oligocän (White Riverbed). *P. Wilsoni* Leidy.

Paratylopus Douglass (*Gomphotherium* Cope) (Fig. 718). Unterer *C* groß. Orbita geschlossen. Gesicht verkürzt. Von Wildschafgröße. Untermiocän, John Day u. Oligocän, Protocerasbed.

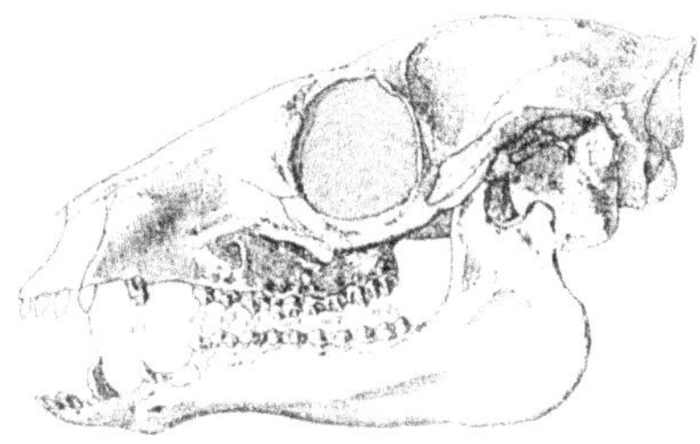

Fig. 718.
Paratylopus Sternbergi Cope sp. Untermiocän. John Daybed. Oregon. Schädel und Unterkiefer. ¼ nat. Gr. (Nach Wortman.)

Oxydactylus Douglass. Hals und Beine lang. *Protomeryx* Leidy. Beine relativ kurz. Mittelmiocän.

3. Unterfamilie: **Protolabinae** Cope.

Gebiß vollständig. Orbita vollständig geschlossen. Extremitäten zweizehig, semidigitigrad. Hauptmetapodien meist zu einem Canon verwachsen. Ulna und Radius verwachsen.

Im Miocän und Pliocän von Nordamerika. Lama- bis Kamelgröße.

**Protolabis* Cope. $\frac{3.1.3.3}{3.1.3.3}$. P_1 zuweilen fehlend. Beine ziemlich kurz. Metapodien meist nicht verschmolzen. Obermiocän. Colorado.

Stenomylus Peterson. *C* als *J* entwickelt. *M* langgestreckt und hochkronig. Mittelmiocän. Scheint direkt von Protylopus abzustammen und nicht von Poëbrotherium.

**Procamelus* Cope. $\frac{1.1.3.3}{3.1.3.3}$. Selten mit vier *P*. *M* hoch. Beine mäßig lang. Obermiocän und Pliocän. *P. gracilis* Leidy.

**Pliauchenia* Cope. $\frac{1}{3}$ *J*. $\frac{3}{2}$ *P*. Skelett nicht bekannt. Obermiocän und Pliocän von Texas, Kalifornien und Nebraska. *P. singularis* Matthew.

Alticamclus Matthcw. Ohnc J^1 und J^2, jedoch mit $\frac{3}{3}$ *P*. Metapodien verwachsen. Hals, Metapodien, Femur und Tibia ungewöhnlich lang. Obermiocän von Colorado und Pliocän von Nebraska.

Megatylopus Matthew und Cook. $\frac{1}{3}$ *J*. $\frac{3}{2}$ *P*, stark reduziert. *M* hypsodont. Hohe, massive Beine. Phalangen kurz. Sehr große Formen.

4. Unterfamilie: **Camelinae** Cope.

Gebiß mehr oder weniger reduziert. Ulna mit Radius verwachsen. Von der Fibula nur ein distales Rudiment erhalten. Extremitäten zweizehig. Alle drei Zehenglieder dem Boden aufliegend. Metapodien verschmolzen.

Im Pliocän und Pleistocän von Nord- und Südamerika und im Unterpliocän von Indien und China. Lebend in Asien, Nordafrika und Südamerika.

**Camelus* Lin. (*Merycotherium* Bojanus). $\frac{1.1.3.3}{3.1.3.3}$. Im Milchgebiß noch drei obere Schneidezähne. J_3 *C*-ähnlich. Zahnlücke vor und hinter *C* und hinter dem vordersten *P*. Untere *J* schaufelartig, *C* kräftig. P^3 und P^4 aus Außenwand und innerem Halbmond bestehend. *M* ziemlich hoch. Lebend in Nordafrika und Asien. Fossil im Unterpliocän von Indien *C. sivalensis* Falc. Cautl. und China und im Pleistocän von Sibirien und Südrußland. *C. sibiricus* Boj. sp., von Rumänien *C. alutensis* Stefanescu, von Algier *C. Thomasi* Pomel und von Nordamerika *C. americanus* Wortman.

Protauchenia Branco, *Palaeolama* Gervais, *Hemiauchenia*, *Stilauchenia*, *Lamaops* Ameghino im Pleistocän von Südamerika.

**Auchenia* Illiger. $\frac{1.1.2.3}{3.1.1.3}$. Lebend und im Pleistocän von Südamerika und im Altpleistocän von Texas.

**Camelops* Leidy, *Holomeniscus* und *Eschatius* Cope stehen *Auchenia* nahe, zum Teil nur unvollständig bekannt. Pliocän? und Pleistocän von Oregon, Kalifornien, Texas und Mexiko. Von Camelops vollständige Schädel im Asphalt von Rancho La Brea in Kalifornien. Schädel länger und schmäler als bei Auchenia.

12. Familie: **Tragulidae.** Zwerghirsche[1]).

Schädel geweihlos. $\frac{0.1.4-3.3}{3.1.4-3.3}$. *Ohne obere J. Oberer C säbelartig, unterer als vierter Incisiv ausgebildet. Zahnlücke ziemlich weit. M selenodont, mit nur vier Höckern, die oberen allseitig vom Basalband umgeben. P verlängert, seitlich komprimiert und mit Ausnahme von* P^4 *schneidend. Carpalia und Tarsalia teilweise verschmolzen. Mittlere Metapodien viel stärker als die vollständig erhaltenen seitlichen, getrennt oder zu einem Canon verwachsen. Reduktion der Seitenzehen adaptiv. Magen mit drei Abteilungen.*

Die Traguliden erreichen höchstens die Dimensionen von Reh. Sie beginnen im Oligocän von Europa und gehen wohl auf *Dichobune* ähnliche Formen zurück. Im Miocän sind sie bereits überaus selten und nur durch *Dorcatherium* vertreten, aus welchem sich die jetzt in Westafrika lebende Gattung *Hyaemoschus* entwickelt hat. Dagegen ist der Vorfahre der jetzt in Südindien und auf den Sundainseln verbreiteten Gattung *Tragulus* bis jetzt noch nicht ermittelt.

Der hornlose Schädel, die freibleibende Ulna, die unvollständige Verschmelzung der Hauptmetapodien, die Persistenz der seitlichen Metapodien, die bei den Gelocinen freilich in der Mitte aufgelöst werden, und die gestreckten einfacheren und schneidenden *P* verleihen den Traguliden ein ursprünglicheres Gepräge gegenüber den Cervicornia und den Cavicornia, von welchen sich die beiden lebenden Gattungen auch durch die diffuse Placenta und den dreiteiligen Magen unterscheiden. Hingegen fehlen auch bei ihnen schon die oberen *J*, und die *M* haben große Ähnlichkeit mit jenen der *Cervicornia*, welche auch sicher auf gewisse Traguliden — Gelocinen — zurückgehen, denn sie sind mit diesen durch die geweihlosen Gattungen *Amphitragulus* und *Dremotherium* innig verbunden. Auch für die *Cavicornia* mit hirsch- und rinderähnlicher Bezahnung ist die Abstammung von den Gelocinen sehr wahrscheinlich.

1. Unterfamilie: **Tragulinae.**

Hinterhaupt groß und schmal. Bullae mit zelligem Gewebe erfüllt. P einfach, langgestreckt, mit Ausnahme von P^4. *Untere M meist mit schräger, von der Spitze des ersten Innen- und öfters auch des ersten Außenhöckers nach hinten verlaufenden Leiste. Obere M mit starkem Cingulum. Seitliche Metapodien vorne und hinten vollständig. Cuboid und Naviculare, später auch die Cuneiformia zu einem Knochen verschmolzen.*

Fossil im Oligocän, Miocän und Unterpliocän von Europa und im Pliocän und Pleistocän von Südasien. Lebend in Südostasien und Westafrika. Die oligocänen Gattungen haben keine Nachkommen hinterlassen.

Cryptomeryx Schlosser. $\frac{3}{4}$ *P*. Untere *M* mit Leiste am ersten Innenhöcker. Oligocän? Phosphorite von Quercy.

**Lophiomeryx* Pomel. Obere *M* vierhöckerig, untere ohne Leiste, mit konischem ersten Innenhöcker. Metapodien getrennt. Oligocän. Cournon, Frankfurt a. M., Phosphorite von Quercy.

---

[1]) *Kowalewsky W.*, Gelocus. Palaeontogr. Bd. XXIV. 187. — *Milne Edwards A.* Annals scienc. nat. Zoology 5. Ser. II. 1864.

**Dorcatherium* Kaup (Fig. 719, 720). $\frac{3}{4}$ *P*, obere vierhöckerig, untere *M* mit Leiste am ersten Innen- und Außenhöcker. Oberer *C* dolchartig. Vordere Metapodien getrennt, hintere verschmolzen. Seitenzehen sehr dünn.

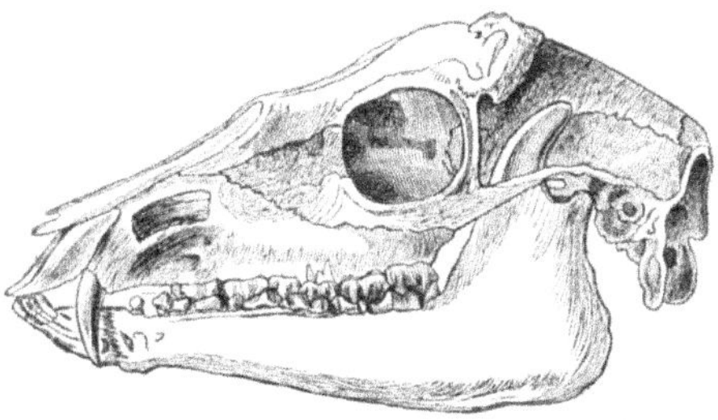

Fig. 719.
Dorcatherium Naui Kaup. Unt. Pliocän. Eppelsheim bei Worms. Schädel. ⅓ nat. Gr. (Nach Kaup.)

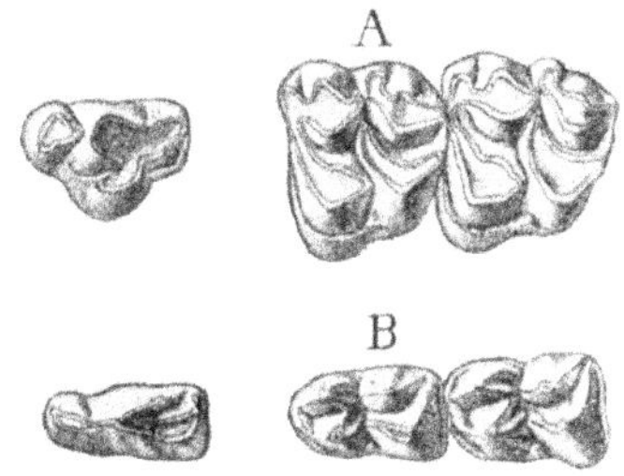

Fig. 720.
Dorcatherium crassum Lartet sp. Obermiocän. Günzburg. *A* obere P^3, M^2 und M^3. *B* unterer P_3, M_1 und M_2.

Obermiocän von Europa. *D. guntianum* Meyer, *crassum* Lart sp. Unterpliocän. *D. Naui* Kaup. Pliocän von Indien. *D. majus* Lyd.

Hyaemoschus Gray. $\frac{3}{3}$ *P*. Lebend in Westafrika.

Dorcabune Pilgrim. Miocän und Pliocän. Siwalik.

Tragulus Brisson (Fig. 691 *D*). Nur Hasengröße. Mittlere Metapodien im Alter fest verwachsen. Pliocän und Pleistocän von Südindien *T. sivalensis* Lyd. Lebend *T. meminna* Gray.

2. Unterfamilie: **Gelocinae.**

Untere M ohne Leisten am ersten Innen- und am ersten Außenhöcker. Mittlere Metapodien mehr oder weniger fest zu einem Canon verwachsen, seitliche dünn und in der Mitte aufgelöst. Cuboid und Naviculare miteinander verschmolzen. Oligocän von Europa. Dürftige Überreste aus dem Untermiocän von Britisch-Ostafrika werden von Andrews erwähnt.

Unter den Gelocinen haben wir sowohl die Ahnen der Hirsche, als auch die Stammeltern der Cavicornier mit hirsch- oder rinderähnlichen Backenzähnen zu suchen.

**Gelocus* Aymard (Fig. 721). Obere *M* niedrig, mit vier Höckern. Innenhöcker der unteren *M* massiv.

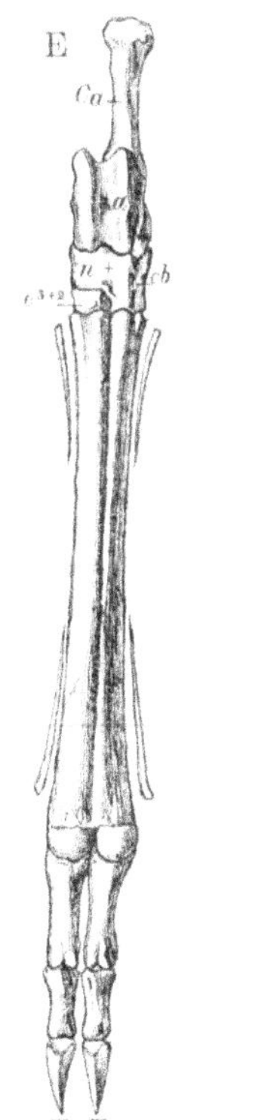

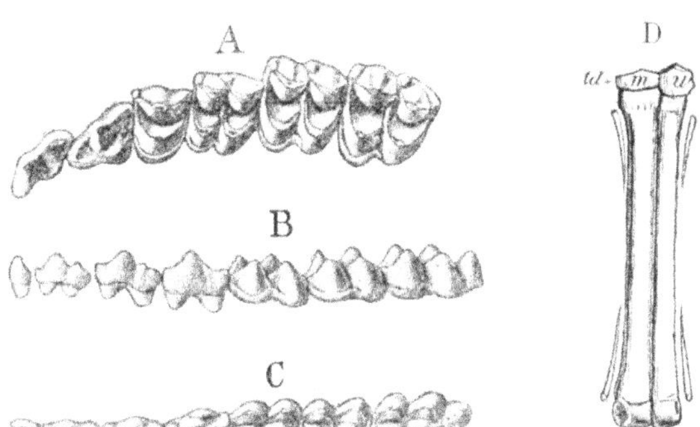

Fig. 721.
Gelocus communis Aymard. Oligocän. Ronzon (Haute Loire). *A* obere Backenzähne, *B* untere *P* und *M* von außen. *C* von oben. *D* Vorderfuß, *E* Hinterfuß. ½ nat. Gr. (Nach Kowalewsky.)

P einfach, langgestreckt. Kleiner unterer P_1 vorhanden. Im Oligocän von Ronzon, Ulm, Böhmen und Phosphorite von Quercy.

Paragelocus Schlosser. Obere *M* mit fünf Höckern und *Pseudogelocus* Schlosser mit kompliziertem unteren P_4. Oligocän. Bohnerze von Ulm.

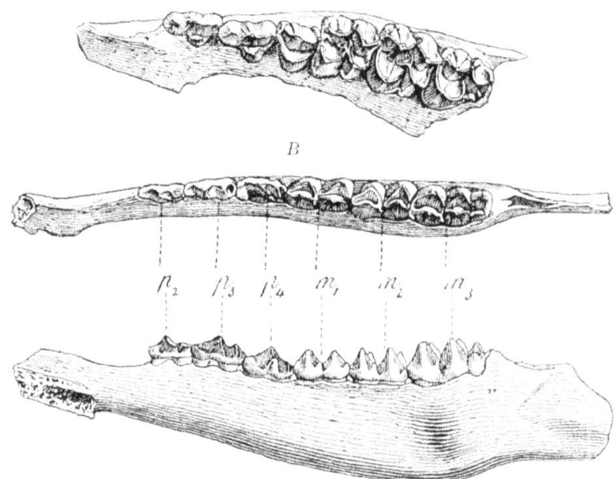

Fig. 722.
Prodremotherium elongatum Filhol. Oligocän (Phosphorite). Quercy. *A* Oberkiefer von unten, *B* Unterkiefer von oben und von innen. ¾ nat. Gr.

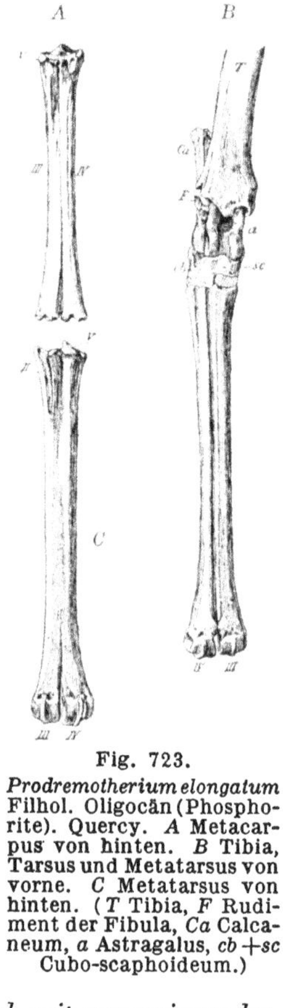

Fig. 723.
Prodremotherium elongatum Filhol. Oligocän (Phosphorite). Quercy. *A* Metacarpus von hinten. *B* Tibia, Tarsus und Metatarsus von vorne. *C* Metatarsus von hinten. (*T* Tibia, *F* Rudiment der Fibula, *Ca* Calcaneum, *a* Astragalus, *cb*+*sc* Cubo-scaphoideum.)

**Bachitherium* Filhol. $\frac{3}{3}$ *P*. P_4 kompliziert und **Prodremotherium* Filhol (Fig. 722, 723). $\frac{3}{3}$ *P*, einfach gebaut. Oligocän. Phosphorite von Quercy.

Die aus dem älteren Tertiär von Ostindien — Bugtihügel — beschriebenen Gelocus und Prodremotherium sind zweifelhaft.

13. Familie: **Hypertragulidae**[1]).

Schädel anfangs ohne knöcherne Auswüchse, später mit Geweih versehen, das stets von Haut bedeckt bleibt, mit Ethmoidallücken, meist mit großen Bullae osseae und mit vorspringender, hinten geschlossener Orbita. Unterkiefer lang und schlank. Ohne obere J. Oberer C meist klein, unterer C als J entwickelt. M brachyodont, selenodont, untere M ohne Falte auf Hinterseite des ersten Außenmondes. Obere M vierhöckerig. P ziemlich einfach. Vorderextremität vierzehig, mittlere Metacarpalien niemals zu einem Canon verwachsen. Seitenzehen wohlentwickelt. Hinterextremität zweizehig. Mittlere Metatarsalien zu einem Canon verschmolzen. Seitenzehen rudimentär. Cuboid mit Naviculare verwachsen.

Die Hypertraguliden sind auf Nordamerika beschränkt. Sie treten hier zuerst im Oligocän (White Riverbed) auf und erreichen im Miocän ihre höchste Entwicklung in der Gattung *Blastomeryx*, welche nach Matthew den Vorfahren der südamerikanischen Hirschgattung *Mazama* darstellt.

Die Hypertraguliden wurden früher mit den Traguliden vereinigt, von welchen sie sich jedoch durch das Fehlen der Falte an der Innenseite des Metaconids und am ersten Außenmond der unteren *M* unterscheiden.

---

[1]) *Matthew W. D.*, Revision of the Hypertragulidae. Bull. Amer. Mus. Nat. Hist. 1902 und Osteology of Blastomeryx. Ibidem 1908. — *Scott W. B.*, White River Selenodonts. Transact. Wagner's free Instit. of Science. Philad. 1899.

**Leptomeryx* Leidy. Ohne P^1, unterer P_1 klein. Radius und Ulna frei. Oligocän. White Riverbed. *L. Evansi* Leidy. Untermiocän von Montana. Ist der Vorfahre von Blastomeryx.

**Hypertragulus* Cope. Ob. *C* und unt. P_1 groß, die folgenden *P* kurz. Radius und Ulna frei, Fibula sehr reduziert. Oligocän und Untermiocän. Kalifornien, Süd-Dakota. John Daybed von Oregon. *H. calcaratus* Cope.

Allomeryx Merriam und Sinclair. Untermiocän. Oregon.

Nannotragulus Lull. *M* hoch. Miocän.

**Blastomeryx* Cope. $\frac{0.1.4-3.3}{3.1.4-3.3}$. Schädel geweihlos, oberer *C* lang, *M* brachyodont, untere ohne Palaeomeryxfalte. *P* einfach. Oberer P^2 und P^3 mit kleinem Innenhöcker, untere *P* mit unverästelten Kulissen an der Innenseite. Radius und Ulna getrennt. Vorderfuß vierzehig, mittlere Metapodien getrennt. Hinterfuß zweizehig mit proximalen Resten der Seitenzehen. Untermiocän. *B. Olcotti, primus* Matthew. *Bl. gemmifer* Cope (Fig. 724) mit kurzem Gablergeweih und rudimentären Seitenzehen ist jünger und auch generisch verschieden.

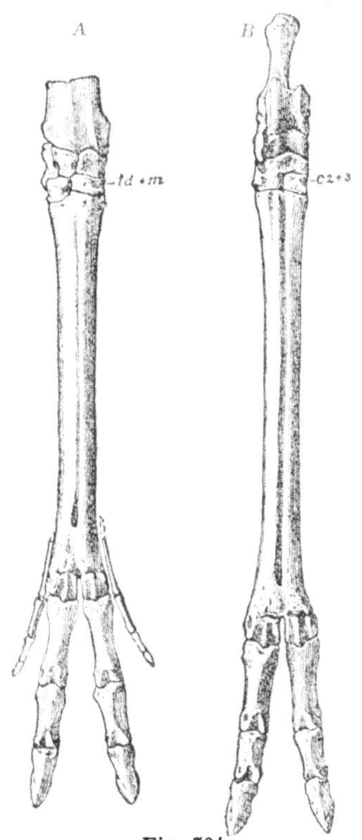

Fig. 724.
Blastomeryx gemmifer Cope. Unteres Pliocän (Loup Fork-Stufe). Nebraska. *A* teleometacarpaler Vorderfuß, *B* Hinterfuß. ²/₃ nat. Gr. (Nach Scott.)

14. Familie: **Cervicornia.** Geweihträger[1]).

Schädel der Männchen in der Regel mit Geweih oder knöchernen Fortsätzen versehen. $\frac{0.0-1.3.3}{3.1.3.(4).3}$. *Oberer C bald lang und säbelartig, bald schwach oder ganz fehlend, unterer als vierter J fungierend. Langes Diastema hinter den C. Backenzähne selenodont, brachyodont. Obere P kurz, mit äußerem und innerem Halbmond. Carpalia — Magnum und Trapezoid — und Tarsalia — Cuboid und Naviculare — teilweise verschmolzen. Hauptmetapodien stets zu einem Canon verwachsen. Seitliche Metapodien dünn, meist nur als proximale oder distale Reste erhalten, mit kurzen Afterzehen.*

Das Skelett der *Cervicornia* zeichnet sich wie das der Traguliden durch spröde Knochensubstanz mit reichlichen Osteoblasten und durch die dünnen Schädelknochen aus.

Der Schädel ist langgestreckt, und seine faziale Achse ist nicht gegen die kraniale Achse geknickt wie bei den meisten Cavicornia. Die gewölbte Hirnkapsel wird oben vorzugsweise von den Scheitelbeinen und nur zum geringeren Teil von den Stirnbeinen gebildet, seitlich gewinnen die Schuppen der Schläfenbeine ansehnliche Ausdehnung. Die ungewöhnlich großen Tränenbeine sind außen mit Vertiefungen, den Tränengruben, versehen.

[1]) *Alexejew A.*, Nouvelle éspèce des cerfs fossiles des environs de Petroviczovka. Odessa 1913. — *Brook V.*, Classification of the Cervidae. Proceed. zool. Soc. London 1878. — *Dawkins Boyd*, British Pleistocene Cervidae. Palaeont. Soc. London 1887. — *Douglass Earle*, Dromomeryx, a new genus of American Ruminants. Ann. Carnegie Mus. Vol. IV. 1909. — *Matthew W. D.*, Osteology of Blastomeryx and Phylogeny of Am. Cervidae. Bull. Am. Mus. Nat. Hist. New York 1908. — *Pohlig H.*, Die Cerviden des thüring. Diluvialtravertins. Palaeontogr. Bd. 39. 1892. — *Rütimeyer L.*, Beitr. zu einer natürl. Geschichte der Hirsche. Abh. Schweiz. palaeont. Ges. 1880—83. Bd. VII, VIII, X.

Zwischen Tränenbein, Nasenbein, Stirnbein und Oberkiefer ist sehr häufig eine »Ethmoidallücke« vorhanden, die zu einem von dünnen Knochenlamellen und Lufthöhlen erfüllten Raum führt. Die seitlich vorstehenden Orbiten sind hinten geschlossen. Das Geweih hat nur geringen systematischen Wert, denn es fehlt den weiblichen Individuen außer beim Renntier immer und bei den ältesten fossilen Formen auch den Männchen. Auch können ähnliche Geweihformen bei Hirscharten vorkommen, die nicht näher miteinander verwandt sind. Auf die Gesamtbildung des Schädels übt es einen viel geringeren Einfluß aus als die knöchernen Stirnzapfen der Cavicornia. Während bei den Pellicornia die Knochenfortsätze auf den Stirnbeinen dauernd von Haut bedeckt bleiben, wird sie bei den Cervicornia abgerieben, »gefegt«, und die Geweihe ragen dann frei vor. Die basalen Knochenzapfen, welche die eigentlichen nach der Brunftzeit abwerfbaren Geweihe tragen, heißen Rosenstock, der knotige Wulst an der Basis des Geweihes Rose. Bei den mit mehrfach gegabeltem Geweih versehenen Formen beginnt es mit einem einzigen Sprossen, Spießer, der sich im zweiten Jahre in zwei Äste gabelt. In den folgenden Jahren kommt jedesmal ein neuer Sproß zu den bereits vorhandenen hinzu. In ähnlicher Weise verläuft auch die phylogenetische Entwicklung. Die ältesten, untermiocänen Formen besitzen überhaupt kein Geweih, bei mittel- und obermiocänen Formen besteht es lediglich aus einer oder zwei Sprossen, ebenso bei *Dicrocerus*, doch wird es hier schon bei einer Art abgeworfen. Im Pliocän beginnen Hirsche mit kurzem Rosenstock, langer Stange und zwei bis drei Nebensprossen. Erst im Oberpliocän und Pleistocän entfalten die Geweihe jene Üppigkeit, Größe und reiche Verzierung, wie sie beim Edelhirsch, Renntier, Elch und in höchster Potenz beim Riesenhirsch beobachtet werden.

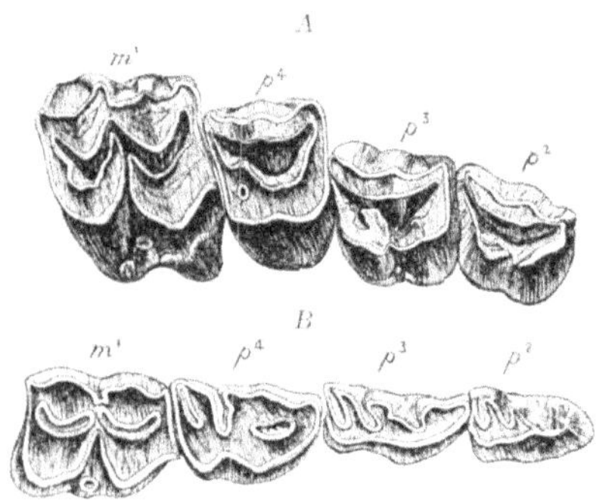

Fig. 725.
Cervus (Polycladus) dicranius Nest. Ob. Pliocän. Val d'Arno. Toskana. *A* die drei *P* und der erste *M* des Oberkiefers. *B* desgleichen vom Unterkiefer. Nat. Gr.

Im Gebiß (Fig. 725) fehlen die oberen *J* stets und die oberen *C* sind bei den jüngsten Formen meist nur bei den Männchen vorhanden. Der untere *C* hat die Form und Funktion eines *J*. Die Backenzähne sind brachyodont und die oberen drei-, die unteren zweiwurzelig. Die Krone ist mit dickem, runzeligen Schmelz bedeckt und in der Regel mit einem Basalpfeiler versehen, der sich an den oberen *M* auf der Innen-, an den unteren *M* auf der Außenseite befindet. Die Außenseite der oberen *M* trägt stets zwei Vertikalfalten — Parastyl und Mesostyl. Zwischen jedem Außenhöcker und dem benachbarten inneren Halbmond befindet sich die Marke, in welche meist vom inneren Halbmond aus ein spornartiger Fortsatz hineinragt. Die oberen *P* sind kurz und stellen scheinbar halbe Molaren dar. Die unteren *M* sind niedrig, typisch selenodont. Die ziemlich kurzen unteren *P* bestehen aus einem kürzeren hinteren und einem längeren vorderen Abschnitt und tragen auf ihrer Innenseite vertikale Vorsprünge, Kulissen. Die ältesten fossilen Formen besaßen zum Teil noch vier *P*, bei den übrigen sind immer nur drei *P* vorhanden.

Von den Carpalien verwachsen Magnum und Trapezoid miteinander. Die mittleren Metapodien verschmelzen frühzeitig zu einem Canon, die seitlichen (II und V) sind meist unvollständig, indem bald nur die proximalen (*Plesiometacarpi*) (Fig. 726), bald nur die distalen Teile (*Teleometacarpi*) (Fig. 724) als griffelartige Rudimente zur Entwicklung kommen. Kurze Afterzehen sowohl an der Vorder- als an der Hinterextremität besitzen alle echten Hirsche, dagegen fehlen sie den Giraffen. Im Tarsus verwachsen stets Cuboid und Naviculare und ebenso Cuneiforme II und III, dagegen bleibt das kleine Cuneiforme I stets frei. Von den äußeren Metatarsalia sind nur die proximalen Enden ausgebildet, aber auch häufig mit dem Canon verwachsen.

Die *Cervicornia* bewohnen gegenwärtig ganz Asien, Europa und Amerika und den nordwestlichen Teil von Afrika. In der alten Welt sind die plesiometacarpischen Formen, in der neuen die teleometacarpischen vorherrschend. Die echten Hirsche beginnen im unteren Miocän von Europa. Im oberen Miocän und Pliocän haben sie auch Vertreter in Nordamerika, im Pliocän auch in Asien. Den Höhepunkt ihrer Entwicklung erreichen sie im Pleistocän und in der Jetztzeit.

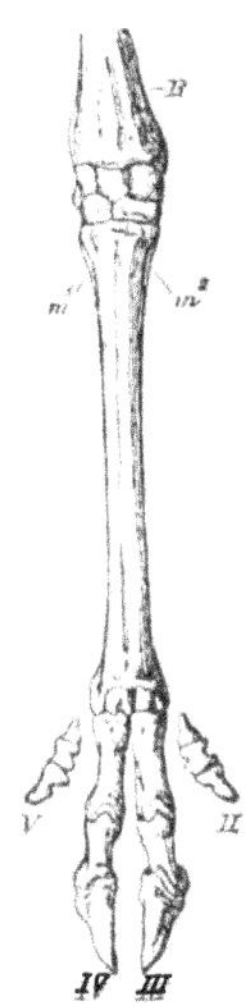

Fig. 726.
Plesiometacarpaler Vorderfuß von *Cervus elaphus* Lin., $^1/_7$ nat. Gr. (Nach Flower.) m^5 u. m^2 proximale Stücke der seitlichen Metacarpalia, *II—IV* zweite bis fünfte Zehe.

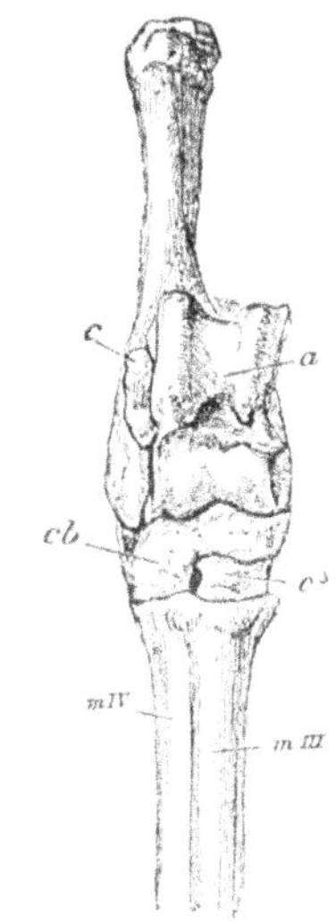

Fig. 727.
Hinterfuß vom Hirsch (*Cervus elaphus*), ⅓ nat. Gr. (Nach Flower.) *c* Calcaneum, *a* Astragalus, *cb* Cuboscaphoideum, c^3 Cuneiforme, *mIV* und *mIII* Metatarsalia.

1. Unterfamilie:
Moschinae. Moschushirsche.

Schädel geweihlos, obere C lang, säbelartig. $\frac{4}{3}$ *P. Distale Rudimente der seitlichen Metapodien mit langen, dreigliedrigen Afterzehen.*

Die beiden lebenden Gattungen (*Moschus*, *Hydropotes*) bewohnen die zentralasiatischen Hochländer. Fossile Reste von *Moschus* werden aus den Siwalikschichten von Indien erwähnt.

2. Unterfamilie: **Cervulinae.** Muntjakhirsche.

Schädel geweihlos, oder Männchen mit kurzem, meist nur dichotom gegabeltem oder wenig sprossigem Geweih, das auf einem hohen Rosenstock sitzt und bei den älteren Formen nicht abgeworfen wurde. Obere C lang, säbelartig, hinten schneidend, M aus vier Monden bestehend. Untere M mit Leiste hinter dem ersten Außenmond. P wenig verlängert, untere mit Kulissen. Vorderfuß meist plesiometacarpisch, selten teleometacarpisch.

Lebend in Südostasien. Fossil in Europa vom Miocän an.

**Amphitragulus* Pomel. Schädel geweihlos, ohne Tränengrube und Ethmoidallücke. *M* niedrig, die unteren mit Palaeomeryxleiste. 4 *P* im Unterkiefer. Häufig mit distalen Resten der seitlichen Metapodien nebst Phalangen. Im Untermiocän. Auvergne, Ulm, Mainz, Pyrimont (Savoyen). *A. elegans*, *lemanensis*, *gracilis* Pomel. Hasen- bis Rehgröße. Miocän. Japan. *A. minoensis* Matsumoto.

Dremotherium Geoffroy. Nur drei untere *P*. Molarhöcker plump. Seitliche Metapodien nur durch proximale Griffel angedeutet, sonst wie vorige Gattung. Untermiocän. Auvergne, Ulm, Mainz. *D. Feignouxi* Pomel.

**Micromeryx* Lartet. Klein, mit relativ hohen *M*. Obermiocän. Steinheim, Sansan, La Grive St. Alban.

**Palaeomeryx* v. Meyer. Schädel der großen Arten geweihlos. *M* mit runzeligem Schmelz. Untere *M* mit Leiste an Außenseite des vorderen Halbmondes. Meist große Formen. Mittelmiocän. Böhmen. *P. annectens* Schlosser. Obermiocän *P. Bojani*, *eminens* v. Meyer.

Dromomeryx Douglass (*Blastomeryx* Cope, partim), ähnlich, mit hochgestieltem, etwas vorwärts geneigtem, ungegabelten (?) Geweih, meist mit komplizierten unteren *P*, aber ziemlich einfachen oberen *P*, und dünnen vollständigen Seitenzehen am Vorderfuß. Obermiocän Montana *D. borealis* Cope sp., *americanus* Douglass.

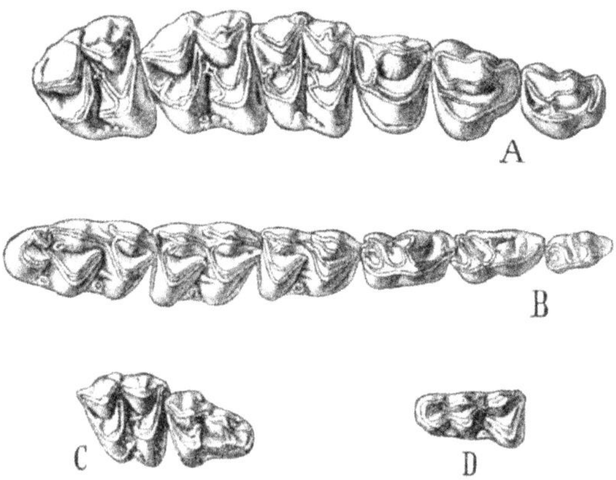

Fig. 728.
Dicrocerus furcatus Hensel sp. Obermiocän. Steinheim, Württemberg. *A* obere, *B* untere Backenzähne, *C* obere Milchzähne (D^3 und D^4), *D* unterer D_4 nat. Gr.

**Dicrocerus* Lartet (*Procervulus* Gaudry) (Fig. 728, 729). Wie vorige Gattung, jedoch Schädel mit zweisprossigem, selten dreisprossigem Geweih. Plesiometacarpal. Obermiocän. Schlesien, Polen, Steinheim etc. *D. furcatus* Hensel, Geweih meist ohne Rose, wohl lange Zeit persistierend. Sansan, Steiermark, bayerische Hochebene. *D. elegans* Lartet, Geweih mit Rose und abwerfbar.

Palaeoplatyceros Pacheco. Geweih fächerförmig, abgeplattet. Obermiocän. Palencia, Spanien.

Lagomeryx Roger. Ähnlich, aber klein. Mit Spießer- oder kurzem, oben stark verästelten Geweih. Seitenzehen mit Metacarpalien und Phalangen. Mittelmiocän Solnhofen, *L. simplicicornis* Schlosser. Obermiocän, Steiermark, Südbayern *L. Meyeri* Hofmann, *pumilio* Roger.

**Cervavus* Schlosser. Obere *C* ziemlich kräftig, untere *M* noch mit Spuren der Palaeomeryxfalte. Geweih dichotom. Größe von Reh. Unterpliocän von China. *C. Oweni* Koken sp. Pliocän. Nebraska.

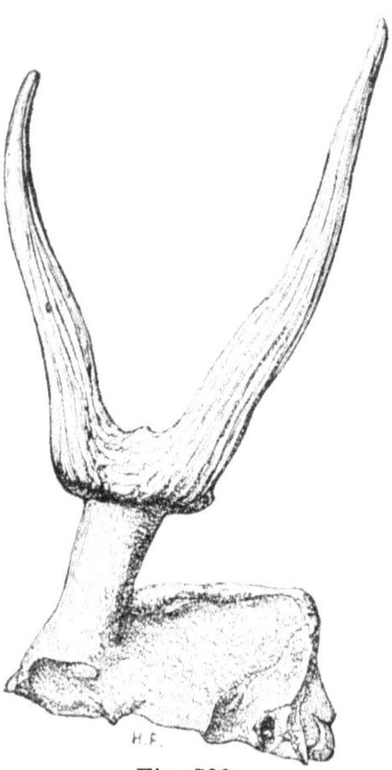

Fig. 729.
Dicrocerus elegans Lartet. Obermiocän. Sansan. Gers. Geweih, ⅓ nat. Gr. (Nach Gaudry.)

Mit dieser Gattung sehr nahe verwandt, wenn nicht identisch *Cervavitus*, und *Cervocerus* Khomenko aus dem Unterpliocän von Beßarabien mit ein resp. zwei Seitensprossen, sowie *Damacerus* Khomenko ebendaher, mit abgeplattetem Geweih. Alexejew vereinigt alle diese Formen in einer Gattung und Art, *Procervus variabilis*.

Cervulus Blainv. Lebend in Südasien und fossil im Pleistocän von Indien und Java.

3. Unterfamilie: **Cervinae.**

Geweih mit kurzem Rosenstock, mehrfach gegabelt, periodisch wechselnd und abgesehen von Renn, nur bei den Männchen vorhanden. Obere C schwach oder fehlend. Backenzähne brachyodont. Vorderfuß meist plesiometacarpal bei den altweltlichen Hirschen, teleometacarpal bei den neuweltlichen (mit Ausnahme von Cervus canadensis).

Lebend auf der nördlichen Hemisphäre und in Südamerika. Fossil vom Pliocän an in Europa und Asien, in Amerika erst im Pleistocän.

Der Gattungsname *Cervus* sollte nur mehr für nicht näher bestimmbare Hirschreste Anwendung finden, die besser erhaltenen fossilen lassen sich meist ziemlich ungezwungen unter die folgenden Subgenera verteilen:

a) **Teleometacarpisch.** Distale Rudimente der Seitenzehen vorhanden.

**Capreolus* Ham. Smith. Geweih aufrecht, dreisprossig. Im Unterpliocän von Cucuron, Baltavar *C. Matheroni* Gerv., im Mittelpliocän *C. australis* de Serres, *ruscinensis* Depéret, im Oberpliocän der Auvergne *C. cusanus* Croiz. et Job. Im Pleistocän *C. capreolus* Linn.

Furcifer, *Blastocerus* Gray, *Mazama* Rafinesque. Lebend und fossil in Südamerika. *Odocoileus.* Pleistocän und Gegenwart in Nordamerika.

Sangonoma Hay. Damhirschgröße. Pleicostän. Nordamerika.

**Rangifer* Ham. Smith[1]). Beide Geschlechter mit starkem, gegabelten Geweih, Sprossen abgeplattet. Das Renntier (*R. tarandus* Lin.) bewohnt die Polarländer der nördlichen Hemisphäre. Im Pleistocän in ganz Mitteleuropa verbreitet, besonders häufig als Begleiter des Magdalénien-Menschen. In pliocänen Bohnerzen finden sich *Rangifer*-ähnliche Zähne. Im Pliocän von Piemont *Cervus pliotarandoides* de Alessandrini.

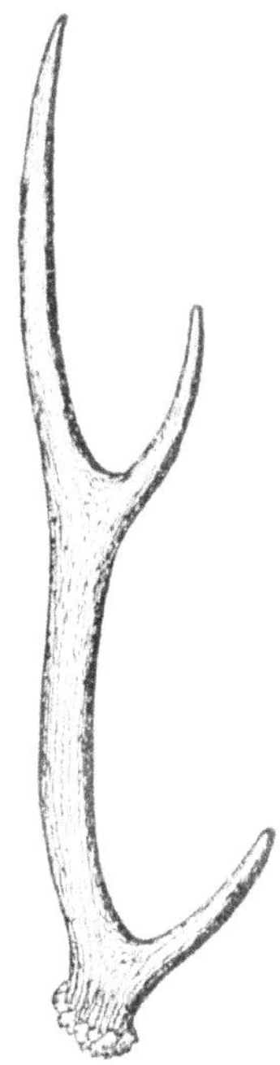

Fig. 730.
Cervus (*Axis*) *pardinensis* Croizet et Jobert. Oberpliocän. Auvergne. Geweih. 1/4 nat. Gr. (Nach Gaudry.)

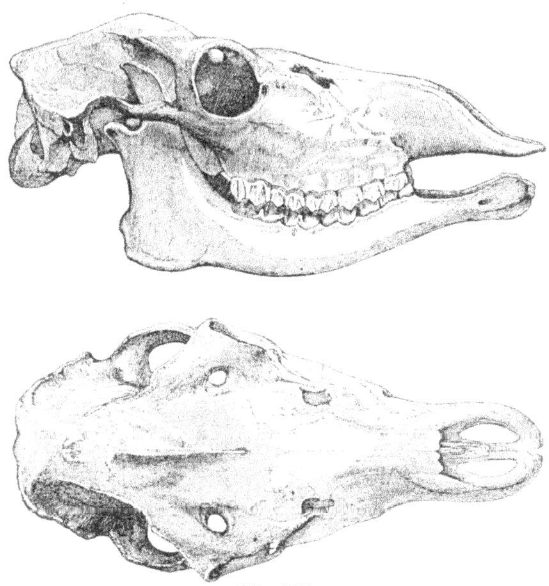

Fig. 731.
Cervus (*Megaceros*) *hibernicus* Owen. Torf von Irland. Weiblicher Schädel. 1/7 nat. Gr. (nach Owen).

**Alces* Ham. Smith. (Elentier.) Lebend und im Pleistocän von Europa, Nordasien und Nordamerika. Im europäischen Unterpleistocän *A. latifrons* Dawkins.

Cervalces Scott. Pleistocän von Nordamerika.

b) **Plesiometacarpisch.** Proximale Rudimente der Seitenzehen vorhanden.

**Axis* Ham. Smith. (Fig. 730.) Geweih schlank, mit drei bis vier zylindrischen Nebensprossen. Pliocän der Auvergne *A. borbonicus*, *pardinensis*

[1]) *Niezabitowski E. L. v.*, Das fossile Renntier in Galizien. Bull. de l'Acad. des Scienc. Cracovie 1914.

Croiz. et Job., im Crag von England. Lebend und im Pleistocän von Indien. Im Pleistocän von Trinil auf Java *A. Lydekkeri* Martin.

Rusa Ham. Smith. Asien. Fossil im Pleistocän von China. *Cervus Aristotelis* Cuv.

**Elaphus* Gervais. (Fig. 726, 727.) Geweih vielsprossig, im Querschnitt gerundet. Pliocän *C. Perrieri, arvernensis, issiodorensis* Croiz. et Job., Pleistocän von Europa *C. elaphus* und *canadensis*, auch in Nordasien und Nordamerika. Ähnliche Zähne schon im Unterpliocän von China.

Polycladus Gerv. (Fig. 725.) Geweih vielsprossig, Sprossen distal abgeplattet. Pliocän Auvergne, Beßarabien *C. ramosus* Croiz. et Job., England *Sedgwicki* Falcon.

**Dama* Ham. Smith (*Megaceros* Owen). (Fig. 731.) Geweih anfangs zylindrisch, distal abgeplattet, später schaufelartig. Lebend *C. dama* Lin. Südeuropa und Kleinasien. Fossil im Pliocän und Pleistocän von Europa *C. Browni* Dawkins. Die größte Art ist der Riesenhirsch **Megaceros euryceros* Aldrov., im älteren Pleistocän. In Torfmooren von Irland finden sich ganze Skelette von *Megaceros hibernicus* Owen. Weibchen geweihlos.

15. Familie: **Pellicornia.** Fellhörner[1]).

Paarige knöcherne, zeitlebens mit Haut überzogene Auswüchse auf den Stirnbeinen, selten auch auf Scheitel und Nasenbeinen, die durch Verschmelzung von je zwei Knochenanlagen entstehen und erst sekundär mit den Schädelknochen verwachsen. $\frac{3-0 \,.\, 1-0 \,.\, 4-3 \,.\, 3}{3 \,.\, 1 \,.\, 4-3 \,.\, 3}$. *Obere J und C meist fehlend. Untere J oft zweilappig. P und M brachyodont, zuweilen ziemlich hoch, stets mit runzeligem Schmelz.*

Rütimeyer hat die Giraffen, die bestbekannten Vertreter der Pellicornia, direkt zu den Hirschen gestellt. Die Art und Weise der Entstehung der Knochenauswüchse, die überdies auch zeitlebens mit Haut bedeckt bleiben, ist eine ganz andere als die der Hirschgeweihe. Jeder dieser Auswüchse bildet sich nämlich aus zwei Knochenkernen, von denen der untere dem Schädelknochen aufsitzt und der obere in einer Einschnürung der Haut steckt. Beide Stücke verwachsen bald miteinander und mit dem Schädelknochen. Hals und Extremitäten dieser in der Regel sehr großen Tiere erreichen oft unverhältnismäßige Länge.

1. Unterfamilie: **Protoceratinae** Marsh[2]).

$\frac{3-0 \,.\, 1 \,.\, 4 \,.\, 3}{3 \,.\, 1 \,.\, 4 \,.\, 3}$. *Backenzähne brachyodont, mit runzeligem Schmelz. Obere und untere C bei beiden Geschlechtern vorhanden. Schädel lang und flach, ohne Bulla, bei den späteren Formen mit paarigen knöchernen Auswüchsen. Carpalia getrennt. Vorderfuß mit zwei starken mittleren und zwei schwächeren seitlichen Metapodien. Hinterfuß anfangs mit vier freien Metatarsalia, später mit unvollständig verschmolzenem Canon und proximalen Seitengriffeln. Alle Tarsalia frei.*

Die Protoceratinen sind auf Nordamerika beschränkt, aber wahrscheinlich die Ahnen der *Sivatheriinae*, oder doch mit ihnen näher verwandt als mit allen anderen Selenodonten.

Camelomeryx Scott mit $\frac{3}{3}$ *J* und **Leptoreodon* Wortman mit $\frac{3}{3}$ *J*. Beide mit großem oberen *C*. Unterer *C* als vierter *J* und unterer P_1 als *C* entwickelt. Hinter P_1 in beiden Kiefern ein langes Diastema. Schädel ohne Protuberanzen. Hand und Fuß vierzehig, mittlere Metapodien nicht verwachsen. Systematische Stellung unsicher. Obereocän. Uintabed.

---

[1]) *Pilgrim G. E.*, The fossil Giraffidae of India. Palaeontologia Indica 1911.

[2]) *Marsh O. C.*, Amer. Journ. of Science 1891, p. 81. — *Osborn H. F.* and *Wortman J. L.*, Bull. Amer. Mus. Nat. Hist. 1892, p. 351. — *Scott W. B.*, Journal of Morphology. Boston 1895, p. 301.

Heteromeryx Matthew. Orbita hinten geschlossen. Vorderfuß vierzehig, Hinterfuß zweizehig. Oligocän. Unteres White Riverbed.

**Protoceras* Marsh. (Fig. 732.) $\frac{0}{3}$ *J*. Schädel beim Männchen mit knöchernen Zapfen auf Stirn- und Scheitelbeinen, und vertikalen Knochenplatten auf Oberkiefer und Stirnbeinen, Weibchen nur mit schwachen Auswüchsen auf Scheitelbeinen. Vorderfuß vierzehig, Seitenmetacarpalia dünn, Hinterfuß zweizehig, mit unvollständig verschmolzenem Canon und proximalen Resten der seitlichen Metatarsalia. Oberes Oligocän (White Riverbed).

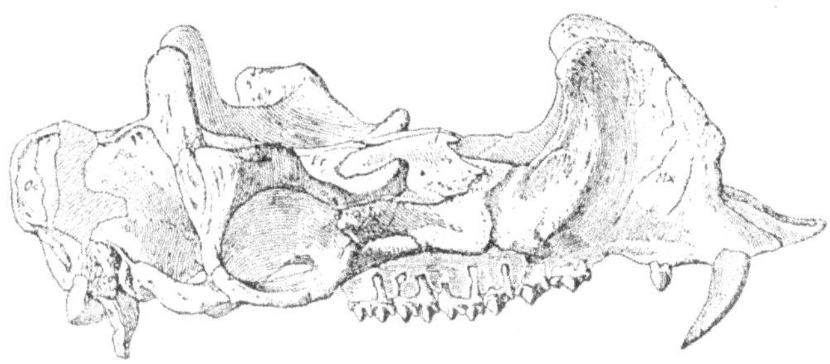

Fig. 732.
Protoceras celer Marsh. Oligocän. Oberstes White Riverbed. Nebraska. $^{1}/_{3}$ nat. Gr. (Nach Osborn.)

Calops Marsh, Schädel ohne Hornzapfen. Ebendaselbst.

Syndyoceras Barbour, ohne obere *J*. Je ein Paar einfacher, aber ziemlich langer Hornzapfen auf Nasen- und Stirnbeinen. Miocän. Nebraska.

2. Unterfamilie: **Giraffinae.**

$\frac{0}{3}$ *J*, $\frac{0}{1}$ *C*, $\frac{3}{3}$ *P*. *Große, hochbeinige Tiere mit langgestrecktem, entweder glatten oder mit kurzen, paarigen, einfachen Stirnzapfen versehenen Schädel ohne Tränengrube, mit kleiner, ringsum geschlossener Orbita. Schädelknochen pneumatisch. Obere C fehlen, untere zweilappig. Backenzähne niedrig, gedrungen, hirschartig. Seitliche Metapodien und Afterzehen vollständig verkümmert.*

Lebend in Centralafrika, fossil im Unterpliocän von Südeuropa, Persien, Indien und China, vielleicht auch Afrika.

**Helladotherium* Gaudry. Schädel ohne Stirnzapfen. Untere $\dot{P}$ und *M* ziemlich hoch. Hals mäßig lang. Hinterfuß und Vorderfuß fast gleich lang. Unterpliocän von Pikermi und Maragha sowie bei Taraklia in Beßarabien, Veles in Mazedonien, in Ungarn und am Mt. Léberon. Siwalik. *H. grande* Lyd.

Giraffokeryx Pilgrim. Zähne ebenfalls ziemlich hoch, aber viel kleiner als bei der vorigen Gattung. Untere Siwalikschichten.

Vischnutherium Lydekker. Mittlere Siwalik und Burma.

Indratherium Pilgrim (*Helladotherium* Rütimeyer). Mittelpliocän. Indien, Makaranda-Schichten.

Achtiaria Borissiak, in den sarmatischen Schichten von Sebastopol. Kürzere *D* und einfachere *M* sowie kürzere Metapodien als *Camelopardalis*.

**Palaeotragus* Gaudry. Klein. Schädel niedrig, mit weit vorne stehenden Hörnern. Zähne plump. Unterpliocän Pikermi und Beßarabien *P. Roueni* Gaudry.

**Alcicephalus* Rodler. **Samotherium* Forsyth Major. (Fig. 733.) Männlicher Schädel mit zwei stumpfen Knochenzapfen über den Orbitae. Zähne plump. Hals und Extremitäten kürzer als bei Giraffe. Unterpliocän von Samos, Bessarabien, Persien und China.

Libytherium Pomel. Pliocän Algier, Ägypten (?).

**Camelopardalis* Schreber. Auf der Grenze von Stirn- und Scheitelbein ein Paar kurze Knochenzapfen und auf den Nasenbeinen eine Protuberanz. *P* sehr kompliziert, *M* ziemlich schlank. Hals lang. Vorderbeine länger als die Hinterbeine. Unterpliocän von Pikermi, Samos, Beßarabien, Maragha, Siwalik, China und lebend.

Progiraffa Pilgrim (*Palaeomeryx* Lydekker), relativ klein. Zähne primitiv. Aquitanien von Beludschistan und untere Siwalikschichten.

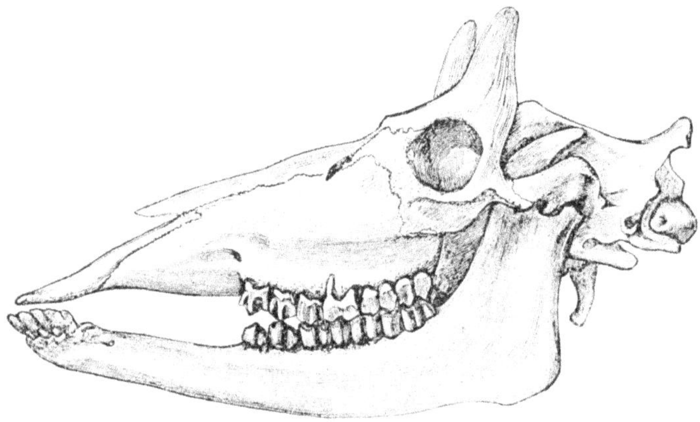

Fig. 733.
Samotherium Boissieri Forsyth Major. Unteres Pliocän. Samos. Schädel verkleinert. (Nach Lydekker.)

Orasius Wagner. *M*, namentlich M^3 auffallend lang. Pliocän, Pikermi.

Okapia Lankaster. Lebend Centralafrika.

Pilgrim verteilt die hier aufgeführten Gattungen in die Unterfamilien der *Palaeotraginae* — *Alcicephalus*, *Okapia*, *Samotherium*, *Lybitherium*, *Indratherium*, *Helladotheriinae* — *Helladotherium*, *Vischnutherium*, *Giraffokeryx* und *Giraffinae* — *Progiraffa*, *Orasius*, *Camelopardalis*.

3. Unterfamilie: **Sivatheriinae.**

Große Wiederkäuer mit stark ausgedehnten Stirnbeinen und pneumatischem Schädeldach. Vor der Occipitalkante, auf den hinteren Außenecken der Stirnbeine zwei mächtige, öfters auf gemeinsamer Basis stehende, abgeplattete, schwach verästelte, unten mit Hohlräumen versehene Knochenzapfen. Zuweilen auch ein Paar konischer Knochenzapfen auf dem vorderen Teil der Stirnbeine. Backenzähne massiv und brachyodont.

Lydekker und Forsyth Major schließen die Sivatheriinen mit Recht an die Giraffen an, während Murie und Rütimeyer Antilopencharaktere erkennen wollen. Das Gehörn erinnert an das Schaufelgeweih von *Alces*.

Die Gattungen **Sivatherium*, *Bramatherium* Falconer und *Hydaspitherium* Lydekker stammen aus den indischen Siwalikschichten. Im Unterpliocän von China kommen Zähne von *Sivatheriinen* vor. Aus Sanden von Adrianopel will Abel einen *Sivatherium*-ähnlichen Hornzapfen nachgewiesen haben.

16. Familie: **Antilocapridae**[1]).

Schädel antilopenähnlich, mit weit ausgedehnten Scheitelbeinen. Stirnbeine auf den supraorbitalen Teil des Schädeldaches beschränkt, mit einfachen oder gegabelten Knochenzapfen, welche von einer jährlich erneuerten Hornscheide umgeben sind. Lacrimale groß, mit Grube an Ethmoidallücke stoßend. Backen-

[1]) *Chandler Asa C.*, Notes on Capromeryx. University of California Publications Geology 1916. — *Lull R. S.*, New tertiary Artiodactyls. Amer. Journ. of Science 1920. — *Matthew W. D.*, Hypisodus. Bull. Amer. Mus. Nat. Hist. 1902. — Merycodus. Ibidem 1904.

zähne meist hypselodont. Meist ohne obere Eckzähne und Schneidezähne. Außenseite des M_3 nach rückwärts verlängert. $\frac{3}{3}$ *sehr kurze P.*

Auf Nordamerika beschränkt.

Hypisodus Cope. (Fig. 734) Kaninchengröße. Schädel ohne Stirnzapfen. $\frac{3}{3}$ *J.* Untere *C* und P_1 *J*-artig. Hand und Fuß ohne Canon, mit vollständigen seitlichen Metapodien. Oligocän, White Riverbed.

**Merycodus* (*Cosoryx*) Leidy. (Fig. 735.) Schädel mit zwei- oder dreisprossigem, aufrechtstehenden und mit einem Rosenstock versehenen Geweih. P_1 *J*-artig. Vorder- und Hinterfuß mit Canon und mit Afterzehen. Mittelmiocän bis Pliocän von Colorado, Nevada und Kansas *M. Osborni* Matthew, *furcatus* Leidy. Pleistocän.

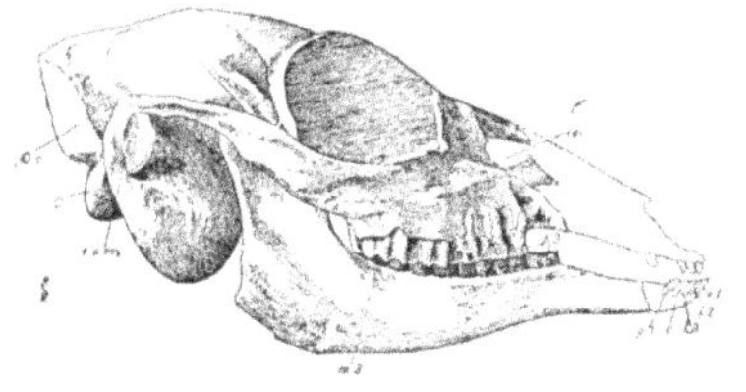

Fig. 734.
Hypisodus minimus Cope. Oligocän. White Riverbed, Colorado. Schädel mit Unterkiefer. ¾ nat. Gr.

Aletomeryx Lull. Als Stirnzapfen nur einfache verdickte Auswüchse. Telemetacarpische Reste der Seitenzehen. Miocän ? Nebraska. — *Capromeryx* Matthew. $\frac{3}{2}$ *P. M* hypselodont, *P* reduziert. Vor jedem Horn ein kleiner Sproß. Pleistocän, Nebraska und Rancho la Brea. *C. minor* Taylor.

**Antilocapra* Ord. Lebend und fossil. Vom Oberpliocän an in Nordamerika.

17. Familie: **Cavicornia.** Hohlhörner[1]).

Schädel beider Geschlechter, seltener nur der Männchen, mit knöchernen, von Hornscheiden umgebenen Fortsätzen. Gebiß $\frac{0.0.3.3}{3.1.3.3}$. *Zahl der P zuweilen nur* $\frac{2}{2}$. *Backenzähne selenodont und brachyodont oder hypselodont. Carpus und Tarsus wie bei den Cervicornia. Hauptmetapodien zu einem Canon verschmolzen, mit scharfen distalen Leitkielen. Seitliche Metapodien niemals vollständig, häufig ganz verkümmert. Afterzehen öfters vorhanden.*

Die Cavicornier sind in mancher Hinsicht vorgeschrittener und spezialisierter als die Cervicornier. Die horizontal gestellte kraniale Achse bildet mit der Gesichtsachse einen stumpfen Winkel. (Fig. 736.) Die Stirnbeine zeigen eine ungewöhnliche Ausdehnung. Die Frontalzone nimmt hinter den Orbiten den größten Teil des Schädeldaches ein und drängt die stark verkürzten Scheitelbeine nach hinten, bei den extremsten Formen verlagern sich letztere sogar ganz auf die Hinterhauptsfläche. Mit der Ausdehnung der Stirnbeine ist häufig eine bedeutende Erweiterung der Sinus frontales verbunden,

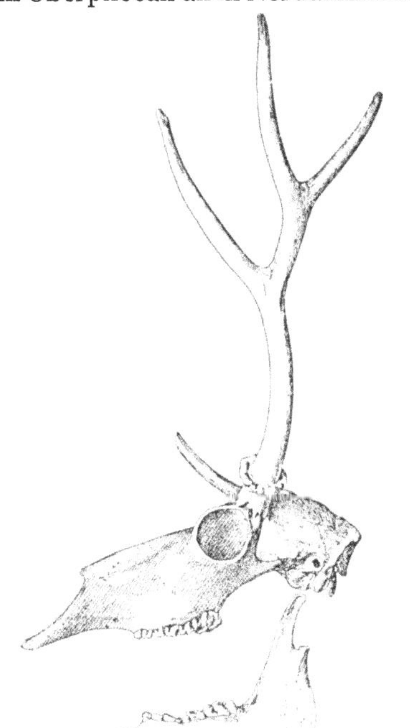

Fig. 735. *Merycodus Osborni* Matthew. Obermiocän. Colorado. Schädel ¼ nat. Gr. (Nach Matthew.)

[1]) *Rütimeyer L.*, Die Rinder der Tertiärepoche. Abh. schweiz. paläont. Ges. 1877—78. — *Rodler* und *Weithofer*, Die Wiederkäuer der Fauna von Maragha. Denkschr. k. k. Akad. Wiss. Wien 1890. — *Schlosser M.*, Versuch einer Odontographie der Antilopen. Abh. II. Kl. k. bayer. Akad. d. Wiss. XXII. Bd. 1903. Die fossilen Cavicornier der Insel Samos. Beitr. Paläont. Öst.-Ung. Bd. XVII. 1904.

die Diploe wird durch Lufthöhlen ersetzt und die Stirn wird pneumatisch. Die verschiedenen Antilopen zeigen alle Stadien dieser Ausbildung der Frontalzone; z. B. bei gewissen Gazellen haben die Stirnbeine noch wie bei den Hirschen eine Knochendiploe, bei anderen treten schon kleinere oder größere Lufträume auf. In der hinteren Stirnregion über oder hinter den mehr oder weniger vorragenden geschlossenen Orbiten erheben sich — zuweilen nur beim Männchen — die knöchernen, bald massiven, bald pneumatischen Hornzapfen, deren hohle Basis mit den Lufträumen im Stirnbein kommuniziert. Bei den primitiveren Formen stehen die Zapfen aufrecht oder schräg nach hinten gerichtet zwischen den Augenhöhlen, bei den extremsten — Bos — rücken sie weit nach hinten und außen in die Hinterecken des Schädels und richten sich fast rechtwinklig und horizontal nach außen. Nasenbeine, Oberkiefer und Tränenbeine sind meist stark entwickelt, die Jochbogen dagegen dünn und kurz. Tränengruben und Ethmoidallücken finden sich häufig bei Antilopen, niemals bei den Rindern, Schafen und Ziegen.

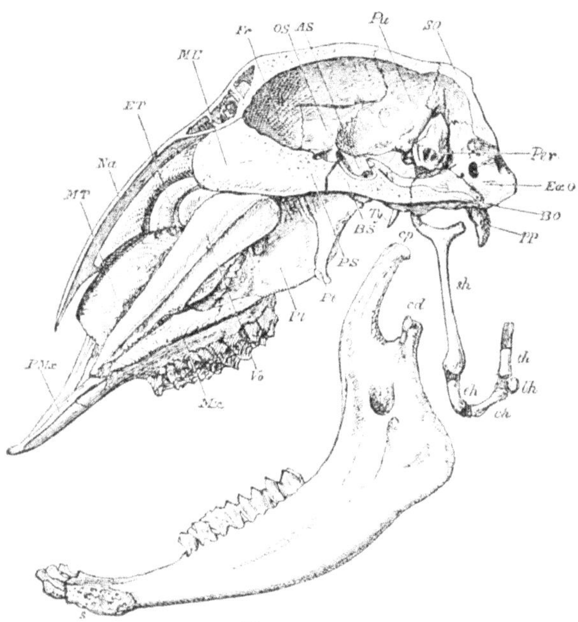

Fig. 736.

Schädel eines hornlosen Schafes, in der Mittelebene vertikal durchschnitten, ⅓ nat. Gr. (Nach Flower.) *PMx* Zwischenkiefer, *Na* Nasenbein, *MT* Conchae des maxillaren, *ET* des ethmoidalen Riechrohres, *ME* Mesethmoideum, *Vo* Vomer, *Pl* Gaumenbein, *Pt* Flügelbein, *PS* Praesphenoid, *Fr* Stirnbein mit Lufthöhlen, *OS* Orbitosphenoid, *AS* Alisphenoid, *BS* Basisphenoid, *Pa* Scheitelbein, *Per* Felsenbein (*Perioticum*), *Ty* Griffelfortsatz des Tympanicum, *SO* Supraoccipitale, *ExO* Exoccipitale, *BO* Basioccipitale, *pp* Processus paroccipitalis, *cp* Kronfortsatz, *cd* Condylus, *s* Symphyse des Unterkiefers, *sh*, *eh*, *ch*, *bh*, *th* verschiedene Abschnitte des Zungenbeins.

Das Gebiß ist unvollständig und ohne obere *J* und *C*. Der untere *C* hat sich in einen vierten *J* verwandelt. Von den $\frac{3}{3}$ *P* kann zuweilen der vorderste verschwinden. Die selenodonten Molaren bleiben bei den primitiveren Formen — gewisse Antilopen — brachyodont, bei den vorgeschritteneren sind sie dagegen hypselodont und nicht selten sogar prismatisch. Der Schmelz ist bald glatt, bald runzelig, akzessorische Pfeilerchen fehlen entweder oder sie werden (Bovinen) sogar ungewöhnlich stark. An den oberen *M* besteht die durch Vertikalfalten verstärkte Außenwand aus zwei sichelförmig gebogenen Blättern, die halbmondförmigen Innenhügel bilden meist geschlossene Marken. Die unteren *M* unterscheiden sich, abgesehen von ihrer Schmalheit dadurch, daß ihre Innenseite den Bau der Außenseite und ihre Außenseite den Bau der Innenseite der oberen *M* imitiert. Basalpfeiler finden sich nicht selten an der Außenseite der unteren und an der Innenseite der oberen *M*. Die kurzen oberen *P* bestehen aus einem äußeren und einem inneren Halbmond, die unteren aus einem nach innen etwas konkaven, nach vorne und hinten abfallenden Kamm, dessen Innenseite kulissenartige Vorsprünge trägt, deren Zahl am letzten *P* am größten ist. Die *J* und *C* sind als horizontal gestellte Schaufeln ausgebildet, von denen die innerste die breiteste ist.

Das Skelett unterschiedet sich nicht wesentlich von dem der Cervicornier, jedoch erreicht die Reduktion der Seitenzehen einen höheren Grad als bei diesen. Die Hauptmetapodien verschmelzen schon frühzeitig zu einem vorne ausgefurchten Canon. Von den seitlichen Metapodien bleiben manchmal noch Griffel erhalten. Afterzehen sind häufig vorhanden. Carpus und Tarsus sowie Uterus und Placenta verhalten sich wie bei den Cervicornia.

Die Cavicornia sind die jüngste und formenreichste Gruppe von allen Huftieren. Sie haben erst in der Gegenwart den Höhepunkt ihrer Entwicklung erreicht und zeigen durch ihre Umbildungsfähigkeit bei der Züchtung, daß ihnen noch eine gewisse Plastizität und Jugendlichkeit innewohnt. Der Schauplatz, auf welchem sich die Cavicornier entwickelt und ausgebreitet haben, ist in der Hauptsache die Alte Welt, jedoch hat auch Nordamerika einen gewissen Anteil an ihrer Stammesgeschichte. Heute erscheint Afrika als ihr Verbreitungscentrum, in Wirklichkeit wurde es aber erst ziemlich spät von Asien und Europa her besiedelt. Es kommen zwar im Miocän von Südwestafrika zwei von Stromer nicht generisch bestimmte Ruminantier vor, von welchen der eine ziemlich groß ist und 4 *P* besitzt, allein ihre Beziehungen zu den Cavicorniern sind zweifelhaft, es kann sich auch um Nachkommen von oligocänen europäischen Gelocinen handeln, die vollständig erloschen sind.

Die bisherige Einteilung der *Cavicornia* in Antilopen, Ovinen und Bovinen wird der Stammesgeschichte nicht gerecht, es empfiehlt sich vielmehr, die unnatürliche, umfangreiche Gruppe der Antilopinen nach dem Zahnbau in zwei Abteilungen zu zerlegen und diese mit den Ovinen, bzw. den Bovinen zu vereinigen, so daß sich zwei große Familien ergeben, die *Aegodontia* mit schon frühzeitig hypselodont werdenden Molaren, von denen auch die oberen bedeutend länger als breit sind, und die *Boodontia*, mit mehr oder weniger hirschähnlichen Molaren, von denen die oberen fast quadratischen Umriß besitzen.

Die ältesten fossilen echten Cavicornier finden sich im Miocän von Europa. Sie gehen auf hirschähnliche Formen, vielleicht auf *Dremotherium* zurück und sind ihrerseits die Stammeltern aller *Boodontia*, welche vom Pliocän an einen großen Formenreichtum entfalten, aber erst im Pleistocän, einen Vertreter auch in Nordamerika aufzuweisen haben. Hier sind jedoch aus Antilocapriden, etwa aus der oligocänen Gattung *Hypisodus*, die *Aegodontia* entstanden, welche dann im Pliocän in Asien mit zahlreichen *Boodontia* zusammentrafen. Von Asien aus verbreiten sie sich mit diesen über Afrika und entsenden auch schon bald, hauptsächlich aber erst im Pleistocän, Repräsentanten nach Europa. Eine Anzahl von ihnen scheint jedoch in Nordamerika einen selbständigen Entwicklungsgang genommen zu haben, wenigstens die Moschusochsen.

1. Unterfamilie: **Aegodontia.**

Schädel fast stets gewölbt, häufig mit Tränengruben oder Ethmoidallücken oder auch mit beiden, oder mit einem Spalt neben den Nasenbeinen. Scheitelbeine ausgedehnt, Schädelachse meist geknickt, Lufthöhlen in der Regel auf die Basis der dicht an den Orbiten beginnenden Hornzapfen beschränkt. Hörner selten gerade und zylindrisch, meist seitlich komprimiert und rückwärts gebogen, selten spiralig oder auswärts gedreht. M fast immer hypselodont, selten mit Basalpfeiler, und nur ausnahmsweise mit schwachen Vertikalrippen an den Außen- resp. Innenhöckern. P und M stets mit fast glattem Schmelz.

Die *Aegodontia* umfassen die Neotraginen, Gazellinen (Antilopinen Sclaters), die Rupicaprinen, Ovicaprinen und die Ovibovinen. Die beiden ersteren unterscheiden sich von den übrigen Antilopen im weitesten Sinne sehr wesentlich in ihrem Zahnbau, dagegen schließen sie sich hierin den Ovicaprinen so enge an, daß ihr gemeinsamer Ursprung überaus wahrscheinlich wird, und zwar kommen als ihre Ahnen die nordamerikanischen Antilocapriden in Betracht, unter welchen die Gattung *Hypisodus* bereits im Oligocän einen hohen Grad von Hypselodontie erreicht hat.

Für die Verwandtschaft der Ovicaprinen mit den Gazellinen spricht auch der Umstand, daß sie noch lange Griffelbeine besitzen, die bei den ersteren — *Capra* — allerdings auf Metacarpale V beschränkt sind, während bei den *Boodontia* wie bei den plesiometacarpischen Hirschen Verkürzung oder völliger Verlust dieser Rudimente eintritt. Bei den Gazellinen findet öfters Verlust des vordersten *P* statt.

1. Gruppe: **Neotraginae.**

Schädel wenig gewölbt, ohne Ethmoidallücken, mit Tränengruben. Hörner zylindrisch, nach rückwärts geneigt. Spitze vorwärts gedreht. M brachyodont.

Neotragus, *Oreotragus*, *Raphiceros*, *Madoqua* und *Ourebia* nur lebend in Afrika.

2. Gruppe: **Gazellinae.**

Schädel höchstens mäßig gewölbt, meist flach, mit Tränengruben und Ethmoidallücken, Hörner zylindrisch oder seitlich komprimiert, rückwärts gebogen, nur selten spiralig, niemals gekielt. Zähne in der Regel stark hypselodont.

Lithocranius Kohl, lebend in Afrika und

Antilope Ogilby, im Pleistocän und lebend in Indien, beide brachyodont.

**Gazella* Blv. (Fig. 737.) Hornzapfen steil aufgerichtet oder rückwärts gebogen, meist zylindrisch, selten komprimiert. Unterpliocän von Pikermi Cucuron, Baltavar, Südrußland, Maragha *G. brevicornis* Wagn., *deperdita* Gervais, Samos und Maragha *G. Gaudryi* Schloss. Mehrere Arten im Pliocän von

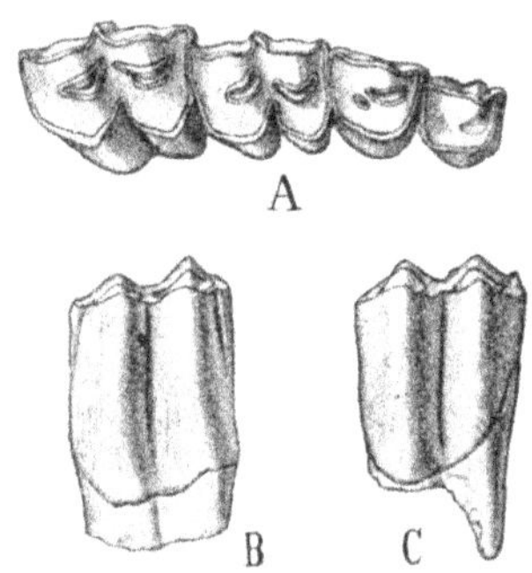

Fig. 737.
Gazella dorcadoides Schlosser. Unterpliocän. China. *A* obere Backenzähne. P^3 bis M^3; *B* oberer *M* von innen, *C* unterer M_2 von außen. Nat. Gr.

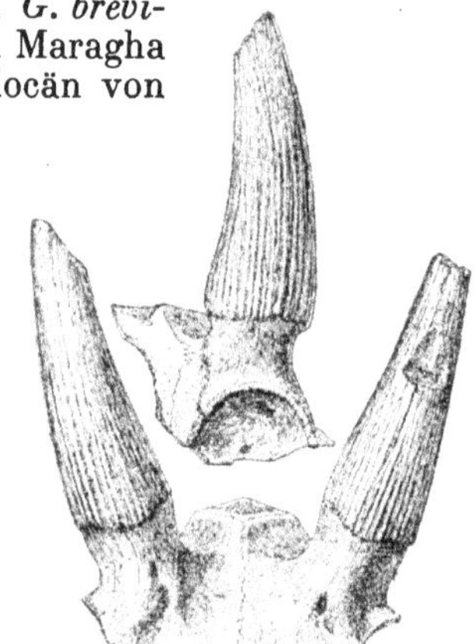

Fig. 738.
Hornzapfen von *Saiga tatarica* Forst. ♂ Pleistocän. Twickenham, England. ¼ nat. Gr. (Nach Smith Woodward.)

China. Im Oberpliocän der Auvergne *G. borbonica* Bravard, der Bresse *G. burgundica* Depéret, und von England *G. anglica* Newton. Lebend in Asien und Afrika, fossil in Algier.

**Saiga* Gray (*Colus* Wagner). (Fig. 738.) Stirnzapfen kurz, steil aufgerichtet. Im Pleistocän von Mitteleuropa und lebend in den Steppen des östlichen Europas und des westlichen Asiens.

Pantholops Hodgson. Im Pliocän von Tibet. *P. hundesiensis* Lyd. Lebend in Asien.

3. Gruppe: **Rupicaprinae.**

Schädel mit oder ohne Tränengruben und mit spaltförmiger Ethmoidallücke. Hornzapfen zylindrisch, aufrecht oder rückwärts geneigt. Zähne schwach hypselodont.

**Rupicapra* Ham. Smith. Gemse. Selten fossil im Pleistocän von Mitteleuropa und Spanien.

Nemorhaedus Ham. Smith. Lebend in Asien. Oberpliocän. Sénèze, Haute Loire. *N. Philisi* Schaub.

**Oreamnus* Rafinesque (*Haploceras* Ham. Smith), Schneeziege. Nordamerika. Fossil in Höhlen von Kalifornien.

Myotragus Bate[1].) $\frac{0.0.2.3}{1.0.1.3}$. Hörner rund im Querschnitt, schräg nach hinten gerichtet. Der einzige untere *J* vergrößert, mit persistierender Pulpa. Metapodien kurz und dick. Pleistocän. Majorca, Balearen.

4. Gruppe: **Ovicaprinae.**

Schädel stark gewölbt, Schädelachse geknickt, Hornzapfen meist hohl, gekielt, einfach gebogen oder spiralig. Tränengruben und Ethmoidallücken höchstens schwach entwickelt. Zähne meist stark hypselodont und seitlich komprimiert.

**Oioceros* Gaillard (*Antidorcas* Roth, *Helicophora* Lydekker ?) mit kleiner Tränengrube und Ethmoidallücke. Hornzapfen spiralig, gekielt. Zähne schwach hypselodont. Unterpliocän. Pikermi *O. Rothi* Gaudry sp., Maragha *O. Atropatenes* R. u. W., Samos *O. proaries* Schlosser.

Aftonius Hay. Dicke, an der Basis hohle, stark rückwärts gekrümmte Hornzapfen. Altpleistocän. Iowa.

**Ovis* Linné. (Fig. 723.) Mit Tränengrube, ohne Ethmoidallücke. Stirnbeinnähte nach vorwärts konvergierend. Scheitelnähte geradlinig. Stirnzapfen dreikantig, vorne breit, spiralig. Selten im europäischen Pleistocän, *O. arkal* Brdt., *argalioides* Nehring, *O.* (*Ammotragus*) *Toulai* Freudenberg, bei Hundsheim, *Künsbergi* Freudenberg. Im Pleistocän von Canada *O. canadensis.*

**Capra* Linné. Ohne Tränengrube, mit spaltförmiger Ethmoidallücke. Stirnbeinnähte geradlinig. Scheitelbeinnähte nach vorne konvergierend. Hörner komprimiert, rückwärts gebogen, Im Pliocän von Ostindien *C. sivalensis, perimensis* Lydekker. Im Pleistocän Europas *C pyrenaica* Schimp., *Ibex cebenarum* Gervais, *fossilis* Nehring, *priscus* Woldřich.

Hemitragus Ham. Smith. Lebend Arabien, Himalaya, fossil Pleistocän. Dordogne *H. Bonali* Stehlin, Hundsheim *H. Stehlini* Freudenberg.

Bucapra Rütimeyer. Großer Schädel aus dem Pliocän der Siwalik. *B. Daviesi* Rüt.

Pseudobos Schlosser. Zähne von Rindergröße, hypselodont. *M* stark komprimiert, *P* reduziert. Unterpliocän von China und von Maragha.

5. Gruppe: **Ovibovinae**[2]).

Schädel kaum gewölbt. Basis der Hörner meist stark verdickt, Hornspitzen auswärts gerichtet. Zähne mäßig hypselodont, M stark komprimiert.

**Ovibos* Blainv. (*Symbos* Osgood, *Bootherium* Leidy). Basis der hinter den Augen gelegenen Hornzapfen stark angeschwollen, aus schwammiger Knochensubstanz bestehend. Metapodien plump. *O. moschatus* Blv. (*mackenzianus* Kow.), der Moschusochse, bewohnt heutzutage nur die nördlichsten Teile von Nordamerika. Im Pleistocän war Ovibos nicht nur in Nordamerika, sondern auch in Europa — *O. fossilis* Rüt. — weitverbreitet.

Euceratherium Sinclair. Schädel rinderähnlich. Scheitelbeine auf die fast vertikal stehende Hinterhauptsfläche verdrängt. Hörner komprimiert, weit hinter den Orbiten stehend, mit auswärts und vorwärts gedrehten Spitzen. Zähne mäßig hypselodont. Metapodien kurz und plump. Pleistocän. Höhlen von Kalifornien. *E. collinum* Sinclair und Furlong.

---

[1]) *Andrews Ch. W.*, Skull and Skeleton of a Rupicaprin Antilope. Phil. Transact. Roy. Soc. London. Vol. 206. 1914.

[2]) *Kowarzik R.*, Der Moschusochs im Diluvium Europas und Asiens. Denkschrift d. math.-naturw. Klasse d. Akad. d. Wiss. Wien 1912. Bd. 87.

Preptoceras Furlong. Ähnlich, jedoch Hornzapfen mit rundem Querschnitt. Ebendaselbst.

2. Unterfamilie: **Boodontia.**

Schädeldach gerade oder gewölbt, mit oder ohne Tränengrube und Ethmoidallücken, selten mit beiden. Scheitelbeine meist ausgedehnt. Schädelachse mehr oder weniger stark geknickt. Lufthöhlen in der Basis der Hornzapfen oder einen großen Teil der Schädelknochen erfüllend. Hornzapfen bald nahe an den Augenhöhlen beginnend, bald mehr oder weniger weit nach hinten verschoben, in der Regel von rundem Querschnitt, zuweilen auch gekielt. M brachyodont, selten hypselodont, häufig mit Basalpfeilern und mit Vertikalrippen an den Außenhöckern der oberen und an den Innenhöckern der unteren M. Schmelz rauh, öfters mit starkem Zementbelag.

Die *Boodontia* beginnen mit Formen, deren Zähne jenen der Hirsche noch sehr ähnlich sind. Die Tragelaphinen und Cephalophinen verharren noch jetzt in diesem Zustande, dagegen werden die Bubalidinen, Hippotraginen und Cervicaprinen im Zahnbau den Bovinen sehr ähnlich. Die Pseudotraginen nehmen bezüglich der Höhe ihrer *M* eine Mittelstellung ein. Reduktion von *P* findet nur sehr selten statt. Der anfangs gerade Schädel erleidet Veränderung teils durch Knickung der Schädelachse, teils durch Verlagerung der Hörner, wobei die Scheitelbeine immer mehr nach rückwärts und auf die Seiten verdrängt werden, so daß sie kaum mehr an der Bildung des Schädeldaches teilnehmen oder ganz verkümmern. Die Unterschiede zwischen den bisher als »Antilopen« bezeichneten Bubalidinen, Hippotraginen und Cervicaprinen gegenüber den Bovinen bestehen, abgesehen von der Beschaffenheit der Hörner, nur darin, daß diese Formen immer bloß einen Teil der für die Bovinen charakteristischen Spezialisierungen erreichen, nämlich entweder nur deren Zahnbau oder nur deren Schädelbau. Von Seitenzehen finden sich meist nur proximale Rudimente, die bei den Bovinen auch vollständig fehlen.

Die *Boodontia* sind ein altweltlicher Stamm, welcher sich wohl schon im Untermiocän von geweihlosen Cervicorniern abgezweigt hat und im europäischen Obermiocän durch mehrere indifferente, als »*Antilope*« *cristata, clavata* und *Martiniana* beschriebene Formen mit hirschähnlichem Gebiß und durch die mäßig hypselodonte Gattung *Protragocerus* vertreten ist. Ihre Organisation gestattet die Ableitung fast aller späteren Formen.

1. Gruppe: **Cephalophinae.**

Schädel wenig gewölbt, Schädelachse nicht geknickt. Große Tränengruben, ohne Ethmoidallücken. Hörner kurz, zylindrisch, nach rückwärts geneigt. M brachyodont, ohne Basalpfeiler.

Protetraceros Schlosser. Unterpliocän von China. *P. Gaudryi* Schl.

Tetraceros Leach. Pliocän bis Gegenwart in Indien.

Cephalophus S. Smith. Lebend in Afrika, fossil im Pleistocän von Algier.

Boselaphus Blv. (*Portax* S. Smith.) Pliocän, Pleistocän und lebend in Indien, von Rütimeyer zu den Cephalophinen, von den meisten anderen Autoren dagegen zu den Tragelaphinen gestellt, bildet wohl eine besondere Gruppe und steht der Urform der Rinder sehr nahe.

**Duboisia* Stremme, sehr ähnlich, Altpleistocän von Java.

Paraboselaphus Schlosser. Große Zähne aus den schwäbischen Bohnerzen und aus dem Unterpliocän von China.

2. Gruppe: **Pseudotraginae** Schlosser.

Schädel mäßig oder stark gewölbt, mit großer Tränengrube, ohne Ethmoidallücken. Hörner gerade oder gebogen, Spitzen stets nach rückwärts geneigt, mit elliptischem oder rundem Querschnitt. Backenzähne brachyodont oder schwach hypselodont, zuweilen mit Basalpfeilern. Mittelmiocän bis Unterpliocän.

Diese Gruppe umfaßt die ältesten Cavicornier, die aber nur zum Teil Nachkommen hinterlassen haben. Die unterpliocänen Gattungen dürften vollständig erloschen sein.

**Eocerus* Schlosser. (Fig. 739.) Größe von Schaf. Hörner gerade, stark nach hinten geneigt, mit rundlichem oder elliptischem Querschnitt. Zähne brachyodont, cervidenähnlich. Obermiocän von Sansan, Steiermark, Süddeutschland »*Antilope*« *Martiniana*, *sansaniensis*, *clavata* Lartet, *cristata* Biedermann, »*Cervus*« *lunatus* und *haplodon* Meyer.

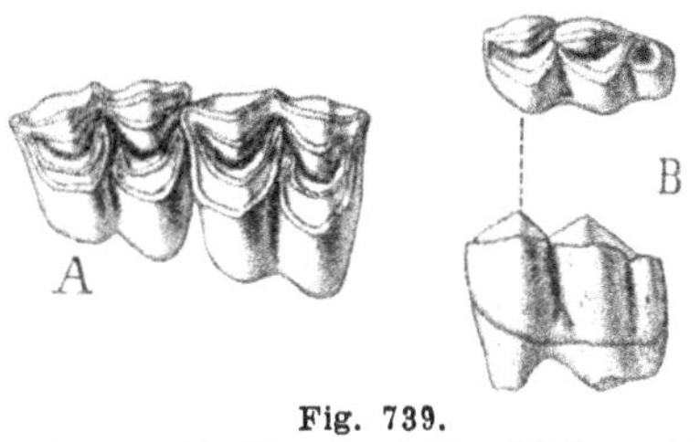

Fig. 739.
Eocerus (Antilope) *cristatus* Biedermann sp. Obermiocän. Leoben. Steiermark. *A* obere M^2 und M^3 von unten, *B* unterer M_3 von oben und außen (nat. Gr.).

Pseudotragus Schlosser. Schädel ähnlich Capra. Zähne brachyodont. Unterpliocän von Samos *P. capricornis* Schlosser.

Pachytragus Schlosser. Hörner nur wenig gebogen, von gerundet polygonalem Querschnitt. Zähne schwach hypselodont. Unterpliocän. Samos *P crassicornis* Schlosser.

**Protoryx* Major. Schädel lang und schmal. Hornspitzen rückwärts gebogen. Hornquerschnitt elliptisch. Zähne mäßig hypselodont. Unterpliocän von Samos, Maragha und Pikermi, vielleicht auch bei Odessa. *P. Carolinae* Major.

**Protragocerus* Depéret. Hörner gerade, kurz, von gerundet dreieckigem Querschnitt. Zähne fast brachyodont. Obermiocän. La Grive St. Alban (Isère) P. *Chantrei* Depéret.

**Tragocerus* Gaudry. Schädel lang, schmal. Hörner stark komprimiert, wenig gebogen, an der Vorderseite gekielt. *M* fast brachyodont. Sarmatische Stufe von Sebastopol *T. Leskewitschi* Borissiak. Unterpliocän von Pikermi, Cucuron, Baltavar, Südrußland etc. *T. amaltheus* Wagn. sp., eine Varietät auch in Maragha und auf Samos. Unterpliocän von China *T. gregarius* Schlosser.

Neotragocerus Matthew. Hornzapfen kurz, gerade, mit ovalem Querschnitt. Zähne brachyodont. Pliocän Nebraska. *N. improvisus* Matthew.

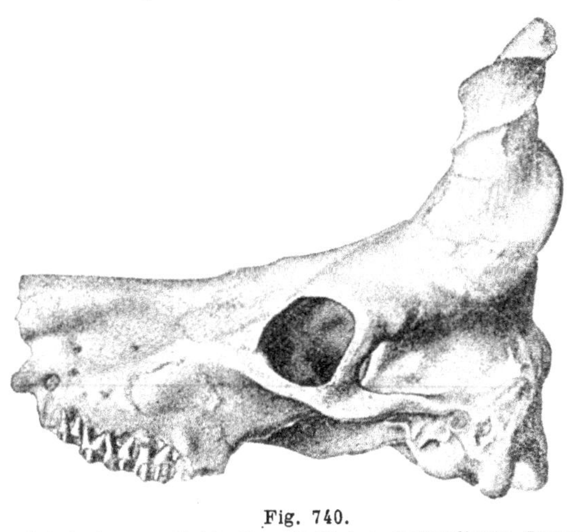

Fig. 740.
Criotherium argalioides Forsyth Major. Unterpliocän. Samos. Schädel. ¼ nat. Gr.

3. Gruppe: **Bubalidinae.**

Schädel lang und schmal, mit oder ohne Tränengrube, ohne Ethmoidallücken. Hörner weit nach hinten gerückt, meist von rundlichem Querschnitt, mehr oder weniger gedreht. Zähne meist hypselodont, ohne Basalpfeiler.

Bubalis Cuvier (*Alcelaphus* Blv.). Lebend in Mittel- und Südafrika, fossil im Pleistocän von Algier.

Damaliscus Sclater. Hörner lang, Scheitelbeine kurz. Lebend und fossil in Afrika. Pliocän der indischen Siwalik *D. palaeindicus* Lyd.

Prodamaliscus Schlosser. Scheitelbeine lang, Hörner stark rückwärts geneigt. Zähne mäßig hypselodont. Unterpliocän von Samos *P. gracilidens* Schlosser.

Connochaetes Lichtenst. Schädel und Hörner rinderähnlich. Lebend Südafrika. Pleistocän von Algier. In den schwäbischen Bohnerzen kommen Zähne vor — *Antilope Jägeri* Rütimeyer —, welche denen vom Gnu nicht unähnlich sind.

**Criotherium* Major (*Urmiatherium* Rodler). (Fig. 740.) Scheitelbeine fast auf die Hinterhauptsfläche verdrängt. Cranium mit zahlreichen Lufthöhlen, Hörner weit nach hinten verschoben, kurz, spiralig und gekielt. Zähne fast brachyodont. Unterpliocän von Samos, Beßarabien und Maragha *C. argalioides* Major.

4. Gruppe: **Hippotraginae.**

Schädelachse geknickt. Schädel lang, mit Ethmoidallücken, ohne Tränengruben. Hörner lang, dicht an den Orbitae, gebogen oder gerade, von rundlichem Querschnitt. Zähne teils hypselodont und mit starken, teils brachyodont und mit schwachen Basalpfeilern.

Hippotragus Sundew. Hörner gebogen. Zähne hypselodont, mit starken Basalpfeilern. Pliocän von Indien *H. palaeindicus* Lydekker. Pleistocän von Algier, lebend in Afrika.

Oryx Blv. Hörner lang, gerade, rückwärts geneigt. Lebend in Afrika.

**Palaeoryx* Gaudry. Groß. Hörner rund, mäßig, lang, wenig gekrümmt, wenig nach rückwärts geneigt. Zähne brachyodont. Unterpliocän von Pikermi und Maragha *P. Pallasi* Wagn., Samos *Majori*, *Stützeli* Schlosser, *Majori* auch bei Odessa und in Beßarabien. Oberpliocän *Meneghinii* Rütimeyer, *P. boodon* und *Cordieri* Gervais.

**Tragoreas* Schlosser. Klein. Hörner stark rückwärts geneigt. Unterpliocän von Samos. *T. oryxoides* Schlosser.

Addax Rafinesque. Leierförmige, spiralige, lange Hörner. Lebend in Afrika.

Plesiaddax Schlosser. Mäßig hypselodonte, *Addax*-ähnliche Zähne. Unterpliocän von China. *P. Depereti* Schlosser.

5. Gruppe: **Cervicaprinae.**

Schädel schwach gewölbt, mit Ethmoidallücken, ohne Tränengruben, Hörner wenig geneigt, leierförmig. Zähne bovinenähnlich.

Cobus A. Smith. Zweifelhafte Arten aus dem Pliocän der Siwalik. Pleistocän von Algier, lebend in Afrika.

Cervicapra lebend in Afrika. Pleistocän von Algier.

Pelea nur lebend in Afrika.

Procobus Khomenko im Unterpliocän von Beßarabien.

6. Gruppe: **Tragelaphinae.**

Schädel wenig gewölbt, mit Ethmoidallücken, bei den fossilen meist auch mit Tränengruben. Hörner lang, leierförmig, gekielt und spiralig, meist von rundem Querschnitt. Zähne stets brachyodont, bei den fossilen mit schwachem Basalpfeiler.

Tragelaphus Blainv., *Strepsiceros* Ham. Smith, *Taurotragus* Sclater, *Oreas* Desmarest. Lebend in Afrika. Von *Strepsiceros* und *Oreas* je eine Art im Pliocän der Siwalik (*St. Falconeri* Lyd., *O. latidens* Lyd.). *Strepsiceros*-ähnliche Zähne auch im Unterpliocän von China. *Strepsiceros kudu* fossil im Pleistocän von Algier.

**Palaeoreas* Gaudry. Hörner mit zwei Kielen. Unterpliocän von Pikermi und Maragha *P. Lindermayeri* Wagner sp., eine Art auch im Unterpliocän von China. Im Pliocän der Auvergne »*Antilope*« *torticornis* Aymard, vielleicht identisch mit *P. Montis Caroli* Major aus Val d'Arno.

Protragelaphus Dames. Hörner mit nur einem Kiel. Unterpliocän von Pikermi, Beßarabien — *P. Skouzesi* Dames — und Samos und Maragha.

Prostrepsiceros Major. Hörner mit zwei Kielen und dreieckigem Querschnitt. Unterpliocän von Maragha. »*Tragelaphus*« *Houtum-Schindleri* Rodler.

Illingoceras Merriam. Hörner spiralig, gerade und gekielt. Vielleicht eine Antilocaprine. Pliocän? West-Nevada. *I. Alexandrae* Merriam.

Helicophora Major. Hörner mit nur einem Kiel und einwärts gedrehten Spitzen. Unterpliocän von Pikermi.

7. Gruppe: **Bovinae** [1]).

Hornzapfen hohl, kräftig, zylindrisch oder dreikantig, meist rechtwinklig nach außen gerichtet, ziemlich weit hinter den Orbitae und an die Kante des Schädels gerückt. Stirnbeine groß, bis zum Occiput reichend. Scheitelbeine sehr kurz. M prismatisch, oft mit starken Basalpfeilern und mit ziemlich dicker Zementschicht.

Bei den Rindern haben die Merkmale der Cavicornier ihre höchste Ausbildung erlangt. Die mit Lufträumen erfüllten Stirnbeine gewinnen die größte Ausdehnung und bilden fast die ganze Bedachung des Gehirns. Dagegen werden die Scheitelbeine zuweilen ganz auf die Hinterhauptsfläche gedrängt und die Hörner rücken weit nach hinten und außen. Tränengruben und Ethmoidallücken fehlen, Tränenbeine und Nasenbeine haben ansehnliche Länge.

Fossil erscheinen die Rinder zuerst im Pliocän der indischen Siwalik, später auch in Europa, jedoch werden sie erst im Pleistocän häufiger und gelangen auch nach Nordamerika.

Rütimeyer unterscheidet fünf Typen:

**Bubalus* Rütimeyer, Büffel. Stirn gewölbt. Scheitelbeine noch etwas auf der Oberseite des Schädeldaches. Hornzapfen abgeplattet, meist dreikantig, zuerst nach hinten, dann nach außen gerichtet, nahe an der Mittellinie des Schädels beginnend. *M* mit ungemein kräftigen, oft gefältelten Basalpfeilern. Die Büffel verbinden in osteologischer Hinsicht die Rinder mit der Gattung *Boselaphus (Portax)*. Im Tertiär von Ostindien die erloschenen Gattungen *Probubalus* Rütimeyer (*Hemibos*, *Peribos* Falconer) und *Amphibos* Falconer. Ebendaselbst und im Pleistocän, sowie in dem von Java *Buffelus* Blumb. Im Pleistocän von Europa und Indien *Bubalus* Rütimeyer.

Leptobos Rütimeyer. Schädel niedrig, lang. Hörner dicht hinter den Orbitae, weit außen entspringend, nicht sehr kräftig, fast zylindrisch, nach hinten gerichtet. Scheitelbeine groß, noch auf der Oberseite des Schädels gelegen. Im Pliocän, *L. Falconeri* Rütimeyer, und Pleistocän von Ostindien. Nach F. Major gehört auch *Bos etruscus* Falconer aus dem Oberpliocän von Val d'Arno, der Auvergne und von Spanien zu *Leptobos*.

Bibos Hodgson. Stirn groß und flach. Scheitelzone auf Hinterhaupt gedrängt. Hörner etwas abgeplattet, nahe dem Hinterhaupt beginnend, zuerst nach hinten, dann seitwärts gerichtet. Lebend und fossil in Indien und im Pleistocän von Java.

**Bison*. Schädel niedrig, Stirn flach, breit und kurz. Hörner nahe den vorspringenden Orbitae beginnend, zylindrisch, nach außen und oben gerichtet. Scheitelbeine kurz und breit, auf der Oberseite des Schädeldaches. Gesichtsteil kurz. Bison erscheint zuerst im Oberpliocän von Indien

---

[1]) *Dürst U.*, Notes sur quelques Bovidés préhistoriques. L'Anthropologie. Paris 1900. — *Rütimeyer*, Versuch einer natürlichen Geschichte des Rindes. Neue Denkschrift. Schweiz. Ges. f. Naturw. 1866. 67. Bd. XXII. XXIII. — *Turner*, On the genera and subdivisions of the Bovidae. Proc. Zool. Soc. London 1849.

(*B. sivalensis* Falconer). Spuren hiervon auch im Pliocän von Nordamerika. Im Pleistocän von Europa und Nordasien *B. priscus* v. Meyer, im Pleistocän von Nordamerika *B. antiquus* Leidy und *latifrons* Harlan.

**Taurus*. Stirnbein ausgedehnt, das ganze Schädeldach bildend, die kurzen Scheitelbeine ganz auf das Hinterhaupt gedrängt. Hörner zylindrisch, an den hinteren Außenecken des Schädels sitzend.

In den *Taurina* hat der Schädelbau der Bovinen seinen Kulminationspunkt erreicht bezüglich der Ausbreitung der Stirnbeine und der Reduktion der Scheitelbeine.

Die Gattung *Bos* erscheint zuerst in — jedenfalls schon sehr jungen — Siwalikschichten von Indien *B. planifrons*, *acutifrons* Lydekker. Im Pleistocän von Indien *B. namadicus* Falc., im Pleistocän von Europa, Asien und Nordafrika *B. primigenius* Bojanus und als Ur noch bis in die Bronzezeit. Er stammt nach Dürst von *planifrons* ab, während *acutifrons* und *namadicus* sich an die *Bibovina* und die *Zebu* anschließen. In Europa ist er gezähmt worden und der Ahne der *Primigenius*- oder *Trochoceros*-Rasse, aus der wahrscheinlich auch die *Frontosus*-Rasse hervorgegangen ist. Dagegen wurde die *Brachyceros*-Rasse — *Brachyceros palustris* —, Torfkuh der Pfahlbauten, wohl aus Asien oder Nordafrika eingeführt.

5. Unterordnung: **Amblypoda** Cope[1]).

Ausgestorbene, meist große, plantigrade Huftiere mit kurzen, fünfzehigen Füßen und breiten, von Hufen umgebenen Endphalangen. Zweite Reihe des Carpus mit der ersten alternierend. Astragalus sehr breit und niedrig, mit Tibia und mit Fibula artikulierend, die tibiale Gelenkfläche schwach gewölbt oder eben, nicht ausgehöhlt. Gebiß meist vollständig. Backenzähne brachyodont und lophodont. Gehirn sehr klein.

Zu den Amblypoden gehören die größten Landsäugetiere der Eocänzeit. Ihre Extremitäten und Zähne und ihr ganzer Knochenbau zeigen neben primitiven Merkmalen auch sehr weitgehende Spezialisierungen, die sich zum Teil bei Perissodactylen, zum Teil auch bei Artiodactylen, zum Teil aber bei den Proboscidiern und Astrapotheria wiederfinden.

Sie beginnen in der Puerco-Stufe (unterstes Eocän) mit verhältnismäßig kleinen und schlanken Formen (*Pantolambda*), die durch trituberkuläre obere Molaren und semidigitigrade Extremitäten ihr primitives Gepräge verraten; in der Wasatchstufe und in den gleichalterigen alteocänen Ablagerungen Europas dominieren die plumpen und großen Coryphodonten mit einem vollständigen Gebiß, in welchem die Molaren bereits lophodonten Bau erlangt haben. Stärker differenziert sind die auf Nordamerika beschränkten mitteleocänen riesigen *Dinoceratidae*. Hier verkümmern die oberen *J*. Die oberen *C* ragen als mächtige Hauer über den Unterkiefer vor, während die unteren Eckzähne winzig klein werden und den Schneidezähnen gleichen.

Die Extremitäten sind stämmig, mäßig hoch, vorne und hinten fünfzehig. Die Carpalia bilden schwach alternierende Reihen; zuweilen ist ein Os centrale vorhanden. Im Hinterfuß zeigen die Tarsalia eine starke, seitliche Verschiebung. Der niedrige, ungemein breite Astragalus bedeckt nicht nur

---

[1]) *Cope E. D.*, The Amblypoda. Amer. Naturalist 1884—85. — *Earle Ch.*, Revision of the species of Coryphodon. Bull. Amer. Mus. Nat. Hist. N. Y. 1892. — *Gidley J. W.*, A new paleocene Mammal, possible relative of the Titanotheres. Proc. U. St. Nat. Mus. Washington 1917. — *Hébert Ed.*, Ann. sc. nat. Zoologie 1856, p. 87. — *Marsh O. C.*, Amer. Journ. Sc. Arts. 1877—81. — *Dinocerata*, A monograph of the extinct order of gigantic mammalia. U. S. Geol. Survey 1884. — *Osborn H. F.*, Complete skeleton of Coryphodon und Evolution of the Amblypoda. Bull. Amer. Mus. Nat. Hist. 1898. The Skull of Bathiopsis. Ibid. 1913.

das Naviculare, sondern im Gegensatz zu den Proboscidiern auch einen großen Teil des Cuboideums. Das Naviculare ruht auf den drei Cuneiformia. Dem Astragalus fehlt sowohl ein abgesetzter Kopf als auch eine eigentliche Trochlea, weil die schwach gewölbte tibiale Gelenkfläche keine Ausfurchung besitzt, weshalb auch nur eine sehr unvollkommene Beugung des Fußgelenkes ermöglicht wird. Ein Flexorforamen, sowie eine Facette am Hinterrand des Astragalus für ein sogenanntes Tibiale (Sesamoid) sind wie bei den *Condylarthra* vorhanden. Das Calcaneum und die kurzen, plumpen Metatarsalia erinnern an den Proboscidierfuß. Am Femur ist ein dritter Trochanter bei den ältesten Formen vorhanden, fehlt aber bei den Dinoceratiden. Die Fibula artikuliert bei diesen nur mit dem Astragalus.

Die Amblypoden besitzen unter allen Huftieren die kleinste Gehirnhöhle. Das Großhirn ist nahezu glatt und bedeckt weder die Riechlappen noch das Cerebellum.

O s b o r n leitet die Amblypoda von den Gattungen *Protolambda*, *Ectoconodon* und *Synconodon* aus der Laramiekreide ab, die jedoch nur auf isolierte trituberkuläre resp. tuberkulärsektoriale Molaren begründet sind. Auch vereinigt er die bunodonten *Periptychidae* mit den *Pantolambdidae* in eine Unterordnung, die *Taligrada*.

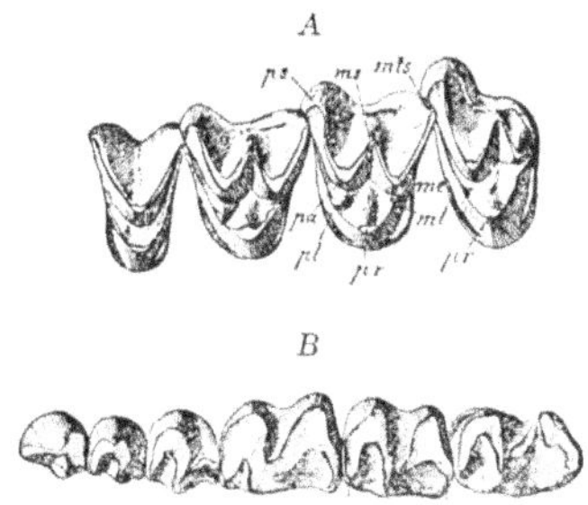

Fig. 741.

Pantolambda cavirictus Cope. Unterstes Eocän. Torrejonbed. Neu-Mexiko. *A* obere P^4 bis M^3. *B* untere Backenzähne. ⅔ nat. Gr. (Nach O s b o r n.)

1. Familie: **Pantolambdidae** *(Taligrada)* Cope.

Schädel raubtierähnlich, mit hoher Sagittalcrista. $\frac{3.1.4.3}{3.1.4.3}$ *J und C normal entwickelt, obere P aus einem äußeren und einem inneren eckigen Halbmond bestehend, obere M mit* V*-förmigem Paracon, Metacon und Protocon nebst zwei Zwischenhöckern. Untere M mit hohem,* V*-förmigem Trigonid und einem niedrigen, ebenfalls* V*-förmigem Talonid, das an den P sehr klein bleibt. Humerus mit Foramen entepicondyloideum, Femur*

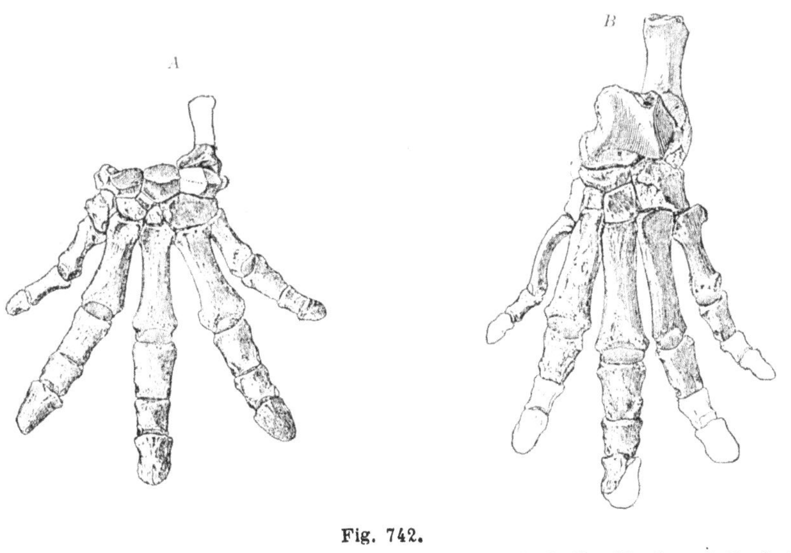

Fig. 742.

Pantolambda bathmodon Cope. Unterstes Eocän. Torrejonbed. Neu-Mexiko. *A* Vorderfuß. *B* Hinterfuß. ½ nat. Gr. (Nach O s b o r n.)

mit drittem Trochanter. Astragalus flach, mit schwach gewölbter Gelenkfläche für die Tibia und mit Foramen. Carpus mit freiem Centrale. Schwanz lang.

**Pantolambda* Cope. (Fig. 741, 742.) Unterstes Eocän. Fort Unionbed, Montana, Torrejonbed von Neu-Mexiko. *P. bathmodon, cavirictus* Cope.

Titanoides Gidley. Nur P_4 und M_1 bis M_3 bekannt. *M* Titanotherium-ähnlich, aber mit starkem Paraconid und hohem Trigonid. P_4 sehr kurz. Unterstes Eocän. Fort Unionbed. Montana. Systematische Stellung unsicher.

2. Familie: **Coryphodontidae** Owen (*Pantodonta* Osborn).

Schädel länglich, mit breiter, schräg abfallender Stirn. Gebiß vollständig. Obere M mit Vorjoch und zwei durch ein V*-förmiges Joch verbundenen Außenhöckern nebst einem oder zwei ungleich starken Innenhöckern, von denen Joche nach den Außenhöckern verlaufen. Untere M mit zwei* V*-förmigen, nach innen geöffneten Jochen, wovon der vordere Schenkel mehr oder weniger verkümmert. P einfacher als M. Schneidezähne konisch, obere und untere Eckzähne spitz, stark vorragend. Rumpf im Verhältnis zum Schädel sehr klein. Humerus ohne Foramen entepicondyloideum. Femur mit drittem Trochanter. Astragalus sehr niedrig, ohne Kopf, mit schwach gewölbten Gelenkflächen für Tibia und für Fibula.*

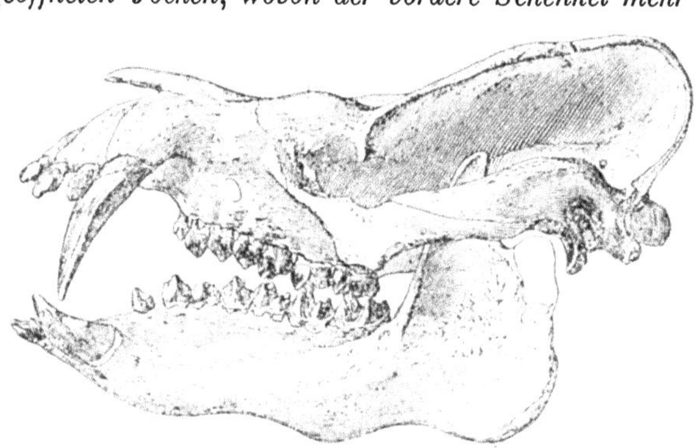

Fig. 743.
Coryphodon testis Cope. Untereocän. Wasatchbed. Wyoming. Schädel und Unterkiefer. 1/6 nat. Gr. (nach Osborn).

Die Coryphodontiden waren plumpe, vorne digitigrade, hinten plantigrade Tiere von ansehnlicher Größe. Ihr Gebiß spricht für omnivore Nahrung, der Bau des Hand- und Fußgelenkes für langsame und ungeschickte Bewegung. Dem Schädel fehlen die sonderbaren Stirnzapfen der Dinoceraten, dagegen dienten die mächtigen spitzen Eckzähne als gefährliche Waffen. Im Habitus hatte *Coryphodon* mehr Ähnlichkeit mit Bär als mit einem wirklichen Huftier.

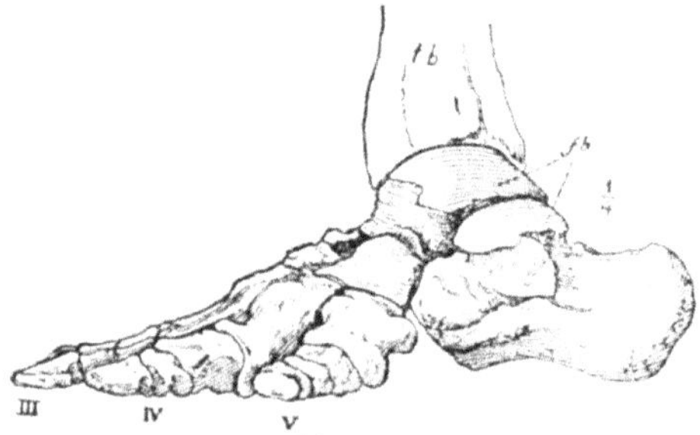

Fig. 744.
Coryphodon anax Cope. Unt. Eocän. Wasatch. Wyoming. Linker Hinterfuß. ¼ nat. Gr. (nach Osborn). (*tb* Tibia, *Fb* Gelenkfacetten des Astragalus und Calcaneums für die Fibula, *III—V* dritte bis fünfte Zehe.)

Von den Gattungen **Coryphodon* Owen (*Bathyopsis, Bathmodon, Metalophodon* Cope) (Fig. 743 bis 745), *Ectacodon* und *Manteodon* Cope ist nur die erste genauer bekannt und in den Wasatch und Wind River Beds von Wyoming und Neu-Mexiko durch mehr als ein Dutzend Arten vertreten, unter welchen sich mehrere Entwicklungsreihen erkennen lassen. Manche Arten kommen teils im Schädelbau, teils in der Ausbildung der *C* oder der *J* den Dinoceratiden schon sehr nahe. In Europa finden sich *C. eocaenus* Owen und *C. Oweni* Hébert in Nordfrankreich, Belgien und England.

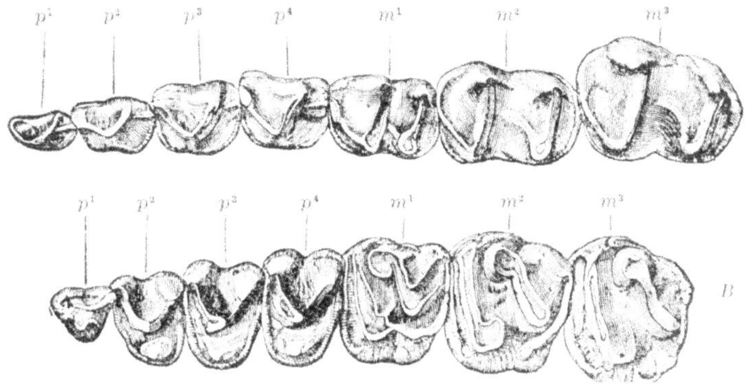

Fig. 745.
Coryphodon hamatus Marsh. Unt. Eocän. Wyoming. Backenzähne des linken Oberkiefers (*A*) und des linken Unterkiefers (*B*). ½ nat. Gr. (Nach Marsh.)

3. Familie: **Dinoceratidae** Marsh.

Schädel mit je einem Paar vorragender Knochenfortsätze auf Scheitelbein, Oberkiefer und Nasenbein. Zahnformel: $\frac{0.1.3.3}{3.1.4-3.3}$. *Obere J fehlen. Obere P den M ähnlich, wie diese mit zwei nach innen konvergierenden Jochen, untere M mit zwei schrägen Querjochen. Oberer C gewaltig groß, weit über die untere Zahnreihe vorragend. Untere J und C klein und meist von gleicher Gestalt. Unterkiefercondyli nach hinten gerichtet und nur wenig höher als die Zahnreihe. Femur ohne dritten Trochanter. Gehirn unverhältnismäßig klein.* Häufig im oberen Eocän (Bridgerbeds) von Wyoming.

Die Dinoceraten gehören zu den gewaltigsten und sonderbarsten Landsäugetieren. Die größten Arten von *Loxolophodon (Tinoceras)* erreichten eine Rückenhöhe von 2 m und eine Länge von nahezu 4 m, standen also dem Elefanten an Größe nicht allzuviel nach; andere kleinere Formen übertrafen Flußpferd und Rhinoceros nur wenig an Höhe.

Bathyopsis Cope. Hornzapfen noch sehr klein. Wind River-Eocän. Diese Gattung verbindet nicht nur zeitlich, sondern auch morphologisch wenigstens im Schädelbau, Coryphodon mit der folgenden Gattung.

Elachoceras Osborn. Klein, mit schwachen Hornzapfen.

Fig. 746.
Uintatherium mirabile Marsh. Mitteleocän. Bridgerbed. Wyoming. *A* obere Backenzähne, $^3/_1$ nat. Gr. *B* linker unterer M_0, ½ nat. Gr.

**Uintatherium* Leidy (*Dinoceras* Marsh, *Octotomus* Cope) (Fig. 746, 747). Die Protuberanzen auf den Nasenbeinen klein, vertikal, die porösen Knochenkämme auf den Scheitelbeinen hoch über den Condylen des Unterkiefers. Dem mächtigen oberen Eckzahn der Männchen entspricht am Unterkiefer ein nach unten vorspringender, breit gerundeter Fortsatz. Die oberen und unteren *M* und *P* besitzen zwei nach innen konvergierende Querjoche. Das Gehirn ist winzig klein. Becken und Extremitäten weisen infolge gleicher Funktion große Übereinstimmung mit den Proboscidiern auf. Die Hinter-

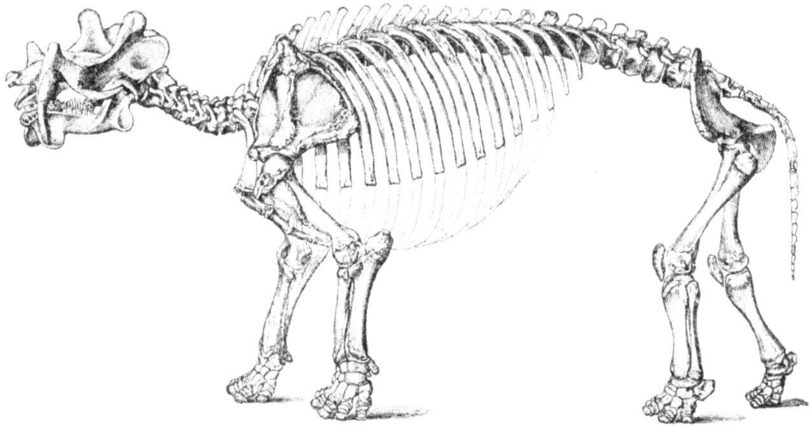

Fig. 747.
Uintatherium mirabile Marsh sp. Restauriertes Skelett. ¹/₁₀ nat. Gr. (Nach Marsh.)

beine sind etwas länger als die Vorderbeine. Die Füße fünfzehig. Mehrere Arten im Eocän von Wyoming.

**Loxolophodon* Cope (*Tinoceras* Marsh). Ähnlich, aber Nasenprotuberanzen stärker, schief nach vorne gerichtet, die Scheitelkämme hinter die Condyli reichend.

Eobasileus Cope. Im obersten Bridgerbed.

4. Familie: **Pyrotheria**[1]).

Schädel schmal und nach vorne gezogen. Gebiß reduziert. $\frac{2.?0.3.3}{1.0.2.3}$. *Untere J lang und dick, horizontal gestellt. Backenzähne mit je zwei parallelen Jochen. Extremitätenknochen plump. Zehenzahl vermutlich fünf an Hand und Fuß.*

Die Pyrotheria sind auf das ältere Tertiär von Patagonien beschränkt und gehören zu den größten aller südamerikanischen Huftiere. Sie treten zuerst in den Notostylopsschichten auf und erlöschen, nachdem sie in den Pyrotheriumschichten den Höhepunkt ihrer Entwicklung erreicht haben.

Der Gesichtsschädel kann nur kurz gewesen sein, weil die Backenzähne schon in der Nähe der stoßzahnartigen *J* beginnen. Die Nasenöffnung war aufwärts gerichtet. Die Orbita liegt beim erwachsenen Tier oberhalb P^4. P^2 ist dreieckig und besteht aus zwei Außen- und zwei kleinen Innenhöckern, P_3 hat einen Vorderhöcker und ein Querjoch. Alle übrigen *P* den *M* gleich und wie diese mit zwei parallelen Querjochen und Basalband, das an den oberen *M* außen und vorne, an den unteren innen und hinten verdickt ist. Unterkiefer mit breitem aufsteigenden Ast und schwachem Coronoidfortsatz.

Scapula mit kräftigem Coracoidfortsatz. Oberarm und Oberschenkel viel länger als Unterarm und Unterschenkel. Humerus von vorne nach hinten stark komprimiert, ohne Foramen entepicondyloideum, aber beiderseits mit weit hinaufragenden Epicondylarcristae und mit starker, außen gelegener Deltoidcrista. Nach Gaudry spricht diese Organisation für grabende Tätigkeit, verbunden mit großer Beweglichkeit der Finger. Radius kurz, mit der Ulna verwachsen. Olecranon hoch. Ilium auf lange Strecke am Sacrum befestigt. Femur nur mit erstem Trochanter, aber mit hochstehendem Caput. Tibia und Femur stehen senkrecht übereinander. Fibula

---

1) *Ameghino Flor.*, Mammifères crétacés de l'Argentine. Boletin del Inst. géografico Argentino 1897. Linea filogenética de los Proboscideos. Anales del Museo Nacional Buenos Aires 1902. — *Gaudry A.*, Fossiles de Patagonie. Annales de Paléont. Paris 1909.

oben und unten mit der Tibia verwachsen. Astragalus abgeplattet, mit ebenem Tibialgelenk dicht neben den Gelenkflächen für Naviculare und Calcaneum. Naviculare ganz unter dem Astragalus gelegen, daher wahrscheinlich vertikale Zehenstellung.

Sowohl die Extremitätenknochen als auch die Zähne sind, abgesehen von der geringen Dicke des Schmelzes, denen der Proboscidier, namentlich *Dinotherium*, ähnlich, weshalb auch Ameghino die Proboscidier von *Pyrotherium* ableitet. Im Zahnbau besteht auch große Ähnlichkeit mit *Diprotodon*. Es kann jedoch weder von einer Verwandtschaft mit diesem Marsupialier noch mit den Proboscidiern die Rede sein. Dagegen ist es nicht unmöglich, daß sie von *Pantolambda*, also dem ältesten Amblypoden abstammen, denn die Zähne von *Carolozittelia* haben große Ähnlichkeit mit denen der Dinoceratiden, und für die übrigen Spezialisierungen der Pyrotheria wäre der gegebene Zeitraum zwischen dem tiefsten und dem oberen Eocän mehr als hinreichend gewesen.

**Pyrotherium* Ameghino. $\frac{2\,.\,?0\,.\,3\,.\,3}{1\,.\,0\,.\,2\,.\,3}$. (Fig. 748.) Oberer erster *J* klein. Joche der gerundet vierseitigen Backenzähne senkrecht zur Zahnreihe, an

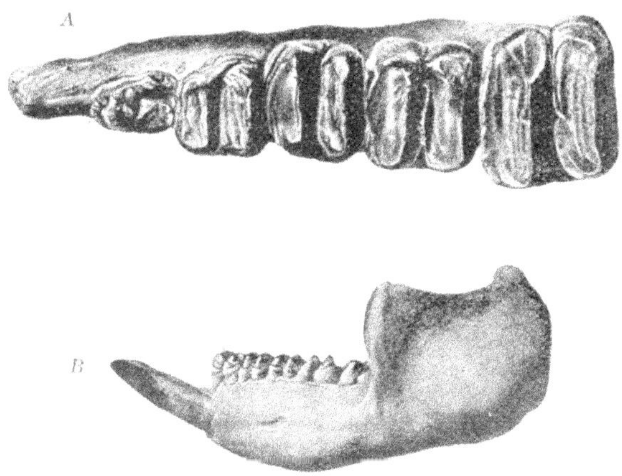

Fig. 748.
Pyrotherium Romeroi Ameghino. Untermiocän. Patagonien. *A* obere Backenzähne von unten, ¼ nat. Gr. *B* Unterkiefer, 1/12 nat. Gr. (Nach Gaudry.)

den unteren *M* nach rückwärts, an den oberen nach vorwärts konvex. Untermiocän von Chubut. Patagonien. *P. Romeroi* Ameghino.

Propyrotherium Ameghino. Kleiner. Oligocän. Astraponotusschichten. *P. saxaeum* Ameghino.

**Carolozittelia* Ameghino. Unterer *J* mit langer Wurzel. Obere *M* kreisrund, mit zwei schräg nach rückwärts verlaufenden Jochen. Untere *M* oval, mit zwei zur Zahnreihe fast senkrechten Querjochen. M_3 mit drittem Joch. Tapirgröße. Obereocän von Patagonien. Notostylopsschichten.

Paulogervaisia, *Ricardowenia* und *Archaeolophus* Ameghino. Ganz problematisch.

Zeitliche Verbreitung der Ungulata.

	Unt. Eocän	Mittl. Eocän	Ober. Eocän	Oligocän	Unt. Miocän	Mittl. Miocän	Ober. Miocän	Unt. Pliocän	Ober. Pliocän	Pleistocän	Gegenwart
Condylarthra											
Mioclaenidae	▬										
Periptychidae	▬										
Phenacodontidae	▬	▬									
Meniscotheriidae	▬										
Pleuraspidotheriidae	▬										
Litopterna											
Bunolitopternidae			▬	▬							
Macraucheniidae					▬	▬	▬	▬	▬	▬	
Proterotheriidae					▬	▬	▬	▬	▬	▬	
Adiantidae					▬						
Perissodactyla											
Tapiridae	▬	▬	▬	▬	▬	▬	▬	▬	▬	▬	▬
Rhinoceridae		▬	▬	▬	▬	▬	▬	▬	▬	▬	▬
Equidae	▬	▬	▬	▬	▬	▬	▬	▬	▬	▬	▬
Titanotheriidae	▬	▬	▬	▬							
Chalicotheriidae		▬	▬	▬	▬	▬	▬	▬	▬	▬	
Artiodactyla											
Suidae		▬	▬	▬	▬	▬	▬	▬	▬	▬	▬
Elotheriidae	▬	▬	▬	▬	▬						
Leptochoeridae				▬							
Hippopotamidae								▬	▬	▬	▬
Anthracotheriidae		▬	▬	▬	▬	▬					
Anoplotheriidae	? ▬	▬	▬	▬							
Dichobunidae	▬	▬	▬	▬							
Xiphodontidae		▬	▬	▬							
Caenotheriidae			▬	▬	▬	▬ ?					
Oreodontidae			▬	▬	▬	▬	▬	▬	▬		
Camelidae			▬	▬	▬	▬	▬	▬	▬	▬	▬
Tragulidae				▬	▬	▬	▬	▬	▬	▬	▬
Hypertragulidae				▬	▬	▬	▬	▬	▬		
Cervicornia				▬	▬	▬	▬	▬	▬	▬	▬
Pellicornia				▬	▬	▬	▬	▬	▬	▬	▬
Antilocapridae				▬	▬	▬	▬	▬	▬	▬	▬
Cavicornia							▬	▬	▬	▬	▬
Amblypoda											
Pantolambdidae	▬										
Coryphodontidae	▬										
Dinoceratidae		▬	▬								
Pyrotheria			▬	▬	▬						

8. Ordnung: **Notoungulata** Santjago Roth[1]).

Ausgestorbene, auf Südamerika beschränkte, plantigrade bis semidigitigrade, fünf- bis dreizehige Pflanzenfresser mit flachem, niedrigen Schädel, breiter Stirne und breitem Hinterhaupt. Jochbogen kräftig, hinten bis zur Supraoccipitalcrista verlängert, Nasalia breit, Nasenöffnung in der Regel endständig. Orbita groß, nur unvollständig von den Schläfengruben getrennt, Mastoidregion meist stark ausgedehnt. Unterkiefer hoch und massiv, meist mit fester Symphyse. Gebiß in der Regel vollständig, meist ohne Zahnlücken, häufig die vordersten *J* vergrößert, die übrigen *J* sowie *C*, *P* und *M* allmählich ineinander übergehend. Zähne brachyodont bis hypselodont, prismatisch. Obere *M* mit Außenwand — Ectoloph, langem schrägen Vorjoch — Protoloph und kurzem geraden Nachjoch — Metaloph. Untere *M* aus zwei ungleich großen Halbmonden und zwei Innenpfeilern bestehend. Carpalia alternierend, frei, Centrale fehlend. Astragalus mit schmaler, öfters ausgefurchter Trochlea und konvexem Naviculargelenk. Fibula stets am Calcaneum artikulierend. Endphalangen als stumpfe, kleine Krallen oder als Hufe oder als kräftige, gespaltene Klauen entwickelt.

Die Notoungulata vereinigen in ihrem äußeren Habitus viele Merkmale der *Hyracoidea* mit solchen der Nager. Die Ähnlichkeit äußert sich namentlich in der Breite und Ebenheit des Schädeldaches, in der kräftigen Ausbildung der Jochbogen, in der Breite des Hinterhaupts, in der Lage und Größe der Orbiten, in der Höhe der Unterkiefer und in der Vergrößerung der vordersten *J*. Auch die einzelnen Knochen sind jenen der Hyracoiden und mancher Nager nicht unähnlich. Bei näherer Betrachtung ergeben sich jedoch fundamentale Unterschiede. So sind die *J* im Gegensatz zu denen der Nager nicht seitlich, sondern von vorne nach hinten komprimiert, und die Zahnzahl erleidet nur geringe Reduktion. Von den Hyracoiden unterscheiden sich die Notoungulata durch die alternierende Anordnung der Carpalia, durch die Artikulation der Fibula mit dem Calcaneum, durch die einfache seitliche Gelenkung des Malleolus der Tibia am Astragalus, und vor allem ist das Gebiß der *Hyracoidea* ursprünglich bunodont, und die später entstehenden beiden Joche der oberen *M*, sowie die beiden Halbmonde der unteren *M* sind stets gleich groß, während bei den Notoungulaten der Metaloph der oberen und der vordere Halbmond der unteren *M* stets viel kleiner ist als der Protoloph und der hintere Halbmond.

---

[1]) *Ameghino Flor.*, Contrib. al conocimiento de los Mamiferos de la Republica Argentina. Buenos Aires 1889. Mammifères crétacés de l'Argentine. Bolet. del Instit. géografico Argentino. T. XVIII. 1897. Rech. de Morphologie phylogénétique sur les molaires supérieurs des Ongulés. Anal. Mus. Nac. Buenos Aires T. IX. 1904. Notices sur des Ongulés nouveaux de terrains crétacés de Patagonie. Bol. Acad. Nat. de Cienc. de Cordoba 1901. 1902. — *Burmeister H.*, Description phys. de la Republica Argentina. 1879. t. III. — *Gaudry A.*, Dentition de quelques Mammifères. Mém. Soc. géol. de France. Paléont. 1906. Fossiles de Patagonie. Annal. de Paléontologie 1906. 1908. — *Gregory W. K.*, The Orders of Mammals. Bull. Amer. Mus. Nat. Hist. New York 1910. XXVII. — *Lydekker R.*, Paleontologia Argentina II. Anal. Mus. de la Plata. Fol. 1893. — *Roth Santjago*, Los Ungulados sudamericanos. Anal. Mus. de la Plata. Paleontologia 1903. — *Scott W. B.*, Classificat. of the Notoungulata. Science. Vol. XXI. 1905.

Den Molaren der *Notoungulata* (Fig. 749) liegt ein trituberkulärer bzw. tuberkulärsektorialer Bauplan zugrunde. An den oberen *M* verbinden sich die beiden Außenhöcker sehr innig zu einer Außenwand — Ectoloph, der vordere Innenhöcker — Protocon, wird zu einem langen schrägen Protoloph und der Hypocon zu einem kurzen geraden Metaloph. Sehr häufig bilden sich an diesen *M* auch crista- oder crochetähnliche Sporne und am Vorderrand entwickelt sich ein

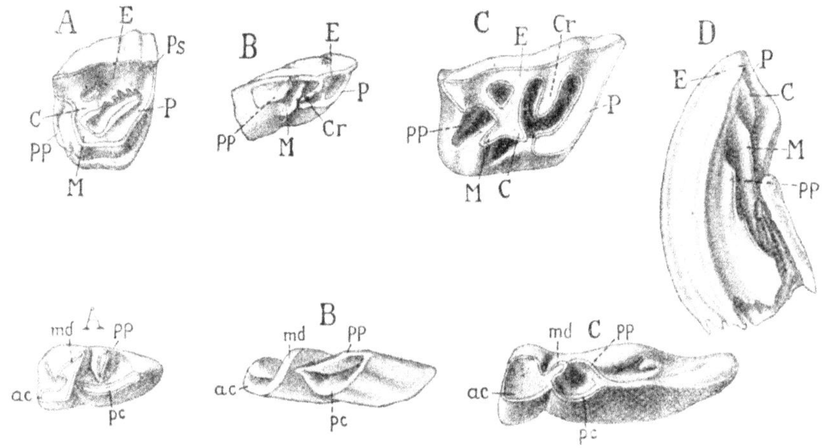

Fig. 749.

Obere und untere Molaren von Notoungulaten von oben.
Obere: *A Pleurostylodon*, *B Protypotherium*, 2/1 nat. Gr., *C Rhynchippus*, *D Rhynchippus*, M^3 von hinten.
Untere: *A Pleurostylodon*, *B Protypotherium*, 2/1 nat. Gr., *C Morphippus*.
E Ectoloph, *P* Protoloph, *M* Metaloph, *Ps* Parastyl, *Cr* Crista, *C* Crochet, *PP* hinterer Pfeiler, *ac* vorderer Halbmond, *pc* hinterer Halbmond, *md* Metaconid, *pp* hinterer Pfeiler.

Parastyl, so daß die Zähne eine gewisse Ähnlichkeit mit den oberen *M* von Rhinoceros erlangen. Am Hinterrand kann sich aus einem besonderen Pfeiler noch ein weiteres Joch entwickeln. Bei den primitiveren Formen sind die *M* bedeutend breiter als lang. Die unteren *M* bestehen aus je zwei äußeren Halbmonden, von denen der vordere viel kürzer ist als der hintere, und aus zwei mehr oder weniger komprimierten Innenhöckern gebildet wird. Der vordere Innenhöcker verbindet sich innig mit dem Hinterende des ersten Halbmondes, während der hintere dem zweiten Halbmond gegenüberliegt und häufig gänzlich isoliert bleibt. Mit den *M* der Litopterna haben diese *M* zwar die Anlage gemein, aber es geht ihnen kein eigentliches Bunodontenstadium voraus und die Zahnhälften sind niemals gleich groß wie bei den Litopterna.

Die *J*, *C* und *P* gehen ihrer Zusammensetzung nach ganz allmählich in die *M* über, öfters kommt es zur Vergrößerung von einem oder zwei Incisivenpaaren, manchmal verschwinden auch ein oder zwei *J* sowie *C*, oder es werden die *C* zu echten hauerähnlichen Eckzähnen, womit zuweilen Verlust von 1 bis 3 *P* verbunden ist. Die Zähne sind anfangs brachyodont, später werden sie hypselodont und bewurzelt und zuletzt prismatisch, wurzellos, jedoch bleiben auch in diesem Falle die *P* erheblich niedriger als die *M*.

Als wesentlichstes Merkmal der *Notoungulata* bezeichnet Santjago Roth die Verbreiterung und Auftreibung der Mastoidregion und die Verbindung dieses oft mit blasigem Knochengewebe erfüllten Hohlraums mit der Bulla tympanica. Wennschon diese Organisation bereits bei den ältesten Formen zu beobachten ist, so bestehen doch hinsichtlich des Grades dieser Auftreibung erhebliche Unterschiede, weshalb auch kaum ein zwingender Grund vorliegt, die *Astrapotherioidea* wegen des Fehlens dieses Merkmals von den *Notoungulata* auszuschließen.

Die Extremitätenknochen zeigen je nach den Körperdimensionen große Verschiedenheit und weitgehende Spezialisierungen. Im allgemeinen lassen sie sich jedoch eher mit denen von Fleischfressern und Nagern, als mit solchen von echten Huftieren vergleichen. Bei kleinen Formen sind die langen Röhrenknochen schlank, ihr Humerus besitzt ein Entepicondylarforamen und das Femur einen dritten Trochanter. Die Ulna ist sehr kräftig entwickelt und nicht mit dem Radius verwachsen. Beide stehen häufig gekreuzt. Die Carpalia sind sämtlich frei und alternierend angeordnet. Der Astragalus hat stets ein konvexes, meist sogar halbkugelförmiges und langgestieltes Naviculargelenk, und die meist freibleibende Fibula artikuliert stets mit dem Calcaneum. Die Zahl der Metapodien schwankt zwischen fünf und drei, die Leitkiele ihrer distalen Gelenkfläche sind immer auf die Hinterseite beschränkt. Die Zehenendglieder sind bald krallenartig, aber vorne etwas abgeplattet, bald wirkliche breite Hufe, bald gebogene, tiefgespaltene, plumpe Klauen.

Die Notoungulata zerfallen in vier Unterordnungen: *Typotheria*, *Toxodontia*, *Entelonychia* und *Astrapotherioidea*. Mit Ausnahme einer einzigen, erst vor kurzem im Wasatch-Eocän von Nordamerika entdeckten Gattung *Arctostylops* sind die Notoungulata auf den südlichsten Teil von Südamerika beschränkt.

1. Unterordnung: **Typotheria** Zitt.[1])

Ausgestorbene plantigrade oder digitigrade Pflanzenfresser mit meist vierzehigen Vorder- und Hinterfüßen. Gebiß in der Regel vollständig, die inneren oberen J vergrößert, die äußeren J und die C öfters reduziert, oder alle Zähne ineinander übergehend und in dichtgeschlossener Reihe. Backenzähne oben lophodont, unten selenolophodont, anfangs brachyodont bewurzelt, später hypselodont, prismatisch und wurzellos. Clavicula öfters vorhanden. Carpalia alternierend, Centrale fehlend. Humerus mit Foramen entepicondyloideum. Femur mit drittem Trochanter. Astragalus mit halbkugelförmigem Kopf. Fibula am Calcaneum artikulierend.

Die *Typotheria* sind auf das Tertiär und Pleistocän von Südamerika beschränkt. Sie stehen den *Toxodontia* sehr nahe, und sehen äußerlich manchen Nagern und den Hyracoiden sehr ähnlich, jedoch beruht dies nur auf Konvergenz und nicht auf wirklicher Verwandtschaft.

Der Schädel erinnert durch seine langgestreckte Form und die geradlinige Quernaht zwischen den Stirn- und Scheitelbeinen an Nager. Die nach vorne gerichtete Nasenöffnung wird seitlich durch die hohen Zwischenkiefer und oben durch die langen, bis zur Schnauzenspitze reichenden Nasen-

[1]) *Gervais P.*, Remarques sur le Typotherium. Zool. et Paléont. générales. I. 1867—69. — *Sinclair W. J.*, Report of the Princeton Univers. Exped. to Patagonia. Vol. VI. Part I. 1909.

beine begrenzt. Die Scheitelbeine haben einen schwachen Sagittalkamm. Die hinten sehr kräftigen Jochbogen liegen sehr hoch, und die weiten Orbiten sind hinten öfters von einem Processus postorbitalis des Stirnbeines begrenzt. Das Foramen infraorbitale steht vor dem Jochbogen. Das breite Hinterhaupt ist mit Supraoccipitalcrista und mit langem Paroccipitalfortsatz versehen. Die Ausdehnung und Auftreibung der Squamosomastoidregion erreicht bei den Typotheria den höchsten Grad unter allen Notoungulata — *Pachyrucos* —, ist aber keineswegs bei allen gleich stark ausgeprägt. Diese bald hohle, bald mit blasigem Knochengewebe erfüllte Kapsel steht mit der Bulla tympanica in Verbindung und umschließt den weiten, nach aufwärts gerichteten äußeren Gehörgang. Das Gaumendach ragt oft weit hinter die letzten *M* hinaus. Der hohe Unterkiefer bildet eine feste Symphyse und hat mit dem von *Hyrax* die Breite des aufsteigenden Astes und die Kürze des Kronfortsatzes gemein.

Das Gebiß ist in der Regel vollständig mit $\frac{3.1.4.3}{3.1.4.3}$ in geschlossener Reihe, manchmal entsteht durch Verkümmerung der äußeren *J*, der *C* und von einigen *P* ein weites Diastema. Bei den älteren Formen sind alle Zähne brachyodont, später nur die Milchzähne. Die unteren *J* zeigen häufig in der Mitte einen tiefen Einschnitt. Die J^1 und die J_1 und J_2 werden größer und länger und nagezahnähnlich, jedoch sind sie in der Richtung von vorne nach hinten, anstatt seitlich komprimiert. Die folgenden *J*, *C* und *P* gehen entweder ganz allmählich in die *M* über, oder die *J* und *C* werden zu schwachen Stiften oder fehlen sogar vollständig. Die *P* sind meist einfacher als die *M*, da ihre hintere Hälfte kleiner bleibt als die vordere. Die oberen *P* und *M* sind bei prismatischer Ausbildung nach innen, die unteren nach außen gekrümmt. Im Oberkiefer bestehen die *M* aus einem Ectoloph, der mit einer vorspringenden Leiste versehen ist, einem schrägen Protoloph, einem etwas kürzeren Metaloph und einer Crista nebst einem hinteren Pfeiler. Im Unterkiefer haben sie zwei Außenmonde und zwei stark komprimierte Innenpfeiler, welche sich bald zu einer Innenwand vereinigen. M_3 ist stets viel größer als M_2. Von den *M* der *Toxodontia* unterscheiden sich die der *Typotheria* dadurch, daß ihre vordere und hintere Partie fast gleich groß ist, und die Vertiefungen bei der Abkauung sehr rasch verschwinden, die oberen überdies durch die beträchtliche Streckung ihrer Kaufläche und den Besitz von sekundären Spornen. Die Zähne sind öfters mit einer dünnen Zementschicht versehen.

Die Zahl der Rückenwirbel ist 15, die der Lendenwirbel 7 und der Sacralwirbel 5, wenigstens bei den Typotherien aus dem Miocän von Santa Cruz. Der Schwanz dürfte meist sehr lang gewesen sein. Das Schulterblatt ist mit einem Acromial- und einem Coracoidfortsatz versehen, und daran schließt sich wohl öfter eine gutentwickelte Clavicula. Der Humerus hat ein Entepicondylarforamen. Ulna und Radius sind frei und etwas gebogen. Der Carpus besitzt stets alternierende Anordnung. Das Centrale ist mit dem Scaphoid verwachsen. Die Zahl der Metacarpalia ist vier, der Daumen ist ganz verschwunden und der fünfte Finger etwas verkürzt, bei *Typotherium* hingegen ist der 2. bis 5. von fast gleicher Länge und der 1. zwar kurz, aber noch mit Phalangen versehen. Die Zehenendglieder sind zugespitzt, aber an der Unterseite in eine dreieckige Platte ausgezogen oder hufähnlich und an der Spitze gespalten.

Das Femur trägt einen mäßig vorspringenden dritten Trochanter. Tibia und Fibula sind bald frei, bald an dem oberen und unteren Ende verwachsen. Das Calcaneum hat einen langen, dicken Tuber, eine breite konvexe Gelenkfläche für die Fibula und eine große Fläche für das Cuboid, dagegen ragt das Sustentaculum nur ganz wenig vor. Der Astragalus zeichnet sich durch die schmale, nicht sehr tiefe Trochlea und das wohlgerundete, gestielte Caput aus. Von den vier Metatarsalien sind die seitlichen öfters etwas schwächer.

Im allgemeinen zeigt das Skelett den ursprünglichen Typus der Fleischfresser nebst zahlreichen, den Nagern eigentümlichen Spezialisierungen.

1. Familie: **Notopithecidae** Ameghino.

$\frac{3.1.4.3}{3.1.4.3}$ *in geschlossener Reihe, brachyodont, bewurzelt. J, C und P allmählich ineinander übergehend.* J^1 *bis* P^1 *schneidend, untere J und C meißelförmig,* P^2 *bis* P^4 *dreieckig,* M^1 *bis* M^2 *rhombisch,* M^3 *gerundet dreieckig, mit Außenwand, zwei ungleichen, an der Innenseite verbundenen Querjochen und hinterem Basalwulst, nebst Spornen im Centrum. Untere M mit zwei äußeren Halbmonden und zwei Innenhöckern, davon der erste mit dem ersten Halbmond verbunden, der zweite frei. Unterkiefer ziemlich schwach.*

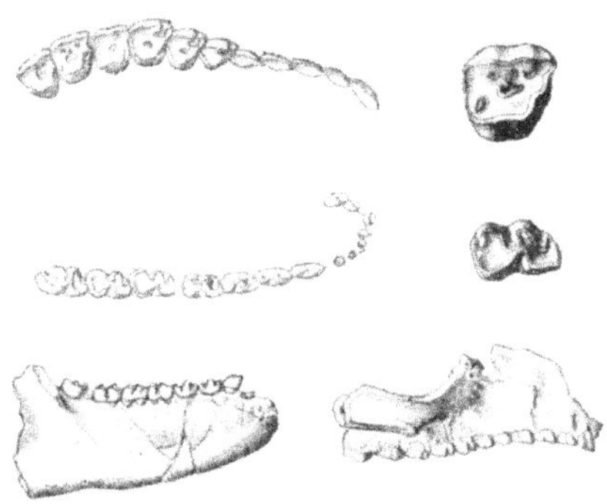

Fig. 750.
Adpithecus secans Amegh. Obereocän. Notostylops-Schichten Patagonien. Obere und untere Zahnreihe, nat. Gr. Oberer und unterer *M*, 2/1 nat. Gr. Unterkiefer, Oberkiefer, 4/1 nat. Gr.

Diese auf das Eocän — Notostylopsschichten — und Oligocän von Patagonien beschränkten Tiere von Kaninchengröße sind die Vorläufer der beiden folgenden Familien.

**Notopithecus*, *Adpithecus* (Fig. 750), *Transpithecus*, *Infrapithecus* etc. Amegh. Notostylopsschichten? *Guilelmoscottia* Amegh. Astraponotusschichten.

2. Familie: **Interatheriidae** Ameghino.

$\frac{3.1.4.3}{3.1.4.3}$. J_1 *bewurzelt, alle übrigen prismatisch.* P_3 *und* P_4 *einfach gebaut. Obere M mit Innenfurche. Mastoid mit blasigem Gewebe erfüllt, Malare weit hinter dem Maxillare beginnend. Unterkiefer hoch. Jochbogen mit nach unten gerichtetem Fortsatz. Tibia und Fibula frei. Seitenzehen reduziert.*

**Protypotherium* (*Patriarchus*) Ameghino. (Fig. 751.) Jochbogenfortsatz schwach, Zähne gleichmäßig ineinander übergehend. Schwanz lang. Miocän von Santa Cruz. *P. australe*, *attenuatum* Amegh.

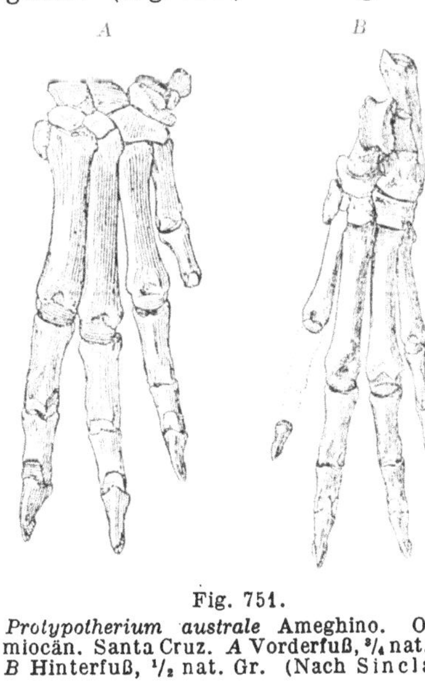

Fig. 751.
Protypotherium australe Ameghino. Obermiocän. Santa Cruz. *A* Vorderfuß, 3/4 nat. Gr. *B* Hinterfuß, 1/2 nat. Gr. (Nach Sinclair.)

**Interatherium* (*Icochilus*) Ameghino. (Fig. 752.) Seitliche *J* und *C* reduziert. Jochbogen mit kräftigem Fortsatz. Humerus mit undeutlichem Foramen. Miocän von Santa Cruz. *I. robustum*, *extensum* Amegh.

Cochilius Amegh. Miocän. Colpodon-Schichten.

Plagiarthrus Amegh. Zähne im Alter bewurzelt. Pyrotheriumschichten.

3. Fmailie: **Hegetotheriidae** Ameghino.

J_1 *in beiden Kiefern vergrößert.* P_3 *und* P_4 *M-artig. Obere M innen konvex, außen glatt. Mastoid hohl, Malare an das Maxillare stoßend. Tibia und Fibula verwachsen. Seitenzehen ungleich reduziert.*

**Hegetotherium* (*Selatherium*) Ameghino. $\frac{3.1.4.3}{3.1.4.3}$. Hintere J und C etwas reduziert. Endphalangen abgeplattet. Miocän. Colpodon-Schichten und Santacruzeno. *H. mirabile* Amegh. Schwanz lang. Fuchsgröße.

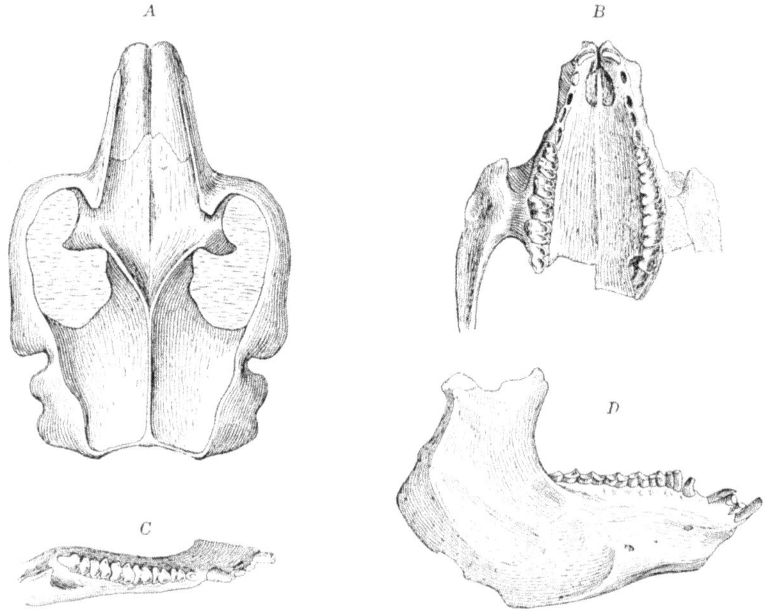

Fig. 752.
Interatherium robustum Ameghino. Obermiocän. Santa Cruz. Patagonien. *A* Schädel von oben, *B* Gaumen von unten, *C* Unterkiefer von oben, *D* von außen, nat. Gr.

Archaeopilus, *Prohegetotherium* Amegh. Unt. Miocän. Pyrotherium-Schichten.

Prosotherium Amegh. $\frac{1.0.4.3}{2.0.4.3}$. Pyrotherium-Schichten.

Eohegetotherium Amegh. Zähne noch bewurzelt. Oligocän. Astraponotus-Schichten.

**Pachyrucos* Amegh. (*Paedotherium* Burmeister). $\frac{1.0.3.3}{2.0.3.3}$. Mastoidregion ungewöhnlich stark aufgerieben. Endphalangen hufartig. Schwanz kurz. Miocän. Santa Cruz. *P. Moyani* Amegh. Sowohl in der Größe als auch im Habitus kaninchenähnlich. Schon in den Colpodon-Schichten. Auch im Pliocän und im Pleistocän. Monte Hermoso. *P. typicus* Amegh.

Eopachyrucos, *Pseudopachyrucos* Amegh. Astraponotus-Schichten. *Propachyrucos* Am. Pyrotherium-Schichten.

Argyrohyrax Amegh. $\frac{3.1.4.3}{}$. Die hinteren J, C und P^1 und P^2 ineinander übergehend. P^3 und P^4 M-artig. Pyrotherium-Schichten.

4. Familie: **Typotheriidae** Amegh.

$\frac{1.0.2.3}{2.0.1.3}$. *J^1 breit, gekrümmt, an der Basis offen, an Vorderseite mit Schmelz versehen, unterer J_2 klein. Hinter den J ein langes Diastema. Obere P mit zwei, M mit drei Jochen. Vorderpartie der unteren M viel kürzer als die hintere. Alle Backenzähne prismatisch und teilweise mit Zement versehen. Carpalia alternierend. Hand mit dünnem Daumen. Fibula nicht mit dem Calcaneum artikulierend.*

**Typotherium* Bravard (Fig. 753) erreicht fast die Größe eines Schweins. Älteres Pleistocän von Argentinien.

Trachytypotherium Ameghino. Pliocän.

Eutrachytherus und *Proëdrium* Amegh. mit $\frac{3.1.4.3}{2.1.4.3}$ aus den Pyrotherium-Schichten von Patagonien, von unsicherer Stellung.

An die *Typotheria* reihen sich am besten an die *Archaeopithecidae* und *Acoelodidae* Ameghino, beide brachyodont, aus dem Eocän, Notostylops-Schichten, und die *Archaeohyracidae* mit prismatischen Zähnen aus den Astraponotus- und Pyrotherium-Schichten, von Patagonien. Die Archaeopitheciden sind wohl die Vorfahren der Archaeohyraciden und die Acoelodiden vielleicht Verwandte der Notohippiden. Mit Primaten oder Hyracidae haben sie natürlich nichts zu schaffen. Extremitätenknochen nicht mit Sicherheit bekannt.

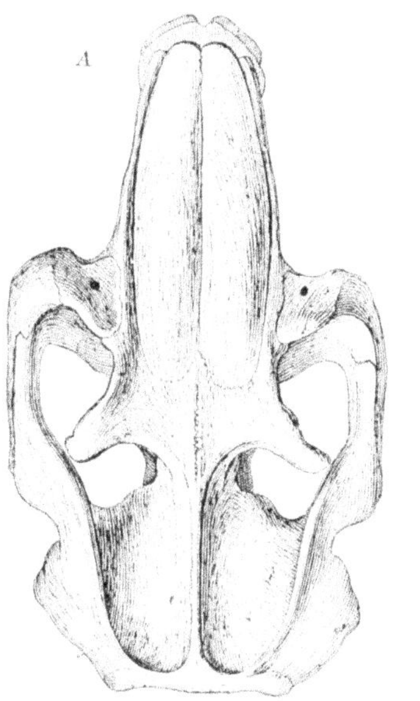

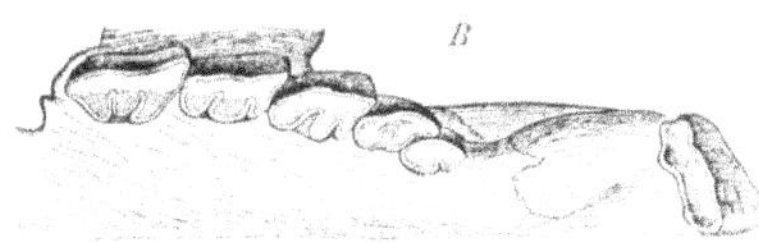

Fig. 753.
Typotherium cristatum Serres. Pampas-Formation. Buenos-Aires, Argentinien. *A* Schädel von oben. *B* Oberkiefer und Zwischenkiefer von unten. ¼ nat. Gr. (Nach Gervais.)

5. Familie: **Archaeopithecidae** (*Henricosborniidae, Pantostylopidae*) Amegh.

P einfacher als M. Obere P und M^3 *dreieckig,* M^1 *und* M^2 *oblong, viel breiter als lang. Außenwand mit Parastyl, häufig auch mit Mesostyl und Metastyl. Protoloph schräg und länger als der gerade Metaloph. Beide Joche öfters an der Innenseite miteinander verbunden. Zuweilen Cristae und Crochet vorhanden. Hinterer Halbmond der unteren P kleiner, an den M größer als der vordere. P mit nur einem Innenhöcker — an der Vereinigung der beiden Halbmonde —, M mit zweitem Innenhöcker in der Nähe des Hinterendes des zweiten Mondes. Alle Zähne brachyodont. Unterkiefer (Selenoconus Ameghino) ziemlich niedrig. Kaninchengröße.*

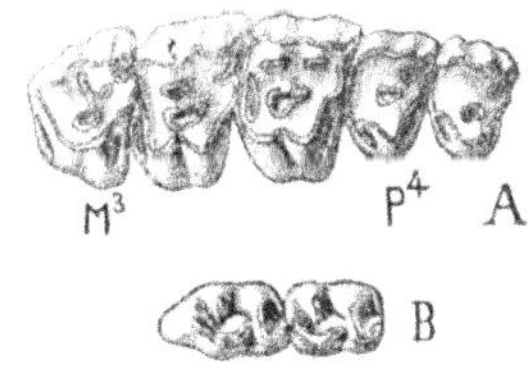

Fig. 754.
Oldfieldthomasia sp. Obereocän. Notostylopssch. Patagonien. *A* obere Backenzähne ¹/₁ nat. Gr., *B* untere M_1 und M_2 nat. Gr.

Nur im Eocän, Notostylopsschichten, von Patagonien. *Henricosbornia*, *Othnielmarshia*, *Archaeopithecus*, *Pantostylops* etc. Ameghino.

Die *Acoelodidae* unterscheiden sich von den Archaeopitheciden im wesentlichen nur durch ihre beträchtlicheren Dimensionen — etwa Fuchsgröße — und durch den mehr schräg trapezoidalen Umriß der oberen *M*.

**Acoelodus*, *Oldfieldthomasia* (Fig. 754), *Eohyrax*, *Acoelohyrax* etc. Amegh. Eocän. Notostylopsschichten von Patagonien.

6. Familie: **Archaeohyracidae** Ameghino.

Schädel dem von Hegetotherium ähnlich, jedoch mit schwächerem Jochbogen und schlankerem Unterkiefer. $\frac{3.1.\ 4\ .3}{3.1.4\text{—}3.3}$. J^1 *mäßig vergrößert, die unteren J und C stiftförmig, die unteren P M-ähnlich. Oben alle Zähne ineinander übergehend, M von schräg dreieckig gerundetem Umriß und wie die P mit Parastyl versehen. Alle Zähne prismatisch.* M_3 *mit großem dritten Lobus.*

Wohl die Vorläufer von *Typotherium*. Untermiocän-Pyrotheriumschichten und Oligocän-Astraponotusschichten. *Archaeohyrax* Ameghino.

2. Unterordnung: **Toxodontia** Owen[1]).

Ausgestorbene, digitigrade oder semiplantigrade Pflanzenfresser mit dreizehigen Extremitäten. Gebiß meist vollständig. C stets schwach, öfters fehlend. Backenzähne gekrümmt, lophodont. Clavicula fehlt. Carpalia alternierend. Astragalus mit mäßig gewölbtem, schwach ausgefurchtem Tibialgelenk, distal abgestutzt, nur mit dem Naviculare artikulierend. Calcaneum plump, mit großer Gelenkfläche für die Fibula. Humerus ohne Foramen entepicondyloideum.

Die *Toxodontia* sind große bis mittelgroße, auf Südamerika beschränkte Pflanzenfresser, welche im Oligocän? von Patagonien beginnen und im Pleistocän von Argentinien und Brasilien aussterben.

Der Schädel ist mäßig hoch, das Dach häufig von der frei vorragenden Nasenspitze bis zum Hinterhaupt fast eben, die Schnauze verschmälert und ziemlich lang. Die Stirnbeine sind groß, die Scheitelbeine bilden einen schwachen Sagittalkamm. Das hohe, breite Hinterhaupt fällt senkrecht ab, die Squamosomastoidregion ist nicht sehr stark aufgetrieben, und der äußere Gehörgang mündet schräg aufwärts. Die Condylen ragen ziemlich weit vor. Die Jochbogen sind ungemein hoch, aber nicht sehr dick, unter den nach hinten offenen Orbiten abwärts gebogen und zum größeren Teil aus dem Fortsatz des Squamosum gebildet. Zwischenkiefer verlängert und hoch, Tränenbein klein. Das gewölbte Gaumendach ragt über die letzten *M* hinaus, so daß die inneren Choanen weit nach hinten rücken. Die vorderen Gaumenlöcher liegen ganz in den Zwischenkiefern. Unterkiefer mit sehr starker Symphyse, breitem Kronfortsatz und hochgelegenem, querem Condylus. Das Gebiß ist häufig vollständig und hochspezialisiert und bildet öfters eine ganz oder nahezu geschlossene Reihe. Die *J* sind bald schaufelförmig, ganz oder fast allseitig von Schmelz umgeben und sämtlich oder zum Teil bewurzelt, bald stark verlängert, nagezahnähnlich, unten offen und nur vorne und hinten oder bloß auf der Vorderseite mit Schmelz bedeckt. Von den oberen *J* ist in der Regel J^2, von den unteren J_3 kräftiger entwickelt. Oben gehen alle Zähne von J^3 an, unten von *C* an allmählich ineinander über. Von den vier *P* können die beiden vorderen verkümmern, die hinteren werden *M*-ähnlich. Die oberen *M* haben schief vierseitigen oder dreiseitigen Querschnitt und meist einen Parastyl. Sie bestehen aus einer Außenwand und zwei ungleichen Jochen, zwischen welchen sich ein tiefes Quertal befindet, in welches eine oder zwei Cristae hineinragen. Am Hinterrand bildet sich oft noch ein weiteres Joch. Durch Abkauung verbinden sich alle Erhabenheiten der Kaufläche, und die Vertiefungen werden zu Inseln, die später auch zum Teil oder vollständig verschwinden. Bei den primitiveren Formen sind die Kronen ganz von Schmelz umgeben, bei den spezialisierteren werden die Backenzähne prismatisch, die Wurzeln verschwinden und der Schmelz beschränkt sich auf die Außen- und Vorderseite oder auf die Außen- und Innenseite. Öfters tritt eine Zementschicht auf, die den Zahn ganz oder teilweise umhüllt. Die unteren

---

[1]) *Burmeister H.*, Anales del Museo de Buenos Aires I 1867 und III. — *Cope E. D.*, On Toxodon. Proceed. Amer. Philos. Soc. 1881. — *Lydekker R.*, Anales del Museo de la Plata. Paleontologia Argentina 1890. — *Owen R.*, (Toxodon) in the Zoology of H. M. S. Beagle 1840. Descript. of some sp. of Nesodon. Philos. Trans. 1853. — *Roth Santjago*, Catalogo de los Mamiferos fosiles en el Museo de la Plata. Orden Toxodontia 1898.

Backenzähne bestehen aus einem kurzen vorderen und einem viel längeren, gestreckten hinteren Halbmond und zwei Innenpfeilern, von denen der vordere mit dem Hinterende des ersten, und der zweite an seiner Basis mit dem Vorderende des zweiten Halbmondes verschmilzt. Durch die Abkauung der Erhabenheiten der Innenseite kommt eine Art von Innenwand zustande. Die ursprünglichen Vertiefungen werden auch hier zu Schmelzinseln. Die oberen *J* und *M* sind stark nach innen gekrümmt, die unteren nach vorwärts geneigt. M_3 ist in beiden Kiefern verlängert. Die hinteren Milchzähne gleichen in der Hauptsache den *M*, haben jedoch immer kurze, getrennte Wurzeln.

Das Skelett der Toxodontia ist im wesentlichen dem der Typotheria ähnlich und vereinigt viele primitive Merkmale mit hochgradigen Spezialisierungen. Die große Scapula ist ähnlich der von Rhinoceros nur mit einem rudimentären Acromion versehen, was auch die Abwesenheit einer Clavicula bedingt. Der kurze, kräftige Oberarm hat eine niedrige, einfache Trochlea, aber kein Foramen entepicondyloideum. Die stämmige Ulna mit langem, starken Olecranon und der kurze, etwas schwächere Radius stehen gekreuzt; sie sind aber sonst denen von Rhinoceros nicht unähnlich, was auch für die Beckenknochen gilt. Die Carpalia sind alternierend angeordnet, die Metacarpalia kurz und gedrungen. Das kurze Femur besitzt einen schwachen dritten Trochanter, sein erster Trochanter ragt weit nach außen vor. Die kräftige Fibula kann mit der Tibia verwachsen. Die erstere artikuliert innig mit dem plumpen Calcaneum (Fig. 756*B*). Der Astragulus (Fig. 756*B*) hat eine schwach gewölbte und mäßig vertiefte Trochlea und an dem kurzen, einwärts gedrehten Hals eine schwach konvexe Gelenkfläche für das Naviculare. Die kurzen, plumpen Metatarsalia sind wie die Metacarpalia nur auf ihrer Rückseite mit schwachen, stumpfen Leitkielen versehen, die Zehenglieder bilden abgeplattete, kleine Hufe. Hand und Fuß haben nur je drei Metapodien.

1. Familie: **Notohippidae** Ameghino.

$\frac{3.1.4.3}{3.1.4.3}$. *Alle Zähne in geschlossener Reihe, hypselodont, im Alter bewurzelt und von J_1 bis M_3 fast unmerklich ineinander übergehend, oder die unteren J und C meißel- und die oberen schaufelförmig gestaltet, niemals vergrößert. Schädeldach eben, Nasenöffnung endständig. Astragalus mit ziemlich langem Hals.*

Die Spezialisierung der *J* und *C* ist hier noch nicht soweit vorgeschritten wie bei den Nesodontiden. Die *P* und *M* sind noch auf allen Seiten mit Schmelz versehen. Der Hinterrand der oberen *M* bildet ein drittes Joch. Die Auftreibung des Mastoid ist hier noch sehr gering.

**Notohippus* Amegh. Miocän von Patagonien.

Rhynchippus Amegh. (Fig. 749*D*.) *J* und *C* meißelförmig.

Morphippus Amegh. (Fig. 749*C*.) *J* und *C* schaufelförmig, den *J* von Equus ähnlich.

Coresodon Amegh. Alle im Untermiocän, Pyrotheriumschichten.

Argyrohippus Amegh. Zähne mit dickem Zement. *Stylhippus*, *Perhippidium* Amegh. Miocän. Colpodonschichten.

Eomorphippus und *Interhippus* Ameghino. Oligocän. Astraponotusschichten.

2. Familie: **Nesodontidae.**

$\frac{3.1.4.3}{3.1.4.3}$. *Zähne meist in geschlossener Reihe. J^1 und J^2 vergrößert, J^1 meißelförmig, nur vorne mit Schmelz bedeckt, J^2 dreikantig, hinten schmelzlos, J^3 C und P^1 klein, allmählich den übrigen P ähnlich werdend und durch kurze Lücken voneinander getrennt. Untere J meißelförmig, J_3 vergrößert. Obere P und M nach hinten an Größe zunehmend, prismatisch, nur an der Außen- und Vorderseite mit Schmelz bedeckt, stark nach innen gekrümmt, Innenenden der beiden*

Querjoche bei der Abkauung miteinander verschmelzend und eine inselartige Marke umschließend. Untere M nur außen und innen mit Schmelz versehen und stark komprimiert. Zähne nur teilweise und erst im Alter Wurzeln ansetzend.

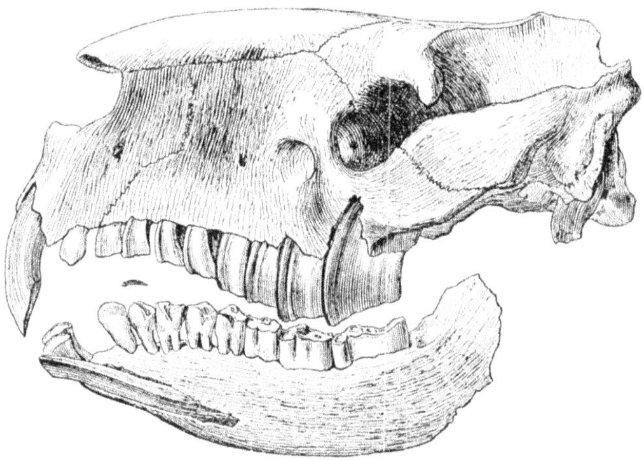

Fig. 755.
Nesodon imbricatus Owen. Obermiocän. Santa Cruz. Patagonien. Schädel mit Unterkiefer von der Seite (1/6 nat. Gr.).

Becken noch nahezu parallel zum Sacrum. Vorder- und Hinterextremität fast gleich lang.

**Nesodon* Owen (*Gronotherium*, *Phobereotherium* Ameghino) (Fig. 755, 756) von mehr als Tapirgröße, ist eines der häufigsten Säugetiere im Miocän von Santa Cruz. Patagonien. *N. imbricatus* Ow.

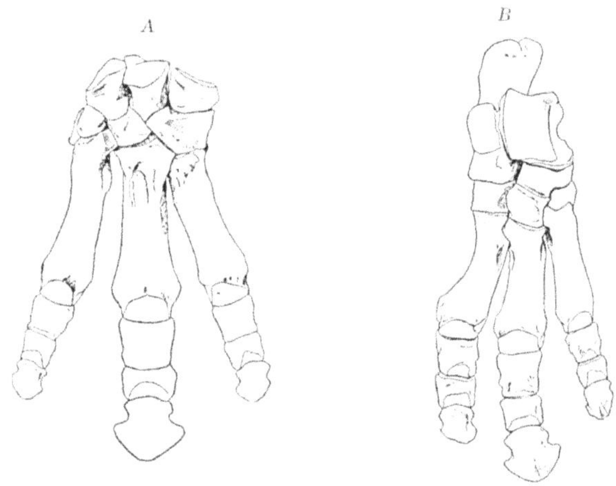

Fig. 756.
Nesodon imbricatus Owen. Obermiocän. Santa Cruz. Patagonien.
A Vorderfuß, 1/6 nat. Gr. *B* Hinterfuß 1/6 nat. Gr. (nach Sinclair).

Stenostephanus Amegh. Unvollständig bekannt. Miocän und Pliocän.

Trigodon Ameghino. Mit hornähnlicher Protuberanz auf der Stirne. Pleistocän von Monte Hermoso.

**Adinotherium* Ameghino. (Fig. 757). Oberer J^3, C und P^1 sehr klein. Größe von Schaf. Miocän, Colpodonschichten und Santcruzeno. *A.* (*Nesodon*) *ovinum* Owen.

Pronesodon, *Proadinotherium* Amegh. Miocän, Pyrotherium- und Colpodonschichten von Patagonien.

Acrotherium Ameghino. Ähnlich *Adinotherium*. Miocän, Santa Cruz.

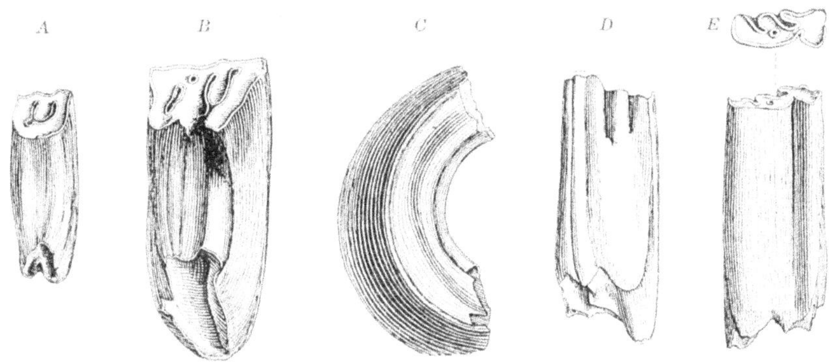

Fig. 757.
Adinotherium sp. Obermiocän von Santa Cruz. Patagonien. *A* ob. Prämolar von innen. *B* ob. Molar von innen, *C* von hinten, *D* unt. Backenzahn von innen, *E* von außen und oben. ⅔ nat. Gr.

3. Familie: **Toxodontidae** Ameghino.

Backenzähne stark komprimiert, schmäler und durch Verschmelzung von Vorsprüngen an der Innenseite auch einfacher als bei den Nesodontiden. Obere M scheinbar nur aus Ectoloph und Protoloph bestehend. Zahnreihe durch Verkümmerung von C und P öfters mit Diastema. Alle Zähne prismatisch, wurzellos, allseitig mit Schmelz bedeckt, der jedoch durch schmelzlose Streifen unterbrochen ist. Astragalus mit flacher Trochlea. Vordere Extremität kürzer als die hintere. Beckenhälften schräg gestellt.

Toxodontherium Amegh. (*Haplodontherium*, *Trigodon* Amegh.) $\frac{3.1.3.3}{3.1.3.3}$. Obere *P* und *M* noch ziemlich breit.

Xotodon Amegh. $\frac{2.1.3.3}{3.1.4.3}$. Beide im Pliocän und Pleistocän von Argentinien.

**Toxodon* Owen. $\frac{2.0.3.3}{3.1.1\text{-}3.3}$. Größter aller Toxodontier, übertrifft in seinen Dimensionen die gewaltigsten Rhinoceroten. Nasenbeine kurz, Nasenlöcher ziemlich weit zurückgerückt. Pliocän und Pleistocän (Pampasformation) von Argentinien und Bolivien — Tarija —. *T. platensis* Owen.

3. Unterordnung: **Entelonychia** Ameghino[1]) (*Ancylopoda*, *Tillodontia* Amegh.).

Ausgestorbene, plantigrade oder semidigitigrade Pflanzenfresser mit vollständigem, selten reduziertem Gebiß. J, C und P entweder ineinander übergehend, oder oben und unten je ein J kräftiger entwickelt. C manchmal eckzahnartig. P und M lophodont, brachyodont bis hypselodont, stets mit Wurzeln versehen.

[1]) *Ameghino Flor.*, Enumération synopt. des mammifères fossiles de Patagonie. Buenos Aires 1894, p. 55. Sur les ongulés fossiles de l'Argentine. Revista de Jardin zoologico. Buenos Aires 1894. Notices préliminaires sur des Ongulés des terrains crétacés. Boletin Acad. nacional de cienc. de Cordoba 1901. — *Flower W.*, Homalodontotherium. Philos. Trans. 1874.

P einfacher als die M. Obere M fast immer breiter als lang, aus Ectoloph und zwei ungleichen Querjochen bestehend, und stets mit Crochet, oft auch mit Crista versehen. Untere M mit einem sehr kurzen vorderen und einem langgestreckten hinteren Halbmond und zwei Innenhöckern, von denen der erste stark in die Quere gezogen ist. Carpalia alternierend. Calcaneum lang, mit kleiner, meist schrägstehender Gelenkfläche für die Fibula. Astragalus mit Foramen oberhalb der flachen, am Oberrand tief ausgeschnittenen tibialen Gelenkfläche. Endphalangen öfters als plumpe, gebogene Krallen oder als breite Hufe entwickelt, stets an der Spitze gespalten. Hand und Fuß fünfzehig.

Die *Entelonychia* sind mittelgroße bis große Pfanzenfresser und auf das Tertiär von Patagonien beschränkt. Mit den Copeschen »Ancylopoden«, jetzt *Chalicotheriidae*, haben sie zum Teil Form und Zurückziehbarkeit der Endphalangen gemein — *Homalodontotherium*, *Asmodeus* —, dagegen spricht die Bezahnung mit aller Entschiedenheit für eine nahe Verwandtschaft mit den *Toxodontia*, von welchen sie sich durch den Besitz von bewurzelten, allseitig von Schmelz umgebenen, niemals prismatisch werdenden Zähnen unterscheiden. Auch sind die oberen immer fast mindestens ebenso breit als lang und mit Crochet versehen, das allerdings durch die Verschmelzung mit den Spornen an der Innenseite des Ectolophs sehr bald undeutlich wird. Die unteren *M* sind ebenfalls massiver als bei den *Toxodontia*. Auch besitzen die *M* meist ein Basalband, das an den oberen auf der Vorder-, Hinter- und oft auch an der Außen- und Innenseite, an den unteren an der Außenseite entwickelt ist, bei den *Toxodontia* hingegen stets fehlt.

Der Schädel ist nur von *Notostylops*, *Leontinia* und *Homalodontotherium* bekannt und im wesentlichen wie bei *Nesodon* gebaut, jedoch ist meist die Nase viel tiefer ausgeschnitten und bei *Homalodontotherium* die Mastoidregion viel weniger aufgetrieben, und *Notostylops* hat eine viel kürzere und spitzere Schnauze. Vom Skelett kennt man, abgesehen von Calcaneum und Astragalus, nur Humerus, Ulna und Tibia, sowie Hand und Fuß von *Homalodontotherium*. Der Humerus hat eine kräftige Deltoidcrista und eine Andeutung des Foramen entepicondyloideum und seine distale Partie ist stark verbreitert. Ulna und Tibia sind sehr plump, die letztere auch sehr kurz. Hand und Fuß haben je fünf Metapodien, die Metacarpalia sind auffallend schlank, die Metatarsalia kurz und dick.

1. Familie: **Arctostylopidae.**

Kleine, auf Nordamerika beschränkte Notoungulata mit primitiveren, zum Teil noch schneidenden P, und stark verkürzter Vorderpartie, Trigonid, der unteren M.

**Arctostylops* Matthew. (Fig. 758.) *P* ziemlich primitiv, nur P_4 *M*-ähnlich, jedoch ohne hinteren Innenhöcker. Oberrand der *M* sehr scharf. Untereocän Wasatch bed. Wyoming. *A. Steini* Matthew. Nur Unterkiefer bekannt. Verdient jedoch vom tiergeographischen Standpunkt ungewöhnliches Interesse.

Fig. 758.
Arctostylops Steini Matthew. Untereocän Wasatch-bed Wyoming. P_4—*M* von oben und außen. 3/2 nat. Gr. (Nach Matthew.)

2. Familie: **Notostylopidae** Ameghino.

$\frac{3 . 1\text{-}0 . 4 . 3}{1 . 1\text{-}0 . 4\text{-}3 . 3}$. *$J_1$ in beiden Kiefern vergrößert. J^2, J^3 und C reduziert, untere J_2, J_3 und C meist fehlend. P den M ähnlich, jedoch die oberen mit nur einem Innenhöcker. Obere M viel breiter als lang, ohne Crista, mit Crochet. Hinterer Innenhöcker der unteren M sehr schwach. Alle Zähne brachyodont. Schnauze kurz und zugespitzt. Hinterhaupt breit, mit aufgetriebenem Mastoid.*

Diese frühzeitig spezialisierte Familie hat keine Nachkommen hinterlassen. Sie erlischt schon am Ende des Eocän.

**Notostylops* Amegh. (Fig. 759 *C*) mit $\frac{3.1.3.3}{3.1.3.3}$, *Catastylops* Amegh. mit 4 oberen, *Pliostylops* mit 4 unteren, *P. Homalostylops* Amegh. mit

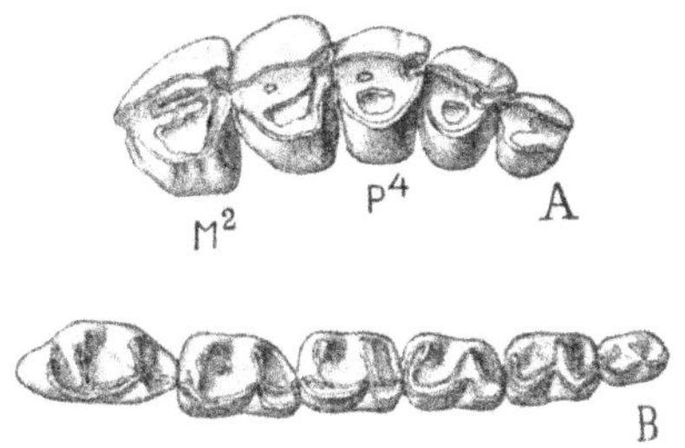

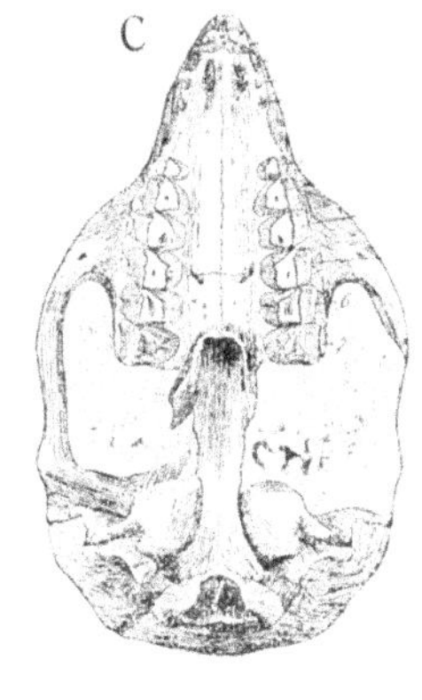

Fig. 759.
A Entelostylops triplicatus Ameghino. Obereocän. Patagonien. Obere Backenzähne, nat. Gr.
B untere Backenzähne, nat. Gr.
C Notostylops murinus Ameghino. Schädel von unten,) ⅓ nat. Gr. (nach Ameghino.)

vollständigem Gebiß, *Eostylops*, *Entelostylops* (Fig. 759 *A*, *B*) etc. Amegh. Eocän. Notostylopsschichten von Patagonien.

3. Familie: **Isotemnidae** Amegh.

$\frac{3.1.4.3}{3.1.4.3}$. *Zähne in geschlossener Reihe und ineinander übergehend, nur oberer C manchmal vergrößert. Backenzähne mäßig hypselodont, obere P und M mit mehreren Spornen, Cristae, an der Innenseite des Ectoloph und mit Crochet am Metaloph. Untere P und M mit sehr kräftigem, komprimiertem Höcker am Innenende des vorderen Halbmondes.*

Isotemnus Ameghino. *C* klein, obere *P* dreieckig, *M* oblong. Eocän. Notostylopsschichten von Patagonien.

**Pleurostylodon* Amegh. (Fig. 760), *Tychostylops*, *Plexotemnus*, *Dialophus* Amegh. etc. Eocän.

Eochalicotherium Amegh. Dicke untere *M*. Ebenda.

Timerostephanus Amegh. Oligocän, Astraponotus- und Untermiocän, Pyrotheriumschichten.

Pleurocoelodon, *Lophocoelus* Ameghino. Untermiocän. Pyrotheriumschichten.

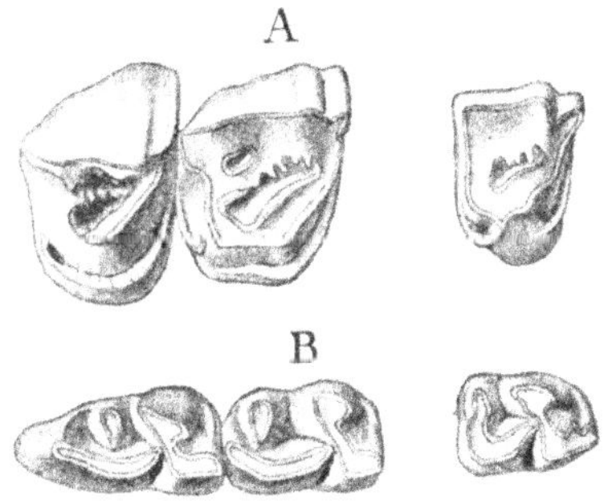

Fig. 760.
Pleurostylodon biconus Ameghino. Obereocän. Notostylopsschichten. Patagonien. *A* oberer P^4, M^2 und M^3. *B* unterer P_4, M_2 und M_3, nat. Gr.

4. Familie: **Leontiniidae** Ameghino.

$\frac{3.1\text{-}0.4.3}{3.1\text{-}0.4.3}$. *Oberer J^2 und unterer J_3 vergrößert, C klein, manchmal fehlend, die P und M ineinander übergehend, die oberen M etwas länger als breit, ohne Parastyl. Joche an der Innenseite innig verschmolzen. Schädel plump, mit breitem Hinterhaupt, mit massiven, weitabstehenden Jochbogen und tief ausgeschnittener Nasenöffnung zwischen den verdickten Zwischenkiefern und den etwas aufwärts gerichteten Nasenbeinen. Endphalangen als breite Hufe entwickelt, Astragalus und Calcaneum plump, nesodonähnlich.*

Leontinia Amegh. mit *C*, *Ancylocoelus* Amegh. ohne *C*, *Henricofilholia* Amegh. Untermiocän. Pyrotheriumschichten.

**Colpodon* Burm. Miocän. Colpodonschichten.

Carolodarwinia, *Stenogenium* Amegh. Oligocän, Astraponotusschichten und Untermiocän.

5. Familie: **Homalodontotheriidae** Lydekker (*Ancylopoda* Zittel, partim).

$\frac{3.1.4.3}{3.1.4.3}$. *C in beiden Kiefern vergrößert, alle übrigen Zähne ineinander übergehend und dicht aneinandergeschlossen, brachyodont. Obere M breiter als lang, ohne Sporne an der Innenseite des Ectoloph, aber mit äußerem und innerem, untere M mit äußerem Basalband. Schädel mit kleinem, am Mastoid schwach aufgetriebenen Cranium, kurzen, weit zurückstehenden Nasenbeinen und kräftigen Jochbogen. Hand mit fünf schlanken Metacarpalien und zurückziehbaren, an der Spitze gespaltenen Krallen. Hinterfuß mit fünf kurzen Metatarsalien, langem Calcaneum und distal gerundetem Astragalus.*

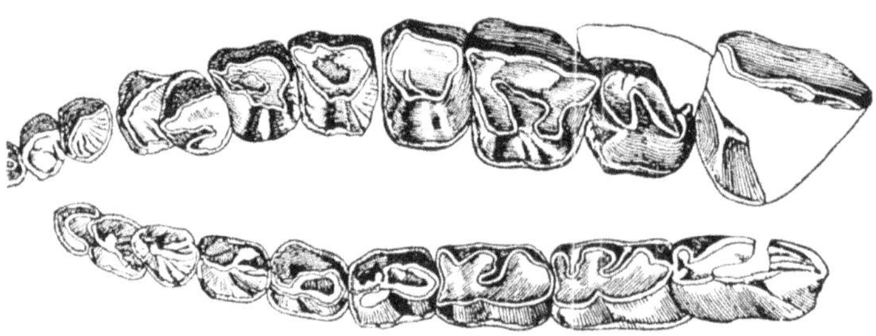

Fig. 761.
Homalodontotherium Cunninghami Flower. Miocän. Rio Gallegas. Patagonien. Obere und untere Backenzähne. $^2/_3$ nat. Gr. (Nach Flower.)

**Homalodontotherium* Huxley. (Fig. 761, 762.) Obere *M* gerundet trapezoidal. Humerus massiv, mit breitem Unterende und langer Deltoid-

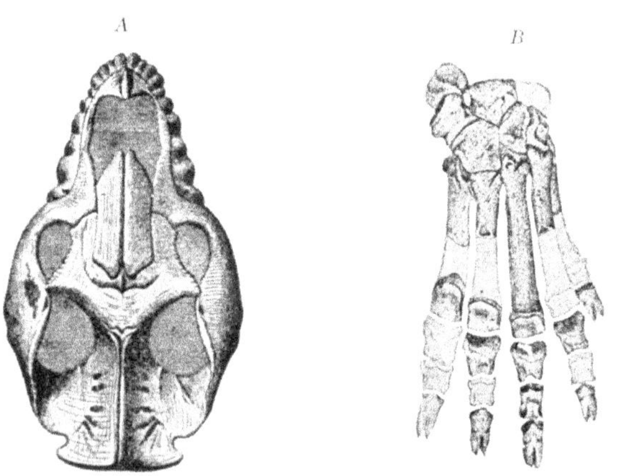

Fig. 762.
Homalodontotherium Segoviae Ameghino. Obermiocän. Santa Cruz. *A* Schädel von oben, $^1/_9$ nat. Gr. *B* Vorderfuß, $^1/_3$ nat. Gr. (Nach Ameghino.)

crista. Radius und Ulna lang und niemals verwachsen. Femur abgeplattet. Tibia und Fibula kurz und dick. Miocän. Santa Cruz, Patagonien.

Thomashuxleya Ameghino. Obere *M* gerundet, sehr breit. Eocän. Notostylopsschichten von Patagonien.

Proasmodeus Amegh. Oligocän. Astraponotusschichten. *Asmodeus* Ameghino. Obere *M* quadratisch. Untermiocän, Pyrotheriumschichten.

Diorotherium, *Prochalicotherium* Amegh. Untermiocän. Pyrotheriumschichten.

4. Unterordnung: **Astrapotherioidea** Amegh.[1]) (*Amblypoda* Amegh.).

Mittelgroße bis große Pflanzenfresser mit brachyodontem Gebiß, mit meißelförmigen J und hauerartig entwickelten C. P kleiner als die M. Obere M in der Regel länger als breit, mit Parastyl und oft auch mit Crista am Ectoloph, mit gebogenem Protoloph und kurzem Metaloph. Untere M mit zwei ungleich langen Halbmonden und zwei Innenhöckern, von denen der erstere mit dem Hinterende des ersten Halbmondes innig verbunden ist und der zweite später mit dem Vorderende des zweiten Halbmondes verschmilzt. Astragalus mit flachem Tibialgelenk.

Die Astrapotherioidea schließen sich eng an die *Entelonychia* an. Sie unterscheiden sich von ihnen hauptsächlich durch die hauerartige Ausbildung der *C* und meist auch durch die mehr an Rhinoceroten erinnernde Form der *M*. Auch findet keine Auftreibung der Squamosomastoidregion statt, wenigstens nicht bei *Astrapotherium*. Die Trigonostylopiden stehen den *Entelonychia* am nächsten und weichen von ihnen nur ab in der Form der *J* und *C*, in der hochgradigen Brachyodontie und dem einfachen Bau ihrer *M*. Der anfangs noch gewölbte Astragalus wird mit der Zunahme der Körpergröße ganz flach und büßt seine Beweglichkeit fast vollkommen ein.

1. Familie: **Trigonostylopidae** Ameghino.

$\frac{?\ 1.4.3}{?.1.4.3}$. *J klein, C kräftig entwickelt. Vor und hinter dem kegelförmigen* P^1 *eine lange Zahnlücke. Obere P und M im Umriß gerundet vier- oder dreieckig, sehr einfach, nur mit Parastyl, Ectoloph, Protoloph und Andeutung eines Metalophs. Untere P und M aus kurzem, schrägen Querjoch und einem Halbmond bestehend, mit dessen Hinterende sich der kleine Innenhöcker verbindet. Astragalus mit ziemlich langem Hals.*

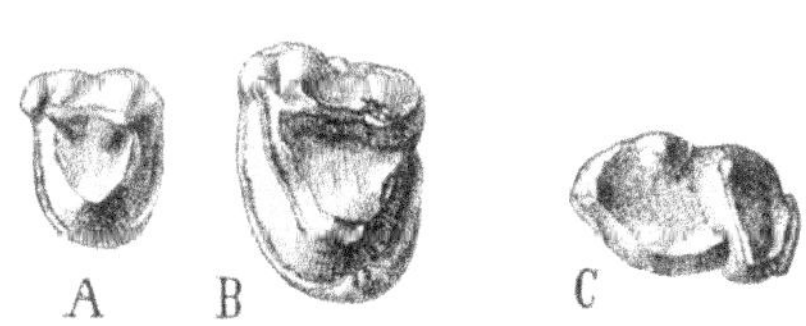

Fig. 763.
Trigonostylops Wortmani Ameghino. Obereocän. Patagonien. *A* oberer P_4, *B* oberer *M*, *C* unterer M_3, nat. Gr.

Die *Trigonostylopidae* haben unter allen Säugetieren des südamerikanischen Tertiärs die einfachsten und niedrigsten Jochzähne. Nachkommen dieser Familie sind nicht bekannt. Sie erlischt bereits im Oligocän.

**Trigonostylops* (Fig. 763), *Pleurystylops* Ameghino. Obere *M* dreieckig. Eocän. Notostylopsschichten.

Pseudostylops, *Edvardocopeia* Ameghino. Obere *M* viereckig. Oligocän. Astraponotusschichten.

---

[1]) *Ameghino Flor.*, Sur les Ongulés fossiles de l'Argentine. Revista del Jardin zoologico. Buenos Aires 1894. Notices préliminaires sur des Ongulés nouveaux des terrains crétacés. Bol. Acad. nacion. de cienc. de Cordoba. T. XVI. 1901. — *Gaudry A.*, Mémoires de la Soc. géolog. de France. Paléont. Tome XII. 1904. Annales des Paléontologie 1906. — *Lydekker R.*, Anales del Museo de la Plata. Paleontologia. II. 1892.

2. Familie: **Albertogaudryidae** Ameghino.

$\frac{3.?1.4.3}{3.\ 1.4.3}$. *Obere M breiter als lang, rundlich viereckig, mit kurzem Protoloph und einem isolierten Innenhöcker. Untere P und M aus zwei Halbmonden und einem isolierten Innenhöcker bestehend. J schwach, oberer C dreikantig. P einfacher als M. Astragalus mit kurzem Hals.*

Diese Vorläufer der folgenden Familie hatten etwa Tapirgröße und gehörten zu den größten von allen Säugetieren des südamerikanischen Eocän.

**Albertogaudrya*, *Rütimeyeria* Ameghino. Obere *M* von gerundetem Umriß. Eocän. Notostylopsschichten.

Scabellia Ameghino. Obere *M* vierseitig. Eocän. Notostylopsschichten.

3. Familie: **Astrapotheriidae** Ameghino.

$\frac{0.1.3-2.3}{3.1.2-1.3}$. *J klein, spatelförmig, zweilappig. C als kräftige, dreikantige Hauer ausgebildet, die mit ihren Spitzen aneinander schleifen. P einfacher und kleiner als die M und wenig zahlreich. Obere M länger als breit, aus geradem Ectoloph, schrägem Protoloph und kurzem, geraden Metaloph bestehend und mit Parastyl und Crista versehen. M_3 ohne Metaloph. Untere M aus zwei gestreckten Halbmonden und einem bald mit dem Vorderende des zweiten Mondes verschmelzenden Innenhöcker bestehend. Hand und Fuß fünfzehig. Astragalus flach, mit sehr kurzem Hals.*

Diese großen, im Zahnbau an Rhinoceroten, namentlich an *Metamynodon*, erinnernden Huftiere besitzen einen verhältnismäßig kurzen Schädel mit sehr kleinen Nasenbeinen, breiter Stirn, breitem Gaumen und schmalem Cranium, ohne die für die Notoungulaten charakteristische Auftreibung

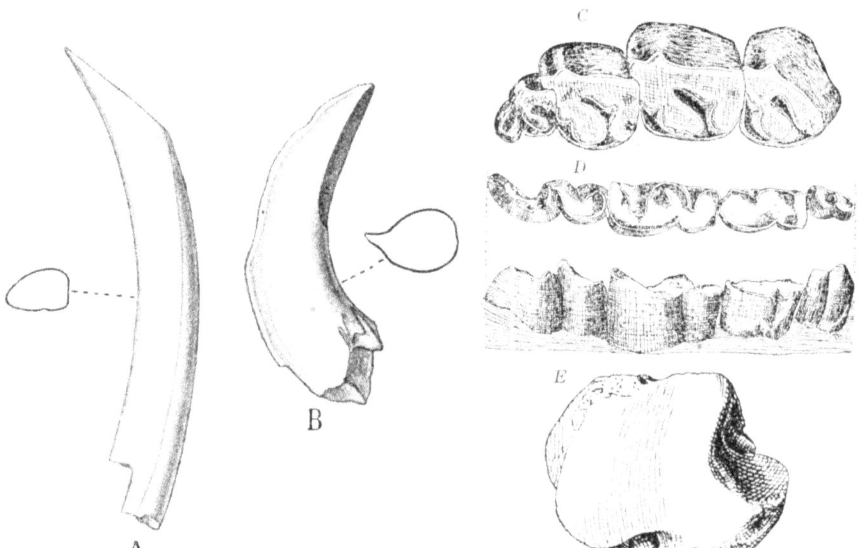

Fig. 764.
Astrapotherium magnum Ameghino. Obermiocän. Santa Cruz. *A* oberer, *B* unterer Eckzahn, ¼ nat. Gr., *C* obere P^3 bis M^3, *D* untere P_4 bis M_3, ⅓ nat. Gr. (nach Ameghino), *E* Astragalus, ½ nat. Gr.

der Squamosomastoidregion. Der Humerus hat eine weit herabreichende Deltoidcrista und eine niedrige, einfache Trochlea, aber kein Foramen entepicondyloideum. Die Ulna ist kräftig und frei, das Femur von vorne nach hinten komprimiert und mit einem lamellenartigen dritten Trochanter versehen und nicht viel länger als die ziemlich schlanke, nicht mit der Fibula verwachsene Tibia. Das Calcaneum ist kurz und dick. Der abgeplattete, breite Astragalus artikuliert sehr innig mit Fibula und mit Cuboid und sieht dem der Amblypoden sehr ähnlich. Hand und Fuß sind fünfzehig, die Metapodien kurz und dick. Die Endphalangen waren vermutlich kurze, breite Hufe. Im Milchgebiß sind noch $\frac{4}{3}$ *D* vorhanden.

**Astrapotherium* Burm. (*Mesembriotherium* Moreno, *Listriotherium*, *Xylotherium* Mercerat). (Fig. 764 *A* bis *E*). $\frac{2}{1}$ *P*. Nur von dieser Gattung sind auch Schädel und Extremitäten bekannt. Nach Scott war wohl ein Rüssel vorhanden. Miocän. Patagonien.

Astrapothericulus Ameghino. Miocän.

Parastrapotherium Ameghino. $\frac{3}{2}$ *P*. *Liarthrus* Ameghino. Untermiocän. Pyrotheriumschichten.

Astraponotus Amegh. Angeblich mit noch vollständigem Gebiß. Oligocän.

Proplanodus Ameghino. Eocän. Notostylopsschichten.

9. Ordnung: **Subungulata.**

Meist große, plantigrade oder digitigrade oder dem Wasserleben angepaßte Pflanzenfresser mit ursprünglich vollständigem, brachyodont-bunodonten Gebiß. Ein Incisivenpaar frühzeitig vergrößert, häufig zu Stoßzähnen umgewandelt, die übrigen *J* und *C* reduziert oder ganz fehlend oder in einander übergehend. *M* anfangs praktisch quadrituberkulär, die oberen mindestens ebenso lang wie breit. *P* bald den *M* ähnlich. Carpus und Tarsus schwach alternierend oder serial, Centrale Carpi öfters vorhanden. Extremitäten mannigfach spezialisiert, bei Wasserbewohnern die hintere vollkommen reduziert. Schädel anfangs langgestreckt und niedrig, mit breitem Hinterhaupt. Uterus bicornis, Placenta zonal, meist deciduat.

Wegen der hochgradigen Spezialisierungen, welche alle Skelettelemente der hierher gestellten Unterordnungen erfahren haben, ist eine präzisere Diagnose nicht möglich. Sie treten sämtlich fast gleichzeitig in Ägypten auf und zwar mit Formen, welche einen niedrigen Schädel mit breitem Hinterhaupt, wohlentwickeltem Scheitelkamm und schmalem Cranium besitzen, und meist Vergrößerung eines Incisivenpaares, verbunden mit Reduktion der übrigen *J* und *C* aufweisen. Die *M* sind bunodont, brachyodont und praktisch quadrituberkulär. Ihre Höcker verbinden sich paarweise zu Jochen, die im Unterkiefer öfters halbmondförmig werden. Die *P* werden ziemlich bald *M*-ähnlich und die *J*, *C* und *P* gehen, wenn keine Vergrößerung eines vorderen Incisivenpaares erfolgt, allmählich ineinander über. Auch die Beschaffenheit der Schädelbasis scheint bei allen ziemlich ähnlich gewesen zu sein.

Die Extremitäten zeigen allerdings schon bei den ältesten Vertretern der Subungulata sehr verschiedene Spezialisierung. Die ältesten *Hyracoidea* haben, abgesehen von dem bunodonten Gebiß, bereits alle wesentlichen Merkmale der lebenden Formen, dagegen nähert sich *Moeritherium*, der primitivste Proboscidier, den Sirenen nicht bloß im Zahnbau, sondern auch in der Gestalt gewisser Knochen wie Humerus, Scapula und Pelvis, so daß die gemeinsame Stammform beider nicht mehr allzu weit zurückliegen dürfte, und die *Embrithopoda* zeigen trotz ihrer stark abweichenden Bezahnung im Extremitätenbau soviele Anklänge an die Proboscidier, daß an einer, wenn auch entfernten Verwandtschaft kaum zu zweifeln ist.

Daß die Abzweigung der vier Unterordnungen aus einer gemeinsamen bunodonten Stammform schon lange vor dem Obereocän erfolgt sein muß, sehen wir unter anderem auch daraus, daß bei keiner mehr das primitive Merkmal der Anwesenheit eines Entepicondylarforamen am Humerus vorhanden ist. Verwandtschaftliche Beziehungen zu den *Notoungulata* dürften vollkommen ausgeschlossen sein, denn das Gebiß dieser südamerikanischen Typen ist anscheinend direkt aus einem secodonten hervorgegangen, während dem der *Subungulata* unzweifelhaft ein bunodontes zugrunde liegt, weshalb wir vielleicht doch eine Anknüpfung an ein Condylarthrenstadium erwarten dürfen.

1. Unterordnung: **Embrithopoda** Andrews.

Riesige Pflanzenfresser mit lophodonten M. Vorderextremität ähnlich der der Proboscidier, Hinterextremität amblypodenähnlich. Obereocän und Oligocän von Ägypten.

Familie: **Arsinoitheriidae** Andrews.

Riesige Huftiere mit einem Paar großer knöcherner Hornzapfen auf den Nasen- und zwei schwachen Hörnern auf den Stirnbeinen. Kurze, hohe Schnauze mit vorne abgeschlossener Nasenöffnung. Hinterhaupt nach vorne geneigt, mit dickem Supraoccipitalwulst. Orbita hinten offen. Gebiß vollständig. $\frac{3.1.4.3}{3.1.4.3}$. *J, C und P allmählich ineinander übergehend und dicht aneinanderschließend. P einfacher als die M. Obere und untere M aus je zwei V-artigen Kämmen gebildet, deren vorderer Schenkel verkümmert ist. Humerus und Femur lang und massiv. Tibia und Fibula kurz, Ulna viel dicker als Radius. Astragalus flach, mit schwach gewölbter Trochlea und mit Gelenkfläche für das Cuboid. Vorder- und Hinterfuß sehr kurz, fünfzehig.*

Die Arsinoitherien sind auf das Oligocän von Ägypten beschränkt. Der Schädel hat ungefähr die Größe und auch in seiner Form eine gewisse Ähnlichkeit mit dem von Rhinoceros, allein die Nasenöffnung wird hier im Alter vorne durch eine Knochenspange abgeschlossen. Die hohen, auf den Nasenbeinen sitzenden vorderen Hornzapfen erinnern etwas an jene der Titanotheriiden. Der aufsteigende Ast des Unterkiefers ist sehr hoch und schmal. Die Zähne stehen dicht aneinander und gehen vom vordersten meißelförmigen *J* bis zum P_4 ganz allmählich ineinander über. Die oberen *P* haben eine gerade Außenwand und ein schräges Querjoch, die unteren bestehen aus zwei stark zusammengedrückten Halbmonden. Sie sind insgesamt sehr kurz und weichen hierin stark von den *M* ab. Die *M* bestehen aus je zwei V-förmigen Halbmonden, deren vorderer Schenkel bis auf eine scharfe Kante verkümmert, während der hintere ein breites hohes, etwas schräg nach rückwärts gerichtetes Joch bildet. Bei vorgeschrittener Abkauung kommt es scheinbar zur Bildung einer Innenwand. Die unteren *M* erinnern etwas an jene von *Coryphodon*, die oberen an die von *Uintatherium*. Von den Milchzähnen gleichen die beiden letzten vollkommen den *M*.

Die Extremitätenknochen sind ungemein plump, die Scapula ist breiter als hoch, der Humerus besitzt eine mächtige Deltoidcrista, aber kein Entepicondylarforamen. Die Ulna ist viel dicker als der Radius und mit einem riesigen Olecranon versehen. Sie ruht halb auf dem Lunatum. Das Becken zeichnet sich durch die ganz ungewöhnliche Vergrößerung des Ilium aus.

Das von vorne nach hinten komprimierte Femur hat nur einen, den großen Trochanter. Die Knochen der Vorderextremität lassen sich am ehesten mit jenen von *Uintatherium*, die der Hinterextremität mit jenen von *Elephas* vergleichen. Mit *Elephas* stimmt auch die Form und Anordnung der Carpalia, Tarsalia und Metapodien fast vollkommen überein, nur der Astragalus unterscheidet sich durch die Anwesenheit einer Gelenkfläche für das Cuboid. Mit den Proboscidiern besteht wohl eine entferntere Verwandtschaft.

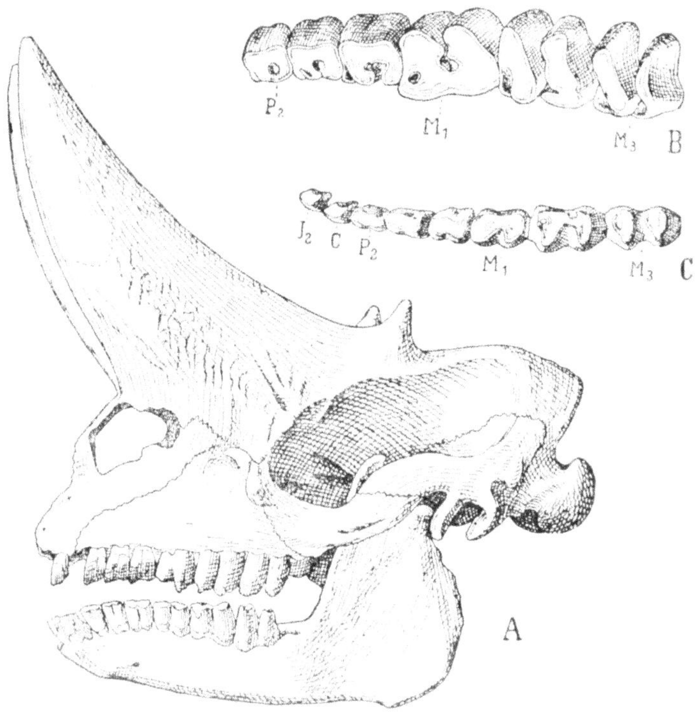

Fig. 765.
Arsinoitherium Zitteli Beadnell. Oligocän. Fayum, Ägypten. *A* Schädel 1/9 nat. Gr. *B* obere, *C* untere Zahnreihe 2/9 nat. Gr. (Nach Andrews.)

Die einzige bekannte Gattung ist **Arsinoitherium* Andrews (Fig. 765). Oligocän von Ägypten. *A. Zitteli* Beadnell.

2. Unterordnung: **Hyracoidea.** Klippschliefer[1]).

$\frac{3-1.1-0.4.3}{3-2.1-0.4.3}$. *$J^1$ lang, vertikal gestellt, nagezahnähnlich, untere J_1 und J_2 meißelförmig. P mehr oder weniger M-ähnlich. M bunodont bis lophodont, vierwurzelig. Jochbogenunterrand mit besonderer Gelenkfläche für den Unterkiefer. Aufsteigender Unterkieferast stark verbreitert, mit schwachem Coronoid-*

[1]) *Adloff P.*, Zahnsystem von Hyrax. Zeitschr. f. Morph. u. Anthrop. 1902. — *Andrews C. W.*, Catalogue 1906. Geolog. Magazine 1908. — *Brandt J. F.*, Untersuch. über die Klippschliefer (Hyrax). Mém. Acad. impér. St. Petersbourg 1869. 6 sér. XIV. — *Brauer Aug.*, Die Verbreitung der Hyracoiden. Sitzber. k. pr. Akad. Wiss. Berlin 1916. — *Major, Forsyth E. J.*, Pliohyrax graecus from Samos. Geological Magazine 1899. — *Schlosser M.*, Säugetiere aus dem Oligocän von Ägypten. Beitr. Paläont. Öst.-Ungarns und des Orients 1911.

fortsatz und einem Foramen hinter M_3. Humerus ohne Entepicondylarforamen. Extremitäten plantigrad oder semidigitigrad. Vorderfuß vierzehig, Hinterfuß dreizehig. Carpus serial, mit freiem Centrale. Astragalus distal abgestutzt, mit ausgefurchter Trochlea und tiefer, grubiger Gelenkfläche für den Malleolus tibiae.

Die *Hyracoidea* waren bis vor kurzem nur durch die kleine Formen enthaltende Gattung *Hyrax* repräsentiert, welche ursprünglich wegen der Beschaffenheit ihrer *J* und der äußeren Schädelform zu den Nagern gerechnet wurde. Cuvier wies auf die Ähnlichkeit der Zähne und der Extremitäten mit jenen von Rhinoceros hin und Cope errichtete für *Hyrax* wegen der serialen Anordnung der Carpalia die Ordnung der *Taxeopoda.*

Die *Hyracoidea* zerfallen in die Familien der *Hyracidae* und der *Saghatheriidae*, zu denen nach Andrews die der *Myohyracidae* kommt.

1. Familie: **Hyracidae.**

$\frac{1.0.4.3}{2.0.4.3}$. *P den M gleich, wie diese brachyodont und lophodont. Obere M mit W-förmiger Außenwand und zwei schrägen Querjochen. Untere M aus zwei Halbmonden bestehend. Schädeldach eben, Schnauze kurz.*

Die Hyraciden bewohnen das südliche und östliche Afrika, Arabien und Syrien. Fossile Arten sind nicht bekannt. Von den Saghatheriiden unterscheiden sie sich, abgesehen von ihrer Kleinheit, durch das ebene Schädeldach, die weit vorne liegenden, hinten meist geschlossenen Orbita, durch die Anwesenheit von zwei Temporalcrista an Stelle einer Sagittalcrista und durch die Verkürzung der Schnauze, womit Verlust der *C*, von J^2 und J^3 und von J_3 verbunden war. Das Milchgebiß enthält noch $\frac{2.1.4}{3.1.4}$, wodurch die frühere Anwesenheit von J_3, J^2 und der *C* angedeutet wird. Die Extremitäten sind plantigrad, die Endphalangen distal abgeplattet und mit Nägeln versehen.

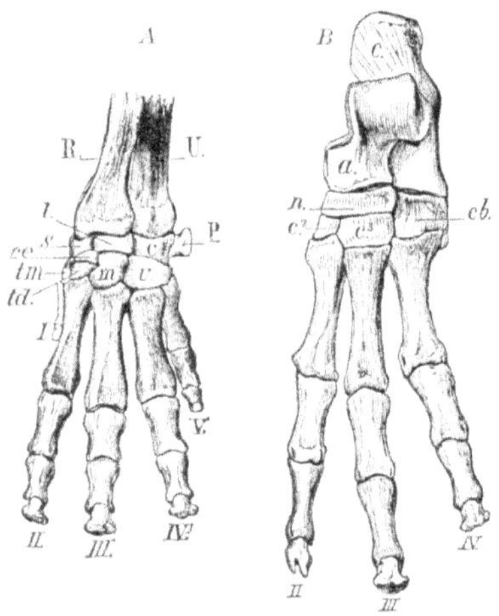

Fig. 766.
Procavia (*Dendrohyrax*) *arborea* Smith sp. Cap der guten Hoffnung. *A* Vorderfuß, *B* Hinterfuß (nat. Gr.).

Die Backenzähne der Gattung **Procavia* Storr (*Hyrax* Herm., *Heterohyrax* und *Dendrohyrax* Gray) (Fig. 766) erinnern teils an *Rhinoceros*, teils an *Paloplotherium* oder *Anchilophus.*

2. Familie: **Saghatheriidae** Andrews.

$\frac{3.1.4.3}{3.1.4.3}$. *J^1 groß, dreikantig, untere J_1 und J_2 meißelartig, mit zwei Einkerbungen am Oberrand. Oberer C P-artig, unterer C und J_3, sowie J^2 und J^3 knopfförmig oder P-artig und meist durch Lücken voneinander und von den vordersten J und den C getrennt. P in der Regel einfacher als die M, jedoch die oberen meist vierhöckerig oder mit einem vollständigen vorderen und einem kurzen hinteren Querjoch. Obere M mit W-förmiger, Parastyl und Mesostyl tragender Außenwand und zwei schrägen, aus je einem kleinen Zwischenhöcker und einem niedrigen Innenhöcker gebildeten Querjochen. Untere M mit zwei mehr oder weniger deutlichen äußeren Halbmonden und zwei Innenhöckern. M_3 stets mit drittem Halbmond. Schnauze meist lang und schmal, Cranium gewölbt, mit Sagittalcrista versehen. Orbita weit hinten gelegen, unvollständig geschlossen. Unterkiefer hoch, mit weitem Kanal unterhalb der Zahnreihe, der unter M_3 aus-*

mündet. Seitenzehen kürzer und dünner als die Mittelzehe. Carpus serial, hoch und schmal. Distales Astragalusgelenk schwach konvex.

Die Saghatheriiden erscheinen zuerst im Oligocän von Ägypten und entfalten sofort einen ungewöhnlichen Formenreichtum. Ihre Körpergröße schwankt zwischen der von Fuchs und der von Tapir. Im Zahnbau bestehen alle möglichen Übergänge zwischen bunodonten, schweinsartigen — *Geniohyus* — und lophodonten, *Paloplotherium*-artigen *M* — *Saghatherium*. Die oberen *M* von *Geniohyus* und *Bunohyrax* haben Ähnlichkeit mit jenen von Anthracotheriiden, die von *Megalohyrax* mit jenen von *Palaeotherium*. In Ägypten erlöschen die Saghatheriiden sehr bald, nur die Gattung *Saghatherium* hat in der unterpliocänen Gattung *Pliohyrax* einen Nachkommen. Nach Brauer sollen auch die lebenden Hyraciden von *Saghatherium* abstammen.

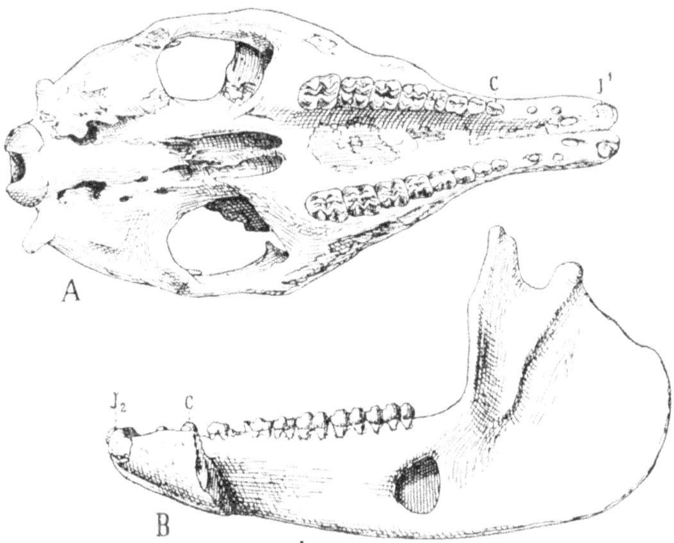

Fig. 767.
Mixohyrax niloticus Schlosser. Oligocän. Fayum, Ägypten. *B* Schädel von unten, *B* Unterkiefer von innen, ¼ nat. Gr.

Geniohyus Andrews. *P* einfach, untere *M* Sus-artig, obere Brachyodus-ähnlich. *G. mirus* Andr.

Bunohyrax Schlosser. *P* kompliziert, obere gerundet dreieckig. Untere *M* mit echten Halbmonden.

**Mixohyrax* Schlosser (Fig. 767). Obere *P* viereckig. *M* lophodont. *M. niloticus* Schl.

Pachyhyrax Schlosser. Sporne an den Jochen der oberen *M*.

**Saghatherium* Andrews, höchstens Schafgröße. Obere *P* viel einfacher als *M*, obere *M* lophodont, untere lophoselenodont. Zahnlücke sehr kurz. *S. antiquum* Andr.

**Megalohyrax* Andrews. Größter aller Saghatheriiden. *P* fast sämtlich gleich M. *M. eocaenus* Andr.

**Pliohyrax* Osborn(*Leptodon* Gaudry). Unterkiefer ohne Zahnlücke. J_3, beide *C* sowie J^2 und J^3 *P*-ähnlich. Unterpliocän von Pikermi und Samos. *P. graecus* Gaudry sp.

3. Familie: **Myohyracidae** Andrews.

M hypselodont.

**Myohyrax* Andrews. *P* und *M* hypseledont, prismatisch. Untermiocän. Britisch-Ostafrika und Südwestafrika. *M. Oswaldi* Andrews.

Protypotheroides v. Stromer. Größer. Miocän. Südwestafrika.

3. Unterordnung: **Proboscidea**[1]). Rüsseltiere.

Große, fünfzehige, meist hochbeinige, semidigitigrade Pflanzenfresser mit Rüssel. Schädel groß, meist mit grobzelligen Luftkammern in der Diploë. Anfangs ein paar obere und untere J vergrößert, später nur $\frac{1}{1-0}$ *J vorhanden, C nur bei der primitivsten Gattung anwesend. Backenzähne erst bunolophodont, dann lophodont und zuletzt aus vielen schmalen Querlamellen bestehend. Femur fast immer ohne dritten Trochanter. Carpalia serial angeordnet. Astragalus breit, mit schwach gewölbter Trochlea. Calcaneum mit Fibula artikulierend.*

Die Herkunft der Proboscidier war bisher in völliges Dunkel gehüllt, doch vermutete schon Blainville verwandtschaftliche Beziehungen zu den *Sirenia*, was jetzt durch die Funde im Oligocän von Ägypten bestätigt wurde, denn die ältesten Formen haben unter anderem auch die hohe Zahnzahl und den Bau des Schädels und der Backenzähne mit den Sirenen gemein.

Das Gebiß der Proboscidier enthält außer bei *Moeritherium* nur Incisiven und Backenzähne, und selbst hier ist schon ein Paar *J* vergrößert. Bald verschwinden die übrigen *J* vollständig, die bleibenden werden zu riesigen, gekrümmten Stoßzähnen, auch das bei den älteren *Mastodon*-Arten noch vorhandene untere Incisivenpaar geht verloren. Die Stoßzähne bestehen aus dichtem elastischen Elfenbein, welches im Querschnitt bogenförmige, vom Centrum nach der Peripherie gerichtete Linien zeigt, die in zweierlei Richtung verlaufen und sich *W*-förmig, wie die Guillochierung eines Uhrgehäuses schneiden. Namentlich der hintere Teil der Stoßzähne wird häufig mit einer dünnen Schmelzschicht überzogen. Die Zähne liegen in tiefen Alveolen der Zwischenkiefer und haben eine große offene Pulpa.

---

[1]) *Adams A. Leith*, Fossil British Elephants. Palaeont. Soc. 1877. — *Aichel O.* Studie ontogenet. und phylogenetisch am Kiefer, unter Berücksicht. von Elephas. Abh. preuß. Akad. Berlin 1918. — *Andrews E. W.*, Catalogue 1906 und Evolution of the Proboscidea. Philos. Trans. Ser. B 1903. — *Bach F.*, Mastodon aus Steiermark. Beitr. z. Paläont. Öst.-Ungarns. Bd. XXIII. 1910. — *Cope E. D.*, The Proboscidea. Amer. Naturalist 1889. — *Depéret Ch.*, Archiv. du Musée de Lyon. t. IV. 1887, p. 190. — *Dietrich W. O.*, Elephas primigenius Fraasi. Jahresh. d. Ver. f. vaterl. Naturk. in Württemberg 1912 und Elephas antiquus Recki aus dem Diluvium von Deutschostafrika. Wissenschaftliche Ergebnisse der Oldoway-Expedition 1913. Berlin 1916. — *Falconer* and *Cautley*, Fauna antiqua sivalensis 1846 und Palaeont. Mem. ed. by Murchison 1863. Vol. I, p. 43. — *Felix J.*, Das Mammuth von Borna. Veröffentl. d. städt. Museums für Völkerkunde. Leipzig 1912. — *Freudenberg W.*, Die Säugetierfauna des Pliocän und Postpliocän von Mexiko. Geol. u. palaeont. Abhandl. Jena 1922. — *Kaup J. J.*, Ossements foss. de mammifères. 1832—35. Cah. I. IV und Akten der Urwelt 1841, Heft IV und Beitr. z. Kenntnis urweltl. Säuget. 1857, Heft III. — *Lartet Ed.*, Bull. Soc. géol. de Fr. 1859. — *Lortet et Chantre*, Arch. Mus. de Lyon t. I 1872, t. II 1879. — *Lydekker R.*, Catal. British Mus. t. V. 1886. — *Matthew W. D.*, Mammoths and Mastodons. A guide to the collections in the Am. Mus. of Nat. Hist. New York 1915. — *Meyer H. v.*, Mastodon. Palaeontogr. 1867. Bd. XVII. — *Niezabitovski E. L.*, Die Haut- und Knochenüberreste des in Starunia gefundenen Mammuthkadavers. Bull. Acad. Sc. Cracovie 1911. — *Osborn H. F.*, Species of American Pleistocene Mammoths. Amer. Mus. Novit. 41. 1922. — *Pohlig H.*, Nova Acta Acad. Carol. Leopold. 1888—91. — *Schlesinger G.*, Die Mastodonten des k. u. k. naturhist. Hofmuseums. Denkschr. d. naturh. Hofmuseums Wien 1917. Die stratigraphische Bedeutung der europäischen Mastodonten. Mitteil. d. geol. Ges. Wien 1918. Die Mastodonten der Budapester Sammlungen. Geologia hungarica. T. 2. Fasc. 1. Budapest 1922. — *Sismonda E.*, Osteographia di Mastodonte. Mem. Accad. Torino. XII. 1851. — *Soergel W.*, Elephas trogontherii Pohl. und Elephas antiquus Falc. Palaeontograph. LX. Bd. 1912 und Stegodonten aus den Kendengschichten auf Java. Palaeontograph. Suppl. IV. 1913. Elephas Columbi Falc. Ein Beitrag zur Stammesgeschichte der Elefanten. Geol. u. palaeontol. Abhandl. Bd. 18. Jena 1921. — *Vacek M.*, Österr. Mastodonten. Abh. k. k. geol. Reichsanst. 1877. Bd. VII. — *Weithofer K. A.*, Proboscidier des Arnotales. Beitr. Paläont. Öst.-Ung. Bd. VIII. 1890.

Die Backenzähne der lebenden Elefanten unterscheiden sich durch ihre gewaltige Größe, durch die hohe Zahl der stark komprimierten Querjoche und durch die starke Entwicklung von Zement in den Quertälern von allen Huftierzähnen, stehen jedoch durch Übergänge mit den bunolophodonten Zähnen von *Moeritherium* in Verbindung, welche aus je zwei Paar jochartig verbundenen Höckern und einem kleinen Talon gebildet sind. Bei *Palaeomastodon* nimmt die Zahl der Joche zu, die Zahl der Unterkieferzähne hingegen um einen ab. Bei *Mastodon* erfolgt immer weitergehende Reduktion der gleichzeitig fungierenden Zähne, wofür jedoch die Zahl der Joche allmählich größer wird. Noch bedeutender ist die Zahl der Querjoche bei *Stegodon* — 6 bis 12 —, dessen Quertäler auch schon mit Zement ausgefüllt sind. Bei *Elephas* steigt die Jochzahl bei jedem auftretenden Zahn und beträgt zuletzt bis zu 27. Die von *Moeritherium* bis *Stegodon* noch brachyodonten Zähne werden bei *Elephas* hypselodont. Die Joche werden zu Platten, die mittels Zement aneinander gekittet sind, das auch anfangs die Oberseite der Krone überzieht. Durch die Abkauung entsteht aus diesen

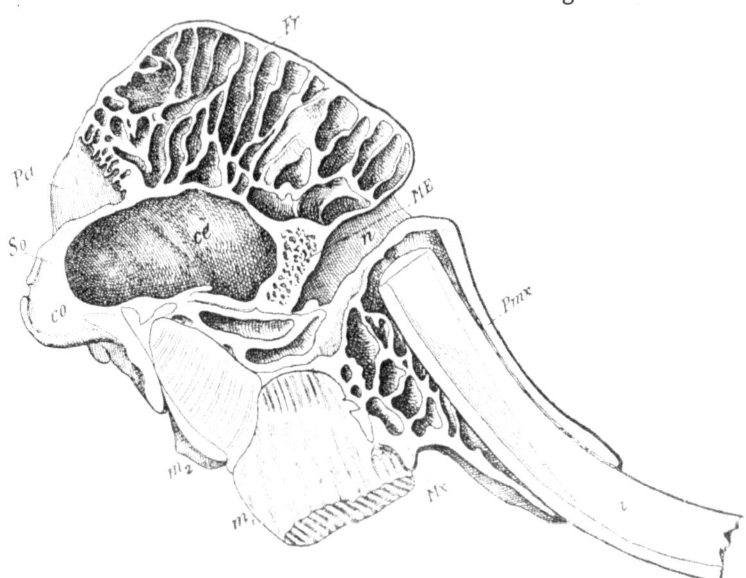

Fig. 768.
Schädel von *Elephas indicus* (vertikaler Längsschnitt). *So* Supraoccipitale, *co* Hinterhauptscondylus, *Pa* Scheitelbein, *Fr* Stirnbein, *Mx* Oberkiefer, *Pmx* Zwischenkiefer, *ME* Mesethmoideum, *ce* Hirnhöhle, *n* Nasenhöhle, *i* Schneidezahn, m^1, m^2 erster und zweiter Backenzahn.

»elasmodonten« Zähnen eine ebene Fläche, in welcher breitere Querstreifen von Zement mit dünnen Lamellen von Schmelz und Dentin miteinander wechseln und so eine zur Zerkleinerung der pflanzlichen Nahrung trefflich geeignete Reibfläche erzeugen. Bei *Dinotherium* haben sich je zwei benachbarte Höcker in schmale, scharfe Joche umgewandelt, ähnlich wie bei Tapir. Auch unter den *Mastodon*-Arten gibt es solche »tapiroide« Formen.

Die Zahl der *M* beträgt je drei in einem Kiefer. Vor ihnen stehen ursprünglich drei *P*. Dann geht die Zahl der *P* auf zwei zurück. Sie sind viel einfacher gebaut als die *M* und ersetzen die drei *D*. Bei *Elephas*, *Stegodon* und den späteren *Mastodon* fehlen *P*. Alle Backenzähne stehen anfangs in horizontalen Reihen und die *P* treten von unten an die Stelle der *D*. Von *Mastodon* an sind nie mehr als drei Zähne gleichzeitig in Funktion, später nur zwei und zuletzt nur einer. Sie entwickeln sich dann in großen Zeitintervallen und rücken, indem sie einen Bogen beschreiben, nach vorne, wobei sie den vorhergehenden Zahn allmählich ausschieben. Dieser Zahnwechsel dauert solange das Tier lebt, und die Backenzähne werden bis auf unscheinbare Kronenreste abgerieben. Die Abkauung beginnt am vordersten Teil des Zahnes.

Der Schädel (Fig. 768) erfährt von *Moeritherium* bis *Elephas* folgende Veränderungen. Die allmähliche Entwicklung des Rüssels und der Stoßzähne verursacht Verkürzung der Kiefer und Aufwärtsrücken der Nasenlöcher und diese Vorgänge wieder Wölbung des Schädels, die Bildung von Luftzellen und Verbreiterung des Hinterhauptes. Die Oberkiefer werden höher und die Jochbogen schwächer. Die Zwischenkiefer schieben sich etwas über die Oberkiefer und bilden röhrenartige Behälter für die Stoßzähne. Dagegen verlängert sich zuerst der Symphysenteil der Unterkiefer, um sich dann später nach Verlust der unteren Stoßzähne wieder zu verkürzen. Der aufsteigende Ast wird höher, aber dafür schwächer und das Kiefergelenk rückt immer höher hinauf.

Die Extremitäten der Proboscidier (Fig. 769) sind hoch und stämmig, die langen Knochen ohne Markhöhlen. Ein Schlüsselbein fehlt. Die Ulna ist namentlich distal viel dicker als der Radius. Die Carpalia sind mehr oder weniger serial angeordnet. Der Elefant besitzt in der Jugend ein Centrale. Die seitlichen Metacarpalia (I und V) sind kürzer und schwächer als die mittleren. Der ganze Fuß steckt in einer gemeinsamen Hülle, aus welcher die einzelnen, von hufartigen Nägeln bedeckten Zehen nur wenig vorragen. An dem plattgedrückten Femur fehlt meist ein dritter Trochanter und wohl immer eine schärfer ausgeprägte Ligamentgrube. Tibia und Fibula sind getrennt, die letztere distal verdickt. Sie ruht auf Astragalus und Calcaneum. Der Astragalus hat eine mäßig gewölbte Trochlea und artikuliert distal nur mit dem Naviculare.

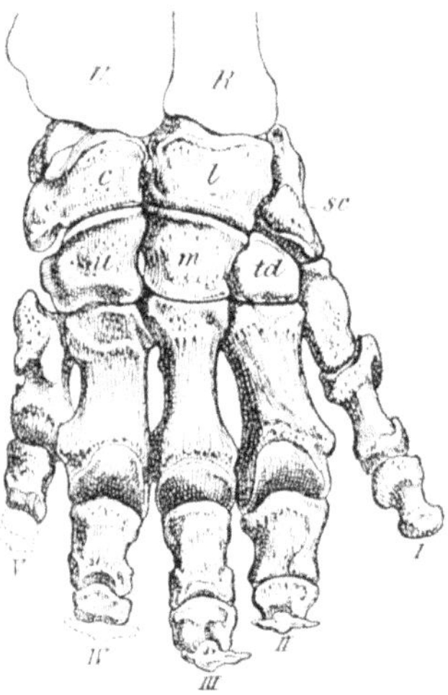

Fig. 769 *A*.
Vorderfuß von *Elephas indicus* Lin. (*U* Ulna, *R* Radius, *sc* Scaphoideum, *l* Lunare, *c* Cuneiforme (Triquetrum), *u* Unciforme, *m* Magnum, *td* Trapezoid).

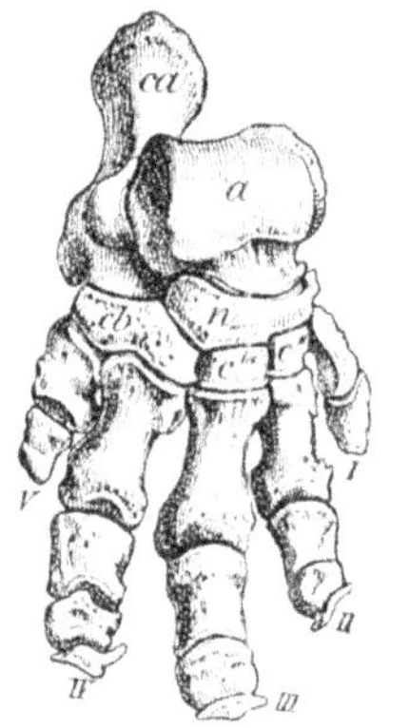

Fig. 769 *B*.
Rechter Hinterfuß von *Elephas indicus*. (*ca* Calcaneum, *a* Astragalus, *n* Naviculare, *cb* Cuboideum, *c III*, *c II* Cuneiforme tertium und secundum, *I—V* erste bis fünfte Zehe.

Die Proboscidier sind heutzutage auf die tropischen Teile von Afrika und Asien beschränkt. Sie beginnen im Eocän von Ägypten, verbreiten sich im Miocän über die nördliche Halbkugel und erreichen erst im Pleistocän auch Südamerika. Als Leitfossilien sind ihre Backenzähne wegen der vielfachen Übergänge zwischen den zeitlich aufeinanderfolgenden Arten und wegen der bedeutenden Größenschwankungen bei ein und derselben Art nur mit Vorsicht verwendbar.

1. Familie: **Moeritheriidae.**

$\frac{3.1.3.3}{2.0.3.3}$. *Zweiter J, oben und unten vergrößert, der obere als gekrümmter Hauer entwickelt.* $J\frac{1}{1}$ *und* J^3 *sowie C klein. P einfacher als die M, wie diese brachyodont. Obere P trituberkulär, untere P aus zwei vorderen und einem hinteren Höcker bestehend. M mit je zwei Höckerpaaren und einem Talon. Vorderpartie der unteren P und M höher als die hintere. Schädel niedrig, fast eben, mit langem schmalen Cranium und massiven, vorspringenden Jochbogen.*

Die Moeritheriiden treten zuerst im Obereocän von Ägypten auf und erlöschen daselbst im Oligocän. Sie vermitteln im Schädelbau und in der Zahl und Beschaffenheit der Zähne den Übergang von den Sirenen zu den Proboscidiern und zeigen aufs deutlichste, daß beide einen gemeinsamen Ursprung besitzen.

**Moeritherium* Andrews (Fig. 770). Untere *J* meißelförmig, nach vorne gerichtet, obere *J* und *C* fast vertikal gestellt. J_2 in beiden Kiefern

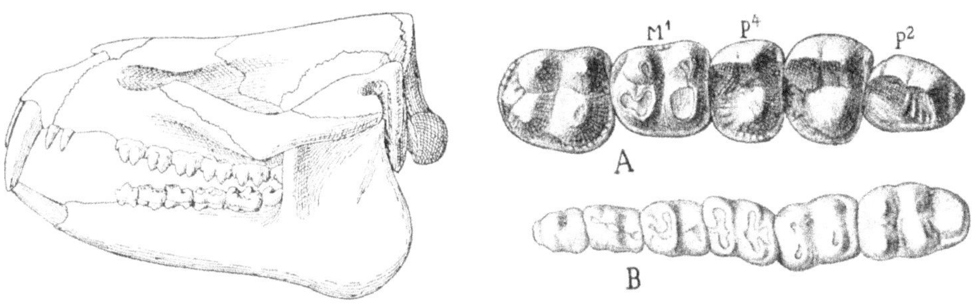

Fig. 770.

Moeritherium Lyonsi Andrews. Obereocän. Fayum, Ägypten. Schädel. 1/9 nat. Gr. *B* untere Backenzähne. ½ nat. Gr. (Nach Andrews.) *A Moeritherium*. Oligocän. Fayum. Obere Backenzähne. ½ nat. Gr.

vergrößert, der obere als gekrümmter, massiver Hauer entwickelt. Die übrigen *J* und *C* relativ klein. *J* und *C* allseitig mit Schmelz bedeckt. Obere *P* mit zwei Außen- und einem Innenhöcker. P^2 dreieckig. *M* in beiden Kiefern aus je zwei Außen- und Innenhöckern bestehend, die sich paarweise zu Querjochen verbinden. Die unteren *M* mit kräftigem, die oberen mit schwachem Talon. Untere *P* mit unpaarem Vorderhöcker, vordere Hälfte höher als die hintere. Nasenöffnung weit vorne stehend, mit kurzem Rüssel versehen, Schädeldach fast vollkommen eben, Orbita weit vorne gelegen. Nasenbeine kurz. Stirn- und Scheitelbeine lang, Cranium schmal und niedrig, mit Sagittalcrista versehen. Hinterhaupt vertikal, Jochbogen vorne und hinten massiv, weit vorspringend und hinten nahe am Occiput endend. Obereocän *M. Lyonsi* Andr. Oligocän *M. Andrewsi* Schlosser.

Die Extremitätenknochen sind schlank. Das Femur hat einen dritten Trochanter und der Astragalus einen relativ langen Hals. Das Sacrum verjüngt sich unmerklich nach hinten, was auf einen langen Schwanz schließen läßt, und das Ilium zeichnet sich durch seine Länge und Schmalheit aus. Es gleicht fast dem von Creodontiern.

Moeritherium hatte etwa die Größe von Tapir.

2. Familie: **Barytheriidae** Andrews.

$\frac{?.?.3.3}{1.0.3.3}$. *Unterer J groß, vorwärts geneigt, durch eine lange Lücke von P_2 getrennt. P^2 dreieckig, P^3 und P_4 mit einem dicken Querjoch, die unteren P gleich den M aus zwei fast geraden Querjochen bestehend. M_3 mit einem dritten Joch. Untere M vierwurzelig. Joche der oberen M nach hinten etwas konkav. Unterkiefer massiv, mit breitem aufsteigenden Ast.*

**Barytherium* Andrews. Die systematische Stellung dieser nur unvollständig bekannten Gattung ist ziemlich unsicher. Ihr Zahn- und Kieferbau — massiv, mit breitem aufsteigenden Ast — und die gewaltige Körpergröße erinnert an Dinotherium. Der distal stark verbreiterte Humerus ist mit einer außerordentlich starken Deltoidcrista versehen, und der stämmige Radius artikuliert gleichmäßig mit Lunatum und Scaphoid. Obereocän von Ägypten. *B. grave* Andrews.

3. Familie: **Dinotheriidae.**

$\frac{0.0.2.3}{1.0.2.3}$. *Unterkiefersymphyse nach unten gebogen, mit einem Paar rückwärts gekrümmter Stoßzähne. M_1 in beiden Kiefern mit drei, die übrigen mit zwei einfachen, zugeschärften, durch breite Täler getrennten Querjochen. Ohne Zement. Alle Zähne in einer Ebene, Zahnwechsel normal. $\frac{3}{3}$ D. Kieferbewegung vertikal.*

**Dinotherium* Kaup (Fig. 771) hat einen nur mäßig hohen Schädel mit langen Zwischenkiefern, weiter Nasenöffnung, vorwärts geneigtem Hinter-

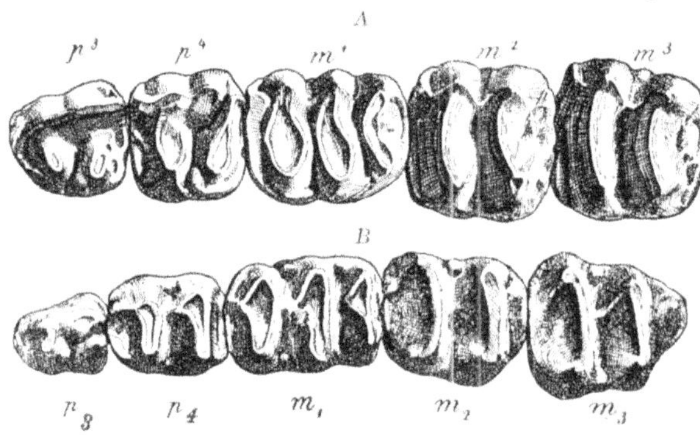

Fig. 771.

Dinotherium bavaricum Meyer. Ob. Miocän. Breitenbronn b. Augsburg. *A* Backenzähne des Oberkiefers, *B* Backenzähne des Unterkiefers. Ca. ¼ nat. Gr.

haupt und breiten Stirnbeinen. Unterkiefersymphyse vorn mit breiter Furche, stark abwärts gekrümmt. Die gewaltigen, nach unten gerichteten und nach hinten gebogenen *J* sind in tiefe Alveolen eingefügt. M_1 in beiden Kiefern mit drei, die übrigen mit zwei Querjochen, die an den oberen nach vorne konvex, an den unteren nach vorne etwas konkav verlaufen. Obere *M* fast quadratisch, dreiwurzelig, untere länger als breit. M_3 mit starkem Talon. Skelett ähnlich dem von Mastodon, nur eher noch etwas hochbeiniger. *Dinotherium* übertrifft an Größe die meisten Elefantenarten.

Im Untermiocän von Britisch-Ostafrika *D. Hobleyi* Andrews und von Ostindien *D. naricum* Pilgrim. Im Obermiocän von Europa *D. bavaricum* Meyer (*levius* Jourdan). Im Obermiocän von Indien *D. pentapotamiae* Pilgrim. Im Unterpliocän von Europa und auf Samos (?) *D. giganteum* Kaup. Im Pliocän von Ostindien *D. indicum* Falc.

4. Familie: **Elephantidae.**

Obere J als große, gerade oder gekrümmte Stoßzähne ausgebildet. Untere J schwächer und gerade, meist fehlend. M groß, aus mehr als zwei Querjochen zusammengesetzt. Quertäler öfters mit Zement ausgefüllt. P einfacher als M, häufig fehlend. Zahnwechsel anfangs normal von unten, später durch Ausschieben der vorderen Zähne von hinten erfolgend. Kieferbewegung bei den späteren horizontal. Oligocän bis Gegenwart.

Die morphologische Entwicklung der zeitlich aufeinanderfolgenden Glieder dieser Stammesreihe ist sehr vollständig bekannt.

**Palaeomastodon* (*Phiomia*) Andrews (Fig. 772). $\frac{1.0.3.3}{1.0.2.3}$. Backenzähne in gerader Reihe, gleichzeitig funktionierend. Obere *J* relativ kurz, seitlich komprimiert, säbelförmig. Untere *J* als lange Schaufeln entwickelt. Alle *J* auf der Außenseite mit Schmelz versehen und mit persistierender Pulpa. P^2 und P_3 einhöckerig, mit Talon, P^3 mit großem Außen- und kleinem Innenhöcker. P^4 oben und unten mit vier paarig angeordneten Höckern. *M* wie bei Mastodon, mit je drei aus zwei Höckern bestehenden Querjochen. M_3 meist mit Talon. Unterkiefersymphyse stark verlängert. Nasenöffnung hoch und weit zurückgeschoben. Schädel ziemlich hoch und kurz, Scheitelbeine gewölbt, mit Sagittalcrista versehen. Femur mit drittem Trochanter. Oligocän von Ägypten. *P. Beadnelli* Andr. besaß einen mäßig langen Rüssel.

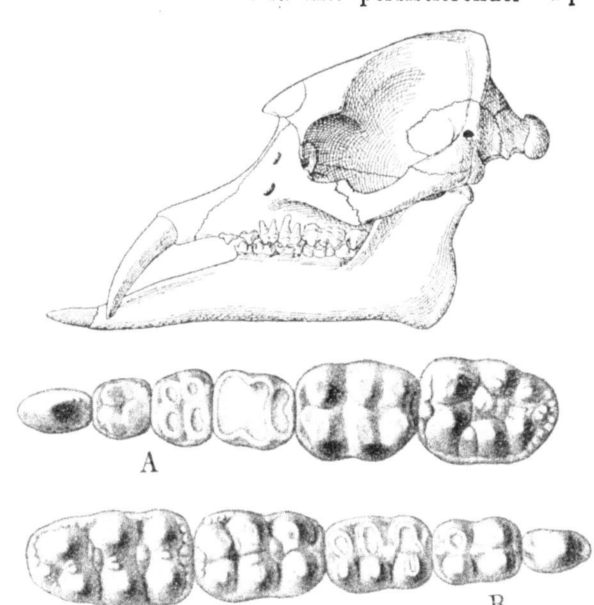

Fig. 772.
Palaeomastodon. Oligocän. Fayum, Ägypten. Schädel ca. $^1/_{10}$ n. Gr. (Nach Andrews.) *A* obere, *B* untere Backenzähne, ⅓ nat. Gr.

Hemimastodon Pilgrim. In der Größe und dem Zahnbau zwischen der vorigen und der folgenden Gattung stehend, Zahnformel jedoch nicht bekannt. Untermiocän. Ostindien.

**Mastodon* Cuvier. (Fig. 773—775.) Schädel ähnlich dem von Elephas, jedoch Stirne, namentlich bei den älteren Arten, weniger hoch ansteigend, Oberkiefer niedriger, Unterkiefersymphyse anfangs noch langgestreckt zur Aufnahme von Stoßzähnen. Skelett plumper. $\frac{1.0.3-0.3}{1-0.0.2-0.3}$. Obere *J* meist gerade, seltener gebogen, bei den älteren Arten außen mit breitem Schmelzband. Untere *J* kürzer, bei den späteren Arten von Oberpliocän an fehlend oder doch nur bei Männchen vorhanden. Backenzähne oblong, mit drei, vier, seltener fünf bis sechs hohen, entweder einfachen (*Zygolophodon*, tapiroid) oder in zitzenförmige Höcker aufgelösten Querjochen (*Bunolophodon*), die durch tiefe, zuweilen mit etwas Zement versehene Täler getrennt sind, in welchen häufig Sekundärhöcker auftreten. Jedes

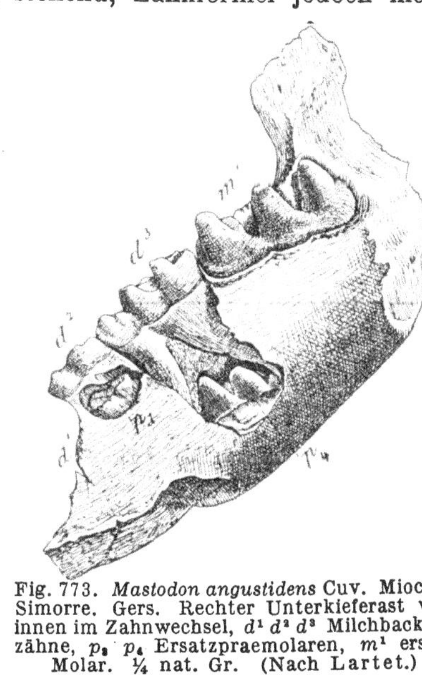

Fig. 773. *Mastodon angustidens* Cuv. Miocän. Simorre. Gers. Rechter Unterkieferast von innen im Zahnwechsel, d^1 d^2 d^3 Milchbackenzähne, p_3 p_4 Ersatzpraemolaren, m^1 erster Molar. ¼ nat. Gr. (Nach Lartet.)

Joch und somit auch die ganze Krone wird durch einen medianen Spalt in zwei Hälften zerlegt. Die Krone der oberen Zähne ist innen stärker abgekaut als außen. Die etwas schmäleren unteren Zähne verhalten sich umgekehrt. Auch sind ihre Wurzeln einfach, die der oberen hingegen geteilt. Der letzte *M* hat häufig ein Joch mehr als der vorletzte. Die oberen *J* haben bei *Bunolophodon* das Schmelzband auf der konkaven, bei *Zygolophodon* auf der konvexen Seite, auch sind sie bei ersterem gerade oder abwärts-, bei letzterem aufwärtsgebogen.

Das Milchgebiß besteht aus $\frac{1\,.\,0\,.\,3}{1-0\,.\,0\,.\,3}$. Die zwei hinteren *D* werden bei den älteren Arten von unten her durch zwei *P* ersetzt, bei den späteren werden die *D* wie bei *Elephas* von vorne nach hinten ausgeschoben. Nach der

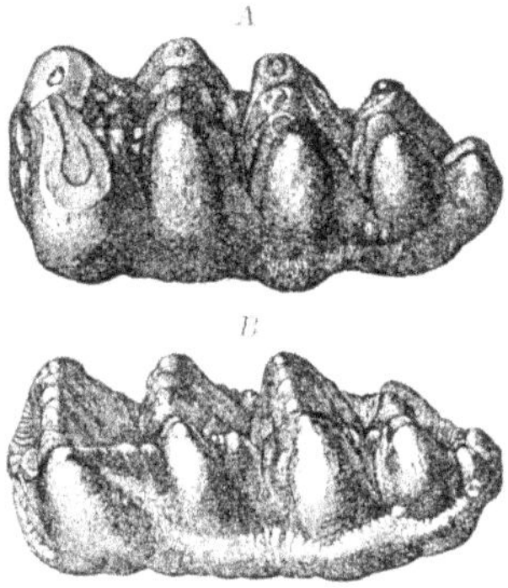

Fig. 774.
A Mastodon angustidens Cuv. Miocän. Il-en-Dodon. Letzter unterer Backenzahn. $^1/_4$ nat. Gr. *B Mastodon turicensis* Cuv. Miocän. Simorre. Gers. Letzter unterer Backenzahn. $^1/_5$ nat. Gr. (Nach Gaudry.)

Fig. 775.
Mastodon (*Tetralophodon*) *longirostris* Kaup. Unt. Pliocän. Eppelsheim. Die drei oberen Milchbackenzähne. $^1/_3$ nat. Gr. (Nach Kaup.)

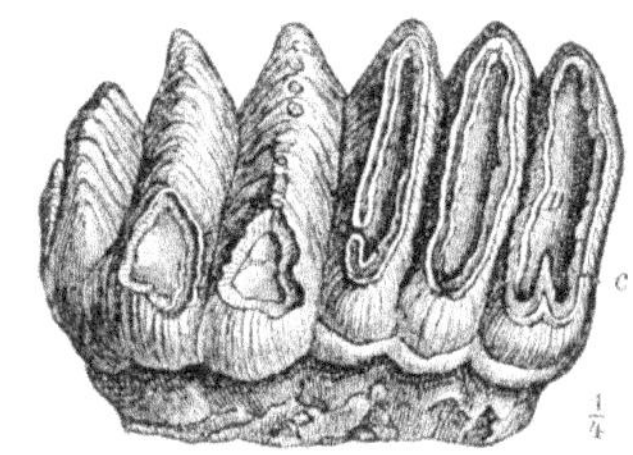

Fig. 776.
Stegodon Clifti Falcon. u. Cautley. Pliocän (oder Pleistocän) von Birma. Erster oberer Molar. $^1/_4$ nat. Gr. *D* Dentin, c Zement. (Nach Clift.)

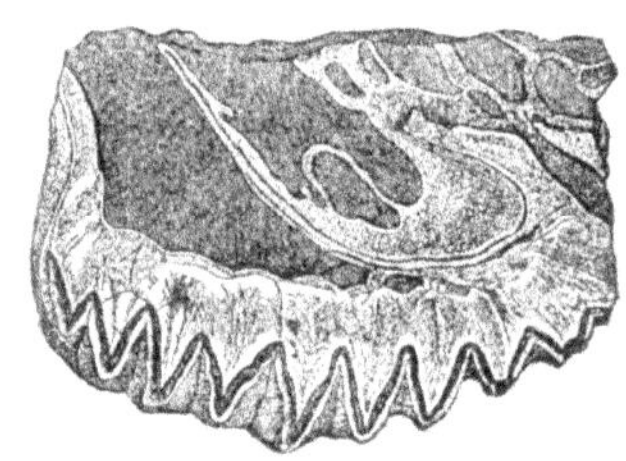

Fig. 777.
Stegodon insignis Falcon. Siwalik, Ostindien. Oberer Molar, der Länge nach durchgeschnitten. $^1/_6$ nat. Gr. (Nach Falconer.)

Zahl der Joche unterscheidet man zwei Untergattungen: *Trilophodon* mit $D\,\frac{1-2.2.3}{1-2.2.3}\left(P\,\frac{2.2}{2.2}\right)$, $M\,\frac{3.3.4}{3.3.4}$ und *Tetralophodon* mit $D\,\frac{2.3.4}{2.3.4}\left(P\,\frac{2.2}{2.2}\right)$ $M\,\frac{4.4.5}{4.4.5}$. Jedoch kann die Zahl der Joche individuell um eins zunehmen.

Im Mittel- und Obermiocän von Europa *M.* (*Tril.*) *angustidens* Cuv. bunodont (auch in Nordafrika) und *tapiroides* Cuv. (*turicensis* Schinz) zygolophodont, sehr häufig, der erstere auch in Ostindien. Im Unterpliocän von Europa *M.* (*Tetral.*) *longirostris* Kaup, von Pikermi, Samos, Persien *M. Pentelici* Gaudry, in Ostindien *M.* (*Tril.*) *Falconeri* Lyd., *Pandionis* Falc. (auch in China), *M.* (*Tetral.*) *sivalensis* Cautl., *perimensis* Lyd. (auch in China), *Cautleyi* Lyd., *latidens* Clift. in ganz Ostasien. Im Obermiocän von Nordamerika *M.* (*Tril.*) *proavus* und *breviceps* Cope, im Unterpliocän *M.* (*Tril.*) *productus*, *campester* dem *longirostris*, *serridens* Cope dem *tapiroides* ähnlich, *floridanus* Leidy. *J* im Unter- und Mittelpliocän von Europa *M.* (*Tril.*) *Borsoni* Hays (zygolophodont). Im Oberpliocän in Europa *M.* (*Tetral.*) *arvernensis* Croiz. und Job., in Nordamerika *M.* (*Tril.*) *Shepardi*. *M.* (*Rhabdobunus* Hay) *mirificus* Leidy scheint dem Altpleistocän anzugehören.

Zwischen *M. angustidens* und *longirostris* einerseits und *longirostris* und *arvernensis* andrerseits gibt es Übergangsformen. — Die Gattung *Mastodon* existiert in Amerika auch noch im Pleistocän, sie wird hier im Schädel- und Kieferbau ganz Elephas-ähnlich, aber die Extremitäten sind kürzer und es fungieren mindestens zwei Zähne gleichzeitig. In Nordamerika *M.* (*Tril.*) *americanus* Cuv. öfters in vollständigen Skeletten erhalten, von Mexiko bis Alaska verbreitet und wahrscheinlich noch Zeitgenosse des postglazialen Menschen. In Centralamerika *M. tropicus* v. Mey, in Südamerika *M. Humboldti* Cuv. und in den Hochländern Südamerikas *M. Andium* Cuv. *Mastodon* findet sich auch in den Diamantseifen von Südafrika.

Nach Boule ist die Verwandtschaft der wichtigsten Arten:

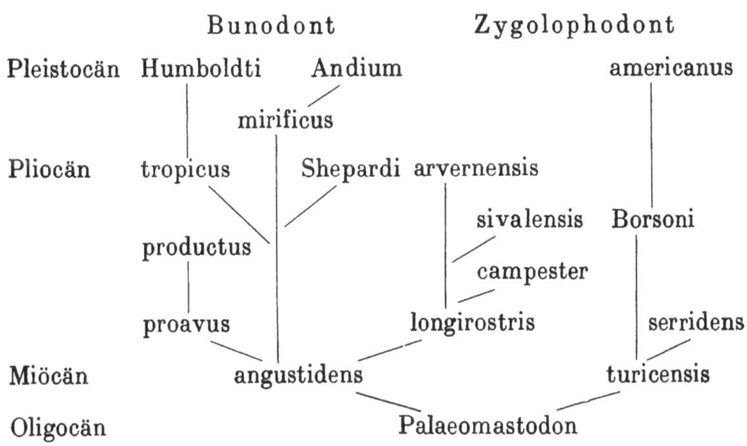

**Stegodon* Falconer (Fig. 776, 777). Übergangsform von Mastodon zu Elephas, mit dem ersteren durch *M. latidens* verbunden. Ohne untere *J*. Obere *J* lang, ohne Schmelzband. *M* mit 6—12 niedrigen, dachförmigen, etwas konvexen und meist vielwarzigen Jochen. Täler teilweise mit Zement ausgefüllt. M_1 und M_2 mit gleicher Jochzahl. Obere *M* mit etwas weniger Jochen als die unteren. Vielleicht ist noch P^1 vorhanden. Mittel- und Oberpliocän von Süd-

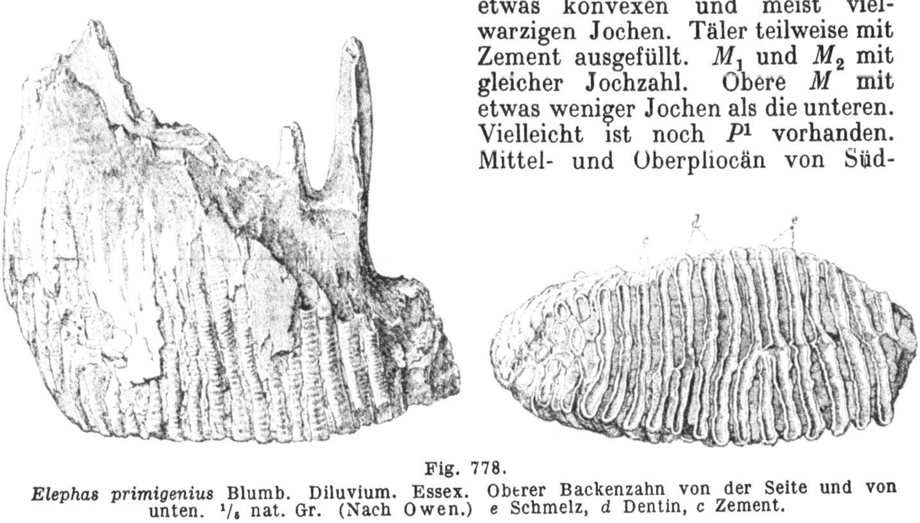

Fig. 778.
Elephas primigenius Blumb. Diluvium. Essex. Oberer Backenzahn von der Seite und von unten. $^1/_6$ nat. Gr. (Nach Owen.) *e* Schmelz, *d* Dentin, *c* Zement.

und Ostasien. *St. insignis* Falc., *bombifrons* Falc. Im Pleistocän des Narbatales *St. Ganesa* Falc., von Java *St. Airawana* Martin.

**Elephas* Lin. (Fig. 778). $\frac{1.0.0.3}{0.0.0.3}$, seltener $\frac{1.0.2.3}{1.0.2.3}$. *J* ohne Schmelzband. *M* aus 5—27 hohen, komprimierten, am Oberrand gekerbten Querjochen bestehend. Täler ganz mit Zement ausgefüllt. Durch Abkauung entsteht eine ebene Fläche. Beim indischen Elefanten fällt D_2 im zweiten, D_3 im fünften und D_4 im neunten Lebensjahr aus. M_1 tritt erst im 15. Jahre in Funktion. Meist nur ein Zahn in jedem Kiefer im Gebrauch.

Die Zahl der Querjoche vermehrt sich bei jedem neu auftretenden Zahn, so daß »isomere« Zwischenzähne mit gleicher Jochzahl hier nicht vorkommen, während sie bei Mastodon häufig sind. Die Jochzahlen sind bei den wichtigsten Arten folgende:

	D_2	D_3	D_4	M_1	M_2	M_3
Elephas africanus u. planifrons	$\frac{3}{3}$	$\frac{6}{6}$	$\frac{7}{7}$	$\frac{7}{7}$	$\frac{8}{8-9}$	$\frac{10}{11}$
» *meridionalis*	$\frac{3}{3}$	$\frac{5-6}{5-6}$	$\frac{7-8}{7-8}$	$\frac{8-9}{8-9}$	$\frac{8-11}{9-11}$	$\frac{10-14}{11-14}$
» *antiquus*	$\frac{3}{3}$	$\frac{5-7}{5-8}$	$\frac{8-11}{9-11}$	$\frac{9-12}{10-12}$	$\frac{12-13}{12-13}$	$\frac{15-20}{16-21}$
» *indicus*	$\frac{4}{4}$	$\frac{8}{8}$	$\frac{12}{12}$	$\frac{12-14}{12-14}$	$\frac{16-18}{16-18}$	$\frac{24}{24-27}$
» *primigenius*	$\frac{4}{4}$	$\frac{6-9}{6-9}$	$\frac{9-12}{9-12}$	$\frac{9-15}{9-15}$	$\frac{14-16}{14-16}$	$\frac{18-27}{18-27}$

Falconer teilt die Gattung *Elephas* in zwei Subgenera: *Loxodon* mit niedrigen, breiten, wenig zahlreichen Jochen, die bei der Abkauung rhombische Figuren bilden, und *Euelephas* mit hohen, schmalen, zahlreichen Jochen, die vollkommen parallel verlaufen. Die Zähne zerfallen leicht in die einzelnen lamellenartigen Joche. Fossile Elefanten erscheinen zuerst im Pliocän von Ostindien, *E. (Lox.) planifrons* und *(Euelephas) hysudricus* Falc. Im Oberpliocän von Europa *Euelephas meridionalis* Nesti, das größte aller bekannten Landsäugetiere, in Italien mit ihm vielleicht schon zusammen der sonst für das ältere europäische Pleistocän charakteristische *Euel. antiquus* Falc. Zwergrassen von diesem sind *E. mnaidriensis* Leith Ad. und *melitensis* Falc. auf den Mittelmeerinseln. *E. namadicus* Falc. vertritt den *antiquus* im älteren Pleistocän von Ost- und Südasien. Auf Java *E. hysudrindicus* Dubois. Im Pleistocän von Ostafrika *E. antiquus Recki* Dietrich. Bei Khartum und nördlich vom Rudolfsee — Omo — Zähne dem *E. meridionalis* ähnlich. Im älteren Pleistocän des südlichen Nordamerika *E. imperator* Leidy mit $\frac{17-18}{16-17}$ Jochen, von welchem nach Osborn *E. Columbi* Falc. nur die Zwergform wäre, weshalb für die großen *Columbi* mit $\frac{30}{24-26}$ Jochen eine neue Art, *E. Jeffersoni*, errichtet wird. Im jüngeren Pleistocän von Nordamerika der auch in Europa und Nordasien so verbreitete *E. primigenius* Blumb., das Mammuth. Es ist charakteristisch für das jüngere Pleistocän, besonders für das letzte Interglazial. In Sibirien finden sich im gefrorenen Boden ganze Leichen mit Fleisch und wolligem Haar, und in den Erdwachsgruben von Starunia in Galizien kam ein Skelett mit vollständiger Wirbelsäule zum Vorschein. Im älteren europäischen Pleistocän außer *E. antiquus* auch *E. trogontherii* Pohlig.

4. Unterordnung: **Sirenia.** Seekühe[1]).

Dickhäutige, nackte, kurzhalsige, meist monophyodonte Pflanzenfresser. Nasenlöcher nach vorne gerichtet. Vorderfuß flossenartig. Hinterfuß frühzeitig reduziert. Schwanzflosse horizontal. Zwei Zitzen an der Brust.

[1]) *Abel O.*, Die Sirenen der mediterranen Tertiärbildungen Österreichs. Abhandl. k. u. k. geol. Reichsanst. 1904. Bd. XIX. — *Andrews W. C.*, Catalogue of

Die Sirenen bewohnen den Unterlauf größerer Flüsse und Meeresküsten. Ihr zylindrischer, mit horizontaler Schwanzflosse versehener Körper, dessen Vorderfüße zu beweglichen Flossen umgestaltet sind, während die Hinterfüße höchstens durch Rudimente von Pelvis und Femur angedeutet werden, erinnert zwar an Cetaceen, die einzelnen Knochen haben jedoch viele Ähnlichkeit mit denen von primitiven Proboscidiern. Sie besitzen eine ungemein dichte Struktur, namentlich die Rippen und Wirbel zeichnen sich durch elfenbeinähnliche Beschaffenheit und bedeutende Schwere aus. Die langen Extremitätenknochen haben keine Markhöhlen. Auch die Schädelknochen sind zum Teil sehr dicht.

Die sehr kurzen Körper der Halswirbel bleiben in der Regel getrennt, die der Rückenwirbel haben annähernd dreieckigen Querschnitt und unten einen Kiel. Dornfortsätze und Zygapophysen sind wohlentwickelt. Die Zahl der Lendenwirbel ist 2—3, die der Sacralwirbel 1—2.

Der Schädel (Fig. 767) zeichnet sich durch starke Jochbogen, große Schläfenbeine und eigentümlich gestaltetes Perioticum und Tympanicum aus. Scheitel- und Stirnbeine bilden das Schädeldach. Die Nasenbeine sind verkümmert und die Nasenlöcher weit nach hinten gerückt. Die plumpen Unterkiefer besitzen einen hohen aufsteigenden Ast. Das Gehirn ist sehr einfach gebaut.

Das Gebiß besteht fast nur aus lophodonten oder bunodonten Backenzähnen, welche etwas an die von Tapir resp. von Schwein erinnern. Ihre Zahl schwankt zwischen 4 und 10. Bei den Halicoriden werden die *D* anfangs durch *P* ersetzt, später unterbleibt der Zahnwechsel. Dagegen bilden sich bei den Manatiden hinten immer neue Zähne, so daß gleichzeitig in einem Kiefer 7—11 Zähne funktionieren. *C* fehlen meistens, dafür sind die *J*, namentlich die oberen J^1 öfters sehr kräftig.

Die Knochen der Vorderextremität sind gelenkig verbunden und beweglich. Schlüsselbeine fehlen, die Scapula ist sichelförmig, Radius und Ulna haben gleiche Stärke und Länge. Die proximale Carpusreihe besteht ursprünglich aus drei, die distale aus vier Knöchelchen, die zum Teil miteinander verwachsen. Die fünf Finger haben schlanke Metacarpalien und die normale Phalangenzahl. Das Becken besteht in der *Halitherium*- bis *Halicore*-Reihe aus einem langen, dicken Ilium und aus einem kurzen, breiten Ischium. Bei *Eotherium* und jungen *Eosiren* befindet sich zwischen Pubis und Ischium noch ein weites Foramen obturatorium. Bei den *Manatidae* wird das Ilium reduziert. Das rudimentäre, in der Haut verborgene Femur ist bei den späteren Formen nur durch Ligament mit dem Becken verbunden. An dem Becken hing bei eocänen Gattungen und bei *Halitherium* ein rudimentäres Femur. »*Prototherium*« scheint nach v. Stromer noch eine Tibia besessen zu haben und bei *Halitherium* besitzt das Femur noch distale Condyli. Becken und Schädel sowie das Gebiß der ältesten Sirenen gleichen fast ganz jenen von *Moeritherium*, wodurch die schon von Blainville vermutete Verwandtschaft mit den Proboscidea vollkommen sichergestellt wird. Die Sirenen sind also dem Wasserleben angepaßte Huftiere. Von den

---

the Tertiary Vertebrata of the Fayum 1906. — *Capellini Giov.*, Mem. Accad. Sc. di Bologna 1872. 3 ser. t. I und 1886. 4 ser. t. VII. — *Cope E. D.*, American Naturalist 1890. — *Depéret Ch.*, Sitz.-Ber. Akad. Wien 1895, p. 395. — *Depéret Ch.* et *Roman Fr.*, Le Felsinotherium Serresi des sables pliocènes de Montpellier. Archiv. du Muséum d'hist. nat. Lyon 1920. — *Dollo L.*, Sur les Siréniens de Boom. Bull. Soc. Belge de Géol. 1889. — *Hay O.*, A contribution of the extinct Sirenian Desmostylus. Proceed. U. St. Nation. Mus. Washington 1915. — *Kaup J.*, Beitr. zur Kenntnis d. urweltl. Säugetiere (Halitherium). 1855, Heft II u. V. — *Lepsius R.*, Halitherium Schinzi. Die fossile Sirene des Mainzer Beckens. Darmstadt 1882. — *Matthew W. D.*, New Sirenian from Porto Rico. Annals N. Y. Acad. Scienc. Vol. XXVII. 1916. — *Stromer E. v.*, Untersuchungen der Hüftbeine der Sirenia und Archaeoceti. Sitz.-Ber. bayr. Akad. d. Wiss. München 1921. — *Yoshiwara S.* und *Iwasaki J.*, Journ. of University Tokyo t. XVI. 1902.

beiden lebenden Gattungen *Manatus* und *Halicore* bewohnt die erstere die Küsten des atlantischen, die letztere die des indischen Ozeans. Fossile Sirenen erscheinen zuerst im Mitteleocän, *Eotherium*, aus welchem sich die Manatiden und Halicoriden entwickelt haben. Die Gattungen *Eotherium*, *Halitherium*, *Metaxytherium* und *Felsinotherium* bilden eine genetische Reihe, welcher auch *Halicore* und *Rhytina* nahestehen.

A. Manatidae.

Schnauze und Unterkiefersymphysenteil nach vorwärts gestreckt.

**Prorastomus* Owen. Gebiß vollständig. $\frac{3.1.4.3}{3.1.4.3}$. *J* im Querschnitt rund, oberer *C* groß. Obere *M* mit zwei rechtwinklig zur Längsachse stehenden Querjochen. Eocän. Jamaica. *P. sirenoides* Owen.

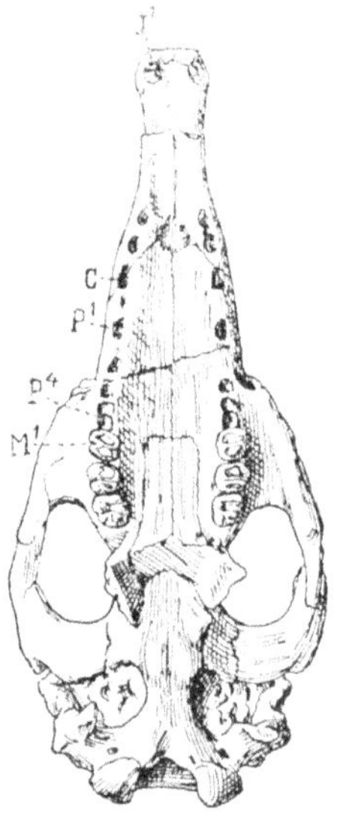

Fig. 779.
Eosiren Fraasi Abel sp. Obereocän. Fayum, Ägypten. Schädel von unten. 1/6 nat. Gr. (Nach Andrews.)

**Manatus* Rondel. (*Ribodon* Ameghino.) Ohne *J* und *C*. Oben und unten je 8—11 Backenzähne; die oberen dreiwurzelig, mit zwei Querjochen und Basalband, die unteren schmäler, zweijochig, mit Talonid. Beim Embryo Anlagen von 3 *J*, 1 *C*. Lebend an der Ostküste von Amerika. Fossil im Pliocän von Süd-Carolina und Argentinien.

Manatherium Hartlaub. Mit *Manatus* verwandt. Oligocän Belgien.

B. Halicoridae.

Schnauze und Unterkiefersymphysenteil mehr oder weniger abwärts gebogen. 19 Rücken-, 3 Lenden-, 3 Sacral- und etwa 25 Schwanzwirbel.

Eotherium Owen. $\frac{3.1.4.3}{3.1.4.3}$. Alle *J* ziemlich groß. Eocän. Mokattam-Schichten. Ägypten.

**Eosiren* Andrews (*Protosiren* Abel) (Fig. 779). $\frac{3.1.4.3}{3.1.4.3}$. J_1 groß, J^2 und J^3 später verschwindend. Schnauze überhängend. Obereocän von Ägypten.

Archaeosiren Abel. Obereocän, Ägypten. Sehr problematisch.

**Halitherium* Kaup. (Fig. 780 und 781). Zwischenkiefer nach abwärts gekrümmt, mit je einem langen *J*. Scheitelbeine lang, schmal, Stirnbeine kurz. Nasenbeine kurz, schildförmig, hinter der großen Nasenöffnung gelegen. *J* mit Ausnahme des großen oberen J^1 sowie *C* frühzeitig ausfallend. Backenzähne, $\frac{4}{4}$ *P* $\frac{3}{3}$ *M*, bunodont, mit warzigen Querjochen. *P* klein, einspitzig und einwurzelig, bald ausfallend. Im Eocän von Italien *H.* (*Prototherium* Abel) *veronense* de Zigno. Im Oligocän von Deutschland und Frankreich *H. Schinzi* Kaup, Vicentin *H. bellunense* Zigno, im Miocän *H. Christoli* Fitzinger. Eine zweifelhafte Art *H. antillense* Matthew, Unterkiefer hinten sehr hoch, in Westindien, Porto-Rico.

**Metaxytherium* Christol (*Halianassa* v. Meyer), ähnlich *Halitherium*, *M* komplizierter und stärker reduziert. Ohne *P*, mit $\frac{4}{1}$ bis zur völligen Abkauung persistierenden *D*. Ohne Femur. Miocän, Europa *M. Cuvieri* Christol., *Krahuletzi* Depéret, Florida *M. floridanum* Hay.

**Felsinotherium* Capellini. $\frac{1.0.2.3}{0.0.2.3}$. Statt der *P* mit persistierenden *D*, welche den bunodonten *M* ähnlich sind. Zwischen- und Unterkiefersymphyse plump, nach unten gebogen. Pliocän Italien. *F. Forestii* Cap. Montpellier *Serresi* Gerv.

Miosiren Dollo. 1 *J* 3 *D* 3 *M*. M^3 klein. Nur Oberkiefer bekannt. Vielleicht der Vorfahre von *Rhytina*. Miocän. Belgien. — *Rhytiodus* Lartet 1 *J* 1 *D* 3 *M* und *Prohalicore* Flot. Miocän. Frankreich.

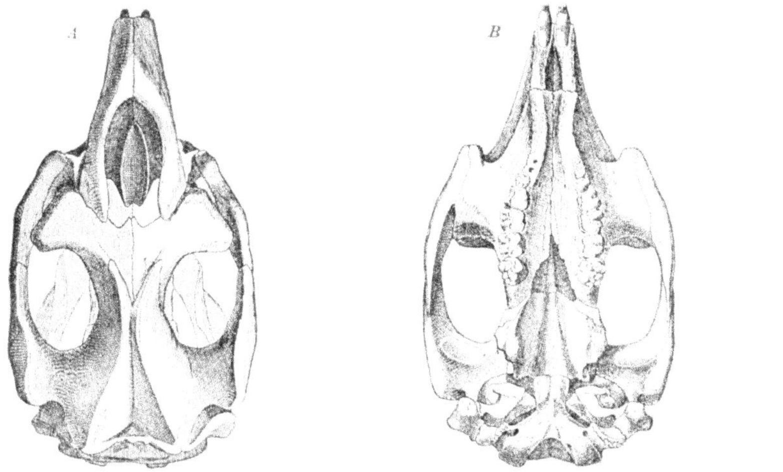

Fig. 780.
Halitherium Schinzi Kaup. Oligocän. Flonheim bei Alzey, Rheinhessen. *A* Schädel von oben, *B* von unten. 1/6 nat. Gr. (Nach Lepsius.)

Halicore Illiger. $\frac{2-3}{2-3}$ *D* $\frac{3}{3}$ *M*. Obere *J* groß. *P* klein, einwurzelig, stiftförmig. Lebend. Ostküste von Afrika und indischer Ozean.

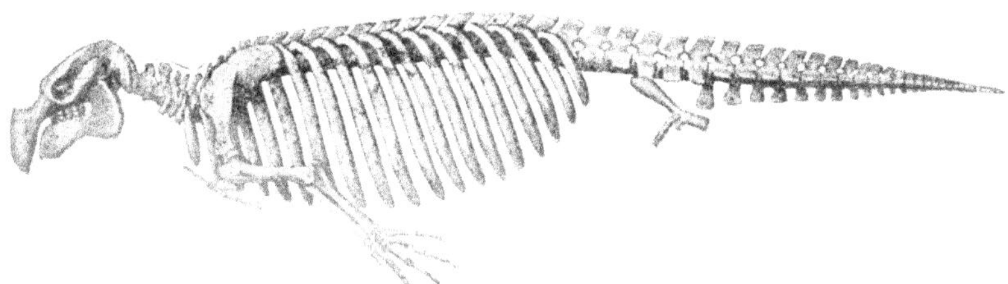

Fig. 781.
Skelott von *Halithorium Sohinzi* Kaup. Restauriert nach v. Stromer. 1/80 nat. Gr.

Rhytina Illiger. Ohne Backenzähne, dafür eine hornige Kauplatte in der Mundhöhle. *Rh. Stelleri* Cuv., ausgerottet am Ende des 18. Jahrhunderts.

C. Desmostylidae[1]).

Nasenbeine lang und schmal, Cranium hinten aufgebläht, aber niedrig. Schnauze gerade.

**Desmostylus* Marsh. $\frac{0.1.2.?2}{1.1.2.2}$. Nasenöffnung weit entfernt von den Augenhöhlen. Unterkiefer lang, vornc nur wcnig abwärts gegogen. Unten zwei Stoßzähne, mäßig lang, vorwärts gerichtet. Oberer *C* als Stoßzahn ausgebildet. *P* klein, *M* groß, ebenfalls zweiwurzelig, aus zahlreichen miteinander verwachsenen, in Reihen geordneten 5—8 Zylindern bestehend. Marines Miocän von Japan, Oregon und Kalifornien.

---

[1]) *Hay* O., A Contribution to the knowledge of the Extinct Sirenian Desmostylus. Proc. of the U. S. Nat. Museum. Washington 1915.

Zeitliche Verbreitung der Notoungulata und Subungulata.

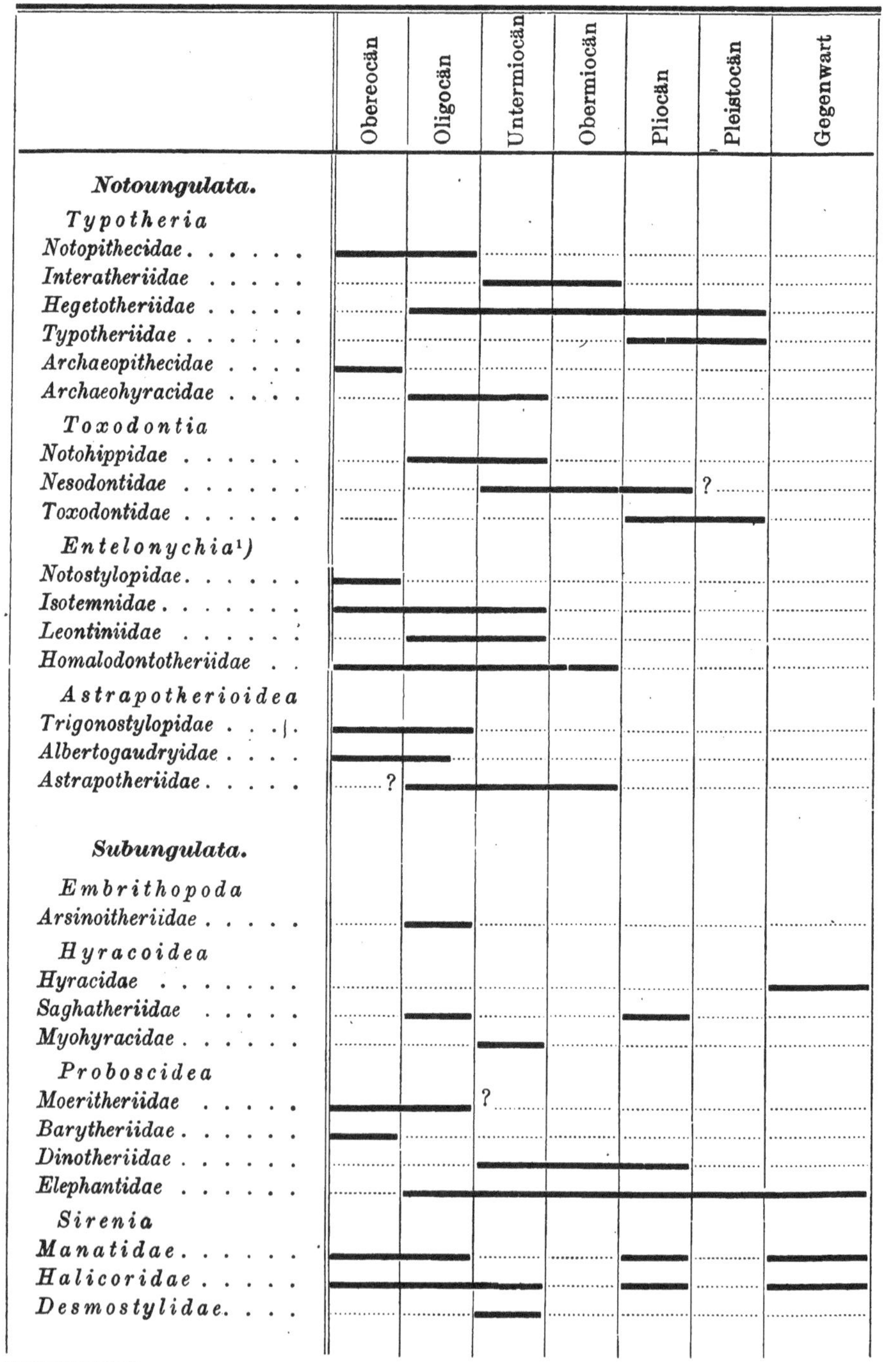

[1]) Familie der Arctostylopidae nur im Untereocän von Nordamerika.

10. Ordnung: **Primates.** Herrentiere[1]).

Linné hat unter dem Namen Primates den Menschen, die Affen, Lemuren, Fledermäuse und Edentaten zusammengefaßt. Abgesehen von den beiden letzten, bilden diese Gruppen eine anatomisch wohlumgrenzte Ordnung, deren älteste Glieder freilich auch Anklänge an Insektivoren oder an Creodontier, aber nie mehr als $\frac{2}{2}$ *J* aufweisen. Die Primaten wurden bisher meist eingeteilt in die drei Unterordnungen der *Prosimiae*, *Simiae* und *Bimana*. Die Unterscheidung der beiden letzteren Unterordnungen ist jedoch in der Natur nicht begründet. Es empfiehlt sich daher, die von Wortman vorgenommene Zweiteilung in die *Lemuroidea* und die *Anthropoidea* anzunehmen.

1. Unterordnung: **Lemuroidea.** (*Prosimiae*, Halbaffen.)[2])

Plantigrade, meist fünfzehige, frugivore oder omnivore Klettertiere mit opponierbarer erster Zehe. Finger und Zehen entweder sämtlich mit Nägeln oder teilweise mit Krallen versehen. Gebiß mehr oder weniger vollständig. Obere M quadri- oder trituberkulär, untere quadri- oder quinquetuberkulär. P einfacher als M. Schnauze meist verlängert, Orbita in der Regel etwas seitlich gestellt, hinten knöchern umgrenzt, aber nicht immer durch eine Wand von den Temporalgruben getrennt. Lacrimale und Lacrimalgrube fast immer außerhalb der Augenhöhle gelegen. Gehirn schwach gefurcht. Kleinhirn nicht vom Großhirn bedeckt. Zitzen brust- und bauchständig.

Die Halbaffen bewohnen gegenwärtig vorzugsweise Madagaskar, zum Teil auch Afrika und Südasien, früher lebten sie in Nordamerika und Mitteleuropa. Von den *Anthropoidea* unterscheiden sie sich durch das kleinere, wenig gefurchte Gehirn, durch das freie Kleinhirn, durch den unvollständigen hinteren Abschluß der Augenhöhle, durch das außerhalb der Augenhöhle gelegene Lacrimale, durch die manchmal bekrallten Zehen, durch die großen, stets opponierbaren Pollex und Hallux, durch behaartes Gesicht, zweihörnigen Uterus und zum Teil abdominale Zitzen. Die Placenta ist diffus und adeciduat.

Das Skelett der Halbaffen ist in vielfacher Hinsicht primitiver als das der Affen und erinnert an Insektivoren, Creodontia und Carnivoren. Die Hinterextremitäten sind manchmal stark verlängert, sogar Naviculare und Calcaneum. Der Humerus hat fast stets ein Entepicondylarforamen,

---

[1]) *Gregory W. K.*, The origin and evolution of the human dentition. Journ. of Dental Research. New York 1920—21.

[2]) *Brown Al.*, On some points in the Phylogeny of the Primates. Proc. Acad. Natur. Scienc. Philadelphia 1901. — *Cope E. D.*, The Lemuroidea and the Insectivora of the Eocene of N. America. American Naturalist 1885. — *Filhol H.*, Ann. scienc. géol. t. V, t. VIII, t. XIV, t. XVII. — *Gervais P.*, Zoologie et Paléontologie générales. Tome II. 1876. — *Gregory W. K.*, On the relationship of Notharctus to the Adapidae and to other Primates. The Classification and Phylogeny of the Lemuroidea. Bull. of the geological Society of North America. Vol. 26. 1915. Phylogeny of recent and extinct Anthropoids with special reference to the origin of Man. Bull. Am. Mus. Nat. Hist. New York 1916. — *Leche W.*, Untersuchungen über das Zahnsystem lebender und fossiler Halbaffen. Festschrift für Gegenbaur, Leipzig 1896. — *Osborn H. F.*, American Eocene Primates. Bull. Amer. Mus. Nat. Hist. New York 1902. — *Schlosser M.*, Die Affen, Lemuren, Chiropteren etc. des europäischen Tertiärs. Beiträg. zur Paläont. Öst.-Ung. 1887. VI. Beitrag zur Osteologie von Necrolemur und zur Stammesgeschichte der Primaten. Neues Jahrb. für Mineral. 1908. Festband. — *Stehlin H. G.*, Die Säugetiere des schweizerischen Eocäns. VII. Teil. Abh. schweizer. paläont. Gesellsch. 1912. 1916. — *Winge Herluf*, Jordfundne og nu levende Aber (Primates) fra Lagoa Santa, Brasilien. E. Museo Lundii. Kopenhagen 1895. — *Wortman J. L.* Studies of Eocene Mammalia in the Marsh Collection. Part II Primates. Americ. Journ. of Science. 1903. 1904.

das Femur einen dritten Trochanter. Im Carpus treten nie Verschmelzungen ein, dagegen ist oft noch ein freies Centrale vorhanden. Das Gebiß ist bald geschlossen, bald hat es ein Diastema. Auch Verlust oder Spezialisierung von *J*, *C* und *P* kann vorkommen. Die oberen *M* sind entweder trituberkulär oder quadrituberkulär. Ihr Protocon ist oft noch V-förmig und durch seine beiden divergierenden Schenkel mit den Außenhöckern verbunden. Der Hypocon bleibt immer kleiner als der Protocon, auch kann er ganz fehlen. Ein Basalband ist fast immer vorhanden und öfters als Innenwall entwickelt. Die älteren Formen besitzen meistens ein oder zwei Zwischenhöcker. Die unteren *M* bestehen aus einem zweihöckerigen Talonid und einem ursprünglich höheren, oft noch dreihöckerigen Trigonid, jedoch verschwindet nicht allzu selten der unpaare Vorderhöcker, Paraconid, auch bleibt er öfter nur am ersten Molar erhalten. Die in der Vierzahl vorhandenen Höcker stehen opponiert oder alternierend und sind dann meistens durch rechtwinklige oder schräge Joche verbunden. Die *P* sind stets einfacher als die *M*. Ihre Zahl beträgt ursprünglich vier, kann aber stark reduziert werden. Bei den lebenden Lemuren ist sie in der Regel drei, und der vorderste des Unterkiefers nimmt hier fast stets die Form eines *C* an, während der wirkliche *C* sich in einen dritten *J* verwandelt. Der erstere macht sich aber dadurch als *P* kenntlich, daß er hinter dem oberen *C* stehen bleibt. Bei den ältesten Formen sind alle *J* und *C* normal entwickelt und mehr oder weniger vertikal gestellt. Die *J* sind meißel- oder schaufelförmig und in der Zweizahl vorhanden.

Das Milchgebiß enthält wohl individuell noch zuweilen einen dritten *JD*, die *C* haben die Form eines echten Eckzahnes. Die Reduktion von *J* und *P* tritt auch schon bei manchen geologisch alten Gattungen auf. Bei den jüngeren Halbaffen werden die oberen *J* sehr klein, die unteren *J* und der untere *C* hingegen zu horizontal gestellten Pfriemen.

Cope nannte einen Teil der eocänen Formen *Mesodonta*, einen anderen Teil stellte er zu den *Prosimiae*, Filhol nannte alle europäischen *Pachylemuridae*. Wortman erkannte die Beziehungen eines Teils der nordamerikanischen Formen zu den echten Affen. Er wählte daher für sie die Bezeichnung *Palaeopithecini*. Schlosser stellte für die Formen mit normalem Gebiß die Familie der *Pseudolemuridae* auf. Diese letzteren umfassen jetzt nach der Ausscheidung der zu den Insectivoren gestellten *Hyopsodontidae* nur mehr die *Adapidae*. Die *Mixodectini* mit ihren spezialisierten und in der Zahl stark reduzierten *J* schließen sich zwar im Bau ihrer *M* enge an die Primaten an, allein für die Ermittlung der wirklichen systematischen Stellung der einzelnen, hierher gerechneten Gattungen bedarf es noch weiterer Untersuchungen. Ein Teil, wenn nicht alle, gehört sicher zu den Insectivoren, bei welchen sie hier angeführt wurden.

Gregory teilt die Lemuroidea in die drei Gruppen der *Lemuriformes*, *Lorisiformes* und *Tarsiiformes*, von denen die zweite überhaupt keine fossilen Formen enthält und die dritte die hier als *Anaptomorphidae* angeführten Gattungen nebst den lebenden *Tarsiidae* umfaßt. Hierzu kommt noch ein vierter Tribus der *Chiromyiformes*, nachdem Stehlin auffallend viele chiromysähnliche Primaten im Eocän nachgewiesen hat.

1. Tribus: **Lemuriformes.**

In der Regel im Skelett und Gebiß wenig spezialisiert. Gesichtspartie verhältnismäßig lang; Cranium niedrig. *J* und *C* anfangs normal, später die unteren horizontal gestellt und *C* in einen *J* und P_2 in einen *C* verwandelt. Obere *J* öfters reduziert und der obere *C* vergrößert. Ectotympanicum ringförmig, in der knöchernen Bulla eingeschlossen. Hauptast der Carotis interna eng, Carotidkanal über der Cochlea in das Basisphenoid verlaufend. Placenta diffus, adeciduat.

1. Familie: **Adapidae**[1]).

$\frac{2.1.4.3}{2.1.4.3}$. *Zahnreihe meist geschlossen. J oben und unten meißel- oder schaufelförmig, mehr oder weniger vertikal gestellt. C als echter Eckzahn entwickelt, stets größer als die J. P einfacher als M, jedoch P_4 öfters beträchtlich kompliziert. Untere M aus vier oder noch fünf, meist alternierenden und untereinander verbundenen Höckern bestehend. M_3 mit kräftigem Talonid. Obere M trituberkulär, mit kleinem Hypocon und mit ein oder zwei Zwischenhöckern. Außenhöcker mehr oder weniger konisch. Obere P und M allseitig von einem äußeren Basalband umgeben, untere in der Regel nur mit einem äußeren Basalband versehen. Schnauze und Unterkiefer ziemlich lang. Letztere öfters eine feste Symphyse bildend.*

Fossil im Eocän von Nordamerika und Europa.

Der nur von *Adapis*, *Pronycticebus* und *Notharctus* bekannte Schädel hat ein niedriges, aber breites Cranium, das bei *Adapis* mit einem hohen Sagittalkamm versehen ist. Hinter den ziemlich großen, hauptsächlich nach vorwärts sehenden und hinten durch eine breite Knochenspange abgegrenzten Augenhöhlen schnürt sich der Schädel stark ein. Die Schnauze ist ziemlich lang und schmal. Das Lacrimale befindet sich innerhalb der Augenhöhle, das Tympanicum liegt als freier Ring innerhalb der vom Petrosum gebildeten großen Bulla wie bei den madagaskarischen Lemuren. Der enge Carotidkanal verläuft ebenfalls ähnlich wie bei diesen. Das Gehirn zeigt einen sehr primitiven Bau. Die Unterkiefer bilden bei den späteren Formen in der Regel eine feste Symphyse. Der Schädel hat im ganzen ziemlich große Ähnlichkeit mit dem der Lemuriden. Dagegen unterscheidet sich der vordere Teil des Gebisses durch die normale Ausbildung der *J* und *C* sehr wesentlich von dem der Lemuriden. Es gleicht hierin fast ganz dem der echten Affen. Von den *P* bleiben die drei vordersten sehr klein, und selbst P_2 hat wohl immer nur eine Wurzel. Dagegen erreicht der obere P^4 meistens den Trituberkulärtypus, und der untere P_4 kann fast ganz *M*-ähnlich werden. Die oberen *M* lassen den Trituberkulärtypus noch deutlich erkennen, obwohl sie einen Hypocon besitzen. Auch die vier- oder fünfhöckerigen unteren *M* haben keine besonders charakteristische Form; sie erinnern teils an solche von primitiven Huftieren, teils an solche von Lemuren, jedoch ist die hintere Hälfte selten niedriger als die vordere. Die bis jetzt bekannten Skelettknochen besitzen am meisten Ähnlichkeit mit jenen der Lemuren. Der kurze Humerus hat eine lange Deltoidcrista und ein wohlentwickeltes Entepicondylarforamen. Das Olecranon der dünnen Ulna ist kurz, die proximale Facette des schlanken Radius kreisrund. Die Länge des Femurs ist anscheinend ziemlich verschieden. Calcaneum und Astragalus sind echt primatenartig, ebenso die Metapodien und Zehenglieder.

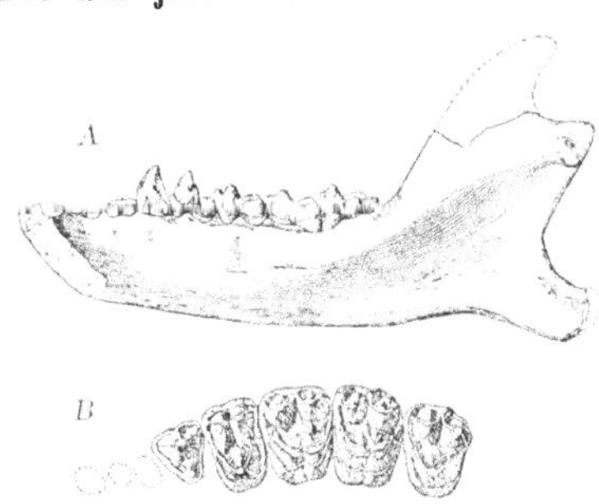

Fig. 782.
A Pelycodus frugivorus Cope. Untereocän. Wasatchbed. Unterkiefer von innen. Nat. Gr. *B Notharctus* sp. Obere Backenzähne. $^2/_1$ nat. Gr. (Nach Osborn.)

**Pelycodus* Cope (*Prototomus*, *Tomitherium* Cope). (Fig. 782.) Obere *M* undeutlich dreieckig, mit zwei pyramidenförmigen Außenhöckern, einem kräftigen V-förmigen vorderen und öfters mit einem kleineren hinteren Innenhöcker und zwei Zwischenhöckern. Außenwand ohne Mittelpfeiler, M^3 reduziert. Untere *M* mit zwei Paar opponierten stumpfen Höckern und einem unpaaren Vorderhöcker, Paraconid. M_3 mit großem Talonid, Vorder-

[1]) *Granger W.* and *Gregory W. K.*, Revision of the Eocene Primates of the Genus Notharctus. Bull. Amer. Mus. Nat. Hist. New York 1917. — *Gregory W. K.*, On the structure and relations of Notharctus. Mem. Amer. Mus. 1920.

hälfte höher als Hinterhälfte. Unterkiefer niemals verwachsen. Astragalus mit fast flachem Tibialgelenk. Endphalangen krallenartig. Im Eocän von Wyoming. *P. tutus*, *frugivorus* Cope. *Ralstoni* Matth. u. Gr. Wasatchbed.

Pronycticebus Grandidier. P^1 und P^2 sehr klein, P^3 und P^4 zweihöckerig. *M* dreihöckerig, mit kleinem zweiten Innenhöcker, denen von *Pelycodus* sehr ähnlich. Höcker der *M* dick. Eocän. Phosphorite von Quercy. *P. Gaudryi* Grandidier.

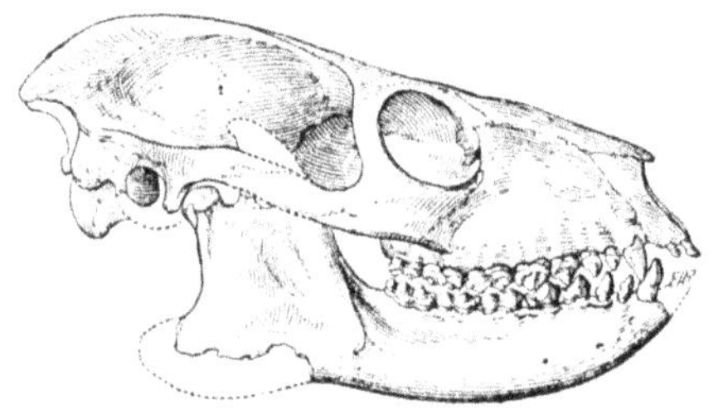

Fig. 783.
Notharctus formosus Leidy. Schädel und Unterkiefer. Eocän. Bridgerbed. Wyoming. ½ nat. Gr. (Nach Gregory.)

Periconodon Stehlin (*Pelycodus* Rütimeyer). P^3 einhöckerig. Obere *M* mit sehr schwachen Zwischen- und zwei kräftigen inneren Basalhöckern. Eocän, Bohnerz von Egerkingen. Gregory stellt diese und die vorige Gattung zu den Tarsiiformes.

**Notharctus* Leidy (*Tomitherium* Cope, *Thinolestes*, *Limnotherium Telmatolestes* Marsh, *Hipposyus* Leidy). (Fig. 783.) *J*, *C* und P_1 und P_2 klein, durch kurze Lücken voneinander getrennt. P^3 kräftig, mit Innenhöcker. P^4 dreihöckerig, obere *M* vierseitig, außen mit Mittelpfeiler. Hypocon kräftig entwickelt. Untere *P* mit Ausnahme von P_4 einfach, aber dick und einwurzelig. Höcker der *M* schneidend entwickelt. Vorderhälfte kaum höher als Hinterhälfte. M_3 mit großem Talonid. Unterkiefer mit fester Symphyse. Das Skelett ist sehr vollständig

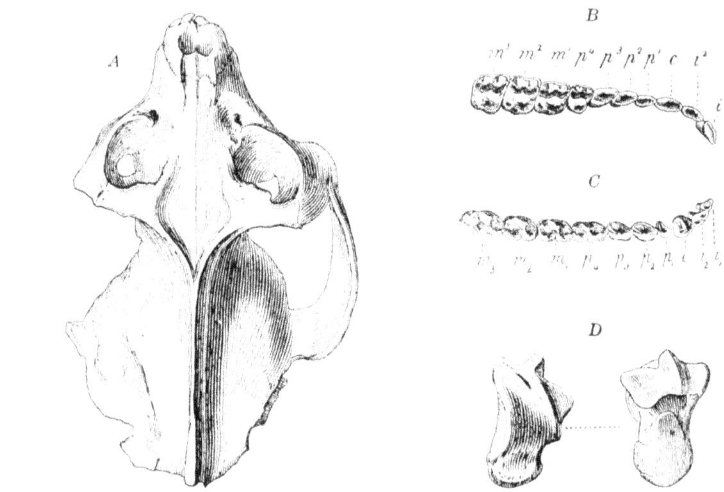

Fig. 784.
Adapis parisiensis Cuv. var. *min.* Phosphorite. Quercy. *A* Schädel von oben, ⅔ nat. Gr., *B* obere *C* untere Zahnreihe, *D* Astragalus von vorne und hinten, nat. Gr.

bekannt. Femur lang, ohne dritten Trochanter. Tibia schlank. Mitteleocän, Wind Riverbed *N. venticolus* Osborn, Bridgerbed von Wyoming *N. tenebrosus*, *formosus* Leidy, *rostratus* Cope. Uintabed *N. uintensis* Greg.

Aphanolemur Gregory u. Granger. Nur Schädel ohne Zähne bekannt, ähnlich dem der folgenden Gattung. Mitteleocän. Bridgerbed.

**Adapis* Cuvier (*Palaeolemur* Filhol, *Aphelotherium*, *Leptadapis* Gervais). (Fig. 784.) Zahnreihe geschlossen, höchstens Lücke hinter *C*. Obere *J* schaufel-, untere meißelförmig, oberer *C* klein, unterer aufrecht, kräftig, mit abgestutzter Spitze. P_{1-3} in beiden Kiefern einfach, obere mit innerem Basalband, P^4 dreihöckerig. Obere *M* fast quadratisch, mit zwei pyramidenförmigen Außenhöckern, einem großen V-förmigen Protocon und schwachem Hypocon und vorne mit einem kleinen Zwischenhöcker. P_4 und die unteren *M* mit zwei Paar alternierenden, komprimierten, jochartig verbundenen Höckern. Schädel hinter den Augenhöhlen stark eingeschnürt, mit breitem niedrigen Cranium und hohem Scheitelkamm. Schnauze lang, Unterkiefer mit fester Symphyse und hohem aufsteigenden Ast. Femur mit drittem Trochanter, nicht viel länger als Humerus. *Adapis* ist jedenfalls mit Ahnen der ausgestorbenen Gattung *Megaladapis*, vielleicht auch mit *Lemur* verwandt. Im Obereocän. Gips von Montmartre und Vaucluse, Phosphorite von Quercy und Bohnerz von Mormont *A. parisiensis* Cuv. Phosphorite von Quercy, St. Hippolyte de Caton (Gard) und Hordwell *Leptadapis magnus* Filh. Bohnerz Egerkingen, *A. Rütimeyeri priscus* Stehlin. Höcker noch etwas konisch.

Caenopithecus Rütimeyer. Nur $\frac{1}{1}$ *J* $\frac{3}{3}$ *P*. *C* sehr massiv, *P* einfach, nur P^4 mit Innenhöcker. Obere *M* breiter als lang, mit Mesostyl. Jochbogen massiv. Schädel kurz. Bohnerz von Egerkingen. *C. lemuroides* Rütimeyer.

Protoadapis Lemoine. Nur 3 *P*. *C* kräftig. Untereocän, Épernay. *P. curvicuspidens* Lemoine. Obereocän Prajous (Lot). *P. angustidens* Filhol.

2. Familie: **Lemuridae**[1]).

$\frac{2.1.3.3}{2.1.3.3}$. *Obere J klein, im Alter oft verschwindend, C dolchartig, P klein, nur* P^4 *mit Innenhöcker. M dreihöckerig. Untere J und C stiftförmig, horizontal gestellt, vorderster unterer P in einen kleinen Eckzahn umgewandelt. Untere M aus alternierenden, durch Joche verbundenen Höckern bestehend. Extremitäten unspezialisiert. Femur nur wenig länger als der Humerus. Letzterer mit Entepicondylarforamen, ersteres mit drittem Trochanter versehen.*

Alle lebenden und fossilen Gattungen sind auf Madagaskar beschränkt. Die letzteren finden sich in Torfmooren bei Ambolisatra, Antisirabe, Belo und in Höhlen bei Andrahomana und stammen aus der jüngsten Vergangenheit. Die größten haben die Dimensionen von Mensch.

Lemur Linné. Kleine Formen, lebend. *L. insignis* Grandidier fossil, ungefähr Paviangröße.

**Megaladapis* Major (*Thaumastolemur* Filhol, *Peloriadapis* Grandidier, *Palaeolemur*, *Mesoadapis* Lorenz v. Liburnau). $\frac{0.1.3.3}{2.1.3.3}$. *J* kräftiger als bei Lemur, obere *M* gerundet dreieckig, untere *M* und Schädel adapisähnlich. Unterkiefer mit fester Symphyse, Humerus ähnlich dem der Anthropoidea, aber mit Entepicondylarforamen. Femur von vorne nach hinten abgeplattet. *M. madagascariensis* Major, *Edwardsi* Grandidier. Wahrscheinlich die Nachkommen der europäischen Gattung *Adapis*.

Palaeopropithecus Grandidier $\frac{2.1.2.3}{2.0.2.3}$. Schädel länger und niedriger, fester Symphyse, sonst wie bei der lebenden Gattung *Propithecus*, jedoch viel größer.

3. Familie: **Archaeolemuridae** Grandidier.

$\frac{2.1.3.3}{2.0.3.3}$. *Obere J und P kurz und dick. M in beiden Kiefern quadratisch, mit je zwei Paar opponierten Höckern. Cranium groß, ohne Sagittalkamm, Augen vorwärts gerichtet.*

Schädel- und Backenzähne erinnern an Cercopitheciden, namentlich an *Colobus*. Nur fossil in Höhlen und Torfmooren von Madagaskar.

---

[1]) *Grandidier G.*, Les Lemuriens disparus. Nouvelles Archives du Museum. Paris 1905. — *Forsyth Major C. J.*, Summary of the present knowledge of extinct Primates from Madagascar. Geolog. Magazine 1900. — *Standing H. F.*, On recently discovered subfossil Primates from Madagascar. Transact. Zool. Soc. 1908.

**Archaeolemur* Filhol (*Lophiolemur* Filhol, *Nesopithecus*, *Globilemur* Forsyth Major, *Protoindris* Lorenz v. Liburnau). *A. Majori* Grandidier.

Bradylemur Grandidier. *B. ingens* Gr.

Hadropithecus Lorenz v. Liburnau. Höcker der *P* und *M* durch Joche verbunden. *H. stenognathus* L. v. Liburnau.

2. Tribus: **Chiromyiformes.**

Starke Reduktion der Antemolaren mit Ausnahme je eines oberen J und des unteren C (?), welche zu einem mächtigen, öfters wurzellosen Nagezahn umgestaltet werden. Cranium groß, ohne Cristae, Gesichtspartie verkürzt. Carotis und Bulla wie bei Lemuriformes. Extremitäten spezialisiert. Placenta diffus, adeciduat.

Stehlin erbrachte den Nachweis, daß *Chiromys*-ähnliche Lemuren im europäischen Eocän verhältnismäßig gut vertreten waren und die bisher so isoliert stehende Gattung *Plesiadapis* in der Beschaffenheit ihrer Antemolaren viel Ähnlichkeit mit dem Milchgebiß der lebenden Gattung *Chiromys* aufweist und so den Übergang zu der ursprünglichen Primatenbezahnung vermittelt. Die Deutung des ersten Zahnes im Unterkiefer als *J* resp. *C* ist zweifelhaft.

1. Familie: **Plesiadapidae.**

Vorderster Zahn des Unterkiefers und vorderster oberer J vergrößert, aber noch bewurzelt und allseitig mit Schmelz versehen. Unterkiefer hoch, mit breitem Kronfortsatz. Obere M trituberkulär, untere M tuberkulärsektorial, mit kurzem Trigonid und breitem Talonid, letzteres an M_3 stark verlängert. Untereocän. Europa und Nordamerika.

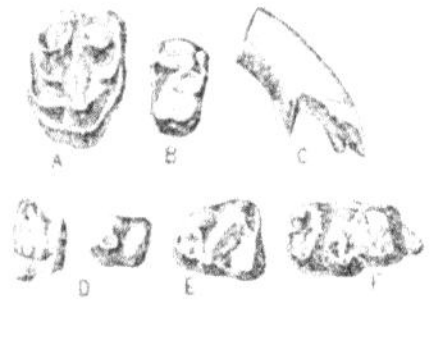

Fig. 785.
Plesiadapis remensis Lemoine. Untereocän Cernay bei Reims. *A* M^3, *B* P^4, (oberer *J* von innen, *D* P_4 von außen u. oben, *E* M_1, *F* M_3 von oben, $^5/_3$ nat. Gr.) (Nach Stehlin.)

Gregory und Matthew stellen diese Familie zu den Insektivoren, jedoch gibt letzterer zu, daß sie dem Anfang der Primaten nahesteht. Teilhard spricht sich entschieden für die Verwandtschaft mit *Chiromys* aus.

**Plesiadapis* Lemoine (*Platychoerops* Charlesworth) (Fig. 785). $\frac{2.0.3.3}{1.0.2.3}$. Vorderzähne noch mäßig entwickelt, der vorderste obere *J* mit zwei Nebenspitzen. P^4 kurz, mit großem Zwischenhöcker, untere *P* einfach. Obere *M* sämtlich mit konischen Außenhöckern, mit Protoconulus und zwei gleichen Innenhöckern. Untere *M* mit hohem Paraconid. Untereocän. Cernay *P. tricuspidens* Lemoine. Épernay *Daubrei* Lemoine.

Fig. 786.
Chiromyoides campanicus Stehlin. Untereocän. Cernay. Unterkiefer von außen. Nat. Gr. (Nach Stehlin.)

**Nothodectes* Matthew und Granger[1]). $\frac{2.1.2.3}{1.0.2.3}$. Zähne ähnlich denen von *Plesiadapis*. Untereocän. Tiffanybed. Colorado.

Labidolemur Matth. u. Granger. Unterkiefer mit 1.0.1.3 und *Ignacius* Matthew u. Grang. Oberkiefer mit ?.1.2.3. Ebenda.

Phenacolemur Matthew. Nur ein unterer, jedoch hoher und spitzer *P*. P^4 molarartig. *M* nicht unähnlich jenen von *Paramys*, einem der ältesten Nager. Untereocän. Wasatchbed. Wyoming.

Trogolemur Matthew. Kiefer vorne sehr hoch, mit 3 dichtgedrängten plumpen *P*. Unterer *J* bis unter die *M* reichend. *M* ähnlich jenen der *Anaptomorphiden*. Mitteleocän. Bridgerbed. Wyoming.

---

[1]) *Matthew W. D.*, The Dentition of Nothodectes. Bull. Amer. Mus. Nat. Hist. New York 1917.

Uintasorex Matthew. Nur 2 *P*, davon auch P_4 sehr klein. Kiefer und *J* wie bei vorigem. Ebenda.

Apatemys Marsh. Nur ein sehr kleiner P_4 vorhanden. Kiefer und *J* wie bei *Trogolemur*. Ebenda. Diese vier Gattungen wurden bisher zu den Insectivoren gestellt wegen der Ähnlichkeit mit den *Mixodectiden*, deren Kiefer jedoch schlanker sind.

Chiromyoides Stehlin (Fig. 786). $\overline{1.0.2.3.}$ *J* mit Nebenspitze, ziemlich kräftig. Backenzähne gedrungen. Kiefer sehr hoch und massiv. Thanetien, Cernay bei Reims. *Ch. campanicus* Stehlin.

2. Familie: **Chiromyidae.**

$\frac{1.0.2.3}{0.1.2.3}$. *In jedem Kiefer der vorderste Zahn vergrößert, stark gebogen, nagezahnähnlich, aber seitlich komprimiert, die übrigen J und C fehlend. M stark reduziert.*

Bisher waren keine fossilen Vertreter dieser Familie bekannt. Stehlin fand im europäischen Eocän Primaten, welche aller Wahrscheinlichkeit nach mit der lebenden Gattung *Chiromys* verwandt sind, die jedoch nach Gregory nur ein spezialisierter *Lemuride* wäre.

Als *Metachiromys* beschrieb Wortman einen Unterkiefer mit nur einem *J*-artigen Zahn und zwei winzigen Zähnchen sowie Humerus und Tibia aus dem Bridger. Eocän von Wyoming. Osborn bezog sie jedoch auf einen *Dasypus*-ähnlichen Edentaten. Die von Wortman ebenfalls in die Nähe von *Chiromys* gestellten *Microsyopiden* sind besser bei den Insectivoren untergebracht, obschon entfernte verwandtschaftliche Beziehungen zu den *Chiromyiformes* recht wohl möglich sind.

**Chiromys* Cuvier. Schädel kurz, hoch gewölbt, Finger stark verlängert. Milchgebiß $\frac{2.1.2}{1.1.2}$. Vorderster Zahn mit bleibender Pulpa. Lebend Madagaskar.

Amphichiromys Stehlin (*Calamodon* Rütimeyer). Vorderzähne schwächer gebogen als bei der lebenden Gattung; unten und außen mit Schmelzband versehen, bewurzelt und bis unter die *M* reichend. Kiefer sehr hoch, mit tiefer Massetergrube. *M* nur isoliert gefunden, sehr ähnlich jenen von *Heterohyus*. Mitteleocän, Bohnerz, Egerkingen. *A. europaeus* Rütim.

**Heterohyus* Gervais (*Necrosorex* Filhol., *Heterochiromys* Stehlin). $\frac{2.1.1.3}{1.0.2.3}$. Schnauze verlängert, Unterkiefer kurz und hoch. Jochbogen neben M^2 beginnend. J^2 größer als J^1, *C* schmal, P^4 einfach, M^{1-3} fast rhombisch im Umriß, vierhöckrig, ohne Zwischenhöcker, aber mit großem isolierten Hypocon. Unterer *J* groß, mit Schmelzband bis zur Wurzel, *P* klein und einfach. *M* mit kurzem, nicht sehr hohen, dreispitzigen Trigonid und kräftigem, an M_3 sehr langem Talonid. Mitteleocän Buchsweiler. *H. armatus* Gervais. Bohnerz Egerkingen und Obereocän, Phosphorite. *H. Quercyi* Filhol., *nanus* Teilhard.

Stehlinius Matthew. Sehr ähnlich im Schädel und in der Beschaffenheit der *J* und *M*, mit nur $\frac{1.0.2.3}{1.0.1.3}$. Obereocän. Uintabed. Utah.

3. Tribus: **Lorisiformes.**

Schädelbau und Backenzähne ähnlich den Tarsiiformes, J und Placentation wie bei Lemuriformes. Extremitäten öfters spezialisiert — Tarsus verlängert —. Fossil nicht bekannt. *Galago, Loris, Nycticebus, Arctocebus, Pterodicticus.*

4. Tribus: **Tarsiiformes.**

J und C klein, wenig spezialisiert, P oft reduziert, aus höchstens zwei Höckern bestehend. M kurz, aber breit. Gesichtspartie verkürzt. Cranium gewölbt. Ectotympanicum groß, außerhalb der Bulla in eine Röhre verlängert. Stapedialast der Carotis interna reduziert. Extremitäten mehr oder weniger differenziert. Placenta discoidal, deciduat.

1. Familie: **Tarsiidae.**

$\frac{2.1.3.3}{1.1.3.3}$. *J klein, C mäßig groß, untere P einfach, aber dick, obere P zweihöckerig. Untere M fünfhöckerig, gleichgroß, mit hohem Trigonid. Obere M trituberkulär. Gesicht kurz, Cranium geräumig. Hinterextremität stark verlängert, namentlich Naviculare und Calcaneum.*

Die ungemein primitive Form der *P* und *M*, welche mit jenen der Primaten aus dem Oligocän von Ägypten sehr große Ähnlichkeit haben, und die scheibenförmige deciduate Placenta, welche *Tarsius* mit den echten Affen gemein hat, machen es sehr wahrscheinlich, daß *Tarsius* auf die nämliche Urform zurückgeht wie die *Anthropoidea.* Anderseits steht er in der Zahl und Zusammensetzung der Zähne den nordamerikanischen Anaptomorphiden und der europäischen Gattung *Pseudoloris* sehr nahe.

2. Familie: **Anaptomorphidae** Cope[1]).

$\frac{2.1.3.3}{2-0.1.3-2.3}$. *J und C fast normal, aber letztere klein. P in beiden Kiefern klein und einfach, untere kurz und dick, obere meist mit Innenhöckern. Obere M drei- oder vierhöckerig, oft mit Zwischenhöckern, untere M mit zwei Paar niedrigen, meist dicken und deutlich alternierenden Höckern. Unpaarer Vorderhöcker an den hinteren M häufig reduziert. Unterkiefer niedrig, ohne feste Symphyse. Schädel meist brachycephal. Lacrimale und Lacrimalgrube ganz oder größtenteils vor der weiten, hinten durch eine Knochenspange abgegrenzten Augenhöhle. Extremitäten zuweilen spezialisiert.*

Wortman stellt die Anaptomorphiden zusammen mit den *Tarsiiden* als *Palaeopithecini* zu den echten Affen, den *Anthropoiden.* Matthew und Granger vereinigen die folgenden fossilen Gattungen mit den *Tarsiiden.*

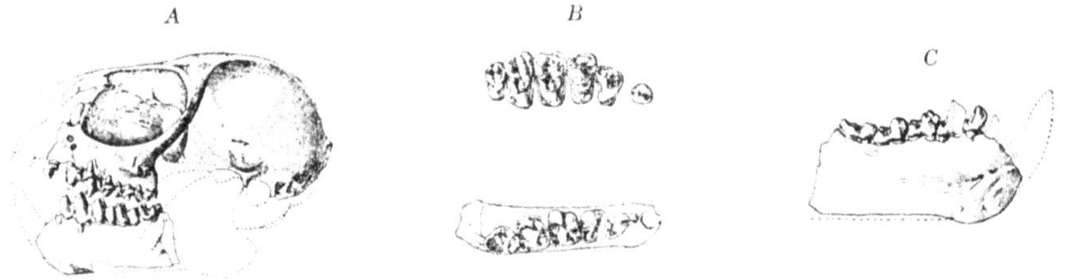

Fig. 787.
Tetonius homunculus Cope sp. Untereocän. Wasatch. Wyoming. *A* Schädel, nat. Gr., *B* obere und untere Zahnreihe (3/1 nat. Gr.), *C* Unterkiefer, 2/1 nat. Gr. (Nach Matthew und Granger).

**Tetonius* Matth. und Granger (*Anaptomorphus* Cope). (Fig. 787.) Obere *J* nicht bekannt, oberer *C* klein, isoliert stehend. Obere *P* zweihöckerig. *M* trituberkulär, mit Zwischenhöckern, alle *P* und *M* viel breiter als lang. Untere *P* rasch an Größe zunehmend, jedoch einfach, nur mit innerem Basalwulst. Untere *M* mit schmalem, kurzen aber hohem Trigonid und großem, breiten Talonid. Paraconid nur an M_1 kräftig ausgebildet. Schädel kurz, mit geräumigem Cranium und weit abstehendem Jochbogen. Augenhöhle hinten durch den Postorbitalfortsatz des Stirnbeins geschlossen. In Zwischen- und Unterkiefer je ein vergrößerter Zahn, der als *J* resp. *C* gedeutet wird.

[1]) *Teilhard de Chardin,* Sur quelques Primates des phosphorites du Quercy. Annal. de Paléontol. 1916—21.

Untereocän Wasatchbed. Wyoming. *T. homunculus* Cope sp., *ambiguus* M. u. Gr.

**Anaptomorphus* Cope. $\overline{2.1.2.3}$. Untere *J* aufrecht, nicht viel kleiner als *C*. P_3 und P_4 sehr kurz und einfach. *M* ähnlich wie bei voriger Gattung. Oberkiefer nicht bekannt. Zahnreihe vermutlich geschlossen. Mitteleocän, Bridgerbed, Wyoming. *A. aemulus* Cope. Hat ebenso wie die drei folgenden Gattungen möglicherweise genetische Beziehungen zu den *Anthropoidea*.

Absarokius Matth. und Grang. $\overline{?1.3.3}$. *M* ähnlich wie bei dem vorigen. Obere *M* einfach, *P* kräftiger, spitzer. Mitteleocän, Windriverbed. *A. (Anaptomorphus) Abbotti* Loomis sp.

**Omomys* Leidy (*Palaeacodon*, *Hemiacodon* p. p., *Euryacodon* Marsh). $\overline{2.1.3.3}$. Gebiß mit sehr breiten, dreieckigen, trituberkulären oberen *M* und mit unpaarem Vorderhöcker an den unteren *M*. Schmelz glatt. Mitteleocän. Bridgerbed von Wyoming. *O. Carteri* Leidy.

**Hemiacodon* Marsh. Obere *M* viereckig, stark in die Breite gezogen, mit drei konischen Höckern und mit kräftigen Zwischenhöckern. Vorderhälfte der unteren *M* dreispitzig und an M_1 bedeutend höher als die hintere. Schmelz runzelig. Bridger-Eocän. *H. gracilis* Marsh.

**Washakius* Leidy. $\frac{2.1.3.3}{2.1.3.3}$. *J* und *C* fast vertikal. Trigonid der unteren *M* mit vier Höckern, an M_3 auch Talonid vierhöckerig. Obere *M* mit drei vierkantigen Haupthöckern, mit zwei Zwischenhöckern und Hypocon. Mitteleocän, Bridgerbed. *W. insignis* Leidy.

Shoshonius Granger. Obere *M* mit Mesostyl, untere mit kräftigem Trigonid. Mitteleocän, Windriverbed.

Uintanius Matth. u. Grang. *P* einfach, plump und wie die *M* schwach rückwärts geneigt. Letzter *P* oben und unten der höchste von allen Zähnen. Trigonid der unteren *M* viel höher als Talonid. Obere *M* und *P* von dreieckigem Umriß. Zwischenhöcker schwach. Mitteleocän, Bridgerbed. *U. turriculorum* Matth. u. Grang.

Navajovius Matthew. Untereocän. Tiffanybed. Colorado.

**Necrolemur* Filhol (Fig. 788). $\frac{2.1.3.3}{0.1.4.3}$. Zahnreihe geschlossen. Obere *M* vierhöckerig, mit zwei pyramidenförmigen Außen-, zwei V-förmigen Innen- und zwei kleinen Zwischenhöckern. M^3 reduziert. P_4 in beiden Kiefern verdickt. Nur M_1 mit wohlentwickeltem Paraconid. M_3 mit starkem Talonid. Der vorderste untere *P* und ein oberer *J* gehen später verloren.

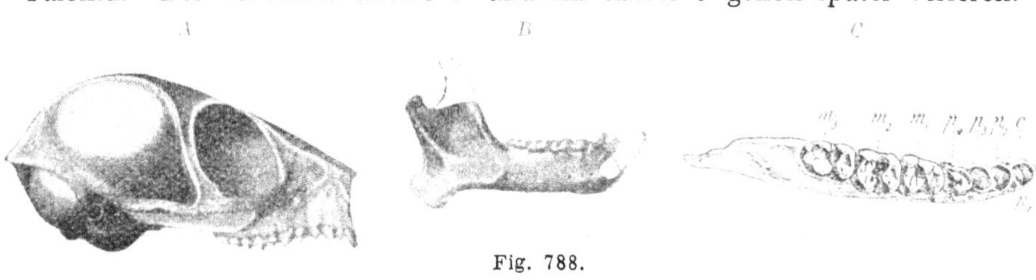

Fig. 788.

Necrolemur antiquus Filhol. Phosphorite. Quercy. *A* Schädel, *B* Unterkiefer von der Seite, nat. Gr. (Nach Stehlin.) *C* Unterkiefer von oben., $^2/_1$ nat. Gr.

Schädel niedrig, Cranium breit. Carotidkanal wie bei den höheren Primaten. Bulla aufgebläht. Fibula mit dem unteren Drittel der schlanken Tibia verwachsen. Calcaneum und Naviculare gestreckt wie bei der lebenden Gattung *Tarsius*. Obereocän. Phosphorite von Quercy, Bohnerze von Mauremont und in Euzet-les-Bains. *N. antiquus*, *Edwardsi* Filhol, *Zitteli* Schlosser, die letzte Art auch in den Bohnerzen von Egerkingen und Lissieu.

**Microchoerus* Wood. Zähne ähnlich *Necrolemur*, jedoch mit vielen kleinen Nebenhöckern. Obereocän von Hordwell, England. Mormont, Quercy, St. Saturnin, St. Hippolyt de Caton.

Nannopithex Stehlin. Obere *M* fünfhöckerig, mit innerem Basalhöcker und halbmondförmigem Protocon. M^3 stark reduziert. Mitteleocän, Egerkingen.

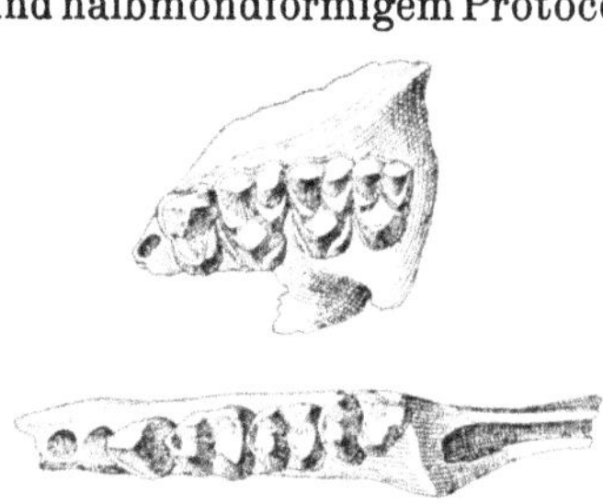

Fig. 789.

Pseudoloris parvulus Filhol. Phosphorite. Quercy. Oberkiefer von unten. Unterkiefer von oben. $^4/_1$ nat. Gr. (Nach Stehlin.)

**Pseudoloris* Stehlin (Fig. 789). $\frac{2.1.3.3}{1?1.4.3}$. Schnauze kurz und schmal. Weite Orbita. Obere *M* breiter, M^3 nur wenig kleiner als M^2. Innerer Basalhöcker schwach. Vorderrand des M^1 konvex, Hinterrand konkav. Untere *P* sehr einfach. *M* jenen von *Tarsius* sehr ähnlich. Phosphorite Quercy. *Pseudoloris parvulus* Filhol sp.

Beide Gattungen ausgezeichnet durch den glatten Schmelz und die geringe Körpergröße.

Anchomomys Stehlin. $\frac{2.1.3.3}{2.1.3.3}$. Obere *M* dreihöckerig, mit Protoconulus und hinterem inneren Basalhöcker, Hypocon. Vorderrand konvex, Hinterrand konkav. $M^3 < M^2$. Untere *M* viel länger als breit, mit sehr schwachem Paraconid. Mitteleocän Egerkingen und Lissieu. *A. Gaillardi* Stehlin. Phosphorite. *A. Quercyi* Filh.

2. Unterordnung: **Anthropoidea** Mivart[1]).

Plantigrade, mit der ganzen Sohle oder dem äußeren Fußrand auftretende Land- oder Klettertiere, mit opponierbarem Daumen und meist auch opponierbarer großer Zehe. Sämtliche Endphalangen (außer bei den Hapaliden) abgeplattet und mit Nägeln bedeckt. Gebiß vollständig, mit nur zwei Paar Schneidezähnen. Öfters kurzes Diastema. Backenzähne bunodont, P in der Regel zweihöckerig, untere M vier- oder fünfhöckerig, obere M vier- oder *dreihöckerig. Orbita nach vorne gerichtet, hinten durch eine knöcherne Scheidewand von den Schläfengruben getrennt. Foramen lacrimale innerhalb der Augenhöhlen gelegen. Gehirn groß, stark gefurcht. Zwei Zitzen an der Brust.*

Die Affen bewohnen heutzutage vorwiegend die heißen Regionen von Afrika, Asien und Amerika, nur eine Art lebt bei Gibraltar. Die ersten fossilen Affen treten im Oligocän von Ägypten auf, im Mittelmiocän erscheinen sie auch in Europa und etwas später in Südamerika, sowie in Asien. Aus

[1]) *Ameghino Fl.*, Les formations sédimentaires de Patagonie. Anal. Museo de Buenos Aires 1906. — *Beyrich C.*, Über Semnopithecus pentelicus. Abh. Berlin. Akad. 1860. — *Branco W.*, Die menschenähnlichen Zähne aus den Bohnerzen der Schwäbischen Alb. Jahresh. Ver. f. vaterl. Naturkunde in Württemberg 1898. — *Dubois E.*, Über drei ausgestorbene Menschenaffen. N. Jahrb. für Miner. 1897. I. — *Gaudry A.*, Le Dryopithèque. Mém. Soc. géol. France. Paléontol. 1890. I. — *Harlé Ed.*, Une machoire de Dryopithèque. Bull. Soc. géol. France 1898. Nouvelles pièces de Dryopithèque. Ibid. 1899. — *Lydekker*, Palaeontologia Indica. Ser. X, Vol. IV Siwalik Mammalia Suppl. L. 1886. — *Pilgrim G. E.*, New Siwalik Primates and their Bearing on the Question of the Evolution of Man and the Anthropoidea. Records of the Geol. Surv. of India 1915. — *Ristori G.*, Scimmie fossile italiane. Boll. comitato geol. ital. 1890. — *Schlosser M.*, Beitr. z. Kenntnis der Säugetiere aus den süddeutschen Bohnerzen. Geol. u. paläont. Abhandl. Jena 1902. Die neueste Literatur über die ausgestorbenen Anthropomorphen. Zool. Anzeig. 1900. Die menschenähnlichen Zähne aus dem Bohnerz der Schwäbischen Alb. Zool. Anz. 1901. — *Schwalbe G.*, Über den fossilen Affen Oreopithecus. Zeitschr. für Morph. u. Anthr. Bd. XIX. 1915. — *Stromer-Reichenbach E. v.*, Mitteil. über die Wirbeltierreste aus dem Mittelpliocän des Natrontales (Ägypten). Zeitschr. d. deutsch. geolog. Ges. 1913. — *Wagner A.*, Abhandl. k. bayer. Ak. II. Kl. Bd. III 1. Abt. Bd. VII 2. Abt. Bd. VIII 1. Abt.

dem Pleistocän kennt man einzelne Arten sowohl aus Europa als auch aus Nordafrika und Südasien. Südamerika besitzt im Miocän und Pleistocän Vertreter der noch jetzt dort lebenden Formen.

Die niedrigsten und kleinsten Formen schließen sich noch etwas an gewisse Halbaffen an, die hochstehenden und größten werden in ihrem Körperbau ganz menschenähnlich.

Der Schädel hat ein sehr geräumiges Cranium. Die tiefgefurchten Hemisphären des Großhirns bedecken das Kleinhirn fast vollständig. Die großen rundlichen Augenhöhlen sind nach vorwärts gerichtet und hinten durch eine vom Jugale ausgehende knöcherne Scheidewand von der Schläfengrube getrennt. Lacrimale und Foramen lacrimale liegen innerhalb der Orbiten. Die nur selten etwas längeren Gesichtsknochen steigen steil nach hinten an. Die Nasenbeine sind kurz, die Nasenlöcher nach vorne gerichtet und seitlich und unten von den Zwischenkiefern begrenzt. Die Stirnbeine verschmelzen miteinander und die nur selten mit einem Scheitelkamm versehenen Scheitelbeine vereinigen sich in der Sagittalnaht. Auch die Orbitalcrista ist meistens nur schwach entwickelt. Der aufsteigende Ast der eine feste Symphyse bildenden Unterkiefer ist in der Regel hoch und breit. Das Kinn steigt senkrecht oder schräg nach vorne zu an. Das Gebiß weist nur oben vor, unten hinter dem namentlich bei den Männchen meist kräftigen konischen *C* eine kurze Lücke auf. Die beiden *J* sind oben und unten meißelförmig ausgebildet. Die *P* bestehen in beiden Kiefern aus einem spitzen Außenhöcker und in der Regel aus einem niedrigen Innenhöcker. Der erste untere *P* ist häufig in seiner Vorderpartie verstärkt, weil sie dem oberen Eckzahn als Antagonist dient. Die Zahl der *P* beträgt bei den neuweltlichen Affen $\frac{3}{3}$, bei den altweltlichen $\frac{2}{2}$. Die oberen *M* besitzen bei den letzteren vier rechtwinkelig oder schief gegenüberstehende, stumpf-konische oder kantige Höcker, von denen der zweite innere häufig schwächer ist als der vordere; bei den ersteren kann er auch vollständig fehlen. Die unteren *M* haben zwei opponierte oder alternierende Höckerpaare. In letzterem Falle und fast immer am M_3 kommt ein weiterer Höcker am Hinterrand hinzu.

Die Zahl der Wirbel ist 7 Hals-, 11—14 Rücken-, 4—7 Lenden- und meist 5 Sacralwirbel. Die Zahl der Schwanzwirbel ist sehr verschieden. Die Form der einzelnen Wirbel gleicht im wesentlichen den menschlichen Wirbeln. Die Länge des Schwanzes und das Längenverhältnis von Vorder- und Hinterextremität variiert außerordentlich. Bei den lebenden Simiiden fehlt der Schwanz, und ihre Vorderextremität ist beträchtlich länger als die Hinterextremität. Der Humerus hat öfters ein Entepicondylarforamen. Radius und Ulna sind getrennt, kräftig und umeinander drehbar. Der mit dem Vorderarm artikulierende Hinterrand des breiten kurzen Carpus verläuft konvex. Die Carpalien bleiben sämtlich frei. Ein Centrale ist häufig vorhanden. Das Trapezium hat eine sattelförmige, nach außen und unten gerichtete Gelenkfläche für den opponierbaren Daumen, der übrigens zuweilen bloß aus einem kurzen Metacarpalstummel besteht. Die Phalangen sind auf der Rückseite konvex, auf der Unterseite flach. Die letztere ist schmal, abgeplattet und kaum gekrümmt. Dem schlanken Femur fehlt ein dritter Trochanter, Tibia und Fibula sind kräftig und nur oben und unten miteinander verbunden. Astragalus mit konvexer, nicht gefurchter Tibialfacette und einer seitlichen Artikulation für die Fibula. Calcaneum mit langem Tuber, unten gerade abgestutzt. Der kurze Hallux ist fast immer opponierbar, so daß der Hinterfuß als Hand funktionieren kann.

Die *Anthropoidea* gliedern sich in die Familien der *Hapalidae*, der *Cebidae*, der *Cynopithecidae*, der *Simiidae* und der *Hominidae*, denen jedoch hinzuzufügen sind die *Parapithecidae* und die *Oreopithecidae*. Die beiden ersteren Familien — nach Gregory vielleicht Nachkommen von *Notharctus* —, sind auf Amerika, die übrigen außer Hesperopithecus und *Homo* auf die Alte Welt beschränkt.

1. Familie: **Hapalidae.** Krallenaffen.

$\frac{2.1.3.2}{2.1.3.2}$. *Die beiden oberen M trituberkulär, mit V-förmigem Innenhöcker. Obere P breit, mit spitzem Außen- und Innenhöcker. Untere M vierhöckerig, hinteres Höckerpaar niedriger als das vordere. C stark vorspringend. Schädel rundlich. Augenhöhle relativ klein. Alle Finger und Zehen mit Ausnahme des Hallux mit Krallen versehen. Schwanz länger als der übrige Körper.*

Von den beiden im tropischen Südamerika lebenden Gattungen *Hapale* Illig. und *Midas* Geoffroy ist nur die erste durch eine in brasilianischen Knochenhöhlen vorkommende Art — *Hapale penicillata* Geoffroy — auch fossil vertreten.

2. Familie: **Cebidae**[1]).

$\frac{2.1.3.3}{2.1.3.3}$. *Obere und untere M vierhöckerig, P zweihöckerig. Alle Zehen mit Nägeln. Schwanz lang.*

Lebend in Süd- und Centralamerika, fossil im Pleistocän von Brasilien und im Tertiär von Patagonien. Nach Gregory Nachkommen von *Notharctus.*

Mycetes seniculus L., *Callithrix personata* Geoffr. und *Cebus fatuellus* L. auch fossil in brasilianischen Knochenhöhlen, daselbst auch der ausgestorbene *Eriodes protopithecus* Winge (*Protopithecus brasiliensis* Lund).

**Homunculus* Ameghino (*Ecphantodon* Mercerat). *C* wenig vorragend und wie die einwurzeligen, kleinen *P* mit Basalband, das an der Innenseite mit kleinen Höckerchen versehen ist. *M* gerundet viereckig, mit vier schwachen, bogenförmig miteinander verbundenen Höckern. Vorderhälfte der *M* höher als die Hinterhälfte. Unterkiefer hoch, fast parallel gestellt, eine feste Symphyse bildend. Obermiocän von Santa Cruz. Patagonien. *H. patagonicus* Ameghino.

Anthropops und *Eudiastatus* Ameghino. Nur Unterkiefersymphyse bekannt. *Pitheculus* Ameghino nur Unterkieferfragment. Alle drei aus dem Obermiocän von Santa Cruz.

Clenialites und *Pitheculites* Ameghino aus den Colpodonschichten von Patagonien sind überhaupt keine Primaten.

3. Familie: **Parapithecidae** Schlosser.

?$\frac{2.1.2.3}{2.1.2.3}$. *J klein, C nur wenig größer als J und ebenfalls etwas vorwärts geneigt, P mit Ausnahme von P_4 einfach, ohne Innenhöcker. M aus je zwei Paar dicken Höckern und einem kleinen Hinterhöcker bestehend. Vordere Hälfte der M etwas höher als die hintere. Höcker an M_1 und M_3 alternierend, an M_2 opponiert. Unterkiefer niedrig, stark divergierend, mit schräg ansteigendem hinteren Ast, ohne feste Symphyse.*

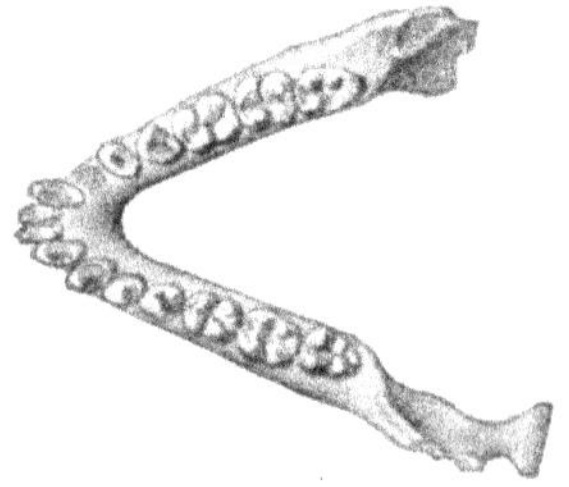

Fig. 790.
Parapithecus Fraasi Schlosser. Oligocän. Fayum, Ägypten. Unterkiefer nat. Gr.

Zahnzahl, Form der Zähne und Beschaffenheit der Kiefer und Körpergröße vermitteln vollständig den Übergang von den Anaptomorphiden und Tarsiiden zu den Simiiden, namentlich zu *Pliopithecus.* Zweifelhaft ist dagegen die Verwandtschaft mit den *Cynopitheciden.*

**Parapithecus* Schlosser. (Fig. 790.) Oligocän des Fayum, Ägypten, *P. Fraasi* Schl.

Moeripithecus Schlosser. Nur Unterkieferfragment mit M_2 und $_3$ bekannt. Ebenda *M. Markgrafi* Schl. Systematische Stellung unsicher. Vielleicht Apidium?

---

1) *Bütschli H.*, Die fossilen Affen Patagoniens und der Ursprung der Platyrhinen. Verh. d. anatom. Ges. 1913.

4. Familie: **Cynopithecidae.** Hundsaffen.

$\frac{2.1.2.3}{2.1.2.3}$. *M oben und unten vierhöckerig, Höcker paarig opponiert. Außenhöcker von den Innenhöckern bald durch eine Längsfurche getrennt, bald durch Querjoche verbunden.* M_3 *mit drittem Lobus.* P_3 *zweihöckerig, unterer* P_4 *vergrößert. Schnauze vorspringend, häufig verlängert. Extremitäten plantigrad. Arme und Beine fast gleich lang. Schwanz meist lang.*

Die lebenden Cynopitheciden zerfallen in die altweltlichen Paviane, Makaken, Meerkatzen, Stummel- und Schlankaffen. Sie gehen fast immer auf allen Vieren, treten mit der ganzen Sohle auf und haben meist einen langen Schwanz, sowie Backentaschen und Gesäßschwielen. Die in Europa, Asien und Afrika fossil vorkommenden Formen schließen sich meist enge an lebende Gattungen an.

Simopithecus Andrews. Pliocän. Ostafrika. *S. Oswaldi* Andr.

Papio Erxl. Lebend und im Pliocän von Ägypten.

Apidium Osborn (Fig. 791). Nur Unterkiefer bekannt. P_4 relativ lang, mit Nebenhöckern. M_1 und M_2 fast quadratisch, aus zwei Höckerpaaren und hinterem Höcker bestehend. M_3 mit drittem Lobus. Möglicherweise Vorläufer dieser Familie. Oligocän. Fajum. *A. phiomense* Osb.

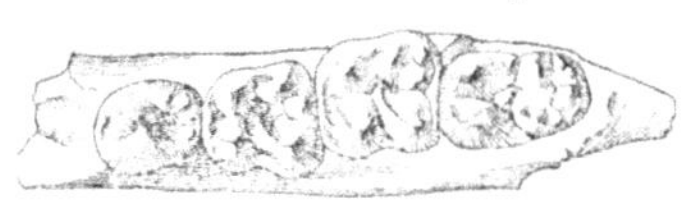

Fig. 791. *Apidium phiomense* Osborn. Unterkiefer. Oligocän. Ägypten. Nat. Gr.

Cynocephalus Lacépède. Pavian. Lebend in Afrika und Arabien. Fossil in den Siwalikschichten von Ostindien *C. (Semnopithecus) subhimalayanus* Mey. sp., *C. Falconeri* Lyd., und in pleistocänen Knochenhöhlen von Madras. Im Oberpliocän von Algier. *C. atlanticus* Thomas.

Semnopithecus Cuv. Lebend in Südostasien. Fossil im Pliocän von Montpellier, von Casino in Toskana und bei Messina *S. monspessulanus* Gerv. *J* in den Siwalikschichten von Indien *S. palaeindicus* Lyd. Im Pleistocän von Madras *S. entellus* Düf.

**Mesopithecus* Wagner. Schädel und Gebiß wie bei *Semnopithecus*, Skelett plumper, Macacus ähnlicher. *C* beim Männchen viel stärker als beim Weibchen. Schwanz lang. *M. Pentelici* Wagner aus dem Unterpliocän von Pikermi, Veles, Baltavár, von Tiraspol (Südrußland) und Maragha(Persien) ist der häufigste und am vollständigsten bekannte fossile Affe.

**Dolichopithecus* Depéret. Ähnlich *Semnopithecus*, jedoch Schnauze länger und Extremitäten kürzer und plumper. Im Pliocän von Perpignan *D. ruscinensis* Dep.

**Libypithecus* Stromer. Oberer M^3 länger und ebenso breit wie M^2, Gehirnschädel relativ klein, Schnauze vorspringend, Nase schmal, steil abfallend, sonst wie der vorige. Mittelpliocän Ägypten. *L. Markgrafi* v. Stromer, daselbst noch eine zweite nicht benannte *Semnopithecus*-ähnliche Gattung.

Macacus Lacépède (*Inuus* Geoffroy, *Aulaxinuus* Cocchi). Obere *M* niedrig, vierseitig mit zwei Paar konischen oder kantigen, bald durch eine Längsfurche getrennten, bald durch Joche verbundenen Höckern. *P* mit Außen- und Innenhöcker. Untere *M* wie die oberen, nur schmäler. *C* beim Männchen sehr kräftig. *M. (Inuus) ecaudatus* Geoffr. ist der einzige in Europa (Gibraltar) lebende Affe. Die übrigen Arten sind weit verbreitet im südlichen und östlichen Asien und bewohnen zum Teil Gebirge — Tibet, Himalaya, Japan —. Im Pliocän von Montpellier *M. priscus* Gerv., im Pliocän des Val d' Arno *M. (Aulaxinuus) florentinus* Cocchi. Im Pliocän von Ägypten *Aulaxinuus libycus* v. Stromer. In den Siwalikschichten von Ostindien *M. sivalensis* Lyd. und im Pleistocän von Java *M. (Inuus) nemestrinus* var. *saradana* Deninger. Aber auch im europäischen Pleistocän haben sich Überreste von *Macacus* gefunden. Im Heppenloch bei Kirchheim in

Zeitliche und räumliche Verbreitung der Primaten.

	Afrika	Europa	Asien	Nordamerika	Südamerika
Jetzt-zeit	Schimpanse Gorilla Cynopithecidae Lemuridae Chiromyidae Galaginae	Macacus	Simia Hylobates Cynopithecidae Lorisinae Tarsiidae		Cebidae Hapalidae
Plei-stocän	Macacus Cynocephalus Magaladapis Lemur Palaeopropithecus Archaeolemur Bradylemur Hadropithecus	Eoanthropus Macacus	Pithecanthropus Semnopithecus Cynocephalus		Cebus Mycetes Eriodes Callithrix Hapale
Plio-cän	Libypithecus Simopithecus Aulaxinuus Papio	Anthropodus Dryopithecus Dolichopithecus Macacus Semnopithecus Mesopithecus Oreopithecus	Sivapithecus Palaeopithecus Dryopithecus Macacus Semnopithecus Cynocephalus	Hespero-pithecus ?	
Mio-cän		Dryopithecus Pliopithecus	Palaeosimia Sivapithecus Dryopithecus		Homunculus Anthropops ? Eudiastatus? Pitheculus ?
Oli-gocän	Propliopithecus Parapithecus Moeripithecus Apidium				
Ober- und Mit-tel-Eocän		Protoadapis Adapis Caenopithecus Periconodon Pronycticebus Amphichiromys Heterohyus Heterochiromys Necrosorex Nannopithex Pseudoloris Anchomomys Necrolemur Microchoerus		Pelycodus Notharctus Tetonius Anaptomorphus Absarokius Omomys Hemiacodon Washakius Shoshonius Uintanius Stehlinius	
Unter-eocän		Protoadapis Plesiadapis Chiromyoides		Pelycodus Notharctus Tetonius Nothodectes Navajovius Phenacolemur Trogolemur Uintasorex Apatemys	

Württemberg *M. (Inuus) suevicus* Hedinger und bei Csarnota in Ungarn je ein Unterkiefer, im Forestbed von Norfolk ein *Macacus* ähnlicher Humerus. In einer Höhle bei Montsaunès (Haute Garonne) fand Harlé einen Unterkiefer zusammen mit Resten von *Hyaena striata* — *M. tolosanus* Harlé, und kürzlich fand Forsyth Major zahlreiche Kiefer bei Cap Faro auf Sardinien. Aus dem Pleistocän von Algerien stammt *Macacus trarensis* Pomel.

5. Familie: **Oreopithecidae.**

$\frac{2.1.2.3}{2.1.2.3}$. *Zahnreihe geschlossen. C schwach, unterer P_3 nicht spezialisiert, alle P zweihöckerig. Untere M länger als breit, M_3 mit großem vierhöckerigen Talonid. Obere M gerundet quadratisch. Im Unterkiefer Protoconid mit Entoconid, im Oberkiefer Protocon mit Metacon durch einen Querkamm verbunden. Höckerstellung undeutlich opponiert, im Unterkiefer scheinbar alternierend.*

Die Beschreibung stützt sich hauptsächlich auf Gipsabgüsse, welche jedoch über den Grad der zweifellos vorhandenen Verdrückung kein Urteil erlauben. Es ist nur soviel sicher, daß *Oreopithecus* gewissermaßen eine Mittelstellung zwischen der vorhergehenden und der folgenden Familie einnimmt.

**Oreopithecus* Gervais. Unterpliocän. Monte Bamboli und Casteani, Toskana. *O. Bambolii* Gerv., nach Laskarew auch in Beßarabien.

6. Familie: **Simiidae.** Menschenaffen.

$\frac{2.1.2.3}{2.1.2.3}$. *Obere und untere M vierhöckerig, Innen- und Außenhöcker miteinander alternierend. An den unteren M in der Regel ein dritter Außenhöcker oder ein Höcker am Hinterrand vorhanden. An den oberen M Außenhöcker mit dem ersten Innenhöcker mehr oder weniger innig verbunden, zweiter Innenhöcker kleiner als der erste. P kürzer als lang, zweihöckerig. Schädel mit Sagittal- und Supratemporalkamm oder mit Supratemporalwülsten. Vordere Extremität länger als die hintere. Gang meist aufrecht. Ohne Schwanz und ohne Gesäßschwielen* (abgesehen von *Hylobates*).

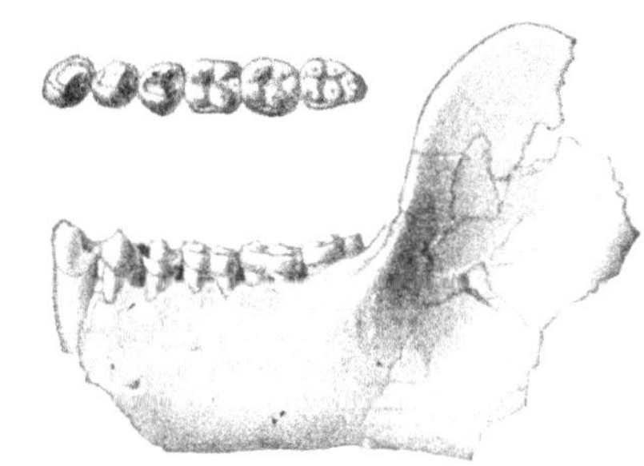

Fig. 792.
Propliopithecus Haeckeli Schlosser. Oligocän. Fayum, Ägypten. Unterkiefer und untere C bis M_3 von oben, nat. Gr.

Die Simiiden stehen dem Menschen im Skelettbau und in der Beschaffenheit des Gehirns am nächsten. Auch besitzen sie die Fähigkeit, aufrecht zu gehen, wobei sie freilich nicht mit der Sohle, sondern mit dem äußeren Rand des Fußes auftreten. Auch das Gebiß nähert sich dem des Menschen, es unterscheidet sich hauptsächlich durch die etwas größere Länge der *M* und die stärkere Entwicklung der Eckzähne, die mit der Ausbildung eines Scheitel- und Hinterhauptkammes oder doch von Schläfenwülsten verbunden ist.

**Propliopithecus* Schlosser. (Fig. 792.) *J* und *C* klein und aufrecht, *P* einfach, nur der hintere mit Innenhöcker, *M* niedrig, mit kleinem Höcker am Hinterrand. Unterkiefer hoch, parallel gestellt, mit hohem, breiten aufsteigenden Ast. Sicher der Ahne der folgenden Gattung und wohl auch aller Simiiden und Hominiden. Oligocän des Fayum, Ägypten. *P. Fraasi* Schl.

**Pliopithecus* Gervais (*Protopithecus* Lartet) (Fig. 793). *J* schmal, ziemlich lang, *C* individuell sehr kräftig. Vorderer unterer *P* einspitzig, untere *M* mit zwei Paar stumpfen Höckern und einem unpaaren Hinterhöcker. Obere und untere *M*, abgesehen von dem starken Basalband, denen von *Hylobates* sehr ähnlich. Im Miocän von Sansan (Gers.), La Grive S. Alban (Isère), des Orléanais und von Oppeln in Schlesien, ferner im bayerisch-schwäbischen Dinotheriumsand, und in den Braunkohlen von Elgg (Schweiz) und Göriach (Steiermark). *P. antiquus* (*P. platyodon* Biederm.) Blainv. sp. Größe wie vom lebenden Gibbon, jedoch Unterkiefer viel höher.

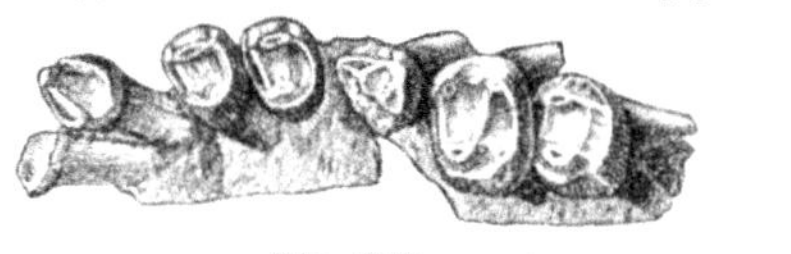

Fig. 793.
Pliopithecus antiquus Gervais. Obermiocän. Göriach in Steiermark. Oberkiefer, nat. Gr.

Palaeosimia Pilgrim. Nur ein oberer M^3 bekannt, gerundet, dreieckig, mit vielen Rauhigkeiten, dem von Orang ähnlich. Obermiocän, Indien, Chinji-Zone. *P. rugosidens* Pilgrim.

**Palaeopithecus* Lydekker. Nur Oberkiefer bekannt. *P* relativ klein und breit. *M* vierhöckerig, glatt, menschenähnlich. Schimpansengröße. Pliocän der Siwalik von Jobi im Pundschab *P. sivalensis* Lyd. Nach Gregory mit Gorilla am nächsten verwandt.

**Sivapithecus* Pilgrim (Fig. 794). Unterer P_4 klein, untere *M* kaum länger als breit, mit fast glatten Höckern. Obere *M* sehr breit. Anscheinend der menschenähnlichste aller fossilen und lebenden Simiiden. Untere und mittlere Siwalikschichten, Chinji- und Nagri-Zone. *S. indicus* Pilgrim. Möglicherweise mit voriger Gattung identisch.

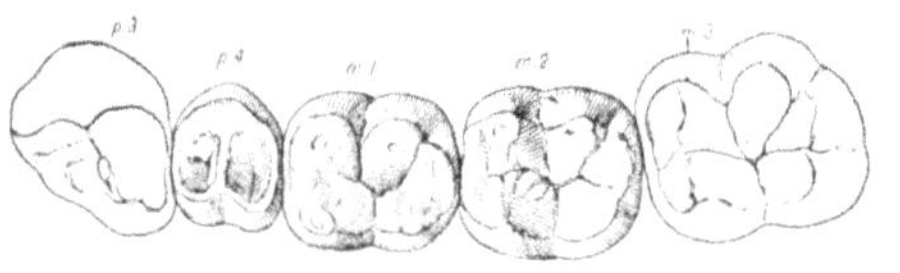

Fig. 794.
Sivapithecus indicus Pilgrim. Untere Siwalikschichten. Obermiocän. Untere $P_3 - M_3$. Nat. Gr. (Nach Gregory.)

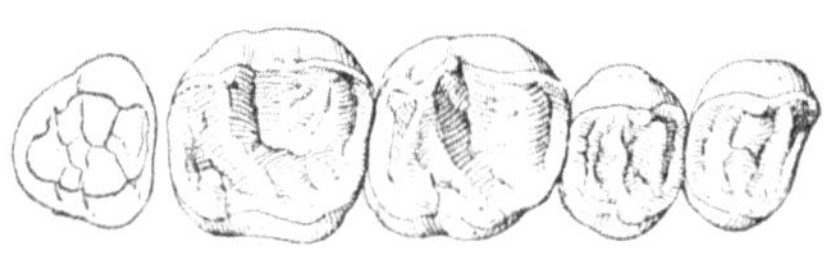

Fig. 795.
Dryopithecus punjabiensis Pilgrim. Mittl. Siwalikschichten. Unterpliocän. Obere $P^3 - M^3$. Nat. Gr. (Nach Gregory.)

**Dryopithecus* Lartet (*Paedopithex* Pohlig, *Pliohylobates* Dubois) (Fig. 795), Unterkieferäste hoch, fast noch parallel gestellt, mit schwachen, vorwärts geneigten *J*, starkem *C*, großem einspitzigen P_3 und langem zweihöckerigen, mit Talon versehenen P_4. An Stelle des fünften Höckers des M_1 und M_2 an M_3 ein Doppelhöcker. Obere *M* mit zwei großen Außen- und zwei ungleichen Innenhöckern, von denen der vordere, größere, mit beiden Außenhöckern verbunden ist. Schmelz aller *M* stark gerunzelt. Humerus —von St. Gaudens — schlank, viel kürzer als das gerade, dünne Femur — von Eppelsheim. Dryopithecus hatte die Dimensionen des Schimpansen und ist auch wohl dessen Stammvater, sowie von Orang Utang und Gorilla. Im Miocän von St. Gaudens (Haute Garonne), La Grive St. Alban (Isère) und Seo de Urgel (Prov. Lérida) *D. Fontani* Lartet, im Unterpliocän von Eppelsheim und in Bohnerzen von Schwaben *D. rhenanus* Pohlig sp. In den Siwalik — Ostindien — *D. chinjiensis*, *punjabiensis* Pilgrim und der riesige *giganteus* Pilgrim.

Dryopithecus Darwini und *Gryphopithecus Suessi* Abel aus dem marinen Miocän von Neudorf im Wiener Becken sind ganz problematisch. Den letzteren Zahn hat schon H. v. Meyer als Sirenenzahn bestimmt.

Hesperopithecus[1]) Osborn. Obere Molaren, M^2 und M^3, sehr menschenähnlich. Pliocän. Rattlesnake Creek. Nebraska. *H. Haroldcookii* Osb.

Anthropodus Schlosser. Nur unterer M_3 bekannt, viel länger als breit, mit vier niedrigen Höckern und großem Talonid. Runzelung mäßig. Unterpliocän, Bohnerz von Salmendingen. *A. Brancoi* Schl. Verwandtschaft mit *Pithecanthropus* und *Homo* nicht ausgeschlossen.

---

[1]) American Museum novitates. New York 1922. April. Problematisch, vielleicht isolierter D^1 eines Equiden.

7. Familie: **Hominidae.**

Aufrechter Gang. Hand mit opponierbarem Daumen. Füße plantigrad, große Zehe nicht opponierbar. $\frac{2.1.2.3}{2.1.2.3}$ *in geschlossener Reihe, halbkreisförmig angeordnet. C schwach, nicht viel höher als die J. Schädel ohne Scheitelkamm und ohne Schläfenwülste. Augenhöhle hinten durch eine Wand abgeschlossen. Gehirn groß, mit zahlreichen Windungen.*

**Pithecanthropus* Dubois. Schädeldach schmal, wenig gewölbt, mit postorbitaler Einschnürung. Ohne Sagittalcrista und ohne Schläfenwülste. M^3 stark reduziert, ohne deutliche Höcker, mit vielen Runzeln. Femur lang, schlank, für aufrechten Gang geeignet. Unterpleistocän (Pliocän ?) von Trinil in Java, *P. erectus* Dubois[1]).

Man kennt zwar nur das Schädeldach, einen Zahn und das Femur von *Pithecanthropus*, allein gerade diese Stücke sind am geeignetsten, uns ein Bild von seiner Organisation zu geben. Weil der Schädel trotz seiner Größe weder Scheitelkamm noch Schläfenwülste besitzt, so kann es nicht dem geringsten Zweifel unterliegen, daß die Eckzähne nicht größer gewesen sein können als die *J*. Auch kann der untere P_3 nicht spezialisiert gewesen sein wie bei den eigentlichen Menschen-Affen. Es kann sich daher nur um einen Vertreter der Hominiden handeln. Auch die Form des M^3 kann höchstens beim Menschen, aber niemals bei einem Menschen-Affen vorkommen, und selbst das Femur läßt sich nur dem menschlichen an die Seite stellen. Während manche Anthropologen in *Pithecanthropus* einen riesigen *Hylobates* erblicken wollten, betonen Turner, Topinard, Manouvrier und andere die große Ähnlichkeit mit dem Menschen. Auch Schwalbe findet im Schädelbau weitgehende Unterschiede gegenüber dem der Menschen-Affen. Es ist übrigens ziemlich wahrscheinlich, daß wir es nur mit einer alten Spezies des Genus *Homo* zu tun haben.

**Eoanthropus* A. Sm. Woodward[2]). Schädel ächt menschlich, ohne Supraorbitalwülste, ziemlich voluminös — Inhalt 1200 ccm ? — Knochen sehr dick. Unterkiefer vorspringend, ohne Kinn, dem von Schimpanse ähnlich. *M* länger als breit, gerundet viereckig, mit großem fünften Höcker am Hinterrande. Unterer *C* langbewurzelt. Aus pliocänen Schottern von Piltdown, Sussex. *Eoanthropus Dawsoni* A. Sm. Woodward.

Die sonderbare Mischung von rein menschlichen Merkmalen des Schädels mit der an Schimpanse erinnernden Bezahnung und dem tierischen Unterkiefer ist die Ursache, weshalb die Zusammengehörigkeit dieser Reste so vielfach bezweifelt wurde. Die meisten europäischen Paläontologen sind jedoch mit aller Entschiedenheit für die generische und spezifische Identität dieser Reste. Vereinigung von Merkmalen nicht nur verschiedener Gattungen, sondern selbst verschiedener Ordnungen in ein und demselben Tier sind nichts Unmögliches, es sei hier nur an die Chalicotheriiden erinnert. Die von einigen Autoren versuchte Deutung des Kiefers als Kiefer von Schimpanse kann nicht ernst genommen werden, sie beweist nur vollständige Unkenntnis der damaligen Vegetationsverhältnisse und des damaligen Klimas. Die Existenzmöglichkeit anthropoider Affen in Europa war schon im

---

1) *Dubois E.*, Pithecanthropus erectus, eine menschenähnliche Übergangsform aus Java. Batavia 1894. — *Schwalbe G.*, Studien über Pithecanthropus. Zeitschr. für Morph. u. Anthr. 1899.

2) *Freudenberg W.*, Eoanthropus Dawsoni. Neues Jahrb. f. Min., Geol. u. Paläont. 1915. Bd. I. — *Dawson C.* und *A. S. Woodward*, On the Discovery of a Palaeolithic Human Skull and Mandible in a flint bearing gravel at Piltdown Fletching, Sussex. Quart. Journal of the Geolog. Soc. London 1913. Supplementary note on the Discovery of a palaeolithic human Skull. Ibid. 1914. Fourth note on the Piltdown gravel with evidence of a second skull of Eoanthropus. Ibid. 1917. — *Gregory W. K.*, The Down Man of Piltdown Thestmer. Mus. Journ. 1914.

Oberpliocän vollkommen ausgeschlossen. Sollte der als unterer *C* gedeutete Zahn, wie Gregory meint, ein oberer sein, so wäre der wirkliche untere *C* schwächer, die Zahnreihe geschlossen und somit auch der Kiefer viel menschähnlicher.

**Homo* L.[1]) Der Mensch wurde schon von Linné zu den *Primaten* gestellt, denen er sich in körperlicher Hinsicht auch aufs engste anschließt. Die rundliche, gewölbte Form der sehr geräumigen Schädelkapsel, das Überwiegen des Gehirnschädels über das Gesicht und die fehlende Sagittalcrista unterscheiden zwar den Kopf des Menschen von dem aller Simiiden, dafür stehen aber manche Cebiden in dieser Hinsicht sehr nahe. Auch das Gehirn unterscheidet sich nur in der relativen Größe von dem der Affen. Es hat sonst den nämlichen Bauplan. Die frühzeitige Verschmelzung der Zwischenkiefer mit dem Oberkiefer sowie das Fehlen von Zahnlücken sind unerhebliche Merkmale. Das steil abfallende orthognathe Gesicht, die damit in Zusammenhang stehende, fast vertikale Unterkiefersymphyse mit dem etwas vorspringenden Kinn, die Hufeisenform der Unterkiefer und der hierdurch geschaffene breite Raum für die Zunge unterscheiden den Menschen von den Simiiden, allein die ältesten bekannten Menschenschädel zeigen bereits einen gewissen Grad von Prognathismus, das Kinn ist wenig oder gar nicht entwickelt, die Wölbung und Kapazität des Schädels wird geringer, die Supraorbitalwülste werden größer, so daß sich die Unterschiede gegenüber den Affen immer mehr verwischen. Das Gebiß stimmt in Zahl und Form der Zähne mit dem der Simiiden überein, jedoch sind die *C* schwächer und schließen dicht an ihre Nachbarn an, und die Höcker der Molaren sind stumpfer und breiter als bei den Affen. Obere und untere Molaren bestehen aus je vier Höckern, zu welchen jedoch im Unterkiefer in der Regel noch ein fünfter kommt wie bei den Simiiden, während im Oberkiefer der kleine zweite Innen-

---

[1]) *Birkner F.*, Die ältesten menschlichen Knochenreste. Beiträge zur Anthr. und Urgeschichte Bay. Bd. XVIII. 1909. — *Boule M.*, Les Grottes de Grimaldi. L'Anthrop. 1906. Observat. sur un silex taillée et sur la Chronologie de M. Penck. L'Anthrop. 1908. L'homme fossile de la Chapelle aux Saintes. Annal. de Paléontologie 1911—13. — *Branca W.* und *Stremme H.*, Der Stand unserer Kenntnisse vom fossilen Menschen. Berlin 1919. — *Freudenberg W.*, Die Entdeckung von menschlichen Fußspuren und Artefakten in den tertiären Geröllschichten von St. Gilles-Waes westlich von Antwerpen. Praehist. Zeitschrift 1919/20. — *Gorjanovic Kramberger*, Der diluviale Mensch von Krapina. Wiesbaden 1906. — *Houzé E.*, Le problème de l'origine de l'homme. Bull. soc. d'Anthropologie de Bruxelles. XXX. 1911. — *Klaatsch H.*, Die neuesten Ergebnisse der Paläontologie d. Mensch. Zeitschr. f. Ethnol. 1909. — *Lehmann-Nitsche*, Nouvelles recherches sur la format. Pampéenne et l'homme fossile de la Rép. Argentine. Revista del Museo de la Plata XIV. 1907. — *Obermaier H.*, Les restes humaines quaternaires. L'Anthr. 1905. 1906. Les formations glaciaires des Alpes. L'Anthr. 1909. Die Steingeräte des franz. Altpaläolithikums. Mitteil. prähist. Komm. kaiserl. Akad. Wien 1908. L'hombre fossil. Junta para amplificacion de estudios y investigaciones cientificas. Mem. Museo nacion. de ciencias natur. Madrid 1916. Das Palaeolithikum und Epipalaeolithikum Spaniens. »Anthropos« Internat. Zeitschr. für Völker- und Sprachenkunde. St. Gabriel Mödling 1920. — *Schmidt R.*, *Koken E.* und *Schliz A.*, Die diluviale Vorzeit Deutschlands. Stuttgart 1912. — *Schoetensack*, Der Unterkiefer des Homo heidelbergensis. Leipzig 1908. — *Schwalbe G.*, Der Neandertalschädel. Bonner Jahrbuch 1901. Zur Frage der Abstammung d. Menschen. Zeitschr. f. Morph. u. Anth. 1906. Kritische Besprechung von Boules Werk. Zeitschrift f. Morphol. u. Anthropol. XVI. 1914. Über einen bei Ehringsdorf in der Nähe von Weimar gefundenen Unterkiefer des Homo primigenius. Anatom. Anzeiger 1914. — *Torcelli A. J.*, Obras completas de Florentino Ameghino III. La Antiguedad del Hombre en La Plata. La Plata 1915. — *Verneau R.*, Les fossiles aux Baoussé Roussé. Un nouveau type humain. L'Anthr. 1902. Les Grottes de Grimaldi. L'Anthr. 1906. — *Werth E.*, Der fossile Mensch. Berlin. Bornträger 1921/22. — *Wiegers Fritz*, Diluvialgeologie als prähistorische Wissenschaft. Abh. preuß. geol. Landesanstalt. Berlin 1920.

höcker verschwinden kann. Bei den Negritos und den Negern erscheint zuweilen wie beim Orang Utang ein vierter Molar, während bei den zivilisierten Rassen der letzte Molar (Weisheitszahn) nicht selten ausbleibt.

Der aufrechte Gang des Menschen wird bedingt durch die doppelte *S*-förmige Krümmung der Wirbelsäule, die beträchtliche Länge und Muskulatur der Beine und die Breite der Schulter. Dagegen ist die relative Kürze der Arme viel eher ein primitives Merkmal als eine Folge des aufrechten Ganges. Die menschliche Hand übertrifft an Beweglichkeit, namentlich des Daumens, bei weitem die der Affen. Die Fußsohle liegt horizontal, Metatarsus und Tarsus bilden ein Gewölbe und die große Zehe dient nicht mehr als Greiforgan, sondern nur als Stütze des Körpers.

Unsere Kenntnis des prähistorischen Menschen hat in den letzten Dezennien ungeheure Fortschritte gemacht. Aus fast ganz Europa und den benachbarten Teilen von Asien sowie aus Nordafrika sind erstaunliche Mengen von Erzeugnissen menschlicher Kultur aus der Eisen- und Bronze- und aus der jüngeren Steinzeit zum Vorschein gekommen, nicht minder auch Überreste der Tiere, welche der Mensch gezüchtet oder gejagt hatte, und selbst zahlreiche mehr oder weniger vollständige menschliche Skelette hat die Forschung zutage gefördert. Für den Paläontologen bieten jedoch diese Funde kein weiteres Interesse, denn die Zeit, zu welcher diese Menschen lebten, war hinsichtlich des Klimas, der Pflanzen- und Tierwelt und der geologischen Verhältnisse von der Gegenwart nicht mehr verschieden. Diese Menschenreste und die damalige Kultur fallen daher ganz in das Gebiet der Anthropologie und Archäologie. Uns interessieren nur jene Über-

Fig. 796.

Paläolithische Steinwerkzeuge. *A* Chelléen, ⅓ nat. Gr. *B* Acheuléen, ⅔ nat. Gr. *C* Moustérien, nat. Gr. *D* Magdalénien, nat. Gr.

reste des Menschen und seiner Kultur, welche noch dem eigentlichen Pleistocän angehören, also den Perioden der mehrmaligen Vergletscherungen, der Zwischeneiszeiten und der unmittelbar auf die letzte Vergletscherung folgenden Postglazialzeit. Der damalige „*paläolithische*" Mensch besaß noch keine Haustiere, er kannte noch keinen Feldbau, die Kunst der Töpferei und die Bearbeitung von Metallen war ihm noch gänzlich fremd, ja selbst die Anfertigung von polierten, den „*neolithischen*" Steingeräten hatte er noch nicht erlernt, er war vielmehr darauf beschränkt, durch Schlag, Absprengen und Nacharbeiten der Ränder seine Steinwerkzeuge zweckdienlich zu gestalten. Die Form dieser Steinwerkzeuge und die Art ihrer Herstellung bietet nun ein Mittel für die Bestimmung der Zeit, in welcher der Mensch sich ihrer bediente. Man benennt diese verschiedenen Perioden nach den Fundorten, die zuerst die charakteristischesten Objekte geliefert haben, und unterscheidet so von den jüngsten bis zu den ältesten Magdalénien, Solutréen, Aurignacien, Moustérien, Acheuléen und Chelléen (Fig. 796).

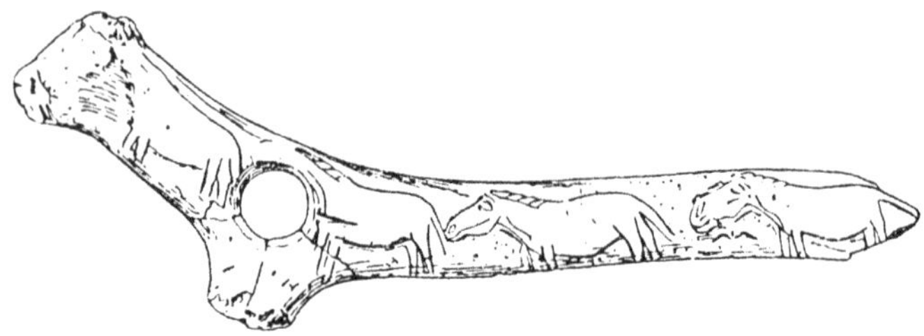

Fig. 797.
„Kommandostab" aus Renntiergeweih mit Gravierung. Magdalénien.

Im letzten Abschnitt des »Paläolithikums«, dem Magdalénien, hatte der Mensch nur kleine Feuersteingeräte, die Mehrzahl seiner Waffen und Gebrauchsgegenstände verfertigte er aus Knochen und Geweihen von Renntier, aber er versah sie nicht selten mit Ornamenten, die zum Teil zwar nur in Linien bestehen, zum Teil aber auch Tiere, namentlich Renn, Pferd (Fig. 797) und Mammuth, in durchaus künstlerischer Ausführung darstellen. Selbst die Wände vieler von ihm bewohnter Höhlen in Südfrankreich und Spanien hat er mit farbigen Abbildungen solcher Tiere geschmückt (Fig. 798), unter welchen besonders Pferd, Bison und Mammuth sehr häufig vertreten sind[1]). In den Höhlen von Nordspanien ist dagegen vorwiegend der Mensch als Jäger abgebildet. Auch der Vorgänger dieses Menschen der »Renntierzeit«, der Mensch des Solutréen, war bereits ein Künstler, jedoch hinterließ er keine Gravierungen auf Knochen oder Stein, oder farbige Bilder, sondern Schnitzereien in Stein, Knochen und Elfenbein, welche vorwiegend menschliche Figuren darstellen und einen buschmannähnlichen Typus zeigen, krauses Haar und Steatopygie, welcher auch in den Skulpturen an Höhlenwänden — Laussel, Dordogne — wiederkehrt, welche dem Aurignacien angehören. Man kennt Elfenbeinstatuetten aus Frankreich, Mähren, Předmost — und von Mensch und Mammuth — und Niederösterreich. Die auch in Ungarn und

Fig. 798.
Eines der zahlreichen Bilder von Mammuth aus der Höhle von Combarelles.

[1]) Nach den neuesten Untersuchungen *Obermaiers* fällt die einfache Umrißzeichnung in das Aurignacien, die Anfertigung schattierter und modellierter Bilder in das Solutréen und die polychrome Darstellung in das Magdalénien.

Süddeutschland gefundenen, lorbeerblattähnlichen Steingeräte des Solutréen bilden einen schroffen Gegensatz zu den rohbearbeiteten Kratzern und Schabern des Moustérien, zu welchen jedoch die Steinwerkzeuge des Aurignacien den Übergang vermitteln. Das in ganz Mitteleuropa verbreitete und in Frankreich besonders häufige Moustérien fällt wahrscheinlich teils in die letzte Eiszeit, teils in die ihr vorhergehende zweite — die kalte — Phase des letzten Interglazials. Diese Industrie ist vergesellschaftet mit *Rhinoceros tichorhinus* und *Elephas primigenius*, in Krapina jedoch mit *Rhinoceros Mercki*, in Taubach auch mit *Elephas antiquus*, welche beiden Arten in Spanien das ganze Palaeolithikum begleiten. Werth bezeichnet dieses Moustérien mit warmer Fauna, zu welchem auch das Wildkirchli am Säntis wegen der Anwesenheit von Edelhirsch an Stelle von Renntier gehört, als »Micoquien«. Wo jedoch sonst diese beiden ein warmes Klima anzeigenden Säugetierarten zusammen mit Steinwerkzeugen vorkommen, sind es immer solche des Chelléen, charakterisiert durch die großen Faustkeile, deren Ränder nicht sorgfältig nachretuschiert wurden. Zwischen Chelléen und Moustérien vermitteln die Steinwerkzeuge des Acheuléen zeitlich und auch in ihrer Bearbeitung den Übergang. Das Klima hat sich während des Acheuléen verschlechtert.

Mit dem Chelléen enden die sicher vom Menschen hergestellten Steinwerkzeuge. Man kennt zwar aus noch älterem Pleistocän und sogar aus dem Tertiär bis in das Oligocän — Warren hat solche selbst in den untereocänen Thanetsanden gefunden — die sog. Eolithe, deren Schlagspuren und Absplisse dem Menschen oder doch seinem Vorgänger zugeschrieben werden. Auch sollen sie ihre Form nicht einer wirklichen Bearbeitung, sondern nur der Benutzung von seiten des Menschen verdanken. Allein solche Eolithe können auch auf rein natürlichem Wege entstehen, bei dem Transport und Anstoßen von Feuersteinen in wirbelndem Wasser und in Brandungswellen, und sind daher kein Beweis für die einstige Anwesenheit des Menschen. Vor allem spricht gegen die Deutung der Eolithe als Gebrauchsgegenstand des Menschen der Umstand, daß sie bereits im Oligocän den nämlichen Charakter haben wie im Pleistocän, also keinerlei Fortschritt zeigen. Es müßte daher der Mensch schon im Oligocän fertig entwickelt gewesen sein und somit auch schon seine jetzige Körpergröße erreicht haben, eine Annahme, welche mit unseren Erfahrungen über die Entwicklung der Säugetierstämme gänzlich unvereinbar ist.

Entsprechend den zahlreichen Funden von Geräten des paläolithischen Menschen hat auch die Zahl seiner körperlichen Reliquien in der letzten Zeit einen so gewaltigen Zuwachs erfahren, daß wir jetzt nur mehr jene Reste zu berücksichtigen haben, deren geologisches Alter vollkommen sichergestellt ist. Die jüngsten paläolithischen Menschenreste sind jene aus dem Magdalénien. Sie gehören der Cro-Magnon-Rasse an, welche sich im Schädel- und Kieferbau schon enge an die lebenden Europäer anschließt. Skelette der Cro-Magnon-Rasse kennt man aus mehreren Höhlen in der Dordogne, aus einer Höhle bei Roussillon und aus einer Höhle bei Mentone. Auch gehören hierher die Skelette von Brünn und Předmont in Mähren. Außerdem werden zu dieser Rasse gestellt die Schädel von Brünn, von Brüx, von Podbaba, von Egisheim im Elsaß und von Oberkassel bei Bonn, von Tillbury und Galley Hill in England, jedoch sollen einige von ihnen, namentlich der von Tillbury und von Oberkassel, schon den Übergang zu der Neandertalrasse, dem *Homo primigenius* bilden, welche für das Moustérien charakteristisch ist. Der Mensch von Neandertal zeichnet sich nach Boule durch kleinen, aber kräftigen Körper, durch großen Kopf — dolichocephal, platycephal — mit ungemein stark entwickelter Gesichtspartie, durch die fliehende Stirn, durch den geringen Schädelraum — 1400 ccm —, durch die einfach gebauten Gehirnwindungen, durch schwache Aufrichtung der Hinterhauptsfläche, durch die stark vorspringenden Augenhöhlenwülste und durch die fast parallelen Zahnreihen aus. Der kräftige Unterkiefer hatte einen mächtig entwickelten aufsteigenden Ast und große Zähne, darunter verhältnismäßig lange Molaren, aber kein deutlich ausgeprägtes Kinn. Die Beine waren kurz, die Körperhaltung weniger aufrecht als beim heutigen Menschen. Die meisten dieser Merkmale hat Klaatsch auch bei den lebenden Australiern beobachtet. Man sollte daher konsequenterweise auch für diesen lebenden Typus eine be-

Fig. 799.
Moustérien. Schädel von La Quina, Charente. (Nach H. Martin.)
Nicht sehr altes Individuum, zeigt Supraorbitalwulst und Gebiß.

sondere Spezies errichten. Außer diesen Schädeln kennt man aber auch Extremitätenknochen vom Neandertal im Rheinland und von Spy in Belgien. Sie unterscheiden sich durch ihre Plumpheit und Krümmung, durch die gleichmäßigere Rundung des Diaphysenquerschnittes, durch die Rückwärtsverlängerung der Femurcondyli und durch ihre Platyknemie von den Schenkelknochen des lebenden Menschen. Die Astragalusknochen haben einen auffallend kurzen Hals. Erst vor kurzem wurden Skelette dieser Menschenrasse auch bei Le Moustier und Ferrassie in der Dordogne, bei La Chapelle aux Saintes (Corrèze), bei Quina (Charente) und ein Femur bei Ludwigshafen gefunden, dagegen scheint der Schädel des neuentdeckten Skelettes von

Montferrand de Périgord in der Dordogne dem von Galley Hill ähnlicher zu sein. Als weitere Reste des Neandertalmenschen sind zu nennen der Schädel von Sarlat (Dordogne), die Kiefer von Malarnaud-Naulette, Petit Puy Moyen und Isturitz in Frankreich, vom Bañolassee in Katalonien und die von Ehringsdorf bei Weimar. Die Grimaldi-Grotte bei Mentone enthielt Skelette, welche nach Verneau negroide Merkmale zur Schau tragen, nämlich stark vorstehende Kiefer und Backenknochen und flache

Fig. 800.
Menschliche Figur in Stein gemeißelt in der Felsnische von Laussel, Dordogne. (Nach Lalanne.)

Nase. Sie waren vergesellschaftet mit Resten von *Rhinoceros Mercki*, *Hippopotamus* und *Elephas antiquus* und mit Steinwerkzeugen des Moustériens. Auch in Krapina in Kroatien fanden sich zahlreiche Menschenreste zusammen mit *Rhinoceros Mercki* und mit Industrie des Moustériens. Schwalbe stellt auch den Menschen von Krapina zu seinem *Homo primigenius*, er unterscheidet sich aber von dem echten Neandertalmenschen durch die starke Runzelung des Schmelzes und den auffallend hohen Wurzelhals seiner Backenzähne. Aus der Zeit des Acheuléen und Chelléen sind bis jetzt keine menschlichen Reste gefunden worden, abgesehen etwa von den erwähnten Skeletten von Mentone, welche wenigstens Boule in die Zeit des Chelléen zu versetzen geneigt ist. Um so größeres Interesse verdient daher der in Mauer bei Heidelberg gefundene Unterkiefer des *Homo heidelbergensis*, denn er stammt aus den ältesten bekannten außeralpinen Pleistocänschichten. Schon seine Begleitfauna, welche zum Teil aus Arten der pliocänen Val d'Arno-Fauna besteht, würde die Aufstellung einer besonderen Spezies vollständig rechtfertigen. Der Unterkiefer gleicht vollkommen dem der Anthropomorphen, die Zähne sind jedoch echte Menschenzähne. Durch die Reduktion seines letzten Molaren schließt sich *Homo heidelbergensis* enge an *Pithecanthropus* an. Ein genetischer Zusammenhang zwischen diesem und der Gattung *Homo* ist überaus wahrscheinlich, zum mindesten gehen beide auf eine gemeinsame Stammform zurück.

In Nordamerika fehlt es zwar keineswegs an Überresten des prähistorischen Menschen, allein ihr geologisches Alter ist nur in den seltensten Fällen näher zu ermitteln und dürfte höchstens bei einigen wenigen Funden in die letzte Interglazialzeit fallen, wie etwa bei dem Menschen von Lansing in Kansas. Somatische Unterschiede gegenüber dem jetzigen Menschen scheinen nicht zu bestehen. Die ältesten Steinwerkzeuge sollen nach Wilson dem Chelléentypus angehören. Sie stammen von der atlantischen Küste, von Ohio und vom Mississippi. Den Calaveras-Schädel hält Wilson für echt fossil, Sinclair hingegen ist der Ansicht, daß er erst später in die dortigen goldführenden Sande gekommen sein dürfte. Menschenknochen in Gesellschaft von ausgestorbenen Tieren wurden an verschiedenen Orten gefunden, bei Trenton zusammen mit *Mammuth*, *Mastodon* und *Ovibos*, bei Natchez am Mississippi zusammen mit *Mylodon*, *Megalonyx* und *Mastodon*. Auch Steinwerkzeuge hat man in Nevada und Missouri neben *Mastodon*- und in Kansas neben Bisonresten beobachtet. Dagegen sind alle Menschenreste, welche in Höhlen zusammen mit ausgestorbenen Tieren gesammelt wurden, anscheinend jünger als diese Tiere.

Mindestens ebenso gering wie das Alter des prähistorischen Menschen in Nordamerika ist auch das der menschlichen Überreste von Argentinien. Der scheinbar älteste, von hier bekannte menschliche Knochen ist ein Atlas aus den unteren Pampasschichten von Monte Hermoso. Aus den mittleren stammt angeblich der Schädel von Baradero. Der oberen Pampasformation gehören die Menschenknochen von Carcaraña, Frias und Saladero, von Fontezuelas, vom Ufer des Samborombón, von Arrecifes, Chocoré und von La Tigra an. In Knochenhöhlen Brasiliens hatte schon Lund Menschenschädel zusammen mit Überresten von lebenden und ausgestorbenen Säugetieren gefunden, aber weder diese, noch auch die vorher erwähnten, von Lehmann-Nitsche genau studierten Menschenreste aus Argentinien zeigen Unterschiede gegenüber den jetzigen südamerikanischen Indianern. Die Gleichzeitigkeit von Mensch und ausgestorbenen Säugetieren, z. B. Riesenedentaten, scheint in Südamerika noch in die jüngste Vergangenheit zu fallen, wie die Funde in der Höhle von Ultima Esperanza in Patagonien beweisen, wo ein *Mylodon* ähnliches Tier anscheinend sogar in Gefangenschaft gehalten wurde, von welchem hier auch noch Fellstücke und Kotballen erhalten geblieben sind. Soferne der Mensch bereits im Pleistocän nach Südamerika gekommen sein sollte, könnte er nur den nördlicheren Teil betreten haben. Als wirklich pleistocän kämen allenfalls die Menschenknochen von Cuzco in Peru in Betracht, welche Bingham und Bowman unter Geröllschichten, die vielleicht noch einer Glazialzeit angehören, zusammen mit Resten von Canis, Llama und Bison (?) gefunden haben. Wenn auch darüber, daß der Mensch in Südamerika noch Zeitgenosse jener ausgestorbenen Riesentiere war, kein Zweifel bestehen kann, so beweist das doch nichts für etwa alt- oder mittelpleistocänes Alter, denn unter den vielen, bisher dort gefundenen Steinwerkzeugen ist nicht ein einziges, welches man mit Sicherheit für echt palaeolithisch ansprechen könnte.

Was den paläolithischen Menschen Afrikas betrifft, so scheint seine Existenz in Ägypten und in Algerien ziemlich sichergestellt zu sein, obschon über körperliche Überreste bisher nichts berichtet wurde und seine Anwesenheit bloß durch bearbeitete Feuersteine und Zeichnungen auf Felsen bewiesen ist. Im Kapland wurden vor kurzem Menschenreste in Zinkminen gefunden, deren Alter indessen kaum sehr weit zurückdatieren dürfte, denn die mit ihnen aufgesammelten Säugetierknochen gehören mit Ausnahme von Mastodon noch lebenden Arten an. Die Steinwerkzeuge erinnern etwas an paläolithische, allein in der Coldstream-Höhle sind sie mit neolithischen vermischt. Auch die Menschenreste von Rhodesia, Broken Hill, haben schwerlich ein sehr hohes Alter. Der Schädel dieses »*Homo rhodesiensis*« vereinigt Merkmale des Neandertalers — Gesichtspartie — mit solchen der jüngeren Rassen. Das von Reck in der Serengetisteppe — Ostafrika — ausgegrabene Menschenskelett stammt zwar scheinbar aus Schichten, welche ausgestorbene Säugetierarten enthalten, es zeigt jedoch alle Merkmale der heutigen Neger.

Asien wird voraussichtlich noch manche interessante Funde der paläolithischen Menschen liefern. Bis jetzt kennt man freilich erst aus Höhlen in Syrien Stationen des jungpaläolithischen Menschen, dagegen hat man auf Java in den Kendengschichten, welche bei Trinil auch die Reste des *Pithecanthropus* enthielten, einen Menschenzahn gefunden, welchem unzweifelhaft ein altpleistocänes Alter zukommt. Die von Dubois ausgegrabenen, ziemlich zahlreichen Menschenreste von Wadjak, Java verdienen größeres Interesse, denn sie zeigen Merkmale der Melanesier, so daß man von einem Proto-Australier sprechen kann, der sich zu dem lebenden Australier ähnlich verhält wie die Cro-Magnon-Rasse zu dem lebenden Europäer. Dagegen bleibt der von Sanchez beschriebene, aber verloren gegangene Schädel des *Homo manilensis* von Manilla, der pithekoiden Unterkiefer besitzen sollte, vollkommen problematisch. In Burma wollte man auf Grund von wirklich geschlagenen Feuersteinen die Existenz des pliocänen Menschen bereits zusammen mit *Hipparion* nachgewiesen haben, allein genauere Untersuchungen ergaben, daß diese Silex nur auf der Oberfläche vorkommen. Gleichwohl dürfte Asien noch eine reiche Ausbeute an Werkzeugen und körperlichen Resten der ältesten Menschen in Aussicht stellen, denn nur Asien und Europa können als Urheimat des Menschen ernstlich in Betracht kommen.

In Australien wurde vor kurzem ein Menschenschädel gefunden, der sowohl in morphologischer als auch in stratigraphischer Hinsicht ganz besonderes Interesse verdient. Im ganzen zeigt er die Merkmale der Australier, was ihn jedoch von allen bisher bekannten Schädeln unterscheidet, ist die affenartige Ausbildung und Größe des Eckzahnes. An dem pleistocänen Alter ist kaum zu zweifeln, denn an der nämlichen Stelle — bei Talgai, Darling Downs in Queensland — sind schon öfters Reste von *Diprotodon* und anderen ausgestorbenen Beuteltieren zum Vorschein gekommen.

Die Existenz des Tertiärmenschen ist nach Freudenberg bewiesen durch Artefakte — Rippe mit Schnittspuren, Muschelschale mit eingraviertem Menschengesicht — aus dem pliocänen Red Crag von England und Fußabdrücke, Feuersteine nebst bearbeiteten Wal- und Robbenknochen im Pliocän von Holl bei Antwerpen. Dieser »*Palaeanthropus*«, wie ihn Freudenberg nennt, hatte nur die Größe eines vierjährigen Knaben. Auch bei Piltdown wurde ein bearbeitetes Knochenstück, nach A. Smith Woodward von einem Elefantenfemur stammend, gefunden und der Tätigkeit des *Eoanthropus* zugeschrieben. Jedenfalls wäre es verfrüht, aus diesen doch allzuspärlichen und immerhin etwas zweifelhaften Objekten den Schluß auf die Existenz des Tertiärmenschen zu ziehen, obschon für sie der Umstand spricht, daß auch alle anderen jüngsten Säugetiergattungen — *Equus*, *Bos*, *Elephas* — im Oberpliocän auftreten und daß demnach auch die Gattung *Homo* im jüngsten Tertiär zu erwarten wäre. Von einer definitiven Lösung dieser Frage kann aber noch keine Rede sein.

Chronologische Übersicht.

Geologische Gliederung			Archäologische Gliederung		
Penck und Obermaier		Boule	Penck	Boule	Obermaier
Nacheiszeit	letzte Phase	Nacheiszeit	Magdalénien	Magdalénien	Homo sapiens Magdalénien Solutréen Aurignacien
	erste Phase			Solutréen	
IV. Würmeiszeit		III. Eiszeit	Solutréen	Moustérien	Moustérien
3. Zwischen Eiszeit	Kalte Phase	2. Zwischen-Eiszeit	Aurignacien?	Chelléen	Homo neandertalensis Moustérien ältester Typus Acheuléen Chelléen
	WarmePhase		Moustérien		
III. Rißeiszeit		II. Eiszeit	Acheuléen		
2. Zwischen-Eiszeit	Gemäßigte Phase	1. Zwischen-Eiszeit			Homo heidelbergensis Praechelléen
	WarmePhase		Chelléen		
II. Mindeleiszeit		I. Eiszeit			
1. Zwischeneiszeit					
I. Günzeiszeit[1])					

Nach Wiegers fällt in Deutschland das Magdalénien in den Schluß, das Solutréen und Aurignacien in die Mitte und das obere Moustérien in den Anfang der letzten Eiszeit, das untere Moustérien in die letzte Zwischeneiszeit, das obere Acheuléen in die zweite Eiszeit, das untere Acheuléen und das Chelléen in die erste Zwischeneiszeit und *Homo heidelbergensis* in die erste Eiszeit.

Werth stimmt hierin vollkommen mit Wiegers überein, jedoch nennt er das untere Moustérien mit warmer Fauna »Micoquica«. Auch nimmt er ein Praechelléen an, das in die Mindeleiszeit fällt. Die verschiedenen Formen der Steinwerkzeuge können in allen Perioden des Pleistocän wiederkehren, weshalb sie ohne Berücksichtigung der geologischen und faunistischen Verhältnisse wenig geeignet sind für die Chronologie des pleistocänen Menschen.

[1]) Diese Periode, und somit auch die darauffolgende Zwischeneiszeit, beruht lediglich auf Konstruktion.

Rückblick auf die geologische Entwicklung, Herkunft und Verbreitung der Säugetiere[1]).

Bisher sind uns keine Säugetierreste bekannt, welche in vortriadischen Ablagerungen gefunden worden wären. Auch in der **Trias** sind Säugetiere noch überaus spärlich, aber immerhin repräsentieren sie doch schon zwei wesentlich verschiedene Typen, nämlich die *Allotheria* und die teils an Insectivoren, teils an polyprotodonte Beuteltiere erinnernden *Dromatheriidae.* Die ersteren verteilen sich auf *Microlestes*, *Stathmodon*, *Oligokyphus* und *Triglyphus* aus dem rhätischen Bonebed von Württemberg und auf die Gattung *Theriodesmus* aus den Karrooschichten von Südafrika. Sie zeigen uns wenigstens, daß die im Eocän erlöschenden *Allotheria* schon damals sehr weit verbreitet waren. Die zweite Gruppe ist vertreten durch die Kieferchen der Gattungen *Microconodon* und *Dromatherium* aus der oberen Trias von Nordcarolina, und vor einigen Jahren wurde aus der Trias des Kaplandes ein winziges Kieferchen als *Karoomys* beschrieben, dessen Säugetiernatur jedoch mehr als zweifelhaft ist.

Wesentlich zahlreicher sind die Reste von Säugetieren aus dem **Jura**, denn sowohl die *Allotheria* als auch die polyprotodonten *Marsupialia* entfalten hier bereits einen nicht unbeträchtlichen Formenreichtum. In Europa sind zwar zu den längst bekannten Fundplätzen, dem Großoolith von Stonesfield und dem »Dirtbed« des Purbeck von England keine neuen hinzugekommen, dafür lieferte aber das Atlantosaurusbed von Wyoming und Colorado eine Anzahl von Säugetieren, die mit den aus England bekannten Formen teils nahe verwandt sind,

---

[1]) *Ameghino Fl.*, Les formations sédimentaires de Patagonie. Anal. del Museo de Buenos Aires. T. XV. 1906. — *Lydekker R.*, Die geographische Verbreitung und geologische Entwicklung der Säugetiere. Jena 1897. — *Marsh O. C.*, Introduction and Succession of Life in America. Amer. Assoc. for advancement of Science. Nashville 1877. — *Matthew W. D.*, Classification of the Fresh Water Tertiary of the West. Bull. Amer. Mus. Nat. Hist. New York 1899. Cenozoic Mammal Horizons of Western North America. Bull. U. S. Geolog. Survey Nr. 361. 1909. Climate and Evolution. Annals of the New York Acad. of Science 1915. — *Osborn H. F.*, The Rise of the Mammalia in North America. Amer. Assoc. for advancement of Science. Madison 1893. Correlations between Tertiary Mammal Horizons of Europe and America. Annals New York. Acad. of Science. Vol. XIII. 1900. — *Pacheco E. H.*, Geologia y Paleontologia del Mioceno de Palencia. Instit. nac. de cienc. fisico-nat. Madrid 1915. — *Roman Fr.*, Le Néogène continental dans la Basse vallée du Tage. Lisbonne 1907. — *Stehlin H. G.*, Die Säugetiere des schweizerischen Eocäns. Abhandl. d. schweizer. paläont. Gesellsch. 1903—1916. Mammifères éocènes et oligocènes du bassin de Paris. Bull. soc. géol. de France. 1909. Übersicht über die Säugetiere der schweizerischen Molasseformation. Verh. naturf. Ges. Basel. XXV. 1914. — *v. Stromer E.*, Über tertiäre Wirbeltierreste aus Südwestafrika. Sitz.-Ber. der bayer. Akad. München 1922.

teils sogar den nämlichen Gattungen angehören. Die *Allotheria* haben in England Vertreter in der Gattung *Plagiaulax*, in Nordamerika in den Gattungen *Allodon* und *Ctenacodon*. Die übrigen Säugetiere des Jura besitzen ein secodontes Gebiß und wurden von Owen wegen ihrer Ähnlichkeit mit der lebenden Gattung *Myrmecobius* zu den polyprotodonten Beuteltieren gestellt. Osborn zeigte später, daß manche von diesen Formen im Zahn- und Kieferbau gewissen Insectivoren recht ähnlich sind, und daß bei einer Gattung, *Peramus*, sogar die Zahnformel mit jener der ursprünglichen Placentalier vollkommen übereinstimmt. Andere Formen hingegen, die *Triconodontidae*, erweisen sich schon durch die Gestalt des Unterkiefereckfortsatzes als unzweifelhafte *Marsupialia*. Bei der Unvollständigkeit des vorhandenen Materials dürfte es sich empfehlen, auch die übrigen secodonten Formen vorläufig nicht weiter in Familien und Ordnungen zu zerlegen und sie insgesamt den Marsupialia anzureihen.

In der **Kreide** kamen Säugetierreste erst im Jahre 1882 zum Vorschein. Die ersten Funde aus der Wealdenstufe Englands bestanden in Zähnchen der schon aus dem Jura bekannten Gattung *Plagiaulax*. Bald darauf entdeckte Cope in den Laramieschichten von Dakota einen Zahn von *Meniscoëssus* und kurz nachher glückte es Hatcher, in Wyoming und Colorado eine ziemliche Anzahl meist isolierter Zähne zu sammeln, auf welche Marsh eine Menge Gattungen und Arten begründete, die freilich durch Osborn eine gewaltige Reduktion erlitten haben. Durch diese Funde wurden zwar unsere Kenntnisse der fossilen Säugetiere nicht so bereichert, wie man gehofft hatte, denn die Mehrzahl dieser Zähne gehört den *Allotheria* an — *Ptilodus*, *Meniscoëssus* — aber nichtsdestoweniger verdienen sie doch insofern Interesse, als sie für diese Gruppe die Kluft zwischen Jura und Tertiär überbrücken. Unter den etwas weniger häufigen trituberkulären und tuberkulärsektorialen Formen glaubt Osborn sogar einige als Creodontier, *Pediomys*, und andere, *Protolambda*, als den Vorläufer von *Pantolambda*, mithin von Amblypoden, ansprechen zu dürfen. Vor kurzem fanden sich je ein vollständiger Kiefer von *Thlaeodon* in Süddakota und von *Eodidelphys* am Belly River, Alberta, welche sicher zu den Didelphiden gehören. Wäre das Material etwas zahlreicher und vollständiger, so ließen sich wahrscheinlich viel bessere phylogenetische Schlüsse ziehen.

Tertiär und Pleistocän.

Eocän[1]). Der Beginn des Tertiärs bedeutet einen entscheidenden Wendepunkt in der Entwicklung der Säugetiere, denn es treten jetzt schon mehrere Ordnungen von unzweifelhaften Placentaliern auf, während die *Allotheria* allmählich erlöschen. Die ältesten formenreicheren Säugetierfaunen Europas stammen aus der Gegend von Reims und Épernay. Lemoine unterscheidet hier die ältere des Cernaysien, vom Alter des Thanetien und die jüngere des Agéen vom Alter des Cuisien. Die erstere enthält noch Vertreter der Allotheria-*Neoplagiaulax*, *Creodontia-Arctocyon*, *Dissacus* und *Arctocyonides*, den Insectivoren *Adapisorex*, die Primaten *Plesiadapis* und *Chiromyoides*, welche nach Stehlin

---

[1]) *Teilhard de Chardin*, Sur la succession des faunes des Mammifères dans l'éocène européen. Comptes rendus des Sciences. Paris 1920.

Beziehungen zu der lebenden Gattung *Chiromys* aufweisen, und die Condylarthren *Pleuraspidotherium*, *Orthaspidotherium* und *Tricuspiodon*. Diese Fauna hat große Ähnlichkeit mit jener des Tiffanybed, an der Basis des Wasatchbed von Nordamerika. Die Fauna des Agéien besteht aus *Plesiadapis*, dem Adapiden *Protoadapis*, dem Creodontier *Dissacus*, einem Nager — *Paramys* —, dem *Tillodontier Plesiesthonyx*, einem *Pantolestiden?* — *Protoproviverra* — und dem Condylarthren *Phenacodus*. Besonders wichtig ist das Auftreten von *Perissodactylen* — *Hyracotherium*, *Propachynolophus*, *Lophiodon*, *Chasmotherium* — und von *Artiodactylen* — *Protodichobune* und vielleicht auch *Cheromorus*. Zwischen Cernaysien und Agéen steht im Alter die Fauna des Sparnacien von Reims, der Konglomerate von Meudon, des Londontons und des Landénien in Belgien, allein es handelt sich immer nur um vereinzelte, oft recht spärliche Funde — *Palaeonictis*, *Paramys*, *Plesiadapis*, *Coryphodon*, *Hyracotherium* und *Phenacodus* —, auch *Hyopsodus* soll jetzt in Belgien gefunden worden sein. Im Alter entspricht das Sparnacien somit dem Wasatchbed von Nordamerika. Wir haben also in Europa keine Säugetierfauna des wirklichen **Basal-Eocän.** Um so besser sind solche dafür in Nordamerika durch das Puercobed von Neu-Mexiko, das etwas jüngere Torrejonbed, ebenfalls in Neu-Mexiko, und das Fort Unionbed in Canada, Montana, Süd-Dakota und Ost-Wyoming vertreten. Das Puercobed enthält noch mehrere *Allotheria* — *Neoplagiaulax* und *Polymastodon* —, *Creodontia* — *Triisodon*, *Oxyclaenidae* —, *Condylarthra* — *Mioclaenus*, *Oxyacodon*, *Protogonodon*, *Periptychidae* — und *Taeniodontia*, im Torrejon- und Fort Unionbed in Montana finden wir die letzten *Allotheria*-*Ptilodus* —, und die *Creodontia* werden mannigfaltiger. Wir treffen hier *Arctocyonidae*, *Mesonychidae*, *Oxyclaenidae*, *Triisodontidae* und die den echten Raubtieren schon sehr nahestehenden *Miacidae*. Die *Condylarthren* sind durch zahlreiche *Mioclaenidae*, die ersten *Phenacodontidae* und *Periptychidae*, die *Taeniodontia* durch *Conoryctes* und die Insectivoren durch die *Mixodectidae* und *Zalambdodontiden* repräsentiert. Zugleich erscheint der erste Amblypode — *Pantolambda*.

Für die Systematik ergeben sich freilich nicht selten erhebliche Schwierigkeiten, denn die Organisation ist bei vielen dieser Formen sehr primitiv, das Gebiß enthält fast immer raubtierähnliche Incisiven, Caninen und Praemolaren, die Molaren sind bunodont oder secodont, die unteren mehr oder weniger tuberkulärsektorial und die oberen trituberkulär, die Extremitätenknochen haben fast immer eine sehr indifferente Gestalt, der Humerus ist mit einem Entepicondylarforamen und das Femur oft mit einem dritten Trochanter versehen, und die kräftige Fibula stößt nicht an das Calcaneum. Hand und Fuß sind fünfzehig und, soweit bekannt, mehr oder weniger plantigrad, auch sind die Endphalangen weder als echte Hufe noch auch als echte Krallen entwickelt. Es darf uns daher nicht wundernehmen, daß sehr viele Arten schon wiederholt ihren Platz nicht nur innerhalb der Gattungen, sondern sogar innerhalb der Ordnungen gewechselt haben, und daß selbst die Grenzen von Familien und Ordnungen öfters Verschiebungen erfahren haben.

Nichtsdestoweniger ist dies doch ein schwerwiegender Beweis für die Richtigkeit der Deszendenztheorie, denn die so einförmige

Organisation der ältesten Placentalier gestattet eben keinen anderen Schluß, als daß alle oder doch die meisten Ordnungen der höheren Säugetiere auf eine oder doch nur wenige Stammformen zurückgehen.

Das **Untereocän** beginnt in Nordamerika mit dem Tiffanybed von Colorado mit dem *Plesiadapiden Nothodectes*, mit *Phenacodus*, *Coryphodon* etc., neben welchen sich aber auch noch *Periptychus*, *Dissacus* und *Chriacus* erhalten haben. Hierauf folgt das Wasatchbed von Wyoming, Utah, Colorado und Neu-Mexiko und das jüngere Wind Riverbed von Wyoming sowie das Huerfanobed von Colorado. Das Wasatchbed zerfällt in fünf Abteilungen, zu unterst das Sand Coulee-, darüber Clarkfork-, Gray Bull-, Lysite- und zu oberst Lost Cabinbed. Im Sand Couleebed kommt noch der Multituberculate *Ptilodus* vor. Im Untereocän erscheinen echte Primaten — *Anaptomorphidae*, *Tetonius*, *Omomys* etc. und *Adapidae*, *Pelycodus*, *Notharctus*, zahlreiche, zum großen Teil den Primaten nahestehende Insectivoren — *Mixodectidae* — und die artenreichen *Hyopsodontidae*, die durch ihre Größe von den eigentlichen Insektenfressern abweichenden *Esthonyx*, *Palaeosinopa*, der echte Insectivore *Palaeictops*, ferner die ersten Nager — *Paramys*, fast alle Familien der späteren *Creodontia* — *Palaeonictidae*, *Oxyaenidae*, *Hyaenodontidae* und *Mesonychidae*, und die *Miacidae* entfalten einen nicht unansehnlichen Formenreichtum. Neue Erscheinungen sind endlich die *Meniscotheriidae*, ferner die zahlreichen Perissodactylen — *Heptodon*, *Hyrachyus*, *Systemodon*, *Eohippus* und *Lambdotherium*, *Eotitanops*, gewisse Artiodactylen — *Wasatchia*, *Bunophorus*, *Diacodexis*, dagegen schließen sich die *Taeniodontia* — *Calamodon*, *Stylinodon*, von den Amblypoden *Coryphodon*, *Bathiopsis* und von den Condylarthren die *Phenacadontidae* doch ziemlich eng an Formen des Torrejon an, auch ist der Unterschied zwischen den älteren Mesonychiden, Arctocyoniden und Miaciden und ihren untereocänen Vertretern keineswegs so groß, daß man jeden genetischen Zusammenhang zwischen diesen Faunen bestreiten müßte. Höchst bemerkenswert ist das Auftreten eines Notoungulaten, *Arctostylops*, im Wasatchbed, die sonst nur aus Südamerika bekannt sind.

Während in Nordamerika schon die Faunen des Untereocän eine stattliche Anzahl von Arten, Gattungen und Familien aufzuweisen haben, tritt in Europa, abgesehen vom Cernaysien und Agéen (Cuisien), erst im Mitteleocän eine formenreichere Tierwelt auf. Die wichtigsten Fundplätze sind hier Argenton (Indre), der Pariser Grobkalk, La Livinière, Cesseras und Issel in Südfrankreich, Bracklesham in England, Buchsweiler im Elsaß und die Bohnerze von Lissieu, Chamblon und Egerkingen. Die Bohnerzfaunen galten früher vielfach als eine Mischung von Säugetierzähnen aus den verschiedensten Stufen des Tertiärs, da ja auch wirklich von ein und derselben Lokalität die verschiedensten Tierreste durcheinandergemengt vorlagen. Allein dies beruhte darauf, daß nur ausnahmsweise Sachverständige die Aufsammlungen überwacht und die Reste nach ihrem Erhaltungszustand und ihrer Herkunft aus den einzelnen Spalten geschieden hatten. Genauere Sichtung des Materials ermöglichte sowohl für die süddeutschen als auch für die Schweizer Bohnerze eine sehr exakte Unterscheidung der verschiedenen Faunen, so daß wir wohl behaupten dürfen, daß in ein und derselben Spalte auch immer nur gleichalterige Reste eingeschlossen sind.

Im europäischen **Mitteleocän,** welchem auch die Braunkohlen von Merseburg mit *Lophiodon* nebst den Phosphoriten von Helmstädt und die bituminösen Schiefer von Messel mit *Propalaeotherium* angehören, spielen die Perissodactylen die wichtigste Rolle. Die tapirähnlichen sind vertreten durch *Chasmotherium* und *Lophiodon*, die pferdeähnlichen durch *Palaeotherium*, *Propalaeotherium*, *Paloplotherium*, *Lophiotherium*, *Anchilophus* und *Pachynolophus*. Dagegen haben die Artiodactylen anfangs nur ganz wenige Repräsentanten, im unteren Lutétien nur in den *Dichobunidae* — *Dichobune*, *Meniscodon* und *Anoplotheriidae* — *Catodontherium*, *Dacrytherium*, sowie in der etwas rätselhaften Gattung *Tapirulus*. Erst im oberen Lutétien erscheinen *Suidae* — *Cebochoerus* und *Choeromorus*, *Anthracotheriidae* — *Haplobunodon*, *Lophiobunodon*, *Rhagatherium*, von *Anoplotheriidae* *Mixtotherium* und das kleine *Leptotheridium* und die ersten *Xiphodontidae*.— *Pseudamphimeryx*, *Dichodon* und *Haplomeryx*. Unter den *Primaten* sind vor allem zu nennen *Adapis*, *Caenopithecus*, *Necrolemur* und *Microchoerus* sowie die merkwürdigen Gattungen *Amphichiromys* und *Heterochiromys*. Nager und *Creodontia* fehlen zwar gewiß nicht, allein sie sind hauptsächlich auf die Schweizer Bohnerze beschränkt und von Stehlin noch nicht näher untersucht worden. Um so genauer kennen wir jetzt die nordamerikanischen Vertreter dieser Ordnungen. Von Primaten finden sich im Bridgerbed von Wyoming und Utah *Notharctidae* und *Anaptomorphidae*, von Insectivoren *Pantolestidae*, *Hyopsodontidae*, *Mixodectidae* und die riesigen *Tillotheriidae* — *Tillotherium* — sowie verschiedene, den Talpiden, Centetiden und Leptictiden nahestehende kleine Formen. Von den Carnivoren entfalten die *Miacidae* — *Viverravus*, *Miacis*, *Vulpavus*, *Oodectes* ihren größten Artenreichtum. Die *Oxyaenidae* —*Patriofelis*, *Limnocyon*, *Thinocyon* sind ebenfalls gut vertreten, die *Mesonychidae* erlangen eine ähnliche Spezialisierung der Extremitäten, wie sie jetzt die Hunde besitzen, und die primitiven *Hyaenodontidae* — *Sinopa* sind schon etwas formenreicher als im Wasatchbed. Das nämliche gilt auch von den Nagern, *Paramys* und *Sciuravus*, denen sich jetzt auch noch einige neue Gattungen beigesellen. Wie in Europa werden auch in Nordamerika die Perissodactylen noch formenreicher als im Untereocän, die Artenzahl der Tapiriden, *Helaletes*, *Isectolophus* und der Equiden — *Orohippus* — bleibt zwar ziemlich konstant, aber dafür werden dic *Titanotheriidae* um so zahlreicher — *Palaeosyops*, *Limnohyops*, *Telmatherium*. Die Artiodactylen sind außer durch *Achaenodon* und *Helohyus* bloß durch *Dichobunidae* vertreten, *Homacodon*, *Sarcolemur*. Die Condylarthren sind jetzt vollständig verschwunden, die Amblypoden erreichen ihre höchste Blüte in den riesigen abenteuerlichen *Dinoceratidae*. Die *Taeniodontia* haben nur mehr einen einzigen Repräsentanten in der Gattung *Stylinodon*, die sich aber durch ihre hypselodonten Zähne gegenüber den früheren Formen als ein höchst vorgeschrittener Typus erweist. Besondere Erwähnung verdient die fast zahnlose Gattung *Metachiromys*, welche Osborn für einen noch panzerlosen Verwandten der Gürteltiere hält.

Im **Obereocän** — Bartonien und Ludien in Europa, oberstes Bridgerbed von Wyoming und Uintabed von Utah und Colorado in Amerika — nimmt der Formenreichtum der Säugetierfauna in Europa eher noch zu, dagegen verarmt sie in Nordamerika in auffallender Weise. Das

Bartonien ist entwickelt in Südfrankreich, Minervois, Robiac und Castres, als Sables moyens im Pariser Becken und als Sande von Headonhill und Bracklesham in England. Auch gehört dem Alter nach hierher schon ein Teil der Phosphorite von Quercy. Die Ludienfaunen stammen aus dem Pariser Gips, aus den Ligniten von Débruge (Vaucluse), aus den Mergeln von St. Hippolyte de Caton (Gard), von Lamandine (Tarn et Garonne) und aus dem Bembridgekalk von England. Auch die Bohnerze von Frohnstetten, Mormont und Obergösgen und die Phosphorite von Quercy enthalten viele charakteristische Arten des Ludien. Der Gesamthabitus der Faunen des europäischen Obereocäns weicht nur wenig von dem des Mitteleocäns ab. Die Perissodactylen machen sich auch jetzt noch als das vorherrschende Element geltend. *Lophiodon* hat zwar im Bartonien den Höhepunkt seiner Entwicklung erreicht, und *Chasmotherium* tritt daselbst zum letzten Male auf, ebenso *Propalaeotherium* und *Pachynolophus*, dafür gedeihen um so besser die Gattungen *Palaeotherium*, *Paloplotherium* sowie die freilich artenarmen Gattungen *Lophiotherium* und *Anchilophus*. Die Artiodactylen werden jetzt allmählich zahlreicher. Von *Suidae* finden wir hier *Cebochoerus*, die schon bisher vertretenen *Anthracotheriidae* — *Haplobunodon*, *Rhagatherium* sowie *Choeropotamus* — setzen sich fort, ebenso die *Anoplotheriidae* — *Mixtotherium*, *Catodontherium*, *Dacrytherium* und *Leptotheridium*, aber jetzt auch vergesellschaftet mit *Anoplotherium* und *Diplobune*, desgleichen die *Xiphodontidae* — *Dichodon*, *Pseudamphimeryx*, *Haplomeryx*, vermehrt durch *Xiphodon* und *Amphimeryx*. Die *Dichobunidae* sowie *Tapirulus* erfahren zwar keine weitere Bereicherung, dafür erscheint jedoch eine neue Familie, die *Caenotheriidae* mit der Gattung *Oxacron*. Die Raubtiere, von welchen im Mitteleocän nur *Hyaenodontidae* — *Sinopa*, *Proviverra* und *Propterodon* und allenfalls auch *Miacidae* und *Amphicyonidae* in Europa existierten, zeigen eine bedeutend größere Mannigfaltigkeit, denn es gliedern sich die *Hyaenodontidae* in mehrere Gattungen — *Hyaenodon*, *Pterodon*, *Quercytherium*, *Cynohyaenodon*, von *Miacidae* liegen jetzt auch vollständigere Reste vor, es erscheint ein kleiner Oxyaenide — *Thereutherium*, sowie zahlreiche Arten der Gattungen *Cynodictis*, des primitivsten Caniden mit viverrenähnlichem Skelett. Die Nager *Sciuroides* und *Plesiarctomys*, sowie die *Theridomyidae* und *Cricetodon* werden im Obereocän etwas artenreicher. Während im Bartonien die *Primaten* noch ziemlich formenreich sind und auch noch einige seltene Typen, wie *Protoadapis*, *Anchomomys*, *Pronycticebus* und *Pseudoloris* aufzuweisen haben, finden sich im Ludien nur mehr *Adapis*, *Necrolemur* und *Microchoerus*. Im Ludien gibt es auch bereits echte *Didelphyidae* und sogar schon *Talpa* ähnliche Insectivoren und verschiedene Gattungen von Chiropteren. In Nordamerika bilden die obereocänen Faunen durch ihre Formenarmut einen starken Kontrast gegenüber der Bridgerfauna. Die tiefere Abteilung des Obereocän enthält noch einen Primaten — *Notharctus*, einige *Oxyaenidae*, *Mesonychidae*, von Nagern *Paramys*, von Perissodactylen *Hyrachyus*, *Amynodon*, *Heptodon*, *Dolichorhinus* und *Telmatherium*, von Artiodactylen *Achaenodon* und den ersten Cameliden *Leptotragulus*. Besonders charakteristisch für diese Fauna ist die Anwesenheit des letzten Dinoceratiden, *Eobasileus*. In der etwas jüngeren Uintafauna finden wir die letzten *Miacidae*, *Oxyaenidae*, *Mesonychidae*, den ersten Caniden

Procynodictis, und die letzten *Hyopsodontidae*. Zu der jetzt allmählich erlöschenden Gattung *Paramys* kommt ein neuer Nagertypus, wohl ein Geomyide, *Protoptychus*. Die Perissodactylen sind etwas formenreicher als in der vorausgehenden Fauna, denn zu den schon vorhandenen Amynodontinen und Palaeosyopinen — *Diplacodon*, *Protitanotherium*, *Telmatherium*, *Manteoceras* gesellt sich auch ein Tapirine, *Isectolophus* und vor allem die in stammesgeschichtlicher Beziehung so überaus wichtige Equidengattung *Epihippus*, während der Hyracodontine *Hyrachyus* durch den zierlicheren *Triplopus* ersetzt wird. Auch die Artiodactylen bekommen hier einen nicht ganz unansehnlichen Zuwachs, denn für die erloschene Gattung *Achaenodon* treten jetzt die ersten Oreodontiden — *Protoreodon* und *Protagriochoerus* auf, die Cameliden werden zahlreicher — *Leptotragulus*, *Protylopus*, *Camelomeryx*, auch erscheint die Gattung *Bunomeryx*, die wohl den Vorläufer von *Protoceras* darstellt.

Das genauere Studium dieser Faunen der nördlichen Hemisphäre hat nun freilich die Vermutung, daß zwischen Nordamerika und Europa während des ganzen Eocäns ein lebhafter Formenaustausch stattgefunden hätte, keineswegs bestätigt, denn die Zahl der beiden Kontinenten gemeinsamen Gattungen ist doch relativ gering, wohl aber hat sich aus diesen Untersuchungen eine stattliche Menge vikariierender Formen ergeben, die noch dazu auf beiden Kontinenten die gleiche oder doch sehr ähnliche fortschreitende Entwicklung zeigen und die Aufstellung einer Menge ungemein vollständiger genetischer Reihen gestatten. Dabei zeigt sich aber in der Regel nicht, wie man erwarten sollte, eine nach oben immer mehr zunehmende Verzweigung und Abstammung aus einer einzigen Urform, sondern meistens treten von einer Gattung schon gleichzeitig mehrere Arten auf und diese bilden dann unabhängig von einander Parallelreihen. Die sorgfältigen Untersuchungen der europäischen Perissodactylen und Artiodactylen, welche wir Stehlin, und der Carnivoren, welche wir Teilhard de Chardin verdanken, lieferten uns eine große Anzahl solcher genetischer Reihen, die sich meist sogar vom Untereocän bis in das Oligocän erstrecken. Es seien hier nur erwähnt die Reihen innerhalb der Gattungen *Choeropotamus*, *Cebochoerus*, *Choeromorus*, *Rhagatherium*, *Diplobune*, *Pseudamhimeryx*, *Dichodon*, *Anchilophus*, *Palaeotherium*, *Paloplotherium* und *Lophiodon* sowie die der Primaten. Ähnliche Entwicklungsreihen haben Osborn, Wortman und Matthew aus dem nordamerikanischen Material gewonnen und zwar erstrecken sie sich hier auch auf Creodontier, Nager, Ganodonta, Amblypoda und nicht bloß auf Primaten, Perissodactylen und Artiodactylen. Was uns an diesen Reihen besonders in Erstaunen setzt, ist der Umstand, daß wenigstens in Europa fast nur bei den Carnivoren die Entstehung von neuen Gattungen aus geologisch älteren zu beobachten ist, was sich kaum anders erklären läßt als durch wiederholte Einwanderung aus einem uns vorläufig unbekannten Entwicklungscentrum, das bald in Asien, bald in einem arktischen Kontinent, bald im nordöstlichen Teil von Nordamerika gesucht wird, eine Frage, welche freilich erst zukünftige Entdeckungen beantworten können. Die Fortschritte innerhalb der einzelnen Reihen äußern sich vorwiegend in Zunahme der Körpergröße, bei den Perissodactylen und manchmal auch bei Artiodactylen in Komplikation der Praemolaren, in Spezialisierung gewisser Incisiven und der Caninen, bei den Ganodonten kommt es sogar schon zur Bildung hypselodonter wurzelloser Zähne, dagegen erfahren bei den Creodontiern die anfangs trituberkulären bzw. tuberkulärsektorialen Molaren Spezialisierung meist in der Weise, daß an den oberen ein langes schneidendes Metastyl entsteht und dafür der Protocon Reduktion erleidet, während an den unteren häufig das Metaconid verschwindet und das Talonid beträchtlich reduziert wird; auch können sich Protoconid und Paraconid in lange Schneiden umwandeln. Zuweilen erfolgt auch Verringerung der Molarenzahl und bei den Stammformen der ächten Carnivoren eine gewisse Reduktion der hinteren Molaren. Was die Extremitäten betrifft, so sind sie zwar bei den europäischen Säugern nur ausnahmsweise bekannt, aber das vorhandene Material zeigt uns doch, daß sowohl bei den Paar- als auch bei den Unpaarhufern die Reduktion der Seitenzehen schon frühzeitig begonnen hat, wobei bei den ersteren die dritte und vierte, bei den letzteren nur die dritte die Hauptfunktion übernommen hat, obgleich nicht selten die Hand noch vier und der Fuß noch drei Zehen besitzt. Auch bei Creodontiern erfolgt zuweilen Verlust der ersten Zehe.

In Asien — Burma — hat Pilgrim[1]) vor kurzem eine Eocänfauna entdeckt mit *Anthracotheriiden*, *Telmatherium* und *Metamynodon.*

Im Eocän erscheinen auch die ersten Meeressäugetiere. Die Wale sind zwar bloß durch die Familie der *Zeuglodontidae* vertreten, aber sie haben schon eine ziemlich weite Verbreitung, im südlichen Teil von Nordamerika, in Europa, Ägypten und auf Neu-Seeland, und ebenso finden wir *Sirenia* in Westindien, Europa und in Ägypten. Die ersteren gehen höchstwahrscheinlich auf Creodontier zurück, die letzteren haben mit den Proboscidiern die Stammform gemein. Beide haben sich jedenfalls aus landbewohnenden Placentalia entwickelt.

Das **Oligocän** zeigt in Nordamerika eine viel schärfere faunistische Gliederung und zugleich auch einen viel beträchtlicheren Formenreichtum als in Europa. Die White-River-Schichten von Nebraska, Dakota, Montana, Colorado und Wyoming lassen sich leicht in drei Horizonte gliedern. Der tiefste, das auch in Britisch-Columbia vorhandene Titanotheriumbed, ist charakterisiert durch die riesigen *Titanotheriidae*, die größten aller Unpaarhufer und durch *Chrysochloridae* ähnliche Insectivoren, der mittlere durch die Häufigkeit der *Oreodontidae* und den Reichtum an Insectivoren und Didelphyiden und der oberste durch die Gattungen *Leptauchenia* und *Protoceras*, dagegen sind hier die Hyaenodontiden, welche zusammen mit *Elotherium*, *Anthracotherium*, *Ancodus* und dem Suiden *Perchoerus* ein europäisches Faunenelement repräsentieren, und von den Insectivoren die *Leptictidae* bereits vollständig erloschen. Allen Abteilungen des White-River-Oligocän sind gemeinsam Caniden — *Amphicyoninae* und *Cynodictinae* — Musteliden, primitive Feliden — *Dinictis*, *Hoplophoneus* —, zahlreiche Nager — besonders *Castoridae*, *Ischyromyinae* und *Leporidae*, von Perissodactylen die Vorläufer der Pferde — *Mesohippus* —, Tapiriden und Rhinoceriden. Jedoch ist von den ersteren *Colodon* und von den letzteren

[1]) Rec. Geol. Surv. India 1916.

Hyracodon und *Metamynodon* auf die älteren Schichten beschränkt, *Protapirus* erscheint erst etwas später, *Aceratherium* hingegen geht durch das ganze Oligocän. Zu den schon im Uintabed vorhandenen Cameliden und Oreodontiden, welche hier als *Poëbrotherium*, *Agriochoerus*, *Oreodon* und *Leptauchenia* schon erhebliche Fortschritte in ihrer Organisation aufzuweisen haben, gesellen sich jetzt von Selenodonten auch die kleinen *Hypertragulidae*, sowie zuletzt *Protoceras*, von Bunoselenodonten *Anthracotherium*, *Ancodus* und von Bunodonten *Elotherium*, die *Leptochoeriden* und ein echter Suide — *Perchoerus.*

Zum Oligocän stellen die amerikanischen Autoren auch noch die grünen vulkanischen Tuffe des John Daybed in Oregon und allenfalls auch das Monroe Creekbed von Nebraska. Sie zeichnen sich besonders durch die Anwesenheit von *Diceratherium* und *Miohippus* aus. Wir werden diese Fauna jedoch besser im Zusammenhang mit etwas jüngerem besprechen.

In Europa ist das **Oligocän** vorwiegend charakterisiert durch das Auftreten der Gattung *Anthracotherium* und die Anwesenheit zahlreicher primitiver, *Aceratherium* ähnlicher Rhinoceriden. Eine zeitlich wohlumgrenzte und auch ziemlich formenreiche Fauna kennen wir aus Ronzon, Haute Loire. Es fehlt zwar an dieser Lokalität die Gattung *Anthracotherium*, allein sie hat sicher schon gleichzeitig mit dem für Ronzon so charakteristischen *Ancodus* gelebt, wie die Funde bei Hampstead auf der Insel Wight beweisen. Mit den Mergeln von Ronzon sind auch gleichzeitig die Bohnerze von Vehringen und Ulm, der Kalk von Brie, die Sande von Fontainebleau, ein großer Teil der Phosphorite von Quercy, Braunkohlen von Dalmatien, von Oberitalien — Monte Bolca, Monteviale — und von Böhmen und die Asphaltschichten von Lobsann im Elsaß. Besonderes Interesse verdient die Lokalität Calaf bei Barcelona, weil hier noch *Diplobune* zusammen mit *Ancodus* vorkommt. Aus dem Eocän reichen außer *Diplobune* auch noch *Paloplotherium* und angeblich auch *Palaeotherium* in das Oligocän hinauf, von kleineren Artiodactylen *Amphimeryx*, *Caenotherium* und *Plesiomeryx*, ferner *Metriotherium*, *Dichobune*, *Tapirulus*, von Carnivoren *Hyaenodon*, *Amphicyoninae*, *Cynodontinae* — die vermutlichen Vorläufer der Bären —, von Nagern *Theridomys*, *Sciuroides* und *Pseudosciurus* sowie Insectivoren — Erinaceinen — und Beutelratten, so daß, wenn man auf diese Formen das Hauptgewicht legen will, man wirklich von einer verarmten Eocänfauna sprechen könnte. Allein diesem allmählichen Erlöschen älterer Elemente, namentlich von eocänen Perissodactylentypen, steht denn doch ein nicht unbeträchtlicher Zuwachs an neuen Formen gegenüber. Es erscheinen *Rhinoceriden* — darunter *Cadurcotherium* —, *Protapirus*, *Chalicotherium*, Vorläufer der Hirsche — *Gelocus*, *Bachitherium*, *Prodremotherium* —, und der Suiden — *Palaeochoerus*, *Doliochoerus* —, ferner die Gattungen *Anthracotherium*, *Ancodus* und *Elotherium* und von Raubtieren kleine *Hyaenodon*, zahlreiche Musteliden, *Palaeprionodon*, *Stenogale*, *Stenoplesictis*, *Plesictis*, sowie Vorläufer von Bären — *Cynodon*, *Pachycynodon* — und *Cephalogale.* Auch die zahlreichen Insectivoren, Chiropteren und der überwiegende Teil der Nager aus den Phosphoriten — die meisten *Theridomys*, sowie *Protechimys*, *Nesokerodon*, *Cricetodon*, *Eomys* — gehören wohl erst dem Unteroligocän an.

Die nächstjüngere Fauna — Stampien — aus den Mergeln von Cournon, Peublanc, Gergovia und in der Auvergne, St. Henri bei Marseille, Briatexte (Tarn) und der Molasse von Losenegg, Bumbach und Vaulruz bilden zwar die Fortsetzung der Fauna von Ronzon, was sich aus der Anwesenheit der letzten *Hyaenodon* und der vorgeschrittenen Organisation der Nager — *Archaeomys*, *Issiodoromys*, *Rhizoscalops* — ersehen läßt, allein sie ist viel ärmer an Arten. Die wichtigsten Formen sind ein großes *Anthracotherium* mit fast unreduzierten Seitenzehen, nebst *Lophiomeryx* — auch in den Cyrenenmergeln des Mainzer Beckens —, auch treten *Dremotherium* und *Amphitragulus* sowie die ersten Ochotoniden — *Titanomys* — auf. Daneben erhalten sich noch *Caenotherium* und *Plesiomeryx*, auch fehlen wohl ebensowenig *Palaeochoerus*, *Rhinoceriden* und *Tapire*. Die jüngste Oligocänfauna ist die von La Milloque, Gannat, der auch die Tierreste aus den Braunkohlen von Cadibona, Rochette, von Oberbayern und von Rott angehören. Sie hat nur wenige Arten geliefert, unter welchen dem echten *Anthracotherium magnum* und dem kleinen *Microbunodon* wegen ihrer Häufigkeit besondere Bedeutung zukommt. Ein großer Teil des europäischen Oligocän ist jedoch marin entwickelt und alsdann ausgezeichnet durch die Häufigkeit der Überreste von Sirenen — *Halitherium* —, während Cetaceen sehr selten und nur durch *Squalodontidae* vertreten sind, neben welchen aber auch vereinzelt Reste von Landtieren — *Apterodon*, *Anthracotherium* und primitiven Rhinoceriden vorkommen.

Das **Miocän** beginnt in Nordamerika etwa mit den grünen Tuffen des John Daybed von Oregon, welche zusammen mit den Monroe Creek-Schichten in Nebraska von Osborn dem europäischen Aquitanien im Alter gleichgestellt werden. Es zeichnet sich besonders durch den Reichtum an Nagern und durch die Anwesenheit von *Diceratherium* und *Promerycochoerus* aus. Aus dem White-River-Oligocän reichen noch herauf von Perissodactylen *Aceratherium*, *Protapirus*, von Artiodactylen *Elotherium*, *Perchoerus*, *Agriochoerus*, *Paratylopus* und *Hypertragulus*, als neu gesellen sich aber zu den ersteren *Diceratherium*, *Miohippus* und der Chalicotheriide *Moropus*, zu den letzteren *Eporeodon* und *Promerycochoerus*. Die zahlreichen Carnivoren verteilen sich auf die Gattungen *Nothocyon*, *Mesocyon*, *Temnocyon*, *Enhydrocyon*, *Nimravus*, *Pogonodon* und *Hoplophoneus*, die Nager auf die Gattungen *Prosciurus*, *Steneofiber*, *Entoptychus*, *Pleurolicus*, *Meniscomys*, *Mylagaulodon*, *Paciculus*, *Peromyscus* und *Lepus*. Die etwas jüngeren Faunen der Arikaree- und Harrison-Schichten von Montana, der Rosebud-Schichten von Süd-Dakota, des Martin Cañonbed von Colorado und Laramie Peak von Wyoming sind relativ arm an Arten und Gattungen. Als charakteristische und zugleich als neue Typen verdienen Interesse die Carnivoren-Gattungen *Phlaocyon*, *Cynodesmus*, *Oligobunis*, *Megalictis* und *Aelurocyon*, die Perissodactylen *Parahippus* und die Artiodactylen *Dinohyus*, *Desmathyus*, *Mesoreodon*, *Merycochoerus*, *Merychyus*, *Leptauchenia*, *Stenomylus*, *Protomeryx*, *Oxydactylus* und namentlich die Gattung *Blastomeryx*, ein Hypertragulide. Auch die nächstfolgende Fauna des Deep-River und Flint Creek von Montana, des Pawnee Creek von Colorado, das Sheep Creekbed von Nebraska, Virgin Valley in Nevada, auch vorhanden in Kalifornien — Phillips Ranch und die marinen Temblorschichten — und Florida, und der Mascall-Schichten von Oregon bieten keineswegs eine solche Mannigfaltigkeit wie die des nordamerikanischen Oligocän. Sie enthalten im wesentlichen nur Nachkommen von früheren Caniden, Rhinoceriden, Equiden, Oreodontiden, Cameliden und Suiden, jedoch haben diese sich fast sämtlich so stark verändert, daß die Aufstellung zahlreicher neuer Gattungen notwendig erschien. Von Caniden werden genannt *Tephrocyon*, *Cynarctus*, *Amphicyon*, *Canis*, von Feliden *Pseudaelurus*, von Rhinoceriden *Caenopus*, *Aphelops*, *Teleoceras*, von Equiden *Merychippus*, *Hypohippus*, *Parahippus*, von Suiden ein Dicotyline — *Hesperhys* —, von Oreodontiden *Merycochoerus*, *Promerycochoerus*, *Mesoreodon*, *Merychyus* und *Cyclopidius*, von Cameliden *Procamelus*, *Protolabis* und *Alticamelus* und von Antilocapriden *Merycodus*. Die Nager sind fast nur durch *Mylagaulus* ähnliche Formen repräsentiert. Was jedoch diesen jüngeren Faunen besondere Wichtigkeit verleiht, ist das erstmalige Erscheinen der Proboscidier — *Trilophodon* — in Nordamerika. Einen fremdartigen Charakter gewinnen sie auch durch das Auftreten von ebenfalls an europäische Verhältnisse gemahnenden Rhinoceriden *Aphelops* und *Teleoceras*, von *Palaeomerycinae* und von Musteliden — *Potamotherium* und *Mustela*. Dagegen sind *Blastomeryx* und *Merycodus* sicher Autochthonen.

Als Obermiocän deutet Merriam die Schichten von San Pablo in Kalifornien, das Barstow bed in der Mohawe-Wüste und die Fauna der Cedar-Mountains in Nevada. Er führt aus dem Barstow bed von Raubtieren *Canis*, *Tephrocyon*, *Aelurodon*, *Dinocyon*, *Amphicyon*, *Machairodus*, *Pseudaelurus*, von Pferden *Hypohippus*, *Parahippus*, *Merychippus*, ferner *Dicotylinen* — *Prosthenops* —, und *Oreodontiden* — *Merycochoerus* —, von *Cameliden* *Procamelus*, *Pliauchenia* und *Alticamelus* und außerdem einen *Cerviden* — *Dromomeryx* —, einen *Antilocapriden* — *Merycodus* — und von Proboscidiern *Tetrabelodon* an. Alle diese Faunen zeigen eine ruhige Weiterentwicklung der bereits im Oligocän vorhandenen Formen. Als Einwanderer von Eurasien kommen nur *Mastodon*, *Palaeomeryx* ähnliche Gattungen und wohl auch gewisse Rhinoceriden — *Aphelops* und *Teleoceras* — in Betracht. Während in Europa die Grenze des Miocän gegen das Pliocän am besten durch das Auftreten von *Hipparion* festgesetzt wird, erscheint dieses hier schon im Miocän. Erst im Pliocän sollen *Protohippus* und *Pliohippus* beginnen, neben welchen sich die im Zahnbau noch viel primitiveren *Parahippus* und *Hypohippus* erhalten. Auch *Merychippus* hat eine lange Lebensdauer, er reicht ebenfalls noch in das Pliocän hinauf.

Aus Asien ist, abgesehen von Indien, worüber wir besser bei Betrachtung der Siwalikfaunen zu sprechen kommen, **Miocän** nur aus Japan, Provinz Mino, bekannt. Matsumoto beschrieb von dort Reste von *Anchitherium*, *Palaeotapirus*, *Brachypotherium*, *Amphitragulus* und *Mastodon* — *Tetralophodon*.

Als untere Grenze des europäischen **Miocän** eigenen sich am besten die durch das Vorkommen von *Helix rugulosa* charakterisierten Süßwasserablagerungen von Ulm und Mainz, welchen auch der Indusienkalk von St. Gérand le Puy, die Asphalte von Pyrimont-Challonges, Savoyen, und die Braunkohlen von Brüx im Alter gleichstehen. Von oligocänen Typen erhalten sich noch das hier besonders zahlreiche *Caenotherium* und *Palaeochoerus*, von Carnivoren *Palaeogale*, *Plesictis*, *Stenogale*, *Amphictis* und *Cephalogale*, auch finden sich die letzten Beutelratten. Die Perissodactylen — *Chalicotherium*, *Paratapirus*, *Aceratherium* und *Diceratherium* sind nur vorgeschrittenere Entwicklungsstadien der schon bisher vorhandenen Typen. Das nämliche gilt auch von den Cerviden, *Amphitragulus* und *Dremotherium*. Eine hervorragende Rolle spielen *Amphicyon*, *Potamotherium* und *Herpestes* unter den Carnivoren, und *Steneofiber*, *Plesiospermophilus*, *Myoxus*, *Cricetodon* und *Titanomys* unter den Nagern. Ihre Abstammung von bisher in Europa vorhandenen Typen erscheint, wenigstens für einen Teil dieser Gattungen, einigermaßen zweifelhaft. Die Insectivoren und Fledermäuse schließen sich sehr enge an lebende Formen an und gehören zum Teil sogar schon lebenden Gattungen an. Die Anthracotheriiden sind jetzt durch einen neuen Typus — *Brachyodus* — vertreten.

Nach dieser Periode ergriff das Meer wieder Besitz von einem großen Teil des mitteleuropäischen Festlandes, weshalb auch Reste von Landsäugetieren im **Mittelmiocän** ziemlich selten und nur an nichtüberfluteten Orten in größerer Menge erhalten geblieben sind, wie bei Tuchorschitz in Böhmen und auf dem Juraplateau von Solnhofen. Sie gehören einer Fauna an, welche im wesentlichen mit der des Obermiocän übereinstimmt, aber mit jener des Untermiocän noch die Gattungen *Brachyodus*, *Palaeochoerus*, *Amphicyon*, *Cephalogale*, und *Plesictis* gemein hat. Die *Caenotherien* sind nahezu, die Beutelratten vollständig verschwunden. Von den Hirschen — *Palaeomeryx* — zeichnen sich die kleineren schon durch den Besitz eines Geweihes aus, die Rhinoceriden erweisen sich zum Teil — *Aceratherium*, *Diceratherium* — als direkte Nachkommen von bereits vorhandenen Typen, daneben tritt jedoch eine neue Form, *Brachypotherium*, auf. Das wichtigste Ereignis ist jedoch das erstmalige Erscheinen von Proboscidiern, der Gattung *Mastodon*. In den Sanden des Orléanais kommt auch bereits *Dinotherium* sowie *Anchitherium* und sogar schon ein Anthropoide, *Pliopithecus* vor. Das marine Miocän enthält im Gegensatz zum Oligocän nicht nur Sirenen — neben *Metaxytherium* auch noch *Halitherium* — und *Squalodontidae*, sondern auch zahlreiche modernere Zahnwale, darunter *Physodon*, *Acrodelphis*, *Cyrtodelphis* und *Delphinus* und sogar schon einen Bartenwal, *Plesiocetus*. Auch erscheinen jetzt Robben — *Phoca*.

Während die Faunen des Oligocäns und Eocäns und selbst noch des Untermiocäns im ganzen doch immer nur auf eine verhältnismäßig geringe Anzahl von Fundplätzen beschränkt sind, erstreckt sich die Fauna des **Obermiocän** fast über ganz Mitteleuropa, sie findet sich aber auch bei Lissabon, Palencia, Madrid sowie in Südrußland und ist auch in Bosnien angedeutet. Es dürfte genügen, von den zahllosen Fundstellen nur Sansan (Gers), La Grive St. Alban (Isère), Steinheim, Georgensgmünd, Öningen, die bayerisch-schwäbische Hochebene, die Braunkohlen von Steiermark und den Landschneckenkalk von Oppeln in Schlesien zu nennen. Aus dem Untermiocän erhalten sich fast unverändert die Amphicyoninen, Viverriden, Musteliden, jedoch erscheinen jetzt auch Vorläufer von *Meles* — *Trochictis*, echte Bären, *Ursavus*, ferner ein Suburse, *Aeluravus*, und vor allem zahleiche Feliden, sowohl *Machairodus* als auch echte *Felis*. Die Nager, Chiropteren und Insectivoren sind im wesentlichen die Nachkommen der schon im Untermiocän vorhandenen Gattungen, neu ist nur die fast allenthalben vertretene Gattung *Galerix*. Bei den Paarhufern läßt sich trotz des Formenreichtums ein nur geringer neuer Zugang konstatieren, nämlich primitive *Antilopen* mit hirschähnlicher Bezahnung und *Hyaemoschus*, gewissermaßen als Ersatz für die erloschenen Caenotheriiden und für *Brachyodus*, dagegen scheinen die zahlreichen und in der Größe verschiedenen *Palaeomeryx*-Arten, von denen die kleinen und mittelgroßen jetzt auch mit Geweihen versehen sind, nur weitere Entwicklungsstadien der verschiedenen untermiocänen *Amphitragulus*-Arten zu sein. Ein direkter genetischer Zusammenhang mit früheren Formen besteht nicht minder auch bei den Suiden, denn *Hyotherium* und die zum ersten Male vorhandene Gattung *Sus* sind die Nachkommen von *Palaeochoerus*, und *Listriodon* der von *Doliochoerus*. Unter den Perissodactylen lassen sich *Chalicotherium*, die Tapire und *Aceratherium* ungezwungen von untermiocänen Formen ableiten, und *Brachypotherium* und *Ceratorhinus* haben wenigstens Vorläufer im Mittelmiocän, wo auch schon, wie wir gesehen haben, *Anchitherium* zum ersten Male nachweisbar ist. Im Mittelmiocän muß also eine beschränkte Einwanderung stattgefunden haben und zwar aus einem uns vorläufig nicht näher bekannten Gebiet, das aber jedenfalls auch mit Nordamerika in Verbindung war. Diesem Gebiet verdankte Europa die Einwanderung der ebengenannten Perissodactylen und wohl auch der Feliden und der Gattung *Galerix*, dagegen können die gleichzeitig mit auftretenden Proboscidier, *Mastodon* und *Dinotherium*, sowie die Affen — *Pliopithecus* und *Dryopithecus* — nur aus Afrika gekommen sein.

Hat schon die obermiocäne Säugetierfauna eine weite Verbreitung in Europa, so gilt dies in noch höherem Grade von jener des **Unterpliocäns,** der pontischen Stufe. In Süddeutschland hat sie freilich, abgesehen von Eppelsheim bei Worms und gewissen Bohnerzen der Schwäbischen Alb, keine Tierreste hinterlassen, auch in Frankreich sind solche nur von Cucuron und Mont Lebéron (Vaucluse) und aus der Gegend von Lyon bekannt, dagegen ist sie auf der hispanischen Halbinsel wahrscheinlich sehr verbreitet — man kennt sie aus der Gegend von Lissabon und von Concud in der Provinz Teruel —, und im östlichen Europa finden sich Überreste dieser Fauna vom Wiener Becken an bis in das südliche Rußland. Sie fehlen auch nicht in Rumänien und Mazedonien. Besonders reich entwickelt war diese Tierwelt in Griechenland — Pikermi —, im westlichen Teil von Kleinasien — Samos — und im westlichen Persien — Maragha —, allein je weiter östlich die Fundorte liegen, desto mehr treten neue, der europäischen Fauna fremde Elemente auf, namentlich unter den Wiederkäuern. Während in Westeuropa die Antilopen nur eine ziemlich geringe Rolle spielen und dafür die Hirsche besser vertreten sind, verschwinden diese letzteren im Osten fast vollständig, dagegen entfalten hier die Antilopen einen um so größeren Formenreichtum. In Mitteleuropa ist die Unterpliocänfauna, abgesehen von der Anwesenheit der Gattung *Hipparion* an Stelle der erloschenen Gattung *Anchitherium*, streng genommen nur die Fortsetzung der obermiocänen Säugetierwelt, denn die Carnivoren, die Perissodactylen — *Brachypotherium*, *Aceratherium*, *Tapirus*, *Chalicotherium* —, die Proboscidier *Mastodon* und *Dinotherium* sind nur wenig veränderte Nachkommen der obermiocänen Arten. Das nämliche gilt auch unter den Paarhufern für die Suiden, Hirsche, *Dorcatherium* und die wenigen Antilopen, und selbst die Primaten *Dryopithecus* und *Anthropodus* sind wohl aus *Pliopithecus* hervorgegangen. Die Nagerfauna ist recht ärmlich, weil fast alle Ablagerungen aus dieser Periode von Hochfluten oder aus geröllführenden Flüssen abgesetzt wurden und daher alle kleinen Knochen zugrunde gingen; sie besteht vorwiegend aus *Castor*, *Lepus* und *Dipoides*. Die beiden letzteren Gattungen sind von Osten über Asien aus Nordamerika gekommen, offenbar zugleich mit Feliden und *Hipparion*. Auch *Hyaena* ist wohl von Osten her eingewandert. Diese wenigen neuen Faunenelemente des westlichen Europa bilden einen scharfen Gegensatz zu der Menge neuer Typen, welchen wir im südöstlichen Europa und in Westasien begegnen. Die Unterpliocänfauna von Pikermi enthält einen von den europäischen verschiedenen Rhinoceriden, *Atelodus pachygnathus*, auf Samos und in Maragha noch weitere, an chinesische und indische Typen erinnernde Aceratherien, auch erscheint hier ganz unerwartet ein großer Hyracoide — *Pliohyrax* —, charakteristisch sind ferner die im Westen, abgesehen von *Helladotherium*, ganz fehlenden Giraffen — *Camelopardalis*, *Samotherium*, *Palaeotragus* etc. —, ferner *Palaeoryx*, *Protoryx*, *Protragelaphus* und andere Antilopen, während bis Mittel- und Westeuropa von solchen nur *Palaeoreas*, *Tragocerus* und *Gazella* vorgedrungen sind. Auch die Hyänen sowie *Ictitherium* und *Mesopithecus* stellen entschieden östliche Typen dar.

Die Fauna der ebenerwähnten Lokalitäten Samos und Maragha führt uns naturgemäß zur Besprechung der Faunen von Ostindien[1]) und von China. In den indischen Siwalik gehört zwar der größte Teil der fossilen Tierreste dem Pliocän an, aber es fehlt auch nicht an älteren Elementen, doch gelang es erst vor wenigen Jahren, begünstigt durch neuere Aufsammlungen, eine zeitliche und örtliche Scheidung des Materials vorzunehmen. Pilgrim, dem wir diese Untersuchungen verdanken, nennt die älteste Fauna die der Bugtihügel oder des Gaybed. Sie zeichnet sich aus durch eine Mischung von altertümlichen Formen — *Pterodon*, *Cadurcotherium*, *Diceratherium*, *Anthracotherium*, *Brachyodus*, *Ancodus* — die uns in Europa im Oligocän oder gar wie *Pterodon* bereits im Eocän begegnen, mit jüngeren Typen wie *Dinotherium*, *Aceratherium*, *Brachypotherium*, *Listriodon* sowie mit einem Mastodonten, *Hemimastodon*, der jedenfalls afrikanischer Abkunft ist. Da aber selbst die ältesten Elemente durch Zunahme der Körpergröße Fortschritte gegenüber ihren europäischen Verwandten zeigen, und für die Entwicklung der hier so zahlreichen *Anthracotheriiden* jedenfalls ein ziemlicher Zeitraum erforderlich war, so dürfen wir wohl bereits ein relativ geringes Alter, etwa Untermiocän, für diese Tierwelt annehmen. Außer den genannten Gattungen sind hier auch *Amphicyon*, zwei *Chalicotheriiden* — *Phyllotillon*, *Schizotherium*—, *Anthracotherium*, *Brachyodus* und *Ancodus* vertreten, ferner ist ein zweifelhafter *Gelocus*, *Prodremotherium* und vor allem die älteste *Giraffe*, *Progiraffa* zu nennen. Abgesehen von den *Proboscidiern*, welche jedenfalls aus Afrika kamen, dürften jedoch sämtliche Faunenbestandteile in europäischen Formen wurzeln. Die jüngeren

[1]) *Pilgrim Guy E.*, The Correlation of the Siwaliks with Mammal Horizons of Europe. Records of the Geological Survey of India. Vol. XLIII. 1913.

Faunen, bisher als Siwalik-Fauna bezeichnet, werden jetzt in vier Abteilungen zerlegt. Die älteste, im Mancharbed von Sind, besteht aus *Amphicyon*, *Dinotherium*, *Mastodon* — *Tetrabelodon* —, den Unpaarhufern *Aceratherium*, *Brachypotherium*, *Phyllotillon*, aus den *Anthracotheriiden Microbunodon*, *Brachyodus*, *Hyoboops*, *Hemimeryx*, den *Suiden Choeromeryx*, *Hyotherium* und *Listriodon* und den nur unvollständig bekannten selenodonten Paarhufern *Dorcabune* und *Propalaeomeryx*. In der folgenden Chinji-Zone treffen wir *Anthropomorphen* — *Palaeosimia*, *Sivapithecus* und *Dryopithecus*, die aber noch mit einem Creodontier — *Dissopsalis* vergesellschaftet sind. Raubtiere sind relativ häufig und durch *Amphicyon*, *Haplogale*, *Potamotherium*, sowie *Feliden* — *Sivaelurus* und *Machairodus* repräsentiert. Von *Proboscidia* finden wir *Dinotherium* und *Tetrabelodon*, von Unpaarhufern *Aceratherium*, *Brachypotherium* und *Phyllotillon*, von Suiden *Hyotherium*, *Sus* und *Listriodon*, von *Anthracotheriidae Microbunodon* und *Hemimeryx*, von selenodonten Paarhufern *Dorcatherium* und *Dicrocerus* sowie *Giraffokeryx* und *Giraffa*. Sehr bemerkenswert ist das Erscheinen von *Antilopen* — *Protragocerus*, *Strepsicerus* und *Gazella*. Diese Fauna wird man wohl ins Obermiocän stellen. Viel formenreicher ist jedoch die Tierwelt der Dhok Pathan-Zone, deren unterpliocänes Alter durch die Anwesenheit von *Hipparion* sichergestellt erscheint. Die Affen haben drei Gattungen, nämlich *Palaeopithecus*, *Semnopithecus* und *Macacus*, aufzuweisen, von Raubtieren sind zu nennen *Hyaenarctus*, *Indarctus*, *Amphicyon*, *Mellivorodon*, *Mellivora*, *Potamotherium*, *Lutra*, *Enhydriodon*, *Lepthyaena*, *Palhyaena*, *Lycyaena*, *Hyaena*, *Machairodus*, *Aeluropsis*, *Felis*, von Nagern *Rhizomys* und *Hystrix*. Zu den bisher schon vorhandenen *Proboscidia* kommt jetzt auch *Mastodon* mit nur zwei Stoßzähnen sowie *Stegodon*, zu den bisherigen *Perissodactyla* eine modernere Form, *Rhinoceros sivalensis* und drei Arten von *Hipparion*. *Phyllotillon* wird durch *Chalicotherium* ersetzt. Zu den bisherigen *Suidae Sus*, *Listriodon* und *Microbunodon* kommt ein zweifelhafter *Potamochoerus* und *Tetraconodon*. Die Gattung *Hippopotamus* tritt hier zum erstenmal auf, auch erscheint neben *Dorcatherium Cervus*. Die Giraffen ähnlichen Tiere erreichen hier in den riesigen Gattungen *Helladotherium*, *Vishnutherium* und *Hydaspitherium* den Höhepunkt ihrer Entwicklung, auch *Giraffa* ist hier vorhanden. Die Antilopen endlich sind vertreten durch *Tragocerus*, *Boselaphus*, *Palaeoryx*, *Gazella*, *Proleptobos* und eine *Strepsicerus* ähnliche Form.

Etwas älter als die Dhok Pathan-, aber sicher jünger als die Chinji-Fauna sind die Faunen von Nagri, von Hari Talyangar und von der Insel Perim. Sie enthalten *Hipparion*, *Brachypotherium*, verschiedene Antilopen, kleine Giraffen, *Bramatherium*, *Dorcatherium*, *Dorcabune* und *Suidae*, die erste auch Anthropomorphen, dagegen fehlen außer auf der Insel Perim *Mastodonten*. Dem Oberpliocän gehört wohl schon die Tatrotfauna an mit *Mastodon sivalensis*, *Stegodon*, *Sus*, *Hippohyus*, *Hippopotamus*, *Merycopotamus*, *Sivatherium*, vielen Antilopen, *Dorcatherium* und *Hipparion*. Bemerkenswert ist das erstmalige Auftreten von *Bovidae*, *Hemibos*, *Leptobos* und *Amphibos*. Auch erscheint wenigstens an einer Lokalität der erste Vertreter der Gattung *Elephas*, *E. planifrons*. Die jüngste siwalische Fauna ist die der »Boulder Conglomerate«. Sie besteht aus *Melursus*, *Mellivora*,

Vulpes, *Hyaena*, *Machairodus*, *Felis*, *Stegodon*, *Elephas*, *Rhinoceros*, *Dicerorhinus*, *Equus*, *Chalicotherium*, *Sus*, *Potamochoerus*, *Hippopotamus*, *Camelus*, *Sivatherium*, *Indratherium*, Antilopen — *Bubalis*, *Cobus*, *Hippotragus*, *Boselaphus* und modernen Rindergattungen, *Buffelus*, *Bos* und *Bison*. Die Gattung *Equus* tritt hier zum erstenmale auf, während sie in China möglicherweise doch schon mit *Hipparion* zusammengelebt hat. Die indischen Antilopen sind die Vorfahren der heutzutage in Afrika vorkommenden Typen. Auch *Hippopotamus* und *Camelus* haben sich von Indien aus verbreitet, und für die Rinder kommt ebenfalls Indien als die Urheimat in Betracht. Außerdem haben hier auch die Elephanten ihren Ursprung genommen aus der Gattung *Stegodon*, die auch aus Japan bekannt ist.

Die in China teils in roten Tonen, teils in rötlichen Sandsteinen eingeschlossenen Tierreste verteilen sich in der Hauptsache auf die nämlichen Gattungen, die wir eben als die Fauna der Siwalik kennen gelernt haben oder doch auf sehr nahestehende, ja einige Arten sind sogar vollkommen identisch mit indischen, jedoch gibt es hier auch einige Formen — *Hypohippus* und *Cervavus*, welche nur die Nachkommen von nordamerikanischen resp. europäischen Miocäntypen darstellen. Über China erfolgte offenbar auch am Ende des Miocäns die Einwanderung nordamerikanischer Faunenelemente, welche teils wie die *Leporiden*, *Dipoides*, *Hipparion* sowie *Canis* und *Vulpes*, vielleicht auch *Hyaena*, bis nach Europa gelangten, teils sich vorerst nur über Asien verbreiteten, *Camelus*, *aegodonte* Antilopen, und wohl auch der *Sivatheriinae*, der Nachkommen von *Protoceras*. Als Gegengabe erhielt Nordamerika die *Aphelops*artigen Rhinoceriden, *Palaeomeryx*ähnliche Cerviden und vor allem die Gattung *Mastodon* und von Raubtieren *Dinocyon* und vielleicht auch schon *Ursus*.

Eine eigentümliche Stellung nimmt die Fauna von Monte Bamboli und Casteani in Toskana ein. Sie enthält einen Primaten, *Oreopithecus*, welcher im Zahnbau Merkmale von *Anthropomorphen* und *Cynopithecinen* aufweist. Von den hier vorkommenden Carnivoren ist *Hyaenarctos* primitiver als der von Pikermi, die *Mustela* ist einem Marder von Pikermi und *Enhydriodon* einer Art aus den Siwalik sehr ähnlich, die Antilopen lassen sich am ehesten mit solchen von Pikermi vergleichen und der Suide findet sich auch in Eppelsheim; dieser Fauna dürfte also doch am ehesten ein unterpliocänes Alter zukommen. Dagegen schließt sich die von Casino trotz ihrer Armut schon eher an die von Roussillon und Montpellier an, obwohl ihr die Anwesenheit von *Hippopotamus* fast ein noch jüngeres Gepräge verleiht. Gegenüber der unterpliocänen Tierwelt erscheint die **mittelpliocäne** ziemlich dürftig. Eine nicht unbeträchtliche Anzahl wichtiger Arten, wie *Machairodus crenatidens*, *Hyaena arvernensis*, *Ursus arvernensis*, *Mastodon arvernensis*, *Tapirus arvernensis* und *Gazella borbonica* sowie *Lagomys corsicanus* hat sie mit der oberpliocänen gemein, dagegen verleiht ihr die Anwesenheit von *Hipparion*, *Mastodon Borsoni* und allenfalls auch von *Rhinoceros leptorhinus* und einer *Viverra* einen altertümlicheren Charakter, auch die zahlreichen Hirsche sind noch etwas primitiver. Von den Antilopen leitet *Palaeoryx boodon* einigermaßen zu den Rindern hinüber. Während die Nager und die Feliden trotz ihrer nicht geringen Mannigfaltigkeit kein besonderes Interesse beanspruchen können, verdient das Vorkommen von mehreren Cynopithecinen, *Dolichopithecus*, *Semnopithecus* und *Macacus*, um so mehr Beachtung. Ungefähr gleichzeitig mit dieser Landfauna lebten zahlreiche Meeressäugetiere, vorwiegend Zahnwale, daneben auch einige Phociden und Sirenen — *Felsinotherium*, deren Überreste, namentlich bei Antwerpen, Montpellier, in Piemont und bei Siena in reichlicher Menge zum Vorschein gekommen sind.

Die **oberpliocäne** Säugetierfauna der Auvergne war schon frühzeitig Gegenstand eingehender Untersuchung, später wurden die wichtigsten der hier vorkommenden Arten auch im Arnotal in Toskana nachgewiesen. Auch in England — Crag von Norwich —, in Holland — Tegelen —, in Siebenbürgen und selbst bei Giurgewo und Maluschteni in Rumänien fanden sich manche der charakteristischsten Formen. Während die meisten Hirsche und Antilopen, die Suiden, Tapir, *Rhinoceros*, *Mastodon*, die Nager und Raubtiere sich nur wenig von ihren mittelpliocänen Vorläufern unterscheiden und zum Teil sogar noch den nämlichen Arten angehören, erhält diese Fauna doch ein wesentlich jüngeres Gepräge durch das erstmalige Auftreten der Gattungen *Elephas*, *Equus* und *Bos*. Bemerkenswert ist auch das Vorkommen eines Affen — *Macacus* —, dagegen gestattete das Klima nicht mehr die Existenz von Menschenaffen.

Das **Pliocän** von Nordamerika hat durch Merriams[1]) Untersuchungen eine gründliche Sichtung und eine wesentliche Bereicherung erfahren. Er stellt der europäischen Hipparionenfauna im Alter gleich das untere Etchegoin, die Fauna der Tejonhügel und von Orinda, die der pazifischen Küste, das Ricardobed der Mohawe-Wüste, das Snake Creekbed und die Niobrara River-Schichten in Nebraska, das Republican Riverbed in Kansas und das Alachoua oder Archerbed in Florida mit *Hipparion*, *Protohippus*, *Pliohippus*, *Merychippus*, *Hypohippus*, *Aphelops*, *Teleoceras*, *Merycochoerus*, *Merychyus*, *Procamelus*, *Pliauchenia*, *Prothenops*, *Merycodus*, *Mylagaulus*, *Tetralophodon*, *Megatherium (?)*, *Hyaenarctus*, *Dinocyon*, *Aelurodon* und *Machairodus*. Die reiche Fauna des Snake Creekbed enthält außer den eben erwähnten Gattungen die Caniden *Pliocyon*, *Tephrocyon* und *Leptocyon*, einen *Procyoniden*, mehrere *Musteliden*, ferner *Pseudaelurus* und *Felis*, von Nagern *Dipoides*, *Amblycastor* und *Geomys*, von Proboscidiern *Trilophodon* und *Zygolophodon* und sogar vielleicht einen Anthropoiden, *Hesperopithecus*. Von altertümlichen *Equiden* haben sich noch erhalten *Parahippus*, *Hypohippus* und *Merychippus*, von *Camelidae Alticamelus* und *Protolabis*. Auch treffen wir noch *Oreodontidae* — *Metoreodon* und *Pronomotherium*. *Cervicornia* werden häufiger — *Dromomeryx*, *Drepanomeryx* und *Cervavus*, letzterer sicher aus Asien eingewandert. Ebendaher stammen auch *Cavicornier*, die jedoch wegen ihrer mangelhaften Erhaltung keine genauere Bestimmung erlauben. Für Mittelpliocän gelten die mittleren Etchegoin-Schichten — Orinda und Pinole Tuff und Edenbed der pazifischen Küste, das Tousand Creekbed in Nevada und das Rattlesnakebed in Oregon. Die Gattungen der

[1]) *Merriam J. C.*, Relationships of Pliocene Mammalian Faunas from the Pacific Coasts and Great Basin Provinces of North America. University of California Publicat. geology 1917. Vol. X.

Rhinoceridae und *Camelidae* sind noch die nämlichen wie im Unterpliocän, nur *Aphelops* fehlt, und von *Equidae* kennt man bloß mehr *Pliohippus* und *Hipparion.* Dafür treten Antilopen auf — *Tragocerus* und *Ilingocerus*, zahlreiche Nagergattungen, von denen die meisten noch jetzt in Nordamerika leben, ein echter Bär — *Indarctus* — und die ältesten *Megalonyx.* In das Oberpliocän werden gestellt das obere Etchegoin, San Timoteo und Tularebed in Kalifornien und das Blancobed von Texas. Aus Kalifornien werden genannt die *Amphicyonidae Borophagus* und *Hyaenognathus*, der *Machaerodus* ähnliche *Ischyrosmilus*, *Felis*, *Glyptotherium*, *Megalonyx*, *Mastodon Shepardi*, *mirificus* und *tropicus*, *Pliohippus*, *Hipparion* und ein zweifelhafter *Protohippus*, *Pliauchenia*, *Procamelus* und *Platygonus.* Aus Idaho werden angeführt *Equus excelsus*, *Protohippus*, *Aphelops*, *Procamelus*, *Cervus*, *Tragocerus*, *? Mastodon mirificus*, ein Gravigrade *Ischyrosmilus* und *Castor*, die sich möglicherweise doch auf mehrere Horizonte verteilen. Die artenarme Pliocänfauna von Mexiko scheint dagegen ein wesentlich höheres Alter zu besitzen als das Blancobed von Texas.

Das **Pleistocän**[1]) beginnt sowohl in Nordamerika als auch in Europa mit einer Fauna, die noch Arten eines warmen Klimas und sogar erloschene Gattungen enthält. In Nordamerika ist das Sheridanbed oder *Equus*-bed von Süd-Dakota bis Texas verbreitet und charakterisiert durch das erstmalige Erscheinen der Gattungen *Equus*, *Antilocapra* und *Castoroides* neben *Elephas*, *Platygonus*, *Eschatius*, *Auchenia*, *Camelops*, *Lutra* und *Mylodon.* Die Nager sind, abgesehen von *Castoroides*, nur durch lebende Gattungen vertreten. Die zweifellos interglazialen, zwischen den Moränen des Nebraskan, der 1., und des Kansan, der 2. Eiszeit[2]) liegenden Sande des Aftonian von Iowa und die ihnen im Alter entsprechenden Loup River-Schichten in Nebraska — hier außerdem auch *Arctotherium*, *Smilodon* und *Castoroides* — enthalten *Mastodon*, *Elephas imperator* und *Columbi*, *Equus complicatus*, *Camelops*, *Camelus*, *Capromeryx*, *Antilocapra*, *Cervalces*, *Aftonius*, *Bison*, *Mylohyus*, *Mylodon* und *Megalonyx.* Dem älteren Pleistocän gehören vermutlich auch die Tiere an, welche im Asphalt vom Rancho Brea in Kalifornien gefunden werden. Am häufigsten sind hier *Smilodon* und *Canis indianensis*, dagegen zählen die Überreste von *Equus*, *Bison*, *Platygonus*, *Mylodon* und *Megalonyx* zu den Seltenheiten. Aus dem Vorkommen von mehreren auch bei La Brea gefundenen Arten von *Equus*, *Camelops*, *Elephas* und *Felis* im Lahontain Lake-Becken schließt Merriam auch auf ein hohes Alter der dortigen Pleistocänablagerungen. Wesentlich jünger sind die Tierreste aus kalifornischen

---

[1]) *Hay Oliver P.*, The Pleistocene Mammals of Iowa. Iowa Geolog. Survey. 1912. — *Osborn H. F.*, Review of the Pleistocene in Europe, Asia and Northern Africa. Ann. of the New York Acad. of Scienc. 1915. Pleistocene Vertebrates in the U. States. Proc. U. S. National Museum. Vol. 58. 1920.

[2]) Die Eiszeiten und Interglazialzeiten Nordamerikas werden folgenderweise mit jenen in Europa parallelisiert:

Wisconsan	— Würmeiszeit	— Mecklenburgian
Sangamon	— III Interglazial	
Illinoian	— Rißeiszeit	— Polandian
Yarmouth	— II Interglazial	
Kansan	— Mindeleiszeit	— Saxonian
Aftonian	— I Interglazial	
Nebrascan	— Günzeiszeit	— Scanian

Höhlen — Samwell, Potter Creek und Hawver Cave. Es kommen zwar hier noch ausgestorbene Gattungen vor — *Nothrotherium*, *Megalonyx*, *Mylodon*, *Arctotherium*, *Smilodon*, *Preptoceras* und ein Camelide — aber zusammen mit ihnen auch schon *Mammuth*. Nicht viel verschieden dürfte auch das Alter der Reste aus der Port Kennedy-Höhle in Pennsylvania sein. Sicher altpleistocän sind hingegen jene aus dem Hochtal von Mexiko, von denen hier genannt seien *Brachyostracon* — ein *Glyptodontide* —, *Megatherium*, *Mylodon*, *Hyaenognathus*, *Arctotherium*, *Mastodon oligobunis*, *tropicus*, *Elephas Columbi*, *Tapirus*, zahlreiche Arten von *Equus* sowie *Platygonus*, *Preptoceras*, *Palauchenia*, *Camelops* und *Antilocapra*.

In Europa finden wir die älteste pleistocäne Tiergesellschaft im Cromerforest-Bed von England und Holland, bei St. Prest und in Mauer bei Heidelberg, welch letztere Lokalität vor kurzem durch den Fund eines Menschenkiefers so große Berühmtheit erlangte. Neuere Untersuchungen der an diesen Orten gesammelten Tierreste haben den Nachweis erbracht, daß zwischen Pliocän und Pleistocän keineswegs eine so scharfe Grenze besteht, wie es bis dahin den Anschein hatte, denn wir treffen hier noch pliocäne Arten, nämlich *Hippopotamus major*, *Equus Stenonis*, *Rhinoceros etruscus*, *Elephas meridionalis*, *Ursus arvernensis*, *Canis neschersensis*, *Lynx issiodorensis* und *Hyaena arvernensis*, ja einige dieser Arten reichen sogar noch in die etwas jüngere Fauna von Mosbach bei Mainz hinauf, wo sich zu ihnen *Capreolus caprea*, *Cervus elaphus*, *Alces latifrons*, *Bison priscus*, *Sus scrofa* und *Castor fiber* gesellen, welche dann mit Ausnahme von *Ursus Deningeri* und *Alces latifrons* in allen jüngeren Pleistocänablagerungen, die während eines wärmeren Klimas entstanden, wiederkehren, wie z. B. in Taubach, Krapina und in den Höhlen von Mentone. Neben ihnen kommt gelegentlich auch noch ein *Inuus*, *Hippopotamus* und *Machairodus latidens* sowie *Hyaena striata* vor. In Asien (China) lebten während des älteren Pleistocäns noch *Hyaenarctos*, *Chalicotherium* und ein riesiger *Tapir* neben *Rhinoceros sinensis* und *plicidens*, gewissermaßen die Stellvertreter des europäischen *Mercki*, ferner *Elephas namadicus*, *Hyaena*, *Pferd*, *Hirsch* und *Schwein*. In das Alt-Pleistocän fällt außer der Fauna des Narbadatales vielleicht auch die durch das Vorkommen von *Pithecanthropus* so berühmt gewordene Fauna von Trinil auf Java mit *Macacus*, *Mececyon*, *Feliopsis*, *Stegodon*, *Rhinoceros*, *Hippopotamus*, *Sus*, *Cervulus*, *Axis*, *Duboisia*, mit *Boselaphus* verwandt, *Buffelus* und *Bibos*, welche insgesamt nur durch ausgestorbene Arten repräsentiert sind, was deutlich genug für das relativ hohe Alter dieser Fauna spricht.

In Nordamerika scheinen vom Mittelpleistocän an *Camelidae* zu fehlen, dagegen erhalten sich noch *Mylohyus*, *Equus*, *Tapirus*, *Machairodontinae*, *Mylodon* und *Megalonyx*. Neue Erscheinungen sind *Rangifer* und *Elephas primigenius*. In diese Zeit fallen die Lößfunde des 3. Interglazials — Sangamon in Iowa — bestehend in *Mastodon*, *Mammuth*, *Renn*, *Cervalces* und *Bison*, die Fauna der Conard-Spalte in Arkansas mit vielen *Insectivora*, *Mustelidae*, *Canidae*, *Procyon*, *Ursus*, *Lynx*, *Felis*, *Smilodontopsis*, einer Menge Nager, *Equus*, *Mylohyus*, *Cervus*, *Odocoileus* und *Symbos*, vielleich auch jene aus Höhlen in Tennessee und Maryland und aus dem Löß von Alton in Illinois. Auch die

Tierreste am Silver Lake in Oregon und der Frankstown-Höhle in Pennsylvanien dürften aus dieser Zeit stammen. Die Raubtiere und Nager verteilen sich vorwiegend schon auf solche Arten, welche noch heutzutage Nordamerika bewohnen. Bemerkenswert ist das Vorkommen von eigentümlichen, *Ovibos* ähnlichen, gänzlich erloschenen Formen — *Preptoceras* und *Euceratherium*. Die jüngsten Pleistocänablagerungen in Iowa, als Peorian und Wabash Stage bezeichnet, enthalten *Mammuth*, *Mastodon*, *Ovibos*, *Antilocapra*, *Hirsche*, *Platygonus*, *Dicotyles* und sogar noch *Megalonyx*, dagegen scheinen *Pferd* und *Tapir* erloschen zu sein.

Die Veränderungen in der Zusammensetzung der Tierwelt, das Aussterben oder doch Auswandern von wärmeliebenden Formen, waren in Nordamerika und in Europa vor allem bedingt durch die ausgedehnte Vergletscherung, allein in Nordamerika kennt man anscheinend außer der eben erwähnten Conard-Spalte in Arkansas keine Lokalität, wo eine größere Anzahl der nunmehr eingewanderten, kälteliebenden oder doch der Kälte angepaßten Arten zum Vorschein gekommen wäre. In Europa hingegen spielt die Fauna der eigentlichen Eiszeit eine viel wichtigere Rolle als die präglaziale und interglaziale wärmeliebende Säugetierwelt. Fast in keiner Höhle von England, Belgien, Frankreich, Deutschland und Österreich-Ungarn wird man vergeblich nach Knochen und anderen Resten von Höhlenbär, Höhlenhyäne, Renntier, *Rhinoceros antiquitatis* und Mammuth suchen, auch Höhlenlöwe, Vielfraß, Gemse und Steinbock sowie Saigaantilope und Moschusochse sind zuweilen mit ihnen vergesellschaftet. Die nämlichen Arten haben auch öfters im Löß, seltener in fluviatilen Ablagerungen, Überreste hinterlassen. Ein nicht unwesentliches Element der jüngsten europäischen Pleistocänfauna sind ferner auch gewisse Nager — *Cuniculus*, *Lemmus*, *Ochotona*, *Dipus*, *Alactaga*, *Hystrix*, *Bobak*, welche heutzutage teils die arktischen Tundren, teils die Steppen Rußlands und des westlichen Asiens bewohnen. Nach dem definitiven Zurückweichen der Gletscher zogen sie sich freilich in ihre heutigen Wohnsitze zurück. Auch Renn und Moschusochse wichen aus dem gemäßigten Teile Europas, während Löwe und Hyäne wohl nur durch den Menschen aus Europa verdrängt wurden. Um so rätselhafter erscheint uns dagegen das Aussterben von Mammuth, Rhinoceros und Höhlenbär, denn es ist kaum anzunehmen, daß der Mensch allein sie ausgerottet hätte, wie das mit dem Riesenhirsch, mit Bison und Auerochs der Fall war.

Aus Afrika waren bis vor kurzem keine fossilen Säugetiere bekannt mit Ausnahme von jenen aus dem Pleistocän von Algier und einigen spärlichen Resten aus dem dortigen Tertiär. Nichtsdestoweniger spielte jedoch Afrika bei zoogeographischen Spekulationen eine hervorragende Rolle. Es sollte vor allem die Heimat aller pliocänen Säugetiere von Europa und Asien sein, auch sollte es einen großen, afrikanisch-südamerikanischen Kontinent gegeben haben, und selbst die dann und wann im europäischen Eocän auftauchenden neuen Formen sollten unfehlbar aus Afrika stammen. Jetzt, wo wir Reste von Landsäugetieren sowohl aus dem Eocän und Oligocän, als auch aus dem Miocän und Pliocän von Ägypten kennen, stellt sich heraus, daß diese beiden jüngeren Faunen keine anderen Elemente enthalten als die gleichalterigen Tiergesellschaften von Europa und Asien, und daß mithin Afrika, wenigstens Nordafrika, auch damals schon faunistisch zu Eurasien gehörte. Im Eocän ist die Landsäugetierfauna nur auf zwei Gattungen, *Moeritherium* und *Barytherium*, beschränkt, die beide Subungulaten sind, und die Fauna des Oligocäns erweist sich als eine eigentümliche Mischung von einheimischen Formen, Subungulaten — Proboscidier, *Palaeomastodon* und *Moeritherium* —, Hyracoiden — den zahlreichen *Saghatheriidae* — und *Arsinoitheria* einerseits und von Einwanderern aus Nordamerika und Europa anderseits. Aus Europa stammen *Brachyodus*, *Ancodus*, die Creodontier *Apterodon* und *Pterodon*, die Nager *Phiomys* und *Metaphiomys* und wohl auch die Fledermaus *Provampyrus*. Nachkommen alter nordamerikanischer Typen sind hingegen die Primaten — *Apidium*, *Parapithecus*, *Moeripithecus* und *Propliopithecus*, wohl hervorgegangen aus Anaptomorphiden, der Insectivore *Metolbodotes* und wahrscheinlich auch *Ptolemaia* und *Metasinopa*. Es sind also nur die Subungulata ein wirklich afrikanisches Element, und selbst diese könnten schließlich auch aus Condylarthren oder doch aus den primitivsten Placentaliern hervorgegangen sein. Sie wären mithin praktisch auch nur Glieder der alten arktogäischen Fauna. Auf keinen Fall sind sie mit den südamerikanischen *Notoungulata* näher verwandt. Gewissermaßen eine Fortsetzung der Oligocänfauna des Fayum bildet die freilich nur durch dürftige Reste vertretene untermiocäne Tierwelt von Karungu östlich vom Victoria Nyanza-See bestehend aus *Dinotherium*, *Anthracotheriidae* — *Merycops*, *Brachyodus*, einigen angeblichen Traguliden, einem Hyracoiden — *Myohyrax* —, *Paraphiomys*, *Pseudaelurus*, und einem Creodontier *Apterodon?*, die übrigens auch schon seit einiger Zeit aus Ägypten selbst bekannt ist — Wadi Faregh —, wo wenigstens *Brachyodus* nicht allzu selten vorkommt, während allerdings die mit ihm vergesellschafteten *Mastodon*, *Aceratherium* zu den Raritäten zählen. Dem Miocän gehören auch die Säugetiere an, welche E. Kaiser und Beetz in Südwestafrika entdeckt haben. v. Stromer bestimmte die von Bogenfels als *Rhinoceros*, *Antilope*, *Diamanthyus*, *Protypotherioides* — ein Hyracide —, *Neosciuromys*, *Pomonomys* und *Diamantomys* — Nager. Die von einem zweiten Fundort sind ein kleiner *Hyaenodontide*, eine mittelgroße Antilope (?), *Myohyrax*, ein *Ochotonide* und ein sehr häufiger Vorfahre der noch jetzt in Südafrika lebenden Gattung *Pedetes*. Formenreicher ist die mittelpliocäne Fauna von Wadi Natrun. Es werden von hier angegeben *Hyaena*, *Machairodus*, *Lutra*, *Pristiphoca*, *Mastodon*, *Hipparion*, *Sus*, *Hippopotamus*, *Libytherium*, *Camelidae*, *Hippotragus*, *Tragelaphus* und drei Affen — *Aulaxinuus*, *Papio* und *Libypithecus*. Pliocän sind auch *Rhinoceros*, *Hipparion*, *Camelopardalis*, *Buffelus*, *Antilopen*, *Phacochoerus*, *Dinotherium* und *Elephas* von Olmo nördlich vom Rudolfsee und wohl auch *Hippopotamus*, *Camelopardalis*, *Tragelaphus* und *Elephas* von Khartum. Dagegen sollen die in der Seringeti-Steppe in Ostafrika gefundenen Tierreste wegen der Anwesenheit eines dem *antiquus* ähnlichen Elefanten samt und sonders schon dem Pleistocän angehören, was sich jedoch mit der Anwesenheit eines dreizehigen Equiden und von *Helladotherium* schwer vereinbaren läßt. Es handelt sich vermutlich um zwei verschiedene Faunen. Die in den Diamantseifen des Kaplands gefundenen Säugetiere, *Zebra*, *Hippopotamus* und *Damaliscus* dürften pleistocänes Alter besitzen.

Die lebende und subfossile Säugetierwelt der Insel Madagaskar stellt ein eigentümliches Gemisch von primitiven und modernen Typen dar. Die letzteren sind vor allem repräsentiert durch die Zwergform von *Hippopotamus*, der offenbar erst spät vom Kontinent her eingewandert ist. *Cryptoprocta* ist wohl nur der Nachkomme eines miocänen europäischen Carnivoren. Dagegen lassen sich sowohl die noch dort lebenden als auch die ausgestorbenen, zumTeil riesigen Lemuriden nur von Lemuren des europäischen Eocäns ableiten, und als Verwandte der Centetiden kommen nur gewisse Insectivoren des nordamerikanischen Oligocäns in Betracht, mit welchen sie auch geographisch durch die westafrikanische Gattung *Potomogale* und den auf Kuba lebenden *Solenodon* verbunden sind.

Aus den übrigen Teilen der südlichen Halbkugel waren von fossilen Säugern lange Zeit nur die Pampastiere und die Reste aus brasilianischen Höhlen sowie die ausgestorbenen Beuteltiere und die Monotremen Australiens bekannt. Nur allmählich erweiterten sich unsere Kenntnisse ein wenig durch Funde im Tertiär von Patagonien. Erst die umfassenden Aufsammlungen Ameghinos in diesem Gebiete gaben uns ein wirkliches Bild von der Mannigfaltigkeit der hier begrabenen Tierwelt, welche allerdings einen ganz fremdartigen Charakter aufweist. Statt der uns gewohnten Paar- und Unpaarhufer und der Proboscidier treffen wir hier Huftiere, die infolge des kurzen Schädels, der meist hohen Unterkiefer, des gewölbten Rückens, der niedergedrückten Vorderextremität, der tiefen Kopfstellung und der kurzen, meist dreizehigen und häufig mit stumpfen Krallen, nur selten mit Hufen versehenen Extremitäten eher das Aussehen von Nagetieren wie etwa von *Capybara* besitzen. Andere erinnern mehr an Hasen. Statt der Fledermäuse, Insectivoren und Raubtiere finden wir Beuteltiere, die zum Teil an die australischen Raubbeutler, zum Teil auch an die mesozoischen Allotheria erinnern. Ein wichtiges, Südamerika eigenes Element bilden auch die hier schon frühzeitig auftretenden Edentaten, und selbst die etwas später erscheinenden Nager gehören Familien an, die noch heutzutage fast ausnahmslos auf Südamerika beschränkt sind. So fremdartig diese Tierwelt uns nun auch beim ersten Anblick erscheint, so ergeben sich bei näherer Betrachtung doch gewisse Anklänge an Formen der nördlichen Hemisphäre, denn ein Teil der Huftiere, die *Litopterna*, die in Gebiß und Extremitäten ein allerdings karikaturenhaftes Perissodactylengepräge zur Schau tragen, zeigt doch gewisse Beziehungen zu den Phenacodontiden, und selbst die so eigenartigen *Typotheria*, *Toxodontia*, *Entelonychia* und *Astrapotherioidea* beginnen mit Formen, deren Backenzähne sich allenfalls von jenen von Periptychiden — *Haploconus*, *Anisonchus* — ableiten lassen. Daß wenigstens im Untereocän Notoungulaten noch im nördlichsten Teil von Südamerika gelebt und sich erst später bis nach Patagonien verbreitet haben, wird sehr wahrscheinlich durch die Anwesenheit des Entelonychiers *Arctostylops* im Wasatchbed von Wyoming. Ebenfalls auf Typen des ältesten Eocäns von Nordamerika, auf die *Ganodonta*, gehen wohl auch die *Gravigrada* zurück, und der älteste Vertreter der Gürteltiere war vielleicht auch ein Bewohner Nordamerikas, die Gattung *Metachiromys*, und was die oben erwähnten Beuteltiere betrifft, so stammen sie wahrscheinlich ebenfalls aus Nordamerika, und zwar teils von den Allotheria, teils von *Didelphys* ähnlichen Typen des Laramie-Bed, der oberen Kreide. Die erst später auftretenden Nager haben allerdings einen anderen Ursprung. Ihre Vorfahren waren in Europa und Nordafrika beheimatet. Sie wanderten wohl passiv, nämlich auf Treibholz oder durch Raubvögel von Insel zu Insel verschleppt, und bedurften hierbei keiner soliden Landbrücke; es genügte hierfür vielmehr schon die Existenz einer Inselreihe zwischen Westafrika und Brasilien.

Die ältesten Schichten in Südamerika, aus welchen Säugetiere in nennenswerter Anzahl zum Vorschein kamen, sind die Notostylopsschichten von Casa mayor am Golf St. George in Patagonien, welchen etwa ein **obereocänes** Alter zukommt. Es sind hier mit Ausnahme der Nager schon fast alle Typen der fossilen südamerikanischen Säugetierwelt vertreten, aber erst durch kleine oder höchstens mittelgroße Formen, mit durchwegs brachyodonten Backenzähnen, die *Typotheria* durch die *Notopithecidae* und allenfalls auch durch die etwas ferner stehenden *Archaeopithecidae* und *Acoelodidae*, die *Entelonychia* durch *Notostylopidae*, *Isotemnidae* und *Homalodontotheriidae* — *Thomashuxleya*, die *Astrapotherioidea* durch die *Trigonostylopidae* und *Albertogaudryidae* und die *Litopterna* durch die bunodonte Gattung *Didolodus* und eine Anzahl anderer höchst mangelhaft bekannter Formen. Auch gibt es bereits Vertreter der so rätselhaften *Pyrotheria*, von denen jedoch *Carolozittelia* immerhin eine gewisse Verwandtschaft mit *Pantolambda* vermuten läßt. An die *Allotheria* erinnern die ebenfalls zu den Marsupialiern gehörigen *Polydolopidae*, die Raubbeutler haben schon einige Repräsentanten in Formen wie *Procladosictis*, *Pharsaphorus* sowie in den *Didelphys* ähnlichen Gattungen *Ideodidelphys*, denen sich die eigentümlichen, bunodonten *Caroloameghiniidae* am besten anreihen lassen. Edentaten fehlen zwar keineswegs, allein die meisten der höchst problematischen Gattungen gehören schon in die nächste Nähe der lebenden Dasypodiden, und die einzige Gravigradengattung *Protobradys* ist nur sehr unvollständig bekannt.

Die nächstjüngere Säugetierfauna von Patagonien, die der **oligocänen** Astraponotusschichten, läßt sich am besten als die Fortsetzung der Notostylopsfauna charakterisieren, sie ist aber zweifellos viel ärmer an Gattungen und Arten und bis jetzt nur sehr mangelhaft bekannt. Als neue Typen erscheinen eigentlich nur die *Notohippidae*, deren Zahnkronen erst eine ganz mäßige Höhe erlangt haben, *Archaeohyracidae* mit prismatischen Zähnen, *Astrapotheriidae* — *Astraponotus* —, und von Edentaten die ersten *Glyptodontia*.

Die folgende Fauna, die der Pyrotheriumschichten südlich von Cabo Blanco, zeigt erhebliche Fortschritte gegenüber den beiden älteren und hat mit der am besten bekannten und formenreichsten Fauna Patagoniens, dem Santacruzeno, so viele Gattungen gemein, daß über ihr **miocänes** Alter nicht der leiseste Zweifel bestehen kann. Die rätselhaften, hier zum letzten Male vorkommenden *Pyrotheria* erreichen jetzt den Höhepunkt ihrer Entwicklung in der gewaltigen Gattung *Pyrotherium*. Alle *Typotheria* und *Toxodontia* haben nunmehr schon prismatische Zähne. Die *Notohippidae* sind hier besonders zahlreich, auch erscheinen die ersten *Nesodontidae*, anscheinend sogar schon ein großer *Nesodon*, und *Interatheriidae* — *Plagiarthrus*. Von den

Entelonychia sind zwar die *Isotemnidae* im Aussterben begriffen, dafür erreichen die *Leontiniidae* schon gewaltige Körpergröße — *Leontinia, Ancylocoelus* —, desgleichen die *Astrapotheriidae* und ebenso von den *Homalodontotheriidae* die Gattung *Asmodeus.* Die *Litopterna* sind jetzt schon als *Proterotheriidae* und *Macraucheniidae* spezialisiert, die letzteren aber nur durch ziemlich kleine brachyodonte Formen vertreten. Unter den Edentata bilden die *Dasypoda* die direkte Fortsetzung der Formen der Notostylopsschichten, die *Glyptodontia* und *Gravigrada* unterscheiden sich kaum mehr von den späteren, und ebensowenig ist dies bei den *Dasyuridae* der Fall. Dagegen sind die *Polydolopidae* verschwunden und gewissermaßen durch die ersten *Caenolestidae* — *Palaeothentes*, *Parabderites* und *Halmariphus* ersetzt. Als besonders wichtiges Moment muß die jetzt erfolgte erste Einwanderung von Nagern — *Cephalomys* und *Eosteiromys* — bezeichnet werden.

Zwischen diese Fauna und die des Santacruzeno schaltet sich zeitlich und morphologisch die Fauna der Colpodonschichten ein, die nach Tournouer am Coli Huapi-See besonders gut entwickelt sein soll. Ameghino zitiert hieraus höchst zweifelhafte Primaten — *Homunculites* und *Pitheculites* —, von Nagern treten neue Typen auf, *Acaremys*, *Spaniomys* und *Perimys*, unter den Edentaten verdient *Propalaeohoplophorus* und unter den *Notohippidae*, die hier zum letzten Male vertreten sind, *Argyrohippus* wegen der dicken Schmelzbedeckung seiner Backenzähne besonderes Interesse. Die *Entelonychia* werden zwar schon formenärmer, dafür ist jedoch die wichtige hierher gehörige Gattung *Colpodon* um so häufiger. *Typotheria*, *Litopterna* und *Astrapotheriidae* sowie *Dasyuridae* bieten nichts, was besondere Erwähnung verdiente, dagegen darf der Umstand, daß die *Nesodontidae* jetzt schon typisch ausgeprägt erscheinen, nicht mit Stillschweigen übergangen werden. Zeitlich scheint diese Fauna der sonst marin ausgebildeten Patagonischen Stufe zu entsprechen.

Die nun folgende Fauna aus den Schichten von Santa Cruz ist die artenreichste und am besten studierte des ganzen südamerikanischen Tertiärs. Ameghino nennt von hier mehrere Primaten, von denen allerdings nur die Gattung *Homunculus* wirklich zu dieser Ordnung gehört. Die *Nesodontidae* — *Nesodon* und *Adinotherium* — zeichnen sich durch besondere Häufigkeit aus, ebenso von den *Typotheria* die Gattungen *Protypotherium*, *Interatherium* und *Hegetotherium*, die kleinen *Pachyrucos* bleiben freilich hinter diesen an Individuenzahl weit zurück. Die *Entelonychia*, nur mehr durch *Homalodontotherium* vertreten, werden jetzt recht selten, auch die *Astrapotheriidae* sind dem Aussterben nahe, dagegen entfalten von den *Litopterna* die *Proterotheriidae* ihren höchsten Formenreichtum, während die *Macraucheniidae* sich nur durch beträchtliche Zunahme der Körpergröße von ihren Vorläufern unterscheiden. Ungemein zahlreich werden die Nager, sowohl die *Caviinae* und *Chinchillinae* als auch von den *Octodontidae* die *Loncherinae* und *Capromyinae*; dagegen zeigen von den *Erethizontidae* nur die *Acaremyinae* eine nennenswerte Bereicherung. Unter den Edentaten zeichnen sich die *Megalonychinae* durch besondere Häufigkeit aus, während die *Megatheriinae* erst langsam zunehmen. Das nämliche gilt auch von den *Glyptodontia*, während die *Dasypoda* ziemlich unverändert bleiben, sowohl in Hinsicht auf ihre Organisation als auch auf ihre Häufigkeit. Besondere Erwähnung verdient die Gattung *Stegotherium*, die wegen ihrer langen Schnauze und der reduzierten Zähne zu *Myrmecophaga* hinüberleiten dürfte, sowie die Anwesenheit eines Insectivoren, *Necrolestes*, der etwas an die afrikanischen *Chrysochloridae* erinnert. Die Beuteltiere erreichen jetzt in Südamerika den Höhepunkt ihrer Entwicklung, und zwar nicht nur die *Dasyuridae*, repräsentiert durch die stattlichen *Borhyaena* und *Prothylacynus* und die kleineren *Cladosictis* und *Amphiproviverra*, sondern auch die *Caenolestidae* — *Palaeothentes*, *Abderites* und *Garzonia*, von denen jedoch nur die letztere Gattung Nachkommen hinterlassen hat. Zu erwähnen wäre endlich noch die Anwesenheit eines Didelphyiden, *Microbiotherium*.

Pliocän. Die Faunen zwischen dem Obermiocän und dem Pleistocän stehen sowohl in bezug auf Mannigfaltigkeit als auch hinsichtlich ihrer Erforschung bedeutend hinter den früheren und den späteren zurück. Die Paranástufe ist marin ausgebildet und enthält daher von Säugetieren nur *Cetacea*, *Pinnipedia* und *Sirenia*, unter denen nur ein Zahnwal, *Prosqualodon*, größeres Interesse verdient. Die Landtierfauna ist charakterisiert durch das Seltenerwerden der *Litopterna* und *Typotheria* und das völlige Verschwinden von *Dasyuridae*, *Palaeothentinae* und *Abderitinae*, nur ein Caenolestide — *Zygolestes* — und *Didelphys* werden aus dem Pliocän angegeben. Den Hauptbestandteil der Fauna bilden *Toxodontinae*, *Macraucheniidae*, Edentaten und Nagetiere. Auch unter den Nagern finden wir vielfach Formen, welche sich wie die Vertreter der eben genannten Gruppen von ihren Vorfahren durch bedeutende Zunahme der Körpergröße unterscheiden, so unter den Chinchillinen *Megamys*. Auch erscheinen bereits noch lebende Gattungen *Myopotamus*, *Lagostomus* und *Hydrochoerus*. Die *Gravigrada* und *Glyptodontia* sind teilweise schon durch Gattungen der Pampasformation repräsentiert, dagegen werden die *Dasypoda* ärmer an Zahl der Gattungen und Arten. Angeblich treten jetzt auch schon echte Carnivoren, *Cyonasua*, *Arctotherium* und ein *Canide* auf.

Eine wichtige und interessante Fauna ist die des Tarija-Tales in Bolivien. Sie galt bisher für altpleistocän, wenn nicht für pliocän, nach der Untersuchung ihrer Tierreste durch Boule kann es jedoch keinem Zweifel unterliegen, daß sie im Alter genau der Fauna der argentinischen Pampasformation entspricht. Sie enthält neben den bisherigen südamerikanischen Faunenelementen — *Toxodon* und *Macrauchenia*, *Gravigrada*, *Glyptodontia*, *Dasypoda*, *Caviinae*, *Octodontinae* und *Capromyinae* — auch eine Menge Formen, die bis dahin ausschließlich Bewohner der nördlichen Hemisphäre oder doch von Nordamerika waren. Diese neu auftretenden Typen sind *Mastodon*, *Tapir*, Equiden — *Hippidium*, *Onohippidium*, *Equus* —, Cerviden, Cameliden, Feliden —, *Smilodon*, *Felis* —, Bären, *Arctotherium*, und Hunde. Auch Musteliden, *Mephitis*, und Procyoniden, Leporiden und Hesperomyinen sowie *Dicotyles* sind am Ende des Tertiärs nach Südamerika gelangt und bilden dann im Pleistocän einen wesentlichen Bestandteil der südamerikanischen Säugetierfauna. Die ursprüngliche Fauna verarmt allmählich mit Ausnahme der schon länger einheimischen Nagertypen, jedoch erreichen die noch vorhandenen *Toxodontia*, *Gravigrada*, *Glyptodontia* und von den *Lito-*

pterna die *Macraucheniidae* gewaltige Körperdimensionen und vielfach auch weitgehende Spezialisierung. In der älteren Pampasformation — Monte Hermoso — gibt es noch *Typotheria* — *Pachyrucos* und *Typotherium*, sowie *Proterotheriidae* — *Epitherium*. Das Erlöschen dieser kleinen oder doch nur mäßig großen Formen dürfen wir unzweifelhaft auf die schädliche Konkurrenz der viel besser und zweckmäßiger organisierten Mastodonten und der Paar- und Unpaarhufer sowie auf die Tätigkeit der eingewanderten Raubtiere zurückführen. Allmählich erlagen dieser Konkurrenz und den Nachstellungen der großen Feliden auch die Macrauchenien, Toxodonten und Riesenedentaten. Soferne der in Südamerika erst sehr spät auftretende Mensch an der Ausrottung dieser Tiere beteiligt war, kann es sich nur um die Vertilgung der allerletzten Überbleibsel der alteingesessenen Fauna handeln. Daß er wirklich noch Zeitgenosse wenigstens eines Gravigraden, des *Glossotherium*, war, geht aus den Funden in der Höhle Eberhard am Meerbusen von Ultima Esperanza mit Sicherheit hervor.

Während die bisher entdeckten Säugetierfaunen des südamerikanischen Tertiärs auf Patagonien beschränkt sind und eine ältere Pleistocänfauna nur vom Monte Hermoso bekannt ist, hat die des jüngeren Pleistocäns, die sogenannte Fauna der Pampasformation, eine viel weitere Verbreitung. Die Hauptfundplätze sind zwar, abgesehen vom Tarija-Tal in Bolivien, wo *Mastodon* alle anderen Säugetiere an Individuenzahl weit übertrifft, immer noch die nördlicheren Teile von Argentinien, allein auch aus Chile und Brasilien kennt man Überreste von Arten der Pampasformation, auch in den Höhlen von Minas Geraes in Brasilien, wo auch Überreste von fossilen Primaten vorkommen, sind vereinzelte Überreste von Riesenedentaten zum Vorschein gekommen, ebenso auch in den vulkanischen Tuffen von Ecuador, hier allerdings in verschwindend geringer Zahl gegenüber den Pferden und Auchenien.

Wir dürfen unsere Betrachtungen der fossilen Tierwelt der südlichen Hemisphäre nicht abschließen, ohne auch einen Blick auf Australien zu werfen, dessen Säugetierfauna den Faunen aller übrigen Kontinente so fremdartig gegenübersteht. Aus dem Tertiär kennt man allerdings hier nur die einzige Gattung *Wynyardia*, deren systematische Stellung wegen des Fehlens von Zähnen leider nicht näher ermittelt werden kann. Dafür sind uns aber im Pleistocän, namentlich aus Knochenhöhlen, Überreste von Monotremen und einer ziemlichen Anzahl Beuteltiere überliefert worden, die zum Teil riesige Körperdimensionen erreicht hatten. Sie stammen jedoch durchwegs von Formen, welche sich an noch lebende australische Gattungen mehr oder minder enge anschließen und zum Teil sogar noch lebenden Gattungen angehören. Man hielt die australischen Säugetiere in der Regel für Nachkommen von mesozoischen Formen, welche sich hier in ihrer Abgeschlossenheit ungestört in der mannigfaltigsten Weise differenzieren konnten. Jetzt aber, seit der Entdeckung der nicht unbedeutenden Menge fossiler *Polyprotodontia* und *Diprotodontia* im Tertiär von Patagonien, muß man sich eben doch die Fragen vorlegen, ob die australischen Typen nicht etwa von diesen südamerikanischen Formen abstammen und wann sie nach Australien gelangt sein könnten. Diese Fragen sind allerdings nicht leicht zu beantworten. Der Ableitung der australischen Dasyuriden von den patagonischen stehen zwar keine ernstlichen Hindernisse im Wege, dagegen erscheint es kaum statthaft, die Hypsiprymniden, Macropodiden, Phalangeriden sowie *Phascolomys* und *Diprotodon* auf die Caenolestiden zurückzuführen, nur *Thylacoleo* könnte allenfalls von *Abderites* abstammen, denn bei den Caenolestiden haben die Molaren sehr ungleiche, bei den australischen Diprodontia aber gleiche Größe und zudem ist bei den ersteren der vorderste Molar nicht bloß der größte, sondern in der Regel auch stark differenziert. Anderseits ist es aber doch wieder etwas unwahrscheinlich, daß zwischen den australischen Diprotodontia und den Caenolestiden keine verwandtschaftlichen Beziehungen bestehen sollten, während dies doch offenbar der Fall ist bei den australischen und südamerikanischen Dasyuriden. Die Annahme eines gemeinsamen Ursprungs hat also doch eine gewisse Berechtigung. Soferne nun die Stammformen in Südamerika entstanden sind und sich von hier nach Australien verbreitet haben, kann diese Wanderung nur auf einer sehr unvollkommenen Landbrücke erfolgt sein, denn sonst wären auch Edentaten, Litopterna und Notoungulaten nach Australien gekommen. Es ist jedoch auch nicht ausgeschlossen, daß Südamerika und Australien die Marsupialier aus einem uns vorläufig unbekannten Gebiet erhalten hätten. Jedenfalls wäre es verfrüht, die Frage nach der Herkunft der australischen Säugetiere jetzt schon definitiv beantworten zu wollen, wenn auch die Wahrscheinlichkeit sehr groß ist, daß sie in letzter Linie auf Marsupialier der Kreide von Nordamerika oder von Asien, das allerdings bis jetzt keine mesozoischen Säuger und selbst aus dem älteren Tertiär nur einige wenige Placentalier geliefert hat, zurückgehen.

Wie wir gesehen haben, kommt der nördlichen Hemisphäre als Entstehungscentrum der Säugetiere eine ungleich größere Bedeutung zu als allen übrigen Teilen der Erdoberfläche. Selbst das während des Tertiärs so formenreiche Südamerika kann sich hierin nicht im entferntesten messen, ja es ist nicht einmal ausgeschlossen, daß seine Tierwelt doch in Formen der nördlichen Hemisphäre wurzelt, obschon Verbindungen zwischen Nord- und Südamerika nur etwa bis in die Mitte des Eocäns und am Ende des Pliocäns bestanden haben. Afrika war nur während des Eocäns ein wirkliches Entstehungscentrum, aber nur für die Archaeoceti und für die Subungulaten, und selbst von diesen ist es keineswegs sicher, ob sie nicht doch aus Säugetieren der europäischen Kreide hervorgegangen sind. Vom Miocän an gehört Afrika praktisch zu Europa. Was endlich Australien betrifft, so scheint seine Tierwelt erst ziemlich spät, sicher nicht vor dem Tertiär, eingewandert zu sein. Die Annahme eines antarktischen Kontinentes, welcher zugleich auch die Heimat gewisser Säugetiertypen, wie der Notoungulata und der Subungulata, gewesen wäre, findet in der Geschichte der Säugetiere keine Stütze.

Register.

www.ingramcontent.com/pod-product-compliance
Lightning Source LLC
LaVergne TN
LVHW081353011026
849161LV00013BA/2808
* 9 7 8 3 4 8 6 7 4 9 3 9 7 *